Springer-Lehrbuch

Garabed Antranikian (Hrsg.)

Angewandte Mikrobiologie

Mit 266 Abbildungen und 69 Tabellen

 Springer

Professor Dr. Garabed Antranikian
TU Hamburg-Harburg
Technische Mikrobiologie
Kasernenstraße 12
21073 Hamburg

ISBN-10   3-540-24083-7 Springer-Verlag Berlin Heidelberg New York
ISBN-13   978-3-540-24083-9 Springer-Verlag Berlin Heidelberg New York

Bibliografische Information Der Deutschen Bibliothek
Die Deutsche Bibliothek verzeichnet diese Publikation in der Deutschen Nationalbibliografie;
detaillierte bibliografische Daten sind im Internet über <http://dnb.ddb.de> abrufbar.

Springer ist ein Unternehmen von Springer Science+Business Media

springer.de

© Springer-Verlag Berlin Heidelberg 2006
Printed in Germany

Planung: Iris Lasch-Petersmann, Heidelberg
Redaktion: Anette Lindqvist, Heidelberg
Herstellung: ProEdit GmbH, Bernd Reichenthaler, Heidelberg
Einbandgestaltung: de'blik Berlin
Satz: K+V Fotosatz GmbH, Beerfelden
Titelfoto: E. coli, Sciencefoto; 300-L Fermentor, Arbeitsbereich Biotechnologie I, Technische Universität Hamburg-Harburg

Gedruckt auf säurefreiem Papier   29/3152 – 5 4 3 2 1 0

Vorwort

Die angewandte Mikrobiologie ist eine interdisziplinäre und innovationsträchtige Querschnittswissenschaft, die alle Voraussetzungen für die Erschließung umweltschonender Verfahren und Produkte bietet. Mit der rasanten Entwicklung der industriellen (weißen) Biotechnologie kommt der angewandten Mikrobiologie eine Schlüsselrolle zu. Unter der industriellen (weißen) Biotechnologie versteht man den innovativen Einsatz biologischer und verfahrenstechnischer Methoden für die nachhaltige Herstellung von Feinchemikalien, Wirkstoffen, neuen Materialien und Brennstoffen aus nachwachsenden Rohstoffen. Das hohe Potential dieser Zukunftstechnologie liegt darin begründet, dass es sich um eine integrative Technologie handelt, die das Know-how von Biologen, Chemikern, Ingenieuren und Bioinformatikern bündelt. Durch die überaus schnelle Entwicklung der modernen Mikrobiologie in den letzten Jahren ist es gelungen, wichtige Grundlagen zum Verständnis zellulärer Vorgänge der Bakterien, Archaeen und Pilze zu erforschen und diese Erkenntnisse in innovativen biotechnologischen Verfahren einzusetzen.

In diesem Buch informieren Experten unterschiedlicher Disziplinen aus Hochschulen und Industrie über ihre jeweiligen Forschungsschwerpunkte innerhalb der angewandten Mikrobiologie. Viele Beispiele mikrobiologischer bzw. enzymatischer Verfahren werden eingehend dargestellt. Sie demonstrieren, wie das Potential der Natur durch den Menschen optimal genutzt werden kann. Zunächst wird ein Überblick über die Mikroorganismen, ihre Stoffwechselleistungen und Enzymsysteme gegeben. Im Hauptteil werden mikrobielle und enzymatische Verfahren zur Herstellung von organischen Säuren, Alkoholen, Antibiotika, Wirkstoffen und Polymeren vorgestellt. Darüber hinaus werden moderne Techniken, wie z. B. Genomik, Metagenomik, Strukturproteomik, Directed Evolution und Metabolic Engineering erläutert. Abschließend wird der Einsatz von Mikroorganismen in der Aufarbeitung von Abwasser, der Produktion von Biogas und dem Abbau von Schadstoffen diskutiert. Mit diesem Buch ist es uns gelungen, den letzten Stand der Wissenschaft auf diesem großen Gebiet der angewandten Mikrobiologie zu präsentieren.

Es war eine große Herausforderung, führende Wissenschaftler aus Hochschulen und Industrie für das Buch zu gewinnen. Die Beteiligung von 38 ausgezeichneten Persönlichkeiten an diesem Buch erfüllt mich mit Stolz und Freude. Den Autoren bin ich zu tiefem Dank und höchster Anerkennung für ihren Beitrag verpflichtet. Dankend erwähnen möchte ich an dieser Stelle auch die Unterstützung durch meine Mitarbeiterin Karna Benz. Dem Verlag danke ich für die gute Zusammenarbeit.

Ich würde mich freuen, wenn dieses Buch das Interesse einer großen Leserschaft weckt, die wiederum gewinnbringend daraus Nutzen ziehen kann, um somit zur weiteren Entwicklung der weißen Biotechnologie beizutragen.

Hamburg, August 2005   Prof. Dr. Dr. h.c. G. ANTRANIKIAN

Inhaltsverzeichnis

Autorenverzeichnis

ANTRANIKIAN, GARABED
Institut f. Technische Mikrobiologie
Techn. Univ. Hamburg-Harburg
Kasernenstr. 12
21073 Hamburg
antranikian@tuhh.de

BAHL, HUBERT
Universität Rostock
Institut f. Biowissenschaften
Mikrobiologie
Albert-Einstein-Straße 3
18051 Rostock
Hubert.bahl@uni-rostock.de

BRAKHAGE, AXEL
Dept. Molecular & Applied
Microbiology
Leibniz-Institute for Natural Products
Research and Infectional Biology
Hans-Knoell-Institute
Beutenbergstraße 11 a
07745 Jena
Axel.brakhage@HKI-Jena.de

BUCHHOLZ, STEFAN
Degussa AG
Project House Biotechnology
Rodenbacher Chaussee 4
63403 Hanau
stefan.buchholz@degussa.com

FRIEDMANN, HANS
Biokraftwerke Fürstenwalde GmbH
Tränkeweg 28
1557 Fürstenwalde/Spree
hf@bkw-fw.de

HEIDEN, STEFANIE
Deutsche Bundesstiftung
Umwelt (DBU)
Postfach 1705
49007 Osnabrück
s.heiden@dbu.de

HEINZLE, ELMAR
Technische Biochemie
Universität des Saarlandes
Postfach 151150
66041 Saarbrücken
e.heinzle@mx.uni-saarland.de

HELLER, KNUT
Institut für Mikrobiologie
Bundesforschungsanstalt für
Ernährung und Lebensmittel
Postfach 6069
24121 Kiel
heller@bafm.de

JAEGER, KARL-ERICH
Institut für molekulare
Enzymtechnologie (IMET)
der Heinrich-Heine-Universität
Düsseldorf
im Forschungszentrum Jülich
52426 Jülich
k.-e.jaeger@fz-juelich.de

JAHN, DIETER
Institut für Mikrobiologie
Biozentrum
TU-Braunschweig
Spielmannstr. 7
38106 Braunschweig
d.jahn@tu-bs.de

KLENK, HANS-PETER
e.gene Biotechnologie GmbH
Pöckinger Fußweg 7a
82340 Feldafing
hans-peter.klenk@egene-biotech.de

MÄRKL, HERBERT
Technische Univ. Hamburg-Harburg
Bioprozess- und Bioverfahrenstechnik
Denickestr. 15
21071 Hamburg
maerkl@tuhh.de

MEURER, GUIDO
Biotechnologie Research Information
Network GmbH
(BRAIN)
Darmstädter Str. 34
64673 Zwingenberg
gm@brain-biotech.de

MÜLLER, RUDOLF
Technische Univ. Hamburg-Harburg
Denickestr. 15
Biotransformation und Biosensorik
21071 Hamburg
ru.mueller@tu-harburg.de

PÖRTNER, RALF
Technische Univ. Hamburg-Harburg
Bioprozess- und Bioverfahrenstechnik
Denickestr. 15
21071 Hamburg
poertner@tuhh.de

RINAS, URSULA
GBF – Gesellschaft für
Biotechnologische Forschung mbH
Bereich Bioverfahrenstechnik
Mascheroder Weg 1
38124 Braunschweig
uri@gbf.de

SAHM, HERMANN
Institut f. Biotechnologie I
Forschungszentrum Jülich
52425 Jülich
h.sahm@fz-juelich.de

SCHÄFER, THOMAS
Novozymes A/S
Bacterial Discovery
Mol. Biotechnol. Res. & Develop.
Novo Allée
DK-2880 Bagsvaerd
tsch@novozymes.com

SCHEPER, THOMAS
Institut f. Techn. Chemie
der Univ. Hannover
Callinstr. 3
30167 Hannover
scheper@iftc.uni-hannover.de

SCHÖNHEIT, PETER
Institut f. Allg. Mikrobiologie
der Universität Kiel
Am Botanischen Garten 1–9
24118 Kiel
peter.schoenheit@ifam.uni-kiel.de

SCHWARZ, THOMAS
Bitop – Gesellschaft f. biotechnische
Optimierung mbH
Stockumer Straße 10
5843 Witten
schwarz@bitop.de

STEINBÜCHEL, ALEXANDER
Institut f. Molekulare Mikrobiologie
und Biotechnologie
Universität Münster
Corrensstr. 3
48149 Münster
steinbu@uni-muenster.de

SYLDATK, CHRISTOPH
Universität Karlsruhe (TH)
Engler-Bunte-Institut
Lehrstuhl f. Techn. Biologie
Engler-Bunte-Ring 1
76131 Karlsruhe
Christoph.syldatk@ciw.uni-
karlsruhe.de

WILMANNS, MATTHIAS
EMBL Hamburg
c/o DESY
Notkestr. 85, Geb. 25A
22603 Hamburg
wilmanns@embl-hamburg.de

WINTER, JOSEF
Universität Karlsruhe
Inst. f. Ingenieurbiologie u.
Biotechnologie d. Abwassers
Am Fasanengarten
76131 Karlsruhe
Josef.winter@bau-verm.uni-
karlsruhe.de
Josef.winter@iba.uka.de

1 Einführung in die Diversität, Systematik und Physiologie von Mikroorganismen

R. GROTE, G. ANTRANIKIAN

1.1
Einleitung

Dieses Kapitel soll in die faszinierende Welt der Kleinstlebewesen einführen und einen Überblick über die Systematik und wichtigsten Eigenschaften anwendungsrelevanter Mikroorganismen geben. Der Schwerpunkt liegt auf Bakterien, Archaeen, Hefen und Pilzen, die in industriellen Produktionsverfahren eingesetzt werden und eine Bedeutung für die angewandte Mikrobiologie haben. Es würde den Rahmen des Kapitels sprengen, wenn man versuchen würde, die große Diversität der Mikroorganismen und ihre systematische Einordnung umfassend zu beschreiben. Hier sei auf die einschlägige Literatur verwiesen (Bergey's Manual of Systematic Bacteriology). Für tiefergehende Einblicke in den Aufbau und die Physiologie von pro- und eukaryotischen Zellen empfehlen sich die Bücher von Schlegel (1992), Brock (2005) und Cypionka (2003). Ziel des Kapitels ist es, die im Rahmen dieses Lehrbuches behandelten Mikroorganismen im mikrobiologischen Kontext vorzustellen und in ihren Eigenschaften näher zu beleuchten.

1.2
Die Welt der Mikroorganismen

Die Mikrobiologie ist ein Teilgebiet der Biologie und widmet sich Lebewesen, die so klein sind, dass sie mit dem bloßen Auge nicht zu erkennen sind. Solche Kleinstlebewesen oder Mikroorganismen (durchschnittliche Größe 1 bis 100 µm) zeichnen sich gegenüber höheren Pflanzen und Tieren durch ihre **geringe morphologische Differenzierung** aus. Mikroorganismen – früher häufig auch als Protisten bezeichnet – sind einzellige Organismen, die über eine Vielzahl von physiologischen Leistungen verfügen und die größte Biodiversität auf unserer Erde darstellen. Interessanterweise sind bisher erst 2–5% aller Mikroorganismen beschrieben; somit ist die mikrobielle Diversität auf dieser Erde bei weitem noch nicht erschöpfend untersucht. Die physiologischen Fähigkeiten von Mikroben werden schon seit Jahrtau-

senden genutzt, beispielsweise bei der Herstellung von Brot, Yoghurt, Bier oder Wein. Hierbei war die Mikrobiologie ausgesprochen anwendungsorientiert, basierte aber auf **Empirie**. Tief greifende Erkenntnisse über die zugrunde liegenden biochemischen Vorgänge konnten erst ab dem 19. Jahrhundert gewonnen werden, nachdem die Mikrobiologie ein moderner Wissenschaftszweig geworden war. In der Mikrobiologie werden Methoden der Zellkunde, der Genetik, der Biochemie, der Ökologie und der Systematik eingesetzt. Der Mikrobiologe erforscht die in den Zellen ablaufenden Stoffwechselvorgänge und ihre Regulation (s. Kap. 2). Die in den letzten Jahren rasante Entwicklung neuer Technologien wie beispielsweise Genomics, Proteomics, Metabolomics und Systembiologie führten zur genauen Analyse der **Genetik und Physiologie der Mikroorganismen**. Die hieraus abgeleiteten wissenschaftlichen Erkenntnisse haben eine große Bedeutung für die angewandte Mikrobiologie und die Biotechnologie.

Die mikrobielle Welt setzt sich aus allen mikroskopisch kleinen Organismen wie den Bakterien, Archaeen, Protozoen, einzelligen Algen und Pilzen zusammen. **Viren** und Bakteriophagen werden zwar häufig auch zu den Mikroorganismen gezählt, verfügen aber anders als Bakterien und andere Einzeller nicht über eine eigene Stoffwechselaktivität und sind für ihre Reproduktion auf stoffwechselaktive Wirtszellen angewiesen. Eine stammesgeschichtliche Einheit bilden die Mikroorganismen nicht. Mikrobiologen müssen sich mit einer Vielzahl verschiedener Organismen aus allen drei Domänen der lebendigen Welt befassen: Bacteria, Archaea und Eukarya.

1.2.1
Prokaryoten: Bakterien und Archaeen

Prokaryoten (auch Prokaryonten oder Prokarya genannt), zu denen sowohl die Bakterien als auch die Archaeen zählen, sind **einzellige Organismen**, die sich durch eine **Vielzahl von Merkmalen** von den ein- oder mehrzellig organisierten **Eukaryoten** unterscheiden. Die Bezeichnung Prokaryoten ist aus dem Griechischen (*pro karýu*, „Pronukle-

Tabelle 1.1. Die differenzierenden Charakteristika von Bacteria, Archaea und Eukarya

Charakteristikum	Bacteria	Archaea	Eukarya
prokaryotischer Zellaufbau	ja	ja	nein
membranumhüllter Zellkern	nein	nein	ja
Membranlipide	Esterbindung	Etherbindung	Esterbindung
Zellwand enthält Muraminsäure	ja	nein *N-Ac-Talosaminuron-Säure*	nein
Zellwand enthält Pseudomurein	nein	ja	nein
Organellen	nein	nein	ja
Ribosomen	70S	70S	80S
zirkuläre DNS	ja	ja	nein
DNS mit Histonen assoziiert	nein	nein	ja
Introns	nein	nein	ja
Plasmide	ja	ja	selten
Transkriptionsfaktoren	nein	ja	ja
RNS Polymerase	eine (4 Untereinheiten)	mehrere (je 8–12 Untereinheiten)	drei (je 12–14 Untereinheiten)
Empfindlich gegenüber Diphtherietoxin	nein	ja	ja
Empfindlich gegenüber Antibiotika (Chloramphenicol, Streptomycin, Kanamycin, Penicillin)	ja	nein	nein
Methanogenese	nein	ja	nein
Nitrifikation	ja	nein	nein
Denitrifikation	ja	ja	nein
Stickstofffixierung	ja	ja	nein
Chemolithotrophie	ja	ja	nein
Photosynthese (Chlorophyll)	ja	nein	ja
Wachstum oberhalb 80 °C	ja	ja	nein

us") abgeleitet und weist darauf hin, dass diese Organismen nicht über einen echten, d.h. einen von einer Membranhülle umgebenen, Zellkern verfügen. Stattdessen besitzen sie eine einzige, zirkuläre DNS (Desoxyribonukleinsäure), die in einer diffusen Kernregion lokalisiert ist. Manche Prokaryoten verfügen über zusätzliche genetische Elemente, die **Plasmide**, die beispielsweise Gene für Antibiotika- oder Schwermetallresistenzen tragen. Plasmide spielen in der Gentechnik eine wichtige Rolle als „mobile" Elemente (Vektoren), mit denen genetische Information von einem Stamm auf den anderen übertragen werden kann (s. Kap. 3). Insgesamt weisen Prokaryoten nur eine sehr geringe Kompartimentierung auf und enthalten keine Organellen (Mitochondrien, Chloroplasten). Die Proteinbiosynthese findet im Cytoplasma an den Ribosomen statt, die dem 70S-Typ angehören. Die wichtigsten Merkmale pro- und eukaryotischer Zellen sind in Tabelle 1.1 dargestellt.

Die meisten prokaryotischen Zellen sind stäbchen- oder kugelförmig und selten größer als 1 µm breit und 5 µm lang bzw. 2 µm im Durchmesser. Allerdings gibt es auch wahre „Riesen" unter den Bakterien mit einer Länge von bis zu 500 µm (*Thiomargarita namibiensis*). In der zellulären Organisation und in der Morphologie ähneln sich die beiden prokaryotischen Lebensformen der Bakterien und der Archaeen sehr. Allerdings weisen die **Archaeen** einige **charakteristische biochemische Besonderheiten** auf. Zwar sind auch Archaeen einzellige Mikroorganismen mit einem ringförmigen Chromosom, die weder ein Cytoskelett noch Zellorganellen enthalten, sie unterscheiden sich aber dadurch von den Bakterien, dass ihre Zellwand anstelle eines Peptidoglykangerüsts Pseudomurein oder nur Proteine bzw. Polysaccharide enthalten. Damit reagieren Archaeen weniger sensitiv auf Antibiotika wie z.B. Penicillin. Auch die Zellmembran ist anders aufgebaut.

Während in der Cytoplasmamembran von Bakterien Glycerinester enthalten sind, sind dies bei den Archaeen Glycerinether. Viele Archaeen zeichnen sich durch eine Vorliebe für **extreme Lebensräume** (s. Kap. 1.4.3) aus: Es gibt Arten, die bevorzugt bei Temperaturen von über 80 °C wachsen. Andere leben in gesättigten Salzlösungen oder in stark säurehaltigen Lebensräumen (pH-Wert 0,7). Allerdings sind Archaeen nicht auf extreme Lebensräume beschränkt, sondern wachsen auch unter „normalen" Bedingungen, etwa im Boden oder im Meer. Archaeen sind in der Forschung von Interesse, da sie wahrscheinlich Merkmale des frühen Lebens auf der Erde erhalten haben. Aber auch ihre außergewöhnliche Enzymausstattung ist von Interesse, da Biokatalysatoren aus extremophilen Archaeen sehr robust sind. Aus biochemischer Sicht (z. B. Antibiotikaresistenz, Aufbau des Replikationsapparats) und aus stammesgeschichtlichen (phylogenetischen) Gesichtspunkten sind die Archaeen den Eukaryoten näher verwandt als den „echten" Bakterien.

1.2.2
Eukaryoten: Hefen und Pilze

Unter dem Begriff Eukaryoten (auch Eukaryonten oder Eukarya genannt) werden Lebewesen zusammengefasst, die über einen **echten Zellkern** und ein **Cytoskelett** verfügen. Eukaryoten entwickeln sich immer aus zellkernhaltigen Ausgangszellen und sind deutlich größer (5 bis 50 µm; manche bis mehrere 100 µm) als Prokaryoten. Die Eukaryoten werden traditionell in die Reiche der mehrzelligen Tiere, Pflanzen und Pilze (einschließlich einzellige Hefen) sowie der einzelligen oder mehrzelligen Protisten (einzellige Protozoen und wenigzellige Algen) eingeteilt. Die genaue systematische Einteilung der insgesamt etwa 60 unter die Protisten gefassten Gruppen ist umstritten. Sie bilden keine monophyletische Gruppe.

Charakteristisch für Eukaryoten ist, dass sich in ihren Zellen **Organellen** befinden, die wie die Organe eines Körpers verschiedene Funktionen ausüben. Das wichtigste Organell ist der **Zellkern**, mit dem **Hauptanteil des genetischen Materials**.

Im Zellkern liegt die DNS in Chromosomen organisiert vor. Weitere DNS kommt – je nach Art – in den Mitochondrien und bei Pflanzen auch in den Plastiden vor. Eine weitere Besonderheit der Eukaryoten liegt in der Protein-Biosynthese: Anders als Prokaryoten sind Eukaryoten in der Lage, aus derselben DNS-Information **durch alternatives Splicing unterschiedliche Proteine** herzustellen. Struktur und Form wird der eukaryotischen Zelle durch das Cytoskelett verliehen, welches aus Mikrotubuli und Mikrofilamenten aufgebaut ist. Die Vermehrung der Eukaryoten erfolgt durch **Teilung** oder **Sprossung**, wobei die Kernteilung (Teilung der Chromosomen) durch Mitose erfolgt. Die Generationszeiten, die bei den prokaryotischen Bakterien unter optimalen Bedingungen im Minutenbereich liegen (*E. coli*: 20 min.), betragen bei Eukaryoten in der Regel Stunden bis Tage.

In der angewandten Mikrobiologie spielen die Hefen (*Saccharomyces*, *Pichia*; s. Kap. 1.10) und Schimmelpilze (*Aspergillus*, *Penicillium*; s. Kap. 1.10) eine wichtige Rolle. Im Gegensatz zu höheren Eukaryoten (Pflanzen, Tiere) zeichnen Sie sich durch eine relativ **kurze Generationszeit** und **gute Kultivierbarkeit** aus. Schon seit Urzeiten nutzt der Mensch Hefen, um Lebens- und Genussmittel wie Brot, Wein, Bier oder Kefir herzustellen (s. Kap. 29). In der modernen Biotechnologie werden Schimmelpilze zur Herstellung von Antibiotika (Penicillin) und hochwertigen Produkten wie Zitronen- oder Weinsäure eingesetzt (s. Kap. 1.8, 16, 17, 20).

Bevor nachfolgend auf die Diversität der pro- und eukaryotischen Kleinstlebewesen eingegangen wird, soll im folgenden Abschnitt zunächst ein Überblick gegeben werden, wie Mikroorganismen in der modernen Biologie klassifiziert und taxonomisch eingeordnet werden.

1.3
Systematik: Phylogenie und Taxonomie von Mikroorganismen

Die Systematik ist eine Fachdisziplin der Biologie und findet nicht nur in der Zoologie und Botanik, sondern auch in der Mikrobiologie Anwendung.

In der Systematik werden Lebewesen klassifiziert, indem sie auf der Basis definierter Merkmale zu Gruppen zusammengefasst und diese Gruppen (Taxa) in einem hierarchischen System angeordnet werden. Der Taxonom, der sich mit der Klassifikation von Mikroorganismen beschäftigt, versucht Einheiten zu Gruppen größerer Einheiten anzuordnen. Die Grundeinheit stellt dabei der Stamm dar, also die Reinkultur eines isolierten Mikroorganismus. Stämme werden in aufsteigender Reihenfolge zu Arten (*species*), Gattungen (*genus*) und Familien (Endung auf: *-aceae*) zusammengefasst. Hierbei gilt auch für die Klassifizierung von Mikroorganismen die von Carl von Linné eingeführte **binäre Nomenklatur**, d. h. jeder Name setzt sich aus einem Gattungs- und einem Artnamen zusammen. Definitionsgemäß werden Gattungs- und Artnamen *kursiv* geschrieben (z. B. *Escherichia* [Gattungsname, Anfangsbuchstabe groß] *coli* [Artname, Anfangsbuchstabe klein]). Jede taxonomische Einordnung setzt eine umfassende und wissenschaftlich korrekte Beschreibung der Mikroorganismen voraus. Zu dieser Beschreibung gehört die Angabe von **morphologischen Merkmalen** (Form der Mikroorganismen: Stäbchen, Kokken, Spirillen) sowie die Nennung **physiologischer und biochemischer Eigenschaften**. Zu den physiologisch-biochemischen Merkmalen zählen u. a.

- das Verhältnis zum Sauerstoff (aerob, fakultativ, anaerob),
- die Art der Energiegewinnung (Atmung, Gärung oder Photosynthese),
- die Temperatur- und pH-Optima,
- das Substratspektrum,
- die Zellwand- und Membranzusammensetzung (Gram-Färbung),
- die Basenzusammensetzung der DNS (mol% G+C),
- die DNS-DNS-Hybridisierung,
- die Sequenz der 16S rRNS.

Prinzipiell können zwei Arten der Klassifikation unterschieden werden: Die künstliche oder die **natürliche (phylogenetische) Klassifikation**. Erstere basiert auf der Einordnung von Organismen auf der Basis morphologischer und physiologischer Merkmale und war lange Zeit das vorherrschende Konzept. Die natürliche Klassifikation hingegen hat sich zum Ziel gesetzt, verwandte Formen, die durch einen gemeinsamen Vorfahren miteinander in Relation stehen, zusammenzuordnen und einen **phylogenetischen Stammbaum** zu entwickeln. Dies ist heute mit modernen Methoden, beispielsweise durch die Sequenzierung von Proteinen und Nukleinsäuren, möglich und hat sich in der wissenschaftlichen Welt nachhaltig durchgesetzt.

Die Sequenzanalyse der 16S rRNS, die durch Carl Woese etabliert wurde, ermöglicht es der modernen Mikrobiologie, einen phylogenetischen, also stammesgeschichtlichen, Stammbaum der Mikroorganismen zu entwickeln. Die Ribosomen als Orte der Proteinbiosynthese sind in allen Zellen enthalten und ihrer Funktion nach sehr konservativ. Dies gilt auch für die ribosomale RNS (rRNS), die über eine sehr konservierte Sequenz verfügt und somit einen sehr guten phylogenetischen Marker darstellt. Durch computergestützten Vergleich der 16S rRNS-Sequenzen aus verschiedenen Mikroorganismen ist es möglich, phylogenetische Stammbäume abzuleiten (Abb. 1.1).

Eines der überraschenden Ergebnisse der 16S rRNA-Sequenzanalysen war, dass sich die Prokaryoten schon sehr frühzeitig ausgehend von einem gemeinsamen Vorläufer in zwei Gruppen, nämlich die **Archaeen** und die **Bakterien**, aufgespalten haben. Zu diesem Ergebnis hätten die Methoden der künstlichen Klassifikation nicht geführt. Die nachfolgende Darstellung der mikrobiellen Diversität erfolgt daher in erster Linie auf Grundlage der phylogenetischen Klassifikation. Nach wie vor werden Bakterien aus praktischen Gründen dennoch nach ihrer Form und ihrer Organisation unterteilt. Dabei werden kugelige Bakterien als Kokken, längliche, zylindrische Bakterien als Stäbchen und spiralige Formen als Spirillen bezeichnet. Diese Grundformen können einzeln auftreten oder sich zu typischen Formen zusammenfinden (Haufenkokken = Staphylokokken, Kettenkokken = Streptokokken, Doppelkokken = Diplokokken). Des Weiteren bilden vor allem

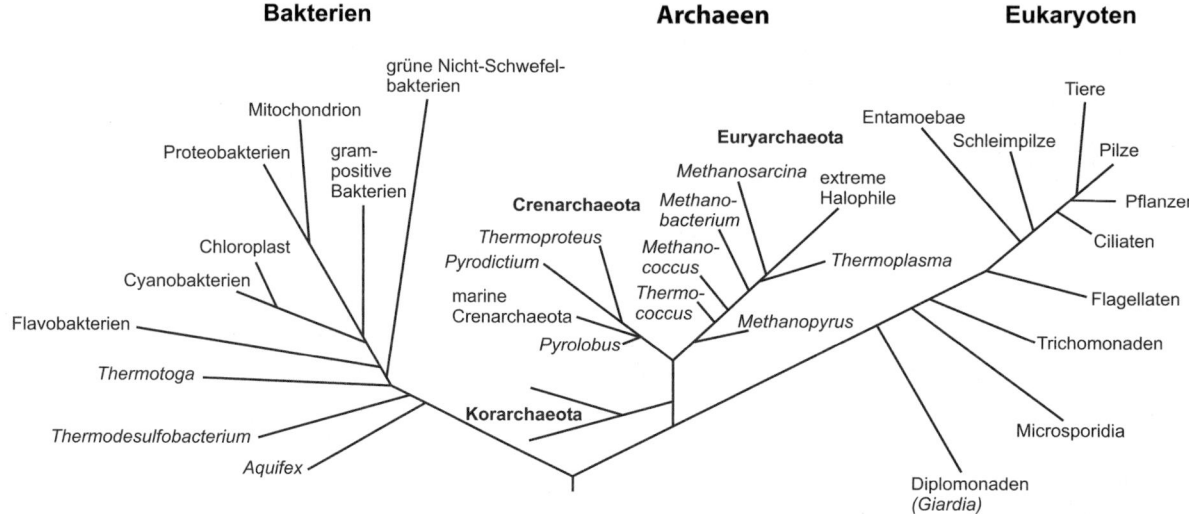

Abb. 1.1. Die drei Domänen des Lebens: Bakterien, Archaeen und Eukaryoten

Stäbchenbakterien häufig eine oder mehrere Geißeln, die Flagellen, aus, mit deren Hilfe sie sich fortbewegen können. Anzahl und Anordnung der Geißeln sind wichtige Unterscheidungsmerkmale. Einige Bakterien bilden Schleimhüllen, die Kapseln, aus, die ebenfalls zur taxonomischen Einordnung relevant sein können. Weiterhin wichtig für die Klassifikation sind die **Lebensweise**, besonders der Stoffwechseltyp, sowie die Möglichkeit, die Zellwand der Bakterien auf bestimmte Weise **zu färben**. Die **Gramfärbung** (eingeführt vom dänischen Bakteriologen Gram) lässt Rückschlüsse auf die Zusammensetzung und Struktur der Zellwand zu und ist ein wichtiges taxonomisches Merkmal (s. Kap. 1.6).

1.4
Prokaryotische Diversität: Die wichtigsten bakteriellen und archaeellen Taxa

Ziel der folgenden Zusammenstellung ist es, die Diversität der Bakterien und Archaeen in einem phylogenetischen Zusammenhang darzustellen. Bei der großen Anzahl der bis heute beschriebenen Mikroorganismen (über 6000 Arten) ist es natürlich nicht möglich, alle Arten in die Aufstellung mit einzubeziehen. Stattdessen liegt der Fokus in einer generellen Übersicht und in der Heraushebung von Taxa, die **in der angewandten Mikrobiologie eine wichtige Rolle** spielen und auf die im Rahmen der weiterführenden Kapitel näher eingegangen werden wird.

1.4.1
Die Domäne der Bakterien

Die Domäne der bekannten, also kultivierbaren, Bakterien umfasst zur Zeit etwa 14 anerkannte Reiche. Allerdings weiß man aus Untersuchungen mittels molekularbiologischer Methoden, dass in der Natur noch **viele weitere Reiche von Mikroorganismen** (50 oder mehr) existieren, die sich mit unseren derzeitigen Mitteln im Labor nicht kultivieren lassen. Die heute bekannten Bakterien stellen also nur die Spitze des Eisbergs der gesamten Diversität dar. Schätzungen gehen davon aus, dass zur Zeit erst weniger als 2% aller Bakterienarten bekannt sind.

Einige phylogenetische Abstammungslinien in der Domäne der Bakterien bilden auch in ihren morphologischen und physiologischen Eigenschaften eine einheitliche Gruppe, wie beispielsweise die Spirochaeten und die Cyanobakterien. Für die Mehrheit aller bakteriellen Reiche gilt allerdings, dass die in ihnen vertretenen Gruppen zwar **im phylogenetischen Sinne verwandt** sind aber dennoch sehr **unterschiedliche Eigenschaften** hinsichtlich ihrer Morphologie und Physiologie aufweisen. Die Proteobakterien sind hierfür ein gutes Beispiel: Die physiologische Vielfalt innerhalb dieses Reiches spiegelt geradezu die gesamte Diversität bakterieller Stoffwechselleistungen wider.

> Die mikrobielle Nomenklatur am Beispiel der taxonomischen Einordnung des Gram-positiven Bakteriums *Bacillus subtilis*
>
> **Domäne** (Bacteria)
>   **Reich** (Gram-positive Bakterien)
>   **Abteilung** (Firmicutes)
>   **Klasse** (Bacilli)
>   **Ordnung** (Bacillales)
>   **Familie** (Bacillaceae)
>   **Gattung** (*Bacillus*)
>   **Art** (*subtilis*)

Schaut man sich den universellen Stammbaum des Lebens an (Abb. 1.1), so erkennt man, dass die bakterielle Gattung *Aquifex* am nächsten an der Stelle sitzt, an der sich die Bakterien und Archaeen verzweigen. Interessanterweise sind Bakterien der Gattung *Aquifex* hyperthermophile und chemolithotrophe Mikroorganismen, die bei sehr hohen Temperaturen (85 °C) leben und ihre Energie durch die Oxidation von Wasserstoff (kontrollierte Knallgasreaktion) gewinnen. Wenn man davon ausgeht, dass auf der frühen Erde auch sehr hohe Temperaturen herrschten und dass eine chemolithotrophe Lebensweise bei den frühen Lebensformen wahrscheinlich war, so erscheint die phylogenetische Stellung von *Aquifex* durchaus plausibel. Dieses Beispiel veranschaulicht die große Übereinstimmung von Phylogenie, Physiologie und Evolution in dem Konzept der modernen Systematik.

1.4.2
Die Reiche der Bakterien

In diesem Abschnitt werden die 13 Reiche der Bakterien kurz dargestellt (Abb. 1.2). In Klammern die wichtigsten Gattungen der jeweiligen Gruppe.

Reich I: Proteobakterien
- Phototrophe Purpurbakterien (*Chromatium, Rhodobacter, Rhodospirillum*)
- Nitrifizierende Bakterien (*Nitrosomonas, Nitrobacter*)
- Schwefel- und Eisen-oxidierende Bakterien (*Thiobacillus, Beggiatoa*)
- Wasserstoff-oxidierende Bakterien (*Ralstonia, Alcaligenes*)
- Methanotrophe und Methylotrophe (*Methylomonas, Methylobacter*)
- *Pseudomonas* und Pseudomonaden (*Pseudomonas, Zymomonas, Xanthomonas*)
- Essigsäurebakterien (*Acetobacter, Gluconobacter*)
- Aerobe Stickstoff-fixierende Bakterien (*Azotobacter, Azomonas*)
- *Neisseria, Chromobacterium* und Verwandte (*Neisseria, Chromobacterium*)
- Enterobakterien (*Escherichia, Salmonella, Proteus, Enterobacter*)
- *Vibrio* und *Photobacterium* (*Vibrio, Photobacterium*)
- Rickettsien (*Rickettsia, Coxiella*)
- Spirillen (*Spirillum, Bdellovibrio, Camphylobacter, Helicobacter*)
- Scheidenbakterien (*Sphaerotilus, Leptothrix*)
- Prosthekate Bakterien und knospende Bakterien (*Hyphomicrobium, Caulobacter*)
- Gleitende Myxobakterien (*Myxococcus, Stigmatella*)
- Schwefel- und Sulfat-reduzierende Bakterien (*Desulfovibrio, Desulfobacter, Desulfuromonas*)

Reich II: Gram-positive Bakterien
- Nicht-sporulierende Gram-Positive mit niedrigem GC-Gehalt (*Staphylococcus, Micrococcus, Streptococcus, Lactobacillus*)

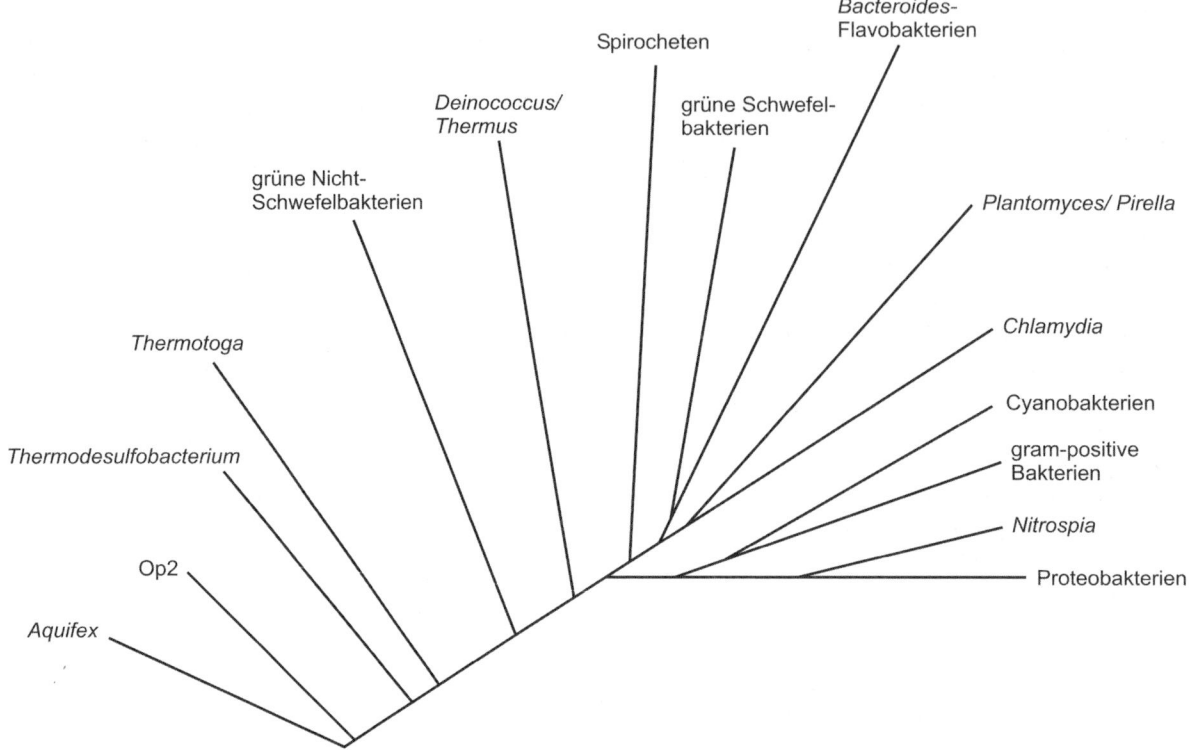

Abb. 1.2. Der Stammbaum der Bacteria

- Sporulierende Gram-Positive mit niedrigem GC-Gehalt (*Bacillus, Clostridium, Thermoanaerobacter, Sporosarcina, Heliobacterium*)
- Mycoplasma-Gruppe, Bakterien ohne Zellwand (*Mycoplasma, Spiroplasma*)
- Gram-Positive mit hohem GC-Gehalt (*Corynebacterium, Arthrobacter, Propionibacterium*)
- Actinomyceten (*Streptomyces, Actinomyces*)

Reich III: Phototrophe Bakterien
- Cyanobakterien (*Synechococcus, Oscillatoria, Nostoc*)
- Prochlorophyten (*Prochloron, Prochlorothrix*)

Reich IV: Chlamydien (*Chlamydia*)

Reich V: *Plantomyces* und *Pirella*

Reich VI: *Bacteroides* und Flavobacteria (*Bacteroides, Flavobacterium, Cytophaga*)

Reich VII: Grüne Schwefelbakterien (*Chlorobium, Prosthechochloris*)

Reich VIII: Spirochäten (*Spirochaeta, Treponema, Leptospira, Borrelia*)

Reich IX: Deinococci (*Deinococcus, Thermus*)

Reich X: Grüne Nicht-Schwefel-Bakterien (*Chloroflexus, Thermomicrobium*)

Reiche XI, XII und XIII: Hyperthermophile Bakterien (*Thermotoga, Thermodesulfobacterium, Aquifex*)

1.4.3
Die Reiche der Archaeen

Die Definition der Archaeen als eigenständige Domäne beruht auf einem Konzept, das erst seit rund 20 Jahren besteht. Zuvor wurden die „Archaebakterien" zusammen mit den „Eubakterien" in der Gruppe der Prokaryoten zusammengefasst. Erst die modernen Methoden der Molekularbiologie

(Analysen der 16S rRNS) machten deutlich, dass die Archaeen neben den Eukaryoten (Pflanzen, Tiere und Pilze) und „echten" Bakterien **einen der drei Hauptäste des universellen phylogenetischen Stammbaums** darstellen (Abb. 1.1). Ihre Abzweigung in diesem Stammbaum liegt einem noch unbekannten „universellen Vorfahren" aller auf der Erde existierenden Lebewesen am nächsten. Unterstützung erhält diese Vorstellung durch die Tatsache, dass auch heute noch viele Archaeen unter Bedingungen leben, die denen **auf der Erde zu Beginn des Lebens** sehr nahe kommen könnten. Beispielsweise benötigen einige Archaeen sauerstofffreie (anaerobe) Bedingungen, Temperaturen um den Siedepunkt des Wassers, extrem niedrige pH-Werte (pH < 4) und hohe Salzkonzentrationen, um optimal wachsen oder sogar überleben zu können. Auch sind viele Archaeen in der Lage, chemolithotroph oder autotroph zu wachsen, d. h. sie können für ihren Stoffwechsel Energie und Kohlenstoff aus nicht organischem Material nutzen.

Obwohl viele Archaeen extremophil sind, zeigen neueste Untersuchungen, dass ihr Vorkommen nicht auf extreme Standorte beschränkt ist. Sie sind wie Bakterien überall, also auch im offenen Meer, in Böden oder in Süßwasserhabitaten zu finden und können auch unter „normalen" Bedingungen wachsen. Allerdings wurden bislang keine archaeellen Krankheitserreger gefunden. Dank ihrer Nähe zum Ursprung des Lebens bleiben Archaeen auch weiterhin ein faszinierendes Forschungsobjekt, da durch sie Anpassungsstrategien an das Leben unter extremen Bedingungen erforscht werden können. Möglicherweise können so auch Rückschlüsse über **das frühe Leben auf der Erde** gemacht werden. Es muss gleichwohl betont werden, dass Archaeen keinesfalls „primitive" oder „alte" Mikroorganismen darstellen. Auch wenn einige Archaeen phänotypisch gesehen eher primitiven Lebensformen gleichen, so stellen sie doch, wie alle heutigen Lebewesen, Organismen dar, die sich im Laufe der Evolution sehr erfolgreich an ihre ökologische Nische angepasst haben. Archaeen sind daher **hoch entwickelte Organismen**, die zwar mit primitiven Formen verwandt, nicht aber selbst primitiv sind.

Aus phylogenetischer Sicht umfasst die archaeelle Domäne **drei Reiche**: Die **Crenarchaeota**, die **Euryarchaeota** und die **Korarchaeota**. Vertreter der Korarchaeota konnten bisher nur auf der Basis von 16S rRNS-Sequenzanalysen nachgewiesen aber noch nicht im Labor kultiviert werden (Abb. 1.3). Neuerdings wird noch die Einführung eines vierten Reiches, das der Nanoarchaeota, diskutiert. Bisher einziger Vertreter dieser Gruppe ist *Nanoarchaeum equitans*. Wie schon im vorherigen Abschnitt, sollen die Reiche der Archaeen und ihre wichtigsten Vertreter im Überblick dargestellt werden (in Klammern die wichtigsten Gattungen der jeweiligen Gruppe).

Das Reich der Euryarchaeota

- Extrem halophile (salzliebende) Archaeen (*Halobacterium, Haloferax, Natronobacterium*)
- Methan-produzierende Archaeen: Methanogene (*Methanobacterium, Methanococcus, Methanosarcina*)
- Thermoplasmatales (*Thermoplasma, Picrophilus*)
- Hyperthermophile Euryarchaeota: Thermococcales (*Thermococcus, Pyrococcus, Methanopyrus*)
- Hyperthermophile Euryarchaeota: Archaeoglobales (*Archaeoglobus, Ferroglobus*)

Das Reich der Crenarchaeota

- (*Sulfolobus, Acidianus, Thermoproteus, Pyrobaculum*)
- Desulfurococcales (Sulfolobales und Thermoproteales *Desulfurococcus, Pyrodictium, Pyrolobus, Staphylothermus*)

Das Reich der Korarchaeota

- keine kultivierbaren Arten

Das Reich der Nanoarchaeota

- *Nanoarchaeum equitans*

1.4.4
Eukaryotische Mikroorganismen

Die Domäne der Eukaryoten umfasst **vier Reiche: Tiere, Pflanzen, Pilze** und **Protisten**. Mikrobiologisch relevant sind vor allen Dingen Vertreter der Pilze (Hefen und Schimmelpilze). Lange Zeit wur-

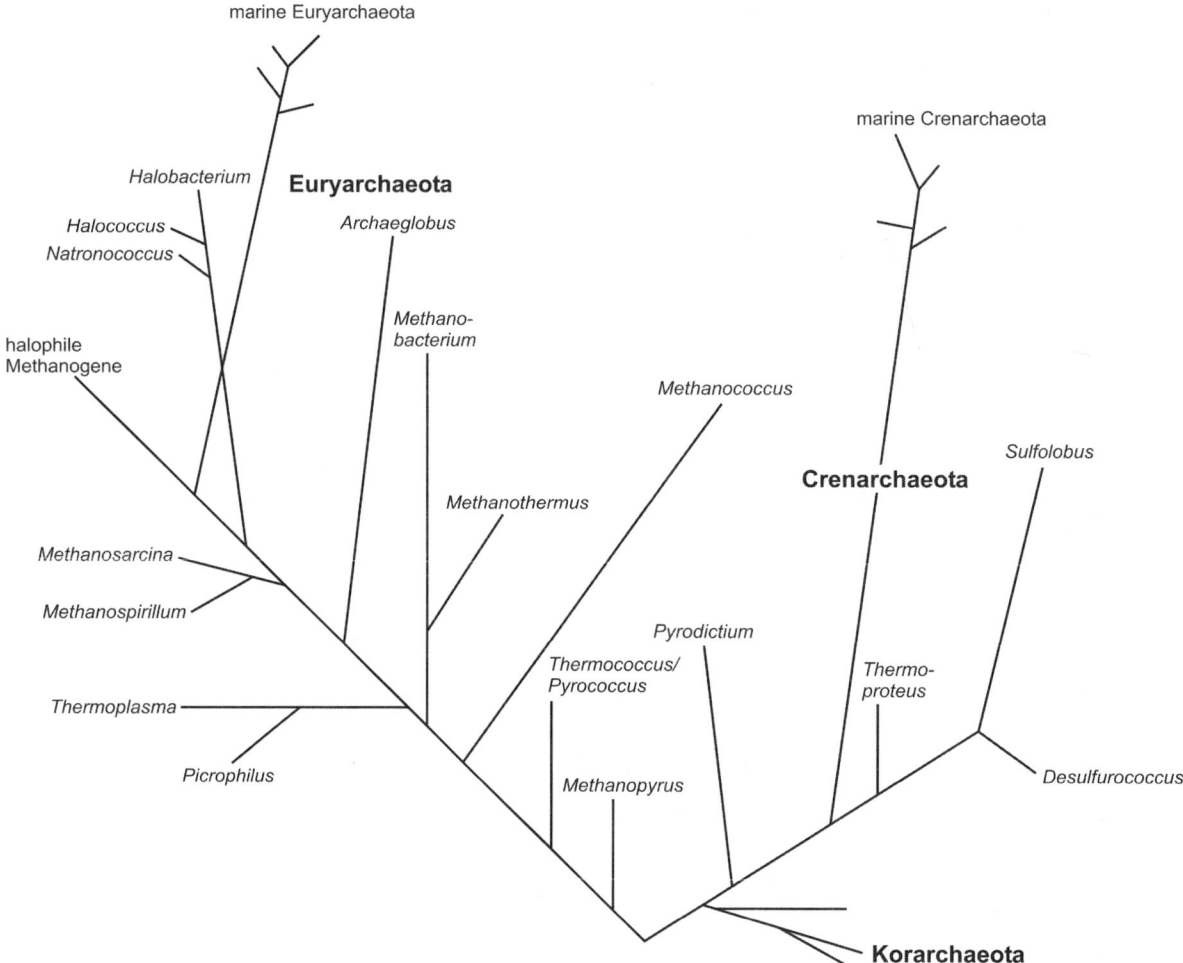

Abb. 1.3. Der Stammbaum der Archaea. Das Reich der Nanoarchaeota ist noch nicht berücksichtigt

den Pilze den Pflanzen zugeordnet. Diese Tatsache spiegelt sich auch darin wieder, dass die Pilzforschung (**Mykologie**) an Universitäten auch heute noch häufig an botanischen Instituten angesiedelt ist. Im modernen Stammbaum der Eukaryoten, der auf der Basis von 18S rRNS-Sequenzanalysen erstellt wurde, formen die Pilze (mit Ausnahme der Oomyceten) jedoch eine in sich geschlossene und relativ neuzeitliche phylogenetische Gruppe: das **Reich der Fungi** (Abb. 1.4). Ein mittlerweile ebenfalls veraltetes Taxon bilden die so genannten Fungi imperfecti, also Pilze ohne oder mit unbekannten geschlecht-

lichen Lebensstadien. Auf der Basis von Sequenzanalysen werden sie heute zu den Schlauchpilzen (Ascomycota) sowie zu den Basidienpilzen (Basidiomycota) gezählt. Eine interessante symbiotische Lebensgemeinschaft, die Flechten, bilden Pilze mit Algen oder Cyanobakterien.

Das Reich der Pilze (Fungi)

Abteilung Töpfchenpilze (Chytridiomycota)
- Chytridiales
- Blastocladiales
- Monoblepharidales

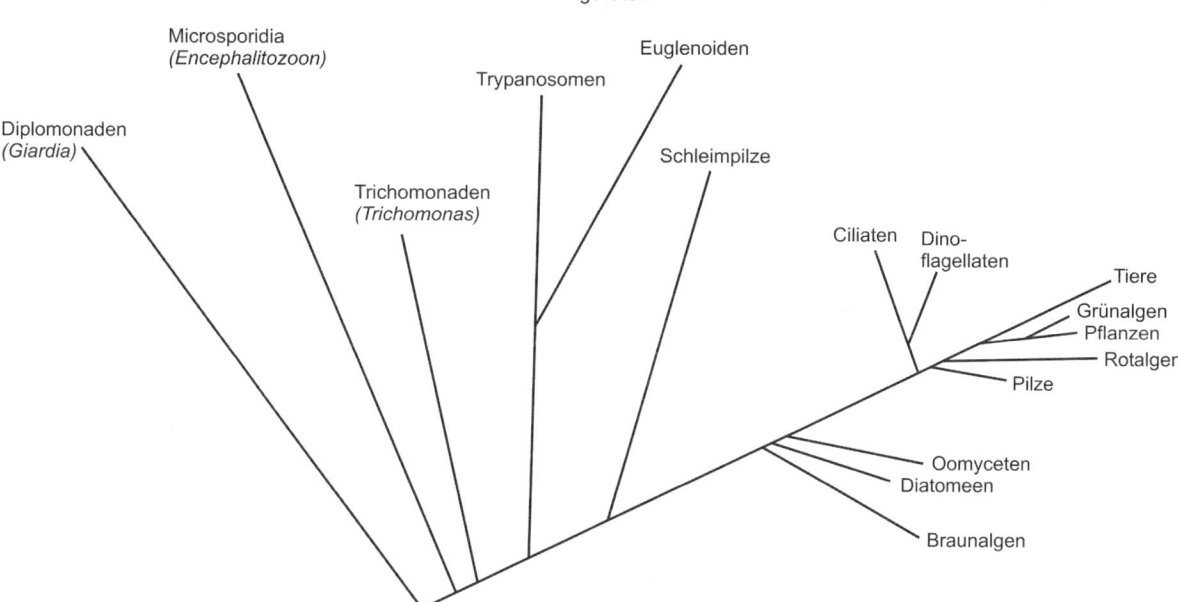

Abb. 1.4. Der Stammbaum der Eukaryoten

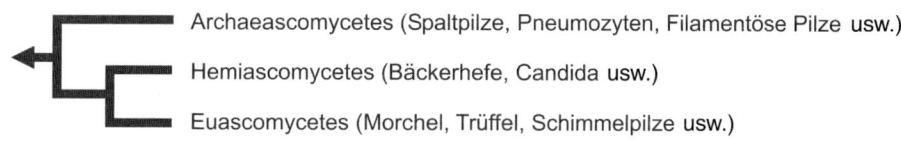

Archaeascomycetes (Spaltpilze, Pneumozyten, Filamentöse Pilze usw.)

Hemiascomycetes (Bäckerhefe, Candida usw.)

Euascomycetes (Morchel, Trüffel, Schimmelpilze usw.)

Abb. 1.5. Die Gruppe der Ascomyceten

Abteilung Jochpilze (Zygomycota)
● Zygomycetes
● Trichomycetes

Abteilung VA (vesikulär-arbuskuläre) Pilze (Glomeromycota)
● Glomeromycetes

Abteilung Schlauchpilze (Ascomycota)
● Archaeoascomycetes
● Hemiascomycetes
● Euascomycetes

Abteilung Basidienpilze (Basidiomycota)
● Ständerpilze (Basidiomycetes)
● Brandpilze (Ustilaginomycetes)
● Rostpilze (Urediniomycetes)

Die in der Mikrobiologie bedeutsamen Hefen und Schimmelpilze finden sich in der Abteilung der **Schlauchpilze** (Ascomycota). Diese Abteilung wiederum umfasst die Archaeascomyceten, die Hemiascomyceten, zu denen die Hefen zählen, sowie die Euascomyceten, zu denen auch die Schimmelpilze gezählt werden (Abb. 1.5).

Nachdem nun ein Überblick über die Diversität der Mikroorganismen gegeben wurde, soll im nachfolgenden Abschnitt auf die Merkmale und Eigenschaften ausgewählter Bakterien, Archaeen und Pilze eingegangen werden.

1.5
Escherichia coli –
Das Haustier der Mikrobiologie

Escherichia coli ist ein von Theodor Escherich Ende des 19. Jahrhunderts **aus dem menschlichen Darm isoliertes Bakterium**. Seinerzeit wurde es von ihm als *bacterium coli commune* bezeichnet. Mittlerweile ist *E. coli* zum Haustier der Mikro- und Molekularbiologen avanciert. Phylogenetisch gehört das Gram-negative Bakterium in die Klasse der Gamma-Proteobakterien und zur Familie der Enterobacteriaceae.

Systematik von *E. coli*:

Domäne: Bakterien
Reich: Proteobakterien
Klasse: Gamma-Proteobacteria
Ordnung: Enterobacteriales
Familie: Enterobacteriaceae
Gattung: *Escherichia*
Art: *coli*

Zu den Enterobakterien (abgeleitet vom griechischen *énteron* = Darm) gehören viele Darmbakterien und auch Krankheitserreger (*Salmonella thyphimurium*, *Vibrio cholerae*). *E. coli*, obwohl selber nicht pathogen, ist daher ein wichtiges **Markerbakterium**, wenn es darum geht, bakterielle Verunreinigungen im Trinkwasser nachzuweisen. Die Anwesenheit von *E. coli*, das sich auf speziellen Nährmedien sehr schnell nachweisen lässt, dient also als indirekter Nachweis auf andere, mitverunreinigende Darmbakterien, von denen ein hohes Krankheitspotential ausgehen kann. Der *E.-coli*-**Wildtypstamm** und die im Labor verwendeten Stämme (vor allem *E. coli* K12) sind für den **gesunden Menschen ungefährlich**. Vor einigen Jahren sind allerdings *E.-coli*-Varianten (O157:H7) aufgetaucht, die für Kleinkinder und ältere Menschen gefährlich werden können. Dieser *E.-coli*-Stamm löst schweren, blutigen Durchfall aus und wird daher Enterohämorrhagisches *E. coli* (EHEC) genannt.

E. coli verfügt über einen vielseitigen Stoffwechsel und kann sowohl in Anwesenheit von Sauerstoff (**aerob**) als auch unter Sauerstoffabschluss (**anaerob**) wachsen, ist also ein **fakultativer Anaerobier**. Unter anaeroben Bedingungen vergärt *E. coli* Glucose zu einer Vielzahl von Produkten (Ethanol, Milchsäure, Essigsäure, Ameisensäure, Wasserstoff und CO_2) (s. Kap. 2).

Lange Zeit war *E. coli* molekularbiologisch und genetisch der **am besten untersuchte Organismus**. Das Genom wurde 1997 vollständig sequenziert und die meisten der 4288 Gene sind in ihrer Funktion charakterisiert. Bahnbrechend waren die Arbeiten von Jonathan Beckwith, die 1969 zur erstmaligen Isolierung eines Gens führten. Beckwith und seine Kollegen haben damals das *E.-coli*-Gen isoliert, das die genetische Information für das Enzym Beta-Galaktosidase trägt. Was 1969 noch sensationell war, gehört heute zu den Standardoperationen in den mikro- und molekularbiologischen Laboratorien weltweit. Gentechnisch veränderte *E.-coli*-Stämme werden eingesetzt, um biotechnologische Proteine, wie beispielsweise Insulin und Enzyme zu produzieren (s. Kap. 6). Die Grundlagen der modernen Molekularbiologie wurden mit *E. coli* entwickelt. Das Bakterium ist im Labor einfach zu kultivieren und hat eine kurze Generationszeit, die unter optimalen Bedingungen nur rund 20 Minuten beträgt. Als Gram-negativer Mikroorganismus gelingt die Transformation, also das Einschleusen von Plasmiden, relativ problemlos. Hinzu kommt, dass die im Labor verwendeten *E.-coli*-Stämme alle in die niedrigste Sicherheitsstufe eingruppiert sind (S1-Organismen) und daher die baulichen und sicherheitstechnischen Auflagen gering sind. Auch im Produktionsmaßstab (oft mehrere Kubikmeter) haben sich **rekombinante** *E. coli* – also solche, die fremde genetische Information tragen, bewährt. So stellt beispielsweise die Firma Sanofi-Aventis (früher Höchst) Insulin im großen Maßstab in *E. coli* her. Nachteil bei der Produktion rekombinanter Proteine in *E. coli* ist häufig das Auftreten von *inclusion bodies* (s. Kap. 6). Darunter versteht man fehlgefaltete und damit unlösliche rekombinante Proteine. Die Bildung von *inclusion* *bodies* kann aber durch verschiedene Maßnahmen (niedrige Fermentationstemperatur, geringe Induktorkonzentration) in einigen Fällen deutlich reduziert werden. In manchen Fällen ist die Bildung von *inclusion bodies* sogar erwünscht, da sich diese durch Zentrifugation und nachgeschaltete Waschschritte leicht von den anderen Zellproteinen abtrennen und so in reiner Form gewinnen lassen. Durch Denaturierung und anschließende Renaturierung unter definierten Bedingungen lassen sich katalytisch aktive und korrekt gefaltete rekombinante Proteine aus den inaktiven *inclusion bodies* gewinnen.

1.6
Das Reich der Gram-positiven Bakterien – *Bacillus* und *Clostridium*

Die Gram-Färbung, benannt nach dem dänischen Arzt und Mikrobiologen Hans Christian Gram, ist eine Methode zur spezifischen Anfärbung der Zellwand von Bakterien. Je nach Zellwandtyp **reagieren verschiedene Bakterien unterschiedlich** auf diese Färbung. Bei der Charakterisierung und taxonomischen Einordnung von Mikroorganismen macht man sich diese Differenzierung zu Nutze und unterscheidet zwischen **Gram-positiven** und **Gram-negativen** Bakterien. Das Prinzip basiert auf einem Alkohol-löslichen Lack (einem Komplex aus dem Farbstoff Kristallviolett und Jod), der mit der Mureinschicht der Zellwand der Bakterien interkaliert. Die Gram-positiven Bakterien, die über ein bis zu 40 Schichten dickes Mureinnetz verfügen, erscheinen im Lichtmikroskop dunkelblau/violett. Bei Gram-negativen Bakterien, die nur ein einschichtiges Mureinnetz in ihrer Zellwand haben, wird der Lack durch Ethanol ausgewaschen; der Alkohol bewirkt also eine Differenzierung der Zellen. Danach folgt eine Gegenfärbung mit Fuchsin oder Safranin, wodurch die vom Alkohol entfärbten Gram-negativen Bakterien rot gefärbt werden.

1.6.1
Sporen – Eine mikrobielle Überlebensstrategie

Im Reich der Gram-positiven Bakterien sind auch die sporenbildenden Gattungen *Bacillus* und *Clostridium* angesiedelt. Diese Mikroorganismen zeichnen sich dadurch aus, dass sie **hitzeresistente Endosporen** bilden, die als Dauerformen lange Perioden im **Zustand latenten Lebens** überdauern können. Über die Lebensdauer von Sporen ist viel spekuliert worden. Fakt ist, dass auch in Jahrhunderte alten Proben noch lebensfähige Sporen nachgewiesen werden konnten. Es wird sogar von Sporen berichtet, die nach 250 Mio. Jahren noch keimungsfähig gewesen sein sollen. Man schätzt, dass in einer Bodenprobe rund 90% aller Sporen ihre Lebensfähigkeit innerhalb von 50 Jahren verlieren. Die Sporenbildung gehört nicht zwangsläufig zum Lebenszyklus von sporenbildenden Bakterien. Sie wird vielmehr durch äußere Umweltbedingungen induziert. Die **Bildung von Endosporen** wird ausgelöst, wenn die Lebensbedingungen für den Mikroorganismus schlechter werden, beispielsweise durch Mangel an Nährstoffen und Akkumulation von Stoffwechselprodukten. Austrocknen hingegen führt nicht zur Sporenbildung. Die Sporenbildung im Innern der Bakterienzelle beginnt mit der Ansammlung von proteinreichem Material und einer Verdichtung der genomischen DNS. In der Zelle vorhandene Speicherstoffe (Polysaccharide, Poly-β-hydroxybuttersäure) werden für zahlreiche Stoffumwandlungen genutzt. Charakteristisch ist die **Entstehung von Dipicolinsäure**, die in vegetativen Zellen nicht vorkommt. Zeitgleich zur Synthese der Dipicolinsäure werden Calcium-Ionen in die Zelle aufgenommen. In den fertig ausgereiften Sporen liegt die Dipicolinsäure im Komplex mit Calcium vor und macht bis zu 15% der Sporentrockenmasse aus. Hierin liegt auch das typische Erscheinungsbild der Sporen begründet, die aufgrund ihres hohen Lichtbrechungsindexes im Phasenkontrastmikroskop als helle Strukturen zu erkennen sind. Die reifen Sporen haben keine Stoffwechselaktivität und verfügen über eine hohe Resistenz gegenüber Hitze, Strahlung und chemi-

Tabelle 1.2. Die Eigenschaften von vegetativen Zellen und Sporen

Charakteristikum	vegetative Zelle	Spore
Aussehen im Lichtmikroskop	wenig lichtbrechend	stark lichtbrechend
Calcium-Gehalt	niedrig	hoch
Dipicolinsäure	nicht vorhanden	vorhanden
Stoffwechselaktivität	hoch	keine
Hitzeresistenz	niedrig	hoch
Strahlungsresistenz	niedrig	hoch
Resistenz gegen chem. Agenzien (H_2O_2, Säuren)	niedrig	hoch
Resistenz gegenüber Lysozym	nicht vorhanden	vorhanden
Wassergehalt	80–90%	10 25%

schen Agenzien. Ihr Wassergehalt beträgt nur etwa 15%. Dies ist mit dem Wassergehalt von Wolle oder Haaren zu vergleichen (Tabelle 1.2).

In geeigneter Umgebung mit ausreichender Wasser- und Nährstoffkonzentration kommen die Sporen zur Auskeimung. Häufig wird die Auskeimung durch einen Hitzeschock (kurzzeitige Erhitzung auf 60–100 °C) stimuliert. Während der Keimung spielen sich tief greifende physiologische Veränderungen ab, an deren Ende wieder eine vegetative Bakterienzelle steht.

1.6.2
Bacillus subtilis –
Ein wichtiger industrieller Produktionsstamm

Der Gattungsname *Bacillus* (Plural: *Bacilli*) leitet sich von dem lateinischen Begriff für „Stäbchen" ab. Vertreter dieser Gattung sind stäbchenförmige, in der Mehrzahl bewegliche Bakterien, die unter aeroben Bedingungen wachsen und in der Lage sind, Sporen zu bilden. Wie schon in Kap. 1.4.2 erwähnt, gehört *Bacillus subtilis* zu den Gram-positiven Bakterien (Firmicutes) und wird der Familie Bacillaceae zugeordnet. *B. subtilis* ist **in der Natur weit verbreitet** und kann aus Wasser-, Luft- und Bodenproben isoliert werden. Da sich *B. subtilis* im Heuaufguss anreichern lässt, wird er häufig auch Heubazillus genannt. Die stäbchenförmigen Zellen sind peritrich, also rund um die gesamte Zelle begeißelt und sind 2 μm lang. Die Er-

nährungsweise von *B. subtilis* ist chemoorganoheterotroph, d. h. er nutzt **organische Substrate zur Energiegewinnung**. In seinem natürlichen Lebensraum, dem Boden, spielt dieser Mikroorganismus eine wichtige Rolle bei der Mobilisierung und Mineralisierung organischer Stoffe und deren Rückführung in die Nahrungskreisläufe. *B. subtilis* verfügt über eine große Anzahl sekretierter Enzyme, wie beispielsweise Proteasen, Amylasen und Pectinasen, die ihn in die Lage versetzen, abgestorbenes organisches Material zu verwerten. Unter optimalen Bedingungen, in Gegenwart von Sauerstoff und Glucose, hat *B. subtilis* eine **Generationszeit von rund 45 Minuten**. Wie bei anderen Mikroorganismen auch reprimiert Glucose die Expression sämtlicher Gene, deren Produkte für die Nutzung alternativer C-Quellen verantwortlich sind. Obwohl Sauerstoff der bevorzugte Elektronenakzeptor ist, kann *B. subtilis* auch unter anaeroben Bedingungen langsam wachsen, wenn Nitrat als alternativer Elektronenakzeptor zur Verfügung steht. Ohne alternative Elektronenakzeptoren schaltet der Mikroorganismus auf einen Gärungsstoffwechsel um, wobei verwertbare Zucker zu Milchsäure, Ethanol, Acetoin und 2,3-Butandiol umgesetzt werden (s. Kap. 2).

Für *B. subtilis* sind zahlreiche Anwendungen beschrieben. Auf Grund ihrer hohen Hitzeresistenz werden *B.-subtilis*-Sporen als **Indikator bei Sterilisationsprozessen** in der Mikrobiologie, Pharmazie und Medizin sowie in der Lebensmittelindustrie eingesetzt. Erst wenn die korrekten Sterilisationsbedingungen (vor allem genügend hohe Temperatur) erreicht sind, wird ein Auskeimen der Sporen verhindert. In der Landwirtschaft dient das Bakterium als **biologisches Fungizid** für Samen von beispielsweise Baumwolle, Gemüse, Nüssen und Hülsenfrüchten. *B. subtilis* besiedelt während der Keimung das Wurzelsystem der Nutzpflanzen und beugt durch Verdrängung dem Wachstum von Pilzen vor. In der japanischen Küche ist **Natto** sehr beliebt. Zur Herstellung von Natto werden Sojabohnen mit dem Stamm *Bacillus subtilis* subspecies *natto* fermentiert. Hierbei entstehen Vitamine, Aminosäuren und andere wertvolle Nährstoffe. Charakteristisch ist die Bildung von Polyglutaminsäure, die dem Natto seine fädenziehende Struktur verleiht. In der Industrie nutzt man die Fähigkeit von *B. subtilis*, extrazelluläre Enzyme zu sekretieren. Viele Waschmittelenzyme (Proteasen) werden von *B. subtilis* in großem Maßstab produziert. Der Vorteil der Sekretion liegt darin, dass die Enzyme aus dem Kulturüberstand leicht zu reinigen sind, da sie nur mit wenigen anderen Proteinen kontaminiert sind. Mittlerweile haben die großen Enzymhersteller Systeme zur rekombinanten Produktion von bakteriellen Enzymen in Hochleistungsstämmen von *B. subtilis* etabliert. Dabei werden Enzymausbeuten von mehreren 10 Gramm pro Liter Kulturüberstand erreicht. Weitere *Bacillus*-Stämme wie z. B. *B. megaterium* und *B. licheniformis* werden ebenfalls industriell eingesetzt (s. Kap. 3).

Auf Grund seiner vielfältigen Einsatzmöglichkeiten und wegen seiner Bedeutung als bestuntersuchter Gram-positiver Modellkeim wurde 1990 mit der Sequenzierung des Genoms von *B. subtilis* begonnen. Die Ergebnisse wurden im Jahr 1997 vorgestellt. Der zirkuläre DNS-Doppelstrang umfasst insgesamt 4.214.814 Basenpaare bei einem GC-Gehalt von 43,5%. Die codierende Sequenz beträgt rund 87% der Gesamtsequenz und umfasst ca. 4100 proteinkodierende Gene. Die Analyse der gesamten Genomsequenz hat für die industrielle Nutzung von *B. subtilis* als Enzymproduzent wichtige Erkenntnisse gebracht und ermöglicht die weitere Optimierung dieses effizienten Produktionsstammes.

1.6.3
Gattung *Clostridium* – Stoffwechselvielfalt unter anaeroben Bedingungen

Auch die Gattung *Clostridium* gehört zur Familie der Bacillaceae und damit zu den **Gram-positiven, sporenbildenden Bakterien**. Im Gegensatz zu den fakultativen Vertretern der Gattung *Bacillus* wachsen Clostridien mit wenigen Ausnahmen (*C. histolyticum*, *C. acetobutylicum* sind aerotolerant) unter strikt anaeroben Bedingungen. Clostridien verfügen nicht über ein Cytochromsystem und können Energie daher nicht über Atmungsket-

tenphosphorylierung gewinnen. Stattdessen verfügen sie über einen vielfältigen **Gärungsstoffwechsel**, der sie für eine industrielle Anwendung interessant macht. So wird beispielsweise bis heute die Herstellung von Butanol und Aceton durch *Clostridium acetobutylicum* in kleinem Maßstab kommerziell durchgeführt (s. Kap. 18). Noch bis in die 50er Jahre des 20. Jahrhunderts hinein war die biotechnologische Produktion der beiden Lösungsmittel ein wirtschaftlich sehr bedeutendes Verfahren. Von allen Fermentationsprozessen hatte nur die alkoholische Gärung eine größere Bedeutung. Allerdings befinden sich biotechnologische Verfahren immer auch in Konkurrenz zu (petro-)chemischen Verfahren (s. Kap. 19). In Zeiten verringerter Erdölreserven werden aber in Zukunft nachwachsende Rohstoffe eine wichtige Rolle als „Erdölersatz" spielen. Clostridien könnten dann zu neuer Bedeutung kommen, da sie eine große Zahl von **Naturstoffen als Substrate** nutzen können. Das breite Substratspektrum umfasst Polysaccharide (Stärke, Glykogen, Cellulose, Hemicellulosen, Pectine), Nukleinsäuren, Aminosäuren und Fette.

Die bei der Gattung *Clostridium* beschriebenen Gärungsprodukte umfassen so wichtige Grundchemikalien wie Buttersäure, Butanol, Propionsäure, Capronsäure, Aceton, Isopropanol und Ethanol. Eine Zusammenfassung der Gärungstypen zeigt Tabelle 1.3.

1.7
Milchsäurebakterien – Seit Jahrtausenden von Menschen genutzt

Die Milchsäurebakterien gehören zur Familie der Lactobacteriaceae und sind systematisch im Reich II bei den **nicht-sporulierenden Gram-positiven Bakterien** mit niedrigem GC-Gehalt angesiedelt (vgl. Abschnitt 1.4.2). Sie stellen eine physiologische Gruppe von Bakterien dar, die als gemeinsames Merkmal einen **fermentativen Stoffwechsel** mit Milchsäure als charakteristischem, wenn auch nicht immer als einzigem, Produkt haben (s. Kap. 2). Sie sind anaerob, können aber auch in Gegenwart von Sauerstoff wachsen (aerotolerant).

Tabelle 1.3. Beispiele für Gärungsprodukte von Vertretern der Gattung *Clostridium*

Clostridium-Art	Substrate	Produkte
Bildung von Säuren		
C. butyricum	Glucose, Stärke, Dextrin	Butyrat, Acetat, CO_2, H_2
C. pasteurianum	Glucose, Stärke, Mannit, Inulin	Butyrat, Acetat, CO_2
C. tyrobutyricum	Glucose, Lactat	Butyrat, Acetat, CO_2, H_2
C. pectinovorum	Pectin, Stärke, Glykogen, Dextrin	Butyrat, Acetat
C. propionicum	Alanin, Threonin	Acetat, Propionat, CO_2
C. kluyveri	Ethanol + Acetat + CO_2	Capronat, Butyrat, H_2
Bildung von Säuren und Lösungsmitteln		
C. acetobutylicum	Glucose	Butyrat, Acetat, Butanol, Isopropanol, CO_2, H_2
	Glucose, Glycerin, Pyruvat	Butyrat, Acetat, Butanol, Aceton, Acetoin, Ethanol, CO_2, H_2

Milchsäurebakterien sind stäbchen- oder kokkenförmige, unbewegliche, nicht-sporenbildende (Ausnahme: *Sporolactobacillus*), säuretolerante Bakterien mit komplexen Nährstoffansprüchen. Der Bedarf an Supplinen (Vitamine, Aminosäuren) rührt wahrscheinlich daher, dass die Milchsäurebakterien auf Grund ihrer Spezialisierung auf das Wachstum in Milch die Fähigkeit zur Synthese von Vitaminen und anderen Metaboliten verloren haben. Bedingt durch die hohen Nährstoffansprüche findet man Milchsäurebakterien **fast nie im Boden oder im Wasser.** Häufig sind sie dagegen in Milch und Milcherzeugnissen zu finden (z. B. *Lactobacillus lactis, L. bulgaricus, L. casei, L. brevis*). Auch intakte oder sich zersetzende Pflanzen (z. B. *Lactobacillus plantarum, L. delbrückii, Leuconostoc mesenteroides*) sowie der Darm und die Schleimhäute von Menschen und Tieren (z. B. *Lactobacillus acidophilus, Bifidobacterium, Enterococcus faecalis*) sind ein bevorzugter Lebensraum.

Milchsäurebakterien unterscheiden sich in ihrer Eigenschaft, Glucose entweder ausschließlich zu Milchsäure (Lactat) oder zu Milchsäure und weiteren Gärprodukten zu vergären (s. Kap. 2, 20). **Homofermentative** Milchsäurebakterien bilden nahezu reines Lactat (>90% Milchsäure). **Heterofermentative** Milchsäurebakterien bilden neben dem Lactat auch Ethanol und CO_2 und andere Säuren (Acetat) (Tabelle 1.4).

Milchsäurebakterien werden schon seit Jahrtausenden zur Konservierung von Lebensmitteln eingesetzt. Durch die Vergärung von Zucker zu Milchsäure werden die Lebensmittel angesäuert (pH <5) und unterdrücken dadurch das Wachstum anderer, schädlicher Bakterien. Zu den wichtigsten **milchsauren Lebensmitteln** zählen Sauerkraut, Sauerteig, Rohwürste (Salami) und natürlich Milchprodukte wie Sauermilch, Buttermilch, Joghurt und Kefir. In der milchverarbeitenden Industrie werden Milchsäurebakterien nicht nur zur Ansäuerung eingesetzt, sondern auch als Geschmackstoffbildner (Buttergeschmack durch Diacetylbildung). Einen wichtigen Markt haben die Milchsäurebakterien bei den **probiotischen Lebensmitteln** erobert. Probiotische Lebensmittel (Yoghurt, Yoghurt-Drinks) enthalten magensäuretolerante Milchsäurebakterien, die in den Darm gelangen und dabei aktiv bleiben, um so das Verhältnis von schädlichen und nützlichen Bakterien im Darm positiv zu beeinflussen (s. Kap. 29). Die gesundheitlichen Wirkungen, die durch probiotische Milchsäurebakterien vermittelt werden, sind noch nicht vollständig aufgeklärt und umfassen die Verbesserung der Immunabwehr sowie die Vorbeugung von Infektionen im Magen-Darm-Trakt. Bei Milchzuckerunverträglichkeit können diese Milchprodukte häufig besser toleriert werden.

Tabelle 1.4. Beispiele für homo- und heterofermentative Milchsäurebakterien

Fermentationstyp	Stäbchen	Kokken
Homofermentativ **Glucose → Lactat**	*Lactobacillus delbrückii* subsp. *lactis* *Lactobacillus delbrückii* subsp. *bulgaricus* *Lactobacillus helveticus* *Lactobacillus acidophilus* *Lactobacillus casei* *Lactobacillus plantarum*	*Lavtococcus lactis* *Enterococcus faecalis* *Streptococcus salivarius* *Streptococcus pyogenes*
Heterofermentativ **Glucose → Lactat, Acetat,** **Ethanol + CO$_2$**	*Lactobacillus bifermentans* *Lactobacillus brevis* *Lactobacillus fermentum*	*Leuconostoc mesenteroides* *Leuconoctoc lactis*

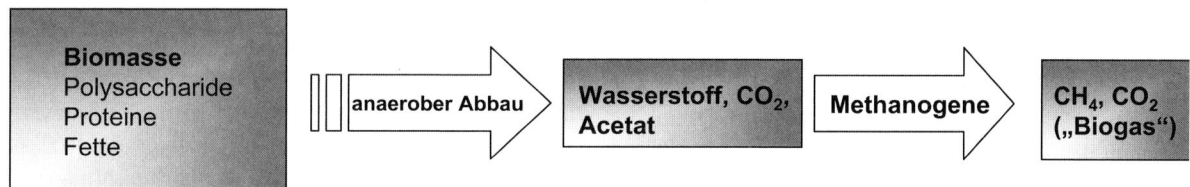

Abb. 1.6. Anaerober Biomasseabbau durch Methanogene

1.8
Methanogene Mikroorganismen –
Das letzte Glied
einer anaeroben Nahrungskette

Methanbildner sind **streng anaerobe Archaeen** (s. Kap. 1.4.3 Euryarchaeota), die sich ihrer Form nach in stäbchenförmige (*Methanobacterium*), kokkoide (*Methanococcus*), Sarcina-ähnliche (*Methanosarcina*) und Spirillum-förmige (*Methanospirillum*) unterscheiden lassen. Die methanbildenden Archaeen sind das letzte Glied einer anaeroben Nahrungskette. Komplexe Polysaccharide (Stärke, Cellulose) und Fette werden durch **Mikroorganismen unter Sauerstoffabschluss fermentativ** zu Säuren, Alkoholen, Wasserstoff und CO$_2$ umgesetzt (Abb. 1.6). Die Methanogenen wiederum bilden aus Acetat bzw. aus H$_2$ + CO$_2$ Methan (CH$_4$).

Methan ist ein **atmosphärisches Treibhausgas,** dessen Konzentration sich in der Atmosphäre seit der letzten Eiszeit mehr als verfünffacht (auf derzeit ca. 1,7 ppm) hat und jährlich um 0,5% zunimmt. Der hierdurch verursachte zusätzliche Treibhauseffekt entspricht etwa einem Drittel von dem des CO$_2$. Die Quellen des atmosphärischen CH$_4$ sind überwiegend biogen. Die wichtigsten anoxischen Standorte und Quellen für atmosphärisches CH$_4$ sind natürliche Feuchtgebiete und Reisfelder, außerdem Wiederkäuer (Pansen), Termiten (Enddarm), Mülldeponien und Faulgas aus Klärwerken. Diese Quellen machen nahezu zwei Drittel des gesamten Methanhaushalts von etwa 600 Mio. Tonnen pro Jahr aus. Methanogene Mikroorganismen spielen in **Klär- und Biogasanlagen** eine wichtige Rolle (s. Kap. 27). Neben der technischen Anwendung dieser Mikroorganismen ist aber auch ihre Stoffwechselaktivität von besonderer Bedeutung für den Kohlenstoffkreislauf der Natur und wird daher intensiv untersucht (Abb. 1.6).

1.9
Extremophile Mikroorganismen –
Leben unter extremen Bedingungen

Unter dem Begriff „Extremophile" werden Mikroorganismen zusammengefasst, die unter extremen Bedingungen hinsichtlich Temperatur, pH, Druck oder Salzkonzentration **optimal wachsen.** Als Bezugsgröße für die Definition des Begriffes „extrem" gelten natürlich Bedingungen, die der Mensch für „normal" hält. Vor diesem Hintergrund können als „normal" angenommen werden: Temperaturen um die 20 °C, neutraler pH-Wert, atmosphärischer Druck und eine Salzkonzentration von rund 1%. Extremophile Mikroorganismen dagegen leben in den unwirtlichsten und ursprünglichsten Milieus der Erde. Wo andere Organismen nicht existieren können, sind sie zu finden (Tabelle 1.5): in der Tiefsee bei Drücken von mehreren 100 bar, in heißen vulkanischen Quellen bei über 100 °C, in kalten Regionen bei Temperaturen um den Gefrierpunkt; in Salzseen (bis zu 30% Salzkonzentration) ebenso wie in Umgebungen mit extremen pH-Werten (pH < 2, pH > 9) (Tabelle 1.6).

Die Zellkomponenten (Enzyme, Membranen) von Extremophilen (Bacteria und Archaea) sind optimal an die extremen Umweltbedingungen angepasst und haben Eigenschaften (Stabilität, Spezifität und Aktivität), die sie für eine biotechnologische Anwendung interessant machen. Für zahlreiche industrielle Verfahren werden spezielle Biokatalysatoren benötigt, die sich neben einer

Tabelle 1.5. Definition (Wachstumsgrenzen) von extremophilen Mikroorganismen

Psychrophile:	Temp.$_{Bereich}$ −5 bis 20 °C (kein Wachstum oberhalb von 25 °C)
Psychrotolerante:	Temp.$_{Bereich}$ 10 bis 30 °C (Optimum oberhalb von 15 °C)
Thermophile:	Temp.$_{Opt.}$ 50 bis 70 °C
Extrem Thermophile:	Temp.$_{Opt.}$ 70 bis 85 °C
Hyperthermophile:	Temp.$_{Opt.}$ 85 bis 113 °C
Halophile:	10 bis 35% Salz
Acidophile:	pH 0,7 bis 4
Alkaliphile:	pH 8 bis 11

Tabelle 1.6. Die Rekordhalter unter den extremophilen Organismen

Kälte:	−15 °C	Mikroalgen (Eukarya)
Hitze:	113 °C	*Pyrolobus fumarii* (Archaea)
Säure:	pH 0,7	*Picrophilus torridus* (Archaea)
Base:	pH > 10	*Natronobacterium pharaonis* (Archaea)
Strahlung:	> 3 Mrad	*Deinococcus radiodurans* (Bacteria)
Salz:	> 5 M	*Halobacteriaceae* (Archaea)
Druck:	> 100 MPa	Seegurken (Eukarya)

hohen Spezifität auch durch eine ausgeprägte **Stabilität unter extremen Bedingungen** auszeichnen.

Ein Paradebeispiel dafür, wie Enzyme aus extremophilen Mikroorganismen erfolgreich kommerziell eingesetzt werden und dabei auch noch einen ganzen Wissenschaftszweig revolutionieren, ist sicherlich die DNS-Polymerase aus dem thermophilen Bakterium *Thermus aquaticus*. Dieses thermophile und chemoorganotrophe Bakterium gehört zur Gruppe der Deinococci (Reich IX, s. Kap. 1.4.2) und wächst optimal bei 70 °C (Wachstumsbereich: 50 bis 80 °C). **Die DNS-Polymerase aus *Thermus aquaticus*,** nach ihrem Herkunftsorganismus auch *Taq*-Polymerase genannt, hat eine Technologie ermöglicht, die heutzutage aus der medizinischen, biologischen und biotechnologischen Forschung nicht mehr wegzudenken ist: die Polymerase-Kettenreaktion (engl. *polymerase chain reaction*, kurz: PCR) (s. Kap. 7). Diese Technik wurde in den frühen 80er Jahren des 20. Jahrhunderts von Kary Mullis entwickelt (Nobelpreis für Chemie 1993). Die PCR ist ein Verfahren, das DNS durch wiederholte Verdoppelung in mehreren Zyklen mit Hilfe einer DNS-Polymerase künstlich vervielfältigt (amplifiziert). DNS-Polymerasen kommen in allen Lebewesen vor und haben *in vivo* die Aufgabe, die DNS vor der Zellteilung zu verdoppeln. Das Enzym bindet an einen einzelnen DNS-Strang und erzeugt einen dazu komplementären Strang. Mullis hat dieses Verfahren ins Reagenzglas, also *in vitro*, umgesetzt. Bei der PCR wird die doppelsträngige DNS durch Erhitzen auf über 90 °C in zwei Einzelstränge „aufgeschmolzen". Bei diesen hohen Temperaturen wurde die anfangs eingesetzte hitzelabile DNS-Polymerase zerstört und musste daher nach jedem Zyklus erneut zugegeben werden. Das ursprüngliche Verfahren war daher sehr ineffizient und benötigte viel Zeit, große Mengen DNS-Polymerase und großen manuellen Aufwand. Erst durch den Einsatz der thermostabilen *Taq*-Polymerase wurde der PCR-Prozess erheblich verbessert und vereinfacht, da diese Polymerase durch das Erhitzen während der PCR-Zyklen nicht zerstört wird. Da nicht mehr ständig neue DNS-Polymerase hinzugefügt werden musste, konnte der Vervielfältigungsvorgang preisgünstiger ablaufen und automatisiert werden. Bis heute wird die *Taq*-Polymerase erfolgreich in der PCR eingesetzt. Ein **Nachteil der *Taq*-Polymerase** liegt allerdings darin, dass sie manchmal Fehler beim Kopieren der DNS macht, was zu Mutationen in der DNS-Sequenz führt. Neuere DNS-Polymerasen aus thermophilen Archaeen wie *Pyrococcus* oder *Thermococcus* haben einen Korrekturmechanismus (*proofreading*), der die Fehlerrate in der kopierten DNS erheblich senkt.

Vertreter der archaeellen Gattung *Pyrococcus* gehören zur Gruppe der Euryarchaeota und wachsen optimal unter anaeroben Bedingungen zwischen 90 und 100 °C.

Ein großes Potenzial wird den **Biokatalysatoren** aus extremophilen Mikroorganismen in vielen häuslichen und industriellen Anwendungsbereichen zugeschrieben (s. Kap. 7). So können beispielsweise thermoalkaliphile Enzyme (Amylasen, Proteasen) in Wasch- und Geschirrspülmitteln eingesetzt werden, um stärke- bzw. proteinhaltige Verschmutzungen effektiver zu reinigen. In der chemischen Industrie werden Enzyme aus extremophilen Mikroorganismen (**Extremozyme**) für einen Einsatz in der Produktion von Feinchemikalien und Wirkstoffvorstufen (*building blocks*) getestet.

Neben Enzymen spielen aber auch andere Zellinhaltsstoffe aus Extremophilen eine wichtige Rolle. In der Medizin, Diagnostik und Kosmetik werden seit neuerem kompatible Solute (s. auch Kap. 21) eingesetzt, die aus halophilen (salzliebenden) Bakterien gewonnen werden können. Besonders gut untersucht ist die Gewinnung von **Ectoin**, einem der wichtigsten kompatiblen Solu-

te, aus *Halomonas elogata*. Das kompatible Solut aus diesem halophilen Bakterium wird in einer ganzen Reihe von Kosmetika eingesetzt und entfaltet auf der Haut eine UV-schützende Wirkung.

Die Erforschung und Nutzung von extremophilen Mikroorganismen und ihren Zellkomponenten steht gerade erst am Anfang. Experten gehen davon aus, dass die Nutzung von Extremozymen in den nächsten Jahren weiter zunehmen wird.

1.10
Saccharomyces, *Penicillium* und *Aspergillum* – Pilze in der Biotechnologie

Hefen und Pilze spielen von alters her eine wichtige Rolle in biotechnologischen Prozessen. Die Hefen der Gattung *Saccharomyces* sind die am häufigsten industriell eingesetzten Mikroorganismen überhaupt und werden weltweit jährlich im Maßstab von mehreren Millionen Tonnen produziert. *Saccharomyces cerevisiae* (die Bäckerhefe) gehört zur Abteilung der Schlauchpilze (Ascomycota). Typisch sind eine **asexuelle Vermehrung** durch Sprossung und das Fehlen eines Myzels. Unter anaeroben Bedingungen wird Glucose zu Ethanol und CO_2 umgesetzt. Diese Eigenschaft der Bäckerhefe wird genutzt, um sie als **Triebmittel** für Brot und andere Backwaren einzusetzen bzw. für die Herstellung von Alkohol zu nutzen. Neben diesen Haupteinsatzgebieten werden *S. cerevisiae* und verwandte Stämme wie *S. carlsbergensis* auch für die Herstellung verschiedener Enzyme, Vitamine und Lebensmittelzusätze genutzt (Tabelle 1.7).

S. cerevisiae ist ein gut untersuchter eukaryotischer Modellorganismus. Dank ihrer kurzen Generationszeit von rund 90 Minuten und ihres für Eukaryoten relativ kleinen Genoms, das nur etwa dreimal so groß ist wie das von *E. coli*, wurden viele molekulargenetische Untersuchungen an *S. cerevisiae* durchgeführt. Seit 1996 liegt die Sequenz des gesamten Genoms vor (s. Kap. 4). Auch andere Hefen haben mittlerweile den Weg in die industrielle Anwendung gefunden. Trotzdem gilt: Auch wenn zahlreiche Hefen interessante Merkmale aufweisen, werden nur wenige auserwählte

Tabelle 1.7. Industrielle Nutzung von Hefen und Hefeprodukten

Hefezellen
- Bäckerhefe
- Brauhefe
- Trockenhefe
- Single Cell Protein

Hefeprodukte
- Hefeextrakt
- Vitamine
- Enzyme

Fermentationsprodukte aus Hefe
- Ethanol
- Glycerin

alkoholische Getränke
- Wein
- Bier

Stämme wie *Saccharomyces cerevisiae*, *Pichia pastoris*, *Hansenula polymorpha*, *Schizosaccharomyces pombe*, *Kluyveromyces lactis* oder *Yarrowia lipolitica* industriell genutzt, da die Entwicklung eines Stamms und seiner Züchtungsbedingungen im industriellen Maßstab enorme Investitionen voraussetzt und jede Hefe ein ganz bestimmtes Know-how erfordert.

Auch die ebenfalls zu den Schlauchpilzen gehörenden Gattungen *Penicillium* und *Aspergillus* haben die Medizin bzw. die Biotechnologie sehr bereichert. Im Jahr 1928 entdeckte Sir Alexander Flemming die antibiotische Wirkung des Schimmelpilzes *Penicillium notatum* (heute: *P. chrysogenum*) insbesondere auf Gram-positive Bakterien. *P. chrysogenum* ist weit verbreitet und kann auf verschiedenen Lebensmitteln gefunden werden. Da der Pilz auch geringere Feuchtegehalte tolerieren kann, ist er ein typischer Vertreter der in der Raumluft vorkommenden Schimmelpilze. Sir Flemming war allerdings nicht der erste, der beobachtete, dass das Bakterienwachstum durch Schimmelpilze gehemmt werden kann. Schon 1870 hatte John Burden Sanderson einen **Zusammenhang zwischen Schimmelpilzen und Bakterienwachstum** erkannt. Seine Erkenntnisse blieben jedoch ohne Resonanz in der wissenschaftlichen Welt. Auch im Falle des Penicillins hat es bis ins

Jahr 1941 gedauert, bis der erste Patient mit dem Antibiotikum behandelt wurde. Seit 1944 wird Penicillin – zunächst in den USA und in Kanada – in großem Maßstab hergestellt (s. Kap. 24).

Eine besondere Rolle spielen Pilze bei der **industriellen Produktion von organischen Säuren** wie Citronensäure, Gluconsäure, Äpfelsäure oder Weinsäure (s. Kap. 20). Die Herstellung dieser Säuren mit Hilfe von Pilzen hat den Vorteil, dass sich die Produkte durch kostengünstige Filtrationsprozesse vom Pilzmyzel abtrennen lassen, während zur Separation von Bakterien ein viel höherer technischer Aufwand betrieben werden müsste (Zentrifugation/Separation). Organische Säuren, mit Ausnahme der Milchsäure, werden von den Pilzen nur unter aeroben Bedingungen ausgeschieden. An ihren natürlichen Standorten im Boden scheiden Pilze kaum Intermediärprodukte aus. Stattdessen versuchen sie durch vollständige Oxidation und Assimilation des Substrats möglichst viel Energie und Zellmasse zu gewinnen. Zur Überproduktion der Säuren unter industriellen Bedingungen bedarf es daher eines **Überangebots an Nährstoffen** (Zucker) und weitere Maßnahmen, um die Produktausbeute zu erhöhen. Häufig werden Spurenelemente wie Eisen, Zink, Mangan, Kupfer oder Magnesium limitiert und stimulieren somit die Überproduktion der gewünschten organischen Säure. Das reguläre Stoffwechselsystem wird also künstlich so beeinflusst, dass es zu einem starken Anstau von **Intermediärprodukten** kommt. Von großer industrieller Bedeutung ist die Produktion von **Citronensäure** durch *Aspergillus niger*. Der zu den Ascomycota zählende *A. niger* wird aufgrund seiner dunklen Sporen auch Schwarzschimmel genannt. *A. niger* ist ein ubiquitär verbreiteter Pilz und kommt weltweit im Erdboden vor. Sein Wachstumsoptimum liegt zwischen 35 und 37 °C, das Minimum bei 6 bis 8 °C, das Maximum zwischen 45 und 47 °C. Interessant ist der außergewöhnlich große pH-Bereich (pH 1,5 bis 9,8), den *A. niger* tolerieren kann.

Die mit *A. niger* produzierte Citronensäure ist mit einem jährlichen Produktionsvolumen von über 600.000 Tonnen die mit Abstand wichtigste fermentativ gewonnene Säure. Sie findet als Bestandteil vieler Nahrungs- und Genussmittel breite Anwendung in der Lebensmittelindustrie. Daneben kommt Citronensäure auch in Medikamenten zu Einsatz, um die Aufnahme von Calcium und Eisen zu verbessern. Im Haushalt ist Citronensäure als Entkalker sehr verbreitet. Die großtechnische Produktion von Citronensäure erfolgt durch Fermentation zuckerhaltiger Stoffe (meist Melasse), die dem Pilz im Überschuss angeboten werden. Neben dem so genannten **Oberflächenverfahren**, bei dem die Fermentation in großen Schalen abläuft, werden verstärkt Submersverfahren zur Citronensäureproduktion eingesetzt (s. Kap. 20). Beim **Submersverfahren** erfolgt die Fermentation in gerührten Fermentern unter definierten pH- und Sauerstoffbedingungen bei ca. 30 °C. Die Ausbeuten in den modernen technischen Verfahren liegen meist zwischen 65 und 90% der theoretisch erreichbaren Menge an Citronensäuremonohydrat bezogen auf die eingesetzte Zuckermenge. Da die Spurenelemente Eisen und Mangan stark hemmend auf die Citronensäureproduktion wirken, werden sie durch spezielle Verfahren aus den eingesetzten Rohstoffen entfernt. Wichtig ist ferner die genaue pH-Regelung, da *A. niger* nur im stark sauren Milieu Citronensäure bildet. Unter schwach sauren Bedingungen hingegen wird Gluconsäure und im neutralen Bereich Oxalsäure gebildet. Zur Entwicklung von genügend Myzel wird die Fermentation dennoch häufig im schwach sauren Bereich begonnen und in späteren Phasen durch Selbstsäuerung in den für die Citronensäurebildung optimalen Bereich (pH 1,5 bis 2,5) abgesenkt.

1.11 Ausblick

Der Mensch hat es schon immer verstanden, die vielfältigen Stoffwechselleistungen der Mikroorganismen nutzbringend anzuwenden. Durch die Entwicklung der modernen Mikrobiologie als naturwissenschaftliche Disziplin ist es uns in den vergangenen 200 Jahren gelungen, wichtige Grundlagen zum Verständnis der zellulären Vorgänge zu erforschen. Die so gewonnenen Erkenntnisse über die Diversität, Physiologie und Enzymatik der Mikroorganismen versetzen uns heute in die Lage, Bakterien, Archaeen und Pilze in innovativen biotechnologischen Verfahren einzusetzen. Mit dem Siegeszug der Biotechnologie als Megatechnologie des 21. Jahrhunderts wird auch der angewandten Mikrobiologie in Zukunft eine tragende Rolle zukommen. Viele Beispiele mikrobiologischer Verfahren und Produkte werden in den folgenden Kapiteln eingehend dargestellt. Sie geben Zeugnis davon, wie der Mensch die Mikroorganismen, die einen großen Schatz der Natur darstellen, nutzbringend einzusetzen weiß.

Literatur

Bertoldo C, Grote R, Antranikian G (2001) Biocatalysis under extreme conditions. Biotechnology 10:61–103

Böhlke K, Pisani FM, Rossi M, Antranikian G (2002) Archaeal DNA replication: spotlight on a rapidly moving field. Extremophiles 6:1–14

Brock TD, Madigan MT, Martinko J (eds) (2005) Biology of Microorganisms, 10th edn. Prentice Hall

Cypionka H (2003) Grundlagen der Mikrobiologie, 2. Aufl. Springer, Berlin Heidelberg New York

Garrity GM et al (eds) (2001–2005) Bergey's Manual of Systematic Bacteriology, 3 vols, 2nd edn. Springer, Berlin Heidelberg New York

Gottschalk (1998) Bacterial Metabolism, 2nd edn. Springer, Berlin Heidelberg New York

Niehaus F, Bertoldo C, Kähler M, Antranikian G (1999) Extremophiles as a source of novel enzymes for industrial application. Appl Microbiol Biotechnol 51:711–729

Rehm HJ (1980) Industrielle Mikrobiologie, 2. Aufl. Springer, Berlin Heidelberg New York

Schlegel HG (1992) Allgemeine Mikrobiologie, 7. Aufl. Thieme, Stuttgart

2 Grundlagen des Kohlenhydratabbaus in Mikroorganismen

P. SCHÖNHEIT

2.1 Prinzipien des Energiestoffwechsels

2.1.1 Zelle als Energietransformator

Eine typische Eigenschaft aller Lebewesen ist ein aktiver Stoffwechsel (Metabolismus). Der Stoffwechsel lässt sich einteilen in **Energiestoffwechsel** und **Leistungsstoffwechsel**; beide Prozesse sind eng miteinander gekoppelt. Prokaryotische Zellen müssen während ihres Wachstums eine Vielzahl von Leistungen durchführen. Dazu gehören die **Biosynthesen** von Zellmaterial (**Baustoffwechsel, Anabolismus**), der den größten Anteil des Leistungsstoffwechsels ausmacht, sowie **Transportvorgänge** (Substrat- und Ionen-Transport) und **Bewegung** (Flagellen). Die für den Leistungsstoffwechsel benötigte Energie wird im Energiestoffwechsel durch chemische Verbindungen (chemotrophe Organismen) bzw. durch Lichtenergie (phototrophe Organismen) bereitgestellt. Die Kopplung der Energie-liefernden und Energie-verbrauchenden Prozesse erfolgt nicht direkt sondern über das **Adenylat-System**. Dabei wird die im Energiestoffwechsel freigesetzte Energie genutzt, um aus ADP und Phosphat ATP zu synthetisieren, wobei eine energiereiche Phosphorsäureanhydridbindung gebildet wird; bei der Spaltung dieser Bindung, d. h. bei der Umsetzung von ATP in ADP und Phosphat (P_i), wird Energie frei, die dann im Leistungsstoffwechsel genutzt wird für Biosynthesen (chemische Arbeit), Transport (osmotische Arbeit) und Bewegung (mechanische Arbeit). In einigen Fällen wird ATP in AMP und Pyrophosphat gespalten, z. B. bei der Aktivierung von Carbonsäuren und Aminosäuren; bei sekundären Transportprozessen (s. Kap. 2.2.1) bzw. bei der Flagellen-Bewegung dient ein elektrochemisches Protonen-Potential, das im Gleichgewicht mit dem ATP/ADP-System steht, als direkte Energiequelle.

Die Zelle ist also ein Energietransformator, der die Energie-liefernden Prozesse des Energiestoffwechsels mit den Energie-verbrauchenden Prozessen des Anabolismus über das ATP/ADP-System koppelt. Bei der Energieumwandlung über das ATP/ADP-System sowohl im ESTW als auch im BSTW wird ein Teil der Energie als **Wärme** freigesetzt. Da die Energieumwandlung in allen lebenden Zellen unter **isothermen** Bedingungen verläuft (Mikroorganismen weisen keine Temperaturdifferenz zur Umgebung auf), kann die Energieform Wärme (ungerichtete Bewegung von Teilchen) nicht in biologisch verwertbare Energieformen (chemische, mechanische und osmotische Energie) umgewandelt werden und ist daher für den Organismus verloren. Ein Maß für die Effizienz der Energietransformation ist der Wirkungsgrad (WG) (in %). Er gibt an, welcher Anteil der Energie, der in einem Abbauweg des Energiestoffwechsels freigesetzt wird (z. B. beim Glucoseabbau zu 2 Pyruvat in der Glycolyse = Energie$_1$), bei der Synthese von ATP aus ADP und P_i konserviert wird (= Energie$_2$).

$$WG = \frac{\text{Energie}_2 \text{ (konserviert)}}{\text{Energie}_1 \text{ (freigesetzt)}} \times 100\%$$

Drei Möglichkeiten der Energieumwandlung von Energie 1 (E_1) in Energie 2 (E_2) sind vorstellbar.

- Die Energie wird vollständig umgewandelt, d. h. es wird keine Wärme freigesetzt; dann ist $E_1 = E_2$, der WG ist 100%. Eine solche Umwandlung ist völlig reversibel und befindet sich im Gleichgewicht. Reaktionen im Gleichgewicht sind gekennzeichnet durch gleiche Geschwindigkeiten (Umsatzraten) der Hin- und Rückreaktion und weisen daher keine Nettogeschwindigkeit der Gesamtumsetzung auf ($V_{gesamt} = 0$).
- Damit die Energietransformation des Stoffwechsels mit einer endlichen Geschwindigkeit verläuft, ein Kennzeichen aller Stoffwechselprozesse einer lebenden Zelle, ist die Freisetzung eines Teils der Energie als Wärme nötig. In diesem Fall der Energieumwandlung geht ein Teil der Energie als Wärme verloren, E_1 ist größer als E_2, der WG < 100%. Eine solche Umwandlung ist teilweise irreversibel und zeigt eine endliche Gesamtgeschwindigkeit ($V_{hin} > V_{zurück}$, $V_{gesamt} > 0$).
- Bei einer dritten Möglichkeit der Energietransformation wird die freigesetzte Energie vollständig in Wärme umgesetzt ($E_2 = 0$), der WG

ist 0%, die Umwandlung ist völlig irreversibel und die Geschwindigkeit kann hoch sein.

Um eine geeignete Rate und Effizienz (WG) der Energietransformation sicherzustellen, setzt die Zelle einen Teil der Energie als Wärme frei und bewirkt dadurch, dass der Gesamtstoffwechsel (teilweise) irreversibel abläuft.

1. $E_1 \rightleftharpoons E_2$ $E_1 = E_2$
    voll reversibel $V_{hin} = V_{zurück}$ $WG = 100\%$
                          $V_{gesamt} = 0$

2. $E_1 \diagup^{E_2}_{\diagdown Wärme}$ $E_1 > E_2$
                          $V_{hin} > V_{zurück}$ $WG < 100\%$
    teilweise irreversibel $V_{gesamt} > 0$

3. $E_1 \rightarrow$ Wärme $E_2 = 0$
    völlig irreversibel $V_{gesamt} =$ hoch $WG = 0\%$

Gleiche Überlegungen gelten für die Energieumwandlung im Baustoffwechsel, d. h. des ATP-Verbrauchs und der Zellsynthese. Auch hier ist Wärmebildung Voraussetzung für eine gerichtete, irreversible Zellsynthese. Der Wirkungsgrad des Energiestoffwechsels wurde zu 60–70%, der des Baustoffwechsels zu 30–40% abgeschätzt. Der Gesamtstoffwechsel hat daher einen WG von ca. 25%.

Die (notwendige) **Irreversibilität** der Energietransformation des **Gesamtstoffwechsels** bedeutet jedoch nicht, dass nicht einzelne Reaktionen von Stoffwechselwegen in der Zelle reversibel operieren können, d. h. mit einem WG von nahe 100%. Zum Beispiel besteht der Glucoseabbau in die Glycolyse (Embden-Meyerhof-Weg), aus einer Reaktionsfolge von 10 Enzymreaktionen, die in einem „**Fließgleichgewicht**" die Umsetzung von Glucose zu Pyruvat katalysieren und dabei ATP bilden. Sechs Reaktionen dieses Weges weisen einen WG von nahe 100% auf, d. h. sie sind völlig reversibel; drei Reaktionen sind irreversibel mit einem Wirkungsgrad von nahe 0%, d. h. setzen vor allem Wärme frei. Die irreversiblen Reaktio-

nen („Schrittmacher"-Enzyme) bewirken also, dass der Gesamtwirkungsgrad der Glycolyse bei ca. 60% liegt und damit eine endliche Geschwindigkeit der Netto-Glucose-Umsetzung zu Pyruvat sichergestellt wird (s. Kap. 2.2.2).

In diesem Kapitel werden einige Prinzipien und quantitative Aspekte des chemotrophen Energiestoffwechsels besprochen und exemplarisch der aerobe und anaerobe Abbau von Glucose in Mikroorganismen beschrieben. Cellulose und Hemicellulose sind – als Produkte der pflanzlichen Photosynthese – die häufigsten Zuckerpolymere auf der Erde; daher sind die meisten organotrophen Mikroorganismen in der Lage, Zucker abzubauen und dabei Energie zu gewinnen.

2.1.2
Freie Energie ΔG

Ein quantitatives Maß für die in biologischen Systemen verwertbaren Energieformen (chemische, osmotische, mechanische Energie) ist die freie Energie (ΔG) mit der Einheit Joule/mol. (Die Einheit der Energieform Wärme ist die Kalorie, 1 cal = 4,2 Joule).

ΔG ist eine thermodynamische Zustandsgröße, die angibt um welchen Energiebetrag sich Substrate und Produkte einer Reaktion unterscheiden. Sie gibt keine Auskunft über den Weg oder die Geschwindigkeit einer Substrat/Produkt-Umwandlung. Sie hängt nur ab von den sich im **zellulären Fließgleichgewicht** einstellenden Konzentrationen der Reaktanten. Im chemotrophen Energiestoffwechsel werden energiereiche chemische Verbindungen zu energieärmeren Produkten umgesetzt. Diese Reaktionen können in Gegenwart geeigneter Katalysatoren (Enzyme) Energie freisetzen, sie sind exergon (ΔG hat negatives Vorzeichen). Die Reaktionen des Leistungsstoffwechsels benötigen Energie, sie sind endergon (ΔG positiv) und laufen nur ab bei einer Kopplung an genügend exergone Reaktionen des Energiestoffwechsels (Abb. 2.1).

Mit Hilfe von ΔG-Werten lassen sich die thermodynamisch maximal möglichen ATP-Ausbeuten von Energiestoffwechselreaktionen abschät-

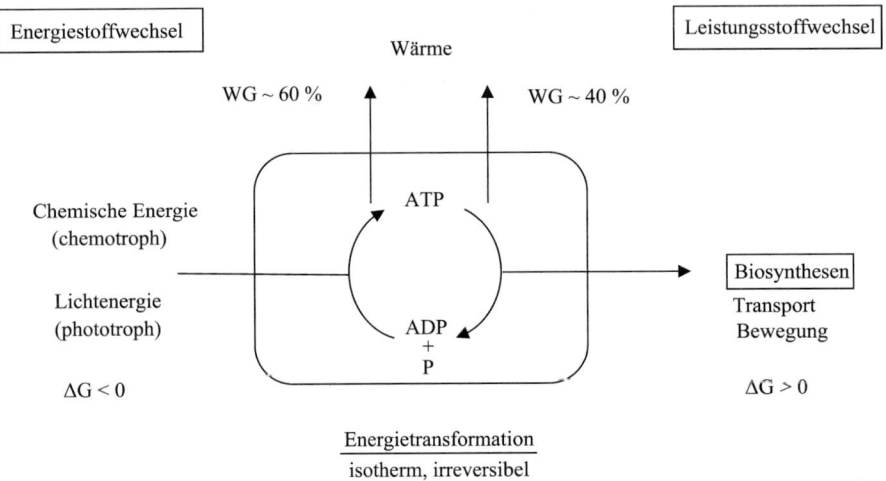

Abb. 2.1. Die Zelle als Energietransformator. Kopplung von Energiestoffwechsel und Leistungsstoffwechsel über das Adenylat-System

zen. Betrachten wir eine allgemeine Energiestoffwechselreaktion der Umsetzung von zwei Substraten (S_1, S_2) zu zwei Produkten (P_1, P_2) mit den stöchiometrischen Faktoren a, b, c, d:

$$aS_1 + bS_2 \rightarrow cP_1 + dP_2, \quad \Delta G^\circ = ?$$

Der ΔG°-Wert dieser Reaktion kann bei Kenntnis der stöchiometrischen Reaktionsgleichung aus den **Standard-Bildungsenergien** (ΔG_B°) berechnet werden. Die ΔG_B°-Werte geben an, wie viel Energie frei wird bei der Synthese von Verbindungen aus ihren Elementen unter Standard-Bedingungen (1 M Konzentrationen der Reaktanten, 1 atm (101,3 kPa) bei Gasen, 25 °C). ΔG_B°-Werte der Elemente sind definitionsgemäß = 0. Die ΔG_B°-Werte für eine Vielzahl wichtiger biologischer Verbindungen sind in Tabelle 2.1 angegeben. Der ΔG°-Wert einer Reaktion lässt sich berechnen als Differenz der Summe der Bildungsenergien der Produkte und der Substrate

$$\Delta G^\circ \text{ (Reaktion)} = [(c\Delta G^\circ(P_1) + d\Delta G^\circ(P_2)]$$

$$-[a\Delta G^\circ S_1 + b\Delta G^\circ(S_2)]$$

In biologischen Systemen werden bei der Beteiligung von H^+-Ionen als Reaktanten $\Delta G^{\circ\prime}$-Werte verwendet, bei denen die H^+-Konzentration 10^{-7} M (pH 7) anstelle von 1 M (pH 0) ist. Bei der Berechnung der $\Delta G^{\circ\prime}$-Werte ist die freie Bildungsenthalpie für H^+ bei pH 7 = –40 kJ/mol (Tabelle 2.1) zu berücksichtigen. Unter Standardbedingungen, d.h. bei einem pH 0 ist ΔG_B° für H^+ = 0.

Die ΔG-Werte der tatsächlich in der Zelle vorliegenden Substrat- und Produktkonzentrationen lassen sich aus den $\Delta G^{\circ\prime}$-Werten nach folgender Gleichung berechnen:

$$\Delta G' = \Delta G^{\circ\prime} + RT \cdot \ln \frac{[P_1]^c \, [P_2]^d}{[S_1]^a \, [S_2]^b}$$

Bei gleicher Zahl von Substraten und Produkten ist der ΔG°-Wert weitgehend unabhängig gegenüber Konzentrationsunterschieden, so dass sich der $\Delta G'$-Wert nicht signifikant von $\Delta G^{\circ\prime}$ unterscheidet. Ist die Anzahl von Substraten und Produkten unterschiedlich (s. Kap. 2.1.3), so wirken sich Konzentrationsunterschiede stärker aus, und $\Delta G'$ kann signifikant von $\Delta G^{\circ\prime}$ verschieden sein. Mit den $\Delta G^{\circ\prime}$-Werten ($\sim \Delta G'$) lassen sich ATP-Ausbeuten von Energiestoffwechselreaktionen abschätzen.

Als Beispiel sollen die $\Delta G^{\circ\prime}$-Werte der aeroben (1) und anaeroben (2) Glucoseumsetzung berech-

Tabelle 2.1. Standardbildungsenergien ($\Delta G_B{}^\circ$) verschiedener Substrate und Produkte mikrobieller Stoffwechselwege aus den Elementen. Die $\Delta G_B{}^\circ$-Werte für elementare Verbindungen (z. B. He, O_2, N_2, H_2, H^+, S° etc.) sind 0. Die Werte beziehen sich auf wässrige Lösungen der Verbindungen, auf den gasförmigen Zustand (CO_2, CH_4, H_2S) oder auf den kristallinen Zustand (Phenol, Benzoesäure, Palmitinsäure). Alle angegebenen $\Delta G_B{}^\circ$-Werte haben ein negatives Vorzeichen (nach Thauer et al. 1977, verändert)

Verbindung	$-\Delta G_B{}^\circ$ [kJ·mol^{-1}]	Verbindung	$-\Delta G_B{}^\circ$ [kJ·mol^{-1}]
H^+ (pH 7!)	39,9	H_2O	237,2
CO_2	394,4		
H_2CO_3	623,2	HCO_3^-	586,9
CH_4	50,8		
Alkohole			
Methanol	175,4	Ethanol	181,8
n-Propanol	175,8	iso-Propanol	185,9
n-Butanol	171,8	Glycerin	488,5
Mannitol	942,6	Sorbitol	942,7
Aldehyde/Ketone			
Formaldehyd	130,5	Acetaldehyd	139,9
Aceton	161,2		
Carbonsäuren			
Formiat$^-$	351,0	Acetat$^-$	369,4
Propionat$^-$	361,1	Butyrat$^-$	352,6
Palmitinsäure	305,0	Lactat$^-$	517,8
Glyoxylat$^-$	468,6	Pyruvat$^-$	474,6
Succinat^{2-}	690,2	Fumarat^{2-}	604,2
L-Malat^{2-}	845,1	Oxalat^{2-}	797,2
2-Oxoglutarat^{2-}	797,6	Citrat^{3-}	1168,3
Isocitrat^{3-}	1161,7		
Kohlenhydrate			
α-D-Glucose	917,2	α-D-Galactase	923,5
D-Fructose	915,4	α-Lactose	1515,2
β-Lactose	1570,1	β-Maltose	1497,0
Saccharose	1551,9		
L-Aminosäuren			
Alanin	371,5	Aspartat	700,4
Cystein	339,8	Glutamat	699,6
Glutamin	529,7	Glycin	315,0
Methionin	502,9	Phenylalanin	207,1
Serin	510,9	Tryptophan	112,6
Tyrosin	370,7		
Aromatische Verbindungen			
Phenol	47,6	Toluol	−114,2
Benzoesäure	245,6	Benzylalkohol	31,3
Anorganische N- und S-Verbindungen			
NH_3	26,6	NH_4^+	79,4
NO_2^-	37,2	NO_3^-	111,3
HS^-	−12,1	H_2S	33,6
SO_3^{2-}	486,6	HSO_3^-	527,8
SO_4^{2-}	744,6	HSO_4^-	756,0

net werden. Die ΔG_B°-Werte in kJ/mol (gerundete Werte) sind in Klammern angegeben (Tabelle 2.1):

$$\text{Glucose} \, (-917) + 6 \, O_2 (6 \cdot O) \rightarrow$$

$$6 \, CO_2 \, [6 \cdot (-394)] + 6 \, H_2O \, [6 \cdot (-237)] \quad (2.1)$$

Damit ergibt sich ein $\Delta G^{\circ\prime}$-Wert der aeroben Glucoseumsetzung von –2870 kJ/mol Glucose.

Die anaerobe Glucoseumsetzung durch homofermentative Milchsäurebakterien ergibt einen $\Delta G^{\circ\prime}$-Wert der Reaktion von -200 kJ/mol Glucose.

$$\text{Glucose} \, (-917) \rightarrow 2 \, \text{Lactat}^- \, [2 \cdot (-518)]$$

$$+ 2 \, H^+ \, [2 \cdot (-40)] \quad (2.2)$$

2.1.3
Mechanismen der ATP-Synthese

ATP-Ausbeuten

Um ATP-Ausbeuten von chemotrophen Energiestoffwechselreaktionen zu bestimmen (bei Kenntnis der $\Delta G^{\circ\prime}$-Werte), soll zunächst berechnet werden, wie viel Energie die Zelle aufbringen muss, um ATP aus ATP und Phosphat zu synthetisieren bei einem WG der Zelle von 60%. Die Bildung von ATP aus ADP und Phosphat ($HPO_4^{2-} = P_{i \, (inorganic)}$) ist ein endergoner Prozess, der unter Standardbedingungen 32 kJ/mol benötigt:

$$ADP^{3-} + P_i^{2-} + H^+ \rightarrow ATP^{4-} + H_2O \, ,$$

$$\Delta G^{\circ\prime} = +32 \, \text{kJ/mol}$$

In der Zelle liegen keine Standardbedingungen vor, mit den angenommenen physiologischen Konzentrationen von ca. 10 mM ATP, 1 mM ADP, 10 mM Phosphat ergibt sich für $\Delta G'$

$$\Delta G' = \Delta G^{\circ\prime} + RT \cdot \lg \frac{[ATP]}{[ADP] \cdot [P_i]}$$

$$\Delta G' = +32 \, \text{kJ/mol} + 5{,}7 \, \text{kJ/mol} \cdot \lg 10^{+3}$$

$$= +49 \, \text{kJ/mol}$$

Bei den zellulären Konzentrationen werden also für die Synthese von ATP aus ADP und Phosphat ca. +50 kJ/mol, d. h. signifikant mehr Energie benötigt als unter Standardbedingungen. Die $\Delta G^{\circ\prime}$- bzw. $\Delta G'$-Werte gelten für reversible Bedingungen. Bei einem Wirkungsgrad des ESTW von 60% muss die Zelle also ca. +80 kJ aufbringen für die Synthese von 1 mol ATP. Dies bedeutet, dass eine Energiestoffwechselreaktion unter den irreversiblen Bedingungen der Energietransformation einen $\Delta G'$-Wert von mindestens ca. –80 kJ benötigt, damit 1 mol ATP gebildet werden kann. Mit dieser Information können nun, bei Kenntnis der $\Delta G'$-Werte, die ATP-Ausbeuten von beliebigen Energiestoffwechselreaktionen abgeschätzt werden.

Die aerobe Umsetzung von Glucose zu CO_2 hat einen sehr negativen $\Delta G^{\circ\prime}$-Wert von –2870 kJ/mol, der die maximale Synthese von ca. 38 ATP/mol Glucose (2870/80) erlaubt. Dagegen wird bei der anaeroben Umsetzung von Glucose zu Lactat durch homo-fermentative Milchsäurebakterien nur ein geringer Energiebetrag, $\Delta G^{\circ\prime} = -200$ kJ/mol, freigesetzt; dies erlaubt nur die Synthese von maximal 2,5 mol ATP/mol Glucose (200/80) (Abb. 2.2).

Für das Verständnis der **Mechanismen der ATP-Synthese** ist von Bedeutung, dass die meisten Energiestoffwechselreaktionen **Redoxreaktionen** darstellen, z. B. der allgemeinen Form

$$S_1 \, (\text{reduziert}) + S_2 \, (\text{oxidiert}) \rightarrow$$

$$P_1 \, (\text{oxidiert}) + P_2 \, (\text{reduziert}) \, .$$

Dabei wird ein reduziertes Substrat S_1 ([H], oder e^--Donor, z. B. Glucose) oxidiert, wobei das oxidierte Produkt P_1 (z. B. CO_2) entsteht; die bei der Oxidation frei werdenden Reduktionsäquivalente (n 2[H]) werden auf eine zweites Substrat S_2 ([H] oder e^--Akzeptor, z. B. O_2) übertragen, wobei das reduzierte Produkt P_2 (H_2O) entsteht. Die Aufteilung des Energiestoffwechsels in einen oxidativen und reduktiven Teil erlaubt Vorhersagen in Bezug auf die Mechanismen der ATP-Synthese. Im **oxidativen Teil** erfolgt die ATP-

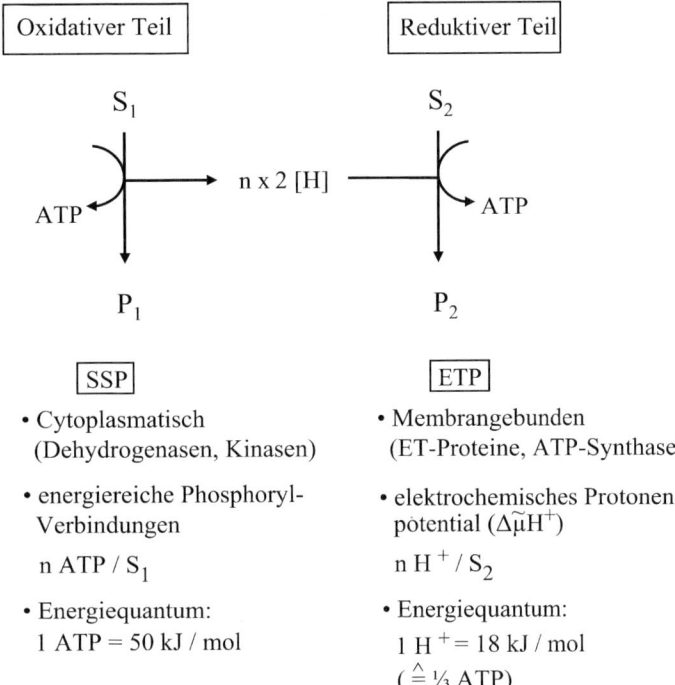

Oxidativer Teil	Reduktiver Teil

S_1 $\quad$ S_2

ATP $\quad$ n x 2 [H] $\quad$ ATP

P_1 $\quad$ P_2

SSP	ETP
• Cytoplasmatisch (Dehydrogenasen, Kinasen)	• Membrangebunden (ET-Proteine, ATP-Synthase)
• energiereiche Phosphoryl-Verbindungen $n\ \text{ATP} / S_1$	• elektrochemisches Protonen-potential ($\Delta\tilde{\mu}H^+$) $n\ H^+ / S_2$
• Energiequantum: $1\ \text{ATP} = 50\ \text{kJ} / \text{mol}$	• Energiequantum: $1\ H^+ = 18\ \text{kJ} / \text{mol}$ ($\overset{\wedge}{=} \frac{1}{3}\ \text{ATP}$)

Abb. 2.2. ATP-Synthese im chemotrophen Energiestoffwechsel (Redoxreaktionen). Eigenschaften von Substratstufenphosphorylierung (SSP) oder Elektronentransportphosphorylierung (ETP)

Synthese ($n\ \text{ATP}/S_1$) immer über den Mechanismus der **Substratstufenphosphorylierung (SSP)**, wenn dies thermodynamisch und mechanistisch möglich ist, d.h. wenn genügend Energie und geeignete Enzyme vorhanden sind. Alle Enzyme des oxidativen Teils (bis auf die Succinat-Dehydrogenase des Citratzyklus) sind cytoplasmatische, lösliche Proteine. Im reduktiven Teil erfolgt die ATP-Synthese ($n\ \text{ATP}/S_2$) über den Mechanismus der **Elektronentransportphosphorylierung (ETP)**, wenn dies thermodynamisch zusätzlich möglich (genügend Energie) und geeignete Enzyme vorhanden sind. Alle Enzyme des reduktiven Teils sind in **Prokaryoten** an der **Cytoplasmamembran** lokalisiert. In **Eukaryoten** findet die Elektronentransportphosphorylierung an der **inneren Membran der Mitochondrien** bzw. an der **Thylakoid-Membran der Chloroplasten** statt.

Bei der ATP-Synthese wird nicht Phosphat, sondern eine **Phosphoryl-Gruppe**, die unter Abspaltung von OH$^-$ aus anorganischem Phosphat (Phosphorsäure) entsteht, auf ADP übertragen

(Abb. 2.3). Die Abspaltung der negativ geladenen OH$^-$-Gruppe von dem positivierten P im Phosphat ist der eigentlich energieaufwändige Prozess der ATP-Synthese (OH$^-$-Gruppen sind schlechte Austrittsgruppen). Aufgrund der unterschiedlichen Mechanismen der Bildung der Phosphorylgruppe, d.h. die Aktivierung des anorganischen Phosphats, und der Übertragung auf ADP unterscheiden sich die Mechanismen der SSP und ETP.

Substratstufenphosphorylierung (SSP)

Bei SSP wird die freie Energie einer stark exergonen Reaktion genutzt, um aus einem Substrat ein „energiereiches", phosphoryliertes Zwischenprodukt zu bilden, das leicht eine **Phosphorylgruppe** auf ADP übertragen kann ($X\text{-}PO_4^{2-} + ADP^{3-} \rightarrow X^- + ATP^{4-}$). Dabei ist X^- eine gute Austrittsgruppe. In den meisten Fällen ist SSP gekoppelt an die stark **exergone Oxidation einer Carbonylverbindung** (freier Aldehyd oder gebundener Aldehyd in α-Ketosäuren) mit NAD$^+$ als Elektronen-

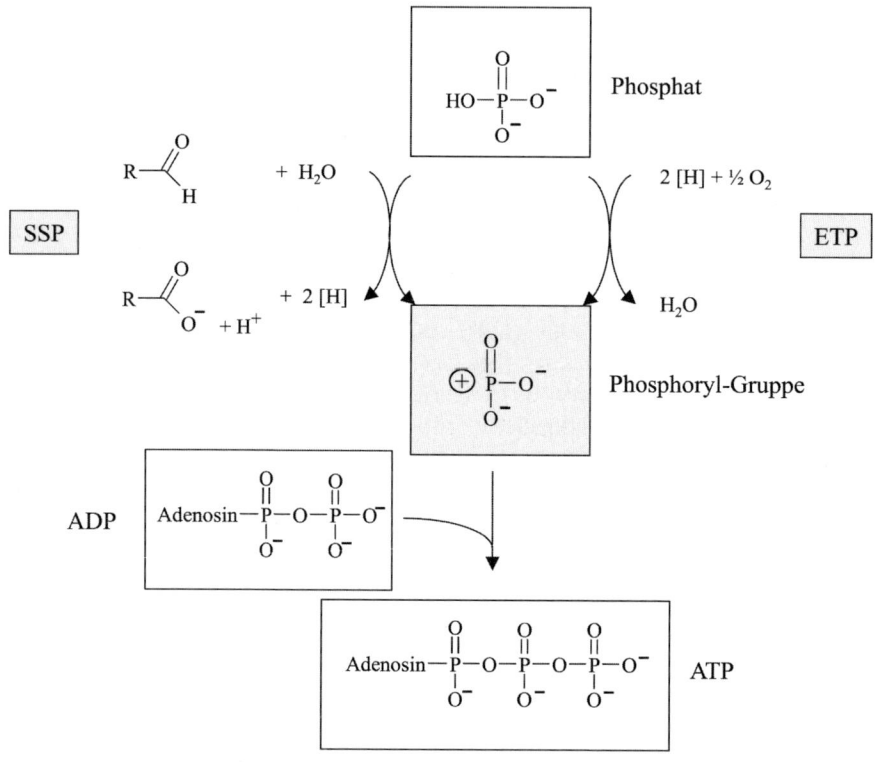

Abb. 2.3. Vereinfachtes Schema der ATP-Synthese durch Substratstufenphosphorylierung (SSP) oder Elektronentransportphosphorylierung (ETP): Bildung einer Phosphorylgruppe aus Phosphat („Aktivierung") und Übertragung auf ADP

akzeptor zu einer **Carboxylverbindung** (Säure oder Säure + CO_2):

$$RCHO + NAD^+ + H_2O \rightarrow$$

$$RCOOH + NADH + H^+$$

Diese Reaktionen setzen mindestens so viel Energie frei ($\Delta G' \sim 50$ kJ/mol), wie für die Synthese von 1 mol ATP (unter reversiblen Bedingungen) benötigt wird. Diese Oxidationsenergie wird genutzt, um anorganisches Phosphat zu aktivieren unter Bildung einer **energiereichen Phosphorylverbindung**. Diese Reaktion wird durch **Dehydrogenasen** katalysiert. In einer zweiten Reaktion, die durch **Kinasen** katalysiert wird, wird die Phosphorylgruppe auf ADP übertragen und dabei ATP gebildet.

„Energiereiche (Phosphat-) Verbindungen" (X-P) sind gekennzeichnet durch ein hohes **Gruppenübertragungspotential** für Phosphorylgruppen; ein Maß dafür ist die freie Energie ($\Delta G^{\circ\prime}$) der Hydrolyse bei der mindestens so viel Energie frei wird, wie für die Synthese von ATP benötigt wird. Solche energiereichen Verbindungen sind in der Regel **Phosphorsäureanhydride**, z. B. die gemischte Carbonsäure/Phosphorsäureanhydride wie 1,3-Bisphosphoglycerat, ein Intermediat von Zuckerabbauwegen, oder Acetylphosphat und Butyrylphosphat im anaeroben Stoffwechsel. Die Abspaltung der Phosphorylgruppe ist energetisch begünstigt, da die entstehende freie Carbonsäure aufgrund der Resonanzstabilisierung der Carboxylgruppe einen energiearmen Zustand einnimmt. ATP und ADP besitzen ebenfalls energiereiche Phosphorsäureanhydridbindungen. Zu den energiereichen Phosphatverbindungen gehört auch Phosphoenolpyruvat, ein Intermediat von Zuckerabbauwegen, das als **Phosphorsäure-Enolester** ein stark negatives $\Delta G^{\circ\prime}$ (−62 kJ/mol) der Hydrolyse besitzt; bei der Übertragung der Phosphorylgruppe auf ADP entsteht zunächst Enolpyruvat, das sich in einer stark exergonen Reaktion (Keto-Enol-Tautomerie) ($\Delta G^{\circ\prime}$ −30 kJ) zu Pyruvat umlagert. Phosphorsäureester wie Glucose-6-phosphat sind dagegen nicht energiereich ($\Delta G^{\circ\prime} = -13$ kJ/mol).

Weitere energiereiche Verbindungen sind **Thioester** R_1COSR_2, die durch Reaktion von Carbonsäuren (R_1COOH) mit einem Thioalkohol (R_2-SH) entstehen, z. B. der SH-Gruppe eines Cysteins des Enzyms oder von Coenzym A (HS-CoA). Thioester entstehen bei der SSP häufig als primäres energiereiches Produkt, das dann in einem zweiten Schritt durch Phosphorolyse in ein energiereiches Phosphorsäureanhydrid überführt wird.

Ein typischer Mechanismus der ATP-Synthese durch SSP ist die Oxidation von Glycerinaldehyd-3-phosphat zu 3-Phosphoglycerinsäure. An dieser Umsetzung sind zwei Enzyme beteiligt, die **Glycerinaldehyd-3-phosphat-Dehydrogenase** (GAP-DH) und die **Phosphoglycerat-Kinase** (Abb. 2.4).

Die GAP-DH katalysiert die Oxidation des GAP mit NAD^+ und die Aktivierung des Phosphats. Zunächst wird eine SH-Gruppe eines Cysteins im aktiven Zentrum des Enzyms an die Aldehydgruppe addiert unter Bildung eines Thiohalbacetals. Dieses wird dann durch Hydrid-Transfer auf NAD^+ (s. Kap. 2.1.5) unter Bildung von NADH zu einem energiereichen Thioester oxidiert. Durch Phosphorolyse des Thioesters entsteht ein

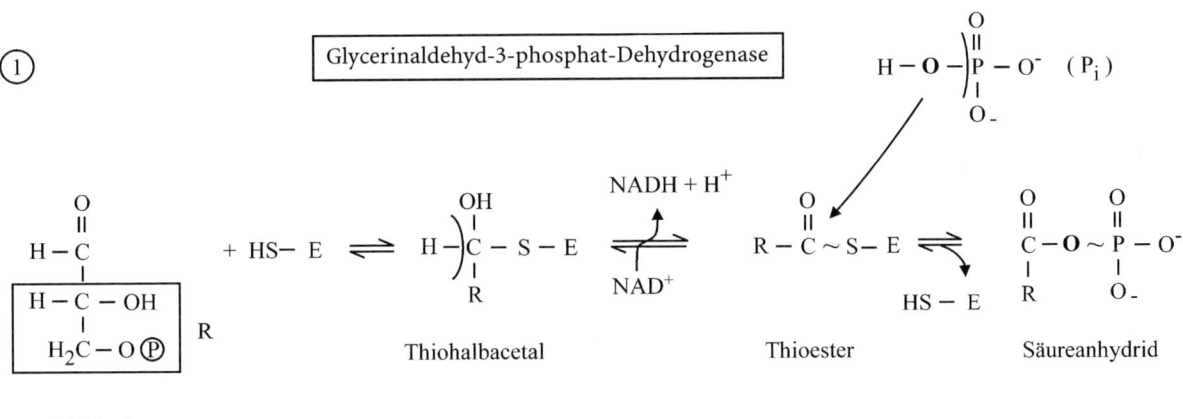

Abb. 2.4. Mechanismus der ATP-Synthese durch Substratstufenphosphorylierung am Beispiel der Oxidation von Glycerinaldehyd-3-phosphat zu 3-Phosphoglycerat. ~ zeigt die „energiereiche" Bindung im Thioester und Säureanhydrid an

energiereiches, gemischtes Säureanhydrid, 1,3-Bisphosphoglycerat. In diesem Schritt findet die Aktivierung des Phosphats statt, d. h. die Übertragung der OH-Gruppe an den Carbonyl-Kohlenstoff, unter Bildung einer Phosphoacylgruppe. In der anschließenden Phosphoglycerat-Kinase-Reaktion wird die Phosphorylgruppe des 1,3-Bisphosphoglycerat auf ADP übertragen wobei 3-Phosphoglycerat entsteht. Dabei verbleibt die abgespaltene OH-Gruppe des Phosphats an der Carboxylgruppe.

Beide Reaktionen, GAP-DH und Phosphoglycerat-Kinase, sind reversibel (WG nahe 100%), da die freigesetzten und konservierten Energiebeträge (Oxidationsenergie und Phosphorsäure-Anhydridbindungen) in beiden Reaktionen ungefähr gleich groß sind. Beide Enzyme können daher im Stoffwechsel auch die Umkehrreaktionen katalysieren, z.B. bei der Gluconeogenese. Ein typischer **Entkoppler der SSP** ist **Arsenat** aufgrund der Strukturanalogie zu Phosphat. In Gegenwart von Arsenat wird in der GAP-DH-Reaktion anstelle des Phosphorsäure-Anhydrids ein Arsensäure-Anhydrid gebildet, das jedoch kinetisch nicht stabil ist und spontan zu 3-Phosphoglycerat hydrolysiert. Da kein ATP gebildet wird, wird die gesamte Energie der Aldehydoxidation in Wärme umgesetzt (WG = 0), wobei aufgrund der fehlenden Kopplung die Rate der Oxidationsreaktion (GAP-DH) gesteigert wird.

Bei der Oxidation von gebundenen Aldehyden **in α-Ketosäuren (Pyruvat, α-Ketoglutarat)** werden durch **Dehydrogenasen/Oxidoreduktasen** ebenfalls zunächst energiereiche Thioester gebildet, in diesem Fall von Coenzym A (SH-CoA). Im Pyruvat-Dehydrogenase-Komplex (Kap. 2.2.3) oder Pyruvat-Ferredoxin-Oxidoreduktase (Kap. 2.3.6) wird durch oxidative Decarboxylierung Acetyl-CoA gebildet. Im anaeroben Stoffwechsel wird **Acetyl-CoA** durch Phosphorolyse zu dem gemischten Phosphorsäureanhydrid Acetylphosphat umgewandelt (katalysiert durch Phosphotransacetylase), das dann die Phosphorylgruppe auf ADP überträgt (**Acetat-Kinase**):

$$P_i$$
$$\text{Acetyl-CoA} \longrightarrow \text{Acetylphosphat}$$
$$\text{CoA}$$
$$\longrightarrow \text{Acetat}$$
$$\text{ADP} \quad \text{ATP}$$

In analoger Weise wird **Butyryl-CoA**, das durch Reduktion aus 2 Acetyl-CoA gebildet wird, zu Butyrat mittels Phosphotransbutyrylase und Butyrat-Kinase zu Butyrat umgesetzt:

$$P_i$$
$$\text{Butyryl-CoA} \longrightarrow \text{Butyryl-phosphat}$$
$$\text{CoA}$$
$$\longrightarrow \text{Butyrat}$$
$$\text{ADP} \quad \text{ATP}$$

Succinyl-CoA, das durch **α-Ketoglutarat-Dehydrogenase** im Citratzyklus entsteht (Kap. 2.2.4), wird durch Succinyl-CoA-Synthetase (**Succinat-Thiokinase**), zu Succinat umgesetzt. Dabei wird ADP und P_i direkt zu ATP umgesetzt über ein **enzymgebundenes** Succinyl-phosphat als Intermediat:

$$\text{CoA}$$
$$\text{Succinyl-CoA} \longrightarrow \text{Succinat}$$
$$\text{ADP} + P_i \quad \text{ATP}$$

Neben dem häufigsten Mechanismus über Redoxreaktionen können energiereiche Verbindungen auch in **Lyase-Reaktionen** entstehen. Im anaeroben Glucoseabbau in *E. coli* wird Pyruvat durch **Pyruvat-Formiat-Lyase** (Pyruvat + CoA SH → Formiat + Acetyl-CoA) umgesetzt (Kap. 2.3.4). Das entstehende Acetyl-CoA wird über Acetylphosphat zu Acetat umgesetzt und dabei ATP gebildet. Heterofermentative Milchsäurebakterien bilden mit **Xylulose-5-phosphat-Phosphoketolase** (Xylulose-

5-phosphat + P_i → Acetylphosphat + Glycerinaldehyd-3-phosphat) Acetylphosphat, das durch Acetat-Kinase direkt zur ATP-Synthese genutzt wird (Kap. 2.3.2).

Aus dem Mechanismus der SSP folgt, dass die ATP-Ausbeute pro mol umgesetztes Substrat S_1 stöchiometrisch mit der Bildung eines (oder mehrerer) ATP gekoppelt ist, da pro energiereiches phosphoryliertes Zwischenprodukt immer genau 1 ATP gebildet wird. Das **Energiequantum der SSP ist daher 1 ATP.** Ein Energiestoffwechselweg, der ATP-Synthese über SSP ermöglicht, muss daher – bei einem WG von 60% – mindestens einen $\Delta G'$-Wert von ca. –80 kJ/Reaktion aufweisen.

Elektronentransportphosphorylierung (ETP)

Im Gegensatz zur SSP findet die ETP an der Cytoplasmamembran der Bakterien statt und ist gekoppelt an die Bildung eines **elektrochemischen Protonenpotentials $\Delta\mu H^+$** (in seltenen Fällen eines Na^+-Ionenpotentials) als ein „energiereiches Intermediat". Dabei wird die Energie einer Redoxreaktion des reduktiven Teils des ESTW, die z.B. bei der Übertragung von Reduktionsäquivalenten (NADH, UQH_2) auf einen Elektronenakzeptor (z.B. Sauerstoff) frei wird, dazu genutzt, um H^+-Ionen elektrogen über die Membran zu transportieren. Es kommt zum Aufbau eines chemischen Gradienten von H^+-Ionen ($[H^+]_a > [H^+]_i$), (außen (a) sauer, innen (i) alkalisch), d.h. eines pH-Gradienten ΔpH (pH_i-pH_a); aufgrund des elektrogenen Transports einer positiven Ladung wird außerdem ein elektrisches Potential, ein Membranpotential $\Delta\psi$ (außen positiv/innen negativ) aufgebaut. Beide Komponenten bilden das elektrochemische Protonenpotential ($\Delta\mu H^+$). Die darin gespeicherte Energie ist gleich

$$\Delta G \,(kJ/mol) = \Delta\mu H^+$$

$$= F\Delta\psi - 2,3\ RT \cdot \Delta pH\,(i-a)$$

Dividiert man $\Delta G = \Delta\mu H^+$ durch die Faraday-Konstante (96,5 kJ/mol · Volt), erhält man die **Protonen-motorische Kraft Δp:**

$$\Delta p\,(Volt) = \Delta\mu H^+/F = \Delta\psi + \frac{2,3\ RT}{F}\Delta pH$$

Aufgrund der geringen Kapazität der Cytoplasmamembran, die wie ein Kondensator aufgeladen wird, reichen geringe Mengen an elektrogen-translozierten H^+-Ionen aus, um ein hohes Membranpotential zu erzeugen, nicht jedoch, um einen signifikanten pH-Gradienten aufzubauen. Daher bildet das Membranpotential den Hauptanteil am $\Delta\mu H^+$ bzw. Δp. Dies gilt auch für die **innere Membran** von **Mitochondrien**, nicht jedoch für die **Thylakoidmembran** in **Chloroplasten**, an denen aufgrund eines elektroneutralen H^+-Transports kein Membranpotential, sondern ein hoher pH-Gradient ($\Delta pH = 3$) gebildet wird. Bei neutralem pH wurden bei verschiedenen Bakterien $\Delta\psi$ von ca. 150 mV und $\Delta pH < 0,5$ Einheiten gemessen. Dies entspricht einem

$$\Delta G\,(H^+) = 96,5\ kJ/mol\ V \cdot 0,15\ V$$

$$+ 5,7\ kJ/mol \cdot 0,5 = 18\ kJ/mol$$

Diese Energie wird für den Transport von 1 Mol H^+ aus der Zelle benötigt. Bei Kenntnis der freigesetzten Energie der Redoxreaktion (n $2H+S_2$ → P_2) lässt sich die Anzahl der transportierten H^+-Ionen pro S_2 berechnen (s. Kap. 2.2.5). $\Delta\mu H^+$ stellt also einen energiereichen Zustand dar, wobei 1 H^+ (außen) einen Energieinhalt von –18 kJ/mol aufweist. Diese Energie wird beim Rückfluss der Protonen durch eine **membrangebundene ATP-Synthase** zur ATP-Synthese genutzt, wobei je nach ATP-Synthase 3–4 H^+-Ionen für die Synthese von 1 ATP benötigt werden. Bei einer Stöchiometrie von 3 H^+/ATP wird die freiwerdende Energie des Transports von 3 $H^+_{außen}$ → H^+_{innen} (54 kJ/3mol H^+) nahezu vollständig bei der Bildung von ATP (ca. 50 kJ/mol) konserviert. Die ATP-Synthese durch die ATP-Synthase verläuft daher nahe am Gleichgewicht ($\Delta G \sim 0$ kJ/mol) mit einem WG nahe 100%. Daher kann die H^+-ATP-Synthase auch als ATPase reversibel arbeiten (ADP + P_i + 3 $H^+_{außen}$ = ATP + 3 H^+_{innen}), wobei durch ATP-Hydrolyse (Umkehrreaktion) mindestens 3 H^+-Ionen elek-

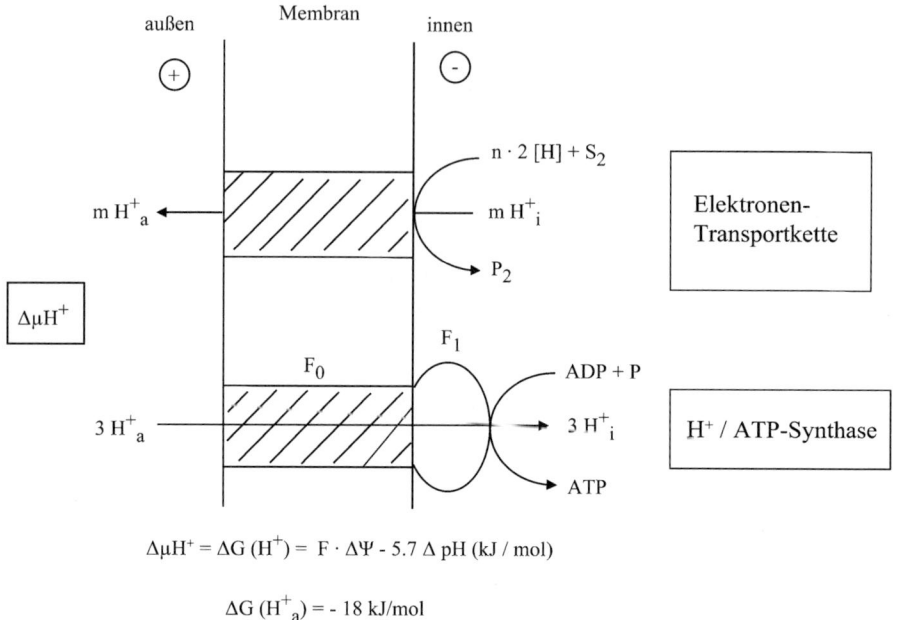

$$\Delta\mu H^+ = \Delta G\,(H^+) = \ F \cdot \Delta\Psi - 5.7\ \Delta\ pH\ (kJ\ /\ mol)$$

$$\Delta G\,(H^+_a) = -\ 18\ kJ/mol$$

Abb. 2.5. Allgemeines Schema der Elektronentransportphosphorylierung. $\Delta\mu H^+$, elektrochemisches Protonenpotential. n, Anzahl der oxidierten Reduktionsäquivalente; m, Anzahl der elektrogen transportierten H^+-Ionen

trogen aus der Zelle transportiert werden und damit ein $\Delta\mu H^+$ aufgebaut werden kann (Abb. 2.5). In gärenden Bakterien, die keine Elektronentransportkette besitzen und ATP ausschließlich über SSP gewinnen (s. Kap. 2.3), führt die Hydrolyse von ATP durch **H^+-ATPase** zum Aufbau von $\Delta\mu H^+$, das z. B. für sekundäre Transportprozesse benötigt wird (s. Kap. 2.2.1).

H^+-ATP-Synthase/ATPase. Das Enzym, das bei ETP die Synthese von ATP aus ADP und P_i katalysiert, ist die H^+-translozierende ATP-Synthase. Sie ist in Bakterien, Mitochondrien und Chloroplasten ähnlich aufgebaut. Sie besteht aus einem membran-integralen F_o-Teil, der aus 3 Untereinheiten (a, b, c) mit den Stöchiometrien a_1, b_2, c_{9-12} aufgebaut ist. Die c-Untereinheiten sind in einem geschlossenen Ring angeordnet und enthalten je nach ATP-Synthase 9–12 Kopien. Das katalytisch aktive Zentrum des Enzyms befindet sich im cytoplasmatischen, löslichen F_1-Teil, der aus 3α-, 3β-, 1γ-, 1δ- und 1ϵ-Untereinheiten besteht (Abb 2.6 a). Kristallstrukturanalysen des F_1-Teils spre-

chen dafür, dass die ATP-Synthese in den 3 $\alpha\beta$-Heterodimeren stattfindet, die in drei unterschiedlichen Konformationen vorliegen (Abb. 2.6 b). Diese binden ADP, P und ATP mit unterschiedlichen Affinitäten. Im Zustand L (loose) wird ADP+P lose gebunden; im Zustand T (tight) reagieren ADP und P zu ATP, im Zustand O (=open) wird ATP freigesetzt. Der Wechsel der Konformationen (gezeigt für ein katalytisches Zentrum in Abb. 2.6 b) wird durch eine Rotationsbewegung der γ-Untereinheit des F_1-Teils hervorgerufen, die durch H^+-Transport ($H^+_a \rightarrow H^+_i$) angetrieben wird. Dabei fungieren u. a. die 2 b-Untereinheiten des F_o-Teils als Stator. Bei einer vollständigen Rotation des F_1-Teils um 360° werden 3 ATP gebildet. In Abb. 2.6 b ist die Bildung von 1 ATP bei den Konformationsänderungen eines $\alpha\beta$–Dimers gezeigt. Die Rotation der γ-Untereinheit ist gekoppelt an die Rotation des Rings aus 9–12 c-Untereinheiten im F_o-Teil. Es wird angenommen, dass der Transport von 1 H^+ von außen nach innen zur Rotation des c-Rings um eine c-Einheit im Uhrzeigersinn führt. Aus der festen Stöchiometrie von 1 H^+/c-Unter-

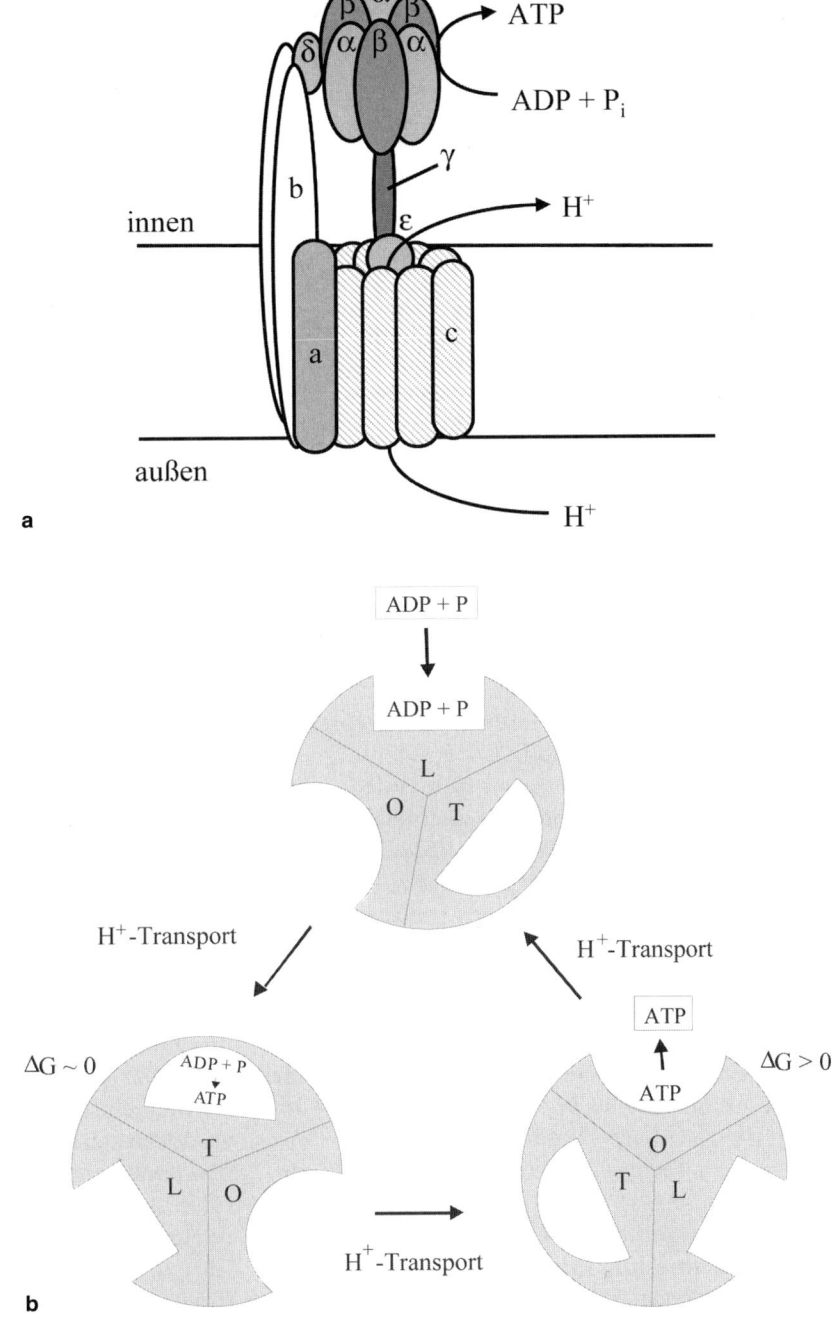

Abb. 2.6 a, b. Mechanismus der ATP-Synthese aus ADP und Phosphat durch H⁺-translozierende H⁺-Synthase. **a** Aufbau der H⁺-ATP-Synthase. Der lösliche F_1-Teil besteht aus 3 $\alpha\beta$-Dimeren und je einer γ-, δ-, ε-Untereinheit. Der membranständige F_0-Teil besteht aus 1 a-, 2 b- und einem Ring aus 9–12 c-Untereinheiten. **b** Mechanismus der ATP-Synthese aus ADP und Phosphat (P_i) in den katalytisch aktiven $\alpha\beta$-Dimeren des F_1-Teils: L (loose), T (tight) und O (open) stellen verschiedene Konformationen von 3 $\alpha\beta$-Dimeren dar, die mit unterschiedlichen Affinitäten ADP, P_i und ATP binden. Bei der Katalyse sind alle drei Bindestellen gleichzeitig besetzt. Für eine der drei Bindungsstellen ist der Wechsel zwischen den drei Konformationen gezeigt, die zur Bindung von ADP+P (L), zur Phosphorylierung von ADP zu ATP (T) und zur Freisetzung von ATP (O) führen

einheit lassen sich die H^+-ATP-Stöchiometrien berechnen. Für eine vollständige Umdrehung (360°) des c-Rings werden also im Fall von 9 c-Untereinheiten 9 H^+ benötigt für die Synthese von 3 ATP, und die H^+/ATP-Stöchiometrie ist 3. Bei ATP-Synthasen mit 12 c-Untereinheiten erhält man entsprechend eine H^+/ATP-Stöchiometrie von 4. Die H^+/ATP-Stöchiometrien sind daher keine Konstanten, sondern hängen ab von der Anzahl der c-Untereinheiten im F_o-Teil der entsprechenden ATP-Synthase.

Die Aktivierung des Phosphats, d.h. die Bildung der Phosphorylgruppe und die Übertragung auf ADP ($ADP^{3-} + P_i^{2-} + H^+ \rightarrow ATP^{4-} + H_2O$) findet bei der ETP also im F_1-Teil der ATPase statt, wobei bei der sehr niedrigen Wasserkonzentration im aktiven Zentrum die ATP-Synthese (Konformation T) keine Energie kostet ($\Delta G \sim 0$ kJ/mol). Der energieverbrauchende Schritt ist vermutlich die Freisetzung des ATP aus der hydrophoben Enzymumgebung in die wässrige Phase (Konformation O).

Typische Hemmstoffe der ATP-Synthese durch ETP sind Protonophoren und Hemmstoffe der ATP-Synthase. Protonophoren sind Verbindungen, welche die Permeabilität der Membran für H^+-Ionen erhöhen und damit den Aufbau eines elektrochemischen Protonenpotentials verhindern. Als **Protonophore** wirken lipophile schwache Säuren, wie **Dinitrophenol** und substituierte Phenylhydrazone, die sowohl im protonierten als auch deprotonierten Zustand die Lipidmembran permeieren können und damit einen Rückstrom von H^+ an der ATP-Synthase vorbei katalysieren. Damit kommt es zum Abbau des $\Delta\mu H^+$ ohne ATP-Synthese und die gesamte Energie wird als Wärme frei. Eine gezielte *In-vivo*-Entkopplung – und damit die gewünschte Bildung von Wärme – wird im braunen Fettgewebe einiger Säuger (Winterschlaf, Kältestress) durch ein Entkopplerprotein, das Membranprotein Thermogenin, hervorgerufen. Ein Hemmstoff für die membrangebundene ATP-Synthase ist z.B. **Dicyclohexycarbodiimide (DCCD)**. DCCD bindet kovalent an einen konservierten Aspartat- oder Glutamatrest in der c-Untereinheit des F_o-Teils und verschließt damit den H^+-Kanal. Auch **Inhibitoren von Elektronen-** **transportproteinen** (z.B. CN^- für die Cytochromoxidase) hemmen die ATP-Synthese über ETP.

Im Gegensatz zur SSP (Energiequantum 1 ATP) ist das **Energiequantum der ETP** die Energiemenge, die für den Transport eines H^+-Ions benötigt wird, entsprechend **18 kJ/mol (= 1/3 ATP)**. Energiestoffwechselreaktionen, die ATP-Synthese über ETP synthetisieren, müssen daher, bei einem WG von 60% mindestens einen Energieinhalt von ca. -20 kJ/Reaktion aufweisen. Dieser Wert stellt damit den minimalen Energiebetrag dar, der die Synthese von ATP, d.h. Lebensprozesse, ermöglicht. Solche geringen Energiebeträge findet man in einigen anaeroben Stoffwechselreaktionen, z.B. bei der Schwefelatmung ($H_2 + S \rightarrow H_2S$) hyperthermophiler Archaea, der Methanogenese (z.B. Acetat $\rightarrow CH_4 + CO_2$) sowie in Decarboxylierungs-Reaktionen (z.B. Succinat $\rightarrow$ Propionat $+ CO_2$).

2.1.4
Energiestoffwechseltypen

Aufgrund der chemischen Natur von S_1 ([H], e^--Donor) und S_2 ([H], e^--Akzeptor) lässt sich der chemotrophe Energiestoffwechsel (ESTW) aufteilen. Ist S_1 eine organische Verbindung, z.B. Zucker, Aminosäuren, Fettsäuren, aromatische Verbindungen usw., nennt man den ESTW **organotroph**; ist der [H] Akzeptor anorganisch, z.B. O_2 oder NO_3^-, S, SO_4^{2-}, so spricht man von **Atmung** (aerob oder anaerob). ATP-Synthese erfolgt sowohl über SSP (im oxidativen Teil) und über ETP (im reduktiven Teil). Bei der aeroben Atmung werden die organischen Verbindungen in der Regel vollständig zu $CO_2(P_1)$ oxidiert, bei der anaeroben Atmung werden einige Verbindungen auch unvollständig zu Acetat oxidiert. Als **Gärung** bezeichnet man einen organotrophen ESTW, bei dem als [H]-Akzeptoren organische Verbindungen fungieren, die bei der Oxidation eines organischen Substrates S_1 (z.B. Glucose) gebildet werden. ATP-Synthese findet in der Regel nur im oxidativen Teil über SSP statt. Sind [H]-Donor und [H]-Akzeptor anorganische Verbindungen, so liegt ein **lithotropher** Energiestoffwechsel vor. Zur Lithotrophie sind nur Prokaryoten befähigt. ATP-Synthese findet im reduktiven Teil

Tabelle 2.2. Energiestoffwechseltypen

S_1 [H], e⁻-Donor		P_1 (oxidiert)	S_2 [H], e⁻-Akzeptor	P_2 (reduziert)	
organotroph	organische Verbindung		anorganische Verbindung		*Atmung*
	Zucker	CO_2	O_2	H_2O	aerob
	Aminosäuren				anaerob
	Fettsäuren		NO_3^-	N_2, NH_3	Nitratatmung
	Aromatische Verbindungen		SO_4^{2-}	H_2S	Sulfatatmung
	etc.		S	H_2S	Schwefelatmung
	organische Verbindung		organische Verbindung		*Gärung*
lithotroph	anorganische Verbindung		anorganische Verbindung		*Atmung*
					aerob
	NH_3	NO_2^-	O_2	H_2O	Nitrifizierer
	NO_2^-	NO_3^-	O_2	H_2O	
	S, H_2S	SO_4^{2-}	O_2	H_2O	Schwefeloxidierer
	Fe^{2+}	Fe^{3+}	O_2	H_2O	Eisenoxidierer
	H_2	H^+	O_2	H_2O	Knallgasbakterien
					anaerob
	H_2	H^+	CO_2	CH_4	Methanogene Archaea
	H_2	H^+	SO_4^{2-}	H_2S	Sulfatreduzierer
	H_2	H^+	S	H_2S	Schwefelreduzierer

über ETP statt. Einige Beispiele des lithotrophen Stoffwechsels sind in Tabelle 2.2 gezeigt. Zu den aeroben lithotrophen Organismen gehören Nitrifizierer, die NH_4^+ zu NO_2^- (*Nitrosomonas*) bzw. NO_2^- zu NO_3^- (*Nitrobacter*) oxidieren, sowie Schwefel- und H_2S-Oxidierer; diese Gruppen von Prokaryoten spielen eine wichtige Rolle im Stickstoff- und Schwefelkreislauf in der Natur. Auch die Fähigkeit, H_2 als Elektronen-Donor zu verwenden, ist weit verbreitet, sowohl unter aeroben (Knallgasbakterien) und anaeroben Bedingungen (Methanbildner, Schwefel- und Sulfatreduzierer). Methanogenese und Sulfatreduktion sind die terminalen Stoffwechselprozesse des anaeroben Abbaus von organischen Verbindungen an natürlichen Standorten.

Im organotrophen Energiestoffwechsel dienen die organischen Substrate (z. B. Zucker) in der Regel auch als C-Quelle für die Zellsynthese (**Baustoffwechsel, BSTW**) (s. Kap. 2.4). Man bezeichnet den BSTW als **heterotroph**, wenn mehr als 50% der C-Quelle aus organischen Verbindungen stammt. Bei lithotrophem Energiestoffwechsel ist die C-Quelle häufig CO_2; dieser BSTW wird als **autotroph** bezeichnet.

Kohlenhydrat-Stoffwechsel

In der Natur sind polymere Zucker, die im Zuge der pflanzlichen Photosynthese entstehen, vor allem Cellulose (α-1,4-Glucosepolymer; 30–50%), Hemicellulose (Gemisch aus Pentosen, Xylane und Hexosen; 20–30%), Pectine (α-1,4-Galacturonsäuren; 3–5%) und Stärke (α-1,4-Glucose-Polymer; 2–3%) die mengenmäßig häufigsten organischen Verbindungen. Daher sind die meisten organotrophen Organismen in der Lage, Zucker abzubauen und dabei Energie zu gewinnen. Der Abbau der Polymere auf die Stufe der Monosaccharide oder Disaccharide erfolgt über extrazelluläre Enzyme wie Cellulasen, Pullulanasen, Amylasen, Xylanasen usw.

Im Folgenden wird exemplarisch der **Abbau von Glucose** als ein weit verbreiteter chemoorganoheterotropher Stoffwechsel in Mikroorganismen beschrieben. Dabei wird der aerobe Glucoseabbau zu CO_2 sowie die anaerobe Umsetzung von Glucose in ausgewählten Gärungen beschrieben. Die aerobe und die anaerobe Umsetzung von Glucose umfassen Redoxreaktionen und C-C-Spaltungsreaktionen, zu denen auch Decarboxylierungsreaktionen aus intermediär gebildeten α- oder β-Ketosäuren gehören. Im Folgenden werden einige Prinzipien der Oxidation und der Spaltung von Kohlenstoffverbindungen beschrieben, wie sie im aeroben und anaeroben Abbau von Glucose vorkommen.

2.1.5 Mechanismen der Oxidation und Spaltung von Kohlenstoffverbindungen

Oxidation von Kohlenstoffverbindungen

Bei der **Oxidation von Kohlenstoffverbindungen** vollzieht der Kohlenstoff in der Regel einen Redoxwechsel von 2. Die wichtigsten Oxidationsreaktionen sind die Oxidation von Aldehyden zu Säuren (z. B. GAP zu 3-Phosphoglycerat), von Alkoholen zu Carbonylverbindungen (z. B. Malat zu Oxalacetat, Isocitrat zu Oxalsuccinat) und von gesättigten zu einfach ungesättigten Verbindungen (z. B. Succinat zu Fumarat).

In diesen Oxidationsreaktionen werden Reduktionsäquivalente 2[H] als Hydrid-Ion ($H^- = H^+ + 2e^-$) und H^+ abgespalten. Bei der Oxidation von Alkoholen und Aldehyden dienen die Pyridin-Nucleotide NAD^+ (Nicotinamid-Adenin-Dinucleotid), oder $NADP^+$ (Nicotinamid-Adenin-Dinucleotid-Phosphat) als Elektronenakzeptoren. Bei der Übertragung von 2[H] auf $NAD(P)^+$ durch **Dehydrogenasen** wird das abgespaltene **Hydrid-Ion direkt** auf den Pyridin-Ring (Abb. 2.7) übertragen und es entsteht NADH oder NADPH, außerdem wird ein H^+ freigesetzt ($NAD(P)^+ + 2\,[H] \rightarrow NAD(P)H + H^+$).

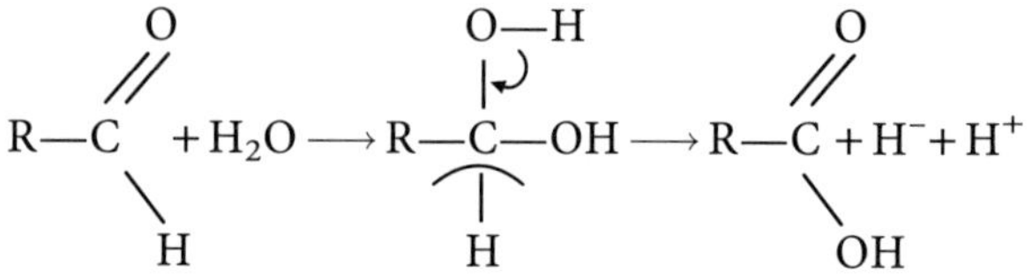

Aldehyd Aldehydhydrat Säure

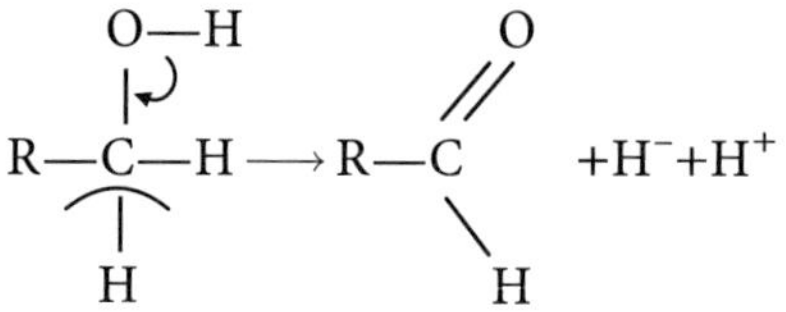

Alkohol Aldehyd

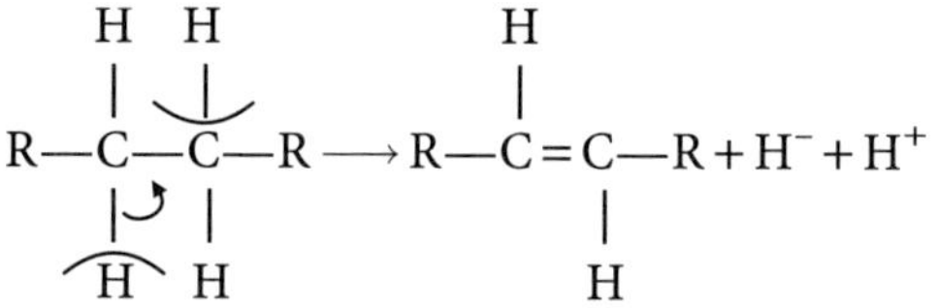

C-C-Einfachbindung C-C-Doppelbindung

Bei der Oxidation von gesättigten zu einfach ungesättigten Kohlenstoffverbindungen wird aufgrund des Redoxpotentials (s. Tabelle 2.3) Ubichinon (UQ) (Abb. 2.7) als Akzeptor verwendet. Chinone sind – im Gegensatz zu NAD^+ – e^-- und H^+-Überträger. Die Übertragung von $H^- + H^+$ auf UQ unter Bildung von UQH_2 erfordert daher die Zerlegung von H^- in $2e^- + H^+$, die durch **flavinhaltige Dehydrogenasen** katalysiert wird. Diese Enzyme enthalten entweder FAD (Flavin-Adenin-

Abb. 2.7. Struktur und Art der Elektronenübertragung der Coenzyme und prosthetischen Gruppen in Atmungsketten; R1, R2, R3 und Substituenten an den Tetrapyrrol-Ringen der Cytochrome (s. Lehninger et al. 2001). **NAD^+** Nicotinamid-Adenin-Dinucleotid; **$NADP^+$** Nicotinamid-Adenin-Dinucleotid-Phosphat. Der Pyridinring des Nicotinsäureamids überträgt Hydrid (H^-)-Ionen; $E^{\circ\prime} = -320$ mV. **Flavoproteine:** prosthetische Gruppen: FAD Flavin-Adenin-Dinucleotid; FMN Flavin-Mononucleotid. Der Isoalloxazin-Ring überträgt sowohl $H^- + H^+$ als auch $2\,[e^- + H^+]$; $E^{\circ\prime}$-Werte variieren je nach Protein zwischen −400 und +300 mV. **Eisen-Schwefel Proteine:** prosthetische Gruppen: Eisen-Schwefel-Cluster des Typs [2Fe-2S] bzw. [4Fe-4S], die Cluster enthalten Nicht-Häm-Eisen und säurelabilen Schwefel (in Kreisen); e^--Überträger (1 e^-/Cluster); $E^{\circ\prime}$-Werte variieren je nach Protein zwischen −400 und +300 mV. **Ubichinon:** Der chinoide Ring überträgt 2 $[e^- + H^+]$ zur Bildung von Hydrochinon; $E^{\circ\prime} = +110$ mV. **Cytochrome:** prosthetische Gruppen: Fe-Tetrapyrrole, e^--Überträger, $E^{\circ\prime}$-Werte variieren je nach Cytochrom zwischen −300 und +400 mV

NAD⁺, NADP⁺

$E°' = -320$ mV

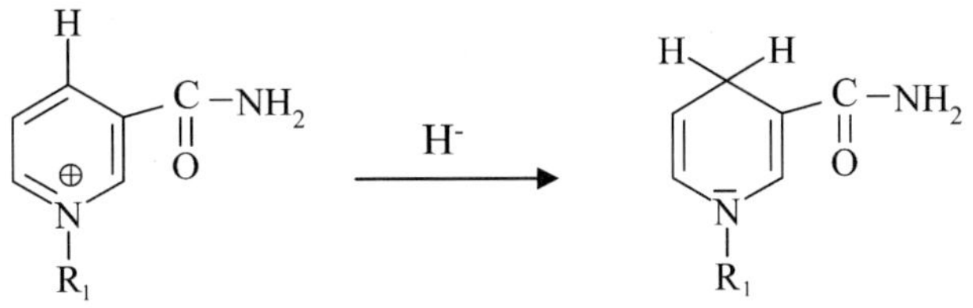

H^-

Flavoproteine (FMN, FAD)

$E°'$ variabel

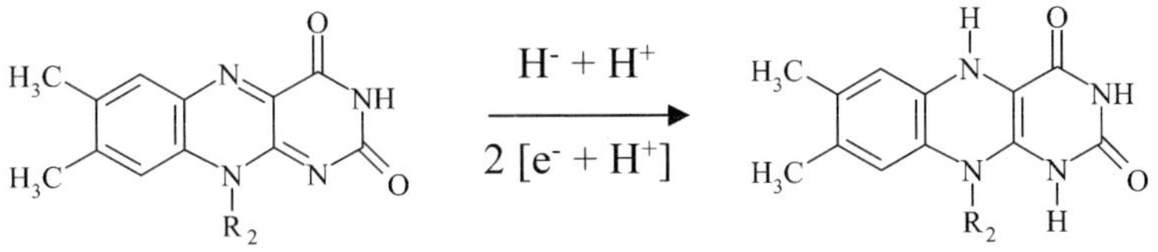

$H^- + H^+$

$2\,[e^- + H^+]$

FeS-Proteine

$E°'$ variabel
1 e⁻/ FeS

$Fe^{3+} \xrightarrow{\;1\,e^-\;} Fe^{2+}$

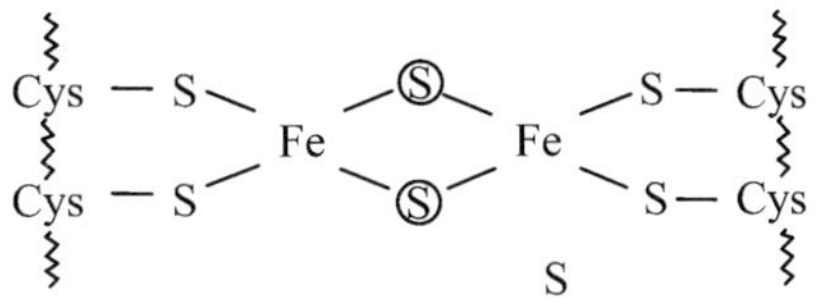

[2 Fe / 2 S]

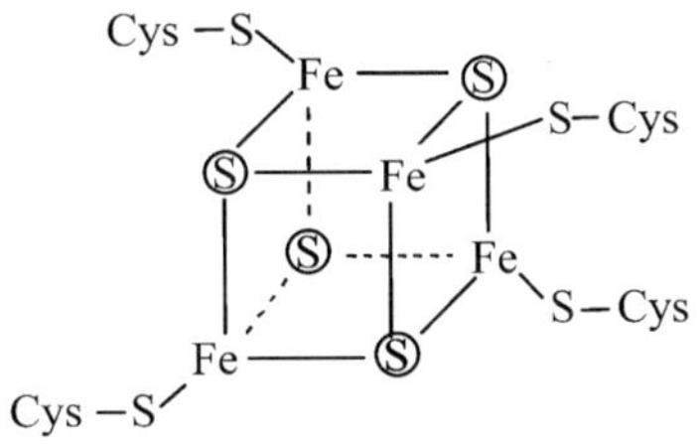

[4 Fe / 4 S]

Ubichinon

$E°' = +110$ mV

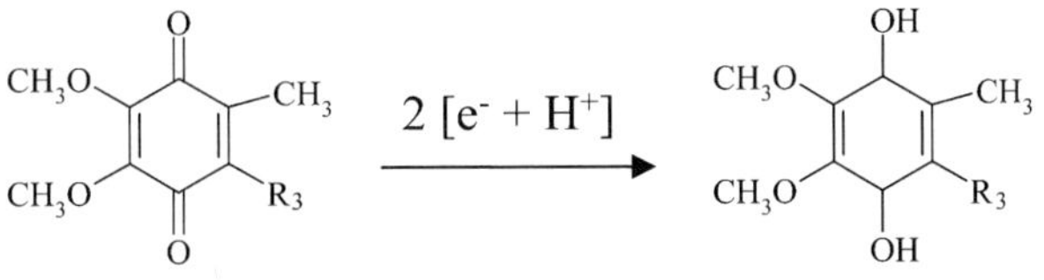

$2\,[e^- + H^+]$

Cytochrome

$E_0' =$ Cytochrom-spezifisch

$Fe^{3+} \xrightarrow{\;1\,e^-\;} Fe^{2+}$

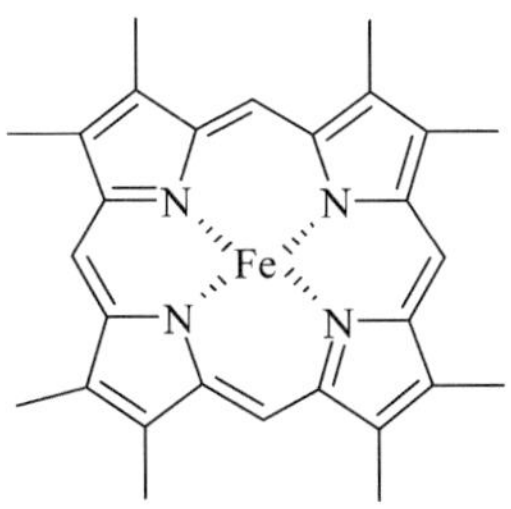

Dinucleotid) oder FMN (Flavin-Mononucleotid) als fest gebundene **prosthetische Gruppen (E-FAD, E-FMN)**. Die redoxaktive Gruppe des FAD/FMN ist der Isoalloxazin-Ring (s. Abb. 2.7), der sowohl als H^- ($+ H^+$) als auch (im Gegensatz zu NAD^+) $2 \cdot [e^- + H^+]$ übertragen kann. Damit ist eine Umschaltung von H^--Transfer auf $[e^- + H^+]$ Transfer möglich. Die Reduktion von UQ durch Flavoproteine erfolgt in zwei Schritten. Zunächst werden die aus den organischen Verbindungen abgespaltenen H^-- und H^+-Ionen auf den Isoalloxazin-Ring übertragen unter Bildung von Enzymgebundenem E-FADH$_2$ bzw. E-FMNH$_2$; dann erfolgt die sequenzielle Übertragung von $2 \times [e^- + H^+]$ auf den chinoiden Ring des UQ unter Bildung des (reduzierten) Hydrochinons UQH$_2$, wobei intermediär durch $1 \cdot [e^- + H^+]$ Aufnahme radikalische Semichinon-Strukturen gebildet werden können. Die Umschaltung von Hydrid-Übertragung auf $[e^- + H^+]$ Übertragung durch Flavine ist auch Voraussetzung für die Reoxidation von NADH in der Atmungskette, in der die Elektronen des H^--Ions über Chinone ($= [e^- + H^+]$-Überträger), über Eisenschwefelproteine und Cytochrome, die ausschließlich e^--Überträger sind, letztlich auf O_2 übertragen werden (siehe Kap. 2.5).

Redoxpotentiale. Alle Redoxreaktionen lassen sich in 2 Halbreaktionen aufteilen: $DH_2 \rightarrow D + 2[H]$; $A + 2[H] \rightarrow AH_2$, wobei ein reduzierter H-Donor (DH_2) 2 [H] abgibt und auf einen Akzeptor A überträgt ($DH_2 + A \rightarrow D + AH_2$). Ein Maß für die Tendenz Elektronen abzugeben bzw. aufzunehmen ist das Standard-Redoxpotential (E°). Als Referenz dient das Potential der Normal-Wasserstoff-Elektrode (eine inerte Metallelektrode in wässriger Lösung mit einer H^+-Konzentration von 1 M (pH = 0) im Gleichgewicht mit H_2-Gas bei einem Partialdruck von 1 atm), dessen E° ($2 H^+/H_2$) = 0 Volt beträgt. E°-Werte von Redoxpaaren geben an, welches Potential sich gegen die H_2-Elektrode einstellt, wenn gleiche Konzentrationen von oxidierter und reduzierter Form vorliegen. Im biologischen System werden Standard-Redoxpotentiale auf pH 7 bezogen und als $E^{\circ\prime}$-Werte angegeben. Bei pH 7 ($H^+ = 10^{-7}$ M) be-

Tabelle 2.3. Standard-Redoxpotentiale (gerundete Werte) biologischer Systeme für $2e^-$-Übergänge, wo angezeigt, $8e^-$- oder $1e^-$-Übergang

Redox-Paar (oxidiert/reduziert)	$E^{\circ\prime}$ (mV)
Acetat/Acetaldehyd	−570
℗Glycerat/Glycerinaldehyd 3℗	−550
Acetyl CoA+CO_2/Pyruvat	−500
Succinyl CoA+CO_2/α-Ketoglutarat	−500
CO_2/HCOO$^-$	−430
Ferredoxin$_{ox/red}$	−420
$2 H^+/H_2$	−420
α-Ketoglutarat+CO_2/Isocitrat	−430
NAD(P)$^+$/NAD(P)H	−320
1,3-Bis℗glycerat/Glycerinaldehyd 3℗	−300
Acetyl-CoA/Acetaldehyd	−300
Butyryl-CoA/Butyraldehyd	−300
Liponsäure$_{ox/red}$	−290
CO_2/CH_4 ($8e^-$)	−240
S/H_2S	−270
SO_4^{2-}/H_2S ($8e^-$)	−220
Acetaldehyd/EtOH	−190
Pyruvat/Laktat	−190
Oxalacetat/Malat	−190
Butyraldehyd/Butanol	−170
Menachinon$_{ox/red}$	−70
Fumarat/Succinat	+30
Crotonyl CoA/Butyryl CoA	+130
Ubichinon$_{ox/red}$	+110
Cytochrom c$_{ox/red}$ ($1e^-$)	+250
NO_3^-/NO_2^-	+430
Fe^{3+}/Fe^{2+} ($1e^-$)	+770
O_2/H_2O	+820

trägt das Redoxpotential $E^{\circ\prime}$ des H^+/H_2-Paares = −420 mV.

Für viele biologisch wichtige Verbindungen wurden $E^{\circ\prime}$-Werte bestimmt (Tabelle 2.3). Dazu gehören Redoxpaare der organischen Verbindungen des Intermediärstoffwechsels (glycolytische Abbau-Wege, Citratzyklus), Komponenten der Atmungskette und einige anorganische Redoxpaare. Die Redoxpaare sind in Richtung steigender $E^{\circ\prime}$-Werte abgeordnet. Die $E^{\circ\prime}$-Werte erlauben Vorhersagen über die Funktion der Redoxpartner als e^--Donor bzw. als e^--Akzeptor. So ist NAD^+ (−320 mV) ein geeigneter Akzeptor für die Oxidation von Glycerinaldehyd-3-phosphat (−550 mV), nicht jedoch für die Succinat-Oxidation (+30 mV). Umgekehrt ist NADH ein geeigneter e^--Donor für die Reduktion von Fumarat, nicht jedoch von 3-Phosphoglycerat. Bei der Übertragung von Elektronen einer Verbindung mit negativem $E^{\circ\prime}$ auf einen Akzeptor mit positiverem $E^{\circ\prime}$ wird Energie frei. Die Umkehrung erfordert Energie. Die freie Energie einer Redoxreaktion lässt sich berechnen, $\Delta G^{\circ\prime} = -nF \, \Delta E^{\circ\prime}$. Dabei ist n die Zahl der übertragenen Elektronen, F die Faraday-Konstante $= 96{,}5 \ \text{kJ mol}^{-1} \, \text{V}^{-1}$ und $\Delta E^{\circ\prime}$ (in Volt) die Differenz von $E^{\circ\prime}$ des Elektronenakzeptors und $E^{\circ\prime}$ des Elektronendonors.

Beispiel 1: Bei der Oxidation von Glycerinaldehyd-3-Phosphat mit NAD^+ zu 3-Phosphoglycerat und NADH ergibt sich für

$$\Delta G^{\circ\prime} = -2 \cdot 96{,}5 \ \text{kJ mol}^{-1} \, \text{V}^{-1} \cdot (-0{,}32 + 0{,}55) \text{V}$$
$$= -46 \ \text{kJ/mol} \, .$$

Beispiel 2: Bei der Übertragung von NADH auf O_2 in der Atmungskette $(NADH + \frac{1}{2} \, O_2 \rightarrow NAD^+ + H_2O)$ ist der frei werdende Energiebetrag

$$\Delta G^{\circ\prime} = -2 \cdot 96{,}5 \ \text{kJ mol}^{-1} \, \text{V}^{-1} \cdot (+0{,}81 + 0{,}32) \text{V}$$
$$= -218 \ \text{kJ/mol} \, .$$

Das Redoxpotential, das sich bei beliebigen Konzentrationen der oxidierten und reduzierten Form einstellt, lässt sich nach der **Nernst-Gleichung** berechnen (R = Gaskonstante, $8{,}314 \ \text{J mol}^{-1} \, \text{K}^{-1}$, T = absolute Temperatur in K; F = Faraday-Konstante, $96{,}5 \ \text{kJ mol}^{-1} \, \text{V}^{-1}$, n = Zahl der übertragenen Elektronen):

$$E' = E^{\circ\prime} + \frac{RT}{nF} \cdot \ln \frac{[\text{ox}]}{[\text{red}]}$$

$$E' \, (\text{mV}) = E^{\circ\prime} + \frac{0{,}060}{n} \cdot \lg \frac{[\text{ox}]}{[\text{red}]}$$

Liegt ein Konzentrationsverhältnis [ox]/[red] von 10/1 vor (n = 2) ist E′ um 30 mV positiver als $E^{\circ\prime}$, bei einem Verhältnis [ox]/[red] von 1/10 wird E′ um 30 mV negativer.

Beispiel 1: $E^{\circ\prime}$ des Malat/Oxalacetat-Paares beträgt –190 mV; bei einem zellulären Verhältnis von Malat/Oxalacetat von 10 000/1 ist $E' = -190 \ \text{mV} \ -30 \ \text{mV} \cdot \lg 10^4 = -310 \ \text{mV}$.

Beispiel 2: $E^{\circ\prime}$ von $2 \, H^+/H_2 = -420 \ \text{mV}$, bei einem H_2-Partialdruck von 10^{-4} atm ist

$$E' = -420 + 30 \ \text{mV} \cdot \lg 1/10^{-4}$$
$$= -420 + 30 \cdot 4 = -300 \ \text{mV} \, .$$

Spaltung von Kohlenstoffverbindungen

C-C-Bindungen werden in der Biochemie in der Regel heterolytisch gespalten, wobei intermediär ein Carbanion (C^-) und ein Carbokation (C^+) entstehen, die sich durch Aufnahme oder Abgabe eines H^+-Ions stabilisieren können. Die Spaltung einer C-C-Bindung benötigt die elektronenziehende Wirkung einer Carbonylgruppe (**oder $C = N^+$-Gruppe im Thiaminpyrophosphat**, Abb. 2.8), welche die benachbarten C-Atome in α-Stellung und β-Stellung polarisiert. Dabei stabilisiert das α-C eine negative Ladung; durch den induktiven Effekt stabilisiert das β-C eine positive Ladung. Eine Spaltung (oder Knüpfung einer C-C-Bindung) kann nur ablaufen in α- oder β-Stellung zu einer Carbonylgruppe. In β-Stellung handelt es sich um eine **aldolartige Reaktion**, die kein Coenzym benötigt, in α-Stellung handelt es sich um eine **ketolartige Reaktion**, die immer **Thiaminpyrophosphat (TPP)** als prosthetische Gruppe benötigt (Abb. 2.8).

Bei einer **Aldolreaktion** reagieren zwei Aldehyde, wobei das α-C (Methylen-Kohlenstoff) nach Abstraktion eines Protons ein Carbanion stabilisiert (durch Resonanz mit der Carbonylgruppe durch Enolat-Anion-Bildung) und daher als Nucleophil an das positivierte Carbonyl-C der zweiten Aldehydverbindung addieren kann. Es entsteht ein **Aldol (β-Hydroxycarbonylverbindung)**. Die Umkehrreaktion, d.h. eine Aldol-Spaltung, findet daher immer in β-Stellung zu einer Carbonylgruppe statt. Zu den aldolartigen Verbindungen (Abb. 2.8) gehören z. B. Fructose-1,6-bisphosphat und viele andere Zucker mit dieser allgemeinen Konfiguration, Citrat und alle β-Ketosäuren (z. B.

Aldolartige Reaktionen

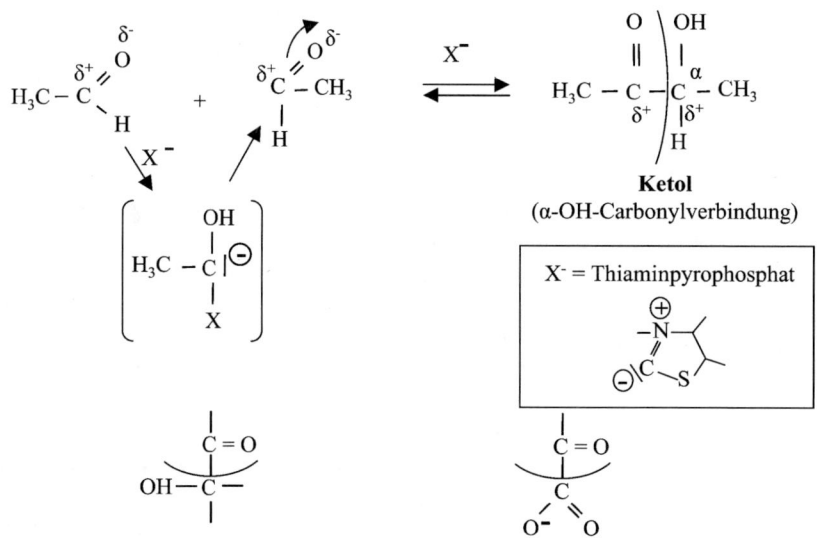

Aldol
(β-OH-Carbonylverbindung)

Aldol: Fructose-1,6-bisphosphat, Citrat   **β-Ketosäuren:** Oxalacetat, Oxalsuccinat

Ketolartige Reaktionen

Ketol
(α-OH-Carbonylverbindung)

X⁻ = Thiaminpyrophosphat

Ketol: Xylulose-5-phosphat, Acetoin   **α-Ketosäuren:** Pyruvat, α-Ketoglutarat

Abb. 2.8. Aldolartige und ketolartige Reaktionen bei der Spaltung und Knüpfung von C-C-Bindungen in der Biochemie. Zur Struktur des Thia-minpyrophosphat s. Lehninger et al. 2001; gezeigt ist der Thiazolring als Carbanion (X⁻)

Oxalacetat und Oxalsuccinat als Intermediate des Citratzyklus). Zu den Enzymen, die aldolartige Verbindungen bilden oder spalten, gehören Aldolasen (z. B. Fructose-1,6-bisphosphat-Aldolase) und Transaldolasen, Citratsynthase und Decarboxylasen von β-Ketosäuren, wie Oxalacetat-Decarboxylase und Isocitrat-Dehydrogenase, die enzymgebundenes Oxalsuccinat decarboxyliert.

Bei einer **Ketolreaktion** (Bildung oder Spaltung eines Ketols) reagieren formal zwei Aldehyde, wobei die beiden positivierten Carbonyl-Kohlenstoff zusammen reagieren. Damit diese Reaktion möglich ist, wird zunächst ein Nucleophil (X^-) an ein positiviertes C angelagert. Das entstandene Carbanion kann mit dem positivierten C der zweiten Aldehydverbindung reagieren und – nach Abspaltung des Katalysator X^- – entsteht eine **α-Hydroxycarbonylverbindung**, ein **Ketol**. Zu den ketolartigen Verbindungen (Abb. 2.8) zählen Xylulose-5-phosphat, viele andere Zucker mit dieser Konfiguration und alle α-Ketosäuren, wie z. B. Pyruvat und α-Ketoglutarat. In der Organischen Chemie ist der nucleophile Katalysator X^- ein Cyanid-Ion CN^-, in der Biochemie ist X^- die prosthetische Gruppe **Thiaminpyrophosphat**. Es enthält als reaktive Gruppe einen Thiazolring, der am C-Atom zwischen elektronenziehenden N und S (durch Resonanzstabilisierung mit dem positiven N im Ring) eine negative Ladung (Carbanion) stabilisiert (TPP^-) (Abb. 2.8). Alle Enzyme, die ketolartige Reaktionen in der Biochemie katalysieren, d. h. die Bildung und die Spaltung von **α-Hydroxycarbonylverbindung** mit zwei benachbarten positivierten C-Atomen, benötigen immer TPP^- als prosthetische Gruppe. Dazu gehören z. B. Xylulose-5-phosphat-Phosphoketolase, Transketolasen, Acetolactat-Synthase, Pyruvat- und α-Ketoglutarat-Dehydrogenasen, Pyruvat-Decarboxylase und Pyruvat-Ferredoxin-Oxidoreduktase.

2.2
Aerober Glucoseabbau

Die einzelnen Schritte des aeroben Glucoseabbaus, eingeteilt in einen oxidativen und reduktiven Teil, sind in Abb. 2.9 angegeben. Nach Transport in die Zelle wird Glucose im oxidativen Teil vollständig zu CO_2 oxidiert; die an dieser Oxidation beteiligten Abbauwege umfassen die glycolytischen Abbauwege (Embden-Meyerhof-Weg und Entner-Doudoroff-Weg), den Pyruvat-Dehydrogenase-Komplex und den Citratzyklus. Die Reaktionen des oxidativen Teils werden durch cytoplasmatische, lösliche Enzyme katalysiert (Ausnahme Succinat-Dehydrogenase des Citratzyklus) und die ATP-Synthese erfolgt über SSP. Die bei der Oxidation entstehenden Reduktionsäquivalente (24 [H] = 10 NADH + 2 UQH_2) werden im reduktiven Teil – im Zuge der Atmungskette – auf O_2 als Elektronenakzeptor übertragen, wobei H_2O entsteht. Bei den Enzymen der Atmungskette handelt es sich um Membran-assoziierte und Membran-integrale Proteine und die ATP-Synthese verläuft über ETP.

2.2.1
Zucker-Transport

Die Cytoplasmamembran der Prokaryoten besteht aus **Phospholipiden**, deren Hauptlipidkomponenten in Eukarya und Bacteria **Fettsäure-Glycerin-Ester** bzw. in Archaea **Isoprenoid-Glycerin-Ether** enthalten. Diese semipermeablen Membranen sind durchlässig nur für wenige Verbindungen, wie Wasser, Gase, niedermolekulare hydrophile Verbindungen wie Methanol und Ethanol sowie für ungeladene amphiphatische Verbindungen wie Fettsäuren, z. B. Essigsäure und Buttersäure in protonierter Form (z. B. liegt Essigsäure mit einem pKs-Wert von 4,8 bei einem pH von 6,8 zu 1% als ungeladene, protonierte Säure vor). Diese Verbindungen werden durch **passive Diffusion** in die Zelle aufgenommen, wobei die Transportrate proportional abhängig ist von den vorliegenden Konzentrationsgradienten der Substrate ($[S]$ außen > $[S]$ innen), d. h. $V \sim ([S]_a - [S]_i)$.

Die Lipidmembranen sind undurchlässig für alle geladenen Moleküle, für Kationen (H^+, K^+, Mg^{2+}), Anionen (Cl^-, HPO_4^{2-}, HSO_4^-), Aminosäuren, Säureanionen ($Acetat^-$, $Butyrat^-$, $Lactat^-$, $Formiat^-$) sowie hydrophile ungeladene Moleküle (mit einem Molekulargewicht > 100) wie Tetrosen, Pentosen und Hexosen, wie z. B. Glucose. Für alle diese

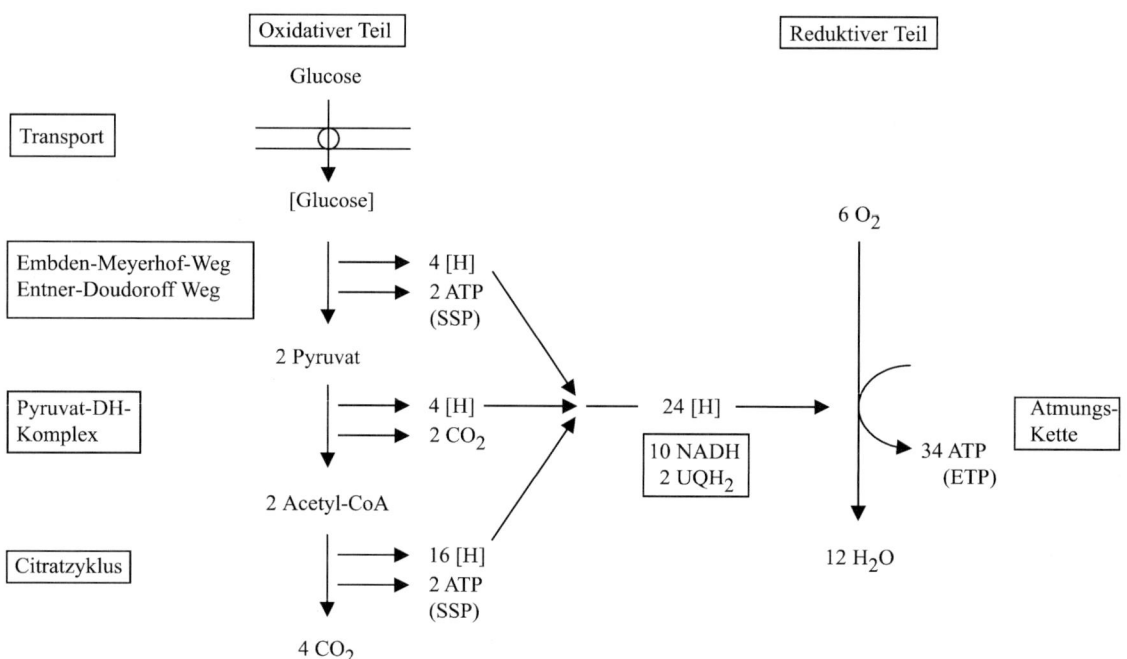

Abb. 2.9. Teilreaktionen des aeroben Abbaus von Glucose. [Glucose], freie Glucose oder Glucose-6-phosphat je nach Transport über H⁺/Symport-System oder PTS-System. Die angegebenen ATP-Ausbeuten beziehen sich auf den Glucoseabbau über den Embden-Meyerhof-Weg und eine Atmungskette mit Cytochrom c (siehe Kap. 2.2.1, 2.2.2, 2.2.5)

Verbindungen werden für die Aufnahme in die Zelle (oder den Export aus der Zelle) spezielle Transportproteine benötigt, die durch Bindung der Substrate eine stark erhöhte Rate des Transports durch die Lipidmembran bewirken. Die Kinetik des Protein-katalysierten Transports ähnelt einer Michaelis-Menten-Kinetik von Enzymreaktionen. Der Transport zeigt eine Sättigungskinetik und eine Spezifität für das zu transportierende Substrat (S). Die Rate des Protein-katalysierten Transports ($V = V_{max}$ [S]/(K_d+[S]); K_d = Substratkonzentration bei halbmaximaler Transportrate) ist insbesondere bei geringen Substratkonzentrationen viel größer als die Rate durch passive Diffusion und ermöglicht so einen für den Stoffwechsel ausreichenden Substrattransport.

Bei **Protein-katalysierten Transportprozessen** von Substraten in die Zelle unterscheidet man zwischen **erleichterter Diffusion (passiver Transport)** und **aktivem Transport**. Bei der **erleichterten Diffusion** stammt die Energie für den Transport in die Zelle aus dem nach innen gerichteten Substratgradienten ([S]$_{außen}$ > [S]$_{innen}$). Erleichterte Diffusion wurde in Prokaryoten nur für wenige Substrate gezeigt, so für Glycerin in *E. coli* und für Glucose in *Zymomonas mobilis* (s. unten). In den meisten Fällen findet ein Stofftransport gegen einen Konzentrationsgradienten ([S]$_{innen}$ > [S]$_{außen}$) statt; dieser – **aktive Transport** – benötigt Energie, die durch Kopplung mit einer Energie-liefernden Reaktion des Energiestoffwechsels bereitgestellt wird. Die Energie für den Transport eines Substrates in die Zelle gegen einen Konzentrationsgradienten ($[S]_{innen} > [S]_{außen}$) beträgt

$$\Delta G = -RT \ln [S]_{außen}/[S]_{innen}$$

$$\Delta G = -5,7 \text{ kJ/mol} \cdot \lg [S]_a/[S]_i$$

Für die Akkumulation gegen einen Gradienten von 10 werden also 5,7 kJ/mol benötigt, für Gradienten von 100 bzw. 1000 entsprechend 11,4 bzw. 17,1 kJ/mol.

Je nach Energiekopplung unterscheidet man einen **primären** und einen **sekundären aktiven Transport**. Beim **primären aktiven Transport** ist die freie Energie einer skalaren Reaktion (in Lösung stattfindende Reaktion ohne Richtung), z.B. die Hydrolyse von ATP oder einer Redoxreaktion, gekoppelt mit einer vektoriellen Reaktion, d.h. mit dem Aufbau eines transmembranen Gradienten für Substrate oder Ionen. Dazu gehört die H$^+$-ATP-Synthase/ATPase und die Redoxreaktionen der Atmungskette, die durch ATP-Hydrolyse oder Elektronentransport einen nach außen gerichteten H$^+$-Gradienten über die Membran aufbauen. Die **K$^+$-ATPase** katalysiert durch ATP-Hydrolyse den Aufbau eines in die Zelle gerichteten K$^+$-Gradienten (K$^+$-Akkumulation). Auch die weit verbreiteten als **ABC-Transporter** (Abb. 2.10 IV) bezeichneten Transport-ATPasen katalysieren durch ATP-Hydrolyse den Transport einer Vielzahl von Verbindungen (Zucker, Nucleotide, Aminosäuren, Phosphat- und Sulfationen usw.) gegen einen Konzentrationsgradienten.

Bei einem **sekundären aktiven Transport** dient die Energie eines – durch primären Transport aufgebauten – Ionengradienten, z.B. H$^+$-Gradienten, zum Aufbau eines zweiten gerichteten Konzentrationsgradienten von Substraten oder Ionen (Kopplung von zwei vektoriellen Reaktionen). Ein häufiger Mechanismus ist der **H$^+$/Substrat-Symport**, z.B. für die Aufnahme von Zuckern oder Aminosäuren. H$^+$-Symportproteine besitzen Bindestellen für H$^+$-Ionen und Substrate und koppeln den gleichgerichteten Transport von H$^+$-Ionen entlang des elektrochemischen Gradienten mit der Aufnahme eines Substrats gegen einen Konzentrationsgradienten. H$^+$/Zucker-Symport-Systeme sind weit verbreitet. Dazu gehören H$^+$/Glucose-Symporter, H$^+$/Pentose-Symporter und der gut untersuchte **H$^+$/Lactose-Symporter (Lactose-Permease)**. Bei einem gleichzeitigen Transport von Substraten in entgegengesetzte Richtungen spricht man von **Antiport-Systemen**, z.B. koppelt der Na$^+$/H$^+$-Antiporter den Transport von H$^+$-Ionen in die Zelle mit dem Export von Na$^+$-Ionen aus der Zelle. Ein ungewöhnlicher Mechanismus des Transports ist die für Zucker beschriebene **Gruppentranslokation** durch das **Phosphotransferase-System (PTS-System)**, dabei werden die Zucker während des Transports phosphoryliert, d.h. chemisch modifiziert.

Für den Transport von Glucose (Abb. 2.10) sind die folgenden vier unterschiedlichen Transportsysteme beschrieben, die sich in Bezug auf die Energiekopplung unterscheiden:

- Bei der Glucoseaufnahme durch **erleichterte Diffusion** stammt die Energie für den Transport aus dem in die Zelle gerichteten Gradienten von Glucose ($[Glucose]_{außen} > [Glucose]_{innen}$). Dieses Glucose-Transportsystem wurde in Prokaryoten bisher nur für das anaerobe Ethanol-bildende Bakterium *Zymomonas mobilis* beschrieben (s. Kap. 2.3.3). Der Organismus lebt an natürlichen Standorten im (hochkonzentrierten) zuckerhaltigen Saft von Agaven und hatte in der Evolution offensichtlich nicht die Notwendigkeit für die Entwicklung eines aktiven Transportsystems für Glucose.

- In vielen aeroben Bakterien wird Glucose durch ein **H$^+$/Symportsystem** transportiert, wobei 1 mol Glucose zusammen mit 1 mol H$^+$ in die Zelle cotransportiert werden. Da der Energieinhalt eines elektrogenen H$^+$ an einer energetisierten Membran ca. –18 kJ/mol beträgt (Kap. 2.3.3), muss für den Transport von Glucose mit 1 H$^+$ 18 kJ/mol, d.h. 1/3 ATP-Äquivalent, aufgewendet werden. Mit diesem Energiebetrag kann Glucose gegen einen Konzentrationsgradienten von 1000 in der Zelle akkumuliert werden ($\Delta G = -18$ kJ/mol $= -5,7$ kJ/mol $\cdot \lg [Glucose]_{innen}/[Glucose]_{außen}$). Der nächste Schritt

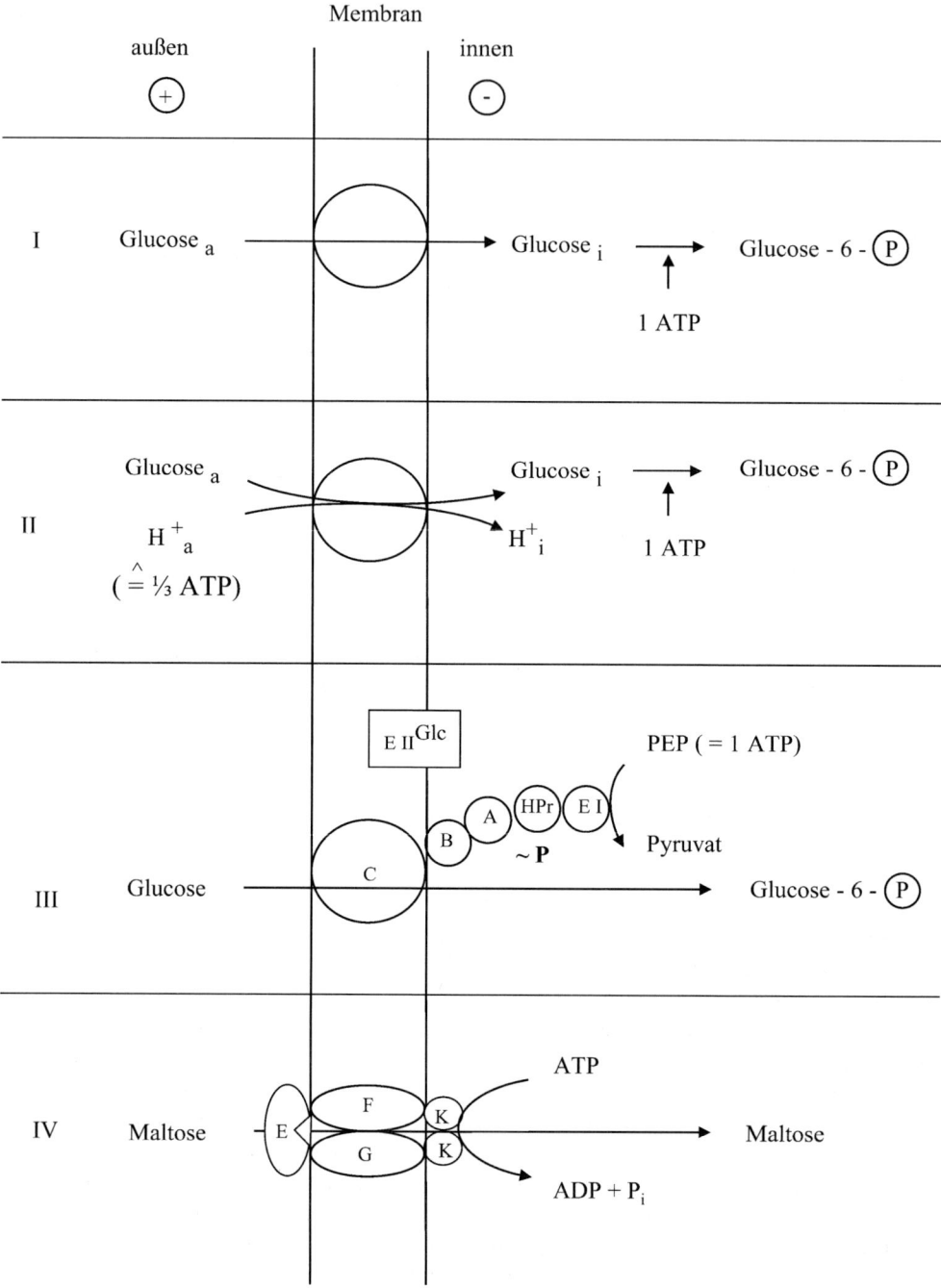

Abb. 2.10. Zuckertransportsysteme in Mikroorganismen: (I) Glucose-Transport durch erleichterte Diffusion (nur bei *Zymomonas mobilis*); (II) H$^+$/Glucose-Symportsystem; (III) Gruppentranslokation durch das Phosphoenolpyruvat-Glucose-Phosphotransferase-System (PTS-System). PEP überträgt die Phosphoryl-Gruppe ($\sim$ P) sequentiell über die Proteine EI, HPr, EII^{Glc}A-C auf Glucose; (IV) Bindeprotein-abhängiger Maltose-Transport (ABC-Transporter) in *E. coli*. Der Transport der Maltose durch die Porine der äußeren Membran ist nicht abgebildet

der Glucoseumsetzung in den glycolytischen Abbauwegen ist die Phosphorylierung zu Glucose-6-phosphat durch Hexokinase unter Verbrauch von 1 ATP.

- **PTS-System.** Die meisten anaeroben und fakultativen Bakterien transportieren Glucose (und andere Zucker) über das **Phosphoenolpyruvat(PEP)-Glucose(Zucker)-Phosphotransferase-System (PTS-System).** Dabei wird Glucose beim Durchtritt durch die Membran phosphoryliert zu Glucose-6-phosphat. Die Phosphorylgruppe stammt aus dem PEP und wird sequentiell auf verschiedene Enzyme übertragen, die intermediär phosphoryliert werden. Zum PTS-System gehört das Enzym I, ein Histidin-Protein (HPr, das ein energiereiches Histidin-Phosphat ausbildet) und Enzym EII, das in der Regel aus drei Untereinheiten (oder Domänen) EII A, B, C aufgebaut ist, wobei das membran-integrale EII C die Phosphorylierung der Glucose beim Durchtritt durch die Membran katalysiert. EI und HPr sind unspezifisch auch am Transport anderer PTS-Zucker (z.B. Mannose, Fructose) beteiligt, während EIIA, B und C spezifisch für einen bestimmten Zucker sind, z.B. für Glucose (EII^{Glc}). Ein Vergleich des Energiebedarfs der Glucose-6-phosphat-Bildung ergibt 1 1/3 ATP für das H^+-Symportsystem, jedoch nur 1 ATP-Äquivalent (= PEP) im PTS-System. Das PTS-System ist daher energetisch günstiger, was erklärt, warum dieses Transportsystem vorwiegend bei anaeroben und fakultativ anaeroben Bakterien gefunden wird, deren ATP-Ausbeuten unter anaeroben Bedingungen gering sind (s. Kap. 2.3).
- **ABC-Transporter.** ABC-Transporter oder Transport-ATPasen wurden zuerst in Gram-negativen Bakterien als Bindeprotein-abhängige Transporter beschrieben. Dazu gehört der gut untersuchte Maltose-Transporter in *E. coli* (Abb. 2.10 IV). Nach Durchtritt durch die Porine der äußeren Membran (nicht gezeigt) wird Maltose von einem periplasmatischen Bindeprotein MalE mit hoher Affinität (μM) gebunden; durch Wechselwirkung des Maltose/ Bindeprotein-Komplexes mit zwei transmembra-

nen Komponenten (MalF und MalG) wird Maltose aus dem Komplex freigesetzt und in die Zelle transportiert, wobei die Energie aus der ATP-Hydrolyse stammt, die von zwei an der Innenseite der Cytoplasmamembran lokalisierten Proteinen katalysiert wird. Diese ATPasen (MalK) enthalten konservierte ATP-Bindestellen (*ATP-b*inding Cassette), die für die Familie der ABC-Transporter typisch ist. Mit der freigesetzten Energie der Hydrolyse von 1 ATP (–50 kJ/mol) kann Maltose bis zu einem Konzentrationsgradienten von ca. 10^8 in der Zelle akkumuliert werden ($\Delta G = -50$ kJ/mol $= -5{,}7$ kJ/ mol·lg [Glucose]$_{innen}$/[Glucose]$_{außen}$). ABC-Transporter sind weit verbreitet in Bacteria, Archaea und Eukarya und transportieren neben Zuckern eine Vielzahl von Substraten. In *E. coli* z.B. sind ABC-Transporter auch am Transport von Pentosen, Nucleotiden, Sulfat- und Phosphat-Ionen beteiligt. Kürzlich wurde der erste Fall eines Glucose-transportierenden ABC-Transporters in dem Archaeon *Sulfolobus* beschrieben. In Gram-positiven Bakterien und Archaea, die keinen periplasmatischen Raum besitzen, sind die Bindeproteine in der Cytoplasmamembran verankert.

2.2.2
Zuckerabbauwege

Embden-Meyerhof-Weg (Glycolyse)

Der häufigste Glucoseabbauweg zu Pyruvat in Eukarya und Bacteria ist der Embden-Meyerhof (EM)-Weg, auch als Glycolyse bezeichnet (Abb. 2.11). Bei der Umsetzung von Glucose zu 2 Pyruvat werden ca. –170 kJ/mol frei, was thermodynamisch eine maximale ATP-Ausbeute von 2 ATP/Glucose ermöglicht (WG ∼ 60%). Zwei Mol ATP können durch Oxidation von zwei Aldehyden zu den Carbonsäuren über SSP gebildet werden (s. Kap. 2.1.4). Die Oxidation der Aldehydgruppe des Glucose-6-phosphat, das nach Transport durch das PTS-System oder nach Phosphorylierung von Glucose durch Hexokinase mit ATP entsteht, ist jedoch unerwünscht. Durch Addition der

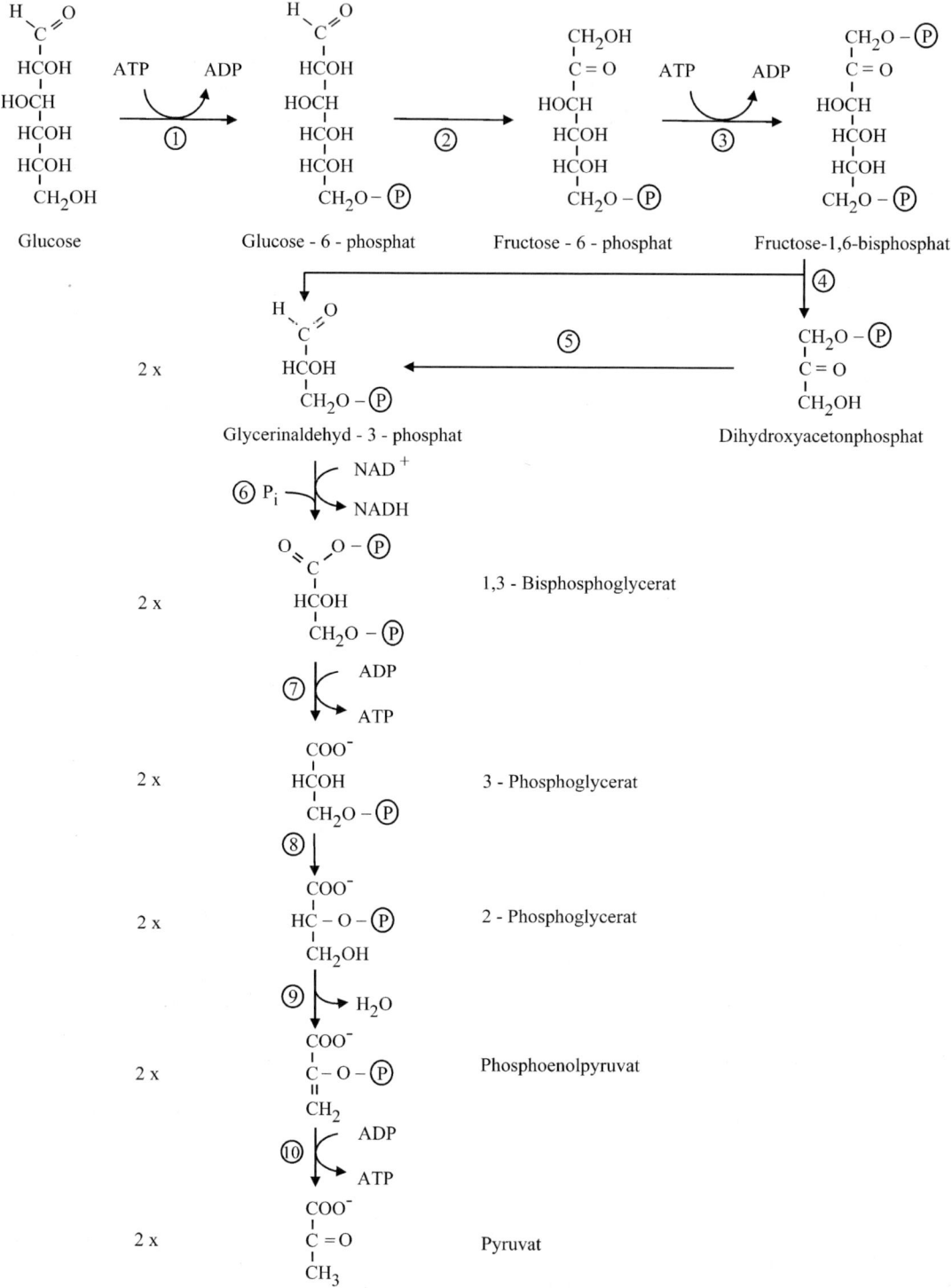

OH-Gruppe am C5 an die Carbonylgruppe am C1 bildet Glucose-6-phosphat ein cyclisches Halbacetal, das leicht oxidiert werden kann durch die Glucose-6-phosphat-Dehydrogenase (s. Glucoseabbau über Entner-Doudoroff-Weg, Abb. 2.12). Bei der Oxidation entsteht ein cyclischer (Sauerstoff-)Ester, 6-Phosphogluconolacton, der nicht energiereich ist und durch Lactonase zu 6-Phosphogluconat hydrolysiert wird. In diesem Fall ist die Oxidation des Aldehyds zur entsprechenden Säure nicht mit der ATP-Synthese über SSP gekoppelt. Um die maximale ATP-Ausbeute von 2 ATP/Glucose zu erreichen, ist daher die „Strategie" der Glycolyse, die Oxidation von Glucose-6-phosphat in cyclischer Form zu verhindern, was durch Spaltung in zwei nicht cyclisierbare Triosen (C3 Zucker = Glycerinaldehyd-3-phosphat) erreicht wird. Die Spaltung des Glucose-6-phosphat in zwei Triosen, d. h. die heterolytische Spaltung der C-C-Bindung zwischen C3 und C4, ist aufgrund der fehlenden Polarisierung durch die Carbonyl-Gruppe am C1 mechanistisch nicht möglich. Die polarisierende Wirkung reicht maximal für eine Spaltung (β-Stellung) zwischen C2 und C3 (Kap. 2.1.5). Für eine Spaltung zwischen C3 und C4 ist daher die Verschiebung der Carbonyl-Gruppe von C1 nach C2 erforderlich. Diese Verschiebung wird durch die **Glucose-6-phosphat-Isomerase** katalysiert, die Glucose-6-phosphat zu Fructose-6-phosphat (über ein Cis-Endiol-Intermediat) isomerisiert. Fructose-6-phosphat ist ein Aldol, das durch eine weitere Phosphorylierung mit ATP – katalysiert durch die 6-Phosphofructokinase – zu Fructose-1,6-bisphosphat (FBP) umgesetzt wird. Die Einführung der zweiten Phosphatgruppe begünstigt energetisch (durch gegenseitige Abstoßung der beiden negativ geladenen Phosphatgruppen) die offenkettige Form des FBP und erleichtert damit die anschließende Aldol-Spaltung durch FBP-Aldolase zu den beiden Triosephosphaten Dihydroxy-aceton-phosphat (DHAP) und Glycerinaldehyd-3-phosphat (GAP). Durch Isomerisierung von DHAP zu GAP – katalysiert durch Triosephosphatisomerase – entsteht ein zweites Molekül GAP. Bei der Oxidation von 2 mol GAP zu 2 mol Phosphoglycerinsäure werden über GAP-DH und Phosphoglycerat-Kinase 2 mol ATP über SSP gewonnen (s. Abb. 2.4). Durch die Phosphoglycerat-Mutase wird 3-Phosphoglycerat zu 2-Phosphoglycerat umgesetzt. In der Enolase-Reaktion wird aus 2-Phosphoglycerat, einem energiearmen Phosphatester, durch H_2O-Abspaltung ein energiereicher Enol-phosphatester gebildet, der in der Pyruvat-Kinase-Reaktion ATP über SSP bildet. Dabei wird im Gegensatz zu allen anderen Reaktionen der SSP nicht freies Phosphat aktiviert; die im 2-Phosphoglycerat (2 mol) vorhandenen Phosphorylgruppen stammen aus 2 mol ATP, die bei der Phosphorylierung der Glucose oder Fructose-6-phosphat verbraucht wurden. In der Pyruvat-Kinase-Reaktion werden daher die verbrauchten 2 mol ATP zurückgewonnen. Im Fall des Glucosetransports über das PTS-System wird ein PEP für die Phosphorylierung der Glucose direkt verwendet, ohne in der Pyruvat-Kinase ATP zu bilden, was daher einem Energiebedarf des PTS von einem ATP-Äquivalent entspricht. Die Gesamtausbeute des EM-Weges beträgt pro Glucose 2 ATP (und 2 mol NADH) und entspricht damit der thermodynamisch maximal möglichen ATP-Ausbeute (WG 60%).

Der EM-Weg enthält mehrere reversible Reaktionen mit einem WG nahe 100% ($\Delta G'$-Werte bei Konzentrationen im Fließgleichgewicht ca. 0 (−5 bis +5 kJ/mol) und drei irreversible Reaktionen (Hexokinase, Phosphofructokinase, Pyruvat-Kinase) mit einem geringen WG nahe 0% ($\Delta G'$-Werte < −20 kJ/mol). Die irreversiblen („Schrittmacher"-) Reaktionen stellen sicher, dass die Energietransformation des EM-Weges mit einem WG von ca. 60% verläuft. Als irreversible En-

Abb. 2.11. Embden-Meyerhof-Weg. (1) Hexokinase; (2) Glucose-6-phosphat-Isomerase; (3) 6-Phosphofructokinase; (4) Fructose-1,6-bisphosphat-Aldolase; (5) Triosephosphat-Isomerase; (6) Glycerinaldehyd-3-phosphat-Dehydrogenase; (7) Phosphoglycerat-Kinase; (8) Phosphoglycerat-Mutase; (9) Enolase; (10) Pyruvat-Kinase. Reaktionen 1, 3 und 10 sind irreversibel, die Reaktionen 2 und 4–9 sind reversible Reaktionen

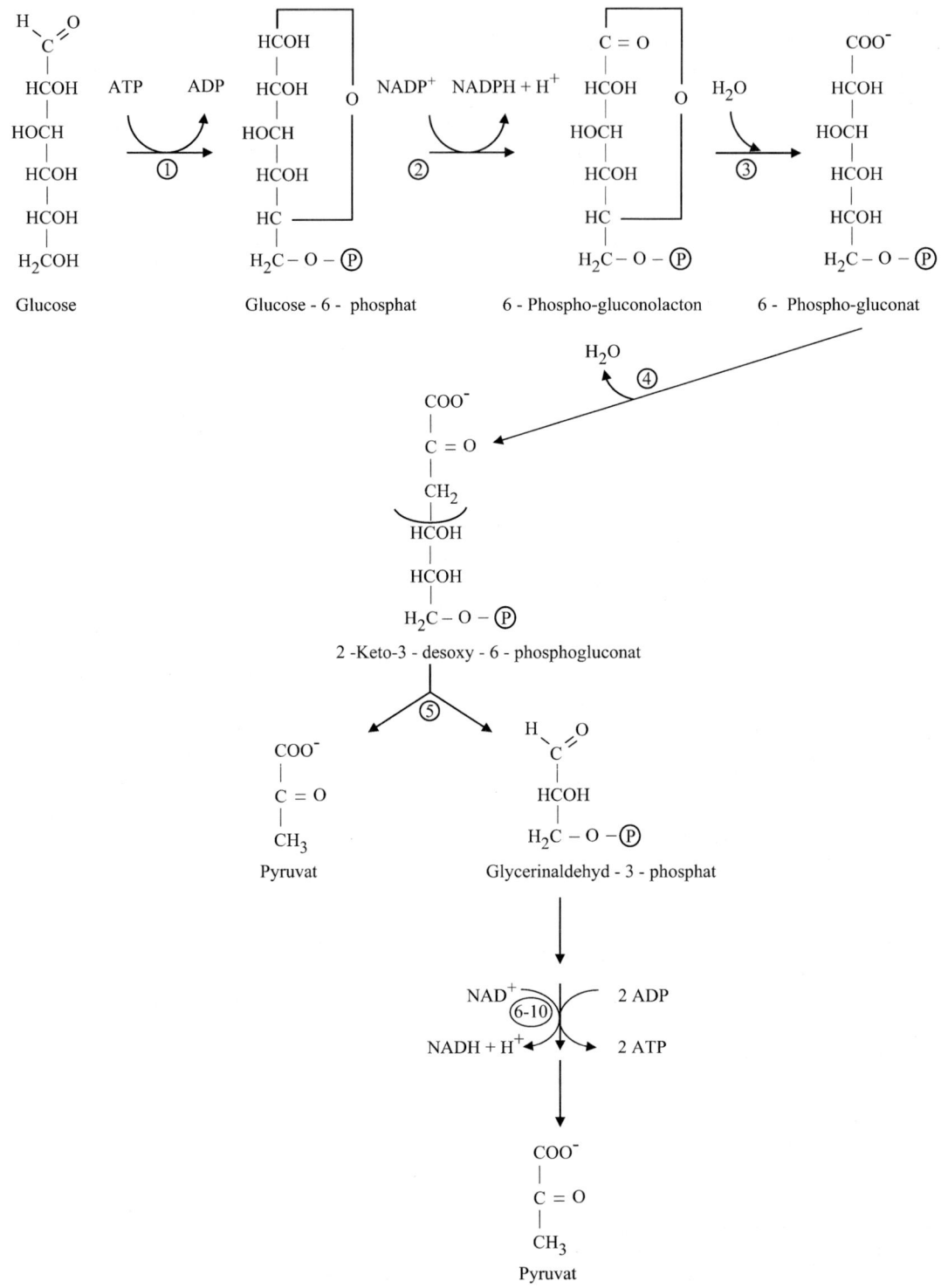

Glucose

Glucose - 6 - phosphat

6 - Phospho-gluconolacton

6 - Phospho-gluconat

2 -Keto-3 - desoxy - 6 - phosphogluconat

Pyruvat

Glycerinaldehyd - 3 - phosphat

Pyruvat

zyme sind Phosphofructokinase und Pyruvat-Kinase Angriffspunkt für die **allosterische Regulation** der Enzymaktivität durch Metabolite des Intermediärstoffwechsels. Metabolite, die **Energiemangel** andeuten, wie AMP, ADP, sind positive allosterische Effektoren, solche, die **Energieüberschuss** andeuten, wie PEP, ATP, Citrat, sind negative allosterische Effektoren. Die **reversiblen Reaktionen** der EM-Weges können im Stoffwechsel auch in der Umkehrrichtung verwendet werden (z. B. bei der **Gluconeogenese**).

Entner-Doudoroff-Weg

Viele aerobe Bakterien bauen Glucose über den Entner-Doudoroff (ED)-Weg ab (Abb. 2.12). Er wird auch nach dem typischen Intermediat als **2-Keto-3-deoxy-6-phosphogluconat (KDPG)** Weg bezeichnet. Glucose wird über ein H^+-Symportsystem in die Zelle transportiert; es erfolgt die Phosphorylierung zu Glucose-6-phosphat, das – als cyclisches Halbacetal – durch die Glucose-6-phosphatdehydrogenase zu 6-Phosphogluconat oxidiert wird, wobei – wie oben diskutiert – kein ATP gebildet wird. Durch Dehydratisierung von 6-Phosphogluconat entsteht 2-Keto-3-deoxy-6-phosphogluconat (KDPG), welches durch KDPG-Aldolase zu Pyruvat und Glycerinaldehyd-3-phosphat gespalten wird; GAP wird zu Pyruvat oxidiert über Reaktionen wie im EM-Weg beschrieben. Die Bilanz des ED-Weges beträgt pro Glucose 1 ATP und 2 NAD(P)H. Die ATP-Ausbeute des ED-Weges ist mit 1 mol ATP pro mol Glucose geringer als die des EM-Weges; daher findet man den ED-Weg auch vorwiegend bei aeroben Bacteria (*Pseudomonas*, *Paracoccus*), die ATP zusätzlich über ETP gewinnen können. Alle Bakterien, die einen ED-Weg verwenden, transportieren Glucose über einen H^+/Symport-Mechanismus und nicht über ein PTS-System, das stöchiometrische 1 PEP/Glucose verbrauchen würde. Da im ED-Weg nur ein PEP gebildet wird, würde bei Verbrauch durch das PTS-System kein PEP für den Baustoffwechsel zur Verfügung stehen; z. B. wird PEP für die Synthese des Mureins und für aromatische Aminosäuren benötigt. Auch das anaerobe Ethanol bildende Bakterium *Zymomonas mobilis* verwendet den ED-Weg. Als einziger Prokaryot transportiert *Zymomonas* Glucose über erleichterte Diffusion (s. Abb. 2.10 I).

Modifizierte glykolytische Abbauwege in Archaea

Vergleichende Untersuchungen der Zuckerabbauwege haben ergeben, dass der in Bacteria und Eukarya beschriebenen EM-Weg und ED-Weg in der Domäne der Archaea so nicht vorkommen. Stattdessen wurden in allen untersuchten Archaea modifizierte Versionen dieser Wege gefunden: Die **Modifikationen** im **EM-Weg** beziehen sich auf das Vorkommen ungewöhnlicher Hexokinasen und Phosphofructokinasen und GAP-oxidierende Enzyme. So besitzt z. B. das anaerobe hyperthermophile Archaeon *Pyrococcus furiosus* ADP-abhängige Hexokinase und Phosphofructokinase und GAP-Ferredoxin-Oxidoreduktase anstelle der ATP-abhängigen Zucker-Kinasen und GAP-DH/Phosphoglycerat-Kinase. In thermoacidophilen Archaea wie *Sulfolobus* und *Thermoplasma* wurde ein **modifizierter nicht-phosphorylierter ED-Weg** beschrieben, bei dem im Gegensatz zum klassischen ED-Weg die Umsetzung der Glucose zu 2-Phosphoglycerat über die nicht phosphorylierten Intermediate wie Gluconat, 2 Keto-3-deoxygluconat (KDG) und Glycerinaldehyd verläuft. Für halophile Archaea wurde ein **modifizierter semiphosphorylierter** ED-Weg beschrieben (s. Lengeler et al. 1999, Schönheit u. Schäfer 1995).

Abb. 2.12. Entner-Doudoroff-Weg. (1) Hexokinase; (2) Glucose-6-phosphat-Dehydrogenase; (3) Gluconolactonase; (4) 6-Phosphogluconat-Dehydratase; (5) 2-Keto-desoxy-6-phosphogluconat-Aldolase; (6) bis (10) Enzyme des Embden-Meyerhof-Weges

2.2.3
Pyruvat-Dehydrogenase-Komplex

Das in den glycolytischen Abbauwegen gebildete Pyruvat wird unter aeroben Bedingungen durch den Pyruvat-Dehydrogenase-Komplex oxidativ decarboxyliert (Abb. 2.13):

Pyruvat + CoA + NAD$^+$ →

Acetyl-CoA + CO$_2$ + NADH + H$^+$

Der Multienzymkomplex besteht aus drei Enzymen (E1, E2, E3), die unterschiedliche prosthetische Gruppen enthalten. Die Pyruvat-Decarboxylase/Dehydrogenase (E1) enthält Thiaminpyrophosphat (TPP) und katalysiert die Bindung und Decarboxylierung des Pyruvats (α-Ketosäure, Ketol) wobei Hydroxyethyl-TPP (gebundener Acetaldehyd, Oxidationsstufe +1) entsteht. E1 katalysiert auch die Oxidation des gebundenen Alde-

hyds (E$^{\circ\prime}$ = –500 mV) zur Säurestufe (Oxidationsstufe + 3) durch Übertragung auf die prosthetische Gruppe des Enzyms E$_2$, Liponsäureamid (E$^{\circ\prime}$ = –270 mV), wobei Acetyl-Liponamid, ein energiereicher Thioester, entsteht. Bei der Übertragung der Acetylgruppe auf CoA – katalysiert durch Dihydroliponamidtransacetylase (E2) – entsteht der Thioester des Coenzym A, Acetyl-CoA, und reduziertes Liponsäureamid. Die Reoxidation des reduzierten Liponamids wird durch die FAD-enthaltende Dihydroliponamid-Dehydrogenase (E3) katalysiert, das entstandene enzymgebundene FADH$_2$ wird durch NAD$^+$ reoxidiert unter Bildung von NADH + H$^+$.

Ein funktioneller Pyruvat-Dehydrogenase-Komplex wurde in allen aeroben Eukarya sowie in aeroben und fakultativen (bei aerobem Wachstum) Bacteria nachgewiesen, nicht jedoch in aeroben Archaea. Diese verwenden stattdessen Pyruvat-Ferredoxin-Oxidoreduktase für die Pyruvat-Oxidation, wie einige strikt anaerobe Bacteria

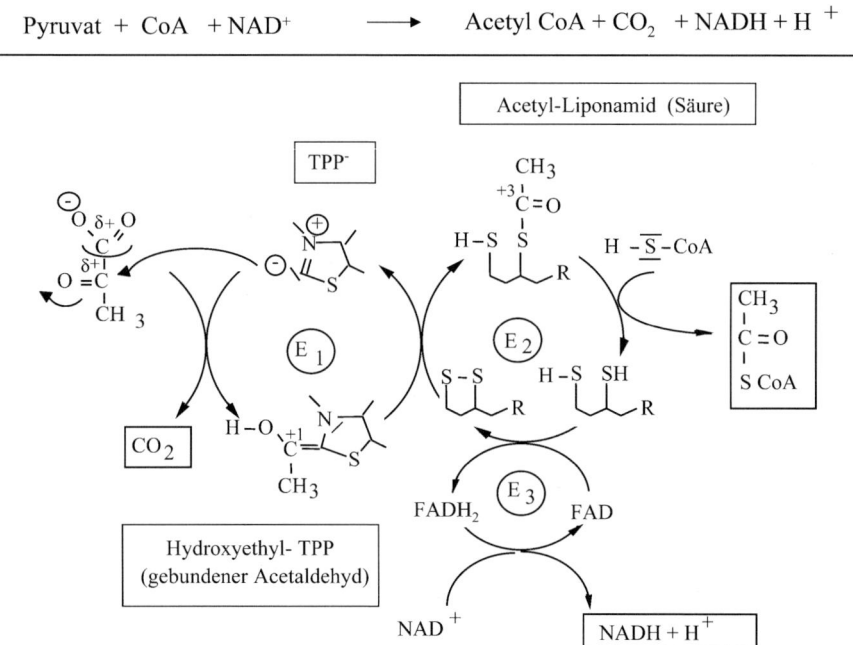

Abb. 2.13. Pyruvat-Dehydrogenase-Komplex. E$_1$: Pyruvat-Decarboxylase/ Dehydrogenase mit Thiaminpyrophosphat, gezeigt ist der Thiazolring als Carbanion (TPP$^-$), E$_2$: Dihydroliponamid-Transacetylase mit Liponsäure (Dithioctansäure) als Amid an Lysin des E$_2$ gebunden = R; E$_3$: Dihydroliponamid-Dehydrogenase mit FAD

z. B. Clostridien (s. Kap. 2.3.6). In Bacteria ist der Pyruvat-Dehydrogenase-Komplex unter anaeroben Bedingungen nicht aktiv und wird durch alternative Enzyme ersetzt (s. Kap. 2.3).

2.2.4
Citratzyklus

Die Funktion des Citratzyklus (Abb. 2.14) im Energiestoffwechsel ist die Oxidation von Acetyl-CoA zu 2 CO_2 unter Gewinnung von Reduktionsäquivalenten, NADH und UQH_2, für die Atmungskette. Außerdem wird 1 ATP über SSP gebildet. Bei der Oxidation der Acetyl-Gruppe von Acetyl-CoA, $CH_3COSCoA$ (Oxidationsstufe $C_1 = +3$, $C_2 = -3$), zu 2 CO_2 (Oxidationsstufe +4) werden 8 [H] frei, die auf 3 NAD^+ und 1 UQ übertragen werden:

$$CH_3COSCoA + 3\,H_2O + ADP + P_i \rightarrow$$

$$2\,CO_2 + ATP + 8[H] + HS\text{-}CoA$$

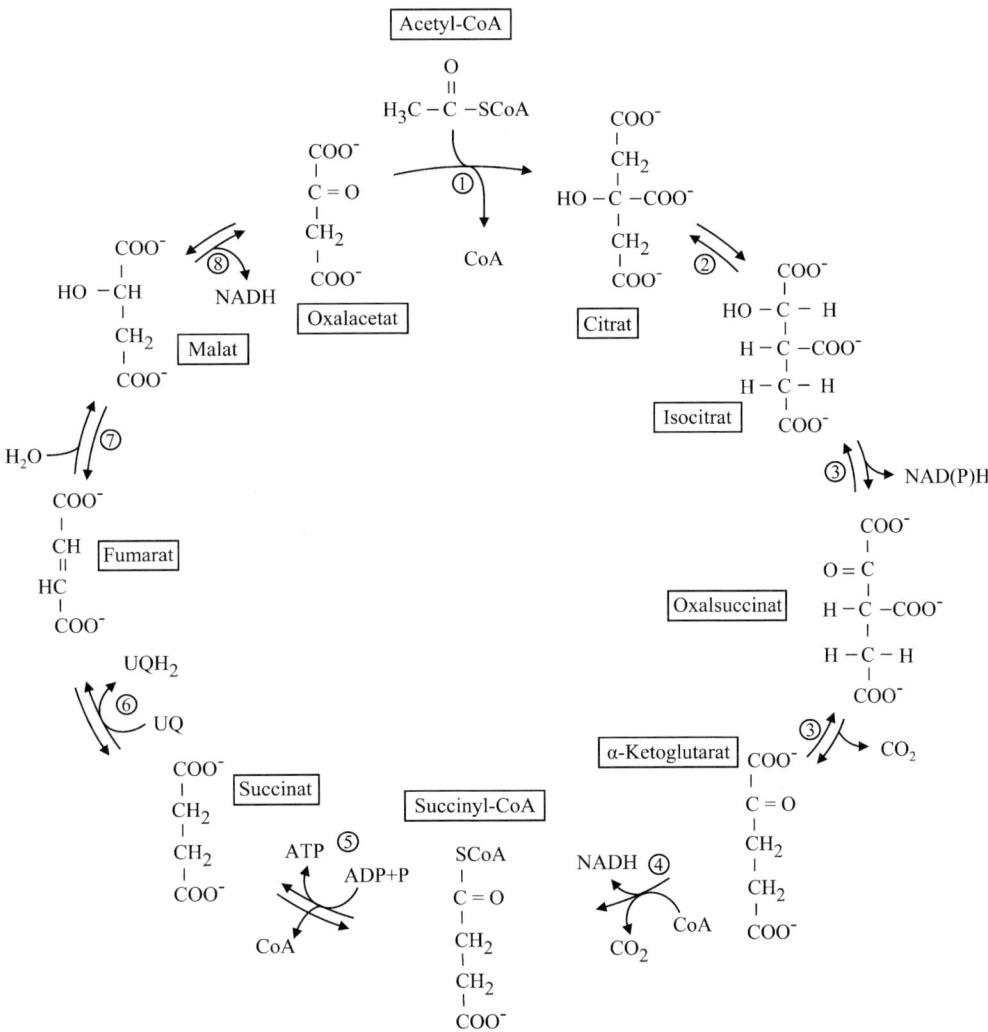

Abb. 2.14. Citratzyklus: (1) Citrat-Synthase; (2) Aconitase; (3) Isocitrat-Dehydrogenase; (4) α-Ketoglutarat-Dehydrogenase-Komplex; (5) Succinyl-CoA-Synthetase; (6) Succinat-Dehydrogenase; (7) Fumarase; (8) Malat-Dehydrogenase

Die Methylgruppe (C_2) von Acetyl-CoA steht in α-Stellung zu einer Carbonylgruppe (C_1) und kann daher durch Abstraktion von Hydridionen durch Dehydrogenasen nicht oxidiert werden (α-C stabilisiert negative Ladung) (s. Abb 2.8). Daher wird Acetyl-CoA mit Oxalacetat zu Citrat kondensiert. Die Regeneration des Oxalacetat aus Citrat erfolgt dann in 4 Dehydrogenasereaktionen sowie 2 Decarboxylierungsreaktionen.

Acetyl-CoA reagiert in einer aldolartigen Reaktion (nucleophiles α-C addiert an die Carbonylgruppe des Oxalacetats) mit Oxalacetat zu Citrat. Diese Reaktion, katalysiert durch Citrat-Synthase, ist irreversibel, da die Thioesterbindung im Acetyl-CoA hydrolysiert und damit die freie Energie als Wärme freigesetzt wird. Da Citrat als tertiärer Alkohol nicht durch eine Hydrid-übertragende Dehydrogenase oxidiert werden kann, wird Citrat durch die Aconitase zu Isocitrat, einem sekundären Alkohol, isomerisiert. Isocitrat wird durch NAD^+- (oder in einigen Fällen durch $NADP^+$-) abhängige Isocitrat-Dehydrogenase zum enzymgebundenen Oxalsuccinat, einer β-Ketosäure (aldolartige Verbindung), oxidiert, die leicht zu α-Ketoglutarat decarboxyliert. α-Ketoglutarat wird durch den α-Ketoglutarat-Dehydrogenase-Komplex, der dem Pyruvat-Dehydrogenase-Komplex in Bezug auf die molekulare Zusammensetzung, auf die prosthetischen Gruppen und den Mechanismus sehr ähnlich ist, zu Succinyl-CoA oxidativ decarboxyliert. Der energiereiche Thioester wird in der Succinyl-CoA-Synthetase-Reaktion direkt zu Succinat umgesetzt, wobei ATP aus ADP und P_i gebildet wird. Bei diesem Mechanismus der SSP wird Succinyl-CoA durch Phosphorolyse zu einem Enzym-gebundenen Succinylphosphat umgesetzt. Ein konserviertes Histidin des Enzyms übernimmt die Phosphorylgruppe und überträgt sie auf ADP. Succinat wird durch Succinat-Dehydrogenase zu Fumarat oxidiert. Dabei werden Reduktionsäquivalente (Oxidation einer C-C-Einfachbindung zu einer C=C-Doppelbindung) auf einem positiven Redoxpotentialniveau $E^{\circ\prime}$(Fumarat/Succinat=+30 mV) frei, die aus thermodynamischen Gründen nicht auf NAD^+ (−320 mV) sondern auf Ubichinon mit ei-

nem positiveren Redoxpotential, $E^{\circ\prime} = +110$ mV (s. Kap. 2.1.5), übertragen werden. UQ ist ein lipophiler H^+- und Elektronenüberträger in der Cytoplasmamembran, der als Redoxmediator in der Atmungskette an der ETP beteiligt ist (Kap. 2.2.5). Succinatdehydrogenase ist (daher) als einziges Enzym des oxidativen Teils des Stoffwechsels membrangebunden; es enthält ein kovalent gebundenes FAD als prosthetische Gruppe und überträgt die Reduktionsäquivalente über intermediär gebildetes $FADH_2$ auf UQ. (Beachte: UQH_2 und nicht freies $FADH_2$ – wie fälschlich häufig in Lehrbüchern angegeben – ist das Produkt der Succinat-Dehydrogenase Reaktion).

Die stereospezifische Anlagerung von H_2O an Fumarat durch Fumarase führt zur Bildung von L-Malat, das dann zu Oxalacetat mit NAD^+-abhängiger Malat-Dehydrogenase oxidiert wird. Die Oxidation von Malat zu Oxalacetat ($E^{\circ\prime} = -190$ mV) mit NAD^+ ($E^{\circ\prime} = -320$ mV) ist thermodynamisch ungünstig und ist nur möglich durch Kopplung an die sich anschließende, stark exergone irreversible Citrat-Synthase-Reaktion. Dabei stellen sich eine sehr niedrige Oxalacetat-Konzentration und ein hoher Malat/Oxalacetat-Quotient ($> 10\,000/1$) ein, was zu einem E' von < -310 mV führt (s. Nernst-Gleichung), so dass die Oxidation von Malat mit NAD^+ möglich wird. Bis auf die irreversible Citrat-Synthase und α-Ketoglutarat-Dehydrogenase sind alle Reaktionen des Citratzyklus reversibel, arbeiten also mit einem hohen Wirkungsgrad. Diese Enzyme können daher auch die Umkehrrichtung katalysieren (s. Kap. 2.3.4).

Aufgrund des positiven Redoxpotentials des Succinat/Fumarat-Paares (+30 mV) ist ein geschlossener Citratzyklus nur möglich, wenn Elektronenakzeptoren mit einem $E^{\circ\prime}$ positiver als +30 mV, z.B. O_2, NO_3^-, Fe^{3+} (Tabelle 2.3) verfügbar sind. Die Verwendung dieser Elektronenakzeptoren findet man vor allem in aeroben oder fakultativen Bakterien. In den meisten anaeroben Bakterien mit einem Gärungsstoffwechsel (ohne externen Elektronenakzeptor) ist der Citratzyklus nicht geschlossen, er ist häufig auf der Stufe der α-Ketoglutarat-Dehydrogenase unterbrochen. Eine Ausnahme bilden strikt anaerobe S- und einige Sulfat-reduzierende Bakterien, die einen modifizierten geschlossenen Citratzyklus besitzen und die Mechanismen entwickelt haben, um Succinat energieabhängig mit S ($E^{\circ\prime}$ S/H_2S, –270 mV) oder Sulfat ($E^{\circ\prime}$ SO$_4^{2-}$/H_2S, –250 mV) als Elektronenakzeptoren zu oxidieren. In allen anaeroben gärenden Organismen (Kap. 2.3) sind jedoch Teilreaktionen des Citratzyklus vorhanden, die für den Anabolismus benötigt werden.

Im **Anabolismus** dienen einige Verbindungen des **Citratzyklus** als Ausgangspunkt für die Synthese von 10 Aminosäuren und Tetrapyrrolen. Aus α-Ketoglutarat werden Aminosäuren der Glutamatfamilie (Glutamat, Glutamin, Arginin, Prolin) gebildet, aus Oxalacetat die Aminosäuren der Aspartatfamilie (Aspartat, Asparagin, Methionin, Lysin, Threonin, Isoleucin). Die Biosynthese von Tetrapyrrolen geht in den meisten Prokaryoten von α-Ketoglutarat aus (C5-Weg), in einigen α-Proteobakterien und auch in Mitochondrien, die von Proteobakterien abstammen, leitet sich die Tetrapyrrolsynthese vom Succinyl-CoA ab (erster Schritt ist die Kondensation mit Glycin zu δ-Aminolävulinsäure, Shemin-Weg). Entzieht man dem Citratzyklus Intermediate für diese Biosynthesen, sind anaplerotische, d. h. auffüllende, Reaktionen erforderlich, um den Zyklus zu schließen. Bei Wachstum auf Zuckern sind die häufigsten anaplerotischen Reaktionen die Netto-Synthese von Oxalacetat durch Carboxylierung von PEP (**PEP-Carboxylase**, PEP + HCO$_3^-$ → Oxalacetat+P$_i$) oder Pyruvat (Biotin-abhängige **Pyruvat-Carboxylase**, Pyruvat + ATP + HCO$_3^-$ → Oxalacetat + ADP + P$_i$).

2.2.5
Atmungsketten

Bei der Oxidation von Glucose zu 6 CO$_2$ entstehen insgesamt 4 ATP über SSP sowie 24 Reduktionsäquivalente in Form von 10 NADH und 2 UQH$_2$; diese werden im reduktiven Teil des Stoffwechsels von aeroben Organismen durch die Atmungskette auf O$_2$ übertragen (aerobe Atmung), wobei ATP über ETP gebildet wird. Alle Reaktionen der Atmungskette sind an der Cytoplasmamembran lo-

kalisiert. Bei der Übertragung von NADH (–320 mV) bzw. UQH$_2$ (+110 mV) auf O$_2$ (+820 mV) werden 220 kJ/mol bzw. 140 kJ/mol frei. Die frei werdende Energie wird dazu genutzt, durch H$^+$-Translokation ein elektrochemisches Protonenpotential μH$^+$ aufzubauen, das dann die ATP-Synthese über eine membrangebundene ATP-Synthase treibt. Die Übertragung der Reduktionsäquivalente von NADH auf O$_2$ sowie der daran gekoppelte, elektrogene H$^+$-Transport erfolgt über eine Reihe von **Elektronentransportkomponenten**, die aufgrund ihrer Redoxpotentiale in einer Elektronentransportkette angeordnet sind (Abb. 2.15). Zu den Komponenten gehören membran-integrale Proteinkomplexe, die – entsprechend ihrer prosthetischen Gruppen – Flavoproteine, Eisen-Schwefel-Proteine und Cytochrome enthalten und die als Oxidoreduktasen bzw. Oxidasen fungieren. An der Elektronenübertragung zwischen den Komplexen sind Chinone und – in Eukaryoten und vielen aeroben Bakterien – Cytochrom c beteiligt. Der allgemeine Aufbau von aeroben Elektronentransportketten führt vom NADH über Flavoproteine, Eisen-Schwefel-Proteine, Chinone und Cytochrome zum O$_2$ (s. Abb. 2.7).

Komponenten der Atmungskette

Die Komponenten der Atmungskette sind in Abb. 2.7 dargestellt. NADH überträgt ausschließlich Hydrid-Ionen in die Atmungskette. Diese werden in 2e$^-$ und H$^+$ gespalten. Nachgeschaltet sind daher Flavoproteine, die als prosthetische Gruppen FMN enthalten und sowohl H$^-$ und H$^+$ als auch sequentiell 2·[H$^+$+e$^-$] übertragen können; sie dienen damit als Schalter von Hydrid-Ionen auf eine H$^+$/e$^-$-Übertragung. Das Redoxpotential von Flavoproteinen variiert je nach Protein zwischen –300 mV und +200 mV. Eisen-Schwefel(FeS)-Proteine enthalten nicht Häm-Eisen und Säure-labilen Schwefel, die als [2Fe-2S]- oder [4Fe-4S]-Cluster vorliegen (Abb. 2.7). Nicht-Häm-Eisen ist sowohl über den Säure-labilen Schwefel, der bei Ansäuerung als H$_2$S freigesetzt werden kann, als auch über Cystein-Schwefel ans Protein gebunden. FeS-Proteine übertragen ausschließlich Elektronen

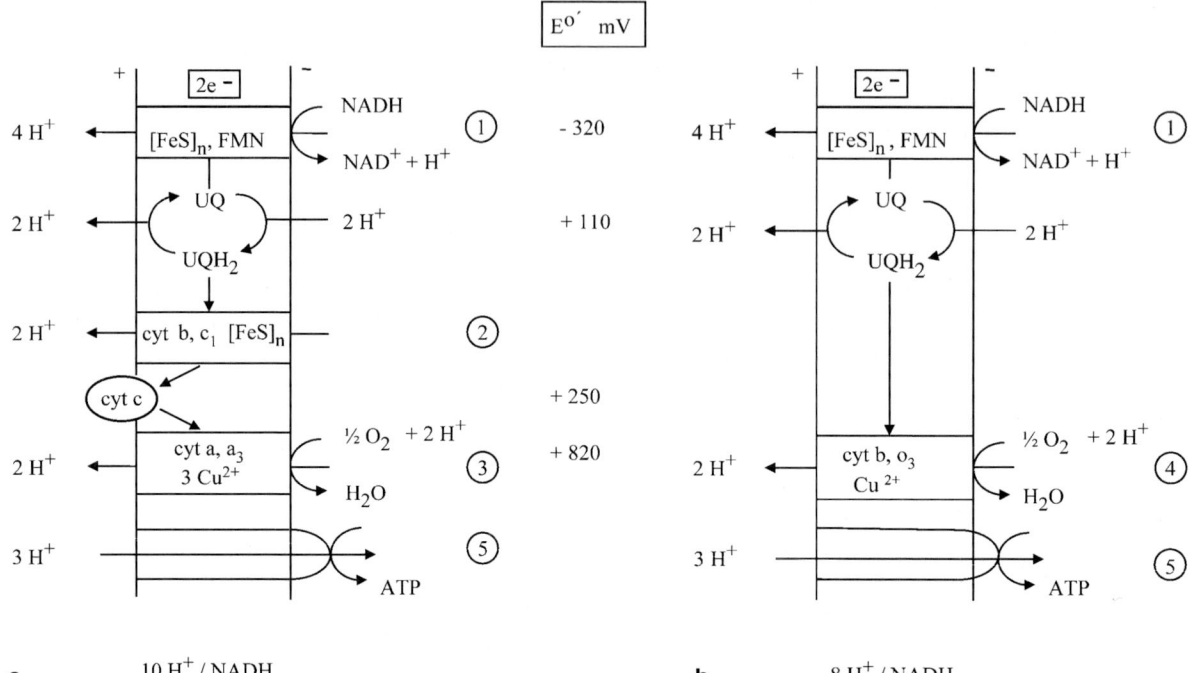

a $10 \, H^+ / NADH$ **b** $8 \, H^+ / NADH$

Abb. 2.15 a, b. Aufbau der aeroben Atmungsketten und Stöchiometrie der elektrogenen H^+-Translokation bei der Elektronenübertragung von NADH auf $1/2 \, O_2$. **a** *Paracoccus denitrificans* (entspricht der Atmungskette der Mitochondrien). Die Atmungskette enthält drei H^+-pumpende Protein-Komplexe: (1) NADH-Ubichinon (UQ)-Oxidoreduktase; [FMN] FMN enthaltendes Flavoprotein; [FeS]n verschiedene Eisen-Schwefelproteine mit [2Fe-2S]- und [4Fe-4S]-Clustern. (2) Ubichinon-Cytochrom-c-Oxidoreduktase (bc₁-Komplex), cyt Cytochrom; (3) Cytochrom-c-Oxidase. Stan-dard-Redoxpotentiale für $NAD^+/NADH$ (–320 mV), $UQ_{ox/red}$ (+110 mV); Cyt $c_{ox/red}$ +250 mV und $1/2 \, O_2/H_2O$ (+820 mV) sind angegeben. Pro NADH werden 10 H^+ transportiert, pro UQH_2 6 H^+. (5) H^+-ATP-Synthase **b** *Escherichia coli*. Die Atmungskette enthält zwei H^+-pumpende Protein-Komplexe: (1) NADH-Ubichinon-Oxidoreduktase und (4) Ubichinon-Oxidase. Pro NADH werden 8 H^+ gepumpt, pro UQH_2 4 H^+. (5) H^+-ATP-Synthase

(1 e⁻/Cluster, Fe^{3+}/Fe^{2+}-Übergang) und zeigen je nach Protein variable Redoxpotentiale. Zu den FeS-Proteinen gehört auch Ferredoxin (enthält 2 [4Fe-4S], das im Stoffwechsel einiger strikt anaerober Bakterien, z.B. Clostridien, als Elektronenüberträger wirkt) (s. Kap. 2.3.6). Chinone sind lipophile Elektronenüberträger, die – wie Flavine – $2 \cdot [H^+/e^-]$ übertragen. Ubichinon, ein Benzochinon ($E^{\circ\prime} = +110$ mV) ist das häufigste Chinon in Eukaryoten und vielen Gram-negativen Bakterien; in Gram-positiven Bakterien und in anaeroben Elektronentransportketten fungiert hauptsächlich Menachinon (ein Naphthochinon) als Überträger ($E^{\circ\prime} = -70$ mV). Cytochrome enthalten als prosthetische Gruppe ein Häm, ein cyclisches Tetrapyrrolsystem, mit Eisen als Zentralatom (Häm-Eisen).

Cytochrome fungieren als Ein-Elektronenüberträger mit einem Fe^{2+}/Fe^{3+}-Valenzwechsel. Cytochrome unterscheiden sich durch ihre Redoxpotentiale und ihre Absorptionsspektren (in reduzierter Form), die durch das Vorkommen unterschiedlicher Seitenketten der Tetrapyrrole sowie durch die Proteinbindung hervorgerufen werden. Die meisten Cytochrome, des a-, b- und o-Typs, sind hydrophobe integrale Membranproteine. Eine Ausnahme ist Cytochrom c, das als kleines (Atomgewicht 13 000) hydrophiles Cytochrom an der Außenseite der Membran lokalisiert ist und als mobiler Elektronencarrier ($E^{\circ\prime} = +250$ mV) über elektrostatische Wechselwirkungen zwischen den Proteinkomplexen, dem Cytochrom-bc₁-Komplex und der Cytochrom-c-Oxidase, fungiert. Als einziges Cytochrom enthält Cytochrom c die Hämgruppe kovalent über zwei Cysteinreste ans Protein gebunden. In aeroben Bakterien lassen sich zwei Typen von Atmungsketten unterscheiden, die in Abb. 2.15 vereinfacht dargestellt sind.

Atmungskette mit Cytochrom c

Paracoccus- und *Pseudomonas*-Species enthalten eine **Atmungskette**, die der aus Mitochondrien ähnlich ist (Abb. 2.15 a). Sie besteht aus drei Proteinkomplexen, die als **Protonenpumpen** den elektrogenen Transport von H^+-Ionen über die Membran katalysieren. Ubichinon und Cytochrom c dienen als Redoxmediatoren zwischen den Komplexen. **NADH-Ubichinon-Oxidoreduktase** oxidiert NADH und reduziert Ubichinon. Dabei werden $4 H^+$ von der Innenseite der Membran nach außen transportiert. Der Komplex besteht aus mehreren Untereinheiten (14 Untereinheiten in *E. coli* und einer größeren Zahl in Eukaryoten, z.B. 42 Untereinheiten in *Neurospora*), die ein FMN-haltiges Flavoprotein sowie mehrere FeS-Zentren des [2Fe-2S]- und des [4Fe-4S]-Typs enthalten (angegeben als [FeS]n). Bei der Reduktion von Ubichinon und anschließender Reoxidation werden 2 weitere H^+-Ionen nach außen transportiert. Die Reoxidation von UQH_2 mit Cytochrom c wird durch die **Ubichinon-Cytochrom-c-Oxidoreduktase** katalysiert, welche die Cytochrome b und c_1 enthält (Cytochrom-bc$_1$-Komplex) und $2 H^+$ aus der Zelle pumpt. Reduziertes Cytochrom c wird durch die Cytochrom-c-Oxidase reoxidiert, wobei die Elektronen auf O_2 übertragen werden unter Bildung von H_2O, dabei werden $2 H^+$ über die Membran gepumpt. **Cytochrom-c-Oxidase** (in *Paracoccus*) enthält cyt a, cyt a_3 und drei Cu^{2+}-Ionen. Insgesamt werden pro NADH $10 H^+$ über die Membran transportiert. Die bei der NADH-Oxidation mit O_2 freiwerdende Energie beträgt -220 kJ/mol; der Energieinhalt von 10 elektrogen transportierten H^+-Ionen beträgt $10 \cdot 18 = 180$ kJ/mol. Damit ist der Wirkungsgrad der H^+-Translokation durch die Atmungskette 82% (180/220) und damit erheblich höher als der durchschnittliche WG des ESTW von ca. 60%. Mit $10 H^+$/NADH beträgt – bei einer

H^+/ATP-Stöchiometrie von 3 – die ATP-Ausbeute ca. 3 ATP/NADH. Diese Ausbeute wird durch experimentelle Befunde unterstützt. Werden durch die Succinat-Dehydrogenase die Reduktionsäquivalente auf der Stufe des UQH_2 angeliefert, werden $8 H^+$ gepumpt und ca. 2 ATP/UQH_2 gebildet.

Atmungsketten ohne Cytochrom c

Die Atmungsketten von z.B. *Escherichia coli*, *Bacillus* und *Staphylococcus* enthalten nur zwei Protein-Komplexe (Abb. 2.15 b). Die NADH-Ubichinon-Oxidoreduktase pumpt $4 H^+$. Bei der Reoxidation von reduziertem UQH_2 wird dann direkt O_2 reduziert durch eine Chinon-Oxidase. Die **Ubichinon-Oxidase** hat je nach Sauerstoffpartialdruck eine unterschiedliche Zusammensetzung. Bei hohem O_2-Partialdruck enthält diese Oxidase Cytochrom b und Cytochrom o_3 (niedrige Affinität für O_2) sowie Cu^{2+} und katalysiert die Translokation von $2 H^+$ (s. Abb. 2.15 b). Bei niedrigem O_2-Partialdruck wird eine Oxidase gebildet, die neben Cytochrom b ein Cytochrom d_3 mit einer hohen Affinität zu O_2 synthetisiert, kein Cu^{2+} enthält und nicht zur H^+-Translokation befähigt ist.

Insgesamt werden in dieser Atmungskette, die keinen Cytochrom bc$_1$-Komplex und kein Cytochrom c enthalten, $8 H^+$ pro NADH bzw. $4 H^+$ pro UQH_2 über die Membran transportiert, was zu maximalen ATP-Ausbeuten von 2/NADH bzw. 1 ATP/UQH_2 führt.

Die Gesamtenergiebilanz des aeroben Glucoseabbaus zu CO_2 ($\Delta G^{\circ\prime} = -2860$ kJ/mol) ergibt also in Atmungsketten mit Cytochrom c 38 ATP, wobei 34 ATP über ETP gewonnen werden und 4 ATP über SSP. Pro ATP werden 75 kJ benötigt (2860/38), was einem WG von 65% entspricht. (Bei einem WG von 100% werden 50 kJ für die Synthese von 1 ATP benötigt) (s. Kap. 2.1.3). In Organismen ohne Cytochrom c (z.B. *E. coli*) beträgt die Gesamtausbeute 26 ATP (22 ATP über ETP und 4 ATP über SSP). In diesem Fall wird für die Synthese von ATP ca. 110 kJ/mol (2860/26) benötigt und der WG beträgt ca. 45%. Die Erfindung des Cytochrom-c- und des Cytochrom-bc$_1$-Komplexes hat also in der Evolution zu einer signifikanten Steigerung des WG geführt. Ein einfacher Nachweis für Cytochrom c und Cytochrom-c-Oxidase und damit für die effektivere Atmungskette bietet der Oxidase-Test.

Anaerobe Atmung

Im Zuge der **anaeroben Atmung** können Organismen anstelle von O_2 alternative Elektronenakzeptoren nutzen, um Zucker und andere organische Verbindungen zu oxidieren. Dazu gehören z. B. NO_3^-, Fe^{3+}, Schwefel, Sulfat und Fumarat. Viele aerobe und fakultative Bakterien können NO_3^- als alternativen e^--Akzeptor verwenden, wobei durch eine membrangebundene Nitratreduktase NO_2^- gebildet wird, das entweder zu N_2 (Denitrifikation, z. B. in *Paracoccus*) oder zu NH_3 (Nitrat-Ammonifikation, z. B. in *E. coli*) weiter reduziert werden kann. Bei der Glucoseumsetzung durch *Paracoccus* (Denitrifikation) wird ähnlich viel Energie freigesetzt wie unter aeroben Bedingungen (Glucose + 4.8 NO_3^- + 4.8 H^+ → 6 CO_2 + 2.4 N_2 + 8.4 H_2O, $\Delta G^{\circ\prime} = -2710$ kJ/mol). Der Aufbau der Elektronentransportkette und die ATP -Ausbeuten der Nitrat-Atmung unterscheiden sich jedoch von der aeroben Atmung signifikant. In Gegenwart von O_2 wird die Nitrat-Atmung unterdrückt. Strikt anaerobe Sulfat- bzw. Schwefel-reduzierende Bakterien verwenden für die Oxidation von organischen Verbindungen, Sulfat ($E^{\circ\prime}$ SO_4 /H_2S = −220 mV) bzw. Schwefel ($E^{\circ\prime}$S/H_2S = −270 mV) als Elektronenakzeptoren. Aufgrund der niedrigen Redoxpotentiale der Akzeptoren ist die frei werdende Energie der Oxidation von organischen Verbindungen im Vergleich zur aeroben Umsetzung ($E^{\circ\prime}$ O_2/H_2O = +810 mV) gering; z. B. wird bei der Oxidation der Glucose durch Schwefel in dem hyperthermophilen Archaeon *Thermoproteus tenax* nur ein Energiebetrag von ca. −400 kJ/mol frei (Glucose + 12 S + 6 H_2O → 6 CO_2 + 12 H_2S, $\Delta G^{\circ\prime} = -394$ kJ/mol). Anaerobe Atmungsprozesse spielen im anaeroben C-, N- und S-Kreislauf in der Natur eine wichtige Rolle.

2.3 Anaerober Glucoseabbau (Gärungen)

2.3.1 Allgemeine Prinzipien

Werden Zucker in Abwesenheit von O_2 oder einem anderen externen Elektronenakzeptor umgesetzt, so spricht man von Gärung oder Fermentation. Die Umstellung von aerober Atmung auf Gärung führt zu signifikanten Veränderungen des Stoffwechsels:

- Der Pyruvat-Dehydrogenase-Komplex ist reprimiert, und daher wird Pyruvat durch eine Reihe von alternativen Reaktionen umgesetzt.
- Ein geschlossener Citratzyklus liegt nicht vor, es sind nur Teilreaktionen für den Anabolismus (Aminosäure- und Tetrapyrrol-Synthese) vorhanden.
- Eine Atmungskette ist nicht vorhanden und daher findet keine ATP-Synthese über ETP statt (Ausnahme Fumaratatmung s. Kap. 3.4) ATP wird daher ausschließlich über SSP gebildet.

Aufgrund der Abwesenheit von externen Elektronenakzeptoren mit positiven $E^{\circ\prime}$, z. B. O_2, ist die freie Energie der Zuckerfermentationen signifikant geringer als bei der aeroben Atmung; es werden zwischen 200 und 300 kJ/mol Glucose frei, was maximale ATP-Ausbeuten von ca. 2–4 ATP/Glucose ermöglicht.

In Abwesenheit von externen Elektronenakzeptoren werden Zucker mit der durchschnittlichen Oxidationsstufe des Kohlenstoffs von 0 (= des Formaldehyds $\langle CH_2O \rangle$) nicht vollständig zu CO_2 oxidiert sondern disproportioniert. Glucose wird im oxidativen Teil zu verschiedenen Produkten oxidiert (z. B. CO_2, Acetat) und ATP über den Mechanismus der SSP gewonnen. Da externe Elektronenakzeptoren und eine Atmungskette nicht zur Verfügung stehen, erfolgt die Reoxidation der entstehenden Reduktionsäquivalente, in der Regel NADH, durch Reduktion von organischen Elektronenakzeptoren, die während des Glucoseabbaus über unterschiedliche Reaktionswege gebildet werden.

Als organische e^--Akzeptoren für die NADH-Reoxidation (–320 mV) dienen entsprechend ihren $E^{\circ\prime}$-Werten (Tabelle 2.3) häufig Carbonylverbindungen ($E^{\circ\prime}$ ca. –200 mV), z. B. Pyruvat, Acetaldehyd, Oxalacetat, die zu den entsprechenden Alkoholen reduziert werden; auch aktivierte Säuren, wie Acetyl-CoA und Butyryl-CoA, dienen mit einem $E^{\circ\prime}$ von ca. –300 mV als Elektronenakzeptoren und können über die entsprechenden Aldehyde zu Alkoholen reduziert werden. Einfach ungesättigte Verbindungen wie Fumarat oder Crotonyl-CoA mit $E^{\circ\prime}$-Werten zwischen 0 und +150 mV werden ebenfalls durch NADH reduziert. Entsprechend der gebildeten reduzierten Endprodukte lassen sich die Gärungen definieren. Im reduktiven Teil des Gärungsstoffwechsels wird in der Regel ATP nicht über ETP synthetisiert, da die Energiespannen zwischen NADH und den organischen Akzeptoren in der Regel gering sind und die beteiligten Enzyme (Dehydrogenasen) cytoplasmatische lösliche Enzyme sind und daher kein $\Delta\mu H^+$ aufbauen können. Eine Ausnahme bildet die Fumaratatmung (z. B. in der gemischten Säuregärung in *E. coli*), bei der die Reduktion von Fumarat (+30 mV) mit NADH (–320 mV) über ein membrangebundenes Enzymsystem mit der Synthese von ATP über ETP gekoppelt ist. $\Delta\mu H^+$ kann in allen gärenden Bakterien jedoch durch Hydrolyse von ATP, das durch SSP gewonnen wurde, durch eine membrangebundene ATPase aufgebaut werden. $\Delta\mu H^+$ wird z. B. für sekundäre Transportprozesse, u. a. für Glucose/H^+-Symport, benötigt.

Das Hauptproblem des Gärungsstoffwechsels, der Ausgleich einer Redoxbilanz durch Reoxidation von NADH, führt dazu, dass häufig auch aktivierte Säuren, z. B. Acetyl-CoA, als Elektronenakzeptoren verwendet werden, die dann nicht mehr zur ATP-Synthese durch SSP zur Verfügung stehen. Eine elegante Art, um Reduktionsäquivalente zu oxidieren, ist die Verwendung von H^+-Ionen (–420 mV) als Elektronenakzeptoren, wobei H_2 als reduziertes Produkt als Gas entweicht. Dies erfordert jedoch die Bildung von Reduktionsäquivalenten im oxidativen Teil mit $E^{\circ\prime}$-Werten von ca. –420 mV, z. B. in Form von Ferredoxin ($E^{\circ\prime}$ = –420

mV) ($Fd_{red} + 2\,H^+ \rightarrow Fd_{ox} + H_2$) oder gebunden im Formiat ($E^{\circ\prime}$ $CO_2/HCOO^- = -430$ mV) ($HCOO^- + H^+ \rightarrow CO_2 + H_2$). Eine Freisetzung von H_2 aus NADH (–320 mV) ist dagegen thermodynamisch nur bei sehr geringen H_2-Partialdrücken möglich (s. Kap. 2.3.6).

Ein weiteres Problem von Gärungen ist der Säurestress, dem die Bakterien ausgesetzt sind, da ATP über SSP gebildet wird, wobei Säuren als Hauptprodukte entstehen. In einigen Gärungen wird daher die Säurebildung zugunsten der Bildung von neutralen Endprodukten, z. B. verschiedenen Alkoholen, verschoben. Außerdem führen Decarboxylierungen von starken Säuren zur Reduktion von Säurestress, da CO_2 in Wasser eine schwache Säure bildet. Im Folgenden werden einige ausgewählte Gärungen beschrieben und dabei die unterschiedlichen Mechanismen der Problemlösung des Gärungsstoffwechsels, d. h. Redoxbilanz, ATP-Ausbeute und Säureproduktion, diskutiert.

2.3.2
Milchsäure-Gärung

Eine Gruppe anaerober Gram-positiver Bakterien, die homo- und heterofermentativen Milchsäurebakterien, setzen Glucose zu Milchsäure als ein typisches Fermentationsprodukt um (s. Kap. 20, 29).

Homofermentative Milchsäurebakterien bilden fast ausschließlich Milchsäure als Fermentationsprodukt:

$$\text{Glucose} \rightarrow 2\,\text{Lactat}^- + 2H^+,$$

$$\Delta G^{\circ\prime} = -200 \text{ kJ/mol Glucose}$$

Nach Aufnahme der Glucose über das PTS-System wird Glucose über den EM-Weg zu Pyruvat oxidiert, wobei 2 ATP über SSP gebildet werden. Die Reoxidation der gebildeten 2 NADH erfolgt durch Laktat-Dehydrogenase (D- oder L-spezifisch je nach Gattung der Milchsäurebakterien) durch Übertragung auf Pyruvat, wobei 2 Milchsäuren gebildet werden. Milchsäure (pKs 3,7) liegt im Cytoplasma (pH 6–7) nahezu vollständig dissoziiert (99,9% bei pH 6,7) als Lactat$^-$-Ion vor;

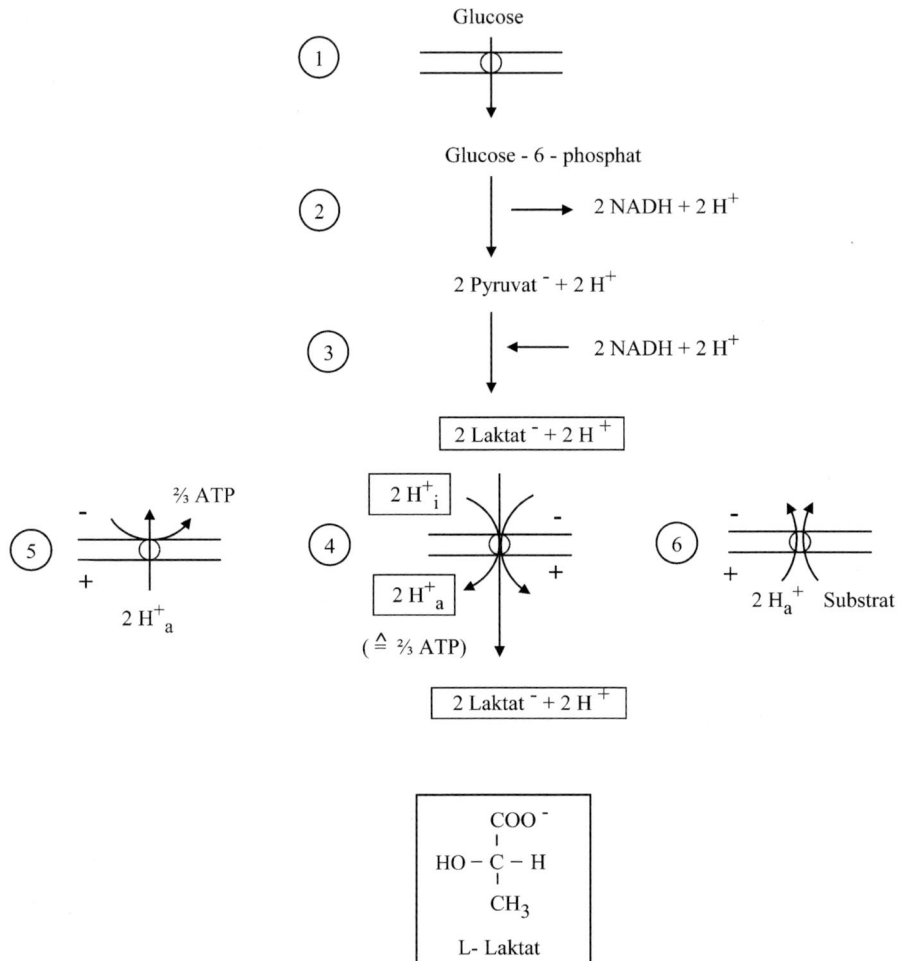

Abb. 2.16. Glucoseabbau durch homofermentative Milchsäurebakterien. (1) Glucoseaufnahme durch das PTS-System; (2) Enzyme des Embden-Meyerhof-Weges; (3) Laktat-Dehydrogenase; (4) Elektrogener Laktat⁻/ H⁺-Symporter (2 H⁺/Lactat⁻); (5) ATP-Synthese durch membrangebundene H⁺/ATP-Synthase; (6) H⁺/Symporter für Substrataufnahme

daher wird für den Export aus der Zelle über die Cytoplasmamembran ein Transportprotein benötigt. Für einige homofermentative Milchsäurebakterien (z. B. *Streptococcus cremoris*) wurde gezeigt, dass Lactat⁻ (+H⁺) über einen elektrogenen H⁺/Lactat-Symporter mit einer Stöchiometrie von 2 H⁺/Lactat⁻ exportiert wird; dabei werden pro 2 Lactat⁻ zusätzlich 2 H⁺-Ionen elektrogen exportiert, was zum Aufbau eines Protonenpotentials führt. Dieses kann zur ATP-Synthese über eine membrangebundene ATP-Synthase (2/3 ATP/

2 H⁺) oder für energieverbrauchende, sekundäre H⁺-Transport-Prozesse, z. B. H⁺/Aminosäure-Symport genutzt werden (Abb. 2.16). Die treibende Kraft für den elektrogenen Lactat-Efflux ist der Lactat-Gradient [Lactat]$_{innen}$ > [Lactat]$_{außen}$; ein Gradient von 1000/1 entspricht einem Energieinhalt von 18 kJ/mol ($\Delta G = -5{,}7 \cdot \lg$ [Lactat]$_{innen}$/ [Lactat]$_{außen}$). Hohe Lactat-Gradienten (innen > außen) liegen nur dann vor, wenn die Lactat-Konzentration außen gering gehalten wird, z. B. beim Wachstum von Milchsäurebakterien in

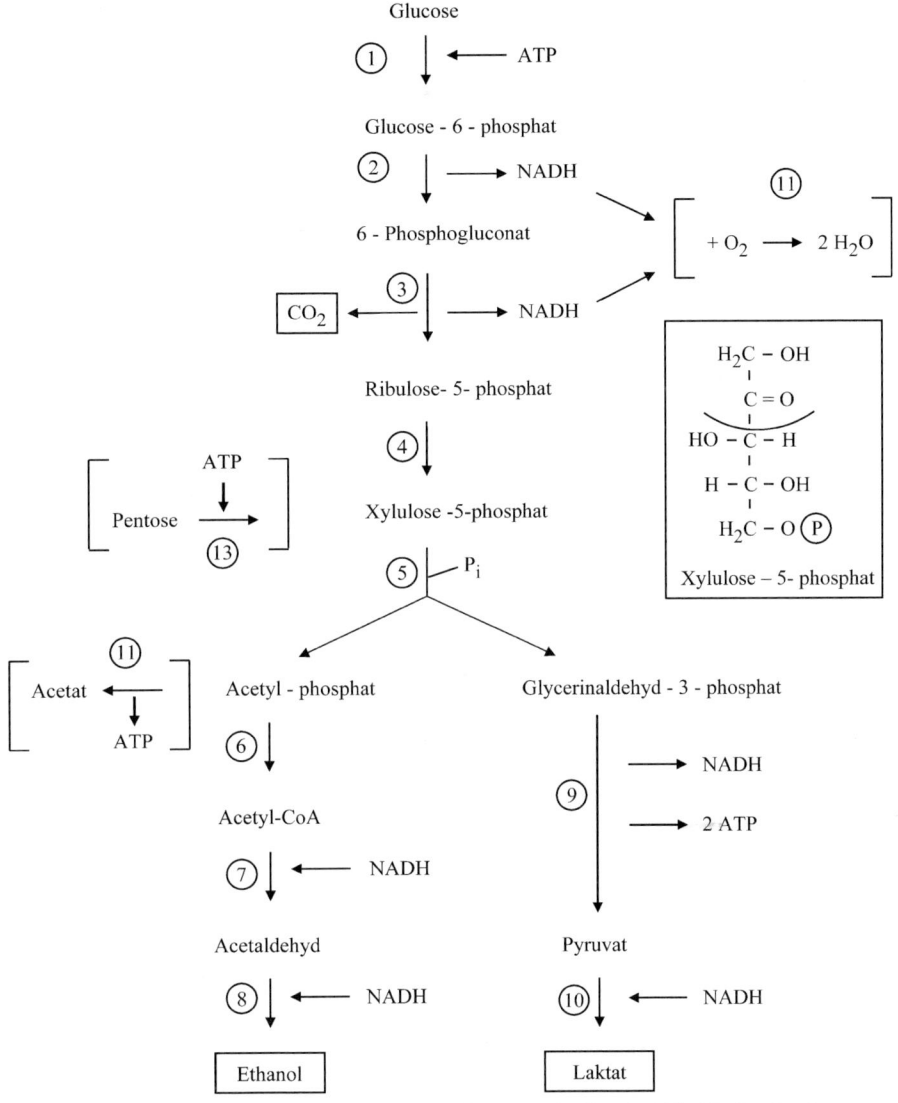

Abb. 2.17. Glucoseabbau durch heterofermentative Milchsäurebakterien (Phosphoketolase-Weg). (1) Hexokinase; (2) Glucose-6-phosphat-Dehydrogenase; (3) 6-Phosphogluconat-Dehydrogenase; (4) Ribulose-5-phosphat-Epimerase; (5) Xylulose-5-phosphat-Phosphoketolase; (6) Phosphotransacetylase; (7) Acetaldehyd-Dehydrogenase; (8) Alkohol-Dehydrogenase; (9) Enzyme der Glycerinaldehyd-3-phosphat-Umsetzung zu Pyruvat; (10) Laktat-Dehydrogenase; (11) H_2O-bildende NADH-Oxidase; (12) Acetat-Kinase; (13) Enzyme der Xylulose-5-phosphat-Bildung aus Pentosen

Cokultur mit einem Lactat-verbrauchenden Organismus. Unter diesen Bedingungen wurden erhöhte Wachstumserträge bestimmt, ein Maß für eine erhöhte ATP-Ausbeute (s. Kap. 2.4). Die Energetisierung der Membran durch Efflux eines Fermentationsprodukts wird auch als **Transport**gekoppelte **Phosphorylierung (Energetisierung)** bezeichnet.

Heterofermentative Milchsäurebakterien setzen Glucose zu Lactat, Ethanol und CO_2 um (**Glucose → Lactat⁻ + H⁺ + CO₂ + Ethanol,   ΔG°′ = −210 kJ/mol Glucose**). Der Abbau der Glucose erfolgt über den **Phosphoketolase-Weg** (Abb. 2.17). Nach Aufnahme über ein **H⁺-Symportsystem** wird Glucose zu Glucose-6-phosphat phosphoryliert und dann durch Glucose-6-phosphat-Dehydrogenase zu 6-Phosphogluconat oxidiert. Phosphogluconat-Dehydrogenase katalysiert die anschließende oxidative Decarboxylierung von 6-Phosphogluconat zu Ribulose-5-phosphat. In den Dehydrogenase-Reaktionen werden 2 Mol NADH gebildet. Durch Epimerisierung der OH-Gruppe am C3 des Ribulose-5-phosphat entsteht Xylulose-5-phosphat, das Substrat der **Phosphoketolase**, des Schlüsselenzyms des Weges. Xylulose-5-phosphat-Phosphoketolase ist ein TPP-Enzym (s. Abb. 2.8), das Xylulose-5-phosphat, eine ketolartige Verbindung, phosphorolytisch zu Acetylphosphat und GAP spaltet. GAP wird – wie bei homofermentativen Milchsäurebakterien – zu Lactat umgesetzt. Um eine ausgeglichene Redoxbilanz zu erreichen, dient Acetylphosphat, ein energiereiches Phosphosäureanhydrid, als Elektronenakzeptor und steht daher nicht zur ATP-Synthese über SSP zur Verfügung. Acetylphosphat wird durch Phosphotransacetylase in Acetyl-CoA umgewandelt, das durch Reoxidation der gebildeten 2 NADH über Acetaldehyd zu Ethanol reduziert wird. Bei der Umsetzung von Glucose durch heterofermentative Milchsäurebakterien wird daher nur 1 Mol ATP/Mol Glucose gebildet (thermodynamischer Wirkungsgrad ca. 25%). Da im Phosphoketolase-Weg (wie im Entner-Doudoroff-Weg) nur 1 PEP gebildet wird, kann die Aufnahme der Glucose nicht über das PTS-System erfolgen (zur Diskussion s. Kap. 2.2.2). Dies erklärt, warum heterofermentative Milchsäurebakterien Glucose über das – für anaerobe Bakterien untypische – energetisch ungünstige H⁺/Glucose-Symportsystem transportieren.

Pentosen, wie Xylose und Ribose, werden auf unterschiedlichen Wegen durch Phosphorylierung, Isomerisierung und Epimerisierung zu Xylulose-5-phosphat umgewandelt. Dabei entstehen keine Reduktionsäquivalente, und das durch Phosphoketolase gebildete Acetylphosphat kann zur ATP-Synthese durch die Acetat-Kinase genutzt werden, wobei Acetat entsteht. Die Umsetzung von Pentosen (**Pentose → Acetat⁻ + Lactat⁻ + 2H⁺**,

$\Delta G^{\circ\prime} =$ **ca. −200 kJ/Pentose**) liefert also 2 ATP und hat damit einen höheren WG als die Umsetzung von Glucose.

Einige heterofermentative Milchsäurebakterien zeigen höhere ATP-Ausbeuten bei Wachstum auf Glucose, wenn sie in Anwesenheit geringer Sauerstoffkonzentrationen gezüchtet werden. Dies ist auf das Vorkommen induzierbarer NADH-Oxidasen zurückzuführen, die z.B. O_2 zu H_2O (2 NADH + O_2 + 2 H⁺ → 2 NAD⁺ + 2 H_2O) oder O_2 zu H_2O_2 (NADH + H⁺ + O_2 → NAD⁺ + H_2O_2) reduzieren. Die Reoxidation von 2 NADH durch eine NADH-Oxidase (in Abb. 2.17 ist die H_2O bildende NADH-Oxidase angegeben) ermöglicht, dass Acetylphosphat nicht als Elektronenakzeptor benötigt wird und damit zur ATP-Synthese über SSP zur Verfügung steht. In Gegenwart von O_2 werden 2 ATP und Acetat anstelle von Ethanol gebildet.

Homo- und heterofermentative Milchsäurebakterien spielen eine wichtige Rolle in der Lebensmitteltechnologie, z.B. bei der Herstellung von Milchprodukten, als Starterkulturen bei der Wurstherstellung (Rohwurstreifung) und bei der Haltbarmachung von Nahrungsmitteln durch Säureproduktion (s. Kap. 29). Das in der Milch vorkommende Disaccharid Lactose wird, nach Aufnahme in die Zelle durch ein H⁺-Symportsystem (**Lactose-Permease**), durch **β-Galactosidase** zu Glucose und Lactose gespalten und weiter zu Milchsäure und anderen Produkten (z.B. Diacetyl) fermentiert.

2.3.3
Ethanol-Gärung

Die eukaryotische Hefe *Saccharomyces cerevisiae* und das Bakterium *Zymomonas mobilis* fermentieren Glucose zu Ethanol und CO_2 (**Glucose → 2 Ethanol + 2 CO_2**, $\Delta G^{\circ\prime} =$ **230 kJ/Glucose**) (s. Kap. 19). *Saccharomyces cerevisiae* ist ein **fakultativer** Organismus, der aerob Glucose vollständig zu CO_2 oxidiert und bis zu 38 ATP/Glucose gewinnt (wie für *Paracoccus* beschrieben, s. Kap. 2.2.5). Unter anaeroben Bedingungen wird Glucose, nach Aufnahme durch H⁺-Symport, über den EM-Weg zu Pyruvat oxidiert, wobei 2 ATP über SSP gebil-

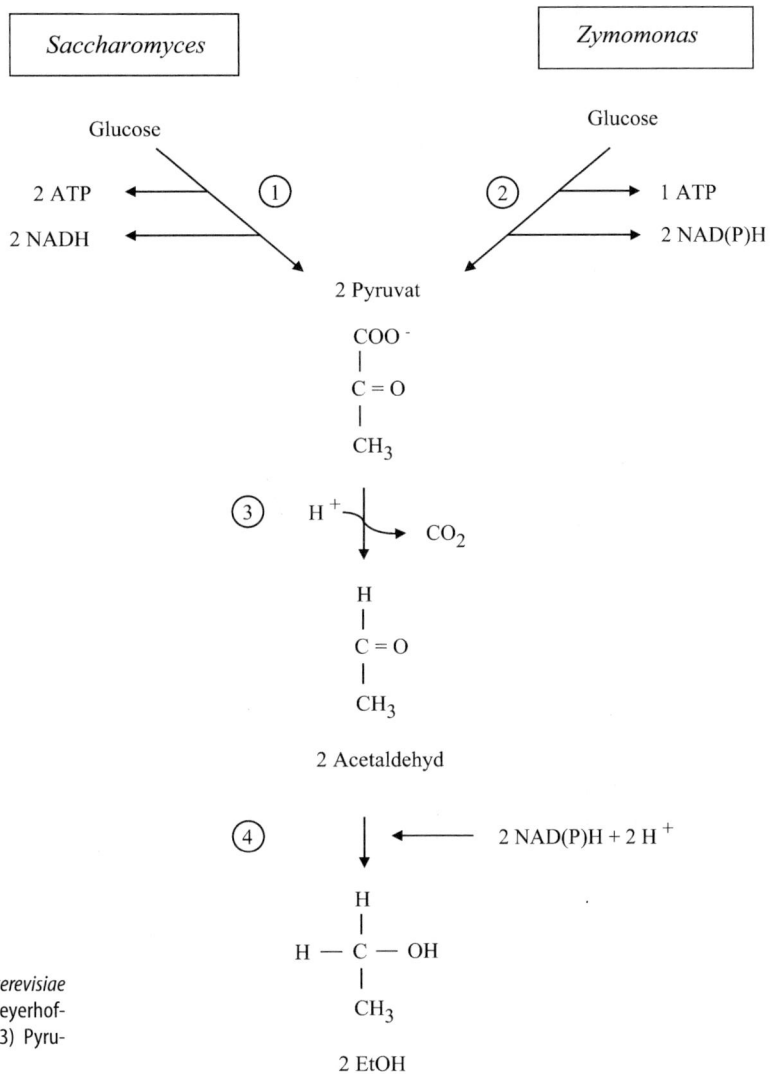

Abb. 2.18. Ethanol-Gärung durch *Saccharomyces cerevisiae* und *Zymomonas mobilis*. (1) Enzyme des Embden-Meyerhof-Weges; (2) Enzyme des Entner-Doudoroff-Weges; (3) Pyruvat-Decarboxylase; (4) Alkohol-Dehydrogenase

det werden. Pyruvat wird nicht wie unter aeroben Bedingungen zu Acetyl-CoA oxidiert, sondern nicht-oxidativ zu Acetaldehyd decarboxyliert durch die **Pyruvatdecarboxylase** (Abb. 2.18):

$$\text{Pyruvat}^- + \text{H}^+ \rightarrow \text{Acetaldehyd} + \text{CO}_2 \,.$$

Die Pyruvatdecarboxylase enthält TPP und bildet (wie im Pyruvatdehydrogenase-Komplex, s. Abb. 2.13) zunächst Hydroxyethyl-TPP. Dieser gebundene Acetaldehyd wird jedoch nicht oxidiert (Py-

ruvatdecarboxylase enthält weder Liponsäure noch FAD), sondern wird als Acetaldehyd freigesetzt. Acetaldehyd dient dann als Elektronenakzeptor zur Reoxidation des im EM-Weg gebildeten NADH wobei durch die Alkohol-Dehydrogenase Ethanol entsteht. Bei der Umstellung von Gärungsbedingungen (2 ATP/Glucose) auf aerobe Atmung (38 ATP/Glucose) wird die Rate des Glucoseverbrauchs gehemmt; bei Umstellung von Atmung auf Gärung wird die Glucoseumsatzrate gesteigert. Dieses als **Pasteur-Effekt** bezeichnete

Phänomen lässt sich zum Teil auf die allosterische Regulation der Phosphofructokinase zurückführen, die durch ADP und AMP unter anaeroben Bedingungen (Energielimitierung) aktiviert und durch ATP und Citrat unter aeroben Bedingungen (Energieüberschuss) gehemmt wird.

Das anaerobe Bacterium *Zymomonas mobilis* baut Glucose, nach Aufnahme durch erleichterte Diffusion, zu Pyruvat über den ED-Weg ab und bildet daher nur 1 ATP/Glucose. Pyruvat wird zu Ethanol umgesetzt wie für die Hefe beschrieben. Der Wirkungsgrad der Alkoholfermentation beträgt für Hefe (= 2 ATP) 44% und für *Zymomonas* (1 ATP) 22% und liegt damit unter dem durchschnittlichen Wert des ESTW (60%).

2.3.4
Gemischte Säure-Gärung

Escherichia coli und andere Enterobacteriaceae (*Salmonella, Shigella* usw.) sind fakultative Bakterien, die aerob Glucose vollständig zu CO_2 oxidieren, wobei 26 ATP gebildet werden (Atmungskette ohne Cytochrom c). In Abwesenheit von Elektronenakzeptoren wird Glucose zu mehreren Fermentationsprodukten, vor allem Säuren fermentiert. Bei einer typischen Fermentation (Schlegel 1992) wurden pro mol Glucose die folgenden Produkte bestimmt (in mol/mol Glucose): 0,8 D-Lactat, 0,5 Ethanol, 0,5 Acetat, 0,05 Formiat, 0,29 Succinat, 0,44 H_2 und 0,42 CO_2. Glucose wird über

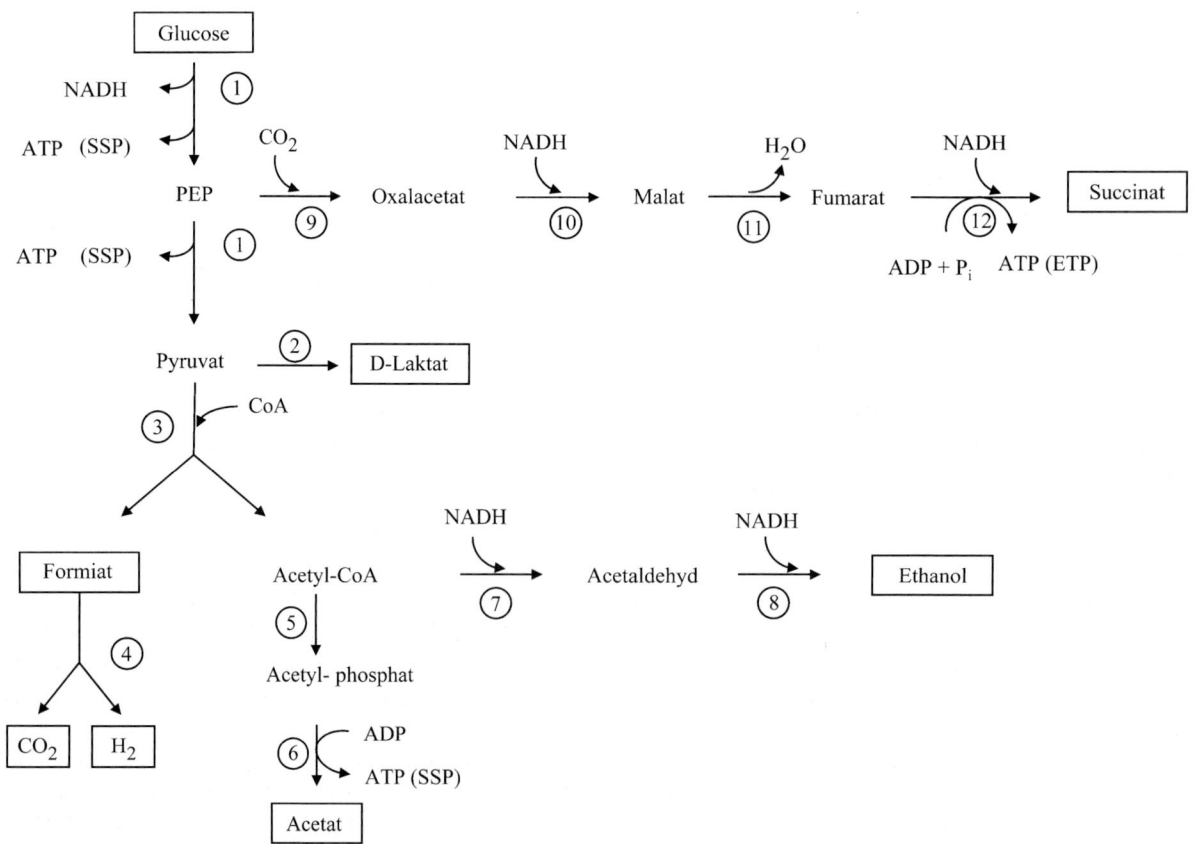

Abb. 2.19. Gemischte Säuregärung durch *Escherichia coli*. (1) Enzyme des Embden-Meyerhof-Weges; (2) D-Laktat-Dehydrogenase; (3) Pyruvat-Formiat-Lyase; (4) Formiat-Hydrogen-Lyase; (5) Phosphotransacetylase; (6) Acetat-Kinase; (7) Acetaldehyd-Dehydrogenase; (8) Alkohol-Dehydrogenase; (9) PEP-Carboxylase; (10) Malat-Dehydrogenase; (11) Fumarase; (12) Fumarat-Reduktase

den EM-Weg abgebaut, wobei 2 NADH und 2 ATP über SSP entstehen. Die Reoxidation des NADH erfolgt durch Reduktion verschiedener Verbindungen, die vom Phosphoenolpyruvat und Pyruvat ausgehen (Abb. 2.19). Pyruvat wird entweder zu D-Lactat reduziert oder durch **Pyruvat-Formiat-Lyase** zu Formiat und Acetyl-CoA gespalten.

$$\text{Pyruvat} + \text{CoA} \rightarrow \text{Formiat} + \text{Acetyl-CoA}$$

Dabei werden Reduktionsäquivalente nicht freigesetzt, sondern bleiben am Formiat bei einem negativen Redoxpotential ($E^{\circ\prime}$ CO_2/Formiat = −430 mV) gebunden. Sinkt bei steigender Säureproduktion der pH des Kulturmediums, wird Formiat durch die Aktivität der **Formiat-Hydrogen-Lyase**, einer Kombination aus Formiat-Dehydrogenase und -Hydrogenase, zu CO_2 oxidiert, wobei Protonen zu H_2 reduziert werden ($HCOO^-$ + H^+ → CO_2 + H_2).

Dabei werden die Reduktionsäquivalente als H_2-Gas freigesetzt. Außerdem wird der Ansäuerung entgegengewirkt, da die starke Säure Formiat, pKs 3,7, zu CO_2 umgesetzt wird, das in Wasser eine schwache Säure (apparenter pKs 6,3) bildet. **Formiat-Dehydrogenase** enthält ein Molybdopterin und Eisen-/Schwefelzentren als prosthetische Gruppen; außerdem enthält das Enzym **Selenocystein**, das – als **21. Aminosäure** – durch Verwendung eines UGA-Codons (normalerweise Stoppcodon) cotranslational ins Protein eingebaut wird. **Hydrogenase** ist ein Nickel-enthaltendes Eisen-Schwefel-Protein. Acetyl-CoA wird etwa zu gleichen Teilen zur Energiegewinnung und als Elektronenakzeptor für NADH zum Ausgleich der Redoxbilanz verwendet. Durch Phosphotransacetylase und Acetat-Kinase wird Acetyl-CoA über Acetylphosphat zu Acetat umgesetzt, wobei ATP über SSP gewonnen wird. Alternativ wird Acetyl-CoA über Acetaldehyd zu Ethanol reduziert unter Beteiligung von Acetaldehyd-Dehydrogenase und Alkohol-Dehydrogenase. Ausgehend von PEP werden weitere Elektronenakzeptoren zur NADH-Reoxidation gebildet. PEP wird durch PEP-Carboxylase zu Oxalacetat carboxyliert, das dann in Umkehrung der bekannten reversiblen Reaktionen des Citratzyklus (Malat-Dehydrogenase, Fumarase) zu Fumarat umgesetzt wird. Von besonderem Interesse ist die nachfolgende Reduktion von Fumarat (+30 mV) mit NADH (−320 mV) zu Succinat. Bei dieser Reduktion werden ca. −70 kJ/mol frei, die im Zuge der Fumaratatmung (anaerobe Atmung) zu einer zusätzlichen Synthese von ATP über ETP genutzt werden. Bei der Fumaratatmung wird NADH in einer membrangebundenen Elektronentransportkette, bestehend aus NADH-Menachinon-Oxidoreduktase, Menachinon als lipophiler Redoxcarrier ($E^{\circ\prime}$ = −70 mV) und Fumarat-Reduktase, oxidiert und die Elektronen auf Fumarat übertragen. Dabei werden in der NADH-Menachinon-Oxidoreduktase 4 H^+ über die Membran transloziert und bei Rückfluss durch H^+/ATP-Synthase ATP gebildet.

Schlüsselenzym der Fumarat-Atmung ist die membrangebundene Fumarat-Reduktase, die der Succinat-Dehydrogenase sehr ähnlich ist, jedoch aus thermodynamischen Gründen Menachinon ($E^{\circ\prime}$ = −70 mV) anstelle von Ubichinon ($E^{\circ\prime}$ = +110 mV) als Elektronendonor für die Fumarat-Reduktion (+30 mV) verwendet. Außer bei Enterobacteriaceen findet man die Fumarat-Atmung auch in einigen anaeroben Pansenbakterien der Gattung *Propionibacterium* (Propionsäuregärung) oder in *Wolinella succinogenes*. Auch in einem Eukaryoten, dem Wattwurm *Arenicola*, wird unter temporären anaeroben Bedingungen eine Fumaratatmung zur Energiegewinnung genutzt.

2.3.5
Butandiol-Gärung

Nahe Verwandte von *E. coli*, z.B. *Enterobacter* und *Klebsiella*, bilden bei der Vergärung von Glucose 2,3-Butandiol als charakteristisches Produkt. Im Vergleich zur gemischten Säuregärung von *E. coli* werden dabei signifikant geringere Mengen an Säuren, mehr Ethanol und größere Mengen CO_2 gebildet. Bei einer typischen Fermentation (s. Schlegel 1992) wurden pro mol Glucose die folgenden Produkte bestimmt (in mol/mol Glucose): 0,67 Butandiol, 0,03 D-Lactat, 0,7 Ethanol, 0,005 Acetat, 0,18 Formiat, 0,36 H_2 und 1,72 CO_2. Die

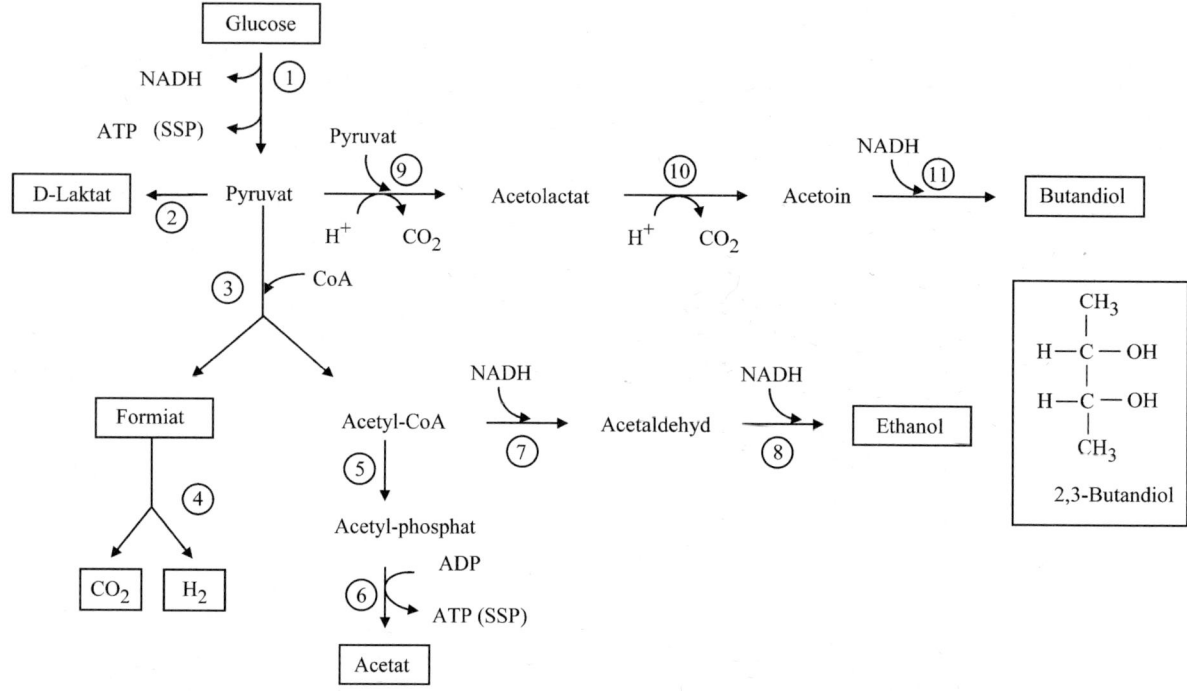

Abb. 2.20. Butandiol-Gärung durch *Enterobacter aerogenes*. (1) – (8) Enzyme wie bei Abb. 2.19; (9) Acetolactat-Synthase (TPP-abhängig); (10) Acetolactat-Decarboxylase; (11) Butandiol-Dehydrogenase

geringere Säureproduktion und erhöhte CO_2-Bildung resultiert aus der Umsetzung von 2 mol Pyruvat zu Butandiol. Diese Umsetzung beginnt mit der Kondensation von 2 Pyruvat in einer ketolartigen Reaktion durch die TPP-abhängige Acetolactatsynthase, wobei Acetolactat und CO_2 entstehen. Acetolactat (eine β-Ketosäure) wird durch Acetolactat-Decarboxylase zu Acetoin decarboxyliert; Butandiol entsteht dann durch Reduktion von Acetoin mit NADH durch Butandiol-Dehydrogenase. In der Summe entsteht aus 2 Pyruvat (starke Säuren, pKs 3,7) durch zweifaches Decarboxylierungen $2 CO_2$ (= schwache Säuren) sowie durch Verbrauch von NADH ein neutrales Endprodukt, Butandiol (Abb. 2.20). Die Butandiolgärung führt daher zu einer geringeren Säurebildung als die gemischte Säuregärung.

Gemischte Säuregärung und Butandiolgärung lassen sich aufgrund der unterschiedlichen Säure-Bildung (pH-Indikator), der Butandiol-Bildung (Voges-Proskauer-Test) und CO_2-Bildung (volu-metrische Gasbildung) leicht unterscheiden. Dies wird in der medizinischen Schnelldiagnostik zur Identifizierung von nahe verwandten Human-pathogenen Spezies der Gattung *Escherichia, Shigella* oder *Salmonella* (gemischte Säuregärung) bzw. *Enterobacter, Citrobacter, Proteus, Klebsiella* (Butandiol-Gärung) eingesetzt.

2.3.6
Essigsäure/Buttersäure-Gärung

Saccharolytische Clostridien wie *Clostridium pasteurianum* und *Clostridium butyricum* vergären Glucose zu Acetat, Butyrat, CO_2 und H_2 nach folgender Gleichung um:

$$\text{Glucose} \rightarrow 0,6\,\text{Acetat}^- + 0,7\,\text{Butyrat}^- + 1,3\,\text{H}^+$$
$$+ 2\,CO_2 + 2,6\,H_2 , \quad \Delta G^{\circ\prime} = -250\,\text{kJ/mol}$$

Die ATP-Ausbeute beträgt 3,3 mol/mol Glucose.

Bei geringen Wasserstoffpartialdrücken (bei 10^{-4} atm, wie er an natürlichen Standorten vorliegt bzw. in definierter Cokultur mit einem H_2 verbrauchenden Organismus) wird Glucose nach folgender Gleichung umgesetzt:

$$\text{Glucose} \rightarrow 2\,\text{Acetat}^- + 2\,H^+ + 2\,CO_2 + 4\,H_2$$

Dabei werden 4 ATP/Glucose gebildet.

Der $\Delta G^{\circ\prime}$-Wert dieser Umsetzung unter Standardbedingungen, d.h. bei 1 atm (101,3 kPa) H_2, beträgt –210 kJ/mol Glucose. Bei 10^{-4} atm (10,13 Pa) H_2 beträgt der $\Delta G'$-Wert –300 kJ/mol ($\Delta G' = \Delta G^{\circ\prime} + 5,7$ kJ/mol $\cdot \lg(10^{-4})^4$ (Kap. 2.1.2) = –210 kJ/mol + 5,7 kJ/mol $\cdot$ (–16) = –300 kJ/mol) und ist damit signifikant exergoner als der Wert unter Standardbedingungen (s. Kap. 2.1.2). Dieser $\Delta G'$-Wert erlaubt die Synthese von 4 ATP mit einem WG von 65% (Thauer et al. 1977). Bei geringem H_2-Partialdruck wird also mehr Acetat, kein Butyrat, mehr H_2 und mehr ATP (4 ATP/Glucose) gebildet. Die unterschiedlichen Fermentationsbilanzen und ATP-Ausbeuten bei unterschiedlichem H_2-Partialdruck lassen sich durch den verzweigten Fermentationsweg erklären, wobei Acetyl-CoA und NADH Verzweigungspunkte darstellen (Abb. 2.21). Glucose wird über den EM-Weg zu Pyruvat umgesetzt, bei 2 ATP über SSP und 2 NADH gebildet. Pyruvat wird durch eine Pyruvat-Ferredoxin-Oxidoreduktase zu Acetyl-CoA oxidativ decarboxyliert, wobei 2 Elektronen auf Ferredoxin (Fd) übertragen werden. Das Enzym enthält TPP und bildet zunächst ebenfalls Hydroxyethyl-TPP. Anschließend wird der gebundene Acetaldehyd zur Acetyl-Gruppe oxidiert, wobei Elektronen über Eisenschwefel-Zentren auf Ferredoxin übertragen werden:

$$\text{Pyruvat} + \text{Fd}_{ox} + \text{CoA} \rightarrow$$
$$\text{Acetyl-CoA} + \text{Fd}^{2-}_{red} + CO_2$$

Ferredoxin besitzt 2 [4 Fe-4S] Cluster (Abb. 2.7), die jeweils 1 Elektron aufnehmen. Aufgrund des negativen $E^{\circ\prime}$ von –420 mV ist reduziertes Ferredoxin in der Lage, Protonen (–420 mV) zu H_2 zu reduzieren und damit Reduktionsäquivalente

als Gas freizusetzen. Acetyl-CoA stellt einen Verzweigungspunkt der Fermentation dar und wird in zwei unterschiedlichen Reaktionswegen umgesetzt. Ein Weg führt zur Bildung von Acetat über Acetylphosphat unter Beteiligung von Phosphotransacetylase und Acetat-Kinase. Dabei wird pro mol Acetat 1 mol ATP über SSP gebildet. In einem zweiten Reaktionsweg werden zwei Acetyl-CoA zu Acetoacetyl-CoA kondensiert, das zu Hydroxybutyryl-CoA reduziert wird; Wasserabspaltung führt zu Crotonyl-CoA und eine weitere Reduktion zu Butyryl-CoA. Bei der Bildung von Butyryl-CoA (0,7 mol) werden $2 \cdot 0,7 = 1,4$ mol NADH reoxidiert (Abb. 2.21). Butyryl-CoA wird durch Phosphotransbutyrylase zu Butyrylphosphat und dann in der Butyrat-Kinase-Reaktion zu Butyrat umgesetzt, wobei ATP über SSP gebildet wird. Während im Zuge der Acetat-Synthese 1 ATP/Acetyl-CoA gebildet wird, ist die ATP-Ausbeute pro Acetyl-CoA bei der Butyrat-Bildung (1 ATP/ 2 Acetyl-CoA) nur 1/2 pro Acetyl-CoA.

Die Reoxidation des im EM gebildeten 2 NADH erfolgt daher zum Teil (1,4 NADH) bei der Bildung von Butyryl-CoA; die verbleibenden 0,6 NADH (2–1,4) werden durch **NADH-Ferredoxin-Oxidoreduktase** auf Ferredoxin übertragen und durch **Hydrogenase** als H_2 freigesetzt. Die Freisetzung von H_2 (–420 mV) aus NADH (–320 mV) ist unter Standardbedingungen, d.h. bei einem H_2-Partialdruck von 1 atm (101,3 kPa), wie er bei der Glucosefermentation von *Clostridium* in Reinkultur vorliegt, endergon (NADH + $H^+ \rightarrow$ NAD$^+$ + H_2, $\Delta G^{\circ\prime} = +18$ kJ/mol) und erfordert Energie, ca. 0,2 ATP-Äquivalente pro Umsetzung von 0,6 NADH zu 0,6 H_2. Wird der H_2-Partialdruck auf 10^{-4} atm (10,13 Pa) abgesenkt, beträgt das $E^{\circ\prime}$ des H^+/H_2-Paares –300 mV (Nernstgleichung, Kap. 2.1.5) und die Reoxidation von NADH durch Protonen wird exergon (NADH + $H^+ \rightarrow$ NAD$^+$ + H_2, $\Delta G' = -4$ kJ/mol). Da unter diesen Bedingungen NADH vollständig als H_2 freigesetzt wird, ist keine Reduktion von Acetoacetyl-CoA zu Butyryl-CoA erforderlich und es wird kein Butyrat gebildet. Dabei können 2 Acetyl-CoA, die aus Pyruvat entstehen, vollständig zu Acetat umgesetzt werden, wobei 2 ATP (anstelle

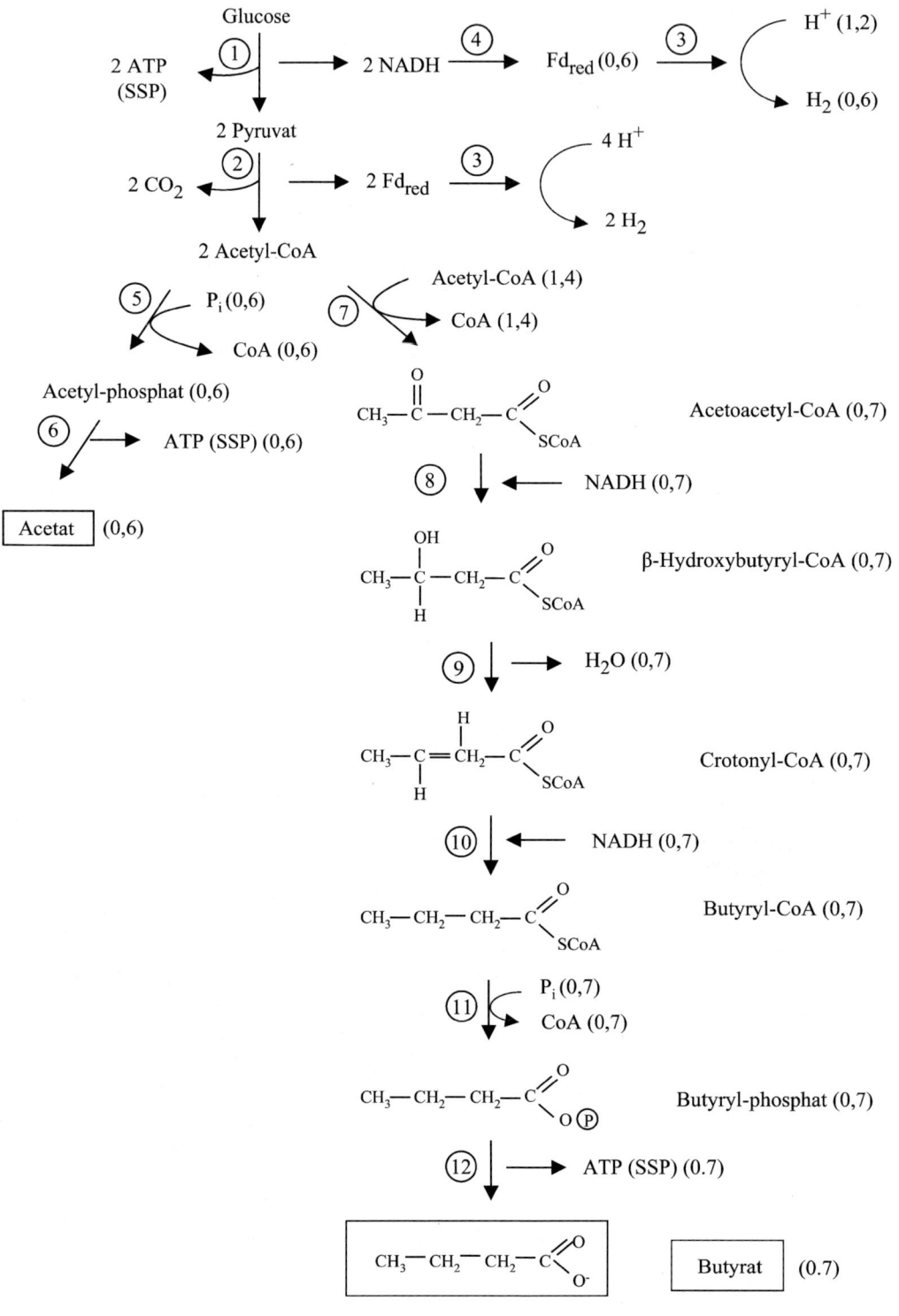

von 0,6 ATP) über SSP gebildet werden. Bei der Acetat/Butyrat-Gärung handelt es sich also um eine verzweigte Fermentation, bei der ein Fermentationsprodukt, H_2, die Fermentationsbilanz und damit die ATP-Ausbeute reguliert. Im Gegensatz dazu sind Ethanol-Gärung und Milchsäure-Gärung lineare Fermentationen mit konstanten Substrat/Produkt-Stöchiometrien.

2.3.7
Aceton/Butanol-Gärung

Einige Clostridien wie *Clostridium acetobutylicum* bilden bei der Vergärung von Glucose geringe Mengen an Acetat und Butyrat und bilden dafür große Mengen an Butanol und Aceton (s. Kap. 18). In einer typischen Fermentationsbilanz in *C. acetobutylicum* wurden (in mol/mol Glucose) die folgenden Produkte bestimmt: 0,14 Acetat, 0,04 Butyrat, 2,21 CO_2, 1,35 CO_2, 0,56 Butanol, 0,22 Aceton, 0,07 Ethanol (Gottschalk 1986). Dabei wird wie bei *Clostridium pasturianum* zunächst Butyrat und Acetat gebildet; bei zunehmender Ansäuerung des Mediums (pH < 5) werden Enzyme induziert, die zu einer Bildung von Butanol und Aceton führen. Die Bildung beider Verbindungen geht von Acetoacetyl-CoA aus; dieses wird im Fall der Aceton-Bildung zu Acetoacetat umgesetzt, wobei der CoA-Rest durch eine CoA-Transferase auf Acetat übertragen wird. Acetoacetat wird dann durch Acetoacetat-Decarboxylase zu Aceton decarboxyliert, wobei H^+ aufgenommen wird und CO_2 entsteht, das bei pH-Werten < 5 weitgehend als Gas freigesetzt wird.

Bei der Bildung von Butanol wird Acetoacetyl-CoA bis zu Butyryl-CoA umgesetzt wie für *C. pasterianum* beschrieben (Abb. 2.21). Bereits gebildetes und in Medium ausgeschiedenes Burtyrat wird nach Aufnahme in die Zelle mit Acetyl-CoA durch eine CoA-Transferase zu Butyryl-CoA umgesetzt (Abb. 2.22). Butyryl-CoA wird dann durch eine induzierbare Butyraldehyd-Dehydrogenase mit NADH zu Butyraldehyd reduziert, wobei stöchiometrisch 1 H^+ verbraucht wird. Butyraldehyd wird durch Butanol-Dehydrogenase zu Butanol reduziert. Durch die induzierten H^+-verbrauchenden Reaktionen entstehen bei Bildung von Butanol und Aceton aus Säuren neutrale Produkte (und CO_2), was zu einem Anstieg des pH-Wertes des Mediums führt und damit den Säurestress verringert. Die Bildung der Lösungsmittel Butanol und Aceton ist von wirtschaftlichem Interesse in der Biotechnologie (s. Kap. 18).

2.4
Wachstumserträge des Glucoseabbaus

Das im Energiestoffwechsel gebildete ATP wird vor allem für die **Biosynthese von Zellmasse**, d. h. für den Baustoffwechsel (BSTW) (Anabolismus) verwendet. Ein quantitatives Maß für die Zellsynthese aus Glucose ist der **Wachstumsertrag $Y_{Glucose}$**. Er gibt an, wie viel g Zellmasse (normiert auf Trockengewicht) gebildet wird pro mol Glucose-Verbrauch. Alle prokaryotischen Zellen zeigen eine ähnliche Zusammensetzung aus Elementen und aus Biopolymeren. Führt man eine **Elementaranalyse** der Trockenzellmasse (TZ) durch, so erhält man die folgende Zusammensetzung (in %): Kohlenstoff (60), Sauerstoff (20), Stickstoff (15), Wasserstoff (8), Phosphor (3), Schwefel (1), Kalium (1), Calcium und Magnesium (0,5), Eisen (0,2) und Spurenelemente wie Nickel, Zink, Molybdän usw. als Cofaktoren von Enzymen (< 1%). In Bezug auf die Zusammensetzung aus **Biopolymeren** bestehen die Zellen, in % des Trockengewichts, Protein 50, Polysaccharide (z. B. Zellwand) 10 bis 15, Nucleinsäuren (RNA 15, DNA 3), Lipide (z. B. Zellmembran) 10. Bei organotrophem Wachstum dient Glucose sowohl als Substrat für den Energie-

---

Abb. 2.21. Essigsäure/Buttersäure-Gärung durch *Clostridium pasteurianum*. (1) Enzyme des Embden-Meyerhof-Weges; (2) Pyruvat-Ferredoxin-Oxidoreduktase; (3) Hydrogenase; (4) NADH-Ferredoxin-Oxidoreduktase; (5) Phosphotransacetylase; (6) Acetat-Kinase; (7) Acetyl-CoA-Acetyltransferase (Thiolase); (8) β-Hydroxybutyryl-CoA-Dehydrogenase; (9) Croton-ase; (10) Butyryl-CoA-Dehydrogenase; (11) Phosphotransbutyrylase; (12) Butyrat-Kinase. Die in Klammern genannten Werte geben die stöchiometrischen Faktoren der Stoffwechselintermediate, der Endprodukte und der ATP-Ausbeuten an

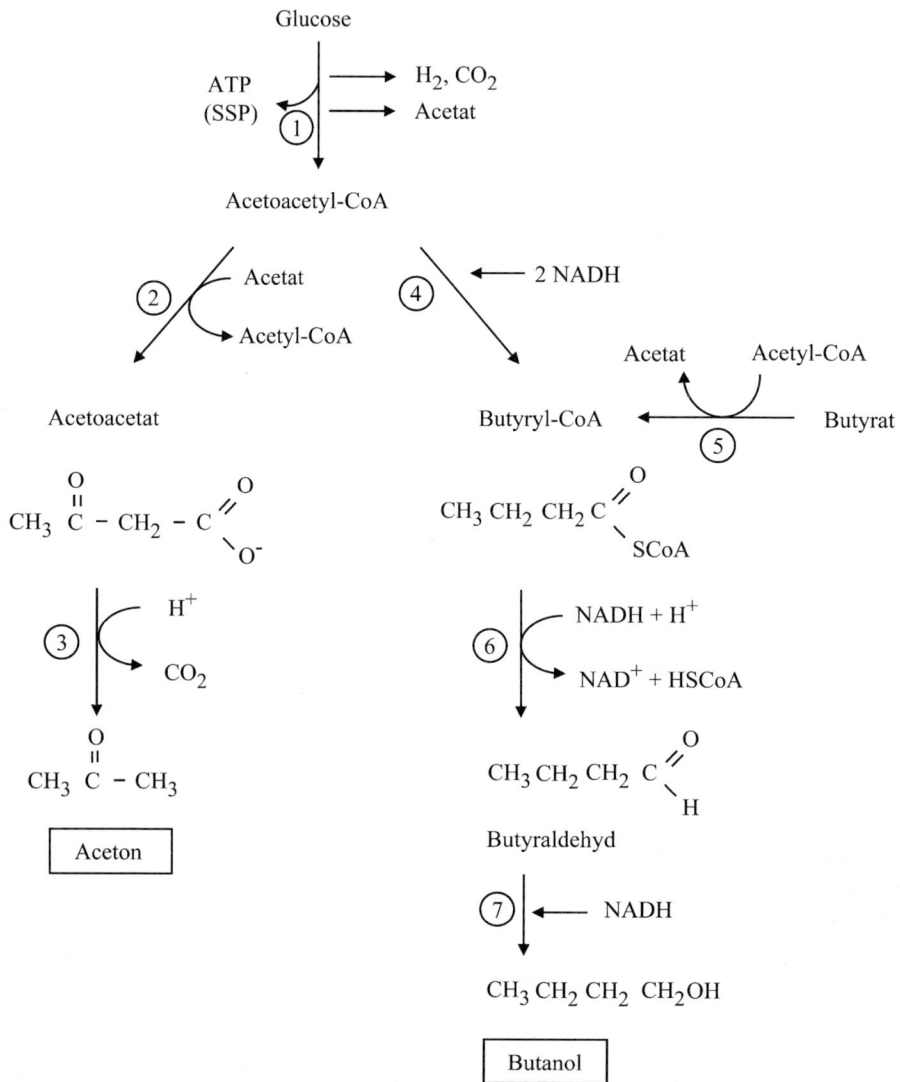

Abb. 2.22. Aceton/Butanol-Gärung durch *Clostridium acetobutylicum.* (1) Reaktionen wie in Abb. 2.21. Acetoacetyl-CoA: Acetat-CoA-Transferase; (3) Acetoacetat-Decarboxylase; (4) Enzyme der Butyryl-CoA-Bildung wie in Abb. 2.21; (5) Acetyl-CoA : Butyrat CoA-Transferase; (6) Butyraldehyd-Dehydrogenase; (7) Butanol-Dehydrogenase

stoffwechsel (ESTW) zur Gewinnung von ATP- als auch als Kohlenstoffquelle für die Zellsynthese (Abb. 2.23). Außerdem werden dem Medium Quellen für N, P und S zugesetzt, häufig in Form von NH_4^+-, SO_4^-- und HPO_4^{2-}-Salzen. H und O stammen aus dem Wasser und aus der organischen C-Verbindung. Spurenelemente werden in µmolaren Mengen dem Medium zugesetzt. Bei der Zellsyn-these aus Glucose als C-Quelle werden zunächst über verschiedene Biosynthesewege die **monomeren Verbindungen** Aminosäuren, Monosaccharide, Nucleotide und Fettsäuren gebildet, die dann zu den entsprechenden Polymerverbindungen umgesetzt werden. Aufgrund der konstanten Zusammensetzung der Zellen an Polymeren und der relativ **einheitlichen Biosynthesewege** der Mo-

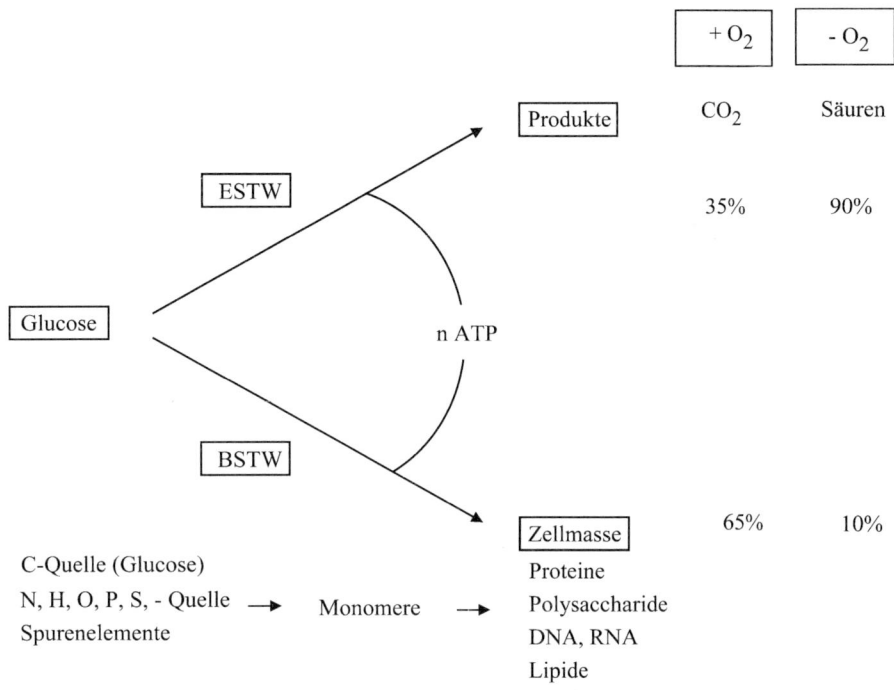

Abb. 2.23. Umsetzung von Glucose im Energiestoffwechsel (ESTW) und Baustoffwechsel (BSTW) in *Escherichia coli*. +O_2, aerobe Atmung; −O_2, gemischte Säuregärung (Hauptprodukte Säuren, s. Abb. 2.19). Die rela- tiven Anteile des Glucoseverbrauchs im ESTW und BSTW sind in % angegeben

nomeren und der **Polymerisationsreaktionen**, lässt sich der ATP-Verbrauch für die Bildung der Zellen als relativ konstanten Wert bestimmen. Für die Synthese von 1 g Trockenzellmasse aus Glucose als anabolem Substrat lässt sich (für *E. coli*) ein theoretischer ATP-Verbrauch von ca. 35 mmol/ATP berechnen. Dabei werden mehr als 60% des ATP für Polymerisationsreaktionen der Monomere, insbesondere der Aminosäuren im Verlauf der Proteinsynthese, benötigt (Gottschalk 1986). Dies entspricht einem theoretischen Wachstumsertrag $Y_{ATP} = 25$ g TZ/mol ATP. Für verschiedene anaerobe Bakterien wurden in Wachstumsexperimenten bei Kenntnis der ATP-Ausbeute mit Glucose als C-Quelle ein Y_{ATP}-Wert ca. 10 g/mol ATP bestimmt, was einem Wirkungsgrad im Baustoffwechsel von ca. 35% entspricht (s. Kap. 2.1.1). Der relativ konstante Wert von Y_{ATP} ermöglicht die Berechnung der gebildeten Zellmasse pro mol Glucoseverbrauch (= molarer Wachstumsertrag $Y_{Glucose}$) bei bekannten ATP-Ausbeuten. Bei der Berechnung ist zu berücksichtigen, dass Glucose sowohl für die ATP-Synthese im ESTW als auch als C-Quelle für die Synthese der Zellmasse im BSTW zur Verfügung steht. Die relativen Anteile des Glucoseverbrauchs für ESTW und BSTW hängen von der ATP-Ausbeute ab.

Escherichia coli ist ein fakultatives Bakterium, das auf einem Minimal-Medium mit Glucose als einziger Energie- und Kohlenstoffquelle wachsen kann. Im Folgenden soll $Y_{Glucose}$ (= Y_{Glc}) bei aerobem Wachstum (26 ATP/Glucose) und bei anaerobem Wachstum ohne externen Elektronenakzeptor (Gemischte Säuregärung, mit einer angenommenen ATP-Ausbeute von 2 ATP/Glucose) bestimmt werden und die Anteile des Glucoseverbrauchs im ESTW und BSTW berechnet werden.

Y_{Glc} = g Trockenzellmasse (TZ) gebildet pro mol Glucose verbraucht für den ESTW und BSTW; der reziproke Wert 1/Y_{Glc} gibt an wie viel mol Glucose für die Synthese von 1 g TZ benötigt wird. Dieser Wert setzt sich zusammen aus den Glucosemengen, die für den ESTW (ATP-Synthese) und für den BSTW (C-Quelle) benötigten werden.

$1/Y_{Glc}$ (gesamt) = $1/Y_{Glc}$ (ESTW) + $1/Y_{Glc}$ (BSTW). Nach Umformung ergibt sich:

$$1/Y_{Glc} \text{ (gesamt)} = \frac{Y_{Glc} \text{ ESTW} \cdot Y_{Glc} \text{ BSTW}}{Y_{Glc} \text{ ESTW} + Y_{Glc} \text{ BSTW}}$$

Y_{Glc} BSTW gibt an wie viel g TZ/mol Glucose im BSTW, d.h. als C-Quelle, gebildet werden können. Da 50% des TZ-Masse aus Kohlenstoff bestehen und Glucose 6 C-Atome enthält, d.h., 72 g C/mol, beträgt Y_{Glc} BSTW $2 \cdot 72 = 144$ g TZ/mol Glucose.

Y_{Glc} ESTW gibt an, wie viel g TZ/mol Glucose im ESTW gebildet werden können. Dieser Wert lässt sich berechnen bei Kenntnis der ATP-Ausbeute (n = mol ATP gebildet/mol Glucose) und Y_{ATP} = g TZ/mol ATP also ca. 10 g/mol. Damit ist Y_{Glc} ESTW = n · Y_{ATP}.

Im Fall des **aeroben Glucoseabbaus** (n = 26) beträgt Y_{Glc} ESTW 260 g/mol. Für Y_{Glc} gilt Y_{Glc} = 260 · 144/(260+404) = 92,7 g/mol. Unter aeroben Bedingungen werden also ca. 93 g TZ /mol Glucose gebildet, was einem Glucoseverbrauch pro g TZ ($1/Y_{Glc}$) von 10,8 mmol entspricht. Dabei werden für den ESTW (1/ESTW = 1/260) 3,8 mmol Glucose und für den BSTW (1/Y BSTW = 1/144) = 6,9 mmol Glucose benötigt. Ca. 35% der Glucose werden also zur ATP-Gewinnung im ESTW umgesetzt und 65% für Biosynthesen in den BSTW.

Im Fall des **anaeroben Glucoseabbaus** (2 ATP/ mol Glucose) ergibt sich für Y_{Glc} = 20 · 144/ (20 + 144) = 17,6 g/mol, was einem Glucoseverbrauch pro g TZ von 57 mmol entspricht. Dabei werden für den ESTW (1/ESTW = 1/20) = 5 mmol Glucose und für den Baustoffwechsel (1/Y BSTW = 1/144) 6,9 mmol Glucose benötigt. 88% der Glucose gehen also in den Energiestoffwechsel und nur 12% in den Baustoffwechsel.

Bei der anaeroben Glucoseumsetzung wird also aufgrund der geringeren ATP-Ausbeute, d.h. bei limitiertem ESTW, die Hauptmenge, d.h. ca. 90%, der Glucose, im ESTW zur ATP-Synthese genutzt; nur ca. 10% der Glucose werden für Biosynthesen, d.h. zur Bildung von Zellmasse verwendet.

Der unter anaeroben Bedingungen erreichte hohe Umsatz von Glucose im ESTW bei geringer Zellmassenbildung (das Gleiche gilt für andere vergleichbare organische Verbindungen wie z.B. Aminosäuren), wird ausgenutzt bei der Klärung von organischen Abwässern in Kläranlagen. In der **aeroben Stufe** der **Abwasserreinigung** werden organische Verbindungen durch Bakterien abgebaut, wobei 30–40% im Energiestoffwechsel zu CO_2 umgesetzt werden und 60–70% in den BSTW der Bakterien gehen, d.h. als Bakterien-Zellmasse im Klärschlamm erhalten bleiben. Für eine effektive Reduzierung der Biomasse des Klärschlamms, der aus organischen Biopolymeren (Zucker, Aminosäuren usw.) besteht, ist eine **anaerobe Stufe** der Umsetzung erforderlich. Diese findet statt im **Faulturm** von Kläranlagen, in welchem die Biomasse des Klärschlamms zu ca. 90% im ESTW zu Biogas CH_4 und CO_2 umgesetzt wird, wobei nur ca. 10% im BSTW, d.h. in der bakteriellen Zellmasse erhalten bleiben. Die anaerobe Behandlung des Klärschlamms führt also zu der gewünschten signifikanten Reduzierung (bis zu 90%) der anfallenden bakteriellen Biomasse (s. Kap. 27).

Literatur

Gottschalk G (1986) Bacterial Metabolism, 2nd edn. Springer, New York Berlin Heidelberg

Lehninger A, Nelson D, Cox M (2001) Biochemie, 3rd edn. Springer, New York Berlin Heidelberg

Lengeler JW, Drews G, Schlegel HG (eds) (1999) Biology of the Prokaryotes. Thieme, Stuttgart New York

Schlegel HG (1992) Allgemeine Mikrobiologie, 7. Aufl. Thieme, Stuttgart New York

Schönheit P, Schäfer T (1995) Metabolism of hyperthermophiles. World J Microbiol Biotechnol 11:26–57

Thauer RK, Jungermann K, Decker K (1977) Energy conservation in chemotrophic anaerobic bacteria. Bacteriol Rev 41:100–180

3 Rekombinante Proteinproduktion in Bakterien und Pilzen

D. Jahn, M. Jahn

3.1
Einleitung

Rekombinante Proteinproduktion ist eine zentrale Technologie moderner Biotechnologie. In diesem Kapitel werden dazu nötige molekulare Werkzeuge beschrieben. Dabei steht *Escherichia coli* als Klonierungs- und Proteinproduktionswirt im Mittelpunkt. Aber auch alternative bakterielle Systeme und die Nutzung eukaryotischer Mikroorganismen sind dargestellt. Der detaillierte Aufbau von Plasmiden mit der Funktion von Replikationsursprüngen, Selektionsmarkern und induzierbaren Promotoren sowie die Nutzung von Affinitäts-Tags zur Zielproteinreinigung und deren proteolytische Entfernung werden vermittelt. Die typischen Charakteristika von Wirtsstämmen mit den manipulierten Prozessen der Rekombination, Restriktion-Modifikation, Protease- und Nukleaseaktivität werden mit zugehöriger genetischer Nomenklatur erklärt.

3.2
Aufbau und biologische Funktion von Plasmiden

Plasmide sind **natürlich vorkommende extrachromosomale DNA-Elemente**, die autonom vom restlichen Genom repliziert werden. Den Ausdruck Plasmid für diese Elemente hatte 1952 Joshua Lederberg eingeführt. Man findet sie sowohl in Prokaryoten als auch in niedrigen Eukaryoten. Namen von Plasmiden beginnen üblicherweise mit einem kleinen „p", das für Plasmid steht. Dann kommen Buchstaben, welche die Abkürzungen der Namen der Entdecker oder Konstrukteure darstellen oder Eigenschaften des Plasmids beschreiben können. So steht pBR322 für *Plasmid 322*, das von *Bolivar* und *Rodriguez* beschrieben wurde. Plasmide variieren stark in ihrer Größe. So ist pT181 aus dem Bakterium *Staphylococcus aureus* 4,4 kbp, pRN1 aus dem Archaeon *Sulfolobus islandicus* 5,4 kbp und das Plasmid 2 μm aus der Hefe *Saccharomyces cerevisiae* 6,3 kbp groß. Allerdings hat pWW0 aus *Pseudomonas putida* 117 kbp, pSOL1 aus *Clostridium*

acetobutylicum 192 kbp und schließlich pSymB aus *Sinorhizobium meliloti* 1683 kbp.

Die meisten bekannten Plasmide sind zirkulär. Es werden aber in den letzten Jahren immer mehr lineare Plasmide gefunden. So wurden für den Borreliose-Erreger *Borrelia burgdorferi* und für *Streptomyces coelicolor* lineare Plasmide verschiedener Größe beschrieben. Diese Befunde gehen einher mit der Entdeckung von linearen Chromosomen in Prokaryoten. Zirkuläre Plasmide können unterschiedliche Konformationen einnehmen. Das Wechselspiel der gegenteiligen Aktivitäten der Gyrase und der Topoisomerasen erzeugen dabei verschiedene Topologien. So können unterschiedliche Grade an Superspiralisierung (Supercoiling) erzeugt werden. Durch Einbringen eines Einzelstrangbruches **geht die Superspiralisierung verloren** und es bildet sich die zirkuläre, entspannte Form des Plasmids. Ein Doppelstrangbruch führt schließlich zur linearen Form des Plasmids. Alle diese verschiedenen Formen ein und des gleichen Plasmids kann man nach dessen Isolation aus der Wirtszelle erhalten. Sie zeigen alle unterschiedliches Laufverhalten bei gelbasierten elektrophoretischen Analyseverfahren, so dass sie als distinkte „Banden" nach Anfärbung der DNA erscheinen.

Plasmide bieten Selektionsvorteile für ihre Träger in ihren Habitaten. So werden auf ihnen Gene für Antibiotika- und Schwermetallresistenzen, für Toxine, für Enzyme zur Verwertung alternativer Kohlenstoffquellen oder für Schutzmechanismen wie Restriktions-Modifikationssysteme kodiert. Da Plasmide oft von mehreren verschiedenen Mikroorganismen-Spezies repliziert werden können (*broad host range*) und DNA-Aufnahme sowie horizontaler Gentransfer weit verbreitet sind, findet man Plasmid-kodierte Eigenschaften weit verbreitet bei Mikroorganismen.

3.2.1
Plasmide, Cosmide und BACs

Plasmide bilden die Grundlage moderner Molekularbiologie als Vehikel zum gezielten Vermehren, Verändern und Umschreiben genetischer Information. Die Vermehrung identischer genetischer Information nennt man „**Klonieren**". Jedes Plasmid besitzt dazu einen Replikationsursprung und Gene, die einen Selektionsvorteil vermitteln, die **Selektionsmarker**. In Bakterien werden meist Gene, die eine Antibiotikaresistenz vermitteln, als Selektionsmarker benutzt. Für eukaryotische Mikroorganismen werden Gene auf dem Plasmid platziert, die eine **Mutation im Wirtsstamm** ausgleichen können und so dessen Überleben unter selektiven Bedingungen sichern. So wird in Hefe oft ein Gen für ein Enzym der Uracilbiosynthese (*URA3*) für die Selektion verwendet. Der zugehörige Wirtsstamm trägt eine Mutation in dem gleichen *URA3*-Gen und kann auf Minimalmedium ohne Uracilzusatz nicht überleben. Nur Wirtsstämme, die das Plasmid tragen, das über das intakte *URA3*-Gen die Mutation des Wirts komplementiert, überleben.

Plasmide sind normalerweise **limitiert in der Größe der DNA**, die sie aufnehmen können, auf ca. 15 kbp. Für die Klonierung größerer DNA-Stücke werden Cosmide und künstliche bakterielle Chromosomen (*Bacterial artificial chromosomes*, BACs) benutzt. Ein initial lineares Cosmid besitzt endständig kleine kohäsive DNA-Regionen aus dem Genom des Bakteriophagen λ. Diese vermitteln nach Klonierung von DNA-Fragmenten von 28 bis 45 kbp den Ringschluss und die Verpackung in Bakteriophagenpartikel. Nach Infektion von *E. coli* vermehren sich die Cosmide wie zirkuläre große Plasmide (z. B. Supercos der Firma Stratagene). BACs basieren auf dem F-Faktor-Plasmid von *E. coli* und nutzen dessen Replikationsursprung und zugehörige Replikationsmaschinerie. Es können DNA-Fragmente bis zu 350 kbp vermehrt werden. Die normalen BAC-Bibliotheken haben klonierte Fragmentgrößen von 120 kbp. Neuere BAC-Plasmide werden wie andere kleinere Plasmide gehandhabt (z. B. pBeloBAC11 der Firma New England Biolabs). Der bekannteste und ausgereifteste Klonierungswirt ist *E. coli*. Aber in den letzten Jahren sind eine Reihe weiterer Bakterienspezies als Wirtsorganismen etabliert und optimiert worden. Zu nennen sind dabei diverse Arten der Genera *Bacillus*, *Caulobacter*, *Pseudomonas* oder *Streptomyces*. Als eukaryoti-

sche Mikroorganismen zur Proteinproduktion sind Hefen, wie die Bäckerhefe *Saccharomyces cerevisiae*, die Hefen *Pichia pastoris*, *Pichia methanolica* und *Hansenula polymorpha*, aber auch der filamentöse Pilz *Aspergillus niger* zu nennen. Auf die Proteinproduktion in Säuger- oder Insektenzellen mittels verschiedener viraler Systeme wird an dieser Stelle nicht eingegangen.

3.2.2
Kriterien zur Wahl eines Proteinproduktionssystems

Für eine rekombinante Proteinproduktion stellen sich je nach Verwendung des Proteins unterschiedliche Ansprüche. In Forschung und Entwicklung stehen oft die Analyse der Funktion und Struktur im Mittelpunkt. In der **kommerziellen Proteinproduktion** kommt dazu noch der zentrale **Kostenfaktor**. Wichtige Parameter sind deshalb im Proteinproduktionsprozess die Wachstumsgeschwindigkeit des Wirtes, die Komplexität und die Kosten des Wachstumsmediums, die Stärke der Genexpression, die Faltung des Zielproteins und eine mögliche Sekretion des Proteins ins Wachstumsmedium. Viele eukaryotische Proteine besitzen zusätzlich posttranslationale Modifikationen wie Glycosylierungen, Phosphorylierungen, Acetylierungen und Carboxylierungen, die Struktur und Funktion beeinflussen.

Bakterielle Proteinproduktionssysteme zeichnen sich durch **schnelles Wirtswachstum** auf oft billigen Medien und eine **starke Genexpression** aus. Proteine können zum Teil ins Wachstumsmedium exportiert werden, was eine verfahrenstechnische Erleichterung darstellt, da kein Zellaufschluss und keine damit verbundene Vermischung mit Wirtsproteinen erfolgt. Allerdings können Bakterien meist keine posttranslationalen Modifikationen durchführen. Auch zeigen sich Probleme bei der Faltung komplexer eukaryotischer Proteine. Da Hefen aber auch nur unvollständig **Proteine höherer Eukaryoten** modifizieren, müssen viele dieser Proteine in Insekten- oder Säugerzellen rekombinant angereichert werden. Letztgenannte Verfahren sind schwieriger in der Handhabung und bedeuten erhöhten Arbeits- und Kostenaufwand, da das Wachstum der Zellen langsamer, die Wachstumsmedien komplex und teuer und die Ausbeuten oft geringer sind. Trotz der Vielfalt der Systeme kann momentan das Verhalten eines rekombinanten Proteins in seinem Wirt nicht vorhergesagt werden, so dass man immer noch auf das Ausprobieren verschiedener Alternativen angewiesen ist.

3.2.3
Escherichia coli als Basis moderner Molekularbiologie

Der momentan am besten wissenschaftlich untersuchte Organismus ist *E. coli*. Die vielfältigen über Jahrzehnte gewonnenen Erkenntnisse bilden die Basis für ein ausgereiftes und darüber hinaus **am weitesten verbreitetes Proteinproduktionssystem** (s. Kap. 6). Durch die hervorragenden Eigenschaften moderner *E. coli*-Stämme zur Transformation, dem Einbringen von Fremd-DNA in das Bakterium, die stabile Vermehrung der eingebrachten DNA und etablierter Methoden zur Isolation der vermehrten DNA ist *E. coli* der heute fast ausschließlich zur **gentechnischen Manipulation von DNA** benutzte Organismus. Moderne Molekularbiologie ist ohne den Klonierungswirt *E. coli* undenkbar. Das bedeutet, dass alle auch in anderen prokaryotischen und eukaryotischen Systemen verwendeten Plasmide zuerst unter Zuhilfenahme von *E. coli* hergestellt werden müssen. Dies führt zu Limitationen in Fällen von Genprodukten, die **toxisch** oder anderweitig **unverträglich** für *E. coli* sind. In diesen Fällen kann es dazu kommen, dass einige *E. coli*-Bakterien diese störenden Gene durch Mutation so verändern, dass das kodierte Genprodukt seine Wirkung verliert. Dadurch gewinnen diese Mutanten einen **Selektionsvorteil** und können schnell die wachsende Kultur dominieren. In solchen Fällen werden entsprechend Aminosäureaustausche tragende Proteine produziert. Dies kann durch auf dem Plasmid strikt regulierte Promotoren, die im nicht-induzierten Zustand „dicht" sind und so eine Produktion des Proteins nicht erlauben, verhindert werden.

3.2.4
Aufbau von Plasmiden zur rekombinanten Proteinproduktion in *Escherichia coli*

Für *Escherichia-coli*-basierende Proteinproduktionssysteme gibt es vielfältige Plasmide und Wirtsstämme für unterschiedliche Ansprüche. Allgemein besitzt ein *E.-coli*-Plasmid einen Replikationsursprung für die vom Chromosom **autonome Vermehrung**. Über ihn wird auch die Kopienzahl des Plasmids in der Zelle reguliert. Ein Antibiotikaresistenz vermittelndes Gen erlaubt eine Selektion der Plasmid tragenden Bakterien, indem es das Wachstum in Anwesenheit eines Antibiotikums erlaubt, das die Vermehrung von Bakterien ohne Plasmid verhindert. Ein stark induzierbarer Promotor sorgt für eine Transkription des Zielgens zum gewünschten Zeitpunkt, und eine Sequenz für eine optimierte Ribosomenbindestelle stellt die **effiziente Translation** der zugehörigen mRNA sicher. Eine multiple Klonierungsstelle (*multiple cloning site*, MCS) mit vielen Schnittstellen für Restriktionsenzyme, die nur einmal in dem Plasmid vorkommen, vereinfacht den gentechnischen Einbau des Zielgens (Abb. 3.1).

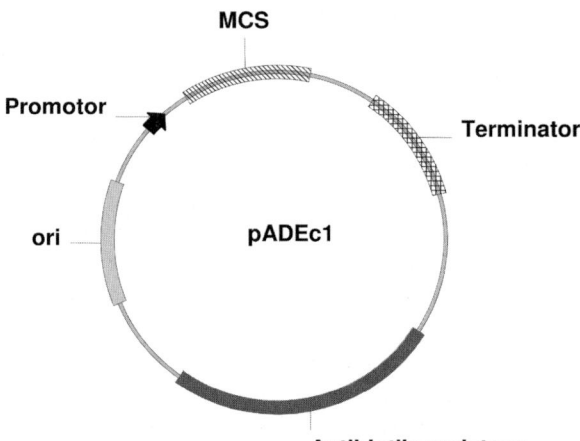

Abb. 3.1. Aufbau eines typischen Plasmids zur Expression von Zielgenen in *E. coli*

Replikationsursprung und Kopienzahl

Plasmide müssen analog zum Chromosom **kontrolliert vermehrt** und auf die Tochterzellen während des Zellzyklus verteilt werden. Dazu muss zuerst die Replikation der Plasmid-DNA gestartet werden. Dazu gibt es in Mikroorganismen eine Vielzahl unterschiedlicher molekularer Strategien. Den Bereich des Plasmids, der die Information für den Replikationsprozess trägt, nennt man **Replikon**. Zusätzlich wird in unterschiedlichem Maße die Replikationsmaschinerie des Wirtes genutzt. Die funktionell am nächsten an die Wirtsmaschinerie zur Replikation angelehnte Plasmidvermehrung ist die mittels **Iteron enthaltender Replikons**. Dazu besteht das Replikon aus mehreren kurzen, direkt sich wiederholenden DNA-Sequenzen (**Iteron**), einer Bindungsstelle für das DnaA-Protein des Wirtes und AT-reichen DNA-Sequenzen. Das Plasmid spezifische Replikationsinitiationsprotein Rep bindet an die Iteronsequenzen, rekrutiert DnaA und zusammen bewirken sie das Schmelzen des DNA-Doppelstranges an der AT-reichen Sequenz. Die folgende Replikation verläuft analog zu der des Wirtschromosoms. Die **Kopienzahl** wird über die Steuerung der Protein-DNA-Komplexbildung am Replikon gesteuert.

Völlig anders wird das ColE1-Replikon aus *E. coli*, das die Basis vieler gebräuchlicher Klonierungs- und Expressionsvektoren bildet, kontrolliert. Zur Replikationsinitiation und Kopienzahlkontrolle werden **RNA-RNA-Wechselwirkungen** genutzt. Es wird eine plasmidkodierte RNAII durch die RNA-Polymerase des Wirtes transkribiert, die dann an den Replikationsursprung bindet. Durch RNaseH wird die für die Strangverlängerung nötige freie 3′OH-Gruppe erzeugt und RNAII kann als klassischer RNA-Primer der Replikation durch DNA-Polymerase I des Wirtes dienen. ColE1 reguliert seine Kopienzahl über eine zu RNAII völlig komplementäre Antisense-RNA, genannt RNAI. Die Interaktion von RNAI mit RNAII verhindert den Replikationsprozess. Das Gleichgewicht zwischen DNA-RNAII- und RNAI-RNAII-Wechselwirkung wird durch die im Vergleich zu RNAII kürzere zelluläre Halbwertszeit von RNAI

eingestellt. Dabei kann das ColE1-kodierte Protein Rom (auch Rop) die RNAI-RNAII-Wechselwirkung stabilisieren und so die Replikation unterdrücken. Viele heutige moderne Col E1-basierende Plasmide hoher Kopienzahl haben das Gen für Rom (Rop) aus dem Replikon deletiert oder tragen eine mutierte Kopie. Es handelt sich somit um ein modifiziertes ColE1-Replikon. Man sollte aber berücksichtigen, dass es sich bei der mutierten Version des Rom (Rop) Regulators um ein **temperatursensitives Protein** handelt, das bei 37–42 °C inaktiv ist, aber bei 30 °C volle Aktivität besitzt.

Schließlich nutzen besonders Gram-positive Bakterien, aber auch einige Gram-negative Bakterien und Archaea zur Replikation kleiner Plasmide unter 10 kbp das Prinzip des „Rolling circle". Auch der *E.-coli*-Bakteriophage M13 verwendet diese Strategie zur Genomverdopplung. Die Replikation beginnt mit der Bindung eines Proteins an den Replikationsursprung, die zur Ausbildung einer kreuzförmigen einzelsträngigen DNA-Region führt. Im Unterschied zu allen anderen Replikationssystemen wird nun an eine durch Einzelstrangbruch erzeugte DNA-3′OH-Gruppe der Leitstrang durch die DNA-Polymerase III des Wirtes synthetisiert. Während der Replikation wird dabei der Nicht-Matrizenstrang verdrängt und schließlich als zirkulärer Einzelstrang vollständig abgelöst. Dieses für die „*Rolling circle*"-Replikation typische Zwischenprodukt enthält aber selbst einen Replikationsursprung, an dem nach RNA-Primer-Synthese eine Verlängerung erst durch DNA-Polymerase I und schließlich DNA-Polymerase III erfolgt. Die aufgezeigten unterschiedlichen Replikationsverfahren führen durch Ihre Variation der beteiligten Komponenten zu einem Spektrum an unterschiedlichen Kopienzahlen, die in Tabelle 3.1 zusammengefasst sind.

Verteilung von Plasmiden auf Tochterzellen

Die gleichmäßige Verteilung von Plasmiden auf Tochterzellen während der Zellteilung nennt man **Plasmid-Segregation**. Bei hoher Kopienzahl kann man sich vorstellen, wie die Bakterienzelle einfach durch statistische Verteilung und Diffusi-

Tabelle 3.1. Replikationsursprünge typischer *E. coli*-Plasmide

Plasmid	Replikationsursprung	Kopienzahl
pUC	ColE1 modifiziert	500–700
pBR322	Original ColE1	15–20
R6K	Gamma-ori	15–30
pSC101	pSC101 ori, pMPP6 ori	5
pACYC	p15A	18–22
BAC	oriC	1

on eine ungefähre Gleichverteilung garantiert. Gebraucht wird dafür am Ende des Prozesses nur eine Plasmidkopie pro Tochterzelle. Allerdings stehen neueste Erkenntnisse zur strengen Kompartimentierung und Organisation der Bakterienzelle dieser diffusionsabhängigen Verteilung entgegen. Somit ist die mechanistische Grundlage der Verteilung von Plasmiden hoher Kopienzahl noch unklar. Für Plasmide geringer Kopienzahl dagegen gibt es **aktive Verteilungssysteme**, die garantieren, dass jede Tochterzelle während der Zellteilung eine Kopie des Plasmids erhält. Für das *E.-coli*-P1-Plasmid konnte gezeigt werden, dass die plasmidkodierten Proteine ParA und ParB mit einem Protein des Wirtes, das **Integration-Host-Factor** (IHF) genannt wird, einen Ribonukleokomplex mit der Plasmid-DNA bilden. Dieser Komplex steuert durch Wechselwirkung mit dem bakteriellen Zytoskelett Lokalisation und zeitlichen Ablauf des Verteilungsprozesses.

Kompatibilität mehrerer Plasmide in *E. coli*

Will man zwei verschiedene Plasmide parallel in *E. coli* benutzen, müssen diese miteinander kompatibel sein, um stabil in einer Zelle gemeinsam repliziert werden zu können. Bei Plasmiden mit gleichem oder ähnlichem abgeleiteten Replikationsursprung konkurrieren beide Plasmide dann um gemeinsame Komponenten des Replikations- und Verteilungssystems. Dies führt meist zum Verlust eines der beiden Plasmide. So haben kleinere Plasmide oft durch ihre geringe Größe einen Vorteil im Replikationsprozess und verdrängen über den Kultivierungsprozess hinweg größere Konkurrenten mit gleichem Replikationsur-

sprung. Um einzuteilen, welche Plasmide in einer Wirtszelle gemeinsam stabil vermehrt werden können, teilt man die Plasmide nach ihren Replikationsursprüngen in **Kompatibilitätsgruppen** ein. Dabei sind Plasmide einer Kompatibilitätsgruppe nicht miteinander kompatibel, während Plasmide unterschiedlicher Kompatibilitätsgruppen miteinander in einer Wirtszelle vermehrt werden können. So können verschiedene Col E1-basierende Plasmide nicht miteinander auf Dauer in einer Zelle coexistieren. Dagegen sind Col-E1-Replikons kompatibel mit R6K- und p15A-basierenden Plasmiden. Dies wird in einigen Systemen zur Co-Produktion von T7-RNA-Polymerase, Chaperonen oder seltenen tRNAs genutzt.

Induzierbare Promotoren

Wie bereits weiter oben angesprochen, sind einige heterologe Genprodukte, aber auch homologe in hoher Konzentration, für den Wirt *E. coli* toxisch oder inhibieren zentrale zelluläre Funktionen. Dies wiederum führt zu reduziertem Wachstum und im schlimmsten Fall zur Selektion von mutierten Zielgenen. Weiterhin ist die dauernde massive Produktion eines Zielproteins während des Wachstums des Wirtes sehr **energieaufwändig** und führt oft zu **geringeren Wachstumsraten**. Diese Probleme lassen sich durch einen induzierbaren Promotor lösen, der die Transkription des Zielgens nur in Anwesenheit eines Induktormoleküls oder bei deutlicher Veränderung eines Kultivierungsparameters vermittelt. Dies erlaubt die Induktion der Proteinproduktion **zum gewünschten Zeitpunkt** und verhindert unerwünschte Nebenwirkungen des Zielproteins auf den Wirt während der Kultivierung. Die meisten Systeme beruhen auf einem Repressor-Induktor-System.

Die *lac*-, *tac*- und *trp*-Promotoren

Das durch die Arbeiten von Jacob und Monod bekannteste System der bakteriellen Transkriptionsregulation ist das **lac-Operon** (Abb. 3.2). Der Lac-Repressor unterdrückt in Abwesenheit von Lactose durch Bindung an verschiedene DNA-Sequenzen im *lac*-Promotor, die oft als *lac*-Operator be-

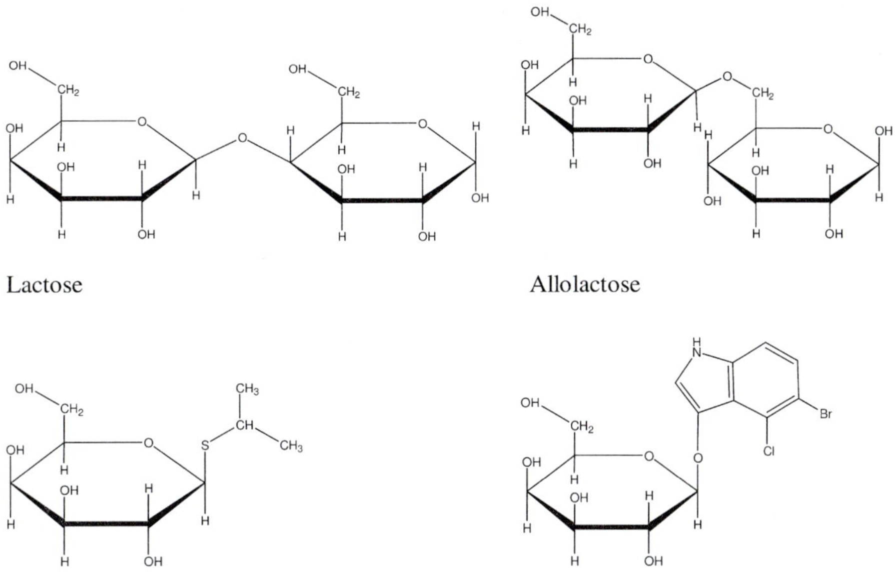

Lactose

Allolactose

IPTG

X-Gal

Abb. 3.2. Induzierende Kohlenhydratverbindungen für das *lac*-Operon. Lactose wird durch die β-Galaktosidase in Allolactose umgewandelt, das wiederum an den Lac-Repressor LacI bindet und durch eine induzierte Konformationsänderung dessen Bindung an den *lac*-Promotor verhindert. Isopropyl-thiogalactosid (IPTG) hat die gleiche Funktion wie Allolactose auf den Lac-Repressor, wird durch die β-Galaktosidase aber nicht gespalten. Unter ihnen befindet sich das Gen für die β-Galaktosidase (*lacZ*), die Lactose in Glucose und Galaktose spaltet. In Anwesenheit von Lactose wird von der β-Galaktosidase auch in geringer Konzentration Allolactose gebildet, die vom Lac-Repressor gebunden wird. Dieser kann durch eine dabei **induzierte Konformationsänderung** nicht mehr an den *lac*-Promotor binden und diesen blockieren. Die Transkription des *lac*-Operons kann um den Faktor 1000 induziert werden. Die gebildete β-Galaktosidase baut dabei die induzierend wirkende Lactose ab. Gleichzeitig wird die Induktion des *lac*-Promotors durch die Anwesenheit der von E. coli bevorzugten Kohlenstoffquelle Glucose mittels des **Katabolitregulationssystems** deutlich verringert. Für eine biotechnologische Anwendung wurde daher der *lac*-Promotor schrittweise optimiert. Im *lac* UV5-Promotor wurden Katabolitregulation vermittelnde Promotorbereiche mittels Mutagenese ausgeschaltet. So hat Glucose keinen Einfluss auf diese *lac*-Promotorvariante. Man verwendet zur Induktion des *lac*-Promotors Isopropyl-β-D-thiogalactosid (IPTG), ein Galactosid, das von der β-Galaktosidase nicht gespalten werden kann. So reichen niedrige Konzentrationen dieses Induktors für eine starke Promotorinduktion. Um eine Repression aller plasmidkodierter *lac*-Promotoren zu erreichen, wird oft auch das Gen für den Lac-Repressor (*lacI*) auf dem Expressionsplasmid kodiert. Um den IPTG-induzierbaren *lac*-Promotors weiter zu optimieren, wurde der *lac*UV5-Operator mit den Kernelementen (−10 und −35 Region) des starken **trp-Promotors** fusioniert. So wurde der starke und extern steuerbare **tac-Promotor** erzeugt. Allerdings hat die starke Transkription von diesem Promotor den Nebeneffekt, dass der Promotor in geringem Maße auch ohne Induktion aktiv ist, er also „undicht" (*leaky*) ist. Das kann bei für E. coli problematischem Protein zu oben genannten Schwierigkeiten führen. Der ursprüngliche *trp*-Promotor selbst wird durch Tryptophanmangel und durch 3-Indolacrylsäure (IAA) induziert. Der zugehörige Repressor arbeitet sehr effizient beim Abschalten des Promotors

zeichnet werden, die Expression der Gene für die Lactoseverwertung.

Der *araB*-Promotor

Das **Arabinoseverwertungssystem** ist ähnlich angelegt wie das Lactoseverwertungssystem, in seinen Regulationsdetails aber komplexer aufgebaut. Der P_{BAD}-Promotor stromaufwärts des *ara*-Operons wird in Abwesenheit von Arabinose von dem Repressor AraC sehr effizient blockiert. Dadurch ist dieser Promotor sehr dicht und kann so die unerwünschte Bildung von für E. coli kritischen Zielproteinen im nicht-induzierten Zustand verhindern. In Anwesenheit von Arabinose wird der Repressor AraC inaktiviert und die Transkription vom P_{BAD}-Promotor wird stark induziert. Wie beim *lac*-Promotor benötigt der Promotor für eine volle Induktion die Abwesenheit von Glucose, da er auch wie der *lac*-Promotor einer **Katabolitkontrolle** unterliegt. Durch die Autoregulation des Repressorgens *araC* ist durch die zugesetzte Arabinosemenge die Promotorstärke steuerbar. Auf kommerziellen Plasmiden finden sich meist die 300 bp lange Region des P$_{BAD}$-Promotors und das Repressorgen *araC*.

Temperaturinduzierbare Lambda-Promotoren und Kälteschock-Promotoren. Die Lambda-Promotoren λP_L und λP_R sind ungefähr zehnmal so stark wie der *lac*-Promotor. Ihre Funktionen werden vom λcI-Genprodukt, dem Lambdarepressor, unterdrückt. Eine Mutation im Repressor cI857*ts* lässt die Funktion des Proteins **temperatursensitiv** werden, so dass die Transkription von zugehörigen Lambda-Promotoren über die Temperatur steuerbar wird. So ist der Repressor bei 28 °C aktiv und die Transkription ist unterdrückt, während bei 42 °C der Repressor **inaktiviert** wird und der Promotor so aktiv wird. Die durch die Temperatursteigerung ausgelöste **Hitzeschockantwort** kann dabei einerseits über induzierte Chaperone die Proteinfaltung begünstigen, aber auch über induzierte Proteasen den Abbau des Zielproteins beschleunigen.

Cold shock protein A (CspA) ist das Hauptkälteschockprotein von *E. coli*. Bei 37 °C ist es nicht detektierbar, während mehr als 10% der zellulären Synthesekapazität auf die CspA-Produktion in der ersten Stunde nach einem Transfer der Kultur auf 15 °C verwendet werden. Diese schnelle Anpassungsreaktion basiert auf einer komplexen Transkriptions- und Translationskontrolle der CspA mRNA. In der Biotechnologie wird der *cspA*-Kontrollbereich besonders zur kälteinduzierbaren Produktion von **aggregationsanfälligen und proteasesensitiven Proteinen** eingesetzt. Für eine weitere Steigerung der rekombinanten Proteinproduktion mit dem **Kälteschocksystem** wird eine *E.-coli-rbfA*-Mutante benutzt, in der ein ribosomaler Faktor ausgeschaltet ist, der für eine Produktionslimitation in vorgeschrittener Wachstumsphase verantwortlich ist.

Das T7-RNA-Polymerase-abhängige Expressionssystem

Der T7-Phage. Eines der momentan am häufigsten benutzten Systeme zur Produktion rekombinanter Proteine in *E. coli* und anderen Wirten ist das **T7-RNA-Polymerase-System**. Der Bacteriophage T7 wurde in den 1940er Jahren entdeckt. Er gehört wie der *Salmonella*-Phage SP6 zur *Podoviridae*-Familie der Bacteriophagen. Er besitzt ein doppelsträngiges lineares DNA-Genom, ein polyhedrales Kapsid und einen ausschließlich lytischen Replikationszyklus. Während der Vermehrung des Phagen wird ein Teil seiner Erbinformation von der RNA-Polymerase des Wirtes transkribiert, darunter das Gen für die T7-RNA-Polymerase. Dieses extrem effiziente Enzym wiederum transkribiert dann den zweiten Teil der T7-Phagengene, während zwei Phagenproteine die RNA-Polymerase des Wirtes inhibieren. Schließlich wird das **T7-Lysozym** gebildet, das neben seiner Funktion in der Zerstörung der Wirtszelle auch die T7-RNA-Polymerase hochspezifisch inhibiert.

Die T7-RNA-Polymerase. Die T7-RNA-Polymerase ist ein **einzelner Polypeptidstrang** von $M_r = 100\,000$. Die optimale Promotorsequenz für das Enzym ist -17-TAATACGACTCAC-TATAGGGAGA+6 mit einem idealen Abstand von 4 bis 5 bp zum Transkriptionsstart. Das Nukleotid am Transkriptionsstartpunkt in Position +1 (G > A $\gg$ T,C) und oft noch das Folgende in Position +2 sind kritisch für die Effizienz der Transkriptionsinitiation. Während der Elongationsphase der Transkription ist die RNA-Polymerase mit 200 bis 260 Nukleotiden pro Sekunde extrem schnell. Die *E.-coli*-RNA-Polymerase zum Vergleich erreicht 40 Nukleotide pro Sekunde. Das T7-Enzym wird im Gegensatz zum *E.-coli*-Enzym nicht durch das Antibiotikum Rifampicin inhibiert. Ein typischer ρ-unabhängiger Transkriptionsterminator (TΦ) mit ausgeprägter Sekundärstruktur sorgt für eine 20- bis 90-prozentige, aber nie komplette Termination.

Biotechnologische Anwendung des T7-RNA-Polymerase-basierenden Expressionssystems. Für eine biotechnologische Anwendung mussten mehrere Hindernisse überwunden werden. Zuerst sollte T7-RNA-Polymerase in *E. coli* produziert werden ohne die ganzen Nebenwirkungen einer Phageninfektion. Dazu wurde einerseits das T7-RNA-Polymerasegen über den Prophagen DE3 als exzisionsdefizientes λ-Lysogen in das Chromosom stabil integriert. Normalerweise wird durch die Expression des T7-RNA-Polymerasegens über den eigenen Promotor nur eine **niedrige zelluläre Enzymkonzentration** erreicht. Zu deren Erhöhung und zur Steuerbarkeit der Promotorinduktion wurde das T7-RNA-Polymerasegen unter die Kontrolle des IPTG-induzierbaren *lac*UV5-Promotors gestellt. Alternativ kann das RNA-Polymerasegen über ein zweites mit dem **Expressionsplasmid**, selbst oft mit ColE1-Replikationsursprung, kompatibles Plasmid (p15a-Replikationsursprung) in eine Wirtszelle eingebracht werden (s. oben). Über solche Plasmide wird auch eine über die Temperatur induzierte T7-RNA-Polymerase-Produktion mittels des Lambda-Promotors λP_L und des Lambda-Repressors cI857 möglich (s. oben). Alternativ wurde auch eine osmoregulierte T7-RNA-Polymerase-Produktion etabliert, die auf eine Erhöhung der Salzkonzentration im Wachstumsmedium reagiert.

Als **Wirtsstamm** wird oft *E. coli* BL21 benutzt. Dieser wurde ursprünglich wegen seines defekten *ompT*-Gens gewählt, da bekannt war, dass dieses Gen eine Protease der äußeren Membran kodiert, die T7-RNA-Polymerase proteolytisch spaltet. Zusätzlich trägt BL21, wie andere *E.-coli*-B-Stämme, ein mutiertes *lon*-Gen für eine cytoplasmatische Protease.

Der eigentliche Expressionsvektor trägt einen optimalen T7-RNA-Polymerase-Promotor, eine kodierte optimierte **Ribosomenbindestelle** für den jeweiligen Wirt, einen **Polylinker**, der eine Klonierung des Zielgens im richtigen Leseraster stromabwärts eines Translationsstartkodons erlaubt und schließlich einen **Transkriptionsterminator**. Zusätzlich gewünschte Eigenschaften wie Affinitätstags, Proteaseschnittstellen zur Entfer-

nung des Tags und Proteinsequenzen, die einen Export ins Periplasma erlauben, sind in einer Vielzahl von Vektoren, besonders der pET-Familie (Firma Novagen) kombiniert.

Die starke Initiation am T7-RNA-Polymerase-Promotor bedingt, dass dieser Promotor nicht ganz abzuschalten ist, also „undicht" (*leaky*) ist. Dies kann zu Problemen mit für den Wirt *E. coli* toxischen Genprodukten führen. Wie bereits angesprochen, bindet T7-Lysozym am Ende des lytischen Zyklus des Phagen an das Enzym und inhibiert es. Dies nutzt man zur Suppression der T7-RNA-Polymeraseaktivität unter Bedingungen der nicht induzierten Genexpression, indem das T7-Lysozymgen, kodiert von einem zweiten kompatiblen Plasmid aus, exprimiert wird und so die T7-RNA-Polymeraseaktivität unterdrückt.

Auch für *Bacillus subtilis* und *Pseudomonaden* sind T7-RNA-Polymerase-abhängige Genexpressionssysteme entwickelt worden.

3.2.5
Liganden zur Verbesserung der Löslichkeit und zur affinitätschromatographischen Reinigung rekombinanter Proteine

In den letzten Jahren wurde die Produktion und Reinigung von rekombinanten Proteinen zur **Basis biomedizinischer Forschung und Anwendung**. Einen zentralen Beitrag zu dieser Entwicklung leisteten Peptide und Proteinepitope, die eine hoch spezifische Ligandenbindungseigenschaft vermitteln. Diese können gentechnisch an Zielproteine N- oder C-terminal fusioniert werden. Das produzierte Fusionsprotein kann dann mittels der Bindungseigenschaft des Bindungsepitops (*Tag*) über **Affinitätschromatographie** oft in einem einzigen Schritt gereinigt werden (Abb. 3.3).

Dafür wird das Gen des Zielproteins in einem Expressionsplasmid mit der DNA des *Tag*s in einem Leseraster fusioniert. Ein Fusionsprotein aus Zielprotein und *Tag* wird in einem Wirt, wie *E. coli*, produziert. Der Gesamtzellextrakt dieses Wirtes wird über ein Chromatographiematerial gegeben, das hochselektiv nur das *Tag* des Fusionsproteins bindet und alle Wirtsproteine durch-

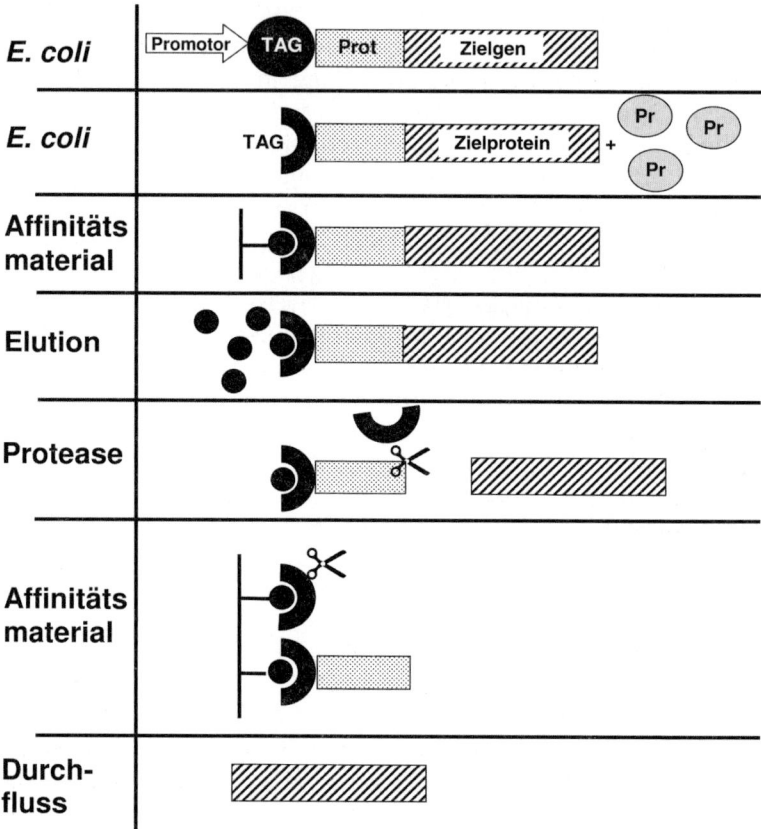

Abb. 3.3. Produktion, affinitätschromatographische Reinigung und Proteasebehandlung von rekombinanten Proteinen mit einem gentechnisch fusionierten *Tag*

fließen lässt. Das Zielprotein wird schließlich über Gabe eines kompetitiven Liganden für das *Tag* vom Chromatographiematerial eluiert. Alternativ zum Chromatographieschritt kann man auch Liganden für das jeweilige *Tag* auf superparamagnetischen Partikeln immobilisieren und über einen Magneten das an der magnetischen Matrix gebundene Fusionsprotein isolieren und anschließend eluieren. Gentechnisch eingeführte Aminosäureerkennungssequenzen für spezifische Proteasen erlauben abschließend die Entfernung des *Tags*. Viele Zielproteine sind aber schon als Fusionsprotein voll aktiv, so dass letzterer Schritt in Abhängigkeit von der jeweiligen Verwendung des Zielproteins optional ist. Weiterhin gibt es einige *Tags*, wie Thioredoxin, die gezielt die Löslichkeit heterologer Proteine im Wirt verbes-

sern. In Tabelle 3.2 sind die Eigenschaften einiger der gebräuchlichsten *Tags* zusammengefasst.

Die heute benutzten *Tags* besitzen einige gemeinsame Eigenschaften. Sie sind oft sehr klein und sollen so keinen Einfluss auf die Faltung und Aktivität des Zielproteins haben. Der gebundene Ligand kommt im Wirt gar nicht vor oder spielt eine untergeordnete Rolle, so dass eine hohe Spezifität bei der affinitätschromatographischen Reinigung erzielt werden kann.

Das Fusionsprotein aus Zielprotein und *Tag* wird in *E. coli* produziert. Ein zellfreier Extrakt wird über ein *Tag*-spezifisches Affinitätschromatographiematerial geleitet. Alle *Tag*-tragenden Proteine binden, während die Wirtsproteine das Material passieren. Das Fusionsprotein wird mit einem Konkurrenzmolekül eluiert.

Tabelle 3.2. Biophysikalische Eigenschaften und Anwendungsparameter von Proteinanhängen (*Tags*), die eine affinitätschromatographische Reinigung rekombinanter Proteine erlauben

Tag	Aminosäuresequenz	Reste	Größe (M$_r$)	Matrix	Elutionsmittel
Poly-His	HHHHHH	2–10	0,137/H	Ni^{2+} NTA	Imidazol
Poly-Arg	RRRRR	5–6	0,156/R	Kationen-austauscher	NaCl/KCl
FLAG	DYKDDDDK	8	1,01	Anti-FLAG-Antikörper	pH 3,0 oder EDTA
Strep-tag II	WSHPQFEK	8	1,06	Strep-Tactin	Desthiobiotin
SBP	MDEKTTGWRGGHVVEGLAGELEQLRARLEHHPQGQREP	38	4,03	Streptavidin	Biotin
CBP	KRRWKKNFIAVSAANRFKISSSGAL	26	2,96	Calmodulin	EGTA
CBD	TNPGVSAWQVNTAYTAGQLVTYNGKTYKCLQPHTSLAG-WEPSNVPALWQLQ	51	5,59	Chitin	Intein/DTT
GST	Protein	211	26,00	Glutathion	Glutathion
MBP	Protein	396	40,00	Amylose	Maltose
Thioredoxin	Protein	109	11,70	Phenylarsenoxid	DTT/ME

SBP = Streptavidin binding protein; CBD = Chitin binding domain; CBP = Calmodulin binding protein; GST = Glutathion-S-Transferase; MBP = Maltose-Bindeprotein; EGTA = Ethylenglykol-bis(2-aminoethyl) – N,N.N′,N′ Tetraessigsäure; EDTA = Ethylendiamintetraessigsäure; DTT = Dithiothreitol; ME = β-Mercaptoethanol

Das *Tag* soll eine sehr hohe Affinität zum Liganden haben, so dass das Fusionsprotein stabil an das Chromatographiematerial bindet. Trotzdem muss über effizient konkurrierende Liganden eine Elution von diesem möglich sein.

3.2.6
Aminosäuresequenzspezifische Proteasen zur Entfernung von Tags an Fusionsproteinen

Das *Tag* eines Zielproteins kann die Struktur, Aktivität und andere biophysikalische Eigenschaften des Fusionspartners verändern. Deshalb ist es oft wünschenswert, die *Tags* gezielt zu entfernen. Dazu bedient man sich aminosäuresequenzspezifischer Proteasen, indem man deren Schnittstelle zwischen *Tag* und Zielprotein gentechnisch einbaut. Nach affinitätschromatographischer Reinigung wird das Fusionsprotein mit der Protease inkubiert und das dabei entstehende freie *Tag* und Zielprotein über eine **zweite Affinitätschromatographie** getrennt. Dabei bleibt das *Tag* und **ungeschnittenes Fusionsprotein am Material hängen**, während das **gewünschte Zielprotein durchfließt**. Ist die Protease selbst auch ein Protein mit *Tag*, verbleibt sie bei diesem Schritt ebenfalls am Chromatographiematerial.

Die **Enterokinase** ist eine Serinproteinase, die bei der Verdauung in Tieren Trypsinogen durch proteolytische Spaltung zu Trypsin umwandelt. Das Holoenzym aus dem Rind ist ein Heterodimer bestehend aus einer Strukturuntereinheit (M$_r$ = 115 000) und einer katalytischen Untereinheit (M$_r$ = 35 000). Das Enzym erkennt die Aminosäure-Sequenz Asp-Asp-Asp-Asp-Lys und schneidet am C-terminalen Ende des Lysins. Die Enterokinase toleriert nahezu keine Abweichungen der Erkennungssequenz. Sie ist oftmals die Protease der Wahl bei N-terminalen Fusionen, da sie beim Schneiden **keine fremden Aminosäurereste** am Zielprotein zurücklässt.

Die Vitamin-K-abhängige Serinprotease Faktor Xa aktiviert im Rahmen der Blutgerinnung durch Proteolyse Prothrombin zu Thrombin. Faktor Xa hat eine M$_r$ von 43 000, bestehend aus zwei disulfidverbundenen Ketten mit einer ungefähren M$_r$ von 27 000 und 16 000. Faktor Xa schneidet das Aminosäure-Peptid Ile-Glu-Gly-Arg C-terminal zum Arginin. Bei der Aminosäure C-terminal zum Arginin darf es sich aber nicht um ein Arginin oder ein Prolin handeln. So kann ein Faktor Xa ein hilfreiches Werkzeug für die **vollständige Entfernung eines N-terminalen Tags** sein.

Die PreScission-Protease ist ein Fusionsprotein aus der Glutathion-S-Transferase (GST) und der humanen Rhinovirus (HRV) Typ 14 3C-Protease. Sie erkennt spezifisch die Aminosäuresequenz Leu-Phe-Gln-Gly-Pro und schneidet zwischen dem Gln und dem Gly. Die PreScission-Protease hat eine M_r von 46 000. Durch die Fusion mit GST kann sie nach erfolgter Proteolyse parallel zum abgeschnittenen GST-Tag des Zielproteins affinitätschromatographisch entfernt werden.

3.2.7
Protein-Splicing mit dem Inteinsystem

Eine Reihe prokaryotischer Proteine, wie DNA-Polymerase (DnaE) aus dem Cyanobakterium *Synechocystis* sp. PCC6803 oder Ribonukleotidreduktase aus dem Archaeon *Methanobacterium thermoautotrophicum*, aber auch eukaryotische Proteine, wie eine Untereinheit der vakuolären ATPase (VMA) aus *S. cerevisiae* werden als **Vorläuferproteine** mit zusätzlichen Aminosäuresequenzen in der Mitte des Polypeptidstranges synthetisiert. Anschließend werden diese zusätzlichen Proteinanteile **autokatalytisch** herausgeschnitten. Dabei werden zwei Peptidbindungen gebrochen und eine neue geknüpft. In Anlehnung an die Nomenklatur des RNA-Splicings bezeichnet man dabei herausgeschnittene Proteinanteile als **Inteine**, während verbliebene Anteile **Exteine** genannt werden. Durch die autokatalytische Natur des Protein-Splicing kann dieses auch im Reagenzglas, also *in vitro*, durch Zusatz von Thiolen oder eine Temperatur- und pH-Wertänderung durchgeführt werden. Für eine biotechnologische Anwendung des Protein-Splicing ist die Möglichkeit der Synthese eines, oft katalytisch inaktiven, Vorläuferproteins und dessen anschließende Überführung in das Zielprotein *in vitro* von besonderem Interesse. So können **toxische Effekte auf die Wirtszelle** vermieden und das Zielprotein trotzdem in gewünschten Mengen hergestellt werden. Das kommerziell angebotene IMPACT System der Firma New England Biolabs bietet die

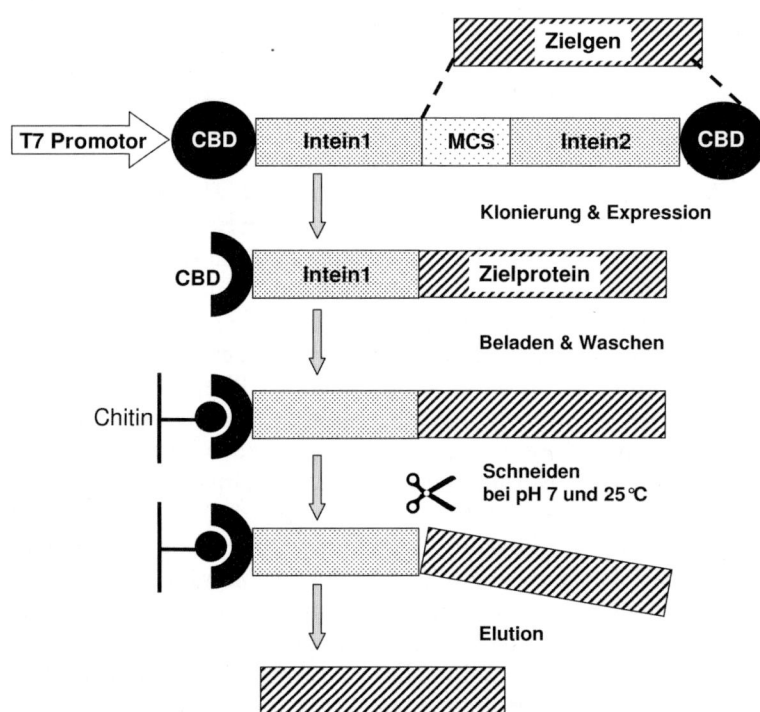

Abb. 3.4. Produktion eines Zielproteins als Inteinfusionsprotein, seine affinitätschromatographische Reinigung und die Entfernung des Inteins durch Protein-Splicing auf dem Säulenmaterial

Möglichkeit, selbstsplicende Inteine C- oder N-terminal sowie auf beiden Seiten des Zielproteins (TWIN) zu fusionieren. Die Transkription wird über einen T7-RNA-Polymerase-Promotor vermittelt und die affinitätschromatographische Reinigung über eine zusätzlich fusionierte **Chitin-Bindungsdomäne**, die mit dem Intein anschließend entfernt wird (Abb. 3.4).

3.3
Escherichia-coli-Stämme zur Proteinproduktion

Der genetische Hintergrund eines Wirtsstammes ist entscheidend über dessen Verwendung als **Klonierungs- oder Proteinproduktionswirt**. Wichtige Parameter betreffen dabei die Stabilität des eingebrachten Plasmids, der mRNA und des erzeugten Zielproteins.

3.3.1
Relevante genetische Nomenklatur

Bakterielle Gene werden in einer Dreibuchstabenschreibweise, klein und kursiv geschrieben (*recA*). Zugehöriges **Genprodukt**, also das Protein, wird nicht-kursiv mit dem ersten Buchstaben als Großbuchstaben dargestellt (RecA). Das benutzte Kürzel sagt oft etwas über die Genfunktion, bei *recA* über die Beteiligung an der Rekombination, aus. Bei der Angabe eines Genotyps für einen *E.-coli*-Stamm werden nur die defekten Gene gelistet, dort bedeutet *recA* also eine Defizienz in diesem Gen. Selten sieht man den hochgestellten Zusatz von „plus" oder „minus", also $recA^+$ oder $recA^-$. die direkt auf ein **intaktes oder zerstörtes Gen** hinweisen. Unterschiedliche Mutationen, die zum Ausfall des Gens führen, erhalten oft unterschiedliche Allelnummern (*hsdR17*). **Mutationen** mit distinktem Phänotyp, aber ohne klare chromosomale Lokalisation erhalten einen Bindestrich zwischen Gennamen und Nummer. So bedeutet *met-2* eine Methioninauxotrophie, deren genetische Ursache unklar ist. **Temperatursensitive** Mutationen tragen den Zusatz *ts*. Eine Mutation, die zur konstitutiven Expression eines Genes führt,

wird mit einem hochgestellten q markiert; so bedeutet *lacI*^q, dass das Lac-Repressorgen permanent exprimiert wird. **Chromosomale Deletionen** sind durch ein Δ vor dem Gen gekennzeichnet, das ganz oder teilweise deletiert ist. Sind ganze chromosomale Bereiche deletiert, wird der entsprechende Bereich in Klammern dem Δ nachgestellt. So bedeutet Δ(*araABC-leu*) eine Deletion aller DNA zwischen dem *araABC*-Operon und dem *leu*-Locus. Insertionen von Transposons, von Antibiotikaresistenz vermittelnden Genen oder von anderen DNAs in Gene werden durch :: gekennzeichnet. So bedeutet *trpC22*::Tn*10* (Tet^r), dass ein Tn*10*-Transposon in das *trpC* integriert wurde und eine Tetracyclinresistenz durch das Transposon vermittelt wird. Dies erlaubt eine Selektion auf den Stamm, der dieses Transposon trägt. Die Integrationsposition eines Transposons auf dem *E.-coli*-Chromosom kann auch durch einen Dreibuchstabencode angegeben sein. Dabei ist der erste Buchstabe immer ein kleines „z", der zweite Buchstabe gibt die Minuten der chromosomalen Karte in 10-Minuten-Abständen und der dritte in 1-Minuten-Abständen an. So bedeutet *zhg*::Tn*10* eine Tn*10*-Integration bei 87 Minuten. Das φ-Symbol zeigt Genfusionen an. So bedeutet φ(*ompC'-lacZ*^+), dass *ompC* mit *lacZ* fusioniert wurde. Das „'" nach *ompC* bedeutet, dass das *ompC*-Gen eine Deletion im 3'-Bereich trägt, das gleiche Symbol vor dem Gen bedeutet entsprechend eine Deletion im 5'-Bereich. Das „+" sagt, dass das gesamte *lac*-Operon fusioniert wurde.

3.3.2
Rekombination und stringente Kontrolle

Nach der Transformation eines Plasmids kann das *E.-coli*-Rekombinationssystem die DNA in unerwünschter Weise umbauen und so die Genexpressionseinheit zerstören. Besonders direkte und invertierte **DNA-Sequenzwiederholungen (repeats)** können dabei zu Duplikationen, Inversionen und Deletionen führen. *E. coli* enthält drei Hauptrekombinationssysteme (*recBCD*, *recE* und *recF*), die alle drei für die meisten Rekombinationsprozesse vom Produkt des *recA*-Gens abhängen. Somit garantiert eine *recA*-minus-Mutante einen rekombinationsdefizienten Phänotyp mit einer 10 000fachen Reduktion von Rekombinationsereignissen.

Bei **Nährstoffmangel** greift die stringente Kontrolle und regelt viele Energie und Metaboliten verbrauchende Reaktionen herunter, darunter auch die Proteinbildung am Ribosom. Das auslösende Signal, das Alarmon ppGpp, wird am Ribosom durch ppGpp-Synthase, kodiert durch *relA*, gebildet. Da dieser Prozess in der rekombinanten Proteinproduktion vermieden werden soll, besitzen viele Produktionsstämme eine *relA*-Mutation.

3.3.3
Restriktions-Modifikationssysteme

Die Effizienz des Spaltens von Plasmid-DNA präpariert aus einem *E.-coli*-Wirtsstamm mit Restriktionsendonukleasen hängt stark von dessen Restriktions-Modifikationssystem ab. Diese Systeme benutzen Bakterien, um **fremde DNA** zu erkennen und durch Restriktionsendonukleasen zu zerstören. Dabei wird die **eigene DNA** durch Methylierung geschützt. Viele der gebräuchlichen Laborstämme von *E. coli* sind deshalb defizient in einem oder mehreren Restriktions-Modifikationssystemen. *Escherichia-coli*-Stämme, die sich von *E. coli* K12 ableiten, haben normalerweise drei **sequenzspezifische DNA-Methylasen**. Dam (*DNA adenine methylase*) erkennt GATC und methyliert den Adeninrest, während Dcm (*DNA cytosine methylase*) den Cytosinrest von CC(A/T)GG methyliert. Allerdings können trotz DNA-Methylierung noch viele Restriktionsenzyme DNA aus diesen Stämmen schneiden. Man kann nicht alle diese Systeme ausschalten und gleichzeitig den Stamm rekombinationsdefizient halten. So ist ein *recA*-minus-, *dam*-minus-Genotyp letal. Komplexer ist die EcoK-Methylase aufgebaut. Kodiert durch den *hsdRMA*-Locus besteht sie aus der eigentlichen Methylase, einer Endonuklease, die nicht-modifizierte DNA spaltet, und einem Protein zur spezifischen DNA-Sequenzerkennung. Weiterhin sind methylierungsabhängige Restriktionssysteme, wie McrA, McrBC

und Mrr, die nur methylierte DNA erkennen und spalten, zu beachten. Dabei ist Dcm- und Dam-methylierte DNA gegen Abbau durch alle drei Systeme geschützt. Sicherheitshalber besitzen viele *E.-coli*-Laborstämme eine Deletion entsprechender Gene (Δ[*mcrCB-hsdSMR-mrr*]).

3.3.4
α-Komplementation

Bei vielen modernen Klonierungsvektoren ist eine **„Blau-weiß"-Selektion** auf einen Klonierungserfolg möglich. Dies beruht auf dem Prinzip der α-Komplementation. Zellen, die ein *lacZ*-Gen mit einer Deletion des 5′-Bereichs tragen ('*lacZ*), produzieren ein inaktives C-terminales ω-Fragment der β-Galaktosidase, ein 3′-deletiertes *lacZ'* kodiert ein inaktives N-terminales α-Fragment. Werden aber **beide Fragmente in einer Zelle** produziert, wird eine aktive β-Galaktosidase aus beiden Polypeptiden gebildet. Dieses Phänomen nennt man α-Komplementation. Verändert man nun einen Klonierungswirt so, dass er eine Mutation des chromosomalen *lacZ*-Gens trägt (Δ(*lacZ-proAB*) und das ω-Fragment auf seinem Chromosom kodiert (*lacZ*ΔM15), dann kann man durch ein plasmidkodiertes α-Fragment wieder β-Galaktosidase herstellen. Dabei wird oft das *lacZ'*-Gen mit einem konstitutiv exprimierten Lac-Repressor (*lacI*q) über den Prophagen ϕ80 (ϕ80d *lacZ*ΔM15) oder das F′-Plasmid (*lac*[F′*proAB-lacI*q Z ΔM15]) chromosomal integriert. Das Zielgen wird bei Plasmiden, die eine „Blau-weiß"-Selektion erlauben, in eine **Multiple Klonierungsstelle** eingebaut, die im Genfragment für das α-Fragment lokalisiert ist. Ist der Einbau nicht gelungen, so wird dieses nach IPTG-Induktion der Genexpression gebildet und eine intakte β-Galaktosidase ist präsent. Ihre Aktivität wird durch das im Nährmedium vorhandene chromogene Lactoseanalog 5-Bromo-4-chloro-3-indoxyl-β-D-galactopyranosid (X-Gal) sichtbar gemacht, die Bakterienkolonie färbt sich blau (Abb. 3.2). Durch erfolgreichen Einbau des Zielgens kann kein α-Fragment gebildet werden und keine α-Komplementation erfolgen, die Kolonie bleibt weiß.

3.3.5
Protease- und Nuklease-defiziente Stämme

E. coli besitzt, wie die meisten Bakterien, eine Vielzahl von Proteasen, die im Cytoplasma, in der inneren und äußeren Membran und im Periplasma lokalisiert sind. Viele davon nehmen hochspezifische **Funktionen im Stoffwechsel** wahr. So schneidet die Methioninaminopeptidase AmpM den N-terminalen Methioninrest von reifen Proteinen ab. Andere Proteasen sind wichtig für die posttranslationale Ausbildung komplexer Enzyme, wie den Hydrogenasen. Signalpeptidasen in der inneren Membran entfernen Leitpeptide, die Proteine zuvor zur Proteinexportmaschinerie geleitet haben. Aber es gibt auch eine Reihe von Proteasen, die den Proteinstoffwechselkreislauf einer Zelle schließen und verbrauchte und defekte Proteine abbauen. Entdeckt wurden einige über ihre vermehrte Bildung im Rahmen eines Hitzeschocks, da dort vermehrt missgefaltete Proteine auftreten. Diese Proteasen sind unverzichtbar für den Stoffwechsel jeder gesunden Zelle.

Aus biotechnologischer Sicht sind Proteasen problematisch, wenn sie die Stabilität eines rekombinanten Zielproteins gefährden und durch Abbau dessen Ausbeute verringern. Durch die essentielle Funktion dieser Enzyme für den zellulären Stoffwechsel kann man nicht alle verantwortlichen Proteasen durch Mutation inaktivieren. Aber das **Ausschalten einzelner Proteasen** erhöht die Proteinstabilität und Ausbeute. Deshalb tragen viele Proteinproduktionsstämme entsprechende Mutationen.

Die ATP-abhängige **Serinprotease Lon** hat ein breites Substratspektrum und ist verantwortlich für den Abbau einer Vielzahl zellulärer Proteine und damit auch rekombinanter Proteine. Die Inaktivierung des zugehörigen *lon*-Gens führt in einigen untersuchten Fällen entsprechend zu deutlich erhöhter Proteinstabilität. Alternativ führt auch eine Mutation im *rpoH*-Gen für den hitzeschockspezifischen Sigmafaktor zu einem Lon-defizienten Phänotyp. Ähnliche Befunde zur rekombinanten Proteinstabilität wurden mit der ClpP-Protease des Hitzeschocksystems gemacht.

Die **Serinprotease OmpT** (*outer membrane protein T*) ist in der äußeren Membran lokalisiert. Sie wirkt auf rekombinante Proteine beim Zellaufschluss, wo die Zellintegrität zerstört wird und intrazellulär produzierte Proteine dieser Protease zugänglich werden. Entsprechend tragen viele Proteinproduktionsstämme eine *ompT*-Mutation.

Schnelle mRNA-Degradation ist ein Problem in Stämmen, in denen Transkription und Translation nicht direkt gekoppelt sind, wie in T7-RNA-Polymerase-basierenden Systemen. Eine *rne*-Mutation, die *RNaseE* ausschaltet, führt zu deutlich erhöhter mRNA-Stabilität. Zur Stabilisierung von Plasmiden während Klonierungs- und Proteinproduktionsprozessen werden Stämme mit Mutationen im *endA*-Gen, für eine periplasmatische Endonuklease, genutzt.

3.3.6
tRNA-ergänzte Produktionsstämme

Der genetische Code ist **degeneriert**. Das heißt, dass es für verschiedene Aminosäuren bis zu sechs verschiedene Codons und entsprechend verschiedene tRNAs mit unterschiedlichen Anticodons gibt. Die Häufigkeit, wie diese unterschiedlichen Codons für eine Aminosäure benutzt werden, variiert stark zwischen verschiedenen Organismen. So nutzen **GC-reiche Spezies** präferentiell die Codons einer Aminosäure, die G und C enthalten. In *E. coli* wird ein Teil der Codons für Arginin, Isoleucin, Glycin und Prolin selten genutzt. Bei häufigem Vorkommen dieser Codons in heterologen Genen, die in *E. coli* exprimiert werden, kann es zu Engpässen bei den zugehörigen verfügbaren tRNAs und darüber zum Translationsstopp kommen. Lösung bietet die Coexpression der Gene dieser seltenen tRNAs. So gibt es kommerziell erhältliche *E. coli*-Stämme (Tabelle 3.3), die von einem zweiten kompatiblem Plasmid aus die Gene für rare tRNAs exprimieren. Die Firma Stratagene bietet dazu BL21 CodonPlus-RIL (*argU ileY leuW*) und BL21 CodonPlus-RP (*argU proL*) an, wobei die tRNA-Gene von einem zweiten pACYC-basierenden Plasmid (p15A-Replikationsursprung) exprimiert werden. Der Rosetta-

Tabelle 3.3. Gebräuchliche *E. coli*-Stämme zur Klonierung und Proteinproduktion

Stamm	Genotyp	Anwendung
JM109	F⁻ *traD36 proA*⁺*B*⁺ *lacI*ᑫ Δ(*lacZ*)M15/Δ(*lac-gyrA96*) *recA1 relA1 endA1 thi hsdR17*	*proAB glnV44* e14- Klonierungswirt
HB101	F⁻ *mcrB mrr hsdS20*(r⁻$_B$m⁻$_B$) *recA13 leu ara–*galK2 *xyl-5 mtl-1 rpsL20*(sm^r) *supE44λ*⁻	14 *proA2 lacY1-* Klonierungsvektor
BL21Gold (DE3)	F⁻ *ompT hsdS*(rB⁻ mB⁻) dcm⁺ Tet^r *gal* (DE3)	*endA* Hte⁻ T7-Proteinproduktionswirt
DH5α	⁻φ80d*lacZ*ΔM15 Δ(*lacZYA-argF*)U169 *deoR,* (r⁻$_k$m⁺$_k$) *phoA supE44* λ⁻ *thi-1 gyrA96 relA1*	*recA1 endA1 hsdR17* Klonierungswirt
ABLE	*hsdS lac mcrA mcrBC mcrF mrr* (Kan^r) F[*lacI*ᑫ *lacZ*DM15 *proAB*⁺ Tn*10*(Tet^r)]	Reduziert Plasmid- Kopienzahl

Stamm der Firma Novagen trägt *ileX, leuW, proL, metT, thrT, tyrU* und *thrU*.

3.4
Alternative bakterielle Systeme: Proteinproduktion und Proteinexport in *Bacillus megaterium* und anderen *Bacilli*

Eine Reihe von Zielproteinen entzieht sich einer rekombinanten Produktion in *E. coli* durch ihre **toxischen Eigenschaften**. Gleichzeitig ist für die meisten Proteine nur eine effiziente cytoplasmatische Produktion in *E. coli* möglich, da diese Proteine zwei Membranen auf ihrem Weg ins Cytoplasma zu überwinden haben. Eine **Proteinproduktion ohne Zellaufschluss** vereinfacht und verbilligt aber eine kommerzielle Verfahrensführung. Zur Suche neuer Enzymaktivitäten aus Enzymbibliotheken ist ein Export und direkter Nachweis im Wachstumsmedium ebenfalls erstrebenswert.

Deshalb wird seit einigen Jahren nach alternativen Produktionssystemen zu *E. coli* gesucht, die einen Export des Zielproteins ins Wachstumsmedium erlauben. Natürlicherweise bilden Grampositive Bakterien eine Vielzahl von Exoenzymen, um sich makromolekulare Nährstoffe in ihrem Habitat zu erschließen. Diese Fähigkeit wird seit langem biotechnologisch verwertet, so zur Herstellung von Zucker abbauenden Enzymen (Amylasen, Cellulasen), Fett spaltenden Enzymen (Lipasen) oder diversen Proteinasen. Diese Enzyme finden eine breite Anwendung im Lebensmittel- und Kosmetikbereich, in der bioorganischen Chemie oder einfach in Waschmitteln.

Insgesamt werden circa 60% der industriellen Enzyme, in einem Gesamtwert von über einer Milliarde Euro, durch *Bacillus*-Arten hergestellt. Dabei werden Ausbeuten von bis zu 10–20 Gramm pro Liter erreicht. Genutzte nicht-pathogene *Bacilli*, wie *Bacillus subtilis, Bacillus licheniformis, Bacillus amyloliquefaciens, Bacillus brevis* und *Bacillus megaterium* haben meist den GRAS (*generally regarded as safe*)-Status zur Verwendung in der Lebensmittelindustrie und in der Biomedizin. Auch für die **rekombinante Produktion von Proteinen** wurden sie eingesetzt. So wurden diverse humane Wachstumshormone und Interleukine sowie pilzliche Enzyme in *B. brevis, B. licheniformis* und *B. subtilis* produziert. Die rekombinante Proteinproduktion in *B. subtilis* und *B. licheniformis* wird aber maßgeblich erschwert durch die Instabilität frei replizierbarer Plasmide in diesen Organismen.

Eine Alternative dazu bietet *B. megaterium*. Stabile frei replizierbare Plasmide zur intra- und extrazellulären Produktion von heterologen Zielproteinen sind in Verbindung mit verschiedenen Wirtszellen kommerziell über die Firma MoBiTec verfügbar. Dabei kann auf Vektoren, die eine Fusion des Zielproteins mit den üblichen *Tags*, wie His-, Strep- oder GST-*Tags*, zurückgegriffen werden. Die Transkription der Zielgene erfolgt über

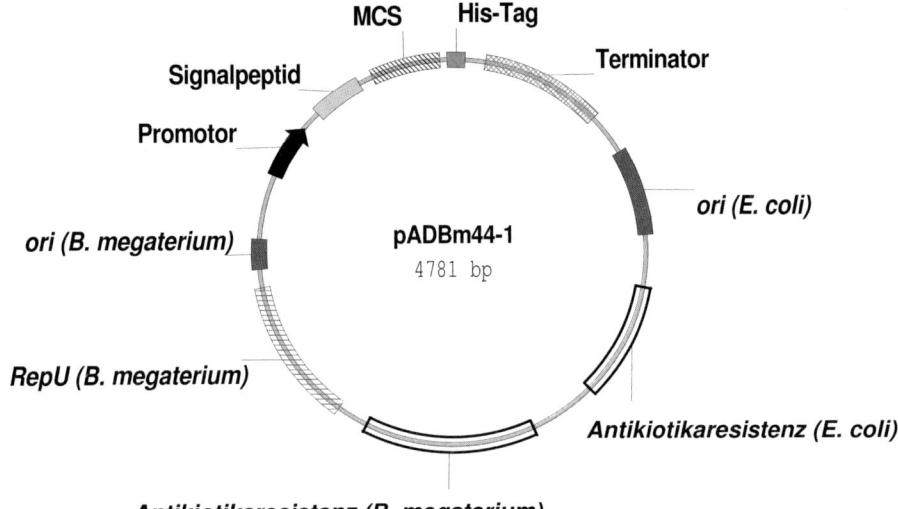

Abb. 3.5. Der *B. megaterium-E. coli* Shuttle-Vektor pADB44-1 zur rekombinanten Produktion und zum Export von Zielproteinen als His-Tag-Fusionsproteine in *B. megaterium*. Das Plasmid enthält das Gen für den Xyloserepressor (*XylR*) aus *B. megaterium*, das Tetracyclinresistenzgen (*Tet*), das eine Selektion in *B. megaterium* ermöglicht, und ein Ampicillinresistenzgen (*Amp*) für die Selektion in *E. coli*, weiterhin einen Replikationsursprung (*oriU*) und ein zugehöriges Gen (*repU*) für eine Replikation in *B. megaterium* sowie einen Replikationsursprung für *E. coli* (ColE1). DNA für einen Promotor, für ein Exportsignal, für eine multiple Klonierungsstelle (MCS) und für einen Terminator sind ebenfalls auf dem Vektor zu finden

den Repressor-kontrollierten Promotor des *xyl*-Operons zur Xyloseverwertung, der durch Xylosegabe eine zweihundertfache Induktion erfährt. Auch hier wurden analog zum *lac*-Promotor Katabolitregulation vermittelnde Promotorelemente eliminiert und die kodierte Ribosomenbindestelle optimiert. Der Export aus der Zelle ins Wachstumsmedium wird über auf den Plasmiden kodierten Leitsequenzen stark ausgeschleuster *B. megaterium*-Exoenzyme vermittelt. *B. megaterium* besitzt natürlicherweise wenige Proteasen, und die Mutation weiterer Proteasegene sorgt für verbesserte extra- und intrazelluläre Proteinstabilität. Allerdings bleibt die Konstruktion der Vektoren unter Verwendung von *E. coli* als Klonierungswirt nicht erspart. Deshalb tragen die verwendeten Shuttle-Vektoren jeweils einen Replikationsursprung und ein Antibiotikaresistenz vermittelndes Gen für *E. coli* und *B. megaterium* (Abb. 3.5).

3.5
Proteinproduktion in Hefen und filamentösen Pilzen

Einige eukaryotische und auch prokaryotische Proteine können nicht effizient in *E. coli* oder alternativen bakteriellen Proteinproduktionssystemen produziert werden. Dafür können eine Vielzahl von Ursachen wie Toxizität für *E. coli* oder Proteinfaltungs- und Modifikationsprobleme wie fehlende Glycosylierung, Disulfidbrückenbildung oder proteolytisches Prozessieren ausgemacht werden. Alternativen bieten eukaryotische Proteinproduktionssysteme, von denen hier einige basierend auf pilzlichen Mikroorganismen kurz beschrieben werden sollen.

3.5.1
Proteinproduktion mit *Saccharomyces cerevisiae*

Die Bäckerhefe *S. cerevisiae* ist der am besten untersuchte eukaryotische Mikroorganismus. Sie kombiniert die Vorteile eines Mikroorganismus,

wie schnelle Wachstumsrate und hohe Zellausbeu-
te, mit den Eigenschaften eines typischen Eukaryoten. Für diese Hefe wurden auf Plasmiden
basierende Proteinproduktionssysteme entwickelt
(s. Kap. 6). Benutzte Plasmide beruhen meist auf
dem 2 µm-Replikon und werden frei im Kern
der Hefen in Kopienzahlen von 10 bis 40 pro Zelle
repliziert. Da eine **Antibiotikaselektion** in Hefen
meist nicht funktioniert, werden die Plasmide
über die Komplementation von Aminosäure-
und Nukleotidauxotrophien in den Organismen
stabilisiert. Dazu wird Hefen mit Mutanten in
chromosomalen Genen der Uracil- (*URA3*), Leu-
cin- (*LEU2*), Lysin- (*LYS2*), Histidin- (*HIS3, HIS4*)
und Tryptophanbiosynthese (*TRP1*) durch ein intaktes Gegenstück auf dem Plasmid zum **Wachstum auf Minimalmedium** ohne den sonst essentiellen Zusatz der jeweiligen Substanz verholfen.
Alternativ kann auf eine Resistenz gegen Hygro-
mycinB (*Hgm*) und Tunicamycin (*TUN*) selektioniert werden. Ein Trick, die Kopienzahl des 2 µm-
Replikons auf 100 bis 200 zu erhöhen, ist dabei die
Komplementation einer *LEU2*-Mutation mit dem
schlecht komplementierenden *leu2-d*-Allel.

Die typischen genutzten RNA-Polymerase-II-
Promotoren sind induzierbar durch den Zusatz
von **Stoffwechselzwischenprodukten**. Typische
Promotoren sind die der *GAL1*- oder *GAL10*-Ge-
ne, die Enzyme des Galaktosestoffwechsels kodieren. Galaktose wird analog der Lactose in *E. coli*
in den Zellen in die eigentlich induzierende Substanz umgewandelt, die mit dem Regulator GAL4
wechselwirkt. Dieser aktiviert die Transkription.
In Abwesenheit von Galaktose kann ein zweiter
Regulator GAL80 an GAL4 binden und diesen inaktivieren. In Anwesenheit von Glucose werden
die Promotoren zusätzlich reprimiert.

Einen sehr dichten, dabei aber nach Induktion
sehr starken Promotor besitzt das *S.-cerevisiae-
PHO5*-Gen für eine Phosphatase, die gebildet
und sekretiert wird, wenn der extrazelluläre Spiegel an anorganischem Phosphat sehr niedrig ist.
Auch hier wird die Transkription über eine Reihe
von Aktivatoren (PHO4, PHO2) und Repressoren
(PHO80, PHO85) reguliert. Eine **temperatursensitive Variante** des PHO4-Aktivators erlaubt auch

eine Temperatur-gesteuerte Induktion der Transkription.

Die Promotoren der Gene für die Alkohol-Dehydrogenase I (*ADH1*) sowie die der 3-Phospho-
glyceratkinase (*PGK*) entfalten ihre volle Aktivität
nur in der Anwesenheit von Glucose. Allerdings
zeigen beide Promotoren schon eine starke basale
Aktivität in der Abwesenheit von Glucose und
werden daher manchmal als „konstitutive Promotoren" bezeichnet. Ein weiterer starker Promotor, der zur rekombinanten Proteinproduktion
benutzt werden kann, kommt vom Gen der Glyce-
raldehyd-3-phosphat-Dehydrogenase (*GAP491*).
Natürlich sind alle Plasmide aus Hefe Shuttle-Vektoren, da für alle Klonierungsschritte *E. coli* als
Wirt dient. Deshalb enthalten sie alle für eine
Replikation in *E. coli* nötigen Elemente. Analog
zu *E. coli* gibt es auch Protease- und Nuklease-de-
fiziente Hefestämme.

3.5.2
Pichia pastoris als eukaryotischer Proteinproduktionswirt

Pichia ist eine Gattung methylotropher Hefen, die
zu **sehr hohen Zelldichten** fermentiert werden
können. Momentan werden zwei *Pichia*-Stämme
für die Proteinproduktion benutzt, *Pichia pastoris*
und *Pichia methanolica*. Die extrem **hohe Produktion** von Methanol verwertenden Enzymen
beim Wachstum auf Methanol wird dabei genutzt. So macht die Alkohol-Oxidase (AOX) bei
Methanol verwertenden Bedingungen bis zu
30% der löslichen zellulären Proteine aus. In Abwesenheit ist das Enzym und seine mRNA fast
nicht mehr zu detektieren. Deshalb wird der Me-
thanol-induzierbare *AOX1*-Promotor für die Ziel-
genexpression benutzt. Alternativ gibt es auch die
Möglichkeit, den starken konstitutiven Glyceral-
dehyd-3-phosphat-Dehydrogenase-Gen (*GAP*)-
Promotor zu nutzen. Eine Selektion auf die Plasmide wird durch Komplementation einer Histidi-
nauxotrophie, verursacht durch eine *HIS4*-Mutati-
on, ermöglicht. Inzwischen enthalten aber auch
viele Plasmide ein Gen (*sh ble* oder *Zeo*), das Resistenz gegen Zeocin vermittelt. Letzterer Marker

ist sowohl in *P. pastoris* als auch *E. coli* selektierbar, was die Plasmidgröße verringert. Stabile Produktionsstämme werden durch chromosomale Integration der Expressionsplasmide erreicht. Auch hier sind die Plasmide für Klonierungszwecke **Shuttle-Vektoren** mit *E.-coli*-Replikationsursprüngen und Selektionsmarkern.

3.5.3
Der filamentöse Pilz *Aspergillus niger* als Proteinproduktionswirt

Die Produktion von rekombinanten Proteinen im Gramm-pro-Liter-Maßstab wird für den filamentöen Pilz *Aspergillus niger* berichtet. Dabei kann auch hier auf starke induzierbare Promotoren zurückgegriffen werden. Allerdings gibt es keine brauchbaren frei replizierbaren Plasmide. **Hohe Produktivität** wird durch vielfache, bis zu hundertfache chromosomale Integration der Expressionseinheit erreicht. Protease-defiziente Stämme sind bekannt.

Literatur

Fernandez JM, Hoeffler JP (1999) Gene expression systems. Academic Press, San Diego

Goeddel DV (1990) Gene expression technology. Methods in Enzymology 185. Academic Press, San Diego

Guthrie C, Fink GR (1991) Guide to yeast genetics and molecular biology. Methods in Enzymology 194. Academic Press, San Diego

Nilsson J, Stahl S, Lundeberg J, Uhlen M, Nygren PA (1997) Affinity fusion strategies for detection, purification and immobilization of recombinant proteins. Protein Expression and Purification 11:1–16

Talbot N (2001) Molecular and cellular biology of filamentous fungi. Oxford Univ Press, Oxford

Terpe K (2003) Overview of tag protein fusion: from molecular biology and biochemical fundamentals to commercial systems. Appl Microbial Biotechnol 60:523–533

Vaillancourt PE (2003) *E. coli* gene expression protocols. Methods in Molecular Biology 203. Humana Press, Totowa/NJ

4 Mikrobielle Genome

H.-P. KLENK

Zum Genom eines Mikroorganismus zählt man das gesamte genetische Material (DNA) seiner **Chromosomen** und im weiteren Sinne auch die **extrachromosomalen Elemente** (Plasmide). Bei den prokaryotischen Bakterien und Archaea ist dies normalerweise ein einzelnes zirkuläres Chromosom, während die Genome der eukaryotischen Hefen/Pilze aus mehreren linearen Chromosomen bestehen. Die intensive Erforschung kompletter Genome ist eine relativ junge Disziplin, die sich seit der Veröffentlichung der ersten vollständigen Genomsequenz, *Haemophilus influenzae* (Fleischmann et al. 1995), vor knapp 10 Jahren rapide entwickelt hat. Mittlerweile sind bereits über 250 vollständige Genomsequenzen mit ca. 750 000 Genen in öffentlichen Datenbanken bekannt, während an der Charakterisierung von mehreren hundert weiteren Genomen gearbeitet wird. Der für die Biologie geradezu epochale Übergang von der Bearbeitung einzelner Gene zur Möglichkeit, vollständige Genome zu studieren, wurde begünstigt durch zeitgleiche technologische Innovationen in der Sequenziertechnik, der Bioinformatik und dem Aufkommen des Internets. In den drei Abschnitten dieses Kapitels werden zunächst die zur Analyse der Genome eingesetzten Techniken beschrieben (4.1), dann die wichtigsten Bestandteile der (bakteriellen) Genome vorgestellt (4.2), bevor abschließend die Besonderheiten der Genome der Archaea und der Hefen/Pilze beschrieben werden.

4.1
Analyse mikrobieller Genome

Die Analyse mikrobieller Genome erfolgt in vier aufeinander aufbauenden Schritten:

1. Im ersten Schritt wird die **DNA-Sequenz** des Genoms ermittelt (s. Kap. 4.1.1) Die hierfür notwendigen Arbeitsschritte finden zunächst hauptsächlich im Nasslabor statt, mit zunehmender Interaktion mit dem Computerlabor.
2. Nach der Fertigstellung der Genomsequenz erfolgt in einem zweiten, rein bioinformatischen Arbeitsschritt die **Identifizierung der offenen Leserahmen** (ORFs) für die Protein-codieren-

den Gene und das Aufspüren der Gene für die stabilen RNAs (s. Kap. 4.1.2). Aufgrund der unterschiedlichen Genmodelle unterscheiden sich die bioinformatischen Werkzeuge für prokaryotische und eukaryotische Mikroorganismen in diesem Arbeitsschritt. Aus den DNA-Sequenzen der identifizierten Gene lassen sich die Aminosäuresequenzen der Proteine und die Sequenzen der stabilen RNAs ableiten.
3. Hypothesen über die mögliche Funktion dieser Moleküle werden im Rahmen der **Annotation** durch Vergleich mit den in öffentlich zugänglichen Datenbanken deponierten homologen Sequenzen aus bereits analysierten Organismen aufgestellt (s. Kap. 4.1.3).
4. Im abschließenden Schritt werden ähnliche Gene zu Familien gruppiert und funktionell zusammengehörende Gene in **Rollenkategorien und Stoffwechselwege** eingeordnet (s. Kap. 4.1.4). Erst in diesem letzten Schritt erfolgt der wesentliche Erkenntnisgewinn über die Biologie eines Organismus aus dessen Genomsequenz.

4.1.1
Genomsequenzierung

Die ersten Projekte zur Entzifferung mikrobieller Genomsequenzen begannen mit der Erstellung von Karten, in denen die relative Anordnung von großen Restriktionsfragmenten und bekannten Genen entlang eines Genoms festgestellt wurde. Die Klonierung und sukzessive Sequenzierung der großen Restriktionsfragmente erwies sich jedoch als überaus mühsam, langsam und in vielen Fällen wegen Klonierungsproblemen als unmöglich. Der technologische Durchbruch zu einem einfachen, in der Laborroutine praktikablen Vorgehen bestand in der Anwendung der Zufallssequenzierungs-Strategie (*whole-genome shotgun*) auf komplette Genome (Fleischmann et al. 1995). In Abb. 4.1 bis 4.3 sind die drei Phasen dieser Strategie dargestellt:

1. **Generierung von Bibliotheken** sequenzierbarer DNA-Matrizen mit klonierten DNA-Fragmenten;

2. **Produktion von DNA-Sequenzen** an diesen DNA-Matrizen;
3. **Assemblierung** (Zusammensetzen) der einzelnen DNA-Sequenzen zu einem durchgehenden Contig und **Editieren** (engl. *editing*) der Sequenzdaten.

In der ersten Phase werden Bibliotheken mit kurzen (1,5–2,5 kb; bp = Basenpaar; 1 kb = 1000 bp) in **Plasmid-Vektoren** klonierten DNA-Fragmenten erstellt (Abb. 4.1), sowie Bibliotheken mit langen (15–200 kb) in **Cosmid- bzw. BAC-Vektoren** klonierten DNA-Fragmenten. Die aus den Zellen der Mikroorganismen isolierte hochmolekulare chromosomale DNA wird mechanisch (z. B. per Durchleiten von Gas durch die gelöste DNA) in kurze Fragmente zerbrochen, durch Reinigung über Agarosegele auf die gewünschte Fragmentgröße selektioniert und danach in Plasmid-Vektoren kloniert. Das mechanische Aufbrechen der chromosomalen DNA an zufälligen Bruchstellen (daher die Bezeichnung Zufalls- oder *shotgun* (Schrotschuss)-Sequenzierung) ist essentiell für eine gleichmäßige Verteilung der DNA-Fragmente über das ganze Genom. Bei chemischer bzw. enzymatischer Fragmentierung wären die Positionen der Bruchstellen sequenzabhängig, wodurch Teile des Genoms möglicherweise nicht kloniert würden. Die klonierten DNA-Fragmente sollten nicht zu lang sein und vorwiegend nur Genfragmente enthalten, nicht ganze Gene, da diese zu für *E. coli* toxischen Produkten exprimiert werden könnten, was zum Ausfall von Fragmenten durch vorzeitiges Absterben der entsprechenden Klone führen würde. In der zweiten Phase werden die Enden der klonierten DNA-Fragmente aller Banken sequenziert (Abb. 4.2). Hierzu werden kurze, spezifische Oligonukleotide (*primer*) an den Klonierungsstellen benachbarten spezifischen Bindestellen auf den DNA-Matrizen (Plasmiden) hybridisiert und zum Starten der **Sequenzierungsreaktionen** verwendet. Für jedes DNA-Fragment werden zwei Sequenzreaktionen (F und R) durchgeführt, deren Zusammengehörigkeit durch den gemeinsamen Klonnamen eindeutig festgelegt wird, was für

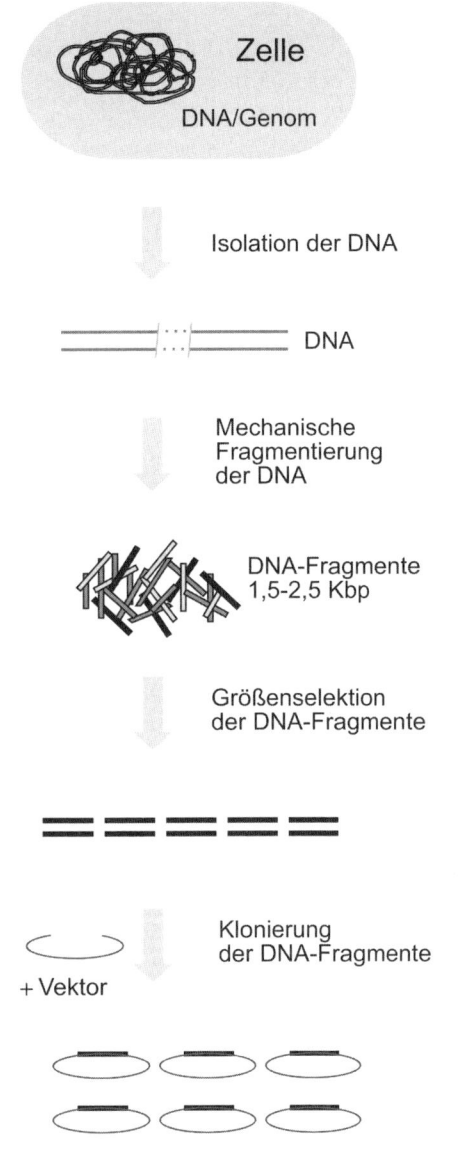

Abb. 4.1. Konstruktion der Plasmid-Bibliotheken. Der Weg von der in wenigen Kopien in der Zelle vorliegenden hochmolekularen chromosomalen DNA zu beliebig vermehrbaren, klonierten kurzen DNA-Fragmenten

die spätere Zusammensetzung der Sequenzfragmente sehr wichtig ist. Etwa 90% der Sequenzierungen werden an den Plasmid-Matrizen mit den kurzen klonierten DNA-Fragmenten durch-

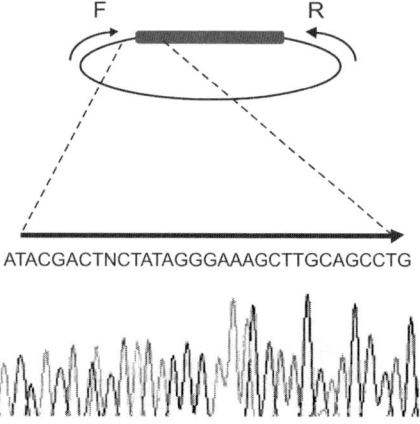

ATACGACTNCTATAGGGAAAGCTTGCAGCCTG

Chromatogramm

Abb. 4.2. Generierung von DNA-Sequenzen. F und R kennzeichnen die spezifischen Primer der *forward-* (F) bzw. *reverse-*(R)-Reaktion. Die vier Basen der DNA-Sequenzen (A, C, G, und T) werden in Chromatogrammen normalerweise in überlagerten gelben, blauen, grünen und roten Kurven dargestellt

geführt. Bei durchschnittlich 700 bis 800 bp Sequenzlänge wird mit zwei Sequenzreaktionen (F und R) der größte Teil der im Vektor inserierten DNA-Fragmente erfasst. Etwa 10% der Sequenzierungen erfolgt an den DNA-Matrizen mit den langen inserierten Fragmenten. Diese Sequenzen dienen später beim Zusammenbau des Genoms als Klammern, die über lange, repetitive Sequenzbereiche hinwegreichen. Der innere Bereich der langen DNA-Inserts in Cosmid- bzw. BAC-Klonen wird normalerweise nicht sequenziert. Insgesamt werden ca. 13 000 einzelne Sequenzreaktionen pro Megabase (Mbp) Genomlänge produziert.

In der dritten Phase, der **(Ver-)Schlussphase**, werden die einzelnen, DNA-Sequenzen anhand ihrer Sequenzübereinstimmungen zu längeren, artifiziellen Sequenzen (Contigs) zusammengesetzt (Abb. 4.3 a). Für die Assemblierung der Einzelsequenzen werden, abhängig von der Genomgröße, mehrere (zehn-)tausend Sequenzen miteinander verglichen. Während bei den ersten Genomsequenz-Assemblierungen hierfür noch Großrechner mit Tausenden paralleler Prozessoren tagelang im Einsatz waren, kann dieser Prozess mittlerweile aufgrund besserer Algorithmen (z.B. PHRAP,

Phragment **A**ssembly **P**rogram) und einer effizienteren Nutzung der Sequenzinformation (PHRED, Ewing et al. 1998, Ewing u. Green 1998) von einfachen Desktop-Rechnern innerhalb weniger Minuten durchgeführt werden. Dabei werden die Genome bei 8facher Sequenzabdeckung (d. h. jedes Basenpaar ist von durchschnittlich 8 Sequenzreaktionen erfasst) nicht in ein durchgehendes Contig assembliert, sondern in einen Satz von meist mehreren Dutzend **Contigs** unterschiedlicher Länge (Abb. 4.3 a). Ursächlich hierfür sind fehlende Sequenzen in einigen Genombereichen, fehlerhafte oder qualitativ schlechte Sequenzen an den Enden der Contigs, oder repetitive Sequenzen, die vom Assemblierungs-Programm nicht hinreichend aufgelöst werden konnten. Für das Schließen der Lücken (*gaps*) zwischen den Contigs gibt es mehrere Möglichkeiten (Abb. 4.3 b):

- Mit speziellen Sequenzier-Reaktionen können längere Sequenzen erzeugt werden (>1000 Nukleotide), die gegebenenfalls eine Lücke überbrücken.
- Mit sequenzspezifischen Primern können auf DNA-Matrizen (Plasmide, Cosmide, BACs), deren bekannte Enden (F, R-Sequenz) in benachbarten Contigs liegen, neue Sequenzen erzeugt werden (*primer walks*).
- Mit Vektoretten (Hagiwara u. Harris, 1996) kann auf nicht in den Plasmid-/Cosmid-/BAC-Banken enthaltenen DNA-Fragmenten aus den bekannten Contigs heraus in die Lücken hinein sequenziert werden.
- Durch kombinatorische PCR mit Primern, die aus den Enden der Contigs abgeleitet werden, können fehlende DNA-Matrizen erzeugt und dann sequenziert werden.
- Bei Vorliegen hinreichender Mengen chromosomaler DNA können kürzere Sequenzen direkt mit dem Chromosom als Matrize erzeugt werden. Meist ist eine Kombination aus mehreren dieser Techniken nötig, um alle Lücken in der Genomsequenz zu schließen (*closure phase*).

Bei der abschließenden **Editierung** (*editing*) der Genomsequenz wird die Qualität der Sequenz inspiziert, wobei ein Fehler pro 10 000 Basenpaaren

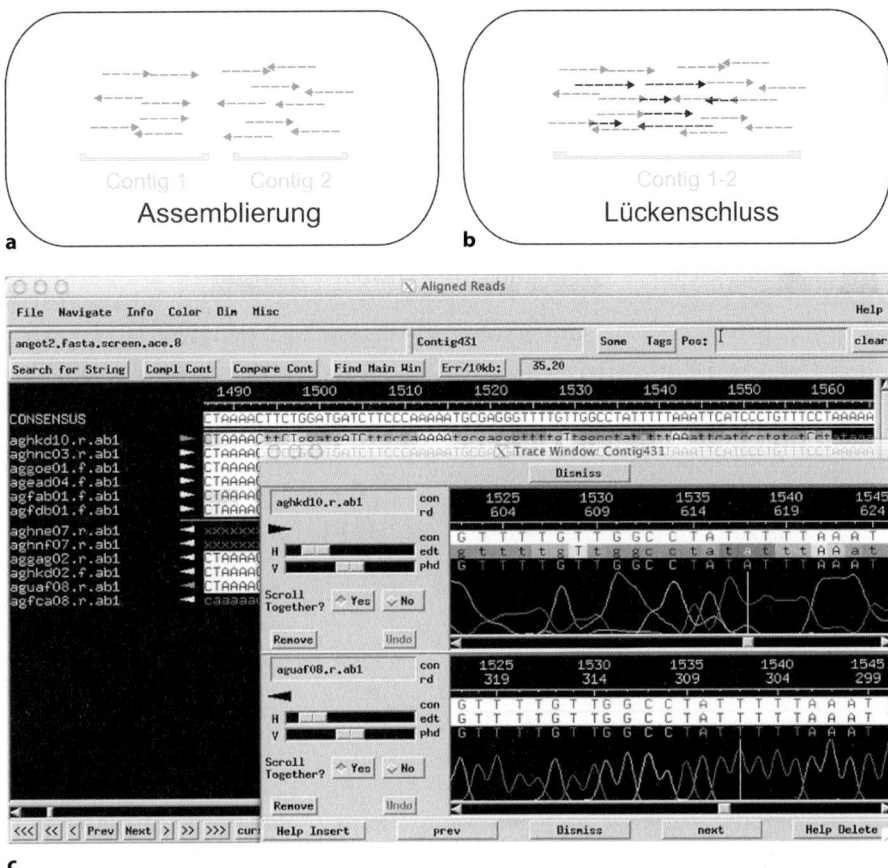

Abb. 4.3 a–c. (Ver-)Schluss- und Editierphase. **a** In zwei Contigs assemblierte Sequenzen; **b** Schließen der Lücke zwischen den beiden Contigs durch Hinzufügen weiterer Sequenzen. **c** Editieren der assemblierten Sequenzen mit CONSED

als akzeptabel gilt. Graphische Softwareprogramme wie CONSED (Gordon et al. 1998) ermöglichen nicht nur die Darstellung der assemblierten Einzelsequenzen im Zusammenhang mit dem Konsensus der Gesamtgenomsequenz (Abb. 4.3 c), sondern unterstützen auch die Planung der zur Sequenzverbesserung notwendigen Re-Sequenzierungen (AUTOFINISH, Gordon et al. 2001).

4.1.2
Identifizierung der Gene

Die bioinformatischen Verfahren zur Identifizierung der **Protein-codierenden Gene** (ORFs, *Open Reading Frames*) unterscheiden sich bei Prokaryoten und Eukaryoten, weil deren Genmodelle unterschiedlich sind. Bei der einfachsten Methode zur Suche nach ORFs im Genom eines Prokaryoten wird jede DNA-Sequenz, bei der zwischen einem Start-Codon und dem nächsten Stop-Codon eine Mindestzahl von (meist 100) Codon-Tripletts liegen, bei der weiteren Analyse berücksichtigt. Dabei werden alle drei der am Anfang eines ORFs immer für Methionin codierenden Start-Codons (ATG, GTG, und TTG) in Betracht gezogen, obwohl ATG meist wesentlich häufiger als GTG und TTG in realen Genen auftritt. Mit TAA, TAG und TGA gibt es ebenfalls drei Stop-Codons, an welchen die Translation der Proteine (fast) immer endet. Diese einfache Methode kann bei niedrigem G + C-Gehalt eines Genoms zu ordentlichen Ergebnissen führen, versagt aber bei der Analyse von Genomen mit höherem G + C-Gehalt, weil die Anzahl der artifiziellen ORFs mangels der in Stopp-Codons häufigeren Adenine (A) und Thymine (T) zu einer stark erhöhten Anzahl von vorhergesagten langen artifiziellen ORFs führt, die mühsam in der weiteren Analyse aussortiert werden müssten. Mit einer Reihe von Software-Programmen wird versucht, mehr als nur den Mindestabstand zwischen einem Start- und einem Stopp-Codon für die Vorhersage von ORFs zu verwenden. Bei GenMark (Borodovsky et al. 1995) wird die Software anhand eines Trainingssatzes aus bekannten Genen mit Markov-Modellen für das Auffinden neuer ORFs optimiert. Bei GLIMMER (Salzberg et al. 1998) werden die ORFs durch die Analyse von Dinukleotid-Frequenzen mit interpolierten Markov-Modellen vorhergesagt. CRITICA (Badger u. Olsen 1999) analysiert neben Hexanukleotid-Frequenzen für die Relevanz eines ORFs auch noch, ob die daraus abgeleitete Aminosäure-Sequenz eine höhere Ähnlichkeit zu einer Aminosäuresequenz in den Sequenzdatenbanken zeigt, als dies aufgrund der Statistik der Nukleotidsequenz zu erwarten wäre. Die bei Anwendung der verschiedenen ORF-Findungs-Programme vorhergesagten ORF-Sets unterscheiden sich leider meist deutlich. Es ist daher üblich, aus den verschiedenen Sets einen Konsensus-ORF-Satz zu extrahieren, der als Basis für die nachfolgende Annotationsphase (s. Kap. 4.1.3) dient. Die Vorhersage von Protein-codierenden Bereichen bei Eukaryoten ist wegen des komplexeren Genmodells (Vorkommen von Introns, *splicing*) noch wesentlich schwieriger als bei den Prokaryoten und soll an dieser Stelle nicht weiter ausgeführt werden.

Die Identifikation der **Gene für tRNAs** ist wesentlich einfacher als dies bei den Protein-codierenden Genen der Fall ist. tRNAscan (Lowe u. Eddy 1997) erkennt mit sehr hoher Treffsicherheit die tRNA-Gene in allen Organismen anhand eines Sekundärstruktur-Profils, basierend auf stochastischer kontextfreier Grammatik. Die Gene der ribosomalen RNAs werden allein durch Sequenzvergleich mit den homologen Genen in nahe verwandten Organismen identifiziert.

4.1.3
Annotation der identifizierten Gene

Die im vorigen Abschnitt identifizierten Protein-codierenden Gene können zwar nach einfachen Regeln in Aminosäure-Sequenzen übersetzt werden, diese sagen aber für sich alleine noch fast nichts über die biologische Funktion der so vorhergesagten Proteine aus. Nur bei sehr wenigen der in einem neu sequenzierten Genom identifizierten Gene liegen die funktionellen Informationen für bei diesem Organismus bereits charakterisierte Genprodukte vor. Die ersten Anhaltspunkte für die Funktion der vorhergesagten Genprodukte erhält man daher meist durch den Vergleich der aus den Genen abgeleiteten Aminosäuresequenzen mit den in **Sequenzdatenbanken** deponierten Sequenzen von bereits charakterisierten Proteinen anderer Organismen. Es ist legitim, aus einer hohen Sequenzähnlichkeit auf eine ähnliche Struktur und damit eine ähnliche biologische Funktion des geprüften Moleküls zu schließen (der Umkehrschluss aus ähnlicher Funktion auf ähnliche Sequenz wäre allerdings nicht legitim). Die Sequenz- und Funktionsdaten von zahllosen Genen und Genprodukten vieler Organismen werden in öffentlich zugänglichen Datenbanken aufbewahrt (URLs s. Tabelle 4.1), die seit der Entwicklung des Internets von internetfähigen Laborcomputern aus abgefragt werden können. Spezielle **Datenbanksuchprogramme** der FAST- (Pearson u. Lipman 1988) und BLAST- [**B**asic **Lo**cal **A**lignment **S**earch **T**ool] Programmfamilien (Altschul et al. 1990) benötigen nur wenige Sekunden für den Vergleich neuer Sequenzen mit dem kompletten Inhalt der großen Datenbanken. Die größten dieser Datenbanken, Genbank, EMBL und DDJB (URLs in Tabelle 4.1) enthalten über 42 Millionen Referenzsequenzen mit zusammen fast 50 Mrd. bp Sequenzlänge.

Die große Anzahl neuer Sequenzen, die bei der Analyse eines Genoms bewältigt werden muss, ist manuell nicht handhabbar. Im Rahmen der Ge-

Tabelle 4.1. Internet-Ressourcen für mikrobielle Genominformation und -analyse

Sequenz- und Kartierungs-Datenbanken	URL, http://www.
NCBI, National Center for Biotechnology Information	ncbi.nlm.nih.gov/
EBI, European Bioinformatics Institute [EMBL]	ebi.ac.uk/
DDBJ, DNA Data Bank of Japan	ddbj.nig.ac.jp/
ExPASy, Expert Protein Analysis System	expasy.org/
Genomforschungszentren	
Sanger Centre	sanger.ac.uk/
JGI, DOE Joint Genome Institute	jgi.doe.gov/
TIGR, The Institute for Genomic Research	tigr.org/
UWGC, University of Washington Genome Center	genome.washington.edu/ UWGC/
Göttingen Genomics Laboratory	g2l.bio.uni-goettingen.de/
Spezialdatenbanken	
GOLD, Genomes Online Database	genomesonline.org/
COGs, Clusters of Orthologous Groups of Proteins	ncbi.nlm.nih.gov/COG/
KEGG, Kyoto Encyclopedia of Genes and Genomes	genome.jp/kegg/
EcoCyc, Encyclopedia of *E. coli* K12 genes and metabolism	ecocyc.org/
Pfam, Protein families database of alignments and HMMs	sanger.ac.uk/Software/ Pfam/
PDB, Protein Data Bank	rcsb.org/pdb/
ProDom, Protein Domain Database	protein.toulouse.inra.fr/ prodom/current/html/ home.php
InBase, The New England Biolabs Intein Database	neb.com/neb/intein_ intro.html
Software für Sequenzbearbeitung	
Labor von Phil Green	phrap.org/
Imperial College Bioinformatics Centre	staden.sourceforge.net/
Semi-automatische Genomannotationssysteme	
MAGPIE, automatic genome interpretation	visualgenomics.ca/
PEDANT, Protein Extraktion, Description and ANalysis Tool	pedant.gsf.de/
GenDB, open source genome annotation system	cebitec.uni-bielefeld.de/ groups/brf/software/ gendb_info/
EasyGene, prokaryotic gene prediction	binf.ku.dk/services/ easygene/

nomsequenzierungs-Projekte wurden deshalb **semi-automatische Annotationssysteme** entwickelt, die dem Benutzer die mühseligen Arbeitsschritte beim Sequenzvergleich abnehmen, und die eingesammelten Ergebnisse aus mehreren Sequenzabfragen pro neu zu charakterisierendem Gen ordnen und graphisch aufbereitet zu einem Annotationsvorschlag zusammenfassen. MAGPIE (Gaasterland u. Sensen 1996), PEDANT (Frishman et al. 2001), GenDB (Meyer et al. 2003), und EasyGen (Brugger et al. 2003) sind einige dieser interaktiven und multi-nutzerfähigen semiautomatischen Systeme (URLs in Tabelle 4.1), die Intranet- bzw. Internet-basierend die Annotation mikrobieller Genome erleichtern. Die von diesen Systemen vorgeschlagenen Annotationen müssen in jedem Fall noch durch erfahrene Wissenschaftler visuell kontrolliert werden („semi-automatisch") bevor sie als neue Einträge in die stetig wachsenden Datenbanken gelangen. Der automatische Annotationsprozess ist trotz hohen bioinformatischen Aufwands sehr fehleranfällig. Allen Annotationssystemen ist gemeinsam, dass sie dem Nutzer die Ergebnisse der automatischen Analysen zur Beurteilung graphisch aufgearbeitet darbieten. Die Relevanz der Sequenzvergleiche kann dabei genauso abgefragt werden wie die benachbarten Regionen jedes Gens. Ausschlaggebend für den Wert eines Annotationssystems ist dabei auch seine benutzerfreundliche Handhabbarkeit.

4.1.4
Zuordnung der Genprodukte zu Genfamilien und Stoffwechselwegen

Nachdem die Anordnung der Protein-codierenden Gene auf dem Genom geklärt ist und jedem Genprodukt bei Vorliegen einer signifikanten Sequenzähnlichkeit die wahrscheinlichste Funktion zugeordnet ist, wird die Zugehörigkeit der Proteine zu bekannten Genfamilien untersucht. Dies ist wichtig, da bei paralogen Genen alleine aus einer festgestellten Sequenzähnlichkeit der Genprodukte noch nicht auf die wahrscheinlichste Funktion geschlossen werden kann. Die genaue Zuordnung eines abgeleiteten Genprodukts zu etablierten/konservierten **Genfamilien** über Pfam (Bateman et al. 2002) bzw. COGs (Tatusov et al. 2003) verbessert die Genauigkeit der Funktionsvorhersage erheblich.

Im letzten Schritt der Analyse werden die bioinformatisch charakterisierten Gene/Genprodukte in funktionelle Rollen kategorisiert, und sofern möglich, bekannten **Stoffwechselwegen** zugeordnet. Die Kyoto Enzyklopädie der Gene und Genome, KEGG (Ogata et al. 1999), bietet hervorragende Möglichkeiten, die Vollständigkeit von Stoffwechselwegen zu analysieren bzw. alternative Wege im Stoffwechsel aufzuspüren und die dafür benötigten Gene in einem neu zu beschreibenden Genom zu erkennen. Mit den heute verfügbaren Computerprogrammen ist es allerdings noch nicht möglich, den gesamten Metabolismus eines Organismus aus dessen Genomsequenz vorherzusagen.

4.2
Struktur und Bestandteile mikrobieller Genome

In diesem Abschnitt werden einerseits die **Gemeinsamkeiten der mikrobiellen Genome** erörtert, aber auch das **Spektrum der Variationsmöglichkeiten** dargestellt. Tabelle 4.2 bietet einen Überblick über **Genomgrößen** und die Anzahl der Protein-codierenden Gene in einem Dutzend ausgewählter Archaea, Bakterien und Hefen/Pilze. Mit mehr als 9 Mbp ist das größte bisher sequenzierte bakterielle Genom, *Bradyrhizobium japonicum,* mehr als 15-mal so groß wie das kleinste, *Mycoplasma genitalium,* mit nur 0,58 Mbp. Bei den Archaea reicht das bekannte Größenspektrum nicht ganz so weit. Das 0,49 Mbp Genom von *Nanoarchaeum equitans* ist nur wenig kleiner als das kleinste bakterielle Genom. Das größte der 23 sequenzierten Archaea-Genome erreicht aber nur 2/3 der Größe des Genoms von *B. japonicum.* Die Größe des Genoms eines Prokaryoten korreliert meist mit seiner Lebensweise. Hoch-spezialisierte Organismen (z.B. Parasiten) haben die kleinsten Genome, während Generalisten mit einer komplexen metabolischen Ausstattung über die größten Genome verfügen. Etwa 95% der Prokaryoten haben nur ein, in 99% aller Fälle zirkuläres Genom. Bei etwa jedem zwanzigsten Prokaryoten liegen zwei vergleichbar große **Chromosomen** vor, beispielsweise bei vielen *Vibrio*-Stämmen, und ganz wenige Genome der Prokaryoten sind linear (*Borrelia garinii* oder *Agrobacterium* sp.). Kleine **Plasmide** wie bei *M. jannaschii* (Tabelle 4.2) liegen relativ häufig als Ergänzungen zu den Chromosomen vor. Megaplasmide mit > 100 kbp Größe wie bei *Halobacterium salinarum* findet man seltener. Fast alle Plasmide sind wie die Chromosomen zirkulär, aber allein *B. burgdorferi* hat 12 lineare Plasmide. Die Genome der eukaryotischen Hefen sind mit jeweils über 12 Mbp deutlich größer als die der Prokaryoten und bestehen aus mehreren linearen Chromosomen.

4.2.1
Die Protein-codierenden Gene

Die Protein-codierenden Gene sind allein schon wegen ihrer großen Anzahl die wichtigsten Bestandteile aller mikrobiellen Genome. Sowohl die Genome der Archaea als auch die der Bakterien haben eine sehr hohe **Codierungsdichte.** Etwa 90% der prokaryotischen Genome werden zur Codierung von Proteinen verwendet, die sich in den meisten Bereichen der Genome mit nur kleinen intergenischen Lücken wie Perlen auf einer Kette aneinander reihen. Dabei können die codierenden Bereiche der Gene gelegentlich sogar um einige Nukleotide überlappen. Alle sechs möglichen Leserahmen (drei vorwärts sowie drei rückwärts gerichtete) werden dabei in oft ungeordneter Folge genutzt. Tabelle 4.2 zeigt die Anzahl der Protein-codierenden Gene (ORFs) zusammen mit der Länge einiger Genome. Dabei fällt auf, dass bei Prokaryoten die ORF-Dichte (ORFs pro kbp) relativ konstant bei 1 ± 10% liegt. Bei den wenigen Archaea und Bakterien, die weiter von dieser durchschnittlichen ORF-Dichte abweichen (z.B. *A. fulgidus* in Tabelle 4.2) liegt der Grund hierfür eher in technischen Unsicherheiten bei der bioinformatischen Identifizierung der

Tabelle 4.2. Genomgrößen und Genzahl einiger Modellorganismen

Organismus	Typ		Größe [bp]	ORF- Zahl	ORF/kbp
Nanoarchaeum equitans	Archaeon	Chr.	490 885	535	1,09
Mycoplasma genitalium G-37	Bakterium	Chr.	580 074	484	0,83
Borrelia burgdorferi B31	Bakterium	Chr.	910 724	851	0,93
		*21Plas.	> 533 000	–	–
Methanococcus jannaschii	Archaeon	Chr.	1 664 970	1 682	1,01
		gr. Plas.	58 407	44	0,75
		kl. Plas.	16 550	12	0,73
Archaeoglobus fulgidus	Archaeon	Chr	2 178 400	2 420	1,11
Halobacterium salinarum	Archaeon	Chr.	2 014 239	2 111	1,05
		pNRC200	365 425	374	1,02
		pNRC100	191 346	197	1,03
Vibrio cholerae O1	Bakterium	Chr. I	2 961 149	2 700	0,91
		Chr. II	1 072 315	1 115	1,04
Escherichia coli K-12	Bakterium	Chr.	4 639 675	4 242	0,91
Bradyrhizobium japonicum	Bakterium	Chr.	9 105 828	8 317	0,91
Saccharomyces cerevisiae	Eukaryot	16 Chr.	12 068 000	6 165	0,51
Schizosaccharomyces pombe	Eukaryot	Chr. 1	5 598 923	2 255	0,40
		Chr. 2	4 397 795	1 790	0,41
		Chr. 3	2 465 919	884	0,36
Ustilago maydis	Eukaryot	23 Chr.	20 000 000	–	–

Chr.: Chromosom; Plas.: Plasmid; *: 12 lineare und 9 zirkuläre Plasmide

ORFs, als in wirklichen biologischen Anomalien. Als einfache Merkregel gilt: Die prokaryotischen Genome enthalten etwa ein Protein-codierendes Gen pro kbp Genomlänge.

Die Gene von *E. coli* wurden zuerst von Margret Riley (1993) nach der Funktion ihrer Produkte systematisch in **Rollenkategorien** eingeteilt. Diese Einteilung wurde später leicht modifiziert für die Gene der anderen mikrobiellen Genome übernommen. Tabelle 4.3 zeigt am Beispiel von *E. coli* die Liste der 26 funktionellen Rollenkategorien, wie sie in den Datenbanken des NCBI (**N**ational **C**enter for **B**iotechnology **I**nformation) verwendet wird, zusammen mit den identifizierten Genen jeder Rollenkategorie und dem prozentualen Anteil der Kategorien an allen Proteinen. Die Zahl der Gene in den Rollenkategorien ist sehr unterschiedlich und variiert auch zwischen den Organismen erheblich. Je nach Lebensweise eines Organismus können mehr oder weniger Gene z. B. in den Kategorien Energiemetabolismus, Zellmobilität oder Biosynthese von Sekundärmetaboliten vorhanden sein. Nur bei den zentralen Informationsprozessen (Translation, Transkription und Replikation) schwankt die Anzahl der Gene zwischen den Organismen weniger, wohl aber deren relativer Anteil bezogen auf die Gesamtzahl der Gene im Genom. Die ersten 19 Rollenkategorien (Translation bis Synthese der Sekundärmetaboliten in Tabelle 4.3) sind bei den meisten Prokaryoten besetzt (Struktur und Dynamik von Chromatin ist eher selten vorhanden). Gene aus den nächsten drei Rollenkategorien (Struktur des Zellkerns, Zytoskelett, und Extrazelluläre Strukturen) sind typisch für Eukaryoten und werden in Archaea und Bakterien nicht beobachtet. Die drei letzten Kategorien repräsentieren die Unvollständigkeit unseres Wissen über zahlreiche Gene und ihre Funktion. Hier werden Gene klassifiziert, deren Funktion wir nur ungenau kennen: Gene, die in mehreren oder sogar vielen Genomen gefunden werden, über deren Funktion wir aber bisher keinen Anhaltspunkt haben (konservierte hypothetische Gene), sowie Gene, für die in anderen Organismen keine homologen Gegenstücke bekannt sind (hypothetische Gene).

Tabelle 4.3. Rollenverteilung der Gene bei *Escherichia coli*

Funktionelle Rollenkategorie
Translation
Prozessierung und Modifikation von RNA
Transkription
Replikation, Rekombination und Reparatur
Zellzykluskontrolle, Mitose und Meiose
Abwehrmechanismen
Signalübertragungsmechanismen
Zellwand und Membranbiogenese
Zellmobilität
Intrazellulärer Verkehr und Sekretion
Posttranslationale Modifikation, Proteinabbau und Chaperone
Produktion und Konversion von Energie
Transport und Metabolismus von Kohlehydraten
Transport und Metabolismus von Aminosäuren
Transport und Metabolismus von Nukleotiden
Transport und Metabolismus von Coenzymen
Transport und Metabolismus von Lipiden
Transport und Metabolismus anorganischer Ionen
Biosynthese, Transport und Katabolismus von Sekundärmetaboliten
Struktur und Dynamik von Chromatin
Struktur des Zellkerns
Zytoskelett
Extrazelluläre Strukturen
Nur allgemein vorhersagbare Funktion
Proteine unbekannter Funktion
Keine Homologen in COGs

Tabelle 4.4. Universelle Proteine/Gene der Einzeller

Protein/Enzym	COG
Ribosomale Proteine S2, S3, S4[#], S5, S7, S8, S9, S11, S12, S13, S14, S15P/S13E, S19	(13x)
Ribosomale Proteine L1, L2, L3, L4, L5, L6P/L9E, L10, L11, L13, L14, L15, L16/L10E, L18, L22, L23, L24, L29	(17x)
Alanyl-, Arginyl-, Glutamyl/Glutaminyl-, Histidyl-, Isoleucyl-, Leucyl-, Methionyl-, Phanylananyl[*]-, Prolyl-, Seryl-, Threonyl-, Tryptophanyl-, Tyrosyl-, Valyl-tRNA Synthetasen	(15x)
Translations-Initiationsfaktor 1 (IF-1)	0361
Translations-Initiationsfaktor 2 (IF-2, GTPasen)	0532
Translations-Elongationsfaktor P (EF-P)/-Initiationsfaktor 5A (eIF-5A)	0231
Translations-Elongationsfaktor FusA (GTPasen)	0480
Hypothetischer Translationsfaktor (GTPase)	0012
DNA-abhängige RNA-Polymerase, 140 kD UE (β)	0085
DNA-abhängige RNA-Polymerase, 160 kD UE (β')	0086
Signalerkennungspartikel, GTPase Ffh	0541
Signalerkennungspartikel, GTPase FtsY	0552
Präproteintranslokase, UE SecY	0201
ATPase der *PP-loop* Superfamilie (Zellzykluskontrolle)	0037
Dimethyladenosintransferase KsgA (rRNA Methlierung)	0030
EMAP-Domäne, ARC1	0073
5'-3' Exonuklease (mit N-terminaler Domäne von PolI)	0258
Metal-abhängige Proteasen mit Chaperon-Aktivität	0533
Topoisomerase IA	0550
DNA-Polymerase *sliding clamp* UE (PCNA-Homolog)	0592
Methylase des Polypeptidketten-Freisetzungsfaktors	2890

UE = Untereinheit, * α- und β-UE, [#] und verwandte Proteine

Die Flut neuer Gene aus der ständig wachsenden Zahl analysierter Genome machte eine Weiterentwicklung des Klassifizierungssystems für Genprodukte (Proteine/Enzyme) unabdingbar, damit die Charakterisierung unabhängig vom analysierten Organismus mit durch formelle Regeln strukturierten Vokabularien direkt von Computern interpretiert werden kann (z. B. für die bioinformatische Verknüpfung von Informationen in Datenbanken und zum Durchsuchen derselben). Alle Genprodukte werden in diesem System anhand von drei „Gen-Ontologien" beschrieben: der **molekularen Funktion**, dem **biologischen Prozess**, an dem das Protein/Enzym beteiligt ist, und der **zellulären Komponente**, in der es vorkommt.

Die stark unterschiedliche Anzahl der Gene in den mikrobiellen Genomen sowie die Variation der Gene in den einzelnen Rollenkategorien lassen bereits vermuten, dass Genome in der Zusammensetzung ihrer Protein-codierenden Gene und deren Anordnung sehr variabel sind. Tatusov et al. (2003) analysierten mit der GOGs Datenbank die Verteilung von etwa 200 000 Genen in den Genomen von 66 Prokaryoten. Dabei wurde entdeckt, dass nur 63 homologe Gene in allen 66 Genomen vertreten sind (Tabelle 4.4). Die weitaus meisten dieser Gene gehören in Kategorien aus dem Bereich Informationsverarbeitung und -speicherung: Translation (52-mal), Replikation, Rekombination und Reparatur (jeweils 3-mal) und Transkription (2-mal). Gene aus den Bereichen Energiemetabolismus oder der Synthese elementarer Bausteine wie Nukleotide, Aminosäuren oder Coenzyme fallen nicht unter die **universellen Gene**. Es scheint einen relativ kleinen Kern an Genen zu geben, der in allen Organismen zu-

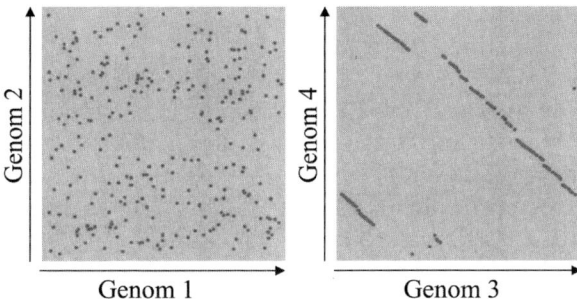

Abb. 4.4. Paarweiser Vergleich der Genreihenfolge in Genomen. *Links*: Zwei moderat verwandte Archaea; *Rechts*: Zwei eng verwandte Bakterien. Punkte indizieren homologe Gene. Geraden ergeben sich bei längeren co-linearen Abfolgen homologer Gene, z. B. in Operons

gegen ist, und der je nach Lebensweise durch eine variable Auswahl von Genen komplementiert wird. Viele der nicht-universellen Gene lassen in den bekannten Genomen kein Verteilungsmuster erkennen, das phylogenetisch nachvollziehbar wäre. Es ist also davon auszugehen, dass viele Gene (z. B. aus dem Energiemetabolismus) zu einem von den Bakterien und den Archaea gemeinsam genutzten **Genpool** gehören und nicht nur vertikal über die Generationen hinweg vererbt werden, sondern sich auch durch **lateralen Gentransfer** zwischen den Organismen verbreiten.

Auf der Suche nach dem kleinsten Satz der für selbständiges Leben notwendigen Gene (**Minimales Genom**) fanden Hutchinson et al. (1999), dass nur 265–350 Protein-codierende Gene in *M. genitalium* essentiell sind; alle anderen konnten durch Transposon-Mutagenese ausgeschaltet werden. Für etwa 100 dieser essentiellen Gene ist die genaue biologische Funktion noch unbekannt.

Mit dem Wissen über die Variabilität der Zusammensetzung der Genome überrascht es nicht mehr, dass auch die **Anordnung der Gene** auf den Genomen nicht allzu konserviert ist. Abb. 4.4 zeigt eine Punktematrix, bei der die Lage homologer Gene auf zwei Genomen graphisch dargestellt wird. Die rechte Seite (Genome 3 und 4) zeigt die co-lineare Anordnung der Gene in den Genomen zweier eng verwandter Bakterien. Beim Vergleich von Organismen mit etwas größerem phylogenetischem Abstand (linke Seite, Genome 1 und 2) ist, abgesehen von einigen konservierten Oper-

ons, keine globale Co-Linearität mehr feststellbar. Zur Umorganisation der Genomanordnung trägt nicht nur der laterale Transfer von Genen zwischen den mikrobiellen Genomen bei, sondern auch die gelegentliche Verdopplung bzw. Deletion von Genen, die häufigen Inversionen im Bereich der Anfangs- (*origin*) und Endpunkte (*terminus*) der Replikation sowie die Bewegungen der mobilen genetischen Elemente (4.2.3).

Abschließend sollen noch drei **Besonderheiten in der Genstruktur** erwähnt werden, die nur relativ wenige Protein-codierende Gene betreffen. Während normalerweise die Übersetzung des codierenden Bereichs eines prokaryotischen Gens mit dem ersten auf ein Start-Codon folgenden Stop-Codon des Leserahmens endet, sind in Archaea und Bakterien mehr als 100 Fälle bekannt, bei denen das Stopp-Codon TGA durch den Einbau von Selenocystein (21. Aminosäure) co-transkriptionell überbrückt wird. Diese Anomalie wurde auch bei einigen Genen höherer Eukaryoten wie dem *Homo sapiens* beobachtet. Der Einbau von Selonocystein bedarf einer komplexen Maschinerie aus drei Enzymen und einer speziellen tRNA. Noch seltener ist die co-transkriptionelle Überbrückung des Stopp-Codons TAG durch den Einbau von Pyrrolysin (22. Aminosäure), für die bisher nur wenig mehr als 20 Fälle dokumentiert sind. Bei etwa 200 Genen wurden *inframe*-Inteine identifiziert, die durch „Protein-Splicing" post-transkriptionell entfernt werden. Hierbei handelt es sich überwiegend um Gene aus den Kategorien der Informationsprozessierung, wobei die Hälfte der bekannten Gene aus den Archaea stammt und bei den Eukaryoten nur 20 Fälle bekannt sind (Perler 2002).

4.2.2
Stabile RNAs

Die nach den Protein-codierenden Genen häufigsten Elemente mikrobieller Genome sind die Gene für stabile RNAs. Hierzu zählten die Gene für **rRNAs, tRNAs**, die **tmRNA** und der **7S RNA**-Anteil des Signalerkennungspartikels, die zusammen etwa 1% eines Genoms ausmachen. Jedes Genom codiert mindestens einen Satz 5S-, 16S- und 23S-rRNA-Gene, wobei die Gene für 16S- und 23S-rRNAs jeweils nebeneinander liegen. Häufig werden in einem Genom auch mehrere Kopien der rRNAs gefunden (z. B. 7 Kopien bei *E. coli*), die, sofern sie nahe beieinander liegen, wegen ihrer Größe (jeweils ca. 1500 + 3000 bp) und hohen Konservierung beim Zusammensetzen der Genomsequenz große Probleme bereiten. Die Sequenzen der 16S-rRNAs sind die bei weitem meistgenutzten molekularen Marker für die taxonomische und phylogenetische Analyse der Organismen. Die meisten Genome enthalten nicht den kompletten Satz an tRNAs für alle 61 Aminosäure-Codons, jedoch hinreichend viele, damit das ganze Spektrum der 20 normalen Aminosäuren für die Proteinsynthese mit Hilfe des Wobble-Prinzips an der dritten Base der Codons genutzt werden kann. Zusätzlich findet man Gene für spezielle Initiator-tRNAs.

4.2.3
Mobile und extra-chromosomale genetische Elemente

Die mobilen und extra-chromosomalen Elemente spielen eine große Rolle bei den dynamischen Umlagerungen der Genome, da sie sich aktiv im Genom ein- bzw. umlagern können und dabei auch genetisches Material zwischen den Genomen unterschiedlicher Organismen transportieren können (lateraler Gentransfer). IS-Elemente und Transposons können auch in mehreren Kopien in einem Genom auftreten, wobei viele dieser Kopien oft nur noch als inaktive Fragmente (partielle ORFs) nachweisbar sind. Prophagen können in vielen Fällen anhand eines vom Rest des Genoms abweichenden G + C-Gehalts lokalisiert werden. Anzahl, Kopienzahl und Größe der Plasmide können sehr stark variieren. Die auf den Plasmiden codierten Gene verleihen den Mikroorganismen Phänotypen wie Virulenz, Resistenz, Konjugation oder spezielle physiologische Funktionen, die normalerweise nicht chromosomal codiert sind. Einige der Plasmide können auch in einer ins Chromosom integrierten Form vorliegen.

4.2.4
Repetitive Elemente

Die meisten Gene in den Chromosomen der Prokaryoten liegen in nur einer Kopie vor. Ausnahmen davon sind Genfamilien, bei denen mehrere in ihrer Sequenz ähnliche, meist Protein-codierende Gene im selben Genom kodiert sind. Dazu zählen bekannte Genfamilien mit charakterisierten Funktionen, wie die tRNA-Synthetasen, deren Mitglieder man in allen Genomen antrifft (Tabelle 4.4), aber auch Gene mit oftmals unbekannter Funktion, die nur in dem betreffenden Genom in mehreren Kopien vorliegen, während homologe Gene in anderen Genomen nur einfach oder überhaupt nicht vorliegen. Nicht alle repetitiven Elemente codieren Proteine. Viele der kurzen repetitiven DNA-Sequenzen haben regulatorische Funktionen, indem sie Proteinen als Bindungsstellen dienen.

IS-Elemente und Transposons können sich rapide über das Genom ausbreiten, z. B. mit 200 Kopien im Genom von *Sulfolobus solfataricus P2*, während andere Genome völlig frei von diesen Elementen sind. Beispiele für nicht Protein-codierende repetitive Elemente sind Cluster von rRNA-Genen und SRSR-Elemente. Bei letzteren sind zahlreiche Kopien kurzer, 20–40 bp lange hochkonservierte Sequenzen mit regelmäßigem, ebenfalls 20–40 bp langem Abstand, unmittelbar hintereinander aufgereiht. In den Genomen hyperthermophiler Archaea können diese SRSR-Elemente mit Hunderten Kopien der konservierten Sequenzen bis zu 1% des Genoms bedecken. Sie dienen zur Bindung von Proteinen, die vermutlich an der DNA-Segregation beteiligt sind. Im Allgemeinen haben größere Genome einen höheren Anteil an repetitiven Elementen als kleine, kompakte Genome.

4.2.5
Origin und *Terminus* der Chromosomen-Replikation

Die Anfang- und Endpunkte der Replikation prokaryotischer Chromosomen werden als *Origin* und *Terminus* bezeichnet. Anhaltspunkte für die

Position dieser charakteristischen Regionen auf einem Chromosom kann man durch Analyse des kumulativen G+C-*skew* (*skew* = schräg/schief) bestimmen, einer Asymmetrie in der A/T- bzw. G/C-Verteilung in einem DNA-Strang. Die Daten zur Zusammensetzung der DNA werden meist bestätigt vom Vorhandensein von Markergenen wie *dnaA*, *dnaN* und *gyrB* in der unmittelbaren Nachbarschaft von *skew*-Minima. Die rein bioinformatischen Bestimmungsmethoden des *Origin* sind aber bei vielen Chromosomen nicht hinreichend. Chromosomen der Bakterien haben einen *Origin*, während bei Archaea-Chromosomen aufgrund eines anderen Replikations-Mechanismus mehrere Anfangspunkte für den Beginn der Replikation vorliegen können.

4.3
Spezielle Eigenschaften der Genome der Archaea und der Eukaryoten

4.3.1
Die Genome der Archaea

Struktur und Inhalt der Archaea-Genome ähneln den bakteriellen Genomen erheblich mehr als den Genomen der Hefen/Pilze und anderer Eukaryoten. Beide, die archaealen und die bakteriellen Genome, haben vergleichbare Größen (Tabelle 4.2) und bestehen zumeist aus einem zirkulären Chromosom (Abb. 4.5). Die Protein-codierenden Gene zeigen dieselbe einfache Struktur (Abb. 4.5), können funktionell in dieselben Rollenkategorien klassifiziert werden und werden im Unterschied zu eukaryotischen Genen oft in polycistronischen mRNAs transkribiert. Auch in Bezug auf die stabilen RNAs sowie die mobilen und die repetitiven Elemente unterscheiden sich die Genome der Archaea nicht fundamental von denen der Bakterien. Es gibt dennoch wesentliche Unterschiede, die eine klare Unterscheidung archaealer und bakterieller Genome erlauben. Zwar sind die Gene der meisten in COGs (Tatusov et al. 2003) klassifizierten orthologen Gene sowohl in den Bakterien als auch in den Archaea vertreten, und viele davon auch noch mit Verteilungsmustern, die ei-

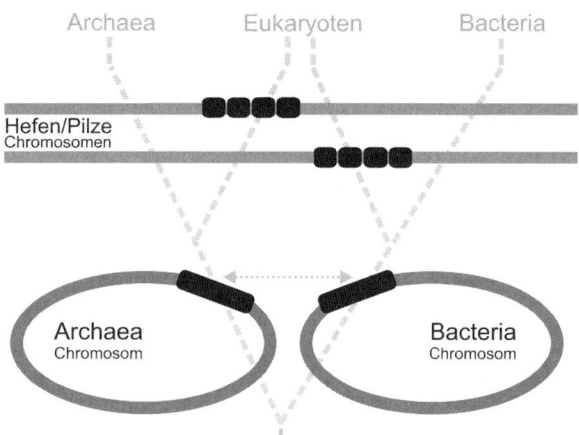

Abb. 4.5. Vergleich archaealer, bakterieller und eukaryotischer Genome sowie der Herkunft ihrer Gene. Gene (*schwarz*), Chromosomen (*dunkelgrau*) und evolutionärer Weg der Gene (*hellgrau*). Ca. 5% der Gene in *S. cerevisiae* und 43% der Gene in *S. pombe* sind durch Introns fragmentiert

nen allen Prokaryoten gemeinsamen Genpool nahelegen, aber es gibt auch hinreichend viele Gene, die Archaea- bzw. Bakterien-spezifisch sind. In 196 Clustern sind nur Archaea-Gene vertreten, und 28 dieser Cluster sind in allen Archaea präsent. Zum Vergleich: 1284 Cluster enthalten nur Bakterien-Gene, und 30 Gene aus diesen Clustern sind in allen Bakterien anwesend. Die meisten davon gehören funktionell zur Informationsverarbeitung, während die Archaea-spezifischen Gene ein breiteres funktionelles Gebiet abdecken bzw. funktionell noch nicht charakterisiert sind. Dabei gibt es nur vier Enzyme, deren Gene man in allen Archaea und Bakterien (aber nicht in den Eukaryoten) findet: Transkriptionselongationsfaktor NusA, DNA-Primase DnaG, Integrase XexC und Uridylatkinase PyrH. Die Archaea teilen eine relativ große Gruppe von 298 Genen mit den Hefen, von denen 72 in allen (und weitere 102 in fast allen) Archaea sowie in *S. cerevisiae* zu finden sind, aber nicht in den Bakterien. Alle Gene dieser Cluster gehören zum Bereich Informationsverarbeitung, worin auch der größte Unterschied zwischen den Archaea und den Bakterien besteht (abgesehen von den Ether- bzw. Esther-Lipiden der Zellmembranen). Die beiden Gruppen der Prokaryoten unterscheiden sich deutlich in der Struktur ihrer Translations- und Transkriptionssysteme (einschließlich der Promotorstrukturen), wobei die archaeale Version jeweils deutlich mehr Ähnlichkeit mit den homologen Systemen der Eukaryoten hat, als mit den entsprechenden bakteriellen Systemen. Dies darf aber nicht, wie ein Blick auf Abb. 4.5 zeigt, zu der häufig geäußerten Fehlinterpretation führen, dass Archaea „eukaryotische" Gene für die Informationsprozessierungssysteme enthielten. Vielmehr haben die eukaryotischen Informationsverarbeitungssysteme ihren entwicklungsgeschichtlichen Ursprung in den archaealen Systemen.

4.3.2
Die Genome der Hefen

Die Genome der eukaryotischen Mikroorganismen unterscheiden sich weit mehr von denen der prokaryotischen Archaea und Bakterien als diese jeweils untereinander. Sie sind erheblich größer als alle prokaryotischen Genome (Tabelle 4.2) und bestehen im Unterschied zu diesen immer aus mehreren, linearen Chromosomen (Tabelle 4.2 und Abb. 4.5), auf denen die Gene mit geringerer Codierungsdichte (ca. 57–71% bzw. 0,5 ORFs pro kbp, Tabelle 4.2) liegen und nicht polycistronisch transkribiert werden. Mehr noch als durch den um etwa die Hälfte längeren codierenden Bereich unterscheiden sich viele Hefe-Gene durch die Fragmentierung mit Introns von ihren homologen prokaryotischen Gegenstücken. Allerdings ist diese Fragmentierung längst nicht so ausgeprägt wie bei höheren Eukaryoten (*S. cerevisiae* hat 272 Introns in 6165 Genen, *S. pombe* 4730 Introns in 43% seiner 4929 Gene). Komplementär zu den unter 4.3.1 erwähnten, zwischen den Archaea und Hefen (unter Ausschluss der Bakterien) geteilten Genen aus dem Bereich der Informationsverarbeitung, findet man in COGs auch über 200 Cluster von Genen, die zwischen Hefen und Bakterien geteilt werden (unter Ausschluss der Archaea). Neben einigen (mitochondrialen) Genen aus dem Bereich Informationsverarbeitung fallen in diese Gruppe vorwiegend metabolische Enzyme und Transporter. Erhebliche Teile des *S. cerevisiae* Genoms bestehen aus Duplikationen und repetitiven Bereichen (bei *S. pombe* ist dies weniger ausgeprägt). So enthält beispielsweise das Genom von *S. cerevisiae* wesentlich mehr rRNA-Gene (140) und tRNA-Gene (275) als alle prokaryotischen Genome. Die Genome der Hefen und anderer Eukaryoten sind nicht nur, wie man vereinfacht aus Abb. 4.5 ablesen könnte, Chimären mit Genen archaealer [Informationsverarbeitung] und bakterieller [Metabolismus] Herkunft, sondern enthalten darüber hinaus Gene mit Funktionen, die in Prokaryoten unbekannt sind (Tabelle 4.3): Gene für die Struktur des Zellkerns, das Zytoskelett, und Extrazelluläre Strukturen. Erst durch die Produkte dieser in den Prokaryoten unbekannten Gene wurde die Kompartimentierung der eukaryotischen Zelle in Zellkern und Zytosol, mit der räumlichen Trennung von Transkription und Translation möglich.

Literatur

Altschul SF, Gish W, Miller W, Myers EW, Lipman DJ (1990) Basic local alignment search tool. J Mol Biol 215:403–410

Badger JH, Olsen GJ (1999) CRITICA: coding region identification tool invoking comparative analysis. Mol Biol Evol 16:512–524

Bateman A, Birney E, Cerruti L, Durbin R, Etwiller L, Eddy SR, Griffiths-Jones S, Howe KL, Marshall M, Sonnhammer EL (2002) The Pfam protein families database. Nucleic Acids Res 30:276–280

Borodovsky M, McInnich JD, Koonin EV, Rudd KF, Medigue C, Danchin A (1995) Detection of new genes in a bacterial genome using Merkov models fro three gene classes. Nucleic Acids Res 11:3554–3562

Brugger K, Redder P, Skovgaard M (2003) MUTAGEN: multiuser tool for annotating genomes. Bioinformatics 12:2480–2481

Ewing B, Hillier L, Wendl MC, Green P (1998) Base-Calling of automated sequencer traces using *Phred*. I. Accuracy Assessment. Genome Res 8:175–185

Ewing B, Green P (1998) Base-Calling of automated sequencer traces using *Phred*. II. Error probabilities. Genome Res 8:186–194

Fleischmann RD et al (1995) Whole-genome random sequencing and assembly of *Haemophilus influenzae* Rd. Science 269:496–512

Frishman D, Albermann K, Hani J, Heumann K, Metanomski A, Zollner A, Mewes HW (2001) Bioinformatics 17:44–57

Gaasterland T, Sensen CW (1996) MAGPIE: automated genome interpretation. Trends Genet 12:76–78

Gordon D, Abajian C, Green P (1998) *Consed*: A graphical tool for sequence finishing. Genome Res 8:186–202

Gordon D, Desmarais C, Green P (2001) Automated finishing with Autofinish. Genome Res 11:614–625

Hagiwara K, Harris CC (1996) Long distance sequencer method; a novel strategy for large DNA sequencing projects. Nucleic Acids Res 24:2460–2461

Hutchison CA, Peterson SN, Gill SR, Cline RT, White O, Fraser CM, Smith HO, Venter JC (1999) Global transposon mutagenesis and a minimal Mycoplasma genome. Science 286:2165–2169

Lowe SE, Eddy SR (1997) tRNAscan-SE: a program for improved detection of transfer RNA genes in genomic sequences. Nucleic Acids Res 25:955–964

Meyer F, Goesmann A, McHardy AC, Bartels D, Bekel T, Clausen J, Kalinowski J, Linke B, Rupp O, Giegerich R, Pühler A (2003) GenDB – an open source genome annotation system for prokaryote genomes. Nucleic Acids Res 31:2195–2197

Ogata H, Goto S, Sato K, Fujibuchi W, Bono H, Kanehisa M (1999) KEGG: Kyoto encyclopedia of genes and genomes. Nucleic Acids Res 27:29–34

Pearson WR, Lipman DJ (1988) Improved tools for biological sequence comparison. Proc natl Acad Sci USA 85:2444–2448

Perler FB (2002) InBase, the intein database. Nucleic Acids Res 30:383–384

Riley M (1993) Functions of the gene products of *Escherichia coli*. Microbiol Rev 57:862–952

Salzberg SL, Delcher AL, Kasif S, White O (1998) Microbial gene identification using interpolated Markov models. Nucleic Acid Res 15:544–546

Tatusov RL et al (2003) The COG database: an updated version includes eukaryotes. Bioinformatics 11:41

Glossar

BAC: Bakterielles Artifizielles Chromosom. Ein Klonierungsvektor, der aus dem natürlich vorkommenden F-Faktor Episom entwickelt wurde und Fremd-DNA-Fragmente von 100–200 kb aufnehmen kann

Contig: eine durchgehende DNA-Sequenz die aus mehreren überlappenden DNA-Sequenzen zusammengesetzt ist

Cosmid: aus dem Bakteriophagen Lambda entwickelter Klonierungsvektor, der die *cos*-Gene des Phagen enthält und Fremd-DNA-Fragmente bis zu 45 kb Länge aufnehmen kann

homolog: kennzeichnet die gemeinsame Abstammung von Genen aus derselben DNA-Sequenz. Man unterscheidet zwei Klassen homologer Gene: Orthologe codieren die gleiche Funktion in unterschiedlichen Spezies; Paraloge sind durch Gen-Duplikation innerhalb eines Genoms entstanden, wobei eines der Gene durch Evolution mittlerweile eine andere Funktion angenommen hat

Intein: Segment eines Proteins, das sich selbst (autokatalytisch) aus diesem ausschneiden und die verbleibenden Stücke (Exteine) wieder durch eine Peptidbindung verknüpfen kann

IS-Element: kurzes, bewegliches DNA-Stück mit sich gegenläufig wiederholenden Endsequenzen. Die einfachste Form eines mobilen genetischen Elements

Transposon: umfasst ein oder mehrere Gene, ist beiderseits begrenzt von einer kleineren, gegenläufig-identischen, nicht-informativen Nucleotidsequenz, die auch Insertionssequenz, Insertionselement, Insertionssegment (IS) genannt wird. Das Transposon kann mit Hilfe von Enzymen aus dem Chromosom herausgelöst und an anderer Stelle des Genoms wieder eingefügt werden („springen")

Polycistronische RNA: eine RNA, die eine ganze Gengruppe codiert

Prophage: Phage, der seine Gene in das Genom eines Prokaryoten eingebaut hat

SRSR-Element: *short regular spaced repeats*, kurze nicht-kodierende repetitive Sequenzen in regelmäßigem Abstand

5 Strukturproteomik mikrobieller Genome

M. WILMANNS

5.1
Einleitung

Die Entschlüsselung der Sequenzen einer großen Zahl mikrobieller Genome hat es ermöglicht, die molekularen Raumstrukturen der korrespondierenden Proteine systematisch zu bestimmen (s. Kap. 4). Da strukturbiologische Methoden ursprünglich für die Bestimmung der Strukturen einzelner Proteine verwendet wurden, war es notwendig, sie für die schnelle und parallele Aufklärung einer Vielzahl von Strukturen ganzer Proteome weiterzuentwickeln. Die meisten Strukturen biologischer Makromoleküle (>95%) werden derzeitig entweder mit Hilfe der Röntgenstrukturanalyse oder der NMR-Spektroskopie aufgeklärt. Sie sind in der Regel über die Strukturdatenbanken der Ruttgers University (*www.pdb.org*) oder dem European Bioinformatics Institute (*www.ebi.ac.uk/msd*) zugänglich. Projekte, die sich mit systematischen Strukturlösungen aus spezifischen Proteomen befassen, sind in Strukturgenomik- bzw. Strukturproteomik-Konsortien zusammen gefasst. In der Protein-Datenbank werden derzeit (2005) 30 solcher Konsortien aufgeführt.

5.2
Strukturproteomische Methoden

Heutzutage stehen hauptsächlich zwei Methoden zur Aufklärung von makromolekularen Strukturen zur Verfügung, die Röntgenstrukturanalyse und die NMR-Spektroskopie. Während biologische Proben für die Röntgenstrukturanalyse kristallisiert werden müssen und deren Strukturbestimmung im Kristallgitter erfolgt, werden NMR-Spektroskopieexperimente normalerweise mit Proben in Lösung durchgeführt. In den meisten Fällen erlauben beide Methoden ein korrektes Abbild der jeweiligen biologischen Proben in ihrem gereinigten Zustand, der allerdings nicht notwendigerweise mit ihrem Zustand in lebenden Zellen identisch ist. Beide Methoden bergen jedoch Vor- und Nachteile. In der präzisen Darstellung statischer Strukturen ist die Röntgenstrukturanalyse unübertroffen („atomare" Auflösung

bei kristallographischen Daten mit einer Auflösung besser als 0,12 nm; „ultraatomare" Auflösung bei Daten mit einer Auflösung besser als 0,08 nm; Schmidt u. Lamzin 2002). In Bezug auf die Bestimmung dynamischer Prozesse, die zu Veränderungen in den jeweiligen Strukturen führen können (Gerstein u. Echols 2004) bietet hingegen die NMR-Spektroskopie die besten Möglichkeiten. Während NMR-Strukturen nach wie vor auf kleinere biologische Makromoleküle beschränkt sind (Molekulargewicht in der Regel <20000, in Ausnahmefällen bis zu 50000), gibt es bei der Röntgenstrukturanalyse im Prinzip keine derartige Beschränkungen. Erfahrungsgemäß ist es aber trotzdem schwieriger, sehr große oder komplexe Proben zu kristallisieren und Kristalle mit ausreichendem Streuvermögen (besser als ca. 0,3 nm Auflösung) zu finden. Die Strukturlösung integraler Membranproteine stellt sich als deutlich schwieriger dar im Vergleich zu löslichen Proteinen. Es ist daher nicht überraschend, dass die Zahl bekannter Strukturen integraler Membranprotcine nur einen kleinen Bruchteil (<1%) der gesamten Zahl der Strukturen biologischer Makromoleküle darstellt. Bereiche von Proteinen, die entweder strukturell ungeordnet sind oder bei denen geordnete Strukturen nur in Gegenwart von Liganden induziert werden, entziehen sich nicht nur hoch-auflösenden strukturbiologischen Methoden, sondern sind oft auch hinderlich für die Strukturbestimmung anderer Sequenzregionen. In vielen Fällen hat es sich als vorteilhaft erwiesen, sie entweder mit molekularbiologischen Methoden (Klonierung von Fragmenten) oder biochemischen Methoden (z.B. gerichtete, limitierte Proteolyse) zu entfernen.

5.3
Strukturproteomik mikrobieller Genome

Obwohl inzwischen mehr als hundert mikrobielle Genome sequenziert wurden, beschränken sich die heutigen strukturproteomischen Aktivitäten auf nur wenige Organismen (Tabelle 5.1). Lediglich von e11 Genomen sind die molekularen Strukturen von mehr als 1% des gesamten Proteoms gelöst worden. Die meisten molekularen Strukturen sind derzeitig von Proteomen bekannt, die wichtige Funktionen als Modellorganismen haben, u.a. *Escherichia coli* (832 nicht-redundante Strukturen), *Thermotoga maritima* (194 Strukturen) und *Thermus thermophilus* (170 Strukturen). Auffällig ist, dass die Redundanz von Strukturen homologer *E.-coli*-Sequenzen erheblich größer ist als für die anderen beiden Organismen. Tatsächlich wurden viele Strukturen von *E.-coli*-Proteinen bereits vor Beginn der Aktivitäten von Strukturproteomik-Konsortien gelöst. Aufgrund der bei hohen Temperaturen optimalen Lebensbedingungen von *T. maritima* und *T. thermophilus* und der damit verbundenen erhöhten thermischen Stabilität der jeweiligen Proteome, wurden diese beiden Organismen zur Entwicklung strukturproteomischer Methoden von Konsortien in den USA und Japan verwendet.

Mit Ausnahme von *Bacillus subtilis* (166 nicht-redundante Strukturen) haben alle weiteren Bakterien mit einer nennenswerten Anzahl gelöster Strukturen Bedeutung als Pathogene. *Staphylococ-cus aureus* (72 nicht-redundante Strukturen) ist als Überträger von vielen Infektionen in Krankenhäusern bekannt. *Mycobacterium tuberculosis* (89 nicht-redundante Strukturen) verursacht Tuberkulose, und repräsentiert vermutlich einen der gefährlichsten bakteriellen Erreger weltweit. Darüber hinaus gibt es nennenswerte strukturbiologische Aktivitäten für die Proteome von vier Archaeen, u.a. *Pyrococcus furiosus, Archaeoglobus fulgidus, Methanobacterium thermoautotrophicum* und *Thermoplasma acidophilum.*

5.4
Targetselektion

Aus Tabelle 5.1 kann entnommen werden, dass die Anzahl von redundanten Proteinstrukturen für verschiedene mikrobielle Organismen stark variiert. Geringe Redundanzen deuten auf koordinierte Aktivitäten eines oder mehrerer Strukturproteomik-Konsortien hin. Im Wesentlichen werden geeignete Zielproteine (Targets) nach folgenden Kriterien ausgesucht:

Tabelle 5.1. Proteinstrukturen mikrobieller Proteome (2005)

	Genom	Strukturen	Nicht redundante Strukturen[a]	Strukturen/ Proteom (%)	SP index[b]
Bakterien					
Escherichia coli	5336	2757	832	15,6	0,30
Thermotoga maritima	1852	299	194	10,5	0,65
Thermus thermophilus	2201	293	170	7,7	0,58
Bacillus subtilis	4105	300	166	4,0	0,55
Haemophilus influenzae	1711	160	60	3,5	0,38
Staphylococcus aureus	2709	255	72	2,7	0,28
Mycobacterium tuberculosis	4171	190	89	2,1	0,47
Borrelia burgdorferi	853	12	12	1,4	1,00
Salmonella typhimurium	4513	174	62	1,4	0,36
Mycoplasma pneumoniae	687	11	7	1,0	0,64
Helicobacter pylori	1590	23	16	1,0	0,70
Archaeen					
Pyrococcus furiosus	2053	85	51	2,5	0,60
Archaeoglobus fulgidus	2400	80	44	1,8	0,55
Methanobacterium thermoautotrophicum	1865	60	33	1,8	0,55
Thermoplasma acidophilum	1482	30	20	1,4	0,67

[a] Standardkriterien der Protein Data Bank (*www.pdb.org*)
[b] SP Index, Strukturproteomikindex; Zahl der nicht-redundanten Strukturen/Gesamtzahl der Strukturen

- **Repräsentative Proteinfaltungen.** Diese Form der Selektion wird vor allem mit bioinformatischen Methoden durchgeführt, z. B. durch den Ausschluss von Sequenzen, die Proteinsequenzen mit bereits bekannter Struktur ähnlich sind. Die Strukturen der nicht ausgewählten Sequenzen werden ebenfalls mit bioinformatischen Methoden analysiert, was für die Beantwortung vieler biologischer Fragen ausreichend ist. In diesem Ansatz ist es im Prinzip unerheblich, wie viel über die Funktion eines Zielproteins vor der Strukturbestimmung bekannt ist. Es ist also nicht überraschend, dass es eine steigende Anzahl von Beispielen gibt, in denen über die gelösten Strukturen, z. B. aufgrund von unerwarteten Strukturähnlichkeiten mit anderen Proteinen oder der Bindung spezifischer Liganden (Cofaktoren, Inhibitoren, Substratanaloge), Rückschlüsse auf die Funktionen der jeweiligen Zielproteine möglich sind (Yakunin et al. 2004, Zhang u. Kim 2003).
- **Untersuchung der strukturellen Grundlagen spezifischer biologischer Prozesse.** Grundlage für die Auswahl sind bereits vorhandene Funktionskenntnisse. Beispiele für diesen Ansatz sind z. B. die Selektion von Zielproteinen aus einer Reihe von Aminosäure-Biosynthesewegen, der Zellwandsynthese und der Regulation der Transkription.
- **Pharmakologische Untersuchungen.** Dieser Ansatz ist besonders attraktiv im Rahmen von Strukturproteomik-Projekten und verfolgt das Ziel, neue Medikamente durch spezifische Inhibierung von Zielproteinen zu entwickeln. Die Selektion kann entweder aufgrund vorhandener Kenntnis spezifischer biologischer Prozesse oder aufgrund genomischer (Mikroarray) bzw. proteomischer (2D-Proteingele) Expressionsdaten erfolgen. Mögliche Targets können aus dem Vergleich dieser Expressionsmuster entweder von ähnlichen Stämmen unterschiedlicher Pathogenität oder von einem Stamm unter verschiedenen Lebensbedingungen, verbunden mit davon abhängigen Infektionsraten, ermittelt werden.

Darüber hinaus spielt nach wie vor die Eignung einer Proteinsequenz zur experimentellen Strukturbestimmung eine wichtige Rolle. Die derzeit vorhandenen Strukturdaten werden hauptsächlich von kleinen, löslichen Proteinen dominiert, so dass komplizierte, aus mehreren Domänen bestehende Proteine, sowie integrale Membranproteine deutlich unterrepräsentiert sind.

5.5
Bestimmung kompletter 3D-Proteome

Im Gegensatz zur Bestimmung bzw. Modellierung kompletter 3D-Proteome von höheren Eukaryonten ist dieses Ziel für eine Reihe bakterieller Proteome technisch in naher Zukunft möglich. Bereits jetzt lässt sich mit ca. 9% des experimentell bestimmten 3D-Proteoms von *T. maritima* ein großer Teil des gesamten Proteoms modellieren, je nach verwendeter Software ca. 55% (PSI-BLAST) bzw. 70% (FFAS) (Friedberg et al. 2004). Inwieweit diese Information zur Modellierung zellulärer Prozesse in *T. maritima* beitragen kann, ist allerdings noch nicht systematisch analysiert worden. Von besonderem Interesse ist die Bestimmung des 3D-Proteoms von *E. coli*, wegen dessen herausragender Rolle nicht nur als Expressionswirt, sondern auch als Modellorganismus für neuere systembiologische Forschungen. Eine kürzlich vorgenommene Abschätzung kam zu dem Ergebnis, dass bereits über 40% des *E.-coli*-3D-Proteoms modelliert werden können (Matte et al. 2003).

5.6
Strukturproteomik
zur Entwicklung neuer Medikamente

Die Kenntnis der molekularen Struktur von Zielproteinen wird zur Entwicklung neuer Medikamente vielfältig genutzt, z. B. im Rahmen von Computer-gestützten „*in-silico*"-Ligandensuchen oder im Rahmen von gezielten Screens mit Hilfe von Molekül-Bibliotheken. Unter Anwendung strukturgestützter Methoden kann die Effektivität von Target-orientierten Screens zur Bestimmung von Struktur-/Aktivitätsbeziehungen erheblich verbessert werden und zu Ressourcenersparnissen führen (De Clercq 2002). Sowohl aufgrund der limitierten Größe bakterieller Proteome sowie der meist leichteren Handhabung von Zielproteinen für strukturbiologische Zwecke, ist beispielsweise die Entwicklung neuer Antibiotika gegen Pathogene mit Hilfe strukturproteomischer Daten besonders Erfolg versprechend (Schmid 2002, Di Guilmi u. Dessen 2002). Insofern ist es nicht verwunderlich, dass die Mehrzahl der für strukturproteomische Untersuchungen ausgewählten mikrobiellen Proteome von pathogenen Bakterien stammt. Viele Ansätze beinhalten für den jeweiligen Organismus spezifische und essentielle biochemische Prozesse, sowie Zielproteine, die direkt in Pathogen-Wirtsbeziehungen involviert sind (Smith u. Sacchettini 2003).

5.7
Strukturproteomik spezifischer biologischer Prozesse

Schon nach wenigen Jahren haben strukturproteomische Ergebnisse zu einer enormen Erkenntniserweiterung zentraler biologischer Prozesse beigetragen. Dabei ist es nicht überraschend, dass die herausragendsten Ergebnisse zunächst für klassische metabolische Prozesse erzielt wurden. Dies soll stellvertretend für die Histidin-Biosynthese dargestellt werden.

Die Biosynthese von Histidin aus Phosphoribosylpyrophosphat und ATP wird von 10 bzw. 11 Enzymen katalysiert (Tabelle 5.2). Im Gegensatz zu höheren Vertebraten und Pflanzen kann Histidin, eine Aminosäure, von den meisten Mikroben synthetisiert werden. Aufgrund dieser Unterschiede wurden Enzyme aus der Histidin-Biosynthese als Zielproteine für die Entwicklung von neuen Herbiziden verwendet (Guyer et al. 1995). Die Katalyse der Eingangsreaktion, die zur Aktivierung von Phosphoribosylpyrophosphat führt, wird unter anderem durch eine konzentrationsabhängige Feedback-Inhibition von Histidin reguliert. Diese Regulation erfolgt in den meisten Proteobakterien durch die Anwesenheit einer His-

tidin-Bindungsdomäne in HisG, während z. B. in allen Archaeen diese Funktion von einem HisG-spezifischen regulatorischen Protein (HisZ) übernommen wird. HisI/E und HisB sind bifunktionell, und HisF/H wird entweder ebenfalls als bifunktionelles Enzym oder heterodimerer Enzymkomplex gefunden. Die Funktion von HisH ist die Bereitstellung von aktiviertem Stickstoff aus der Hydrolyse von Glutamin zur Synthese eines zyklischen Zwischenprodukts in der von HisF-katalysierten Reaktion.

Tabelle 5.2. Proteinstrukturen aus der Histidinbiosynthese

PDB	Genprodukt	Liganden	Organismus
1H3D	HisG(L)	AMP	*E. coli*
1NH7	HisG(L)	Sulphat	*M. tuberculosis*
1NH8	HisG(L)	AMP und Histidin	*M. tuberculosis*
1O63	HisG(S)		*T. maritima*
1O64	HisG(S)	Hydrogenphosphat	*T. maritima*
1USY	HisG(S)/HisZ	Phosphat+Histidin	*T. maritima*
1QO2	HisA		*T. maritima*
1H5Y	HisF	Phosphat	*P. aerophilum*
1THF	HisF	Phosphat	*T. maritima*
1VH7	HisF	Phosphat	*T. maritima*
1K9V	HisH	Acetat	*T. maritima*
1KXJ	HisH	Phosphat	*T. maritima*
1GPW	HisF/HisH	Phosphat	*T. maritima*
1JVN	His7(FH)	Acivicin+Pyrophosphat+Sulphat	*S. cereviseae*
1OX4	His7(FH)	DON[a]+Pyrophosphat+Sulphat	*S. cereviseae*
1OX5	His7(FH)	PRFAR[b]+DON[a]	*S. cereviseae*
1OX6	His7(FH)	Pyrophosphat+Sulphat	*S. cereviseae*
1RHY	HisB	Acetat+Sulphat	*F. neoformans*
1FG3	HisC	L-Histidinol+PLP	*E. coli*
1FG7	HisC	PMP	*E. coli*
1GEW	HisC	PLP	*E. coli*
1GEX	HisC	L-Histidinol+PLP	*E. coli*
1GEY	HisC	N-(5′-Phosphopyridoxyl)-L-Glutamat	*E. coli*
1IJI	HisC	PLP	*E. coli*
1HIC	HisC	PLP	*T. maritima*
1UU0	HisC		*T. maritima*
1UU1	HisC	Histidinolphosphat	*T. maritima*
1UU2	HisC	PMP	*T. maritima*
1K75	HisD		*E. coli*
1KAE	HisD	L-Histidinol+NAD	*E. coli*
1KAH	HisD	L-Histidin+NAD	*E. coli*
1KAR	HisD	Histamin+NAD	*E. coli*

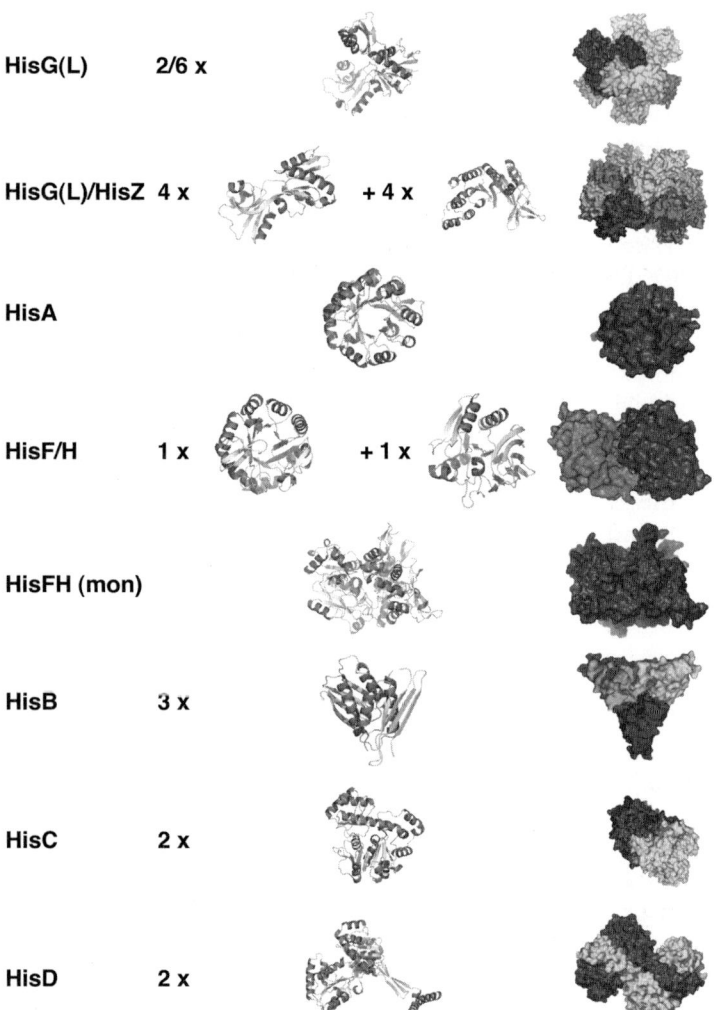

HisG(L)   2/6 x

HisG(L)/HisZ 4 x   + 4 x

HisA

HisF/H   1 x   + 1 x

HisFH (mon)

HisB   3 x

HisC   2 x

HisD   2 x

Abb. 5.1. Raumstrukturen von Enzymen aus der Histidinbiosynthese. *Links*: Gennamen der jeweiligen Enzyme. *Mitte*: monomere Faltungseinheiten; Helices rot; β-Stränge gelb; Schleifen grün. *Rechts*: Oberflächendarstellungen der z. T. oligomeren Enzymkomplexe. Die Darstellung verschiedener Untereinheiten ist durch die Verwendung verschiedener Farben hervorgehoben

Nachdem bis zum Ende des 20. Jahrhunderts nicht eine einzige Struktur eines Enzyms aus der Histidin-Biosynthese bekannt gewesen war, wurden im Laufe der letzten fünf Jahre Strukturen aller Enzyme aus diesem Biosyntheseweg, mit Ausnahme von HisE und HisI, gelöst (Tabelle 5.2, Abb. 5.1). Analog zu den generell beobachteten Trends (Tabelle 5.1) wurden die meisten Strukturen von Enzymen aus *E. coli* und *T. maritima* bestimmt. Zwei dieser Enzyme, HisA und HisF, sind als $(\beta\alpha)_8$-Barrels (oder: TIM-Barrel) gefaltet. Im Gegensatz zu anderen Proteinen mit diesem Faltungstyp, der in Enzymen häufiger als jeder andere gefunden wird (ca. 10% aller Enzymstrukturen), konnte in HisA und HisF eine Wiederholung von Halb-Barrels gefunden werden, die auf eine Evolution dieser Enzyme aus Halb-Barrel-Einheiten hinweist (Lang et al. 2000). Von besonderem Interesse sind auch die Strukturen von bifunktionellen Enzymkomplexen. Ein Vergleich des monomeren Bi-Enzyms His7 mit Glutaminase- und Zyklaseaktivitäten (entsprechend HisF und HisH) aus Hefe und dem hetero-dimeren HisF/HisH-Bienzymkomplex aus *T. maritima* zeigt ein gutes

Beispiel, wie (trotz Sequenzähnlichkeiten) während der Evolution unterschiedliche Quaternärstrukturen entwickeln wurden, ohne die katalytischen Funktionen der beteiligten Enzyme grundlegend zu ändern (Chaudhuri et al. 2001, Douangamath et al. 2002). Ein weiteres Beispiel sind die unterschiedlichen Organisationsformen von HisG. Die Struktur des hetero-oktameren $HisG_4HisZ_4$-Komplexes aus *T. maritima* zeigt, wie das regulatorische HisZ-Protein die Funktion der Histidin-Bindungsdomäne in der längerkettigen Form von HisG zur Feedback-Regulation durch Histidin ersetzt (Vega et al. 2005). Eine besonders komplexe Organisationsform wurde für HisB gefunden. Mit einer kürzlich gelösten Struktur dieses Enzyms aus *Filobasidiella neoformans* war es zum ersten Mal möglich, ein plausibles Modell für ein 24-mer von HisB zu erstellen (Sinha et al. 2004). Die gelösten Strukturen von Enzymen aus der Histidinbiosynthese zeigen nicht nur, wie es nun möglich ist, z.T. seit langem bekannte biochemische Daten durch strukturelle Daten zu komplementieren, sondern sind auch gute Beispiele für die zum Teil komplexen Organisationsformen einiger dieser katalytischen Aktivitäten. Die heutzutage vorhandenen strukturellen Informationen stellen einen wichtigen Meilenstein dar, die gewonnenen Daten für neuartige systembiologische Ansätze zu verwenden. Beispiele sind z.B. die Verwendung von HisF für gerichtete Evolution zu einer analogen Isomerase aus der Tryptophanbiosynthese (Jurgens et al. 2000) oder die Verwendung der Halb-Barrel-Einheiten des gleichen Enzyms als Module, um neue Proteine zu kreieren (Hocker, 2004).

5.8
Ausblick

Zukünftige Strukturproteomik wird sich sowohl an den technischen und wissenschaftlichen Herausforderungen orientieren als auch an konkreten Anwendungen, z.B. der Entwicklung neuer Medikamente. Die großen Herausforderungen der Zukunft liegen in der Entschlüsselung eines Teils des 3D-Proteoms von höheren Eukaryoten (Mensch, Maus) als auch in der Fokussierung auf schwierige Zielproteine, wie z.B. integrale Membranproteine. Viele zusätzliche Komplikationen, wie z.B. eine Vielzahl von kovalenten Modifizierungen oder Splice-Varianten, sind in mikrobiellen Proteomen in wesentlich geringerem Ausmaß vorhanden bzw. nicht existent. Insofern stehen die Chancen gut, dass größere Teile mikrobieller 3D-Proteome in absehbarer Zeit aufgeklärt werden können. Durch systematische und vergleichende Untersuchungen von Struktur-/Funktionsbeziehungen wird es möglich werden, Organismus-spezifische Eigenschaften zu analysieren und zu verstehen. Mikrobielle Strukturproteomik birgt ein herausragendes Potential als wichtige Wissensressource zur Entwicklung neuer Medikamente gegen spezifische Zielproteine pathogener Mikroorganismen.

Literatur

Chaudiri BN, Lange SC, Myers RS, Chittur SV, Davisson VJ, Smith JL (2001) Crystal structure of imidazole glycerol phosphate synthase: a tunnel through a (beta/alpha)8 barrel joins two active sites. Structure (Camb) 9:987–997

De Clercq E (2002) Strategies in the design of antiviral drugs. Nat Rev Drug Discov 1:13–25

Di Guilmi AM, Dessen A (2002) New approaches towards the identification of antibiotic and vaccine targets in Streptococcus pneumoniae. EMBO Rep 3:728–734

Douangamath A, Walker M, Beismann-Driemeyer S, Vega-Fernandez MC, Sterner R, Wilmanns M (2002) Structural evidence for ammonia tunneling across the (beta alpha)(8) barrel of the imidazole glycerol phosphate synthase bienzyme complex. Structure (Camb) 10:185–193

Friedberg I, Jaroszewski I, Ye Y, Godzik A (2004) The interplay of fold recognition and experimental structure determination in structural genomics. Curr Opin Struct Biol 14:307–312

Gerstein M, Echols N (2002) Exploring the range of protein flexibility, from a structural proteomics perspective. Curr Opin Chem Biol 8:14–19

Guyer D, Patton D, Ward E (1995) Evidence for cross-pathway regulation of metabolic gene expression in plants. Proc Natl Acad Sci USA 92:4997–5000

Hocker B, Claren J, Sterner R (2004) Mimicking enzyme evolution by generating new (beta alpha)8-barrels from (beta alpha)4-half-barrels. Proc Natl Acad Sci USA 101:16448–16453

Jurgens C, Strom A, Wegener D, Hettwer S, Wilmanns M, Sterner R (2000) Directed evolution of a (beta alpha)8-barrel enzyme to catalyze related reactions in two different metabolic pathways. Proc Natl Acad Sci USA 97:9925–9930

Lang D, Thoma R, Henn-Sax M, Sterner R, Wilmanns M (2000) Structural evidence for evolution of the beta/alpha barrel scaffold by gene duplication and fusion. Science 289:1546–1550

Matte A, Sivaraman J, Ekiel I, Gehring K, Jia Z, Cygler M (2003) Contribution of structural genomics to understanding the biology of Escherichia coli. J Bacteriol 185: 3994–4002

Schmid MB (2002) Structural proteomics: the potential of high-throughput structure determination. Trends Microbiol 10:S27–S31

Schmidt A, Lamzin VS (2002) Veni, vidi, vici – atomic resolution unravelling the mysteries of protein function. Curr Opin Struct Biol 12:698–703

Sinha SC, Chaudhuri BN, Burgner JW, Yakovleva G, Davisson VJ, Smith JL (2004) Crystal structure of imidazole glycerolphosphate dehydratase: duplication of an unusual fold. J Biol Chem 279:15491–15498

Smith CV, Sacchettini JC (2003) Mycobacterium tuberculosis: a model system for structural genomics. Curr Opin Struct Biol 13:658–664

Vega MC, Zou P, Fernandez FJ, Murphy GE, Sterner R, Popov A, Wilmanns M (2005) Regulation of the hetero-octameric ATP phosphoribosyl transferase complex from Thermotoga maritima by a tRNA synthetase-like subunit. Mol Microbiol 55:675–686

Yakumin AF, Yee AA, Savchenko A, Edward AM, Arrowsmith CH (2004) Structural proteomics: a tool for genome annotation. Curr Opin Chem Biol 8:42–48

Zhang C, Kim SH (2003) Overview of structural genomics: from structure to function. Curr Opin Chem Biol 7:28–32

6 Mikrobielle Herstellung von Pharmaproteinen

U. Rinas

Im folgenden Kapitel werden grundlegende Aspekte der mikrobiellen Pharmaproteinproduktion diskutiert sowie einige ausgewählte Pharmaproteine und ihre mikrobielle Herstellung beispielhaft dargestellt. Es handelt sich hierbei um **klassische Pharmaproteine**, die als rekombinante Produkte seit langer Zeit industriell mit mikrobiellen Expressionssystemen erzeugt werden. Es werden auch kurz einige Beispiele von rekombinanten Pharmaproteinen vorgestellt, deren mikrobielle Herstellung aufgrund ihrer Komplexität zur Zeit nicht praktikabel ist. Weiterhin werden zukünftige **Perspektiven der Pharmaproteinproduktion** aufgezeichnet.

6.1
Was sind Pharmaproteine?

Im Unterschied zu niedermolekularen Verbindungen, die eine molare Masse bis zu 1000 g pro Mol haben, handelt es sich bei den Pharmaproteinen um Makromoleküle, die molare Massen über 300 000 g pro Mol (Molekulargewicht > 300 000) erreichen können. Unter den Pharmaproteinen finden sich **Enzyme**, wie z. B. Proteasen, die durch proteolytische Spaltung andere Proteine in eine aktive Form überführen und hierdurch als Mitglied einer Ursache-Wirkungskaskade ihre biologische Aktivität entfalten (z. B. Plasminogenaktivator). Andere Pharmaproteine gehören zu den **Botenstoffen**, die nach Bindung an die zugehörigen Rezeptoren auf den Zelloberflächen eine entsprechende Reaktionskette im Zellinneren auslösen. Zu den Botenstoffen gehören Hormone wie z. B. das Insulin und das Erythropoietin (EPO) aber auch Zytokine wie z. B. die Interferone. Eine andere große Gruppe von Pharmaproteinen umfasst **Antikörper und Inhibitoren**, Substanzen die über eine Bindung an die entsprechenden Zielproteine deren biologische Wirksamkeit außer Kraft setzen. Pharmaproteine basieren häufig auf natürlich vorkommenden humanen Vorbildern und werden dann als Ersatz für ein defektes oder in nicht ausreichender Menge gebildetes humanes

Protein eingesetzt. Als Beispiele seien hier genannt: Insulin bei Diabetes mellitus, Faktor VIII bei der erblich bedingten Bluterkrankung oder EPO bei chronischen Nierenerkrankungen und Krebstherapien. Eine weitere wichtige, nicht auf humanen Vorbildern basierende Gruppe von Pharmaproteinen stellen die **Vakzine** dar. Hierbei handelt es sich um ursprünglich aus pathogenen Organismen entstammende Oberflächenproteine oder deren als Antigen wirkende Sequenzabschnitte, die als Impfstoffe Verwendung finden.

Pharmaproteine bestehen wie alle Proteine aus **Aminosäuren**, die über eine Peptidbindung unter Freisetzung von Wasser linear miteinander verknüpft sind. Da die Pharmaproteine sich in der Regel von natürlich vorkommenden extrazellulären Proteinen ableiten, finden sich bei ihnen häufig über Disulfidbrücken kovalent verknüpfte Cysteine, die dem Protein zusätzliche Stabilität verleihen. Viele natürlich vorkommende Vorbilder der Pharmaproteine besitzen zudem noch eine kovalente Anknüpfung von Zuckerresten oder andere posttranslationale Modifikationen wie zusätzliche Phosphat- oder Sulfatgruppen. Auch können die pharmakologisch wirksamen Proteine aus mehreren Proteinketten bestehen, die kovalent über Disulfidbrücken miteinander verbunden sein können. Hier wird das Protein häufig wie z. B. beim Insulin zuerst als ein größeres einkettiges Vorläufermolekül gebildet, das dann in weiteren Prozessierungsschritten zunächst mit Disulfidbrücken ausgestattet und anschließend durch proteolytische Prozessierung in das zweikettige disulfidverbrückte Endprodukt überführt wird.

Pharmaproteine unterscheiden sich von den niedermolekularen pharmazeutisch wirksamen Substanzen durch ihre **Komplexität**. Sie sind durch chemische Synthese nicht oder zumindest zur Zeit nicht in wirtschaftlich vertretbarer Weise herstellbar. Sie können entweder durch **Isolierung aus natürlichen Quellen** gewonnen werden oder man nutzt die komplexen **Syntheseleistungen von genetisch veränderten Zellen**, um sie künstlich herzustellen.

6.2
Pharmaproteine aus natürlichen Quellen und rekombinanter Produktion

Traditionell wurden Pharmaproteine hauptsächlich aus **tierischem und humanem Gewebe** sowie aus humanem Blutplasma gewonnen. Viele dieser Proteine sind jedoch in ihren natürlichen Quellen nur in Spuren vorzufinden. Ihre Isolierung daraus ist demzufolge mit einem hohen Aufwand verbunden und somit sehr kostenaufwändig. Zudem ist die auf diesem Wege gewonnene Menge begrenzt. Ein weiterer Nachteil aus natürlichen Quellen isolierter Proteine besteht in ihrer **potentiellen Verunreinigung mit Krankheitserregern.** Mit Hilfe gentechnischer Methoden können sowohl große Mengen als auch erregerfreie Pharmaproteine hergestellt werden.

Die Entscheidung, mit welchem Organismus ein Pharmaprotein erfolgreich produziert werden kann, hängt unter anderem von der **Komplexität des Proteins** ab. Je komplexer das Protein, desto komplexer müssen die Syntheseleistungen der produzierenden Organismen sein (s. Kap. 3). Ein einfaches einkettiges Protein, das keine Disulfidbrücken trägt, kann in funktionaler Form in Bakterien wie dem ursprünglich aus dem Darm entstammenden Bakterium *Escherichia coli* gebildet werden. Sind in dem natürlich vorkommenden Protein Disulfidbrücken zu finden, dann können diese Proteine nicht in korrekter Form im reduzierend wirkenden Milieu des Zytoplasmas von *E. coli* ausgebildet werden und das Zielprotein fällt im Zytoplasma in Form von Aggregaten, den **Inclusion Bodies,** aus. Die Proteine aus den Inclusion Bodies können jedoch durch chaotrope Verbindungen in Lösung gebracht und anschließend nach Überführung in geeignete Pufferbedingungen in die **korrekte biologisch aktive dreidimensionale Struktur renaturiert** werden (Abb. 6.1). Viele der derzeit auf dem Markt befindlichen Pharmaproteine aus rekombinanten *E. coli* werden über die Renaturierung von Inclusion-Body-Proteinen gewonnen (s. auch Tabelle 6.2). *E. coli* kann jedoch auch für die direkte Herstellung von disulfidverbrückten Pharmaproteinen genutzt werden, wenn die Sekretion in das oxidierend wirkende Milieu des Periplasmas gelingt (s. humaner Wachstumsfaktor).

Wenn die gewünschten Pharmaproteine in Bakterien nicht in biologisch aktiver Form hergestellt werden können, ihre aktive Form auch

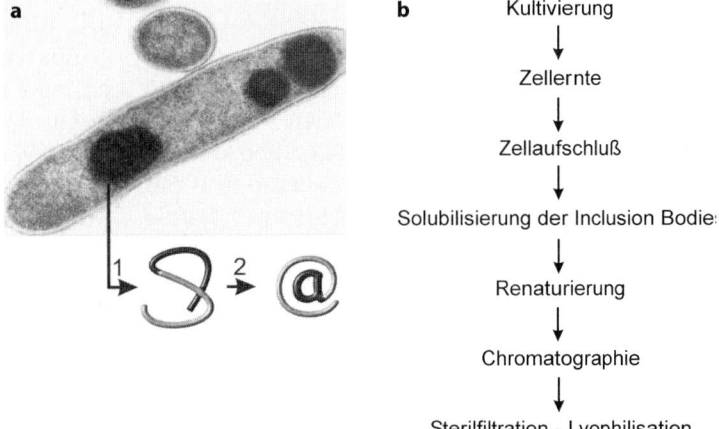

Abb. 6.1 a, b. Die meisten mikrobiellen Pharmaproteine werden in *E. coli* in Form von unlöslichen Proteinaggregaten, den Inclusion Bodies, gebildet. **a** Die elektronenmikroskopische Aufnahme zeigt eine *E. coli*-Zelle mit drei zytoplasmatischen Inclusion Bodies. Das in Form von Inclusion Bodies gebildete Protein wird durch chaotrope (strukturbrechende) Reagen- zien in Lösung gebracht [Schritt 1] und anschließend durch Überführung in geeignete Pufferbedingungen in die native Proteinstruktur renaturiert [Schritt 2]. **b** Schematische Übersicht über die Gewinnung von rekombinanten Pharmaproteinen aus mikrobiellen Inclusion Bodies

nicht über die Renaturierung von Inclusion-Body-Proteinen hergestellt werden kann, dann müssen **komplexere mikrobielle Expressionssysteme** zum Einsatz kommen. In diesem Fall kann auf einzellige Hefen wie z.B. die Bäckerhefe (*Saccharomyces cerevisiae*) zurückgegriffen werden. Da es sich hier um einen eukaryotischen Mikroorganismus handelt, sind die Ausbildung von Disulfidbrücken und posttranslationale Modifikationen bei der Pharmaproteinsynthese möglich. Jedoch sind posttranslationale Modifikationen wie Glykosylierungen **nicht in humanidentischer Form** zugänglich. Kann mit eukaryotischen Mikroorganismen das Pharmaprotein nicht in der gewünschten Form erzeugt werden, dann bleibt noch die Möglichkeit, auf die Syntheseleistungen höherer eukaryotischer Zellen zurückzugreifen. Hier bestehen langjährige Erfahrungen in der Pharmaindustrie mit der Nutzung von tierischen Zelllinien, wie z.B. den Zelllinien aus Baby-Hamsternieren (BHK – Baby Hamster Kidney) oder den Ovarien des chinesischen Streifenhamsters (CHO – Chinese Hamster Ovary).

6.3
Sicherheitsaspekte bei der Herstellung von Pharmaproteinen

Die Hauptrisiken bei der traditionellen Gewinnung von Pharmaproteinen ergeben sich durch **Verunreinigungen mit Krankheitserregern**. Hier sind insbesondere virale Kontaminationen in Präparaten aus humanem Blutserum und Gewebe zu nennen. So wurden früher mit Blutkonserven bzw. mit den aus Blutplasma gewonnenen Faktoren häufig auch Hepatitis-B- und AIDS-Viren übertragen. Dies führte unter anderem dazu, dass Bluter, die auf regelmäßige Versorgung mit dem **Gerinnungsfaktor VIII** angewiesen waren, zu Beginn der 80er Jahre eine bedeutende AIDS-Risikogruppe darstellten. Des Weiteren führten Kontaminationen mit humanen Prionen, den Erregern der Creutzfeld-Jakob-Krankheit, zur Infizierung von Patienten, die aufgrund ihrer Kleinwüchsigkeit mit **menschlichem Wachstumshormon** behandelt wurden. Das menschliche Wachstumshormon wurde ursprünglich aus den Hirnanhangsdrüsen Verstorbener isoliert. Offenbar war das zur Behandlung eingesetzte Wachstumshormon auch aus dem Gewebe erkrankter Menschen isoliert worden. Die Risiken einer Kontamination durch Viren oder Prionen lassen sich durch die Herstellung mit rekombinanten Mikroorganismen vermeiden.

Ein wesentlich stärker verbreitetes Risiko bei dem Einsatz von Pharmaproteinen resultiert aus **allergischen Reaktionen** der behandelten Patienten auf das verabreichte Therapeutikum. Proteine haben im Vergleich zu niedermolekularen Verbindungen ein wesentlich größeres Potential für die Auslösung allergischer Reaktionen. Die Schwere der allergischen Reaktion ist zum einen durch die individuelle Disposition des Patienten bedingt, zum anderen aber auch durch die Fremdheit des Proteins für das menschliche Immunsystem.

Dies ist insbesondere dann der Fall, wenn sich die Pharmaproteine nicht von einem natürlichen humanen Vorbild ableiten. Ein Beispiel hierfür ist die Streptokinase, ein fibrinolytisches Enzym, das zur Auflösung von Blutgerinnseln eingesetzt werden kann. Dieses Enzym wurde ursprünglich aus Streptokokken gewonnen. Es wird vom menschlichen Körper als artfremd erkannt und kann nur einmal verabreicht werden. Bei einer zweiten Verabreichung kann es zu schwerwiegenden allergischen Reaktionen kommen.

Aus tierischen Quellen stammende Pharmaproteine können ebenfalls Immunreaktionen auslösen, wenn die Aminosäuresequenz der tierischen Variante nicht identisch mit dem humanen Protein ist, wie es beispielsweise beim **Insulin aus Rinderpankreas** der Fall ist. So unterscheidet sich das Rinderinsulin an drei Aminosäurepositionen vom humanen Insulin (zwei Aminosäuren in der A-Kette und die C-terminale Aminosäure in der B-Kette). Dieser Unterschied führt bei einigen Patienten zu Unverträglichkeiten aufgrund von Immunreaktionen.

In den rekombinanten Organismen kann das Pharmaprotein in seiner humanidentischen Aminosäuresequenz hergestellt werden. Jedoch können auch mit dieser Methode nicht immer humanidentische Proteine hergestellt werden, da keine

absolut humanidentische posttranslationale Modifikation der rekombinant erzeugten Pharmaproteine erfolgt (z. B. fehlende oder falsche Glykosylierung). Bei bakterieller Proteinsynthese wird auch beobachtet, dass gelegentlich das N-terminale, durch das Startcodon bedingte Methionin nicht abgespalten wird. Des Weiteren kann es bei der Verwendung von einigen Wirtsstämmen und/oder suboptimalen Kultivierungsbedingungen auch zu einer **falschen Translation,** d. h. dem Einbau falscher Aminosäuren und/oder partiellem proteolytischen Abbau während der bakteriellen Proteinproduktion kommen. Pharmaproteine können aber auch dann als artfremd erkannt werden und unerwünschte Immunreaktionen, wie z. B. allergische Reaktionen oder die Bildung neutralisierender Antikörper, hervorrufen, wenn sie in denaturierter oder aggregierter Form verabreicht werden. Unerwünschte Nebenreaktionen können auch durch unzureichende Abtrennung unverträglicher Zellbestandteile der Produktionsorganismen hervorgerufen werden. Es müssen daher nicht nur besondere **Qualitätsanforderungen** an die mikrobielle Proteinproduktion gestellt werden (Auswahl und Gestaltung der Expressionssysteme und Kultivierungsbedingungen), sondern auch an die nachfolgenden Schritte der Aufarbeitung und Lagerung.

6.4
Mikrobielle Produktionsorganismen von Pharmaproteinen

6.4.1
Escherichia coli (gram-negatives Bakterium)

Der am häufigsten eingesetzte Mikroorganismus für die Produktion pharmazeutisch genutzter Proteine ist das Gram-negative ursprünglich aus dem Darm stammende Bakterium *E. coli.* Von *E. coli* existieren Sicherheitsstämme, die nicht mehr in der Lage sind, den menschlichen Organismus zu besiedeln, und die ihr Erbmaterial auch nicht an andere Organismen weitergeben können.

Die Umwandlung von *E. coli* in einen Produktionsorganismus erfordert das Einbringen der Erbinformation für das Produkt, das Produktgen, **in das Erbmaterial der Zelle** (s. Kap. 3).

Das Produktgen wird nicht in das Bakterienchromosom eingebaut, sondern es wird in eine zusätzliche, vom Bakterienchromosom unabhängige Informationseinheit, ein **Plasmid,** eingefügt. Vor dem Produktgen befindet sich in der Regel ein Kontrollelement (Promotor), über welches das An- und Abschalten der Produktsynthese (z. B. durch Zugabe eines Induktors) kontrolliert werden kann, um eine Trennung von ungestörter Zellvermehrung und wachstumsinhibierender Produktbildung zu ermöglichen (s. Kap. 3).

Die weitverbreitete Nutzung von *E. coli* für die Pharmaproteinproduktion ist nicht auf die exzellenten Produktionseigenschaften zurückzuführen, sondern auf die langjährige Erfahrung mit *E. coli* als mikrobiellem Objekt grundlegender physiologischer und genetischer Forschungsarbeiten. So waren die ersten molekularbiologischen Werkzeuge für eine gezielte Rekombination fremder Gene für *E. coli* verfügbar. Im Unterschied zu anderen Mikroorganismen, wie z. B. den Milchsäurebakterien, den Bäcker- und Brauhefen, den Antibiotika-erzeugenden filamentösen Pilzen, gab es vor der Einführung molekularbiologischer Methoden zur Manipulation mikrobieller Syntheseleistungen keine Verwendung von *E. coli* in der traditionellen biotechnologischen Industrie (z. B. Lebensmittel- und Pharmaindustrie, Erzeugung technischer Enzyme etc.). Derzeit steht für die Nutzung von *E. coli* eine Vielzahl von **unterschiedlichen Wirtsstämmen und Expressionsplasmiden** zur Verfügung, die den jeweiligen Anforderungen an Produkt und Produktionsprozess Rechnung tragen.

Neben dem umfangreichen Werkzeug zur genetischen Manipulation und dem umfassenden Wissen über Genetik und Physiologie sind das **schnelle Wachstum** auf preisgünstigen und vollsynthetischen Medien **bei hohen Produktionsraten** und die inzwischen jahrzehntelange Erfahrung im sicheren Umgang weitere Pluspunkte für die Verwendung von *E. coli* als Pharmaproteinproduzent. Zu den Nachteilen gehören die *E. coli* eigenen Lipopolysaccharide und Lipoproteinkomplexe, die als Endotoxine fiebererregend sind und einen septischen Schock verursachen können, und während der Proteinreinigung sorgfältigst entfernt werden müssen. Des Weiteren werden viele Proteine in *E. coli* ausschließlich in Form von Inclusion Bodies gebildet, so dass in diesen Fällen für die Gewinnung von aktivem Protein Renaturierungstechniken entwickelt werden müssen.

6.4.2
Saccharomyces cerevisiae (einzellige Hefe)

Neben dem Bakterium *E. coli* ist die Bäckerhefe *Saccharomyces cerevisiae* ein weiterer wichtiger industriell eingesetzter Mikroorganismus für die Synthese von Pharmaproteinen. Auch hier konnte wie im Fall von *E. coli* auf einen reichen Erfahrungsschatz zurückgegriffen werden. Im Falle der Bäckerhefe war es jedoch nicht das weitentwickelte molekularbiologische Handwerkszeug, das diesen Organismus so attraktiv für die Produktion von Pharmaproteinen erscheinen ließ, sondern die **lange Tradition der sicheren Nutzung** in der Lebensmitteltechnologie als Bäcker- und Brauhefe und das dadurch angesammelte Wissen aus der industriellen Backhefeproduktion und dem Brauereiwesen. Aus dieser Tradition heraus konnte auch bei *S. cerevisiae* auf ein im Vergleich zu anderen eukaryotischen Organismen größeres Wissen bezüglich der Genetik und Zellphysiologie und auf industriell anwendbare Kultivierungstechniken zurückgegriffen werden. Für die Proteinsynthese stehen **starke konstitutive** (z.B. GAPDH-Promotor, kontrolliert die Synthese der Glyzerinaldehyd-3-Phosphat Dehydrogenase) und **induzierbare Expressionssysteme** (GAL1-Promotor, kontrolliert die Synthese der Galaktokinase, Induktion durch Galaktose) zur Verfügung. Für eine Sekretion der Proteine in das Kulturmedium wird zumeist das Signalpeptid des hefeeigenen α-Faktors eingesetzt.

6.4.3
Alternative mikrobielle Expressionssysteme

Die wichtigste Voraussetzung für die Verwendung rekombinanter Organismen für die Pharmapro-

teinsynthese ist die mittlerweile mehr als 25jährige Erfahrung im sicheren Umgang mit ihnen und den von ihnen erzeugten Produkten. Nachteilige Eigenschaften sind bekannt aber kontrollierbar (z.B. Methoden für die effektive Abtrennung von bakteriellen Endotoxinen bei der Pharmaproteinherstellung mit *E. coli*). Häufig zeigen sich **unerwünschte Eigenschaften** der Organismen oder der von ihnen erzeugten Produkte erst nach längerem Einsatz. Bekannte Pharmaproteine aus neuen Produktionsorganismen müssen sich daher, genau wie neue Produkte, langwierigen Tierversuchen und klinischen Prüfungen unterwerfen, um von den genehmigenden Behörden zugelassen zu werden. Demzufolge werden bekannte Expressionsorganismen nur dann durch alternative Organismen ersetzt, wenn sich hierdurch eine wesentliche **Verbesserung der Patientensicherheit oder Wirtschaftlichkeit** abzeichnet oder **neue Produkte** zugänglich werden. Ein weiterer wichtiger Grund, um nach alternativen Expressionssystemen zu suchen, kann auch gegeben sein, wenn aus patentrechtlichen Gründen ein Organismus nicht frei verwendet werden kann.

Als alternative bakterielle Expressionssysteme sind **Gram-positive Bakterien** denkbar, deren industrielle Nutzung für die extrazelluläre Proteinproduktion zur Herstellung technischer Enzyme, z.B. Proteasen für die Lederverarbeitung und Waschmittelindustrie, weite Verbreitung gefunden hat (s. Kap. 3). Zu nennen wäre *Bacillus subtilis*, ein Bakterium, das sich durch niedrige Proteaseaktivität und eine hohe Sekretionsleistung auszeichnet. Als Alternative zur Verwendung von *Saccharomyces cerevisiae* zeichnen sich die einzelligen methylotrophen Hefen *Pichia pastoris* und *Hansenula polymorpha* ab. *P. pastoris* ist derzeit für die Herstellung von Proteinen für Forschungszwecke der am häufigsten eingesetzte eukaryotische Mikroorganismus, ist aber aus patentrechtlichen Gründen nicht frei verfügbar. *Hansenula polymorpha* wird derzeit für die Produktion eines rekombinanten Hepatitis-B-Vakzins eingesetzt (Zulassung derzeit auf einige Länder begrenzt).

Denkbar als zukünftige Produktionsorganismen für Pharmaproteine wären auch Lactobacillen, bei denen aufgrund ihrer weitverbreiteten Nutzung in der Lebensmittelindustrie der sichere Umgang dokumentiert ist, und die als Gram-positive Bakterien ein hohes Sekretionspotential aufweisen. Weiterhin sind auch filamentöse Pilze wie z. B. *Aspergillus niger* vorstellbar, die ebenfalls Einsatz in der Lebensmittelindustrie (Zitronensäure, stärke- und pektinabbauende Enzyme) finden, GRAS-Status (*generally regarded as safe*) besitzen und über effektive posttranslationale Modifikations- und Sekretionsleistungen verfügen.

6.4.4
Tierische und humane Zelllinien als Alternative zu mikrobiellen Expressionssystemen

Tierische und humane Zelllinien sind neben *E. coli* die am häufigsten eingesetzten Zellen für die Pharmaproteinproduktion. Sie werden dann eingesetzt, wenn das Protein nicht in der gewünschten Form mit Mikroorganismen erzeugt werden kann. Dies ist häufig bei **Glykoproteinen** (z. B. Erythropoietin) oder bei **multimeren Proteinkomplexen** (Faktor VIII, Antikörper) der Fall. Der Glykoanteil eines Proteins beeinflusst zwar nicht die Aktivität *in vitro* (z. B. enzymatische Aktivität), kann aber indirekt über die Stabilisierung und verbesserte Löslichkeit des Proteins die Halbwertszeit und somit die biologische Wirksamkeit im menschlichen Körper beeinflussen. Die Glykoanteile können auch für die Abschirmung antigenwirkender Sequenzabschnitte verantwortlich sein und die Bindungseigenschaften (z. B. an einen Rezeptor) beeinflussen.

Neben den tierischen und humanen Zelllinien ist auch eine Pharmaproteinproduktion mit **Insekten- oder Pflanzenzellen** sowie mit transgenen Pflanzen und Tieren denkbar. Viel versprechende Ansätze für die rekombinante Proteinsynthese sind hier zu verzeichnen, jedoch hat noch kein Produkt eine Zulassung für den humanen Gebrauch erhalten.

6.5
Mikrobielle Produktionsverfahren

Für eine wirtschaftliche Produktion pharmazeutisch genutzter Proteine ist nicht nur die Konstruktion eines geeigneten Produktionsbakteriums, sondern auch die Entwicklung eines **kostengünstigen Produktionsverfahrens** notwendig. Das bedeutet nicht nur, dass der einzelne Mikroorganismus viel Produkt herstellen sollte, sondern auch, dass die Mikroorganismen innerhalb kürzester Zeit zu einer hohen Zelldichte heranwachsen sollten.

6.5.1
Kultivierungstechniken

Die Hauptorganismen für die mikrobielle Pharmaproteinproduktion sind das Gram-negative Bakterium *E. coli* und die einzellige Hefe *S. cerevisiae*. Für beide Organismen gibt es bewährte Kultivierungsstrategien, die über **Zulaufverfahren (Fed-Batch)** zu **hohen Zelldichten** führen. Kontinuierliche Kultivierungen haben sich in der Regel nicht bewährt, da Hochleistungsproduzenten keine langfristige genetische Stabilität zeigen. Eine für Pharmaproteine unerlässliche Reproduzierbarkeit der einzelnen Produktionschargen kann dadurch nicht gewährleistet werden. Eine Ausnahme hiervon stellt die kontinuierliche Kultivierung von *S. cerevisiae* für die Insulinherstellung dar.

Sowohl *E. coli* als auch *S. cerevisiae* können nicht in einfacher Satzkultivierung (Batch) zu hohen Zelldichten kultiviert werden, da sie bei Sauerstoffmangel oder Kohlenstoffüberfluss zelltoxische Produkte akkumulieren. Bei *S. cerevisiae* erfolgt die Bildung von Ethanol bei Sauerstoffmangel (Pasteur-Effekt) oder Kohlenstoffüberfluss (Crabtree-Effekt), und bei *E. coli* ist unter diesen Bedingungen Essigsäurebildung zu verzeichnen. Da beide metabolischen Nebenprodukte auch auf die Produzenten zelltoxisch wirken, wird durch eine **wachstumslimitierende Zufütterung der Kohlenstoffquelle** Kohlenstoffüberfluss und Sauerstofflimitierung vermieden.

Die methylotrophen Hefen verhalten sich robuster bei der Kultivierung, da sie, anders als die fakultativ anaeroben Mikroorganismen *E. coli* oder *S. cerevisiae*, keine starke Neigung zur Bildung der wachstumsinhibierenden Nebenprodukte Essigsäure oder Ethanol bei Sauerstoffmangel oder Kohlenstoffüberfluss zeigen.

Der typische Aufbau eines Technikums für die mikrobielle Pharmaproteinproduktion ist in Abb. 6.2 dargestellt.

6.5.2
Aufarbeitung und Formulierung

Die primäre Aufarbeitungstechnik richtet sich nach der zellulären Lokalisation des Pharmaproteins. Wenn das Protein in das Medium ausgeschieden wird, erfolgen nach Abtrennung der Biomasse durch Zentrifugations- und Filtrationsverfahren die **chromatographischen Reinigungsschritte**. In der Regel erfolgen zuerst Ionenaustauschchromatographien gegebenenfalls Affinitätschromatographie und anschließend die Feinreinigung über eine Ausschlusschromatographie. Liegt das Produkt intrazellulär vor, dann wird ein mechanischer **Zellaufschluss** vorgeschaltet (Hochdruckhomogenisatoren bei *E. coli*, Kugelmühlen bei den mechanisch stabileren Hefen).

Bei allen Schritten muss nicht nur dafür Sorge getragen werden, dass während der Aufarbeitung und Reinigung des Proteins eine Abtrennung unerwünschter Bestandteile erfolgt sondern auch, dass keine Denaturierung, Aggregatbildung oder Abbau des Produktes eintritt.

Eine besondere Aufarbeitungsmethode, die aufgrund ihres relativ hohen Aufwandes nicht für die Erzeugung technischer Enzyme Anwendung findet, aber für die Pharmaproteinherstellung wirtschaftlich akzeptabel ist, ist die **Renatu-**rierung der in Form von biologisch inaktiven Inclusion Bodies gebildeten Proteine (Abb. 6.1). Hier erfolgt nach dem mechanischen Zellaufschluss und der Abtrennung der Inclusion Bodies eine Solubilisierung der Inclusion Bodies unter denaturierenden Bedingungen. Anschließend wird das solubilisierte und denaturierte Protein in einen Puffer überführt, in dem es in seine native und biologisch aktive Form renaturieren kann. Daran anschließend folgen die chromatographischen Reinigungsschritte.

Schließlich müssen alle Aufarbeitungs- und Lagerungstechniken dafür Sorge tragen, dass das Pharmaprotein in hochreiner Form vorliegt und **keine chemische oder physikalische Denaturierung** wie Oxidation und Aggregatbildung erfolgt.

6.5.3
Zulassung und Qualitätskontrolle

Bevor ein Pharmaprotein für den Einsatz am Menschen zugelassen wird, sind umfangreiche Tests bezüglich der Sicherheit und Wirksamkeit durchzuführen. Als **vorklinische Tests** werden die Verfahren bezeichnet, die ohne Untersuchung am Menschen durchgeführt werden. Hierzu gehören Untersuchungen bezüglich der mutagenen Wirkung und allgemeine Wirksamkeits- und Toxizitätsüberprüfungen im Tierversuch. Nach erfolgreichem Abschluss der vorklinischen Prüfungen schließen sich klinische Prüfungen mit den Untersuchungen am Menschen an. **Drei klinische Prüfungen** müssen erfolgreich abgeschlossen werden, bevor ein Protein als Pharmaprotein für den menschlichen Gebrauch zugelassen wird. Die erste klinische Prüfung beinhaltet Tests an wenigen gesunden Probanden (10–30 Teilnehmer) und dient der Verträglichkeitsüberprüfung. Die zweite und dritte klinische Prüfung umschließen

Abb. 6.2. Bioreaktoren mit peripheren Mess- und Regeleinheiten für die mikrobielle Pharmaproteinproduktion (Foto GBF). Bioreaktoren B50 (50-L Bioreaktor) und B500 (500-L Bioreaktor); V (Vorlagebehälter für Zufütterungsmedium); S, L und AS (Säure-, Lauge- und Antischaumvorlagebehälter auf Waagen); I (mobiles Vorlagegefäß für den Induktor); O_2 und CO_2 (Abgasanalytik für die Messung von Sauerstoff und Kohlendioxid in der Abluft); DCU50 und DCU500 (jeweils unabhängige Steuer- und Regeleinheiten (*Digital Control Units*) für die 50- und 500-L-Bioreaktoren). Sowohl die Bioreaktoren (B50 und B500) als auch der mobile Vorlagebehälter (V) sind auf Wägezellen (W) montiert

B500
DCU50
DCU500
O_2
CO_2
B50
V
S
L
AS
I
W

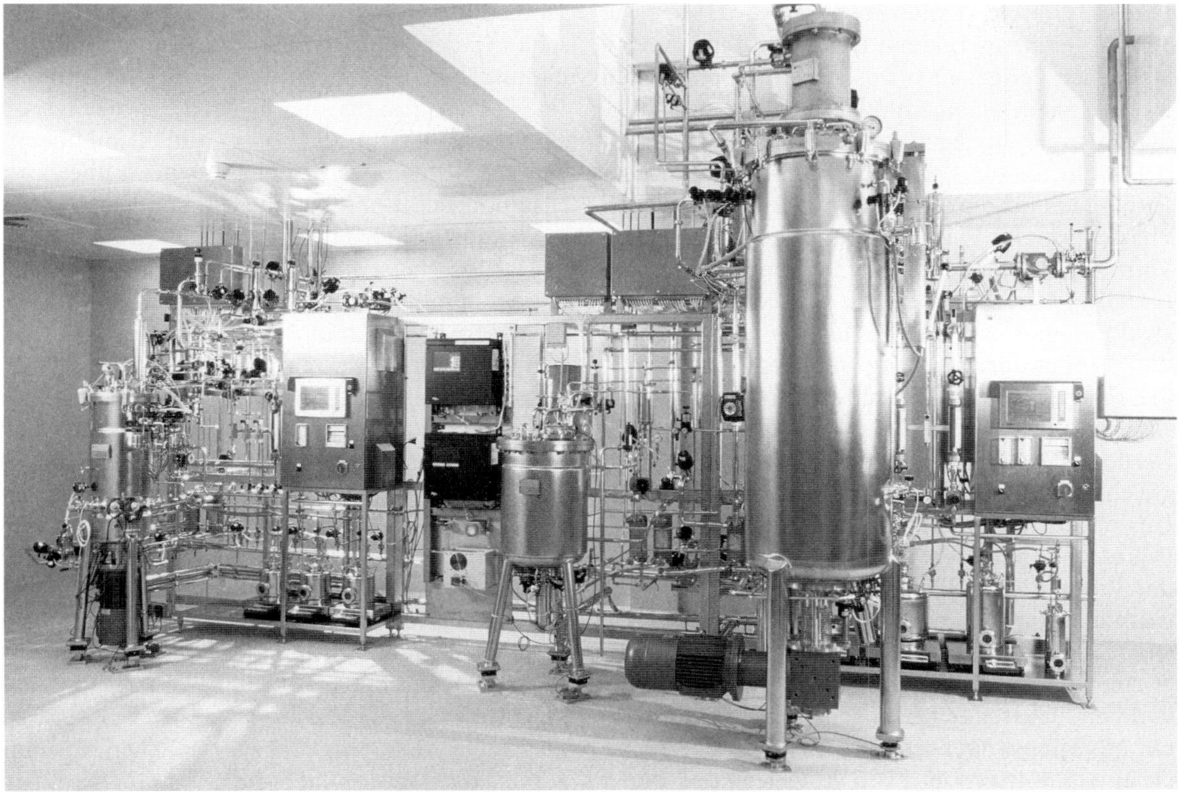

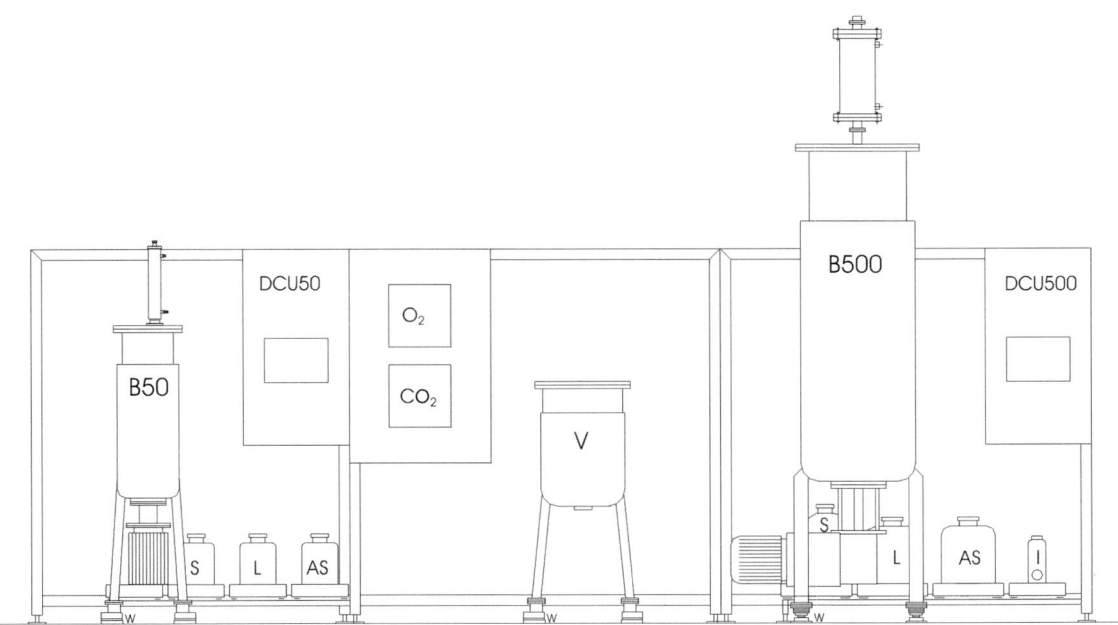

jeweils größere Patientenkollektive (Phase II: 30–100 Teilnehmer; Phase III: > 1000 Teilnehmer). Sie dienen der genauen Dosisfindung und werden im Vergleich zu einem Plazebo oder der Standardtherapie durchgeführt.

Sowohl für die Erstellung klinischer Prüfmuster als auch für die Produktion eines zugelassenen Pharmaproteins müssen genau dokumentierte Vorschriften und detaillierte Beschreibungen aller einzelnen Verfahrensschritte von der Stammkonstruktion und -lagerung bis hin zur Feinreinigung und Produktformulierung vorgelegt und eingehalten werden. Diese Verfahrensvorschriften müssen **validiert** sein, d.h. es muss nachgewiesen werden, dass die Verfahren in der Lage sind, gleichbleibend ein Produkt der erforderlichen Qualität zu liefern. Die strikte Einhaltung und Dokumentation aller Verfahrensschritte während der Produktion soll die Nachvollziehbarkeit der einzelnen Prozessschritte und die gleichbleibende Qualität des Produktes gewährleisten. Hierzu gibt es einen umfassenden Katalog von Richtlinien, die von den zulassenden Behörden (Europa: European Medicines Agency, EMEA; USA: Food and Drug Administration, FDA) festgelegt und deren Einhaltung internationale Standards für die Herstellung von Arzneimitteln gewährleisten sollen (GMP – Good manufacturing practice).

6.6
Wichtige Pharmaproteine und ihre Herstellung

6.6.1
Insulin

Insulin war das erste erfolgreich **rekombinant hergestellte Pharmaprotein**. Es ist ein körpereigenes Hormon, das in der Bauchspeicheldrüse produziert und gespeichert wird. Die Abgabe des Insulins in das Blut wird durch einen steigenden Blutzuckerspiegel stimuliert. Insulin ermöglicht die Aufnahme des Zuckers in die Gewebezellen und gewährleistet so die Energieversorgung des Gewebes. Insulin ist ein Peptidhormon, das aus einer A- und B-Kette besteht (Abb. 6.3). Es wird ursprünglich in der Bauchspeicheldrüse als **Prä-proinsulin** synthetisiert. Nach Sekretion mit Abspaltung der Signalsequenz (Präpeptid) und der Bildung der Disulfidbrücken wird der mittlere Teil des Proinsulins, das C-Peptid, proteolytisch herausgeschnitten, so dass anschließend die A- und die B-Kette des Insulins nur noch über zwei Disulfidbrücken miteinander verbunden sind. Eine dritte Disulfidbrücke findet sich in der A-Kette. Das Insulin ist ein sehr kleines Pharmaprotein; die A-Kette besteht aus 21 Aminosäuren und die B-Kette aus 30 Aminosäuren. Insgesamt ergibt sich somit ein Molekulargewicht (MG) von 5800 für das Insulin.

Die industrielle Entwicklung der Insulinherstellung begann Mitte der zwanziger Jahre durch die US-amerikanische Firma Eli Lilly und die dänischen Firmen Novo Terapeutisk Laboratorium und Nordisk Insulinlaboratorium (seit 1989 Novo Nordisk). Insulin wurde ursprünglich hauptsächlich aus Schweinepankreas isoliert. Schweineinsulin unterscheidet sich in einer Aminosäureposition vom menschlichen Insulin, das Insulin aus Rind sogar an drei Positionen. Neben der schon erwähnten Unverträglichkeit tierischen Insulins durch die Auslösung von Immunreaktionen zeichnete sich auch eine Verknappung in der Insulinversorgung aufgrund einer verstärkten Nachfrage infolge veränderter Lebensweisen ab, so dass schon früh mit der Entwicklung rekombinanter Produktionsmethoden begonnen wurde.

Eli Lilly war die erste Firma, die ein rekombinant erzeugtes Insulin auf den Markt bringen konnte (Tabelle 6.1). Die einzelnen Ketten wurden zunächst in E. coli als Fusionsprotein mit β-Galaktosidase gebildet, nachdem sich die unfusionierten Ketten in E. coli als proteolytisch instabil erwiesen hatten. Mit der Fusionstechnik konnte das Insulin in Form von proteolytisch stabilen Inclusion Bodies in den Zellen abgelagert werden. Beide Ketten wurden zunächst separat als Fusionsproteine in verschiedenen E. coli-Stämmen erzeugt, anschließend wurden die Inclusion Bodies isoliert, in Lösung gebracht und der Fusionsanteil durch Bromcyanspaltung entfernt. Die beiden getrennten Ketten konnten dann unter oxidierenden Bedingungen zu dem zweikettigen biologisch ak-

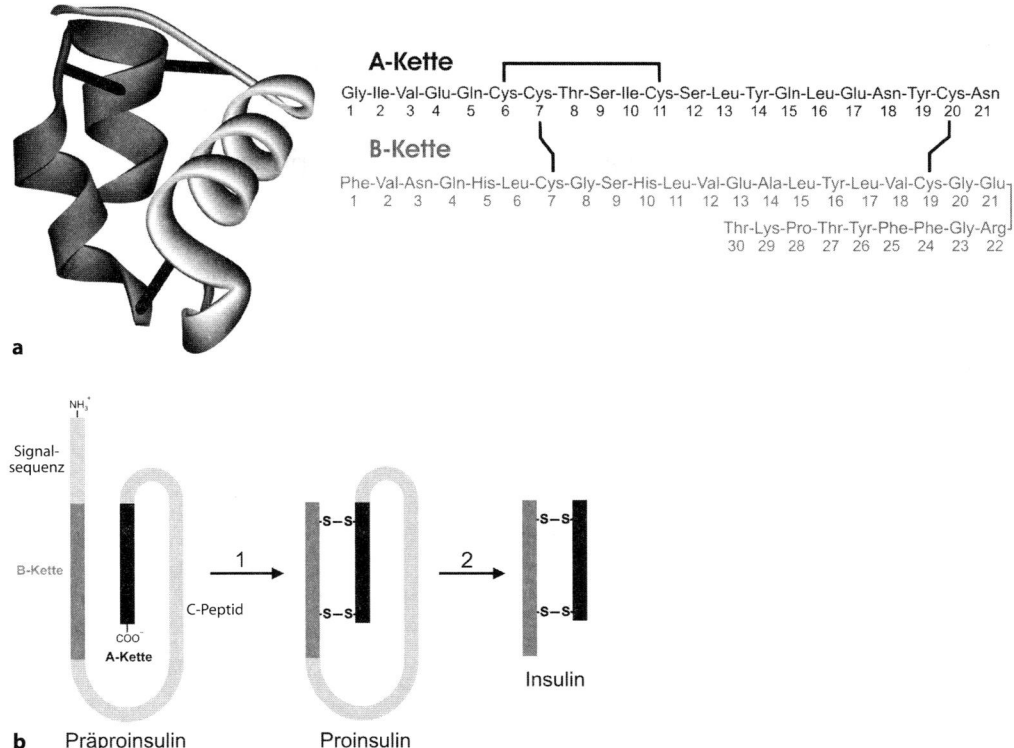

A-Kette
Gly-Ile-Val-Glu-Gln-Cys-Cys-Thr-Ser-Ile-Cys-Ser-Leu-Tyr-Gln-Leu-Glu-Asn-Tyr-Cys-Asn
1   2   3   4   5   6   7   8   9 10 11 12 13 14 15 16 17 18 19 20 21

B-Kette
Phe-Val-Asn-Gln-His-Leu-Cys-Gly-Ser-His-Leu-Val-Glu-Ala-Leu-Tyr-Leu-Val-Cys-Gly-Glu
1   2   3   4   5   6   7   8   9 10 11 12 13 14 15 16 17 18 19 20 21
Thr-Lys-Pro-Thr-Tyr-Phe-Phe-Gly-Arg
30 29 28 27 26 25 24 23 22

a

b Präproinsulin   Proinsulin

Abb. 6.3 a, b. Insulin besteht aus einer A- und einer B-Kette. **a** Dreidimensionale Struktur und Aminosäuresequenz von humanem Insulin mit den drei dunkel markierten Disulfidbrücken. **b** Insulin wird von den Inselzellen der Bauchspeicheldrüse zunächst als Präproinsulin gebildet. Anschließend erfolgt die Sekretion mit Abspaltung der Signalsequenz und Ausbildung der Disulfidbrücken [Schritt 1]. Die darauffolgende Entfernung des mittleren C-Peptids durch proteolytische Prozessierung führt zum Insulin [Schritt 2]

tiven Insulin renaturiert werden. Eine Verbesserung in der rekombinanten Insulinproduktion ergab sich durch die Synthese des **Proinsulins** in *E. coli*, ein Ansatz, der auf der natürlichen Prozessierung des Insulins durch die Inselzellen der Bauchspeicheldrüse basiert. Auch hier wurden in *E. coli* zunächst Inclusion Bodies gebildet, die dann in lösliches Proinsulin renaturiert und anschließend durch proteolytische Spaltung mit Entfernung des mittleren Propeptids (C-Peptid) in das zweikettige Insulin überführt werden.

Ein alternativer Weg zur rekombinanten Insulingewinnung wurde durch die Firma Novo Nordisk verfolgt. Hier kam die Hefe *S. cerevisiae* zum Einsatz. Im Fall von *S. cerevisiae* wird ein proinsulinartiges Vorläufermolekül mit einer verkürzten Variante des C-Peptids direkt in den Kulturüberstand ausgeschieden. Anschließend wird durch proteolytische Spaltung das C-Peptid entfernt und Insulin freigesetzt.

Bei der zweiten Generation der rekombinant erzeugten Insuline wurden durch Aminosäuresubstitution **humananaloge Proteine** entwickelt, die sich durch eine veränderte Pharmakokinetik bzw. Halbwertzeit im menschlichen Körper auszeichnen (Tabelle 6.1). Durch Veränderung der Multimerisierungsneigung konnten langanhaltend wirkende Insuline (bevorzugte Multimerbildung) und schnell wirkende Insuline (bevorzugte Monomerbildung) entwickelt werden (Tabelle 6.1). So wurde z. B. durch den Austausch des C-terminalen Asparaginrestes gegen ein Glyzin und durch das zusätzliche Anhängen zweier Argininreste an den C-Terminus der B-Kette der isoelektrische Punkt

Tabelle 6.1. Rekombinante Insuline

1. Generation humane Sequenz	Mikroorganismus	Zelluläre Lokalisation – löslich oder Inclusion Bodies	Erstzulassung	Handelsname – Hersteller
humanes Insulin	*E. coli*	zytoplasmatische Inclusion Bodies	1982; USA	Humulin – Eli Lilly
humanes Insulin	*S. cerevisiae*	Sekretion als lösliches proinsulinartiges Protein in das Kulturmedium	1991; USA	Novolin – Novo Nordisk
humanes Insulin	*E. coli*	zytoplasmatische Inclusion Bodies	1997; EU	Insuman – Hoechst
2. Generation Aminosäureaustausch				
Insulin (schnell wirkend) B-Kette: Pro28-Lys29 → Lys28-Pro29	*E. coli*	zytoplasmatische Inclusion Bodies	1996; USA/EU	Humalog – Eli Lilly
Insulin (schnell wirkend) B-Kette: Pro28 → Asp28	*S. cerevisiae*	Sekretion als lösliches Protein in das Kulturmedium	1999; EU	NovoRapid – Novo Nordisk
Insulin (langsam wirkend) A-Kette: Asn21 → Gly21 B-Kette: 2 zusätzliche Arg	*E. coli*	zytoplasmatische Inclusion Bodies	2000; USA/EU	Lantus – Aventis
Insulin (schnell wirkend) B-Kette: Asn3 → Lys3 Lys29 → Glu29	*E. coli*	zytoplasmatische Inclusion Bodies	2004; USA	Apidra – Aventis
Insulin (langsam wirkend) B-Kette: Thr30 fehlt, C14 Fettsäure kovalent an Lys29 gebunden	*S. cerevisiae*	Sekretion als lösliches proinsulinartiges Protein in das Kulturmedium	2004; USA	Levemir – Novo Nordisk

und dadurch die Präzipitations- bzw. Kristallisationsneigung des Proteins an der subkutanen Injektionsstelle erhöht. Dadurch konnte eine verzögerte Wirkung des Insulins erzielt werden, ohne dass die Wechselwirkung mit dem Rezeptor verändert wurde. Für den Diabetiker ergibt sich dadurch ein **konstanterer Insulinspiegel** im Blut. Neben dem langsam wirkenden Insulin wurden auch schnell wirkende Insuline entwickelt, die schnell nach der Verabreichung wirksam werden und so dem Diabetiker eine weniger strenge Einhaltung seiner Essensplanung auferlegen.

6.6.2
Wachstumshormon

Das Wachstumshormon wird zur Behandlung der Kleinwüchsigkeit eingesetzt und wurde ursprünglich aus den **Hirnanhangsdrüsen** Verstorbener isoliert. Es besteht aus 191 Aminosäureresten und besitzt zwei Disulfidbrücken. Die Probleme mit der Übertragung der Creutzfeld-Jakob-Erkrankung und die limitierte Verfügbarkeit ließen

schon früh den Wunsch nach einem gentechnisch erzeugten Produkt aufkommen. 1985 wurde das erste rekombinant erzeugte Wachstumshormon für den menschlichen Gebrauch zugelassen (Tabelle 6.2). Das Wachstumshormon wurde in *E. coli* zunächst in Form von Inclusion Bodies gebildet und unterschied sich in der Aminosäuresequenz vom humanen Wachstumshormon durch ein zusätzlichen Methionin am N-terminalen Proteinende. Ein Fortschritt in der Herstellung stellte die Entwicklung eines sekretierten Produktes dar. Durch Vorschaltung einer Signalsequenz gelang es, das Wachstumshormon mit **humanidentischer Aminosäuresequenz** in das Periplasma von *E. coli* auszuschleusen.

6.6.3
Interferone

Interferone können als Zytokine die Immunantwort modulieren und zeigen **hemmende Wirkungen auf die Virusvermehrung**. So wird z. B. **Interferon α-2a** zur Eindämmung der Virusvermeh-

Tabelle 6.2. Auswahl weiterer mikrobiell erzeugter Pharmaproteine und ihre Erstzulassung

Name	Einsatz-gebiet	Mikro-organismus	Zelluläre Lokalisation – löslich oder Inclusion Bodies	Erstzu-lassung	Handelsname – Hersteller
Wachstumshormon	Kleinwüchsig-keit	E. coli	zytoplasmatische Inclusion Bodies	1985; USA	Somatrem/Protropin – Genentech
Wachstumshormon	Kleinwüchsig-keit	E. coli	Sekretion als lösliches Protein in das Periplasma	1994; USA	Nutropin – Genentech
Interferon-β-1b	Multiple Sklerose	E. coli	zytoplasmatische Inclusion Bodies	1993; USA	Betaseron – Chiron Ltd
Interferon-α-2a	Hepatitis C	E. coli	zytoplasmatische Inclusion Bodies	1986; USA	Roferon – Hoffmann LaRoche
Interferon-α-2a PEGyliert [1]	Hepatitis C	E. coli	zytoplasmatische Inclusion Bodies	2002; USA/EU	Pegasys – Hoffmann LaRoche
Plasminogenaktivator (Fragment)	Akuter Herzinfarkt	E. coli	zytoplasmatische Inclusion Bodies	1996; USA/EU	Reteplase – Boehringer Mannheim/Centocor
Hepatitis-B-Oberflächenantigen	Impfstoff Hepatitis B	S. cerevisiae	intrazellulär	1986; USA	Recombivax HB – Merck, Sharp & Dohme

[1] „PEGyliert" bedeutet dabei, dass dem Protein ein verzweigtes Polyethylen-Glykol-(PEG) Molekül „angehängt" wird; dadurch erhöht sich die Löslichkeit und die Stabilität des Proteins mit der Folge, dass seine Halbwertzeit im menschlichen Körper ebenfalls erhöht wird

rung bei chronischer Hepatitis C eingesetzt (Tabelle 6.2). Interferon α-2a besteht aus 165 Aminosäuren (MG 19 200) und besitzt zwei Disulfidbrücken. Es wird in *E. coli* in Form von Inclusion Bodies gebildet und anschließend in die biologisch aktive Form renaturiert. Die ursprünglich geringe Halbwertzeit des Proteins im menschlichen Körper konnte durch die Entwicklung eines *Polyethylenglykol-modifizierten* (PEGylierten) Produktes verlängert werden. Auch hier wird zunächst das Protein in Form von Inclusion Bodies in *E. coli* gebildet und über eine Renaturierung in die aktive Form überführt. Die PEGylierung erfolgt anschließend über eine kovalente Verknüpfung von Monomethoxypolyethylenketten mit den α- und ε-Aminogruppen der Lysine von Interferon α-2a. Das PEGylierte Interferon α-2a besitzt ein MG von 44 000.

Interferon β-1b ist ein weiteres Zytokin, das als rekombinantes Protein in *Escherichia coli* in Form von Inclusion Bodies erzeugt wird und anschließend in die biologisch aktive Form renaturiert wird (Tabelle 6.2). Es besteht aus 166 Aminosäuren und besitzt eine Disulfidbrücke. Interferon β-1b wird bei der Behandlung der **Multiplen Sklerose** eingesetzt.

6.6.4
Plasminogenaktivator

Der Plasminogenaktivator ist ein **fibrinolytisches Enzym**, das an der **Auflösung von Blutgerinnseln** beteiligt ist. Er spielt somit eine wichtige Rolle in dem komplexen Zusammenspiel von Blutgerinnung und Blutgerinnselauflösung, so dass einerseits unstillbare Blutungen bei Verletzung durch Gerinnung verhindert werden und andererseits das Blut seine Löslichkeit und Fließfähigkeit behalten kann. Die Aufgabe des Plasminogenaktivators besteht in der proteolytischen Aktivierung von Plasminogen zu Plasmin. Das Plasmin kann die aus unlöslichem Fibrin bestehenden Gerinnsel in **lösliche Peptide** spalten sowie auch **Blutgerinnungsfaktoren proteolytisch inaktivieren**. Der Plasminogenaktivator hat sich als wirksame Substanz bei der Therapie von Herzinfarkten erwiesen, insbesondere in der frühen Phase nach dem Infarkt, wenn noch keine Quervernetzung und Verfestigung der unerwünschten Blutgerinnsel stattgefunden hat.

Der Plasminogenaktivator ist ein relativ großes Protein (527 Aminosäuren), das aus mehreren Domänen besteht. Es liegt als monomeres Protein vor und weist siebzehn Disulfidbrücken auf (Abb. 6.4).

Aufgrund seiner geringen Konzentration im Blutplasma ist der Plasminogenaktivator niemals großtechnisch aus Blutplasma gewonnen worden. Der Plasminogenaktivator stand als Pharmaprotein erst zur Verfügung, nachdem durch die Entwicklung gentechnischer Methoden seine Herstellung mit rekombinanten Organismen möglich war. Aufgrund seiner Größe und insbesondere seiner vielen Disulfidbrücken konnte er in *E. coli* nicht in löslicher und biologisch aktiver Form gebildet werden. Die Renaturierung aus Inclusion Bodies gelang zu Beginn nur in unwirtschaftlicher Ausbeute, so dass in der Anfangsphase die industrielle Herstellung ausschließlich mit tierischer Zellkultur erfolgte. Da der Plasminogenaktivator als großes Protein in domänenartiger Struktur aufgebaut ist, wurde das Protein auf seine für die biologische Aktivität **essentiellen Bestandteile reduziert** (Abb. 6.4). Hierzu gehören die C-terminale Serinproteasedomäne und die davor liegenden Fibrin-bindenden Sequenzabschnitte (Kringeldomäne 2). Durch die Entfernung der N-terminalen Domänen reduziert sich die Größe des Proteins auf 355 Aminosäurereste, von den ehemals 17 Disulfidbrücken bleiben 9 übrig. Dieses artifizielle Protein wird zwar in *E. coli* auch in Form von Inclusion Bodies gebildet, kann aber in wirtschaftlicher Weise in ein funktionsfähiges Protein renaturiert werden (Tabelle 6.2).

6.6.5
Vakzine: Hepatitis-B-Oberflächenantigen

Das erste rekombinant hergestellte Vakzin, das für den menschlichen Gebrauch zugelassen wurde, war ein Vakzin gegen die **Viruserkrankung Hepatitis B**. Schon 1984 wurde über die intrazelluläre Produktion des antigenwirkenden Oberflächenproteins des Hepatitis-B-Virus (HbsAg) in der Bäckerhefe *S. cerevisiae* berichtet, zwei Jahre später wurde das HbsAg aus der Bäckerhefe für die menschliche Vakzinierung zugelassen (Tabelle 6.2). HbsAg ist ein Membranprotein mit einem MG von 24 000 und wird aus den Hefezellen durch mechanischen Zellaufschluss freigesetzt. Es assoziiert zu virusartigen Partikeln, die für die Vakzinierung eingesetzt werden können. Versuche, HbsAg direkt in den Kulturüberstand zu sekretieren, waren bislang nicht Erfolg versprechend, da HbsAg aufgrund seiner **hydrophoben Eigenschaften** entweder zur Aggregation oder zur Assoziation membranartiger Partikel neigt. Zukünftig könnte eine Verlagerung der Produktion von HbsAg mit *S. cerevisiae* zu den **methylotrophen Hefen** *Pichia pastoris* und *Hansenula polymorpha* erfolgen. Die methylotrophen Hefen zeichnen sich durch eine leichtere Handhabung in der Kultivierung aus und besitzen zudem die komplexen Fähigkeiten eukaryotischer Zellen bezüglich posttranslationaler Proteinmodifikation. Mit *Hansenula polymorpha* produzierte auf HbsAg basie-

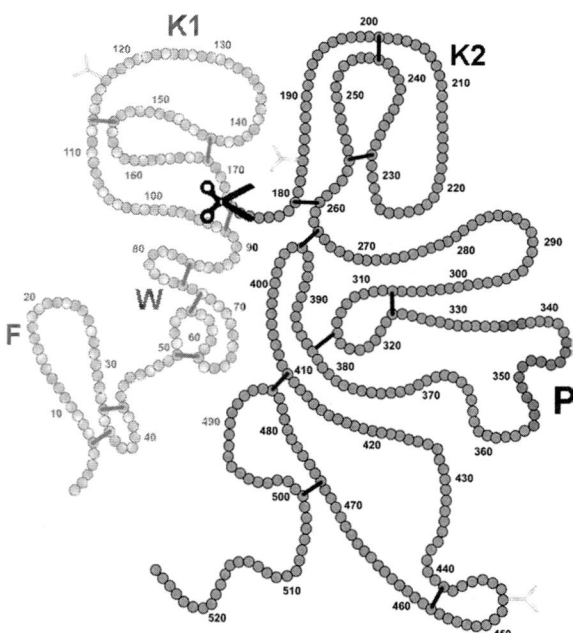

Abb. 6.4. Der Plasminogenaktivator ist aus verschiedenen Proteindomänen aufgebaut (F Fingerdomäne; W Wachstumsfaktordomäne; K1 und K2 Kringeldomänen; P Proteasedomäne). Disulfidbrücken (*dunkle Balken*) und Glykosylierungsstellen (Y) sind gekennzeichnet. In *E. coli* wird eine N-terminal verkürzte Variante von t-PA in Form von Inclusion Bodies gebildet. Das Produkt aus *E. coli* unterscheidet sich vom t-PA aus Zellkultur durch das Fehlen der N-terminalen Domänen F, W und K1 sowie der Glykoreste Y

rende Vakzine sind in einigen Ländern für den Einsatz am Menschen zugelassen (Argentinien 1995, Indien 2001).

6.6.6
Faktor VIII, Erythropoietin und Antikörper – Kein Fall für Mikroorganismen?

Mikroorganismen zeigen sich dann als ungeeignete Produzenten von Pharmaproteinen, wenn **komplexe humane Glykosylierungsmuster** für die pharmakologische Wirksamkeit von Bedeutung sind. Des Weiteren sind sehr große, aus mehreren Ketten bestehende Proteinkomplexe häufig sehr schwer mit rekombinanten Mikroorganismen zu erzeugen.

Ein wichtiges, ursprünglich aus dem Blutplasma gewonnenes glykosyliertes Pharmaprotein ist der **Faktor VIII**. Hierbei handelt es sich um einen essentiellen Faktor aus der Blutgerinnungskaskade, der zur Behandlung der erblich bedingten Bluterkrankheit (**Hämophilie A**) eingesetzt wird. Faktor VIII trägt aufgrund seiner Beteiligung an der Umwandlung des Gerinnungsfaktors X von seiner inaktiven Form (Zymogen) in die aktive Proteaseform zur Ausbildung stabiler Wundverschlüsse bei. Faktor VIII ist ein extrem großes Protein mit einer Kettenlänge von 2332 Aminosäuren (MG ca. 260 000 ohne Glykoanteil, 300 000 nach Glykosylierung). Das Protein wird intrazellulär proteolytisch prozessiert und liegt anschließend als ein Gemisch heterodimerer Proteine vor. Diese Heterodimere bestehen jeweils aus einer leichten (MG 80 000 vom ursprünglichen C-terminalen Ende) und einer schweren Kette (MG 90 000–210 000 vom ursprünglichen N-terminalen Ende). Neben Glykosylierung, Disulfidverbrückung, Sulfatierung einiger Tyrosinreste ist eine Stabilisierung durch Plasmaproteine notwendig (Zusatz von humanem Albumin in das Kulturmedium). Faktor VIII wird bislang ausschließlich in **tierischer Zellkultur** produziert, und es ist auch nicht zu erwarten, dass bei einem derartig komplexen Protein mikrobielle Organismen erfolgreich eingesetzt werden können.

Erythropoietin (EPO) ist ein disulfidverbrücktes Glykoprotein aus 166 Aminosäuren mit einem MG von ca. 39 000 mit einem Kohlenhydratanteil von etwa 40%. EPO ist ein Hormon, das für die **Bildung und Reifung von roten Blutkörperchen** (Erythrozyten) von Bedeutung ist. Die Erythrozyten sind essentiell für den Transport des Sauerstoffs im Blut und müssen aufgrund ihrer begrenzten Lebenszeit von ungefähr 120 Tagen ständig im Knochenmark nachgebildet werden. Da die größte Menge von EPO in den Nieren erzeugt wird (>90%), tritt bei chronisch Nierenkranken wie zum Beispiel bei Dialysepatienten ein Mangel an roten Blutkörperchen auf (Anämie), dem aber über die Verabreichung von EPO entgegengewirkt werden kann. Auch als Dopingmittel hat EPO mittlerweile eine starke (jedoch illegale) Verbreitung gewonnen. Versuche, dieses Protein in dem Bakterium *E. coli* in biologisch korrekter Funktion zu erzeugen, waren bislang erfolglos, so dass auf tierische Zellkulturen (CHO, Chinese Hamster Ovary) zurückgegriffen wurde. Allerdings konnte gezeigt werden, dass das nichtglykosylierte Protein aus Inclusion Bodies in die korrekte dreidimensionale Struktur renaturiert werden kann. Zukünftige Entwicklungen, den Glykoanteil durch PEGylierung zu ersetzen oder EPO in genetisch modifizierten Hefen mit humanidentischen Glykosylierungseigenschaften zu produzieren, sind nicht auszuschließen.

Antikörper sind ebenfalls hochkomplexe Proteine, die aus jeweils zwei großen (*heavy chain*, ca. 500 Aminosäuren pro Kette) und zwei kleinen (*light chain*, ca. 220 Aminosäuren pro Kette) Proteinuntereinheiten bestehen. Die einzelnen Untereinheiten werden durch intramolekulare Disulfidbrücken stabilisiert und über intermolekulare Disulfidbrücken kovalent zu einem tetrameren Protein mit einem MG von ca. 150 000 verknüpft. Diese hochkomplexen Proteine werden bislang ebenfalls ausschließlich in tierischer Zellkultur erzeugt. Allerdings können kleinere, jedoch auch antigenbindende Antikörperfragmente in Hefen und sogar in *E. coli* erzeugt werden. Es bleibt abzuwarten, ob sie im Menschen die gewünschten

Eigenschaften zeigen und als Pharmaprotein zugelassen werden.

6.7
Zukunftsperspektiven für die mikrobielle Produktion von Pharmaproteinen

6.7.1
Generische Pharmaproteine

Unter generischen Pharmaproteinen versteht man Pharmaproteine, für deren Herstellung der zwanzig Jahre während **Patentschutz ausläuft**. Da die Entwicklung der gentechnischen Produktion von Pharmaproteinen in den siebziger Jahren begann und ihre Zulassungen für den menschlichen Gebrauch in den achtziger Jahren erfolgte (Insulin im Jahr 1982), ist der Patentschutz für viele dieser Substanzen abgelaufen bzw. wird in den nächsten Jahren ablaufen. Dies bedeutet, dass andere Anbieter diese Produkte mit den etablierten Organismen und Verfahren auf den Markt bringen dürfen. Da kleinste Veränderungen in den Verfahrensabläufen zu **Veränderungen in der Produktqualität** führen können, sind umfassende Testverfahren auch für die Biogenerika vor ihrer Zulassung zum humanen Therapeutikum vorgeschrieben.

6.7.2
Neue Pharmaproteine, neue Produktionsorganismen und neue Produktionstechniken

Neue Pharmaproteine können aus ursprünglich nicht zusammengehörenden Proteindomänen aufgebaut sein (z. B. aus einer Bindedomäne mit einem zelltoxisch wirkenden Enzym als Pharmaprotein für die Krebstherapie). Neue Pharmaproteine können auch Varianten etablierter Therapeutika sein, wenn deren Eigenschaften gezielt verändert worden sind. Insulin war eines der ersten Pharmaproteine, bei dem durch gezielten Aminosäureaustausch die pharmakologischen Eigenschaften des Proteins verändert wurden. Auch

die PEGylierten Proteine gehören zur neuen Generation der Pharmaproteine. Nach den ersten erfolgreichen Entwicklungen, wie z. B. dem PEGylierten Interferon α-2a, sind weitere Entwicklungen denkbar.

Für neue erfolgreiche Pharmaproteine sind keine genauen Voraussagen möglich, da oftmals große Hoffnungsträger nach der Zulassung plötzlich unerwartete und schwerste Nebenwirkungen zeigen können. So musste 2005 das Multiple-Sklerose-Medikament Tysabri – ein humanisierter monoklonaler Antikörper, der als Ersatz für die bisherige Interferon-β-Therapie gedacht war – kurz nach der Zulassung vom Markt genommen werden, da ein Todesfall bei seiner Einnahme zu verzeichnen war.

Neue Produktionsorganismen werden sich für die Pharmaproteinsynthese nur dann durchsetzen, wenn sie **verbesserte Produktionseigenschaften** gegenüber den traditionell verwendeten Organismen zeigen und wenn sie und ihre Produkte von den zulassenden Behörden **als sicher anerkannt** werden. Neue Produktionsorganismen sind jedoch auch über gezielte genetische Modifikationen bislang eingesetzter Organismen und Expressionsvektoren denkbar, z. B. bei E. coli über eine Veränderung der Redoxeigenschaften des Zytoplasmas oder durch Erhöhung der Sekretionsleistung in das oxidierend wirkende Milieu des Periplasmas. Bei den Hefen zeichnen sich Stämme mit humanidentischen Glykosylierungseigenschaften als potentielle Produktionsorganismen für die rekombinante Pharmaproteinsynthese ab.

Auch neue Produktionstechniken können ehemals etablierte ersetzen, wie man beispielhaft an der Herstellung des Plasminogenaktivators sehen kann. Die Strategie von Roche Penzberg/Tutzing (ehemals Boehringer Mannheim), das verkürzte t-PA in E. coli in Form von Inclusion Bodies zu erzeugen und anschließend über Renaturierung in die biologisch aktive Form zu überführen, zeigt, dass auch ursprünglich nur mit tierischer Zellkultur zugängliche Pharmaproteine durch mikrobiell erzeugte Produkte ersetzt werden können.

6.7.3
Proteinkodierende Gene statt Pharmaproteine?

Zukünftig könnten mikrobiell oder auch mit tierischen oder humanen Zellkulturen erzeugte Pharmaproteine ersetzt werden, wenn **sichere Methoden der Gentherapie** die Übertragung eines funktionstüchtigen Gens ermöglichen und so ein mangelhaft oder nicht funktionierendes Gen ersetzen könnten. So werden derzeit vielfältige Anstrengungen unternommen, um über Stammzellen z. B. insulinproduzierende Zellen zu erzeugen und durch ihre Transplantation die konventionelle Insulinsubstitutionstherapie zu ersetzen. Allerdings sind auf dem Gebiet der Stammzelltherapie derzeit noch keine anwendungsreifen Therapien in Sicht.

Seit einiger Zeit werden auch „DNA-Impfstoffe" als Alternative für die direkte Verabreichung von Vakzinen bzw. den antigenen Wirkstoffen (z. B. das Oberflächenprotein von einem Bakterium oder einem Virus) getestet. Hierbei werden Teilstücke des Bakterien- oder Viren-Erbgutes, die für das als Antigen wirkende Protein kodieren, in Plasmid-DNA eingebaut. Es wird jedoch kein Protein von den Mikroorganismen (in der Regel *E. coli* als Wirtsorganismus) produziert, sondern die Plasmid-DNA wird aufgereinigt und direkt verabreicht. Das antigenkodierende Gen kann dann im Menschen abgelesen und das entsprechende Protein synthetisiert werden. Einige DNA-Vakzine werden derzeit in klinischen Studien getestet; bis jetzt sind jedoch noch keine dieser Vakzine zur Therapie zugelassen.

Literatur

Chirino AJ, Ary ML, Marshall SA (2004) Minimizing the immunogenicity of protein therapeutics. Drug Discov Today 9:82–90

Gerngross TU (2004) Advances in the production of human therapeutic proteins in yeasts and filamentous fungi. Nature Biotechnol 22:1409–1414

Johnson IS (1982) Human insulin from recombinant DNA technology. Science 219:632–637

Kjeldsen T (2000) Yeast secretory expression of insulin precursors. Appl Microbiol Biotechnol 54:277–286

Lilie H, Schwarz E, Rudolph R (1998) Advances in reolding of proteins produced in *E. coli*. Curr Opin Biotechnol 9:497–501

McAleer WJ, Buynak EB, Maigetter RZ, Wampler DE, Miller WJ, Hilleman MR (1984) Human hepatitis B vaccine from recombinant yeast. Science 307:178–180

Vallejo LF, Rinas U (2004) Strategies for the recovery of active proteins through refolding of bacterial inclusion body proteins. Microb Cell Fact 3:11 (http://www.microbialcellfactories.com/content/3/1/11)

Walsh G (2003) Biopharmaceutical benchmarks-2003. Nat Biotechnol 21:865–870

Walsh G (2004) Second-generation biopharmaceuticals. Eur J Pharm Biopharm 58:185–196

Walsh G (2005) Therapeutic insulins and their large-scale manufacture. Appl Microbiol Biotechnol 67:151–159

Wildt S, Gerngross TU (2005) The humanization of N-glycosylation pathways in yeast. Nat Rev Microbiol 3:119–128

Wurm FM (2004) Production of recombinant protein therapeutics in cultivated mammalian cells. Nature Biotechnol 22:1393–1398

Zusätzliche Informationsquellen

European Medicines Agency (EMEA): http://www.emea.eu.int
Food and Drug Administration (FDA): http://www.fda.gov

7 Biokatalyse

K.-E. Jaeger, V. Thiemann, G. Antranikian

7.1
Einleitung

Schon im 19. Jahrhundert war erkannt worden, dass lebende Zellen „Stoffe" bilden, die auch außerhalb dieser Zellen, also *in vitro*, wirksam waren. Für die damals sogenannten „Fermente", die z.B. im Pankreas gebildet werden, schlug Kühne 1876 den Namen „Enzyme" vor. Im Jahre 1894 wurde von Jokichi Takamine in Japan ein Prozess zur Herstellung eines Gemisches aus extrazellulären Enzymen aus Pilzen patentiert, wenig später, im Jahre 1907, patentierte Otto Röhm in Darmstadt die Verwendung eines Pankreasextrakts zum Gerben von Leder. Die Firma Röhm & Haas war es auch, die als erste ein Waschmittel auf den Markt brachte, das Enzyme enthielt und das ab 1913 unter dem Handelsnamen „Burnus" vertrieben wurde. Damit begann das Zeitalter der **industriellen Biokatalyse**.

Enzyme (Biokatalysatoren) sind Eiweißmoleküle, die in allen lebenden Organismen vorkommen und für die Gesamtheit der Stoffwechselprozesse innerhalb der Zelle verantwortlich sind. Sie setzen die Aktivierungsenergie für (bio)chemische Reaktionsabläufe herab und führen somit zu einer Beschleunigung der Stoffumwandlung (**Biotransformation**). Von dem großen in der Natur vorhandenen Potential werden derzeit nur etwa 75 Enzyme in ca. 150 Biotransformationen genutzt, obwohl der Einsatz von Enzymen eine Reihe wirtschaftlicher und umweltrelevanter Vorteile bietet. Ein Vorteil von Biokatalysatoren im Vergleich zu chemischen Katalysatoren liegt in der **hohen Substratspezifität**, sowie Regio- und Stereoselektivität, wodurch hochreine Feinchemikalien gewonnen werden können. Ein weiterer Vorteil ist die Einsparung von Energiekosten durch Senkung der Reaktionstemperaturen auf 4–120 °C. In vielen enzymatischen Verfahren kann auf Chlorkohlenwasserstoffe, andere toxische Hilfsstoffe und Schwermetalle verzichtet werden. Die Biokatalysatoren selbst sind **biologisch abbaubar**, so dass eine deutliche Reduktion von schädlichen Abwasserinhaltsstoffen erreicht werden kann.

Die biotechnologische Herstellung von Bulk- und Feinchemikalien unter Einsatz isolierter Enzyme oder ganzer Zellen, auch „**Weiße Biotechnologie**" genannt, gewinnt gegenwärtig zunehmend an Bedeutung. Der Weltmarkt für industrielle Enzyme einschließlich der Enzyme für forschungs-, analytische bzw. diagnostische Zwecke wird auf etwa 2 Mrd. € geschätzt, wobei eine jährliche Steigerungsrate von ca. 10% vorliegt. Das Marktvolumen daraus resultierender Produkte liegt etwa zwei Größenordnungen über dem Preis der industriellen Enzyme, d.h. bei etwa 150 Mrd. €. Die Haupteinsatzgebiete für Enzyme sind Waschmittel (32%), technische Prozesse (20%) und die Herstellung von Lebensmitteln (33%) und Futtermitteln (11%). Der Anteil der an der Herstellung von Feinchemikalien und Pharmaprodukten beteiligten Enzyme ist mit 4–5% des Weltmarktes vergleichsweise gering. Dies wird sich voraussichtlich bald ändern. McKinsey & Co schätzen, dass bis zum Jahre 2010 der Beitrag der Biotechnologie zur Chemie signifikant steigen wird (10–20% jährliche Wachstumsrate). Der Wert der biotechnologisch hergestellten Chemikalien beträgt zur Zeit 30 Mrd. €. Es wird geschätzt, dass das Gesamtvolumen bis zum Jahr 2010 auf 300 Mrd. € steigen wird. Das Marktvolumen für Chiralika im Jahr 2000 lag bei ca. 5 Mrd. €, bis zum Jahre 2007 wird eine weitere Steigerung um 10 Mrd. € vorausgesagt.

In diesem Kapitel werden einige repräsentative Beispiele an Enzymsystemen vorgestellt, die in der Biotechnologie eine Schlüsselrolle spielen (s. Kap. 19).

7.2
Oxidoreduktasen (EC 1)

Oxidoreduktasen katalysieren **Redox-Reaktionen**. Viele dieser Enzyme wie Monooxygenasen, Oxidasen oder Dehydrogenasen sind vor allem wegen ihrer Stereoselektivität von hohem Interesse für biotechnologische Anwendungen. Typischerweise benötigen diese Redox-Enzyme bestimmte Cofaktoren wie NAD, NADP oder FAD, die für den Elektronen- oder Hydridtransfer erforderlich sind.

7.2.1
Dehydrogenasen (EC 1.1.1.X und 1.4.1.X)

Dehydrogenasen sind für chemisch-präparative Anwendungen besonders interessant, da sie in der Lage sind, eine **nicht-chirale („prochirale")** **Vorstufe** vollständig zu einem **chiralen Produkt** umzusetzen (asymmetrische Synthese), im Unterschied zur kinetischen Racematspaltung, bei der maximal 50% einer Vorstufe zum chiralen Produkt umgesetzt werden können. Dehydrogenasen benötigen NAD oder NADP als Cofaktor, die aber nicht an das Enzym gebunden sind. Bekannte Vertreter dieser Enzym-Untergruppe sind Aminosäure-Dehydrogenasen, z.B. Glutamat-, Alanin- oder auch Leucin-Dehydrogenase, die Hydroxysäure-Dehydrogenasen (Lactat-Dehydrogenasen) und Alkohol-Dehydrogenasen. Mit einer Aminosäure-Dehydrogenase wurde der erste industrielle Prozess zur **biokatalytischen Synthese** einer chiralen Verbindung entwickelt, die Synthese von L-*tert*-Leucin (Abb. 7.1). Die nicht natürliche Aminosäure (L)-*tert*-Leucin kann nicht über einen fermentativen Prozess gewonnen werden, man kann aber die breite Substratspezifität der Leucin-Dehydrogenase, die man aus *Bacillus*-Stämmen gewinnen kann, zur Synthese dieser Aminosäure ausnutzen.

Abbildung 7.1 zeigt auch ein Problem auf, das immer mit der Nutzung von Redoxenzymen verbunden ist: das Coenzym wird in katalytischen Mengen gebraucht, es wird aber durch die Reduktion oxidiert. Damit die Reaktion weiter ablaufen kann, muss das Coenzym wieder reduziert werden (**Coenzym-Regenerierung**). Das erreicht man in diesem Fall durch die simultane Kopplung der Leucin-Dehydrogenase Reaktion mit der Formiat-Dehydrogenase, die Formiat unter Bildung von NADH zu CO_2 oxidiert. Durch geeignete Reaktionsführung erreicht man, dass das Substrat praktisch vollständig zur (L)-Aminosäure umgesetzt wird. Da das Enzym hoch stereospezifisch ist, ist das Produkt **enantiomerenrein**. Dieser Prozess wird von der Firma Degussa (Hanau, Deutschland) mittlerweile im Tonnenmaßstab durchgeführt.

7.2.2
Alkohol-Dehydrogenasen

Alkohol-Dehydrogenasen (ADHs) katalysieren die Reduktion von Ketonen oder Aldehyden zu **sekundären oder primären Alkoholen** (Abb. 7.2).

Auch ADHs bilden enantiomerenreine Produkte, so dass sie für die Synthese von chiralen Bausteinen hoch interessant sind. Große präparative Bedeutung haben neue bakterielle ADHs mit breitem Substratspektrum, beispielsweise eine NADP-abhängige ADH aus *Lactobacillus*-Stämmen (*L. brevis*, *L. kefir*), welche die Bildung von (R)-Alko-

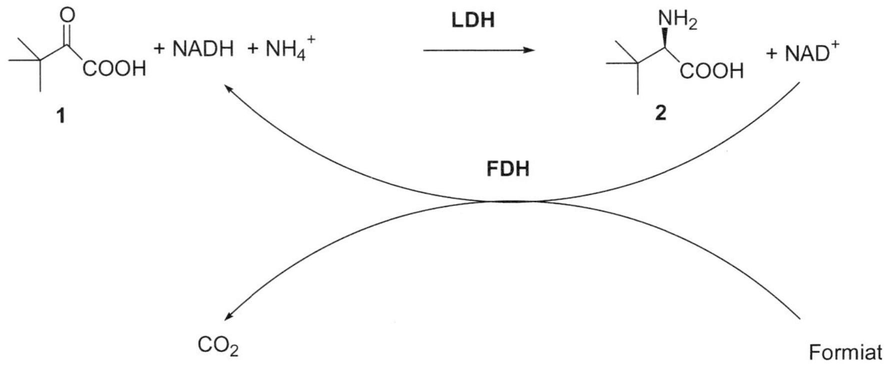

Abb. 7.1. Herstellung von *L-tert*-Leucin (2) durch reduktive Aminierung der 2-Ketosäure mit Leucin-Dehydrogenase (LDH) (1). Formiat-Dehydrogenase (FDH) dient zur Regenerierung von NADH

$$R_1 \overset{O}{\underset{}{\bigwedge}} R_2 \;+\; NADH + H^+ \;\xrightarrow{\textbf{ADH}}\; R_1 \overset{OH}{\underset{}{\bigwedge}} R_2 \;+\; NAD^+$$

Abb. 7.2. Biokatalytische Herstellung von Alkoholen aus Ketonen unter Verwendung einer Alkohol-Dehydrogenase (ADH)

holen katalysieren. Präparativ interessant ist, dass die Regenerierung von NADPH in diesem Fall ohne ein zweites Enzym mit Isopropanol durchgeführt werden kann. Produkt dieser gekoppelten Reaktion ist **Aceton**, das, ebenso wie restliches Isopropanol, sehr einfach aus der Produktlösung entfernt werden kann. Ein weiteres präparativ interessantes Enzym ist die NAD-abhängige ADH aus *Rhodococcus erythropolis*, die mit einer spezifischen Aktivität von 1400 U/mg die Bildung von (*S*)-Alkoholen katalysiert.

Insbesondere mit der (*R*)-ADH aus *L. brevis* sind einige interessante Bausteine für Katalysatoren oder Pharmaprodukte auf biokatalytischem Weg herstellbar, beispielsweise das (*R,R*)-Hexandiol (Abb. 7.3 a), das Bestandteil des chemischen Katalysators DuPHOS ist (Abb. 7.3 b) ist, der für asymmetrische Hydrogenierungsreaktionen verwendet wird.

Ein weiteres sehr interessantes Produkt ist der 3,5-Dihydroxy-6-Cl-hexansäureester (Abb. 7.4), der in cholesterinsenkenden Medikamenten enthalten ist.

Einsatz von Oxidoreduktasen in der Backindustrie

Verschiedene oxidative Enzyme werden auch beim Backen eingesetzt, wo sie die **Teigqualität** beeinflussen, was letztlich auch Volumen und Textur des gebackenen Produktes verändert. Während der Teigverarbeitung werden in den Glutenproteinen des Teiges Disulfidbrücken gebrochen und ausgebildet. Da ein starkes, aus Glutenproteinen bestehendes Netzwerk die Produkteigenschaften verbessert, werden chemische Oxidationsmittel wie Ascorbinsäure und Bromat zur Disulfidbrückenausbildung zugegeben. Alternativ hierzu können auch Oxidoreduktasen hinzugegeben werden. Glucose-Oxidase (EC 1.1.3.4) katalysiert die Oxidation von Glucose mit Sauerstoff zu Gluconolacton und Wasserstoffperoxid. Letzteres oxidiert freie SH-Gruppen zu Disulfidbrücken. Der Einsatz von Glucose-Oxidase führt zu **trockenen, weniger klebrigen Teigen.** Auf demselben Prinzip basiert der Effekt der Hexose-Oxidase (EC 1.1.3.5), die neben Glucose weitere Zucker wie Galactose und Maltose oxidieren kann. Auch Sulfurhydryl-Oxidasen (EC 1.8.3.2) unterstützen die Ausbildung von Disulfidbrücken.

a $\overset{O}{\underset{O}{\bigwedge\!\!\!\bigwedge\!\!\!\bigwedge}}$ + 2 NADPH + 2 H$^+$ $\xrightarrow{\textbf{ADH}}$ $\overset{OH}{\underset{OH}{\bigwedge\!\!\!\bigwedge\!\!\!\bigwedge}}$ + 2 NADP$^+$

b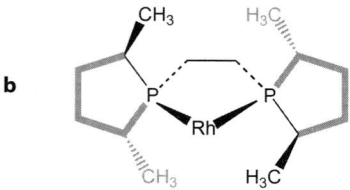

Abb. 7.3. a Biokatalytische Synthese von enantiomerenreinem Hexandiol. Da das Produkt zwei asymmetrische C-Atome enthält, entstehen bei der chemischen Synthese in diesem Fall drei Produkte, nämlich das (*S,S*)- und das (*R,R*)-Enantiomer und das *meso*-Hexandiol), die nur schwierig zu trennen sind. **b** Der Katalysator DuPHOS, der zwei Moleküle Hexandiol enthält

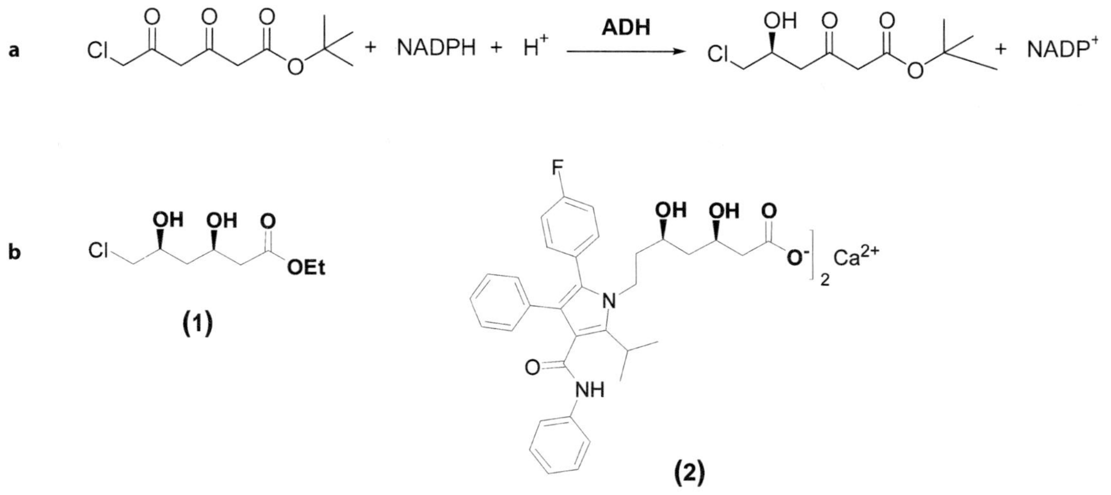

Abb. 7.4. a Die (R)-ADH aus *L. brevis* katalysiert die Reduktion eines Diketons in 5-Position. Durch einen nachfolgenden chemischen oder enzymatischen Reduktionsschritt wird dann auch die 3-Position stereoselektiv reduziert. **b** Der entstehende chirale Baustein 3,5-Dihydroxy-6-Cl-hexansäureester (1) wird in verschiedenen cholesterinsenkenden Pharmaka wie Atorvastatin (2) eingebaut

7.3
Transferasen (EC 2)

Als Transferasen bezeichnet man die Klasse von Enzymen, die chemische Gruppen von einem Donor- auf ein Akzeptormolekül überträgt. Zu den industriell interessanten Transferasen gehören u. a. DNA-Polymerasen und CGTasen.

7.3.1
DNA-Polymerasen

DNA-Polymerasen (EC 2.7.7.7) sind nicht nur für das Kopieren der genetischen Information zuständig, sie spielen auch eine entscheidende Rolle bei der **Reparatur von Schädigungen der DNA**. DNA-Polymerasen haben grundsätzlich Folgendes gemeinsam: Sie benötigen für ihre Enzymaktivität Magnesiumionen und eine Matrize für den neu zu synthetisierenden DNA-Strang. Die **Neusynthese der DNA** erfolgt durch Verwendung energiereicher Nukleosidtriphosphate unter Abspaltung von Pyrophosphat. Da die Elongation des DNA-Stranges nur in 5′-3′-Richtung stattfinden kann, wird folglich nur ein Strang **kontinuierlich** synthetisiert („*leading strand*"), während

der andere **diskontinuierlich**, also in Etappen synthetisiert wird („*lagging strand*"). Große Unterschiede zeigen die Polymerasen im Vorhandensein von zusätzlichen Enzymaktivitäten. Die DNA-Polymerase I aus *E. coli* besitzt neben der eigentlichen Polymeraseaktivität noch die Fähigkeit zur Degradation der DNA sowohl in 3′-5′-Richtung, als auch in 5′-3′-Richtung. Bei der sogenannten 3′-5′-Exonukleaseaktivität handelt es sich um einen Korrekturmechanismus der Polymerase, der die Funktion hat, falsch gepaarte Nukleotide noch während des Synthesevorgangs zu entfernen (*proof-reading*).

Anwendung der DNA-Polymerasen

Die Nutzung von DNA-Polymerasen zur *In-vitro*-Amplifikation von Genen (**PCR-Reaktion**) markiert den Beginn der Molekularbiologie und ist somit der Ausgangspunkt einer Revolutionierung der gesamten grundlagenwissenschaftlichen und kommerziellen Life-Science-Forschung. Die erste beschriebene PCR-Prozedur nutzte das Klenow-Fragment der *E. coli* DNA-Polymerase I, das hitzelabil war und deshalb in jedem Zyklus nach der DNA-Denaturierung und dem nachfolgenden *Primer-Annealing* nachdosiert werden musste.

Tabelle 7.1. Einige kommerziell erhältliche thermostabile DNA-Polymerasen aus Bakterien und Archaeen

Enzym	Organismus	Halbwertzeit bei 95 °C (min)	Einbaurate (nt/sec)	proof-reading	Fehlerrate (nt^{-1})
Bakterielle DNA-Polymerasen					
Taq pol I	Thermus aquaticus	40	75	–	10^{-4}
Tth pol	Thermus thermophilus	20	>33	–	$5 \cdot 10^{-5}$
Archaeelle DNA-Polymerasen					
Vent pol	Thermococcus litoralis	400	>80	+	$5 \cdot 10^{-5}$
Pfu pol	Pyrococcus furiosus	>120	>120	+	$5 \cdot 10^{-5}$
Pwo pol	Pyrococcus woesei	>400	40	+	$5 \cdot 10^{-5}$

nt = Nukleotid

Der Einsatz thermostabiler DNA-Polymerasen, der mit der *Thermus aquaticus* (*Taq*) DNA-Polymerase begann und der automatisierte, thermische Zyklen ermöglichte, verhalf der PCR-Technologie zum Durchbruch (s. Kap. 1). *Taq*-Polymerase weist eine 5'-3'-Exonuklease-, aber keine 3'-5'-Exonukleaseaktivität auf, so dass das Enzym nicht in der Lage ist, Basenfehlpaarungen nach der Synthese zu korrigieren. Mittlerweile sind zahlreiche thermostabile DNA-Polymerasen (Tabelle 7.1) u. a. solche mit *proofreading*-Aktivität kommerziell erhältlich. Archaeelle *Proofreading*-Polymerasen, wie z. B. *Pwo* pol aus *Pyrococcus woesei*, *Pfu* pol aus *Pyrococcus furiosus*, Deep *VentTM pol* aus *Pyrococcus strain* GB-D oder *VentTM* pol aus *Thermococcus litoralis* haben Fehlerraten, die 10fach niedriger liegen, als die der *Taq*-Polymerase. Taq-Polymerase wurde jedoch von diesen bislang, u. a. wegen des Preises und der hohen Extensionsraten, die vor allem bei der Amplifikation größerer Fragmente entscheidend sind, noch nicht gänzlich verdrängt. Ein interessantes Beispiel stellt die rekombinante KOD1 DNA-Polymerase aus *Thermococcus kodakaraensis* KOD1 dar, die sowohl niedrige Fehlerraten (vergleichbar zu *Pfu*) als auch hohe Extensionsraten aufweist und deshalb akkurate Sequenzierungen bis zu 6 kb ermöglicht.

Darüber hinaus wird Taq-Polymerase innerhalb des Prozesses der „*directed evolution*" von Proteinen bei Bedingungen eingesetzt, die eine erhöhte Fehlerrate zur Folge haben (s. Kap. 11).

7.3.2
Cyclodextringlycosyltransferasen (CGTasen; EC 2.4.1.19)

CGTasen sind **Transglykosylasen**. Sie werden ausschließlich von Prokaryoten gebildet. Sie bilden aus α-Glucanen, wie z. B. Stärke, Cyclodextrine, also ringförmige Dextrine, bei denen das nichtreduzierende und das reduzierende Ende über eine α-1,4-glykosidische Verbindung miteinander verbunden sind. CGTasen katalysieren dabei die Endo-Spaltung einer bestehenden und die Synthese einer neuen α-1,4-glykosidischen Bindung. Die häufigsten Cyclodextrine sind α-, β- und γ-Cyclodextrin, die aus 6, 7, bzw. 8 Glucosemolekülen bestehen und einen konischen Ring mit einem hydrophoben Inneren und einem hydrophilen Äußeren bilden. Die meisten CGTasen bilden β-Cyclodextrin als Hauptprodukt, jedoch bilden einige CGTasen auch überwiegend α-Cyclodextrin oder γ-Cyclodextrin. Für eine Reihe von CGTasen konnte gezeigt werden, dass sie in der Lage sind, intermediär aus bis zu 80 Glucosemolekülen bestehende Cyclodextrine zu bilden.

Anwendungsmöglichkeiten von Cyclodextrinen

Die Cyclodextrine stellen die mengenmäßig wichtigsten hochwertigen Kohlenhydrate dar, für die es mannigfaltige Anwendungen innerhalb der pharmazeutischen, kosmetischen, chemischen sowie der Lebensmittel- und Textilindustrie gibt (Tabel-

Tabelle 7.2. Einige Anwendungen von Cyclodextrinen

Anwendung	Industrie
Stabilisierung flüchtiger oder instabiler Moleküle	Lebensmittel, Pharmazie, Kosmetik
Reduktion unerwünschten Geschmacks und Geruchs	Lebensmittel, Pharmazie
Gelier- und Verdickungsmittel	Lebensmittel
Schutz vor Degradation durch Licht, Temperatur und Sauerstoff	Lebensmittel
Extraktion von Cholesterin	Lebensmittel
Beladung mit Geruchsstoffen oder antiseptischen Substanzen	Textil
Zusatzstoff in Produktionsprozessen (z. B. Fettsäuren, Benzylalkohol, Antibiotika)	Biotechnologie
Erhöhung der Bioverfügbarkeit und Reduktion von Nebenwirkungen (z. B. Ibuprofen)	Pharmazie
Intermediat in der Arzneimittelproduktion	Pharmazie
Trennung von Isomeren	Chemie
Erhöhung der Wasserlöslichkeit	Chemie, Lebensmittel
Zusatz in Pestiziden	Landwirtschaft
Kontrolle pflanzlichen Wachstums	Landwirtschaft
Immobilisierung toxischer Stoffe (z. B. Schwermetalle, Trichlorethan)	Umweltschutz
Verbesserung des Abbaus stabiler Stoffe und Klärschlamm	Umweltschutz

le 7.2). Der überwiegende Anteil aller Cyclodextrinanwendungen macht sich die Eigenschaft der Cyclodextrine zunutze, mit verschiedenen Substanzen **Einschlussverbindungen** einzugehen. Durch diese Komplexierung ändern sich die physiko-chemischen Eigenschaften des eingeschlossenen Moleküls. Durch den Einsatz von Cyclodextrinen kann z. B. die **Löslichkeit** oder die **Stabilität** licht- und oxidationsempfindlicher Substanzen erhöht oder aber die Flüchtigkeit von Molekülen minimiert werden. Die natürlichen Cyclodextrine sind auch Ausgangssubstanz der synthetischen Cyclodextrine, von denen 100 kommerziell erhältlich sind und die in verschiedenen Anwendungen eingesetzt werden. CGTasen können auch für die Synthese verschiedener Kohlenhydrate eingesetzt werden. Ein prominentes Beispiel ist die Glykosy-

lierung des Süßstoffes **Steviosid**, die dessen Löslichkeit erhöht und dessen Bitterkeit senkt.

7.4 Hydrolasen (EC 3)

Hydrolasen katalysieren die Spaltung einer Substratbindung unter Einlagerung von Wasser. Hydrolasen stellen die mit Abstand am häufigsten biotechnologisch eingesetzte Enzymklasse dar. Sie finden Anwendung in vielen Bereichen der Biotechnologie. Der Übersichtlichkeit halber sind im Folgenden die Hydrolasen entsprechend der von ihnen umgesetzten Substrate untergliedert.

7.4.1 Stärke-hydrolysierende Enzyme

Stärke ist das wirtschaftlich bedeutendste **Speicherpolysaccharid** des Pflanzenreiches und einer der wichtigsten Bestandteile der menschlichen Ernährung. Stärke besteht aus den Molekülen Amylose (15–25%) und Amylopektin. **Amylose** setzt sich aus 1000 bis 6000 α-1,4-glykosidisch verknüpften Glucosemolekülen zusammen und bildet ein lineares Molekül. Beim Amylopektin finden sich zusätzlich zu den α-1,4-glykosidischen auch α-1,6-glykosidische Bindungen (ca. 5% aller glykosidischen Bindungen), die zur Verzweigung des Moleküls führen. **Amylopektin** besteht aus bis zu 6 Mio. Glucosemolekülen und stellt mit einem Molekulargewicht von 10^7 bis 10^9 g/mol eines der größten Biopolymere dar (Abb. 7.5). Von den jährlich mehr als 10^9 Tonnen gebildeter Stärke werden ca. $2 \cdot 10^7$ Tonnen isoliert und für verschiedene Anwendungen eingesetzt. Für zahlreiche Anwendungen wird Stärke physikalisch, chemisch und/oder enzymatisch modifiziert. Stärkehydrolasen machen ca. 30% aller weltweit hergestellten Enzyme aus.

α-Amylasen (EC 3.2.1.1)

α-Amylasen sind im Organismenreich weit verbreitet und finden sich in Pflanzen, Tieren und in Mikroorganismen. Sie katalysieren nach dem

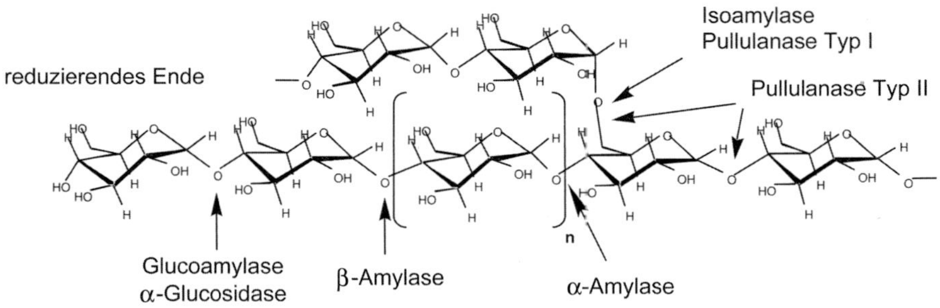

Abb. 7.5. Chemische Struktur von Amylopektin und Reaktionen der am Abbau beteiligten Enyzme

Zufallsprinzip erfolgende Endo-Spaltungen α-1,4-glykosidischer Bindungen in Amylose und Amylopektin und führen zu Bildung von unterschiedlich langen, linearen und verzweigten Oligosacchariden, **Maltose** und **Glucose**. α-Amylasen sind nicht in der Lage, α-1,6-glykosidische Bindungen zu spalten. Auch einige α-1,4-glykosidische Bindungen in der Nähe der α-1,6-Verzweigungspunkte können nicht hydrolysiert werden. Beim Verdau von Stärke bleiben daher verzweigte Dextrine, die α-Grenzdextrine, zurück, deren genaue Struktur von der verwendeten Stärkeart und der jeweiligen α-Amylase abhängt.

β-Amylasen (EC 3.2.1.2)

β-Amylasen kommen in Pflanzen und bei einigen Mikroorganismen, nicht jedoch im Tierreich vor. Sie hydrolysieren α-1,4-glykosidische Bindungen, indem sie schrittweise Maltose von den nicht-reduzierenden Enden abspalten. Während der Hydrolyse kommt es zur Inversion der anomeren Konfiguration, was zu **β-Maltose** als Endprodukt führt. Infolge des Exo-Spaltmechanismus sind β-Amylasen nicht in der Lage, α-1,6-glykosidische Verzweigungspunkte zu umgehen. Da die Hydrolyse zwei bis drei Glucoseeinheiten vor dem ersten Verzweigungspunkt endet, werden beim Amylopektin und Glykogen nur die äußeren Enden abgespalten. Endprodukte der Stärkehydrolyse sind daher **Maltose** und hochmolekulares **β-Grenzdextrin**.

Glucoamylasen (EC 3.2.1.3)

Glucoamylasen finden sich ausschließlich in Pilzen und Mikroorganismen. Glucoamylasen können sowohl α-1,4- als auch α-1,6-glykosidische Bindungen hydrolysieren, wobei die Spaltung α-1,4-glykosidischer Bindungen mit höherer Rate erfolgt. Unter Freisetzung von β-Glucose spalten sie schrittweise die endständigen Glucoseeinheiten von den nicht-reduzierenden Enden ab. Sie weisen gegenüber Polysacchariden höhere Aktivitäten auf als gegenüber Oligosacchariden.

α-Glucosidasen (EC 3.2.1.20)

Ebenso wie Glucoamylasen spalten α-Glucosidasen endständige Glucoseeinheiten von den nicht-reduzierenden Enden ab. Im Gegensatz zu diesen wird zum einen α-Glucose freigesetzt und können zum anderen α-1,6-glykosidische Bindungen nicht hydrolysiert werden. Des Weiteren können nur Oligosaccharide bis zu einer bestimmten Kettenlänge als Substrat verwendet werden.

Isoamylasen (EC 3.2.1.68)

Isoamylasen sind in der Lage, spezifisch α-1,6-glykosidische Bindungen innerhalb von Amylopektin und Glykogen zu hydrolysieren. Die α-1,6-glykosidischen Bindungen innerhalb des Pullulans können von Isoamylasen hingegen nicht gespalten werden. α- oder β-Grenzdextrine können **nicht komplett abgebaut** werden, obwohl das kleinste Substrat 6-α-D-Maltotriosylmaltose ist.

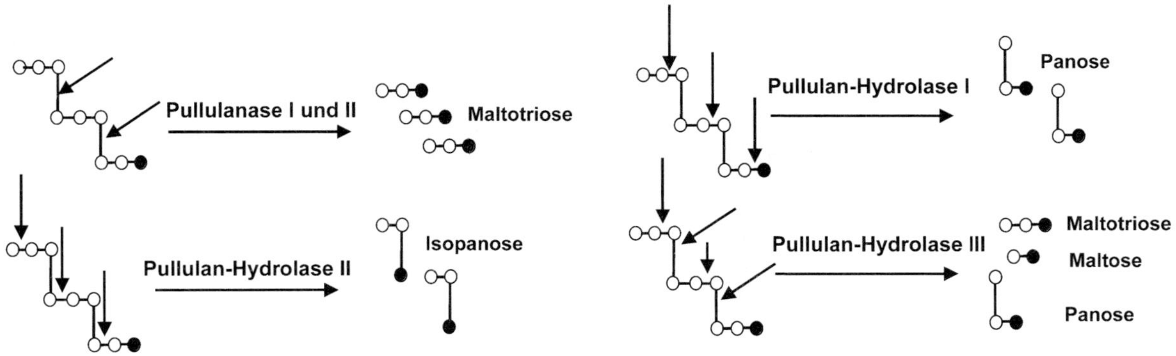

Abb. 7.6. Schematische Darstellung des Abbaus von Pullulan durch pullulytische Enzyme. ●=Glucose mit reduzierendem Ende

Pullulanase-Typ I (EC 3.2.1.41)

Pullulanasen des Typs I spalten über einen Endo-Mechanismus mit hoher Spezifität α-1,6-glykosidische Bindungen in Amylopektin, Pullulan (α-1,6-verknüpfte Maltotriose) oder verzweigten Oligosacchariden, wobei **lineare Oligosaccharide** gebildet werden. Moleküle wie Dextran (α-1,6-glykosidisch verknüpfte Glucose) und Isomaltotriose werden hingegen nicht umgesetzt. Amylopektin wird daher zu einer Mischung aus linearen Oligosacchariden hydrolysiert. **Pullulan** wird **vollständig zu Maltotriose** umgesetzt (Abb. 7.6). Substrate mit kürzeren Verzweigungen (Grenzdextrine) und Pullulan werden dabei schneller umgesetzt. Zur Spaltung sind mindestens zwei α-1,4-verknüpfte Glucosemoleküle in der Nachbarschaft der α-1,6-glykosidischen Bindungen notwendig. Das kleinste Substrat ist daher 6-α-D-Maltosylmaltose.

Pullulanasen-Typ II (Amylopullulanase, EC 3.2.1.41)

Im Gegensatz zu Pullulanasen des Typs I spalten Enzyme des Typs II neben α-1,6-Bindungen in Pullulanan auch α-1,4-glykosidische Bindungen in α-Glucanen mit Ausnahme von Pullulan. Ebenso wie die Pullulanasen des Typs I benötigen die Typ-II-Pullulanasen α-1,4-glykosidische Bindungen in unmittelbarer Nähe zur hydrolysierten α-1,6-Bindung und sind daher nicht in der Lage, Dextran oder Isomaltotriose umzusetzen.

Pullulan-Hydrolasen (Typen I, II, III; EC 3.2.135, EC 3.2.1.57)

Pullulan-Hydrolasen der Typen I und II, die bislang **nur in Prokaryoten** gefunden worden sind, spalten α-1,4-glykosidische Bindungen in Pullulan unter Freisetzung von Panose bzw. Isopanose (Abb. 7.6). Beide Enzyme sind nicht in der Lage, α-1,6-glykosidische Bindungen in verzweigten Substraten oder in Pullulan zu hydrolysieren. Pullulan-Hydrolasen des Typs III spalten α-1,4- und α-1,6-glykosidische Bindungen in Amylopektin und Pullulan unter Bildung von **Maltose**, **Maltotriose** und **Panose** (Abb. 7.6). Im Gegensatz zu Pullulanasen zeigen Pullulanhydrolasen auch Aktivität gegenüber Cyclodextrinen.

Biotechnologische Anwendungen

Stärke-hydrolysierende Enzyme werden in verschiedenen Industriezweigen eingesetzt. Der wichtigste ist die Lebensmittelindustrie und innerhalb dieser insbesondere die Herstellung von **Maltose, Glucose und Fructose aus Stärke**. In diesem Prozess, der sich in die zwei Schritte Stärkeverflüssigung und Verzuckerung gliedert, werden verschiedene Enzyme eingesetzt (s. Kap. 19). Während der Verflüssigung werden Stärkekörner in einem Düsenkocher bei 105–110 °C geliert und anschließend für 2–3 h bei ca. 95 °C durch thermostabile α-Amylasen (*Bacillus licheniformes* oder *Geobacillus stearothermophilus*) partiell hydrolysiert. In der anschließenden Verzuckerung wird die verflüssigte Stärke für 24–72 h weiter hydrolysiert. Da zur Zeit nur mäßig thermostabile Enzyme kommerziell erhältlich sind, läuft dieser Prozess bei 55–60 °C ab. Zur Herstellung von **Glucose** (Endkonzentration bis zu 96%) werden Pullulanasen (*Bacillus acidopullulyticus*) in Kombination mit Glucoamylasen (*Aspergillus niger*) verwendet. Zur Herstellung von **Maltose** (Endkonzentrationen 80–85%) werden Pullulanasen in Kombination mit α-Amylasen eingesetzt. Zahlreiche thermostabilere Stärke-hydrolysierende Enzyme aus Bakterien und Archaeen sind bereits beschrieben worden. Glucose und Maltose werden zum einen direkt im Lebensmittelbereich eingesetzt, dienen aber auch als Substrat in der fermentativen Herstellung biotechnologischer Produkte wie z. B. Ethanol, Lysin und Citronensäure. Ein Teil der Glucose wird mittels immobilisierter Glucose-Isomerase (EC 5.3.1.5) zu **Fructose** umgesetzt. Jährlich werden in diesem Prozess 8 Mio. Tonnen HFCS (*high fructose corn syrup*) mit einem Marktwert von 1 Mrd. € hergestellt. Auch die in der Stärkeverflüssigung entstehenden Maltodextrine werden einigen Lebensmitteln als Verdickungsmittel und Stabilisatoren zugegeben.

In der Backindustrie werden α-Amylasen des Pilzes *Aspergillus oryzae* im Backprozess eingesetzt, um den Geschmack zu modifizieren und um die Lagerstabilität sowie das Brotvolumen zu erhöhen. Letzterer Effekt ist vor allem darauf zurückzuführen, dass durch α-Amylase-Behandlung die Viskosität des Teiges abnimmt, so dass er während des Backens besser aufgehen kann. In einigen Brauereien werden α-Amylasen zugesetzt, um den Abbau der Stärke zu unterstützen, da die Bierhefe (*Saccharomyces cerevisiae*) keine amylolytischen Enzyme besitzt. Im traditionellen Prozess erfolgt die Stärkehydrolyse durch pflanzeneigene Amylasen während des Auskeimens der Getreidekörner.

Zum Entfernen stärkehaltiger Flecken werden **Waschmitteln** α-Amylasen zugesetzt. Eine wichtige Eigenschaft dieser α-Amylasen ist eine hohe Aktivität bei alkalischen pH-Werten, weshalb Enzyme thermoalkaliphiler Organismen, insbesondere der Gattung *Bacillus*, verwendet werden. Oftmals wird die α-Amylase von *Bacillus licheniformis* benutzt. Ebenfalls ist es notwendig, dass die Enzyme in Anwesenheit von Detergenzien und oxidierenden Agenzien wie Perboraten und Percarbonaten katalytisch aktiv sind. Des Weiteren kommen α-Amylasen zur Anwendung, um die **Baumwolle** von der Stärke zu befreien, welche während des Webens als Schutz der Fasern vor dem Zerbrechen aufgetragen wird (**Baumwollentschlichtung**). Um die Zahnplaquebildung zu verringern, sind einigen Zahnpasten Glucoamylasen und Glucose-Oxidasen zugefügt.

7.4.2
Cellulasen

Cellulose ist der Hauptbestandteil der pflanzlichen Zellwand und stellt mit einer Jahresproduktion von 10^{11}–10^{12} Tonnen das mengenmäßig häufigste organische Polymer dar. In Baumwolle findet sich Cellulose in fast reiner Form (98%), wohingegen der relative Celluloseanteil in Flachs (80%), Jute (60–70%) und Holz (40–50%) geringer ist. Cellulose besteht aus linearen Ketten β-1,4-glykosidisch verknüpfter Glucosemoleküle (Abb. 7.7). Ein Cellulosemolekül setzt sich aus 300–15 000 Glucoseeinheiten zusammen, was einem Molekulargewicht von $5 \cdot 10^{4}$–$2,5 \cdot 10^{6}$ g/mol entspricht. Obwohl Cellulose eine hohe Affinität zu Wasser hat, ist sie **komplett wasserunlöslich**. Über intra- und intermolekulare Wasserstoffbrückenbindungen lagern sich die einzelnen Moleküle zu Mikrofibrillen (ca. 2000 Celluloseketten) zusammen, die sich ihrerseits zu Cellulosefasern (Fibrillen) zusammenlagern können. Natürliche Cellulose ist strukturell heterogen und weist amorphe und kristalline Bereiche auf, in welchen die Wasserstoffbrückenbindungen in hochgeordneter Weise ausgebildet werden. Der Grad der **Kristallinität** hängt von der Herkunft der Cellulose ab. Je höher der Anteil kristalliner Bereiche ist, desto schlechter ist die Cellulose enzymatischem Abbau zugänglich.

Cellulase ist der Oberbegriff für Enzyme, die in der Lage sind, Cellulose abzubauen. Cellulasen werden vor allem von Mikroorganismen und Pflanzen produziert. Infolge ihrer partiell kristal-

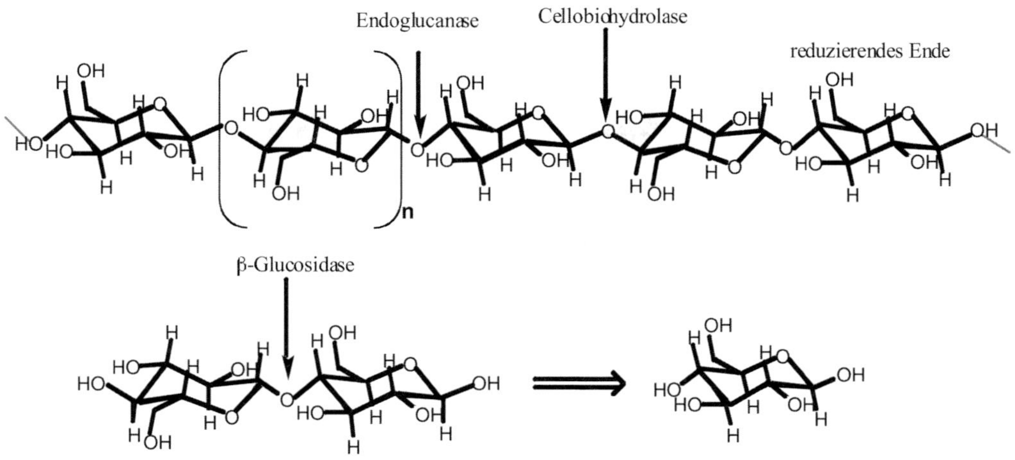

Abb. 7.7. Chemische Struktur von Cellulose und Reaktionen der am Abbau beteiligten Enyzme

linen und unlöslichen Natur erfolgt der Abbau der Cellulose sehr langsam. Zum Celluloseabbau bedarf es eines Multienzymkomplexes, an dem mindestens die drei Hauptenzyme Endoglucanase (EC 3.2.1.4), Exoglucanase (EC 3.2.1.91) und β-Glucosidase (EC 3.2.1.21) beteiligt sind. Generell existieren zwei Formen von Enzymsystemen:

- Beim **nicht-aggregativen** System werden die cellulolytischen Enzyme als freie Moleküle sekretiert und wirken synergistisch.
- Die zweite Form stellt das **aggregative** System dar und wird vorwiegend in anaeroben Bakterien beschrieben. Bei diesem liegen die Cellulasen im Verbund mit weiteren Zellwand-abbauenden Enzymen als hochmolekulare Multienzymkomplexe vor.

Diese Multienzymkomplexe, die auch als **Cellulosom** bezeichnet werden, sind im Allgemeinen zellwandgebunden und vermitteln die Anheftung des Bakteriums an das Substrat. Die am besten untersuchten Cellulosome sind die von *Clostridium thermocellum* und *C. celluvorans*.

Endoglucanasen (EC 3.2.1.4)

Endoglucanasen hydrolysieren Cellulose über eine Endo-Spaltung und bilden daher Oligosaccharide unterschiedlicher Länge, **Cellobiose** und **Glucose** als Endprodukte. Die amorphen Bereiche der Cel-

lulose und lösliche Cellulosederivate werden von Endoglucanasen bevorzugt gespalten. Durch die Aktivität von Endoglucanasen verringert sich die Kettenlänge von Carboxymethylcellulose (CMC), säuregequollener Cellulose und löslichem β-Gerstenglucan, wobei hauptsächlich Glucose, Cellobiose, Cellotriose und andere Cellooligosaccharide gebildet werden. Niedrige Aktivitäten werden auch mit mikrokristalliner Cellulose beobachtet.

Cellobiohydrolasen (EC 3.2.1.91)

Cellobiohydrolasen sind Exoglucanasen. Sie spalten Cellobiose vom nicht-reduzierenden Ende der Cellulose ab. Cellobiohydrolasen sind in pilzlichen Cellulasesystemen die wichtigsten Enzyme des Abbaus mikrokristalliner Cellulose. Bis zu 80% der mikrokristallinen Cellulose können durch diese Enzyme abgebaut werden. Bakterielle Cellobiohydrolasen sind in der Lage, Modellsubstrate wie p-Nirophenyl-β-Cellobioside und Methylumbelliferyl-β-D-Cellobioside zu spalten. Sie spalten Cellobiose von mikrokristalliner Cellulose ab und zeigen niedrige Aktivitäten gegenüber CMC.

β-Glucosidase (EC 3.2.1.21)

β-Glucosidasen hydrolysieren vorwiegend Cellobiose und Cellooligosaccharide bis zu einem Polymerisationsgrad von DP 6 und produzieren β-Glucose. Cellulose und längerkettige Cellodextrine werden nicht hydrolysiert. Durch die Spaltung der Cellobiose kann ihr inhibitorischer Einfluss auf Cellobiohydrolasen und Endoglucanasen beseitigt werden.

Biotechnologische Anwendungen

Cellulasen werden in verschiedenen biotechnologischen Anwendungen eingesetzt. Die effektivsten, kommerziell erhältlichen Cellulasen stammen von Spezies der Gattung *Trichoderma*. Durch den Einsatz von Cellulasen lässt sich die **Vergärbarkeit holzhaltiger Abfälle** erhöhen. Dies wird in der Silageherstellung genutzt, die in Anwesenheit der Cellulasen von beispielsweise *Trichoderma reesei* schneller abläuft. Von größerer Bedeutung ist dies jedoch in der Herstellung von **Ethanol** (s. Kap. 19). Die Produktion von Ethanol als Energieträger aus nachwachsenden Rohstoffen gewinnt zunehmend an Bedeutung. Allein in den USA werden pro Jahr 16 Mio. Tonnen Ethanol in 90 Anlagen produziert. Seit Mitte der 1980er Jahre werden einigen Waschmitteln alkalistabile Cellulasen zugesetzt. Während des Waschens bauen sie die aus der Kleidung hervortretenden Baumwollfäden ab, die größeren Fasern werden nicht angegriffen. Durch den Abbau der oberflächlichen Fussel erhöht sich die Intensität der Farbe und der Weichheitsgrad der Wäsche. Daher helfen Cellulasen auch dabei, umweltschädliche chemische Weichmacher zu ersetzen. Da die hervorstehenden Baumwollfäden Schmutz binden können, unterstützen die Cellulasen auch indirekt den Waschprozess. In der Textilindustrie werden Cellulasen ebenfalls als **Weichmacher** und zur **Baumwollschlichtung** verwendet. Des Weiteren werden sie bei der Erzeugung von *stone-washed* Jeans eingesetzt. Ein weiteres Einsatzgebiet ist die Papierindustrie. Dort werden Cellulasen zur Fasermodifikation und zum **Entfärben von Altpapier** eingesetzt.

7.4.3
Xylanasen

Neben der Cellulose kommen, sowohl in der Primär- als auch in der Sekundärwand, Heteropolymere vor, die man traditionsgemäß zwei Polysaccharidklassen zuordnet: den **Pektinen** und den **Hemicellulosen**. Hemicellulosen sind kurzkettige, und daher teilweise lösliche Polymere, die aus Xylosyl-, Glucurosyl-, Galactosyl-, Arabinosyl- oder Mannosylresten aufgebaut sind. Je nach dominierendem Zucker spricht man von Xylanen, Galactanen oder z.B. von Arabinogalactanen, wenn die beiden Zucker im Polymer etwa gleich häufig sind. **Xylan** stellt den Hauptbestandteil der Hemicellulosen und zugleich das zweithäufigste Biopolymer dar. Es macht bei einjährigen Pflanzen ca. 30% und bei Nadelhölzern und Laubhölzern 10% bzw. 25% des Trockengewichtes der pflanzlichen Zellwand aus. Das Rückgrat des Xylans besteht β-1,4-verknüpften Xylosemolekülen. Die meisten Xylane sind Heteropolysaccharide, bei denen das Xylanrückgrat mit Acetyl-, Arabinosyl- und Glucurosylresten substituiert ist (Abb. 7.8). In einigen pflanzlichen Zellwänden finden sich auch nur aus Xylanmolekülen bestehende Homoxylane.

Die **Xylane von Laubhölzern** (O-Acetyl-4-O-Methylglucuronxylan) bestehen aus >70 Xyloseresten und weisen einen Polymerisationsgrad von Dp 150–200 auf. Etwa jedes zehnte Xylosemolekül trägt am C_2-Atom eine 4-O-Methylglucuronsäure. Xylan von Laubhölzern ist zudem stark acetyliert. In Birkenxylan beispielsweise kommt auf zwei Mol Xylose ein Mol Acetat. Die vornehmlich am C_3- aber auch am C_2-Atom erfolgende Acetylierung bedingt die anteilige Löslichkeit von Xylanen. Alkalische Xylanextraktionen führen zur Abspaltung der Acetatreste.

Die **Xylane von Nadelhölzern** (Arabino-4-O-Methylglucuronxylan) bestehen aus kürzeren Ketten mit einem Dp von 70–130. Nadelholzxylan weist einen höheren Gehalt an 4-O-Methylglucuronsäure auf. Anstelle der Acetylgruppen ist an den C_3-Atomen α-L-Arabinofuranose gebunden. Xylane bilden kovalente und nicht-kovalente Bin-

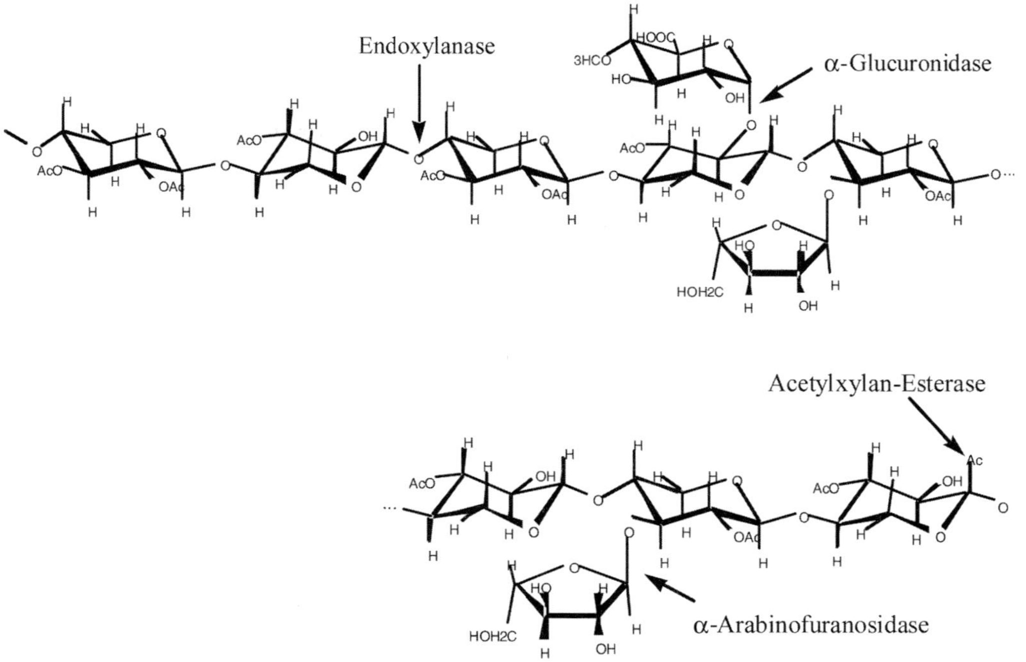

Abb. 7.8. Chemische Struktur substituierten Xylans und Reaktionen der am Abbau beteiligten Enzym

dungen mit den anderen Zellwandbestandteilen Cellulose, Lignin und weiteren Hemicellulosen aus. Lignin beispielsweise ist über eine Esterbindung an die Carboxygruppe der 4-0-Methylglucuronsäure an Xylan gebunden. Infolge der strukturellen Heterogenität bedarf es zum Xylanabbau einer Reihe von Enzymen, die synergistisch zusammenwirken. Zu diesen gehören β-1,4-Endoxylanasen (EC 3.2.1.8), β-Xylosidasen (EC 3.2.1.37), α-L-Arabinofuranosidasen (EC 3.2.1.55), α-Glucuronidasen (EC 3.2.1.131) und Acetylxylan-Esterasen (EC 3.2.1.72).

Endoxylanasen (1,4-β-D-Xylan-Xylanohydrolasen; EC 3.2.1.8)

β-1,4-Endoxylanasen hydrolysieren glykosidische Bindungen innerhalb des Xylanrückgrats. Welche Bindungen gespalten werden können, hängt von der Länge, dem Grad der Verzweigung und der Substituierung ab. Die Spaltprodukte sind Xylose, Xylobiose, Xylotriose und Xylooligosaccharide.

β-Xylosidasen (β-D-Xyloside Xylohydrolasen, EC 3.2.1.37)

β-Xylosidasen spalten Xylose vom nicht-reduzierenden Ende von Xylan-Oligosacchariden ab. β-Xylosidasen sind in der Regel nicht in der Lage, Xylan zu hydrolysieren. Durch ihre Aktivität minimieren die β-Xylosidasen die Produkthemmung der Endoxylanasen. Darüber hinaus weisen viele β-Xylosidasen Transferaseaktivität unter Bildung von β-1,3- und β-1,4-Bindungen auf.

α-L-Arabinofuranosidasen (EC 3.2.1.55)

α-L-Arabinofuranosidasen weisen Aktivität gegenüber verzweigten Arabinoxylanen, Arabinanen und Arabinose-substituierten Xylooligosacchariden auf. Sie katalysieren die Abspaltung der Arabinose. Die α-L-Arabinofuranosidasen von *Aspergillus niger* und *Streptomyces purpurascens* sind auch in der Lage, α-1,3- und α-1,5-Arabinofuranosyl-Bindungen in Arabinanen zu hydrolysieren.

α-Glucuronidasen (EC 3.2.1.131)

α-Glucuronidasen hydrolysieren die α-1,2-Bindungen zwischen der Glucuronsäure und der Xylankette.

Xylan-Acetylesterasen (EC 3.1.1.6)

Acetyl-Xylanesterasen spalten an den C_2- und C_3-Atomen der Xylankette gebundene Acetatmoleküle ab. Da die Acetatgruppen die Aktivität anderer xylanolytischer Enzyme behindern, sind Acetyl-Xylanesterasen für die komplette Hydrolyse vor allem von Laubholzxylanen unabdingbar.

Biotechnologische Anwendungen

Die wichtigsten Anwendungen von Xylanasen finden sich in der **Papier- und Zellstoffindustrie**. Zur Gewinnung der Cellulosefasern müssen dort die Hemicellulosen und Lignine, welche kovalent an Xylane gebunden ist, entfernt werden. Dazu wird zerkleinertes Holz mit heißer Lauge behandelt, wodurch die Hemicellulosen und Lignine extrahiert werden können. Die dabei entstehende Pulpe ist infolge der Lignine dunkelbraun gefärbt und wird in einem nachfolgenden Schritt chemisch gebleicht. Durch eine Vorbehandlung des zerkleinerten Holzes mit Xylanasen können die Xylane partiell hydrolysiert und somit zusammen mit dem kovalent an sie gebundenem Lignin herausgelöst werden. Durch diese Vorbehandlung kann die Menge des benötigten Bleichmittels reduziert werden. Zum einen, da ein anteiliges Bleichen bereits erreicht werden kann, zum anderen, weil durch die enzymatische Behandlung die Zugänglichkeit für die Bleichmittel erhöht wird. Xylanasen können auch zum **Abbau des** in der Papier- und Zellstoffindustrie **anfallenden Abwassers** eingesetzt werden. Innerhalb der Papier- und Zellstoffindustrie sind thermoalkalistabile Enzyme wünschenswert.

Auch in der **Lebensmittelindustrie** werden Xylanasen eingesetzt. Getreidemehle enthalten lösliche und nicht lösliche Arabinoxylane, deren Gewichtsanteil bei 2–3% liegt. Die löslichen Xylane können Komplexe mit Stärke und Proteinen bilden. In der Gewinnung von Weizenmehl werden die löslichen Arabinoxylane-abbauenden Enzyme eingesetzt. Dadurch erhöht sich die Ausbeute an Stärke und Protein, zugleich wird die in diesem Prozessschritt benötigte Wassermenge reduziert. Bei Zugabe zu Teigen reduzieren Xylanasen die Viskosität, ermöglichen die leichtere Verarbeitbarkeit und beeinflussen Konsistenz und Volumen des gebackenen Produktes. Hauptsubstrat in den Getreidearten, die zum Backen verwendet werden, ist **Arabinoxylan**, eine Hauptkomponente des Nicht-Stärkeanteils der Polysaccharide.

Auch Geflügelfutter wird mit Xylanasen behandelt, um dessen Verdaulichkeit zu erhöhen. Darüber hinaus werden Xylanasen für die Extraktion von Kaffee, pflanzlichen Ölen und Stärke genutzt. Zudem werden Xylanasen in der Herstellung von Fasern aus Flachs, Hanf und Jute, sowie in Kombination mit Pektinasen zur Klärung von Fruchtsäften eingesetzt. Xylose stellt auch das Ausgangssubstrat der Herstellung des Süßstoffes **Xylitol** dar, der, da er vom menschlichen Körper nicht verstoffwechselt werden kann, kalorienfrei ist.

7.4.4
Pektin-hydrolysierende Enzyme

Pektine sind im Pflanzenreich weit verbreitet. Sie machen ca. ein Drittel der pflanzlichen Primärzellwand aus. Pektin ist der Sammelbegriff strukturell heterogener **Polygalacturonsäuren**, mit unterschiedlichen Anteilen von D-Galactosyl-, L-Arabinosyl- oder L-Rhamnosylresten. Das Rückgrat des Pektins besteht aus α-1,4-verknüpften Galacturonsäuremolekülen, die eine Helix ausbilden. Unterbrochen wird diese Helix von Rhamnosemolekülen, die über eine α-1,2- und eine α-1,4-Bindung in die Kette eingefügt sind. Die meisten Carboxygruppen der Polygalacturonsäuren sind methyliert. Darüber hinaus sind die C_2- und C_3-Atome der Polygalacturonsäure und die C_4-Atome der Rhamnose anteilig substituiert. Substituenten können Acetat, Arabinose, Fucose, Galactose, Xylose oder Glucose sein. Außerdem kann das Rückgrat des Pektins mit Arabinanen (1,5-verknüpfte Arabinose) und Galactanen (β-1,4-Ga-

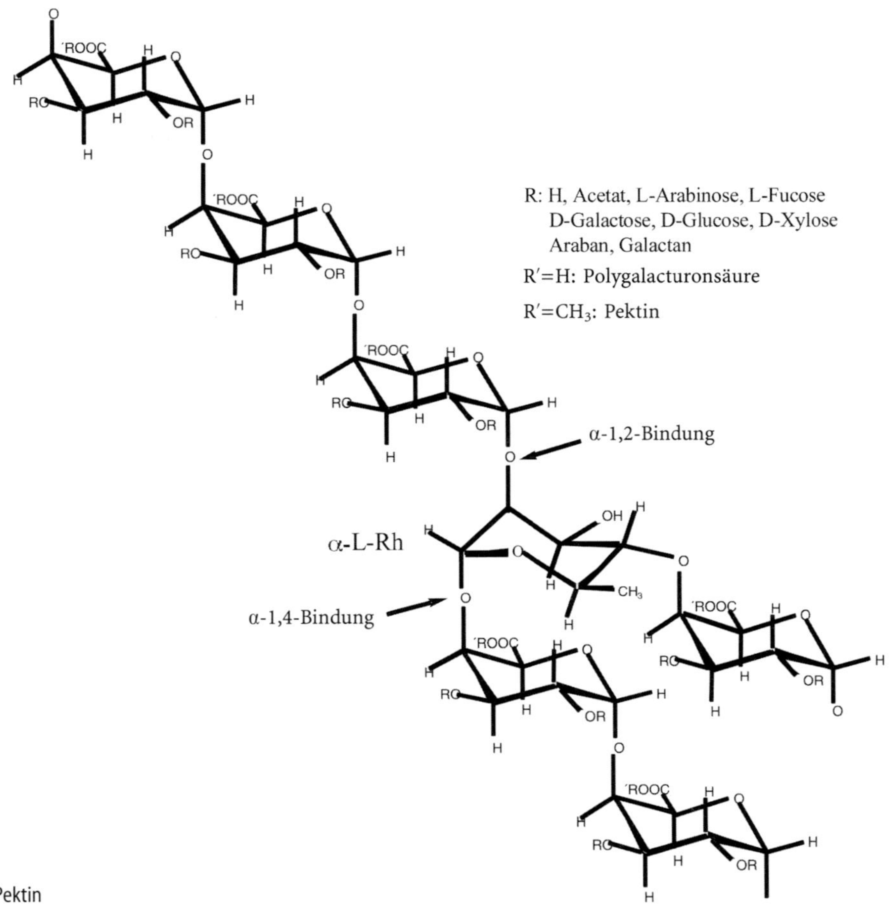

R: H, Acetat, L-Arabinose, L-Fucose
D-Galactose, D-Glucose, D-Xylose
Araban, Galactan

R′=H: Polygalacturonsäure

R′=CH₃: Pektin

α-1,2-Bindung

α-L-Rh

α-1,4-Bindung

Abb. 7.9. Chemische Struktur von Pektin

lactose oder β-1,4-verknüpfte Galactose) verknüpft sein (Abb. 7.9). Die Molekulargewichte von Pektinen liegen zwischen $2 \cdot 10^4$ und $4 \cdot 10^5$ g/mol.

Innerhalb von Pektinmolekülen lassen sich die vier Hauptbereiche Homogalacturonan, Rhamnogalacturonan I, Rhamnogalacturonan II und Xylogalacturonan unterscheiden: **Homogalacturonan** besteht aus ca. 100–200 α-1,4-glykosidisch verbundenen Galacturonsäuren. 70–80% der Carboxylgruppen tragen über eine Esterbindung Methylgruppen. In geringerem Maße findet sich auch eine Acetylierung an den C_3- und zuweilen den C_2-Atomen der Galacturonsäure. Beim **Rhamnogalacturonan I** bilden ca. 100 Einheiten des Dipeptids 1,2-α-L-Rhamnose- 1,4-α-D-Galacturonsäure das Rückgrat des stark verzweigten

Moleküls. In den meisten Fällen tragen 20–80% aller Rhamnosemoleküle des Rückgrates am C_4-Atom verschiedene Substituenten von Kettenlängen von Dp1 bis Dp 50. Trotz des Namens ist **Rhamnogalacturonan II** strukturell nicht mit dem Rhamnogalacturonan I verwandt. Rhamnogalacturonan II ist ein verzweigtes und strukturell konserviertes Molekül mit einem aus 9 Galacturonsäuren bestehenden Homogalacturonan-Rückgrat. Die Kette weist vier Seitenketten auf, die aus 11 verschiedenen Zuckern bestehen.

Polygalacturonasen (EC 3.2.1.15)

Polygalacturonasen katalysieren die Endo-Spaltung von α-1,4-galacturosidischen Bindungen in Polygalacturonat unter Bildung von Oligogalacturonen. Bei den Polygalacuronasen lassen sich, je nachdem, ob die Hydrolyse am Kettenende oder im Ketteninneren erfolgt, zwei Typen von Enzymen unterscheiden. Beide Typen können nur Polygalacturonate spalten, die zu weniger als 50–60% methyliert sind. Endo-hydrolysierende Polygalacturonasen spalten nach dem Zufallsprinzip inmitten des Moleküls und führen zu einer schnellen **Senkung der Viskosität**. Exo-hydrolysierende Polygalacturonasen greifen am nicht-reduzierenden Ende an und setzen kleinere Fragmente frei.

Galacturonasen (EC 3.2.1.67)

Galacturonasen spalten Galacturonsäure (EC 3.2.1.67) oder Di-Galacturonsäure (EC 3.2.1.82) vom nicht-reduzierenden Ende ab. Einige Galacturonasen hydrolysieren bevorzugt Oligogalacturonate und werden deshalb als **Oligogalacturonasen** bezeichnet.

Pektin-Methylesterasen (EC 3.1.1.11)

Pektin-Methylesterasen katalysieren die Abspaltung der Methoxylgruppen vom C_6-Atom. Die Hydrolyse ist durch eine hohe Spezifität und Ausbeute (ca. 98%) gekennzeichnet. Die Produkte dieser Spaltung sind **Polygalacturonat** und **Methanol**. Die Abspaltung beginnt am nicht-reduzierenden Ende und setzt sich entlang der Hauptkette fort. Während pilzliche Pektin-Methylesterasen bei niedrigen pH- Werten ihr Aktivitätsoptimum haben, bevorzugen bakterielle Enzyme alkalische Bedingungen.

Pektin- und Polygalacturonat-Lyasen

Am Pektinabbau sind auch Lyasen beteiligt (EC-Klasse 4). Lyasen spalten die α-1,4-galacturosidischen Bindungen des Pektins bzw. Polygalacturonats über einen β-Eliminationsmechanismus. Die Produkte dieser Depolymerisierung sind C_4-C_5 **ungesättigte Galacturonate**. Endogalactucturonasen (EC 4.2.2.2) die Oligogalacturonate bilden, wurden in zahlreichen Pilzen und phytopathogenen Pilzen gefunden. Exopolyga-

lacturonasen (EC 4.2.2.9) hingegen wurden erst in einer geringeren Zahl an Bakterien gefunden. Endopektin-Lyasen (EC 4.2.2.10) sind in Pilzen weit verbreitet.

Biotechnologische Anwendungen

Die wichtigste Anwendung pektinolytischer Enzyme stellt die **Klärung von Fruchtsäften** dar, die bereits seit ca. 1930 praktiziert wird. In frisch gepressten Säften agieren Pektine als stabilisierendes Kolloid für Zelldebris. Nach Hydrolyse des Pektins flocken diese Partikel aus. Bereits die Hydrolyse von 2–3% der glykosidischen Bindungen innerhalb des Pektins senkt die Viskosität um ca. 50%, wodurch auch die Filtrierbarkeit erhöht wird. Darüber hinaus wird durch den Einsatz pektinolytischer Enzyme die Fruchtsaftausbeute erhöht. Wegen des niedrigen pH-Wertes der Fruchtsäfte werden in diesem Prozess säurestabile Enzyme eingesetzt, die zumeist von Vertretern der Gattung *Aspergillus* stammen. Auch bei der **Olivenölproduktion** werden pektinolytische Enzyme eingesetzt. Die enzymatische Vorbehandlung von **Zuckerrüben** mit pektinolytischen Enzymen vor dem Pressen erhöht die Ausbeute deutlich. Ebenfalls eingesetzt werden Pektinasen in der Herstellung von Pürees und Pasten aus Gemüsen. In der Produktion von **Apfelcidre** werden auch Pektin-Methylesterasen eingesetzt. Nach Abspaltung der Methyoxygruppen kann das entstehende Pektin mit Calcium präzipitiert werden.

Pektinolytische Enzyme sind auch an natürlichen Fermentationen beteiligt. Um die Kaffee- und Kakaobohnen leichter aus den Früchten gewinnen zu können, werden die Früchte vor dem mechanischen Aufschluss einige Tage fermentiert. Dabei werden die Pektine mittels der pektinolytischen Enzyme der Mikroflora auf der Fruchtoberfläche abgebaut. Durch Zugabe kommerzieller Pektinasen kann dieser Prozess beschleunigt werden.

Auch in der Textilindustrie werden Pektinasen verwendet. Das Waschen der Baumwolle in der Baumwollverarbeitung stellt den Schritt dar, der die meiste Energie und das meiste Wasser verbraucht. Bei diesem Vorgang werden diverse den Cellulosefasern anhaftende Zellwandbestandteile bei hohen Temperaturen und unter stark alkalischen Bedingungen entfernt. Ein Alternativprozess unter Nutzung einer Pektat-Lyase ist bereits entwickelt worden. Darüber hinaus werden Pektinasen in der Herstellung von Pflanzenfasern, in der Behandlung pektinhaltiger Abwässer und in der Papier- und Zellstoffindustrie eingesetzt. Die kommerziell wichtigsten Pektinasen stammen aus Pilzen, insbesondere der Gattung *Aspergillus*.

7.4.5
Chitinasen

Chitin stellt den Hauptbestandteil der **Zellwand der Pilze** und einiger Protozoen sowie des **Exoskeletts der Crustaceen und Insekten** dar und gehört mit einer Jahresproduktion von 10^{10} bis 10^{11} Tonnen pro Jahr zu den am häufigsten vorkommenden Biopolymeren. Insbesondere in den Meeren und Ozeanen werden enorme Mengen an Chitin produziert und umgesetzt. Chitin ist ein lineares β-1,4-Homopolymer des N-Acetylglucosamins. Der Abbau des Chitins erfolgt in mehreren Schritten. Endo-spaltende Chitin-Hydrolasen (Chitinase A, EC 3.2.1.14) spalten Chitin zu Chitin-Oligomeren, Chitinbiose und N-Acetylglucosamin. Die Chitinoligomere werden von Exospaltenden Chitinasen (Chitinase B, EC 3.2.1.14) weiter zu Chitinbiose hydrolysiert, welche dann im letzten Schritt durch N-Acetyl-D-Glucosaminidase (Chitobiase; EC 3.2.1.52) zu N-Acetyl-Glucosamin gespalten wird. Darüber hinaus sind am Chitinabbau Chitin-Deacetylasen (EC 3.5.1.41) beteiligt, die das an die Aminogruppe des C_2-Atoms gebundene Acetat abspalten und dabei Chitosan (Poly-β-1,4-D-N-Glucosamin) bilden. Chitosan wiederum kann von Chitosanasen (EC 3.2.1.132) in Chitosan-Oligosaccharide gespalten werden (Abb. 7.10).

Anwendung von Chitin und seiner enzymatischen Abbauprodukte

Für Chitin und Chitosan und deren Spaltprodukte gibt es eine Reihe von Anwendungen in verschiedenen Industriezweigen. In der pharmazeutischen Industrie werden Chitin und Chitosan wegen ihrer geringen Toxizität und ihrer längeren Verweildauer im menschlichen Körper als **Arzneistoffträger** eingesetzt. In einigen Fällen werden sie vor Einsatz noch modifiziert, z. B. succinyliert. Darüber hinaus wird Chitin, insbesondere aber Chitosan, als **Wundpflaster** verwendet. Die Fähigkeit des Chitins, Schwermetalle zu binden, wird in der Bioremediation von Böden und der **Abwasseraufbereitung** genutzt. Für die Chito-Oligosaccharide konnten verschiedene biologische Aktivitäten nachgewiesen werden. Hierzu gehören immunstimulierende, infektionshemmende und antitumorale Effekte. Die Kettenlänge der Chitosan-Oligosaccharide hat dabei entscheidenden Einfluss auf dessen biologische Wirkung. Die Herstellung von Ketten definierter Länge ist nur mittels Enzymen möglich. Nicht nur die Spaltprodukte der Chitinasen, sondern diese selbst besitzen Anwendungspotential. Infolge ihrer **antifungalen Aktivität** könnten sie als Schutzmittel für Lebensmittel und Saatgut eingesetzt werden.

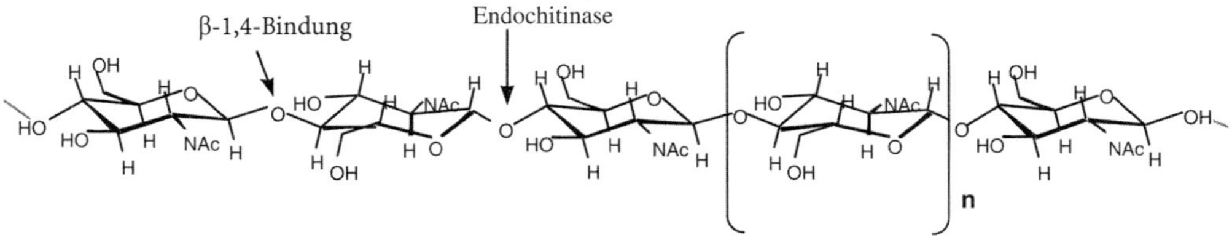

Abb. 7.10. Chemische Struktur von Chitin und Reaktionen der am Abbau beteiligten Enzyme

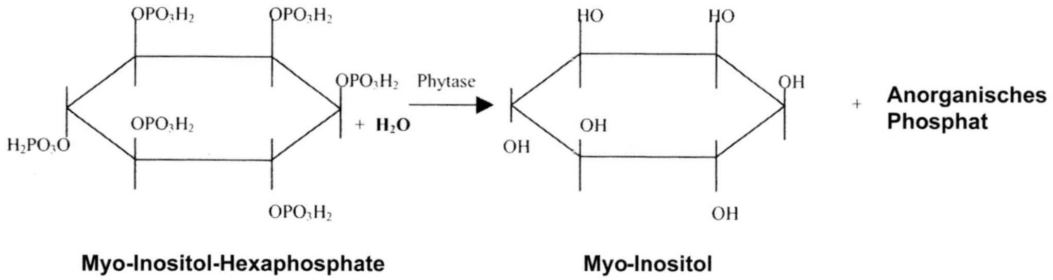

Abb. 7.11. Reaktion der Phytase

7.4.6
Phytasen

● Phytasen (EC 3.1.3.8 und 3.1.3.26) werden von Pflanzen und Mikroorganismen, insbesondere von Pilzen gebildet. Sie katalysieren die schrittweise erfolgende Hydrolyse von Phytat (Myo-Inostol-Hexakisphosphat) zu Inositol und Phosphat (Abb. 7.11). Phytasen können zusätzlich unspezifische Phosphat-Monoester-Aktivität aufweisen. Phytat stellt mit 50–80% des Gesamtphosphats die Hauptspeicherform von Phosphat in Getreidekörnern dar und macht 1–5% des Gewichts in Getreide, Nüssen und essbaren Hülsenfrüchten aus.

Anwendung in der Futtermittelindustrie

Monogastrische Tiere wie beispielsweise Schweine und Geflügel **besitzen keine Phytasen** und sind daher nicht in der Lage, das im Phytat gespeicherte Phosphat zu nutzen. Da Phosphate für die Synthese von DNA, den Energiestoffwechsel, insbesondere jedoch für das Knochenwachstum unabdingbar sind, wird Schweine- und Geflügelfutter **anorganisches Phosphat** zugesetzt. Eine Alternative hierzu ist die Zugabe von **Phytasen**, welche die **Bioverfügbarkeit** des im Phytat gebundenen Phosphats erhöhen. Dies führt dazu, dass dem Futter weniger Phosphat zugegeben werden muss. Zugleich reduziert sich die Menge des in die Umwelt gelangenden Phosphats, das oftmals entscheidender Faktor bei der Eutrophierung von Gewässern ist. Neben der Freisetzung von Phosphat hat die Spaltung des Phytats indirekte Folgen. Da Phytat auch Calcium-, Zink, Magnesium- und Eisenionen komplexiert, wird durch seine Spaltung die Verfügbarkeit dieser essentiellen Spurenelemente erhöht. Auch mit Proteinen können Phytate Komplexe eingehen, welche die Löslichkeit der Proteine senken und daher ihre Beständigkeit gegenüber Proteolyse erhöhen können. Die Verdaubarkeit des Futters wird durch Phytat auch deshalb gesenkt, da es als Inhibitor einiger Verdauungsenzyme wirkt, wie z. B. Amylasen und Trypsin.

7.4.7
Lipolytische Enzyme

Die Ester von Fettsäuren und dem dreiwertigen Alkohol Glycerin werden als Triglyceride bezeichnet. Triglyceride längerkettiger Fettsäuren werden, je nach Aggregatzustand bei Raumtemperatur, als **Fette** oder **Öle**, Triglyceride kürzerkettiger Fettsäuren als **Ester** bezeichnet. In natürlichen Fetten und Ölen kommen mehr als 500 verschiedene Fettsäuren vor. Diese unterscheiden sich in ihrer Länge, der Anzahl der Doppelbindungen und können überdies verzweigt sein. Fette und Öle dienen in vielen Pflanzen, Tieren und Mikroorganismen als **Energiespeicherstoff**. Phospholipide sind – mit Ausnahme der Archaeen – der Hauptbestandteil der Zellmembranen aller Lebewesen. Mit einer Jahresproduktion von über 100 Mio. Tonnen sind Fette und Öle wichtige nachwachsende Rohstoffe. Ca. 80% der Produktion werden für die menschliche Nahrung und ca. 6% für Tierfutter verwendet. Der Rest dient der

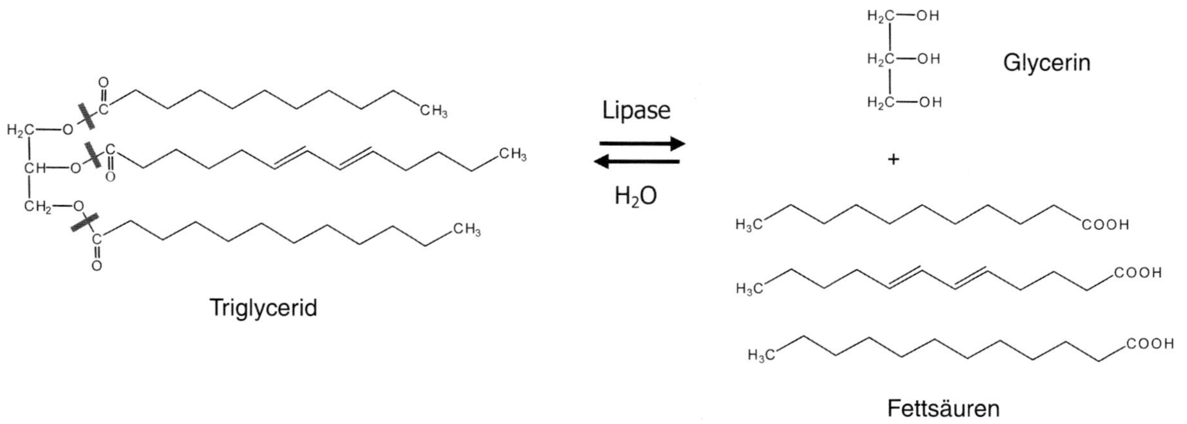

Abb. 7.12. Spaltung eines Triglycerids durch eine Lipase. Die hydrolysierten Bindungen des Triglycerids sind durch *Balken* markiert

chemischen Industrie als Ausgangsstoff, wobei mit ca. 90% der größte Anteil auf die Herstellung von Seifen und Tensiden entfällt.

Lipasen (EC 3.1.1.3)

Lipasen sind Triacylglycerol-Hydrolasen, die Glycerinester von langkettigen Fettsäuren (C > 10) spalten (Abb. 7.12). Sie kommen in nahezu allen Organismen vor.

Lipasen sind die am häufigsten verwendeten Biokatalysatoren in der organischen Chemie. Hierfür gibt es folgende Gründe:

- Lipasen haben eine **breite Substratspezifität,** d. h. sie zeigen Enzymaktivität gegenüber einer Vielzahl unterschiedlicher, auch nicht natürlicher Substrate.
- Sie sind **relativ stabil** und benötigen keine Cofaktoren.
- Sie setzen **viele Substrate** mit hoher Stereo- und Enantioselektivität um.
- Außer Wasser werden auch andere Nukleophile, z. B. die biotechnologisch wichtigen Gruppen der **Alkohohle und Amine** akzeptiert.
- Lipasen bleiben im Gegensatz zu den meisten anderen Enzymen nicht nur in wässriger Lösung, sondern auch in organischen Lösungsmitteln **enzymatisch aktiv,** so dass man nicht nur Hydrolyse-, sondern auch Synthesereaktionen durchführen kann.

Biotechnologische Anwendungen

Lipasen werden seit 1990 als **Waschmittelzusatz** verwendet, um Fett- und Ölverschmutzungen besser zu beseitigen. Der Marktführer auf dem Gebiet der Waschmittel-Lipasen ist die dänische Firma Novozymes, die eine Lipase aus dem Pilz *Thermomyces lanuginosus* unter dem Handelsnamen Lipolase vertreibt. Seit kurzem ist auch eine genetisch veränderte Variante, Lipolase ultra, auf dem Markt, die besonders gut bei niedrigen Waschtemperaturen (20 °C) wirksam ist.

Ein weiteres Einsatzfeld von Lipasen ist die **Lebensmittelindustrie,** wo sie zur Umesterung von Weizenmehl-Lipiden verwendet werden, was zur knusprigen Konsistenz und besseren Haltbarkeit von Brot und Brötchen beiträgt. Im Maßstab von ca. 1000 t/Jahr führt die niederländische Firma Unilever die lipolytische Umesterung von Palmöl zu Kakaobutter mit einer Lipase aus dem Pilz *Rhizomucor miehei* aus. Auch für Entfettungsprozesse bei der **Lederherstellung** sowie zur Vorbehandlung von Kiefernhölzern bei der **Papierherstellung** („*pitch*-Kontrolle") werden Lipasen verwendet.

Das mit Abstand wichtigste Anwendungsgebiet für Lipasen ist die biokatalytische Herstellung **enantiomerenreiner Substanzen.** Diese finden Verwendung in vielen Bereichen der Synthesechemie, z. B. als Vorstufen für Medikamente, Feinchemikalien oder Duftstoffe. Das Prinzip der enantiose-

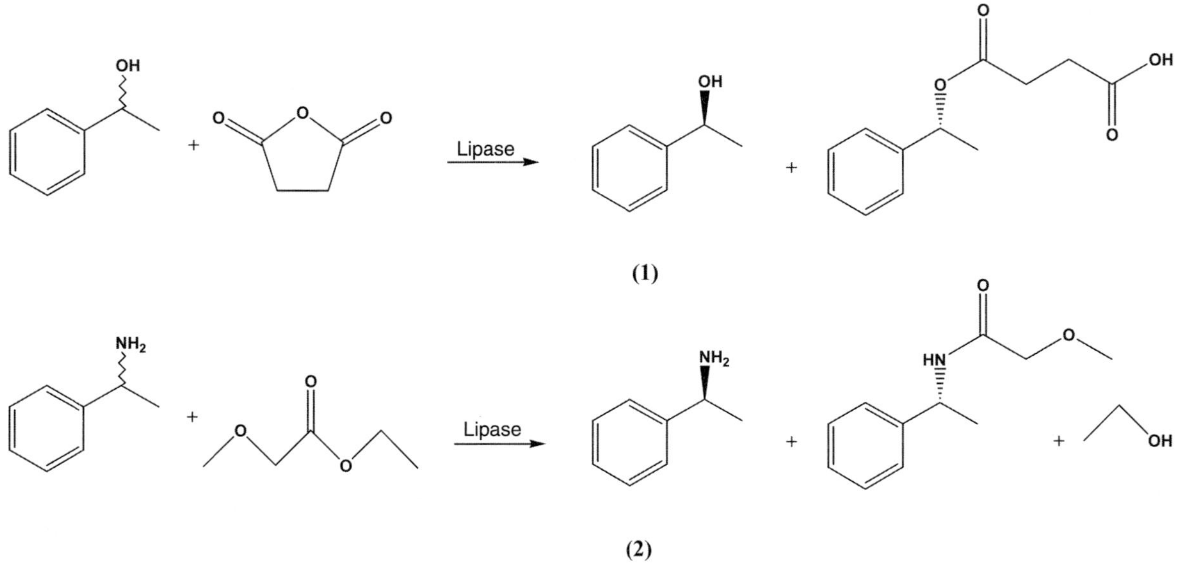

(1)

(2)

Abb. 7.13. Herstellung **(1)** chiraler Alkohole und **(2)** Amine durch Lipase-katalysierte enantioselektive Veresterung. Dieser Prozess wird mit einer bakteriellen Lipase bei der BASF AG durchgeführt

lektiven Synthese kann am Beispiel der kinetischen Resolution von Alkoholen und Aminen verdeutlicht werden (Abb. 7.13).

Mittlerweile wurden mehr als tausend verschiedene Substanzen mit unterschiedlichen Lipasen hergestellt, weitere kommerziell wichtige Produkte finden sich in Tabelle 7.3.

Esterasen (EC 3.1.1.1)

Carboxylester-Hydrolasen hydrolysieren Glycerinester von kurzkettigen Fettsäuren (C < 10). Das Vorkommen, der Aufbau des aktiven Zentrums sowie der Mechanismus der Hydrolysereaktion sind weitgehend identisch mit **Lipasen**. Ein wichtiger Unterschied zwischen beiden Enzymklassen besteht in der Kinetik der **Umsetzung hydrophober Substrate**: Esterasen zeigen hier eine Michaelis-Menten-Kinetik, während Lipasen erst dann eine deutliche Substratumsetzung zeigen, wenn das Substrat micellare Strukturen ausgebildet hat, also eine ausgeprägte Interphase zwischen Wasser und den hydrophoben Substratmicellen existiert (Abb. 7.14). Diese charakteristische Eigenschaft der Interphasenaktivierung unterscheidet Lipasen von Esterasen. Sowohl Lipasen, als auch Esterasen besitzen im aktiven Zentrum eine katalytische Triade aus Serin, Histidin und Aspartat.

Biotechnologische Anwendungen

Wie die Lipasen werden auch Esterasen zur biokatalytischen Synthese **enantiomerenreiner Produkte**, insbesondere zur Herstellung chiraler Carbonsäuren, primärer, sekundärer und tertiärer Alkohole eingesetzt. Das wohl bekannteste Enzym ist die Carboxylesterase NP aus *Bacillus subtilis*, die zur Herstellung enantiomerenreinen Naproxens verwendet wird, eines der meistverkauften Medikamente mit entzündungshemmender Wirkung.

7.4.8
Epoxid-Hydrolasen (EC 3.3.2.3)

Optisch reine Epoxide sind vielseitig verwendbare Synthesebausteine in der organischen Chemie, besonders für die **Herstellung von Pharmazeutika**. Die enantioselektive Darstellung von Epoxiden gelingt mit chemischen Katalysatoren (Sharpless- und Jacobson-Katzuki-Epoxidierung), allerdings ist die chemische Variabilität der ver-

Tabelle 7.3. Biokatalytisch mit bakteriellen Lipasen hergestellte enantiomerenreine Produkte

Produkt	Anwendung	Enzym [EC] Ursprung	ee-Wert [%]	Prozess- volumen	Firma
(S)-1-Phenylethylamin	Intermediat für pharmakologische Produkte und Pestizide	Lipase [3.1.1.3] *Burkholderia plantarii*	>99	>100 t·a⁻¹	BASF AG, Deutschland
(3R,4S) cis-Azetidinon-Acetat	Intermediat für die Synthese von Paclitaxel (=Taxol); Einsatz zur Krebstherapie	Lipase [3.1.1.3] *Burkholderia cepacia*	>99,5	kg Maßstab	Bristol-Myers Squibb, USA
(2R,3S)-3-(4-Methoxyphenyl) glycidic acid methyl ester	Intermediat in der Synthese von Diltiazem	Lipase [3.1.1.3] *Serratia marcescens*	99,9		Tanabe Seiyaku Co. Ltd., Japan DSM, Niederlande

wendbaren Ausgangsverbindungen beschränkt und die optische Reinheit der Produkte oftmals unbefriedigend. Epoxid-Hydrolasen kommen bei Mensch und Tier, in Pflanzen, Pilzen und Bakterien vor und dienen zur Zerstörung der toxisch wirkenden Epoxide. Viele ihrer Eigenschaften ähneln denen der Lipasen und Esterasen, so benötigen sie keine Cofaktoren, zeigen hohe Regio- und Enantioselektivität und sind in Gegenwart organischer Lösungsmittel aktiv. Wie die lipolytischen Enzyme zeigen auch Epoxidhydrolasen eine α/β-Hydrolasefaltung und besitzen in ihrem aktiven Zentrum eine katalytische Triade (Asp-His-Asp), wobei das Aspartat (anstelle des Serins bei den Lipasen und Esterasen) als Nucleophil ein Kohlenstoffatom des Epoxidrings angreift und über ein kovalentes Glycolmonoester-Intermediat zum Endprodukt, einem vicinalen Diol, reagiert.

Welcher der prinzipiell möglichen Hydrolysewege (Abb. 7.15) eingeschlagen wird, hängt von der chemischen Natur des Substituenten R am Epoxid und der Regioselektivität der jeweiligen Epoxid-Hydrolase ab. Während bei **Esterhydrolysen** durch Lipasen und Esterasen die Konfiguration am stereogenen Zentrum des Substrats erhalten bleibt, muss bei der **Epoxidhydrolyse** immer die absolute Konfiguration sowohl des entstehenden Diols wie des verbleibenden nicht hydrolysierten Epoxids bestimmt werden.

Eine große Zahl unterschiedlicher Alkyl- und Aryl-substituierter Epoxide wurde mit Epoxid-Hydrolasen umgesetzt, wobei die Enzyme aus dem Bakterium *Agrobacterium radiobacter* und dem Pilz *Aspergillus niger* besonders intensiv untersucht wurden. Der biotechnologische Einsatz von Epoxid-Hydrolasen im größeren Maßstab ist bisher dadurch behindert worden, dass es Schwierigkeiten mit der Expression der entsprechenden Gene, insbesondere in heterologen Wirtssystemen, gibt und daher genügend große Mengen an Biokatalysatorprotein nicht bereitgestellt werden konnten.

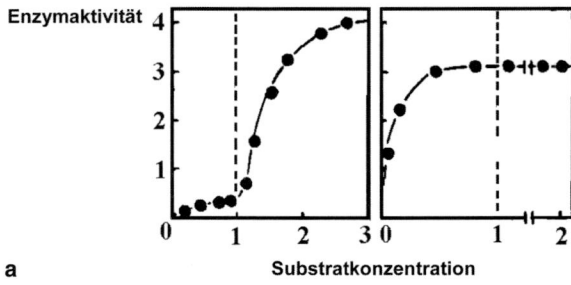

a

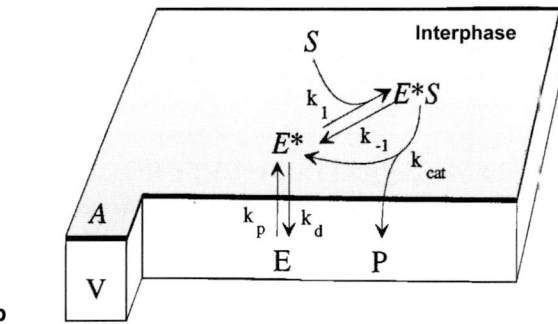

b

Abb. 7.14. Kinetik der Substratumsetzung von Lipase und Esterase. **a** Die relative Enzymaktivität einer Lipase und einer Esterase; die gestrichelte Linie zeigt die Substratkonzentration, bei der das Substrat beginnt, Micellen auszubilden. **b** Kinetische Konstanten einer Lipasereaktion an der Interphase zwischen wässrigem Medium (V) und hydrophobem Substrat (A). (E = Enzym; E* = Enzym in der Interphase, S = Substrat; P = Produkt)

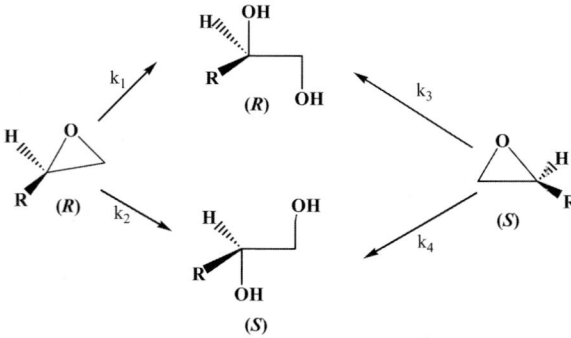

Abb. 7.15. Stereochemie der Hydrolyse eines Epoxids durch Epoxid-Hydrolase. Vier unterschiedliche Hydrolysewege (k_1 bis k_4) sind möglich; k_1 und k_4 unter Retention, k_2 und k_3 unter Inversion der absoluten Konfiguration

7.4.9
Proteasen (EC 3.4)

Proteasen kommen in nahezu allen Organismen vor und spielen bei einer Reihe von anabolen und katabolen Prozessen eine entscheidende Rolle. Sie katalysieren die Hydrolyse von Peptidbindungen, also die Degradation von Proteinen zu Peptiden und Aminosäuren. Zu den bestuntersuchten eukaryotischen Proteasen gehören die vom Magen und der Bauchspeicheldrüse der Mammalia sezernierten Proteasen **Pepsin**, **Trypsin** und **Chymotrypsin**.

Proteolytische Enzyme werden allgemein als **Peptidasen** oder **Proteasen** bezeichnet. Neben der Substratspezifität basiert die Einteilung auf der Bestimmung des katalytischen Mechanismus des Enzyms. Die meisten Proteasen sind entweder **Exoproteasen** (EC 3.4.11–19), welche eine oder wenige Aminosäuren am N-(Aminoproteasen) bzw. C-Terminus (Carboxyproteasen) des Substrats abspalten, oder **Endoproteasen** (EC 3.4.21–24), welche inmitten von Polypeptidketten spalten. Exoproteasen werden außerdem je nach Anzahl der Aminosäuren, die sie von einer Polypeptidkette abspalten, als Di- oder Tri-Peptidylproteasen bezeichnet. Für Dipeptide spezifische Exoproteasen nennt man Dipeptidasen.

Endoproteasen werden dagegen aufgrund ihres katalytischen Mechanismus in Serin-, Cystein-, Aspartat- oder Metallo-Endoproteasen eingeteilt. Die beiden letztgenannten unterscheiden sich insofern von den anderen beiden Gruppen, als das Nucleophil hier durch ein aktiviertes Wassermolekül anstatt eines Teils einer reaktiven Aminosäure repräsentiert wird. So können auch nur die Ser/Thr/Cys-Proteasen durch die Einführung eines stabilen Acyl-Enzym-Zwischenproduktes während des Katalyseprozesses als echte Transferasen agieren.

Nach dem Aufbau des aktiven Zentrums unterscheidet man folgende Proteasetypen (in Klammern ist jeweils eine typische Protease angegeben)

- EC 3.4.21 – Serinproteasen (Subtilisin)
- EC 3.4.22 – Cysteinproteasen (Papain)

- EC 3.4.23 – Aspartatproteasen (Pepsin)
- EC 3.4.24 – Metalloproteasen (Thermolysin)

Serinproteasen

Serinproteasen weisen einen gemeinsamen Reaktionsmechanismus unter Beteiligung eines konservierten Serins auf. Das katalytisch aktive Serin der Serinproteasen (EC 3.4.21) wird durch Phenylmethylsulfonylfluorid (PMSF), 3,4-Dichloroisocoumarin (3,4-DCI) und Diisopropylfluorphosphat (DFP) irreversibel gehemmt. Die Serinproteasen gehören wie auch die Lipasen, Esterasen und Epoxid-Hydrolasen zu den α/β-Hydrolasen; auch sie haben im aktiven Zentrum eine katalytische Triade bestehend aus den Aminosäuren **Serin, Histidin,** und **Aspartat**, wobei hier ebenfalls das Serin als Nucleophil wirkt. Zu den bekanntesten Vertretern dieser Gruppe zählen Trypsin, Chymotrypsin, Thrombin, Elastase und das bakterielle Subtilisin.

Cysteinproteasen

Bei den Cysteinproteasen (EC 3.4.22) findet man Cysteine oder Histidine mit der katalytischen SH-Gruppe im aktiven Zentrum. Diese kann zum einen durch typische Thiol-blockierende Reagenzien und zum anderen durch alkylierende Agenzien wie Iodacetat gehemmt werden. Cysteinproteasen sind meist in Gegenwart von Reduktionsmitteln optimal aktiv und arbeiten vorwiegend **im neutralen pH-Bereich**. Bekannte Cysteinproteasen sind pflanzlichen Ursprungs, z. B. Papain, Bromelain und Ficin, oder auch mikrobiellen Ursprungs, z. B. Clostripain und Streptopain.

Aspartatproteasen

Die Aspartatproteasen (EC 3.4.23) sind auch als **saure Proteasen** bekannt. Sie besitzen einen oder mehrere Aspartatreste im aktiven Zentrum und lassen sich bis auf wenige Ausnahmen reversibel durch Pepstatin inhibieren. Die meisten sauren Proteasen sind optimal aktiv bei **pH-Werten < 4,0**. Zu den Aspartatproteasen gehören unter anderem **Pepsin** und **Rennin**.

Metalloproteasen

Die Metalloproteasen (EC 3.4.24) benötigen zweiwertige Ionen (z. B. Zn^{2+}, Co^{2+}, Ca^{2+} oder Mn^{2+}) als Cofaktoren zur Katalyse. Diese werden durch Komplexbildung mit Chelatbildnern wie z. B. EDTA reversibel gebunden und die Enzyme dadurch gehemmt. Das pH-Optimum der Reaktion liegt **im neutralen Bereich**. Zu den bekanntesten Metalloproteasen zählen die Collagenase, die Elastase und das Thermolysin.

Biotechnologische Anwendungen

Die mit Abstand wichtigste Anwendung von Proteasen, insbesondere von Subtilisinen, ist der **Zusatz zu Wasch- und Reinigungsmittel**. Allein in Europa wurden im Jahre 2002 insgesamt 900 t reines Subtilisin produziert. Diese Protease wird von den Gram-positiven Bakterien *Bacillus subtilis*, *Bacillus licheniformis* und *Bacillus amyloliquefaciens* produziert und als extrazelluläres Enzym in das Kulturmedium sekretiert, was die anschließende Aufarbeitung wesentlich erleichtert und verbilligt. Subtilisine haben eine vergleichsweise hohe Stabilität und geringe Substratspezifität, sie degradieren Proteine in unterschiedlichen Verschmutzungen wie Blut, Milch, Ei, Gras oder Soßenflecken. Bevor sie in Waschmitteln zum Einsatz kommen, müssen sie **granuliert** werden, also in mehrere Lagen eines chemisch möglichst inerten Materials wie Polyethylenglycol eingeschlossen werden.

Weitere Anwendungen von Proteasen finden sich in der Lebensmittelindustrie zur Herstellung von **Proteinhydrolysaten** mit hohem Nährwert, die z. B. aus Casein oder Sojaproteinen hergestellt und Kindernahrung oder speziellen Fruchtsaftgetränken zugesetzt werden. In der **Lederverarbeitung** werden Proteasen als umweltfreundliche Alternative zur chemischen Aufarbeitung (Enthaarung, Dekeratinierung) von Tierfellen verwendet. Ebenso gibt es vermehrt den Einsatz von Proteasen bei der Behandlung von Industrie- und Haushaltsabwässern. Eine interessante Anwendung ist der Einsatz als Biokatalysator in der organischen Synthesechemie: Die Firma Coca-Cola

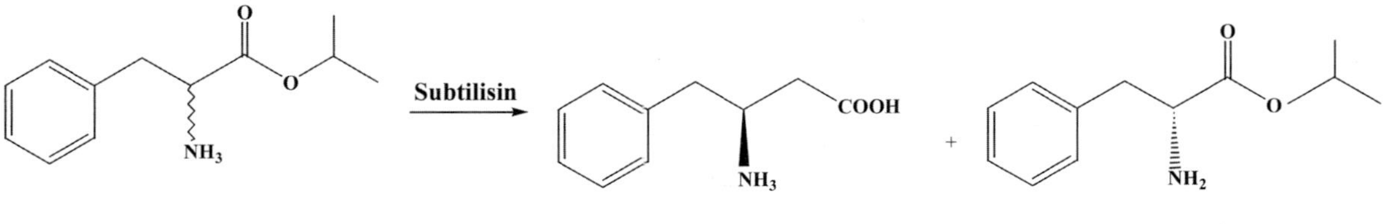

Abb. 7.16. Enantioselektive Hydrolyse von racemischem Phenylalanin-isopropolyester (R,S)-1 mit Subtilisin aus *Bacillus licheniformis* zur Her- stellung von enantiomerenreinem (S)-Phenylalanin (S)-2 als Vorstufe von Aspartam

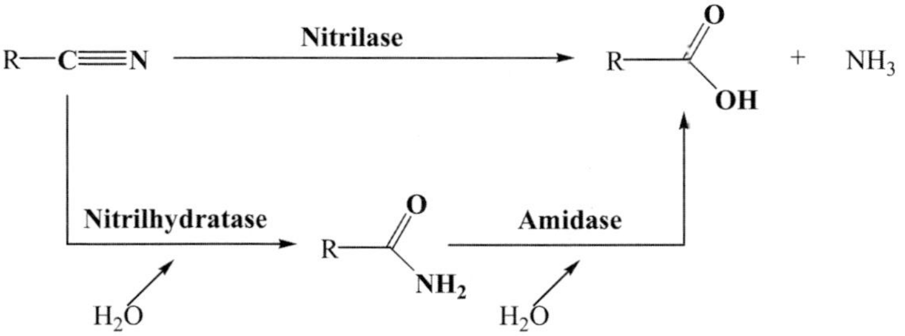

Abb. 7.17. Natürliche Wege der Hydrolyse von Nitrilen

stellt mit Subtilisin enantiomerenreines (S)-Phe- nylalanin her (Abb. 7.16), das als Vorstufe zur Herstellung des kalorienarmen Süßstoffs **Aspar- tam** [(S)-Aspartyl-(S)-phenylalanin-methylester] dient.

Proteasen können in kinetisch oder gleichge- wichtskontrollierten Reaktionen auch für die Rückreaktion, die Synthese einer Peptidbindung, eingesetzt werden.

7.4.10
Nitril-hydrolysierende Enzyme

In der Natur sind Nitrile, die sich durch eine Cy- an-Gruppe (-CN) auszeichnen, weit verbreitet und kommen vor allem in Form von cyanogenen Glycosiden vor. Der Abbau der Nitrile zur korres- pondierenden Carbonsäure und Ammonium er- folgt entweder katalysiert von Nitrilasen (EC 3.5.5.1) in einem Schritt oder aber über ein Amid als Zwischenprodukt mit den Enzymen Nitril- Hydratase (EC 4.2.1.84) und Amidase (EC 3.5.1.4) (Abb. 7.17) (s. Kap. 8).

Nitrilasen (EC 3.5.5.1)

Nitrilasen werden nach ihrer Substratspezifität in drei Gruppen eingeteilt, welche die hydrolytische Spaltung katalysieren von

- aromatischen oder heterocyclischen Nitrilen,
- aliphatischen Nitrilen,
- Arylacetonitrilen.

Nitrilasen bestehen in vielen Fällen aus mehreren Untereinheiten und die Expression der Gene ist substratinduziert. Nitrilasen benötigen keine Co- faktoren oder prosthetischen Gruppen, sie besit- zen wie andere Hydrolasen eine katalytische Tria- de, die aus den Aminosäuren Glu, Lys, und Cys besteht. Das Cys greift als Nucleophil das entspre- chende C-Atom des Nitrils an, was zur Bildung eines tetraedrischen Thiomidate-Intermediats führt. Dieses wird dann unter Freisetzung von NH_3 zur Carbonsäure hydrolysiert.

Nitrilhydratasen (EC 4.2.1.84)

Nitrilhydratasen sind Metalloenzyme, sie enthalten entweder Kobalt oder Eisen, die als Katalysatoren für die CN-Hydratation wirken und offenbar auch für die korrekte Faltung der Enzyme notwendig sind.

Amidasen (EC 3.5.1.4)

Amidasen katalysieren die Hydrolyse der aus der Nitrilhydratasereaktion entstandenen Amide. Sie zeigen hohe Substratspezifität und Stereoselektivität für aliphatische, für aromatische oder für Amide von α- oder β-Aminosäuren. Auch die Expression der Amidasegene ist substratinduzierbar. Interessanterweise zeigen Amidasen auch Acyltransfer-Aktivität in Gegenwart von Hydroxylaminen.

Biotechnologische Anwendungen

Nitrile sind wichtige Ausgangsstoffe in der chemischen Industrie; Beispiele sind Acrylonitril und Adiponitril als Ausgangsstoffe für die Produktion von **Polyacrylnitril** und **Nylon-Polymeren**. Weitere Anwendungen umfassen Lösungsmittel, Pestizide und insbesondere chirale Bausteine für Pharmazeutika. Da die chemische Weiterverarbeitung von Nitrilen sehr harsche Reaktionsbedingungen erfordert (z. B. 6M HCl bei erhöhter Temperatur, wobei große Mengen toxischer HCN und Salz entstehen), spielt die biokatalytische Hydrolyse eine zunehmend wichtige Rolle. Schon heute werden einige kommerziell sehr bedeutsame organische Verbindungen wie *p*-Aminobenzoesäure, Benzamid und Acrylamid biokatalytisch mit ganzen Zellen hergestellt. So

wird das Bakterium *Rhodococcus rhodochrous* zur Produktion von Acrylamid im Maßstab von 40 000 t/Jahr verwendet (Abb. 7.18).

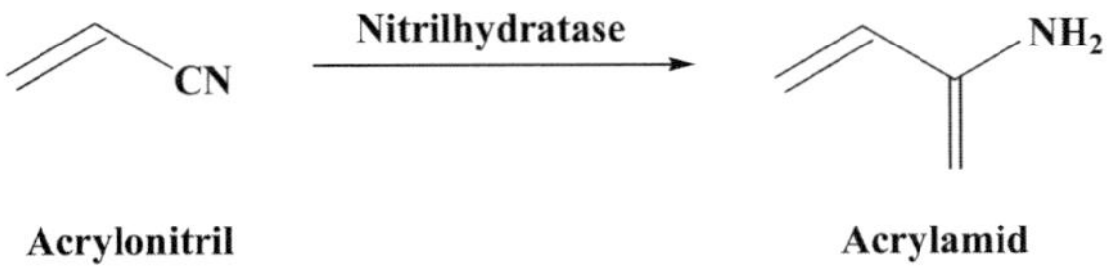

Literatur

Bajpai P (2004) Biological bleaching of chemical pulps. Crit Rev Biotechnol 24:1–58

Beg QK, Kapoor M, Mahajan, Hoondal GS (2001) Microbial xylanases and their industrial applications: a review. Appl Microbiol Biotechnol 56:326–338

Biwer A, Antranikian G, Heinzle E (2002) Enzymatic production of cyclodextrins. Appl Microbiol Biotechnol 59:609–617

Bornscheuer UT (2002) Microbial carboxyl esterases: classification, properties, and application in biocatalysis. FEMS Microbiol Rev 26:73–81

de Vries E, Janssen DB (2003) Biocatalytic conversion of epoxides. Curr Opin Biotechnol 14:414–420

Gupta R, Beg QK, Lorenz P (2002) Bacterial alkaline proteases: molecular approaches and industrial applications. Appl Microbiol Biotechnol 59:15–32

Heiden S, Erb R (Hrsg) (2003) Nachhaltige Biokatalyse. Transkript Sonderheft

Hoondal GS, Tiwari RP, Tewari R, Dahiya N, Beg QK (2002) Microbial alkaline pectinases and their industrial applications: a review. Appl Microbiol Biotechnol 59:409–418

Hummel W (1997) New alcohol dehydrogenases for the synthesis of chiral compounds. Adv Biochem Eng Biotechnol 58:145–184

Jaeger K-E, Eggert T (2002) Lipases for biotechnology. Cur. Opin Biotechnol **13**:390–397

Kirk O, Borchert TV, Fuglsang CC (2002) Industrial enzyme applications. Curr Opin Biotechnol 13:345–351

Lynd LR, Weimer PJ, van Zyl WH, Pretorius IS (2002) Microbial cellulose utilization: fundamentals and biotechnology. Microbiol Mol Biol Rev 66:506–577

Maurer K-H (2004) Detergent proteases. Curr Opin Biotechnol 15:330–334

Müller M, Wolberg M, Schubert T, Hummel W (2005) Enzyme-catalyzed regio- and enantioselective ketone reductions. Adv Biochem Eng Biotechnol 92:261–287

Niehaus F, Bertoldo C, Kahler M, Antranikian G (1999) Extremophiles as a source of novel enzymes for industrial application. Appl Microbiol Biotechnol 51:711–729

Schmid A, Dordick JS, Hauer B, Kieners A, Wubbolts M, Witholt B (2001) Industrial biocatalysis today and tomorrow. Nature 409:258–268

Schmid A, Hollmann F, Park JB, Bühler B (2002) The use of enzymes in the chemical industry in Europe. Curr Opin Biotechnol 13:359–366

Steinreiber A, Faber K (2001) Microbial epoxide hydrolases for preparative biotransformations. Curr Opin Biotechnol 12:552–558

Abb. 7.18. Biokatalytische Produktion von Acrylamid, durchgeführt mit ganzen Zellen von *Rhodococcus rhodochrous* durch die japanische Firma Nitto Chemical Industry

Monographien

Aehle W (2004) (ed) Enzymes in Industry. Wiley-VCH, Weinheim

Bommarius AS, Riebel B (2004) (ed) Biocatalysis. Wiley-VCH, Weinheim

Bornscheuer UT, Kazlauskas RJ (1999) (eds) Hydrolases in Organic Synthesis. Wiley-VCH, Weinheim

Buchholz K, Kasche V, Bornscheuer UT (2005) (eds) Biocatalysts and Enzyme Technology. Wiley-VCH, Weinheim

Drauz K, Waldmann H (2002) (eds) Enzyme Catalysis in Organic Synthesis. Wiley-VCH, Weinheim

Faber K (2004) (ed) Biotransformations in Organic Chemistry. Springer, Berlin Heidelberg New York

Fahnestock SR, Steinbüchel A (2003) (eds) Biopolymers. Wiley-VCH, Weinheim

Liese A, Seelbach K, Wandrey C (2000) (eds) Industrial Biotransformations Wiley-VCH, Weinheim

Roberts SM (1999) (ed) Biocatalysts for Fine Chemicals Synthesis. John Wiley & Sons, Chichester

Schmid RD (Hrsg) (2002) Taschenatlas der Biotechnologie und Gentechnik. Wiley-VCH, Weinheim

Uhlig H (1998) (ed) Industrial Enzymes and their Applications John Wiley & Sons, New York

Wackett LP, Hershberger CD (2001) (eds) Biocatalysis and Biodegradation. ASM Press, Washington/DC

8 Ganzzellbiokatalyse

S. Buchholz, H. Gröger

8.1
Einleitung

Die Geschichte der Ganzzellbiokatalyse ist wechselvoll. Bereits 1858 berichtet Louis Pasteur, dass *Penicillium glaucum* racemische Weinsäure durch Verdau der R,R-Form in die enantiomerenreine S,S-Form überführt. Brown et al. beschrieben 1886 die selektive Oxidation von Mannitol zu Fructose durch *Bacterium xylium*, und bereits 1921 wird von Neuberg und Hirsch mit der Umsetzung von Benzylaldehyd und Pyruvat durch *Penicillium cerevisiae* zu 1-Hydroxy-1-phenylpropan-2-on eine ganzzellbiokatalytische C-C-Verknüpfung beschrieben (Abb. 8.1).

Die Erfolge der Ganzzellbiotransformationen blieben nicht auf die Grundlagenforschung beschränkt. Die Liste in Abb. 8.2 zeigt, dass in einer ganzen Reihe der frühen **industriellen biokatalytischen Reaktionen** ganze Zellen als Katalysator eingesetzt wurden. So werden beispielsweise bei dem Aspartat-Verfahren, bei dem mit Hilfe einer

hochselektive Ammonium-Lyase Ammonium an Fumarat addiert wird und bei dem Acrylamid-Prozess, bei dem Acrylnitril mit Hilfe einer Nitrilhydratase zu Acrylamid hydratisiert wird, ganze Zellen als Katalysator eingesetzt.

Die Ganzzellbiokatalyse ist also altbekannt und wird technisch bereits seit langem eingesetzt. Ihr Siegeszug war aber keine ungebrochene Erfolgsgeschichte, sondern es galt zunächst eine ganze Reihe von Hürden zu überwinden. Der große Vorteil des Einsatzes ganzer Zellen war für unsere Vorväter die **Einfachheit des Vorgehens**. Wurde in einem mikrobiellen Screening erst einmal eine katalytische Aktivität gefunden, so mussten nur die Zellen vermehrt werden und man hielt einen Katalysator in Händen. Dieser einfache Ansatz birgt aber sowohl für die Grundlagenforschung als auch für die industrielle Anwendung eine ganze Reihe schwerwiegender Nachteile: So müssen die Anzuchtbedingungen für jeden Organismus neu optimiert werden, was langwierig ist. Außerdem können bis heute über 99% aller Mikroorganismen

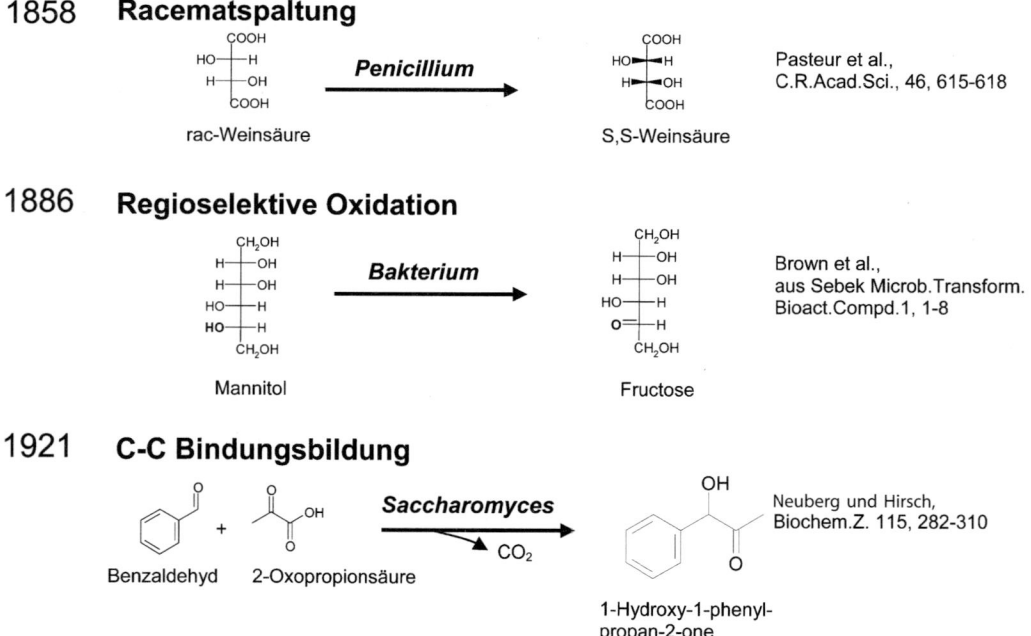

1858 **Racematspaltung**

rac-Weinsäure → (Penicillium) → S,S-Weinsäure

Pasteur et al., C.R.Acad.Sci., 46, 615-618

1886 **Regioselektive Oxidation**

Mannitol → (Bakterium) → Fructose

Brown et al., aus Sebek Microb.Transform. Bioact.Compd.1, 1-8

1921 **C-C Bindungsbildung**

Benzaldehyd + 2-Oxopropionsäure → (Saccharomyces) → CO_2 → 1-Hydroxy-1-phenyl-propan-2-one

Neuberg und Hirsch, Biochem.Z. 115, 282-310

Abb. 8.1. Geschichtlicher Überblick

Produkt	Biokatalysator	Prozessbeginn	Firma
L-2-Methylamino-1-Phenylpropan-1-ol	Hefe	1930	Knoll AG
L-Sorbose	*Acetobacter suboxydans*	1934	verschiedene
Prednisolon	*Arthrobacter simplex*	1955	Schering AG
L-Aspartat	*Escherichia coli*	1958	Tanabe Seiyaku Co., Degussa
L-Malat	*Brevibacterium ammoniagenes*	1974	Tanabe Seiyaku Co.
D-p-OH-Phenylglycin	*Pseudomonas striata, Agrobacterium sp.*	1983	Kanegafuchi, DSM
Acrylamid	*Rhodococcus sp.*	1985	Nitto, Degussa

Abb. 8.2. Industrielle Herstellung wichtiger Produkte auf der Grundlage biokatalytischer Reaktionen

überhaupt noch nicht im Labor vermehrt werden. Dies führt automatisch dazu, dass bei konventionellem Vorgehen nur deutlich weniger als 1% der gesamten mikrobiellen Biodiversität und somit weniger als 1% aller in der Natur vorkommenden Enzyme in Biotransformationsreaktionen genutzt werden können. Aber selbst wenn ein Mikroorganismus mit der gewünschten enzymatischen Aktivität gefunden wird, so ist das zugehörige Enzym eines unter vielen hundert, welche die Zelle herstellt. Dies bedeutet, dass das katalytisch aktive Enzym in der Regel deutlich weniger als 1% der Gesamtenzymmenge des Organismus ausmacht. Daraus folgt eine niedrige **spezifische Aktivität** (umgesetztes Substrat in μmol / Zeit in Minuten / Biokatalysatormenge in mg Biotrockenmasse), die zu einem hohen Katalysatorbedarf und somit zu hohen Katalysatorkosten führt. Die hohe Katalysatoreinsatzmenge kann außerdem eine Verunreinigung des Produktes mit anderen Stoffwechselprodukten bedingen. Die großen Mengen anderer Enzyme im Organismus können zwei Folgen haben: Zum einen enthalten viele Mikroorganismen zahlreiche **Homologe** wichtiger Enzyme, wie zum Beispiel der Esterasen und Alkoholdehydrogenasen. Somit ist die beobachtete katalytische Aktivität oft ein **Mittelwert** der aus den spezifischen Aktivitäten der einzelnen Enzyme und ih-

rer relativen Häufigkeit resultiert. Mit diesem Effekt geht häufig eine deutlich geringere Spezifität einher, als sie die einzelnen, aufgereinigten Enzyme aufweisen. Auch kann es passieren, das Edukt oder Produkt von den Organismen **vollständig verstoffwechselt** werden, so dass kein Produkt isoliert werden kann, obwohl die gewünschte Aktivität vorhanden ist. Ein weiteres, häufig vorkommendes Problem ist die **Membranpermeabilität**. Ein funktionierender Ganzzellkatalysator setzt sowohl voraus, dass das Edukt in die Zelle eintreten kann, als auch, dass das Produkt die Zelle verlassen kann. Oft ist aber eines von beiden oder gar beides nicht gegeben. Der einfachste Lösungsansatz ist die **Permeabilisierung** von Zellen, bei der die Membran so geschädigt wird, dass sie „löchrig" wird. Dieses Verfahren hat sich in vielen Fällen als erfolgreich erwiesen, kann aber Probleme bei cofaktorabhängigen Enzymreaktionen bergen, da dann der Cofaktor die permeabilisierte Zelle verlassen kann, wodurch in vielen Fällen die Cofaktorkonzentration in der Zelle auf ein so niedriges Maß absinkt, dass die katalysierte Reaktion nicht mehr effizient verläuft.

Die Verwendung **aufgereinigter Enzyme** löst viele der vorgenannten Probleme und erlaubt ein wesentlich höheres Maß an Prozesskontrolle und -verständnis (s. Kap. 7). Die Aufreinigung von Enzymen aus Wildtyp-Organismen ist jedoch aufgrund der niedrigen Konzentration, in der die Enzyme vorliegen, ineffizient und kostspielig.

Während in einzelnen Fällen, wie beispielsweise bei der Nitrilhydratase, klassische Methoden wie Screening und Mutagenese zu erheblichen Fortschritten führten, brachte erst die moderne Molekularbiologie den Durchbruch auf breiter Front – und zwar sowohl für die Verwendung von aufgereinigten Enzymen wie auch für die Entwicklung maßgeschneiderter Ganzzellbiokatalysatoren, im Fachjargon auch „Designer-Bugs" genannt.

Soll ein aufgereinigtes Enzym hergestellt werden, so wird das zugehörige Gen zunächst zusammen mit einem starken **Promotor** in ein **Plasmid** kloniert. Anschließend wird ein gut charakterisierter Wirtsstamm, für den alle molekularbiologischen Tools entwickelt sind und der eine niedrige biokatalytische Hintergrundaktivität für die gewünschte Reaktion aufweist, mit dem Vektor transformiert (s. Kap. 3, 6). Idealerweise ist der Wirt in der Lage, das Enzym zu sekretieren. Beispielsweise sekretiert *Bacillus subtilis* zahlreiche Proteine, wenn sie die richtige Signalsequenz tragen, mit *Escherichia coli*, dem am einfachsten handhabbaren Organismus ist eine Sekretion jedoch in der Regel nicht möglich. Ein sekretiertes Enzym lässt sich beispielsweise durch Abtrennung der Biomasse mittels eines **Dekanters** und anschließende Aufkonzentration mit Hilfe einer **Ultrafiltration** einfach aufreinigen. Handelt es sich um ein intrazelluläres Enzym, so müssen die Zellen zunächst aufgeschlossen werden. Die sich dann anschließende Abtrennung der Biomasse und Aufreinigung gestaltet sich schwieriger und muss für das jeweilige Enzym angepasst werden.

Wichtig ist die **starke und aktive Expression** des Enzyms. Durch Verwendung von High-copy-number-Plasmiden mit starken Promotoren lassen sich in Kombination mit einer optimierten Shine-Dalgarno-Sequenz und Codon-Usage heute in der Regel hohe Expressionsraten erzielen. Nicht selten gelingt es, das gewünschte Protein so stark zu exprimieren, dass es 30–40% des Gesamtproteins ausmacht. Insbesondere die Ver-

wendung synthetischer, codonoptimierter Gene, die von spezialisierten Biotech-Unternehmen angefertigt werden, hat auf diesem Gebiet zu einem wesentlichen Fortschritt geführt. Bei vielen komplexeren Proteinen, insbesondere auch solchen aus mehreren Untereinheiten, ist darüber hinaus die Coexpression geeigneter, oft auch spezifischer **Faltungshelferproteine** erforderlich.

8.2
Nitrilhydratase-Ganzzellkatalysatoren

Eines der herausragenden industriellen Anwendungsbeispiele der Ganzzellkatalyse ist die Produktion des niedrigpreisigen Produkts **Acrylamid** im Multizehntausendtonnen-Maßstab. Als Ganzzellkatalysator fungiert hier ein Mikroorganismus, der eine Nitrilhydratase enthält (s. Kap. 7). Diese biokatalytische Umwandlung von Acrylnitril in Acrylamid ist auch ein Beispiel für den erfolgreichen Ersatz eines ursprünglich angewendeten chemischen Prozesses durch ein sowohl nachhaltigeres als auch ökonomisch attraktiveres **biokatalytisches Produktionsverfahren**. Die Vorteile des biokatalytischen Verfahrens gegenüber dem chemischen Verfahren sind in Abb. 8.3 dargestellt.

Interessanterweise basiert dieses – von der japanischen Arbeitsgruppe um Yamada in den 1980er Jahren entwickelte und großtechnisch insbesondere von Nitto Chemicals Industries (jetzt: Mitsubishi Rayon Co., Ltd.) angewendete – Verfahren auf der Verwendung eines **Wildtyp-Bakteriums**. Als geeignet erwies sich dabei insbesondere *Rhodococcus rhodochrous* J1.

Voraussetzung für die Nutzung eines solchen Wildtyp-Organismus ist die in diesem Falle der Umwandlung von Acrylnitril in Acrylamid vorhandene sehr hohe spezifische Aktivität der Nitrilhydratase von mehreren Tausend U pro mg Enzym. Entsprechend konnte eine außerordentlich hohe Produktivität erreicht werden mit hervorragenden >7000 g Acrylamid pro g Zellen. Auch die nach Abschluss der Reaktion erreichte Produktkonzentration liegt bei hohen 50% (Abb. 8.4). Vorteilhaft ist zudem der im Vergleich mit früheren Verfahren verminderte Anteil des

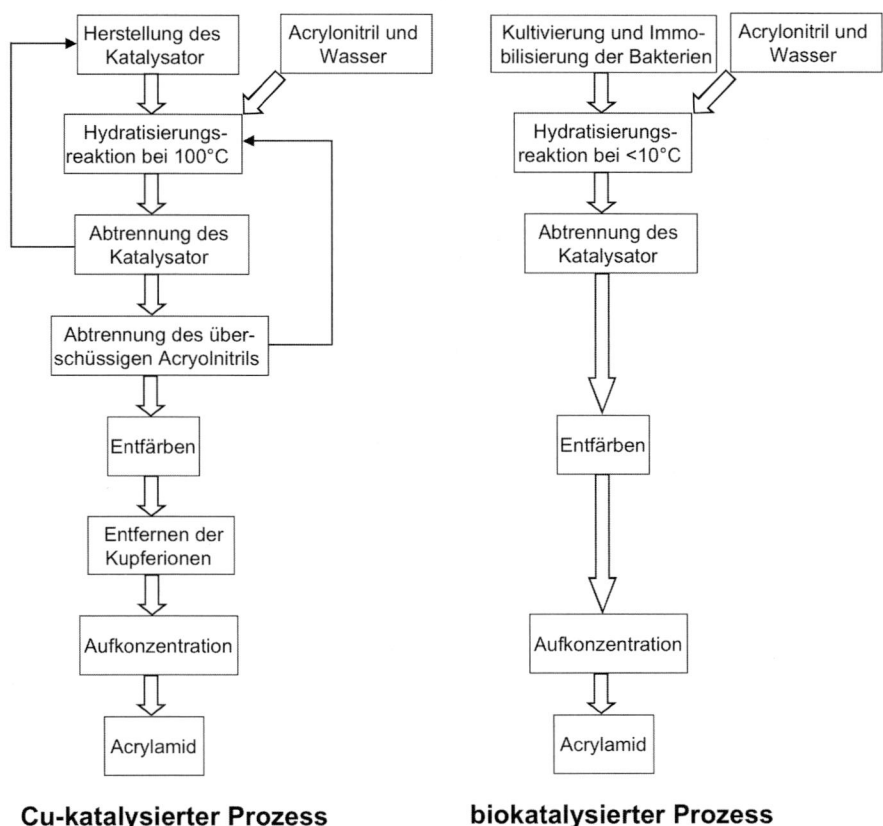

Cu-katalysierter Prozess   **biokatalysierter Prozess**

Abb. 8.3. Acrylamid-Ganzzellverfahren und Vergleich mit chemischem Prozess

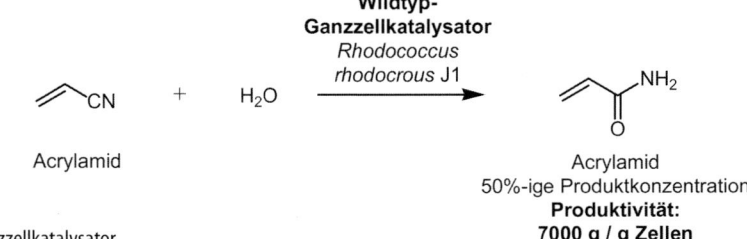

Abb. 8.4. Verbessertes NHase-Verfahren mit WT-Ganzzellkatalysator

unerwünschten Nebenprodukts Acrylsäure, das bei diesem verbesserten Verfahren kaum noch nachweisbar ist.

Eine besondere Herausforderung für die Weiterentwicklung dieses Verfahrens stellte das Design eines **rekombinanten Ganzzellkatalysators** dar. Die Ursache hierfür liegt in dem komplexen Aufbau der Nitrilhydratase und des zugehörigen Genclusters, welcher sowohl die genetische Information codierend für die α- und β-Untereinheiten der Nitrilhydratase als auch für den benötigten Cobalt-Transporter und das Metallochaperon K15 enthält. Letztere beiden Proteine werden benötigt für das Einschleusen und die anschließende Bereitstellung der zweiwertigen Cobalt-Ionen sowie für das „Verknüpfen" von α- und β-Untereinheit unter Ausbildung des gewünschten Nitrilhydratase-Proteins, wobei **Faltungsvorgänge** eine entscheidende Rolle einnehmen. Die genetische Strukturinformation sowie das Prinzip der Ausbildung der Nitrihydratase in dem gewünschten rekombinanten Ganzzellkatalysator sind in Abb. 8.5 beschrieben. Die erfolgreiche Expression dieser Nitrilhydratase gelang durch den gezielten Einbau der Gene in einen für Hochzelldichte-Fermentationen geeigneten *E. coli*-Wirtsorganismus.

Der Vergleich der Aktivitäten des rekombinanten Ganzzellkatalysators mit den analogen Wildtyp-Systemen verdeutlicht den Vorteil des rekombinanten Biokatalysators: Infolge einer deutlich **höheren Expressionsrate** liegen die Aktivitäten des rekombinanten Systems mehr als 500% über denen der im Screening getesteten Wildtyp-Systeme (Abb. 8.6). Ein weiterer aus industrieller Sicht sehr vorteilhafter Aspekt ist die Eignung dieser rekombinanten *E.-coli*-Stämme für **Hochzelldichtefermentationen** mit >200 g Biofeuchtmasse pro L Fermentationslösung, die eine kostengünstige Herstellung des Biokatalysators ermöglichen.

Die mit diesem Ganzzellbiokatalysator durchgeführten Biotransformationen zeigen deren Eignung auch für Umsetzungen von Acrylnitril in Acrylamid bei hohen Produktkonzentrationen von 300 g/L unter Einsatz lediglich geringer Mengen an Biokatalysator.

Für die biokatalytische Herstellung von Acryl- und anderen Amiden stehen somit sowohl basierend auf weiterentwickelten Wildtyporganismen

a **Gencluster in *Rhodococcus***

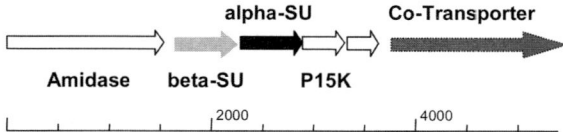

b **Bildung der Nitrihydratase**

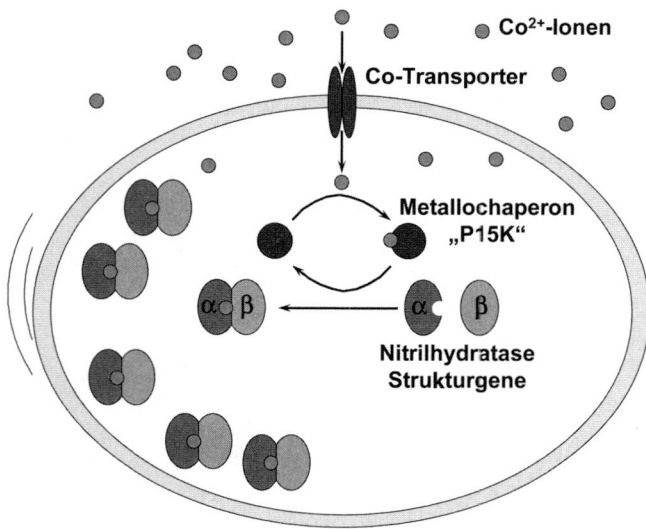

Abb. 8.5. Genetische Information der NHase und Bildung des aktiven Enzyms

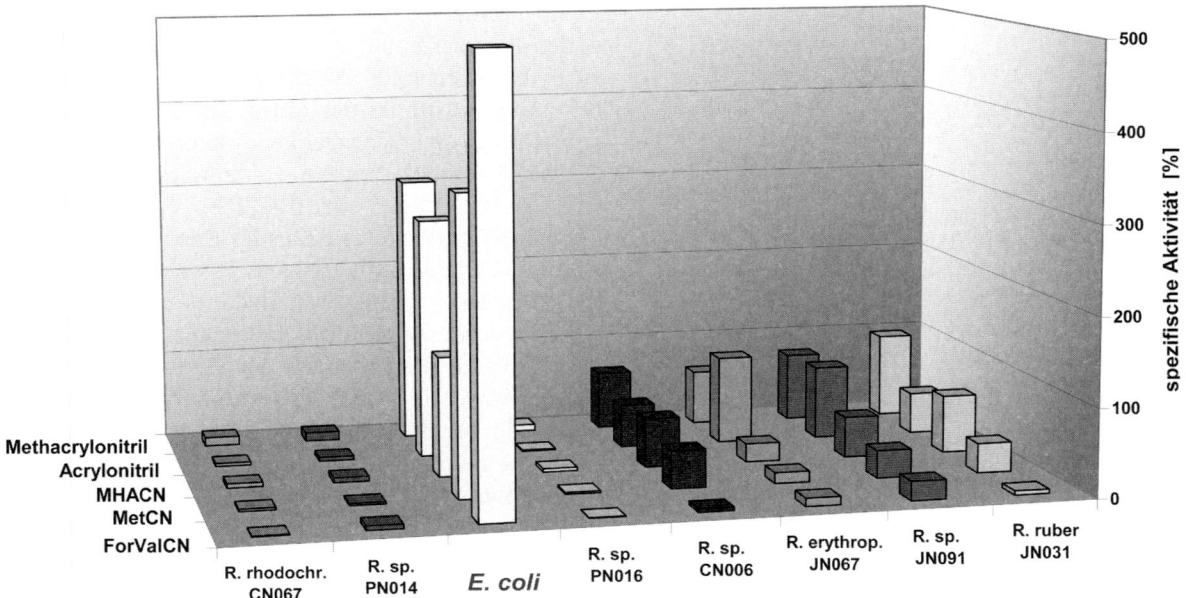

Abb. 8.6. Aktivität von Wildtypstämmen und eines rekombinanten Biokatalysators mit NHase-Aktivität

als auch basierend auf maßgeschneiderten rekombinanten Ganzzellkatalysatoren diverse Formen an hervorragenden biokatalytischen Ganzzellkatalysatoren zur Verfügung.

8.3
L-Hydantoinase-Ganzzellkatalysatoren

Die L-selektiven Hydantoinase-Ganzzellkatalyse ist ein Beispiel für die enormen Möglichkeiten der rekombinanten Ganzzelltechnologie zur Realisierung effizienter Biokatalysatorsysteme und darauf basierender technischer Prozesse, die ohne deren Einsatz nicht ökonomisch durchführbar wären.

Zunächst sei im Folgenden das Prinzip der **Hydantoinase-Technologie** erläutert (s. auch Abb. 8.7): Die Reaktion gehört zur Klasse der „dynamisch kinetischen Racematspaltungen" und erlaubt die Umwandlung eines racemischen 50:50-(Hydantoin-)Gemisches in 100% des gewünschten Enantiomers (L-Aminosäure), in dem eine enzymatische Racematspaltung gekoppelt wird mit einer (ebenfalls enzymkatalysierten)

ständigen Racemisierung des verbleibenden Substrats. Der erste Reaktionsschritt beinhaltet dabei die Umwandlung des L-Hydantoins zur entsprechenden L-N-Carbamoylaminosäure. Diese Reaktion ist – aufgrund der nach gerichteter Evolution erhaltenen L-selektiven Hydantoinase – zwar L-selektiv, allerdings ist auch noch eine gewisse Restaktivität für die Hydrolyse des D-Hydantoins vorhanden. In einem **nachgeschalteten** hochenantioselektiven **Spaltungsprozess** mit einer L-Carbamoylase wird anschließend irreversibel die gewünschte L-Aminosäure gebildet. Aufgrund der ebenfalls vorhandenen Racemase wird durch entsprechende Racemisierung stets das für die Racematspaltung benötigte L-Hydantoin unter „Verbrauch" des D-Hydantoins nachgebildet, so dass durch die drei Schritte „Racemisierung", „L-selektive Hydantoinhydrolyse" und „L-selektive Spaltung der L-N-Carbamoylaminosäure" ausschließlich und zu nahezu 100% die gewünschte L-Aminosäure vorliegt. Damit wird eine komplette Umwandlung eines 50:50-Substratgemisches in 100% des gewünschten enantiomerenrei-

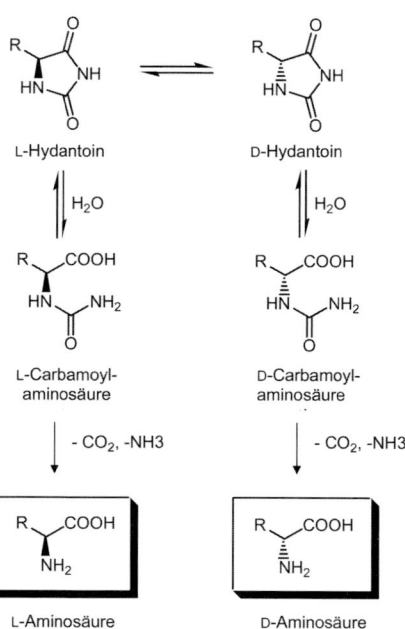

Abb. 8.7. Hydantoinase-Technologiekonzept

nen L-Produkts in nur einem Verfahrensschritt erreicht.

Die Hydantoinase-Ganzzelltechnologie ist als industriell angewandte Methode bereits seit langem für die analogen D-Aminosäuren bekannt und stellt eine der frühesten Ganzzellanwendungen für großtechnische Biotransformationen zur Produktion von Aminosäuren dar. Bereits in den 1970er Jahren wurden auf Basis der Hydantoinasetechnologie D-Phenylglycin und p-Hydroxyphenylglycin, die als Seitenkettenbausteine der β-Lactamantibiotika **Ampicillin** und **Amoxicilin** benötigt werden, in industriellem Maßstab hergestellt. Gegenwärtig liegt der jährliche Produktionsmaßstab bei mehr als 1000 Tonnen. Im Gegensatz zu den D-Aminosäuren allerdings waren Ganzzell-katalytische Methoden zur Herstellung der analogen L-Enantiomeren aufgrund niedriger Raum-Zeit-Ausbeuten und hoher Biokatalysatorkosten lange Zeit ökonomisch nicht durchführbar. Ursache hierfür war insbesondere die Nichtverfügbarkeit einer L-selektiven Hydantoinase, einhergehend mit einer langsamen Bildung der als Schlüsselintermediat benötigten L-N-Carba-

moylaminosäure aus dem L-Hydantoin infolge der Präferenz der bekannten Hydantoinasen für die entsprechende D-Form.

Ausgangspunkt der Entwicklung eines L-enantioselektiven Ganzzellkatalysators, enthaltend eine Racemase, eine L-Hydantoinase und eine L-Carbamoylase, war die über eine gerichtete Evolution erzielte **Umkehr der Enantioselektivität** einer bislang D-selektiven Hydantoinase unter Erhalt einer L-selektiven Hydantoinase. Anschließend wurden gezielt die drei benötigten Gene, codierend für die Racemase, Hydantoinase und Carbamoylase, in einen Wirtsorganismus kloniert. Gerade bei der **Coexpression mehrerer Enzyme** in einem Organismus bietet der Ganzzellkatalysatoransatz besondere Vorteile: Anstelle von drei verschiedenen Fermentationen für die jeweils einzelnen Enzyme (sowie aufwändiger Reinigungsschritte zur Herstellung der gereinigten Proteine) ist hier der Zugang zu dem Ganzzellkatalysator in nur einer Fermentation möglich. Zudem fallen keine Aufschluss- und Enzymisolierungsschritte an, da der Ganzzellkatalysator direkt eingesetzt werden kann. Bei der Entwicklung des entsprechenden „Designer bugs" wurden die benötigten Gene in zwei Plasmide integriert und ein E.-coli-Wirt wurde mit beiden Vektoren transformiert. Ein weiterer Vorteil der rekombinanten Ganzzellkatalysatoren im Vergleich mit den Wildtyp-Organismen besteht darin, dass für die Expression der einzelnen Enzyme **Gene aus verschiedenen Organismen** verwendet werden können. Dadurch ergibt sich die Möglichkeit, die aus unterschiedlichsten Stämmen bzw. aus Mutationsexperimenten stammenden, jeweils für das Substrat optimalen Enzyme – Racemasen, Hydantoinasen und Carbamoylasen – miteinander zu kombinieren und somit den effizientesten Ganzzellkatalysator zur Verfügung zu stellen.

Der daraus bei der L-Hydantoinasetechnologie resultierende Biokatalysator besitzt alleine durch den Einbau der *via* gerichteter Evolution optimierten **L-selektiven Hydantoinmutante** eine 50fach erhöhte Produktivität und erreicht damit die für technische Anwendungen benötigte Performance. Anwendungen dieses maßgeschneider-

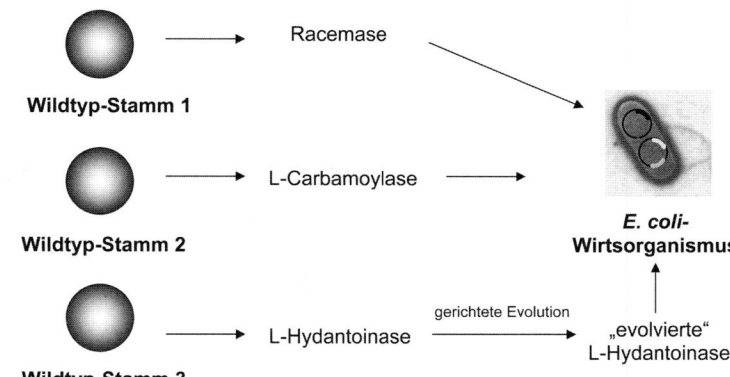

Abb. 8.8. Prinzip des Hydantoinase-„Designer Bugs"

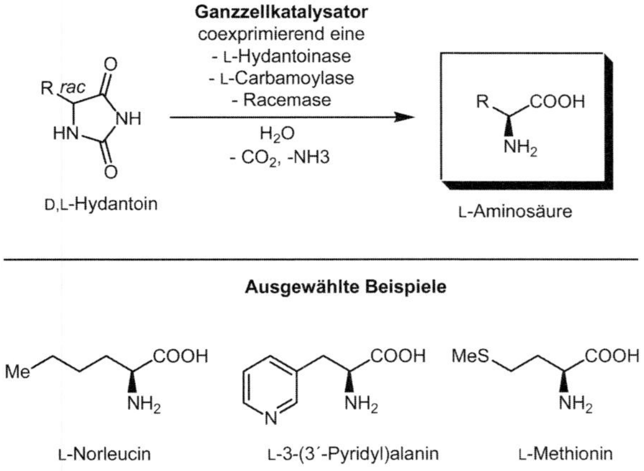

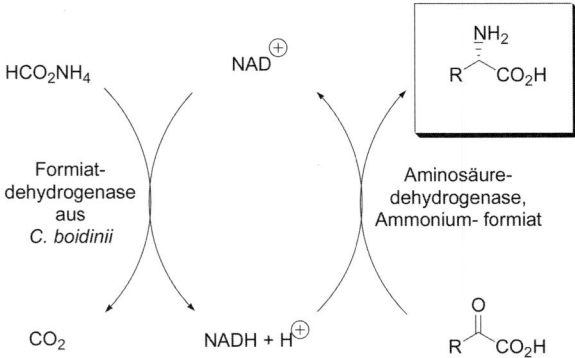

Abb. 8.9. Synthese von L-Aminosäuren mit der Hydantoinase-Technologie

ten Ganzzellkatalysators im industriellen Maßstab wurden bei der Degussa AG realisiert. Diese Entwicklung von einem Wildtyp-Ganzzellkatalysator mit niedriger Effizienz zu einem durch den gezielten Einbau von optimierten (evolvierten) Enzymen in einen Wirtsorganismus maßgeschneiderten Ganzzellkatalysator („Designer Bug") ist in Abb. 8.8 gezeigt.

Der Ganzzellkatalysator ist für die Umsetzung einer breiten Palette von Substraten geeignet und erlaubt damit den Zugang zu einer Vielzahl an enantiomerenreinen L-α-Aminosäuren. Abb. 8.9 zeigt einige ausgewählte Beispiele.

8.4 Aminosäuredehydrogenase-Ganzzellkatalysatoren

Ein weiteres Anwendungsbeispiel für die sich bietenden Vorteile bei der Nutzung eines rekombinanten Ganzzellkatalysators stellt die Herstellung der als **Pharmaintermediat** im industriellen Maßstab benötigten nichtproteinogenen Aminosäure L-*tert*-Leucin dar. Das Verfahrenskonzept dieser Herstellung von L-*tert*-Leucin auf dem Wege der enzymatischen **reduktiven Aminierung** ist in Abb. 8.10 gezeigt. Die gewünschte Umwandlung der Ketosäure in die Aminosäure auf dem Wege einer reduktiven Aminierung erfolgt mit Hilfe einer Leucindehydrogenase als Enzym, Ammoniak als Amindonor und dem natürlichen Co-

Abb. 8.10. Konzept der reduktiven Aminierung

faktor NADH als Reduktionsmittel. Aufgrund des hohen Preises kann der Cofaktor nicht in stöchiometrischen Mengen eingesetzt werden, sondern sein Einsatz muss in katalytischen Mengen unter ständigem Recycling erfolgen. Ein solches Recycling gelingt durch Verwendung eines zweiten Enzyms, das die oxidierte Form des Cofaktors (NAD+) ständig wieder in die reduzierte Form zurückführt. Ein geeignetes Enzym stellt die **Formiatdehydrogenase** dar, die das preisgünstige und einfach verfügbare Formiat in Kohlendioxid umwandelt und dabei den Cofaktor regeneriert. Aufgrund des Entweichens des Kohlendioxids und des dadurch erfolgenden ständigen Verschiebens des Gleichgewichts wird eine irreversible Reaktion unter quantitativer Bildung der gewünschten enantiomerenreinen Aminosäuren erreicht.

Diese Reaktion wird bei Degussa AG derzeit unter Einsatz der freien Formen der Enzyme sowie von NAD+ als in katalytischen Mengen benötigtem Cofaktor im Tonnenmaßstab angewendet. Das Produktionsverfahren verläuft äußerst effizient und ist gekennzeichnet durch den Einsatz einer hohen Substratkonzentration sowie das Erreichen eines ausgezeichneten Umsatzes in Kombination mit einer exzellenten Enantioselektivität von >99% ee. Die Enzymabtrennung erfolgt über eine Ultrafiltration, was auch die **Wiederverwendung der Enzyme** ermöglicht. Allerdings ist diese Vorgehensweise auch mit Nachteilen behaftet, wie den Bedarf an teuren isolierten Enzymen, die für einen kosteneffizienten Herstellprozess oftmals recycliert werden müssen. Entsprechend verringert sich das „Volumen pro Batch", einhergehend mit einer ungünstigeren *Economy of Scale*. Nachteilig ist zudem der Bedarf an „externem" Cofaktor, der zugesetzt werden muss. Der Cofaktor ist eine teure Komponente, die selbst bei Verwendung im katalytischen Maßstab noch einen signifikanten Kostenbeitrag ausmacht.

Im Hinblick auf eine weitere Verbesserung des Verfahrens unter gleichzeitiger Kostenreduktion erschien als Lösung der „Ganzzellkatalysatoransatz". Darin angestrebt wird das Design maßgeschneiderter Zellen, die in überexprimierter Form sowohl die Leucindehydrogenase als auch

Formiatdehydrogenase sowie den Cofaktor NAD+ enthalten. Der **direkte Einsatz solcher Zellen** – unter gleichzeitiger Vermeidung kostenintensiver Aufarbeitungsschritte zur Isolierung der Enzyme – ohne Zusatz an externen Cofaktormengen löst in einfacher wie auch effizienter Weise die oben beschriebenen Probleme und bedeutet eine weitere Verbesserung des Verfahrens sowie eine **Verbesserung der Ökonomie** des Prozesses.

Beim Design eines solchen maßgeschneiderten Biokatalysators ergibt sich allerdings die Herausforderung der effizienten Coexpression zweier Enzyme mit höchst **unterschiedlichen spezifischen Aktivitäten**, die sich um den Faktor 50 (!) voneinander unterscheiden. So weist die Leucindehydrogenase eine spezifische Aktivität von ca. 400 U/mg auf, wohingegen die Aktivität der Formiatdehydrogenase mit lediglich 6 U/mg äußerst gering ist. Eine vielversprechende Strategie für eine effiziente Coexpression unter Ausbildung eines Biokatalysators, der für beide Enzyme eine ähnliche Aktivität aufweist, bestand in der Verwendung des gleichen induzierbaren Promotors für beide Gene, die sich allerdings auf zwei Plasmiden befinden. Diese beiden Plasmide besitzen unterschiedliche Kopienzahlen („copy numbers") und ermöglichen damit eine gezielte Steuerung der Expression der jeweils darauf befindlichen Gene. Aufgrund der niedrigen spezifischen Aktivität der Formiatdehydrogenase wurde das entsprechende Gen auf einem Plasmid mit einer hohen Kopienzahl („high copy number") insertiert. Für die **Expression der Leucindehydrogenase** wurde hingegen ein Plasmid mit mittlerer Kopienzahl gewählt („medium copy number"). In einem nachfolgenden Schritt wurden die Plasmide in den E.-coli-Stamm BW3110 insertiert. Der Stamm E. coli BW3110 wurde aufgrund seiner Eignung für Hochzelldichtefermentationen, die eine wichtige Voraussetzung für eine ökonomisch effiziente Herstellung von Biomasse darstellt, gewählt. Nach Optimierung erfolgte die Expression unter Ausbildung der Leucindehydrogenase und Formiatdehydrogenase mit Aktivitäten von 2 U/mg bzw. 0,3 U/mg bezogen auf Rohprotein. Diese nun im ähnlichen Größenordnungsbereich

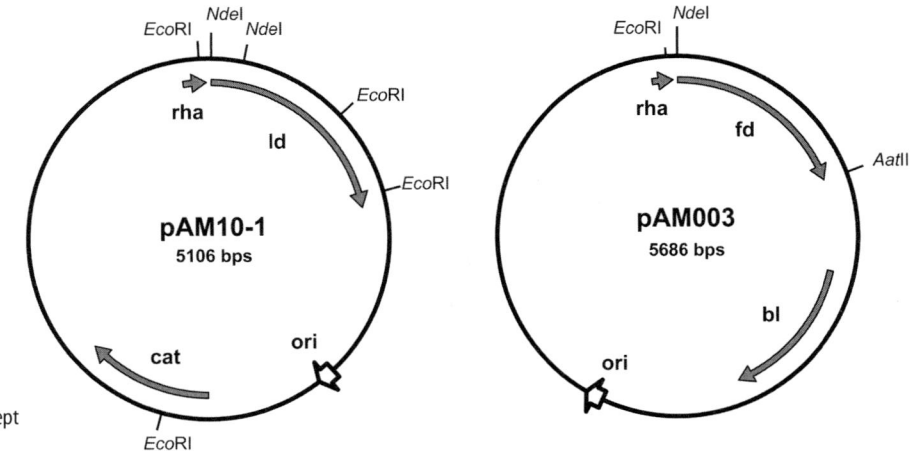

Abb. 8.11. Coexpressionskonzept und Plasmidkarten

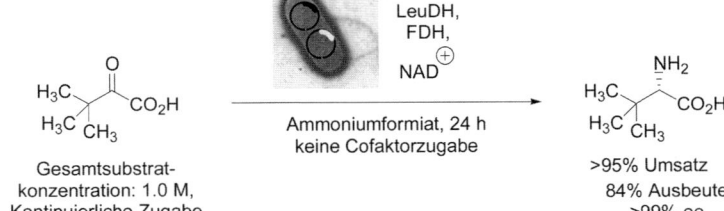

Abb. 8.12. Ganzzellkatalyseverfahren für L-*tert*-Leucin

liegenden Aktivitäten beider Enzyme sind auf die verstärkte Produktion von Formiatdehydrogenase infolge des Vorhandensein des zugrunde liegenden fdh-Gens auf dem *high-copy*-Plasmid zurückzuführen. Das Konzept der Coexpression mit zugehörigen Plasmidkarten ist in Abb. 8.11 gezeigt.

Mit diesem erfolgreich hergestellten Ganzzellkatalysator wurde anschließend für den gewünschten Herstellprozess für L-*tert*-Leucin eine Prozessentwicklung durchgeführt. Resultierend daraus ergab sich ein äußerst **effizientes Syntheseverfahren**, gekennzeichnet durch eine Gesamt-Substratkonzentration von 1 M, entsprechend einer Substratkonzentration von 130 g pro L, in Kombination mit einem Umsatz von >95%. Nach entsprechender Aufarbeitung, enthaltend einen Ionenaustauscherschritt, wird das gewünschte Produkt L-*tert*-Leucin in einer Ausbeute von

84% sowie mit einem Enantiomerenüberschuss von >99% ee erhalten (Abb. 8.12).

Die Ganzzellkatalyse stellt somit auch bei cofaktorabhängigen Reaktionen ein attraktives Konzept dar. Neben deutlichen Kostenvorteilen betreffend den Biokatalysator selbst infolge direkter Nutzung der aus der Fermentation erhaltenen preisgünstigen Zellen (und Wegfall kostenintensiver Aufarbeitungsschritte wie Isolierung und Reinigung der Enzyme) ist auch die **hohe Prozesseffizienz** und -ökonomie von Interesse, beispielsweise aufgrund der Vermeidung einer „externen" Zugabe des Cofaktors.

8.5 Zusammenfassung

Für die Durchführung organischer Synthesen mit Hilfe der Ganzzellkatalyse wurde eine Vielzahl effizienter katalytischer „Zellsysteme" entwickelt. Neben hoher Selektivität und katalytischer Effizienz liegt ein weiterer Vorteil in der Nachhaltigkeit dieser Verfahren. Entsprechend ist die Ganzzellkatalyse auch von großer Bedeutung für technische Anwendungen in der chemischen Industrie. Ein besonderer Schwerpunkt innerhalb der Ganzzellbiokatalyse liegt dabei auf dem Einsatz von „Designer Bugs", die als maßgeschneiderte Biokatalysatoren genau der jeweiligen synthetischen Anwendung angepasst sind und die hierfür benötigten Enzyme in „überexprimierter Form" enthalten. Die enormen Fortschritte in der Molekularbiologie haben in diesem Zusammenhang wesentlich zum Erfolg der Ganzzellbiokatalyse als **ökonomisch und ökologisch attraktive Katalysemethode** zur Herstellung von Chemikalien beigetragen. Es ist davon auszugehen, dass die Erfolgsgeschichte „Ganzzellbiokatalyse" fortgeschrieben werden wird.

Literatur

Ausführliche Übersichten zur Biokatalyse im Allgemeinen:
Faber K (2004) Biotransformations in Organic Chemistry, 5th edn. Springer, Berlin Heidelberg New York
Drauz K, Waldmann H (eds) (2002) Enzyme Catalysis in Organic Synthesis, vol 1–3, 2nd edn. Wiley-VCH, Weinheim

Beispiele für Arbeiten zur Nitrilhydratase-Ganzzellkatalyse:
Nagasawa T, Yamada H (1990) Pure Appl Chem. 62:1441
Gerasimova T, Novikov A, Osswald S, Yanenko A (2004) Eng Life Sci 4, 543.

Beispiele für Arbeiten zur Hydantoinase-Ganzzellkatalyse:
Pietzsch M, Syldatk C, Wagner F (1992) Ann New York Acad Sci 672:478
May O, Verseck S, Bommarius A, Drauz K (2002) Org Proc Res Developm 6:452

Beispiele für Arbeiten zur Aminosäuredehydrogenase-Ganzzellkatalyse:
Galkin A, Kulakova L, Yohimura T, Soda K, Esaki N (1997) Appl Environm Microbiol 63:4651
Menzel A, Werner H, Altenbuchner J, Gröger H (2004) Eng Life Sci 4:573

9 Screening nach industriellen Enzymen

T. Schäfer

9.1
Einleitung

Enzyme sind natürliche **biologische Katalysatoren**, die biochemische Prozesse in allen lebenden Zellen beschleunigen. Diese Biokatalysatoren können auch in einer Vielzahl von technischen Anwendungen eingesetzt werden und haben großen Anteil an umweltkompatiblen industriellen Prozessen und an der Herstellung **ökologisch und ökonomisch verbesserter Produkte** (s. Kap. 8). Die Vorteile von Enzymen sind vielfältig; sie arbeiten unter relativen milden, biologischen Bedingungen, sind sehr effizient und spezifisch, d. h. sie setzen nur für das jeweilige Enzym entsprechende Substrate um und bilden normalerweise keine unerwünschten Nebenprodukte. Es werden oft nur geringe Mengen an Enzymen benötigt, um einen Prozess ablaufen zu lassen. Außerdem sind sie **kompatibel mit der Umwelt**, d. h. Enzyme werden durch Fermentation mit Hilfe von nachwachsenden Rohstoffen hergestellt und werden in der Natur durch Mikroorganismen wieder abgebaut und so dem natürlichen Kreislauf zurückgeführt. Diese Eigenschaften verleihen Enzymen einen potentiellen **Vorteil gegenüber Chemikalien**, und als Konsequenz wurden in einigen industriellen Prozessen Chemikalien, die ungünstige Eigenschaften auf die Umwelt und auf die Prozessführung haben können, durch neue enzymabhängige Prozesse ersetzt.

9.2
Anwendungen von industriellen Enzymen

Anwendungen, in denen Enzyme benutzt werden, sind sehr zahlreich und divers, d. h. sie decken verschiedene Industriebereiche ab. Als größter Bereich gelten technische Anwendungen, die im Jahr 1999 einen Umsatz von ca. 1 Mrd. Dollar erreichten. Davon bildeten **Enzyme für den Waschmitteleinsatz** den größten Markt mit etwa einer halben Milliarde Dollar. Die anderen wichtigen Industriebereiche und Anwendungen sind in den Bereichen Backwaren, Säfte, Bier, Milchprodukte, Ethanolherstellung, Futtermittel sowie Papier und Textilien zu finden (Tabelle 9.1) (s. Kap. 7).

9.3
Enzymscreening

Die Entdeckung und Entwicklung neuer industrieller Enzyme basieren auf einigen **Schlüsselparametern** wie

- die Performance des Enzyms in der gewünschten Anwendung,
- die sichere und ökonomische Produktion des Proteins,
- die Patentierbarkeit des Proteinmoleküls („Stoffpatent") und/oder der spezifischen Anwendung („Anwendungspatent").

Die Betrachtung der ökonomischen Produktion beginnt mit der Konstruktion eines Produktionsstammes und beinhaltet viele Schritte, die als *Scale-up-* oder *Down-stream-Processing* bezeichnet werden. Dazu zählen Entwicklungen von Verfahren der Fermentation des Produktionsstammes, der Trennung von Biomasse und Produkt („*Recovery*"), zur Formulierung des Produktes (z. B. verschiedene Granulate in Futtermitteln, Backwaren, Waschpulvern oder flüssigen Enzymen in flüssigen Waschmitteln), aber auch zur Produkt- und Prozess-Zulassung in den verschiedenen Ländern.

Dieses Kapitel beschreibt Prinzipien und Schlüsseltechnologien zur Entdeckung neuer Biokatalysatoren aus natürlichen ökologischen Nischen. Ein weiterer wichtiger Schritt in der Enzymherstellung, nämlich die **zielgerichtete Optimierung von Proteinen** für ausgewählte Anwendungen durch Protein-Engineering und gerichtete molekulare Evolution, werden in Kap. 11 beschrieben.

Tabelle 9.1. Übersicht über die wichtigsten kommerziellen Enzymklassen und ihre Industrieanwendungen (in Spalte 4 sind die englischen Ausdrücke aus der Fachliteratur beibehalten, um die Literatursuche in der Originalliteratur zu erleichtern)

Enzymklasse	Subklasse	Industrie	Anwendung
Hydrolasen	Amylase	Backen	Bread softness + volume, flour adjustment
		Textil	Desizing
		Getränke	Juice treatment, low calorie beer
		Papier	Starch coating, de-inking, drainage improvement
		Stärke	Starch liquefaction and saccharification
		Waschmittel	Starch stain removal (laundry/dish detergent)
	Amyloglucosidase	Stärke, Ethanolherstellung	Saccharification
	Beta-Glucanase	Futtermittel	digestibility
		Bierherstellung	Mashing
	Cellulase	Waschmittel	Antiredposition, cleaning, colour clarification
		Papier	De-inking, drainage improvement, fibre modification
		Textil	Denim finishing, cotton softening
	Lactase	Milchprodukte	Lactose removal
	Lipase	Nahrungsmittel	Cheese flavour
		Leder	De-pickling
		Backen	Dough stability and conditioning (in situ emulsifier formation)
		Waschmittel	Lipid stain removal
		Chemie	Transesterification, Synthesen
		Papier	
		Fette und Öle	Pitch control, contaminant control, Transesterification
	Mannanase	Waschmittel	removal of Mannan containing stains
	Pectinase	Getränke	De-pectinization
		Bierherstellung	Mashing
	Pectin-Methyl-Esterase	Nahrungsmittel	Firming fruit based products
	Phospholipase	Öle und Fette	Degumming, lyso-lecithin production
		Backwaren	Dough stability and conditioning
	Phytase	Futtermittel	Phytate digestibility – phosphorous release
	Protease	Papier	Biofilm removal
		Nahrungsmittel	Bisquits, Flavour, Milk clotting
		Milchprodukte	low allergenic infant formulas
		Chemie	Organic synthesis
		Waschmittel	Protein stain removal
		Leder	Unhairing, bating
		Ethanolherstellung	Yeast nutrition
	Pullulanase	Stärkeindustrie	Saccharification
	Xylanase	Futtermitel	Digestibility
		Papier	Blech boosting
		Stärke, Ethanol	Viscosity reduction
	Acetolactatdecarboxylase	Bierherstellung	Maturation, Flovour
		Fruchtsäfte	Clarification
Oxidoreduktasen	Catalase	Textil	Bleach termination
	Glucoseoxidase	Backwaren	Dough conditioning
		Persönliche Pflegeprodukte	Bleaching, antimicrobial activities

Tabelle 9.1 (Fortsetzung)

Enzymklasse	Subklasse	Industrie	Anwendung
Oxidoreduktasen	Laccase	Textil	Bleaching
		Wein	Cork stopper treatment
		Fruchtsaft	Clarification
		Bierherstellung	Flavour
	Lipoxygenase	Backwaren	Dough strengthening, bread whitening (baking)
		Chemie	Organic synthesis
	Peroxidase	Textil	Antimicrobial, Excess dye removal
Lyasen	Pectatlyase	Textil	Scouring
Isomerasen	Glucose-Isomerase	Stärke	Glucose to fructose conversion
Transferasen	Cyclodextrin-glycosyltransferase	Stärke	Cyclodextrin production
		Backwaren	Laminated dough strengths
	Transglutaminase	Nahrungsmittel	Modify visco-elastic properties

9.3.1
Evolution ist die Grundlage für das Screening nach Enzymen: Die Biodiversität der lebenden Organismen und ihrer Enzyme ist nahezu unendlich

Das traditionelle Screening nach neuen Enzymen beruht auf Mikroorganismen, die in natürlichen oder von Menschen geschaffenen **ökologischen Nischen** leben und daraus isoliert werden können. Die Grundlage zur Erforschung und industriellen Nutzung der natürlichen Diversität liegt in der Evolution der Mikroorganismen. Prokaryoten haben sich auf der Erde im Verlauf von 3,5 Mrd. Jahren in allen ökologischen Nischen wie z.B. Hydrothermalquellen in der Tiefsee, Geothermalfeldern wie z.B auf Island, alkalischen oder salzhaltigen Seen, in marinen Schwämmen, in und auf Pflanzenteilen oder Insekten angesiedelt. Die Diversifikation ist enorm und der weitaus größte Teil der existierenden Biodiversität ist bisher nicht beschrieben: Es wird geschätzt, dass nur etwa 0,1 bis 1% der Mikroorganismen aus einer beliebigen Erdprobe im Labor unter Standardbedingungen kultiviert werden können. Die Verschiedenheit der mikrobiellen Lebensräume ist ein Ausdruck für die faszinierende **Diversität der physiologischen Anpassungen** durch Evolution. So wachsen Mikroorganismen z.B.

bei Temperaturen über dem Siedepunkt des Wassers (Hyperthermophile), bei extrem sauren oder alkalischen pH-Werten (Acidophile, Alkaliphile) oder in gesättigten Salzlösungen (Halophile), nur um einige Extreme zu nennen (s. Kap. 1, 2). Die Enzyme dieser Organismen zeigen oft Aktivitätsprofile, die der Wachstumsphysiologie ihrer Wirte entsprechen, d.h. Enzyme aus Hyperthermophilen sind oft in Temperaturbereichen von 80–110 °C optimal aktiv, während Enzyme aus Psychrophilen (Kälteliebenden) ihre optimale Aktivität normalerweise in Bereichen von 0–30 °C aufweisen; alkalistabile Enzyme findet man dagegen in den alkaliphilen Bakterien, Archaea und Pilzen (s. Kap. 7). Insgesamt ist die Diversität der Enzyme noch wesentlich umfangreicher als die Diversität der Mikroorganismen, da ein beliebiger Mikroorganismus in der Lage ist, mehrere tausend Enzyme für seinen spezifischen Stoffwechsel zu exprimieren. Diese enorme Vielfalt der natürlich in der Natur vorkommenden Enzyme ist daran beteiligt, unter fast allen denkbaren Bedingungen nahezu alle in der Natur vorkommenden und von Menschen geschaffenen Substanzen abzubauen und somit den natürlichen Stoffkreislauf aufrechtzuerhalten.

Die genaue Größenordnung der Biodiversität kann nur grob abgeschätzt werden. Unser Bild der globalen Verteilung dieser Diversität und ihrer Funktion ist weit davon entfernt, vollständig zu sein.

Die **Diversität der Prokaryoten** wird auf eine Größenordnung von 2–3 Mio. Spezies abgeschätzt, und das bei einer Anzahl von 4000 beschriebener Spezies. Die extrapolierte Größenordnung der mykologischen Diversität liegt bei etwa 1,5 Mio. Spezies, wobei uns momentan nur etwa 74 000 Spezies bekannt sind.

Außerdem gilt als allgemein akzeptiert, dass nur eine geringer Teil der natürlichen Biodiversität mit den bekannten Techniken **isoliert** und als **Reinkulturen im Labor** dargestellt werden kann (s. Kap. 1). Dies bildet ein sehr großes Potential bisher nicht beschriebener physiologischer und biochemischer Eigenschaften, die in der Metagenom-Forschung untersucht werden. Dieser komplementierende Ansatz, der im Kap. 13 näher beschrieben wird, besteht prinzipiell in der Isolierung von Gesamt-DNA aus den entsprechen Standorten, die in Genbanken nach Enzymen und anderen Wertstoffen durchforstet werden können.

9.3.2
Prinzipien des Screenings: vom primären Screening zum Produktkandidaten

Ein Screeningprojekt beginnt mit der klaren und eindeutigen **Definition des Problems**, das gelöst werden soll und einer Analyse des Geschäftspotentials sowie der Patentsituation. Basierend auf dem detaillierten Verständnis des spezifischen industriellen Prozesses, der Enzym-Substrat-Interaktion in dem spezifischen chemo-physikalischen Milieu, in dem das Enzym eingesetzt werden soll, werden die ersten Screeningkriterien definiert: Welches Substrat soll umgesetzt, welches Produkt gebildet oder nicht gebildet werden, bei welchem pH-Wert und in welchen Temperaturgrenzen soll der Prozess stattfinden? Diese Informationen werden gesammelt und in einen sensitiven und möglichst spezifischen **biochemischen Assay** umgesetzt. Oft sind Arbeitshypothesen in diesen Assay integriert, da nicht alle oft komplexen Anwendungen in einfache biochemische Assays überführt werden können, die somit oft nur

Annäherungen an die Realität des Prozesses darstellen. Die Aufgabe, einen optimalen Biokatalysator aus der enormen Diversität zu finden, ist wie die Suche nach der Nadel im Heuhaufen. Die Qualität dieser Suche und damit die Qualität des Endproduktes ist im Wesentlichen abhängig von dem Assay als dem Magneten, der helfen soll, diese Nadel zu finden. Nach der Entwicklung des Assays wird entschieden, ob ein **Biodiversitätsscreening** oder ein **Protein-Optimierungsprojekt** gestartet wird. Sind bereits Enzymkandidaten vorhanden, ist es oft von Vorteil, bereits existierende Moleküle („*backbones*") zu optimieren.

Sollte noch kein geeigneter Biokatalysator für eine gewünschte Anwendung zur Verfügung stehen, wird die Entscheidung zu Gunsten eines **Biodiversitätsprojekts** fallen. In der nächsten Phase eines solchen Projektes wird analysiert, welche taxonomischen (z. B. Streptomyceten oder Pseudomonaden, Ascomyceten oder Basidiomyceten oder generell Pilze und/oder Bakterien und/oder Archaea) oder physiologischen Gruppen (z. B. thermophile oder psychrophile, alkaliphile oder neutrophile) mit größter Wahrscheinlichkeit das geforderte Enzym produzieren. Es existiert also eine Vielzahl von Möglichkeiten, wobei der letztlich gewählte Ansatz besonders von der über Jahre akkumulierten Erfahrung der jeweiligen Arbeitsgruppe in Bezug auf Diversität, Biochemie und Prozessverständnis abhängt.

Im Allgemeinen sind Screeningprogramme **iterative Prozesse**, in die so genannte *learningsloops* eingebaut werden wie z. B. die fortlaufende Optimierung des Assays und das Ausschließen, also Deselektieren bestimmter taxonomischer Gruppen. Zwei Hauptphasen kennzeichnen den klassischen Verlauf (Abb. 9.1): In einem oft breitangelegten primären Screening werden alle Mikroorganismen, die im biochemischen Assay **positiv** sind, **selektiert**, d. h. gesammelt. In der nächsten Phase werden diese primären Hits einem **Sekundärscreening** unterworfen: Der Assay ist nun selektiver gestaltet, um ein Ranking der besten Kandidaten zu erlauben.

Die Hits dieser Phase werden im Folgenden intensiver charakterisiert: Normalerweise wird das

Screening Verlauf – komplementierende Ansätze

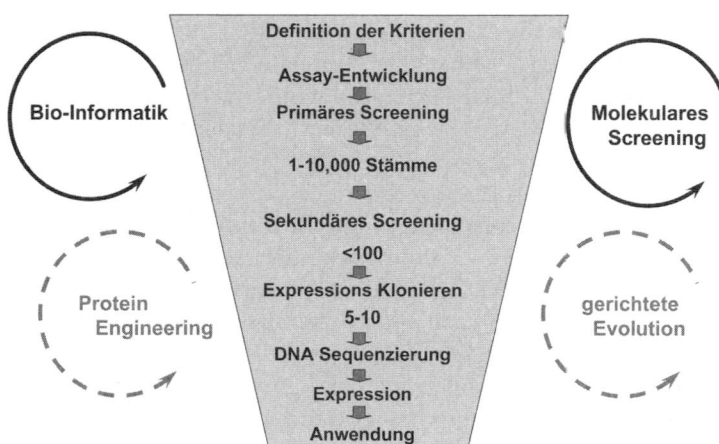

Abb. 9.1. Prinzip des Screeningverlaufs nach industriellen Enzymen. Bioinformatik und Molekulares Screening sind zentrale Technologien, die neben dem funktionellen Screening zum Einsatz kommen. Protein-Engineering und Methoden der gerichteten Evolution entwickeln neue Enzyme auf Basis bestehender Moleküle und werden in Kap. 16 näher beschrieben

Enzym gereinigt und in miniaturisierten Anwendungsversuchen getestet. Erst in diesem Schritt kann die im Assay integrierte Hypothese getestet werden: Passieren die selektierten Kandidaten den Anwendungsversuch, sind sie prinzipiell dazu in der Lage, den gewünschten Effekt zu erzielen, aber noch nicht optimal, oder muss das Screening inklusive Assay-Entwicklung neu überdacht werden? Im positiven Fall wird aus den verbliebenen Kandidaten nun eine Top-Liste derer erstellt, die in größeren Maßstäben hergestellt und getestet werden müssen. Diese Tests werden oft bei den potentiellen Anwendern des Enzymproduktes, also den potentiellen Kunden durchgeführt, um die eigenen positiven Daten zu bestätigen.

Dieser in der Regel komplexe Verlauf macht deutlich, welche zentrale Rolle dem **Assay** zukommt, und zwar unabhängig, ob ein Biodiversitätsprojekt oder eine Proteinoptimierungsstrategie als Ausgangspunkt gewählt wurde. Der Schlüssel zur erfolgreichen Entwicklung eines neuen Biokatalysators liegt nicht darin, eine möglichst große Vielfalt von Proteinen zu finden, sondern möglichst schnell die wenigen Moleküle zu selektieren, die **den Anwendungskriterien optimal entsprechen**.

Industrielle Enzyme, die sich heute auf dem Markt befinden und in den oben genannten Industriebereichen und Anwendungen eingesetzt werden, sind nahezu ausschließlich **extrazelluläre Enzyme**, die von Bakterien und Pilzen stammen, die vorher im Labor kultiviert wurden. Damit ist dieser traditionelle Ansatz als sehr erfolgreich anzusehen.

Als Beispiel wird das **Screening nach Phytasen** (E.C. 3.1.3.26), einem in der Futtermittelindustrie verwendetem Enzym, beschrieben. Phytasen katalysieren die Hydrolyse von Phosphomonoesterbindungen in einem pflanzlichen Phosphatspeicher, dem Phytin, das von den Verdauungsenzymen der Tiere nicht abgebaut werden kann. Durch die Hydrolyse werden niedrigere Stufen des Myoinostolphosphates gebildet, und das freigesetzte Phosphat kann von den Tieren aufgenommen werden. Für das Screening werden in diesem Beispiel Bakterien und Pilze aus der Stammsammlung ausgewählt oder neu isoliert und in 100-mL-Kolben angezüchtet. Die Kulturüberstände enthalten sekretiertes Enzym und werden in geringem Volumen (z. B. 100 μL) auf Assay-Platten übertragen. Der Assay beruht auf der Unlöslichkeit von Ca-Phytat, das die Agarplatten trüb macht. Bei positiver Phytase-Aktivität wird lösliches Myoinostolphosphat gebildet, das als aufgehellte Zone („*clearing zone*") sichtbar gemacht werden kann.

Im **sekundären Screening** werden alle positiven Stämme unter **selektiven Bedingungen** getestet. Dazu werden andere Kriterien benutzt,

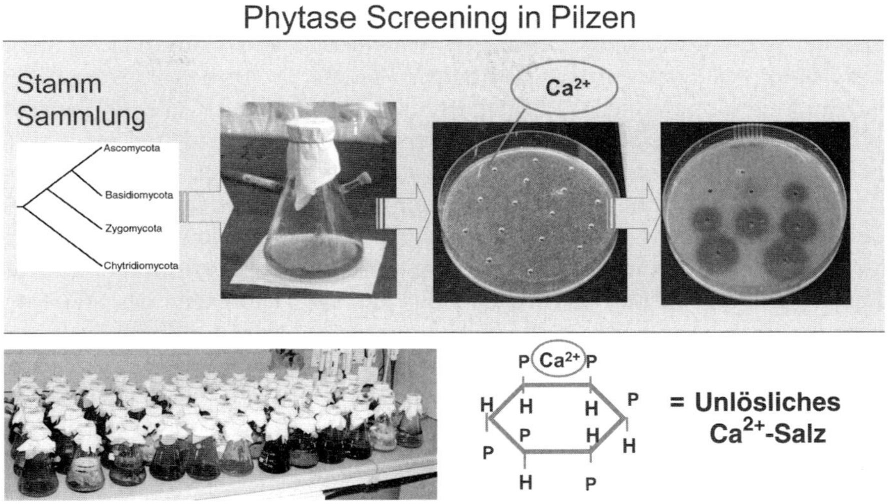

Phytase Screening in Pilzen

Abb. 9.2. Primäres Screening der pilzlichen Stammsammlung nach Phytase-Aktivität. Das Prinzip besteht in der Verwendung unlöslichen Ca-Phytats, das bei Hydrolyse durch Phytase in lösliches Myoinostolphosphat überführt wird

die an diese Enzyme gestellt werden: Diese Proteine müssen den Pelletierungsprozess des Futters bei hohen Temperaturen (über 80 °C) überstehen, aber bei 37 °C im Darm der Tiere optimal arbeiten. Außerdem müssen sie den sauren pH des Magens überstehen, um letztlich im Darm bei neutralem pH aktiv zu sein. Entsprechend fließen diese Überlegungen in das sekundäre Screening ein, dass sowohl die Stabilität der Enzyme bei hohen Temperaturen und sauren pH-Werten als auch die spezifische Aktivität umfasst (Abb. 9.2).

Als Konsequenz wurden in den verschieden Firmen und auch Universitätsgruppen, die sich mit dem Enzymscreening beschäftigen, umfassende und hoch diverse Stammsammlungen angelegt, die ständig erweitert werden. Ziel dieser Sammlungen ist es, den Screeningexperten einen möglichst großen Ausschnitt der taxonomischen, physiologischen, ökologischen und geographischen Vielfalt zur Verfügung zu stellen, sobald eine neues Screeningprogramm initiiert wird. Die Mikroorganismen können als große **genetische Bibliothek** betrachtet werden, in der jede einzelne Art spezifische biologische Lösungen für eine Anzahl von Anwendungen anbietet wie z. B. Enzyme, Antibiotika, neuartige Peptide und auch strukturelle Komponenten. Es werden fortlaufend Anstrengun-

gen unternommen, bis dato unbekannte Mikroorganismen(-gruppen) mit neuartigen Eigenschaften zu isolieren. Da jedes Screeningprogramm einzigartig ist und eine neue Herausforderung darstellt, muss jedes Mal neu entschieden werden, welche Strategie oder auch Kombination von Strategien gewählt werden. Dazu ist die Erfahrung von Taxonomen, Physiologen und Biochemikern von großer Bedeutung. Durch geschickte Kombination neuer Isolierungsmethoden, mikrobieller Physiologie und taxonomischer Expertise wird vermieden, bereits bekannte Isolate und damit bereits bekannte Enzyme erneut zu selektieren.

9.3.3
Expressionsklonierung von Enzymen ist ein zentraler Schritt, um monokomponente Enzyme für Anwendungsversuche zur Verfügung zu stellen

Im vorausgehenden Abschnitt wurde beschrieben, dass die besten Kandidaten aus dem sekundären Screening charakterisiert und in größerem Maßstab zur Verfügung gestellt werden müssen. Traditionell wurden dazu die Enzyme aus den verschiedenen Organismen gereinigt, was einige Nachteile und Herausforderungen mit sich bringt. Dazu gehört, dass nicht alle Mikroorganismen in großem

Maßstab angezüchtet werden können und entsprechende Fermentationsmethoden erst entwickelt werden müssen, was ein zeitaufwändiger Prozess ist. Ein weiterer potentieller Nachteil ist, dass diese **Wildtyporganismen** oft eine Vielzahl verschiedener Enzyme sekretieren, und es oft schwierig ist, die **positiven Effekte in der Anwendung** einzelnen, definierten Enzymen zuzuordnen. Die Ausbeuten an gewünschtem Enzym sind oft zu gering, um eine Enzymreinigung in ausreichender Menge aus einem Gemisch verschiedener Proteine zu gewährleisten. Die Konsequenz ist, dass die Screeningprozeduren in diesem Verlauf oft sehr langwierig sind und nicht immer der beste Kandidat zum Produkt entwickelt wird, sondern das Molekül, das in ausreichender Menge zum Testen vorliegt.

Mit der zunehmenden Entwicklung molekularbiologischer Methoden ist es dagegen immer einfacher geworden, Enzymgene zu klonieren und als aktive Proteine zu exprimieren.

Dazu gibt es eine Auswahl verschiedener Methoden, die in der entsprechenden Technologie-literatur im Detail beschrieben sind (s. Kap. 3, 6, auch Sambrock u. Russel 2001).

In den meisten Fällen wird dazu eine Technik benutzt, die als **Expressions-Klonierung** bezeichnet wird und ein effektives Prinzip darstellt, um aus den Donor-Organismen einzelne Enzym-codierende Gene zu isolieren und aufgrund ihrer Aktivität in einigen **wenigen Wirtsorganismen zu exprimieren**. Die Technologie kombiniert die Fähigkeit des Wirtsorganismus, eine Vielzahl fremder Gene zu exprimieren, mit der Anwendung biochemischer Assays, um die gesuchten Phänotypen aus den vereinzelten Genomen zu finden. In der Regel werden molekularbiologisch und physiologisch im Detail beschriebene Mikroorganismen, wie z. B. *Escherichia coli* oder *Saccharomyces cerevisiae* als Wirte zum Expressionsklonieren benutzt. Mit Hilfe dieser gentechnologischen Methoden können definierte, **monokomponente Enzyme** dargestellt werden, so dass in Anwendungsversuchen eindeutige Rückschlüsse auf Wirkungsweise und Effizienz des entspre-

Expressionsklonieren von eukaryotischen Genen

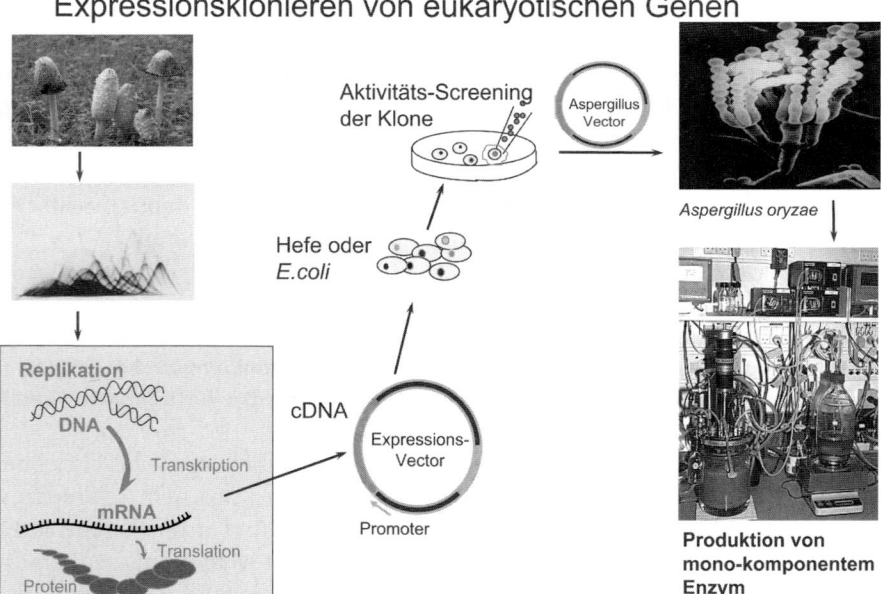

Abb. 9.3. Schema des Expressionsklonierens eukaryotischer Gene. Aktive mRNA wird in cDNA umgeschrieben und in Screeningwirte eingebracht, die nach Enzymaktivität gescreent werden. Aus positen Klonen kann anschließend der Vektor isoliert und das Insert in spezifische Vektoren eingefügt werden, um das Enzym in größerem Maßstab herzustellen

chenden Moleküls gemacht werden können (Abb. 9.3).

Für Gene aus Pilzen basiert die Technologie auf der **Isolierung von mRNA**, die mit dem Enzym Reverse Transkriptase in cDNA übersetzt wird. Diese cDNA wird in einen Vektor eingebracht, der oft über *E. coli* als Zwischenwirt amplifiziert, also vervielfältigt wird, bevor die vereinzelten Vektoren in Hefen oder andere geeignete Mikroorganismen eingebracht werden. Diese cDNA-Genbank kann anschließend in dem Assay, der zur Identifizierung des geforderten Enzyms im Wildtyp-Organismus benutzt wurde, gescreent werden, um den **Klon** zu detektieren, der das gewünschte Enzym-codierende Gen enthält und das Protein herstellt.

Für **Prokaryoten** wird normalerweise **Genom-DNA** isoliert, die mit Hilfe von Restriktionsenzymen in Fragmente geschnitten wird. Wie für die cDNA beschrieben, werden auch diese Genomfragmente in spezifische Vektoren eingefügt, die Wirtsorganismen (in der Regel *E. coli*) transformiert, um die so angelegten Genbanken zu durchforsten. Mit dieser Methode wird gewährleistet, dass derselbe Phänotyp aus dem Wildtyp-Screening sich im Klon wiederfindet. Wenn einer oder mehrere positive Klone identifiziert sind, wird das in den Vektor eingefügte DNA-Material sequenziert, um die Primärsequenz mit öffentlichen oder eigenen **Datenbanken vergleichen** zu können (s. Abb. 9.1). Insgesamt erlaubt diese Technologie die Herstellung größerer Mengen an Enzym, wobei die ausgewählten Wirtsorganismen in den verschiedenen Forschergruppen auch mit Hinblick auf Fermentation im Labor- (bis 20 Liter) oder Pilot-Maßstab (100–2500 Liter) etabliert sind. Damit sollte einer Aufreinigung des monokomponenten Enzyms, dessen biochemischer Charakterisierung sowie dem Testen im realistischen Versuch nichts im Wege stehen. Dieses hier beschriebene Prinzip stellt eine der entscheidenden Grundlagen für das Screening der **Metagenom-Bibliotheken** dar (s. Kap. 10).

Zusätzlich ergibt diese Methode erste Hinweise, ob das entsprechende Enzym den **ökonomischen Ansprüchen** gerecht werden kann: Wird das ge-

forderte Enzyme nicht in ausreichender Menge vom Wirt produziert, fällt es entweder der Deselektion zum Opfer oder es wird in alternativen Wirten kloniert. Als Alternativen zu *E. coli und S. cerevisiae* werden eine Vielzahl von Wirtsorganismen für die Klonierungs- und Expressionsarbeiten eingesetzt. Für das Klonieren prokaryotischer Gene kommen z.B. *Streptomyces lividans, Bacillus subtilis, Bacillus megaterium* sowie Lactobazillen in Betracht, während für eukaryotische Gene hauptsächlich Hefen (*Pichia pastoris, Pichia methanolica* u.a.) sowie Aspergillen (*A. niger, A. oryzae, A. nidulans*) oder *Fusarium* benutzt werden. Welcher dieser Organismen benutzt wird, hängt von der Problemstellung des Experiments und auch von der Expertise der Arbeitsgruppe ab.

In diesem Zusammenhang ist es wichtig anzumerken, dass moderne industrielle Enzyme nahezu ausschließlich über **Klonieren und Exprimieren**, also mit Hilfe vom **gentechnisch modifizierten Organismen (GMO)**, hergestellt werden. Insgesamt können sowohl eine größere Vielfalt von Enzymen in gehobener Qualität, d.h. ohne Nebenaktivitäten, angeboten werden als auch in der Regel eindeutige Vorteile in der Kosteneffizienz und der Ökobilanz verzeichnet werden.

Die ersten mit Hilfe von Gentechnologie produzierten Enzyme wurden bereits Mitte der 1980er Jahre von der Firma Novozymes auf den Markt gebracht. 1984 wurde Maltogenase®, eine bakterielle Amylase, die in *Bacillus subtilis* heterolog exprimiert wird, für die Stärkeindustrie zur Herstellung von Maltose-Sirup entwickelt. 1988 wurde Lipolase®, eine pilzliche Lipase, die in *Aspergillus oryzae* exprimiert wird, für die Waschmittelindustrie auf den Markt gebracht. Andere Industrie-Expressionswirte, die Enzyme in hoher Ausbeute produzieren können, sind *Bacillus licheniformis, Fusarium-* und *Trichoderma-*Stämme. Diese und die oben genannten Wirte sind Resultate von 20–40 Jahren Stammentwicklungsarbeit aus der Zeit, bevor GMOs Einzug in die Welt der Enzyme hielten und daher für die industrielle Produktion in großem Volumen über 100 000 Litern geeignet.

9.3.4
Screeningtechnologien

Der Screening-Assay hat, wie oben beschrieben, eine zentrale Bedeutung im Verlauf des Screenings. Der große Vorteil des **aktivitätsbasierten Screenings** ist die mögliche Entdeckung völlig neuartiger enzymatischer Aktivitäten und der entsprechenden für diese Eigenschaften codierenden Gene. Die Assays werden benutzt, um gezielt neue Mikroorganismen mit den gewünschten Eigenschaften aus ökologischen Nischen zu isolieren, die Mikroorganismen mit den am besten geeigneten Enzymen zu selektieren, ferner Genbibliotheken auch parallel nach verschiedenen Aktivitäten zu durchforsten sowie Varianten **aus Enzymoptimierungsprogrammen** (s. Kap. 11) zu screenen. Entsprechend wird viel Energie in die Entwicklung neuer Assays und neuartiger Assay-Technologien investiert. Während Assays traditionell auf Agarplatten durchgeführt wurden, sind heute Mikrotiterplatten bis hin zum 1536-Loch-Format oder auch Glass-Slides im Falle von Arrays durchaus üblich. Dabei kommen Pittetierstationen und Roboter wie z. B. Colony Picker zum Einsatz, die einzelne Kolonien von Agarplatten in Mikrotiterplatten überführen, in denen so vereinzelte Klone zum Wachsen gebracht und anschließend wie oben beschrieben biochemisch gescreent werden. Die Möglichkeit, ein Screening in flüssiger Phase und nicht nur auf Agarplatten durchzuführen, hat den Freiheitsgrad der Assay-Entwicklung drastisch erweitert, da nun auch Methoden wie z. B. Absorptions- und Fluoreszenztechnologien eingesetzt und für das spezifische Screeningprogramm optimiert werden können.

Neue Screeningtechnologien werden monatlich in der wissenschaftlichen als auch der Patent-Literatur beschrieben, einige Firmen haben sich auf die Assay-Entwicklung und die Durchführung von Screeningkampagnen als Dienstleistung spezialisiert. Eine gründliche Bearbeitung dieses Themas sprengt den Umfang dieses Beitrags. Hier sei der Leser auf die wissenschaftliche Literatur wie z. B. „Current Opinion in Biotechnology", (Elsevier), „Journal of Microbiological Methods" (Elsevier), „Journal of Biomolecular Screening" (Sage Publications), „Methods in Enzymology" (Elsevier) verwiesen.

9.3.5
Homologie-basiertes Screening als komplementierende Technologie

Funktionelles Screening wird oft durch Methoden komplementiert, die **Ähnlichkeiten zwischen den Enzym-codierenden Genen** ausnutzen. Sequenz-Information aus einem Set verwandter Gene kann benutzt werden, um in anderen Organismen oder auch Metagenom-Bibliotheken (s. Kap. 13) nach homologen Genen zu suchen. Wie oben erwähnt, werden die Klone, die aus dem sekundären Screening hervorgehen, sequenziert und mit Daten anderer Forschergruppen in internationalen Datenbanken (Tabelle 9.2) verglichen. Damit können durch Alignment der Nukleotid- oder der abgeleiteten Aminosäuresequenz Sequenzhomologien erstellt und durch Evolution besonders konservierte Regionen identifiziert werden. Eine der üblichen Methoden beruht darauf, degenerierte **PCR-Primer** zu erstellen, die DNA-Sequenzen enthalten, die der konservierten Region entsprechen. Diese Primer werden benutzt, um entsprechende Fragmente aus anderen Genomen zu amplifizieren und durch Sequenzierung zu verifizieren. Auf diese Weise kann in kurzer Zeit eine Vielzahl von Genen identifiziert werden, ohne dazu den gesamten Verlauf mit primärem und sekundärem Screening, Anlegen und Screening von Genbanken, durchlaufen zu müssen. Die gefundenen Genfragmente müssen durch so genanntes *Primer Walking* in die 3′- und 5′-Richtung vervollständigt werden, um die vollständigen Gene klonieren und exprimieren zu können. Alternativ können die Genfragmente durch SOE-PCR (*„Splicing by overlap extension by PCR"*) auch an bekannte N- und N-Terminale-DNA-Sequenzen des ursprünglichen vorhandenen Gens gekoppelt werden, um so funktionelle Hybrid-Moleküle herzustellen. Besonders im Metagenom-Screening ist diese Methode von Vorteil, da langwieriges *Primer Walk-*

Tabelle 9.2. Eine Auswahl an Datenbanken und internationalen Servern mit Informationen zu Genomen, Stoffwechselwegen und Proteinen

Datenbank	Datenbank Inhalt	Web-link
Vorwiegend Protein Information		
Expasy	Proteine	http://www.expasy.org/
Scopec	Proteine katalytische Domänen	http://www.enzome.com
Cazy	Carbohydrasen	http://afmb.cnrs-mrs.fr/CAZY/
Interpro	Protein-Familien, Domänen, funktionale Zentren	http://www.ebi.ac.uk/interpro/
Prosite	Protein-Familien, Domänen	http://www.expasy.org/prosite/
Swissprot	Protein-Wissens-Datenbank	http://www.expasy.org/sprot/
TREMBL	Computer-annotatiertes Supplement zu Swiss-Prot	http://www.expasy.org/sprot/2
PFam	Protein-Familien	http://www.sanger.ac.uk/Software/Pfam/
EMBL databank	Nucleotid-Sequenz-Datenbank	http://www.ebi.ac.uk/embl/
Ligand Chemical Database	Enzymereaktionen	http://www.genome.ad.jp/htbin/www_bfind?ligand
UM-BBD http://umbbd.ahc.umn.edu/	Neue biokatalytische Reaktionen	http://www.umbbd.ahc.umn.edu/
BRENDA	Enzym-Datenbank	http://www.brenda.uni-koeln.de/
MetaCyc	Enzyme, Stoffwechselwege	http://metacyc.org/
Enzyme Nomenclature	Enzym-Datenbank	http://www.chem.qmul.ac.uk/iubmb/enzyme/
Enzyme Nomenclature	Enzym-Datenbank	http://expasy.org/enzyme/
Server des European Bioinformatics Institute	Bioinformatik	http://www.ebi.ac.uk/
Server des Natial Center of Biotechnology Information	Datenbanken, Software	http://www.ncbi.nlm.nih.gov/
Server des Swiss Institute for Experimental Cancer Research	Datenbanken, Software	http://www.isrec.isb-sib.ch/
Server des *MRC Rosalind Franklin Centre for Genomics Research*	Kommunikationsforum	http://www.bio.net/
PCSB Protein data bank	3D-Strukturen von Proteinen	http://www.rcsb.org/pdb/
BioCatalysis	synthetische Biokatalysatoren; kommerzielle Produkte	http://cds.dl.ac.uk/cds/datasets/orgchem/isis/biocat/biocat.html
Vorwiegend Stoffwechselweg/Katabolismus-Information		
KEGG	Stoffwechselwege in Übersichtskarten	http://www.genome.ad.jp/kegg/
UM-BBD	Stoffwechselwege	http://umbbd.ahc.umn.edu/
EMP project	Enzyme, Stoffwechselwege	http://www.empproject.com/
MetaCyc Pathways maps http://metcyc.org/	Stoffwechselwege	http://www.metacyc.org/
Vorwiegend Genom Information		
TIGR	TIGR Genome	http://www.tigr.org/
GOLD	Genome	http://igweb.integratedgenomics.com/GOLD/
DOE Joint Genome Institute	DOE Genome	http://www.jgi.doe.gov/
Angis	Genome, Bioinformatischer Service	http://www.angis.org.au/html/index.html
Japan Genome net	Genome	http://www.genome.jp/
Sanger Institute	Genome	http://www.sanger.ac.uk/Projects/Microbes/
NCBI Genome	Genome	http://www.ncbi.nlm.nih.gov/
MetaCyc	Genome	http://www.metacyc.org/

DOE, Department of Energy; GOLD, Genomes On-Line Database; KEGG, Kyoto Encyclopedia of Genes and Genomes; NCBI, National Center for Biotechnology Informations; TIGR, The Institute for Genomic Research; UM-BBD, University of Minnesota Biocatalysis/Biodegradation Database

```
                                          REGION 1
A._chrysogenum _GENESEQP:AAW04926   (1)  AAQSSGSGHTTRYWDCCKPSCAWDEKAAVSRPVTTCDRNNSPLSPG--AVSGCDPNGVAFTCNDNQPWAVNNNVAYGFAA
A._chrysogenum _GENESEQP:AAW04927   (1)  ---ASGKGHTTRYWDCCKTSCAWEGKASVSEPVLTCNKQDNPIVDAN-ARSGCDGGG-AFACTNNSPWAVSEDLAYGFAA
F._oxysporum_SWISSPROT:P45699       (1)  ---SGSGHTTRYWDCCKPSCSWSGKAAVNAPALTCDKNDNPISNTN-AVNCEGGGSAYACTNYSPWAVNDELAYGFAA
H._insolens_GENESEQP:ABB04128       (1)  -----ADGRSTRYWDCCKPSCGWAKKAPVNQPVFSCNANFQRITDFD-AKSGCEPGGVAYSCADQTPWAVNDDFALGFAA
T._terrestris_GENESEQP:ADP73935     (1)  --ASSGQSTRYWDCCKPSCAWPGKAAVSQPVYACDANFQRLSDFN-VQSGCN-GGSAYSCADQTPWAVNNLAYGFAA
M._thermophila_GENESEQP:AAW04933    (1)  -DQLSGIGQTTRYWDCCKPSCAWPGKGPS-SPVQACDKNDNPLNDGGSTRSGCDAGGSAYMCSSQSPWAVSDELSYGWAA

                       REGION 2                                    REGION 3
A._chrysogenum _GENESEQP:AAW04926  (79)  TAFPGGNEASWCCACYALQFTSGPVAGKTMVVQSTNTGGDLSGTHFDIQMPGGGLGIFDGCTPQFGFTFP--GNRYGGTT
A._chrysogenum _GENESEQP:AAW04927  (76)  TALSGGTEGSWCCACYAITFTSGPVAGKKMVVQSTNTGGDLSNNHFDLMIPGGGLGIFDGCSAQFGQLLP--GERYGGVS
F._oxysporum_SWISSPROT:P45699      (76)  TKISGGSEASWCCACYALTFTTGPVKGKKMIVQSTNTGGDLGDNHFDLMMPGGGVGIFDGCTSEFGKALG--GAQYGGIS
H._insolens_GENESEQP:ABB04128      (75)  TSIAGSNEAGWCCACYELTFTSGPVAGKKMVVQSTSTGGDLGSNHFDLNIPGGGVGIFDGCTPQFGGLP---GQRYGGIS
T._terrestris_GENESEQP:ADP73935    (77)  TSIAGGSESSWCCACYALTFTSGPVAGKTMVVQSTSTGGDLGSNQFDIAMPGGGVGIFNGCSSQFGGLP---GAQYGGIS
M._thermophila_GENESEQP:AAW04933   (79)  VKLAGSSESQWCCACYELTFTSGPVAGKKMIVQATNTGGDLGDNHFDLAIPGGGVGIFNACTDQYGAPPNGWGDRYGGIH

                                          REGION 4
A._chrysogenum _GENESEQP:AAW04926 (157)  SRSQCAELPSVLRDGCHWPYDWFNDADNPNVNWRRVRCPAALTNRSGCVRNDDNSYPVFE--------------------
A._chrysogenum _GENESEQP:AAW04927 (154)  SRSQCDGMPELLKDGCQWHFDWFKNSDNPDIEFEQVQCPKELIAVSGCVRDDDSSFPVFQ--------------------
F._oxysporum_SWISSPROT:P45699     (154)  SRSECDSYPELLKDGCHWEFDWFENADNPDFTFEQVQCPKALLDISGCKRDDDSSFPAFKGDTSASKPQPSSSAKKTTSA
H._insolens_GENESEQP:ABB04128     (152)  SRNECDRFPDALKPGCYWEFDWFKNADNPSFSFRQVQCPAELVARTGCRNDDGNFFPAVQIP-----------------
T._terrestris_GENESEQP:ADP73935   (154)  SRDQCDSFPAPLKPGCQWFFDWFQNADNPTFTFQQVQCPAEIVARSGCKNDDSSFPVFT--------------------
M._thermophila_GENESEQP:AAW04933  (159)  SKEECESFPEALKPGCNWFFDWFQNADNPSVTFQEVACPSELTSKSGCSR----------------------------

A._chrysogenum _GENESEQP:AAW04926 (217)  -------------------------------------------------------------
A._chrysogenum _GENESEQP:AAW04927 (214)  -------------------------------------------------------------
F._oxysporum_SWISSPROT:P45699     (234)  AAAAQPQKTKDSAPVVQKESTKPAAQPEPTKPADKPQTDKPVATKPAATKPAQPVNK
H._insolens_GENESEQP:ABB04128     (214)  -------------------------------------------------------------
T._terrestris_GENESEQP:ADP73935   (214)  -------------------------------------------------------------
M._thermophila_GENESEQP:AAW04933  (209)  -------------------------------------------------------------
```

Figure 4: Multiple alignment of the endoglucanase GH45 catalytic domain from *Acremonium chrysogenum* (geneseqp:aaw04926), *Acremonium chrysogenum* (geneseqp:aaw04927), *Fusarium oxysporum* (swissprot:P45699), *Humicola insolens* (geneseqp:aab04128), *Thielavia terrestris* (geneseqp:adp73935), and *Myceliophthora thermophila* (geneseqp:aaw04933).

Region 1:	AA	T R Y W D C C K T/P
	DNA Sense	5'-ACN $^A/_C$GN TA$^C/_T$ TGG GA$^C/_T$ TG$^C/_T$ TG$^C/_T$ AA$^A/_G$ $^A/_C$C-3'
Region 2:	AA	W C C A C Y
	DNA Antisense	5'-TA $^A/_G$CA NGC $^A/_G$CA $^A/_G$CA CC-3'
Region 3:	AA	P G G G V/L G I F
	DNA Antisense	5'-AA NA$^A/_G$/$_G$ NCC NA$^A/_C/_G$ NCC NCC NCC NGG-3'
Region 4:	AA	W R Y/F D W F
	DNA Antisense	5'-NAA CCA $^A/_G$TC $^A/_G$/$_T$A NC$^G/_T$ CC-3'

Abb. 9.4. Beispiel für ein Alignment von Endo-glucanase-Genen aus verschieden Pilzen: Genregionen mit konservierten Motiven, die für das Design von PCR Primern benutzt werden können

ing entfällt. Für technische Details sei hier auf Sambrock u. Russel 2001 verwiesen.

Ein wichtiger Nachteil des Homologie-basierten Screenings ist, dass normalerweise lediglich Alternativen zu bereits bekannten Genen, aber **keine völlig neuen Sequenzen** gefunden werden. Ein wesentlicher Vorteil dieser Vorgehensweise dagegen ist, dass Gene gefunden werden können, ohne dass der Donor die entsprechenden Gene transkribiert und translatiert haben muss, was wie oben beschrieben eine Voraussetzung für das funktionelle Expressionsscreening darstellt.

Alternativ zu PCR-basierten Screeningtechnologien können auch **Hybridisierungsmethoden** eingesetzt werden. Diese beruhen auf radioaktiv- oder fluoreszenzmarkierten Proben, die ähnlich wie PCR-Primer an spezifische Genbereiche binden, und Organismen oder Klone identifizieren, die das gewünschte Gen enthalten (Abb. 9.4).

9.4
Bioinformatik als neue zentrale Disziplin für das Screening

Es ist offensichtlich, dass die oben genannten Screening-Technologien zu einer Vielzahl von neuen Gensequenzen führen. Dazu kommt ein ständig und ungefähr exponentiell steigendes Inventar an Gensequenzen in der **Public Domain**, die von Forschern in der ganzen Welt aus Genom-Projekten oder einzelnen Analysen zur Verfügung gestellt wird (Abb. 9.5). Dieses Inventar muss Forschern und Patentexperten jederzeit und in aktueller Form zur Verfügung stehen. Die Situation wird zunehmend komplexer und stellt eine große Herausforderung an sowohl Soft- als auch Hardware, insbesondere mit Bezug auf **Rechenkapazitäten** dar. Genom-Projekte fügen in besonderem Maße neue Sequenzen hinzu. Mitte der 1990er

Jahre wurden die ersten prokaryotischen Genome publiziert, wie z. B. von *Haemophilus influenzae* 1995, *Methanococcus jannaschii* 1996 und *Bacillus subtilis* 1997. Später kamen eukaryontische Genome hinzu, z. B. von *Aspergillus nidulans* 1998; das Genom von *Arabidopsis thaliana* wurde im Jahr 2000 als erstes Pflanzengenom veröffentlicht. In der frühen Phase wurden Genome humanpathogener und gentechnologisch relevanter Organismen analysiert. Als Folge verbesserter Technologien, fallender Kosten und freier Kapazitäten folgten ökologisch (z. B. des Petroleum-abbauenden Bakteriums *Alcanivorax borkumensis 2003*, des Aromaten-abbauenden Isolates *EbN1*, 2005) und biotechnologisch bedeutsame Mikroben (z. B. *Bacillus licheniformis*, 2004). Der aktuelle Status etablierter und in der Sequenzierung befindlicher Genome kann über die Webseite des Institute for Genomic Research (TIGR) abgerufen werden: *http://www.tigr.org/*, s. Kap. 4.

Abbildung 9.5 gibt einen aktuellen Überblick über die Anzahl der Gensequenzen, die von Forschern weltweit in **öffentlichen Datenbanken** abgelegt werden, und zeigt den Bedarf an hochqualitativen bioinformatorischen Methoden auf. Die ständig steigende Menge an Information definiert einen Bedarf an Software, die Daten in anschaulicher Form finden und anbieten („*data retrival*"), Datensätze nach relevanten Informationen durchsuchen („*data mining*"), analysieren und untereinander und mit den eigenen, neuen Daten vergleichen kann („*data comparison*"). Noch komplexer ist die Situation für die **Darstellung von Stoffwechselwegen**, eine Voraussetzung zur Optimierung von Produktionsstämmen und für das *Pathway Engineering* z. B. zur Produktion von Feinchemikalien und Polymeren. DNA-, Array- und Proteom-Experimente liefern zusätzliche enorm umfangreiche Datensätze, die zur Interpretation der Genomdaten herangezogen werden: Welche Gene werden unter verschiedenen definierten Bedingungen transkribiert (Arrays) und sogar in aktive Proteine translatiert (Proteom)? Mit anderen Worten, Bioinformatik ist zu einer neuen und zentralen Disziplin, nämlich dem Datenmanagement und der Dateninterpretation geworden.

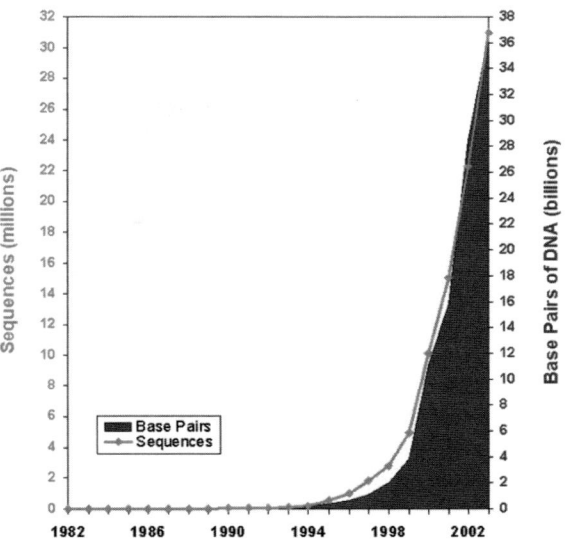

Growth of GenBank

Abb. 9.5. Anzahl der Gensequenzen, die bis 2004 in öffentliche Datenbanken eingetragen wurden. Daten wurden der Webseite des „National Center for Biotechnology Information" (NCBI) entnommen: *http://www.ncbi.nlm.nih.gov/Genbank/genbankstats.html*

Von zentraler Bedeutung für das Enzymscreening ist die **Identifikation Protein-codierender Regionen** und deren Vergleich mit anderen Gensequenzen, so dass Enzyme in Familien gruppiert werden können. Zusätzliche Verweise müssen alle anderen dazugehörenden Informationen, wie biochemische Daten, Verweise auf Primärliteratur, Reviews und Patente sowie Anwendungen verknüpfen. Diese Darstellung kann benutzt werden, um Genen mögliche Funktionen zuordnen zu können. Ein großer Teil der Gene aus Genomsequenzen kodiert für **heute noch nicht bekannte Funktionen** (die Y-Gene), aber selbst Gene, die eine geringe Homologie zu bekannten Proteinen aufweisen, zeigen nach Expression und Aufreinigung oft nicht die erwarteten biochemischen Eigenschaften. Die ultimative Zielsetzung ist es, Sequenz- und Enzymstrukturdaten in selbstlernenden Systemen mit den Anwendungsdaten zu verknüpfen, um Gene bereits vor Klonierung, Expression und Aufreinigung bioinformatorisch zu sortieren und zu qualifizieren.

9.4.1
Genom-Analysen komplementieren
die anderen Screening-Technologien

Die **Kombination** von Genom-Sequenzierungen, Bioinformatik, DNA-Array-Studien und Proteom-Analysen ist eine sehr gute Grundlage zur zielgerichteten Verbesserung von Produktionsstämmen und zur Herstellung neuer Produkte über Pathway- oder Metabolic-Engineering (s. Kap. 4, 5, 16). Dies wurde am Beispiel der Lysin-Produktion mit Hilfe des Bakteriums *Corynebacterium glutamicum* sehr anschaulich dargestellt (Onishi et al. 2002). Genom-Analysen sind jedoch nicht ideal, um zielgerichtet **spezifische Enzyme** zu finden, die in bestimmten Anwendungen definierten Anforderungen genügen müssen. Dafür ist, wie oben beschrieben, ein **funktionelles Screening** vorzuziehen. Im Moment sind die Kosten zur Genomsequenzierung zu hoch und die anfallenden Arbeiten, die nötig sind, um die Protein-codierenden Regionen zu identifizieren und die Gene zu annotieren, d. h. homologen Genen zuzuordnen, und die Rohdaten zu einer Genomkarte zu verbinden, zu aufwendig, um diese Technologie direkt für das Screening einzusetzen. Ein durchschnittliches bakterielles Genom enthält etwa 4 Mio. Basenpaare (4 MB), Hefen etwa 13 MB, filamentöse Pilze 30–40 MB. Von den 4100 Protein-codierenden Regionen (ORFs) in *Bacillus subtilis* ist wahrscheinlich nur ein kleiner Teil industriell relevant. Außerdem ist die Diversität der Mikroorganismen zu groß, um die Kosten für einen breiten Screening-Ansatz zu rechtfertigen, zumal unklar ist, ob die gefundenen Gene und die entsprechenden Proteine den Anforderungsprofilen einer bestimmten Anwendung überhaupt genügen.

Wie oben erwähnt, sind besonders **extrazelluläre Enzyme von industrieller Bedeutung** (s. Kap. 7). Es wird aufgrund der Genominformation und Proteomanalysen geschätzt, dass z. B. *Bacillus subtilis* 150–180 Proteine ins Medium sekretieren kann (Hirose et al. 2000), während die Anzahl der extrazellulären Proteine bei filamentösen Pilzen entsprechend des größeren Genoms bei etwa 200–400 liegen kann. Dies bedeutet, dass lediglich 2–5% der gesamten Protein-codierenden Region eines Genoms für die industrielle Anwendung von primärem Interesse sind.

Als Konsequenz werden **alternative Technologien und Strategien** entwickelt, um Genome nach sekretierten Proteinen zu scannen. Eine Option ist das *shotgun* („Schrotschuss"), also nicht-zielgerichtete Sequenzieren von cDNA-Bibliotheken (EST-Bibliotheken = *expressed sequence tags*) in Kombination mit der Identifikation von Signal-Sequenzen, die charakteristisch für Proteine sind, die in und durch Membranen transportiert werden (Sanchez et al. 2002).

Eine andere Methode stellt das „*Transposon assisted Signal Trapping*" dar (Becker et al. 2004). Hierzu wird eine prokaryotische Genombank oder eine eukaryotische cDNA-Bank mit einem speziell entwickelten mobilen Element oder Transposon behandelt. Dieses Transposon trägt seinerseits die Information für ein extrazelluläres Protein, nämlich die β-Lactamase, die bei Sekretion zu einem Ampicillin resistenten Phänotyp führt. In diesem Fall fehlt der β-Lactamase allerdings das ihr eigene Signal-Peptid, so dass das entsprechende Protein nicht sekretiert werden kann und damit nicht aktiv ist. Wird das Transposon nun zufällig in ein Gen inseriert, das für ein extrazelluläres Protein kodiert, also eine Signal-Sequenz hat, kann ein **Fusionsprotein** aus diesem Gen und der β-Lactamase, die nun sekretiert wird, gebildet werden. Dieser Vorgang resultiert in einem Ampicillin-resistenten Phänotyp aller Klone einer Genbank, die Gene für sekretierte Proteine und Peptide enthalten. Die entsprechenden Gene werden anschließend sequenziert und über bioinformatorische Methoden und Homologievergleiche identifiziert. Im Vergleich zum funktionellen Screening einer Genbank wird mit dieser Methode das gesamte, in der Genbank repräsentierte Genom nach extrazellulären Enzymen gescannt.

9.5
Abschließende Bemerkungen: Die Konvention zur Wahrung der Biodiversität

Wie oben ausführlich beschrieben ist die unerschöpfliche physiologische und taxonomische **Diversität** von Mikroorganismen in der Natur eine **Grundvoraussetzung, um neuartige Enzyme zu finden** und diese in ökologisch sinnvoller Weise in industrielle Prozesse einzusetzen. Entsprechend ist die Bewahrung dieser wunderbaren Vielfalt auch für nachfolgende Generationen von äußerst zentraler Bedeutung. Die Konvention der biologischen Vielfalt („*Convention of Biological Diversity*") reguliert den Zugang zu den natürlichen Ressourcen in den verschiedenen Ländern dieser Erde und sorgt dafür, dass die **Ursprungsländer** als Besitzer dieser Diversität an der Entwicklung und Vermarktung von Wertstoffen aus der Natur **teilhaben.** Dies wird durch Verträge zwischen Regierungen der Ursprungsländer und den Industriepartnern gesichert, die **vor dem Probennehmen** in den Ländern abgeschlossen werden müssen. Dieser wichtige Teil des Screenings konnte in diesem Kapitel nicht in würdigender Tiefe diskutiert werden. Der Leser sei hier zu genaueren Studien auf das Buch von A. Bull (2003) sowie auf die Homepage der „Convention of Biological Diversity" verwiesen (*http://www.biodiv.org*).

Literatur

Aehle W (ed) (2004) Enzymes in industry, 2nd ed. Wiley-VCH, Weinheim New York

Becker F, Schnorr K, Wilting R, Tolstrup N, Bendtsen JD, Olsen PB (2004) Development of in vitro transposon assisted signal sequence trapping and its use in screening Bacillus halodurans C125 and Sulfolobus solfataricus P2 gene libraries. J of Microbiol Methods 57:123–133

Bull AT (ed) (2004) Microbial diversity and bioprospecting. ASM Press

Gellissen G (ed) (2005) Production of recombinant proteins. Wiley-VCH, Weinheim New York

Hirose I, Sano K, Shioda I, Kumano M, Nakamura K, Yamane K (2000) Proteome analysis of Bacillus subtilis extracellular proteins: a two-dimensional protein electrophoretic study. Microbiology-UK 146:65–75

Ohnishi J, Mitsuhashi S, Hayashi M, Ando S, Yokoi H, Ochiai K, Ikeda M (2002) A novel methodology employing Corynebacterium glutamicum genome information to generate a new L-lysine-producing mutant. Applied Microbiology and Biotechnology 58:217–223

Rabus R, Kube M, Heider J, Beck A, Heitmann K, Widdel F, Reinhardt R (2004) The genome sequence of an anaerobic aromatic-degrading denitrifying bacterium, strain EbN1. Arch Microbiol 183:27–36

Sambrock J, Russel DW (2001) Molecular Cloning, 3rd edn. Cold Spring Harbour Laboratory Press Sanchez DO, Zandomeni RO, Cravero S et al (2001) Gene discovery through genomic sequencing of Brucella abortus. Infection and Immunity 69:865–868

The Application of Biotechnology to Industrial Sustainability. (2001) OECD Publications. ISBN 92-64-19546-7

10 Metagenomics

G. Meurer, P. Lorenz

10.1
Metagenom – eine Definition

Der im mikrobiologischen Kontext verwendete Begriff „Metagenom" bezeichnet die **Gesamtheit der genetischen Information aller Mikroorganismen** (Bakterien, Pilze und Archaea) eines Habitats zu einem gegebenen **Zeitpunkt** (Handelsman et al. 1998). Ziel der Metagenomforschung („Metagenomics", d. h. der Anwendung der Werkzeuge und Konzepte der Genomforschung auf Konsortien nicht-kultivierter Mikroorganismen, Handelsman 2004) ist die möglichst **vollständige Abbildung** dieser genetischen Information in Form von rekombinanten „**Metagenombanken**" und darauf aufbauend die wissenschaftliche Beschreibung und das Verständnis bzw. die biotechnologische Nutzung der so zugänglich gemachten mikrobiellen Diversität.

Die Metagenomforschung kann auf eine etwa 20-jährige Tradition zurück blicken, obwohl der Begriff so erst 1998 geprägt wurde (Handelsman et al. 1998). Getragen von taxonomischen und evolutionsbiologischen Studien zur mikrobiellen Diversität verschiedenster Habitate (s. Kap. 10.2) entwickelte sich in den letzten Jahren zunehmend und mit großem Erfolg ein biotechnologischer und damit anwendungsorientierter Aspekt der Metagenomforschung (s. Kap. 10.3) (z. B. Streit u. Schmitz 2004). Andererseits wird es durch verbesserte Technologien nunmehr möglich, ganze Genome bislang nicht kultivierter Mikroorganismen eines Habitats aus in Metagenombanken abgelegten DNA-Fragmenten *in silico* zu rekonstruieren und somit Informationen über deren **Enzymausstattung**, also die biosynthetischen wie katabolischen Kompetenzen zu erhalten, um darauf aufbauend Rückschlüsse auf die Funktion dieser Organismen im ökologischen Verband dieses Habitats zu ziehen.

10.2
Metagenom – die wissenschaftliche Perspektive

10.2.1
Mikroorganismen als prädominante Lebensform

Prokaryotische Mikroorganismen sind für das Leben auf der Erde von zentraler Bedeutung. Sie waren vor ca. 3,5 Mrd. Jahren ihre ersten Bewohner und aus ihnen sind, nach der Endosymbionten-Theorie, mit hoher Wahrscheinlichkeit alle Eukaryoten und damit der „sichtbare" Teil unserer Biosphäre hervorgegangen. Die ältesten, detektierbaren zellulären Lebensformen waren wohl autotrophe Bakterien, die ihre Stoffwechselenergie aus der Oxidation anorganischer Substrate (H_2, Fe^{2+} oder H_2S) und der Reduktion von Elektronenakzeptoren wie etwa CO_2, S, SO_4^{2-} oder NO_3^- bezogen. Zu diesen **lithotrophen Bakterien** kamen später **phototrophe Mikroorganismen**, die Licht als Energiequelle für die Fixierung von CO_2 und den Aufbau komplexer organischer Verbindungen nutzen konnten, und schließlich Organismen, die dies mit der photolytischen Spaltung von H_2O koppeln und mit der Freisetzung von molekularem Sauerstoff die Grundlage für alles höhere Leben legen konnten. Erst hiermit war die Grundlage für die verschiedensten organotrophen Nahrungsketten, bis hin zu den makroskopischen Eukaryoten, den Tieren und dem Menschen, gelegt. Bis zum heutigen Tage ist die Existenz höherer Lebewesen von der Aktivität einer Vielzahl prokaryotischer Mikroorganismen direkt beeinflusst. Beispielsweise ist ein gesunder menschlicher Körper mit 10- bis 100-mal mehr Bakterienzellen besiedelt als er eigene Zellen enthält. Prokaryoten dominieren auf unserem Planeten nicht nur hinsichtlich ihrer Zellzahl (total ca. 10^{30}) sondern nach neuesten Schätzungen machen sie auch mehr als die Hälfte der auf der Erde vorkommenden Biomasse aus (Whitman et al. 1998).

10.2.2
Mikrobielle Diversität und das Problem der Kultivierbarkeit

Der evolutive Vorsprung prokaryotischen Lebens unter den harschen Bedingungen der Erdfrühzeit hat zu einer unvergleichlichen **physiologischen wie biochemischen Diversifizierung** geführt, deren tatsächliches Ausmaß erst in den letzten Jahren mit der Entdeckung mikrobieller Lebensformen unter den verschiedensten, auch extremen Umweltbedingungen klar zu werden beginnt. So existiert mikrobielles Leben bei Temperaturen bis zu $113\,°C$ (Blochl et al. 1997), in gesättigten Salzlösungen (Litchfield 1998), pH-Werten nahe Null (Schleper et al. 1995) und selbst in massivem Felsgestein (Furnes et al. 2004) (s. Kap. 1). Spekulationen über extraterrestrisches Leben erhalten durch diese Erkenntnisse neue Nahrung bzw. werden überhaupt erst denkbar (Litchfield 1998; Chyba u. Hand 2001), da man erkennt, dass scheinbar lebensfeindlichen, extraterrestrischen Habitaten ähnelnde Lebensräume auf der Erde sehr wohl erfolgreich mikrobiell besiedelt werden.

Es wurde lange Zeit angenommen, dass der Hauptteil der Biodiversität innerhalb der Eukaryoten zu finden sei. Ausdruck findet diese Annahme in über 1,33 Mio. beschriebenen, eukaryotischen Spezies (71% davon Insektenarten), verglichen mit nur ca. 4500 charakterisierten bakteriellen und archaealen Arten (Torsvik et al. 2002, Heywood 1995). Diese Diskrepanz ist primär historisch begründbar, da lange Zeit das Instrumentarium und die Methoden zur phänotypischen Differenzierung von Morphologie, Biochemie und Physiologie mikroskopischer Organismen fehlten und molekulargenetische Marker und Analysemethoden noch unbekannt waren. Schon früh gab es jedoch Hinweise, dass ein substantieller Anteil der mikrobiellen Flora mit gängigen Kultivierungsmethoden nicht darstellbar oder untersuchbar ist. Oftmals konnte in entsprechenden Experimenten weniger als eine Zelle unter 1000 auf Nährmedium eine Kolonie ausbilden (je nach Umweltprobe typischerweise zwischen 0,001% und 15%; Wagner et al. 1993), ein Umstand, der von Staley u. Konopka (1985) zutreffend als *„the great plate count anomaly"* beschrieben wurde.

Typische Schüttelkolben- oder Festphasen-Kultivierungsansätze scheitern in der überwiegenden Zahl der Fälle am **Konzept der „Reinkultur"**, das die Komplexität der Lebensbedingungen, differierende Proliferationsraten oder mögliche speziesübergreifende Interaktionen und Symbiosen nicht ausreichend berücksichtigt. Dass **mikrobielle Konsortien** aller Art, also Vergesellschaftungen verschiedener Spezies, der normalen Lebensweise sehr vieler Prokaryoten am nächsten kommen (Hall-Stoodley et al. 2004) und dass die Physiologie der z. B. in einem Biofilm co-existierenden, mikrobiellen Zellen sich stark von derjenigen planktonisch lebender Zellen der gleichen Spezies unterscheidet (z. B. Welin et al. 2004) belegt die Insuffizienz der klassischen Kultivierungsmethoden. Neue Konzepte der mikrobiellen Kultivierung versuchen daher, diese Nachteile durch weitgehendes **Nachstellen der natürlichen Bedingungen** bzw. durch Mikrokompartimentierung zu umgehen (Kaeberlein et al. 2002, Zengler et al. 2002).

10.2.3
Molekulargenetische Diversitätsanalyse

Unser heutiges Verständnis von der Entwicklungsgeschichte des Lebens und der ungeheuren mikrobiellen Diversität auf diesem Planeten basiert im Wesentlichen auf Pionierleistungen aus den späten 1970er und 1980er Jahren: Die Entwicklung der *In-vitro*-**Amplifikation von DNA** mittels Polymerasekettenreaktion (PCR) durch Mullis und Mitarbeiter (Saiki et al. 1985) wurde in der Gruppe von Norman Pace genutzt (Olson et al. 1986), um das von Carl Woese (Woese 1987) eingeführte Konzept der molekularen Taxonomie zur Identifizierung nicht-kultivierter Prokaryoten mit Hilfe ribosomaler (r)RNA-Gensequenzen als mikrobiologische Routine zu etablieren (s. Kap. 1). Torsvik und Mitarbeiter (1980) andererseits publizierten erstmals die direkte Isolation (meta-) genomischer DNA aus Umweltproben. Diese Arbeiten bilden den Ausgangspunkt der Metagenomforschung und haben maßgeblich da-

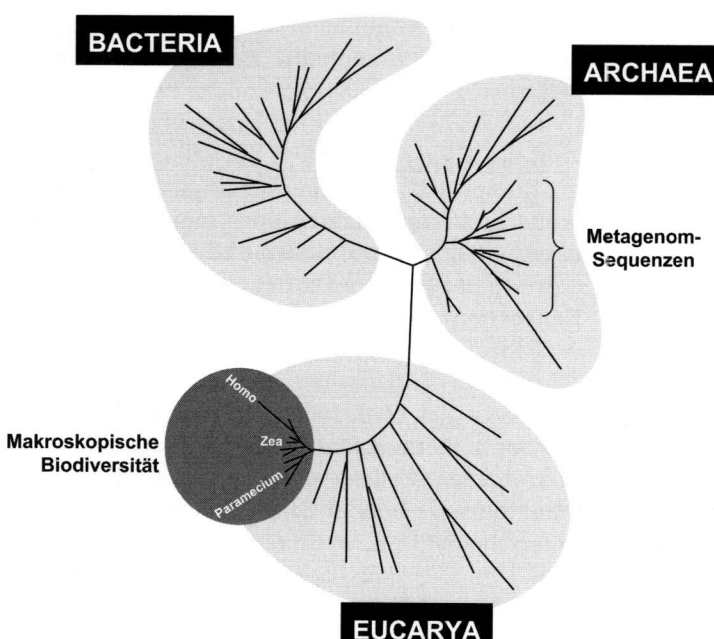

Abb. 10.1. Phylogenetische Darstellung der drei Reiche des Lebens als ungegründeter, relationaler Vergleich ribosomaler DNA-Sequenzen. Die Länge der Verzweigungslinien ist ein Maß für die verwandtschaftliche Distanz zweier Spezies, die jeweils durch die Endpunkte der Linien symbolisiert werden. Am Beispiel der Archaea ist gezeigt, dass ganze taxonomische Gruppen nur durch Einbeziehen der nicht-kultivierbaren Organismen erfasst werden können

zu beigetragen, zu zeigen, dass die **phylogenetische Vielfalt der Prokaryoten** in Form der Archaea und Bacteria insgesamt sehr viel größer ist als die der Eukaryoten (Woese et al. 1990; Abb. 10.1). Schätzungen bezüglich der **Gesamtzahl an existierenden Prokaryotenspezies** gehen heute von 1,5–14 Mio. aus (Palleroni 1997). Wie molekulare Diversitätsanalysen metagenomischer DNA wiederholt zeigen konnten, existieren ganze taxonomische Gruppen und Phyla innerhalb der bakteriellen oder archaealen Domänen, von deren Existenz man zuvor nicht die geringste Ahnung hatte, da es keine kultivierbaren Vertreter dieser Gruppen gibt (Hugenholtz et al. 1998). Mehr noch wurde durch diese Studien evident, dass diese „neuen" phylogenetischen Linien weit verbreitet und offenbar **abundanter Teil der mikrobiellen Populationen** sind (Hugenholtz et al. 1998, DeLong 1998). Die Erforschung der mikrobiellen Beziehungsgeflechte auf genetischer Ebene ist daher auch nach 20 Jahren Forschung einer der wichtigsten Aspekte der heutigen Metagenomforschung („**Environmental Genomics**"), in jüngster Zeit getrieben durch Einbeziehung verschiedener

Genomzentren, deren enorme Sequenzier- und Rechenkapazität genutzt werden soll, um ganze Genome nicht-kultivierter Mikroorganismen aus riesigen Genbanken fragmentierter, metagenomischer DNA *in silico* zu rekonstruieren (Venter et al. 2004, Tyson et al. 2004).

Bis heute ist die **Analyse von rRNA-Sequenzen**, bzw. der ihnen zugrunde liegenden Gene (im Wesentlichen 16S- und 18S-rDNA) das bevorzugte Werkzeug zur molekularen Diversitätsanalyse geblieben. Sie beruht auf der Beobachtung, dass rRNA wegen ihrer essentiellen zellbiologischen Funktion im Ribosom ubiquitär verbreitet ist und neben hochkonservierten auch variable, speziesspezifische Bereiche enthält, die eine eindeutige Zuordnung und somit Identifizierung mikrobieller 16S-/18S-rRNA-Typen (Phylotypen) erlaubt. Mathematische Algorithmen ermöglichen daneben durch vergleichende Sequenzanalysen der rDNA-Moleküle die Ermittlung von Verwandtschaftsverhältnissen und Aufstellung **molekularer und evolutiver Stammbäume** (Woese 1987). Nicht nur durch die Sequenzanalyse nach PCR-vermittelter Amplifikation ist ribosomale

DNA zur Darstellung mikrobieller Diversität prädestiniert. Ihr funktionelles Genprodukt, die rRNA, ist aufgrund ihrer vieltausendfachen Präsenz als strukturelles Element in den Ribosomen jeder Zelle in der Lage, mit sequenzkomplementären, fluoreszenzmarkierten DNA-Sonden zu hybridisieren und dabei ein ausreichend starkes Signal zu erzeugen, um einzelne Zellen in ihrem natürlichen Lebensraum sichtbar zu machen.

Die *Fluoreszenz-in-situ-Hybridisierung* (FISH, Amann et al. 1990) ermöglicht es, die tatsächliche Dichte einer mikrobiellen Zielgruppe in den verschiedensten Habitaten quantitativ zu bestimmen. Damit kann eine Abschätzung vorgenommen werden, welchen prozentualen Anteil die DNA der Zielgruppe am Metagenom des Habitats hat. **FISH** setzt kurze oligomere DNA-Signatursequenzen als **Sonden** ein, die mit fluoreszierenden Farbstoffen markiert werden und nicht mit der genomischen DNA hybridisieren, sondern an die Ribosomen der Zelle binden. Dadurch wird ein Verstärkungsfaktor von bis zu 50 000fach erreicht. Es lassen sich sowohl für ganze Domänen (Bacteria, Archaea) als auch für Unterklassen (z. B. der Proteobakterien) und sogar gattungs- und artspezifische Sonden entwickeln und einzeln oder in Kombination einsetzen, so dass relativ differenzierte Abbilder mikrobieller Diversität möglich werden.

10.3
Metagenom – die industrielle Perspektive

Die **Nutzung mikrobieller Prozesse durch den Menschen**, beispielsweise bei der Herstellung von Brauereierzeugnissen und Backwaren oder bei der Gerbung von Tierhäuten, hat eine Jahrtausende alte Tradition und war anfänglich nur durch das zufällige, weil ubiquitäre, Vorhandensein entsprechender Mikroorganismen möglich. Durch das Verständnis der Zusammenhänge wurden die Verfahren im Laufe der Zeit immer gezielter einsetzbar, bis in heutiger Zeit nicht nur die jeweiligen Mikroben bekannt, sondern auch deren zugrunde liegenden Stoffwechselleistungen aufgeklärt werden konnten. Konsequenterweise werden heute vielfach die molekularen Komponenten in modernen Herstellungsverfahren, z. B. der Nahrungs- und Futtermittelindustrie oder der Zellstoff- und Papierherstellung, statt der Mikroorganismen eingesetzt (Schäfer et al. 2002). Auch in der Synthese organisch-chemischer Verbindungen in der pharmazeutischen und chemischen Industrie werden zunehmend die **Vorteile von Enzymen** gegenüber chemischen Katalysatoren im Hinblick auf Effizienz und Spezifität der katalysierten Reaktion erkannt (Schmid et al. 2002, Schoemaker et al. 2003). Mit Blick auf die Ergebnisse der molekulargenetischen Diversitätsanalyse (Kap. 10.4.2) bleibt aber festzustellen, dass trotz der auch heute bereits großen Kenntnis mikrobieller Enzyme und biosynthetischer Stoffwechselwege das **Gesamtpotential dieser Ressource** für biotechnologische Anwendungen **nicht annähernd bekannt** und damit auch nicht nutzbar ist.

Mit Erschließung dieses Potentials an Enzymen einerseits sowie ganzen Stoffwechselwegen andererseits tritt die Metagenom-Forschung in die biotechnologische bzw. anwendungstechnische Phase der „Funktionellen Metagenomforschung" ein. Die Stoffwechselfähigkeiten der *Acidobacteria* beispielsweise, die als neues Phylum nur durch 16S-rDNA-Analysen definiert werden konnten (Hugenholtz et al. 1998, Barns et al. 1999), deren Vertreter aber in verschiedensten Habitaten abundant, z. T. dominant (Kuske et al. 1997) vertreten sind und damit wichtige Funktionen im Stoffkreislauf dieser Habitate zu erfüllen haben, werden auf diese Weise erstmals für gezielte biotechnologische Fragestellungen zugänglich (Treusch et al. 2004). Die **möglichen Anwendungsbereiche** reichen dabei von Enzymen mit neuartigen Eigenschaften als Zusätze in Waschmitteln (s. Abb. 10.4) für die Nahrungs- und Futtermittelproduktion oder die Herstellung von Feinchemikalien und Pharmazeutika bis hin zu kompletten Stoffwechselwegen für den Abbau von Umweltproblemstoffen oder zur Biosynthese neuer Wirkstoffe und Bioaktiva. Innerhalb der betroffenen Industrien wird das Potential der enormen, gegenwärtig brachliegenden molekularen Ressourcen natürlicher Biodiversität zunehmend erkannt und die Bestrebungen verstärken sich, diese zu erschließen (Breves et al. 2003, Gray et al. 2003, Lorenz et al. 2002). Ein spezifisches Problem der industriellen Biotechnologie – das durch Patente sicherbare Recht zur **exklusiven kommerziellen Nutzung** z. B. bestimmter Enzyme und zum Verbieten einer Anwendung durch Dritte (d. h. Konkurrenten) hat häufig zur Folge, dass bestimmte Enzym- oder Gensequenzen für kommerzielle Anwendungen nicht mehr zur Verfügung stehen. Hier liegt eine der Stärken des Metagenomansatzes, indem neuartige Enzyme und Gene außerhalb vorhandener Patentansprüche aus der Vielzahl nicht-kultivierbarer Mikroorganismen für bestehende Anwendungen bereitgestellt werden können (Breves et al. 2003, Maurer 2004). Es besteht die begründete Hoffnung, dass aufbauend auf der durch den Metagenomansatz erschließbaren, enorm erweiterten Biodiversität und nicht in Kombination mit den Methoden der *In-vitro*-Evolution, für die meisten interessierenden technischen Prozesse ideale Biokatalysatoren gefunden bzw. dargestellt werden können (Burton et al. 2002).

10.4
Metagenom – eine praktische Perspektive

10.4.1
Genetische Erschließung nicht-kultivierter Biodiversität

Die molekulargenetischen Mittel, deren sich die biotechnologisch orientierte Metagenomforschung bedient, basieren auf Ansätzen der klassischen Genomanalyse, die aber technisch in erheblichem Maße weiterentwickelt werden mussten und nach wie vor, je nach untersuchtem Habitat, einer Anpassung/Variation des Methodenportfolios bedürfen. Basis ist die Erfassung des genetischen Potentials eines Habitates in Form so genannter Metagenombanken, d. h. Sammlungen genetisch rekombinanter Wirtsorganismen (primär *E. coli*), die klonierte DNA aus der Umwelt (also von nicht-kultivierten Mikroorganismen) enthalten. In der Literatur wird solche DNA auch als *„environmental DNA"* (eDNA) und eine daraus resultierende Genbank als *„environmental library"* bezeichnet

(Brady et al. 2001). Will man ein Metagenom vollständig genetisch abbilden, steht man jedoch zu aller erst vor einem statistischen Problem: eine diesen Ansprüchen genügende Metagenombank muss einen **enormen Umfang** haben.

Es wird heute allgemein davon ausgegangen, dass sich z. B. in einer Bodenprobe etwa 5000 bis 10000 verschiedene mikrobielle Spezies befinden können (Torsvik et al. 2002). Kalkuliert man mit einer durchschnittlichen Genomgröße pro Spezies von etwa 4 000 000 Basenpaaren (4 Mb), so muss eine vollständige Metagenombank mindestens 20 Gigabasen an genetischer Information umfassen. Um diese statistisch vollständige Abdeckung der Diversität zu erreichen (99%) wird, entsprechend einer Formel von Clarke u. Carbon (1976) modifiziert durch Gabor et al. (2003), die erforderliche Bankengröße wie folgt kalkuliert:

$$N = \frac{\ln(1 - P)}{\ln[1 - (I - X/n \cdot G)]}$$

Dabei ist **N** die Zahl der notwendigen Klone, um mit der Wahrscheinlichkeit **P** (hier also 0,99, d. h. 99 %) ein Gen der Größe **X** (hier 1 kb) in einer Genbank mit einer durchschnittlichen Insertgröße **I** wiederzufinden, wenn **n** Genome einer Größe **G** im Metagenom repräsentiert sind. Idealisierend vorausgesetzt wird hierbei die gleiche Häufigkeit aller Organismen im Metagenom.

Was dies für die Größe einer entsprechenden Metagenombank in Bezug auf **tatsächliche Klonzahlen N** bedeutet, ist einerseits natürlich von der Fähigkeit abhängig, entsprechend voluminöse Banken erstellen zu können (dazu mehr im nächsten Abschnitt), andererseits von der Insertkapazität der zur Herstellung der Banken verwendeten Vektoren. Grundsätzlich finden **Plasmidvektoren** mit Kapazität bis ca. 15 000 Basenpaaren (bp), **Cosmid-** und **Fosmidvektoren** mit Kapazitäten bis ca. 45 000 bp und schließlich **BAC-** und **PAC-Vektoren** mit Kapazitäten von bis zu 300 000 bp im Bereich Metagenomics Anwendung. Tabelle 10.1 gibt hierzu eine Übersicht und zeigt insbesondere, wie die Insertkapazität verschiedener

Tabelle 10.1. Theoretische Klonzahlen von Metagenombanken-Vergleich von Insertkapazität verschiedener Vektorsysteme und notwendiger Klonzahl einer Genbank zur 99%igen Abbildung des Metagenoms einer Umweltprobe mit 5000 unterschiedlichen mikrobiellen Genomen von durchschnittlich 4 Mb Größe

Vektorsystem	Durchschnittliche Insertkapazität	Theoretische Klonzahl einer Metagenombank (99% Abbildung)
pUC18 (Plasmid)	7 000 bp	15 349 998
pExpand-I (Cosmid)	12 000 bp	8 192 725
pExpand-III (Cosmid)	30 000 bp	3 107 584
pEpiFOS (Fosmid)	40 000 bp	2 310 767
pIndigoBAC (BAC)	150 000 bp	604 830

Vektorsysteme die theoretische Klonzahl der zu erstellenden Metagenombanken beeinflusst.

Neben dieser, eher statistischen Betrachtung, sind es vor allem die notwendigen Verfahren zur Isolierung verwertbarer, d. h. **klonierbarer Metagenom-DNA**, die den Biotechnologen immer wieder vor neue Herausforderungen stellen. Die Methodik der **direkten Klonierung** von Metagenom-DNA wurde erstmals von Pace und Mitarbeitern (1991) publiziert. Sie isolierten Gesamt-DNA aus marinem Plankton, klonierten diese in einen λ-Vektor und erzeugten damit eine Metagenombank in *Escherichia coli* als Wirtsorganismus, um darin nach neuen rRNA-Genen zu suchen. Sie konnten auf diese Weise schon früh das Potential dieser Strategie zur Isolierung genetischer Marker aus nicht-kultivierten Mikroorganismen aufzeigen. Seither haben sich viele Studien mit der Etablierung von Methoden zur Extraktion von Metagenom-DNA aus den verschiedensten Habitaten beschäftigt (Krsek et al. 1999, Tsai und Rochelle 2001). Zwei Aspekte sind in diesem Zusammenhang entscheidend: einerseits ist es notwendig, DNA in ausreichender Menge und Fragmentgröße zu isolieren und andererseits diese in klonierbarer Form, d. h. frei von Inhibitoren darzustellen (s. u.).

In-situ-Extraktion von Metagenom-DNA

Extraktionsmethoden für metagenomische DNA aus matrix-reichen Habitaten (z. B. Böden, Sedimente) kann man zwei verschiedenen Kategorien zuordnen – je nachdem ob die in diesen Habitatproben befindlichen Mikroorganismen **direkt** (*in situ*, also noch im Probenkontext) oder erst nach mechanischer Ablösung vom Probenmaterial und Gewinnung einer mikrobiellen Fraktion (also **indirekt**) zur Lyse gebracht werden. Methoden der *In-situ*-Lyse (Ogram et al. 1987, Zhou et al. 1996, Abb. 10.2, Typ 1) liefern relativ unproblematisch verhältnismäßig hohe Ausbeuten (DNA-Mengen pro Gramm Substrat bis in den hohen zweistelligen Mikrogrammbereich; Gabor et al. 2003) an kleineren DNA-Fragmenten für eine direkte PCR-Amplifikation bzw. zur Erstellung von Plasmid- bis Cosmid-Banken. Sie werden dann bevorzugt eingesetzt, wenn

- die gesuchten Zielgene/Gencluster so klein sind, dass sie mit einer akzeptablen Wahrscheinlichkeit in Gänze auf DNA-Fragmenten der mit diesen Methoden darstellbaren Größe Platz finden,
- die Banken im Rahmen einer aktivitätsbasierten Screeningkampagne, z. B. durch Expression metagenomischer Enzymgene (Kap. 10.4.2) über vektorbasierte Promotoren, ausgewertet werden sollen.

Die **direkten Extraktionsverfahren** haben jedoch zwei möglicherweise **gravierende Nachteile**. Der eine ist der z.T. enorme Anteil co-extrahierter eukaryotischer DNA (aus Pflanzen, Protozoen, Pilzen), die aufgrund ihrer Exon-Intron-Genstruktur in bakteriellen Wirten wie *E. coli* in der Regel nicht effizient exprimiert werden kann und somit den produktiv screenbaren Anteil einer Metagenombank drastisch verkleinert. Der andere ist die im Vergleich zur indirekt extrahierten Metagenom-DNA (s. unten) z.T. massive Koextraktion von Inhibitoren aus dem Substrat, die zu einer Verschlechterung der Klonierbarkeit der DNA führt (Gabor et al. 2003). Technisch beruhen die direkten Extraktionsverfahren im Wesentlichen

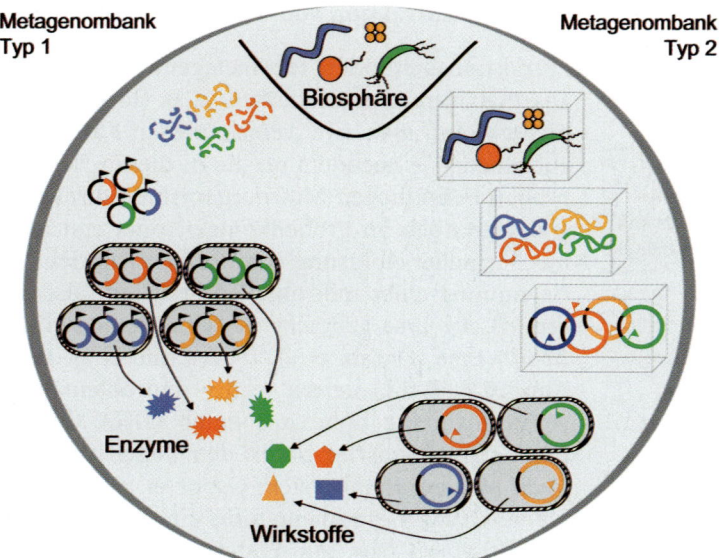

Abb. 10.2. Vergleichende Darstellung der zwei prinzipiellen Isolierungsverfahren (direkte *In-situ*-Zelllyse bzw. indirekte Lyse nach Gewinnung einer bakteriellen Fraktion) zur Darstellung metagenomischer DNA aus Umweltproben

auf einer harschen Anwendung mechanischer Scherkräfte und chemischer oder enzymatischer Lyse mikrobieller Zellwände, gefolgt von gängigen Aufreinigungsschritten für genomische DNA. Mittlerweile werden für diese Art der Metagenom-DNA-Gewinnung bereits kommerziell erhältliche Reagenzien und Komponenten (z. B. FastPrep® for soil von Qbiogene, Heidelberg) angeboten. Ein Charakteristikum dieser Methoden ist die Isolierung genomischer DNA ohne experimentelle Bevorzugung leicht lysierbarer Mikroorganismengruppen. **Die genetische Repräsentation einzelner Spezies** im Metagenom-Pool ist daher allein abhängig von der **jeweiligen Abundanz** im beprobten Habitat. Während also große Teile der genomischen Information häufiger Spezies in einer solchen Bank abgebildet sein werden (vgl. Venter et al. 2004, Tyson et al. 2004), sind Genome seltenerer Spezies nur rudimentär vorhanden und damit unterrepräsentiert. Um hier eine gleichmäßigere Abbildung aller Spezies eines Habitats in einer Metagenombank zu gewährleisten, sind Methoden der **Abreicherung** von genomischer DNA dominanter Spezies anwendbar. Diese beruhen im Wesentlichen auf Techniken wie der **subtraktiven Hybridisierung,** die ursprünglich für die Klo-

nierung seltener cDNAs aus eukaryotischen Zellen entwickelt worden waren und basieren auf der rascheren Reassoziierung abundanter DNA-Moleküle nach thermischer Denaturierung und der Möglichkeit, einzelsträngige von doppelsträngiger DNA zu trennen.

Isolierung von Metagenom-DNA aus mikrobiellen Fraktionen

Von der *In-situ*-Lyse zu unterscheiden sind Methoden des zweiten Typs, die auf die schonende Erzeugung möglichst großer Metagenom-DNA-Fragmente und deren Ablage in Fosmid und BAC-/PAC-Banken abzielen (Abb. 10.2, Typ 2). Methoden dieser Kategorie finden Anwendung, wenn die Erfassung ganzer Gencluster Ziel der Bankenerstellung ist und daher möglichst große zusammenhängende Genomfragmente z. B. für die Sequenzieransätze der Umweltgenomik (s. II.A.4) kloniert werden sollen. Diese Methoden lehnen sich eng an Protokolle zur Erstellung von BAC-Banken an (z. B. Shizuya et al. 1992, Cai et al. 1995), die im Zuge verschiedener Genom-Sequenzierungsaktivitäten entwickelt wurden. Anders als bei der *In-situ*-Lyse wird in diesen Fällen zunächst eine **mikrobielle Fraktion intakter Zellen** aus der Umweltprobe isoliert (Torsvik 1980, Berry et al. 2003). Dies geschieht im Wesentlichen durch mechanische Zerkleinerung vorhandener Substrate, evtl. verbunden mit chemischer bzw. enzymatischer Behandlung zur verbesserten Ablösung der Mikroorganismen von Partikeln und Matrizes (Böckelmann et al. 2003). Eine nachfolgende, **differentielle Zentrifugation** liefert schließlich die gewünschte, mikrobielle Fraktion. Die Organismen können anschließend zur weiteren Behandlung in eine künstliche Gelmatrix eingebettet werden (Verwendung von Agarose-Würfeln „*plugs*" oder -Kugeln „*microbeads*"), bevor mit der Prozedur der Zelllyse begonnen wird (Quaiser et al. 2002). Hierdurch wird die nach Zelllyse freiwerdende DNA direkt in einer **dreidimensionalen Matrix** stabilisiert und damit Strangbrüchen vorgebeugt, wie sie bei Manipulation von genomischer DNA in Flüssigkeit durch Scherkräfte auftreten. Konsequenterweise erfolgen alle weiteren Schritte, also Isolierung, Aufreinigung, enzymatische Manipulationen bis hin zur Klonierung in entsprechende Vektoren in der Matrix. Mit Hilfe dieser Technik lässt sich Metagenom-DNA bis in den Megabasen-Bereich darstellen (Abb. 10.3 a).

Entfernung inhibitorischer Verunreinigungen

Bodenproben gehören, wegen der hier anzutreffenden enormen Biodiversität und des hohen Gehalts an Biomasse, zu den attraktivsten Habitaten für Metagenomanalysen. Allerdings stellt die Isolierung klonierbarer Metagenom-DNA aus Boden- und auch Sedimentproben jeden Praktiker vor besondere Herausforderungen. Dies liegt an den in diesen Habitaten besonders häufigen **organischen Matrixstoffen**, die Metallionen komplexieren und mit DNA und Proteinen interagieren können. Auf diese Weise werden enzymatische Manipulationen der DNA, z. B. Restriktionsverdau oder Amplifikation, gehemmt. So ist es ein häufiges Phänomen, dass Präparationen insbesondere *in situ* isolierter metagenomischer DNA aus Boden z. B. vor einer PCR-Amplifikation stark verdünnt werden müssen, bevor Produkte erzeugt werden können, da die Konzentration vorhandener Polymeraseinhibitoren sonst zu hoch ist. Zu den wichtigsten Inhibitoren zählen insbesondere **Polyphenole**, wie etwa Humin- (Abb. 10.3 b) und Fulvinsäuren (Zhou et al. 1996, Krsek u. Wellington 1999, Miller 2001) als Abbauprodukte pflanzlicher Zellwände. Zu ihrer **Abreicherung** werden vielfach CTAB (Cetyltrimethylammoniumbromid) bzw. PVP (lösliches Polyvinylpyrrolidon)

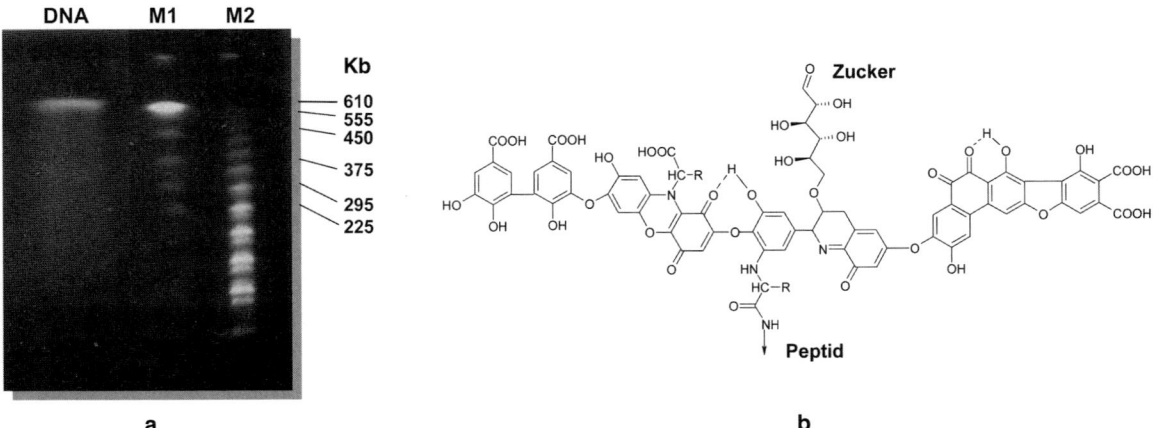

a b

Abb. 10.3. a Pulsfeld-gelelektrophoretische (PFGE-) Auftrennung einer nach Typ 2 isolierten Metagenom-DNA-Probe. Verglichen mit zwei DNA-Markern (M1, M2) besitzt die präparierte DNA überwiegend eine Größe von ca. 600 kb. **b** Standardisierte Struktur einer Huminsäure-Moleküleinheit

eingesetzt (z. B. Zhou et al. 1996, Berthelet et al. 1996), die mit Humin- und Fulvinsäuren interagieren und diese ausfällen oder aus einer Assoziation mit DNA verdrängen. Wird PVP beispielsweise bei der elektrophoretischen Größentrennung der Metagenom-DNA einem Agarosegel zugesetzt, werden Huminsäuren in ihrem Laufverhalten gegenüber der DNA retardiert und somit effizient abgetrennt. Allerdings muss die so behandelte DNA in einem weiteren Schritt wiederum von PVP abgetrennt werden, was meist durch eine zweite Gelelektrophorese erreicht wird. Quaiser et al. (2004) haben daher Verfahren entwickelt, die beide Reinigungsschritte und somit Größenselektion und Abreicherung von Hemmstoffen durch Einsatz eines **zweiphasigen Agarosegels** oder einer kombinierten Gelfiltrations- und Affinitätschromatographie miteinander verbinden.

Herstellung von Genbanken aus Metagenom-DNA

Als Metagenombanken im eigentlichen Sinne werden solche Genbanken bezeichnet, die klonierte DNA aus Umweltproben bzw. nicht-kultivierten Mikroorganismen enthalten, welche direkt gewonnen wurde. Dies schließt somit die „einfache" Klonierung von PCR-Amplifikaten aus metagenomischer DNA aus. Diese Festlegung erscheint aus zweierlei Hinsicht sinnvoll. Einerseits sollen Metagenombanken das Metagenom, also die kumulierten Genome aller Organismen eines Standortes zu einem gegebenen Zeitpunkt möglichst vollständig erfassen (s. Kap. 10.1) und zweitens stellt eine Direktklonierung von Umwelt-DNA auch die höchsten technischen Ansprüche an die Reinigungs- und Klonierverfahren (Daniel 2001). Hierbei ist es wichtig zu betonen, dass es für die Gewinnung neuer Enzymgene aus Metagenom meistens ausreicht, Banken von vergleichsweise geringem Umfang zu erzeugen und zu screenen (wesentlich kleiner als in Tabelle 10.1 aufgeführt), da der Anteil unbekannter Organismen und Gene in der Regel (noch) sehr hoch ist. Die Herstellung vollumfänglicher **Metagenombanken komplexer**

Biotope ist dahingegen ein eher seltenes und akademisches Unterfangen (Venter et al. 2004), insbesondere wenn die zur Verfügung stehenden Mengen an Biomasse limitierend sind. Um diese Beschränkung zu umgehen, könnte allerdings die Anwendung von Methoden der **unspezifischen Genomamplifikation** (GenomiPhi®, Amersham, Freiburg) mittels Zufallsprimern und der DNA-Polymerase des Phagen Phi29 eine interessante Strategie darstellen (Detter et al. 2002).

Die Anlage von Genbanken aus Metagenom-DNA unterscheidet sich konzeptionell nicht von derjenigen aus genomischer DNA kultivierter Mikroorganismen. Abhängig von der beabsichtigten Screeningmethode, der Aufnahmekapazität des verwendeten Kloniervektors und der Größe des Zielgens/-genclusters wird die isolierte Metagenom-DNA **ligationskompatibel** zum vorgesehenen Kloniervektor gemacht. Für die Klonierung kleinerer Fragmente geschieht dies entweder durch **partiellen Restriktionsverdau** (Henne et al. 1999) oder sequenzunabhängig durch **hydrodynamisches Scheren** (Gabor et al. 2003). In beiden Fällen werden die ursprünglich isolierten Fragmentgrößen weiter reduziert. Bei letzterer Methode müssen die DNA-Enden vor einer Ligation noch zusätzlich durch Enzyme für das Auffüllen bzw. den Abbau einzelsträngiger DNA-Enden (Klenow-Fragment, T4-DNA-Polymerase) in Kombination mit einer Polynukleotidkinase zur 5'-Phosphorylierung repariert werden („*polishing*"). Für die Klonierung großer DNA-Moleküle werden die aus der DNA-Präparation hervorgegangenen Fragmente nicht weiter verkleinert sondern nur noch an den Enden wie oben beschrieben „repariert" und dann ligiert (Quaiser et al. 2002).

Da es in den meisten Fällen Ziel ist, einen bestimmten Größenbereich an DNA-Fragmenten in der zu erstellenden Metagenom-Bank abzubilden, erfolgt nach der enzymatischen Behandlung und vor der Vektorligation meist noch eine gelelektrophoretische Größenauftrennung der DNA-Fragmente mit anschließender Isolierung des gewünschten Größenbereichs.

10.4.2
Das Metagenom als Quelle neuartiger Enzyme und Wirksubstanzen

Das enorme Potential an neuartigen Enzymen mit interessanten Eigenschaften in den Metagenomen der unterschiedlichsten Habitate ist nach den oben aufgeführten Fakten offensichtlich. Ihre Identifizierung kann anhand der gesuchten enzymatischen Umsetzung, d.h. der **messbaren Aktivität eines Enzyms** oder aber vermittelt über Nukleinsäuresignaturen, d.h. **Sequenzhomologie** erfolgen. Der Sequenzhomologieansatz kann durchaus wertvolle und sequenz-neue Enzyme aus dem Metagenom erschließen (s. z.B. Liebeton u. Eck 2004, Voget et al. 2003). Darüber hinaus wird die massenhafte Sequenzierung metagenomischer DNA (Venter et al. 2004) zukünftig immer billiger und daher ein Routineverfahren darstellen (Cowan et al. 2004). Es ist jedoch insbesondere der direkte Aktivitätsnachweis metagenomischer Sequenzen, der es erlaubt, völlig neue Sequenzräume zu erschließen, da ein Nachweis der Aktivität völlig unabhängig von bekannten Sequenzmotiven erfolgen kann.

Sowohl **Screeningverfahren**, d.h. das Durchmustern sehr großer Anzahlen metagenomischer Klone nach Aktivität (Cottrell et al. 2000, Henne et al. 1999, 2000, Knietsch et al. 2003, Rondon et al. 2000), als auch **Selektionsverfahren**, die durch das Anlegen von Selektionsdrucken (z.B. durch Antibiotika oder Mangelmedien) das Überleben nur von Transformanten mit Resistenz-vermittelnden oder Auxotrophie-kompensierenden Genen erzwingen (Entcheva et al. 2001, Majernik et al. 2001, Riesenfeld et al. 2004, Robertson et al. 2003) wurden bereits erfolgreich auf metagenomische Fragestellungen angewandt.

Analog zur Anlage komplexer Genbanken aus kultivierten Mikroorganismen und Metagenom gleichen sich auch die Verfahren zum Durchforschen der Genbanken hinsichtlich neuer Gene und Aktivitäten (s. oben). In der Regel sind jedoch der Bankenumfang und der damit verbundene Aufwand beim Metagenom höher, so dass **Hochdurchsatzscreening- und Selektionsverfah-** ren eine große Bedeutung zukommt (Lorenz und Eck 2004, Bornscheuer 2004). Prinzipiell sind alle Enzymklassen im Metagenom den genannten Identifikationsverfahren zugänglich und Neubeschreibungen der Isolation von Vertretern verschiedenster Klassen finden sich zunehmend zahlreich in der Literatur (s. oben). Alle Verfahren haben jedoch auch ihre **Nachteile**. Während der sequenzbasierte Ansatz beschränkt ist auf Enzyme, deren Gensequenzen zumindest in Teilabschnitten ähnlich zu bekannten Referenzen sind, können nur solche Enzyme aktivitätsbasiert identifiziert werden, die sich ausreichend gut in den verwendeten Wirtsorganismen exprimieren lassen, um messbare Signale zu erzeugen. So ist der Standard-Wirtsorganismus *E. coli* zwar aufgrund seiner Transformierbarkeit hervorragend zur Anlage von Primärbanken aus Metagenom selbst mit großen Inserts (Cosmide, BAC) geeignet. Dennoch lassen sich durchaus nicht alle Enzyme optimal in ihm heterolog exprimieren, weshalb zum Teil **sekundäre Genbanken** in einer Reihe nachgeordneter Wirtsorganismen angelegt werden (Martinez et al. 2004). Aufgrund dieser prinzipiellen Probleme der heterologen Genexpression wird wohl auch in Zukunft ein erheblicher Teil des Potentials an neuen Enzymen im Metagenom ungenutzt bleiben.

Bioaktive Wirkstoffe aus Metagenom

Die zunehmende Gefährdung der globalen Gesellschaft durch neuartige wie auch **multiresistente Krankheitserreger** führt zu einer immer stärkeren Nachfrage nach innovativen Antibiotika. Neue Varianten bereits etablierter Wirkstoffe (also Modifikationen an alten Wirkstoffgrundgerüsten) verschaffen zwar kurzfristig Abhilfe, können jedoch mit dem steigenden Bedarf nicht Schritt halten. Bioaktive Substanzen werden aber auch zur Konservierung von Lebensmitteln und Kosmetikprodukten eingesetzt oder sind Bestandteil von Hygieneartikeln und Medizinprodukten. In diesen Fällen handelt es sich oftmals nicht um Substanzen im naturstoff-chemischen Sinne, sondern vielmehr um **peptidische oder proteinogene Wirkprinzipien** (z. B. Ross et al. 2002).

Neu aufgelegte Screeningprogramme suchen nach andersartigen chemischen Grundstrukturen und Substanzen in bislang unerforscht gebliebenen Habitaten und Ökosystemen. Neue Verfahren zur Kultivierung von Mikroorganismen aus komplexen Lebensgemeinschaften und Nischenhabitaten, die, wie etwa marine Invertebraten, eine große mikrobielle Diversität und ein hohes Potential an Wirkstoffproduzenten aufweisen (Hentschel et al. 2001), werden entwickelt. Isolate aus derartigen Habitaten sind jedoch oftmals so schwer kultivierbar, dass der Entwicklungsaufwand die **Rentabilitätskriterien** übersteigt. Die **biotechnologische Ausschöpfung des Metagenoms** ermöglicht hier als einzige Alternative einen industrie-kompatiblen Zugang (Schulze et al. 2002, Daniel 2004).

Niedermolekulare Wirkstoffe und bestimmte Gruppen ribosomal synthetisierter Peptide (z. B. Lantibiotika) werden in Mikroorganismen oftmals durch den koordinierten Einsatz einer Vielzahl von Proteinen synthetisiert bzw. modifiziert und exportiert. Die sie kodierenden Gene liegen in der Regel in Form von komplexen Genclustern in den Produzenten vor. Enthalten sind meist auch Gene für regulatorische Proteine und Enzyme, die den produzierenden Zellen eine Immunität gegenüber dem synthetisierten Wirkstoff verleihen. Wie anhand von Tabelle 10.2 erkennbar, schwankt die Größe derartiger Gencluster in Abhängigkeit von der Komplexität des zu synthetisierenden Wirkstoffes zwischen 10 und >100 kb.

Die Erfassung dieses Naturstoffbiosynthese-Potentials in **funktioneller Form** erfordert daher die Klonierung großer genomischer Fragmente unter Verwendung von Methoden des Typ 2 (s. Kap. 10.4.1). Die Klonierung entsprechender DNA-Fragmente erfolgt idealerweise in BAC- oder PAC-Vektoren, also **„artifiziellen Chromosomen"** wie pBeloBAC11 (Kim et al. 1996), die mit einer Insertkapazität von bis zu 300 kb selbst die bislang größten Gencluster vollständig abbilden können. Erste Ergebnisse wurden einerseits durch die Arbeitsgruppen von Handelsman und Goodman sowie aus dem Umfeld des heutigen „Cambridge

Tabelle 10.2. Größenvergleich verschiedener Wirkstoffbiosynthese-Gencluster

Wirkstoff	Wirkstoff-produzent	Naturstoff-gruppe	Gencluster (kb)
Mersacidin	*Bacillus subtilis*	Lantibiotikum	12
Tetrazyklin	*Streptomyces aureofaciens*	aromatisches Polyketid	30
Epothilon	*Sorangium cellulosum*	Polyketid	56
Bleomycin	*Streptomyces verticillus*	Glycopeptid	80
Rapamycin	*Streptomyces hygroscopicus*	Makrolid	110

Genomics Center" der Aventis Pharmaceuticals Inc. publiziert (Rondon et al. 2000, MacNeil et al. 2001, Gillespie et al. 2002). Sie konnten antimikrobiell aktive, *E.-coli*-Metagenom-BAC Klone identifizieren, die Indirubin bzw. Turbomycine produzieren. Auch aus Cosmid- oder Fosmid-Metagenombanken wurden bereits antimikrobielle Aktivitäten funktionell charakterisiert. So konnten Brady und Mitarbeiter (2000, 2001) aus *E.-coli*-Metagenom-Cosmidbanken verschiedene antimikrobielle Wirkstoffe wie N-Acyl-Aminosäuren bzw. Violaceine isolieren.

Diesen Ergebnissen ist jedoch gemeinsam, dass letztlich eine von *E. coli* produzierte Substanz durch ein oder zwei, auf dem Metagenom-Insert der jeweiligen Klone kodierte Enzymaktivitäten zum *aktiven* Naturstoff modifiziert wurde. Die funktionelle Expression ganzer Gencluster konnte beispielsweise von Brady et al. (2001, 2002) für die Produktion der Violaceine (ein Gencluster aus 4 Genen für Dimerisierung, Dekarboxylierung und Oxidation von zwei Molekülen Tryptophan) und der langkettigen Fettsäure-enolester (immerhin ein Cluster aus 13 Genen, organisiert in 2 Operons) gezeigt werden. Die erfolgreiche Produktion antibakterieller Aktivitäten durch *E. coli* zeigt, dass dieser Organismus grundsätzlich zur Synthese der entsprechenden Wirkstoffe und damit zur Expression zumindest kleiner **Naturstoff-Biosynthese-Gencluster** befähigt ist.

Generell ist *E. coli* jedoch hinsichtlich seiner biochemischen Ausstattung, also z. B. der Bereitstellung spezieller Synthesebausteine oder aber des Vorhandenseins genereller Resistenzmechanismen, eher ungeeignet für eine effektive Produktion neuer Naturstoffe aus dem Metagenom (Pfeifer et al. 2001). Die rekombinante Biosynthese neuer Wirkstoffe in bekannten, biosynthetisch kompetenten Wirkstoffproduzenten (z. B. *Streptomyces*) ist daher Ziel entsprechender Technologieentwicklungen. In diesen Bakterien ist die heterologe Darstellung unbekannter Naturstoffe aussichtsreicher, weil aufgrund des ohnehin stark ausgeprägten Sekundärmetabolismus dieser Mikroorganismen (Bentley et al. 2002, Ikeda et al. 2003) die Prozessierung biosynthetischer Apo-Enzyme, die Bereitstellung von Grundbausteinen für die Naturstoffsynthese sowie Export- oder Resistenzmechanismen zum **normalen Stoffwechselrepertoire** gehören.

Dies wurde bereits frühzeitig von Davies und Mitarbeitern (Wang et al. 2000) erkannt, die mit Hilfe von Metagenom-Cosmidbanken in *Streptomyces lividans* die Produktion von Nocardamin-Derivaten (Terragine A–E) induzieren konnten. Hierbei kamen erstmals *E.-coli-Streptomyces*-Shuttle-Vektoren zum Einsatz, die es ermöglichten, Metagenombanken effizient in *E. coli* zu erstellen, die heterologe Expression etwaiger Gencluster dann aber im biosynthetisch kompetenten Umfeld eines Streptomyceten durchzuführen. Ein vergleichbares Vorgehen wurde später einerseits von der Gruppe um Marcia Osburne am „Cambridge Genomics Center" (Courtois et al. 2003) und andererseits durch die Gruppe von Elizabeth Wellington in Kooperation mit Biosearch Italia (Berry et al. 2003) erneut publiziert. Die Notwendigkeit, klonierte Biosynthese-Gencluster mehreren verschiedenen, kompetenten Wirtsorganismen zur Expression anbieten zu müssen (hier spielt vor allem die Erkennung von, aufgrund der gegebenen Diversität, möglicherweise sehr

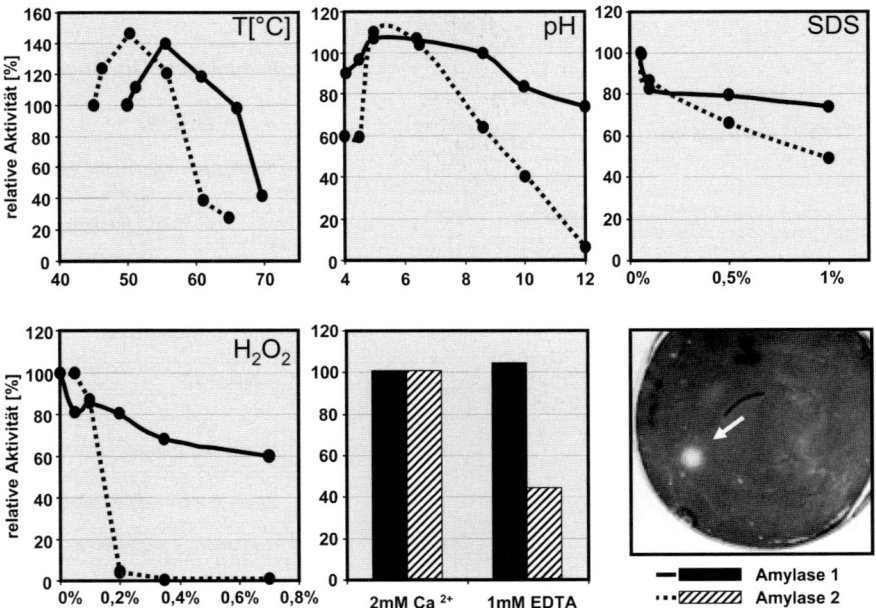

Abb. 10.4. Identifizierung im Stärkeplattenassay (nach Lugol-Färbung) und Vermessung der Eigenschaftenprofile zweier Amylasen aus Metagenom, die hinsichtlich ihrer Eignung als Waschmittelenzyme untersucht wurden (Breves et al. 2003). Hierbei spielen die Aktivitäten bei hohen Temperaturen und alkalischen pH-Werten bzw. in Anwesenheit hoher Konzentrationen an Detergenzien (SDS), Chelatoren (EDTA) und Bleichmitteln (H₂O₂) eine Rolle. Auf der Stärkeplatte ist nach Anfärbung mit Jod-haltiger Lugol'scher Lösung ein Abbauhof zu erkennen, der durch Freisetzung einer aktiven metagenomischen Amylase durch einen rekombinanten *E.-coli*-Klon entstanden ist

unterschiedlichen Promotorstrukturen eine Rolle), führte zur Entwicklung **binärer Vektorsysteme**, die zu diesem Zweck Zielsequenzen spezifischer, phagen-basierender Rekombinationsmechanismen etwa der Phagen **P1** (cre/loxP) oder λ (int/attP) nach dem Integrase-/Excisionase-Prinzip (BRAIN AG, unpublished und Martinez et al. 2004) enthalten. Wirtsspezifische Elemente wie Antibiotika-Resistenz, Replikationsursprung oder ortsspezifischer, genomischer Integrationsmechanismus können auf diese Weise **nachträglich** in die einzelnen Klone einer primären Metagenombank eingebracht werden. Konjugation von *E. coli* in die verschiedenen Expressionswirte ermöglicht dann einen effizienten Transfer dieser Sekundärbanken.

Neben diesen technischen Entwicklungen, neuartige Wirkstoffe durch vollständig insert-kodierte Biosynthese in kompetenten Wirtsstämmen zu erhalten, sind genetische Screeningverfahren zur **Identifizierung von Wirkstoffbiosynthese-Genclustern** in Metagenombanken Gegenstand aktueller Bemühungen. Verwendung finden PCR-Primer, die spezifisch hochkonservierte Bereiche biosynthetischer Enzyme solcher Gencluster targetieren. Wie am Beispiel nicht-ribosomaler Peptidsynthasen (NRPS) gezeigt werden konnte, sind 30 stichprobenartig aus einer Vielzahl entsprechender PCR-Produkte dreier Metagenom-Banken ausgewählte Partialsequenzen (*sequence tags*) alle in ihrer Sequenz voneinander und von den in Datenbanken vertretenen NRP-Synthasen verschieden (Schulze et al. 2002). Zudem zeigt die phylogenetische Analyse eine breite Verteilung der erhaltenen Sequenzen über die bekannten NRP-produzierenden Bakteriengruppen (Abb. 10.5) und weist somit ebenfalls auf die Neuartigkeit der zugehörigen Biosynthese-Gencluster hin. In gleicher Weise konnten Ginolhac et al. (2004) dies jetzt für Typ-I-Polyketidsynthasen (PKS-I) bestätigen und

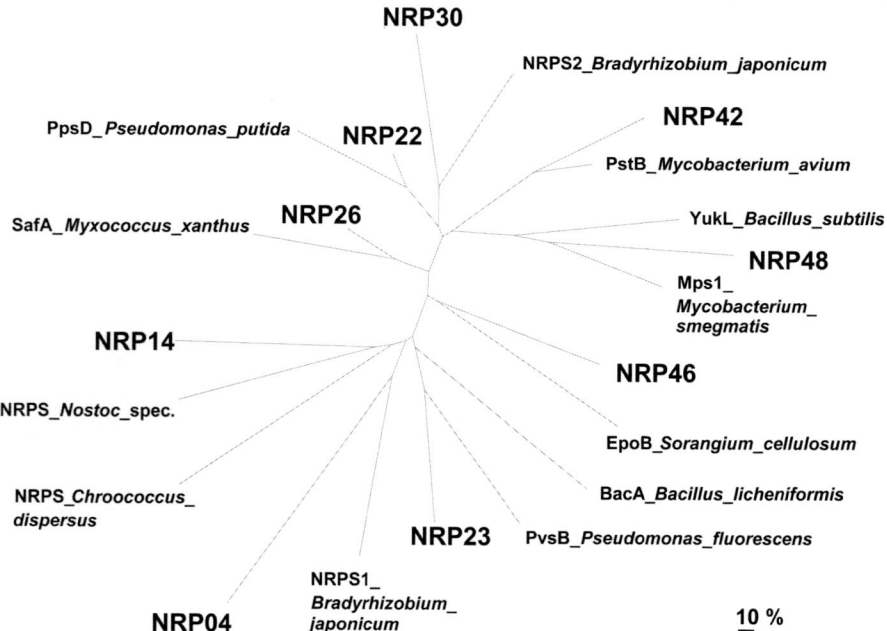

Abb. 10.5. Phylogenetische Analyse einer Auswahl neuartiger, aus Metagenombanken isolierter NRPS-Gensequenzen. Innerhalb konservierter Funktionsdomänen der NRPS wurden jeweils 850 bp große Fragmente amplifiziert, sequenziert und *in silico* translatiert. Der *Balken* repräsentiert einen Aminosäure-Sequenzunterschied von 10%. *NRP-Nummerncodes* repräsentieren neuartige NRPS-Sequenzen, vergleichend sind bekannte Peptidsynthasen aus den öffentlichen Datenbanken dargestellt

darüber hinaus durch Sequenzvergleich Aussagen über die Substratspezifität der amplifizierten Funktionsdomänen treffen.

Dieser Ansatz der Sequenz-homologen Identifizierung von Wirkstoffbiosynthese-Genclustern ermöglicht einen ersten Einblick in die Diversität an natürlichen Wirkstoffen. Da mit Hilfe genetischer Screeningmethoden aber immer nur neue Varianten bereits bekannter Syntheseenzyme entdeckt werden können, kann das tatsächliche Potential an neuen Wirkstoffen im Metagenom momentan nicht abgeschätzt werden. Immerhin gelingt es mit derartigen Screeningansätzen, umfangreiche Sets an Metagenom-Klonen bereitzustellen, die als Grundlage für die Darstellung rekombinanter Naturstoffe durch **heterologe Expression**, **kombinatorische Biosynthese** und **Derivatisierung** dienen können.

10.5
Ausblick

Im Zeitalter der *„Post-Genomics"* gewinnt die Metagenomforschung im Sinne einer sich als *„Environmental Genomics"* etablierenden, die mikrobielle Diversität unserer Biosphäre beschreibenden Wissenschaft zunehmend an Bedeutung. Dabei bietet der Metagenomansatz im Gegensatz zur quasi „stichprobenartigen" Charakterisierung einzelner Spezies eine ganzheitliche Betrachtungsmöglichkeit der physiologischen Fähigkeiten mikrobieller Gemeinschaften in beprobten Habitaten. Erste Ansätze in dieser Richtung wurden von Sebat et al. (2003) beschrieben, die mit Hilfe von **Mikroarray-Technologie** eine Metagenom-Profilierung von Umweltgenbanken durchführten. Vorstellbar wird damit erstmals auch ein *„monitoring"* von Ökosystemen auf genetischer Ebene und somit die Verfolgung dynamischer Prozesse als Reaktion auf externe Parameter.

Mit dem Konzept der rekombinanten Darstellung von Enzymen und Naturstoffen aus dem Metagenom gelingt es, den heute verfügbaren Sequenz- und Strukturraum um das gewaltige, biochemische und wirkstoffsynthetische Potential der bislang nicht kultivierten Biodiversität zu erweitern. Für die chemische Industrie ergibt sich damit vermehrt die Möglichkeit, bisher unter hohem Energiebedarf und erheblichen Umweltbelastungen aus **fossilen Ressourcen** hergestellte Produkte und Pharma-Intermediate, in biotechnologischen Prozessen unter **Verwendung erneuerbarer Ausgangsmaterialien** und rekombinant exprimierter Enzyme und Biokatalysatoren zu erzeugen. Die Erschließung des Metagenoms wird damit der so genannten „Weißen Biotechnologie" wesentliche Impulse zu einer immer mehr geforderten ökologisch und sozial nachhaltigen Wirtschaftsweise liefern. Die **pharmazeutische Industrie** wiederum erhält nach Jahren der Stagnation im naturstoffchemischen Bereich Zugriff auf eine nie da gewesene Ressourcenvielfalt, verbunden mit einem Technologiepaket, das die rekombinante Herstellung von neuen Wirkstoffen gewährleistet.

Literatur

Amann RI, Krumholz L, Stahl DA (1990) Fluorescent-oligonucleotide probing of whole cells for determinative, phylogenetic, and environmental studies in microbiology. J Bacteriol 172(2):762–770

Barns SM, Takala SL, Kuske CR (1999) Wide distribution and diversity of members of the bacterial kingdom Acidobacterium in the environment. Appl Environ Microbiol 65: 1731–1737

Bentley SD, Chater KF, Cerdeno-Tarraga AM et al (2002) Complete genome sequence of the model actinomycete Streptomyces coelicolor A3(2). Nature 417:141–147

Berry AE, Chiocchini C, Selby T, Sosio M, Wellington EMH (2003) Isolation of high molecular weight DNA from soil for cloning into BAC vectors. FEMS Microbiol Lett 223:15–20

Berthelet M, Whyte LG, Greer CW (1996) Rapid, direct extraction of DNA from soils for PCR analysis using polyvinylpolypyrrolidone spin columns. FEMS Microbiol Lett 138:17–22

Blochl E, Rachel R, Burggraf S, Hafenbradl D, Jannasch HW, Stetter KO (1997) Pyrolobus fumarii, gen. and sp. nov., represents a novel group of archaea, extending the upper temperature limit for life to 113 degrees C. Extremophiles 1:14–21

Böckelmann U, Szewzyk U, Grohmann E (2003) A new enzymatic method for the detachment of particle associated soil bacteria. J Microbiol Methods 55:201–211

Bornscheuer U (2004) High-Throughput-Screening Systems for Hydrolases. Eng Life Sci 4:539–542

Brady SF, Clardy J (2000) Long-Chain *N*-Acyl Amino Acid Antibiotics Isolated from Heterologously Expressed Environmental DNA. J Am Chem Soc 122:12903–12904

Brady SF, Chao CJ, Handelsman J, Clardy J (2001) Cloning and Heterologous Expression of a Natural Product Biosynthetic Gene Cluster from eDNA. Org Lett 3(13):1981–1984

Brady SF, Chao CJ, Clardy J (2002) New Natural Product Families from an Environmental DNA (eDNA) Gene Cluster. J Am Chem Soc 124:9968–9969

Breves R, Maurer KH, Eck J, Lorenz P, Zinke H (2003) New Glycosyl Hydrolases. Patentanmeldung WO 03/054177

Burton SG, Cowan DA, Woodley JM (2002) The search for the ideal biocatalyst. Nat Biotechnol 20(1):37–45

Cai L, Taylor JF, Wing RA, Gallagher DS, Woo SS, Davis SK (1995) Construction and characterization of a bovine bacterial artificial chromosome library. Genomics 29:413–425

Clarke L, Carbon J (1976) A colony bank containing synthetic ColE1 hybrid plasmids representative of the entire E. coli genome. Cell 9:91–99

Chyba CF, Hand KP (2001) Planetary Science: Life without photosynthesis. Science 292:2026–2027

Cottrell MT, Moore JA, Kirchman DL (1999) Chitinases from uncultured marine microorganisms. Appl Environ Microbiol 65(6):2553–2557

Courtois S, Cappellano CM, Ball M et al (2003) Recombinant Environmental Libraries Provide Access to Microbial Diversity for Drug Discovery from Natural Products. Appl Environ Microbiol 69:49–55

Cowan DA, Arslanoglu A, Burton SG, Baker GC, Cameron RA, Smith JJ, Meyer Q (2004) Metagenomics, gene discovery and the ideal biocatalyst. Biochem Soc Trans 32(Pt 2): 298–302

Daniel R (2001) Construction of Environmental DNA Libraries for Functional Screening of Enzyme Activity in "Directed Molecular Evolution of Proteins" (Brakmann S, Johnsson K eds). Wiley-VCH, Weinheim New York, pp 63–78

Daniel R (2004) The soil metagenome – a rich resource for the discovery of novel natural products. Curr Opin Biotechnol 15:199–204

Detter JC, Jett JM, Lucas SM et al (2002) Isothermal strand-displacement amplification applications for high-throughput genomics. Genomics 80(6):691–698

DeLong EF (1998) Everything in moderation: archaea as 'nonextremophiles.' Curr Opin Genet Dev 8:649–654

Entcheva P, Liebl W, Johann A, Hartsch T, Streit WR (2001) Direct cloning from enrichment cultures, a reliable strategy for isolation of complete operons and genes from microbial consortia. Appl Environ Microbiol 67(1):89–99

Furnes H, Banerjee NR, Muehlenbachs K, Staudigel H, de Wit M (2004) Early Life Recorded in Archean Pillow Lavas. Science 304:578–581

Gabor EM, de Vries EJ, Janssen DB (2003) Efficient recovery of environmental DNA for expression cloning by indirect extraction methods. FEMS Microbiol Ecol 44:153–163

Gabor EM, de Vries EJ, Janssen DB (2004) Construction, characterization, and use of small-insert gene banks of DNA isolated from soil and enrichment cultures for the recovery of novel amidases. Environ Microbiol 6(9):948–958

Gillespie DE, Brady SF, Bettermann AD, Cianciotto NP, Liles MR, Rondon MR, Clardy J, Goodman RM, Handelsman J (2002) Isolation of antibiotics turbomycin a and b from a metagenomic library of soil microbial DNA. Appl Environ Microbiol 68:4301–4306

Ginolhac A, Jarrin C, Gillet B, Robe P, Pujic P, Tuphile K, Bertrand H, Vogel TM, Perriere G, Simonet P, Nalin R (2004) Phylogenetic Analysis of Polyketide Synthase I Domains from Soil Metagenomic Libraries Allows Selection of Promising Clones. Appl Environ Microbiol 70:5522–5527

Gray KA, Richardson TH, Robertson DE, Swanson PE, Subramanian MV (2003) Soil-based gene discovery: a new technology to accelerate and broaden biocatalytic applications. Adv Appl Microbiol 52:1–27

Hall-Stoodley L, Costerton JW, Stoodley P (2004) Bacterial biofilms: from the natural environment to infectious diseases. Nat Rev Microbiol 2:95–108

Handelsman J, Rondon MR, Brady SF, Clardy J, Goodman RM (1998) Molecular biological access to the chemistry of unknown soil microbes: a new frontier for natural products. Chem Biol 5:R245–249

Handelsman J (2004) Metagenomics: Application of Genomics to Uncultured Microorganisms. Microbiology And Molecular Biology Reviews 68(4):669–685

Henne A, Daniel R, Schmitz RA, Gottschalk G (1999) Construction of environmental DNA libraries in *Escherichia coli* and screening for the presence of genes conferring utilization of 4-hydroxybutyrate. Appl Environ Microbiol 65 (9):3901–3907

Henne A, Schmitz RA, Bomeke M, Gottschalk G, Daniel R (2000) Screening of environmental DNA libraries for the presence of genes conferring lipolytic activity on *Escherichia coli*. Appl Environ Microbiol 66(7):3113–3116

Hentschel U, Schmid M, Wagner M, Fieseler L, Gernert C, Hacker J (2001) Isolation and phylogenetic analysis of bacteria with antimicrobial activities from the Mediterranean sponges Aplysina aerophoba and Aplysina cavernicola. FEMS Microbiol Ecol 35:305–312

Heywood VH (ed) (1995) Global Biodiversity Assessment. Cambridge Univ Press, Cambridge

Hugenholtz P, Goebel BM, Pace NR (1998) Impact of culture-independent studies on the emerging phylogenetic view of bacterial diversity. J Bacteriol 180:4765–4774

Ikeda H, Ishikawa J, Hanamoto A, Shinose M, Kikuchi H, Shiba T, Sakaki Y, Hattori M, Omura S (2003) Complete genome sequence and comparative analysis of the industrial microorganism Streptomyces avermitilis. Nat Biotechnol 21:526–531

Kaeberlein T, Lewis K, Epstein SS (2002) Isolating "uncultivable" microorganisms in pure culture in a simulated natural environment. Science 296(5570):1127–1129

Kim U-J, Birren BW, Slepak T, Mancino V, Boysen C, Kang H-L, Simon MI, Shizuya H (1996) Construction and characterization of a human bacterial artificial chromosome library. Genomics 34:213–218

Krsek M, Wellington EM (1999) Comparison of different methods for the isolation and purification of total community DNA from soil. J Microbiol Methods 39:1–16

Kuske CR, Barns SM, Busch JD (1997) Diverse uncultivated bacterial groups from soils of the arid southwestern United States that are present in many geographic regions. Appl Environ Microbiol 63:3614–3621

Liebeton K, Eck J (2004) Identification and recombinant expression in *E. coli* of novel Nitrile Hydratases from the metagenome. Eng Life Sci 4:557–562

Litchfield CD (1998) Survival strategies for microorganisms in hypersaline environments and their relevance to life on early Mars. Meteorit Planet Sci 33:813–819

Lorenz P, Liebeton K, Niehaus F, Eck J (2002) Screening for novel enzymes for biocatalytic processes: accessing the metagenome as a resource of novel functional sequence space. Curr Opin Biotechnol 13:572–577

Lorenz P, Eck J (2004) Screening for industrial biocatalysts. Eng Life Sci 4:501–504

MacNeil IA, Tiong CL, Minor C et al (2001) Expression and Isolation of Antimicrobial Small Molecules from Soil DNA Libraries. J Mol Microbiol Biotechnol 3:301–308

Majernik A, Gottschalk G, Daniel R (2001) Screening of environmental DNA libraries for the presence of genes conferring Na(+)(Li(+))/H(+) antiporter activity on *Escherichia coli*: characterization of the recovered genes and the corresponding gene products. J Bacteriol 183(22):6645–6653

Martinez A, Kolvek SJ, Yip CLT, Hopke J, Brown KA, MacNeil IA, Osburne MS (2004) Genetically modified bacterial strains and novel bacterial artificial chromosome shuttle vectors for constructing environmental libraries and detecting heterologous natural products in multiple expression hosts. Appl Environ Microbiol 70:2452–2463

Maurer KH (2004) Detergent proteases. Curr Opin Biotechnol 15:330–334

Miller DN (2001) Evaluation of gel filtration resins for the removal of PCR-inhibitory substances from soils and sediments. J Microbiol Methods 44:49–58

Ogram A, Sayler GS, Barkay T (1987) The extraction and purification of microbial DNA from Sediments. J Microbiol Methods 7:57–66

Olson GJ, Lane SJ, Giovannoni SJ, Pace NR (1986) Microbial Ecology and Evolution: A ribosomal RNA Approach. Ann Rev Microbiol 40:337–365

Palleroni NJ (1997) Procaryotic diversity and the importance of culturing. Antonie Van Leeuwenhoek 72:3–19

Pfeifer BA, Admiraal SJ, Gramajo H, Cane DE, Khosla C (2001) Biosynthesis of Complex Polyketides in a Metabolically Engineered Strain of *E. coli*. Science 291:1790–1792

Quaiser A, Ochsenreiter T, Klenk HP, Kletzin A, Treusch AH, Meurer G, Eck J, Sensen CW, Schleper C (2002) First insight into the genome of an uncultivated crenarchaeote from soil. Environ Microbiol 4(10):603–611

Quaiser A, Ochsenreiter T, Treusch A, Kletzin A, Schleper C, Lorenz P, Eck J (2004) Isolation and cloning of DNA from uncultivated organisms. Patent application WO2004/018673

Riesenfeld CS, Goodman RM, Handelsman J (2004) Uncultured soil bacteria are a reservoir of new antibiotic resistance genes. Environ Microbiol 6(9):981–989

Robertson DE, Chaplin JA, DeSantis G et al (2004) Exploring nitrilase sequence space for enantioselective catalysis. Appl Environ Microbiol 70(4):2429–2436

Rondon MR, August PR, Bettermann AD et al (2000) Cloning the Soil Metagenome: a Strategy for Accessing the Genetic and Functional Diversity of Uncultured Microorganisms. Appl Environ Microbiol 66:2541–2547

Ross RP, Morgan S, Hill C (2002) Preservation and fermentation: past, present and future. Int J Food Microbiol 79:3–16

Saiki RK, Scharf S, Faloona F, Mullis KB, Horn GT, Erlich HA, Arnheim N (1985) Enzymatic amplification of beta-globin genomic sequences and restriction site analysis for diagnosis of sickle cell anemia. Science 230(4732):1350–1354

Schäfer T, Kirk O, Borchert TV, Fuglsang CF, Pedersen S, Salmon S, Olsen HS, Deinhammer R, Lund H (2002) Enzymes for Technical Application in *Biopolymers* (Steinbuechel A, Fahnestock SR eds) Vol 7, Polyamides and Complex Proteinaceous Materials I

Schleper C, Pühler G, Holz I, Gambacorta A, Janekovic D, Santarius U, Klenk HP, Zillig W (1995) Picrophilus gen. nov., fam. nov.: a novel aerobic, heterotrophic, thermoacidophilic genus and family comprising archaea capable of growth around pH 0. J Bacteriol 177:7050–7059

Schmid A, Hollmann F, Park JB, Bühler B (2002) The use of enzymes in the chemical industry in Europe. Current Opinion in Biotechnology 13(4):359–366

Schmidt TM, DeLong EF, Pace NR (1991) Analysis of a marine picoplancton community by 16S rRNA gene cloning and sequencing. J Bacteriol 173:4371–4378

Schoemaker HE, Mink D, Wubbolts MG (2003) Dispelling the myths – biocatalysis in industrial synthesis. Science 299 (5613):1694–1697

Schulze R, Meurer G, Schleper C (2002) Das Metagenom als Quelle neuartiger rekombinanter Wirkstoffe und Enzyme. Biospektrum 8 (Sonderausgabe):498–501

Sebat JL, Colwell FS, Crawford RL (2003) Metagenomic Profiling: Microarray Analysis of an Environmental Genomic Library. Appl Environ Microbiol 69:4927–4934

Shizuya H, Birren B, Kim U-J, Mancino V, Slepak T, Tachiri Y, Simon M (1992) Cloning and stable maintenance of 300 kilobase-pair fragments of human DNA in *Escherichia coli* using F-factor-based vector. Proc Natl Acad Sci USA 89:8794–8797

Staley JT, Konopka A (1985) Measurement of *in situ* activities of nonphotosynthetic microorganisms in aquatic and terrestrial habitats. Annu Rev Microbiol 39:321–346

Streit W, Schmitz RA (2004) Metagenomics – the key to the uncultured microbes. Curr Opin Microbiol 7:492–498

Torsvik VL (1980) Isolation of bacterial DNA from soil. Soil Biol Biochem 12:15–21

Torsvik V, Ovreas L, Thingstad TF (2002) Procaryotic diversity – magnitude, dynamics and controlling factors. Science 296:1064–1066

Treusch AH, Kletzin A, Raddatz G, Ochsenreiter T, Quaiser A, Meurer G, Schuster SC, Schleper C (2004) Characterization of large-insert DNA libraries from soil for environmental genomic studies of Archaea. Environ Microbiol 6(9):970–980

Tsai, Yl, Rochelle P (2001) Extraction of nucleic acids from environmental samples. In: Rochelle PA (ed) Environmental Molecular Microbiology: Protocols and Applications. pp 15–30; Horizon Scientific Press, Wymondham, UK, ISBN 1-898486-29-8

Tyson GW, Chapman J, Hugenholtz P, Allen EE, Ram RJ, Richardson PM, Solovyev VV, Rubin EM, Rokhsar DS, Banfield JF (2004) Community structure and metabolism through reconstruction of microbial genomes from the environment. Nature 428:25–26

Venter JC, Remington K, Heidelberg JF et al (2004) Environmental Genome Shotgun Sequencing of the Sargasso Sea. Science 304:66–74

Voget S, Leggewie C, Uesbeck A, Raasch C, Jaeger KE, Streit WR (2003) Prospecting for novel biocatalysts in a soil metagenome. Appl Environ Microbiol 69(10):6235–6242

Wagner M, Amann R, Lemmer H, Schleifer KH (1993) Probing activated sludge with oligonucleotides specific for proteobacteria: inadequacy of culture-dependent methods for describing microbial community structure. Appl Environ Microbiol 59:1520–1525

Wang GYS, Graziani E, Waters B, Pan W, Li X, McDermott J, Meurer G, Saxena G, Andersen RJ, Davies JE (2000) Novel Natural Products from Soil DNA Libraries in a Streptomycete Host. Org Lett 2(16):2401–2404

Welin J, Wilkins JC, Beighton D, Svensater G (2004) Protein expression by Streptococcus mutans during initial stage of biofilm formation. Appl Environ Microbiol 70:3736–3741

Whitman WB, Coleman DC, Wiebe WJ (1998) Procaryotes: the unseen majority. Proc Natl Acad Sci USA 95:6578–6583

Woese CR (1987) Bacterial evolution. Microbiol Rev 51(2):221–271

Woese CR, Kandler O, Wheelis ML (1990) Towards a natural system of organisms: proposal for the domains Archaea, Bacteria and Eucarya. Proc Natl Acad Sci USA 87:4576–4579

Zengler K, Toledo G, Rappe M, Elkins J, Mathur EJ, Short JM, Keller M (2002) Cultivating the uncultured. Proc Natl Acad Sci USA 99(24):15681–15686

Zhou J, Bruns MA, Tiedje JM (1996) DNA recovery from soils of diverse composition. Appl Environ Microbiol 62:316–322

Glossar

Halophile: Mikroorganismen, die einen erhöhten bis hohen Salzgehalt im optimalen Lebensraum benötigen

Quorum sensing: Selbsterfassung der Zelldichte einer Bakterienpopulation durch Ausschüttung von Signalstoffen. Wird ein bestimmter Signalstoffschwellenwert erreicht (Quorum), führt dies zu koordinierten, physiologischen Stoffwechselumstellungen in der Population. Bekannteste Beispiele: Biolumineszenz, Biofilmbildung, Toxinausschüttung pathogener Bakterien

NRPS: Nicht-ribosomale Peptidsynthase; multifunktioneller Multidomänen-Enzymkomplex zur Synthese peptidischer Wirkstoffe

PKS: Polyketidsynthase; multifunktioneller Multidomänen-Enzymkomplex (Typ-I) oder Multienzymkomplex (Typ-II) zur Synthese makrozyklischer oder aromatischer Wirkstoffe

Artifizielle Chromosomen: Spezielle Vektoren (BAC, PAC) zur Klonierung und stabilen Propagierung großer DNA-Fragmente (100–300 kb) in *Escherichia coli*

Kombinatorische Biosynthese: Biologische Synthese neuartiger, rekombinanter Naturstoffe durch funktionelles Zusammenwirken genetisch aus verschiedenen Organismen stammender Synthese-Enzyme

Weiße Biotechnologie: Die Anwendung biotechnologischer Verfahren zur Produktion und Verarbeitung von Chemikalien, Materialien und Energie.

11 Gerichtete Evolution zur Optimierung von Enzymen

K.-E. Jaeger

11.1
Einleitung

Die Komplexität des Lebendigen, wie wir es heute auf der Erde finden, hat ihre Ursache in den Vorgängen der natürlichen Evolution, wie sie erstmals von Darwin erkannt wurden. Die natürliche Evolution beruht auf den **molekularen Prinzipien der Mutation**, durch die Diversität erzeugt wird, der anschließenden **Kombination neuer Mutationen** durch Rekombination, sowie der **Selektion von Organismen** mit neu entstandenen Eigenschaften durch entsprechende Umweltbedingungen. Natürliche Evolutionsvorgänge erfolgen zufällig, ungerichtet, und sie benötigten sehr lange Zeiträume. Die Produkte evolutiver Prozesse finden wir auf allen Ebenen des Lebendigen, bis hin zu individuellen Proteinmolekülen, von denen viele als Enzyme arbeiten, die zumeist innerhalb lebender Zellen lokalisiert sind und dort zahlreiche unterschiedliche chemische Reaktionen katalysieren. Im Verlaufe der natürlichen Evolution sind diese Enzyme an ihre Substrate und die jeweils herrschenden Bedingungen wie pH-Wert, Druck, Temperatur, wässriges Milieu, und Salzkonzentration angepasst worden. Wenn wir heute, z. B. im Bereich der „Weißen Biotechnologie", Enzyme als Biokatalysatoren für eine Vielzahl unterschiedlicher chemischer Prozesse einsetzen wollen, so stellen wir fest, dass die natürlichen Eigenschaften dieser Biokatalysatoren in den meisten Fällen nicht für solche synthetischen Prozesse geeignet sind. Häufige Probleme sind fehlender oder langsamer Umsatz nicht-natürlicher Substrate, Stabilitätsprobleme bei erhöhter Reaktionstemperatur, Inhibition durch organische Lösungsmittel oder Reaktionsprodukte, sowie fehlende Enantioselektivität. Die große Herausforderung für die Molekularbiologen ist es daher, **„maßgeschneiderte" Enzyme** zu entwickeln, die den Bedürfnissen unterschiedlicher industrieller Anwendungen genügen.

11.2
Möglichkeiten zur Enzymoptimierung

Rationales Proteindesign ist ein Ansatz zur Isolierung von Enzymen mit gewünschten Eigenschaften, der schon seit vielen Jahren erfolgreich eingesetzt wird. Hier wird ein Enzym zunächst gereinigt, biochemisch und hinsichtlich des Reaktionsmechanismus charakterisiert, und seine dreidimensionale Struktur aufgeklärt. Mit Hilfe von Computer-gestützten Modellierungsmethoden können dann Vorhersagen gewonnen werden, welche Aminosäuren eine bestimmte Eigenschaft des Enzyms, z. B. die Umsetzung eines neuen Substrats, möglicherweise beeinflussen. Solche Aminosäuren werden dann durch **gezielte Mutagenese** gegen andere ausgetauscht und die so erhaltenen Variantenproteine gereinigt und biochemisch charakterisiert. Da wir bisher aber nur in sehr wenigen Fällen wissen, welche Aminosäuren welche biochemischen Eigenschaften determinieren, muss häufig eine Vielzahl von Mutanten isoliert und untersucht werden, um ein Enzym mit signifikant verbesserten Eigenschaften zu erhalten. Es leuchtet unmittelbar ein, dass die Methode des rationalen Proteindesign eine sehr zeitraubende und kostenaufwändige Methode ist, die immer die Strukturaufklärung des untersuchten Enzyms und eine möglichst genaue Kenntnis des Reaktionsmechanismus erfordert.

Gerichtete Evolution, auch als „*In-vitro*-Evolution" oder „gelenkte Evolution" bezeichnet, basiert auf der Überlegung, dass die moderne Molekularbiologie zahlreiche Methoden zur Verfügung stellt, mit denen einige der Vorgänge der natürlichen Evolution im Labor simuliert werden können. Zur Erzeugung von Diversität können zufällig Mutationen generiert und dann mit rekombinativen Methoden kombiniert werden, und anschließend können Proteine mit verbesserten Eigenschaften mittels **Screening** oder **Selektion** identifiziert werden. Abbildung 11.1 zeigt schematisch den Verlauf eines gerichteten Evolutionsexperiments. Im Folgenden sollen die dort beschriebenen Schritte nacheinander besprochen werden.

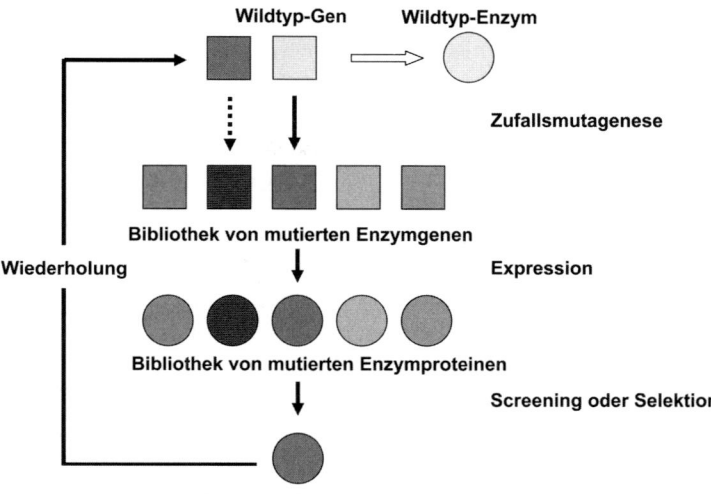

Wildtyp-Gen   **Wildtyp-Enzym**

Zufallsmutagenese

Bibliothek von mutierten Enzymgenen

Wiederholung

Expression

Bibliothek von mutierten Enzymproteinen

Screening oder Selektion

verbesserte Enzymvariante

Abb. 11.1. Gerichtete Evolution zur Optimierung eines Enzyms

11.3
Erzeugung einer Bibliothek von mutierten Genen

Der Ausgangspunkt zur Isolierung eines Enzyms mit verbesserten Eigenschaften ist die Erzeugung einer möglichst umfangreichen Diversität, d. h. die Bereitstellung einer möglichst großen Zahl von Genen, die sich alle geringfügig voneinander unterscheiden. Wie groß kann eine solche Diversität theoretisch sein? Für ein Enzym, das aus 300 Aminosäuren besteht, beträgt die Anzahl möglicher Kombinationen der Aminosäuren 20^{300}. Diese unvorstellbar große Zahl an Varianten bildet den Sequenzraum, also die maximal erreichbare Variabilität bezüglich der Kombination der natürlich vorkommenden Aminosäuren. Doch die Masse aller dieser theoretisch möglicher Varianten eines Proteins aus 300 Aminosäuren wäre größer als die Masse des Universums, und weder 4 Mrd. Jahre natürlicher Evolution noch die apparativen Möglichkeiten moderner Biowissenschaftler reichten auch nur annähernd aus, diese Möglichkeiten auszuprobieren.

Wenn man aus vielen unterschiedlichen Enzymgenen ein neues Gen konstruieren will, das für ein Enzym mit verbesserten Eigenschaften ko-

diert, so muss man darauf achten, dass entscheidende Eigenschaften des Enzyms erhalten bleiben. Sicher wäre es wenig sinnvoll, zur Erzeugung einer thermostabilen Protease ein vorhandenes Proteasegen mit dem RNA-Polymerasegen aus einem thermostabilen Organismus zu kombinieren, obwohl sicherlich Diversität gewährleistet wäre. Wenn viele Eigenschaften der ursprünglichen Protease erhalten bleiben sollen, z. B. die Architektur ihres aktiven Zentrums oder ihre Substratspezifität, sollten sich die Mutantengene möglichst nur geringfügig, also in einer oder einigen wenigen Aminosäuren vom Ausgangsenzym unterscheiden. Dies kann erreicht werden, indem man zufällige Mutationen in ein Zielgen einführt unter Verwendung der **fehlerhaften PCR** (*error prone* oder **epPCR**). Diese Methode verwendet eine PCR-Reaktion, die unter „fehlerhaften" Bedingungen abläuft: Die Vervielfältigung des gewünschten Gens erfolgt durch eine DNA-Polymerase mit fehlender Korrekturfunktion (z. B. der *Taq*-Polymerase, die aus dem thermophilen Bakterium *Thermus aquaticus* isoliert wird) in Gegenwart suboptimaler Salzkonzentrationen, also erhöhter $MgCl_2$-Konzentration, oder Zusatz von $MnCl_2$, einer nicht ausgewogenen Konzentration von Nukleotiden oder unter Zugabe einer Mischung von Nukleotid-Analoga.

In Tabelle 11.1 ist die theoretische Anzahl von Enzymvarianten eines Modellproteins gezeigt, die man erhält, wenn man eine, zwei oder drei Aminosäuren dieses Proteins gleichzeitig austauscht. Die Berechnungen ergeben, dass bereits bei zwei Aminosäureaustauschen pro Proteinmolekül die Anzahl theoretisch möglicher Varianten mehr als 16 Mio. beträgt und damit die Kapazitätsgrenze der meisten modernen Hochdurchsatz-Screeningmethoden übersteigt. Solche theoretischen Überlegungen zeigen klar die Probleme bei der Anwendung zufälliger Mutagenesemethoden wie der fehlerhaften PCR. Hinzu kommt, dass diese Methoden eine suggestive Eleganz haben, die dem Experimentator vorgaukelt, er könne im Prinzip alle denkbaren Mutationen erzeugen und alle theoretisch möglichen Proteinvarianten generieren. Dies ist jedoch definitiv nicht der Fall. Bei Einsatz der fehlerhaften PCR ist die Wahrscheinlichkeit, mehr als eine Base pro Codon (Basen-

Tabelle 11.1. Theoretische Anzahl von Varianten eines Modellenzyms aus 300 Aminosäuren. Die Zahlen wurden errechnet mit der Formel

$$N = \frac{19^M \, X!}{(X - M)! \, M!} \quad \text{mit}$$

N = Anzahl der Varianten
M = Anzahl der pro Enzymmolekül ausgetauschten Aminosäuren
X = Anzahl der Aminosäuren pro Enzymmolekül

Anzahl der ausgetauschten Aminosäuren (M)	Anzahl der Varianten (N)
1	5 700
2	16 190 850
3	30 557 530 900

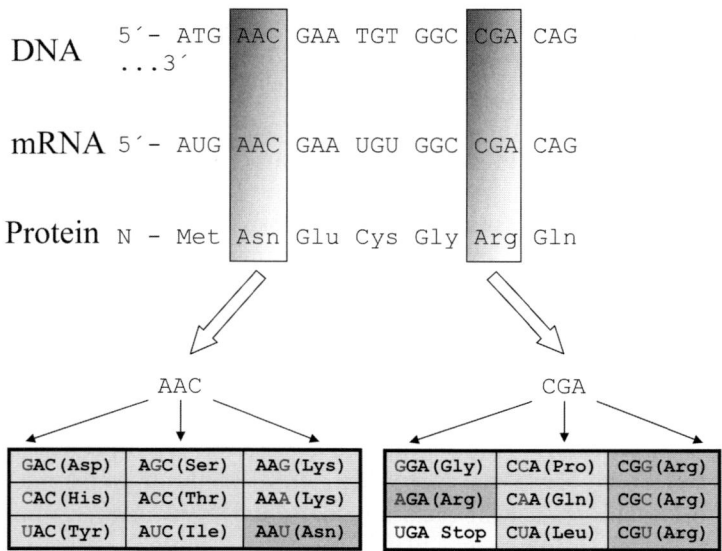

7   4
Anzahl der theoretisch möglichen Aminosäureaustausche

Anzahl der praktisch erhaltenen Aminosäureaustausche
6   1

Abb. 11.2. Mögliche Aminosäurenaustausche durch Austausch je einer Base pro Codon (*schattiert*), gezeigt am Beispiel der Aminosäuren Asparagin (codiert von Codon AAC) und Arginin (codiert von Codon CGA). Angegeben sind die theoretisch erreichbaren Aminosäureaustausche sowie die durch fehlerhafte PCR tatsächlich zu erhaltenden Aminosäureaustausche (Codons für neue Aminosäuren *hellgrau*, für Ausgangsaminosäure *mittelgrau*, Stopp-Codons *hell*, nicht zu erhaltende Codons *dunkel*)

triplett) auszutauschen, sehr gering. Abbildung 11.2 zeigt am Beispiel des Austausches der Aminosäuren Asparagin und Arginin, dass

- nicht alle theoretisch denkbaren Austausche der vorhandenen Basen eines Triplett-Codons auch zu einer neuen Aminosäure führen,
- mit fehlerhafter PCR tatsächlich nur ein Teil der theoretisch möglichen Basenaustausche in der Praxis auch erreicht wird.

Eine Berechnung für verschiedene bakterielle Lipasegene ergab, dass mit fehlerhafter PCR im Mittel nur 20% der theoretisch möglichen Aminosäureaustausche experimentell zugänglich waren.

Die **ortsspezifische Sättigungsmutagenese** ist eine gerichtete Mutagenesemethode, die einige Nachteile der fehlerhaften PCR-Methode vermeidet. Mit dieser Methode kann eine vorgegebene Aminosäure definitiv gegen alle 19 verbleibenden Aminosäuren ausgetauscht werden, indem das jeweilige Wildtyp-Codon mit Hilfe einer PCR-Reaktion durch chemisch synthetisierte degenerierte Oligonucleotid-Codons ausgetauscht wird. Neuerdings benutzt man diese Methode, um an jeder einzelnen Aminosäureposition eines vorgegebenen Proteins die vorhandene durch die verbleibenden 19 Aminosäuren zu ersetzen. Aus einer solchen kompletten Gen-Sättigungsmutagenese entsteht eine **Bibliothek aus Proteinvarianten**, in der für jede einzelne Position getrennt die optimale Aminosäure für die jeweils untersuchte Eigenschaft identifiziert werden kann. Es soll aber erwähnt werden, dass jeweils immer eine Aminosäureposition separat untersucht wird, wobei eine Bibliothek, die alle 20 möglichen Varianten dieser Position abdeckt, aus ca. 300–500 Klonen besteht. Für das in Tabelle 11.1 erwähnte Modellprotein aus 300 Aminosäuren würde man daher 300 solcher Bibliotheken erhalten, eine für jede Aminosäureposition.

11.4
Rekombination verschiedener Mutationen

Die zufälligen Mutagenesemethoden liefern Mutantengene, die für Proteine mit einem oder wenigen Aminosäureaustauschen kodieren. Um die Wahrscheinlichkeit zu erhöhen, Proteinvarianten mit verbesserten Eigenschaften zu erzeugen, ist es von Vorteil, Genfragmente mit vorhandenen Mutationen zu kombinieren. Dies gelingt mit **artifiziellen Rekombinationsmethoden**, von denen die bekannteste als **DNA-Shuffling** bezeichnet wird. Homologe Gene werden mittels DNase I enzymatisch einem kontrollierten Verdau unterzo-

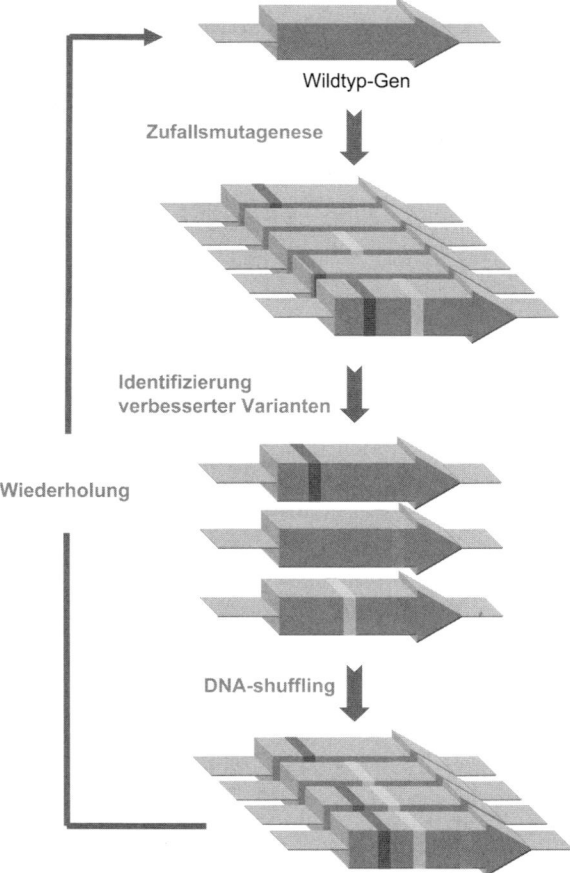

Abb. 11.3. Gerichtete Evolution durch Kombination von fehlerhafter PCR und DNA-Shuffling

Tabelle 11.2. Aktuelle Methoden der gerichteten Evolution. Die in der englischsprachigen Literatur gebräuchlichen Abkürzungen sind in Klammern angegeben

Methode
1) Zufällige Punkt-Mutationen
Sättigungs-Mutagenese
Fehlerhafte Polymerase-Kettenreaktion (epPCR)
Sequenz-Sättigungsmutagenese (SeSaM)
2) Insertionen und Deletionen
Zufällige Insertions-/Deletions-Mutagenese (RID)
Zufällige Deletionen und Wiederholungen
3) *In-vitro*-Rekombination (Homologie-abhängig)
DNA-Shuffling
Familien-Shuffling
Unterbrochene Verlängerungsmethode (StEP)
Zufalls-Primer-Rekombination (RPR)
Heteroduplex-Rekombination
Einzelstrang-DNA-Familien-Shuffling
Gen-Shuffling mit degenerierten Oligonukleotiden (DOGS)
Zufällige Chimärogenese auf wechselnden DNA-Strängen (RACHITT)
Mutagene und unidirektionale Assemblierung (MURA)
Assemblierung ausgewählter Oligonukleotide (ADO)
4) *In-vitro*-Rekombination (Homologie-unabhängig)
Anwachsende Verkürzungen zur Erzeugung von Hybrid-Enzymen (ITCHY)
Sequenzhomologie-unabhängige Proteinrekombination (SHIPREC)
Kombination von ITCHY und DNA-Shuffling (SCRATCHY)

gen, so dass Fragmente von etwa 50 bp Länge entstehen. Mit einer PCR-ähnlichen Reaktion werden diese Fragmente dann durch DNA-Polymerase amplifiziert, wobei ein elterlicher DNA-Strang als Vorlage („*template*") dient. Die Rekombination verschiedener Fragmente erfolgt durch Wechsel des Vorlagestrangs („*template switching*"): ein DNA-Fragment eines bestimmten Ausgangsgens kann sich an ein DNA-Fragment eines anderen Ausgangsgens anlagern. Während dieses Rekombinations-ähnlichen Vorgangs entstehen bei der Methode des DNA-Shuffling zusätzliche Punktmutationen, welche die Diversität des erhaltenen Genpools weiter erhöhen. Abbildung 11.3 zeigt die experimentelle Strategie bei Verwendung von fehlerhafter PCR und DNA-Shuffling, die in vielen Fällen zur Erhöhung der Effizienz eines Evolutionsexperiments in Kombination eingesetzt werden. Es sollte beachtet werden, dass die Methode

des DNA-Shuffling nur dann zufriedenstellend funktioniert, wenn die „geshuffelten" Gene eine möglichst hohe Homologie zueinander haben. Daher wurden Methoden entwickelt, die eine Neukombination auch solcher Gene erlauben, die nur geringfügige oder gar keine Homologie aufweisen. Zahlreiche neue Methoden zur Erzeugung von Diversität, also zur Einführung von Mutationen in vorhandene Gene, oder zur Kombination vorhandener Genabschnitte in Rekombinations-ähnlichen Prozessen sind in Tabelle 11.2 zusammengefasst.

11.5 Erzeugung einer Bibliothek von Proteinvarianten

Die durch Mutations- und Rekombinationsereignisse erhaltenen neuen Gene müssen exprimiert werden, damit festgestellt werden kann, welche der erzeugten Gene für Proteine mit verbesserten Eigenschaften kodieren. Man erhält also komplementär zur jeweiligen Bibliothek von mutierten Genen eine **Bibliothek aus Proteinvarianten**, wobei im Idealfall jedes neu erzeugte Gen für ein neues Protein mit veränderten Eigenschaften kodiert. Die sich anschließende Identifizierung derjenigen Proteine, welche die gesuchte verbesserte Eigenschaft aufweisen, erfolgt entweder durch **Screening** oder durch **Selektion**. Dazu müssen an das **Expressionssystem** folgende Anforderungen bezüglich der zu untersuchenden Proteine gestellt werden:

- Die Proteine müssen in ausreichender Menge exprimiert werden.
- Die Proteine müssen enzymatisch aktiv sein.
- Für ein Screeningverfahren ist es sehr vorteilhaft, wenn die Proteine aus dem Cytoplasma hinaustransportiert, also sekretiert werden.

Der Vorgang der Expression wird von vielen Experimentatoren als selbstverständlich und problemlos angesehen, da verschiedene Firmen sowohl Plasmide anbieten, um mutierte Gene zu klonieren wie auch zusätzlich den entsprechenden Wirtsstamm zur Expression, wobei in den meis-

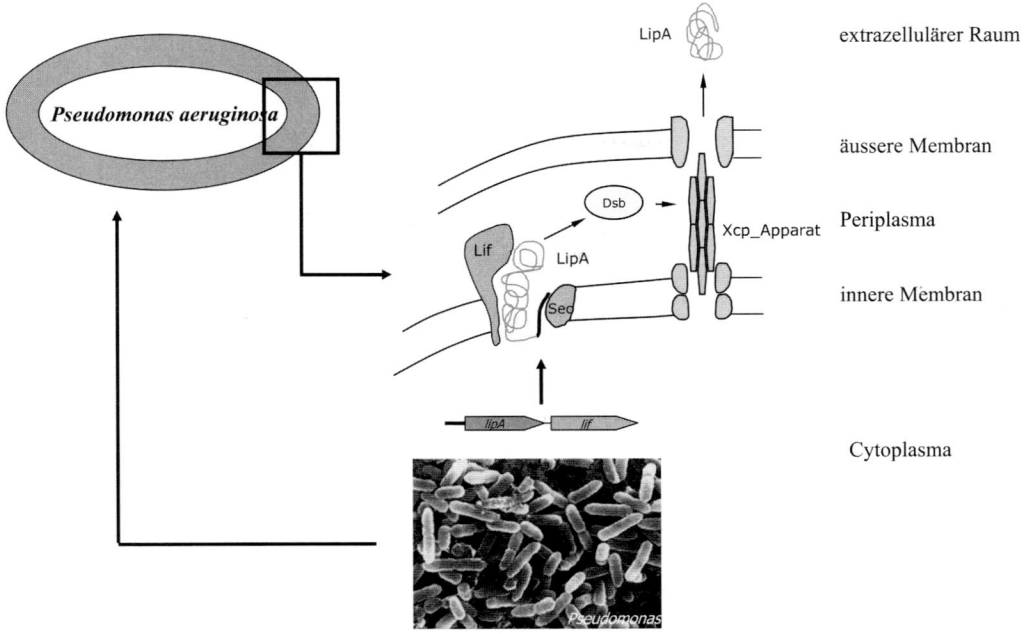

Abb. 11.4. Sekretion extrazellulärer Lipase von *Pseudomonas aeruginosa*. Die Lipase LipA wird beim Durchtritt durch den Sekretionsapparat (Sec) in der Cytoplasmamembran von einer Lipase-spezifischen Foldase (Lif) gefaltet. Im Periplasma führt ein Dsb-Protein eine Disulfid-Brücke in die Lipase ein, danach wird das Enzym durch den Xcp-Apparat in das Kulturmedium sekretiert

ten Fällen das Gram-negative Bakterium *Escherichia coli* zum Einsatz kommt, das seit vielen Jahren intensiv untersucht wird und in der Biotechnologie-Industrie als Expressionsstamm gut etabliert ist. Zahlreiche auch biotechnologisch interessante Proteine lassen sich jedoch in *E. coli* entweder gar nicht oder nicht in funktionell aktiver Form exprimieren. Mögliche Gründe hierfür sind vielfältig: mangelnde Effizienz der Transkription, Instabilität der mRNA, mangelhafte Translation, z.B. wegen unterschiedlichen Codongebrauchs von Wirtsstamm und heterolog exprimiertem Gen, sowie Probleme mit der korrekten Faltung und/oder Sekretion des Proteins, wobei eine Aggregration von exprimierten Proteinen im Cytoplasma der Bakterien als „inclusion bodies" beobachtet wird. Neuerdings beginnt man daher, weitere Bakterien als Expressionswirte zu entwickeln, insbesondere aus der Gattung *Pseudomonas*, welche Bakterienarten umfasst, die von Natur aus bereits zahlreiche Enzyme bilden und einen

großen Teil aus den Zellen in das umgebende Medium sekretieren. Daher verfügen diese Bakterien natürlicherweise über ein Repertoire verschiedener Chaperone, Faltungskatalysatoren und Proteintransportsysteme, das man für die heterologe Expression und Sekretion nutzen kann (Abb. 11.4). Die Expression von Proteinen eukaryotischen Ursprungs kann zusätzliche Probleme aufwerfen, wenn diese Proteine zur Erlangung ihrer Funktionalität post-translationale Modifikationen benötigen, z.B. Glykosylierungen. Die Expression solcher Proteine erfolgt oftmals in Hefen, wobei industriell hauptsächlich die Arten *Pichia pastoris*, *Hansenula polymorpha* und *Saccharomyces cerevisiae* eingesetzt werden (s. Kap. 3, 6).

11.6
Selektion und Screening

Die nach erfolgreicher Expression erzeugten Bibliotheken aus Proteinvarianten müssen nun

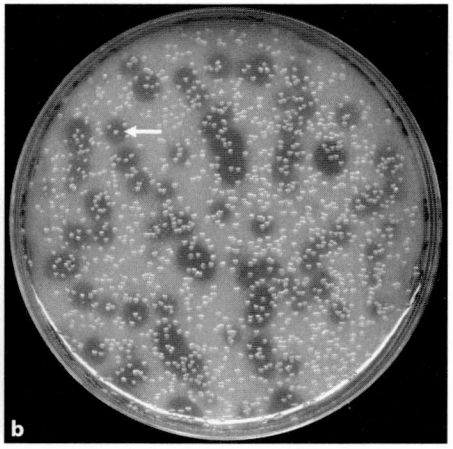

Abb. 11.5 a, b. Hochdurchsatz-Screening-System zur Identifizierung enzymatisch aktiver Lipasen. **a** Pick-Roboter zum Aufbringen von Kolonien auf Agarplatten. **b** Tributyrin-Agarplatte mit Lipase bildenden Kolonien, erkennbar an den klaren Höfen (*Pfeil*)

durchmustert werden, wobei Varianten mit verbesserten Eigenschaften identifiziert werden sollen. Hierzu stehen zwei prinzipiell unterschiedliche Methoden zur Verfügung (s. Kap. 9).

Eine **Selektion** *in vivo* von Proteinvarianten mit verbesserter Eigenschaft kann erfolgen, wenn eine Bakterienzelle, die das veränderte Protein bildet, einen signifikanten Wuchsvorteil gegenüber allen anderen Zellen hat. Zur Selektion geeignete Bakterienstämme können konstruiert werden, indem gezielt ein Gen deletiert wird, das für das Schlüsselenzym eines bestimmten Biosynthesewegs kodiert. Ein solcher Stamm kann in einem geeigneten Minimalmedium nur dann wachsen, wenn **zusätzlich** ein Gen in den Stamm eingebracht wird, das für dieses fehlende Enzym kodiert. Alternativ können auch Verbindungen synthetisiert werden, die nach Spaltung durch ein gesuchtes Enzym eine Kohlenstoff- oder Stickstoffquelle freisetzen, so dass nur solche Bakterien wachsen können, die ein Enzym mit der gesuchten Substratspezifität produzieren. Selektionssysteme erlauben die Untersuchung sehr großer Bibliotheken ($>10^{10}$ Klone), da alle Klone auf geeigneten Agarnährmedien ausplattiert werden können und nur diejenigen Bakterien wachsen, die das Enzym mit der gesuchten Eigenschaft bilden. Allerdings sind solche Selektionssysteme schwierig

zu konstruieren, da die physiologische Funktion vieler Enzyme im Stoffwechsel entweder unbekannt ist oder der Ausfall der entsprechenden Enzymaktivität ohne Folgen für das Überleben der Zellen bleibt. In vielen pro- und eukaryontischen Mikroorganismen können außerdem fehlende Enzymfunktionen durch andere, ähnliche Enyzme übernommen werden, deren Existenz in vielen Fällen vorher nicht bekannt ist.

Falls ein geeignetes Selektionssystem nicht zur Verfügung steht, müssen möglichst viele **Proteinvarianten** einer Bibliothek **parallel untersucht** werden. Hierzu ist es erforderlich, ein geeignetes System zum **Screening** zu entwickeln (s. Kap. 9). Damit die gesuchte Enzymaktivität auch derjenigen Zelle zugeordnet werden kann, die das entsprechende Gen enthält, muss in einer Bibliothek jede Proteinvariante einzeln auf die gesuchte Eigenschaft hin untersucht werden. Mit aktuellen Screening-Verfahren kann man zurzeit etwa 10^3–10^6 Klone innerhalb weniger Stunden bis Tage untersuchen, daher spricht man von **Hochdurchsatz-Screening** (*high-throughput screening*, abgekürzt: HTS). Häufig werden **Agarplatten-Tests** verwendet, wenn die gesuchte Enzymaktivität oder Substratspezifität mit einem optisch detektierbaren Phänotyp des entsprechenden Klons einhergeht. Ein Beispiel ist die Detektion der Ak-

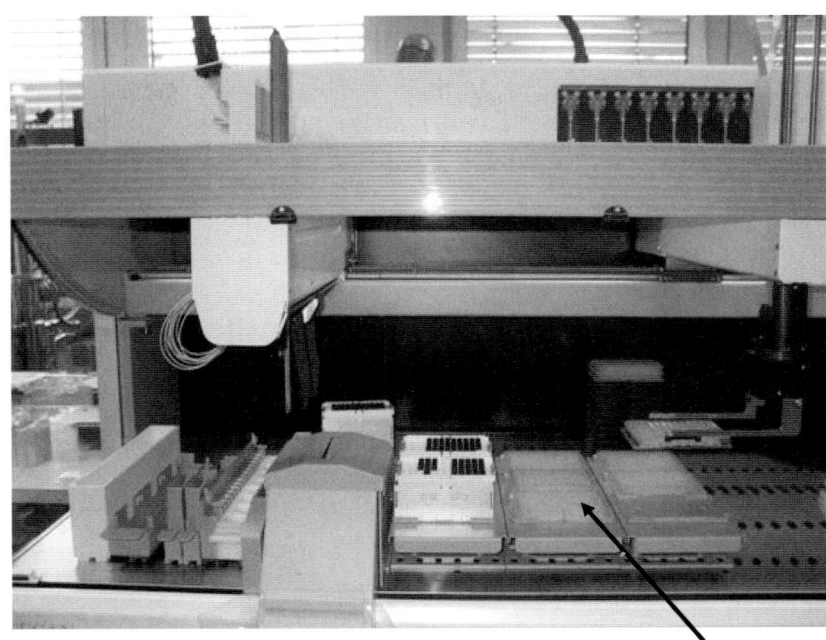

96-Kammer-Mikrotiterpatten

Abb. 11.6. Pipettier-Roboter zum Hochdurchsatz-Screening in Mikrotiter-Platten

tivität extrazellulärer Lipasen auf Agarplatten, die neben dem Nährmedium das Fett Tributyrin enthalten, was zu einer Trübung des ansonsten klaren Agarnährmediums führt. Bakterienkolonien, die Lipasen bilden und sekretieren, sind von klaren Höfen umgeben, die nach enzymatischer Spaltung des Tributyrins in wasserlösliche Fettsäuren und Glycerin entstehen (Abb. 11.5). HTS-Methoden werden auch in **Mikrotiterplatten** durchgeführt, wobei jeder Klon einer Bibliothek in den Reaktionsraum einer Mikrotiterplatte gebracht und dort angezogen wird. Zu vorgegebenen Zeiten kann eine Probe entnommen und auf die entsprechende Enzymaktivität getestet werden. Zurzeit werden am häufigsten Mikrotiterplatten verwendet, die 96 Reaktionskammern mit einem Volumen von je 100–200 μL haben. Es sind jedoch auch Platten mit 384 und 1536 Reaktionskammern im Gebrauch, die Reaktionsvolumina werden bis in den Nanoliter-Bereich (1/1000 μL) verkleinert. Um HTS im Mikrotiterplatten-Format zu betreiben, sind automatisierte

Verfahren erforderlich, zumeist werden Laborroboter eingesetzt (siehe Abb. 11.6). Es sei darauf hingewiesen, dass HTS-Methoden sehr kostenaufwändig sind: die Laborroboter zur Durchführung des Screenings und HTS- und Mikrotiterplatten-kompatible Geräte zur Detektion von Reaktionsprodukten, also z. B. UV/Vis- und Fluoreszenz-Photometer, Geräte zur automatisierten Durchführung von Hochdruckflüssigkeitschromatographie (HPLC), Gaschromatographie (GC), Massenspektrometrie (MS), oder anderer Nachweisverfahren kosten bis zu mehreren Hunderttausend Euro; hinzu kommen hohe laufende Kosten für Verbrauchsmaterial (eine 96-Kammer-Mikrotiterplatte kostet je nach Ausführung 1–3 Euro).

11.7
Anwendungen der gerichteten Evolution

In den letzten Jahren wurde eine Vielzahl unterschiedlicher Enzyme evolviert, wobei **biotechnologisch relevante Eigenschaften** wie Aktivität,

Thermostabilität, Substratspezifität, und Enantioselektivität verbessert wurden (Tabelle 11.2). Hierbei kamen unterschiedliche Methoden der gerichteten Evolution zum Einsatz, in den meisten Fällen fehlerhafte PCR und/oder DNA-Shuffling. Allerdings sind die meisten Evolutionsexperimente in den Labors der Universitäten gemacht worden, um neue Methoden zu entwickeln und prinzipielle Erkenntnisse zu gewinnen, welche Eigenschaften eines Enzyms mit welchen Methoden verbessert werden können. Daher ist der Einsatz von evolvierten Enzymen für industrielle Prozesse heute noch eine seltene Ausnahme.

Gerichtete Evolution im Labor bringt Enzyme mit verbesserten Eigenschaften hervor. Allerdings kann zurzeit kein allgemein gültiges Protokoll formuliert werden, weder zur evolutiven Verbesserung einer bestimmten Klasse von Enzymen, noch für eine vorgegebene enzymatische Eigenschaft. Auch sind die zur Verfügung stehenden Methoden zur gerichteten Evolution für den industriellen Einsatz noch zu zeitaufwändig, kompliziert und damit auch zu kostenintensiv. Man

kann aber bereits absehen, dass die Optimierung bestehender und die Entwicklung neuer Methoden die gerichtete Evolution in naher Zukunft zu einer wirksamen Standardmethode werden lassen, auf die für den Einsatz vielfältiger biokatalytischer Verfahren in der Biotechnologie künftig nicht verzichtet werden kann.

Literatur

Arnold FH, Georgiou G (eds) (2003) Methods in Molecular Biology, vol 230. Directed Enzyme Evolution. Humana Press, Totowa/NJ

Arnold FH, Georgiou G (eds) (2003) Methods in Molecular Biology, vol 231. Directed Evolution Library Creation. Humana Press, Totowa/NJ

Brakmann S, Johnsson K (eds) (2002) Directed Molecular Evolution of Proteins. Wiley-VCH, Weinheim New York

Brakmann S, Schwienhorst A (eds) (2004) Evolutionary Methods in Biotechnology. Wiley-VCH, Weinheim New

Robertson DE, Noel JP (eds) (2004) Methods in Enzymology, vol 388. Protein Engineering. Elsevier, Amsterdam

Svendsen A (ed) (2004) Enzyme Functionality: Design, Engineering, and Screening. Dekker, New York

12 Metabolic Engineering

E. Heinzle

12.1
Einleitung

Metabolic Engineering wird von Stephanopoulos et al. (1998) in ihrem Buch als „die gerichtete Verbesserung der Produktbildung oder zellulärer Eigenschaften durch die Modifikation spezifischer biochemischer Reaktionen oder die Einführung neuer Reaktionen durch den Einsatz rekombinanter Gentechnologie" definiert. Das vorliegende Kapitel stellt die Grundprinzipien des Metabolic Engineering dar, wobei der Schwerpunkt auf der Beschreibung der verfügbaren Methodik liegt. Die Möglichkeiten des Metabolic Engineering werden anhand einiger Beispiele illustriert.

Seit Urzeiten nützt die Menschheit verschiedenste Eigenschaften von Mikroorganismen für die **Produktion von Lebens- und Genussmitteln und für medizinische Zwecke.** Vor allem seit dem vergangenen Jahrhundert werden Mikroorganismen vermehrt zur Herstellung verschiedenster Verbindungen wie organischen Säuren, Aminosäuren, Antibiotika, Enzymen, biologischen Polymeren usw. eingesetzt. Da die **natürlich vorkommenden Mikroorganismen,** die über entsprechende Screeningverfahren aus der Umwelt isoliert werden, in der Mehrzahl aller Fälle nur eine sehr geringe Produktivität aufweisen, hatte man schon früh versucht, die Mikroorganismen durch **Mutation** in ihrer **Leistungsfähigkeit zu verbessern.** Dabei wurden durch wiederholte Mutation und Selektion auch beachtliche Erfolge erzielt, was besonders in der Produktion von Aminosäuren wie Glutamat und Lysin aber auch von Antibiotika wie Penicillin der Fall war. Allerdings war damit ein enormer Aufwand verbunden und die Entwicklung konnte nur in relativ geringem Maße rational erfolgen. Die Stammverbesserungen durch Mutation und Selektion wurden durch ausgeklügelte Methoden der **Prozessführung** (Bioverfahrenstechnik) ergänzt. Durch das Aufkommen der **Gentechnologie,** die unter anderem mit der Entdeckung der Restriktionsenzyme durch Werner Arber (1962) einen enormen Aufschwung nahm, wurde eine immer gezieltere Veränderung des Genoms von Mikroorganismen

möglich. Nach der Produktion des ersten rekombinanten Plasmids durch Cohen et al. (1973) wurde bald Insulin rekombinant in *E. coli* exprimiert (Goedel et al. 1979) und kurze Zeit später industriell hergestellt. Durch diese und eine Reihe weiterer Entwicklungen ist es heute möglich, gezielt Gene **auszuschalten,** zu **verstärken** oder **abzuschwächen,** zu **deregulieren** sowie heterologe Gene in Mikroorganismen zur Expression zu bringen. Es wurde allerdings sehr bald entdeckt, dass dem rationalen Design veränderter Stoffwechselaktivitäten enge Grenzen gesetzt sind, was in hohem Maße an der hohen Komplexität der zu optimierenden Systeme liegt. Bald nahmen sich Bioingenieure dieses Problems an, und James Bailey prägte 1991 den Begriff Metabolic Engineering. 1998 erschien das erste und immer noch dominierende Buch zu diesem Thema (Stephanopoulos et al. 1998) und seit 1998 wird eine eigene Zeitschrift „Metabolic Engineering" herausgegeben. Inzwischen ist eine Reihe von Überblicksartikeln geschrieben worden, u.a. Nielsen (2001). Durch die seit dem letzten Jahrzehnt des 20. Jahrhunderts rasante Zunahme der Sequenzierung ganzer bakterieller Genome erhält das Metabolic Engineering einen neuen kräftigen Schub durch die nun mögliche Aufstellung genomweiter Modelle (s. Kap. 4). Die heutigen und vermutlich noch viel mehr die derzeit in Entwicklung begriffenen Methoden des Metabolic Engineering, die inzwischen treffender mit *System-Biotechnology* bezeichnet werden können („Systems Approaches to Biotechnology: Systems Biotechnology in the Making", Spezialband von Biotechnol. Bioeng. Vol. 84, Issue 7, 2003) lassen eine stürmische Entwicklung in näherer Zukunft erahnen. Dabei sind nicht nur das Design von Mikroorganismen für den verbesserten Abbau und die effiziente Synthese verschiedenster Verbindungen von Bedeutung, sondern vermutlich noch mehr medizinisch-pharmazeutische Anwendungen zur Bekämpfung verschiedenster Krankheiten.

Das Metabolic Engineering integriert dabei das vorhandene biochemische und molekularbiologische Wissen vermehrt durch den Einsatz von **computergestützten Modellen.** Ein wesentlicher

Aspekt ist somit die integrierte Systembetrachtung der Gesamtheit des Stoffwechsels im Gegensatz zu einer fokussierten Betrachtung von Einzelschritten. Dabei spielt die Hierarchie zellulärer Vorgänge eine zentrale Rolle (Abb. 12.1).

Die im Genom gespeicherte Information wird in mRNA transkribiert und dann an den Ribosomen in Proteine übersetzt. Die Proteine ihrerseits katalysieren biochemische Reaktionen, sind verantwortlich für den Transport über biologische Membranen und sind wesentliche regulatorische Elemente. Die im Metabolismus gebildeten nieder- und hochmolekularen Metabolite sind Bausteine für alle zellulären Bestandteile und wirken auf vielfältige Art regulatorisch. Zelluläre Aktivitäten sind somit auf vielfältige Weise miteinander vernetzt.

Metabolic Engineering strebt ein möglichst rationales Design von **Produzentenorganismen** und **Produktionsprozessen** an. In absehbarer Zeit scheint es jedoch nicht möglich, dass dies komplett sozusagen auf dem Reisbrett bzw. mit dem Computer (*in silico*) geschehen kann. Es handelt sich vielmehr um einen iterativen Prozess

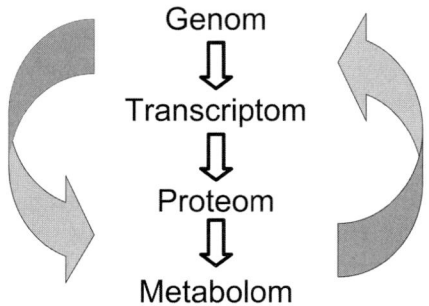

Abb. 12.1. Hierarchie zellulärer Systeme

(Abb. 12.2), der das Wissen aus den verschiedenen Bereichen zu integrieren versucht, was nur in einem entsprechenden interdisziplinären Teamwork geschehen kann.

In einem ersten Schritt werden Ideen gesammelt, wozu auch ein eingehendes Studium des verfügbaren Wissens gehört. Zu diesem gehören heute in vielen Fällen bereits das gesamte **Genom** und entsprechende **metabolische Pfade**. Nach Aufstellung eines Konzeptes werden Ziele der Stammentwicklung definiert. Zu den wesentlichen Zielen der Stammentwicklung gehören die Expression eines heterologen Proteins, die Herstellung eines neuen Stoffwechselprodukts, der Abbau xenobiotischer Substanzen, die Steigerung des Umsatzes, der Selektivität, der Raum-Zeit-Ausbeute und der Konzentration des gesuchten Produktes sowie die Verbesserung der Produktqualität und der Verwertung von Substraten (Nielsen 2001). Dies führt zu einem **ersten Designschritt**, in dem ein geeigneter Organismus ausgewählt wird und Überlegungen zur Änderung der Aktivität von metabolischen Pfaden gemacht werden. Auf Basis dieser Überlegungen werden erste Mutanten generiert und anschließend experimentell untersucht. Experimentelle Untersuchungen finden meist auf verschiedenen Ebenen statt. Ist das Genom bereits bekannt, so können sowohl Transkriptions- als auch Proteomanalysen viel leichter durchgeführt werden. Die **Genomanalyse** ist auch eine wesentliche Basis für die Aufstellung von metabolischen Netzwerken für die **metabolische Flussanalyse**. Metabolomanalysen beschränken sich in der Regel zunächst auf die wesentlichen Substrate und Produkte. Der Analyse

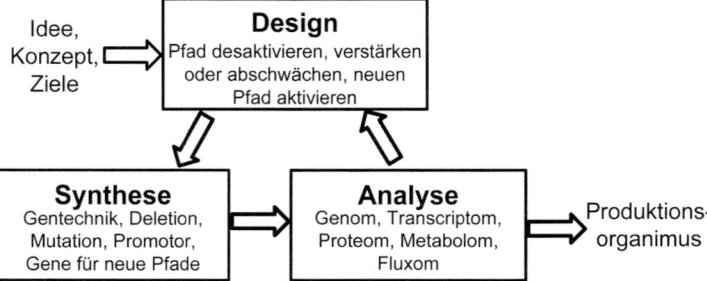

Abb. 12.2. Der iterative Prozess des Metabolic Engineering

folgen wieder ein neues Design und die Synthese bzw. Implementierung bis schließlich das Ziel erreicht ist oder das Projekt abgebrochen wird.

In den folgenden Abschnitten werden zunächst Methoden der Beschreibung metabolischer Netzwerke und dann die Ausführung der in Abb. 12.2 aufgezeigten Schritte behandelt.

12.2
Beschreibung metabolischer Netze

Eine umfassende Beschreibung schließt alle in Abb. 12.1 gezeigten Ebenen ein. Zunächst konzentriert man sich am besten auf die als relevantest angesehenen Teilaspekte. Ist das komplette Genom des Organismus bekannt, was in naher Zukunft für die meisten für die Produktion interessanten Mikroorganismen der Fall sein wird, so kann in der Regel ein komplettes Reaktionsnetzwerk mit der Stöchiometrie aller Einzelreaktionen aufgebaut werden. Die heute wohl beste und umfangreichste Quelle für solche Informationen ist die Kyoto Encyclopedia for Genomes and Genes (KEGG, Kanehisha et al. 2004). Auch kinetische und regulatorische Eigenschaften vieler Enzyme können über Datenbanken recherchiert werden, z. B. enthält BRENDA solche Informationen von über 80 000 Enzymen (Schomburg et al. 2004). Datenbasis-Informationen über **transkriptionelle Regulation**, d. h. Induktion und Repression, sind weit weniger vollständig untersucht und entsprechend seltener in Datenbanken dargestellt. Umfangreiche Datenbanken existieren für *E. coli* (Ecocyc – Keseler et al. 2005, RegulonDB – Salgado et al. 2004), wobei die genauere Struktur der regulatorischen Netzwerke Gegenstand derzeitiger Forschung ist (z. B. Ma et al. 2004). Insgesamt befindet sich die genomweite Beschreibung metabolischer Netzwerke in einem autokatalytischen Wachstum, stark gefördert durch neue experimentelle Technologien und durch die Bioinformatik mit dem simultanen weltweiten Zugang zu einer unbeschreiblichen Fülle an Daten. Für die Mehrzahl der Organismen ist diese Art von Informationen allerdings kaum zugänglich bzw. gar nicht vorhanden.

12.2.1
Reaktionsnetzwerk

Elemente der Reaktionsnetzwerke sind biochemische Reaktionen mit ihren jeweiligen **Substraten und Produkten**. Die Thermodynamik liefert Informationen über die Gleichgewichtslage dieser Reaktionen, d. h. darüber, ob es sich um irreversible oder reversible Reaktionen handelt (Beard et al. 2002, 2004). Auf Basis dieser Eigenschaften lassen sich metabolische Netzwerke quantitativ beschreiben, was sowohl für die **Analyse der Aktivität** solcher Netzwerke (Fluxom) als auch für das Design optimaler Netzwerke wesentlich ist.

Wir wollen hier wesentliche Aspekte der Methodik der quantitativen Beschreibung metabolischer Netzwerke mit dem einfachen hypothetischen Modellreaktionsnetzwerk darstellen, das in Abb. 12.3 dargestellt ist. Es enthält einige wichtige Elemente von Reaktionsnetzwerken, nämlich Verzweigungen mit alternativen Stoffwechselwegen, irreversible und reversible Reaktionen und zyklische Elemente. Wir werden dieses Netzwerk in diesem Kapitel auch zur Illustration der Optimierung und Analyse von Netzwerken verwenden. Dieses Netzwerk hat vier **externe Metabolite**, S, P1, P2 und P3. Der Rest sind **interne Metabolite**.

Externe Metabolite sind solche, die von außen in das betrachtete Netzwerk einfließen oder dieses nach außen verlassen. Die Grenzen für ein Netzwerk können im Prinzip beliebig gewählt werden, sollten aber möglichst **physikalisch sinnvoll** sein. Sie können mit biologischen Barrieren, wie sie Membranen darstellen, identisch sein. Eine spezielle Eigenschaft metabolischer Netzwerke ist, dass die Konzentration der meisten Metabolite innerhalb einer Zelle durch eine Vielzahl regulatorischer Mechanismen annähernd konstant gehalten wird. Dadurch kann mit guter Näherung angenommen werden, dass die Metabolite sich in einem **stationären Zustand** befinden, d. h. dass sich ihre Konzentrationen innerhalb der Zelle praktisch nicht ändern mit der Zeit. Dadurch gilt für jeden Metaboliten, dass die Summe der Raten seiner Bildungsreaktionen gleich der seiner Verbrauchsreaktionen ist.

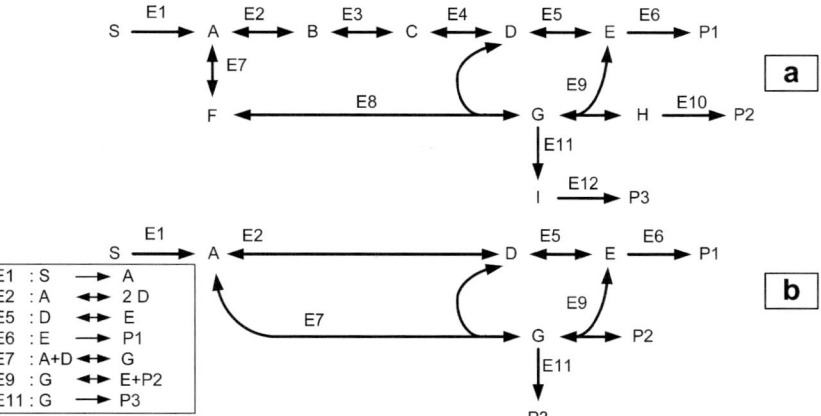

Abb. 12.3 a, b. Beispiel eines möglichen Reaktionsnetzwerks mit 12 Reaktionen (E1 bis E2). **a** Komplettes Netzwerk. **b** Vereinfachtes Netzwerk für den Fall des stationären Zustands für aller Zwischenprodukte A bis I. Der eingeschobene Kasten zeigt die stöchiometrischen Gleichungen für **b** und die Reversibilität der Reaktionen an

$$0 = \sum_{i=1}^{n} s_{i,k} r_{i,ein} - \sum_{j=1}^{m} s_{j,k} r_{j,aus} \qquad (12.1)$$

Die Bedeutung der Symbole ist: s = stöchiometrischer Koeffizient, r = Reaktionsrate, k = Komponente, n = Anzahl der Bildungsreaktionen, m = Anzahl der Verbrauchsreaktionen. Man kann nun für alle internen Metabolite solche Bilanzen aufstellen und erhält dadurch ein lineares Gleichungssystem, das in Matrixnotation folgendermaßen geschrieben wird:

$$0 = \mathbf{Sr} \qquad (12.2)$$

Die Matrix S hat m Spalten, wobei m die Anzahl der Reaktionen ist, und n Reihen, wobei n die Anzahl der Metabolite ist, für die Bilanzen aufgestellt wurden.

Für unser Beispielnetzwerk (Abb. 12.3 a) erhält man

$$
\begin{array}{c}
A \\
B \\
C \\
D \\
E \\
F \\
G \\
H \\
I
\end{array}
\;0=\;
\begin{bmatrix}
1 & -1 & 0 & 0 & 0 & 0 & -1 & 0 & 0 & 0 & 0 & 0 \\
0 & 1 & -1 & 0 & 0 & 0 & 0 & 0 & 0 & 0 & 0 & 0 \\
0 & 0 & 1 & -1 & 0 & 0 & 0 & 0 & 0 & 0 & 0 & 0 \\
0 & 0 & 0 & 2 & -1 & 0 & 0 & -1 & 0 & 0 & 0 & 0 \\
0 & 0 & 0 & 0 & 1 & -1 & 0 & 0 & 1 & 0 & 0 & 0 \\
0 & 0 & 0 & 0 & 0 & 0 & 1 & -1 & 0 & 0 & 0 & 0 \\
0 & 0 & 0 & 0 & 0 & 0 & 0 & 1 & -1 & 0 & -1 & 0 \\
0 & 0 & 0 & 0 & 0 & 0 & 0 & 0 & 1 & -1 & 0 & 0 \\
0 & 0 & 0 & 0 & 0 & 0 & 0 & 0 & 0 & 0 & 1 & -1
\end{bmatrix}
\begin{bmatrix}
r_1 \\ r_2 \\ r_3 \\ r_4 \\ r_5 \\ r_6 \\ r_7 \\ r_8 \\ r_9 \\ r_{10} \\ r_{11} \\ r_{12}
\end{bmatrix}
\qquad (12.3)
$$

Man kann sofort erkennen, dass Reaktionen in einer linearen Reaktionssequenz zusammengefasst werden können, da sie im stationären Zu- stand die gleichen Raten haben (Abb. 12.3 b). Dies vereinfacht die quantitative Beschreibung und Analyse metabolischer Netzwerke deutlich.

$$
\begin{array}{c} A \\ D \\ E \\ G \end{array}
\quad 0 =
\begin{bmatrix}
1 & -1 & 0 & 0 & -1 & 0 & 0 \\
0 & 2 & -1 & 0 & -1 & 0 & 0 \\
0 & 0 & 1 & -1 & 0 & 1 & 0 \\
0 & 0 & 0 & 0 & 1 & -1 & -1
\end{bmatrix}
\begin{bmatrix}
r_1 \\ r_2 \\ r_5 \\ r_6 \\ r_7 \\ r_9 \\ r_{11}
\end{bmatrix}
\tag{12.4}
$$

Die Zusammenstellung aller Reaktionen oder auch von Teilen des Reaktionsnetzwerkes erlaubt bereits viele Rückschlüsse für das Design von metabolischen Netzwerken als auch für deren Analyse. So erkennt man in diesem einfachen Beispiel sofort, dass für die 4 Gleichungen mit 7 Unbekannten mindestens die Messungen von drei Austauschraten, z. B. r_1, r_6 und r_{10}, notwendig sind, um alle intrazellulären Raten zu bestimmen.

Die Bestimmung der extremen Pfade (*extreme pathways*) sowie der Elementarmoden (*elementary modes*) und auch die metabolische Flussanalyse, deren Beschreibung weiter unten erfolgt, basieren auf einer solchen Grundlage. In realen metabolischen Netzwerken sind auch die anabolen Reaktionen enthalten. Diese können meist in einer einzigen komplexen Reaktion zusammengefasst werden. Dafür müssen stöchiometrische Koeffizienten gefunden werden. Die Herleitung der Werte solcher Koeffizienten ist in Neidhart et al. (1990) ausführlich beschrieben. Für *Corynebacterium glutamicum* wurden von Marx et al. (1996) solche Werte beschrieben, für *Bacillus subtilis* von Dauner u. Sauer (2001).

12.2.2
Regulatorische Netzwerke

Grundsätzlich können Regulationen metabolischer Aktivitäten auf zwei Arten erfolgen, durch die **Regelung der Enzymkonzentration und die der Enzymaktivität**. Ersteres erfolgt vornehmlich auf der Ebene der Expression, Letztere vornehmlich durch allosterische Aktivierung oder Inhibition und durch kovalente Enzymmodifikationen, z. B. durch Phosphorylierung. Regulatorische Netzwerke können auf verschiedenen Ebenen beschrieben werden. In der einfachsten Variante werden positive und negative Beeinflussungen auf einzelne Prozessschritte zusammengestellt und graphisch dargestellt. Zur vollen quantitativen Beschreibung regulatorischer Netzwerke sind Systeme von Differentialgleichungen erforderlich (z. B. Kremling et al. 2000, 2001 a, b; Xiu et al. 2002), worauf in diesem Kapitel aber nicht näher eingegangen wird.

12.3
Analyse metabolischer Netzwerke

Modernes Metabolic Engineering setzt alle genomischen und post-genomischen Werkzeuge in abgestimmter Weise ein. Damit können wertvolle Informationen auf allen in Abb. 12.1 gezeigten Ebenen erhalten werden. Die wichtigste Basis modernen Metabolic Engineerings stellt die **Genomanalyse** dar. Das Genom eines Organismus ist im Wesentlichen konstant und erlaubt durch die immer dichter vorhandenen Informationen über die Zusammenhänge zwischen Gensequenzen und Funktionen der daraus gebildeten Proteine immer mehr die direkte Ermittlung vieler **wesentlicher Netzwerkeigenschaften** mit bioinformatischen Methoden.

12.3.1
Genomanalyse

Nach der 1995 erfolgten ersten Analyse einer kompletten Genomsequenz eines Organismus, nämlich von *Haemophilus influenzae*, ist eine ganze Reihe von Genomen vollständig bestimmt worden. KEGG listet Ende 2004 ca. 200 vollständig sequenzierte Genome (s. Kap. 4). Heute ist die Genomanalyse eine weitgehend ausgereifte Technik, mit der ganze Genome von Prokaryoten in kürzester Zeit sequenziert werden können, wobei besonders für Prokaryoten eine erstaunlich hohe Präzision erreicht werden kann. Die Genomanalyse von Produzentenorganismen, die durch klassische Mutation und Selektion erhalten wurden, stellt eine reiche Quelle von Informationen dar, insbesondere was die Auffindung der genomischen Ursachen für **geänderte kinetische Eigenschaften von Enzymen** anlangt. So konnten Ohnishi et al. (2002) für *C. glutamicum* zeigen, dass die Einführung weniger durch Vergleich mit dem Wildtyp gefundener regulatorischer Punktmutationen den Wildtyp bereits zu einem guten Produzenten von Lysin machen.

12.3.2
Transkriptom

Für das Verständnis und damit die gezielte Manipulation der Genregulation ist die Analyse der Expression von Genen wichtig. Diese wird durch die Bestimmung der mRNA studiert. Nach Abstoppen der Reaktion wird RNA aus den Zellen extrahiert. Die klassische Methode des Northern-Blots eignet sich nur für die Analyse der Expression weniger, ganz bestimmter Gene. Zur Erhöhung der Empfindlichkeit kann eine PCR nachgefolgt von einem Southern-Blot durchgeführt werden. Die heute wichtigste Technik ist jedoch die **Gen-Chip-Analyse** bei der mit Fluoreszenzfarbstoffen markierte mRNA oder korrespondierende cDNA auf einem Träger mit dort immobilisierten Oligonukleotiden hybridisiert wird (Schena et al. 1995). Im Extremfall können zu allen Genen eines Organismus komplementäre Oligonukleotide immobilisiert sein. Die Fluoreszenzintensität zeigt die Menge an mRNA an. Meist werden **Differenzmessungen** mit zwei verschiedenen Fluoreszenzmarkierungen durchgeführt. Für *S. cerevisiae*, *E. coli*, *C. glutamicum* und andere Organismen werden solche Chips kommerziell angeboten. Eine sehr empfindliche und gut quantifizierende Technik mit einem großen dynamischen Detektionsbereich ist die **RT-PCR** (Heid et al. 1996), die allerdings deutlich aufwändiger als die Chipanalyse ist.

12.3.3
Proteom

Proteine sind die **Katalysatoren der Zelle** und üben verschiedene andere wesentliche Funktionen in Zellen aus. Deshalb ist die Kenntnis ihrer Konzentrationen bzw. Aktivitäten ein wesentliches Merkmal einer Zelle und ihres jeweiligen physiologischen Zustands. Im Vergleich zur mRNA ist die Proteinanalyse durch verschiedene Faktoren erschwert. So ist nur ein Teil der Proteine in Wasser löslich, ca. 30% sind in Membranen gebunden oder an Membranen assoziiert. Proteine können verschiedene posttranslationale Modifikationen wie Phosphorylierungen erfahren. Für die Bestimmung der Aktivität von Proteinen ist eine Reihe zusätzlicher Faktoren von Bedeutung. Proteine bestehen in ihren aktiven Formen aus Untereinheiten, die oft nur schwach miteinander verbunden sind. Proteine sind zum Teil sehr instabil. Für ihre Aktivität benötigen sie **geeignete Umweltbedingungen** (pH, Salze, Kofaktoren).

Bestimmung der Identität und Konzentration von Proteinen

Das erste zu lösende Problem bei der Analyse ist die Extraktion einer **repräsentativen Probe** aus einer Zelle, was zum Teil mit mechanischen oder enzymatischen **Zellaufschlussverfahren** sehr gut gelingt. Die Konzentration einzelner Proteine kann über klassische Affinitätsmethoden wie zum Beispiel mit Western-Blots erfolgen, bei denen in eindimensionalen Polyacrylamid-Gelen (PAGE) aufgetrennte Proteine mit Antikörpern spezifisch gefärbt werden. Will man jedoch einen einigermaßen repräsentativen Überblick über das Proteom, d. h. die Gesamtheit aller Proteine, erhalten, so werden heute vornehmlich **2D-Gel-Elektrophorese** und **HPLC-MS-Methoden** eingesetzt. In der 2D-Gelelektrophorese werden cytosolische Proteine zunächst über eine isoelektrische Fokussierung nach ihrem isoelektrischen Punkt und danach senkrecht dazu in einem SDS-PAGE-Gel nach dem Molekulargewicht aufgetrennt. Auf diese Weise können Hunderte bis Tausende Proteine gleichzeitig analysiert werden. Die Detektion erfolgt nach Einfärbungen mit Silber oder Coomassie-Blue. Die Identifikation erfolgt über massenspektrometrische Methoden durch Analyse von Spaltpeptiden nach proteolytischem Verdau und nachfolgender bioinformatischer Ähnlichkeitssuche in Datenbanken. Massenspektrometrische Methoden sind insbesondere **MALDI-ToF-MS** und **HPLC-Elektrospray-MS**, in denen die genauen Massen der Peptide sowie Teilinformationen über ihre Sequenzen gewonnen werden können. Zur Quantifizierung werden massenspektrometrische Methoden und Fluoreszenzfärbungen eingesetzt (Hamdan u. Righetti 2002, Goshe u. Smith 2003). Eine andere Alternative der Proteomanalyse, die in neuerer Zeit eine stürmische Entwicklung erfährt, ist die 2D-HPLC gekoppelt mit der Massenspektrometrie. Dabei können bereits vor der Auftrennung auch von schlecht löslichen Proteinen Spaltpeptide erzeugt und diese dann der Trennung und Detektion zugeführt werden (Wu et al. 2003). Washburn et al. (2001) identifizierten so ca. 1500 Hefeproteine in einer Analyse. Inzwischen wurde eine Reihe von Anwendungen der Proteomanalyse im Metabolic Engineering publiziert. So fanden Wang et al. (2003) durch Proteomanalyse neue Enzyme, die bei der Synthese von 1,3-Propandiol, einem interessanten Zwischenprodukt für die Polymerherstellung, eine Rolle spielen.

Bestimmung der Aktivität von Proteinen

Für die metabolische Aktivität entscheidend sind letztlich die Aktivitäten der in einem Netzwerk aktiven Proteine. Die tatsächliche Aktivität kann nur *in vivo* bestimmt werden (s. oben: „metabolische Flussanalyse"), da es kaum gelingen kann, exakt dieselben Bedingungen *in vitro* herzustellen. Die Aktivität von Enzymen wird im Rahmen des Metabolic Engineering meist in Rohextrakten bestimmt. Dazu werden nach schonendem Aufschluss bei geeigneten Umweltbedingungen, d.h. pH, Temperatur, Konzentrationen von Substraten und Kofaktoren, Enzymkinetiken bestimmt. Durch solche Analysen, bei denen meist eine op-

tische Detektion erfolgen kann, können **kinetische Parameter** von Enzymen, wie zum Beispiel Substrataffinität, Inhibition und Aktivierung durch verschiedene Stoffe bestimmt werden. Es gelingt auf diese Weise meist auch das aktuell vorhandene katalytische Potential bestimmter Enzyme im jeweiligen Zustand der Zellen zu bestimmen.

12.3.4
Metabolom

Die unterste Ebene metabolischer Netzwerke stellt das Netzwerk biochemischer Reaktionen dar. Über den Katabolismus werden

- 12 wichtige Precursor- bzw. Vorläufersubstanzen gebildet, aus denen über verschiedenste anabole Stoffwechselwege die Bausteine für biologische Polymere wie DNA, RNA, Proteine, Kohlenhydrate und Lipide gebildet werden.
- direkt der wichtigste Träger von Energie ATP und Reduktionsäquivalenten wie NADH und NADPH gebildet. Dabei wird der größte Teil von ATP meist über die Atmungskette bereitgestellt.

Die Analyse der am Stoffwechsel beteiligten Metabolite ist einerseits wichtig, um das Vorhandensein bzw. die Aktivität bestimmter Stoffwechselwege nachzuweisen. Andererseits können über Änderungen von Konzentrationen von Metaboliten Schlüsse über die Aktivitäten einzelner Schritte oder ganzer Pfade gezogen werden.

Probenahme für die Metabolomanalyse

Die Probenahme für die Metabolomanalyse kann je nach Fragestellung einfach oder sehr schwierig sein. Für die Analyse **extrazellulärer Metabolite** genügt es meist, die Zellen durch Filtration oder Zentrifugation abzutrennen und dadurch die Reaktionen zu stoppen. Bei **intrazellulären Metaboliten** gilt es zwei Hauptprobleme zu beachten: Als erstes müssen alle biochemischen Reaktionen abgestoppt werden. Danach müssen die Zellen vom umgebenden Kulturmedium abgetrennt werden.

Nach Extraktion der Metabolite kann die eigentliche Analyse erfolgen. Die Zeit, die für das Abstoppen der Reaktionen zur Verfügung steht, wird am Besten durch die Zeitkonstante τ_{Met} charakterisiert, welche die Verweilzeit eines Metaboliten in der Zelle beschreibt.

$$\tau_{Met} = \frac{C_{Met}}{r_{Met}} \qquad (12.5)$$

Dabei ist C_{Met} die Konzentration des Metaboliten (mol L^{-1}) und r_{Met} die entsprechende Umsetzungsrate (mol L^{-1} s^{-1}). In Hefe können die Reaktionen durch schnelles Abschrecken in einer kalten methanolischen Pufferlösung erfolgen, ohne dass die Zellen Metabolite in nennenswerten Mengen ins Medium abgeben (Theobald et al. 1993, Hans et al. 2001). Das schnelle Abkühlen verursacht allerdings bei vielen Prokaryoten Probleme durch ein **Kälteschockphänomen**. Es hat sich nämlich herausgestellt, dass zum Beispiel *E. coli* oder *C. glutamicum* durch schnelles Abkühlen leck werden, was die Bestimmung intrazellulärer Konzentrationen wesentlich erschwert (Wittmann et al. 2004). Eine schnelle Membranfiltration reicht allerdings für Metabolite mit entsprechend langen Zeitkonstanten von einigen Sekunden aus, wie in dieser Arbeit für Aminosäuren gezeigt wurde.

Analytische Methoden zur Metabolitanalyse

Moderne analytische Methoden für die Metabolomanalyse sind im Wesentlichen Kombinationen von Gas-, Flüssigchromatographie oder Kapillarelektrophorese und Massenspektrometrie (Villas-Boass et al. 2004). **GC-MS** zeichnet sich einerseits durch eine hohe Auftrennung in den GC-Kapillaren und andererseits durch den hohen dynamischen Messbereich verbunden mit reichhaltigen Spektrenbibliotheken mit über 100 000 Referenzspektren aus (Fiehn et al. 2000). GC-MS ist an und für sich hervorragend für eine genaue Quantifizierung geeignet. Ein wesentlicher Nachteil ist die notwendige Derivatisierung zur Erhöhung der Flüchtigkeit der Verbindungen. Für ionische Metabolite eignet sich auch Kapillarelektrophorese-MS (**CE-MS**) sowohl für anionische und kationische Metabolite als auch für Zwitterionen wie Aminosäuren (Soga et al. 2003). Mit bioinformatischen Methoden lassen sich für unbekannte Metabolite Retentionszeiten voraussagen (Sugimoto 2005). Wu et al. (2005) schlagen eine viel versprechende Methode zur verbesserten Quantifizierung mit **HPLC-MS** vor, indem sie eine Referenzkultur mit ^{13}C-vollmarkierten Substraten füttern und dann zusammen mit einer Kultur, die mit natürlichen Substraten gezüchtet wurde, extrahieren und analysieren.

12.3.5
Fluxom

Das Fluxom ist die **Gesamtheit aller metabolischen Flüsse**, d. h. aller Reaktionsraten innerhalb einer Zelle, und schließt auch alle zellulären Transporte mit ein. Es leuchtet sofort ein, dass diese Reaktionsraten wesentliche Teile der Physiologie einer Zelle charakterisieren und unmittelbar mit der Umsetzung von Substraten und der Bildung von Produkten zusammenhängen. Deshalb ist ihre Bestimmung ein zentraler Teil des Metabolic Engineering. Darüber hinaus existieren heute leistungsstarke Methoden, mit denen in vielen Fällen solche Raten mit hoher Genauigkeit bestimmt werden können.

Im Wesentlichen werden zwei Methoden eingesetzt. Die eine basiert auf stöchiometrischen Netzwerkmodellen, der Metabolitbilanzierung und der Messung extrazellulärer Substrate und Produkte. Die andere benützt zusätzlich markierte Verbindungen.

Metabolite Balancing

Die Grundlage der Bestimmung der Verteilung metabolischer Aktivitäten in einem Netzwerk ist die Metabolitbilanzierung, die in Kapitel 12.2.1 beschrieben wurde. Ausgehend von Gleichung (12.2), bei der ein stationärer Zustand für intrazelluläre Metabolite angenommen wurde, können die messbaren von den nicht direkt messbaren

Reaktionen getrennt werden. Dadurch erhält man folgende Gleichung:

$$0 = S_m r_m + S_{nm} r_{nm} \tag{12.6}$$

Der Index m steht für messbare und nm für nicht messbare Reaktionsraten. Ist nun die Matrix S_{nm} quadratisch und invertierbar, so kann man direkt die nicht messbaren Raten r_{nm} bestimmen durch

$$r_{nm} = S_{nm}^{-1}(-S_m r_m) \tag{12.7}$$

Ist das Gleichungssystem **überbestimmt**, d. h. ist die Anzahl der Reihen größer als die der Spalten, so kann man eine Regression durchführen nach der Methode der kleinsten Quadrate und erhält

$$r_{nm} = (S_{nm}^T S_{nm})^{-1} S_{nm}^T(-S_m r_m) = S_{nm}^{\#}(-S_m r_m) \tag{12.8}$$

T indiziert die **transponierte Matrix** und # die **pseudoinverse Matrix**. Alle diese Matrixmanipulationen lassen sich mit moderner mathematischer Software (z.B. MATLAB, MAPLE, MATHCAD) sehr leicht durchführen.

Dies soll an unserem Reaktionsbeispiel (Abb. 12.3 b) kurz gezeigt werden. Glg. (12.4) wird analog Glg. (12.6) umgewandelt in

$$\begin{matrix} A \\ D \\ E \\ G \end{matrix} \quad 0 = \begin{bmatrix} -1 & 0 & 0 & -1 \\ 2 & -1 & 0 & -1 \\ 0 & 1 & -1 & 0 \\ 0 & 0 & 0 & 1 \end{bmatrix} \begin{bmatrix} r_2 \\ r_5 \\ r_6 \\ r_7 \end{bmatrix}$$

$$+ \begin{bmatrix} 1 & 0 & 0 \\ 0 & 0 & 0 \\ 0 & 1 & 0 \\ 0 & -1 & -1 \end{bmatrix} \begin{bmatrix} r_1 \\ r_9 \\ r_{11} \end{bmatrix} \tag{12.9}$$

Da die quadratische Matrix invertierbar ist, erhält man gemäß Glg. (12.7)

$$\begin{bmatrix} r_2 \\ r_5 \\ r_6 \\ r_7 \end{bmatrix} = \begin{bmatrix} 1 & -1 & -1 \\ 2 & -3 & -3 \\ 2 & -2 & -3 \\ 0 & 1 & 1 \end{bmatrix} \begin{bmatrix} r_1 \\ r_9 \\ r_{11} \end{bmatrix} \tag{12.10}$$

Beispielhaft ergibt $r_1=1{,}0$, $r_9=0{,}5$ und $r_{11}=0{,}1$ folgendes Resultat: $r_2=0{,}4$; $r_5=0{,}2$; $r_6=0{,}7$ und $r_7=0{,}6$.

Diese Art der metabolischen Flussanalyse wird praktisch dann eingesetzt, wenn wenige Messungen extrazellulärer Metabolite für ein einfaches Netzwerk oder viele für ein komplexeres vorliegen. So wurden in verschiedenen Publikationen metabolische Netzwerkaktivitäten von Säugerzelllinien auf diese Art und Weise berechnet, wobei die metabolischen Netzwerke stark vereinfacht waren und zusätzlich viele Messungen in Form von Aminosäuren vorlagen (Zupke et al. 1995). Dabei wurden zum Teil auch Cometabolite wie NADH bilanziert (Bonarius et al. 1996). Diese Art der Flussanalyse ist auch einsetzbar für **Fedbatch-Kulturen**, solange ein Fließgleichgewicht der intrazellulären Metabolite angenommen werden kann (Chassagnole et al. 2003).

Metabolische Flussanalyse mit markierten Substraten

In den meisten Fällen reicht die Metabolitbilanzierung nicht aus, um intrazelluläre Flüsse vollständig zu bestimmen. Dies ist der Fall bei parallelen Reaktionen mit gleicher Stöchiometrie, bei reversiblen Reaktionen und bei bestimmten zyklischen Reaktionsfolgen. In diesen Fällen können weder Gleichung (12.7) noch (12.8) angewendet werden. Dann müssen isotopenmarkierte Substrate eingesetzt werden. Heute geschieht dies vornehmlich mit ^{13}C-markierten Substraten (Wiechert 2001). Im Wesentlichen werden zwei Methoden eingesetzt. Die **METFoR-Analyse** ist lokal, kann allerdings oft nur Eingrenzungen der Flussverteilungen erreichen (Fischer u. Sauer 2003). Die zweite Methode ist **global** und verknüpft Metabolitbilanzierung und Markierungsanalyse. Methodisch wurde diese Art der Analyse insbesondere durch die Arbeiten von Zupke und Stephanopoulos

(1994) befruchtet, die **Atom-Mapping-Matrices** einführten, wodurch im Prinzip das Schicksal einzelner Kohlenstoffe durch Massenbilanzen beschrieben wurde. Eine wesentliche Verbesserung erfolgte durch Schmidt und Nielsen (1997) durch Definition von Isotopomer-Vektoren und Isotopomer-Matrizen. Damit können metabolische Netzwerke systematisch bezüglich ihrer **Isotopomeren-Verteilung** beschrieben werden. Wiechert et al. (1999) führten die Transformation der Isotopomeren in Cumomere ein, was eine explizite Lösung des Gleichungssystems erlaubt. Für die Analyse markierter Verbindungen werden NMR (de Graaf et al. 2000, Szyperski et al. 1999) und Massenspektrometrie (Wittmann u. Heinzle 1999, 2001 b, Wittmann 2002) bzw. deren Kombination (Yang et al. 2003) eingesetzt. Heute können Markierungen sowohl in intrazellulären und extrazellulären Metaboliten als auch im zellulären Protein bestimmt und für die Flussanalyse eingesetzt werden. Mit diesen Methoden konnten unter anderem Schlüsselparameter wie die Verzweigung Glykolyse-Pentosephosphat-Weg, anaplerotische Reaktionen von Phosphoenolpyruvat bzw. Pyruvat zu Oxalacetat (Lysinproduktion – de Graaf et al. 2001, s. Kap. 16; Riboflavinproduktion – Zamboni et al. 2004), Anteile paralleler Lysin-Synthesewege (Wittmann u. Heinzle 2001 a) oder Reversibilitäten in der oberen Glykolyse bei verschiedenen Kohlenhydratsubstraten (Kiefer et al. 2004, Wittmann et al. 2004) analysiert und nutzbringend in der Stammverbesserung eingesetzt werden. Solche Analysen lassen sich heute sogar in großer Zahl in Mikroreaktoren durchführen (Wittmann et al. 2004, Fischer et al. 2004, Sauer 2004).

12.3.6 Regulatorische Netzwerke

Ein wesentlicher Faktor für die rationale Verbesserung von Produktionsorganismen betrifft die Regulation der Expression. In vielen Fällen lassen sich einfache Regulationsmuster identifizieren, die dann auch entsprechend modifiziert werden können. Die Untersuchung regulatorischer Netzwerke wird heute meist unter Zuhilfenahme von **Mutanten**, z. B. von Deletionsmutanten, gekoppelt mit gezielten **Analysen der Expressionsmuster**, des **Proteoms** und **metabolischer Aktivitäten** durchgeführt. In Hefe wurden über das Two-Hybrid-System unzählige Interaktionen zwischen Proteinen identifiziert (Uetz et al. 2000, Ito et al. 2001). Im Falle von *E. coli* wurde in Nara, Japan, eine komplette Klonbank für Histidin-getaggte Proteine etabliert, mit der man für jedes beliebige Protein interagierende Proteine finden kann (Mori 2004). Bei der Aufklärung und Beschreibung regulatorischer Netzwerke spielen die bioinformatische und mathematische Methoden eine immer bedeutsamere Rolle (Lin et al. 2003, Herrgård et al. 2004).

12.4
Design optimaler metabolischer Netzwerke

Dieser Abschnitt beschäftigt sich mit der Frage, was in einem metabolischen Netzwerk verändert werden soll, damit ein angestrebtes Ziel wie z. B. die **Maximierung der Ausbeute** möglichst günstig erreicht werden kann. Es gibt grundsätzlich zwei **extreme Methoden**, dies zu erreichen. Die rein empirische baut auf dem Expertenwissen bzw. Expertenvorschlägen auf und kombiniert diese mit entsprechenden Experimenten zur Überprüfung der Vorschläge. Bei entsprechender Erfahrung kann dies sehr schnell zu brauchbaren Ergebnissen führen. So ist es sicher sinnvoll bei der Synthese eines Sekundärmetaboliten in einem ersten Schritt die ausreichende Expression der entsprechenden Synthese- und Sekretionsgene sicherzustellen. In weiteren Schritten kann man sich auf die Bereitstellung notwendiger Zwischenprodukte (Precursor) konzentrieren. Das andere Extrem wäre ein vollständig auf **einer quantitativen Beschreibung** aller wichtigen Aspekte eines Netzwerkes **beruhende Optimierung** mit System von Differentialgleichungen. Auf Grund der hohen Komplexität, dem Mangel an präziser Information, insbesondere über kinetische Parameter, und des oft stark nicht-linearen Charakters der Kinetik und Regulation von metabolischen Netzwerken erscheint dies meist utopisch und nach heutigen Kenntnissen nicht zielführend. Die besten

Methoden bewegen sich geschickt **zwischen diesen beiden Extremen**. Auf der untersten Ebene metabolischer Netzwerke, nämlich der Stöchiometrie metabolischer Netzwerke ist eine genomweite Analyse heute bereits möglich und es sind einsetzbare Werkzeuge verfügbar. Sinnvollerweise wird dies gekoppelt mit thermodynamischen Informationen, die das Gleichgewicht von Reaktionen beschreiben.

12.4.1
Stöchiometrie und Thermodynamik

Zum genomweiten stöchiometrisch-thermodynamischen Design benötigt man zunächst die Stöchiometrie aller in einem Netzwerk möglichen Reaktionen. Nimmt man einen stationären Zustand für die intrazellulären Metabolite an, so lässt sich jedes Netzwerk wie oben gezeigt in einer einfachen **Matrixgleichung** darstellen. Nach Berücksichtigung der Gleichgewichtslagen, die durch die freie Reaktionsenthalpie bzw. durch die Gleichgewichtskonstanten definiert sind, lassen sich nun genomweite Analysen solcher Netzwerke durchführen. Die zwei wichtigsten Methoden sind die der **extremen Pfade** (Schilling et al. 1999) und die der **Elementarmoden** (Schuster et al. 1999), die zum Teil ähnliche Resultate liefern (Papin et al. 2004). Darauf aufbauend können optimale Netzwerke identifiziert werden.

An unserem einfachen Netzwerkbeispiel kann der Elementarmodus, d.h. die Kombination von Reaktionen mit der höchsten Ausbeute ermittelt werden (Abb. 12.4). Der Elementarmodus EM1 ergibt eine 100%ige molare Ausbeute an P1 bezogen auf das eingesetzte Substrat, während EM2 nur eine 66,7%ige Ausbeute ermöglicht. Für die genetischen Veränderungen bedeutet dies, dass die Reaktion E6 und die Reaktionen E11 oder E12 deletiert werden sollten. Dies ist ein Resultat, das auch unmittelbar aus dem in Abb. 12.3a dargestellten Netzwerk ersichtlich ist. Für weniger Geübte ist sicherlich auf den ersten Blick nicht so klar, dass alternativ zu E6 auch E2 bis E4 deletiert werden könnten. Mit Zunahme der Komplexität der Netzwerke wird es zunehmend schwieriger die optimale Konfiguration zu finden.

12.4.2
Beispiele stöchiometrischen Designs

Eine solche Art der Netzwerkanalyse wurde von Liao et al. (1996) für die Überproduktion von aromatischen Aminosäuren in *E. coli* verwendet. Identifizierte Optimierungsmöglichkeiten wurden über Plasmide implementiert, konnten jedoch vermutlich wegen regulatorischer Randbedingungen nicht ganz zum erwarteten Erfolg führen. Zwei Arbeitsgruppen verwendeten die Kenntnis über genomweite Netze in *E. coli*, um theoretisch

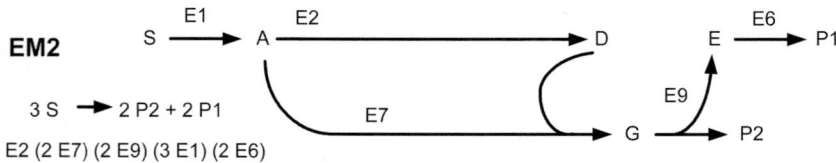

Abb. 12.4. Elementarmoden (EM1, EM2) des in Abb. 12.3 gezeigten Reaktionsnetzwerks, die zur Bildung von P2 führen

die **optimalen Zellausbeuten** bei bestimmten Umgebungsbedingungen zu ermitteln (Edwards et al. 2001, Carlson u. Srienc 2004). In beiden Fällen wurden diese optimalen Moden auch experimentell in Chemostat-Experimenten gefunden. Es lässt sich leicht vermuten, dass in der Evolution der **Selektionsdruck** dafür verantwortlich ist. In der Arbeit von Carlson und Srienc (2004) wurde gezeigt, dass es vier optimale Moden gibt (Abb. 12.5), abhängig von der Sauerstoffversorgung.

Bei **hoher Sauerstoffverfügbarkeit** verläuft das Wachstum völlig aerob (Modus 1) mit einer entsprechend hohen Aktivität des TCA-Zyklus und der Atmungskette. Bei **etwas reduzierter Sauerstoffversorgung** wird ein zweiter Modus optimal, bei dem der TCA-Zyklus nicht mehr aktiv ist, dafür aber Acetat ausgeschieden wird (Modus 2). Bei **weiterer Reduktion der Sauerstoffversorgung** wird zusätzlich auch Formiat (Modus 3) und zuletzt auch Ethanol ausgeschieden (Modus 4). Im letztgenannten Modus ist die **Atmungskette nicht mehr aktiv** und der Metabolismus ist dementsprechend ausschließlich **fermentativ**.

Eine genomweite Analyse der Produktion von Polyhydroxybuttersäure, allerdings ohne Einschluss der Zellsynthese, wurde von Carlson et al. (2002) präsentiert. Diese Methode eignet sich hervorragend, um maximal mögliche Ausbeuten für bestimmte Produkte auf bestimmten Substraten zu berechnen. Jin und Jeffries (2004) kamen in ihrer Extrempfad-Analyse der nach wie vor ungelösten wirtschaftlichen Vergärung von Xylose zu Ethanol durch Hefe zum Schluss, dass die Redoxbilanzierung eine Schlüsselrolle spielt, was durch Experimente untermauert werden konnte. Die Voraussage von Phänotypen auf der Basis von genomweiter Netzwerkanalyse, wie sie zum Beispiel von Famili et al. (2003) vorgestellt wurde, birgt ein unschätzbares Potential für die Optimierung metabolischer Systeme.

12.4.3
Änderungen der Enzymkonzentrationen und regulatorischer Eigenschaften von Zellen

Die nächste Stufe im Design von metabolischen Netzwerken schließt die kinetischen Kapazitäten mit ein. Dabei wird in einer ersten Analyse der limitierende Schritt gesucht. Durch Elimination dieser Limitierung erhofft man sich eine entsprechende Verbesserung. Dieses Denken führt durchaus zum Erfolg, allerdings nur in speziellen Fällen. Seit den 70er Jahren des 20. Jahrhunderts wurde die Metabolic Control Theory entwickelt (Fell 1977, Stephanopoulos u. Simpson 1997), mit der die Verteilung der die Geschwindigkeit bestimmenden Schritte in metabolischen Netzen quantifiziert werden kann. So zeigten Niederberger et al. (1992), dass die Verstärkung oder Abschwächung der Expression einzelner Gene des Tryptophan-Syntheseweges in Hefe nur zu geringen Änderungen der Aktivität führt, während eine gleichzeitige Hochexpression aller Gene zu einem mehr als additiven Effekt führte. Die *Metabolic Control Theory* lässt sich besonders nutzbringend für die Optimierung einsetzen, wenn ein mathematisches, kinetisches Netzwerkmodell vorliegt (Visser u. Heijnen 2003). Alvarez-Vasquez et al. (2000) beschrieben die Kinetik der Produktion von Citronensäure in *A. niger* mit einem so genannten S-Modell (Voit 2000) und konnten so analysieren, welche Enzyme in welchem Maße verstärkt bzw. abgeschwächt werden müssen für eine optimale Produktion. Schmid et al. (2004) verwendeten ein komplexes dynamisches Modell mit Beschreibung der Regulation für die Optimierung der Tryptophanproduktion in *E. coli*.

12.5
Synthese und Implementierung

Die Implementierung der erarbeiteten Strategie zur Optimierung eines metabolischen Systems, das die Zellen und den Reaktor umfasst, bedient sich zuerst biologischer, insbesondere gentechnischer Methoden zur **Änderung des metaboli-**

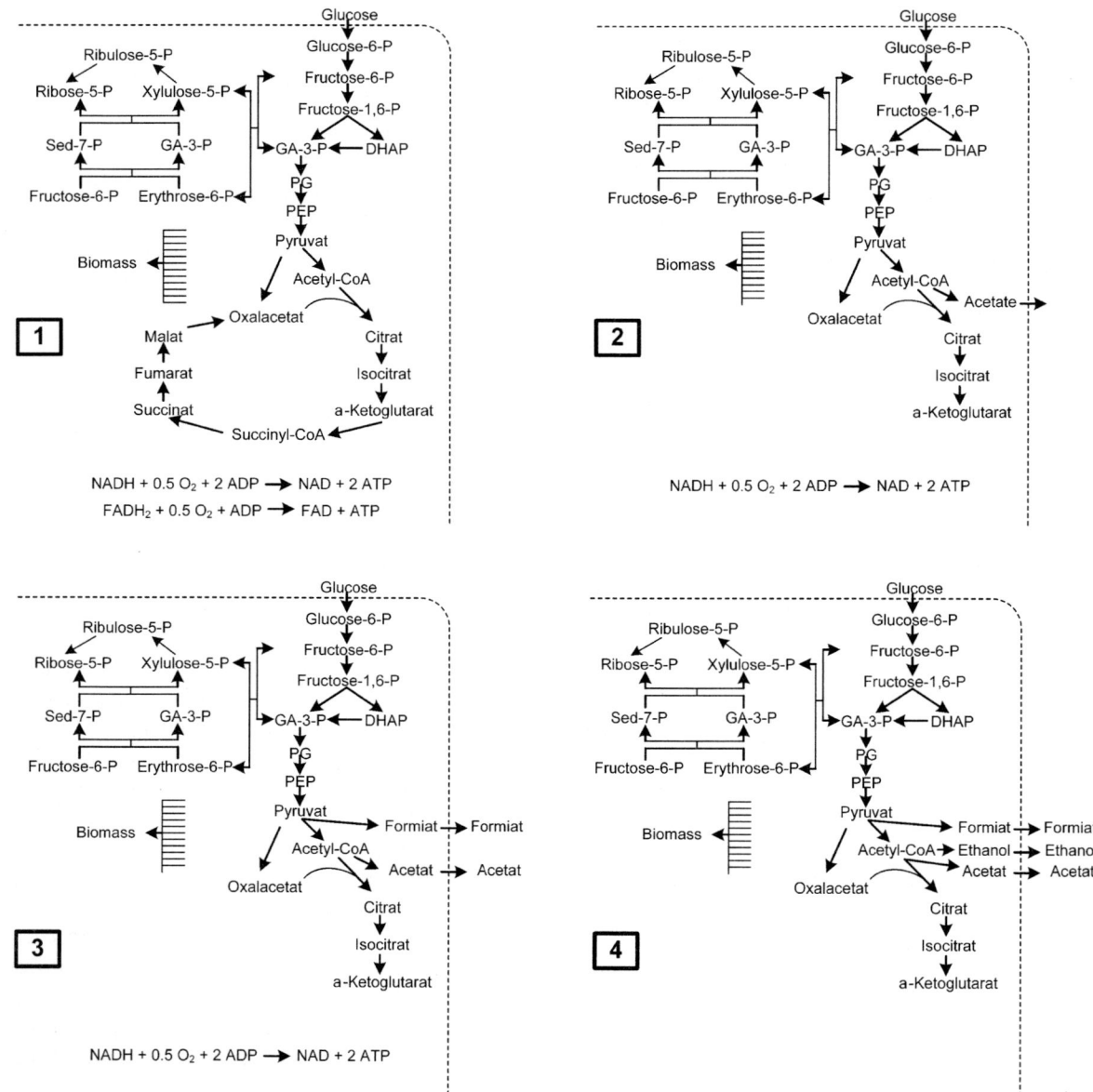

Abb. 12.5. Elementarmoden des Wachstums von *E. coli* bei verschiedenen Sauerstoffpartialdrücken (Carlson u. Srienc 2004)

schen Potentials einer Zelle. Der erste wesentliche Schritt ist die Auswahl eines **geeigneten Produktionsorganismus**. Bei dieser Auswahl spielen einige Kriterien eine wichtige Rolle: natürliche Eigenschaften nahe dem angestrebten Ziel, Verfügbarkeit genetischer Werkzeuge, bekannte Genom-sequenz, Robustheit und Stabilität, physiologische Kenntnisse, Patentsituation. So ist es sinnvoll, für die Produktion extrazellulärer Enzyme z. B. von *Bacillus subtilis* oder *Aspergillus niger* auszugehen. Die Verfügbarkeit genetischer Werkzeuge wie zum Beispiel von Systemen für die Gendeletion, von Promotoren verschiedener Stärken, von Plasmiden oder von Methoden zur chromosomalen Integration von Genen sind heute von entscheidender Bedeutung. Diese sind insbesondere für die Modellorganismen wie *E. coli* oder *S. cerevisiae* am weitesten entwickelt. Für diese beiden Organismen existieren auch verfügbare Banken von Deletionsmutanten. Heute sind bereits mehr als 200 Organismen vollständig sequenziert, deren Gensequenzen öffentlich zugänglich sind. Diese Zahl erhöht sich fortlaufend mit großer Geschwindigkeit. Die Verfügbarkeit physiologischen Wissens ist ein weiteres wichtiges Kriterium, steht aber oft in Konkurrenz mit der **Patentsituation**, die in sehr gut bekannten Organismen problematisch sein kann. Bis zur ausreichenden Verfügbarkeit rekombinanter gentechnischer Methoden war man ausschließlich auf Zufallsmutation und Selektion angewiesen. Auf diese Weise war es dennoch möglich, durch eine Unzahl von Mutations-Selektions-Runden Produktionsorganismen für Antibiotika, Aminosäuren und andere Produkte zu gewinnen. Durch intelligente Selektionssysteme, z.B. durch den Einsatz von **Antimetaboliten** (s. Kap. 16), wurde der Erfolg dieser Methoden entscheidend verbessert. Für die Optimierung der Substratverwertung und die Stabilität können durch den Selektionsdruck in kontinuierlichen Kulturen wesentliche Verbesserungen erreicht werden (Zelder u. Hauer 2000).

12.5.1
Genomische Änderungen durch rekombinante Gentechnologie und Anwendungen

Die rekombinante Gentechnologie steht heute klar im Zentrum zur Veränderung von Produktionsorganismen durch die Vielfalt an Möglichkeiten, gezielt Fremdgene zu exprimieren, Gene zu deletieren oder die Regulation der Genexpression zu ändern, um das Substratspektrum zu ändern, neue Produkte herzustellen oder die Produktion effizienter zu machen.

Modifiziertes Substratspektrum durch rekombinante Gentechnologie

Die Ausdehnung des Substratspektrums ist sehr wichtig für **industrielle Prozesse**. Dabei geht es vor allem um die Erschließung preiswerter Rohstoffe, zum Beispiel Stärke, Saccharose, Xylose oder Lactose. Bereits sehr früh wurde für die Produktion von Einzellerprotein aus Methanol das für die Assimilation von Ammoniak energetisch aufwändigere GS-GOGAT-System durch die Glutamat-Dehydrogenase ersetzt (Windass et al. 1980). Für die neuerdings wieder stark in Diskussion stehenden Bioraffinerien stellt die **Vergärung von Pentosen**, insbesondere Xylose nach wie vor ein ungelöstes Problem dar (Pitkanan et al. 2005, Jin u. Jeffries 2004).

Neue Produkte durch rekombinante Gentechnologie

Die Produktion von **heterologen Proteinen**, d.h. von Enzymen, von Targets für die pharmazeutische Forschung und von **Wirkstoffproteinen**, stellt einen wirtschaftlich außerordentlich bedeutsamen Teil der modernen biotechnologischen Produktion dar. Dies ist in anderen Kapiteln dieses Buches genauer dargestellt (s. Kap. 6). Sehr interessant ist die Einführung neuer synthetischer Stoffwechselwege zur Herstellung neuer Produkte, z.B. von Polyketiden (Rudea u. Khosla 2004). In diesem Bereich gelang neulich Wenzel et al. (2005) ein Durchbruch durch die Übertragung eines kompletten Gen-Clusters für die Synthese von Myxochromid von einem schlecht kultivierbaren Myxobakterium auf *Pseudomonas putida*. Polyhydroxyalkanoate in verschiedensten Variationen wurden über die Einführung neuer Gene in *E. coli* und auch Hefe synthetisiert (Lee u. Choi 2001, de Oliveira et al. 2004). Seidenproteine können nach Expression entsprechender Gene in Bakterien produziert werden (Scheibel 2004). Cephalosporine gehören zu den wichtigsten Antibiotika und werden heute semisynthetisch unter anderem ausgehend von 7-Aminodeacetoxycephalosporansäure (7-ADCA) hergestellt (Thykaer u. Nielsen 2003). Crawford et al. (1995) führten in *Penicilli-*

um chrysogenum eine Expandase aus *Streptomyces clavuligerus* ein, wodurch dieser bei Fütterung von Adipinsäure statt Penicillin Adipyl-7-ADCA produziert, was leicht enzymatisch in 7-ADCA und Adipinsäure gespalten werden kann und heute großtechnisch durchgeführt wird.

Optimierung der Produktion

Wesentliche Faktoren für eine optimierte Produktion sind hohe Produktqualität, hohe Ausbeuten, hohe Selektivität, hohe Raum-Zeit-Ausbeute und hohe Endkonzentration des Produktes. Von großer Bedeutung ist dabei die Herstellung von **Deletionsmutanten** (*S. cerevisiae* – Winzeler et al. 1999, *E. coli* – Datsenko u. Wanner 1999), insbesondere zur Vermeidung unerwünschter Nebenprodukte bzw. zur Umlenkung der Stoffflüsse in die gewünschte Richtung. Die genomische Integration von Genen (z.B. *C. glutamicum* – Ikeda u. Katsumata 1998) ergibt in den meisten Fällen genetisch stabile Konstrukte. In früheren Projekten wurden **Plasmide** verwendet, die sich für eine stabile Expression kaum eignen. Der gezielte Austausch von Promotoren zur Verstärkung oder Abschwächung der Expression einzelner Proteine ist insbesondere bei der Optimierung von Produktionsraten und Selektivitäten in späteren Phasen des Metabolic Engineering interessant. Eine weitere Option stellt die Stabilisierung von mRNA dar (Smolke et al. 2001).

12.5.2
Prozessführung

Ein sinnvolles, erfolgreiches Metabolic Engineering schließt von Anfang an Überlegungen zur **Verbesserung der Produktausbeute und der Produktionsrate** durch die gezielte Zufütterung von Substraten mit ein. Dies geschieht am flexibelsten in **Fed-Batch-Kulturen**, in denen z.B. durch Zufütterung Wachstum von Produktion gezielt getrennt werden kann, was in vielen Fällen die Voraussetzung für eine effiziente Produktion darstellt (s. Kap. 13, 14).

12.6
Ausblick

Das Metabolic Engineering wird nach Einschätzung des Autors in den nächsten Jahren einen enormen Aufschwung nehmen, wobei es wesentlich darauf ankommt genomisches Wissen und molekularbiologische Techniken mit Bioinformatik und Bioreaktionstechnik effizient zu kombinieren. Damit kann ein vertieftes Verständnis des vernetzten Zusammenspiels der verschiedensten metabolischen Elemente gefunden und damit auch die Grundlage für ein gezieltes Engineering von metabolischen Netzwerken gelegt werden (Abb. 12.6). Das sich abzeichnende Gebiet der **System-Biotechnologie** wird hier integrierend wirken.

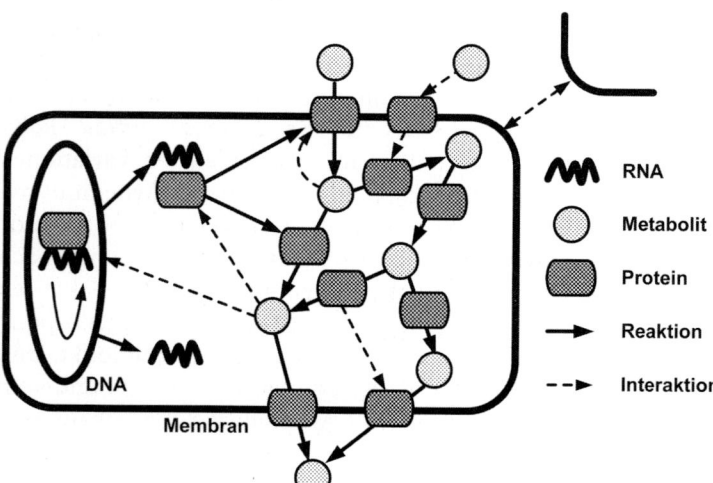

Abb. 12.6. Zusammenspiel von Replikation, Transkription, Proteinsynthese, Transport, metabolischen Reaktionen und regulatorischen Interaktionen

Literatur

Alvarez-Vasquez F, Gonzalez-Alcon C, Torres NV (2000) Metabolism of citric acid production by *Aspergillus niger*: model definition, steady-state analysis and constrained optimization of citric acid production rate. Biotechnol Bioeng 70:82–108

Balcarcel RR, Clark LM (2003) Metabolic screening of mammalian cell cultures using well-plates. Biotechnol Prog. 19:98–108

Beard DA, Babson E, Curtis E, Qian H (2004) Thermodynamic constraints for biochemical networks. J Theor Biol 228:327–333

Beard DA, Liang SD, Qian H (2002) Energy balance for analysis of complex metabolic networks. Biophys J 83:79–86

Carlson R, Fell D, Srienc F (2002) Metabolic pathway analysis of a recombinant yeast for rational strain development. Biotechnol Bioeng 79:121–134

Carlson R, Srienc F (2004) Fundamental Escherichia coli biochemical pathways for biomass and energy production: identification of reactions. Biotechnol Bioeng 85:1–19

Cohen SN, Chang AC, Boyer HW, Helling RB (1973) Construction of biologically functional bacterial plasmids in vitro. Proc Natl Acad Sci USA 70:3240–3244

Crawford L, Stepan AM, McAda PC, Rambosek JA, Conder MJ, Vinci VA, Reeves CD (1995) Production of cephalosporin intermediates by feeding adipic acid to recombinant *Penicillium chrysogenum* strains expressing ring expansion activity. Bio Technol 13:58–62

Datsenko KA, Wanner BL (2000) One-step inactivation of chromosomal genes in *Escherichia coli* K-12 using PCR products. Proc Natl Acad Sci USA 97:6640–6645

Dauner M, Sauer U (2001) Stoichiometric growth model for riboflavin-producing Bacillus subtilis. Biotechnol Bioeng 76:132–143

de Graaf AA, Eggeling L, Sahm H (2001) Metabolic engineering for L-lysine production by *Corynebacterium glutamicum*. Adv Biochem Eng Biotechnol 73:9–29

de Graaf AA, Mahle M, Mollney M, Wiechert W, Stahmann P, Sahm H (2000) Determination of full ^{13}C isotopomer distributions for metabolic flux analysis using heteronuclear spin echo difference NMR spectroscopy. J Biotechnol 77:25–35

De Oliveira VC, Maeda I, Delessert S, Poirier Y (2004) Increasing the carbon flux toward synthesis of short-chain-length–medium-chain-length polyhydroxyalkanoate in the peroxisome of *Saccharomyces cerevisiae* through modification of the beta-oxidation cycle. Appl Environ Microbiol 70:5685–5687

Famili I, Forster J, Nielsen J, Palsson B (2003) *Saccharomyces cerevisiae* phenotypes can be predicted by using constraint-based analysis of a genome-scale reconstructed metabolic network. Proc Natl Acad Sci USA 100: 13134–13149

Fell D (1977) Understanding the Control of Metabolism. Portland Press, London

Fiehn O, Kopka J, Dormann P, Altmann T, Trethewey RN, Willmitzer L (2000) Metabolite profiling for plant functional genomics. Nat Biotechnol 18:1157–1161

Fischer E, Zamboni N, Sauer U (2004) High-throughput metabolic flux analysis based on gas chromatography-mass spectrometry derived ^{13}C constraints. Anal Biochem 325:308–316

Follstad BD, Balcarcel RR, Stephanopoulos G, Wang DI (1999) Metabolic flux analysis of hybridoma continuous culture steady state multiplicity. Biotechnol Bioeng 63:675–683

Goeddel DV, Kleid DG, Bolivar F, Heyneker HL, Yansura DG, Crea R, Hirose T, Kraszewski A, Itakura K, Riggs AD (1979) Expression in *Escherichia coli* of chemically synthesized genes for human insulin. Proc Natl Acad Sci USA 76:106–110

Goshe MB, Smith RD (2003) Stable isotope-coded proteomic mass spectrometry. Curr Opin Biotechnol 14:101–109

Hamdan M, Righetti PG (2002) Modern strategies for protein quantification in proteome analysis: Advantages and limitations. Mass Spectrom Rev 21:287–302

Han M-J, Lee SY (2003) Metabolic and biomolecular proteome profiling and its use in metabolic and cellular engineering. Proteomics 3:2317–2324

Hans M, Heinzle E, Wittmann C (2001) Quantification of intracellular amino acids in batch-cultures of *Saccharomyces cerevisiae*. Appl Microbiol Biotechnol 56:776–779

Heid CA, Stevens J, Livak KJ, Williams PM (1996) Real time quantitative PCR. Genome Res 6:986–994

Herrgård MJ, Covert MW, Palsson BO (2004) Reconstruction of microbial transcriptional regulatory networks. Curr Opin Biotechnol 15:70–77

Ikeda M, Katsumata R (1998) A novel system with positive selection for the chromosomal integration of replicative plasmid DNA in *Corynebacterium glutamicum*. Microbiology 144:1863–1868

Ito T, Chiba T, Ozawa R, Yoshida M, Hattori M, Sakaki Y (2001) A comprehensive two-hybrid analysis to explore the yeast protein interactome. Proc Natl Acad Sci USA 98:4569–4574

Jin YS, Jeffries TW (2004) Stoichiometric network constraints on xylose metabolism by recombinant *Saccharomyces cerevisiae*. Metab Eng 6:229–238

Kanehisa M, Goto S, Kawashima S, Okuno Y, Hattori M (2004) The KEGG resources for deciphering the genome. Nucleic Acids Res 32:D277–D280 (*http://www.genome.jp/kegg/*)

Kiefer P, Heinzle E, Zelder O, Wittmann C (2004) Comparative Metabolic Flux Analysis of Lysine-Producing *Corynebacterium glutamicum* Cultured on Glucose or Fructose. Appl Env Microbiol 70:229–239

Lee SY, Choi JI (2001) Production of microbial polyester by fermentation of recombinant microorganisms. Adv Biochem Eng Biotechnol 71:183–207

Lin X, Floudas CA, Wang Y, Broach JR (2003) Theoretical and computational studies of the glucose signaling pathways in yeast using global gene expression data. Biotechnol Bioeng 84:864–886

Marx A, de Graaf AA, Wiechert W, Eggeling L, Sahm H (1996) Determination of the fluxes in the central metabolism of *Corynebacterium glutamicum* by nuclear magnetic resonance spectroscopy combined with metabolite balancing. Biotechnol Bioeng 49:111–129

Niederberger P, Prasad R, Miozzari G, Kacser H (1992) A strategy for increasing an in vivo flux by genetic manipulations. The tryptophan system of yeast. Biochem J 287: 473–479

Nielsen J (2001) Metabolic engineering. Appl Microbiol Biotechnol 55:263–283

Nyberg GB, Balcarcel RR, Follstad BD, Stephanopoulos G, Wang DIC (1999) Metabolism of Peptide Amino Acids by Chinese Hamster Ovary Cells Grown in a Complex Medium. Biotechnol Bioeng 62:324–335

Ohnishi J, Mitsuhashi S, Hayashi M, Ando S, Yokoi H, Ochiai K, Ikeda M (2002) A novel methodology employing *Corynebacterium glutamicum* genome information to generate a new L-lysine-producing mutant. Appl Microbiol Biotechnol 58:217–223

Papin JA, Stelling J, Price ND, Klamt S, Schuster S, Palsson BO (2004) Comparison of network-based pathway analysis methods. Trends Biotechnol 22:400–405

Pitkanen JP, Rintala E, Aristidou A, Ruohonen L, Penttila M (2005) Xylose chemostat isolates of *Saccharomyces cerevisiae* show altered metabolite and enzyme levels compared with xylose, glucose, and ethanol metabolism of the original strain. Appl Microbiol Biotechnol 67:827–837

Salgado H, Gama-Castro S, Martinez-Antonio A et al (2004) Transcriptional Regulation, Operon Organization and Growth Conditions in *Escherichia coli* K-12. Nucleic Acids Research 32:303–306

Sauer U, Hatzimanikatis V, Hohmann HP, Manneberg M, van Loon AP, Bailey JE (1996) Physiology and metabolic fluxes of wild-type and riboflavin-producing *Bacillus subtilis*. Appl Environ Microbiol 62:3687–3696

Sauer U (2004) High-throughput phenomics: experimental methods for mapping fluxomes. Curr Opin Biotechnol 15:58–63

Scheibel T (2004) Spider silks: recombinant synthesis, assembly, spinning, and engineering of synthetic proteins. Microb Cell Fact 3:14–23

Schena M, Shalon D, Davis RW, Brown PO (1995) Quantitative monitoring of gene expression patterns with a complementary DNA microarray. Science 270:467–470

Schilling CH, Schuster S, Palsson BO, Heinrich R (1999) Metabolic pathway analysis: basic concepts and scientific applications in the post-genomic era. Biotechnol Prog 15:296–303

Schmid JW, Mauch K, Reuss M, Gilles ED, Kremling A (2004) Metabolic design based on a coupled gene expression-metabolic network model of tryptophan production in *Escherichia coli*. Metab Eng 6:364–377

Schomburg I, Chang A, Ebeling C, Gremse M, Heldt C, Huhn G, Schomburg D (2004) BRENDA, the enzyme database: updates and major new developments. Nucleic Acids Res. 32: D431–433 (http://www.brenda. uni-koeln.de)

Soga T, Ohashi Y, Ueno Y, Naraoka H, Tomita M, Nishioka T (2003) Quantitative metabolome analysis using capillary electrophoresis mass spectrometry. J Proteome Res 2:488–494

Stephanopoulos G, Simpson T (1997) Flux amplification in complex metabolic networks. Chem Eng Sci 52:2607–2627

Sugimoto M, Kikuchi S, Arita M, Soga T, Nishioka T, Tomita M (2005) Large-Scale Prediction of Cationic Metabolite Identity and Migration Time in Capillary Electrophoresis Mass Spectrometry Using Artificial Neural Networks. Anal Chem 77:78–84

Szyperski T, Glaser RW, Hochuli M, Fiaux J, Sauer U, Bailey JE, Wuthrich K (1999) Bioreaction network topology and metabolic flux ratio analysis by biosynthetic fractional ^{13}C labeling and two-dimensional NMR spectroscopy. Metab Eng 1:189–197

Theobald U, Mailinger W, Reuss M, Rizzi M (1993) In vivo analysis of glucose-induced fast changes in yeast adenine nucleotide pool applying a rapid sampling technique. Anal Biochem 214:31–37

Thykaer J, Nielsen J (2003) Metabolic engineering of beta-lactam production. Metab Eng 5:56–69

Uetz P, Giot L, Cagney G et al (2000) A comprehensive analysis of protein-protein interactions in *Saccharomyces cerevisiae*. Science 403:623–627

Villas-Boas SG, Mas S, Akesson M, Smedsgaard J, Nielsen J (2004) Mass spectrometry in metabolome analysis. Mass Spectrom Rev 2004 Aug 19 [Epub ahead of print]

Visser D, Heijnen JJ (2003) Dynamic simulation and metabolic re-design of a branched pathway using linlog kinetics. Metab Eng 5:164–176

Wang W, Sun J, Hartlep M, Deckwer WD, Zeng AP (2003) Combined use of proteomic analysis and enzyme activity assays for metabolic pathway analysis of glycerol fermentation by *Klebsiella pneumoniae*. Biotechnol Bioeng 83:525–536

Wiechert W (2001) ^{13}C metabolic flux analysis. Metab Eng 3:195–206

Windass JD, Worsey MJ, Pioli EM, Pioli D, Barth PT, Atherton KT, Dart EC, Byrom D, Powell K, Senior PJ (1980) Improved conversion of methanol to single-cell protein by *Methylophilus methylotrophus*. Nature 287:396–401

Winzeler E et al (1999) Functional Characterization of the *S. cerevisiae* Genome by Gene Deletion and Parallel Analysis. Science 285:901–906

Wittmann C, Hans M, van Winden W, Ras C, Heijnen S (2004) Dynamics of intracellular metabolites of glycolysis and TCA cycle during cell-cycle related oscillation in *Saccharomyces cerevisiae*. Biotechnol Bioeng (in press)

Wittmann C, Heinzle E (1999) Mass Spectrometry for Metabolic Flux Analysis. Biotechnol Bioeng 62:739–750

Wittmann C, Heinzle E (2001 a) Novel approach for metabolic flux analysis – application of MALDI-TOF MS to lysine-producing *Corynebacterium glutamicum*. Eur J Biochem 268:2441–2455

Wittmann C, Heinzle E (2001 b) Modeling and experimental design for metabolic flux analysis of lysine-producing corynebacteria by mass spectrometry. Metabo Eng 3:173–191

Wittmann C, Kiefer P, Zelder O (2004 a) Metabolic Fluxes in *Corynebacterium glutamicum* during lysine production on sucrose. Appl Env Microbiol 70:7277–7287

Wittmann C, Kim HM, Heinzle E (2004 b) Metabolic flux analysis of lysine producing *Corynebacterium glutamicum* at miniaturized scale. Biotechnol Bioeng 87:1–6

Wittmann C, Kroemer JO, Kiefer P, Binz T, Heinzle E (2004 c) Impact of the cold shock phenomenon on quantification of intracellular metabolites in bacteria. Anal Biochem 327:135–139

Wittmann C (2002) Metabolic flux analysis using mass spectrometry. Adv Biochem Eng Biotechnol 74:39–64

Wu CC, MacCoss MJ, Howell KE, Yates JR 3rd (2003) A method for the comprehensive proteomic analysis of membrane proteins. Nat Biotechnol 21:532–538

Wu L, Mashego MR, van Dam JC, Proell AM, Vinke JL, Ras C, van Winden WA, van Gulik WM, Heijnen JJ (2005) Quantitative analysis of the microbial metabolome by isotope dilution mass spectrometry using uniformly (13)C-labeled cell extracts as internal standards. Anal Biochem 336:164–171

Yang C, Hua Q, Baba T, Mori H, Shimizu K (2003) Analysis of *Escherichia coli* anaplerotic metabolism and its regulation mechanisms from the metabolic responses to altered dilution rates and phosphoenolpyruvate carboxykinase knockout. Biotechnol Bioen 84:129–144

Zamboni N, Maaheimo H, Szyperski T, Hohmann HP, Sauer U (2004) The phosphoenolpyruvate carboxykinase also catalyzes C3 carboxylation at the interface of glycolysis and the TCA cycle of *Bacillus subtilis*. Metab Eng 6:277–284

Zelder O, Hauer B (2000) Environmentally directed mutations and their impact on industrial biotransformation and fermentation processes. Curr Opin Microbiol 3:248–251

Zupke C, Sinskey AJ, Stephanopoulos G (1995) Intracellular flux analysis applied to the effect of dissolved oxygen on hybridomas. Appl Microbiol Biotechnol 44:27–36

13 Grundlagen der Bioverfahrenstechnik

R. Pörtner

13.1
Einleitung

Bei der Entwicklung eines Produktionsprozesses, der auf der Nutzung der Stoffwechselleistung von Mikroorganismen beruht, ist die Auslegung des biotechnischen Verfahrens die Aufgabe der Bioverfahrenstechnik (Storhas 2003). Ziel ist dabei zunächst natürlich ein **effizientes und möglichst kostengünstiges Produktionsverfahren.** Auf der anderen Seite müssen im Prozess entstandene Nebenprodukte vermieden oder möglichst weitgehend rezykliert werden (produktionsintegrierter Umweltschutz). Es müssen verfahrenstechnische Anlagen konzipiert werden, die den **spezifischen Eigenschaften biologischer Systeme** Rechnung tragen. Anlagen der chemischen Verfahrenstechnik, die überwiegend kontinuierlich betrieben werden, sind hierfür in der Regel nicht geeignet. Die Komplexität eines biotechnologischen Produktionsprozesses sei am Beispiel der Penicillinherstellung mit anschließender Aufarbeitung nach dem Extraktionsverfahren dargestellt (Abb. 13.1). Grundsätzlich werden in der Bioverfahrenstechnik, insbesondere bei der Produktaufarbeitung, ähnliche Grundoperationen wie in anderen Teilbereichen der Verfahrenstechnik benutzt (z.B. Zentrifugation, Filtration, Extraktion, Adsorption – Chromatographie, Trocknung), so dass vielfach das dort vorhandene Wissen zur Auslegung genutzt werden kann (Schuler u. Kargi 2002).

Ein wesentliches Problem stellen die oftmals sehr niedrigen Produktkonzentrationen dar, die eine aufwendige Aufarbeitung der Kulturbrühen erforderlich machen. Da sich mit den meisten physikalisch-chemischen Aufarbeitungsverfahren das Produkt um einen Faktor 5–10 anreichern lässt, steigt zwangsläufig die Anzahl der Aufarbeitungsschritte und die Produktionskosten.

Die Aufgabenstellungen, die bei der Entwicklung, Auslegung und Optimierung biotechnischer Produktionsverfahren gelöst werden müssen, können in vier Teilschritte gegliedert werden (nach Prof. fil. dr. V. Kasche, TU Hamburg-Harburg):

1. Wahl der geeigneten **biologischen Systeme** (Zellen oder Enzyme, Rohstoffe, Energiequel-

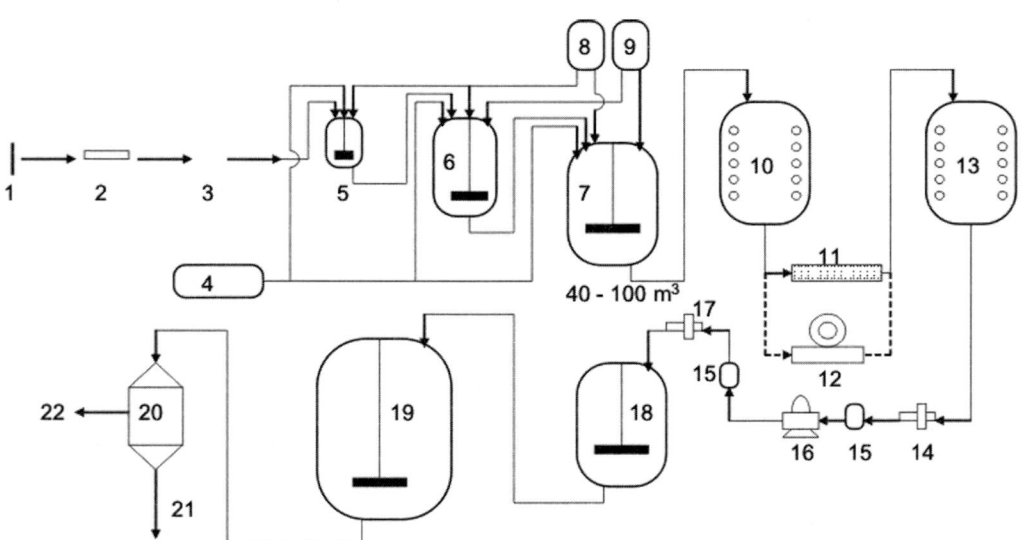

Abb. 13.1. Prinzipschema der Penicillin-Herstellung. 1–9 Fermentation (ca. 100 g/L Produkt), 10 Kühltank, 11 Plattenkühler, 12 Trommelfilter, 13 Lagertank, 14 Extraktion, 15 Lagertank, 16 Extraktion, 17 Extraktion, 18 Entwässerung, 19 Fällung, 20 Filtration, 21 Lösungsmittelrückgewinnung, 22 Trocknung und weitere Reinigung des Penicillins (nach Rehm 1980, modifiziert)

len, Lösemittel u. a.) zur Herstellung der gewünschten Bioprodukte

2. Wahl der geeigneten **Verfahren und Betriebsbedingungen** bei der Herstellung (Stoffumwandlung, Biotransformation)
3. Wahl der geeigneten **Aufarbeitungsverfahren** für die gewünschten Produkte
4. Minimierung und Verwertung der Rückstände (**produktionsintegrierter Umweltschutz**)

Bei der Konzeption des mikrobiellen Prozesses ist naturgemäß die Auslegung des Fermentationsschrittes von maßgeblicher Bedeutung. Dabei müssen die spezifischen Eigenschaften des verwendeten Mikroorganismus berücksichtigt werden, zu denen u. a. die folgenden biologischen Aspekte gehören:

● Art des Mikroorganismus/Stamm (z. B. Stammoptimierung – rekombinanter Mikroorganismus)
● Anaerobe oder aerobe Prozessbedingungen (Sauerstoffaufnahmerate)
● zellspezifische Produktivität (Produktausbeute)
● Wachstumsmedium
● physikalische Zelleigenschaften (Größe, Membranstabilität usw.)
● Wachstumscharakteristik (Wachstumsrate, Verdoppelungszeit, Einzelzelle, Myzelbildung, adhärent)
● Prozessbedingungen (opt. Temperatur, opt. pH, Viskosität usw.)
● Produktbildung (wachstumsgekoppelt, nicht-wachstumsgekoppelt, Primärmetabolit, Sekundärmetabolit, intra- oder extrazelluläres Produkt)

Im Rahmen dieses Kapitels werden zunächst die für die mathematische Beschreibung des Fermentationsschrittes wesentlichen Ansätze eingeführt. Dabei kann der Komplexität dieser Fragestellung nur bedingt Rechnung getragen werden. Für ein tiefer gehendes Verständnis sei auf die Literatur verwiesen. Des Weiteren werden verschiedenen Varianten der Prozessführung vorgestellt, die sich in den in Kap. 14 diskutierten Bioreaktoren apparativ umsetzen lassen.

13.2
Reaktionskinetik

Grundsätzlich kann ein biologisches System (mikrobiell, enzymatisch) als eine **katalytische Reaktion** angesehen werden (Doran 2003). Per Definition ist ein Katalysator eine Substanz, die eine Reaktion beeinflusst, ohne das Reaktionsgleichgewicht zu verändern oder selbst eine Umwandlung zu erfahren. Das Wachstum von Mikroorganismen kann dabei als eine **autokatalytische Reaktion** angesehen werden, d. h. dass der Katalysator in diesem Fall ein Produkt der Reaktion ist. Die Leistung einer katalytischen Reaktion wird beschrieben durch Größen wie die Reaktionsrate und die Ausbeute an Produkt bezogen auf das Substrat. Diese Parameter müssen für mikrobielle Reaktionen definiert und für die **Prozessauslegung nutzbar** gemacht werden.

In Bezug auf katalytische Reaktionen unterscheidet man zwischen Reaktionssystemen, bei denen örtliche Gradienten von Temperatur, pH-Wert, Konzentration an Mediumsbestandteilen oder Biomasse **vernachlässigt** werden können, und solchen, bei denen diese eine **wesentliche Rolle** spielen und mit berücksichtigt werden müssen. Sofern die Fermentation in einem gut gerührten Bioreaktor durchgeführt wird, kann man näherungsweise von einer homogenen Durchmischung ausgehen, auch wenn bei großen Bioreaktoren lokale Konzentrationsgradienten auftreten. Im Gegensatz dazu kommt es in vielen Reaktionssystemen zu **starken lokalen Gradienten** in Bezug auf die genannten Parameter, etwa dann, wenn die Mikroorganismen Myzelien bilden oder in makroporösen Trägern immobilisiert sind. Dann werden Reaktionsrate und Ausbeute ganz wesentlich vom Stofftransport beeinflusst.

Für die folgenden Betrachtungen soll zunächst von einer homogenen Durchmischung ohne örtliche Gradienten ausgegangen werden (Kap. 13.2.1), um die wesentlichen kinetischen Beziehungen für mikrobielle Prozesse abzuleiten. In Kap. 13.2.2 werden dann Ansätze zur Berücksichtigung von **Stofftransportphänomenen** vorgestellt.

13.2.1
Mikrobielle Kinetik in homogenen Systemen

Auf Grund der Komplexität eines mikrobiellen Metabolismus ist eine vollständige Modellierung der Stoffwechselaktivitäten kaum möglich, auch wenn es mittlerweile viel versprechende Ansätze wie die *„metabolic flux analysis"* gibt. Sehr häufig begnügt man sich mit vergleichsweise einfach aufgebauten kinetischen Modellansätzen, so genannten **„unstrukturierten Modellen"**, die im Gegensatz zu „strukturierten Modellen" **intrazelluläre Vorgänge unberücksichtigt** lassen (Bailey u. Ollis 1986, Dunn et al. 2003).

Ausbeute- und Umsatzkoeffizienten

Als sehr nützlich hat sich die Formulierung von Ausbeute- und Umsatzkoeffizienten erwiesen, die es z. B. erlauben, den Verbrauch an Substrat mit der Bildung von Biomasse oder anderen Produkten zu verknüpfen, ohne den exakten Zellmetabolismus zu kennen. In Tabelle 13.1 sind einige der wichtigsten Ausbeute- und Umsatzkoeffizienten zusammengefasst. Die Formulierung von Ausbeutekoeffizienten erfolgt in Anlehnung an chemische Reaktionen. Allerdings muss berücksichtigt werden, dass man bei chemischen Reaktionen die **theoretische**, stöchiometrische Ausbeute bestimmen kann, bei mikrobiellen lediglich die „beobach-

tete". Bezieht man etwa die gebildete Biomasse auf den Verbrauch an Substrat, so lässt sich nicht im Detail aufschlüsseln, welcher Anteil des Substrates direkt zur Bildung der Biomasse verbraucht bzw. zur Energiegewinnung oder zur Bildung weiterer Metabolite verwendet wurde (vgl. Doran 2003).

Batch-Kultur von Mikroorganismen

Das Wachstum von Mikroorganismen lässt sich anschaulich am Verlauf einer **Batch-Kultivierung** beschreiben (Abb. 13.2). Dabei wurde für die Auftragung der Biomasse als Funktion der Zeit eine semi-logarithmische Darstellung gewählt, da hierdurch das exponentielle Wachstum der Mikroorganismen besser wiedergegeben wird. Prinzipiell wird bei der Batch-Kultivierung in einem gut durchmischten Reaktionssystem (Schüttelkolben, Rührreaktor usw.) ein definiertes Volumen an Wachstumsmedium vorgelegt und mit einer kleinen Menge an Biomasse beimpft. Anschließend beginnen die Mikroorganismen, Substrat zu verbrauchen und zu proliferieren (Anstieg der Biomassekonzentration). Gleichzeitig kommt es zu einer Anreicherung von Metaboliten. Ist das Substrat verbraucht, verringert sich zunächst die Zellvermehrung (Zellwachstum) und kommt letztlich vollständig zum erliegen. Gegebenenfalls kann dies auch durch zu hohe Metabolitenkonzentrationen bewirkt werden.

Tabelle 13.1. Typische Ausbeute- und Umsatzkoeffizienten für mikrobielle Fermentationen (nach Doran 2003, modifiziert)

Symbol	Definition
Y_{XS}	produzierte Biomasse bezogen auf die Menge an verbrauchtem Substrat (z. B.: *Escherichia coli*, Substrat Glucose, $Y_{XS} = 0{,}45\ g_{TG}/g$)
Y_{PS}	produzierte Produktmenge bezogen auf die Menge an verbrauchtem Substrat
Y_{PX}	produzierte Produktmenge bezogen auf die produzierte Biomasse
Y_{XO}	produzierte Biomasse bezogen auf die verbrauchte Menge an Sauerstoff
RQ	produzierte Menge an Kohlendioxid bezogen auf die verbrauchte Menge an Sauerstoff (Respirationskoeffizient)

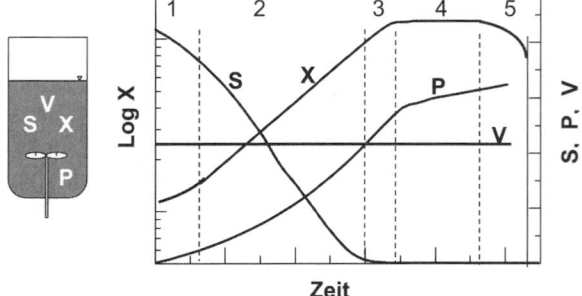

Abb. 13.2. Zeitlicher Verlauf einer Batch-Kultur mit Mikroorganismen. 1: Lag-Phase, 2: exponentielles Zellwachstum, 3: limitiertes bzw. inhibiertes Zellwachstum, 4: stationäre Phase, 5: Absterbephase, X: Zellkonzentration; S: Substratkonz.; P: Produkt- bzw. Metabolitenkonz., V: Volumen

Die **Wachstumskurve** lässt sich in **verschiedene Phasen** unterteilen (u. a. Doran 2003, Schügerl 1985). Direkt nach Beimpfung wird häufig eine Stagnation oder sogar eine Abnahme der Biomassekonzentration beobachtet, die man als „**Lagphase**" (Phase 1 in Abb. 13.2) bezeichnet. Die Zellen nutzen diese „Lag-Phase", um sich an die neue Umgebung zu adaptieren und um z. B. neue Enzyme oder strukturelle Komponenten zu synthetisieren. Ist dieser Prozess abgeschlossen, setzt das exponentielle Wachstum der Zellen ein. In der semi-logarithmischen Darstellung zeigt sich in der „**exponentiellen Wachstumsphase**" (Phase 2) ein linearer Anstieg der Biomassekonzentration. Am Ende dieser Phase verringert sich zunächst der Anstieg der Biomassekonzentration auf Grund einer Substratlimitierung oder gegebenenfalls einer Metaboliteninhibierung (Phase 3). Man spricht von der „**Phase verlangsamten Wachstums**". In der anschließenden „**stationären Phase**" (Phase 4) ist die beobachtete Biomassekonzentration konstant, die Geschwindigkeiten der Zellvermehrung und des Absterbens von Zellen sind gleich. In der „**Absterbephase**" (Phase 5) kommt das Wachstum bzw. die Vermehrung der Zellen praktisch vollständig zum Erliegen. Die Zellen sterben ab und lysieren, so dass eine Abnahme der Biomassekonzentration zu beobachten ist.

Die nachfolgend diskutierte kinetische Beschreibung bezieht sich im Wesentlichen auf die exponentielle Wachstumsphase (Phase 2) und die „Phase verlangsamten Wachstums" (Phase 3). Die Zunahme der Biomassekonzentration X als Funktion der Zeit t lässt sich durch die Gleichung

$$\frac{dX}{dt} = \mu X \tag{13.1}$$

beschreiben, wobei μ die spezifische Wachstumsrate ist. Demnach ist das Zellwachstum als eine autokatalytische Reaktion erster Ordnung anzusehen. Für die exponentielle Wachstumsphase kann die Wachstumsrate μ als konstant angesehen werden ($\mu = \mu_{max}$) und Gl. 13.1 lässt sich mit der Randbedingung $X(t=0) = X_0$ integrieren:

$$X = X_0\, e^{\mu_{max} t} \tag{13.2}$$

Für die Phase exponentiellen Wachstums wird häufig die Verdoppelungszeit t_D definiert:

$$t_D = \frac{\ln 2}{\mu_{max}} \tag{13.3}$$

Limitierung und Inhibierung von Zellwachstum

Kommt es in der Phase verlangsamten Wachstums zu einer Abnahme der Wachstumsrate auf Grund einer **Substratlimitierung**, muss ein formeller Zusammenhang zwischen Substratkonzentration und Wachstumsrate gefunden werden. Hierzu werden in der Literatur eine Vielzahl von Modellansätzen vorgeschlagen (siehe Moser 1988), die für die unterschiedlichsten Anwendungsfälle formuliert wurden. Häufig dominiert ein Substrat das Wachstumsverhalten der Mikroorganismen, etwa bei der Verwendung eines Minimalmediums mit einer definierten Kohlenstoffquelle (z. B. Glucose oder Glycerin bei *Escherichia coli*). Der Zusammenhang zwischen Wachstumsrate μ und Substratkonzentration S lässt sich dann vielfach durch die „**Monod-Kinetik**" beschreiben:

$$\mu\,(S) = \mu_{max}\, \frac{S}{k_S + S} \tag{13.4}$$

Dieser kinetische Ansatz mit den Koeffizienten μ_{max} für die maximale Wachstumsrate und der Monod-Konstante k_S ist der **Michaelis-Menten-Gleichung** für enzymatische Reaktionen ähnlich. Wie in Abb. 13.3 dargestellt, nimmt die Wachstumsrate bei niedrigen Substratkonzentrationen zunächst quasi-linear zu (linearer Bereich). Bei hohen Substratkonzentrationen ist nach dieser Darstellung die Wachstumsrate konstant (μ_{max}). Die Monod-Konstante k_S beschreibt die Substratkonzentration, bei der die Wachstumsrate $\mu = \mu_{max}/2$ ist.

Bei sehr hoher Substratkonzentration muss in manchen Fällen zusätzlich eine Substratinhibierung berücksichtigt werden. In Abb. 13.5 ist die-

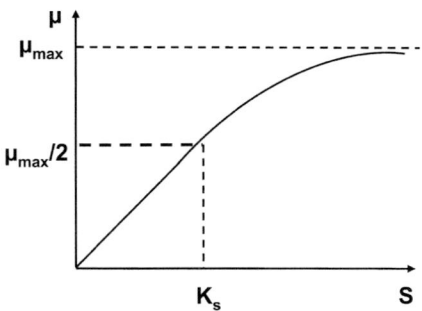

Abb. 13.3. Schematische Darstellung des Zusammenhanges zwischen Wachstumsrate μ und Substratkonzentration S, sofern sich dieser durch eine Monod-Kinetik beschreiben lässt

ser Effekt beispielhaft für das Wachstum von *Escherichia coli* auf Glycerin dargestellt. Formal lässt sich der Zusammenhang zwischen Wachstumsrate und Substratkonzentration dann folgendermaßen beschreiben:

$$\mu\,(S) = \mu_{max} \frac{S}{k_S + S} \frac{k_{I,S}}{k_{I,S} + S} \qquad (13.5)$$

In Gl. 13.5 bezeichnet $k_{I,S}$ eine Inhibierungskonstante bezogen auf das Substrat. Ein möglicher Grund für diese Substratinhibierung kann in der Erhöhung des osmotischen Druckes zu suchen sein. Für das in Abb. 13.5 dargestellte Wachstum von *Escherichia coli* ergeben sich die folgenden Werte: $\mu_{max} = 0{,}806$ h^{-1}, $k_S = 0{,}68$ g L^{-1}, $k_{I,S} = 87{,}4$ g L^{-1} (Dubach und Märkl 1992). Die Inhibierung des Zellwachstums bei hohen Konzentrationen eines Metaboliten P kann durch einen ähnlichen Term berücksichtigt werden:

$$\mu\,(S) = \mu_{max} \frac{S}{k_S + S} \frac{k_{I,S}}{k_{I,S} + S} \frac{k_{I,P}}{k_{I,P} + P} \qquad (13.6)$$

Dabei steht $k_{I,P}$ für eine Inhibierungskonstante bezogen auf das Produkt. Verschiedene Untersuchungen zeigen, dass im Wesentlichen der undissoziierte Anteil einer Substanz inhibierend auf das Wachstum wirkt (Friedmann u. Märkl 1993, Lüdemann et al. 1994) und dass somit der pH-Wert des Mediums mit einbezogen werden muss.

Substrataufnahme

Für eine Batch-Kultur wird die **zeitliche Abnahme** der Substratkonzentration S durch die folgende Gleichung beschrieben:

$$\frac{dS}{dt} = -\left(\frac{\mu}{Y_{XS}} + m_S\right) X \qquad (13.7)$$

Der Term μ/Y_{XS} beschreibt, dass Substrat zur Bildung von Biomasse benötigt wird. Des Weiteren verbrauchen die Organismen einen Teil der aus dem Substrat gewonnenen Energie für den Erhaltungsstoffwechsel, der durch den Erhaltungsterm m_S erfasst wird. Für das Wachstum von *Escherichia coli* auf Glycerin wurde $Y_{XS} = 0{,}4$ g$_{TG}$ g^{-1} und $m_S = 0{,}075$ g$_{TG}$ g^{-1} h^{-1} gefunden (Ogbonna u. Märkl 1993). Daten zu weiteren Mikroorganismen finden sich bei Krahe (2003).

Sauerstoffverbrauch bei aeroben Mikroorganismen

Für die Auslegung eines aeroben Prozesses ist die **Sauerstoffaufnahmerate** der Mikroorganismen von großer Bedeutung. Da die Löslichkeit von Sauerstoff in Wasser (36,5 mg O$_2$ L^{-1} bar^{-1} bei 30 °C) oder wässrigen Medien erheblich niedriger ist als die Löslichkeit anderer Substrate (vgl. Abb. 13.4), muss während des Prozesses zusätzlich begast werden, um den Sauerstoffbedarf zu decken. Die eingetragene Sauerstoffmenge (*oxygen transfer rate*, OTR) muss zwangsläufig gleich oder größer sein als der Bedarf der Mikroorganismen (*oxygen uptake rate*, OUR). Richtwerte für den Sauerstoffbedarf in technischen Prozessen sind in Tabelle 13.2 zusammengestellt. Ansätze zur Berechnung der Sauerstoffaufnahmerate von Mikroorganismen basierend auf der Stöchiometrie der biochemischen Reaktion sowie daraus abgeleitete Aufnahmeraten und Ausbeutekoeffizienten finden sich bei Krahe (2003).

Produktbildung

Die Kinetik der Produktbildung muss aus mehreren Gründen bekannt sein. Zum einen werden mikrobielle Prozesse im industriellen Maßstab ein-

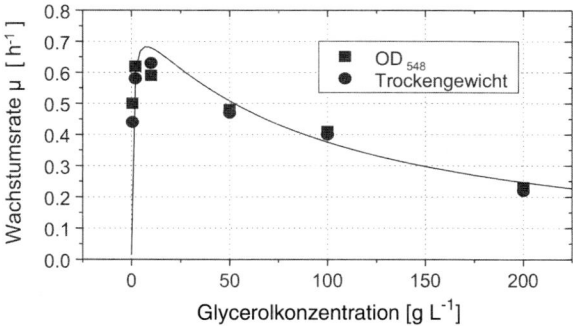

Abb. 13.4. Wachstumskinetik für die Kultivierung von *Escherichia coli* auf einem Minimalmedium mit Glycerin als Kohlenstoffquelle (nach Dubach u. Märkl 1992, modifiziert)

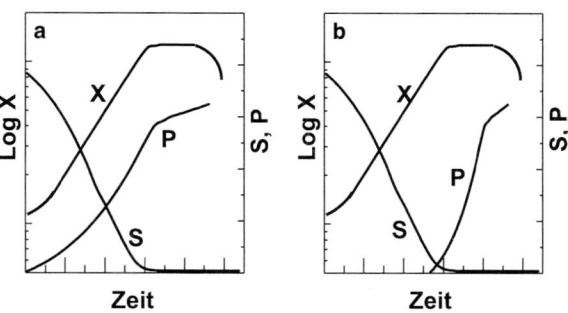

Abb. 13.5. Produktbildung während einer mikrobiellen Batch-Kultur bei **a** Primärmetaboliten und **b** Sekundärmetaboliten (Siglen wie in Abb. 13.2)

Tabelle 13.2. Richtwerte für den Sauerstoffbedarf in technischen Prozessen (1 mol $O_2 = 32$ g $= 22\,415$ lN (0 °C, 1 bar), Daten zusammengestellt von Prof. Dr.-Ing. H. Märkl, TU Hamburg-Harburg)

Prozess	Sauerstoffbedarf	
	[kg O_2 m^{-3} h^{-1}]	[kmol O_2 m^{-3} h^{-1}]
Essigsäureproduktion	1	0,031
Antibiotikaproduktion (industrieller Maßstab)	1	0,031
Escherichia coli (hochdichte Kultur)	14	0,44
Tierische und humane Zellen	0,064	0,002

gesetzt, um bestimmte Produkte (Enzyme, Antibiotika, Proteine als Wirkstoffe usw.) zu produzieren. Bei der Auslegung eines Prozesses interessiert daher in erster Linie nicht die zu erzielende Menge an Biomasse, sondern die **Produktausbeute**. Zum anderen muss die Bildungsrate von inhibierenden Metaboliten bekannt sein.

Man kann grundsätzlich zwei Typen von mikrobiellen Metaboliten unterscheiden: primäre und sekundäre. Von **Primärmetaboliten** spricht man, wenn diese als Teil des Energiestoffwechsels und somit während der Wachstumsphase gebildet werden. Ein typisches Beispiel ist die Ethanolfermentation. Dagegen werden **Sekundärmetaboliten** nicht während der Wachstumsphase, sondern in der stationären Phase oder bei starker Substratlimitierung gebildet (Beispiel Penicillinpro-

duktion). Die Zusammenhänge sind in Abb. 13.5 verdeutlicht.

Formale kinetische Ansätze zur Produktbildung beziehen sich überwiegend auf die Produktion von Primärmetaboliten, da dann eine Verknüpfung der Produktbildungsrate mit der Wachstumskinetik der Mikroorganismen möglich ist. Näherungsweise kann die Änderung der Produktkonzentration im Verlauf einer Batch-Kultur durch den Ansatz

$$\frac{dP}{dt} = (Y_{PX}\,\mu)X \qquad (13.8)$$

beschrieben werden. Dabei wird vernachlässigt, dass teilweise auch in der stationären Phase, wenn die Wachtumsrate $\mu = 0$ ist, Produkt gebildet wird.

Ansätze zur Beschreibung der Produktbildungskinetik für dann Fall, dass die Produktbildung nicht direkt mit dem Energiemetabolismus gekoppelt ist, finden sich bei Doran (2003).

13.2.2
Immobilisierte Biokatalysatoren

Die im vorherigen diskutierten Zusammenhänge wurden unter der Voraussetzung abgeleitet, dass es im Reaktionssystem keine Gradienten z. B. in Bezug auf die Temperatur, den pH-Wert oder die Mediumzusammensetzung gibt und dass die Biokatalysatoren (Mikroorganismen, Enzyme) ho-

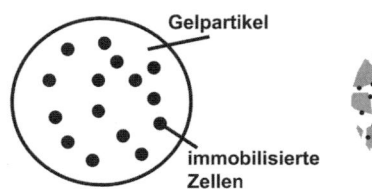
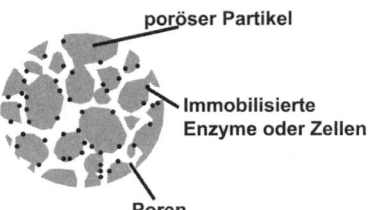

Abb. 13.6. Technische Immobilisierung von Mikroorganismen und Enzymen (nach Doran 2003, modifiziert)

mogen im Medium verteilt sind. In technischen Systemen müssen derartige Gradienten jedoch berücksichtigt werden. So kann es bei großen Bioreaktoren auf Grund einer schlechten Durchmischung zu lokalen Konzentrationsgradienten kommen. Sehr große Konzentrationsgradienten sind dann zu erwarten, wenn die Biokatalysatoren in festen Materialien immobilisiert sind (vgl. Abb. 13.6) oder wenn sie von sich aus große dreidimensionale Strukturen bilden (Myzelien, Biofilme usw.). So stellt etwa die **Myzelbildung** bei der Antibiotikaproduktion ein großes Problem dar.

Zusätzlich zu den im vorhergehenden abgeleiteten kinetischen Beziehungen müssen bei immobilisierten Biokatalysatoren die Stofftransportprozesse mit berücksichtigt werden. Es ist davon auszugehen, dass die Ver- und Entsorgung innerhalb dreidimensionalen Strukturen (z. B. Biofilme auf Trägern, makroporöse kugelige oder flächige Träger) nur durch Diffusion erfolgt und im Vergleich zur biochemischen Reaktion als langsam anzusehen ist. Es kommt zu **ausgeprägten Konzentrationsgradienten** innerhalb der Biofilme oder Träger (vgl. Abb. 13.7). Zudem bilden sich um diese Strukturen häufig **schlecht durchmischte Grenzschichten**, über die ein zusätzlicher Transportwiderstand aufgebaut wird.

Die mathematische Beschreibung dieser Systeme ist weitaus komplexer als bei homogenen Reaktionen, da die Gleichungen zur Beschreibung des Stofftransportes mit den kinetischen Ansätzen gekoppelt werden müssen. Eine detaillierte Diskussion findet sich bei Doran (2003). Die wesentliche Frage bei der Beurteilung eines immobilisierten Biokatalysators ist die Interaktion zwischen Stofftransport und biochemischer Reaktion. Bei einer langsamen Reaktion und einem

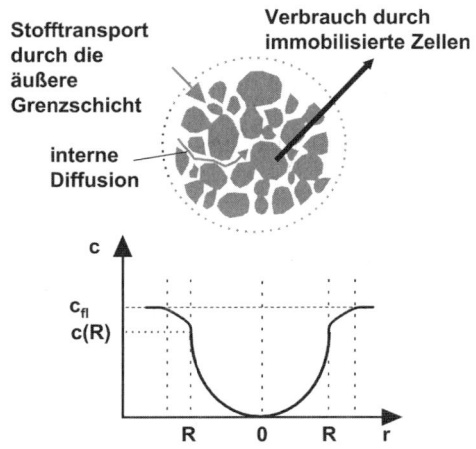

Abb. 13.7. Konzentrationsprofil um und in einem Biokatalysator mit immobilisierten Zellen

schnellen Stofftransport spielt die Stofftransportlimitierung nur eine untergeordnete Rolle. Im umgekehrten Fall, wenn also die biochemische Reaktion schnell und der Stofftransport limitiert ist, ist eine Beeinflussung zu erwarten. Ein Parameter, der die beiden Größen zu einander in Beziehung setzt, ist der **Thiele-Modul**, der von Damköhler 1937 für heterogene Katalysatoren eingeführt wurde und der das Verhältnis von maximaler Umsetzung im Biokatalysator und maximalem Stofftransport zum Biokatalysator wiedergibt (Buchholz u. Kasche 1997). Formal ergibt sich für den Thiele-Modul je nach Ordnung der Reaktionskinetik und der Geometrie des Biokatalysators eine andere Definition. Eine Zusammenstellung von Gleichungen findet sich bei Doran (2003). Für den einfachen Fall einer plattenförmigen Biokatalysatorschicht (z. B. ein dünner Biofilm auf einer Wand) und eine Reaktion 0. Ordnung ist der Thiele-Modul Φ_0 definiert als:

$$\Phi_0 = \frac{b}{\sqrt{2}} \sqrt{\frac{k_0}{DC_S}} \qquad (13.9)$$

Gleichung 13.9 enthält die Dicke des Biokatalysators b, die Reaktionskonstante k_0, den Diffusionskoeffizient D und die Konzentration C_S an der Oberfläche des Biokatalysators.

Der Thiele-Modul erlaubt zwar eine Aussage darüber, ob eine Stofftransportlimitierung berücksichtig werden muss oder nicht. Die Größe der Limitierung lässt sich jedoch nicht ermitteln. Hierzu ist die Definition eines Wirkungsgrades η erforderlich, der die beobachtete Reaktionsrate zu der Reaktionsrate ins Verhältnis setzt, die ohne eine Stofftransportlimitierung zu erwarten wäre (Doran 2003, Buchholz u. Kasche 1997). Wie auch für den Thiele-Modul ergeben sich je nach Ordnung der Reaktion und der Geometrie des Biokatalysators unterschiedliche Gleichungen (Doran 2003). Für das oben vorgestellte Beispiel einer plattenförmigen Biokatalysatorschicht (z. B. ein dünner Biofilm auf einer Wand) und einer Reaktion 0. Ordnung lassen sich zwei Fälle unterscheiden:

$0 < \Phi_0 < 1$	$\Phi_0 = 1$	(keine Stofftransportlimitierung)
$\Phi_0 > 1$	$\eta_0 = 1/\Phi_0$	(Stofftransportlimitierung relevant)

Mit den in der Literatur (Doran 2003, Bailey u. Ollis 1986) zu findenden Gleichungen zum Thiele-Modul und zum Wirkungsgrad lassen sich für beliebige Biokatalysatoren die zu erwartenden Reaktionsraten ermitteln, sofern die Reaktionsrate im homogenen System bekannt ist.

In der oben eingeführten Definition eines Wirkungsgrades wurde eine Stofftransportlimitierung in der Grenzschicht um einen Biokatalysator nicht berücksichtigt. Hierzu sei auf die Literatur verwiesen (Doran 2003, Bailey u. Ollis 1986).

Die negativen Effekte durch eine Stofftransportlimitierung innerhalb der Biokatalysatoren lassen sich durch verschiedenste Maßnahmen vermindern:

- Reduktion der beobachten Reaktionsrate (z. B. durch Verringerung der Biomasse- oder Enzymkonzentration),
- Verringerung der Größe (Dicke, Durchmesser) des Biokatalysators,
- Erhöhung des Diffusionskoeffizienten,
- Erhöhung der Konzentration an Substrat an der Oberfläche des Biokatalysators.

Inwiefern diese Maßnahmen technisch umsetzbar sind, muss im speziellen Einzelfall untersucht werden (vgl. Fassnacht u. Pörtner 1999).

13.3 Prozessführung

Bei der Auslegung eines biotechnologischen Produktionsprozesses ist neben der Auswahl eines geeigneten Bioreaktorsystems für die Fermentation (s. Kap. 14) ein wesentlicher Aspekt die **Betriebsweise** bzw. die Art der Prozessführung. Man unterscheidet prinzipiell zwischen einer **diskontinuierlichen** (Batch oder Fed-Batch) und einer **kontinuierlichen** Prozessführung (Chemostat, Turbidostat, Perfusion mit Zellrückhaltung), bei der kontinuierlich frisches Medium zu- bzw. abgeführt wird und das Flüssigkeitsvolumen konstant bleibt. Weitere Varianten der Prozessführung ergeben sich durch die Koppelung des Bioreaktors mit einer Dialysestufe zur selektiven Zuführung oder Abtrennung niedermolekularer Substanzen. Die Entscheidung für eine bestimmte **Art der Prozessführung** hat einen wesentlichen Einfluss auf die Umsatzraten an Substrat und die Produktausbeute, aber auch auf anlagentechnische Aspekte wie die Anfälligkeit für Kontaminationen und die Zuverlässigkeit des Prozesses.

13.3.1 Batch und Fed-Batch

Der Batch-Prozess, wie bereits in Kap. 13.2.1 und Abb. 13.2 dargestellt, ist charakterisiert durch das Wachstum von Mikroorganismen **ohne zusätzliche Zugabe von Substrat**. Das Substrat wird während der Kultivierung in Biomasse und Produkt umgesetzt. Der Prozess wird gestoppt, wenn entweder das Zellwachstum zum Erliegen kommt, weil die Substrate verbraucht sind oder das Wachstum durch akkumulierte Metaboliten inhibiert wird, oder wenn die maximale Produktkonzentration erreicht ist. Anschließend wird der Reaktor gereinigt und für den nächsten Batch sterilisiert.

Während des Prozesses werden eine Reihe von Komponenten zugegeben, z. B. Luft oder Sauerstoff zur Begasung aerober Mikroorganismen, Säuren oder Laugen zur pH-Regelung oder Antischaummittel zur Unterdrückung von Schaumbildung, so dass ein Batch-Reaktor streng genommen nicht als geschlossenes System bezeichnet werden kann.

Batch-Prozesse sind **einfach, zuverlässig** und daher in der industriellen Praxis weit verbreitet. Die Produktivität eines Batch-Ansatzes ist einerseits durch die maximal mögliche Anfangskonzentration an Substrat, die zu einer Substrathemmung führen kann, limitiert. Andererseits führen gerade hohe Substratkonzentrationen teilweise zu einer überhöhten Produktion an inhibierenden Metaboliten. Des Weiteren arbeitet ein Batch-Prozess nur für einen relativ kurzen Zeitraum mit hoher volumenspezifischer Produktivität, nämlich zum Ende bei hohen Biomassekonzentrationen. Dem stehen die lange Anwachsphase bei geringer volumenspezifischer Produktivität und die erforderlichen Rüstzeiten für Reinigung und Sterilisation gegenüber (Krahe 2003).

Ein erster Schritt hin zu einer Verbesserung der Effektivität ist im *„repeated batch"* zu sehen.

Dabei wird am Ende nicht der gesamte Fermenterinhalt abgeerntet, sondern ein Teil verbleibt im Reaktor als **Inokulum** für den nächsten Ansatz. Der Fermenter wird dann mit frischem, sterilem Medium aufgefüllt und der Prozess unverzüglich neu gestartet. Die langen Rüstzeiten für Reinigung und Sterilisation entfallen. Dieser Vorgang kann mehrere Male wiederholt werden. Probleme ergeben sich bei dieser Prozessführung im Hinblick auf die **Validierung** des Prozesses, da die Startbedingungen nicht klar definiert sind und nicht ausgeschlossen werden kann, dass Rückstände aus dem vorherigen Ansatz einen Einfluss auf die Kultivierung haben (Krahe 2003).

Eine weitere Möglichkeit, die Wachstumslimitierung eines Batch-Prozesses zu überwinden, ist der **Fed-Batch-Betrieb** (Abb. 13.8, Bilanzgleichungen in Tabelle 13.3). Dabei wird der Bioreaktor zunächst nur zu 1/3 bis zu 1/2 gefüllt. Der Prozess wird als Batch gestartet. Sobald Substrat verbraucht ist oder die Substratkonzentration limitierende Werte erreicht, wird frisches Medium (Feed), meist in konzentrierter Form zugefüttert. Die Zufütterung des frischen Mediums kann nach verschiedenen Strategien erfolgen, etwa bei konstanter oder vorgegebener Wachstumsrate, bei konstanter Substratkonzentration, bei Substratlimitierung oder Sauerstoffkontrolliert. Eine Übersicht zu den verschiedenen Fed-Batch-Techniken findet sich bei Krahe (2003). Zudem wurden modellgestützte Prozessführungsstrategien zur Steigerung der Raum-Zeit-Ausbeute vorgeschlagen (Dubach u. Märkl 1992, Lübbert u. Simutis 1998, Pörtner et al. 2004).

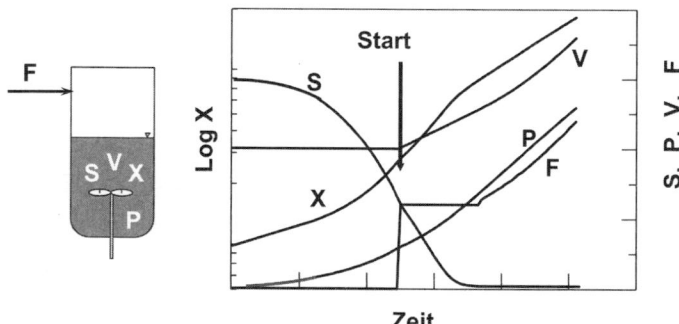

Abb. 13.8. Prinzipskizze und zeitlicher Verlauf eines Fed-Batch-Prozesses. Bei „Start" Beginn der Fütterung mit konstanter Fütterungsrate, anschließend exponentielle Zunahme der Fütterungsrate, um Substratkonzentration S konstant zu halten (Symbole wie in Abb. 13.2)

Tabelle 13.3. Bilanzgleichungen für einen Fed-Batch-Prozess

Biomasse/Zellkonzentration

$$\frac{dX}{dt} = \left(\mu - \frac{F}{V}\right)X \tag{13.10}$$

Substrat

$$\frac{dS}{dt} = \frac{F}{V}S_0 - \left(\frac{\mu}{Y_{XS}} + m_S\right)X \tag{13.11}$$

Volumen

$$\frac{dV}{dt} = F \tag{13.12}$$

Der Vorteil des Fed-Batch-Betriebes gegenüber dem Batch ist in der verlängerten Wachstumsphase und der meist höheren Produktkonzentration und Produktausbeute zu sehen. Auf der anderen Seite ist der apparative Aufwand höher, da zumindest ein zusätzlicher Vorlagetank für den konzentrierten Feed erforderlich und ein größerer regelungstechnischer Aufwand für die Steuerung des Feed zu erwarten ist.

13.3.2
Chemostat

Beim Chemostat, auch bezeichnet als *„Continuous Stirred Tank Reactor"* (CSTR), wird kontinuierlich frisches Medium zu- und verbrauchtes abgepumpt. Auf der Ausflussseite ist das System offen, d. h. alle Mediumkomponenten (insbesondere die Biomasse) wird mit abgezogen. Eine Variante zum Chemostat stellt der **„Turbidostat"** da, bei dem die Biomassekonzentration gemessen und durch Veränderung der Durchflussrate konstant gehalten wird.

Der zeitliche Verlauf einer Chemostat-Kultur ist in Abb. 13.9 dargestellt. Der Prozess wird zunächst als Batch gestartet (s. oben). Wenn die Substratkonzentration auf kritische Werte abgesunken ist, wird der Zulauf (Feed) mit einer konstanten Pumprate gestartet. Um das Volumen im Bioreaktor konstant zu halten, muss mit gleichem Volumenstrom abgesaugt werden. Nach einer gewissen Zeit stellen sich (zumindest im Mittel) **konstante Werte für alle Prozessparameter** ein, sofern man von einer homogenen Durchmischung des Bioreaktors ausgehen kann (stationärer Zustand). Die wesentlichen Beziehungen zur Beschreibung eines Chemostates sind in Tabelle 13.4 zusammengestellt.

Je nach eingestellter Zu- und Ablaufrate, ausgedrückt durch die **Verdünnungsrate D** (Gl. 13.13) ergeben sich bestimmte stationäre Werte für die Konzentrationen an Biomasse (Zellen), Substraten und Produkten (Abb. 13.10). Sofern die Mikroorganismen kein ausgeprägtes Absterbeverhalten zeigen, sind ausgehend von niedrigen Durchflussraten zunächst nahezu konstante Biomassekonzentrationen zu beobachten. Bei weiterer Erhöhung der Durchflussrate nimmt die Biomassekonzentration im stationären Zustand stark ab und sinkt bei einem als „kritische Durchflussrate" oder **„Auswaschpunkt"** bezeichneten Wert auf null ab.

Zeigen die Zellen ein ausgeprägtes Absterbeverhalten (z. B. tierische und humane Zellen, Pörtner 1998), sind die Zellkonzentrationen bei niedrigen Durchflussraten gering, steigen dann bis zu einem Maximum an und sinken dann bei

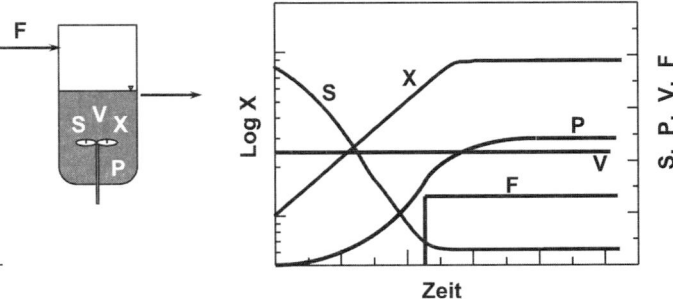

Abb. 13.9. Prinzipskizze und zeitlicher Verlauf eines kontinuierlichen Chemostat-Prozesses (Symbole wie in Abb. 13.2)

Tabelle 13.4. Bilanzgleichungen für einen Chemostat-Prozess

Verdünnungsrate

$$D = \frac{F}{V} \tag{13.13}$$

Biomasse/Zellkonzentration

$$\frac{dX}{dt} = (\mu - D)\,X \tag{13.14}$$

Substrat

$$\frac{dS}{dt} = (S_0 - S)\,D - \left(\frac{\mu}{Y_{XS}} + m_S\right) X \tag{13.15}$$

Stationärer Zustand ($dX/dt = 0$; $dS/dt = 0$)

$$\mu = D \tag{13.16}$$

Max. Verdünnungsrate

$$D_{krit.} = \mu_{max}\,\frac{S_0}{k_S + S_0} \tag{13.17}$$

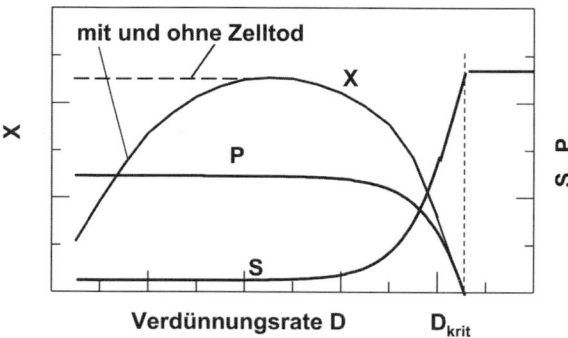

Abb. 13.10. Chemostat-Prozess – Stationäre Werte der wichtigsten Prozessparameter als Funktion der Verdünnungsrate D (Symbole wie in Abb. 13.2)

weiterer Erhöhung der Durchflussrate zum „Auswaschpunkt" hin ebenfalls stark ab.

Die Konzentration an Substrat liegt bei geringen Durchflussraten sehr niedrig und steigt zum „Auswaschpunkt" hin stark an. Bei Werten über der „kritischen Durchflussrate" entspricht die Konzentration derjenigen im Zulauf.

Für die stationäre Produktkonzentration ergibt sich ein ähnlicher Verlauf wie bei der Biomassekonzentration ohne Berücksichtigung des Absterbeverhaltens.

Beim Chemostat ist nach Gl. 13.16 im stationären Zustand die Wachstumsrate μ gleich der Verdünnungsrate D. Daraus folgt, dass die „kritische Durchflussrate" $D_{krit} \leq \mu_{max}$ ist. Bei höheren Durchflussraten können die Mikroorganismen das Auswaschen nicht mehr durch die Proliferation kompensieren und werden ausgetragen.

Ein Chemostat eignet sich sehr gut zur Bestimmung kinetischer Parameter, insbesondere zur Wachstumskinetik, da sich durch einfache Variation der Zu- und Abflussrate ganz gezielt eine bestimmte Wachstumsrate einstellen lässt. Insbesondere der kritische Bereich niedriger Wachstumsraten lässt sich durch den Chemostat sehr viel besser abbilden als durch einen Batch-Versuch. Zudem sind die aus stationären Zuständen ermittelten Daten verlässlicher.

Für industrielle Prozesse eignet sich der Chemostat aus mehreren Gründen nur bedingt. So ist die maximal zu erwartende Biomassekonzentration meist gering und in einem ähnlichen Bereich wie beim Batch-Betrieb. Für die Produktion von Sekundärmetaboliten eignet sich der Chemostat generell nicht. Die kontinuierliche Prozessführung erfordert einen erhöhten Installationsaufwand und stellt deutlich höhere Anforderungen an die Steriltechnik als ein Batch. Aus diesem Grund finden sich Chemostat-Prozesse überwiegend in der Umwelttechnik, etwa bei der aeroben Abwasserreinigung.

13.3.3
Perfusion mit Zellrückhaltung

Um das Problem der **geringen Biomassekonzentrationen** beim Chemostat zu überwinden, müssen die Mikroorganismen auf geeignete Art und Weise im Bioreaktor zurückgehalten werden (Abb. 13.11). Da die Durchflussrate dann nicht mehr durch die Wachstumsrate begrenzt ist, lassen sich höhere Volumenströme einstellen. Es ist zu erwarten, dass die Produktivität einer solchen Prozessführung deutlich höher liegt als beim Chemostat.

Der **zeitliche Verlauf eines Perfusionsprozesses** (Abb. 13.11) ähnelt dem des Chemostates. Wiederum wird der Prozess als Batch gestartet. Nach einer gewissen Zeit werden die Zu- und Ablaufpumpen angeschaltet, so dass sich stationäre

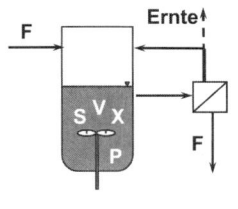

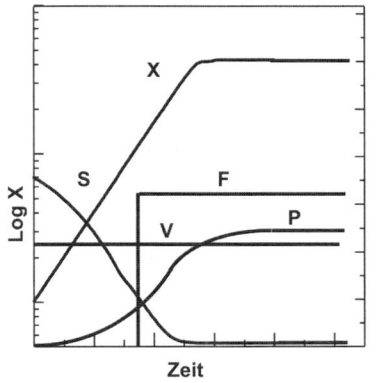

Abb. 13.11. Prinzipskizze und zeitlicher Verlauf eines kontinuierlichen Prozesses mit Zellrückhaltung (Perfusion) (Symbole wie in Abb. 13.2)

Zustände für die Konzentrationen an Biomasse, Substraten und Produkten einstellen.

Auch hier können die stationären Größen als Funktion der Durchflussrate dargestellt werden (Abb. 13.12). In Bezug auf die Biomassekonzentration ist das Niveau bei niedrigen Durchflussraten im Vergleich zum Chemostat deutlich höher. Aber auch hier kommt es bei sehr hohen Durchflussraten zu einem Auswaschen der Mikroorganismen. Die kritische Durchflussrate

$$D_{krit, Perfusion} = D_{krit, Chemostat} \frac{1}{1 + \alpha - \alpha\beta} \quad (13.18)$$

lässt sich durch die kritische Durchflussrate im Chemostat, die Rezyklierungsrate bei der Perfusion α (Verhältnis von Zulauf und rezykliertem Volumenstrom) und den Konzentrierungsfaktor β (Verhältnis von Biomassekonzentration im Fermenter und im rezyklierten Volumenstrom) berechnen.

Neben der Biomassekonzentration ist in Abb. 13.12 als Indikator für die Produktivität das Produkt aus Biomassekonzentration und Durchflussrate dargestellt. In beiden Fällen ergibt sich ein **Maximum der Produktivität** bei einem Durchfluss knapp unterhalb der kritischen Durchflussrate, wobei das Maximum bei der Perfusion naturgemäß deutlich höher liegt.

Technisch lässt sich die Zellrückhaltung durch verschiedenste Aggregate realisieren. So lassen sich Suspensionsreaktoren (Rührreaktor, Blasensäule, Air-Lift-Reaktor, vgl. Kap. 14) mit Filtrati-

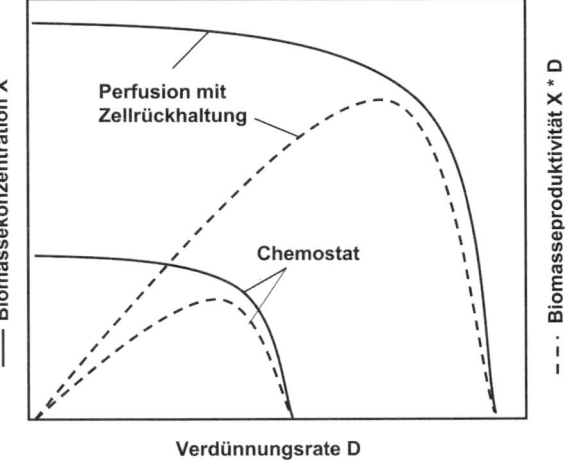

Abb. 13.12. Qualitativer Verlauf von Biomassekonzentration X und Biomasseproduktivität X*D in Abhängigkeit von der Verdünnungsrate D für Chemostat und Perfusion mit Zellrückführung

onseinheiten, Zentrifugen oder Sedimentern koppeln. Bei bestimmten Typen von Bioreaktoren (Festbett, Wirbelschicht) ist die Zellrückhaltung systemimmanent. Da in den meisten Fällen lediglich die Biomasse zurückgehalten wird, sind die Produktkonzentrationen im Erntestrom meist in einer ähnlichen Größenordnung wie beim Batch oder Chemostat.

In der industriellen Praxis finden sich die meisten Anwendungen für Perfusionssysteme mit Zellrückhaltung bei der Produktion von Wirkstoffen mit tierischen Zellen (Pörtner 1998).

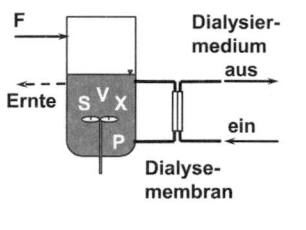

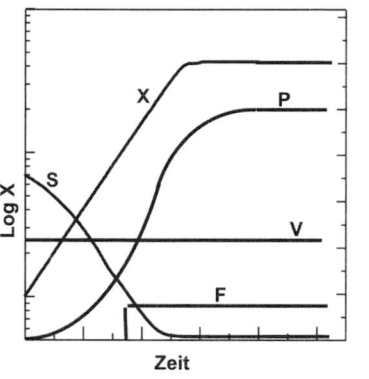

Abb. 13.13. Prinzipskizze und zeitlicher Verlauf eines Dialyseprozesses zur simultanen Anreicherung von Zellen und höhermolekularen Produkten (Symbole wie in Abb. 13.2)

13.3.4
Dialysekultur

Eine simultane Anreicherung von Zellen und hochmolekularen Produkten erlauben **Dialysemembranen**. Nach Strathmann (1979) ist die Dialyse in einem flüssigen Medium definiert als der Transport einer gelösten Komponente von einer homogenen Phase durch einen Membran in eine andere homogene Phase unter der treibenden Kraft eines Konzentrationsgradienten. Der Stofftransport durch die Membran wird in Analogie zum 1. Fick'schen Gesetz durch den Ansatz

$$N = P_{ges} \, A \, (c_1 - c_2) \tag{13.19}$$

beschrieben. Der Molenstrom N wird durch den treibenden Konzentrationsgradienten $c_1 - c_2$ über die Membran hervorgerufen und ist proportional zur Austauschfläche A der Dialysemembran und zum Permeationskoeffizienten P_{ges}. Der **Permeationskoeffizient** ist nur für einen Betriebszustand, eine Membran und einen permeierenden Stoff charakteristisch. Bei konstanten Betriebsbedingungen wird zwischen Permeationskoeffizient und Molekulargewicht der permeierenden Substanz ein ähnlicher Zusammenhang beobachtet wie für den Diffusionskoeffizienten, d.h. dass mit steigendem Molekulargewicht der Permeationskoeffizient deutlich abnimmt. Bei hohen Molekulargewichten kommt der Stoffstrom fast völlig zum Erliegen. Man spricht dann vom *„cut-off"* der Membran.

Abb. 13.13 zeigt die Prinzipskizze für einen Dialyseprozess und den zeitlichen Verlauf der wichtigsten Prozessgrößen. Dialyseprozesse können sowohl als **modifizierter Fed-Batch** als auch kontinuierlich geführt werden. Eine Übersicht zu den vielfältigen verfahrenstechnischen Optionen findet sich bei Ogbonna u. Märkl (1993) sowie bei Pörtner u. Märkl (1998).

13.4
Formelverzeichnis

A	Membranfläche bei Dialyse	m^2
c_1, c_2	Konzentrationen auf beiden Seiten einer Dialysemembran	$mmol \, L^{-1}$
C_S	Konzentration an der Oberfläche eines Biokatalysators	$mmol \, L^{-1}$
D	Verdünnungsrate bei Chemostat- oder Perfusionskultur	h^{-1}
D_{krit}	kritische (maximale) Verdünnungsrate	h^{-1}
F	Zufluss-Volumenstrom	$l \, h^{-1}$
$K_{I,S}$	Inhibierungskonstante für Substratinhibierung	$g \, L^{-1}$
$K_{I,P}$	Inhibierungskonstante für Produktinhibierung	$g \, L^{-1}$
k_S	Limitierungskonstante für Substratlimitierung (Monod-Kinetik)	$g \, L^{-1}$

m_S	Erhaltungsterm	$g_{TG} \, g^{-1}$
N	Stoffstrom durch eine Dialysemembran	$mmol \, L^{-1} \, h^{-1}$
P	Produktkonzentration	$g \, L^{-1}$
P_{ges}	Permeabilitätskoeffizient über eine Dialysemembran	$cm \, min^{-1}$
RQ	Respirationskoeffizient	–
S	Substratkonzentration	$g \, L^{-1}$
S_0	Substratkonzentration im Feed	$g \, L^{-1}$
t	Zeit	h
t_D	Verdoppelungszeit	h
V	Volumen	V
X	Konzentration an Biotrockenmasse	$g_{TG} \, L^{-1}$
Y_{PS}	Ausbeutekoeffizient Produkt/Substrat	$g \, g^{-1}$
Y_{PX}	Ausbeutekoeffizient Produkt/Biomasse	$g \, g^{-1}$
Y_{XO}	Ausbeutekoeffizient Biomasse/Sauerstoff	$g \, g^{-1}$
Y_{XS}	Ausbeutekoeffizient Biomasse/Substrat	$g \, g^{-1}$
α	Rezyklisierungsrate bei der Perfusionskultur, Verhältnis von Feed- und rezykliertem Volumenstrom	–
β	Konzentrierungsfaktor bei der Perfusionskultur Verhältnis von Biomassekonzentration im Fermenter und Biomassekonzentration im rezyklierten Volumenstrom	–
μ	Wachstumsrate	h^{-1}
μ_{max}	maximale Wachstumsrate	h^{-1}
TG	Trockengewicht	

Literatur

Bailey J, Ollis DF (1986) Biochemical Engineering Fundamentals, 2nd edn. McGraw Hill, New York

Buchholz K, Kasche V (1997) Biokatalysatoren und Enzymtechnologie. VCH, Weinheim

Chmiel H (1991) Bioprozesstechnik. Gustav Fischer, Stuttgart

Doran PM (2003) Bioprocess Engineering Principles. Academic Press, San Diego

Dubach AC, Märkl H (1992) Application of an extended kalman filter method for monitoring high density cultivation of Escherichia coli. J Ferment Bioeng 73, 5:396–402

Dunn IJ, Heinzle E, Ingham J, Prenosil JE (2003) Biological Reaction Engineering: Dynamic Modelling Fundamentals with Simulation Examples, 2nd edn. Wiley-VCH, Weinheim

Fassnacht D, Pörtner R (1999) Experimental and theoretical considerations on oxygen supply for animal cell growth in fixed-bed reactors. J Biotechnol 72:169–184

Friedmann H, Märkl H (1993) Der Einfluß von erhöhtem hydrostatischen Druck auf die Biogasproduktion. Wasser – Abwasser gwf 134, 12:690–698

Krahe M (2003) Biochemical Engineering. In: Ullmann's Encyclopedia of Industrial Chemistry. Wiley-VCH, Weinheim

Lübbert A, Simutis R (1998) Advances in modelling for bioprocess supervision and control. In: Sabramanian G (ed) Bioseparation and Bioprocessing, vol 1. Wiley-VCH, Weinheim

Lüdemann I, Pörtner R, Märkl, H (1994) Effect of NH3 on the cell growth of a hybridoma cell line. Cytotechnol 14:11–20

Moser A (1988) Bioprocess Technology. Springer, Berlin Heidelberg New York

Ogbonna J, Märkl H (1993) Nutrient-Split feeding strategy for dialysis cultivation of Escherichia coli. Biotechnol Bioeng 41:1092–1100

Pörtner R (1998) Reaktionstechnik der Kultur tierischer Zellen. Shaker, Aachen

Pörtner R, Märkl H (1998) Dialysis cultures. Appl Microbiol Biotechnol 50:403–414

Pörtner R, Schwabe JO, Frahm B (2004) Fed-batch-cultivation of animal cells – Comparison of selected control strategies. Biotechnol Appl Biochem 40:47–55

Rehm HJ (1980) Industrielle Mikrobiologie. Springer, Berlin

Schügerl K (1985) Bioreaktionstechnik, Band 1. Salle & Sauerländer, Frankfurt M

Schuler ML, Kargi F (2002) Bioprocess Engineering – Basic concepts. Prentice Hall, Upper Saddle River/NJ

Strathmann H (1979) Trennung von molekularen Mischungen mit Hilfe synthetischer Membranen. Steinkopf, Darmstadt

Storhas W (2003) Bioverfahrensentwicklung. Wiley-VCH, Weinheim

14 Fermentation

R. Pörtner

14.1
Einleitung

Für die Fermentation von Mikroorganismen müssen ein Bioreaktor und eine Betriebsweise ausgewählt werden, die den charakteristischen Wachstumsbedingungen des zu kultivierenden Organismus und den spezifischen Prozessbedingungen Rechnung tragen (Aiba 1993, Bailey u. Ollis 1986, Schuler u. Kargi 2002). Auf die relevanten Organismus-spezifischen Eigenschaften wurde bereits in Kap. 13 „Grundlagen der Bioverfahrenstechnik" eingegangen. Hier sollen insbesondere Fragestellungen zum Design von Bioreaktoren diskutiert werden. Die Auslegung eines Bioreaktors ist ausgesprochen komplex und beruht teilweise auf ingenieurwissenschaftlichen Prinzipien, teilweise aber auch auf vielen Richtwerten aus der betrieblichen Praxis. Vor einer detaillierten Auslegung müssen zunächst die folgenden Kriterien berücksichtig werden (Doran 2003):

- Bietet sich als **Reaktortyp** ein Suspensionsreaktor (Rührreaktor, Blasensäule) an oder müssen besondere Organismen-spezifische Eigenschaften (z. B. hohe Scherempfindlichkeit) berücksichtigt werden?
- Welches **Reaktorvolumen** ist erforderlich (Labor- oder Produktionsmaßstab). Tabelle 14.1 gibt einen Überblick über Reaktorvolumina im Produktionsmaßstab.
- Welche **Prozessbedingungen** (Mediumeigenschaften, Temperatur, pH, Osmolalität, Sauerstoffbedarf usw.) müssen aufrechterhalten werden? Haben diese Bedingungen Konsequenzen für die Reaktorgestaltung (z. B. extremophile Mikroorganismen)?
- Welche **Mess- und Regelungstechnik** ist erforderlich?
- Welche **Betriebsweise** (*batch*, kontinuierlich) eignet sich am besten?

Auch wenn die Auswahl des Reaktionssystems von entscheidender Bedeutung für das Leistungsvermögen des gesamten Fermentationsprozesses ist, gibt es keine einfachen oder standardisierten Prozeduren, die alle wesentlichen Aspekte zur

Tabelle 14.1. Typische Volumina von Bioreaktoren im Produktionsmaßstab (nach Buckland u. Lilly 1993, modifiziert)

Produkt	Volumen [m³]
rekombinante therapeutische Proteine	0,5–50
Industrielle Enzyme	80–250
Antibiotika	80–200
Aminosäuren, Bäckerhefen	100–250

Auslegung und zum Betrieb des Bioreaktors umfassen. Neben **ingenieurtechnischen Fragestellungen** wie Sauerstoffeintrag, Mischungsverhalten oder Leistungsbedarf müssen die **biologischen Eigenschaften** (z. B. Wachstumsverhalten, Produktbildungskinetik) berücksichtigt werden. Es ist nahe liegend, dass die Auslegung umso erfolgreicher sein wird, je besser die biologischen und metabolischen Charakteristika der verwendeten Mikroorganismen bekannt und durch Modelle dargestellt sind (Atlas 1997, Moser 1988). Die gesamte Komplexität der Bioverfahrensentwicklung von der Isolierung des Mikroorganismus bis hin zum Produktionsprozess wird sehr anschaulich von Storhas (2003) dargestellt.

14.2
Bioreaktoren

In der Literatur wird eine Vielzahl von Bioreaktoren oder Fermentertypen beschrieben (Doran 2003, Schuler u. Kargi 2002). Überwiegend werden begaste Rührkesselreaktoren eingesetzt. Eine Alternative hierzu stellen nicht gerührte Reaktoren wie z. B. Blasensäulen oder Airlift-Schlaufenreaktoren dar. Neue Bioreaktorkonzepte wie Festbett- oder Wirbelschichtreaktoren werden meist für spezielle Anwendungen wie die Kultivierung von tierischen Zellen zur Wirkstoffproduktion oder für pflanzliche Zellen eingesetzt, da diese sehr scherempflindlichen Organismen besondere Anforderungen an die Reaktortechnologie stellen.

Die wesentliche Herausforderung bei der Gestaltung von Bioreaktoren liegt in der Gewährleistung einer ausreichenden **Durchmischung** und **Begasung**, da industriell überwiegend aerobe Mikroorganismen mit einem hohen Sauerstoffbedarf eingesetzt werden. Bioreaktoren für anaerobe Prozesse (vgl. Kap. 27 Biogasproduktion) sind meistens einfacher konstruiert und enthalten teilweise keine Elemente für Begasung oder Durchmischung. Ein sehr guter Überblick über konstruktive Aspekte bei Bioreaktoren findet sich bei Krahe (2003). Dabei wird besonderes Augenmerk auf die Aufrechterhaltung der erforderlichen Sterilität im Bioreaktor gelegt.

14.2.1
Rührkessel-Bioreaktoren

Der prinzipielle Aufbau eines konventionellen, begasten Rührkessel-Bioreaktors ist in Abb. 14.1 dargestellt. In einem zylindrischen Gefäß sind zur Durchmischung und zur Dispergierung von Blasen ein oder mehrere **Rührer** auf einer Welle montiert, die über einen außerhalb installierten Motor angetrieben wird. In Bodennähe befindet sich ein **Begaser**, über den die Begasungsluft eingeleitet wird. Zusätzlich werden Stromstörer installiert, die eine bei hohen Rührerdrehzahlen auftretende Wirbelbildung unterdrücken und somit die Durchmischung verbessern sollen. Die Temperierung erfolgt bei Reaktoren bis zu ca. 3 m^3 (Krahe 2003) meist über einen äußeren Doppelmantel, wie er in Abb. 14.1 dargestellt ist. Bei größeren Reaktoren oder bei sehr exothermen Prozessen, etwa auf Grund eines sehr hohen Leistungs- oder Sauerstoffbedarfes, müssen **große Wärmemengen abgeführt** werden. Hierzu werden Rohre entweder vertikal oder als Spirale direkt in den Innenraum des Bioreaktors eingebracht.

Üblicherweise wird der Bioreaktor lediglich zu 70–80% mit Flüssigkeit gefüllt, um einen ausreichenden Kopfraum für das Absetzen von Flüssigkeitströpfchen oder zur Abscheidung von Schaum bereitzustellen. Die Schaumbildung wird häufig durch die Zugabe von chemischen Antischaummitteln unterdrückt. Da dies den Sauerstoffantrag erheblich reduzieren kann, werden bei größeren Bioreaktoren **mechanische Schaumzerstörer** im Kopfraum installiert, die mit hoher Geschwindigkeit rotieren und somit den sich bildenden Schaum zerstören.

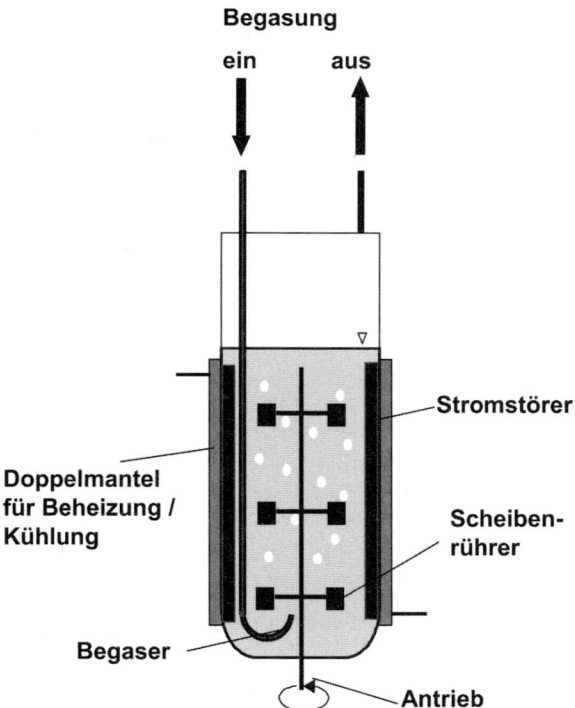

Abb. 14.1. Schematischer Aufbau eines gerührten Bioreaktors für aerobe Mikroorganismen

Im Labormaßstab werden bis zu Volumina von ca. 15 L häufig **Reaktoren aus Glas** eingesetzt, da diese transparent, gut zu reinigen und dampfsterilisierbar sind. Abb. 14.2 zeigt einen autoklavierbaren Laborfermenter (5 L) mit einem magnetischen Untenantrieb (s. unten) und Doppelmantel zur Temperierung. Als problematisch ist Glas dann anzusehen, wenn die Sterilisation nicht im Autoklaven, sondern *in situ* bei 121 °C und 1 bar Überdruck erfolgt, da hierbei die Gefahr besteht, dass der Glasmantel birst und das Bedienpersonal durch Glassplitter verletzt wird. Auch durch einen metallischen Schutzmantel lässt sich diese Gefährdung nur bedingt beseitigen. Alternativ wurde von Märkl (1989) ein Bioreaktor mit einer speziellen **Polyamid-Folie** vorgeschlagen (Abb. 14.3). Dabei wird die Folie während der Sterilisation durch einen bündig anliegenden Metallmantel gestützt. Deckel, Anschlussstutzen oder Rührer werden bei Laborfermentern üblicherweise aus austeniti-

Abb. 14.2. Autoklavierbarer Labor-Bioreaktor aus Glas (mit freundlicher Genehmigung der Bioengineering AG)

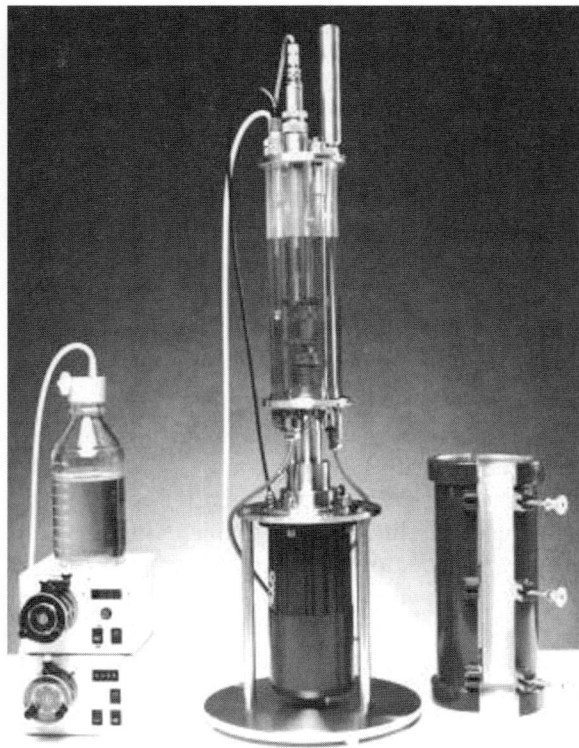

Abb. 14.3. Gerührter Folienreaktor 2 L (Bioengineering AG; Foto Roman Jupitz, TU Hamburg-Harburg)

schem Stahl (s. unten) oder alternativ aus Polyetheretherketon (PEEK) gefertigt.

Für größere Reaktoren (Abb. 14.4) werden überwiegend austenitische Stähle mit einem maximalen Kohlenstoffanteil von 0,08 % (z. B. Typ 1.4571 oder 1.4435 nach DIN) verwendet (Krahe 2003). Ausnahmen können für die Kultivierung extremophiler Mikroorganismen erforderlich sein, da diese z. T. hochkorrosive Medien (extreme pH-Werte, hoher Salzgehalt, Schwefel als Substrat) benötigen. Hier bietet sich z. B. die Verwendung von **Titan** oder die **Emaillierung** der Bioreaktoren an.

Das Verhältnis von Höhe H zu Durchmesser D kann bei gerührten Bioreaktoren zwischen H/D = 1

und H/D = 3 variieren (Doran 2003, Krahe 2003). Kleinere Reaktoren werden häufig mit H/D = 1 gebaut. Wenn allerdings die Begasung ein kritischer Parameter ist, wird ein größeres Verhältnis gewählt, um die Verweilzeit der Blasen im Reaktor zu verlängern und den hydrostatischen Druck am Begaser zu erhöhen. Zudem vergrößert sich die Wärmeaustauschfläche bei einem Doppelmantel.

Zur Durchmischung und zur Dispergierung von Gasblasen wird in der Literatur eine Vielzahl von Rührertypen vorschlagen. Am häufigsten wird der **Scheibenrührer** (Abb. 14.5) eingesetzt, auch im industriellen Maßstab. Dieser Rührertyp empfiehlt sich auf Grund des guten Misch- und Dispergierverhaltens insbesondere für wässrige Medien mit niedriger Viskosität. Bei schlanken Bauhöhen (H/D >2) werden bis zu 3 Scheibenrührer auf der Welle montiert. Alternativ wer-

Abb. 14.4. Gerührter Pilotfermenter 300 L (Bioengineering AG; Foto Roman Jupitz, TU Hamburg-Harburg)

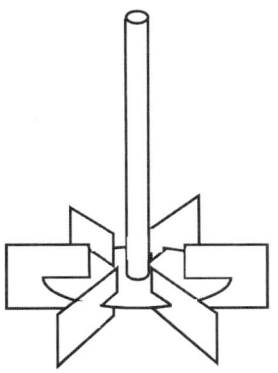

Abb. 14.5. Scheibenrührer

den Propellerrührer bzw. davon abgeleitete Konstruktionen wie „*Axial flow hydrofoil impellers*" (Buckland u. Lilly 1993, Nienow 1992) eingesetzt, die sich u. a. durch einen besseren Sauerstoffeintrag bezogen auf die eingebrachte Leistung bei geringerer maximaler Scherrate auszeichnen. Diese Rührer eignen sich auch für Prozesse, bei denen die Scherempfindlichkeit der Organismen eine wesentliche Rolle spielt. Dies kann z.B. bei Prozessen mit tierischen Zellen der Fall sein (Butler

1996, Pörtner 1998). Für sehr viskose Fermentationsbrühen oder solche mit strukturviskosen bzw. viskoelastischen Eigenschaften kann es erforderlich sein, großflächige Rührertypen (z.B. Ankerrührer) zu verwenden.

Der **Antrieb des Rührers** erfolgt entweder von oben oder von unten. Die Vorteile eines Antriebes von unten liegen in der kürzeren Rührerwelle (geringere Vibrationen, kleineres Volumen, höhere Stabilität), dem größeren Platzangebot für Anschlüsse oder Sonden auf dem Deckel sowie der Schmierung und Kühlung der Rührerwellenabdichtung. Für einen Obenantrieb spricht, dass es bei feststoffhaltigen, abrasiven Medien nicht zu einer Beeinträchtigung der Dichtungen kommen kann und dass bei Versagen der Dichtungen kein Medium ausläuft.

Eine konstruktive Herausforderung stellt die Einführung der drehenden Welle in den geschlossenen, sterilen Innenbereich des Bioreaktors dar (Krahe 2003, Storhas 1994, Chmiel 1991). Bei Verwendung einer mechanischen Abdichtung, meist in Form von einfachen oder doppelten Gleitringdichtungen, wird der rotierende Schaft durch einen mitrotierenden Ring, der gegen einen in den Reaktorboden oder -deckel eingelassenen, ruhenden Ring drückt, gedichtet. Diese Konstruktion ist gut zu reinigen, schließt jedoch Leckagen nicht aus und erfordert eine **aufwändige Wartung**. Als Alternative bietet sich eine **magnetische Ankuppelung** an, wobei der Reaktor als geschlossen anzusehen ist. Das Drehmoment wird dabei über Magnete über die Reaktorwand übertragen. Problematisch ist hierbei die im Reaktor angeordnete Lagerung der Welle, die schwer zu reinigen ist. Auch wenn mittlerweile Rührerkessel-Reaktoren mit Volumina von einigen hundert Litern mit magnetischen Antrieben versehen werden, findet sich dieser Antriebstyp überwiegend bei Laborfermentern, die im Autoklaven sterilisiert werden müssen.

Ein weiteres wesentliches Bauelement eines gerührten Bioreaktors ist der **Begaser**. Die Bildung und Größe der Gasblasen hängt im Wesentlichen von der Bauform des Begasers, den Koaleszenzeigenschaften des Mediums und der Turbulenz im

Abb. 14.6. Keramischer Begaser, Zinkoxid, Durchmesser 10 mm (mit freundlicher Genehmigung von Prof. Dr.-Ing. Peter Czermak, FH Gießen-Friedberg

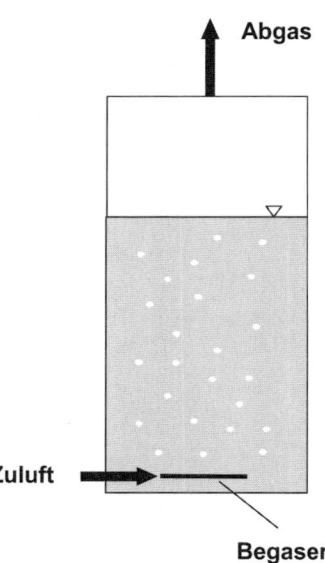

Abb. 14.7. Prinzipskizze eines Blasensäulen-Bioreaktors (nach Doran 2003, modifiziert)

Reaktor ab. **Kleine Gasblasen** erzeugen naturgemäß eine größere volumenspezifische Oberfläche und somit einen **besseren Sauerstoffeintrag** als größere. Auf der anderen Seite kann es bei kleineren Blasen zu einer verstärkten Schaumbildung kommen. Im einfachsten Fall kann die Begasung über die Flüssigkeitsoberfläche erfolgen. Allerdings reicht der so zu erzielende Gaseintrag lediglich bei sehr kleinen Reaktorvolumina aus, um die Organismen adäquat zu versorgen. Einen konstruktiv sehr einfachen Begaser stellt ein offenes Rohr dar, das unter dem Rührer (bzw. bei mehrstufiger Anordnung unter dem untersten Rührer) endet. Alternativ werden auch **ringförmige, perforierte Begaser** unterhalb des Rührers installiert, wobei die Gasblasen durch kleine Löcher auf der Oberseite des Ringes austreten. In beiden Fällen werden die aufsteigenden Blasen durch die hohe Drehzahl des Rührers dispergiert. Muss die Drehzahl etwa auf Grund der hohen Scherempfindlichkeit der Organismen niedrig gehalten werden, lassen sich durch Verwendung von hochporösen gesinterten Metallen oder Keramiken (Abb. 14.6) sehr feine Blasen mit extrem hoher Sauerstoffeintragsrate erzeugen (Nehring et al. 2004). Spezielle

Begasertypen wurden für Anwendungen entwickelt, bei denen ein extrem hoher Sauerstoffeintrag erforderlich ist (z. B. Essigproduktion, Turmbiologie für aerobe Abwasserreinigung).

14.2.2
Blasensäulen und Air-Lift-Schlaufenreaktoren

Eine Alternative zu gerührten Bioreaktoren bieten Blasensäulen und Schlaufenreaktoren, bei denen Sauerstoffeintrag und Durchmischung durch die Begasung erfolgt. Im Gegensatz zu gerührten Bioreaktoren werden **keine mechanisch bewegten Teile** benötigt. Blasensäulen werden industriell etwa zur Produktion von Hefe, Bier oder Essig bzw. zur Behandlung von Abwässern eingesetzt (Doran 2003).

Der prinzipielle **Aufbau von Blasensäulen** ist sehr einfach (Abb. 14.7). Üblicherweise handelt es sich um zylindrische Säulen mit einem Verhältnis von Höhe zu Durchmesser $H/D = 2$–6, je nach Anwendung. Außer dem Begaser sind meist keine zusätzlichen Einbauten vorhanden. Lediglich bei sehr großen Bauhöhen kann es erforderlich sein, horizontale Platten einzuziehen, welche koaleszie-

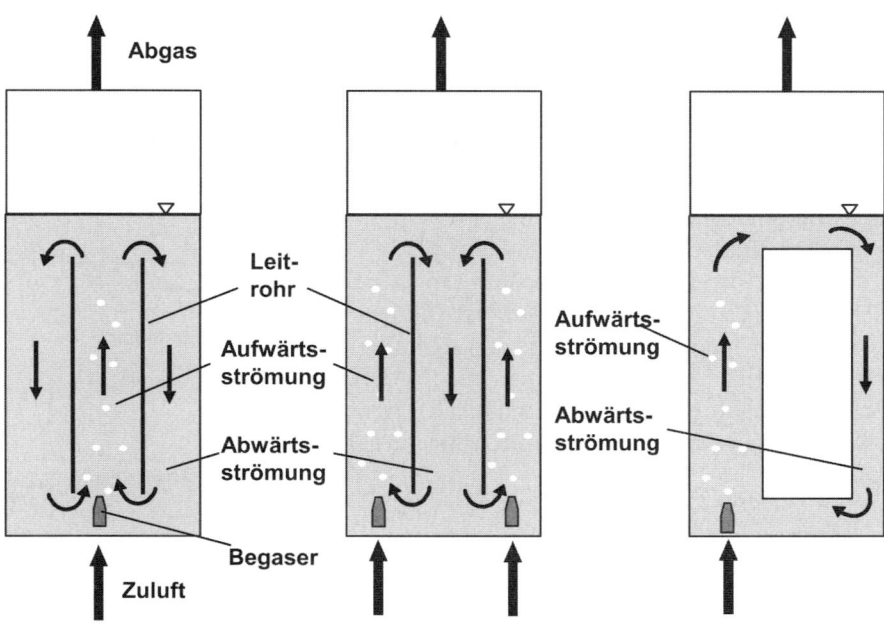

Abb. 14.8. Konfigurationsvarianten von Air-Lift-Schlaufenreaktoren (nach Doran 2003, modifiziert)

rende Blasen wieder aufbrechen. Die Vorteile von Blasensäulen sind in den geringen Investitionskosten, dem Fehlen von beweglichen Bauteilen und den zufrieden stellenden Wärme- und Stofftransporteigenschaften zu sehen. Problematisch kann wie bei begasten Rührfermentern die Schaumbildung sein, die sich durch Zugabe von Antischaummitteln oder mechanische Schaumzerstörer unterdrücken lässt.

In Blasensäulen werden die Hydrodynamik und die Stofftransporteigenschaften gänzlich durch das Verhalten der durch den Begaser freigesetzten Gasblasen bestimmt. Je nach Gasdurchsatz, Bauform des Begasers, Durchmesser der Blasensäule oder Flüssigkeitseigenschaften (z. B. Rheologie) stellen sich in der Säule unterschiedliche Strömungsformen ein. Von **homogener Strömung** spricht man, wenn bei sehr niedrigen Gasdurchsätzen (Gasleerrohrgeschwindigkeiten) die Blasen gleichmäßig über den Querschnitt verteilt werden. Die Gasblasen steigen dann mit einer einheitlichen Geschwindigkeit auf, es kommt nicht zu einer Rückvermischung. Die Flüssigkeit wird hierbei kaum durchmischt. Bei höheren Gasleerrohr-

geschwindigkeiten entstehen große, chaotisch zirkulierende Strömungen (**heterogene Strömung**). Hierbei steigen die Blasen und mitgerissene Flüssigkeit in der Mitte der Säule auf. Im Gegenzug strömt Flüssigkeit in den wandnahen Zonen abwärts. Durch die Zirkulation der Flüssigkeit werden Gasblasen z. T. mit zurückgeführt.

In **Air-Lift-Schlaufenreaktoren** wird die Durchmischung ebenfalls ohne mechanische Bewegung lediglich durch die eingebrachten Gasblasen erzeugt. Im Gegensatz zu Blasensäulen wird bei diesen Reaktortypen durch spezielle Einbauten eine **umlaufende Strömung** erzwungen. Wie in Abb. 14.8 dargestellt, wird das Gas in einen Teil des Reaktors eingedüst, in dem dann die Flüssigkeit mit den Gasblasen aufsteigt („*Riser*"). Der Großteil des Gases verlässt den Reaktor am Kopf. Da die Dichte der Flüssigkeit im nicht begasten Teil höher ist als im begasten, kommt es hier zu einer abwärts gerichteten Strömung („*Downcomer*").

Für die technische Umsetzung sind in Abb. 14.8 die gängigsten Varianten dargestellt. Links und in der Mitte sind interne Schlaufen gezeigt, wobei „*Riser*" und „*Downcomer*" durch ein

Leitrohr getrennt sind. In der rechten Abbildung ist eine externe Anordnung des „*Downcomers*" zu sehen. Bei dieser Variante lässt sich die Strömungsgeschwindigkeit durch Verringerung des Durchmessers im „*Downcomer*" erhöhen. Zudem ist hierbei die Entgasung effektiver als bei der internen Schlaufe, so dass man von einer besseren Durchmischung ausgehen kann.

Generell ist die Durchmischung in Air-Lift-Schlaufenreaktoren besser als in Blasensäulen, außer bei sehr niedrigen Strömungsgeschwindigkeiten. Darüber hinaus zeichnen sich Air-Lift-Schlaufenreaktoren durch eine stabilere Strömung aus, so dass auch höhere Gasdurchsätze möglich sind.

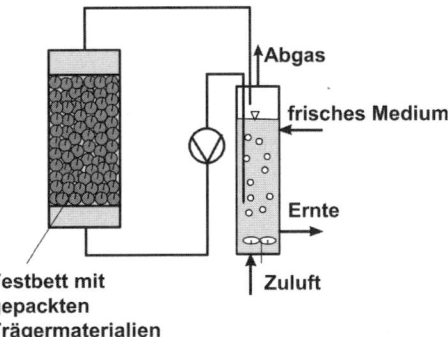

Abb. 14.9. Prinzipskizze eines Festbett-Bioreaktorsystems

14.2.3
Festbett-, Wirbelschicht- und Tropfkörperreaktoren

In *Festbettreaktoren* (Abb. 14.9) werden Biokatalysatoren (Mikroorganismen, Zellen oder Enzyme) auf oder in partikelförmigen Trägermaterialien immobilisiert. Der Reaktor besteht aus einem meist vertikal angeordneten Rohr, das mit den Trägermaterialien gefüllt ist. Das Medium kann entweder am Boden oder am Kopf der Säule eingespeist werden und bildet eine kontinuierliche Flüssigkeitsphase zwischen den Partikeln. Die **Abnutzung der Trägermaterialien** auf Grund der hydrodynamischen Belastung ist in Festbetten **deutlich niedriger** als in gerührten Reaktoren mit suspendierten Biokatalysatoren oder in der Wirbelschicht (s. unten).

Der Stofftransport zwischen dem strömenden Medium und dem festen Trägermaterial wird durch **hohe Flüssigkeitsgeschwindigkeiten** verbessert. Daher wird das Medium meist im Kreislauf über die Säule geführt. In den Kreislauf ist häufig ein Vorlagegefäß integriert, in dem Mediumaustausch und Begasung erfolgen, ohne dass es zu einer Beeinträchtigung des Festbettes kommt. Bei einer direkten Einspeisung der Begasungsluft in das Festbett besteht die Gefahr, dass sich Gastaschen bilden oder dass es zu einer Kanalbildung innerhalb der Schüttung kommt. Fest-

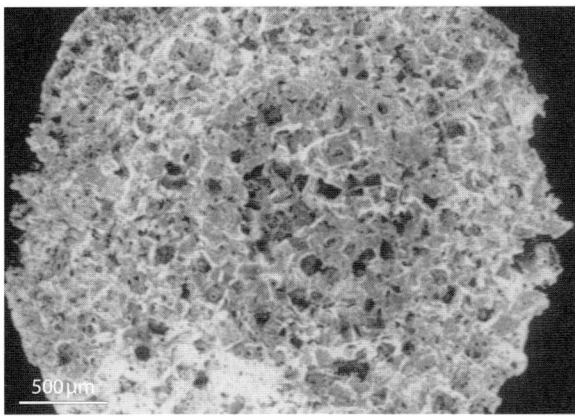

Abb. 14.10. Siran-Trägermaterial, Durchmesser 3–5 mm, Porosität ca. 60% (QVF, Mainz)

betten eignen sich aus diesem Grund auch nicht für Prozesse, bei denen große Mengen von Kohlendioxid oder andere Gase gebildet werden, die dann ausgasen und zwischen den Partikeln hängen bleiben.

Zur **Immobilisierung von Mikroorganismen** oder Zellen werden üblicherweise **makroporöse Trägermaterialien** (Abb. 14.10) verwendet, um das für die Besiedelung zur Verfügung stehende Volumen zu vergrößern (Přenosil et al. 2002). Zudem sind die Organismen innerhalb dieser makroporösen Strukturen vor einer hydrodynamischen Belastung durch die hohen Strömungsgeschwindigkeiten zwischen den Trägermaterialien geschützt. Das makroporöse Trägermaterial zur Immobilisierung der Zellen muss eine Reihe von Kriterien erfüllen (Přenosil et al. 2002, Kolot 1984, Pörtner 1998) wie z. B. hohe Aufnahmekapazität für Zellen, hohes Oberflächen- zu Volumenverhältnis (hohe Porosität), optimale Diffusionswege vom fließenden Medium bis zum Zentrum des Trägers, mechanische Stabilität usw. Kritisch ist bei diesen makroporösen Trägermaterialien die rein diffusive Versorgung der Organismen innerhalb der Trägermaterialien. Insbesondere bei aeroben Organismen kann es bei hohen Biomassekonzentrationen zu einer **Sauerstofflimitierung** innerhalb der Schüttung kommen. Naturgemäß ist dieser Effekt bei kleinen Partikeldurchmessern weniger stark ausgeprägt. Allerdings kann es dann zu einem Zuwachsen der freien Kanäle zwischen den Trägern und somit zu einer unerwünschten **Kanalbildung** in der Schüttung kommen. Für viele Anwendungsfälle stellen Partikel mit einem Durchmesser von 3–5 mm einen zweckmäßigen Kompromiss dar (Pörtner 1998).

Üblicherweise werden Festbettreaktoren axial durchströmt, in den meisten Fällen von unten nach oben. Für ein Scale-up ist diese Fahrweise häufig nicht geeignet, da es im oberen Bereich der Schüttung zu einer ausgeprägten **Gradientenbildung** (Sauerstofflimitierung, pH-Gradient) kommt. Als Alternative bietet sich eine radiale Durchströmung der Festbettschüttung an, bei der die Sauerstoffabreicherung über der Länge der limitierende Faktor ist, wie sie etwa für Zellkulturprozesse erfolgreich angewandt wurde (Pörtner u. Märkl 1995, Fassnacht u. Pörtner 1999). Prinzipiell lassen sich bereits durch Festbettreaktoren mit Volumina von 5–10 L (Abb. 14.11), die kontinuierlich betrieben werden, Suspensionsreaktoren mit Volumina von einigen hundert Litern ersetzen.

Verfahren mit immobilisierten Biokatalysatoren haben zwar für Enzymreaktionen bereits eine weite industrielle Verbreitung, für mikrobielle Prozesse beschränkt sich dies trotz der augenscheinlichen Vorteile wie z. B. hohe Zelldichten und somit kleinere Reaktorvolumina, Aufrechterhaltung von aktiver Biomasse über lange Zeiträume, hohe volumenspezifische Produktivität

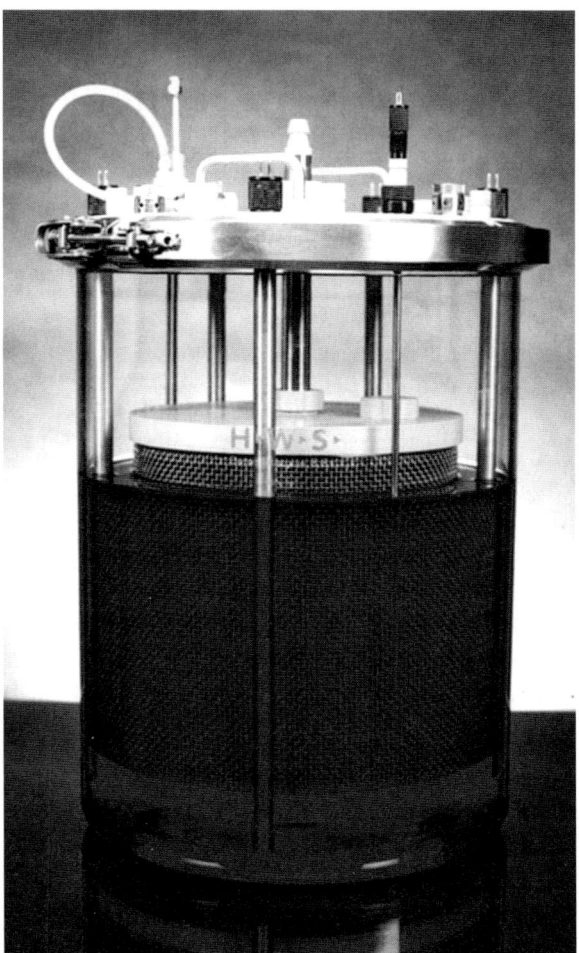

Abb. 14.11. Festbettreaktor mit radial durchströmtem Festbett, Volumen 5,6 L (meredos GmbH; Foto Roman Jupitz, TU Hamburg-Harburg)

usw. auf wenige Anwendungen (Přenosil et al. 2003, Liese et al. 2000). Grund hierfür sind vielfach die technischen Schwierigkeiten beim Scaleup eines im Labor erfolgreichen Verfahrens, da bei immobilisierten Systemen Limitierungen durch Stofftransportprozesse oder komplexe fluiddynamische Probleme zu berücksichtigen sind.

Von einer *Wirbelschicht* spricht man, wenn die Schüttung aus partikelförmigen Biokatalysatoren bei hohen Strömungsgeschwindigkeiten expandiert (Abb. 14.12). Die Strömungsgeschwindigkeit

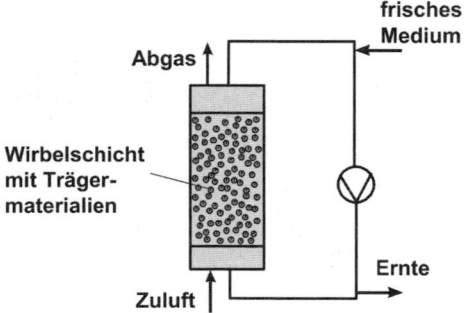

Abb. 14.12. Prinzipskizze eines Wirbelschicht-Bioreaktors

Tabelle 14.2. Ausgewählte Parameter, die in Bioreaktoren gemessen oder geregelt werden können [nach Doran (2003), modifiziert]

Physikalische Parameter	Chemische Parameter	Biologische Parameter
Temperatur	pH	Biomassekonzentration
Druck	Sauerstoff-	Enzymkonzentration
Reaktorgewicht	konzentration	Biomassezusammen-
Flüssigkeitsniveau	Kohlendioxid-	setzung (z. B. DNA,
Schaumniveau	konzentration	RNA, Proteine,
Rührerdrehzahl	Redoxpotential	ATP-Gehalt)
Leistungsbedarf	Abgaszusammen-	Lebenanteil
Gasdurchsatz	setzung	Morphologie
Pumprate für	Leitfähigkeit	
das Medium	Konzentration be-	
Viskosität der	stimmter Medium-	
Fermentationsbrühe	komponenten (Sub-	
Gasgehalt	strate, Metabolite,	
	Ionenkonzentration	
	usw.)	

wird dabei so eingestellt, dass die Partikel in Schwebe gehalten, aber nicht aus dem Reaktor ausgetragen werden. Da die Partikel in einer Wirbelschicht ständig in Bewegung sind, kann eine Kanalbildung oder eine Verblockung nicht stattfinden. Somit können hier erheblich **kleinere Trägermaterialien** (Durchmesser 0,5–1 mm) verwendet werden, bei denen die oben bereits diskutierten Diffusionsprobleme nicht in dem Maße auftreten wie in Festbettreaktoren. Teilweise können Wirbelschichten direkt begast werden. Allerdings muss dann gewährleistet sein, dass es nicht zu einem flotieren der Trägermaterialien kommt. Wirbelschichtreaktoren werden etwa bei der Abwasserreinigung, bei Brauereiprozessen, der Essigproduktion oder für die Kultivierung tierischer Zellen eingesetzt (Doran 2003, Lundgren u. Blüml 1998).

Eine weitere Variante, die auf der Immobilisierung von Mikroorganismen beruht, sind *Tropfkörperreaktoren* (Doran 2003). Dabei wird die flüssige Phase von oben auf eine Schüttung mit partikelförmigen Biokatalysatoren gesprüht. Die Flüssigkeit sickert dann langsam von oben durch die Schüttung. Die Begasungsluft wird von unten durch die Schüttung gepumpt. Da die Flüssigkeit die Schüttung nicht komplett ausfüllt, kann die Begasungsluft zwischen den Partikeln aufsteigen. Derartige Reaktoren werden vielfach in der aeroben Abwasserreinigung eingesetzt.

14.3
Mess- und Regelungstechnik

Während einer Fermentation sollten die **Prozessbedingungen** für die Mikroorganismen so eingestellt und auch beibehalten werden, dass optimale Voraussetzungen für Wachstum und Produktivität gewährleistet sind. Parameter wie die Temperatur, der pH-Wert oder die Sauerstoffkonzentration im Fermentationsmedium haben einen entscheidenden Einfluss auf die Ausbeute an Mikroorganismen oder Produkt. Daher müssen zumindest diese physikalischen und chemischen Parameter möglichst on-line gemessen und auf den Sollwerten geregelt werden. Darüber hinaus lassen sich weitere Parameter identifizieren (Tabelle 14.2), die während einer Fermentation gemessen werden können und Aufschluss über den Status des Prozesses liefern (s. Kap. 15).

Spezielle Aspekte zur Prozessanalytik werden in Kap. 15 diskutiert (s. auch Scheper 1991). Hier sollen nur einige für den Betrieb eines Bioreaktors wesentliche Parameter am Beispiel eines Laborfermenters angesprochen werden, der für den kontinuierlichen Betrieb mit den gängigen on-line-Mess- und Regelungsinstrumenten bestückt ist (Abb. 14.13). Zur Standardausrüstung eines

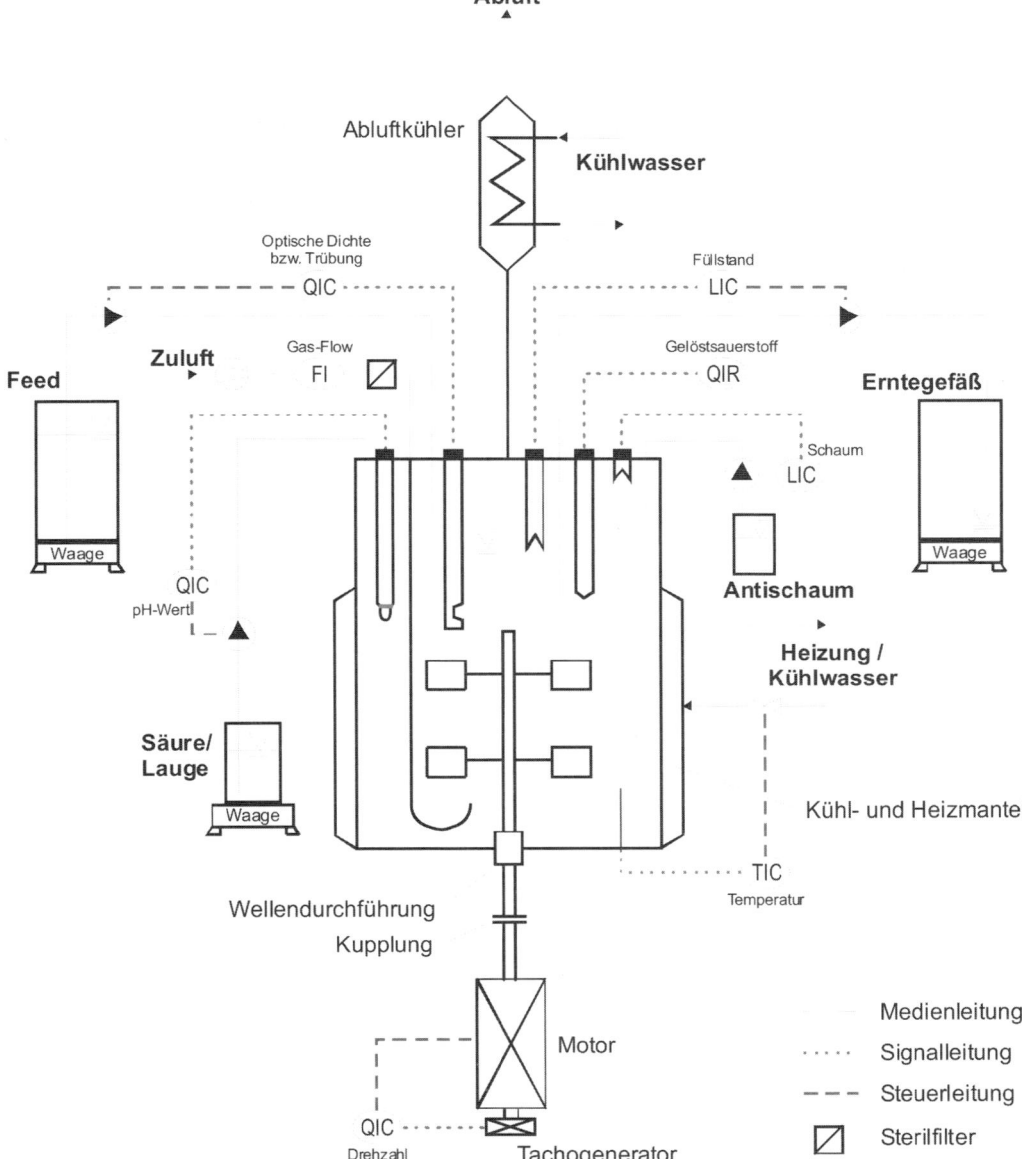

Abb. 14.13. Mess- und Regelungstechnik an einem Laborfermenter (mit freundlicher Genehmigung von Prof. Dr.-Ing. Herbert Märkl, TU Hamburg-Harburg)

Fermenters gehört die Messung und Regelung von Temperatur, pH-Wert, Sauerstoffkonzentration und Schaumniveau im Fermentationsmedium. Für all diese Parameter sind robuste, sterilisierbare Messsonden verfügbar, die eine on-line Messung gestatten. Extern lassen sich Parameter wie Motordrehzahl, Mediumzu- und -abflussrate oder Gasdurchsatz bestimmen.

Die **Regelung der Temperatur** erfolgt meist über den Kühl- und Heizmantel, teilweise auch über das Zusammenwirken von integrierten Heizstäben und Kühlvorrichtungen. Der **pH-Wert** sinkt bei vielen Fermentationsprozessen ab und muss durch Zugabe von Lauge geregelt werden. Die **Sauerstoffkonzentration** lässt sich durch mehrere Stellgrößen regeln. Zunächst wird vielfach der während der Fermentation steigende Sauerstoffbedarf durch eine Erhöhung der Rührerdrehzahl und der Begasungsrate kompensiert. Reicht dies bei sehr hohen Mikroorganismenkonzentrationen nicht mehr aus oder sprechen Organismen-spezifische Eigenschaften (z. B. hohe Scherempfindlichkeit bei tierischen Zellen) dagegen, lässt sich die Sauerstoffkonzentration durch eine Erhöhung des Sauerstoffpartialdruckes in der Begasungsluft regeln.

Weitere Parameter, die Aufschluss über den Status der Fermentation geben (z. B. optische Dichte, Mikroorganismenkonzentration, Konzentrationen von Substraten oder Metaboliten) werden aus Proben bestimmt, die während des Prozesses genommen werden. Einige Parameter (z. B. optische Dichte, MO-Konzentration, Glukose oder Laktat) werden parallel zum Prozess bestimmt, sofern entsprechend schnell durchzuführende Messverfahren existieren. Teilweise sind auch On-line-Messverfahren verfügbar. Ist dies nicht möglich, werden die Proben eingefroren und zu einem späteren Zeitpunkt aufgearbeitet.

Die Effizienz von Fermentationsprozessen, insbesondere bei Fed-Batch oder kontinuierlichem Betrieb (vgl. Kap. 13), gleichbedeutend mit hoher Raum-Zeit-Ausbeute und Mediumausnutzung, erfordert eine Prozessführung, die eine zuverlässige Einschätzung des Prozesszustandes und die Prädiktion des weiteren Prozessverhaltens bei fortlaufenden Anpassung der Prozessführung erlaubt. Hierzu wurde eine Vielzahl von Regelungs- und Kontrollstrategien entwickelt. Eine Übersicht findet sich bei Dunn et al. (2003) sowie bei Lübbert u. Simutis (1998).

Im **industriellen Maßstab** werden üblicherweise deutlich weniger Messsonden eingesetzt als im Labormaßstab. Zum einen werden dort standardisierte Prozesse nach festgelegten Prozeduren gefahren. Zum anderen sind die On-line-Messson-

den für den zuverlässigen Einsatz in Großfermentern nicht robust genug. Hinzu kommen die durch die Instrumentierung hervorgerufenen Kosten.

14.4
Auslegung und Scale-up von Bioreaktoren

Zur Auslegung eines Bioreaktors für eine spezielle Fermentationsaufgabe müssen eine Reihe von Aspekten berücksichtigt werden (James 1992):

- Wie groß muss der Reaktor sein, um die gewünschte Produktmenge zu erzielen?
- Aus welchem Material sollte der Reaktor gebaut sein? Müssen spezielle Anforderungen auf Grund besonders aggressiver Bedingungen berücksichtigt werden?
- Wie kann die Fermentationsbrühe adäquat durchmischt werden, ohne etwa scherempfindliche Zellen zu schädigen?
- Welche Begasungsrate und welcher volumenspezifische Leistungseintrag sind erforderlich?
- Welche Prozesszeit ist erforderlich?
- Wie wird der Prozess geführt (batch, kontinuierlich)?
- Wie viele Scale-up-Schritte sind erforderlich?
- Welche Kosten (Investitionen, Betriebskosten, Abschreibung usw.) müssen berücksichtigt werden?

Diese Übersicht ist sicherlich nicht vollständig, gibt aber schon einen Eindruck von der Komplexität der Problemstellung. Einige der oben angesprochenen Punkte wurden oben bereits angesprochen. Neben den ingenieurtechnischen Aspekten etwa zur Durchmischung oder zum Sauerstoffeintrag haben die Organismus-spezifischen Eigenschaften einen wesentlichen Einfluss auf die Auswahl und die Auslegung des Bioreaktors. Auch wenn sich daraus für einen speziellen Prozess ganz individuelle Betriebsparameter ergeben, die üblicherweise zunächst in Laborexperimenten ermittelt werden müssen, lassen sich doch einige grobe Richtwerte angeben, die in Tabelle 14.3 zusammengestellt sind.

Wurden für den gewünschten Prozess die relevanten Betriebsparameter im Labormaßstab er-

Tabelle 14.3. Richtwerte für den Betrieb von Bioreaktoren (nach Prof. Dr.-Ing. Herbert Märkl, TU Hamburg-Harburg)

Begasungsrate	1 vvm*
Sauerstoffeintrag	1 kg O_2/(m^3 h)
Leistungsbedarf	1 KW/m^3
Löslichkeit von Sauerstoff in Wasser	1 mmol O_2/(L bar)
Aufstiegsgeschwindigkeit von Blasen/optimale Strömungsgeschwindigkeit in Luftfiltern	0,3 mm/s

* vvm: volume gas per volume reactor and minute

Tabelle 14.4. Häufig verwendete Scale-up-Kriterien (nach James 1992, modifiziert)

- geometrische Ähnlichkeit der Reaktorkonstruktionen – wird allgemein vorausgesetzt
- konstanter volumenspezifischer Leistungseintrag
- konstante Sauerstofftransferrate (k_La)
- konstante Rührerumfangsgeschwindigkeit
- konstante Mischzeit
- konstante dimensionslose Kennzahlen (z. B. Reynolds-Zahl Re)

mittelt, stellt sich natürlich die Frage, wie sich anhand dieser Daten der letztendlich erforderliche **Produktionsmaßstab** ermitteln lässt. Dabei wird mehr und mehr angestrebt, Experimente im Schüttelkolben oder in gerührten Reaktoren mit nur einigen 100 mL Volumen als Grundlage für ein Scale-up zu nehmen, da diese Systeme die parallele Durchführung einer Vielzahl von Experimenten erlauben (Weuster-Botz 1999). Eine wesentliche Aufgabe beim Scale-up ist die richtige **Prognose der zu erwartenden Ausbeute**. Liegt diese im Produktionsmaßstab niedriger als erwartet, was häufig auftritt, ist die installierte Fermenterkapazität zu gering. Liegt die Produktivität höher als erwartet, ist der Produktionsfermenter überdimensioniert, was zu unnötig hohen Kosten und zusätzlich suboptimalen Prozessbedingungen führen kann. Daher werden die in Laborreaktoren ermittelten Daten üblicherweise zunächst in einer **Pilotanlage** verifiziert und erst dann in den Produktionsmaßstab übertragen.

Beim Scale-up müssen grundsätzlich thermodynamische Phänomene, kinetische Eigenschaften der Mikroorganismen und Stofftransportprozesse berücksichtigt werden. Die beiden erstgenannten Aspekte sind naturgemäß unabhängig vom Maßstab, sofern sie sorgfältig gemessen wurden. So hängen weder thermodynamische Eigenschaften (Levenspiel 1972) wie die Sauerstofflöslichkeit der Fermentationsbrühe oder beispielsweise die Wachstumskinetik der Mikroorganismen von der Größe des Fermenters ab. Allerdings werden die aktuelle Sauerstoffkonzentration und das Wachstums- und Produktionsverhalten der Mikroorganismen ganz entscheidend vom Maß-

stab beeinflusst. Sauerstoff und andere Substrate werden von den Mikroorganismen permanent verbraucht und müssen zu diesen herantransportiert werden. Diese Transportprozesse hängen ganz erheblich von der Größe eines Bioreaktors ab. Kann man etwa in einem kleinen, stark gerührten Bioreaktor von einer einigermaßen homogenen Durchmischung ausgehen, ist dies bei großen Produktionsfermentern keineswegs der Fall, d.h. dass Wachstum und Produktivität der Mikroorganismen in großen Fermentern von der örtlich und zeitlich aktuellen Konzentration an Sauerstoff oder Substrat abhängen. Für ein erfolgreiches Scale-up müssen demnach die Zusammenhänge zwischen Transportphänomenen und dem Verhalten der Mikroorganismen berücksichtigt werden.

Die Komplexität dieser Aufgabenstellung wird offensichtlich, wenn man sich die sehr inhomogene Strömung in einem gerührten und begasten Bioreaktor vorstellt. Bislang ist es nur bedingt möglich, für einen Bioreaktor die fundamentalen Gleichungen zu Stoff- und Wärmetransport zu lösen oder mit der mikrobiellen Kinetik zu koppeln. Teilweise kann man sich behelfen, indem man idealisierte Modellvorstellungen (z. B. ideal durchmischter Rührkessel) verwendet. Häufig ist man jedoch auf die Auslegung anhand repräsentativer Kenngrößen angewiesen (Tabelle 14.4). Diese Strategie basiert auf der Idee, relevante, möglichst normierte Kenngrößen im Labormaßstab zu ermitteln und diese dann für die Auslegung des Produktionsmaßstabes konstant zu halten. Eine wesentliche Voraussetzung ist dabei die „**geometrische Ähnlichkeit**" d. h. dass die Relationen geometrischer Parameter (z. B. Reaktorhöhe zu Reaktordurchmesser, Rührerdurchmesser zu Reaktordurchmesser) beim Scale-up gleich bleiben.

Die Verwendung dieser Scale-up-Kriterien muss im Einzelfall kritisch überprüft werden, da es teilweise zu stark differierenden Schussfolgerungen kommen kann (James 1992).

Literatur

Aiba S, Humphrey AE, Millis NF (1973) Biochemical Engineering, 2nd edn. Academic Press, New York

Atkinson B, Black GM, Pinches A (1980) Process intensification using cell support systems. Proc Biochem 15:24–32

Atlas RM (1997) Principles of Microbiology. Wm. C. Brown Publishers

Bailey J, Ollis DF (1986) Biochemical Engineering Fundamentals, 2nd edn. McGraw Hill, New York

Buckland BC, Lilly MD (1993) Fermentation: An Overview. In: Rehm HJ, Reed G (eds) Biotechnology: A comprehensive treatise, vol. 3 Bioprocessing. VCH, Weinheim

Butler M (1996) Animal Cell Culture Technology. Oxford Univ Press, Oxford

Chmiel H (1991) Bioprozesstechnik. Fischer, Stuttgart

Doran PM (2003) Bioprocess Engineering Principles. Academic Press, San Diego

Dunn IJ, Heinzle E, Ingham J, Prenosil JE (2003) Biological Reaction Engineering: Dynamic Modelling Fundamentals with Simulation Examples, 2nd edn. Wiley-VCH, Weinheim

Fassnacht D, Pörtner R (1999) Experimental and theoretical considerations on oxygen supply for animal cell growth in fixed-bed reactors. J Biotechnol 72:169–184

James W (1992) Biotechnology by open learning: Bioreactor design and product yield. Butterworth-Heinemann, Oxford

Kolot FB (1984) Immobilized cells for solvent production. Proc Biochem 19:7–13

Krahe M (2003) Biochemical Engineering. In: Ullmann's Encyclopedia of Industrial Chemistry, Wiley-VCH, Weinheim

Levenspiel O (1972) Chemical Reaction Engineering, 2nd edn. John Wiley & Sons, New York

Liese A, Seelbach K, Wandrey C (2000) Industrial Biotransformations. Wiley-VCH, Weinheim

Lübbert A, Simutis R (1998) Advances in modelling for bioprocess supervision and control. In: Sabramanian G (ed): Bioseparation and Bioprocessing, vol. 1. Wiley-VCH, Weinheim

Lundgren B, Blüml G (1998) Microcarriers in cell culture production. In: Sabramanian G (ed) Bioseparation and Bioprocessing, vol. 2. Wiley-VCH, Weinheim

Märkl H (1989) Folien und Membranen als neue Elemente im Fermenterbau. Forum Mikrobiologie 12:234–237

Moser A (1988) Bioprocess Technology. Springer, Berlin Heidelberg New York

Nehring D, Czermak P, Vorlop J, Lübben, H (2004) Experimental study of a ceramic microsparging aeration system in a pilot-scale animal cell culture. Biotechnol Progr (in press)

Nienow AW (1992) New agitators vs. Rushton turbines: A critical comparision of transport phenomena. In: Ladisch M, Bose A (eds) Harnessing Biotechnology for the 21st Century. American Chemical Society, Washington/DC, pp 193–196

Přenosil JE, Kut ÖM, Dunn IJ, Heinzle E (2002) Immobilized Biocatalysts. In: Ullmann's Encyclopedia of Industrial Chemistry, Wiley-VCH, Weinheim

Pörtner R (1998) Reaktionstechnik der Kultur tierischer Zellen. Shaker, Aachen

Pörtner R, Märkl H (1995) Festbettreaktoren für die Kultivierung tierischer Zellen. BIOforum 18:449–452

Scheper T (1991) Bioanalytik. Vieweg, Braunschweig

Schuler ML, Kargi F (2002) Bioprocess Engineering – Basic concepts. Prentice Hall, Upper Saddle River/NJ

Storhas W (1994) Bioreaktoren und periphere Einrichtungen. Vieweg, Braunschweig

Storhas W (2003) Bioverfahrensentwicklung. Wiley-VCH, Weinheim

Weuster-Botz D (1999) Die Rolle der Reaktionstechnik in der mikrobiellen Verfahrensentwicklung. Schriften des Forschungszentrum Jülich

15 Prozessanalytik

K. Friehs, B. Hitzmann, T. Scheper

15.1
Einleitung

Biotechnologische Prozesse werden im Allgemeinen von komplexen 3-**Phasen-Systemen** gebildet, in denen eine feste Phase (die Zellen selbst) in einer flüssigen Phase (das Medium), die von einer Gasphase durchströmt wird, suspendiert vorliegen. Die Analyse eines solchen Prozesses muss deshalb alle 3 Phasen beachten. Darüber hinaus unterteilt man die dazu nötige Bioprozessanalytik in den Bereich der Analyse **physikalischer Prozessgrößen** (z. B. Temperatur, Scherkraft, Energieeintrag), der **chemischen Prozessgrößen** (z. B. pH-Wert, Substratproduktkonzentration) und der **biologischen Prozessgrößen** (z. B. metabolischer Zustand der Zellen).

Die Analyse biotechnologischer Prozesse soll schnell, zuverlässig und spezifisch erfolgen, um den Prozesszustand jederzeit beschreiben zu können. Die Daten werden zum besseren Prozessverständnis und zur Prozessmodellierung und -regelung benötigt. An Hand der Modellierung kann der Bioprozess optimiert und unter den günstigsten Bedingungen betrieben werden (s. Kap. 13, 14).

15.1.1
Prozessgrößen

Bei der Analyse der chemischen und physikalischen Größen unterscheidet man zwischen der Bestimmung **lokaler Größen** (z. B. die Temperatur an einem bestimmten Punkt) und **globaler Größen** (z. B. der Wärmeentwicklung im Reaktor). Die Bestimmung des Zellzustands lässt sich noch weiter unterteilen. So kann man alle von dem Sensor erfassten Zellen integral oder über jede einzelne Zelle segregiert messen. Die Erfassung einzelner Zellen in einer Zellpopulation ist speziell für die detaillierte Beschreibung von Reaktionsprozessen (segregierte Modelle) interessant. Die Medienzusammensetzung und der Zellzustand sind eng miteinander verknüpft. Stoffwechselprodukte der Zellen reichern sich im Medium an, Substrate werden verbraucht. Indirekt

lassen sich aus den Daten der Medienzusammensetzung auch **Aussagen über die Zellaktivität** treffen. Manche Zellprodukte werden aber intrazellulär angereichert und entziehen sich so der Analyse des Mediums. Auch sind Verfahren, die den Zellzustand direkt beschreiben, den indirekten und damit Zeit verzögerten vorzuziehen.

Verschiedenste Messgrößen sind in der Biotechnologie von Interesse und es sind unterschiedliche Verfahren beschrieben, diese Größen zu erfassen. Abbildung 15.1 zeigt exemplarisch eine Vielzahl von Prozessgrößen und Messverfahren, mit denen physikalische, chemische und biologische Prozessgrößen erfasst werden können.

15.1.2
Wie schnell ist schnell?

Die Zeitkonstanten der einzelnen Sensoren und Analysensysteme in der Bioprozessanalytik sind von den einzelnen Einsatzbereichen abhängig. Wie Abb. 15.2 zu entnehmen, sind *In-situ*-Sensoren vorzuziehen, da sie direkt das Prozessgeschehen im Bioreaktor analysieren. Solche *In-situ*-Sensoren können auch in einem Bypass untergebracht sein, in dem beispielsweise störende Gasblasen nur reduziert auftreten. *In-situ*-Sensoren müssen sterilisierbar sein. Biosensoren können nicht als *In-situ*-Sensor eingesetzt werden, da die biologische Komponente die Sterilisierung oder Autoklavierung nicht übersteht. Zum Einsatz von Biosensoren bieten sich *Ex-situ*-Sensoren an, denen eine repräsentative Probe über ein *In-situ*-Probenahmemodul zugeführt wird. Dieses Probenahmemodul stellt eine Sterilbarriere dar. Hierzu werden entweder Membranen verwendet, die Zellen zurückhalten (so können weder Zellen aus dem Reaktor nach außen oder von außen in den Reaktor gelangen) oder Kathedersonden, bei denen ein zellhaltiger Probestrom durch Zugabe von Additiven abgetötet wird. Auf jeden Fall muss die dem Reaktor entnommene Probe jeweils der **Zusammensetzung im Reaktorinneren** entsprechen. Dies erweist sich oftmals als problematisch, wenn beispielsweise hochmolekulare Proteine über Membransysteme entnommen werden.

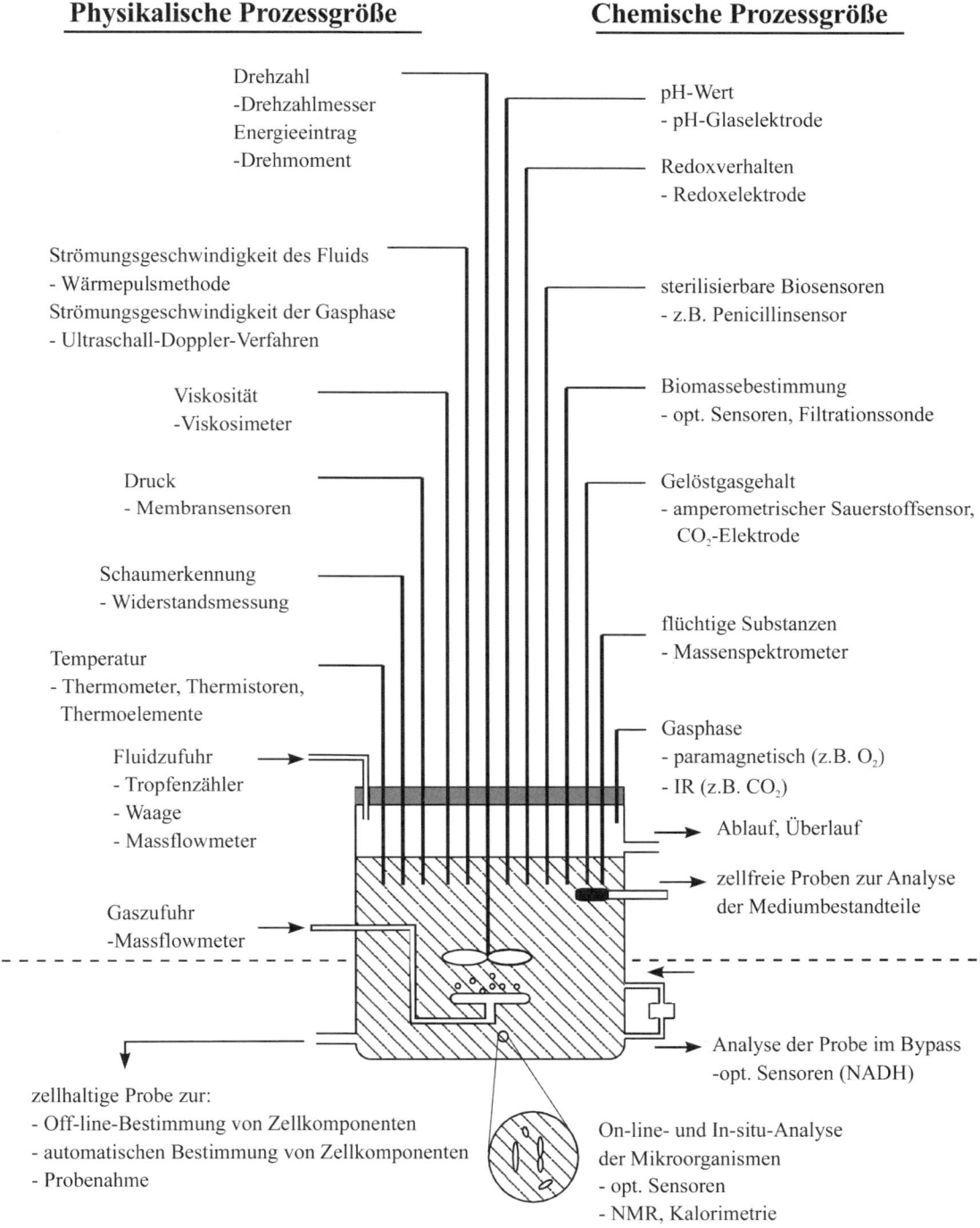

Physikalische Prozessgröße

Drehzahl
-Drehzahlmesser
Energieeintrag
-Drehmoment

Strömungsgeschwindigkeit des Fluids
- Wärmepulsmethode
Strömungsgeschwindigkeit der Gasphase
- Ultraschall-Doppler-Verfahren

Viskosität
-Viskosimeter

Druck
- Membransensoren

Schaumerkennung
- Widerstandsmessung

Temperatur
- Thermometer, Thermistoren,
Thermoelemente

Fluidzufuhr
- Tropfenzähler
- Waage
- Massflowmeter

Gaszufuhr
-Massflowmeter

zellhaltige Probe zur:
- Off-line-Bestimmung von Zellkomponenten
- automatischen Bestimmung von Zellkomponenten
- Probenahme

Chemische Prozessgröße

pH-Wert
- pH-Glaselektrode

Redoxverhalten
- Redoxelektrode

sterilisierbare Biosensoren
- z.B. Penicillinsensor

Biomassebestimmung
- opt. Sensoren, Filtrationssonde

Gelöstgasgehalt
- amperometrischer Sauerstoffsensor,
CO$_2$-Elektrode

flüchtige Substanzen
- Massenspektrometer

Gasphase
- paramagnetisch (z.B. O$_2$)
- IR (z.B. CO$_2$)

Ablauf, Überlauf

zellfreie Proben zur Analyse
der Mediumbestandteile

Analyse der Probe im Bypass
-opt. Sensoren (NADH)

On-line- und In-situ-Analyse
der Mikroorganismen
- opt. Sensoren
- NMR, Kalorimetrie

Biologische Prozessgröße

Abb. 15.1. Beispiele für relevante Messgrößen in Bioprozessen

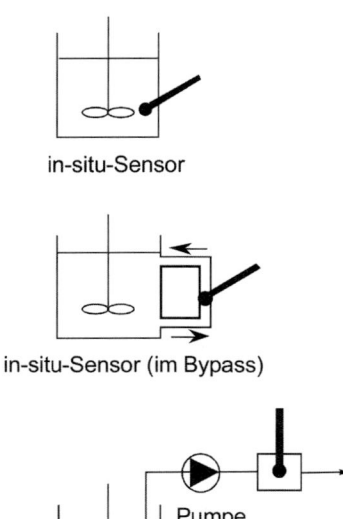

in-situ-Sensor

in-situ-Sensor (im Bypass)

Pumpe

in-situ Probenahme, ex-situ-Sensor

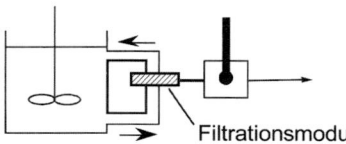

Filtrationsmodul

Probenahme im Bypass, ex-situ-Sensor

Abb. 15.2. Mögliche Sensoranordnungen an Bioprozessen

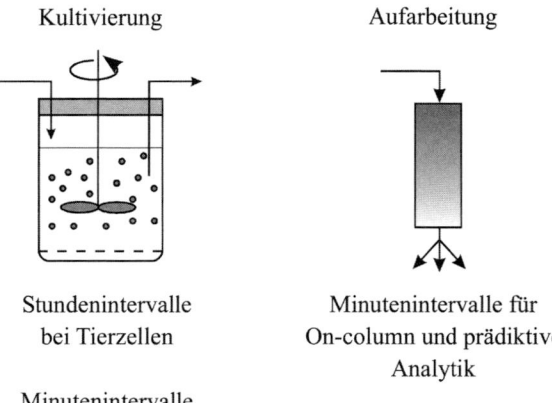

Kultivierung   Aufarbeitung

Stundenintervalle   Minutenintervalle für
bei Tierzellen   On-column und prädiktive
                           Analytik

Minutenintervalle
bei Bakterien und Hefen

Abb. 15.3. Zusammenhang zwischen Prozess und optimalen Analysenzeiten

Die Probe aus dem Reaktor wird mit einer gewissen Zeitverzögerung dem *Ex-situ*-Analysensystem zur Verfügung gestellt. Hier bieten sich im allgemeinen Fließinjektionsanalysesysteme an (s. Kap. 15.8).

In-situ-Sensoren wie pH-Wert oder pO_2-Sensoren liefern mit einer gewissen Ansprechzeit kontinuierlich Signale aus dem Bioreaktor. Aus diesem Grund werden solche Sensoren oftmals als *On-line-Sensoren* bezeichnet, aber auch *Ex-situ*-Analysesysteme und Fließinjektionsanalysesysteme können kontinuierlich, also on-line arbeiten, liefern aber nur sequentielle Daten mit der entsprechenden Zeitverzögerung durch die Probenahmesysteme. Dies muss für die Bioprozessbeobachtung und speziell die Regelung berücksichtigt werden.

Da die **Analysenfrequenz**, also die Anzahl der Analysen pro Zeiteinheit, eine entscheidende Rolle spielt, muss die Analytik auf die jeweiligen Einsatzbereiche der Biotechnologie abgestimmt werden. Aus Abb. 15.3 geht hervor, dass für Kultivierungsprozesse mit tierischen Zellen Analysendaten im Stundentakt völlig ausreichend zur Bioprozessbeobachtung sind. Tierische Zellen weisen eine geringe Wachstumsrate auf (Verdoppelungszeiten im Bereich von 24 Stunden). Bei schnelleren Wachstumsraten (beispielsweise von Bakterien oder Hefen, Verdoppelungszeiten im Bereich von 30 Minuten) müssen die Analysendaten mit höheren Analysenfrequenzen anfallen, um die Dynamik des Prozesses direkt zu erfassen und die Daten für eine Regelung nutzen zu können. Bei chromatographischen Aufarbeitungsprozessen – gerade im industriellen Bereich – muss im Minuten- oder gar Sekundentakt entschieden werden, in welchen Fraktionen das Eluat aufgefangen werden soll. Hier muss eine entsprechende Analytik entsprechend schnell sein (Sekundentakt).

Die Beispiele zeigen, dass die Analytik je nach Prozessanforderung und Prozessdynamik ausgelegt sein muss, um jederzeit die Änderungen im Prozess erfassen und regelungstechnisch eingreifen zu können. Eine solche Analytik wird im Allgemeinen als *In-time-Analytik* bezeichnet.

15.2
Off-line-Bioprozessanalytik

15.2.1
Biomasse

Die Biomassekonzentration bzw. die Zelldichte sind bei der Kultivierung von Mikroorganismen essentielle analytische Größen. Es gibt verschiedene Ansätze diese Größen *in situ* im Bioreaktor zu erfassen, aber alle diese Methoden sind letztlich nicht geeignet, über den gesamten Verlauf der Kultivierung zuverlässige Werte zu liefern. Werden *In-situ*-Methoden verwendet, müssen sie außerdem mit Off-line-Methoden standardisiert werden.

Die **Zelldichte** kann durch Auszählen mikroskopischer Bilder unter Nutzung einer Zählkammer erfolgen. Dazu wird eine Verdünnungsreihe der Kultur erstellt und verschiedene Verdünnungen auf eine **Zählkammer**, z. B. Thomakammer (Abb. 15.4), aufgebracht. Diese Zählkammer besteht aus einem Objektträger, in den feine Linien

eingeritzt wurden, so dass unter dem Mikroskop kleine Quadrate erkennbar sind. Mittels eines speziellen Deckglases wird ein sehr kleines Volumen abgeschlossen. Die Anzahl der Zellen in verschiedenen Quadraten wird ausgezählt und gemittelt. Unter Berücksichtigung des Volumens kann somit die Anzahl der Zellen pro mL berechnet werden. Diese Methode ist bei routinemäßigem Gebrauch relativ einfach durchzuführen und erlaubt dem geschulten Betrachter, auch Aussagen über den morphologischen und somit auch physiologischen Zustand einer Kultur zu machen. Außerdem können Partikel, die keine Zellen sind, erkannt werden.

Eine automatische Methode zur Bestimmung der Zelldichte bietet ein **elektronisches Zählgerät** nach Coulter (Abb. 15.5). Bei diesem Gerät werden die Zellen einer Probe durch eine kleine Öffnung in ein Glasgefäß gesaugt. In der Probe und im Glasgefäß befinden sich zwei Elektroden, die ein elektrisches Feld aufbauen. Bei jedem Durchgang einer Zelle durch die Öffnung wird das Feld gestört und diese Störung wird registriert. Durch

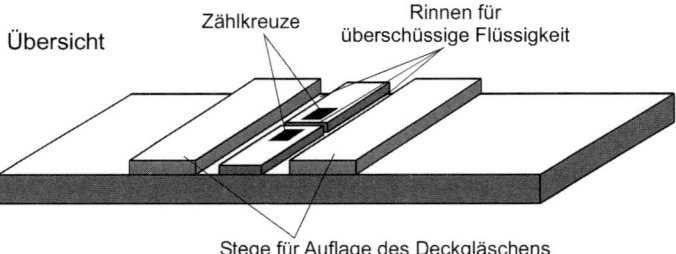

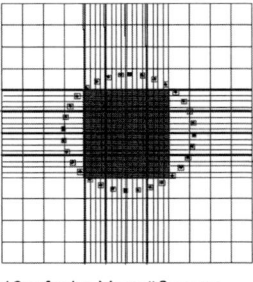

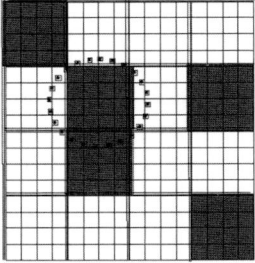

10 x fache Vergrößerung   40 x fache Vergrößerung

Abb. 15.4. Thoma-Zellkammer. Die jeweiligen Gesichtsfelder im Mikroskop sind durch einen *Kreis* gekennzeichnet. Die Felder, die ausgewertet werden, sind *grau* unterlegt

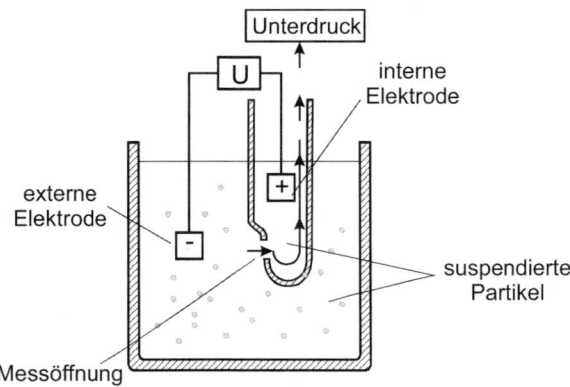

Abb. 15.5. Prinzipieller Aufbau eines Coulter-Counters

eine Vorrichtung, die erlaubt, dass ein ganz bestimmtes Volumen durch die Öffnung gesaugt wird, kann durch die Anzahl der „Störungen" die Zelldichte berechnet werden. Mediumspartikel, die keine Zellen sind, führen zu mehr oder weniger großen Fehlern.

Weitere Methoden zur Analyse der Zelldichte nutzen Methoden zur **Bestimmung der Keimzahl**. Hier geht es im Prinzip darum, eine Kultur soweit zu verdünnen oder auch anzureichern, dass, wenn von diesen vorbereiteten Proben ein bestimmtes Volumen ausplattiert wird, die gebildeten Kolonien gezählt werden können. Dabei sollte eine Kolonienzahl im Bereich von ca. 10^2 pro Platte erreicht werden. Liegt die Zahl eine Zehnerpotenz darunter, so wird der statistische Fehler sehr groß. Liegt die Zahl eine Zehnerpotenz darüber, können die Kolonien nicht mehr unabhängig wachsen und nicht mehr richtig ausgezählt werden. Um den Fehler beim Ausplattieren und Zählen zu verkleinern wurden Geräte entwickeln, die sowohl die Ausplattierung als auch die Zählung automatisch durchführen. Bei den Methoden mit Ausplattierung ist zu berücksichtigen, dass nur **teilungsfähige Zellen** erfasst werden. Man spricht dann von Kolonien bildenden Einheiten oder im Englischen von *colony forming units*, cfu.

Eine bekannte Methode zur Bestimmung von Partikeln in Lösungen ist die Bestimmung der **optischen Dichte, OD**. Dabei wird durch eine Probe Licht einer bestimmten Wellenlänge gesandt und die durch die Partikel ausgelöste Abschwächung des Lichts gemessen. Nach dem Gesetz von Lambert Beer ist die **Lichtschwächung proportional der Zelldichte** und der Weglänge des Lichts durch die Probe. Die **Wellenlänge**, bei der die OD gemessen wird, wird meist als Index angegeben, z. B. OD_{600} für die Messung bei einer Wellenlänge von 600 nm. Diese Methode ist relativ einfach und daher sehr beliebt. Sie muss mit anderen Methoden vorher standardisiert werden. Es sind jedoch einige Einschränkungen zu berücksichtigen. Eine Lichtschwächung bei einer Weglänge von 1 cm wird erst messbar, wenn die Zelldichte im Bereich von mindestens 1–10 Mio. Zellen (abhängig von der Zellform) pro mL liegt. Sobald die OD über 0,8 steigt, kann davon ausgegangen werden, dass keine lineare Korrelation mehr vorliegt. Entweder man verfügt dann über eine vorher genau bestimmte Korrelationskurve oder die Probe muss entsprechend verdünnt werden, was mit zunehmender absoluter OD auch eine Fehlerzunahme bewirkt.

Eine weitere Einschränkung liegt darin, dass verschiedene Zellformen und Zellgrößen zu **unterschiedlichen Lichtschwächungen** führen. So können bei Kulturen von stäbchenförmigen und kugelförmigen Mikroorganismen bei gleicher OD durchaus sehr unterschiedliche Zelldichten vorliegen. Auch verschiedene physiologische Zustände ein und desselben Mikroorganismus und die damit verbundene unterschiedliche Morphologie können die OD beeinflussen. Eine Kultur von *E. coli* zeigt in der exponentiellen Phase ein anderes Verhalten bezüglich der Lichtabschwächung als in der stationären Phase. Dies muss bei der Standardisierung berücksichtigt werden.

Alle diese Methoden eignen sich nur für Kultivierungen individueller Zellen. Sobald **Myzele** oder **Zellaggregate** gebildet werden, muss die Biomassekonzentration bestimmt werden. Die Bestimmung der Biomassekonzentration ist das zuverlässigste Verfahren zur Standardisierung der Biomasseanalytik. Leider ist sie auch die aufwendigste und zeitraubendste Methode. Dabei werden die Zellen aus einem bestimmten Volumen der Kultur abgetrennt und gewogen. Da der unterschiedliche Feuchtigkeitsgehalt zu großen Fehlern führen kann, müssen die Zellen getrocknet werden. Um Verluste durch flüchtige Substanzen zu vermeiden, sollte die Temperatur 60 °C nicht überschreiten. Zur Unterstützung des Trocknungsprozesses kann Vakuum angelegt werden. Die Trocknung muss bis zu einem konstanten Gewicht erfolgen und kann mehrere Tage dauern. Um verwertbare Messungen durchführen zu können, muss ausreichend Biomasse zur Verfügung stehen. Dies bedeutet, dass bei geringen Konzentrationen große Probevolumen verarbeitet werden müssen. Es können Filtrations- oder Zentrifugationsmethoden verwendet werden. Dabei ist es wichtig die Filter bzw. Zentrifugengefäße vor der Bestimmung ihres Eigengewichts ebenfalls zu trocknen.

15.2.2
Analysenmethoden bei gentechnisch veränderten Mikroorganismen mit Plasmiden

Bei der Kultivierung von gentechnisch veränderten Mikroorganismen ergeben sich zusätzliche analytische Anforderungen. Dies soll anhand von Größen im Zusammenhang mit Plasmiden beschrieben werden. Dazu gehören die segregative und strukturelle **Plasmidstabilität** sowie die **Plasmidkopienzahl.**

Die **strukturelle Stabilität** bezeichnet die **identische Basenabfolge** in den DNA-Strängen nach Replikation. Eine **niedrige** strukturelle Stabilität, d. h. relativ häufig vorkommende Änderungen in der Abfolge der Basensequenz aufgrund von Insertionen, Deletionen oder Punktmutationen, können zu hohen Verlusten bzw. zu starken Produktinhomogenitäten bei der Herstellung rekombinanter Proteine führen. Insertionen und Deletionen können durch Gelelektrophorese analysiert werden. Dabei können Änderungen von 100 Basenpaaren noch gut mit Agarosegelelektrophorese erkannt werden. Für kleinere Änderungen sind Polyacrylamidgele notwendig. Die Erfassung von Punktmutationen ist schwieriger und kann exakt nur über Sequenzierung erfolgen. Im Einsatz befindliche Plasmide sollten von Zeit zu Zeit, spätes-

tens bei Produktivitätseinbrüchen, strukturell überprüft werden.

Die Weitergabe der Plasmide auf die Tochterzellen wird als **segregative Stabilität** bezeichnet. Der in der Literatur weit verbreitete Begriff „Plasmidstabilität" bezieht sich meistens auf diese segregative Stabilität. Die Produktivität von plasmidbasierten Expressionssystemen kann durch eine **niedrige** segregative Stabilität stark beeinträchtigt werden. Da plasmidfreie Zellen gegenüber plasmidhaltigen Zellen einen Wachstumsvorteil besitzen, kann eine geringe Plasmidstabilität das Überwachsen einer Kultur mit plasmidfreien oder plasmidarmen Zellen bedeuten. Das heißt man bekommt unter Umständen eine hohe Biomassedichte, die aber nicht mehr fähig ist, das Zielprotein zu produzieren.

Die grundlegende Technik zur Bestimmung der Plasmidstabilität ist nach wie vor die zeit- und personalintensive Methode der **parallelen Plattierung.** Dabei werden Proben bzw. entsprechende Verdünnungen sowohl auf selektiven als auch auf nicht selektiven Agarplatten ausplattiert. Durch Auszählen der Kolonien auf plasmidselektiven und nicht-selektiven Nährplatten und Bildung des Quotienten der Kolonienanzahl kann der Anteil plasmidhaltiger Zellen ermittelt werden. Für die Beurteilung der Produktivität von Expressionssystemen ist die Kenntnis der Plasmidstabilität unerlässlich. Sie sollte Bestandteil jeder Routineanalyse von rekombinanten Fermentationen sein.

Bei der Plasmidkopienzahl wird unter *single-copy*-Plasmiden, *low-copy*-Plasmiden (Kopienzahl zwischen 2 und 10), *medium-copy*-Plasmiden (Kopienzahl von 10 bis 40 pro Zelle) und *high-copy*-Plasmiden (Kopienzahl 100 Plasmide und mehr pro Zelle) unterschieden. Sehr hohe Kopienzahlen von bis zu 1000 pro Zelle werden mittels induzierbarer Replikation, die auch als „*Runaway Plasmid Replication*" bezeichnet wird, erreicht.

Es gibt verschiedene Methoden, die Plasmidkopienzahl zu bestimmen, die sich in indirekte und direkte Methoden einteilen lassen. Bei den **indirekten Methoden** werden nicht die Plasmide als solche, sondern Genprodukte quantifiziert. Die bekannteste Methode ist die Messung der Aktivität der plasmidkodierten β-Lactamase. Dabei wird davon ausgegangen, dass die Enzymaktivität direkt proportional zur Plasmidkopienzahl ist. Da die Expression des Enzyms und die Enzymaktivität jedoch von vielen anderen Faktoren (die nichts mit der Kopienzahl zu tun haben) beeinflusst werden können, sind diese Methoden nur mit Einschränkungen zu gebrauchen.

Bei den **direkten Methoden** wird die Plasmidmenge nach einem Zellaufschluss bestimmt. Bei der *Dot-blot*-Methode wird auf eine Trennung der Plasmid-DNS von der chromosomalen DNS und der RNS verzichtet, das ganze Lysat auf eine Membran aufgebracht und die Nukleinsäuren fixiert. Die Plasmidmenge wird dann meist mittels markierter Gensonden bestimmt. Oft jedoch erfolgt nach dem Zellaufschluss eine Isolierung bzw. eine Trennung der Plasmide von der chromosomalen DNS. Dies kann über HPLC, Dichtegradientenzentrifugation oder Gelelektrophorese erfolgen. Je nach Methode wird die Plasmidmenge anschließend quantifiziert. So etwa durch UV-Absorption oder durch die Messung eingebauter Radioaktivität. Letzteres setzt voraus, dass bei der Replikation der Plasmide Radionukleotide für den Einbau vorgelegt werden.

Die **Quantifizierung der Plasmide** nach einer Gelelektrophorese kann durch Transfer und Fixierung der Nukleinsäuren auf eine Membran (*Southern-Blot*) und markierte Gensonden erfolgen. Eine weit verbreitete Methode umfasst die Färbung mit Ethidiumbromid oder anderer Fluoreszenzfarbstoffe und anschließende quantitative Auswertung der Gelbanden mittels einer Digitalkamera und entsprechender Software.

Eine prozessbegleitende Bestimmung der Plasmidkopienzahl erlaubt die **Kapillargelelektrophorese** mit laserinduzierter Fluoreszenzdetektion. Durch sie lässt sich der zeitliche Aufwand für die Bestimmung der Plasmidkopienzahl – gemessen ab der Probenahme – auf 20 Minuten reduzieren.

15.3 Sensoren für die Gasphase

15.3.1 Druckmessung

Verschiedene Druckmesser stehen in der Biotechnologie zur Verfügung, um den Überdruck in Bioreaktoren zu bestimmen. Häufig werden Manometer verwendet, bei denen es sich um **elastische Druckmesser** handelt. Hier wird der zu messende Druck direkt auf ein verformbares, elastisches Messglied geleitet (Membranfeder, Rohrfeder usw.). Die Verschiebung des Messglieds ist dem zu messenden Druck proportional. Auch **elektrische Druckmesser** und **kapazitive Druckmesser** sind im Einsatz. Die kapazitiven Druckmesser haben den Vorteil, dass sie einfach und wartungsarm sind. Hier wird durch Änderungen der Lage der Messmembran, auf die der Druck wirkt, eine Kapazitätsänderung an den Messelektroden erzeugt. Die Kapazitätsänderung ist damit dem Druck proportional.

15.3.2 Sauerstoffmessung

Die Messung des Sauerstoffs im Abgas ist für die **Berechnung von Stoffbilanzen** unbedingt nötig. Die Sauerstoffmessung im Abgas basiert auf den paramagnetischen Eigenschaften dieses Elements. Im Allgemeinen ist es in biotechnologischen Prozessen das einzige vertretene paramagnetische Gas. Durch den Paramagnetismus werden Sauerstoffmoleküle in einem magnetischen Feld angezogen. Diese „Suszeptibilität" ist proportional der Kraft der Anziehung im magnetischen Feld. Beim Sauerstoff nimmt die Suszeptibilität mit **steigender Temperatur** zu.

Häufig werden Ringkammersysteme zur Sauerstoffmessung im Abgas verwendet. Hier strömt das Abgas durch das magnetische Feld eines Dauermagneten und der paramagnetische Sauerstoff sammelt sich am Ort der größten Kraftflussdichte. Ein elektrisch geheizter Draht, der das Gas erwärmt, ist an diesem Ort angebracht. Dadurch nimmt die Suszeptibilität, also der Paramagnetismus, ab und das erwärmte Gas wird von nachströmendem, kälteren Gas verdrängt. Die Strömungsgeschwindigkeit ist abhängig von der Sauerstoffkonzentration. Durch Messung der Strömungsgeschwindigkeit kann also der Sauerstoff im Abgas erfasst werden. Im Allgemeinen sind diese Geräte auf Sauerstoffgehalte von 0 bis 21 Volumenprozent zu kalibrieren.

15.3.3
Kohlendioxidmessung

Für die Kohlendioxidmessung stehen verschiedene Möglichkeiten zur Verfügung. Im Allgemeinen werden **IR-Messgeräte** verwendet, da Kohlendioxid eine starke Absorptionsbande im IR-Bereich von 3–4 μm Wellenlänge aufweist. Die Absorption ist nach dem Lambert-Beerschen-Gesetz **proportional der Kohlendioxidmenge**. Verschiedene Messkammerdicken müssen entsprechend dem Kohlendioxidgehalt im Abgas verwendet werden. Die Detektion der IR-Absorption kann auf vielfältige Weise geschehen. Zu beachten ist, dass andere Infrarot-aktive Gase wie beispielsweise Methan, aber auch Wasserdampf, Probleme mit sich bringen. In den letzten Jahren sind auch vermehrt Massenspektrometer für die Abgasmessung eingesetzt worden, da hier das Kohlendioxid aber auch andere Gase (Sauerstoffmethan, Schwefelwasserstoff usw.) erfasst werden können.

15.4
Sensoren für die Flüssigphase

15.4.1
Temperatur

Zur Analyse von Bioprozessen kommen verschiedenste Sensoren zum Einsatz. Im Folgenden werden nur die wichtigsten Sensoren exemplarisch dargestellt. Für die Messung des Relox-Potentials sei auf die weiterführende Literatur verwiesen. Dieses Signal kann meist nicht mit einem physiologischen oder einem Prozesszustand direkt korreliert werden. Dennoch sind in Einzelfällen Anwendungen beschrieben, mit denen eine Prozess-

steuerung erfolgen kann. Auf Schaumsonden (im Allgemeinen Leitfähigkeitssonden), die zur Messung der Schaumhöhe oder des Füllstands in Bioreaktoren dienen oder Viskositätsmessungen und Leistungseintragsmessungen soll hier nicht näher eingegangen werden. Für diese Messgrößen stehen verschiedenste Systeme zur Verfügung, mit denen der Leistungseintrag in das System beschrieben werden kann oder die Hydrodynamik im Prozessverlauf. Exemplarisch werden Temperatur, pH-, pCO_2- und pO_2-Wert, genauso wie Biosensoren und optische Trübungsmesssysteme exemplarisch vorgestellt.

Der am häufigsten on-line gemessene Parameter ist die Temperatur. Dabei werden Genauigkeiten im Bereich von 0–130 °C von ±0,5 °C ohne Probleme erreicht. In den meisten Fällen handelt es sich bei den Temperaturfühlern um **Pt100-Widerstandsthermometer**, bei denen ein schneller Wärmeaustausch zwischen dem Fühler und dem Messmedium erreicht wird. Im Allgemeinen besteht ein Pt100-Fühler aus einem verkapselten Platindraht mit einem Widerstand von 100 Ohm bei 0 °C. Mit steigender Temperatur steigt linear der Widerstand an. Da es sich um genormte Messwiderstände handelt, kann der Sensor ohne Probleme und Nachkalibrierung ausgetauscht werden.

15.4.2
pH-Wert, pCO_2-Wert

Neben Temperatursensoren sind **pH-Elektroden** die am weitesten verbreiteten Sensoren in der Biotechnologie. Abbildung 15.6 zeigt den prinzipiellen Aufbau einer pH-Elektrode und einer pH-Einstabmesskette. Im Allgemeinen müssen eine **Bezugselektrode** und eine **Ableitungselektrode** verwendet werden. Das Potential beider Elektroden, die in die Probelösung eintauchen, wird gemessen. Fast immer wird eine Bezugselektrode mit dem System Silber-Silberchlorid verwendet. Ein Diaphragma trennt die Messlösung von den Bezugselementen. Bei flüssigkeitsgefüllten Elektroden muss bei der Sterilisation eine Drucküberlagerung stattfinden, damit kein Medium über das Diaphragma in das Elektrodeninnere gedrückt wird.

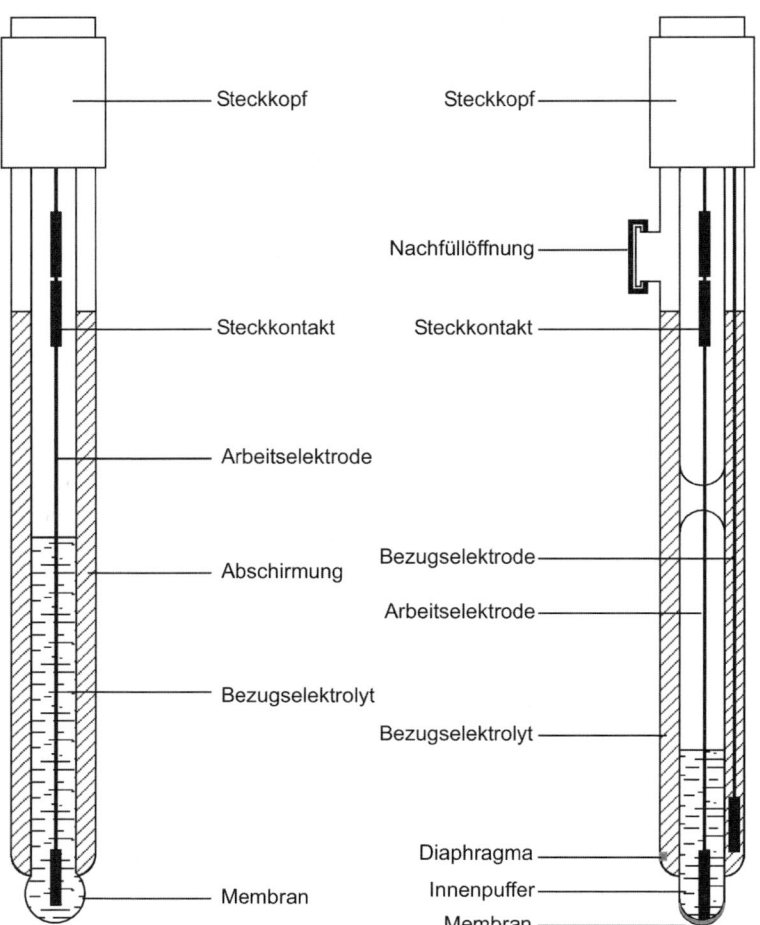

Abb. 15.6. Aufbau einer pH-Elektrode und einer Einstabmesskette

Da auch der **Gelöstkohlendioxidgehalt** für die Beurteilung von biotechnologischen Prozessen äußerst interessant ist, sind verschiedene Sensoren zur Bestimmung des Gelöstkohlendioxidgehalts auf dem Markt. Die meisten basieren dabei auf dem Severinghaus-Prinzip. Hier wird der Messbereich durch eine Kohlendioxid durchlässige Membran (beispielsweise Siliconmembran) vom Bioreaktormedium getrennt. In der Messzelle befindet sich ein Karbonatpuffersystem, das mit dem Bioreaktormedium korrespondiert. Kohlendioxid permeiert durch die Membran, bis sich ein Gleichgewicht zwischen Messraum und Bioreaktormedium eingestellt hat. Dabei wird im Messraum über das Hydorgencarbonatgleichgewicht der pH-Wert

verändert. Diese Änderung wird über geeignete Sensoren – beispielsweise **pH-Einstab-Messketten** oder optische pH-Sensoren – erfasst. Die Sensoren sind in ihrer Ansprechzeit relativ langsam (mehrere Minuten) und müssen häufig kalibriert werden bzw. die Messpufferlösung muss ausgetauscht werden. Eine genaue Kenntnis und Pflege des Messsystems ist nötig, um zuverlässige Daten zu erhalten.

15.4.3
pO₂-Wert

Hier werden fast ausschließlich **amperometrische Elektroden** verwendet (Aufbau in Abb. 15.7). Als Messeffekt wird hier ausgenutzt, dass der Strom-

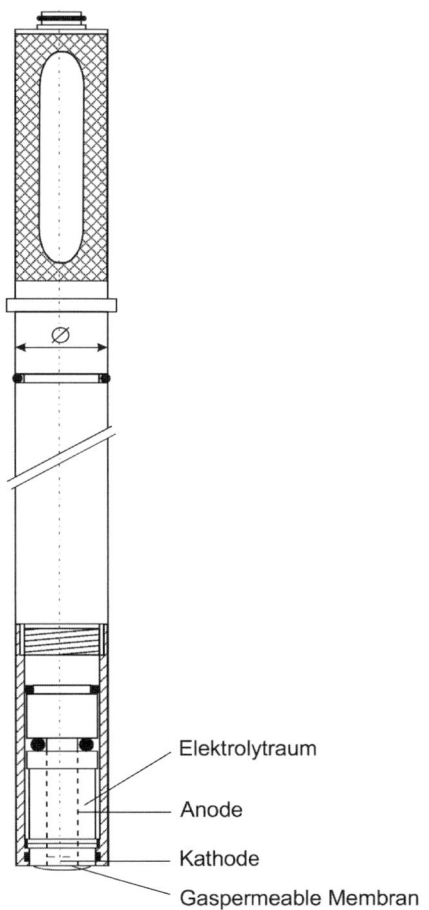

Elektrolytraum

Anode

Kathode

Gaspermeable Membran

Abb. 15.7. Aufbau einer Sauerstoffelektrode

hen unerwünschte Reaktionen einen Anstieg des Stroms nach sich.

Die Diffusionskontrolle kann durch den Einsatz von **selektiven Membranen** zum einen besser gewährleistet werden (in gerührten Systemen), sie kann aber auch die Polarisationsspannung und die Selektivität erhöhen. Bei einer pO$_2$-Elektrode ist der Elektrolytraum mit der Anode und der Kathode durch eine gaspermeable Membran von der Probe getrennt. Der Sauerstoff permeiert durch die Membran in den Elektrolytraum und wird an der Platinkathode, die ein Potenzial von ca. −700 mV gegenüber der Anode hat, reduziert. Der dabei erzeugte Strom ist der Sauerstoffkonzentration proportional. Verschiedenste Konstruktionsprinzipien von Sauerstoffelektroden existieren, die alle auf einem ähnlichen Prinzip wie dem beschriebenen basieren. Im Allgemeinen werden **Teflonmembranen** als Sauerstoffdiffusionsmembranen verwendet. Da der Sauerstoff aus der flüssigen Probephase gasförmig in den Raum diffundiert, wird der pO$_2$-Wert gemessen.

15.5
Optische Sensoren

Zur **Bestimmung der Biomassekonzentration** sind verschiedene optische Sensoren im Einsatz. Diese nephelometrischen Sensoren nutzen aus, dass beim Durchtritt von Lichten durch ein optisch trübes Medium das Licht nach Größe und Anzahl der vorhandenen Partikel gestreut wird. Der abgeschwächte Lichtstrahl liefert damit Informationen über die Anzahl suspendierter Zellen, Feststoffpartikeln und Gasblasen. Dies macht auch deutlich, dass mit dieser Methode keine Unterscheidung in lebende oder tote Biomasse erfolgen kann.

Abbildung 15.9 zeigt verschiedene turbidimetrische Methoden, die bei der Trübungsmessung Anwendung finden. Die **Turbidimetrie** ist die einfachste Messmethode, weil hier die Abschwächung des eingestrahlten Lichtes durch Streuung in der Probe bestimmt wird. Der Verlauf der Messsignale dieser Sensoren, die auf den einzelnen Messeffekten beruhen, ist in Abb. 15.10

fluss bei diffusionskontrollierten Reaktionen und konstanter Polarisationsspannung von der **Konzentration** (besser: Aktivität) **der zu bestimmenden Substanz**, also in diesem Falle dem Sauerstoff, abhängt. Abbildung 15.8 zeigt die Abhängigkeit des Stroms von der Spannung bei verschiedenen Konzentrationen und von der Konzentration bei einer festen Polarisationsspannung an den Elektroden.

Die **Polarisationsspannung** muss so gewählt sein, dass die Reaktion an der Arbeitselektrode diffusionskontrolliert abläuft. Bei zu niedrigen Spannungen ist keine Diffusionskontrolle gewährleistet oder die Umsetzung der Reaktanden ist nicht vollständig. Bei zu hohen Spannungen zie-

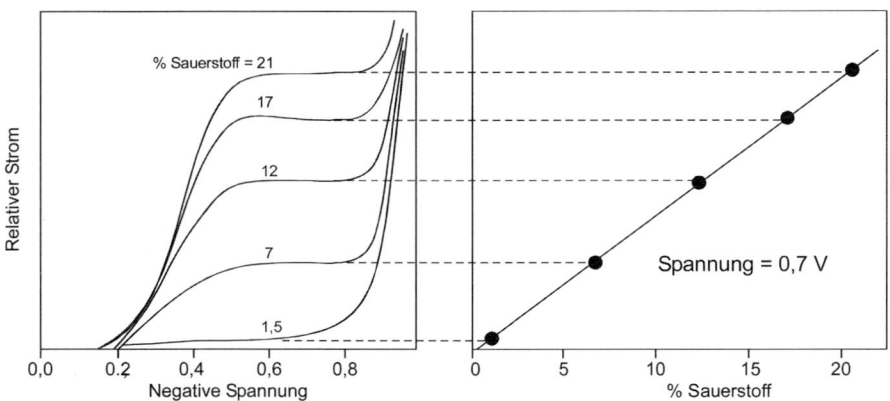

Abb. 15.8. Zusammenhang zwischen Stromsignal und Sauerstoffkonzentration

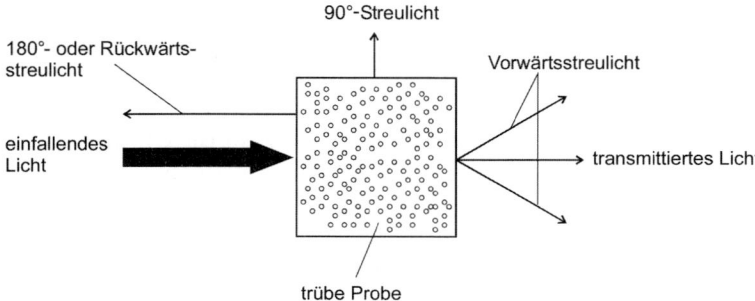

Abb. 15.9. Möglichkeiten der Trübungsmessung

exemplarisch beschrieben. Man erkennt, dass die turbidimetrischen Sensoren nur bei **niedrigen Zellkonzentrationen** ein lineares Verhalten zeigen. Dies ist mit dem Lambert-Beerschen-Gesetz zu erklären. Die Messung kann genauso wie eine reine Absorptionsmessung beschrieben werden:

$$\log \frac{I_0}{I} = k \cdot l \cdot c$$

Hierbei ist I die Intensität des durchgestrahlten Lichtes, I_0 die des Ausgangslichtes, k ist der Extinktionskoeffizient, l die Länge des Lichtwegs (Schichtdicke durch die Probe) und c die Zellkonzentration. Um den linearen Messbereich zu vergrößern, muss deshalb die Schichtdicke der Messung der Zellkonzentration angepasst werden.

Natürlich besteht auch die Möglichkeit, bei anderen Wellenlängen der Messung, andere Extensionskoeffizienten zu verwenden bzw. über geeignete Signalauswertungen den linearen Messbereich scheinbar zu vergrößern.

Aus Abb. 15.10 wird aber auch klar, dass ein **180°-Streulichtsensor** ein für die **Messtechnik** interessantes Signalverhalten zeigt, denn hier steigt bis zu einem konstanten Signal die Biomasse linear an. Ein solcher **Reflexionssensor** ist in Abb. 15.11 dargestellt. Das vom Sensor einfallende Licht wird von den suspendierten Teilchen teilweise reflektiert. Das rückwärtige Reflexionslicht wird vom Sensor aufgefangen und vermessen. Auch dieser Sensor kann nicht zwischen lebender und toter Biomasse unterscheiden. Darüber hinaus ergeben sich bei optischen Sensoren oftmals

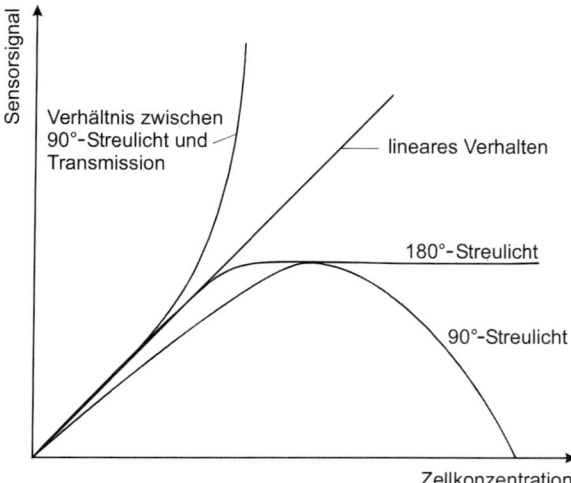

Abb. 15.10. Verlauf der Messsignale bei unterschiedlichen turbidimetrischen Messanordnungen

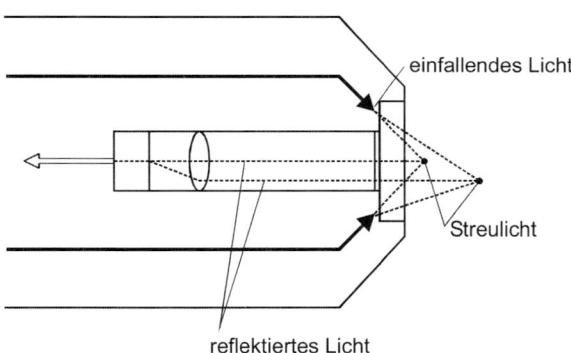

Abb. 15.11. Prinzipieller Aufbau eines Streulichtsensors (Erfassung des rückwärtigen Streulichts)

Probleme mit *Fouling* auf der Sensoroberfläche und es muss beachtet werden, dass während des Wachstums sich die Größenverteilung der Zellen verändert und damit auch das Streulichtverhalten und das Sensorsignal.

15.6
Biosensoren

Prinzipiell bestehen Biosensoren aus zwei Bauelementen: einem **biologischen Erkennungssystem**, das gleichzeitig biologischer Signalgeber ist und

einem **Signalwandler (Transducer)**. Der prinzipielle Aufbau ist in Abb. 15.12 zu sehen. Die biologische Komponente hat die Aufgabe, mit der zu analysierenden Substanz spezifisch und sensitiv zu reagieren. Bei dieser Reaktion tritt eine Änderung auf (pH-Wert-Änderung, Gewichtsänderung, Wärmeentwicklung usw.), die vom Transducer, dem eigentlichen Sensor, erfasst und in ein elektrisches Signal umgewandelt, verstärkt und verarbeitet wird. Die biologische Komponente kann aus Enzymen, Mikroorganismen, Organen, Zellverbänden, Antikörpern, Lektinen oder Oligo-Nukleotiden bestehen. Prinzipiell kann jede biologische Komponente verwendet werden, die mit der zu analysierenden Substanz eine sensorisch erfassbare, spezifische Reaktion eingeht. Die biologische Komponente wird als **Signalgeber** bezeichnet. Mögliche Komponenten und Transducer sind in Tabelle 15.1 aufgelistet. Man erkennt, dass eine Vielzahl von Kombinationsmöglichkeiten für die Herstellung von Biosensoren möglich ist.

Eine wichtige Voraussetzung für die Herstellung von Biosensoren ist die effiziente Koppelung der biologischen Komponente an den Transducern. Diese Koppelung sollte einfach und ohne große Aktivitätsverluste durchführbar sein. Es ist darauf zu achten, dass keine Transportbarrieren aufgebaut werden, um eine kurze Ansprechzeit des Sensors zu erreichen. Die Möglichkeiten der Fixierung der biologischen Komponente an dem Transducer entspricht denen der Enzymtechniken (vgl. Kap. 11).

Die Funktionsweise eines Biosensors soll im Folgenden kurz erläutert werden: Glucose lässt sich mit dem Enzym Glucoseoxidase unter Sauerstoffverbrauch und Wasserstoffperoxidbildung zu Gluconsäure umsetzen

$$\text{Glucose} + O_2 \xrightarrow{\text{GOD}} \text{Gluconlacton} + H_2O$$
$$\xrightarrow{H_2O} \text{Gluconsure} + H_2O$$

Bei dieser Reaktion können drei Größen beobachtet und mit der Glucosekonzentration korreliert

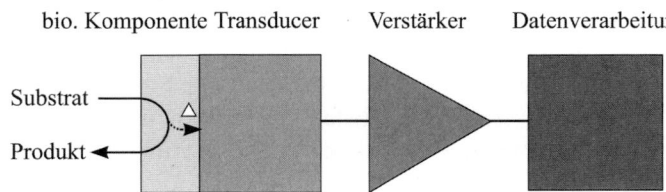

bio. Komponente   Transducer   Verstärker   Datenverarbeitung

Substrat

Produkt

Abb. 15.12. Aufbau eines Biosensors

Tabelle 15.1. Möglichkeiten der Kombination von Biosensorkomponenten

Biologische Komponente	Transducer
Enyzme	konduktometrische Elektroden
Organellen	amperometrische Elektroden
Lectine	potentiometrische Elektroden
Rezeptoren	Thermistoren
Mikroorganismen	optische Sensoren (Lumineszenz,
Zellverbände aus Pflanzen und Tieren	Absorption, Ellipsometrie, Glasfasertechniken)
Organe bzw. Organteile	Feldeffekttransistoren
Immunologische Systeme	Piezokristalle
Polynucleotide	
Oligonucleotide	Fluoreszenzmesstechnik

werden: Der Sauerstoffverbrauch, die H_2O_2-Bildung und die pH-Wert-Verschiebung. Damit lässt sich ein Glucosesensor mit dem Enzym, einer Sauerstoffelektrode, einer pH-Elektrode oder einer amperometrischen Elektrode zur Wasserstoffperoxidmessung aufbauen. Ein einfacher Sensor ist in Abb. 15.13 gezeigt. Auf einer pH-Elektrode ist eine Dialysemembran aufgezogen. Zwischen Glaskörper und Dialysemembran befindet sich eine Glucoseoxidase-Lösung. Das Enzym kann die Poren der Dialysemembran nicht passieren und ist deshalb am Sensor fixiert. Taucht eine solche Elektrode in eine Probelösung ein, wird es eine pH-Wert-Verschiebung geben, die der Glucosekonzentration proportional ist. Über eine Kalibrierung des Systems kann dann Glucose indirekt bestimmt werden. Dabei ist zu beachten, dass der

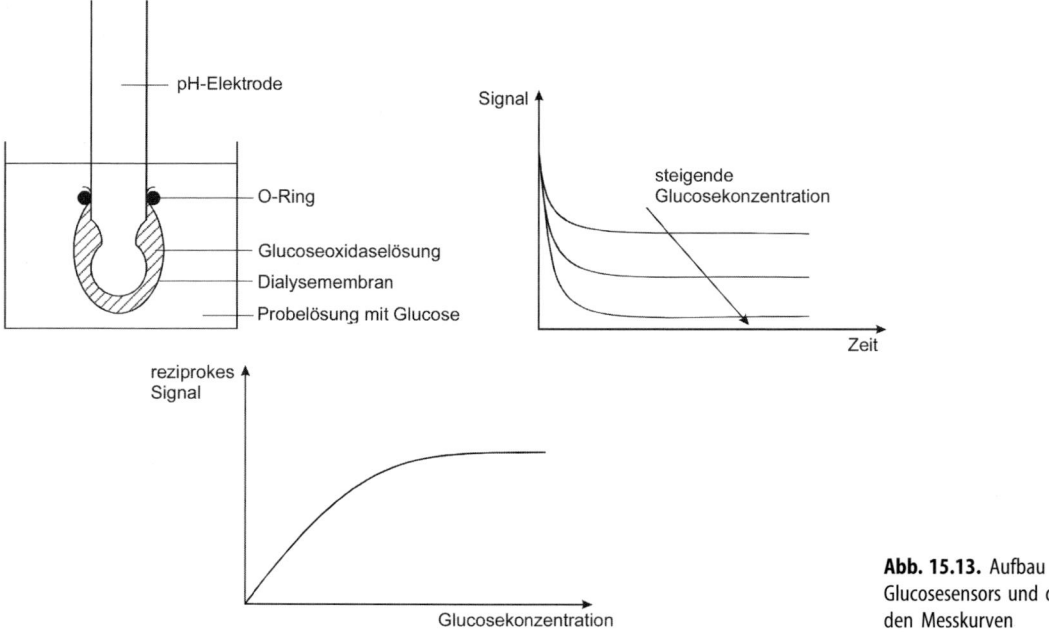

Abb. 15.13. Aufbau eines einfachen Glucosesensors und die zu erwartenden Messkurven

lineare Messbereich abhängig von der Enzymki-
netik und den Reaktionsbedingungen ist, denn
der pH-Wert ist eine logarithmische Größe und
so ist die umgesetzte Glucosemenge nicht immer
mit der gleichen pH-Wert-Änderung verbunden.
Bei größer werdender pH-Wert-Änderung nimmt
auch die Aktivität des Enzyms ab und der Sauerstoffgehalt in der Probe wirkt limitierend. Aus
diesem Grund muss der lineare Messbereich des
Biosensors sorgfältig ermittelt werden.

Problematisch erweist sich bei diesem System
die Pufferstärke der Messlösung. Je höher die Puf-
ferkapazität der Probe, desto geringer wird der
Messeffekt sein. Das führt dazu, dass eine gleich
große Glucosekonzentration in verschieden konzentrierten Pufferlösungen unterschiedliche Messsignale hervorruft. Darüber hinaus ist das Messsignal abhängig vom Sauerstoffgehalt. Ändert sich
der Sauerstoffgehalt in den einzelnen Proben, wird
sich auch bei gleich bleibender Glucosekonzentration das Messsignal ändern. Damit wird klar, dass
die Biosensorik eine genau konzipierte Ana-
lysenführung benötigt und dass deshalb die Fließinjektionsanalyse das Mittel der Wahl zum Einsatz von Biosensoren ist (Kap. 15.8).

15.7
Soft(ware)sensoren

Trotz der zahlreichen Analysemethoden ist es bei
vielen Prozessen immer noch nicht möglich wesentliche Prozessgrößen direkt zu bestimmen.
Auch können die Kosten eines Prozessanalysators
so hoch sein, dass die notwendigen Anschaffun-
gen sich nicht lohnen. In beiden Fällen können
Softwaresensoren die Alternative darstellen. Softwaresensoren, die auch als Softsensoren bezeichnet werden, nutzen **Messsignale von Prozessgrößen**, um mit Hilfe eines meist komplexen **mathematischen Modells** gewünschte Prozessinformati-
on bereitzustellen. Der mit dem Modell berech-
nete Wert ist der Wert der Prozessgröße, die mit
dem Softsensor bestimmt wird. Somit gehören
sie der Klasse **indirekter Messmethoden** an. Dabei müssen **zwei unterschiedliche Arten** von Softsensoren unterschieden werden: Softsensoren, die

kein explizites Wissen über den Prozess nutzen
und solche, in denen Wissen über den Prozess integriert ist.

Softsensoren, die kein explizites Wissen über
den Prozess nutzen, basieren auf „Blackbox-Modellen". Dies sind Daten-getriebene Modelle, die
ausgehend von Messdaten und aus ihnen berechneten Daten (wie z. B. der Ableitung), welche zusammen als **Eingabedaten** bezeichnet werden, einen mathematischen Zusammenhang zu gewünschten Zieldaten (**Ausgabedaten**) herstellen.
Die am weitesten verbreiteten Softsensoren dieser
Art nutzen als Blackbox-Modell künstliche neuro-
nale Netzwerke oder Regressionsmodelle der
Hauptkomponentenanalyse. Ist der mathematische Zusammengang linear, werden Modelle der
Hauptkomponentenanalyse verwendet; bei einem
nichtlinearen Zusammenhang haben sich neuro-
nale Netzwerke bewährt.

Das Wissen über den Prozess ist zwar im Prinzip im Blackbox-Modell abgelegt – in Form von
Parametern und der Modellstruktur –, ist aber
dem Benutzer nicht zugänglich, da eine physikalisch-chemische Interpretation der Modellparameter sowie der Modellstruktur normalerweise nicht möglich ist. Typisch für diese Softsensoren ist es, dass ihre Vorhersagegüte verloren gehen kann, wenn Prozessbedingungen variiert werden. Dies kann zur Folge haben, dass ein neues
Blackbox-Modell zu erstellen ist. Hierfür müssen
sowohl die Messdaten aufgenommen werden, welche die Eingangswerte des Modells darstellen als
auch die Messdaten für die Zielgrößen bestimmt
werden. Es hat sich auch bewährt, abgeleitete
Größen mit als Eingangswerte zu verwenden wie
z. B. das Integral sowie die Ableitung anderer Ein-
gangsgrößen. Mit diesen Daten werden sowohl die
Struktur des Blackbox-Modells festgelegt als auch
die Modellparameter berechnet.

Für ein neuronales Netz bedeutet dies die Festlegung der Anzahl von Neuronen sowie ihre Anordnung in Schichten und das Training des Net-
zes zur Bestimmung ihrer Wichtungsfaktoren.
Die Modelle der Hauptkomponentenanalyse werden insbesondere genutzt, wenn die Eingangs-
größen linear abhängig sind. Bei der *principal*

component analysis wird eine **Datenreduktion** vor der eigentlichen Modellbildung durchgeführt. Hierbei werden sukzessiv die linearabhängigen Messgrößen in neue Größen transformiert, die abnehmende Varianz besitzen und linear unabhängig sind. Mit den ersten so berechneten neuen Größen, die zumeist den Hauptteil der Gesamtvarianz der ursprünglichen Daten beinhaltet, wird dann ein multilineares Regressionsmodell berechnet. Bei dem *Partial-least-squares-Verfahren* werden diese beiden Schritte zusammen durchgeführt.

Softsensoren, die explizit Wissen über den Prozess beinhalten, nennt man auch **Beobachter**. Ein Beobachter ist ein Algorithmus, der erlaubt, aus Messgrößen nicht messbare Größen zu **schätzen**. Im Gegensatz zu den Blackbox-Modellen ist hier direktes Wissen über den Prozess abgelegt. In diesen Modellen werden typischerweise Transportvorgänge und Reaktionskinetiken berücksichtigt. Die Modelle bestehen aus **Zustandsdifferentialgleichungen**, die das dynamische Verhalten des Prozesses beschreiben. Da diese Differentialgleichungen nicht analytisch gelöst werden können, werden sie on-line numerisch integriert. Im Beobachter werden die simulierten Werte mit den gemessenen Werten verglichen und so verändert, dass beide möglichst übereinstimmen. Das verwendete Optimierungskriterium ist charakteristisch für den verwendeten Beobachtertyp. So nutzt z.B. das Kalman-Filter die **Minimierung der Schätzfehlervarianz**, um Mess- und Schätzwert zur Übereinstimmung zu bringen. Beobachter werden auch verwendet, um Messrauschen zu eliminieren. Sind die Messgrößen störungsbehaftet, so werden Beobachter auch verwendet, um die Störungen vom Nutzsignal zu trennen.

15.8
Die Fließinjektionsanalyse

Um 1974 begann die Entwicklung der Fließinjektionsanalyse (**FIA**), die aufgrund ihrer vielseitigen Einsatzmöglichkeit einen festen Platz in der Analytik gefunden hat. Sie wird auch als **automatisierte „On-line-Alternative"** von manuellen nasschemischen Analysen bezeichnet. Charakteristisch für die FIA ist ihr reproduzierbares Verfahren, in dem ein Analyt in ein einfach nachzuweisendes Reaktionsprodukt umgesetzt und somit indirekt gemessen wird. Eine schematische Darstellung eines einfachen FIA-Systems mit den vier wesentlichen Komponenten Pumpe, Injektionsventil, Manifold und Detektor ist in Abb. 15.14 dargestellt.

Das Injektionsventil dient dazu die Injektionsschleife mit Probe zu füllen und das so definierte Probenvolumen in den kontinuierlich fließenden Trägerstrom zu injizieren. Dies ist in Abb. 15.15 schematisch dargestellt. Gegebenenfalls können weitere Reagenzien dem Transportstrom separat beigemischt werden. Der Gesamtstrom (Transportstrom plus Reagenzien) durchläuft die Reaktionsstrecke, die auch als **Manifold** bezeichnet wird. In der Reaktionsstrecke können weitere Substanzen eingebracht werden oder sind dort immobilisiert wie z.B. immobilisierte Enzyme. Das Reaktionsprodukt der nasschemischen Reaktion wird mit einem Detektor (z.B. elektrochemischer oder optischer Detektor) nachgewiesen.

Das **Konzentrationsprofil**, das aus Störungen der konvektiven Strömung, der Ausbildung von Geschwindigkeitsprofilen und aus lokalen Mischzellenbildungen resultiert, ist typisch für die FIA und kann in Form, Höhe und Breite stark variieren. Aus dem anfänglich pfropfenförmigen Kon-

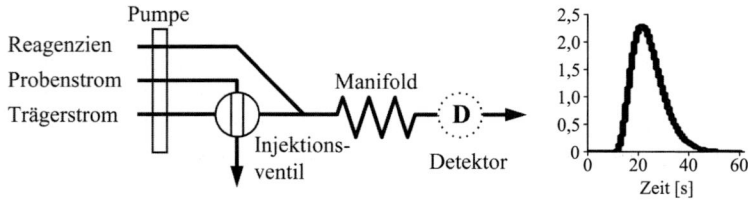

Abb. 15.14. Schematische Darstellung eines FIA-Systems mit den vier wesentlichen Komponenten: Pumpe, Injektionsventil, Manifold und Detektor sowie dem typischen peakförmigen Messsignal

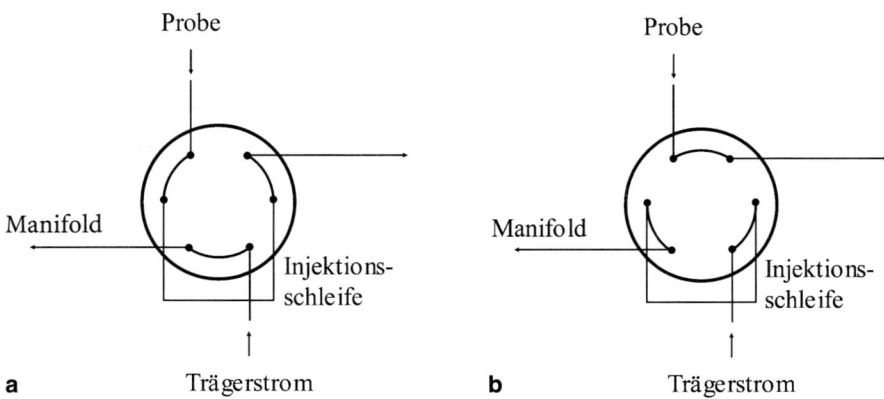

Abb. 15.15. a Füllen der Injektionsschleife und **b** Injektion in den Trägerstrom

zentrationsprofil bei Injektion wird aufgrund der Dispersion ein typischerweise unsymmetrisches und peakförmiges Signal mit einem ausgeprägten Tailing. Die ursprüngliche Konzentration des Analyten C_0 wird durch Dispersionsprozesse verringert, und es entsteht ein Kontinuum von Konzentrationen. Ein Maß für die Verdünnung von Probenlösung und Trägerstromlösung zu jedem Zeitpunkt des transienten Signals gibt der **Dispersionskoeffizient** an.

$$D(t) = \frac{c_0}{c(t)}$$

Hierbei bedeutet c_0 die ursprüngliche Konzentration des Analyten in der Probenlösung und $c(t)$ die Analytkonzentration zu einer festen Zeit t bezogen auf den Injektionszeitpunkt (t = 0). Zur Erhöhung der radialen Vermischung und Verminderung der axialen Dispersion sind verschiedene Reaktionsstrecken entwickelt worden (z. B. Mischkammer, 3D-Reaktor). Die **hohe Reproduzierbarkeit** dieses Konzentrationsprofils zählt zu den wesentlichen Charakteristika der FIA.

Probenvolumen und Transportgeschwindigkeit sowie Länge und Durchmesser der Reaktionsschleife beeinflussen die Dispersion und damit auch das Messsignal. Am Detektorort ist weder die chemische Reaktion im stationären Zustand noch die Vermischung von Probenvolumen mit dem Trägerstrom vollständig. Dies unterscheidet

die FIA von anderen Durchflusstechniken. Das FIA-Prinzip beruht auf einer **reproduzierbaren Arbeitsweise**, d. h. die experimentellen Bedingungen wie Einbringung einer Probenzone, ihre Verweilzeit sowie alle Prozesse, welche die Probenzone beeinflussen, werden sowohl für alle Kalibrationsmessungen als auch Probenmessungen konstant gehalten.

Die Analytkonzentration berechnet sich typischerweise auf einem Merkmal des registrierten Messsignals. Dies ist entweder die Peakhöhe, die Peakfläche oder die Peakbreite. Im Allgemeinen sind Peakhöhe und -fläche proportional zur Analytkonzentration, die Breite des Peaks steht meist in einem logarithmischen Zusammenhang zur Analytkonzentration. Beim **elektronischen Verdünnungsverfahren** (*electronic dilution technique*) verwendet man das Signal nach einem festen Zeitintervall bezogen auf die Probeninjektion. Dieser feste Zeitpunkt liegt typischerweise später als t_{Pmax} (Zeitpunkt des Peakmaximums). Dieses Auswerteverfahren wird verwendet, wenn Sättigungseffekte eine Auswertung mit Hilfe des Peakmaximums beeinträchtigen und auf eine zusätzliche Probenverdünnung verzichtet werden soll.

Für FIA typische Betriebsbedingungen sind in Tabelle 15.2 zusammengefasst. In speziellen Anwendungen können die Werte der Betriebsparameter jedoch erheblich abweichen. In Tabelle 15.3 sind die Vorteile der FIA aufgeführt.

Tabelle 15.2. Typische Betriebsparameter der FIA

Betriebsparameter	Typischer Wertebereich
Volumenstrom	0,5 mL/min–3,0 mL/min
Probenvolumen	30 μL–200 μL
Länge der Reaktionsstrecke	10 cm–200 cm
Probendurchsatz	20 h^{-1}–360 h^{-1}
Dispersion	1–15

Tabelle 15.3. Vorteile der Fließinjektionsanalyse

geringe Probenvolumina
geringer Reagenzienverbrauch
hoher Automationsgrad möglich
kurze Analysenzeiten
einfache Probenkonditionierung
jederzeit kalibrierbar
Austausch von verbrauchten oder defekten Komponenten möglich
leicht umrüstbar auf andere Analyte

Die Vielzahl der FIA-Systeme ergibt sich aufgrund der flexiblen Kombination von unterschiedlichen Reaktionsstrecken mit verschiedenen Detektorsystemen. Das Stopped-flow-Verfahren zeichnet sich dadurch aus, dass der Trägerstrom angehalten wird, sobald sich das Probensegment vor dem Detektor befindet. Dies ermöglicht es, die Kinetik einer Reaktion zu verfolgen. Deshalb wird dieses Verfahren auch als **kinetische Auswertung** bezeichnet; das Verfahren wird häufig bei der Methodenentwicklung verwendet, aber auch für analytische Zwecke, wenn z. B. eine kleine Reaktionsrate vorliegt.

Bei dem **Mischzonenverfahren** (*merging zone*) werden in den Trägerstrom von zwei getrennten Fließkanälen gleichzeitig ein Segment mit Probe und ein Segment mit Reagenz injiziert. Danach werden die Fließkanäle vereint, so dass die injizierten Segmente von Reagenz und Probe kontrolliert vermischt werden. Ein wesentlicher Vorteil dieses Verfahrens ist der **geringe Reagenzverbrauch.**

Ein weiteres Verfahren, bei dem ebenfalls der Reagenzverbrauch gering ist, wird **Zonendurchmischung** (*zone penetration*) genannt. Hierbei werden die Segmente mit Probe und Reagenz nacheinander in den Trägerstrom eines Fließkanals injiziert. Aufgrund der Dispersion vermischen sich die beiden Zonen, und es entsteht ein Messsignal, das aufgrund der Konzentrationsverteilung von Analyt und Reagenz sogar ein lokales Minimum aufweisen kann. Ein ähnliches Messsignal erhält man bei der Anwendung der **Sandwich-Technik.** Hierbei wird das Probensegment zwischen zwei unterschiedliche Trägerstromlösungen mit unterschiedlichen Reagenzien injiziert. An den beiden Grenzflächen des Probensegments können verschiedene Reaktionen stattfinden, die zu einem doppelpeakförmigen Messsignal führen. Aus diesem Messsignal kann die Konzentration von zwei unterschiedlichen Analyten berechnet werden.

Im Vergleich zu FIA-Systemen haben **sequentielle Injektionsanalyse-Systeme (SIA-Systeme)** einen einfacheren Aufbau. SIA-Systeme nutzen keine konstante sondern eine sinusförmige Fließrate, bei der das Vorzeichen wechselt. Dies wird durch eine Kolbenpumpe realisiert. Probe und Reagenz werden sequentiell über ein Selektorventil injiziert und durch die Reversed-flow-Technik durchmischt. Ein für FIA typisches Injektorventil wird in der SIA nicht verwendet; darüber hinaus ist der Reagenzienverbrauch niedriger.

Beim Monitoring von Kultivierungsprozessen nimmt die FIA eine Schlüsselstellung ein. Neben Substraten (z. B. Glucose, Saccharose und Aminosäuren) können auch prozessrelevante Zwischenprodukte (z. B. Ethanol, Acetat und Lactat) und Produkte (z. B. Antibiotika und Proteasen) analysiert werden. Auch wurden mit Verfahren der FIA intrazelluläre Enzyme (z. B. β-Galactosidase, Formiat- und Malat-Dehydrogenase) selektiv analysiert. Die meisten FIA-Systeme in der Bioprozesstechnik verwenden als Detektorsystem Biosensoren. Dabei wird über ein Probenahmemodul dem FIA-System eine zellfreie Probe zugeführt. Der Biosensor ist hier nur für kurze Zeit in Kontakt mit der Probe und wird sonst mit dem kontinuierlich fließenden Pufferstrom gespült. Der Einfluss einer Veränderung in der Zusammensetzung der Kulturbrühe, einer Änderung des pH-Werts oder der Ionenstärke kann bei einem Einsatz in einem FIA-System besser reduziert werden als bei einer *In-situ*-Anwendung. In einem FIA-System kann der Messbereich durch eine Probenverdünnung an die entsprechenden Prozessanforderungen angepasst, notwendige Reagenzien einfach bereitgestellt und eine erschöpfte biologische Komponente jederzeit ausgetauscht werden. Dies alles hat zu vielfältigen Anwendungen der FIA zum Bioprozessmonitoring geführt.

15.9
HPLC

HPLC-Systeme ähneln den FIA-Systemen. Jedoch besteht das Manifold aus einer Säule, in der das Trennmaterial untergebracht ist. Physikalisch-chemische Trennmethoden werden hier wie bei GC-Systemen ausgenutzt, um eine Stofftrennung zwischen einer stationären und einer mobilen Phase zu realisieren. Je nach dem Aggregatzustand der mobilen Phase wird zwischen der **Flüssigkeitschromatographie** (*liquid chromatography*, **LC**) und der **Gaschromatographie** (*gas chromatography*, **GC**) unterschieden. Als wichtigste Trennmechanismen kommen hierbei Adsorption, Verteilung, Ionenaustausch sowie Molekülausschluss zur Anwendung. Als häufigste Detektoren werden UV-, IR-, Fluoreszenz-, Refraktions- und Leitfähigkeitsdetektoren verwendet. Aber auch eine Kopplung eines HPLC-Systems mit einem Massenspektrometer zur eigentlichen Detektion wird für spezielle Anwendungen genutzt.

Ein weiterer wesentlicher Unterschied zu FIA-Systemen ist das Messsignal. Bei HPLC-Systemen erreichen aufgrund der Trennung die Analyten den Detektor zu unterschiedlichen Zeiten. Man erhält typischerweise ein Chromatogramm, das eine Vielzahl von Peaks aufweist. Somit können auch mit einer Probeninjektion mehrere Analyten auf einmal bestimmt werden. Der jeweilige Analyt wird dabei aufgrund seiner **Retentionszeit** identifiziert, die als die Zeitspanne zwischen Injektion und Detektion definiert ist. Bei der Methodenentwicklung werden die Bedingungen gerade so gewählt, dass jeder Analyt einen separaten Peak aufweist. Kann dies nicht realisiert werden, oder ist es zu aufwändig, müssen überlagerte Peaks mit speziellen Verfahren ausgewertet werden. Häufig werden als Referenz der Probe definierte Mengen eines internen Standards zugegeben, um das erhaltene Chromatogramm zu quantifizieren.

Die HPLC hat viele Anwendungen in der Bioverfahrenstechnik; so wird sie neben der Quantifizierung von Substanzen auch zur Trennung und Reinigung von Substanzen genutzt. Eine Vielzahl für die Bioverfahrenstechnik wesentlicher Substanzen können mit der HPLC bestimmt werden; neben Substraten wie unterschiedlichen Einfach- und Mehrfachzuckern (z. B. Glucose, Fructose, Saccharose, Maltose und Lactose) können metabolische Produkte (organische Säuren wie z. B. Acetat und Lactat, aber auch Ethanol oder Aminosäuren) gemessen werden. Aber auch über die Bestimmung von komplexen Produkten wie z. B. von Antibiotikakonzentrationen wurde mehrfach berichtet.

15.10
Trends in der Bioprozesstechnik

15.10.1
Optische Sensoren

In den letzten Jahren haben sich durch die rasante Entwicklung der **Glasfasertechnik** interessante Möglichkeiten für optische Sensoren ergeben. Einige solcher Sensoren sollen hier kurz vorgestellt werden. Abbildung 15.16 zeigt den prinzipiellen Aufbau von optischen Chemo- oder Biosensoren. Über eine Glasfaser wird verlustfrei Licht von einer bestimmten Wellenlänge von einer Lichtquelle zum Faserende geführt, auf dem sich die Sensorchemie befindet. Bei **fluoreszenzbasierten Optoden** befinden sich in der „Sensorchemie" **Fluorophore**, die mit der zu analysierenden Substanz wechselwirken. Mit dieser Wechselwirkung wird die Fluoreszenz beispielsweise gequencht oder die Fluoreszenzabklingzeiten verändert. Abbildung 15.17 zeigt den prinzipiellen Aufbau eines

optische chemische Sensoren

pH-Optode

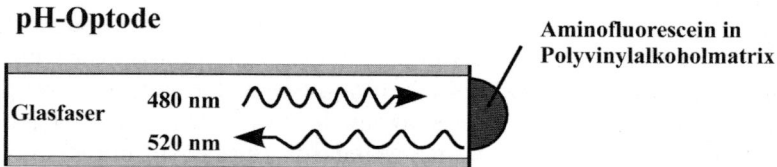

O$_2$-Optode

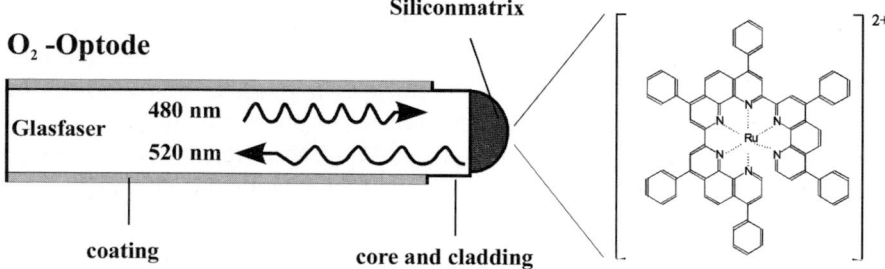

optische Biosensoren

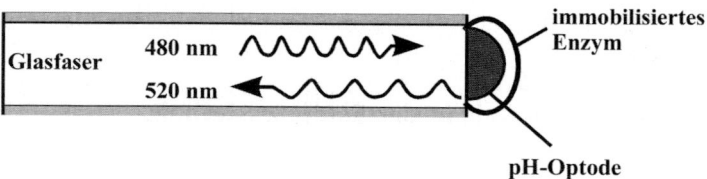

Abb. 15.16. Prinzipieller Aufbau optischer Sensoren

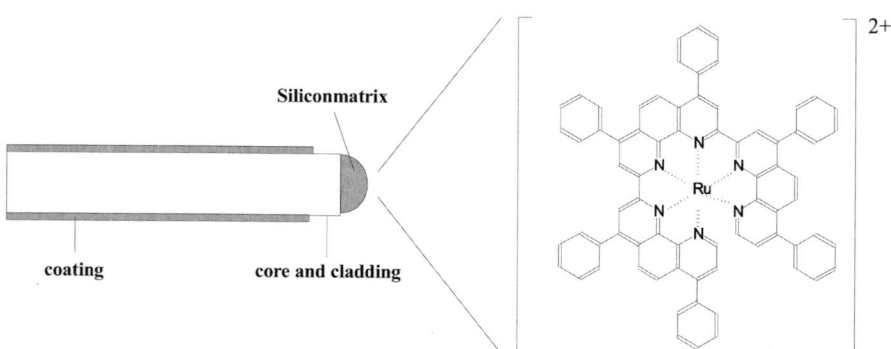

Abb. 15.17. Aufbau eines faseroptischen Sauerstoffsensors

Glasfasersauerstoffsensors. Licht der Wellenlänge von 488 nm wird zur Sensorspitze geleitet. Dort befindet sich in Silicon eingebettet ein Fluorophor (Tris-4,7-diphenyl-1,10-phenanthrolin-Ruthenium-Komplex). Dieses zeigt eine hohe Fluoreszenzintensität bei 520 nm Emission, wenn kein Sauerstoff vorhanden ist. Sauerstoffmoleküle quenchen die Fluoreszenz, so dass die Fluoreszenzintensität abnimmt oder die Fluoreszenzabklingzeiten verändert wird.

Befindet sich die Sensorspitze in einer sauerstofffreien Phase, wird das intensive Fluoreszenzlicht bei 520 nm teilweise (rückwärtiger Anteil) wieder über die Glasfaser zu einem Detektor geführt. Die Fluoreszenzintensität sinkt ab, sobald die Sensorspitze mit Sauerstoff in Kontakt kommt. Der Aufbau eines kompletten Glasfasersensors ist prinzipiell in Abb. 15.18 gezeigt. Über eine Lichtquelle (beispielsweise blaue LED) wird Licht auf einen dichroitischen Spiegel gelenkt, der das Anregungslicht von 480 nm in die Glasfaser leitet. Das rückwärtige Fluoreszenzlicht bei 520 nm kann den dichroitischen Spiegel passieren und wird von einem entsprechenden Detektorsystem detektiert. Auch ein solcher Sensor erfasst den pO_2-Wert, da der Sauerstoff aus der Flüssigphase die Siliconmembran gasförmig passieren muss.

15.10.2
In-situ-Mikroskopie

Ein weiteres Forschungsgebiet der Biopozessanalytik ist die Entwicklung von bildgebenden Verfahren. Hier sei beispielhaft die *In-situ*-Mikroskopie erwähnt. Dabei handelt es sich um Systeme, bei denen die Messzelle und das Mikroskopobjektiv im **Inneren des Bioreaktors** sind (Abb. 15.19). Mit verschiedenen Techniken können Zellen in einer Messkammer auf ein bestimmtes Trägersignal vor dem Mikroskopobjektiv eingeschlossen werden. Das System, das in der Abb. 15.19 gezeigt ist, stellt ein **Durchlichtmikroskop** dar. Hier wird auf ein Triggersignal die Messkammer zwischen Lichtquelle und Mikroskopobjektiv geschlossen und eine Durchlichtaufnahme angefertigt, die von einer CCD-Kamera erfasst wird.

Solche Systeme bieten die Möglichkeit, im Sekundentakt Bilder aus dem Reaktorinneren zu generieren und die Zellzahl, Zellgröße, aber auch Zellmorphologie ohne Probenahme zu erfassen. Geeignete Bildverarbeitungs- und Bildauswertesoftware ist nötig, um für einzelne Applikationsbeispiele die anfallenden Daten auszuwerten und für die Bioprozesskontrolle zur Verfügung zu stellen.

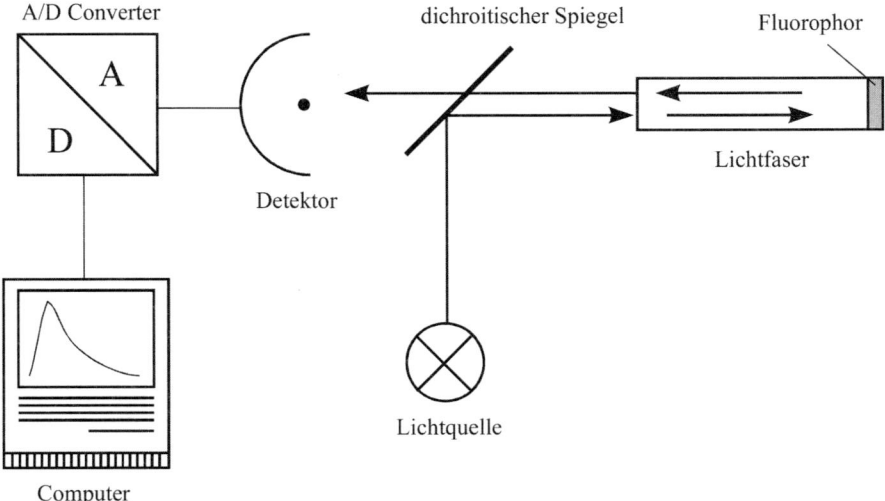

Abb. 15.18. Gesamtaufbau eines faseroptischen Sauerstoffmesssystems

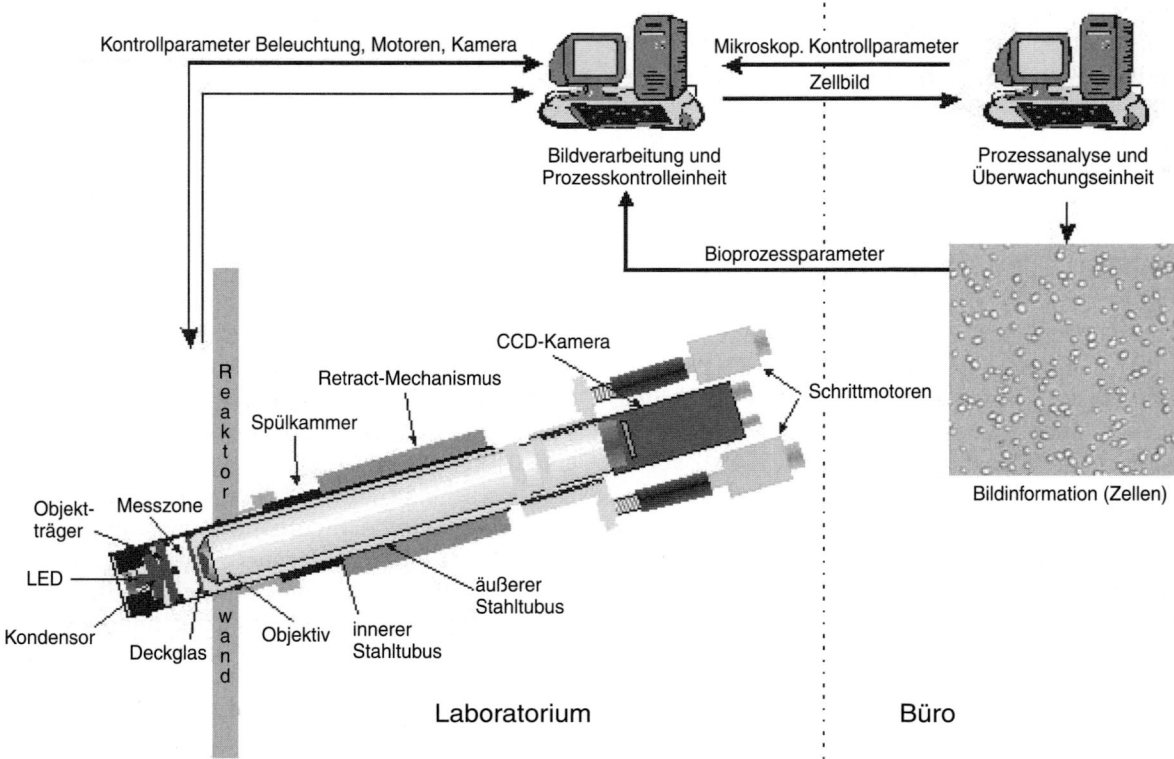

Abb. 15.19. Aufbau eines *In-situ*-Mikroskops

16 Mikrobielle Aminosäureproduktion

H. SAHM, L. EGGELING

16.1
Einleitung

Aminosäuren sind als **Bausteine der Proteine** für alle Lebewesen, gleich ob Mensch, Tier, Pflanze, oder Mikroorganismus, essentiell. So besteht der menschliche Körper zu ca. 15–20% aus Proteinen, die eine Vielzahl verschiedener lebensnotwendiger Funktionen erfüllen. Am Aufbau der Proteine sind zwanzig verschiedene Aminosäuren beteiligt, von denen der Mensch acht – z.B. L-Lysin, L-Threonin, L-Isoleucin, L-Methionin, L-Valin, L-Tryptophan – **nicht selbst synthetisieren** kann, sondern mit der Nahrung aufnehmen muss. Im Durchschnitt benötigt der Mensch deshalb pro Tag etwa 70 g Protein, um seinen Bedarf an essentiellen Aminosäuren decken zu können. Bei **Aminosäuremangel** kommt es zu Einschränkungen im Stoffwechsel, die Abwehrkräfte werden geschwächt, und über einen längeren Zeitraum führt ein Mangel an den lebenswichtigen Aminosäuren zu Störungen von Organfunktionen, was schließlich zum Tode führen kann.

Der **Bedarf an proteinreichen Nahrungsmitteln** wächst überdurchschnittlich mit den steigenden Ernährungsansprüchen der Weltbevölkerung. Mit klassischen Agrarmethoden wird diese „Proteinlücke" nicht zu schließen sein, denn der wachsenden Weltbevölkerung wird pro Kopf immer weniger landwirtschaftliche Nutzfläche zur Verfügung stehen. Eine Möglichkeit zur Lösung dieses Problems besteht nun darin, bei pflanzlichen Nahrungs- und Futtermitteln, die häufig einige der für Mensch und Tier essentiellen Aminosäuren nur in sehr geringen Mengen enthalten, durch **Supplementierung der limitierenden Aminosäuren** den Nährwert erheblich zu steigern. Der Nährwert von Weizenmehl ist beispielsweise aufgrund des geringen L-Lysingehaltes begrenzt. Durch Zugabe von 0,2% L-Lysin kann der Nährwert verdoppelt werden.

Zur Zeit liegt der Weltmarkt für Aminosäuren bei über 2,5 Mio. Tonnen pro Jahr, was einem Marktwert von über 5 Mrd. Euro entspricht. So haben Aminosäuren eine große **wirtschaftliche Bedeutung** im Nahrungsmittelbereich. Jährlich werden z.B. über 1 200 000 Tonnen L-Glutaminsäure als Geschmacksverstärker hergestellt. Im Futtermittelbereich werden insbesondere die Aminosäuren D, L-Methionin (600 000 t/Jahr), L-Lysin (650 000 t/Jahr) und L-Threonin (40 000 t/Jahr) zur Erhöhung des Nährwertes eingesetzt. Aminosäuren sind aber auch im **Bereich der Medizin** von sehr großer Bedeutung, wie z.B. als wichtige Komponenten von Infusionslösungen oder Therapeutika. Ferner spielen sie bei der Synthese von Agrochemikalien wie Herbiziden und Fungiziden eine wichtige Rolle (Tabelle 16.1). Zur Zeit wächst der Markt für Aminosäuren jährlich um sieben bis zehn Prozent.

Zur großtechnischen Herstellung von Aminosäuren gibt es verschiedene Verfahren. So können L-Aminosäuren grundsätzlich aus Proteinhydrolysaten gewonnen werden, wie z.B. die Aminosäure L-Cystein aus Haaren. Eine weitere Möglichkeit der Aminosäureproduktion bietet die chemische Synthese, wie z.B. die Produktion von Methionin. Hierbei entsteht allerdings ein Racemat mit einem Anteil von 50% D-Methionin und 50% L-Methionin. Obwohl alle Lebewesen – bis auf wenige Ausnahmen – ausschließlich die L-Form der Aminosäuren verwenden, kann im Falle von Methionin jedoch das Racemat in der Tierernährung benutzt werden. Die meisten Aminosäuren werden heutzutage mit Hilfe von **Bakterien** oder **Enzymen** hergestellt, da bei diesen biotechnologischen Verfahren ausschließlich die biologisch aktiven L-Aminosäuren gebildet werden.

Die Ära der **mikrobiellen Aminosäureproduktion** begann 1957, als Kinoshita und Mitarbeiter

Tabelle 16.1. Mikrobiell hergestellte Aminosäuren und deren Anwendungen

Aminosäure	Jahresproduktion (Tonnen)	Anwendung
L-Glutaminsäure	1 200 000	Geschmacksverstärker bei Lebensmitteln
L-Lysin	650 000	Futtermittelzusatz
L-Threonin	40 000	Futtermittelzusatz
L-Phenylalanin	15 000	Aspartam-Synthese
L-Tryptophan	1 500	Infusionslösungen
L-Asparaginsäure	15 000	Aspartam-Synthese

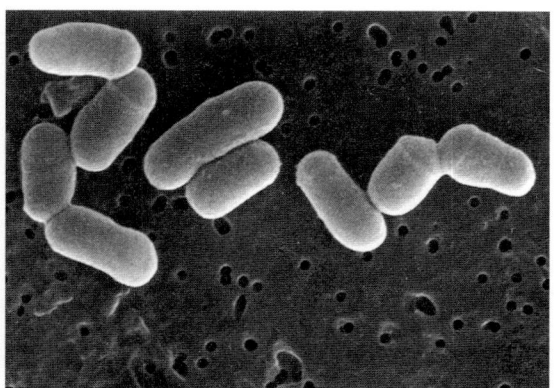

Abb. 16.1. Rasterelektronenmikroskopisches Bild von *Corynebacterium glutamicum*

in Japan aus Bodenproben das Bakterium *Corynebacterium glutamicum* isolierten, das beim Wachstum auf einem einfachen Nährmedium mit Glucose als Kohlenstoff- und Energiequelle große Mengen L-Glutaminsäure ausscheidet. Wie aus Abb. 16.1 zu ersehen ist, handelt es sich bei diesem Mikroorganismus um ein kurzes Stäbchen, das keine Geißeln besitzt und keine Sporen bildet. *C. glutamicum* ist ein gram-positives, aerobes Bakterium, das für Biotin auxotroph ist und zu den Actinomycetales gehört.

In den letzten Jahrzehnten konnten für die Produktion einer Reihe wichtiger L-Aminosäuren mikrobielle bzw. enzymatische Verfahren entwickelt werden, die in den folgenden Kapiteln dargestellt sind.

16.2
Entwicklung von Produktionsstämmen

Viele Bakterien sind in der Lage, alle lebensnotwendigen Aminosäuren aus einfachen Bestandteilen der Nährmedien zu synthetisieren. Wie aus Abb. 16.2 zu ersehen ist, sind die Vorstufen für die Synthese der verschiedenen Aminosäuren Zwischenprodukte der Glykolyse, des Pentose-Phosphatweges oder des Citratzyklus. In der Regel produzieren die Mikroorganismen die einzelnen Aminosäuren aber nur in solchen Mengen, wie diese für die eigene Synthese von Proteinen

und anderen Zellbestandteilen benötigt werden, so dass normalerweise nur sehr geringe Mengen davon überproduziert und ins Nährmedium ausgeschieden werden. Dies beruht darauf, dass die Organismen im Laufe der Evolution Mechanismen entwickelt haben, die im Sinne einer **ökonomischen** Ordnung die Produktion und Ausscheidung von Zellbestandteilen kontrollieren. So ermöglicht einerseits die Permeabilitätsbarriere die lebensnotwendige Zurückhaltung von Substanzen im Inneren der Zelle und andererseits verhindern zelluläre Kontrollmechanismen eine Überproduktion der Aminosäuren.

Um diese Regulationsmechanismen der Aminosäure-Biosynthesewege auszuschalten, wurden durch klassische Mutagenese und Selektion **Mutanten** isoliert, die gegen bestimmte Aminosäure-Antimetabolite resistent sind. Einige dieser mit großem Erfolg eingesetzten Antimetabolite sind in Tabelle 16.2 aufgelistet. Ferner wurden verschiedene auxotrophe Mutanten isoliert, um insbesondere die Bildung von Aminosäuren, die über verzweigte Biosynthesewege synthetisiert werden, zu steigern (Tabelle 16.3).

Seit einigen Jahren ermöglichen molekularbiologische Methoden, die Stoffwechselwege und deren Regulationsmechanismen in Mikroorganismen gezielt zu verändern (*Metabolic Engineering*) (s. Kap. 12). So können bei der Entwicklung von Produktionsstämmen mit Hilfe der Gentechnik Enzyme, die einen Flaschenhals bei der Überproduktion der Aminosäuren darstellen, gezielt in ihrer Aktivität gesteigert oder in ihren Regulationsmechanismen verändert werden.

Darüber hinaus ist es mit den gentechnischen Methoden möglich auch neue Gene in ein Bakterium einzubringen, um so **neue Stoffwechselwege oder Transportsysteme** zu etablieren. Mit der Sequenzierung der Genome wurde außerdem ein völlig neues Methodenspektrum zur Identifizierung von weiteren Engpässen im Stoffwechsel von Produktionsstämmen erschlossen (s. Kap. 4). So ist es mit Hilfe der DNA-Chip-Technologie möglich, genomweite Transkriptionsanalysen auszuführen, die neue Erkenntnisse über globale Regulationsmechanismen im Stoffwechsel der Mi-

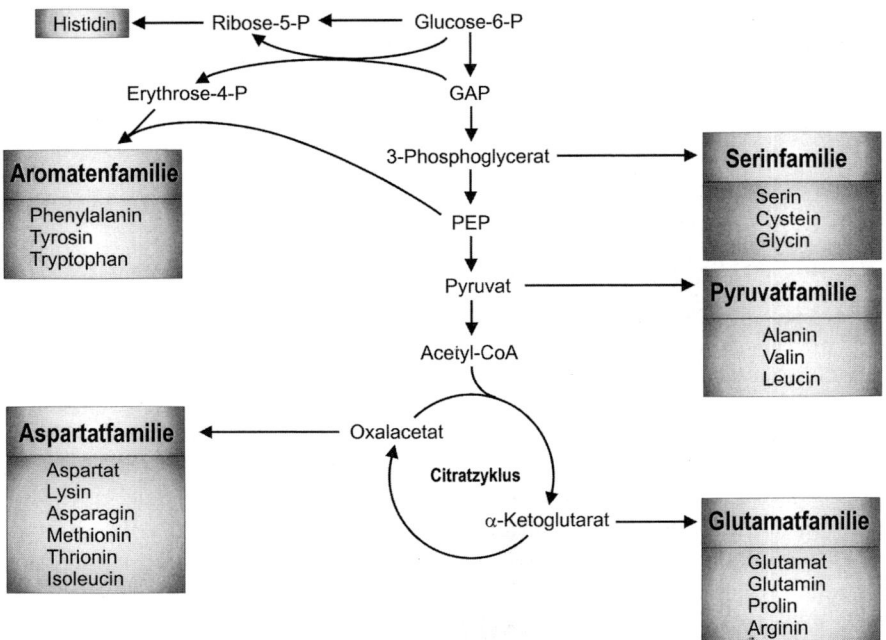

Abb. 16.2. Intermediate des Zentralstoffwechsels als Vorstufen für die Synthese der zwanzig biogenen Aminosäuren

Tabelle 16.2. Aminosäure-Antimetabolite zur Selektion von Lysin-, Threonin- oder Tryptophan-Überproduzenten

Lysin-Antimetabolite	Threonin-Antimetabolite	Tryptophan-Antimetabolite
s-(2-Aminoethyl)-l-cystein	α-Amino-β-hydroxy-valeriansäure	5-Methyltryptophan
4-Oxalysin	β-Hydroxyleucin	4-Methyltryptophan
l-Lysin-hydroxamat	Norleucin	6-Methyltryptophan
2,6-Diamino-4-hexensäure	Aminohydroxyvalerian-säure	5-Fluortryptophan
δ-Hydroxylysin	Norvalin	6-Fluortryptophan
α-Chlorcaprolactam	N-2-Thienylmethionin	DL-7-Azatryptophan
Trans-4,5-dehydrolysin	2-Amino-3-methyl-thiobuttersäure 2-Amino-3-hydroxy-hexensäure	2-Azatryptophan

Tabelle 16.3. Ausscheidung von Aminosäuren durch auxotrophe Mutanten

Mutanten (Phänotyp)	Produzierte Aminosäure
Tyrosin⁻	Phenylalanin
Phenylalanin⁻	Tyrosin
Phe⁻, Tyr⁻	Tryptophan
Homoserin⁻	Lysin
Leucin⁻	Valin

unter verschiedenen Bedingungen gebildet werden und für die Synthese der Aminosäuren notwendig sind. Für die *in vivo* quantitativen Bestimmungen der Stoffflüsse im Zentralstoffwechsel haben sich in den letzten Jahren ^{13}C-Markierungsexperimente bewährt. Auf der Grundlage all dieser neu gewonnenen Informationen ist eine weitere gezielte Verbesserung der Bakterienstämme für die **effiziente Herstellung** von Aminosäuren möglich (Abb. 16.3).

kroorganismen liefern. Ferner bietet die Proteomforschung mit der 2D-Gelelektrophorese sowie der Massenspektrometrie (MALDI-TOF) eine sehr effiziente Möglichkeit, die vielen verschiedenen Enzyme zu analysieren, die in den Bakterien

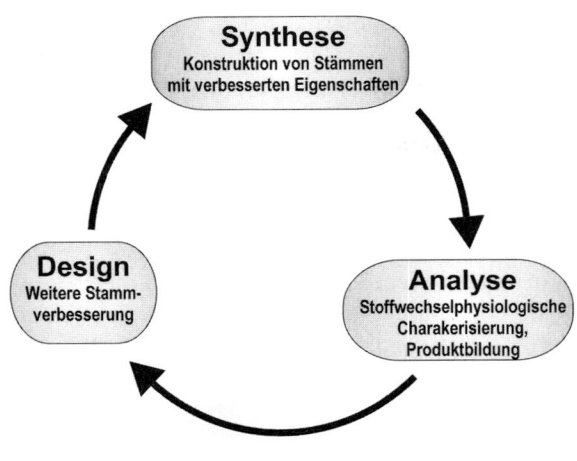

Abb. 16.3. Zyklus des Metabolic Engineerings

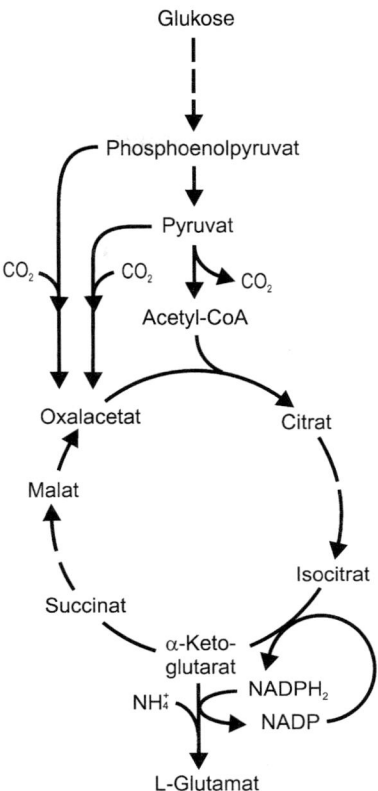

Abb. 16.4. Biosynthese von Glutaminsäure in *C. glutamicum*

16.3
L-Glutaminsäure

Wie bereits erwähnt, ist L-Glutaminsäure die erste im großtechnischen Maßstab mikrobiell hergestellte Aminosäure. Sie wird mit *C. glutamicum* zur Zeit in Mengen von 1,2 Mio. Tonnen pro Jahr produziert und primär in Form von Natriumglutamat als **Geschmacksverstärker** und Gewürz in der Nahrungsmittelindustrie verwendet.

16.3.1
Biosynthese

Glucose oder Saccharose wird als **Kohlenstoff- und Energiequelle** von *C. glutamicum* primär über den Embden-Meyerhof-Parnas (EMP)-Weg zu Pyruvat abgebaut. Pyruvat wird dann decarboxyliert und zu Acetyl-CoA oxidiert, was dann in den Tricarbonsäure-Zyklus eingeschleust wird. Wie in Abb. 16.4 dargestellt, wird das Intermediat des Tricarbonsäure-Zyklus, α-Ketoglutarat, durch reduktive Aminierung mit Ammonium zu L-Glutaminsäure umgesetzt. Dieser letzte Schritt wird von der NADPH-abhängigen Glutamat-Dehydrogenase katalysiert, die in den meisten Mikroorganismen eine zentrale Rolle bei der Assimilation von Ammonium spielt. Das für diesen Reak-

tionsschritt benötigte NADPH wird durch die vorhergehende oxidative Decarboxylierung von Isocitrat zu α-Ketoglutarat durch die Isocitrat-Dehydrogenase gebildet. Auch wenn es in *C. glutamicum* neben der Glutamat-Dehydrogenase noch eine Glutamin-Synthetase gibt, welche den Einbau von Ammonium in Glutamat katalysiert, so ist doch die Glutamat-Dehydrogenase mit einer spezifischen Aktivität von 1,5 µmol/min · mg Protein das Hauptenzym für die Glutamat-Bildung bei einer ausreichend hohen Ammonium-Konzentration im Medium. Es fällt auf, dass die intrazelluläre Glutamat-Konzentration in *C. glutamicum* mit 150 mM ungewöhnlich hoch ist. In der Regel ist die intrazelluläre Konzentration der Aminosäuren in Bakterien im Bereich von 1–2 mM.

Für eine effiziente Glutamat-Produktion sind ferner sehr aktive **anaplerotische Enzyme** erforderlich, damit bei der Umsetzung von α-Ketoglutarat zu Glutamat der Tricarbonsäure-Zyklus nicht zum Erliegen kommt. Während lange Zeit angenommen wurde, dass *C. glutamicum* als anaplerotisches Enzym nur eine Phosphoenolpyruvat-Carboxylase hat, konnte in den letzten Jahren gezeigt werden, dass dieses Bakterium zusätzlich auch noch eine Biotin-abhängige Pyruvat-Carboxylase besitzt. Wie Stoffflussanalysen ergaben, ist überraschenderweise dieses Enzym in *C. glutamicum* vorwiegend für die Bildung von Oxalacetat verantwortlich. Wenn die Bakterien nicht mehr wachsen, ist die Bilanz der Glutaminsäure-Bildung somit:

$$C_6H_{12}O_6 + NH_3 + 1,5 O_2 \rightarrow$$
$$C_5H_9O_4N + CO_2 + 3 H_2O$$

Die theoretisch maximale Ausbeute ist somit 1 Mol Glutaminsäure pro Mol umgesetzte Glucose.

16.3.2
Produktionsstämme

Wie bereits die ersten Untersuchungen nach Isolierung von *C. glutamicum* gezeigt haben, ist die **Ausscheidung von Glutamat** bei diesem Biotinauxotrophen Bakterium sehr stark von der **Biotinkonzentration im Nährmedium** abhängig. Erst unter Biotinmangel (< 5 µg/L Biotin) scheidet *C. glutamicum* beim Wachstum auf einem einfachen Nährmedium mit Glucose als Kohlenstoff- und Energiequelle große Mengen Glutamat aus. Da Biotin als Cofaktor der Acetyl-CoA-Carboxylase eine wichtige Rolle bei der Fettsäuresynthese spielt, ist unter Biotinmangel-Bedingungen in *C. glutamicum* der Phospholipidgehalt der Zellmembranen um nahezu 50% reduziert. Vermutlich ist diese Veränderung in der Zusammensetzung der Cytoplasmamembran mit ein Grund, dass Glutamat effizient exportiert werden kann. So führt auch Ölsäure-Mangel bei Ölsäure-auxotrophen Mutanten oder Glycerin-Mangel bei Glycerin-auxotrophen Stämmen zur Glutamat-Ausscheidung. Interessanterweise wird aber die Ausscheidung von Glutamat bei *C. glutamicum* auch durch Zugabe von Detergenzien, Penicillin oder Ethambutol induziert. Neben dem Aufbau der Cytoplasmamembran scheint somit auch die Zellwand einen Einfluss auf den Export von Glutamat bei *C. glutamicum* zu haben.

Neben dem Export ist auch eine **gesteigerte intrazelluläre Synthese** von Glutamat zur Produktion von großer Bedeutung. So ist unter Biotin-Mangelbedingungen oder bei Zugabe von Penicillin bzw. Detergenzien die Aktivität der α-Ketoglutarat-Dehydrogenase um bis zu 90% reduziert, während die Glutamat-Dehydrogenase in ihrer Aktivität unverändert bleibt. Da diese beiden Enzyme um das gleiche Substrat konkurrieren, ist eine stark reduzierte Aktivität der α-Ketoglutarat-Dehydrogenase sehr günstig für eine effiziente Glutamatsynthese.

16.3.3
Produktionsverfahren

Die wichtigsten **Prozessparameter**, welche die Glutamatproduktion beeinflussen, sind neben der Biotinkonzentration der pH, die Temperatur sowie die Sauerstoff- und Ammonium-Versorgung. Zu Beginn der Fermentation wird der pH-Wert im Medium mit Ammoniak auf 8,5 eingestellt und während der Fermentation durch Ammoniakzugabe auf pH 7,8 gehalten. Da sehr hohe Ammoniumkonzentrationen das Wachstum von *C. glutamicum* und die Glutamatbildung hemmen, wird die stationäre Ammonium-Konzentration durch kontinuierliche Zugabe niedrig gehalten. Auch Glucose wird bei der großtechnischen Glutamat-Herstellung weitgehend kontinuierlich zugegeben. Für eine optimale Glutamat-Ausbeute ist auch eine **ausreichende Sauerstoffversorgung** erforderlich. Unter Sauerstoff-limitierenden Bedingungen werden nämlich neben Glutamat noch Lactat und Succinat gebildet.

Die Glutamatproduktion mit *C. glutamicum* wird in **gerührten Bioreaktoren** mit einem Volumen bis zu 500 m^3 ausgeführt, die mit verschiedenen Mess- und Regeleinheiten ausgestattet sind. Nach der Wachstumsphase wird die Produktion

z. B. durch Biotinmangel oder die Zugabe von Detergenzien bzw. durch Erhöhung der Temperatur von 32 °C auf 38 °C induziert. Nach etwa zwei Tagen wird die Fermentation beendet und die Glutamatausbeute liegt dann bei 60–70% bezogen auf die umgesetzte Glucose. Das Glutamat wird anschließend mittels Ionenchromatographie und Kristallisation aufgereinigt.

16.4
L-Lysin

Lysin ist eine für Mensch und Tier essentielle Aminosäure, welche primär den pflanzlichen Futtermitteln zugesetzt wird, um deren **Nährwert zu erhöhen**. Auch diese Aminosäure wird seit vielen Jahren im großtechnischen Maßstab mit Mutanten von *C. glutamicum* hergestellt. Die Produktion von Lysin ist in den letzten zehn Jahren stark gestiegen, so liegt die Jahresproduktion zur Zeit bei etwa 650 000 Tonnen.

16.4.1
Biosynthese

Wie aus Abb. 16.5 zu ersehen ist, ist die zentrale Vorstufe für die Lysinbiosynthese die Aminosäure L-Aspartat. In dem von zehn Enzymen katalysierten Lysin-Biosyntheseweg wird in *C. glutamicum* das erste Enzym, die Aspartatkinase, in ihrer Aktivität reguliert. Dieses allosterische Enzym aus 2α- und 2β-Untereinheiten wird sehr stark gehemmt, wenn die beiden Aminosäuren Lysin und Threonin in Konzentrationen über 1–2 mM vorhanden sind. Durch diese **Endprodukt-Hemmung** wird bei diesem Bakterium eine Überproduktion und Ausscheidung von Lysin verhindert. Ein weiterer wichtiger Schritt in der Lysinbiosynthese bei *C. glutamicum* ist die Kondensation des Aspartatsemialdehyds mit Pyruvat zum Dihydrodipicolinat. Das Zwischenprodukt Aspartatsemialdehyd dient nämlich gleichzeitig auch als Vorstufe für die Synthese von Threonin, Isoleucin und Methionin. Das erste Enzym dieses konkurrierenden Syntheseweges, die Homoserindehydrogenase, hat gegenüber der Dihydrodipicolinat-

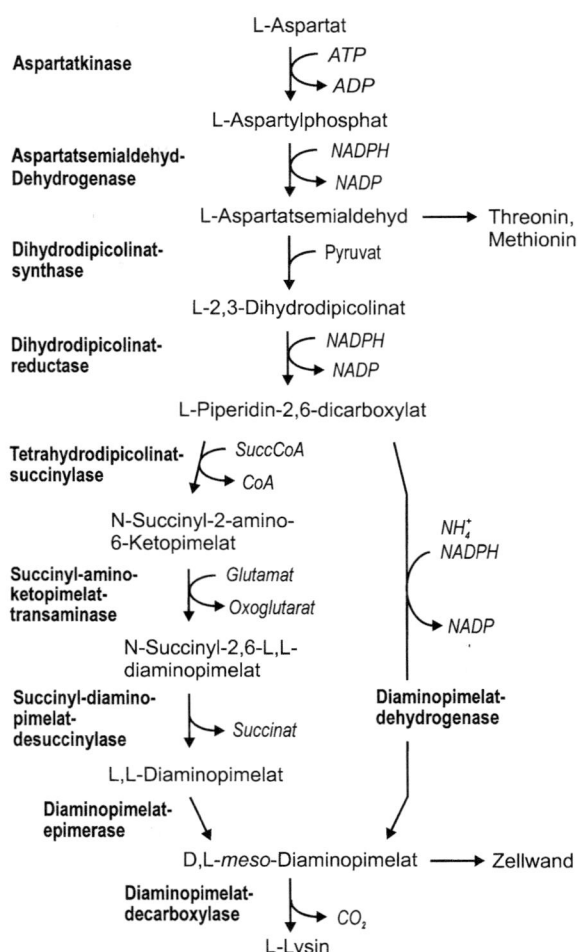

Abb. 16.5. Lysin-Biosyntheseweg in *C. glutamicum*

synthase eine erhöhte spezifische Aktivität und Affinität. Die Homoserindehydrogenase unterliegt aber einer Feedback-Hemmung durch Threonin und einer Repression durch Methionin.

Überraschend ist, dass es für den Einbau der zweiten Aminogruppe in das Lysinmolekül **zwei parallele Synthesewege** in *C. glutamicum* gibt (Abb. 16.5). Diese zweite Aminogruppe stammt somit entweder aus Glutamat und wird über den Succinylase-Weg eingebaut oder vom Ammonium, das mit Hilfe der Diaminopimelatdehydrogenase umgesetzt wird. Diese beiden Wege sind wichtig, weil meso-Diaminopimelat, die unmittelbare Vorstufe von Lysin, gleichzeitig auch ein essentieller Baustein im Peptidoglykan der Zellwand dieses Bakteriums ist. Die beiden Lysinbiosynthesewege in *C. glutamicum* können sehr flexibel bei **unterschiedlichen Kulturbedingungen** – wie z.B. geringe Ammoniumkonzentration im Medium – die Synthese der lebensnotwendigen Metabolite für die Zellwand und Proteinsynthese gewährleisten.

Neben dem Lysinbiosyntheseweg spielt auch der **Zentralstoffwechsel** für die Bereitstellung der Vorstufen noch eine wichtige Rolle (Abb. 16.6). So ist Oxalacetat, ein Intermediat des Tricarbonsäure-Zyklus, die direkte Vorstufe der Aminosäure Aspartat. Für die Bereitstellung von Oxalacetat sind – wie bereits im Kap. 16.3 beschrieben – die anaplerotischen Reaktionen von zentraler Bedeutung. Auch eine hohe Verfügbarkeit des Coenzyms NADPH ist für die Lysinbildung außerordentlich wichtig, da für die Synthese von 1 Mol Lysin 4 Mol NADPH benötigt werden. Stoffflussanalysen bei *C. glutamicum* haben ergeben, dass primär der Pentose-Phosphat-Weg für die Bereitstellung von NADPH verantwortlich ist.

Ein weiterer wichtiger Faktor bei der mikrobiellen Produktion von Lysin ist dessen **Transport aus der Zelle**. Aufgrund der positiven Ladung des Lysins ist eine Diffusion dieser Aminosäure durch die Cytoplasmamembran bei *C. glutamicum* ausgeschlossen. Kürzlich gelang die Klonierung des Gens für den **Lysinexporter (lysE)** aus *C. glutamicum* und, wie aus der Gensequenz zu ersehen ist, handelt es sich hierbei um ein verhältnismäßig kleines Protein mit einem Molekulargewicht von 25424. Die Topologie dieses Exporters wurde eingehend untersucht und wie Abb. 16.7 zeigt, besitzt dieses Carrierprotein fünf transmembrane Helices. Eine zusätzliche hydrophobe α-Helix befindet sich vermutlich auf der periplasmatischen Seite der Membran. Interessanterweise wurde bei der Analyse des Genortes von lysE benachbart ein **Regulatorgen** identifiziert, das divergent zu lysE transkribiert wird. Dieser Regulator ist ein transkriptioneller Aktivator für lysE, der Lysin bindet, wodurch die Expression des Lysinexportergens mit zunehmender interner Lysinkonzentration

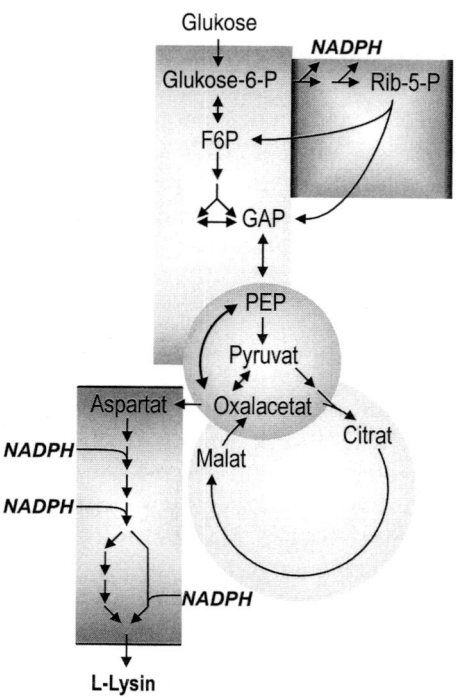

Abb. 16.6. Zentralstoffwechsel und Lysin-Biosyntheseweg in *C. glutamicum*

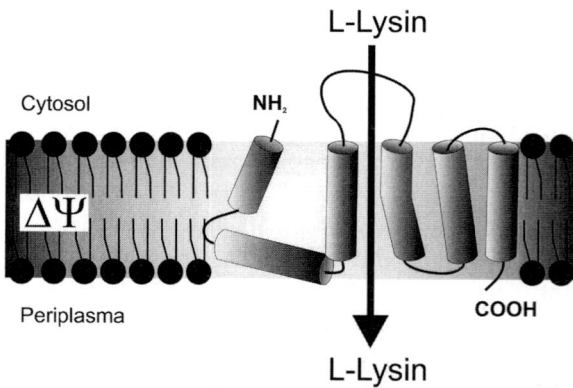

Abb. 16.7. Topologiemodell des Lysinexportcarriers in *C. glutamicum*

gesteigert wird. Wie eine Reihe von Untersuchungen gezeigt haben, dient der Lysinexportcarrier in *C. glutamicum* dazu, bei Wachstum auf Peptiden oder Proteinen eine starke Akkumulation von Lysin im Cytosol zu verhindern, da dieses Bakterium Lysin nicht abbauen kann.

16.4.2
Produktionsstämme

Eine signifikante Lysin-Bildung von etwa 20 g/L wurde schon vor vielen Jahren mit Mutanten von *C. glutamicum* erhalten, die **Homoserin-auxotroph** sind. In diesen Stämmen kann das Zwischenprodukt Aspartatsemialdehyd nur noch zu Lysin umgesetzt werden. Bei Zugabe niedriger Theroninkonzentrationen wird dann die Aspartatkinase trotz hoher Lysinkonzentration nicht gehemmt. Eine Überproduktion von Lysin erhält man außerdem mit Mutanten von *C. glutamicum*, bei denen die Aspartatkinase nicht mehr gehemmt wird. Solche Mutanten kann man unter Nutzung des Lysin-Antimetaboliten S-Aminoethylcystein (AEC) isolieren (Tabelle 16.1), da AEC im Wildtyp wie Lysin an das allosterische Zentrum der Aspartatkinase bindet und es dadurch zu einer Wachstumshemmung kommt. In AEC-resistenten Mutanten ist dagegen das allosterische Zentrum der Aspartatkinase so verändert, dass weder AEC noch Lysin binden. Eine so veränderte Aspartatkinase unterliegt somit **keiner Feedback-Hemmung** mehr und entsprechend scheiden diese Mutanten von *C. glutamicum* unter optimalen Kulturbedingungen über 55 g/L Lysin ins Medium aus.

In den letzten Jahren konnten mit molekulargenetischen Methoden weitere **Stammverbesserungen** erreicht werden. So konnte durch Überexpression der Dihydrodipicolinatsynthase um den Faktor 4 die Lysinausscheidung signifikant verbessert werden. Ferner wurde eine Verbesserung der Stämme durch eine erhöhte Expression der Feedback-resistenten Aspartatkinase erreicht. Zur verbesserten Bereitstellung der Vorstufe Aspartat wurde die Pyruvatcarboxylase-Aktivität erhöht sowie das Gen der PEP-Carboxykinase deletiert, welche *in vivo* den Abbau von Oxalacetat zu Phosphoenolpyruvat katalysiert (Abb. 16.6). So konnte allein durch Deletion der PEP-Carboxykinase die Lysinbildung um 20% gesteigert werden. Ferner führte die Reduktion der Glucose-6-phosphat-isomerase-Aktivität zu einer erhöhten NADPH-Bildung über den Pentosephosphat-

weg und zu einer um 42% gesteigerten Lysinbildung.

Durch Genomvergleiche, Prüfung einzelner mutierter Gene auf Lysinbildung und Kombination dieser Gene im Wildtyp-Hintergrund können heute Produktionsstämme **ohne störende Mutationen** konstruiert werden. So gelang es durch folgende drei gezielte Punktmutationen im Genom des Wildtyps von *C. glutamicum* einen hervorragenden Lysinproduzenten zu erzeugen. Während die Mutation in der Homoserindehydrogenase (Val-59-Ala) zu 8 g/L und die in der Aspartatkinase (Thr-311-Ile) zu 55 g/L Lysin führten, bewirkte die Kombination beider Mutationen bereits eine Ausscheidung von 75 g/L Lysin. Wurde ferner eine Mutation in der Pyruvatcarboxylase (Pro-458-Ser) eingeführt, so schied dieser Stamm 80 g/L Lysin bei einer Produktivität von 3 g/L·h aus. Eine weitere Steigerung der Lysinbildung konnte durch eine Mutation in der 6-Phosphogluconatdehydrogenase (Ser-361-Phe) erzielt werden.

16.4.3
Produktionsverfahren

Bei der industriellen Herstellung von Lysin mit Mutanten von *C. glutamicum* wurde in der Vergangenheit als Kohlenstoff- und Energiequelle primär **Melasse** eingesetzt. Da die Melasse – ein Abfallprodukt der Zuckerindustrie – in der Zusammensetzung stark variiert, wird heute vorwiegend **reine Saccharose** oder Glucose aus der Stärkehydrolyse verwendet. Als Stickstoff-Quellen dienen Ammoniumsulfat, Ammoniak oder auch Harnstoff, da *C. glutamicum* eine Urease-Aktivität besitzt. Die von den Produktionsstämmen benötigten **Wachstumsfaktoren** werden häufig in Form von Proteinhydrolysaten oder Maisquellwasser zugegeben. Der Biotingehalt im Nährmedium muss für eine optimale Lysinproduktion über 30 µg/L liegen. Wie aus Abb. 16.8 zu ersehen ist, können in einer Fed-batch-Fermentation innerhalb von zwei Tagen mehr als 170 g/L Lysin gebildet werden. Nach dem Verbrauch des anfänglich zugesetzten Zuckers im Nährmedium werden in die bis zu 500 m³ großen Bioreaktoren

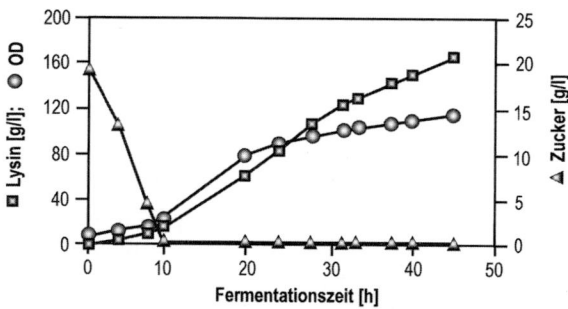

Abb. 16.8. Produktion von L-Lysin in einer Fed-batch-Fermentation mit *C. glutamicum*

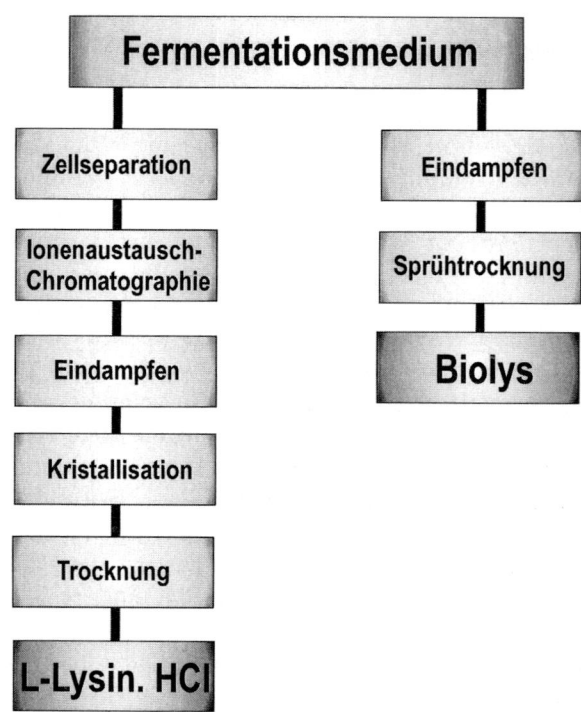

Abb. 16.9. Gewinnung des Lysins aus dem Fermentationsmedium

Zucker und Ammoniumsulfat in wachstumslimitierenden Konzentrationen kontinuierlich zugegeben. Das Sulfation des Ammoniumsulfats dient zur Neutralisation des basischen Lysins, so dass dieses als Lysin-Sulfat im Nährmedium vorliegt. Die Ausbeute an Lysin bezogen auf den umgesetzten Zucker liegt bei 40–45%. Zur Isolierung des Lysins aus dem Kulturmedium wurden verschiedenen Verfahren entwickelt, von denen zur Zeit insbesondere folgende genutzt werden, um diese Aminosäure in Futtermittel-Qualität zu gewinnen (Abb. 16.9):

- Nach Abtrennen der Bakterienzellen wird Lysin aus dem Kulturüberstand mittels Ionenaustauschchromatographie und Kristallisation gewonnen.
- Nach Abtrennen der Mikroorganismen wird durch Einengen des Kulturfiltrates eine konzentrierte Lysinlösung (50% Lysin) hergestellt.
- Nach der Fermentation wird das Kulturmedium mit den Bakterien aufkonzentriert und sprühgetrocknet. Das granulierte Produkt (Biolys) enthält Lysin-Sulfat in einer Konzentration die mindestens 60% Lysin-HCl entspricht. Der große Vorteil dieses Verfahrens besteht darin, dass keine Neben- und Abfallprodukte anfallen.

Der Preis für 1 kg Lysin (Futtermittelqualität) liegt bei ca. 2 US $. Eine weitere Verbesserung der Produktionsstämme sowie der Fermentationsbedingungen wird eine weitere Steigerung der Produktivität und Ausbeute ermöglichen, so dass Lysin weiterhin im Futtermittelbereich die wichtigste Aminosäure bleiben wird, die mikrobiell hergestellt wird.

16.5
L-Threonin

Bis 1986 wurde Threonin hauptsächlich für medizinische Zwecke genutzt, wie z. B. für **Infusionslösungen**. Es wurde aus Proteinhydrolysaten oder mit Mutanten von *C. glutamicum* in Mengen von einigen Hundert Tonnen pro Jahr hergestellt. In den letzten 15 Jahren wurden mit sehr großem Erfolg **Stämme von *Escherichia coli*** entwickelt, die Threonin höchst effizient produzieren. Es gelang mit klassischen Methoden sowie der Gentechnik, *E. coli*-Stämme zu konstruieren, mit denen Threonin im großtechnischen Maßstab erfolgreich produziert wird. Diese Aminosäure wird zur Zeit in Mengen von ca. 40 000 t/Jahr hergestellt und vorwiegend als Futtermittelzusatz verwendet.

16.5.1
Biosynthese

Wie Lysin gehört auch Threonin zu den Aminosäuren der **Aspartatfamilie.** Nach der Umsetzung von Aspartat zu Aspartatsemialdehyd zweigt der Threonin-Biosyntheseweg vom Grundbiosyntheseweg ab (Abb. 16.10). Mit Hilfe der Enzyme Homoserindehydrogenase, Homoserinkinase und Threoninsynthase erfolgt die Umsetzung von Aspartatsemialdehyd zu Threonin. Wie aus Abb. 16.10 zu ersehen ist, unterliegt die Threonin-Biosynthese in *E. coli* einer komplexen Regulation.

Während *C. glutamicum* nur ein Enzym mit Aspartatkinase-Aktivität besitzt, hat *E. coli* drei **Isoenzyme,** welche durch die verschiedenen Aminosäuren der Aspartatfamilie reguliert werden. So wird eines dieser Isoenzyme durch Lysin gehemmt und reprimiert, das zweite wird durch Methionin reprimiert und das dritte wird durch Threonin inhibiert und auch reprimiert. Ferner besitzt *E. coli* für die Homoserindehydrogenase-Aktivität zwei Isoenzyme, wovon eines durch Threonin und eines durch Methionin reguliert wird. Wie molekulargenetische Untersuchungen ergeben haben, bilden die drei Gene für die drei Enzyme der Threoninbiosynthese ein **Operon.** Dieses Operon thr ABC kodiert für die drei Proteine, wobei das Thr A-Protein ein bifunktionelles Enzym mit Aspartatkinase- und Homoserindehydrogenase-Aktivität ist. Die Expression dieses Threonin-Operons unterliegt einer starken Kontrolle durch Attenuation. Dabei dient das Leaderpeptid Thr-Thr-Ile-Thr-Thr-Thr-Ile-Thr-Ile-Thr-Thr als Sensor für die intrazelluläre Konzentration von Threonin und Isoleucin. Wenn diese beiden Aminosäuren limitierend sind, werden die entsprechenden t-RNAs nicht beladen und das Leaderpeptid kann nicht synthetisiert werden. Dies hat zur Folge, dass die Transkription des Threonin-Operons mindestens um den Faktor 10 erhöht ist. Die Threoninbiosynthese wird außer-

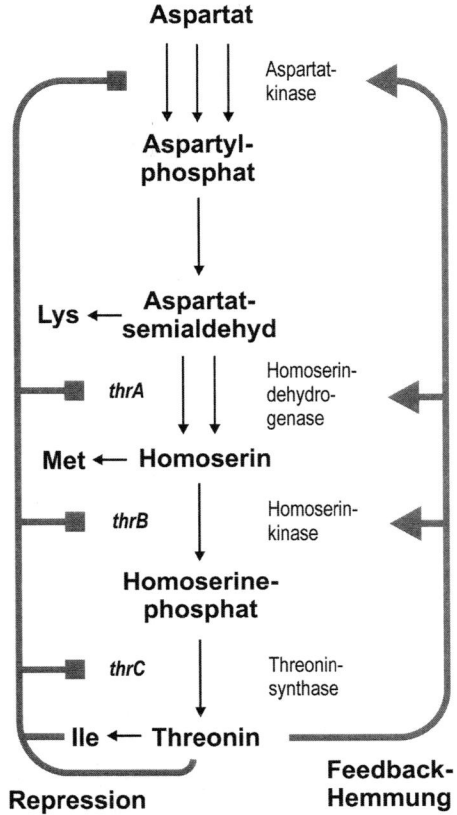

Abb. 16.10. Regulation der Threonin-Biosynthese in *E. coli*

dem in *E. coli* noch durch eine Feedback-Hemmung der beiden Enzyme Homoserindehydrogenase und Homoserinkinase reguliert.

16.5.2
Produktionsstämme

Da Threonin eine Vorstufe der Isoleucin-Biosynthese ist, wurde bei der Entwicklung von Produktionsstämmen zunächst eine Mutante mit **verringerter Substrataffinität** der Threonindesaminase isoliert. Diese Mutante ist zu Beginn der Threoninproduktion bei niedrigen Threoninkonzentrationen Isoleucin auxotroph, synthetisiert bei hohen Threoninkonzentrationen aber ausreichend Isoleucin für das Wachstum. Diese Mutation verhindert somit eine verstärkte Bildung von Isoleu-

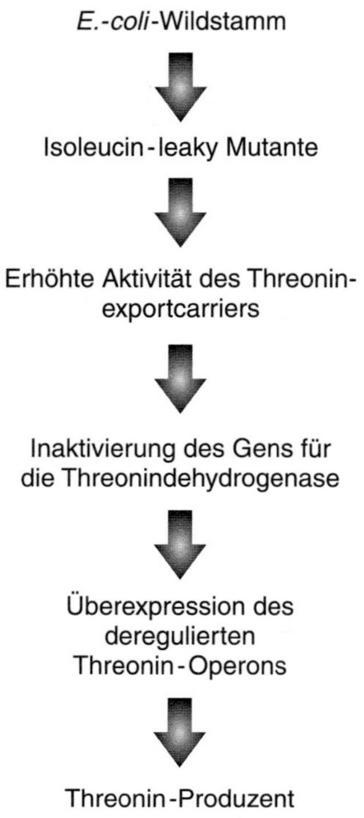

E.-coli-Wildstamm

Isoleucin-leaky Mutante

Erhöhte Aktivität des Threonin-
exportcarriers

Inaktivierung des Gens für
die Threonindehydrogenase

Überexpression des
deregulierten
Threonin-Operons

Threonin-Produzent

Abb. 16.11. Entwicklung eines *E. coli Stammes für die Threonin-Produktion*

cin als Nebenprodukt sowie eine Repression durch Attenuation des Threonin-Operons durch Isoleucin. Ferner wird durch diese Mutation noch ein positiver Selektionsdruck auf Erhalt des Plasmids, das die Gene des Threonin-Operons trägt, ausgeübt. Wie aus Abb. 16.11 zu ersehen ist, wurden zur weiteren Steigerung der Threoninproduktion Mutanten mit einer erhöhten Aktivität des Exportcarriers für Threonin isoliert. Außerdem wurde das Gen *tdh*, welches für das Enzym Threonindehydrogenase kodiert, inaktiviert, um den Abbau von Threonin zu verhindern. Schließlich wurde noch die Feedback-Hemmung der Aspartatkinase und Homoserindehydrogenase durch Threonin ausgeschaltet und die Regulation der Transkription durch Attenuation weiter verringert. Um eine möglichst hohe Aktivität der Threonin-Biosyntheseenzyme in dem Produktionsstamm zu erhalten, wurde dann das so veränderte Threonin-Operon mit dem Plasmid pRS1010 überexprimiert.

16.5.3
Produktionsverfahren

Im großtechnischen Maßstab werden die gentechnisch entwickelten Produktionsstämme in einem einfachen Mineralsalzmedium mit Zucker als **Kohlenstoff- und Energiequelle** gezüchtet. Wenn der Zucker im Nährmedium aufgebraucht ist, wird wie bei der Lysinproduktion kontinuierlich Zucker und Ammoniak zugefüttert. Nach einer Fermentationsdauer von ca. 3 Tagen beträgt die Threoninkonzentration im Kulturmedium etwa 100 g/L bei einer Ausbeute von 60% bezogen auf den umgesetzten Zucker.

Die Aufarbeitung des Threonins aus dem Kulturfiltrat ist vergleichsweise einfach. Nach Abtrennung der Bakterienzellen wird das Kulturfiltrat eingeengt, und da die Löslichkeit von Threonin in Wasser bei nur 90 g/L liegt, kristallisiert nach Abkühlung der Lösung das Threonin aus. Nach Abtrennen und Trocknen der Kristalle ist dieses Produkt bereits zu mehr als 90% rein. Wenn eine höhere Reinheit erforderlich ist, wird es nochmals umkristallisiert.

16.6
L-Phenylalanin

Die mikrobielle Produktion der aromatischen Aminosäure Phenylalanin ist insbesondere für die Herstellung von **Aspartam** (L-Aspartyl-L-Phenylalaninmethylester) – einem **Süßstoff**, der 200-mal süßer ist als Saccharose – von sehr großer Bedeutung. Als Mikroorganismen für die Herstellung von Phenylalanin wurde sowohl *C. glutamicum* als auch *E. coli* untersucht; heutzutage werden primär rekombinante *E.-coli*-Stämme bei der großtechnischen Produktion eingesetzt. Die Jahresproduktion dieser Aminosäure liegt zur Zeit bei ca. 15 000 Tonnen. Neben der Aspartam-Synthese wird ein geringer Teil des Phenylalanins auch für **medizinische Zwecke** wie z.B. in Infusionslösungen verwendet.

16.6.1
Biosynthese

Phenylalanin gehört wie Tyrosin und Tryptophan zu den aromatischen Aminosäuren, die den Syntheseweg bis zur Chorisminsäure gemeinsam haben. Wie aus Abb. 16.12 zu ersehen ist, sind die Vorstufen für die Aromatenbiosynthese Erythrose-4-phosphat und Phosphoenolpyruvat, welche im ersten Schritt zu 3-Desoxy-D-arabino-heptulonsäure-7-phosphat (DAHP) umgesetzt werden. Von sechs weiteren Enzymen wird dieses erste Zwischenprodukt dann über Shikimisäure schließlich zur Chorisminsäure umgewandelt. Dieses Intermediat wird dann über Anthranilsäure zu Tryptophan oder über Prephensäure zu Phenylalanin bzw. Tyrosin umgesetzt.

Wie eine Reihe von Untersuchungen ergeben haben, unterliegt dieser Aromatenbiosynthese-weg in *E. coli* einer komplexen Regulation (Abb. 16.12). So besitzt dieses Bakterium drei **DAHP-Synthase-Isoenzyme**, welche von den Genen *aroF*, *aroG* und *aroH* kodiert werden, wobei das Isoenzym AroG etwa 80% der gesamten DAHP-Synthese-Aktivität ausmacht. Die Synthese und Aktivität jedes dieser drei Isoenzyme wird jeweils durch eine der drei aromatischen Aminosäuren reguliert, so dass in der Regel *E. coli* diese Aminosäuren nicht überproduziert. Ein weiterer wichtiger Schritt in der Regulation des Phenylalaninsynthese-Endzweiges ist das bifunktionale Enzym mit Chorismatmutase und Prephenatdehydratase-Aktivität, da diese Aktivitäten durch Phenylalanin gehemmt werden. Ferner wird die Expression des entsprechenden Gens (*pheA*) durch Phenylalanin reprimiert.

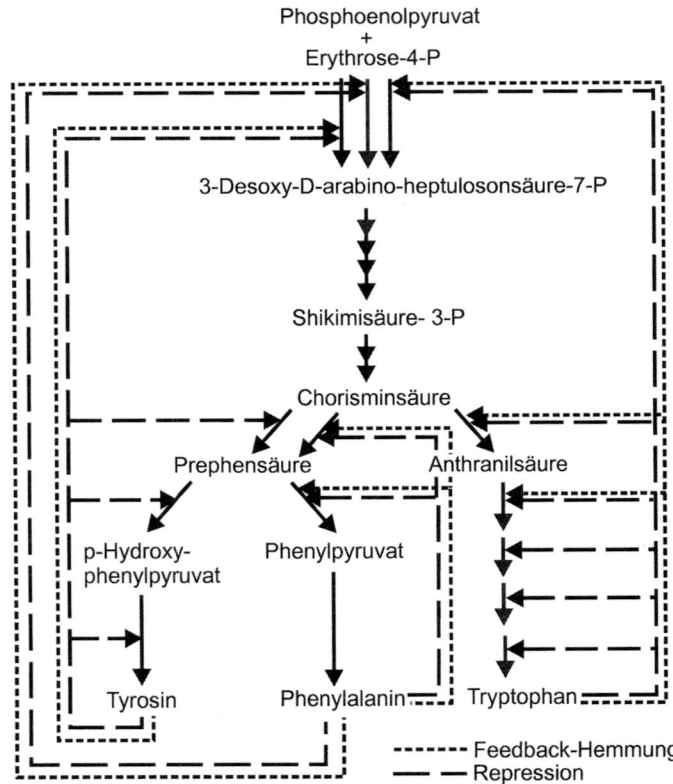

Abb. 16.12. Regulation der Aromaten-Biosynthese in *E. coli*

16.6.2
Produktionsstämme

Um nun *E. coli* zur Überproduktion von Phenylalanin zu bringen, müssen primär die entsprechenden Regulationsmechanismen dieses Biosynthesewegs ausgeschaltet werden, ohne dabei aber die Ausgewogenheit des Gesamtstoffwechsels zu sehr zu stören. Um Mutanten, die in der Phenylalanin-Biosynthese dereguliert sind, zu erhalten, wurden durch Mutagenese Stämme selektioniert, die gegen Phenylalanin-Antimetabolite wie z. B. p-Fluorphenylalanin oder p-Aminophenylalanin resistent sind (Tabelle 16.2). Bei diesen Mutanten wird häufig die DAHP-Synthase-Aktivität und/oder die Chorismatmutase- sowie Prephenatdehydratase-Aktivität nicht mehr durch das Endprodukt Phenylalanin gehemmt, so dass es zur Überproduktion und Ausscheidung dieser Aminosäure kommt.

Zur weiteren Steigerung der Phenylalaninbildung werden *E.-coli*-Stämme verwendet, die **für Tyrosin auxotroph** sind, so dass unter Tyrosin-limitierenden Wachstumsbedingungen auch die durch Tyrosin beeinflussten Regulationsmechanismen ausgeschaltet sind. Auch ist dadurch die Bildung von Tyrosin als Nebenprodukt nicht mehr möglich. Durch Überexpression der beiden Schlüsselgene *aroF* und *pheA* konnte eine weitere Steigerung der Phenylalaninbildung erzielt werden.

16.6.3
Produktionsverfahren

Wie bei der mikrobiellen Herstellung von Glutamat, Lysin oder Threonin so sind auch bei der Produktion von Phenylalanin die Prozessbedingungen von sehr großer Bedeutung. Sie haben einen großen Einfluss bei der Optimierung der Phenylalaninproduktion und gleichzeitigen Reduktion der Bildung von Kohlendioxid, Bakterienbiomasse sowie **Essigsäure**. Dies ist besonders wichtig, da *E. coli* unter bestimmten Bedingungen viel Essigsäure bildet. Wie aus Abb. 16.13 zu ersehen ist, kann man die Phenylalanin-Fermentation in vier Phasen einteilen:

1. In der ersten Phase wird primär die im Medium vorhandene Glucose für das Wachstum von *E. coli* verbraucht.
2. In der zweiten Phase beginnt dann die kontinuierliche Zufütterung der Glucose und neben dem Wachstum erfolgt die Bildung von Phenylalanin. Damit es dabei nicht auch zu einer Essigsäure-Bildung kommt, darf die Glucosekonzentration im Medium nicht zu hoch sein.
3. Wenn dann das dem Medium zugesetzte Tyrosin aufgebraucht ist, beginnt die dritte Phase, in der die Bakterienbiomasse nicht mehr zunimmt, da der Produktionsstamm für diese Aminosäure auxotroph ist. Auch wenn in dieser dritten Phase kein Wachstum mehr erfolgt, so wird trotzdem noch Phenylalanin gebildet.
4. Beim Übergang in die vierte Phase beginnt dann die Essigsäurebildung. Die Bakterienbiomasse nimmt ab und es erfolgt keine weitere Phenylalaninbildung mehr, so dass die Fermentation dann beendet wird.

Unter optimierten Prozessbedingungen können auf diese Weise innerhalb von 60 Stunden über 50 g/L Phenylalanin bei einer Ausbeute von 30% erzielt werden. Nach Abtrennung der Bakterien wird das Phenylalanin aus dem Kulturfiltrat durch Ionenaustauschchromatographie mit anschließender Kristallisation gewonnen.

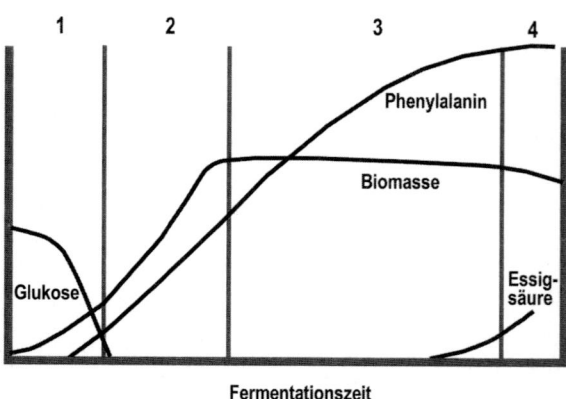

Abb. 16.13. Vier Phasen bei der Produktion von Phenylalanin mit *E. coli*

16.7
L-Tryptophan

Neben der Nutzung von Tryptophan für **medizinische Zwecke** gibt es auch großes Interesse, diese essentielle Aminosäure als **Futtermittelzusatz** zu verwenden. In den letzten Jahren wurden verschiedene Produktionsverfahren mit *E. coli, C. glutamicum* und *Bacillus subtilis* entwickelt. Ähnlich wie im vorigen Kapitel beschrieben, wurden die Regulationsmechanismen der Tryptophan-Synthese ausgeschaltet und die Bildung von Phenylalanin und Tyrosin unterbunden. Zusätzlich wurde das Tryptophan-Operon überexprimiert. Mit solchen Stämmen können etwa 30–50 g/L Tryptophan mit einer Ausbeute von mehr als 30% bezogen auf den umgesetzten Zucker gewonnen werden. Neben diesen **fermentativen Verfahren** wird Tryptophan erfolgreich auch **enzymatisch** aus Vorstufen hergestellt.

16.7.1
Biotransformationen

Tryptophan kann aus Indol, Pyruvat und Ammoniak durch das Enzym Tryptophanase gebildet werden, das normalerweise für den Abbau dieser Aminosäure in Bakterien verantwortlich ist. Bei Anwesenheit von einem Überschuss an Ammoniak kann in der Rückreaktion Indol mit Pyruvat weitestgehend mit Hilfe dieses Enzyms zu Tryptophan umgewandelt werden. Zur Zeit wird aber für die Herstellung dieser Aminosäure das biosynthetische Enzym Tryptophansynthase genutzt. Dieses Enzym besteht aus den beiden Untereinheiten α und β, die als Tetramer ($\alpha_2\beta_2$) das aktive Enzym bilden. Dieses Enzym katalysiert im letzten Schritt der Tryptophansynthese die Umsetzung von Indol-3-glycerin-phosphat mit L-Serin zu Tryptophan, Glycerinaldehyd-3-phosphat und Wasser. Dabei führen die Untereinheiten jeweils eine spezifische Teilreaktion aus. Die α-Untereinheit wandelt Indol-3-glycerin-phosphat in Indol und Glycerinaldehyd-3-phosphat um, während die β-Untereinheit die Synthese von Tryptophan aus Serin und dem gebildeten Indol katalysiert.

Für die Herstellung von Tryptophan aus Indol und Serin wird diese Reaktion der β-Untereinheit genutzt, indem ein *E. coli*-Stamm mit einer hohen Tryptophansynthase-Aktivität eingesetzt wird. Die Gene *trpA* und *trpB*, die für die α- bzw. β-Untereinheit kodieren, werden in diesem Stamm überexprimiert, so dass die Tryptophansynthase mehr als 10% des gesamten Zellproteins ausmacht. Die Vorstufe Indol ist ein preisgünstiges Produkt der Petrochemie, während die Vorstufe Serin chromatographisch aus Melasse, einem Nebenprodukt der Zuckerindustrie, gewonnen wird. Bei der Biotransformation wird zu der *E.-coli*-Zellsuspension Serin und Indol zugesetzt, wobei wichtig ist, dass die freie Indolkonzentration bei kontinuierlicher Zugabe unter einer Konzentration von 10 mM gehalten wird, da Indol für *E. coli* toxisch ist. Unter diesen Bedingungen werden die beiden Vorstufen weitestgehend quantitativ zu Tryptophan umgesetzt. Die Produktivität beträgt mehr als 75 g/L·Tag. Nach Abtrennen der Zellen wird das Tryptophan durch Kristallisation in reiner Form für pharmazeutische Zwecke gewonnen.

16.8
L-Asparaginsäure

Wie Phenylalanin ist Asparaginsäure für die Herstellung von Aspartam von sehr großer Bedeutung. Obwohl Asparaginsäure zunächst mikrobiell produziert wurde, wird diese Aminosäure heute ausschließlich **enzymatisch** gewonnen. Die Jahresproduktion hat in den letzten Jahren aufgrund des wachsenden Marktes für Aspartam stark zugenommen, zur Zeit werden ca. 15 000 t Asparaginsäure jährlich hergestellt.

16.8.1
Enzymatische Produktion

Für die Herstellung von Asparaginsäure wird das Enzym Aspartase verwendet. Dieses Enzym katalysiert den Abbau von Aspartat zu Fumarsäure und Ammoniak. Thermodynamisch ist aber die Aminierungsreaktion begünstigt, so dass sich das Enzym bestens für die Synthese von Asparaginsäure aus Fumarsäure und Ammoniak eignet. Die Aspartase aus *E. coli* ist ein Tetramer mit einem Molekulargewicht von 19 600 und einer starken Abhängigkeit von zweiwertigen Metallionen. Da das isolierte Enzym in Lösung sehr instabil ist, wurde ein immobilisiertes Zellsystem entwickelt. In *E.-coli*-Zellen, die in dem Polysaccharid Carageenan immobilisiert sind, ist die Aspartase erstaunlich stabil. Unter diesen Bedingungen beträgt die Halbwertszeit etwa 2 Jahre, wogegen sie in nicht-immobilisierten Zellen unter 1 Stunde liegt. Zusätzlich wurde das Aspartasegen überexprimiert, um die Aktivität des Enzyms zu erhöhen. Außerdem gelang es durch eine Hitzebehandlung die störende Fumarase-Aktivität zu eliminieren, so dass keine Umwandlung von Fumarat zu Apfelsäure mehr erfolgt.

Die Produktion von Asparaginsäure mit den immobilisierten *E. coli*-Zellen wird im industriellen Maßstab in Festbettreaktoren (vgl. Kap. 13) ausgeführt. Der kontinuierliche Prozess ist weitestgehend automatisiert und ermöglicht unter kontrollierten Bedingungen die Bildung hoher Ausbeuten und Konzentrationen an Asparaginsäure. So werden in einem Festbettreaktor 23 g Asparaginsäure von 1 g Zellen pro Stunde gebildet. In einer 1 m^3 großen Säule können somit etwa 100 Tonnen Asparaginsäure pro Monat produziert werden. Im Vergleich zur fermentativen Herstellung der Aminosäuren werden bei diesem enzymatischen Prozess **höhere Produktkonzentrationen** und Produktivitäten erzielt. Ferner entstehen hierbei kaum Nebenprodukte, so dass die Asparaginsäure leicht durch Kristallisation gewonnen werden kann.

16.9
Ausblick

Während bislang die Bakterienstämme zur Herstellung von Aminosäuren teilweise noch **empirisch durch Mutation und Selektion** entwickelt wurden, ermöglichen heutzutage detaillierte Kenntnisse der Stoffwechselwege sowie deren Regulation eine **gezielte Stammverbesserung** mit Hilfe **gentechnischer Methoden** (*Metabolic Engineering*). So können Engpässe in den Biosynthesewegen der Aminosäuren oder im Zentralstoffwechsel durch Überexpression der entsprechenden Gene beseitigt werden. Da auch der Transport von Aminosäuren aus der Bakterienzelle in das Kulturmedium bei der effizienten Produktion ein limitierender Faktor sein kann, müssen in Zukunft auch die **Exportsysteme** für die Aminosäuren in den Produktionsstämmen durch Anwendung der Gentechnik verbessert werden.

Die aktuellen Entwicklungen auf dem Gebiet der Transkriptom-Proteom- und Metabolom-Analysen bieten erstmals die Möglichkeit, mikrobielle Systeme quantitativ zu verstehen und zu beschreiben. Im Gegensatz zu früheren Ansätzen stehen nicht mehr einzelne Gen-Wirkungsanalysen im Mittelpunkt des Interesses, sondern globale, die **ganze Zelle umfassende Untersuchungen.** Verknüpft man diese systembiologische Richtung mit den in den letzten Jahren bereits etablierten Methoden des *Metabolic Engineering*, so eröffnet dies die Chance zu einer viel versprechenden Symbiose – nämlich die Anwendung **systembiologischer Methoden** für eine weitere gezielte Verbesserung mikrobieller Produktionsstämme.

Literatur

Bongaerts J, Krämer M, Müller U, Raeven L, Wubbolts M (2001) Metabolic engineering for microbial production of amino acids and derived compounds. Met Eng 3:289–300

Debabov VG (2003) The threonine story. Adv Biochem Eng Biotechnol 79:114–136

Eggeling L, Bott M (2005) Handbook of *Corynebacterium glutamicum*. CRC Press, Boca Raton

Eggeling L, Sahm H (2003) New ubiquitous translocators: amino acid export by *Corynebcterium glutamicum* and *Escherichia coli*. Arch Microbiol 180:155–160

Esaki N, Nakamori S, Kurihara T, Furuyoshi S, Soda K (1996) Enzymology of amino acid production. In: Roehr M (ed) Biotechnology, vol 6. Products of Primary Metabolism, pp 503–560

Ikeda M (2003) Amino acid production processes. Adv Biochem Eng Biotechnol 79:1–35

Leuchtenberger W (1996) Amino acids – Technical production and use. In: Roehr M (ed) Biotechnology, vol 6. Products of Primary Metabolism, pp 465–502

Sahm H, Eggeling L, de Graaf A (2000) Pathway analysis and metabolic engineering in *Corynebacterium glutamicum*. Biol Chem 381:899–910

17 Mikrobielle Stoffproduktion

C. Syldatk

17.1
Einleitung

17.1.1
Mikrobielle Produkte

Mikrobielle Produkte spielen in vielen Bereichen des täglichen Lebens eine wesentliche Rolle. Das Spektrum reicht dabei von **Anwendungen** in der Landwirtschaft über den Lebensmittelsektor bis hin zur chemischen und pharmazeutischen Industrie und Medizin, der **Produktwert** von niedrigpreisigen Grundchemikalien bis hin zu hochpreisigen Feinchemikalien und Pharmaprodukten.

Neben den traditionellen biotechnologischen Produkten Bier, Wein, Back- und Futterhefe, Sauerteig, Sauerkraut und Sauermilchprodukten werden mikrobiell heute im großen Maßstab u.a. hergestellt Aminosäuren, organische Säuren, organische Lösungsmittel, Enzyme für unterschiedlichste Anwendungen, Antibiotika, Vitamine und Biopolymere (s. Kap. 7, 16, 18–20, 22–24).

Tabelle 17.1 gibt einen Überblick über die wichtigsten mikrobiell hergestellten Produkte, über geschätzte Produktmengen und ihre Hauptanwendungsgebiete.

17.1.2
Geschichte der mikrobiellen Stoffproduktion

Die Geschichte der mikrobiellen Stoffproduktion reicht bereits bis in die Anfangszeiten der Menschheit zurück, in denen sich Menschen bereits unbewusst bestimmter Leistungen und Eigenschaften von Mikroorganismen und Enzymen bedient haben. Mikroorganismen – etwa bei der Herstellung alkoholischer Getränke, bei der Sauerteigzubereitung, der Essigsäuregewinnung oder der Konservierung von Lebensmitteln durch Milchsäuregärung – wurden in Ägypten und Babylon schon vor 5000 Jahren genutzt. Während einige dieser Verfahren, die keine Reinkulturen und noch keine Steriltechnik erforderten, bereits seit dem 14. Jahrhundert auch technisch und in größerem Maßstab durchgeführt wurden (z.B. „Orleans-Verfahren"

zur Essigherstellung in der Gegend um Orleans in Frankreich), wurden Bakterien- und Hefezellen erstmalig 1683 mikroskopisch durch Antonie van Leeuwenhoek beobachtet.

1857 beschrieb Louis Pasteur die **Milchsäurebakterien**, 1866 die **alkoholische Gärung** mit Hefe als „Leben ohne Sauerstoff", nach 1870 wurden von Robert Koch in der medizinischen Mikrobiologie und anderen die **grundlegenden Methoden der Bakteriologie** erarbeitet, die indirekt auch die Voraussetzung für viele um die Wende zum 20. Jahrhundert entwickelte biotechnologische Verfahren waren. Diese wurden wie die Produktion von Aceton und Butanol mit *Clostridium acetobutylicum*, die Milchsäureherstellung mit verschiedenen *Lactobacillus* sp., die Backhefezüchtung und die Herstellung von Citronensäure mit *Aspergillus niger* weitgehend ohne Probleme noch ohne Ausschluss von **Fremdkeimen** durchgeführt. In diese Zeit fällt auch der erste Nachweis der zellfreien Gärung durch Buchner 1897, die Erkennung der Bedeutung von Enzymen („**Fermenten**") und deren erste Nutzung für technische Anwendungen, etwa bei der Lederherstellung durch Röhm 1907.

Entscheidende Meilensteine der technischen Mikrobiologie waren die Entdeckung des **Penicillins** durch Fleming 1929, in den 1940er-Jahren die erstmalige Etablierung industrieller Verfahren zur Herstellung von Antibiotika und die industrielle Herstellung von Penicillin ab 1942 und andererseits die erstmalige Nutzung von Mikroorganismen, vor allem von bestimmten Pilzen, für chemisch bis dahin nur unter großem Aufwand durchführbare chemische Umwandlungsreaktionen (Biotransformationen) u.a. zur Gewinnung entzündungshemmender Steroide und Antiallergentien wie Hydrocortison und Prednisolon. Damit wurden erstmals hochwertige und für die medizinische Anwendung sehr wichtige Substanzen durch **biotechnologische Verfahren** zugänglich, die auch heute noch große Bedeutung besitzen. Für alle diese Verfahren waren hygienische Bedingungen, d.h. der Ausschluss von anderen unerwünschten Mikroorganismen („Fremdkeimen") unbedingt erforderlich, womit die Entwicklung

Tabelle 17.1. Wichtige mikrobiell hergestellte Produkte geordnet nach Mengenangabe (verändert nach Schmid 2002 u. DECHEMA 2004)

Produkt	Weltjahresproduktion (geschätzt in t)	Produktwert (geschätzt in Mio. €)	Anwendung	Arbeitsbereich (s. Text)
Bioethanol	18,5 Mrd.	740000	Lösungsmittel, Energieträger	2
Bier	138 Mio.	345000	Genussmittel	2
Futterhefe	3 Mio.	1000	Futtermittel	1
Backhefe	2 Mio.	2300	Lebensmittel	1
L-Glutamat	1,5 Mio.	1800	Geschmacksverstärker	2
Citronensäure	1 Mio.	2000	Lebensmittel, Waschmittel	2
L-Lysin	700000	1400	Futtermittelzusatz	2
Essigsäure	190000	95	Lebensmittel, Reinigungsmittel	2, 3
Milchsäure	150000	54	Lebensmittel, Leder, Textil	2
Gluconsäure	100000	168	Lebensmittel, Textil, Metall, Bau	2, 3
Waschmittelenzyme	100000	300	Waschmittel	2, 4
Vitamin C	80000	96	Lebensmittel, Pharma	2, 3
L-Threonin	30000	180	Futtermittel	2
Antibiotika	25000	4750	Pharma	2, 3
Itaconsäure	15000	46	Kunststoff, Papier, Klebstoff	2
L-Phenylalanin	10000	100	Lebensmittel	2, 3
L-Tryptophan	1000	24	Futtermittel, Ernährung	2, 3
L-Arginin	1000	20	Medizin, Kosmetik	2
Insulin	8	1000	Medizin	4
Steroide	1	1000	Medizin	2, 3

einer entsprechenden „Steriltechnik" auch für industrielle Verfahren im großen Maßstab bis zu mehreren 100 m³ Volumen begann.

In den 1960er-Jahren kamen vor allem durch japanische Arbeiten mit der erstmaligen **Herstellung von Aminosäuren** für den Lebensmittel- (z.B. L-Glutaminsäure), Pharma- (z.B. L-Tryptophan) und Futtermittelbereich (z.B. L-Lysin) sowie von verschiedenen Vitaminen weitere wichtige Stoffklassen dazu (s. Kap. 16). Neben einer ständigen **Verbesserung der Apparatetechnik** (der Bioreaktoren, Rührsysteme und Belüftungssysteme etc.) ermöglichte das in den 1950er und 1960er Jahren erworbene Wissen über Proteine, Erbgut (DNS), Proteinbiosynthese und Stoffwechselregulation auch die Entwicklung immer besserer Produktions- und Hochleistungsstämme mit traditionellen Methoden („Mutation" durch UV-Licht oder Chemikalien und anschließende „Selektion" von Mutanten mit besseren Eigenschaften).

Parallel zu den mikrobiellen Verfahren wurden in dieser Zeit auch erste Prozesse mit tierischen Zellen (etwa zur Impfstoffherstellung) und pflanzlichen Zellkulturen (z.B. zur Alkaloidherstellung) entwickelt.

Mit der Entdeckung der Möglichkeit zur **Neukombination des Erbgutes** (DNS) durch Cohen und Boyer begann Mitte der 1970er Jahre eine wichtige neue Ära für die Biotechnologie und die mikrobielle Stoffproduktion. Mit Hilfe neu entdeckter spezieller Enzyme, der **Restriktionsenzyme**, war es erstmals möglich, ganze Gene zu isolieren und in dem Darmbakterium *Escherichia coli* zur Expression zu bringen. Einige der ersten Produkte, die industriell so hergestellt wurden, waren das technisch bedeutsame Enzym **Penicillinacylase** zur Herstellung semisynthetischer Penicilline und das **Humaninsulin**.

Dieses Handwerkszeug eröffnete die Möglichkeit, mit leicht und in großer Menge zu züchtenden Mikroorganismen **hochwertige Verbindungen** – die sonst nur bei höher entwickelten Organismen und dort meist nur in geringsten Konzentrationen zu finden sind, wie zum Beispiel das menschliche Wachstumshormon oder das für die Humanmedizin so bedeutsame Interferon

Tabelle 17.2. Zeitphasen bei der Entwicklung der mikrobiellen Stoffproduktion (verändert nach Leuchtenberger 1998)

Zeit	Verfahren	Beispiele	Produkte
Prä-Pasteur-Ära (vor 1865)	Traditionelle Nutzung bei der Herstellung von Nahrungsmitteln	Alkoholische Gärung, Milchsäuregärung, Essigsäureherstellung	Wein, Bier, Käse, Essig, Sauerteig
Pasteur-Ära (1865–1940)	Verfahren ohne Ausschluss von Fremdkeimen	Oberflächenkultur Fermentation Biomasse-Gewinnung	Aceton, Ethanol, Butanol, Backhefe
Antibiotika-Ära (1940–1960)	Verfahren unter Ausschluss von Fremdkeimen	Steriltechnik Submersverfahren Zellkulturen Stoffumwandlung	Penicillin, Antibiotika, Steroide
Post-Antibioka-Ära (1960–1975)	Integration und Anwendung von Ergebnissen aus Naturwissenschaft und Technik	Immobilisierung von Enzymen und Zellen Membrantechnik	Aminosäuren, Einzellerprotein, Polysaccharide, Biogas
Gentechnik-Ära (1975–1995)	Optimierung von Zellen und Prozesstechnologie, heterologe Genexpression	Gentechnik, Zellfusion (Hybridoma-Technik), Polymerasekettenreaktion (PCR)	Monoklonale Antikörper, rekombinante Impfstoffe, Humaninsulin, strukturell veränderte Enzyme
Post-Genomics-Ära (seit 1995)	Totalsequenzierung kompletter Genome	Genomics, Proteomics, Metabolomics	Neue Medikamente, optimale Produktionsverfahren

– biotechnologisch unter definierten Bedingungen und in großem Maßstab herzustellen.

Ein weiterer Meilenstein war Anfang der 1990er-Jahre die Entdeckung der „Polymerase-Kettenreaktion" (PCR), mit der es nicht nur möglich ist, kleinste Spuren genetischen Materials zu vervielfältigen, sondern durch eine bewusst fehlerhafte PCR-Reaktion („*Error Prone*-PCR") gezielt **Genvarianten** zu erzeugen und so in Kombination mit geeigneten Hochdurchsatz-Screening-Verfahren über eine „*In-vitro*-Evolution" im Reagenzglas zu wirksameren/veränderten Enzymen zu kommen („*Directed Evolution*").

Parallel zur ständigen Verbesserung und Automatisierung der Apparate zum Sequenzieren von DNS und Proteinen wurde ab 1995 mit der Totalsequenzierung ganzer Genome eine weitere Entwicklungsphase in der Biotechnologie eingeleitet: Heute kennt man das komplette menschliche Genom und viele vollständige Genome medizinisch und biotechnologisch relevanter Mikroorganismen (s. Kap. 4). Der Bezug der Gene („*Genomics*") zu transkribierter Boten-RNS („Transkriptom") und exprimierten Proteinen („*Proteomics*") erlaubt inzwischen genaue Aussagen über den physiologischen Zustand einer Zelle („*Metabo-*

lomics"); das legt den Grundstein zur ganzheitlichen Betrachtung einer Zelle durch die Systembiologie (s. Kap. 12).

Mit dem Ziel, bei biotechnologischen Prozessen zu höheren Ausbeuten und zu effizienteren Biokatalysatoren zu gelangen, ist es mit Hilfe dieses Wissens heute möglich, über solch eine gerichtete Evolution („*Directed Evolution*") (s. Kap. 11) – ausgehend von Genen im Reagenzglas und anschließender Expression, etwa im Darmbakterium *Escherichia coli* oder in der Bäckerhefe *Saccharomyces cerevisiae* – z. B. zu neuen, verbesserten Enzymen zu kommen oder gezielt in die Stoffwechselwege von Mikroorganismen einzugreifen, diese nach Wunsch zu verändern („*Metabolic Engineering*") oder sogar durch Neukombination ganzer Gencluster („*Gene Shuffling*") zu neuen Wirkstoffen und Antibiotika zu gelangen, die es so in der Natur nicht gibt.

Die Kenntnis der Genome pathogener Mikroorganismen wird zudem in naher Zukunft vermutlich eine gezielte **Entwicklung völlig neuer Medikamente** gegen diese ermöglichen.

Ein tabellarischer Überblick über die Geschichte der mikrobiellen Stoffproduktion wird in Tabelle 17.2 gegeben.

17.2
Klassifizierung mikrobieller Produkte

Die mikrobielle Biotechnologie lässt sich von ihren Zielsetzungen her prinzipiell in vier große Arbeitsbereiche unterteilen. Diese sind:

(1) Die **Gewinnung von Bio- oder Zellmasse** für verschiedene Anwendungen,
(2) die gezielte **Herstellung von Stoffwechselprodukten**,
(3) **die Nutzung von Leistungen biologischer Systeme** etwa zur Abfallbehandlung, zum Schadstoffabbau oder zur Durchführung chemischer Umwandlungsreaktionen („mikrobielle Biotransformationen"),
(4) die **Gewinnung rekombinanter heterologer Peptide und Proteine** mit Mikroorganismen unter Anwendung gentechnischer Methoden seit Anfang der 1980er Jahre.

Alle vier genannten Arbeitsbereiche sind von Bedeutung für die mikrobielle Stoffproduktion. Die in Tabelle 17.1 genannten Beispiele sind den jeweiligen Arbeitsbereichen (1)–(4) zugeordnet.

Weiterhin lassen sich die in Tabelle 17.1 genannten Produkte zunächst grundsätzlich klassifizieren in **extrazelluläre Produkte** und **intrazelluläre Produkte**. Für die Produktisolierung und Aufarbeitung („*Downstream processing*") ist es von enormer Bedeutung, ob ein mikrobielles Produkt extra- oder intrazellulär vorliegt. Bei einem extrazellulär vorliegenden Produkt kann dieses nämlich nach erfolgter Abtrennung der Zellen durch Zentrifugations- oder Filtrationsverfahren meist in wenigen Schritten durch Fällung oder Extraktion aus dem zellfreien Kulturüberstand isoliert und weiter gereinigt werden, während bei intrazellulär vorliegenden Produkten ein Zellaufschluss und eine meist aufwendige Reinigung zum Entfernen von Zelltrümmern und anderen Zellbestandteilen erforderlich ist. Dieses hat einen starken Einfluss auf die späteren **Produktkosten**. Die „klassischen" mikrobiellen Produkte wie Ethanol, Milchsäure, Essigsäure, Gluconsäure, Aceton, Butanol sind **Endprodukte des Stoffwechsels** der jeweiligen Mikroorganismen, werden von

diesen meist zur Entgiftung in das Medium ausgeschieden und liegen also bereits natürlicherweise **extrazellulär** vor. Ebenso liegen viele technisch interessante Enzyme, z. B. Amylasen, Cellulasen, Proteasen und Lipasen, extrazellulär vor, da sie von den jeweiligen Mikroorganismen als „**Exoenzyme**" ausgeschieden werden, um komplexe und schwer lösliche Substrate zunächst außerhalb der Zelle zu hydrolysieren (s. Kap. 7).

Die meisten der mikrobiell hergestellten Biopolymere sind „Exopolysaccharide" und werden von den produzierenden Mikroorganismen ausgeschieden, um sich vor pH-, Salz- oder Temperaturstress zu schützen (s. Kap. 23). Viele der mikrobiellen Biotenside werden ausgeschieden, um wasserunlösliche Substrate in besser aufnehmbare „Nano-Tröpfchen" zu emulgieren und so leichter in die Zelle aufnehmen zu können. Die meisten Antibiotika liegen ebenfalls extrazellulär vor, es ist jedoch unklar, ob der Grund dafür z. B. in einer Entgiftung für den jeweiligen Produzentenstamm oder in einer Abwehr von Nahrungskonkurrenten liegt.

Bei den zuletzt genannten Produkten handelt es sich um **spezielle Produkte**, die i. d. R. nur artspezifisch und unter speziellen Wachstumsbedingungen, z. T. nur unter Stress oder Limitierung von Mediumskomponenten gebildet werden. Ist keine direkte Funktion für den betreffenden Produzentenstamm erkennbar, wie bei den Antibiotika oder Alkaloiden, spricht man von **sekundären Stoffwechselprodukten**.

Bei den in Tabelle 17.1 genannten L-Aminosäuren, bei den Vitaminen und z. B. bei der Citronensäure handelt es sich dagegen um **primäre Stoffwechselprodukte**, da diese Verbindungen universell und bei allen Lebewesen zu finden sind und sie im **Primärstoffwechsel** der Zelle eine essentielle Rolle einnehmen. Es handelt sich dabei nicht um Endprodukte des Stoffwechsels, die ebenfalls zu den primären Stoffwechselprodukten zählen, sondern um intrazellulär vorliegende **Intermediärprodukte**. Diese werden i. d. R. von den Mikroorganismen nicht überproduziert und liegen meist nur in geringen und von der Zelle tatsächlich benötigten Konzentrationen vor, z. T. als Zwischenprodukte in zyklischen Stoffwechselwegen. Meist unterliegt ihre Bildung in der Zelle einer komplexen Regulation auf Enzym- und Genebene.

Bei der mikrobiellen Stoffproduktion ist aus wirtschaftlichen Gründen jedoch Ziel sowohl eine **Überproduktion** als auch eine **Ausscheidung** in das umgebende Medium. Dieses kann erreicht werden durch

(1) die **Auswahl spezieller Produktionsstämme** (z. B. *Aspergillus niger* zur Citronensäureproduktion, *Corynebacterium glutamicum* zur L-Aminosäureproduktion),

(2) die **Wahl geeigneter Kulturbedingungen** für Wachstum und Produktbildung, die häufig in unterschiedlichen Wachstumsphasen erfolgen (z. B. pH-Senkung bei der Produktion organischer Säuren mit Schimmelpilzen und Hefen),

(3) gezielte **Maßnahmen zur Beeinflussung der Zellpermeabilität** (z. B. Biotin- und Ölsäureeffekt bei L-Aminosäureproduktion mit *Corynebacterium glutamicum*),

(4) die **Verwendung genetisch gezielt veränderter Produktionsstämme** (z. B. Verwendung auxotropher Mikroorganismen zur Produktion aromatischer Aminosäuren).

Als Beispiele für **intrazelluläre spezielle Produkte** sind **mikrobielle Speicherstoffe** wie Polyhydroxybuttersäure und Polyhydroxyalkanoate bei *Acinetobacter calcoaceticus* oder „Single cell oil" intrazellulär gebildete Triglyceride bei bestimmten Hefen und Pilzen zu nennen. Diese Produkte werden häufig bei Limitierung bestimmter Mediumskomponenten und gleichzeitig ausreichend vorliegender C-Quelle gebildet und können von den betreffenden Mikroorganismen i. d. R. bei Aufheben der Limitierung wieder abgebaut und als C-Quelle genutzt werden. Auch zur Isolierung dieser Produkte ist i. d. R. ein Zellaufschluss durch mechanische Methoden oder durch organische Lösungsmittel erforderlich (s. Kap. 22).

Die in Tabelle 17.1 unter (4) genannten **rekombinanten heterologen Produkte** liegen i. d. R. ebenfalls intrazellulär, häufig sogar in unlöslicher Form als „Inclusion Bodies" vor. Auch hier sind zur Isolierung zunächst ein Zellaufschluss und je nach gewünschter Produktreinheit eine Reihe von Aufreinigungsschritten erforderlich, die in die späteren Produktkosten eingehen. Angestrebt wird daher die Entwicklung von Produktionsstämmen und -verfahren, die eine Exkretion rekombinanter Produkte in das umgebende Medium erlauben bzw. mit der Modifizierung der rekombinanten Produkte durch hochspezifische „Tags" am C- oder N-Terminus der betreffenden Proteine, um diese einfach aus dem Zellaufschluss abtrennen und hochrein darstellen zu können.

17.3
Zeitlicher Verlauf der Produktion mikrobieller Produkte

Seit Mitte der 1950er Jahre wird in der Fachliteratur kinetisch die Bildung mikrobieller Produkte in Abhängigkeit vom Wachstum und vom Substratverbrauch der jeweiligen Produzentenstämme betrachtet und zur Klassifizierung in „Fermentations-" bzw. „Produktbildungstypen" verwendet.

So formuliert Gaden (1959) aus der Beobachtung klassischer mikrobieller Produktionsverfahren drei grundsätzliche Fermentationstypen:

● **Typ I**, bei dem sich das Produkt direkt aus dem Primärstoffwechsel zur Energiegewinnung ableitet und **Substratverbrauchsrate**, **Wachstumsrate** und **Produktbildungsrate** praktisch **parallel** zueinander verlaufen und ein direkter stöchiometrischer Zusammenhang zwischen Substratverbrauch und Produktbildung besteht,

● **Typ II**, bei dem sich das Produkt zwar auch aus dem Primärstoffwechsel ableitet, die biochemische Bildung jedoch über Seiten- bzw. Nebenwege des Stoffwechsels erfolgt, was dazu führt, dass in **verschiedenen Zeitphasen des Prozesses** unterschiedliche Maxima für Substratverbrauchsrate, Wachstumsrate und Produktbildungsrate zu beobachten sind,

● **Typ III**, bei dem Wachstum und Primärstoffwechsel zeitlich eindeutig **von der Produktbildung entkoppelt** sind (Tabelle 17.3 und Abb. 17.1).

Diese Typeneinteilung erlaubt zwar eine einfache Zuordnung mikrobieller Produktionsverfahren, lässt sich z. B. jedoch so nicht auf komplexere Prozesse mit Myzel-bildenen Mikroorganismen anwenden.

Für die mikrobielle Stoffproduktion führte Deindoerfer (1960) die Begriffe „einfach" bei direkter Umwandlung des Substrates in das Produkt mit stöchiometrischem Zusammenhang (z. B. Ethanol, Milchsäure), „gleichzeitig" bei Umwandlung des Substrates in das Produkt mit variablen stöchiometrischen Verhältnissen (z. B. L-Aminosäuren), „konsekutiv" bei Umwandlung des Substrates in ein Produkt mit Anhäufung von Zwischenprodukten (z. B. Aceton, Butanol) und „schrittweise" bei vollständiger Umwandlung des Substrates in ein Zwischenprodukt vor der Produktbildung ein.

Für die industrielle Produktion mikrobieller Produkte wird heute allgemein verwendet das „Logistische Wachstumsgesetz". Dieses betrachtet den Substratverbrauch und dessen Umwandlung in Biomasse, Produkt unter Berücksichtigung des Erhaltungsstoffwechsels:

$$-\frac{dS}{dt} = \frac{1}{Y_{X/S}} \cdot \frac{dX}{dt} + \frac{1}{Y_{P/S}} \cdot \frac{dP}{dt} + m \cdot X \quad (17.1)$$

Die in der Formel (17.1) genannten Terme unterscheiden dabei den **Substratverbrauch** für die **Biomassebildung**, für die **Produktbildung** und den **Erhaltungsstoffwechsel**. Mit dieser Formel lassen sich alle oben genannten Prozesse beschreiben, wobei die Größe der einzelnen Terme stark vom jeweiligen Prozess und dabei wieder von der jeweiligen Wachstumsphase abhängen kann.

Die Qualität eines Prozesses zur mikrobiellen Stoffproduktion wird i. d. R. beurteilt anhand der **Produktivität P.** Diese Größe beschreibt die gebildete Gesamtproduktmenge pro Liter Medium pro Fermentationszeit, wobei in der Literatur für die Produktkonzentration unterschiedliche Einheiten (g, mM, Units usw.) verwendet sein können.

Tabelle 17.3. Fermentationssysteme zur mikrobiellen Stoffproduktion (verändert nach Gaden 1959)

Typ I	Das Hauptprodukt erscheint **direkt** als Resultat des primären Kohlenhydratstoffwechsels i.d.R. ohne Zwischenprodukt als direktes Abbauprodukt des Substrates (Beispiele: Ethanol, Milchsäure)
Typ II	Das Hauptprodukt entsteht **indirekt** aus dem primären Energiestoffwechsel in einem komplexen Reaktionsnetzwerk mit oder ohne vorherige Anhäufung von Zwischenprodukten (Beispiele: Aceton, Butanol, Citrat, L-Aminosäuren)
Typ III	Die Zusammensetzung des Produktes ist **komplex**, es entsteht **indirekt** aus dem Energiestoffwechsel; die Stoffwechselaktivität zum Zellwachstum findet zeitlich entkoppelt von der Produktbildung statt (Beispiele: Penicillin, Riboflavin)

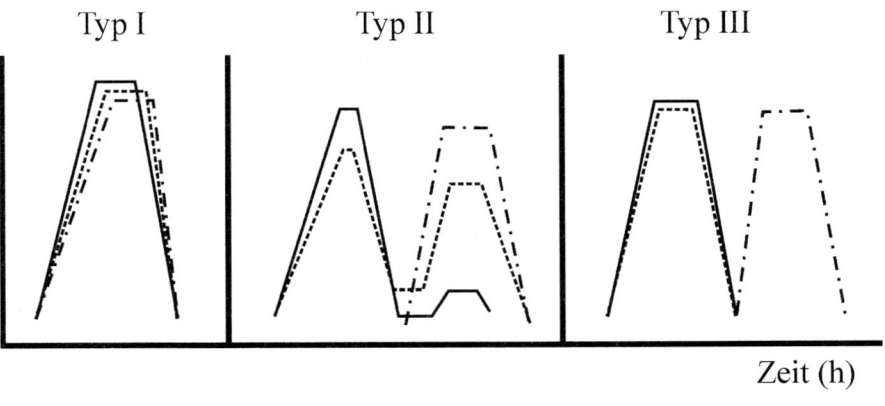

Abb. 17.1. Fermentationstypen nach Gaden (1960); weitere Erläuterungen im Text

$$\text{Produktivität P} = \frac{\text{Produktmenge}}{\text{Liter} \times \text{Fermentationszeit}} \quad \frac{\text{Einheit}}{\text{L} \times \text{h}} \qquad (17.2)$$

17.4
Gegenwärtige und zukünftige Anwendungsgebiete der mikrobiellen Stoffproduktion

Generell geht es bei der mikrobiellen Stoffproduktion um die technische Nutzung von Mikroorganismen zur gezielten Herstellung von Produkten mit allen dazugehörigen Aspekten, die beispielsweise der Vorbereitung der Bioprozesse oder der Aufarbeitung der am Ende gewonnenen Bioprodukte dienen (Tabelle 17.4).

Viele Produkte des täglichen Lebens – angefangen von Bioethanol über verschiedene Waschmittelkomponenten – über Lebensmittel bis hin zu Diagnostika und Pharmazeutika werden, wie in Kap. 17.1.1 und 17.1.2 beschrieben, seit langem biotechnologisch hergestellt. Das Spektrum der mikrobiell hergestellten Prozesse auf dem Weltmarkt wird sich in Zukunft jedoch wohl auch bei den in Tabelle 17.1 genannten „klassischen" Produkten immer stärker zu solchen Verfahren verschieben, bei denen **gentechnisch veränderte Mikroorganismen** eingesetzt werden.

Mit den inzwischen zur Verfügung stehenden Methoden besteht die große Chance, Prozesse und Produzentenstämme so zu optimieren, dass in Zukunft vermehrt z. B. für die chemische Industrie auch Grundchemikalien, die bisher aus Erdöl gewonnen wurden, durch mikrobiell hergestellte Produkte substituiert und wirtschaftlich hergestellt werden können (s. Kap. 18, 19).

Als wichtige **neue Arbeitsfelder der mikrobiellen Stoffproduktion** werden dabei bereits bearbeitet bzw. erwartet man in den kommenden Jahren:

- die zunehmende Ergänzung oder den Ersatz chemischer Katalyse-Prozesse durch Biokatalyseverfahren bei der Produktion chiraler Verbindungen sowie von Fein- und Grundchemikalien („Weiße Biotechnologie", Verwendung von mikrobiellen, maßgeschneiderten „Ganzzellkatalysatoren"),
- die Herstellung gesünderer Lebensmittel für eine Nahrungsergänzung bzw. eine gezieltere Ernährung („*Nutriceuticals*", „*Functional Food*"),
- die Herstellung neuer Medikamente und Impfstoffe unter Nutzung gentechnischer Arbeitsmethoden („Naturstoffforschung", „Wirkstoffscreening"),
- die Entwicklung und den zunehmenden Einsatz verbesserter und prozessintegrierter Verfahren zur Aufarbeitung von Bioprodukten („*In-situ-Product-Removal*", ISPR),
- die Herstellung biologisch abbaubarer „Biopolymere" aus mikrobiell hergestellten natürlichen Bausteinen zum Ersatz chemischer Polymer-Kunststoffe,
- die mikrobielle Herstellung „maßgeschneiderter" Enzyme und Antikörper für Anwendungen in der chemischen und pharmazeutischen Industrie,
- die Verbesserung der traditionellen mikrobiellen Verfahren (s. Tabelle 17.1) zur Herstellung chemischer Grund- und Rohstoffe mit Hilfe moderner molekular- und genetischer Methoden wie „*Metabolic Engineering*", „*Pathway Engineering*", usw.,

Tabelle 17.4. Zeitphasen von Prozessen bei der mikrobiellen Stoffproduktion

„*Upstream Processing*"	Vorbereitung und Sterilisation der Kulturgefäße; Ansetzen und Sterilisieren der Nährmedien; Beimpfen und Anzüchten von Vorkulturen usw.
„Hauptkultur"	Kultivierung und Produktbildung in Bioreaktoren unter kontrollierten Bedingungen; Prozesssteuerung; *On-Line*-Erfassung und Kontrolle der wichtigsten Kulturparameter über gekoppelte Mess- und Regeltechnik usw.
„*Downstream Processing*"	Abbruch der Kultivierung; Zellabtrennung, evtl. Zellaufschluss; Isolierung und Aufreinigung der gewünschten Produkte; Konfektionierung der Produkte; Aufbereitung und Entsorgung der Reststoffe und Abfälle usw.

- verbesserte Verfahren zum Einsatz von Mikroorganismen zum Abbau von Schadstoffen in Luft, Wasser und Boden („Umweltbiotechnologie").

Literatur

Becker Th et al (2004) „Biotechnologie 2020", Zukunftsforum der DECHEMA eV. Frankfurt/M

Crueger W, Crueger A (1989) Biotechnologie – Lehrbuch der Angewandten Mikrobiologie, 3. Aufl. Oldenbourg, München Wien

Deindoerfer FH, West JM (1960) Rheological Properties of fermentation broths. Adv Appl Microbiol 2:265–273

Einsele A, Samhaber W, Finn RK (1985) Mikrobiologische und Biochemische Verfahrenstechnik. VCH, Weinheim

Flaschel E et al (2004) Weiße Biotechnologie. Positionspapier der DECHEMA eV. Frankfurt/M

Gaden EL (1959) Fermentation process kinetics. J Biochem Microbiol Tech Eng 1:413–429

Schmid RD (2002) Taschenatlas der Biotechnologie und Gentechnik. Wiley-VCH, Weinheim

Leuchtenberger A (1998) Grundwissen zur Mikrobiellen Biotechnologie. Teubner, Stuttgart

18 Produktion von Lösungsmitteln

H. BAHL

18.1 Einleitung

Lösungsmittel sind Flüssigkeiten, die andere Stoffe lösen, **ohne sie chemisch zu verändern**. Dabei handelt es sich nicht um eine definierte Stoffklasse, sondern um eine große Anzahl sehr unterschiedlicher Verbindungen. In der industriellen Produktion werden sie verwendet als Hilfsmittel in der Herstellung von Lacken, Druckfarben, Klebstoffen, Haushaltspflegemitteln usw. Zum anderen sind sie Bestandteil von Reinigungs-, Entfettungs- und Abbeizmitteln. Darüber hinaus sind einige dieser Lösungsmittel auch **Ausgangsstoff** für die Synthese anderer organischer Verbindungen. Bei Lösungsmitteln, die von Mikroorganismen produziert werden, handelt es sich vor allem um **Alkohole** und **Ketone**, und man denkt hier vor allem an Aceton und Butanol. Die **Aceton-Butanol-Gärung** durch *Clostridium acetobutylicum* wurde in der ersten Hälfte des 20. Jahrhunderts im großtechnischen Maßstab betrieben und wurde hinsichtlich des Umfangs nur durch die Ethanol-Gärung mit Hefen übertroffen. Nach dem Zweiten Weltkrieg führten gestiegene Kosten für das Gärungssubstrat (zu dieser Zeit vor allem Melasse) und die Verfügbarkeit von billigem Rohöl zu einem Niedergang des biotechnologischen Herstellungsprozesses für diese Lösungsmittel. Ausgelöst durch die Ölkrise in den 1970er Jahren hat es in den letzten beiden Jahrzehnten ein stark gestiegenes wissenschaftliches Interesse an verschiedenen Lösungsmittelgärungen gegeben. Vor dem Hintergrund des in der heutigen Zeit geforderten Prinzips der Nachhaltigkeit und knapper werdender Erdöl-Reserven lassen die Ergebnisse dieser Forschungsarbeiten den Einsatz von Mikroorganismen zur industriellen Produktion von Lösungsmitteln durchaus wieder möglich erscheinen. Schwerpunkt dieses Kapitels wird daher die Aceton-Butanol-Gärung von *C. acetobutylicum* sein, wobei insbesondere die Entwicklungen der letzten Jahre bzw. noch zu lösende Probleme vorgestellt werden.

18.2 Stoffwechselwege der Lösungsmittelbildung in Bakterien

Lösungsmittel als Produkte mikrobieller Umsetzungen können sein Aceton, Butanol, 2,3-Butandiol, Ethanol, 1,2-Propandiol, 1,3-Propandiol und andere (s. Kap. 2). Sie werden in der Regel von **strikt anaeroben** oder **fakultativ aeroben** Bakterien gebildet, da in Gegenwart von Sauerstoff die Oxidation des energiereichen reduzierten Substrates bis zum Kohlendioxid und Wasser erfolgt.

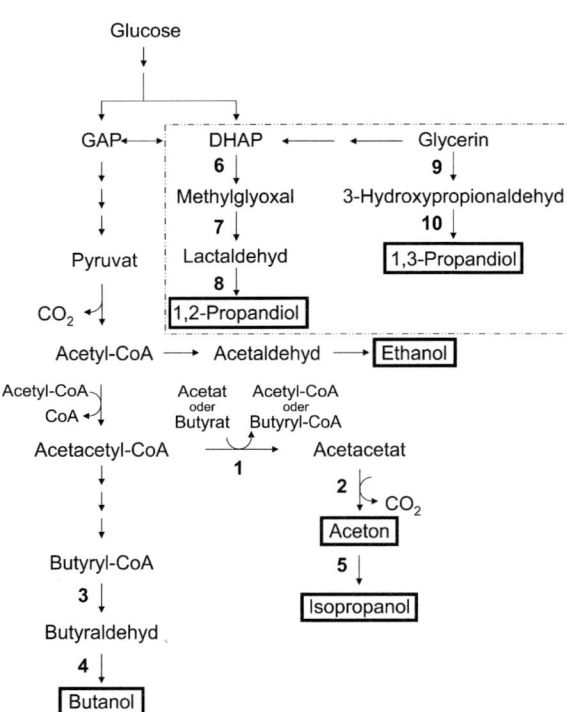

Abb. 18.1. Wege der Lösungsmittelbildung aus Glucose in Clostridien. Nur der Kohlenstofffluss ist gezeigt. Die mit einer gestrichelten Linie eingerahmten Reaktionen zeigen den Methylglyoxal-Bypass in *C. sphenoides* sowie die Disproportionierung von Glycerin durch *C. acetobutylicum, C. pasteurianum, C. butyricum* u. a. Clostridien-Spezies. Die verschiedenen Lösungsmittel als Endprodukte der Gärung sind eingerahmt. 1: Acetacetyl-CoA : Acetat/Butyrat : CoA-Transferase; 2: Acetacetat-Decarboxylase; 3: Butyraldehyd-Dehydrogenase; 4: Butanol-Dehydrogenase; 5: Isopropanol-Dehydrogenase; 6: Methylglyoxal-Synthase; 7: Methylglyoxal-Reduktase; 8: 1,2-Propandiol-Dehydrogenase; 9: Glycerin-Dehydratase; 10: 1,3-Propandiol-Oxidoreduktase. GAP: Glycerinaldehyd-3-Phosphat; DHAP: Dihydroxyacetonphosphat

Aber auch unter aeroben Bedingungen kann es zu einer unvollständigen Oxidation des Substrates und als Konsequenz zur Bildung von Lösungsmitteln kommen. Ein Beispiel ist die 2,3-Butandiol-Bildung vieler Arten der Gattung *Bacillus*.

Die Gattung *Clostridium* zeichnet sich dadurch aus, dass von ihren Mitgliedern neben kurzkettigen Fettsäuren verschiedene Lösungsmittel aus **Kohlenhydraten** gebildet werden können. Ein Überblick über die verschiedenen Stoffwechselwege in Clostridien, die zur Bildung von Lösungsmitteln aus Kohlenhydraten führen, ist in Abb. 18.1 wiedergegeben. Die Besonderheit bei der Aceton-Butanol-Bildung ist ein **zweiphasiger Gärungsverlauf**. Während der **exponentiellen Wachstumsphase** werden die Säuren Essigsäure und Buttersäure und die Gase Wasserstoff und Kohlendioxid gebildet. Acetoin und Milchsäure sind zwei weitere mögliche Produkte. Zu Beginn der **stationären Wachstumsphase** werden die Lösungsmittel Aceton und Butanol immer mehr zu Hauptprodukten. Essig- und Buttersäure werden nicht mehr gebildet und der größte Teil der zuvor ausgeschiedenen Säuren wird wieder aufgenommen und in Lösungsmittel umgewandelt.

Die Enterobakterien und hier vor allem Vertreter der Gattungen *Klebsiella*, *Serratia* und *Erwinia* sind für ihre 2,3-Butandiol-Gärung bekannt (Abb. 18.2). Dieser Stoffwechselweg führt auch in den meisten Arten der Gattung *Bacillus* zur Bildung von 2,3-Butandiol und anderen Substanzen, wenn sie mit Kohlenhydraten wachsen und unter diesen Bedingungen Enzyme des Tricarbonsäure-Zyklus reprimiert sind.

18.3 Aceton-Butanol-Gärung

18.3.1 Das klassische industrielle Verfahren

Die industrielle Produktion von Aceton und Butanol mit Hilfe von *Clostridium acetobutylicum* hatte ihre Blütezeit in der ersten Hälfte des vorigen Jahrhunderts und ist in der Literatur mehrfach ausführlich beschrieben worden.

Organismen

Die ersten Lösungsmittel produzierenden Stämme, die für eine Produktion im großen Maßstab isoliert und patentiert wurden, sind später als *Clostridium acetobutylicum* klassifiziert worden. Um 1935 wurde anstelle der bis dahin verwendeten Stärke Melasse als Substrat für die industrielle Gärung eingesetzt. Als Folge dieser Umstellung wurden neue **saccharolytische Clostridien-Stämme** isoliert, die das zuckerhaltige Substrat effizienter umsetzen konnten. Viele dieser Isolate wurden unter neuen, oft eigenartigen Namen wie z. B. *Clostridium saccharobutyl-isobutyl-acetonicum-beta* patentiert. Neuere Untersuchungen haben gezeigt, dass die für die industrielle Produktion eingesetzten Clostridien-Stämme vier Spezies angehören: *C. acetobutylicum*, *C. beijerinckii*, *C. saccharobutylicum* und *C. saccharoperbutylacetonicum*. Die drei letzten Spezies umfassen die Mehrzahl der Industriestämme, die für die Umsetzung von zuckerhaltigen Substraten verwendet wurden, wobei die meisten Stämme *C. beijerinckii* zugeordnet werden konnten. Ein Stamm von *C. saccharolyticum*, patentiert als *C. saccharo-butyl-acetonicum-liquefaciens*, wurde erfolgreich und in großem Umfang in den USA, Großbritannien und Südafrika eingesetzt, während die Stämme von *C. saccharoperbutylacetonicum* in Japan verwendet wurden.

Glucose

↓
↓
↓

2 Pyruvat

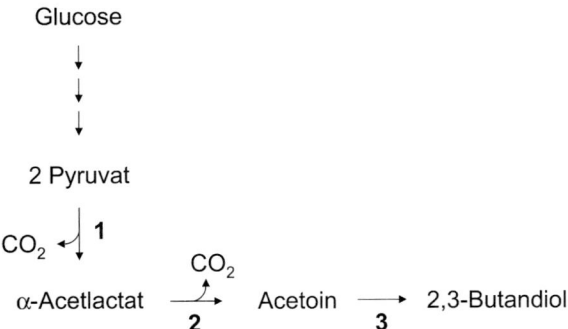

Abb. 18.2. Weg der 2,3-Butandiolbildung in Bacilli und Enterobakterien. Nur der Kohlenstofffluss ist gezeigt. 1: α-Acetlactat-Synthase; 2: α-Acetlactat-Decarboxylase; 3: 2,3-Butandiol-Dehydrogenase

Am besten untersucht sind *C. acetobutylicum* und *C. beijerinckii*, wobei das Genom des Typstammes von *C. acetobutylicum* sequenziert ist, und die Genomsequenz von *C. beijerinckii* zurzeit bestimmt wird.

Verfahren

Die industrielle Aceton-Butanol-Gärung wurde im **Batch-Verfahren** durchgeführt, wobei Fermenter mit einer Kapazität von 200 000 bis 800 000 L zum Einsatz kamen. Diese Tanks wurden zu etwa 90% ihrer Kapazität gefüllt, entweder mit **Mais-Maische** (8–10% wt./vol.), die in der Regel keine weiteren Nährstoffe benötigte und die bei 130–133 °C sterilisiert wurde, oder mit **verdünnter Melasse** (Zuckergehalt 5–7,5% (wt./vol.), die mit Puffersubstanzen sowie mit verschiedenen anorganischen oder organischen Phosphat- und Stickstoffquellen supplementiert und bei 107–120 °C sterilisiert wurde. Um anaerobe Bedingungen zu etablieren, wurden die Fermenter mit CO_2 begast, was gleichzeitig der **Durchmischung** der Gärbehälter diente, die keine Rührung besaßen. Angeimpft wurden die Fermenter mit einer Vorkultur, die aus hitzeaktivierten Sporen hervorgegangen war und in mehreren Stufen auf ein Volumen vergrößert wurde, das 2–4% des Volumens der Hauptkultur entsprach. Anschließend wurden die Fermenter bei 34–39 °C (Mais-Maische) oder bei 29–35 °C (Melasse) für 40–60 h inkubiert. Die Lösungsmittel erreichten dabei Konzentrationen von 12–20 g/L (Mais-Maische) bzw. 18–22 g/L (Melasse). Das **Verhältnis von Butanol zu Aceton zu Ethanol** unter den Produkten war dabei von den verwendeten Stämmen und den Fermentationsbedingungen abhängig; typisch aber war ein Verhältnis von 6 zu 3 zu 1. Eine Lösungsmittelkonzentration von 2% (wt./vol.) stellte dabei eine Grenze dar, bis zu der eine metabolische Aktivität der Zellen möglich war. Der **Ertrag an Lösungsmitteln** betrug somit 25–26 (Mais-Maische) bzw. 29–33 (Melasse) Gewichtsprozente des eingesetzten Substrates.

Die Lösungsmittel wurden mit Hilfe der Destillation in reiner Form gewonnen. Auch die bei der Gärung entstandenen Gase CO_2 und H_2 wurden genutzt, ebenso die an Vitamin B reiche Zellmasse, die als Tierfutter Verwendung fand.

Limitierungen der Aceton-Butanol-Gärung

Die industrielle Aceton-Butanol-Gärung ist zumindest in Industrieländern zurzeit nicht mehr in Betrieb. Die wichtigsten Gründe, die zur Einstellung dieses biotechnologischen Produktionsverfahren geführt haben, sind folgende:

- Die Stoffwechselwege von *C. acetobutylicum* und anderer Clostridien begrenzen den Ertrag an Lösungsmittel auf ca. 33 kg/100 kg Substrat.
- Aceton und Butanol sind „*bulk chemicals*" mit einem Wert nur geringfügig höher als die Ausgangssubstrate.
- Butanol ist toxisch für die Zellen und begrenzt die maximal erreichbaren Lösungsmittelkonzentrationen auf ca. 20 g/L.
- Es entsteht ein Produktgemisch mit entsprechenden Konsequenzen für die Produktgewinnung.
- Die Aceton-Butanol-Gärung ist ein langer, komplexer Prozess, schwer steuerbar und mit geringer Produktivität.

Die Überwindung der hier genannten Probleme ist eine Voraussetzung dafür, dass die Aceton-Butanol-Gärung wieder zur Grundlage eines biotechnologischen Produktionsverfahrens wird. Im folgenden Abschnitt werden einige Ergebnisse von Forschungsarbeiten an *C. acetobutylicum* und anderen *Clostridium*-Arten, die durch die Ölkrisen zum Ende des 20. Jahrhunderts ausgelöst wurden, und in der Zukunft mögliche Entwicklungen dargestellt.

18.3.2
Neue Entwicklungen

Die Forschungsarbeiten zur Aceton-Butanol-Gärung in den letzten 20 Jahren konzentrierten sich vor allem auf die beteiligten **Organismen,** hier vor allem *C. acetobutylicum* und *C. beijerinckii,* und auf **verfahrenstechnische Aspekte.**

Molekulare Physiologie der Lösungsmittelbildung

Ein Ziel der umfangreichen physiologischen, biochemischen und molekularbiologischen bzw. -genetischen Untersuchungen an den Lösungsmittelbildenden Clostridien war es, das **Umschalten im Stoffwechsel** von der Säure- zur Lösungsmittelbildung in *C. acetobutylicum* und *C. beijerinckii* zu verstehen. Die biochemischen Wege für die Säure- und Lösungsmittelbildung sind gut charakterisiert, zahlreiche der beteiligten Enzyme wurden gereinigt und charakterisiert und die dazugehörigen Gene kloniert und analysiert. Die Organisation der Gene in den verschiedenen Lösungsmittelbildenden Clostridien ist dabei durchaus verschieden. So unterscheidet sich das *sol*-Operon von *C. acetobutylicum*, das die Gene für ein Peptid unbekannter Funktion (*orfL*), für eine Butyraldehyd-/Butanol-Dehydrogenase (*adhE*) und für die beiden Untereinheiten der CoA-Transferase (*ctfA*, *ctfB*) enthält, vom *sol*-Operon in *C. beijerinckii* oder in *C. saccharobutylicum*. Hier enthalten die *sol*-Operone Gene für eine Aldehyd-Dehydrogenase (*ald*) anstelle des *adhE*-Gens und für die Acetacetat-Decarboxylase (*adc*). Das *adc*-Gen in *C. acetobutylicum* bildet ein monocistronisches Operon. In *C. acetobutylicum* befinden sich die *adc*- und *sol*-Operone auf dem 192-kBp-Megaplasmid pSOL1, das noch ein weiteres Gen (*adhE2*) für eine Butyraldehyd-/Butanol-Dehydrogenase in einem monocistronischen Operon trägt. Darüber hinaus befinden sich auf dem Chromosom zwei weitere benachbarte, aber getrennt regulierte Gene für zwei Butanol-Dehydrogenasen (*bdhA* und *bdhB*).

Insgesamt haben wir heute ein weitaus genaueres Bild von der **molekularen Physiologie der Lösungsmittelgärung** als zu den Zeiten, in denen sie in großem Umfang industriell genutzt wurde. Generell ist das Umschalten im Stoffwechsel mit einer Abnahme der Enzymaktivitäten für die Säurebildung (z.B. Phosphotransacetylase und Acetatkinase) und einer Zunahme der Enzymaktivitäten für die Lösungsmittelbildung (z.B. Acetacetat-Decarboxylase) verbunden. Dies spiegelt sich auch in den mRNA-Gehalten der entsprechenden Gene wider. Die Initiation der Lösungsmittelbildung erfolgt während des Übergangs von der **exponentiellen** zur **stationären Wachstumsphase**, einem Zeitpunkt bei dem auch die **Sporulation** eingeleitet wird. Es ist daher nicht verwunderlich, dass die regulatorischen Netzwerke für beide Ereignisse miteinander verknüpft sind. Der aus *Bacillus subtilis* bekannte Hauptregulator der Sporulation Spo0A ist auch an der Regulation der Lösungsmittelbildung in *C. acetobutylicum* und anderen Clostridien beteiligt. Neben Spo0A sind aber auch weitere, noch nicht im Einzelnen bekannte Aktivatoren und/oder Repressoren an der Regulation der verschiedenen Lösungsmitteloperone beteiligt. Dies ermöglicht u.a. eine unterschiedliche Expression der Enzyme für die Aceton- bzw. Butanolbildung. Eine Verschiebung des Aceton/Butanol-Verhältnisses unter den Produkten kann je nach Wachstumsbedingungen beobachtet werden. Darüber hinaus gibt es Hinweise, dass Prozessierung der mRNA, die Topologie der DNA und verschiedene zelluläre Stressproteine eine Rolle bei der Regulation der Lösungsmittelbildung spielen.

Das Signal, das zur **Induktion** der Gene für die Lösungsmittelbildung führt, ist noch nicht bekannt. Die Konzentration an freien Säuren, das ATP/ADP-Verhältnis und der Gehalt an NAD(P)H, Butyryl-CoA oder -Phosphat sind als mögliche Signale untersucht worden. Bekannt dagegen sind einige **Wachstumsparameter**, die vor allem in kontinuierlicher Kultur zu einer stabilen Lösungsmittelproduktion führen (s. unten).

Eine weitere Möglichkeit, die Säureproduktion bei *C. acetobutylicum* zu unterdrücken und dieses Bakterium zu einem reinen Lösungsmittelbildner zu machen, ist das „*metabolic engineering*". Da in den beiden letzten Jahrzehnten zahlreiche genetische Werkzeuge für *C. acetobutylicum* entwickelt wurden, liegt das jetzt im Bereich des Möglichen und erste Versuche wurden bereits unternommen. Inaktivierung der Gene für die Säurebildung, Überexpression der AdhE oder der Adc sowie Veränderungen in regulatorischen DNA-Bereichen zeigten, dass das Produktspektrum von *C.*

acetobutylicum zugunsten von Aceton und/oder Butanol verschoben werden kann. Diese Ergebnisse sind viel versprechend und die Konstruktion eines industriell nutzbaren Stammes mit überlegenen Eigenschaften hinsichtlich der Lösungsmittelproduktion scheint möglich.

Verfahrensentwicklung

Auf der Verfahrensseite der Aceton-Butanol-Gärung wurden in den letzten zwanzig Jahren große Fortschritte erzielt. Einschränkend muss aber gesagt werden, dass diese Ergebnisse bis auf wenige Ausnahmen im **Labormaßstab** erzielt wurden und ihre Übertragbarkeit auf einen Produktionsprozess noch gezeigt werden muss. Die Forschungsarbeiten wurden vor allem in den Gebieten kontinuierliche Prozessführung, Gärung bei hohen Zelldichten und In-line-Produktgewinnung durchgeführt.

Für die Beurteilung von verschiedenen Verfahren, die zur Produktion von Lösungsmitteln mit Hilfe von *C. acetobutylicum* oder anderen Clostridien angewendet werden können, sind drei Parameter wichtig: die erzielte **Produktkonzentration** $(g \cdot L^{-1})$, der **Ertrag** (g Produkt pro g Substrat) und die **Produktivität** $(g \cdot L^{-1} \cdot h^{-1})$. Die Produkte Butanol, Aceton und Ethanol werden häufig in einem Verhältnis von 6 zu 3 zu 1 gebildet. Entsprechend des Stoffwechselweges von *C. acetobutylicum*, der eine Decarboxylierung durch die Pyruvat-Ferredoxin-Oxidoreduktase und die Acetacetat-Decarboxylase einschließt, können aus 100 g Zucker maximal 38 g Lösungsmittel gebildet werden. Dieser Wert wurde bei dem klassischen industriellen Verfahren, das in der Regel eine **statische Kultur** (Batchkultur) darstellte, häufig nicht erreicht. Die Produktivitäten schwankten dabei zwischen 0,2 und 0,6 $(g \cdot L^{-1} \cdot h^{-1})$.

Neben den allgemeinen Vorteilen einer **kontinuierlichen Prozessführung** hat eine kontinuierliche Aceton-Butanol-Gärung den Vorteil, dass *C. acetobutylicum* oder andere Spezies bei Kenntnis der notwendigen Parameter quasi unbegrenzt in der Lösungsmittelbildenden Phase gehalten werden können. Die Phase der Säurebildung entfällt somit und damit auch die Gefahr, dass der „*Shift*" zur Aceton/Butanol-Bildung nicht erreicht wird, ein beim klassischen industriellen Prozess gefürchtetes Ereignis. Die Bedingungen für eine stabile kontinuierliche Gärung durch *C. acetobutylicum* mit einem hohen Ertrag an Lösungsmitteln sind heute bekannt. Dazu gehören ein Überschuss an der Kohlenstoffquelle, ein geeigneter wachstumslimitierender Faktor (Phosphat oder Sulfat), ein pH-Wert unter 5,0, eine niedrige Durchflussrate und, abhängig vom pH-Wert, Schwellenkonzentrationen an Acetat und Butyrat. So ist es möglich, in einem Phosphatlimitierten Chemostaten *C. acetobutylicum* quasi unbegrenzt entweder in der Säure bildenden (pH 6,0) oder in der Lösungsmittel bildenden (pH 4,3) Phase zu halten. Je nach Einstellung des pH-Wertes sind alle Zwischenstufen möglich. Auf dieser Grundlage wurde ein **zweistufiges kontinuierliches Verfahren** entwickelt. In der 1. Stufe wachsen die Zellen unter Bedingungen, die zu einer **Initiation** der Lösungsmittelbildung führen. Die zweite Stufe, in der kein Wachstum stattfindet, dient der **Produktion** von Lösungsmitteln aus dem noch vorhandenen Substrat. Die Trennung von Wachstum und Produktion wirkt sich offenbar positiv auf die Stabilität des Verfahrens aus. Eine Degeneration der Zellen hinsichtlich ihrer Fähigkeit zur Aceton-Butanol-Produktion, die bei einstufigen Verfahren schon nach kurzer Zeit beobachtet werden kann, trat auch nach einer Betriebszeit von einem Jahr nicht auf. Die besonderen Wachstumsbedingungen in der ersten Stufe machen offensichtlich eine Aceton-Butanol-Bildung durch *C. acetobutylicum* absolut erforderlich und verhindern so die Selektion eines nicht-produzierenden Stammes. Kennzeichen des Verfahrens sind somit seine hohe Stabilität und hoher Substratumsatz (99,7% der eingesetzten 60 $g \cdot L^{-1}$ Glucose) bei einem nahezu maximalen Ertrag (0,34 g Lösungsmittel pro g Glucose). Die Produktivität beträgt 0,44 g $\cdot L^{-1} \cdot h^{-1}$.

Eine **Steigerung der Produktivität** lässt sich u. a. durch höhere Zelldichte erzielen, die durch Immobilisation von Zellen und durch Zellrückführung erreicht werden kann. Verschiedene Methoden der Immobilisierung von vegetativen Zellen und Sporen von *C. acetobutylicum* und eine Zellrückführung nach Konzentration des Fermenterausflusses durch Ultrafiltration resultierten in z. T. beachtlichen Produktivitätssteigerungen, allerdings häufig auf Kosten der Lösungsmittelkonzentration. Ein weiteres Problem bereitete die geringe Stabilität der Kulturen. Hier erwies sich wiederum eine zweistufige Prozessführung bzw. eine Phosphatlimitierung als vorteilhaft. Die besten Ergebnisse konnten mit einem phosphatlimitierenden Chemostaten mit Zellrückführung erreicht werden: Konzentration an Lösungsmitteln: 22,7 g; Ertrag an Lösungsmitteln: 0,32 g pro g Glucose; Produktivität: 2,17 g Lösungsmittel pro Stunde und Liter. Die Anwendung der Zellrückführung im Produktionsmaßstab, die im Laboratorium bei der Aceton-Butanol-Gärung erfolgreich durchführbar ist, wird von der Verfügbarkeit geeigneter Filtrationsmodule bzw. der Entwicklung neuer Verfahren für die Zellrückführung abhängen.

Obwohl es gelungen ist, Mutanten von *C. beijerinckii* mit erhöhter Butanoltoleranz zu isolieren, wird die Verbesserung der Lösungsmitteltoleranz von Lösungsmittelproduzierenden Clostridien durch gezielte genetische Veränderungen in absehbarer Zukunft kaum in entscheidendem Umfang gelingen. Bei dem angestrebten hohen Substratumsatz wird es daher notwendig sein, die Lösungsmittel während des Gärungsprozesses zu entfernen. Hier werden zurzeit mehrere Methoden intensiv erprobt, wobei das „*Gas-stripping*" und die Pervaporation Erfolg versprechende Verfahren sind. So konnten bei Fermentationen mit „*Gas-stripping*" ein hoher Substratumsatz von $500 \text{ g} \cdot \text{L}^{-1}$ erreicht werden.

Ein industrieller Prozess zur Herstellung von Lösungsmitteln durch Clostridien erscheint dann wieder möglich, wenn die Fortschritte auf der Verfahrensseite und bei der genetischen Konstruktion eines Produktionsstammes miteinander kombiniert werden. Die Kennzeichen eines solchen Verfahrens sind dann:

- Fermentation bei hoher Zelldichte und In-line-Produktgewinnung,
- Butanol (oder auch Aceton) als einziges Fermentationsprodukt,
- Verwertung von alternativen Substraten wie z. B. Cellulose-haltigem Material.

Ein solches Verfahren könnte die o.g. Limitierungen der klassischen industriellen Aceton-Butanol-Gärung überwinden und zu seiner Wiedereinführung beitragen.

Literatur

Bahl H, Dürre P (2001) Clostridia. Biotechnology and Medical Applications. Wiley-VCH, Weinheim

Dürre P (2005) Handbook on Clostridia. CRC Press, Boca Raton/NJ

Nakamura CE, Whited GM (2003) Metabolic engineering for the microbial production of 1,3-propanediol. Current Opin in Biotechnol 14:454–459

19 Ethanol-Produktion aus pflanzlicher Biomasse

H. S. OLSEN, T. SCHÄFER

19.1
Einleitung

Grundlage für existierende Prozesse der Herstellung von Bioethanol (im Englischen auch als *„fuel alcohol"* oder *„bioethanol"* bezeichnet) ist Stärke, ein Glucosepolymer, das in vielen Pflanzen als Reservestoff angelegt wird. **Stärke**, ein bei Raumtemperatur unlösliches Glucosepolymer, wird in einem mehrstufigen Prozess über lösliche Oligosaccharide zu **Glucose** abgebaut, die in einer anschließenden Gärung durch Hefen zu **Ethanol** umgesetzt wird.

Im industriellen Ethanolprozess wird nicht gereinigte Stärke, sondern es werden komplexe Pflanzenteile als Ausgangsstoffe genutzt. Diese enthalten zusätzlich zur Stärke **Polysaccharide**, die den Ethanol-Prozess insbesondere durch eine erhöhte Viskosität **negativ beeinflussen** können wie z. B: β-Glucane und Arabinoxylane in der Zellwand des Endosperms. Eine Lösung dieses Problems ist die **Verwendung von Enzymen**, die in der Lage sind, pflanzliche Biomasse teilweise abzubauen, nämlich β-Glucanasen, Xylanasen und Cellulasen (s. Kap. 7). Dies führt zu einer Reduktion der Viskosität in der Maische, einer damit verbundenen verbesserten Prozesskontrolle und geringeren Kosten, da die Verfahren bei niedrigeren Temperaturen durchgeführt werden können. Dies erlaubt es gleichzeitig, höhere Konzentrationen an Trockenmasse einzusetzen und damit die **Ausbeute an Ethanol zu steigern**.

Verbesserungen im „Dry-Milling-Verfahren" und optimierte Enzymsysteme haben die Bedeutung einer optimalen Stärkeverflüssigung für die Effizienz der Bioethanolherstellung aus Getreide aufgezeichnet. Optimierte Amylasen katalysieren den Abbau der Stärke bei niedrigeren pH-Werten und Ca^{++}-Konzentrationen und führen dadurch zu einem wesentlich robusteren Prozess, der mit dem *Dry-Milling*-Verfahren kompatibel ist. Verbesserte, dem Prozess angepasste Amyglugosidasen setzen Oligosaccharide zu vergärbaren Zuckern um. Diese Verzuckerung der Stärke kann simultan mit der Fermentation der Zucker zu Ethanol durch Hefen durchgeführt werden. Proteasen

können zur Optimierung der Fermentation eingesetzt werden, da sie lösliche Stickstoffverbindungen, Mineralien und Vitamine freisetzen. Dies führt insgesamt zu einer wesentlich verbesserten Ökobilanz des Gesamtprozesses als auch zu einer verbesserten ökonomischen Situation.

In den letzten Jahren wurde die Forschung der enzymatischen Umsetzung **cellulolytischer Biomasse** intensiviert. In der Zukunft wird Bioethanol aus Pflanzenresten wie ganzen Maiskolben, ganzen Halmen, Hülsen oder anderen Pflanzenabfällen, die Cellulose enthalten, gewonnen werden (Tabelle 19.1).

Traditionell kann Ethanol aus **Zuckerrüben** (Europa) und **Zuckerrohr** (Brasilien) gewonnen werden. Für Prozesse mit diesen Rohstoffen werden keine Enzyme eingesetzt, da Glucose direkt als Ausgangsstoff für die Ethanolgärung vorliegt.

In Getreide wie Mais, Weizen, Gerste, Roggen oder Hirse dagegen liegt Stärke als **Kohlenhydratspeicher** vor. Die Anwendung industrieller Enzyme für die Produktion industriellen Alkohols wurde im Jahre 1969 von Aschengreen beschrieben. Hagen präsentierte verschiedene enzymbasierte Prozesse 1981; spätere Übersichtsartikel für die Herstellung von Alkohol aus Gerteiden stammen von Lyons 1983 und Lewis 1996.

Getreide wird einer **mechanischen und enzymatischen Vorbehandlung** unterzogen, um die Stärke in freier Form freizusetzen und damit für die enzymatische Hydrolyse zu Zuckern zugänglich zu machen. Enzymprodukte für diesen Industriebereich sind von 3 Produzenten nämlich Novozymes A/S (Dänemark). Genencor Intl (USA) und Alltech (USA) auf dem Markt verfügbar.

In einem **Fermentationsprozess** mit Hilfe von Hefe, hauptsächlich *Saccharomyces cerevisiae*, werden die Zucker zu Ethanol vergoren (s. Kap. 2). Dabei wächst die Hefe unter anaeroben Bedingungen in einem Medium, das Glucose, Fruktose, Maltose, oder Maltotriose sowie Aminosäuren, Peptide und Mineralien enthält. Abschließend wird Ethanol für Kraftstoffe durch Destillation gewonnen.

Bioethanol und sein Derivat, tertiärer Ethyl-butyl-ether (ETBE), sind **oxidierte Produkte**, die mit

Tabelle 19.1. Systematische Namen der Enzyme, die in der Herstellung von Bioethanol aus Getreide eingesetzt werden

Enzym	Alternative Namen	Systematischer Name	Katalysierte Reaktion	E.C. Nummer
Alpha-Amylase	Amylase, Endoamylase	1,4-α-D-Glucan-Glucano-Hydrolase	Endohydrolyse von 1,4-α-D-glucosidischen Bindungen in Polysacchariden mit 3 oder mehr 1,4-α-verbundenen D-Glucose-Einheiten	3.2.1.1
Glucoamylase	Amyloglucosidase, AMG	1,4-α-D-Glucan-Gluco-hydrolase	Sukzessive Hydrolyse terminaler 1,4-gebundener α-D-Glucose vom nicht-reduzierenden Ende der Kette unter der Freisetzung von β-D-Glucose	3.2.1.3
Beta-Glucanase: Glucan Endo-1,3-β-D-Glucosidase	Endo-1,3-β-Glucanase; Laminarinase	1,3-β-D-Glucan Glucano-hydrolase	Hydrolyse von 1,3-β-D-glucosidischen Bindungen in 1,3-β-D-Glucanen	3.2.1.39
Beta-Glucanase: Endo-1,3(4)-β-Glucanase	β-1,3-1,4-Glucanase; Endo-β-1,3(4)-Glucanase; Endo-β-1,3-1,4-Elucanase	1,3-(1,3;1,4)-β-D-Glucan 3(4)-Glucanohydrolase	Endohydrolyse von 1,3- oder 1,4-Bindungen in β-D-Glucanen	3.2.1.6
Beta-Glucanase: 1,3;1,4-βb-Glucan Endohydrolase	Licheninase, Lichenase; 1,3-1,4-β-D-Glucan 4-Glucanohydrolase; 1,3;1,4-β-Glucan 4-Glucanohydrolase	1,3-1,4-β-D-Glucan 4-Glucanohydrolase	Hydrolyse von 1,4-β-D-glucosidischen Bindungen in β-D-Glucanen mit 1,3- und 1,4-Bindungen	3.2.1.73
Beta-Glucanase: Glucan Endo-1,6-β-Glucosidase	Pustulanase, Endo-1,6-β-Glucanase, Endo-β-1,6-Glucanase; β-1,6-Glucan Hydrolase	1,6-β-D-Glucan Glucano-hydrolase	Zufallshydrolyse von 1,6-Bindungen in 1,6-β-D-Glucanen	3.2.1.75
Endo-Xylanase	Xylanase, Endo-1,4-Xylanase; β-1,4-Xylanase; Endo-1,4-Xylanase	1,4-β-D-Xylan Xylanohydro-lase	Endohydrolyse von 1,4-β-D-xylosidischen Bindungen in Xylanen	3.2.1.8
Xylan endo-1,3-β-Xylosidase	Xylanase; Endo-1,3-β-Xylanase; Endo-1,3-Xylanase	1,3-β-D-Xylan Xylanohydro-lase	Endohydrolysis von 1,3-β-D-glycosidischen Bindingen in 1,3-β-D-Xylanen	3.2.1.32
Endo-Glucanase	Cellulase	1,4-(1,3;1,4)-β-D-Glucan 4-glucanohydrolase	Endohydrolyse von 1,4-β-D-glucosidischen Bindungen in Cellulose, Lichenin und Cereal β-D-Glucanen	3.2.1.4

leichten Modifikationen in den üblichen Benzin-motoren als Kraftstoffe eingesetzt werden können. ETBE wird auch als Additiv eingesetzt, um fossiles tertiäres Methyl-butyl-ether (MTBE) als Oktan-Booster zu ersetzen. Es gibt bereits zwei verschiedene Gemische mit Bioethanol auf dem Markt:

a) E10: ein Gemisch aus 10% Ethanol und 90% Benzin

b) E85: ein Gemisch aus 85% Ethanol und 15% Benzin.

In der EU wird ein Minimum an **Bioethanol als Zusatz zu Benzin und Diesel vorgeschrieben**: im Jahre 2005 muss dieses Minimum bei 2% liegen, das bis zum Jahr 2010 auf 5,75% ansteigen soll. Innerhalt der EU tragen 6 Staaten an der Produktion von Bioethanol bei nämlich (in der Reihenfolge ihrer Produktionskapazität) Frankreich, Deutschland, Italien, Spanien, Schweden und Österreich. Entsprechend dieser politischen Vorgaben wird auch in Deutschland in neue Anlagen investiert. So errichtet die Südzucker AG eine Anlage in Zeitz, Sachsen Anhalt, die auf Basis von

700 000 Tonnen Weizen 260 000 m³ Ethanol pro Jahr herstellen soll. Die Nordbrandenburger Energie GmbH (NBE) errichtet eine Anlage in Schwedt in der Uckermark für die Produktion von 180 000 Tonnen pro Jahr auf Basis von 500 000 Tonnen Roggen.

19.1.1
Einführung in Ethanol für Kraftstoffe

Die ersten Verbrennungsmotoren von Samuel Morey in den USA aus dem Jahre 1826 wurden mit einer **Mischung aus Alkohol und Terpentin** betrieben. Das Aggregat trieb ein Schiff mit einer Leistung vom 8 Meilen pro Stunde über den Connecticut River an, jedoch konnte das Konzept keine Investoren gewinnen. Nicolaus August Otto entwickelte im Jahr 1860 in Deutschland einen Motor auf Ethanolbasis. Ethanol wurde in großem Maßstab als Kraftstoff für Motoren am Ende des 19. Jahrhunderts benutzt. Tatsächlich wurden die ersten Automobile, die in den USA (z.B. Henry Fords Model T) und Frankreich entwickelt wurden so konzipiert, dass sie mit **Ethanol aus Getreide als Kraftstoff** betrieben werden konnten. Jedoch hat billigeres **Petroleum** in den folgenden Jahren schnell Ethanol als Kraftstoffquelle der Wahl verdrängt. Ethanol aus Getreide musste damals mit komplexen und damit teuren und wenig effektiven Enzymgemischen wie Malz oder Koji (angegorener Reis) hergestellt werden. Getreide war kein ökonomisch sinnvoller Rohstoff für die Herstellung von Ethanol, bis industrielle Enzyme entwickelt wurden, wie sie heute verfügbar sind. Eine entscheidende Wende in der Verwendung von Ethanol erfolgte in den 1960er Jahren mit dem Beschluss der brasilianischen Regierung, Ethanol aus Zuckerrohr als **Motorkraftstoff** einzusetzen. Außerdem ereignet sich in den späten 1970er Jahren die erste große Ölkrise, und der Bedarf an alternativen, erneuerbaren Quellen für Kraftstoffe wurde deutlich.

Im Jahre 2003 betrug die **Gesamtproduktion** von Ethanol, sowohl für Kraftstoffe als auch für die Getränkeindustrie, ca. 39 Mio. m³ oder 10 Mrd. Gallons (Licht 2004). Es wird ein signifikantes Wachstum in den kommenden Jahren erwartet (Abb. 19.1 nach Berg 2003), während die Weltproduktion von Rohöl in der nächsten Dekade wahrscheinlich ihren Höhepunkt erreicht und danach kontinuierlich geringer wird (Campbell u. Laherrère, 1998).

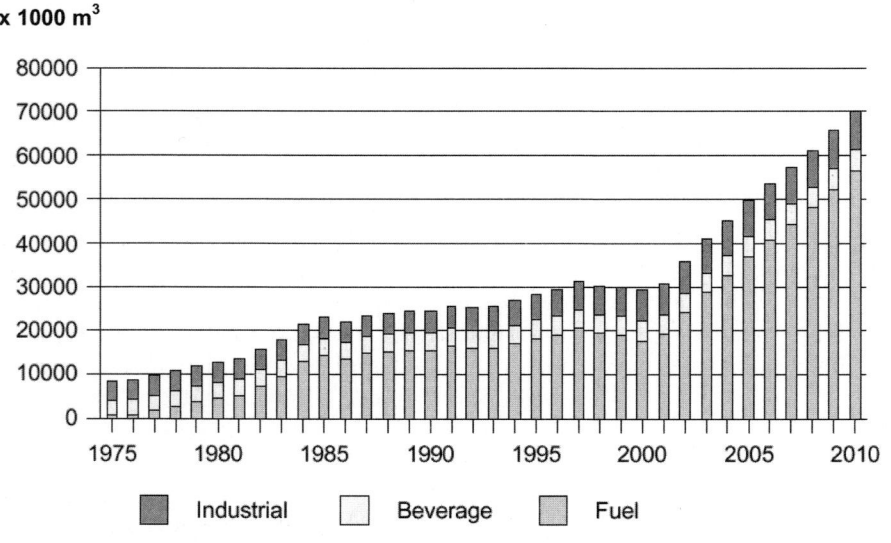

x 1000 m³

Abb. 19.1. Die globale Produktion von Ethanol nach Berg 2003

Tabelle 19.2. Allgemeine Zusammensetzung von wichtigen Getreidesorten, die für die Ethanolherstellung benutzt werden

Komponente	% Inhalt an Trockensubstanz				
	Mais	**Gerste**	**Roggen**	**Weizen**	**Hafer**
Protein	9–12	10–11	10–15	12–14	13–16
Fett	4,5	2,5–3	2–3	3	6–7
Stärke	65–72	52–64	55–65	67–70	54–64
Asche	1,5	2,3	2	2	2
Gesamt diätetische Fiber	13–15	14–24	15–17	10–13	11–13
Davon lösliche diätetische Fiber	–	8–10	3–4	1–2	3–5
Davon Arabinoxylane	0,03	0,3	1,4	0,6	–
Davon β-Glucane	0,05	2,4	0,8	0,14	–

Ethanol wird heute aus **allen leicht verfügbaren Getreidesorten** hergestellt. In den USA, Kanada und China wird hauptsächlich Mais, in Europa Weizen, Gerste und Roggen als Rohstoff eingesetzt. In West-Kanada wird ebenfalls Weizen und Gerste benutzt. In Tabelle 19.2 sind einige Daten bezüglich der Zusammensetzung der wichtigsten Getreidearten angegeben. Die gegenwärtige Technologie für die Produktion von Ethanol aus Getreide basiert auf dem *Dry-Milling*-(Trockenvermahlen) oder dem *Wet-Milling*-(Nassvermahlen) Prozess, während neue Produktionsanlagen hauptsächlich auf dem Dry-Milling-Prozess aufbauen.

Moderne Ethanolanlagen in den USA produzieren 40 Mio. Gallonen Ethanol pro Jahr. Es sind im Durchschnitt 35 Mitarbeiter beschäftigt, die einen Umsatz von etwa 60 Mio. Dollar erwirtschaften. Diese Anlagen haben einen **ökonomisch positiven Einfluss** auf Farmer und Zulieferer mit über 500 indirekten und induzierten Beschäftigten was einer ökonomischen Leistung von weiteren 100 Mio. Dollar bedeutet. Insgesamt hat die Produktion von Bioethanol damit einen großen Einfluss auf die Agrarindustrie in den USA. Für das Jahr 2005 wird prognostiziert, dass mehr als 80 Ethanolproduktionsanlagen in Betrieb sind. Damit sind die USA mit 30 Mrd. Gallonen nach Brasilien mit 40 Mrd. Gallonen der zweitgrößte Produzent von Ethanol weltweit, wobei die brasilianische Produktion auf der Verwendung von Zuckerrohr basiert.

19.1.2
Wet milling (Nassvermahlen) von Getreide für die Produktion von Ethanol

Mais ist das für die wichtigste Getreide für die Herstellung von Ethanol. Firmen, die das *Wet Milling*-Verfahren benutzen, verfügen in der Regel über große Produktionsanlagen, die oft mit Anlagen für die Herstellung von Fruktose-Sirup gekoppelt sind. Diese Koppelung erlaubt den Unternehmen, Rohstoffeinsatz und Produktgemisch flexibel zu steuern, um so die Rentabilität zu erhöhen. Nebenprodukte aus dem *Wet-Milling*-Verfahren sind z. B. Gluten, Glutenmehl und Öle, die großen ökonomischen Wert haben.

19.1.3
Dry milling (Trockenvermahlen) von Getreide für die Produktion von Ethanol

Im Dry-Milling-Prozess wird mit einer Serie von Hammermühlen der pflanzliche Rohstoff zu einem feinen Pulver vermahlen. Das Mehl wird mit Wasser gemischt, um eine **Maische** herzustellen. Der Prozess ist konzeptuell einfach, dennoch in seiner Gesamtkonzeption sehr variabel und enthält die folgenden 5 Hauptschritte:

(1) **Vermahlen** des Getreides und Gelatinieren der Stärke,
(2) kontinuierliche **Verflüssigung** der Stärke bei hohen Temperaturen („*Cooking*"),

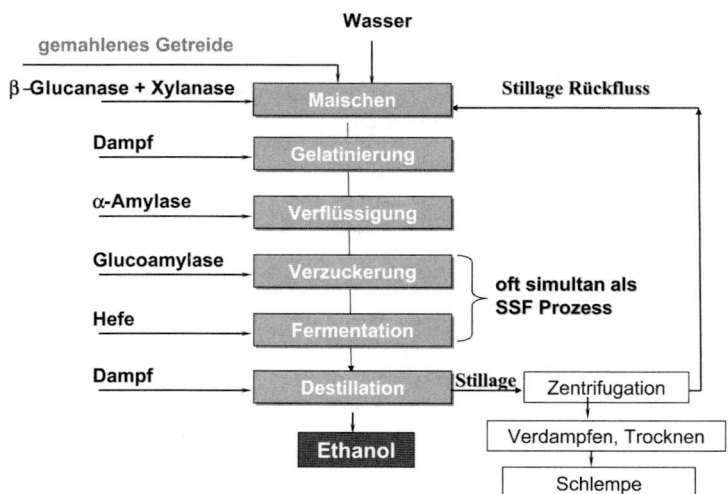

Abb. 19.2. Prinzip der Prozesse bei der Herstellung von Bio-Ethanol

(3) **Abbau der** entstandenen **löslichen Oligo-saccharide** zu vergärbaren Zuckern,

(4) **Fermentation** der Zucker mit Hefen zu Ethanol,

(5) **Destillation** des Alkohols.

Oft sind die Schritte (3) und (4) kombiniert, was als SSF-Prozess bezeichnet wird, wobei SSF für *„simultaneous saccharification and fermentation"* steht. Da diese Anlagen im Gegensatz zum *Wet-Milling*-Verfahren nur Ethanol und als hochwertiges Nebenprodukt Schlempe produzieren, waren die Betreiber gezwungen, neue innovative Technologien zu entwickeln oder zu implementieren, um operative und Kapitalkosten zu senken (Abb. 19.2).

Neben der **Automatisierung** der Prozesse und Computer-gesteuertern Kontrollsystemen haben **effiziente Enzymsysteme** dazu beigetragen, die Kosten der Ethanolherstellung zu senken. Neue Amylasen für die Verflüssigung des Getreides und der Stärke, neue Enzyme zur Reduktion der Viskosität sowie neue Glucoamylasen für die Bildung von Glucose und Proteasen zur optimalen Versorgung der Hefe im Fermentationsprozess sind entwickelt und erfolgreich in die Ethanolbetriebe eingeführt worden (s. Kap. 7). Im weiteren Text wird hautsächlich auf *Dry-Milling*-Prozesse eingegangen.

19.2
Produktion von Ethanol aus Getreide

Getreide wird **trocken vermahlen**, indem getrocknetes Pflanzenmaterial mit einer maximalen Feuchte von 15% in die Mühle kommt. Industrielle Hammermühlen haben eine offene Fläche von ca. 40% mit gestanzten Löchern, um eine optimale Kombination aus offener Fläche und Siebstärke zu gewährleisten. Die Verteilung der Partikelgröße hat keinen signifikanten Einfluss auf den Ethanolertrag solange das Mehl nicht zu grob ist, d.h. eine Partikelgröße von 2 mm nicht überschreitet. Dagegen kann ein zu feinkörniges Mehl negative Effekte auf die Zentrifugation der Stillage und die Trocknung des Restdestillats haben.

Werden Trockensubstanzgehalte von 20% bis 30% oder 35% während der **Stärkeverflüssigung** im *Cooking*-Prozess eingesetzt, kann der Energieverbrauch, der benötigt wird, um einen Liter Ethanol zu produzieren, um bis zu 50% reduziert werden (Abb. 19.3).

Werden höhere Trockensubstanzgehalte eingesetzt, wird die **Viskosität des Breis** sehr hoch; dies gilt sogar nach der vollständigen Umwandlung der Stärke zu vergärbaren Zuckern. Dies wird in Abb. 19.4 veranschaulicht, in der die Viskosität von a) Weizenstärke, b) gemahlenem Weizen

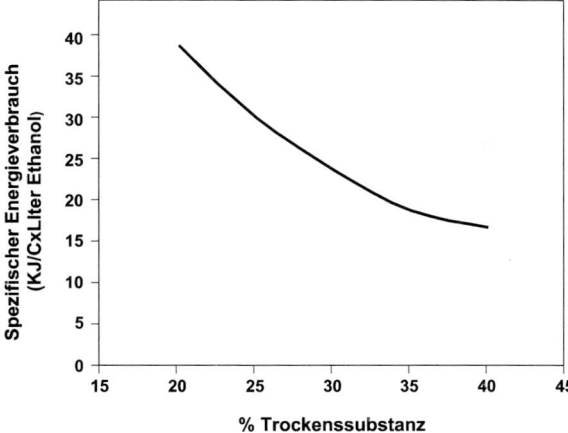

Abb. 19.3. Energieverbrauch während der Verflüssigung der Stärke bei gemahlenem Weizen (Moelgaard et al. 1986)

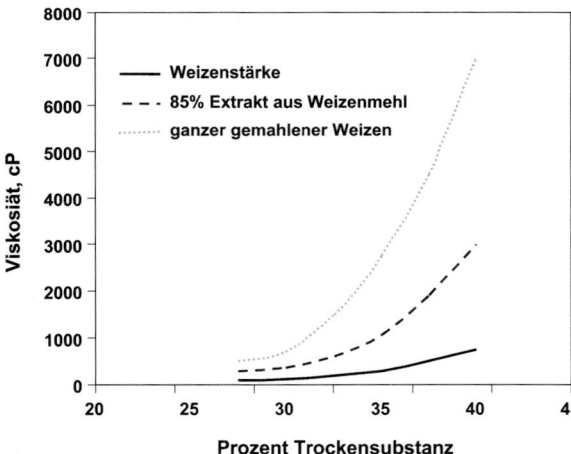

Abb. 19.4. Viskosität des Breis nach der Stärkeverflüssigung als Funktion der Trockenmasse (*dry matter*) bei 84 °C (Moelgaard et al. 1986)

und c) 85%-Extrakt von Weizenmehl als Funktion des Trockengehaltes aufgetragen sind.

Die **maximale Trockensubstanz** ist von der benutzten Getreidesorte abhängig. Es wurden effektive Enzymkompositionen für die Reduktion der Viskosität entwickelt, die zu verschiedenen Schritten der Ethanolherstellung zugefügt werden können. Bei erhöhten Konzentrationen anderer Substanzen als Stärke, wie z. B. β-Glucanen, Xylosen und Hemicellulosen können die Viskositäten

nun zu akzeptablen Werten reduziert werden, um so eine gleichbleibende Prozessführung zu gewährleisten. Außerdem werden auf diese Weise eine **verbesserte Produktivität und erhöhte Ethanolausbeuten** erreicht.

Der Verflüssigung folgt eine kontinuierliche **Umwandlung zu vergärbaren Zuckern** und die Überführung in einen Fermenter. *Dry-Milling*-Anlagen benutzen entweder kontinuierliche oder Batch-Fermentationen, wobei beide Prozesse auf der gleichzeitigen Verzuckerung und Fermentation (SSF) beruhen können. In der Regel ist der letzte Fermenter eines kontinuierlichen Systems nur teilweise gefüllt, um so Schwankungen im Volumen oder in der Flussrate aufzufangen. Auch in Batch-Anlagen wird oft ein solcher **Auffangfermenter** benutzt. Dieser letzte Fermenter wird auch „Bier-Tank" genannt und erlaubt den Anlagen einen kontinuierlichen Fluss des Ethanols zur Destillation.

Die Hauptschritte der Alkoholproduktion aus stärkehaltigem Getreide sind in der Abb. 19.5 zusammengefasst.

Ein für die Ethanolproduzenten wichtiges Nebenprodukt der Ethanolproduktion ist die Schlempe oder DDGS vom Englischen „*distillers dried grains with solubles*" (Abb. 19.2; Abb. 19.5). Als **Schlempe** bezeichnet man den eiweißhaltigen **Destillationsrückstand** bei der Herstellung von Alkohol aus Getreide, Kartoffeln oder Obst. Diese findet als hochwertiger Zusatzstoff in Futtermitteln, als Dünger oder als Ausgangsstoff für Biogas Verwendung und führt damit zu einer verbesserten Ökonomie der Ethanolbetriebe.

19.2.1
Die Verflüssigung der Stärke aus Getreide

Die enzymatische Verflüssigung der Stärke ermöglicht den weiteren Abbau des Glucose-Polymers zu Zuckern, die der Hefe zur Ethanolgärung zur Verfügung gestellt werden. Die Verflüssigung wird normalerweise unter hohem Druck und bei hohen Temperaturen im „*Pressure-Cooking*"-Verfahren durchgeführt. Dabei werden Getreide und auch Kartoffeln bei einem Druck von 5 Atmo-

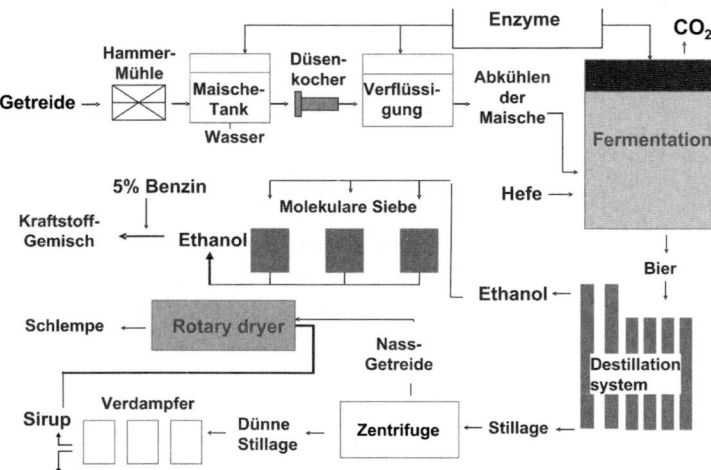

Abb. 19.5. Die Hauptschritte der Alkoholproduktion aus stärkehaltigem Getreide in einem typischen *Dry-Milling*-Verfahren

sphären bis zu 150 °C erhitzt. Wird der Druck plötzlich entfernt, explodieren buchstäblich die Zellwände der Pflanzen und entlassen so die Stärke. In diesem Verfahren werden die Enzyme **nach dem Kochen** zum Brei gegeben.

Nicht-modifizierte Stärkekörner sind normalerweise in Wasser unter 50 °C unlöslich. Werden Stärkekörner in Wasser **über eine kritische Temperatur erhitzt**, absorbieren sie Wasser, schwellen an, und erreichen ein Vielfaches ihrer ursprünglichen Größe. Oberhalb einer kritischen Temperatur durchlaufen die Stärkekörner einen irreversiblen Prozess, der als Gelatinieren bekannt ist und u. a. zur erhöhten Löslichkeit der Stärke führt.

In der letzten Zeit wurden die alten Maschemethoden, die **nicht unter hohem Druck** ablaufen, zunehmend populär. Anstatt Temperaturen von bis zu 150 °C anzuwenden, liegen die Temperaturen in diesem Verfahren bei 60 °C bis 95 °C. Auch das „Kaltmaischverfahren", das in 1968 mit einem Prozess für die Herstellung von deutschem Gin beschrieben wurde, wird heute wieder in Betracht gezogen (Laatsch u. Sattelberg, 1968). Dieser Prozess führt zu **Energieeinsparungen** (Wolf et al. 1981; Kreipe 1980, 1981), da es keinen Bedarf für Drucksysteme gibt. Die weitere Entwicklung dieses Verfahrens wurde von Olsen (2004) beschrieben. Prinzipien zur Behandlung von Getreide während des Maischens, der Verflüssigung und Verzuckerung sind in Abb. 19.6 schematisch zusammengefasst.

Die **Verflüssigung der Stärke** ist der erste enzymatische Schritt bei der Umwandlung der Stärke zu Alkohol. In diesem Prozess wird das Stärkekorn geweitet und geöffnet, um es für den enzymatischen Abbau in lösliche Dextrine zugänglich zu machen. Diese Dextrine werden anschließend enzymatisch zu fermentierbaren Zuckern umgesetzt. Die Verflüssigung besteht demnach aus 3 Schritten:

1. Maischen (*Mashing*): die Herstellung des Breies
2. Gelatinierung der Stärke, um diese für den enzymatischen Abbau zugänglich zu machen
3. Dextrinbildung, die Bildung löslicher Oligosaccharide durch α-Amylasen.

Die Gelatinierung wird dabei durch Erhöhen der Temperatur der Maische erreicht. Dabei zeigen Stärken aus den verschiedenen Ausgangstoffen unterschiedliche Begrenzungen der Temperatur, ab der die Gelatinierung eintritt, mit einem Intervall von 51 °C für Kassava bis zu 78 °C für Hirse (Tabelle 19.3).

Das Design des Verflüssigungsprozesses ist ein wesentlicher, aber auch variabler Vorgang, da es verschiedene Möglichkeiten gibt, **Stärke effizient zu verflüssigen**. Einige Beispiele sind (Abb. 19.6):

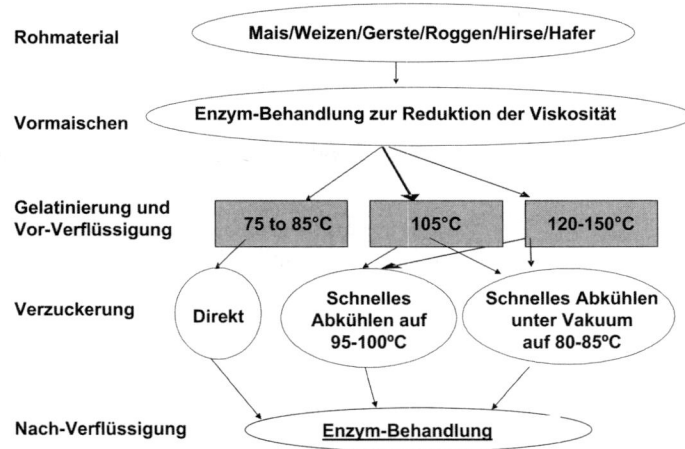

Abb. 19.6. Prinzipien der Behandlung von Getreide während des Maischens, der Verflüssigung und Verzuckerung sowie vor der Fermentation

Tabelle 19.3. Überblick über Stärkegehalt, Gelatinierungstemperatur und Alkoholausbeute aus verschiedenen Rohstoffen

Rohmaterial	Typisch Stärke Gehalt in %	Gelatinierungs-temperatur °C	Alkohol-Ausbeute (Liter/ 100 kg)	Protein-Gehalt (%)
Gerste	54–65	53–63	34–41	9–14
Mais	60–63	68–74	38–40	9–10
Manioc/Tapioca-Mehl	65–80	51–65	40–50	0,5–2
Roggen	55–62	55–70	35–37	8–16
Hirse	55–65	70–78	36–42	8–10
Triticale	63–69	55–70	40–44	13–16
Weizen	58–62	58–65	36–39	10–14

- Hochtemperatur (120–150 °C) *Jet Cooking* ohne Zusatz von Enzymen,
- Mitteltemperatur (105 °C) *Cooking* mit geteilter Enzym-Dosierung: Maischen und Zwei-Stufen-Verflüssigung wurde von Hagen 1981 eingeführt,
- Systeme, die selten über 85 °C gefahren werden,
- Maische-Tanks, die sowohl über als auch unter der Gelatinierungstemperatur betrieben werden.

19.3
Enzyme für die Ethanolherstellung aus Getreide

Die wichtigsten Enzyme (s. Kap. 7) für die Produktion von Bioethanol sind

- β-Glucanasen, Xylanasen und Cellulasen zum Abbau pflanzlicher Biomasse führen zu einer Reduktion der Viskosität
- α-Amylasen und Amyloglucosidasen, wie sie aus der Stärkeindustrie zur Verflüssigung und Verzuckerung der Stärke bekannt sind,
- Proteasen zur optimalen Versorgung der Hefe mit Nähstoffen.

19.3.1
Reduktion der Viskosität vor der Stärkeverflüssigung für Weizen, Gerste und Roggen als Rohstoffe

Viskosität in der Maische wird vom pflanzlichen Reservepolysaccharid Stärke sowie den Strukturpolymeren β-Glukane, Xylane und Cellulosen verursacht. Die Reduktion der Viskosität ist **essentiell für Alkoholprozesse** mit Weizen, Gerste und Roggen als Rohstoffe, da Parameter wie das Rühren der Maische, Pumpen des Breis und das Vermeiden von lokalen Überhitzungen wesentlich sind für einen effektiven Prozess. **Hohe Viskosität**

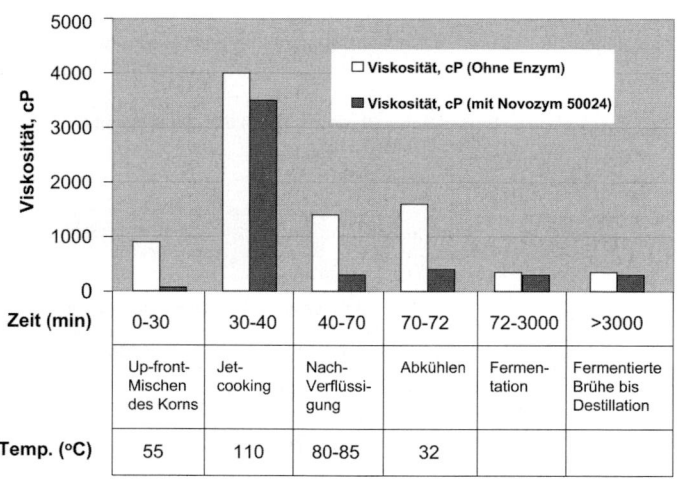

Abb. 19.7. Effekt der Viskosereduktion während des Ethanolprozesses. Novozym 50024 wurde während der Mischung dem komplexen gemahlenen Weizen beigesetzt (Trockenmasse 30–35%)

kann sowohl während der Maischeherstellung als auch bei der Verflüssigung der Stärke zu Problemen führen, da sie auf die Enzymkinetiken und die Fermentation Einfluss nehmen kann.

Verwendet man z. B. ein Gemisch aus von Pentosanasen (Xylanasen) und β-Glucanasen, wie es im System Novozym 50024 von Novozymes A/S enthalten ist, wird die Vormaische bereits zu Beginn des Prozesses, nämlich dem Mischen des gemahlenen Getreides im Vortank, innerhalb von 30 Minuten zu einer leichtviskösen Flüssigkeit.

Viskositätsdaten sind in der Abb. 19.7 für einen Prozess gezeigt, der mit Düsenkocher (*Jet Cooker*) aber mit einer Maische-Temperatur unter der Gelatinierungstemperatur wie in Abb. 19.6 beschrieben, arbeitet.

Die **Reduktion der Viskosität** des Breies und aller folgenden Flüssigkeiten in allen Phasen des Prozesses führt dazu, dass

- eine höhere Trockenmasse eingesetzt werden kann,
- Wasser gespart werden kann,
- mit weniger starken Pumpen Flüssigkeiten bewegt werden können
- lokale Überhitzungen vermieden werden,
- die Anlage wesentlich einfacher gereinigt werden kann, was insgesamt wiederum zu Energieeinsparungen und einer verbesserten Produkti-

onskapazität führt. Außerdem kann mit einem **höheren Ethanolertrag** gerechnet werden.

Die Extraktion/Lösung hochviskoser Polysaccharide wie Stärke, Cellulosen, Pentosanen und β-Glucanen ist stark vom eingesetzten Rohmaterial und dessen Zusammensetzung, wie in Tabelle 19.2 schematisch angegeben, abhängig. Im Folgenden sind einige Beispiele beschrieben:

Weizen

Abbildung 19.8 zeigt ein typisches Beispiel, in dem gemahlener Weizen mit 30% Trockensubstanz mit steigenden Konzentrationen von Novozym 50024 behandelt wird. In diesem Fall wurden die Viskositäten zu verschieden Zeitpunkten mit einem Haake Viscotester VT-02 gemessen.

Gerste und Roggen

In diesem Beispiel wurde ganze gemahlene Gerste zu einem Wassergemisch aus 80% Kondensat und 20% dünner Stillage (Abb. 19.4) unter langsamem Rühren hinzugefügt. Die Trockensubstanz betrug am Ende 30%, der pH-Wert lag bei 5 bis 5,5. Die Reaktionszeit betrug 60 Minuten. Für die Rohstoffe Gerste und Roggen wurde ein signifikanter Effekt mit der Kombination aus β-Glucanase und Xylanase beobachtet (Abb. 19.9).

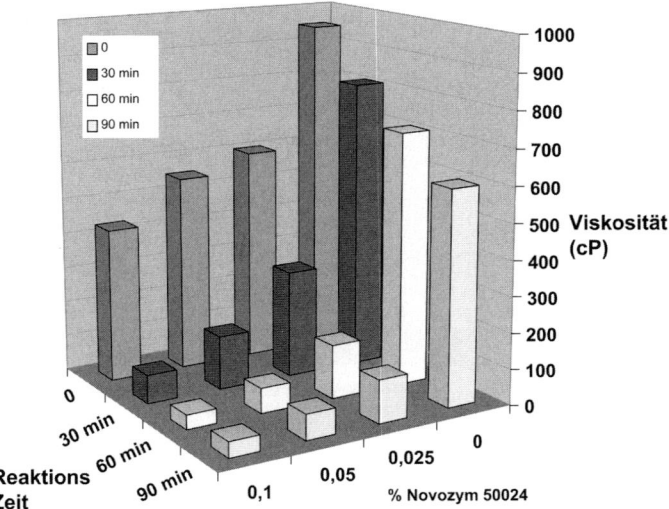

Abb. 19.8. Viskosität einer Weizenmaische mit 30% Trockensubstanz nach Behandlung mit Novozym 50024, gemessen nach 30, 60, und 90 Minuten mit einem Haake-Viscotester VT-02

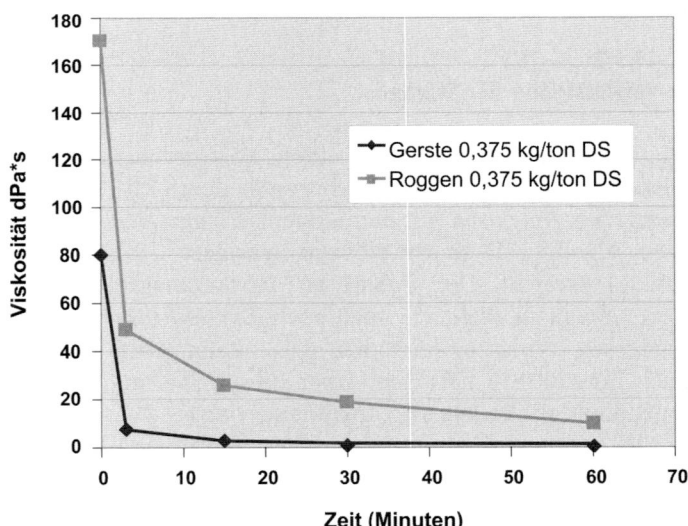

Abb. 19.9. Relative Reduktion der Viskosität für Gerste- und Roggenmaischen bei 50 °C mit einer effizienten Mischung aus Xylanasen und Beta-Glucanasen, gemessen mit einem Viscotester VT-02

19.3.2
Reduktion der Viskosität während der Stärkeverflüssigung bei 80–85 °C in einem Prozess, in dem die Maische mit einem Düsenkocher bei Temperaturen über 110 °C vorbehandelt wurde

Um die Reduktion der Viskosität während der Stärkeverflüssigung bei niedrigen Temperaturen (80–85 °C) zu untersuchen, wurde auch in diesem Fall Xylanase und Endo-Glucanase sowie β-Glucanasen zugegeben.

In Abb. 19.10 ist ein typisches Beispiel für Gerste angegeben: In den ersten Minuten der Reaktion nimmt die Viskosität schnell ab, danach werden die Enzyme durch die hohen Temperaturen inaktiviert und die Viskosität bleibt konstant. Übliche Konzentrationen von α-Amylase (0,3 kg/ Tonne Gerste, Trockensubstanz) wie z. B. Liquozyme SC von Novozymes A/S wurden in diesem Ver-

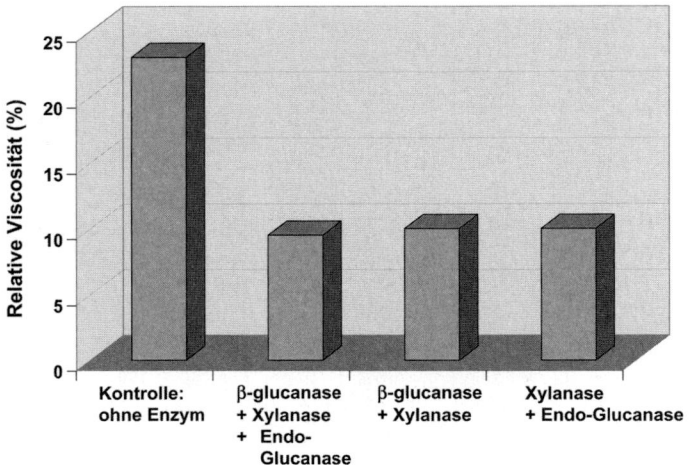

Abb. 19.10. Viskosität, gemessen nach 10 Minuten, in Gerstenmaische bei einem Verflüssigungsprozess bei 80–85 °C. Die Abb. zeigt Versuche mit und ohne Zusatz von viskositätsändernden Enzymen. In jedem Versuch wurde die Alpha-Amylase Liquozyme in einer Konzentration von 0,3 kg/Tonne Gerste eingesetzt

such zusätzlich zu β-Glucanase, Xylanase and Endo-Glucanase verwendet.

19.3.3
Verflüssigung der Stärke

Die Verflüssigung der Stärke, einem Polymer aus Glucose-Einheiten, wird typischerweise durch Zusatz von α-Amylasen mit dem systematischen Namen 1,4-alpha-D-glucan-glucano-hydrolase (EC 3.2.1.1) erreicht. Der **Gehalt an Trockenmasse** liegt sowohl in *Wet-* wie auch auch *Dry-Milling-* Prozessen typischerweise bei 35%, kann aber auch bis zu 38% betragen. Über diesen Werten wird die Maische jedoch zunehmend viskös.

Ein oft benutztes kommerzielles Enzymprodukt ist Liquozyme SC von Novozymes A/S. Es handelt sich um ein flüssig-formuliertes Enzymprodukt, das eine hitzestabile α-Amylase enthält. Diese wurde aus einem Bacillus isoliert und in einem speziellen Bacillus-Produktionsstamm heterolog exprimiert Zusätzlich wurde das Enzym durch Protein Engineering für die Stärke-Industrie und insbesondere die Ethanol-Produktion optimiert. Dadurch kann diese Amylase bei niedrigeren pH-Werten und niedrigeren Ca^{++}-Konzentrationen als konventionelle Amylasen, die durch Ca^{++} stabilisiert werden, den Abbau der Stärke zu oligomeren Dextrinen katalysieren. Diese Eigenschaften führen dazu, dass Ca^{++} nicht ex-

tra zugesetzt und der pH durch Zusetzen von Lauge nicht angehoben werden muss – beides Faktoren, die zu einer wesentlich **verringerten Salzfracht** im Prozess und damit einer Umweltentlastung führen. Außerdem kann Stillage mit niedrigem pH im Rückfluss der Maische zugeführt werden, ohne dass die Aktivität der Amylase beeinträchtigt wird (Abb. 19.2). Zusätzlich wurde Liquozyme SC speziell mit Hinblick auf die verbesserte Reduktion der Viskosität optimiert, während klassische Amylase-Produkte primär Stärke abbauen und die Viskosität nur zufällig beeinflussen. Die Vorteile bei der Anwendung von Liquozyme SC sind in Abb. 19.11 beschrieben: In diesem Versuch wurde das optimierte Enzym mit Prozessen ohne bzw. mit herkömmlicher Amylase verglichen. Insgesamt führen die Eigenschaften spezieller Enzyme wir Liquozyme SC zu einigen wesentlichen prozesstechnischen Vorteilen, die letztlich zu robusteren Prozessen und geringeren operativen Kosten führen.

Abbildung 19.11 verdeutlicht, dass bei Anwendung des optimierten Enzyms die **maximale Viskosität** bei 95 °C signifikant geringer war als ohne Enzym (und auch mit herkömmlicher Amylase, ohne Abbildung) und dass die Endviskosität nach der Verflüssigung, d. h. nachdem das Gemisch auf 50 °C abgekühlt worden war, ca. 10'fach geringer war. In einer Ethanol-Anlage muss der Abbau der gelatinierten Stärke zu löslichen Oligosaccha-

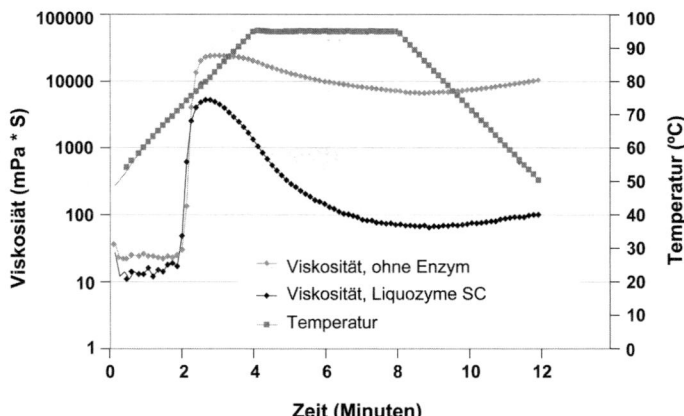

Abb. 19.11. Änderung der Viskosität in Maisstärke mit durch Protein-Engineering optimierter Alpha-Amylase (Liquozyme SC) und ohne Enzym in einem Temperaturbereich von 50–95 °C

riden (Dextrinen) ein Produkt gleichbleibender Qualität produzieren. Ist die Viskosität zu hoch, ist die Mischung des Breies oft nicht optimal, was wiederum dazu führen kann, dass noch nicht vollständig abgebaute Stärke **aus dem System ausgetragen** wird und damit der Ethanolherstellung verloren geht, während andere Teilvolumen mit bereits oligomerisierter Stärke länger als nötig im System verbleiben.

19.3.4
Vorverzuckerungsprozesse vor der Fermentation (in Prozessen ohne SSF)

Im Anschluss an die Stärkeverflüssigung erfolgt der Abbau der entstandenen löslichen Oligosaccharide zu vergärbaren Zuckern. Diese Reaktion wird durch das Enzym Amyloglucosidase (AMG, Glucoamylase) mit dem systematischen Namen 1,4-α-D-glucan glucohydrolase (E.C. 3.2.1.3) katalysiert.

Für lange Zeit wurde in **Batch-Fermentationsanlagen** die Verzuckerung vermieden, um das Risiko von Kontaminationen zu minimieren. Heute werden dazu neue, thermostabile Enzyme eingesetzt, die Verzuckerung bei Temperaturen um 65 °C erlauben, sodass die Wahrscheinlichkeit mikrobieller Infektionen gering ist. Jedoch können Batch-Prozesse hohe Konzentrationen von Dextrose (Glucose) nicht tolerieren, da die Hefezellen

durch den sehr hohen osmotischen Druck inhibiert werden.

In Prozessen mit **kontinuierlichen Fermentationen** dagegen wird der verzuckerte Brei ständig verdünnt. Das bedeutet, dass die anfallenden Dextrose-Konzentrationen und der damit der anfallende osmotische Druck weniger hoch sind, sodass vollständig verzuckert werden darf. In der Praxis wird das ökonomische Optimum oft zwischen 50 und 70% Dextrose im Fermenterzulauf gefunden. Das ist auf die Kinetik der Verzuckerung zurückzuführen, die anfangs bis zu 70% Dextrose sehr schnell verläuft, danach aber langsamer wird und schließlich bei etwa 95% Dextrose das Maximum erreicht hat. In der Fermentation wird die Dextrose aus dem System entfernt, was die Rate der Verzuckerung erheblich beschleunigt.

19.3.5
Verfahren zu simultanen Verzuckerung und Vergärung (SSF)

In vielen industriellen Anlagen wird ein Verfahren zur simultanen Verzuckerung und Vergärung benutzt (*Simultaneous Saccharification and Fermentation*, SSF). Amyloglucosidasen bauen die **löslichen Oligosaccharide** zu Glucose ab, während die Hefe diese wiederum zu **Ethanol** umsetzt. Dies hat einen positiven Effekt auf die Kinetik der

AMGs, da deren Reaktionsprodukt ständig aus dem Gleichgewicht entfernt wird.

Sowohl kontinuierliche als auch Batch-Fermentationen werden im *Dry Milling* erfolgreich eingesetzt. Zu den **Vorteilen der kontinuierlichen Gärung** gehören die vollständige Ausnutzung des Fermentationsgefäßes ohne Füllprozesse, ohne Pipelines und ohne entsprechende Instandhaltungsmaßnahmen, die einfache Handhabung sowie die gleichbleibende Konsistenz und Qualität des Produktes. **Nachteile** sind potentielle mikrobielle Kontaminationen bei niedrigeren Gärungstemperaturen, die aus dem Getreide der Stillage Rückfuhr stammen können sowie die Stilllegung der Anlage zu Wartungszwecken. Das **Risiko mikrobieller Kontaminationen** ist allerdings im Gegensatz zum „Nicht-SSF-Verfahren" wesentlich **verringert**, da die Glucose-Konzentration im System sehr gering gehalten wird, während die Hefe in hoher Anzahl mit hoher katabolischer Rate arbeitet.

Die Ethanol-Produktion und damit die Effektivität der Fermentation kann im Labor durch die Bestimmung der CO_2- oder direkt der Ethanol-Konzentration mittels Gaschromatographie, Gewichtsabnahme oder HPLC quantifiziert werden. Aus der CO_2-Konzentation kann über die metabolische Rate der Umsetzung die Ausbeute an Ethanol errechnet werden.

Getreide und insbesondere Mais, enthalten oft geringe Konzentrationen an **löslichen Stickstoffverbindungen**. Als Folge daraus wächst die Hefe in der Fermentation schlecht, d.h. langsam und in zu geringen Biomassen. Dies kann durch die Zuführung von N-Quellen wie NH_4^+-Salzen, Harnstoff, aber auch durch das Zusetzen von Proteinabbauenden Enzymen, Proteasen, ausgeglichen werden. Um die Fermentation und die Destillation effektiv zu unterstützen, kann es nötig sein, die Viskosität der Fermentationsbrühe herabzusenken. Dies kann wie oben beschrieben durch den Zusatz von β-Glucanase und Pentosanasen erreicht werden.

19.3.6
Der Einfluss auf Ökobilanz und Ökonomie

Den Einfluss auf Ökonomie und Ökologie macht die folgende Überschlagsrechnung deutlich: Während klassische Enzymsysteme einen Einsatz von 35% Trockensubstanz („*dry solids*", DS) erlauben, sind heute 38–40% Trockenmasse üblich, was einem Anstieg von etwa 10% entspricht. Höhere Trockenmasse geht einher mit **vermindertem Wasserverbrauch**: die geschätzte Wasserreduktion für eine 40-Mio.-Gallonen-Anlage sind 27 Mio. Gallonen Wasser pro Tag! Außerdem wird **Energie** eingespart: zum einen wird das gesparte Wasser nicht erhitzt und später gekühlt, zum anderen wird das verbliebene Prozesswasser weit weniger erhitzt, da der Prozess bei niedrigeren Temperaturen durchgeführt wird. Dies resultiert in Einsparungen von 34 400 Pfund an Dampf pro Tag und einer entsprechenden Senkung der Emissionswerte. Zusätzlich zu diesen Effekten wird der Ertrag an Ethanol pro eingesetzter Biomasse durch den gezielten Einsatz verbesserter Enzyme erhöht.

19.4
Proteasen schaffen optimale Bedingungen für die Hefe

Wie oben erwähnt, können Proteasen eingesetzt werden, um den geringen N-Gehalt vieler Getreidesorten auszugleichen. Proteasen katalysieren den Abbau von Protein zu kleineren Pepridstücken und Aminosäuren, die als N-Quelle der Hefe zur Verfügung gestellt werden (s. Kap. 7). Zusätzlich werden Minerale und Vitamine freigesetzt. Die verbesserte Ernährung der Hefe erlaubt einen größeren Eintrag von Getreide/Stunde in die Anlage, ohne dass dazu Extrainvestitionen nötig sind. Es wird geschätzt, dass die Kapazität der Ethanolherstellung aus Mais in einigen Anlagen auf diese Weise um 20–30% gesteigert wird.

Ein Nebeneffekt der Proteasen ist, dass sie helfen, *BioFouling* der Anlagen zu vermeiden, das durch Proteine hervorgerufen wird. Außerdem bauen Proteasen Lektinstrukturen auf der Oberfläche der Hefezellen ab. Damit reduzieren sie An-

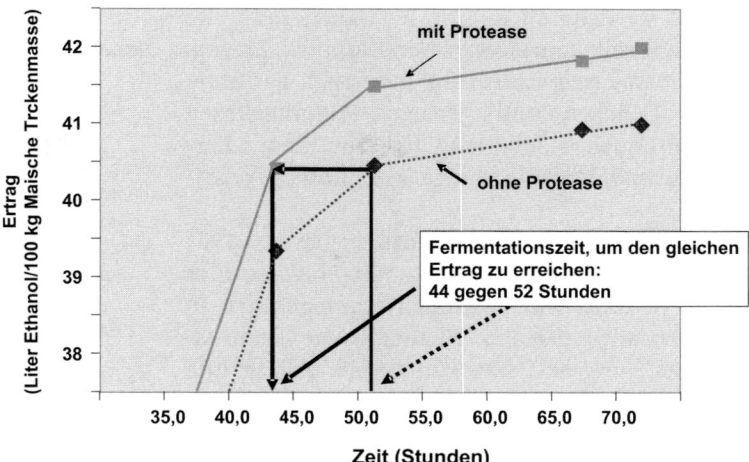

Abb. 19.12. Effekt von Proteasen auf die Ethanolbildung in einer Ethanolfermentation mit ganzem Mais

heftung und Flockenbildung der Hefe, ein Phänomen, das bei hohen Biomasse-Konzentration auftritt und zu verminderter Ethanolausbeute durch verringerte Prozessraten führt. In Abb. 19.12 ist der positive Effekt von Proteasen auf den Ethanolertrag dargestellt.

19.5
Perspektiven für die Zukunft

Cellulose, das häufigste vorkommende organische Material auf der Erde, kann sich in der Zukunft zu einer **nahezu unbegrenzten Quelle für die Energieversorgung** entwickeln. Das Konzept ist, dass nicht nur die in den Pflanzen vorhandene Stärke, sondern das gesamte Pflanzenmaterial genutzt werden kann. Cellulose ist ein Polysaccharid, das wie Stärke aus Glucoseeinheiten besteht, die aber durch β-1–4-Bindungen verknüpft sind. Maisstängel bestehen zu 38% aus Cellulose, 32% Hemicellulose, 17% Lignin und 13% anderen Polymeren. Das Maiskorn dagegen besteht zu 72% aus Stärke und nur 10% Cellulose und Hemicellulose, 9% Protein und 4,5% Ölen. Während Stärke, wie oben beschrieben, zu vergärbarer Glucose abgebaut wird, führt der Abbau von Cellulosen und Lignin aber auch zu Kohlenhydraten wie Xylose, die von Industriehefen wesentlich **schlechter zu Ethanol vergoren** werden.

Der Abbau von Biomasse, inklusive Cellulose ist seit etwa 30 Jahren Gegenstand wissenschaftlicher Arbeiten. Trotzdem ist es bis heute nicht gelungen, ein Enzymsystem zu entwickeln, das **ökonomischen Anforderungen** genügt, d.h. preiswert genug ist. Einige Gründe dafür sind die **Unlöslichkeit der Cellulose**, die überaus große Komplexität der Substrate, die Verschiedenheit der Zusammensetzung in den verschiedenen Pflanzengruppen, Kosten der einzelnen Enzyme und daraus resultierend insgesamt ein Mangel an Effizienz im Abbau der organischen Biomasse.

Der gegenwärtige Prozess, der den meisten ökonomischen Analysen zugrunde liegt, basiert auf einer Vorhydrolyse der lignocellulosischen Biomasse durch verdünnte Säuren mit simultaner Verzuckerung der verbleibenden Cellulose durch Enzyme und anschließender Fermentation mit Hefen zu Ethanol. Zusätzlich zu diesen Verfahrensschritten muss der gesamte Prozess die gesamte Infrastruktur umfassen, wie z.B. Lieferung und Lagerung der Biomasse, Reinigung und Aufbewahrung des Produktes, Abwasser Aufbereitung, Enzym-Produktion, Entsorgung des Lignins (McAloon et al. 2000).

Die vielversprechendsten Technologien zur Aufbereitung von Cellulose stammen aus der Papier- und Pulpe-Industrie, in der Cellulose-Fibern für die Papierproduktion aus Holzmaische aufbereitet werden. Zu diesen Techniken zählt das Maischen mit kontinuierlicher Dampf-Explosion („*continuous steam explosion pulping*"), das unter hohen Drücken und geringer Aufenthaltszeit Breie produziert, die eine für die Ethanolherstellung **ausreichende Menge an Cellulose** freisetzen.

Batch-Dampf-Verfahren wurden bereits 1931 mit der Einführung des Masonit-Prozesses für die Produktion von Spannplatten eingeführt. In den 70er Jahren begann die kanadische Firma Iogen Forschungsaktivitäten zur Entwicklung und Optimierung der Dampf-Verfahren für die Herstellung von Ethanol.

Das amerikanische „National Renewable Energy Laboratory" (NREL) hat in den 1990er Jahren eine vollständige Analyse und eine Neuausrichtung sowohl des Prozessdesigns als auch des ökonomischen Modells vorgenommen. Dies beruht auf der sauren Vorhydrolyse, der enzymatischen Verzuckerung und der Fermentation (Wooley et al. 1999a). Wooley et al. (1999b) folgerten, dass für die Herstellung von Industriealkohol die Kosten der Cellulasen signifikant gesenkt werden und deren katalytischen und biochemischen Eigenschaften wie z.B. Thermostabilität, spezifische Aktivität, Cellulose-Affinität über Cellulose-Binde-Domänen, vermindertes unspezifisches Binden optimiert werden müssen.

Das US Department of Energy hat im folgenden Forschungsprogramme initiiert und finanziert, an denen u. a. die Enzymproduzenten Novozymes A/S und Genencor Intl. teilnehmen, um die oben genannten Verbesserungen vorzunehmen. Hauptziel ist es, die Kosten der Enzyme, die an dem Abbau der pflanzlichen Biomasse zu vergärbaren Zuckern beteiligt sind, zu senken. In den optimistischen Szenarien muss das Verhältnis von Kosten zu Effizienz mindestens um den Faktor 10 reduziert werden, um in den USA ökonomisch sinnvoll zu sein. Novozymes und Genencor haben berichtet, dass diese Vorleistungen erfüllt wurden und die Kosten entsprechen gesenkt werden konnten. In der Zukunft kann man davon ausgehen, dass **Bioethanol aus Pflanzenresten** wie ganzen Maiskolben, ganzen Halmen, Hülsen oder anderen Pflanzenabfällen, die Cellulose enthalten, gewonnen werden kann.

Literatur

Aschengreen NH (1969) Microbial Enzymes for Alcohol production. Process Biochemistry, pp A5648 (from Novo Terapeutisk Laboratorium name)

Berg C (2003) "Fuel Ethanol Analysis and Outlook" Prepared for Ministry of Economy, Trade and Industry (METI), Japan by Dr. Christoph Berg F.O. Licht World *http://www.meti.go.jp/report/downloadfiles/g30819b40j.pdf* (780,951 bytes) (date 29 Aug. 2003)

Hagen HA (1981) "Production of Ethanol from Starch-containing Crops – Various Cooking Procedures". Paper given at a Meeting on bio-fuels in Bologna, June 1981. Available as Available as Article A-5762a GB from Novozymes A/S

Kreipe H (1980) Wird das „Kaltmaischverfahren" wieder interessant? Branntweinwirtschaft 120:354–356

Kreipe H (1981) Betriebserfahrungen mit der Nassvermahlung und dem modifizierten Kaltmaischverfahren in der Kornbrennerei. Branntweinwirtschaft 121, 182:182–184

Laatsch HU, Sattelberg K (1968) Manufacture of German gin. Process Biochemistry 3:28–30

Lewis SM (1996) Fermentation alcohol. In: Godfrey T, West S (eds) Industrial Enzymology. Macmillan, London

Lichts FO (2004) World Ethanol and Biofuels Report. vol 2 (no. 9) February 13, 2004

Lyons TP (1983) Alcohol – Power/Fuel. In Industrial Enzymology. In: Godfrey T, Reichelt J (eds) Industrial Enzymology. Macmillan, London

Mathlouthi N, Saulnier L, Quemener B, Larbier M (2002) Xylanase, beta-glucanase, and other enzymatic activities have greater effects on the viscosity of several feedstuffs than xylanase and beta-glucanase alone or in combination. J of Agric and Food Chemistry 50:5121–5127

McAloon, Taylor F, Yee W, Ibsen K, Wooley R (2000) Determining the Cost of Producing Ethanol from Corn Starch and Lignocellulosic Feedstocks. NREL/TP-580-28893, National Renewable Energy Laboratory, Golden/CO

Moellgaard A, Rasmussen P, Boyen Baret JL, Hagen HA (1986) Continuous Low-temperature Cooking of Wheat for Production of Ethanol. Presented at the VII International Symposium on Alcohol Fuels, 20–23 October 1986, Paris

Novozymes and BBI International. Fuel Ethanol – a technological revolution (from the still on every hill to the trading floor) – *www.bbibiofuels.com* und *http://www.theindustrialevolution.com/*

Olsen HS, Pedersen S, Festersen RM (2004) "ALCOHOL PRODUCT PROCESSES" International Publication Number WO 2004/080923 A2

Wolf H, Manger H, Hoffmann H (1981) Degree of comminution of raw materials in cold mashing – Der Zerkleinerungsgrad des Rohstoffes beim Kaltmaischverfahren. Lebensmittelindustrie 28:556–558

Wooley R, Ruth M, Sheehan J, Ibsen K, Majdeski H, Galvez A (1999 a) Lignocellulosic Biomass to Ethanol Process Design and Economics Utilizing Co-Current Dilute Acid Prehydrolysis and Enzymatic Hydrolysis Current and Futuristic Scenarios. July 1999, NREL/TP-580-26157, National Renewable Energy Laboratory, Golden/CO

Wooley R, Ruth, Glassner D, Sheehan J (1999 b) Process Design and Costing of Bioethanol Technology. Biotechnol Prog 15:794–803

20 Organische Säuren

C. SYLDATK

20.1 Einleitung

Organische Säuren gehören zu den traditionellen mikrobiellen Produkten und spielen bereits seit langem in verschiedenen Bereichen des täglichen Lebens eine wesentliche Rolle. Abbildung 20.1 gibt einen Überblick über die wichtigsten mikro-biell hergestellten organischen Säuren, Tabelle 20.1 über geschätzte Produktmengen, Weltmarktpreise, ihre Hauptanwendungsgebiete und ihre Stellung im Stoffwechsel.

Milchsäure, Essigsäure, Citronensäure und **Gluconsäure** werden vor allem im Lebensmittelbereich (s. Kap. 29) verwendet, haben z. T. aber auch wichtige Bedeutung als Bestandteil von

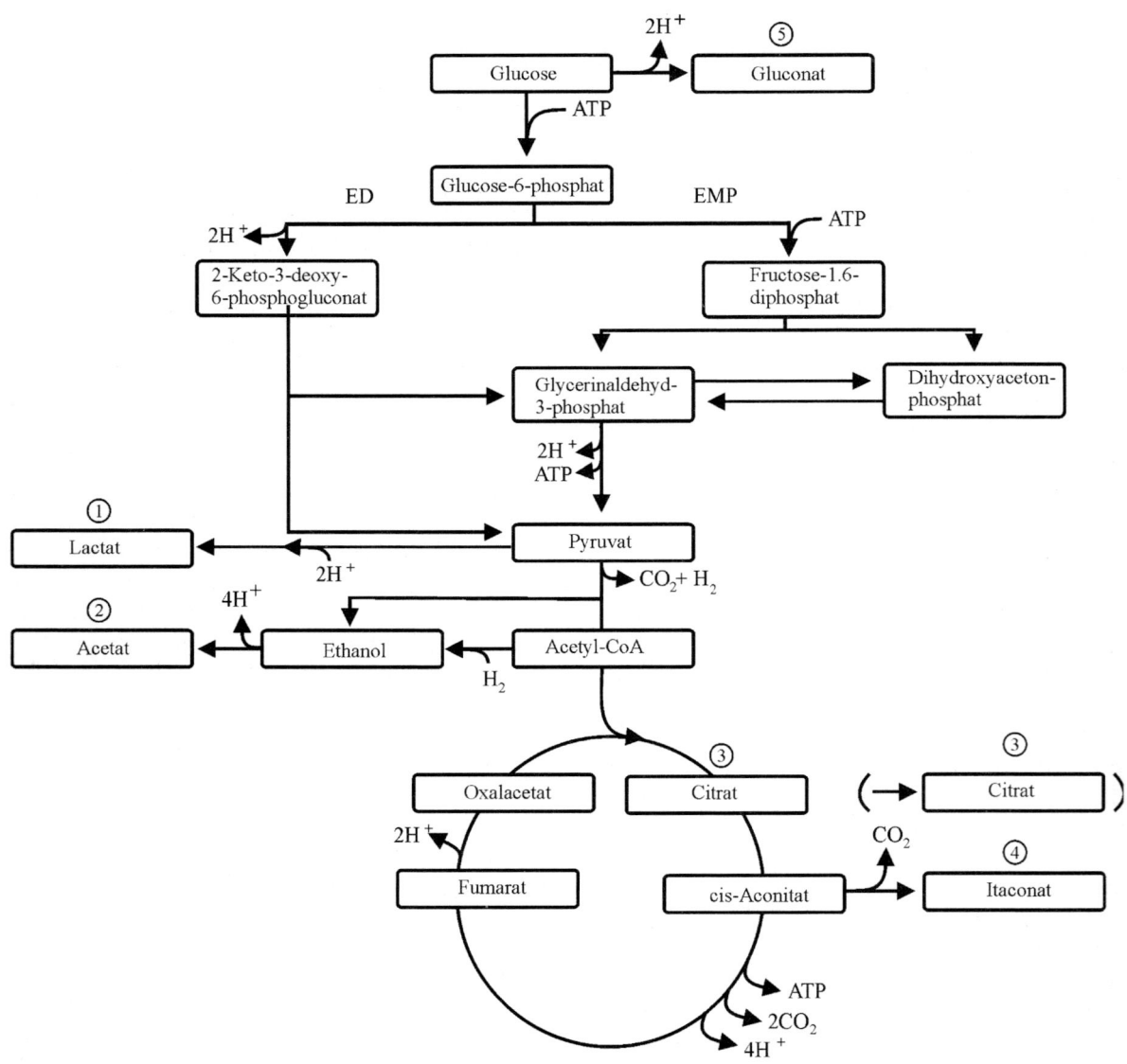

Abb. 20.1. Mikrobielle Herstellung organischer Säuren

Tabelle 20.1. Mikrobiell hergestellte organische Säuren (nach Schmid, 2002 und DECHEMA, 2004)

Produkt	Weltjahresproduktion (geschätzt in t)	Weltmarktpreis (in €/kg)	Anwendungen
Citronensäure	1 000 000	2,00	Lebensmittel, Waschmittel
Essigsäure	190 000	0,50	Lebensmittel, Reinigungsmittel, Streusalz
Milchsäure	150 000	1,80	Lebensmittel, Leder, Textil, Kunststoff
Gluconsäure	100 000	2,80	Lebensmittel, Textil, Metall, Bau
Ascorbinsäure (Vitamin C)	80 000	1,20	Lebensmittel, Pharma
Itaconsäure	15 000	3–10	Kunststoff, Papier, Klebstoff

Waschmitteln, von Reinigungsmitteln, in der Bauindustrie, als Kunststoffmonomer oder sogar als umweltfreundliches Streusalz. **Itaconsäure** wird ausschließlich in der Kunststoff-, Papier- und Klebstoffindustrie verwendet.

Die Verfahren zur industriellen Produktion mikrobiell hergestellter organischer Säuren im großen Maßstab wurden überwiegend erst im 20. Jahrhundert erarbeitet und standen bzw. stehen dabei in Konkurrenz zur chemischen Herstellung dieser Verbindungen. Neben der Citronensäure als Intermediärprodukt des Citratcyclus wären auch die anderen Säuren dieses zentralen primären Stoffwechselweges theoretisch mikrobiell herstellbar, was aber aus Gründen der geringen Nachfrage bisher wirtschaftlich keine Rolle spielt.

Zur Produktion organischer Säuren kommen verschiedene Mikroorganismen und Stoffwechselwege in Frage: Während **Milchsäure** das **extrazelluläre Endprodukt einer Gärung** ist und mit verschiedenen anaeroben *Lactobacillus* sp. und *Streptococcus* sp. hergestellt werden kann, sind **Essigsäure** und **Gluconsäure extrazelluläre Endprodukte unvollständiger Oxidationen** verschiedener aerober *Acetobacter* sp. und *Gluconobacter* sp., wobei die Herstellungsprozesse einen hohen Sauerstoffeintrag erfordern (s. Kap. 2). **Citronensäure** als normalerweise nur in geringen Konzentrationen vorliegendes intrazelluläres **Intermediärprodukt**, kann mit verschiedenen *Aspergillus* sp. und Hefen überproduziert und in das Kulturmedium exkretiert werden. **Itaconsäure** ist ein **Nebenprodukt** desselben Stoffwechselweges.

20.2
Milchsäure (Lactat)

Die Säuerung von Milch, Gemüse (Sauerkraut) und Futtermitteln (Silage) wird vom Menschen bereits seit vielen Jahrhunderten praktisch genutzt. Ursache dafür ist die mikrobielle Bildung von Milchsäure, die in **zwei isomeren Formen**, dem L-(+)-Lactat und dem D-(–)-Lactat, vorkommen kann. Milchsäure wurde erstmalig 1798 aus Sauermilch isoliert. 1856 legte Pasteur mit der Entdeckung der Milchsäurebakterien die Grundlagen zum heutigen Verständnis der Milchsäuregärung.

Milchsäure wird heute industriell in einem Volumen von 150 000 Tonnen pro Jahr hergestellt, wobei biotechnologische Verfahren, bei denen hauptsächlich das L-(+)-Isomer gebildet wird, mit chemischen Verfahren konkurrieren, bei denen Wasser an Acrylsäure oder HCN an Acetaldehyd angelagert wird und das Racemat entsteht.

Verwendet wird Milchsäure hauptsächlich in Lebensmitteln und Getränken als mildes Säuerungsmittel mit konservierender Wirkung, jedoch auch in der Leder-, Textil- und Pharmaindustrie, hier u. a. zur Komplexierung von Fe^{2+}, und seit einigen Jahren in der Kunststoffindustrie als Monomer zur Herstellung biologisch abbaubarer Kunststoffe, der Polylactide.

20.2.1
Mikroorganismen und Biosynthese

Die Milchsäurebakterien- bzw. *Lactobacillus*-Arten sind Gram-positive, obligate Gärer. Sie enthalten keine Häm-Proteine und können in Gegenwart von Sauerstoff wachsen. Man unterscheidet **homofermentative** Stämme, die ausschließlich Milchsäure als Produkt bilden, von **heterofermentativen** Stämmen, die neben der Milchsäure auch weitere Gärungsprodukte bilden können. Von etwa 60 beschriebenen *Lactobacillus*-Arten ist etwa ein Drittel heterofermentativ und wird wegen der Aromabildung häufig in der Käse- und Wurstherstellung verwendet (s. Kap. 1, 2, 29).

Die als industrielle Milchsäureproduzenten eingesetzten Stämme *Lactobacillus delbrueckii* auf Basis von Glucose-haltigen Substraten, *Lactobacillus bulgaricus* und *Lactobacillus helvetii* auf Basis von Molke und *Lactobacillus pentosus* auf Basis von Pentose-haltigen Sulfitablaugen, sind aus wirtschaftlichen Gründen ausschließlich homofermentativ und können aus 1 Mol Glucose theoretisch 2 Mol Milchsäure bilden.

Ausgehend von Glucose läuft die Milchsäure-Biosynthese über die Glykolyse und die Zwischenprodukte Glycerinaldehyd-3-phosphat, 1,3-di-Phospho-Glycerat und Pyruvat zu Lactat, das extrazellulär ausgeschieden wird. Der bei der Dehydrierung zum Glycerinaldehyd-3-phosphat anfallende Wasserstoff wird dabei in den Zellen von der NAD-abhängigen Lactat-Dehydrogenase auf Pyruvat übertragen, das stereospezifisch in L-(+)- oder D-(–)-Milchsäure reduziert wird. In der Regel wird stammspezifisch nur ein Isomer gebildet, z.T. kann jedoch auch eine Lactatracemase vorkommen, deren Aktivität zu unterschiedlichen D-/L-Verhältnissen führen kann.

20.2.2
Industrielle Herstellung und Aufarbeitung

Die mikrobielle Produktion von Milchsäure wurde erstmalig 1880 in den USA aufgenommen. Dabei muss trotz anaerober Bedingungen nicht unter absolutem Luftausschluss gearbeitet werden, da die Mikroorganismen aerotolerant sind und auch bei geringen Sauerstoffkonzentrationen unter Milchsäurebildung noch wachsen, sie bilden dann jedoch als Nebenprodukt geringe Mengen an H_2O_2. Das Fermentationsmedium enthält i.d.R. neben 12–18% Glucose unterschiedlicher Reinheit

(z.B. in Form von Melassen oder Stärkehydrolysaten) und Di-Ammoniumhydrogenphosphat (0,25%) als Stickstoff- und Phosphatquelle, Vitamine der B-Gruppe, z.B. in Form von Hefeextrakt.

In 25–120-m^3-Fermentern aus Holz oder Edelstahl wird Glucose unter leichtem Rühren und pH-Steuerung (pH 5,5–6,0) bei 45–50 °C innerhalb von 72 Stunden zu 85–95% Milchsäure umgesetzt. Entscheidend für hohe Produktivitäten ist dabei die Vermeidung einer pH-Wert-Absenkung auf Werte unter pH 4,5, was i.d.R. durch Zusatz von $CaCO_3$ als Säurebinder oder durch Titration mit NaOH bzw. NH_3 geschehen kann.

Zur Aufarbeitung wird nach Abtrennung der Zellmasse das gebildete Ca-, NH_4- oder Na-Lactat entweder durch Zugabe von H_2SO_4 wieder in Milchsäure überführt, die über Ionenaustauscher weiter aufgereinigt werden kann, oder es wird eine Veresterung mit MeOH durchgeführt und der gebildete Milchsäureethylester als organische Phase von der wässrigen Phase destillativ abgetrennt. Zur Reindarstellung der Milchsäure können außerdem Elektrodialyseverfahren eingesetzt werden.

20.3
Essigsäure (Acetat)

Die Verwendung von Essigsäure zur Erfrischung, Säuerung und Konservierung von Nahrungsmitteln geht bereits bis in die Antike zurück. Traditionell wurde Essig mit einfachen handwerklichen Rezepten meist aus Wein gewonnen: Sowohl Griechen als auch Römer produzierten gezielt Essig, indem sie Weine offen stehen ließen. Das erste industrielle Verfahren zur Essigsäure-Herstellung wurde mit dem **Orleans-Verfahren** im Mittelalter in Frankreich etabliert. Der dabei hergestellte Essig wurde unsteril in flachen offenen Bottichen produziert auf der Basis von Wein, der zuvor vermutlich durch Fruchtfliegen, von Winzern häufig auch als „Essigfliegen" bezeichnet, mit Essigsäurebakterien inokuliert worden war. Bei diesen langsamen Verfahren wachsen die Bakterien als Kahm-Haut auf der Oberfläche der Weinlösung. Im 19. Jahrhundert wurden mit den ersten **Ober-**

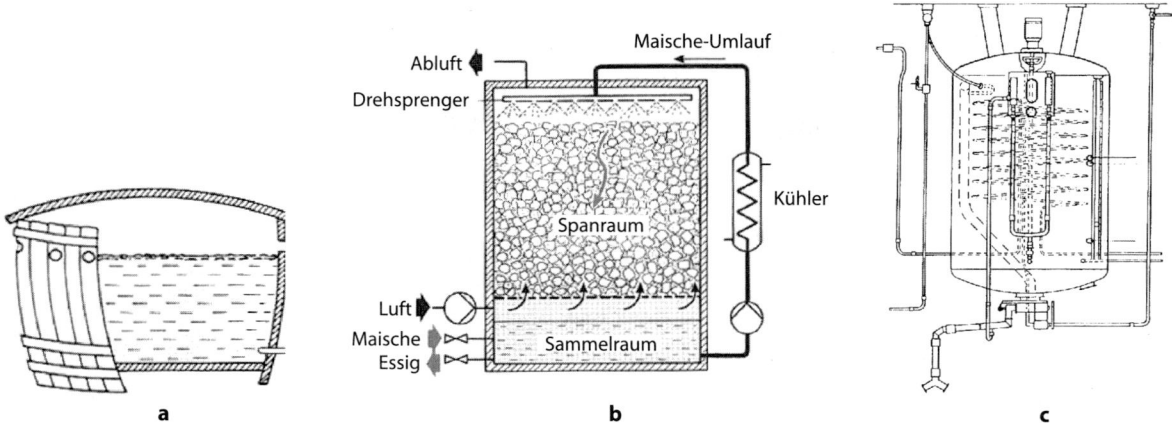

Abb. 20.2 a–c. Essigsäreherstellung **a** nach dem Orleans-Verfahren, **b** nach dem Generatorverfahren und **c** mit dem Frings-Acetator (nach Diekmann und Metz, 1991)

flächenfermentationen deutlich schnellere Verfahren entwickelt: Beim **Fessel- oder Generatorverfahren** ließ man die wein- bzw. alkoholhaltige Lösung in großen Holzgeneratoren z. B. über Buchenspäne rieseln, die als natürlicher Träger für die Anhaftung der Mikroorganismen dienten. Die Versorgung mit Sauerstoff erfolgte durch Belüftung von unten, wobei die Luft durch die Reaktionswärme angesaugt wird und durch den Generator nach oben steigt (Abb. 20.2). Dieses Verfahren ist z. T. heute noch im Einsatz. Parallel dazu erkannte Louis Pasteur 1856 die Bedeutung der Essigsäurebakterien für die Essigbildung. 1868 gelang es ihm, für diese selektive Wachstumsbedingungen auszuarbeiten und so die Voraussetzungen für eine verbesserte technische Herstellung von Weinessig mit bis zu 6% Essigsäuregehalt zu schaffen. Erst ab 1949 wurden **Submersverfahren** mit noch höherer Produktivität erarbeitet, wobei diese entscheidend von der Firma H. Frings in Bonn mitentwickelt wurden („Frings-Acetator").

Die Weltjahresproduktion von Essigsäure wird auf heute ca. 190 000 Tonnen geschätzt. In den USA wird Calcium-Magnesium-Acetat (Schmelzpunkt –7,7 °C) seit einiger Zeit als umweltfreundlicher Ersatz für Streusalz bei der Enteisung propagiert („*Nicer De-Icer*"). Die wichtige Industrie-

Chemikalie „Eisessig" (99,7%ig) stellt man dagegen ausschließlich chemisch durch Oxidation von Ethylen her.

20.3.1
Mikroorganismen und Biosynthese

Für die Oxidation von Ethanol zu Essigsäure werden Gram-negative und säuretolerante Essigsäurebakterien der Gattungen *Acetobacter* und *Gluconobacter* verwendet. Während der Produktion stellen sich vor allem im Oberflächenverfahren häufig Mischkulturen ein, auch wenn man von Reinkulturen ausgeht. Die Taxonomie der Gattungen ist wegen des bei Kultivierung schnell wechselnden Phänotyps kompliziert und erfolgt meist durch Analyse der 16 S-RNA, neuerdings auch durch Analyse des Plasmid-Profils. Einige Arten können ins Medium ausgeschiedene Essigsäure vollständig zu CO_2 und H_2O oxidieren („Überoxidierer"). Diese Gruppe wird in der Gattung *Acetobacter* (peritrich begeißelt oder unbeweglich) zusammengefasst. Zur Art *Acetobacter aceti* mit vielen Subspecies gehören technisch eingesetzte Stämme. Weitere wichtige Arten sind *Acetobacter pasteurianus* und *Acetobacter peroxidans*.

Die Gruppe der Essigbildner, die Essig nicht weiter metabolisieren können, wird der Gattung

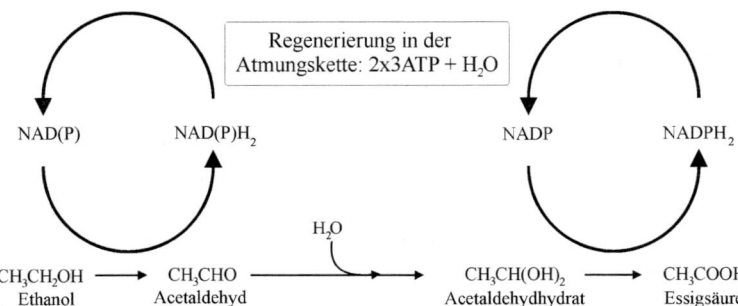

Abb. 20.3. Oxidative Gewinnung von Essigsäure aus EtOH

Gluconobacter (3–8 polar angeordnete Flagellen oder unbeweglich) zugeschrieben. Zu dieser Gruppe gehört *Gluconobacter oxydans* (früher *Acetomonas oxydans* genannt) mit einigen Subspecies. Zwischen beiden Gruppen mit vollständiger und unvollständiger Oxidation gibt es Übergänge. Mit Ausnahme von *Acetobacter xylinum,* der wegen starker Schleimbildung eine Gefahr für die Anlagen ist, können über hundert Arten *Acetobacter* oder *Gluconobacter* für die Produktion eingesetzt werden.

Die Essigsäurebildung ist biochemisch gesehen eine **unvollständige Oxidation** und keine Gärung, da der anfallende Wasserstoff über die Atmungskette abgeführt wird. Der erste Oxidationsschritt vom Ethanol führt mit einer NAD- oder NADP-abhängigen Alkohol-Dehydrogenase zum Acetaldehyd. Es folgt eine Wasseranlagerung zum Acetaldehyd-Hydrat und eine zweite Oxidation mit einer Acetaldehyd-Dehydrogenase zur Essigsäure (Abb. 20.3). Beide Dehydrogenasen enthalten bei *Acetobacter* als prosthetische Gruppe Pyrollochinolinchinon (PQOJ), ADH daneben noch Häm C, und übertragen die bei der Oxidation freigesetzten Elektronen mittels Ubichinon auf eine membranständige terminale Oxidase. Bei der Oxidation wird aus 1 Mol Ethanol 1 Mol Essigsäure gebildet. Es werden aus 12 Volumenprozenten Ethanol 12,4 Gewichtsprozente Essigsäure produziert.

Die Stämme benötigen für eine optimale Oxidation genügend Sauerstoff, der über die Atmungskette reduziert wird. Dabei fallen pro Mol produzierter Essigsäure 6 ATP an. Steht nicht genügend Sauerstoff zu Verfügung, überleben die Zel-

len bei hohen Essig- und Ethanol-Konzentrationen nicht und sterben bereits innerhalb kurzer Zeit ab.

Für optimales Wachstum von *Acetobacter* müssen sowohl Essig als auch Ethanol vorhanden sein. Kritisch dabei ist die Ethanolkonzentration: Mit weniger als 0,2 Volumenprozenten in Lösung erhöht sich die Absterberate. Der maximale Ethanolgehalt sollte bei konventionellen Verfahren 5% nicht überschreiten. Hochleistungsstämme produzieren heute 13–14%ige Essigsäure.

20.3.2
Industrielle Herstellung und Aufarbeitung

Beim **Fesselverfahren** verwendet man einen aus Holz konstruierten und mit Buchenspänen gefüllten Bioreaktor mit einem Totalvolumen bis 60 m^3 (**Essigsäure-Generator**). Die Maische wird über eine Sprühvorrichtung aufgetragen und rieselt über die mit Bakterien bewachsenen Späne in ein Sammelbecken im unteren Teil. Von dort wird die teilweise umgesetzte Lösung über einen Kühler zum Verteiler zurückgepumpt. 88–90% des eingesetzten Alkohols werden im **Generatorverfahren** so zu Essigsäure umgesetzt, der Rest wird für den Primärstoffwechsel verwendet oder geht mit der Abluft verloren. Die Umsetzungszeit beträgt bei Temperaturen von 29–35 °C bis zum 12%igen Essig ca. 3 Tage.

Die Entwicklung von **Submersverfahrens** wurde zuerst mit Obstweinen und Spezialmaischen mit niedriger Gesamtkonzentration durchgeführt. Hierbei ist eine Unterbrechung in der Belüftung nicht so kritisch wie bei heutigen Hochleistungsstämmen, die 13%igen Essig bis in den 50-m³-Maßstab produzieren. Die dazu verwendeten Bioreaktoren gleichen herkömmlichen Fermentern. Sie sind aus Stahl und werden von unten gerührt. Die Belüftungseinrichtung besteht aus einem selbstansaugenden Rotor. Die Zuluftleitung wird innerhalb des Fermenters nach oben geführt. Die Temperatursteuerung erfolgt über Wärmetauscher. Mechanische Schaumzerstörer müssen installiert sein. Die Fermentationsbedingungen sind 30 °C, die Belüftungsrate beträgt 3–4 vvm und die Rotorgeschwindigkeit 1500 Umdrehungen/Minute. Es wird drucklos gearbeitet.

In semikontinuierlicher, vollautomatischer Fahrweise wird heute Speiseessig in Konzentrationen bis zu 13% Essigsäure erzeugt, dabei werden nach jeweils 35 Stunden 50–60% der angesetzten Nährlösung durch neue Maische ersetzt. Niederalkoholhaltige Maischen, wie sie bei der Wein-, Molke-, Malz- oder Cider-Essigproduktion umgesetzt werden, benötigen keine weiteren Nährlösungsbestandteile. Wird jedoch Kartoffel- und Getreidesprit oder technischer Alkohol verwendet, müssen bei vielen Stämmen für optimale Produktion weitere Nährstoffe zugesetzt werden.

Die Produktionsmenge pro m³ Bioreaktor ist im Submersverfahren etwa um den Faktor 10 höher als bei den Oberflächenfermentationen und etwa um 5% höher als mit dem Generatorverfahren. Dazu kommen als weitere Vorteile die niedrigeren Investitionen pro Produktionsmenge, ein deutlich geringerer Flächenbedarf, die Möglichkeit, in kurzer Zeit auf andere Maischen umzustellen, und ein wegen der vollautomatischen Steuerung geringerer Personalbedarf. In über 700 Bioreaktoren dieser Bauart werden heute etwa **70% des Weltbedarfs an Speiseessig** erzeugt. Andere Verfahrensvarianten, z.B. die Verwendung immobilisierter Essigsäurebakterien in Airlift-Bioreaktoren, weisen zwar eine z.T. höhere Produktivität auf (bis zu >100 g/L·h), konnten sich aber industriell bisher nicht durchsetzen.

Der aus dem Submersverfahren abgezogene Essig enthält durch die mitausgetragenen Bakterien einen hohen Trübstoffgehalt. Daher muss je nach Verfahren ein entsprechender Aufwand für eine Filtration betrieben werden. Dazu gehören z.B. der Einsatz von Plattenfiltern und Filterhilfsmitteln. Der abgezogene Rohessig wird durch Membranverfahren filtriert, pasteurisiert und mit Wasser zu Speiseessig verdünnt. Bei Verwendung spezieller Starterkulturen und Steuerelemente erhält man etwa 17,5%igen, bei zweistufigen Verfahren sogar für den von der Konservenindustrie benötigten 20%igen Speiseessig. Zum Entfärben (Schönen) kann noch mit $K_4[Fe(CN)_6]$ behandelt werden.

20.4 Citronensäure (Citrat)

Citronensäure ist ein wichtiges primäres Stoffwechselprodukt, das als Intermediärprodukt im Tricarbonsäurecyclus auftritt (Abb. 20.1). Es handelt sich um eine starke dreibasische Säure, die erstmalig 1822 von Scheele aus Zitronensaft isoliert und in ihrer Konstitution aufgeklärt wurde. Ab 1893 wusste man, dass auch viele **Schimmelpilze** Citronensäure produzieren können. Entsprechende Herstellungsverfahren wurden jedoch erst nach Arbeiten von Currie im Jahre 1917 technisch realisiert. 1923 wurde die erste Fermentationen im Oberflächenverfahren mit Hilfe von Mikroorganismen aufgenommen, 1927 wurden bereits 5000 Tonnen/Jahr mikrobiell produziert. Heute werden über 99% der Weltproduktion von z. Zt. geschätzten 1 Mio. Tonnen/Jahr mikrobiell hergestellt.

In den Handel kommt Citronensäure als Citronensäure-1-hydrat oder als wasserfreie Ware und wird hauptsächlich in der Getränke- und Lebensmittelindustrie zur Geschmacksabrundung und Konservierung von Fruchtsäften, Fruchtsaftessenzen, Bonbons, Eiscreme und Marmeladen verwendet. Die pharmazeutische Industrie setzt Eisencitrat u. a. als Eisenspender und Citrat als Konservierungsmittel von Blutkonserven, Tabletten, Salben und kosmetischen Präparaten ein. In der chemischen Industrie findet Citronensäure Anwendung als Zusatz zu Waschmitteln zur Entfernung der Wasserhärte, als Antischaummittel, als Weichmacher und zur Behandlung von Textilien.

In der Metallindustrie werden einige hochreine Metalle als Metall-Citrate hergestellt.

20.4.1
Mikroorganismen und Biosynthese

Bereits Anfang des 20. Jahrhunderts wurde beschrieben, dass viele Schimmelpilze und Hefen unter bestimmten Bedingungen Citronensäure ausscheiden. Beschrieben wurde dieses u. a. für *Aspergillus niger, A. wentii, A. clavatus, Penicillium luteum, P. citrinus, Mucor piriformis, Paecilomyces divaricatum, Citromyces pfefferianus, Candida guilliermondii, Saccharomycopsis lipolytica* und *Trichoderma viride.* Auch *Arthrobacter paraffineus* und *Corynebacterium* sp. können Citrat ausscheiden.

Für die Produktion werden heute jedoch ausschließlich Hochleistungsstämme von *Aspergillus niger* und *Aspergillus wentii* eingesetzt. Diese Stämme besitzen im Gegensatz zu den oben genannten *Penicillium*-Stämmen eine höhere Produktivität und eine geringere die Bildung von Nebenprodukten wie Oxalsäure, Isocitronensäure und Gluconsäure.

Die meisten Produktionsverfahren arbeiten mit kohlenhydrathaltigen Substraten. Dabei erfolgt die Metabolisierung über Glucose, die zu 80% über den *Embden-Meyerhof-Parnas*-Weg abgebaut wird. Nachdem Pyruvat unter Bildung von Acetyl-CoA decarboxyliert ist, wird der Acetat-Rest in den in den Mitochondrien lokalisierten Tricarbonsäurecyclus eingeschleust. Während der **Idio-** bzw. **Produktionsphase** sind mit Ausnahme der α-Ketoglutarat-Dehydrogenase alle Enzyme des Krebscyclus nachweisbar. Die Citratsynthase-Aktivität (*Condensing Enzyme*) ist während der Citronensäure-Produktion zehnfach erhöht, während die Citronensäure-metabolisierenden Enzyme Aconitase und Isocitrat-Dehydrogenase in ihrer Aktivität gegenüber der Trophophase stark reduziert sind. Zusätzlich wird Glucose über den Pentosephosphatcyclus katabolisiert. Pentosen können ebenfalls für eine Citronensäureproduktion eingesetzt werden; die Enzyme des Pentosephosphatcyclus sind bei *Aspergillus niger* nachgewiesen worden.

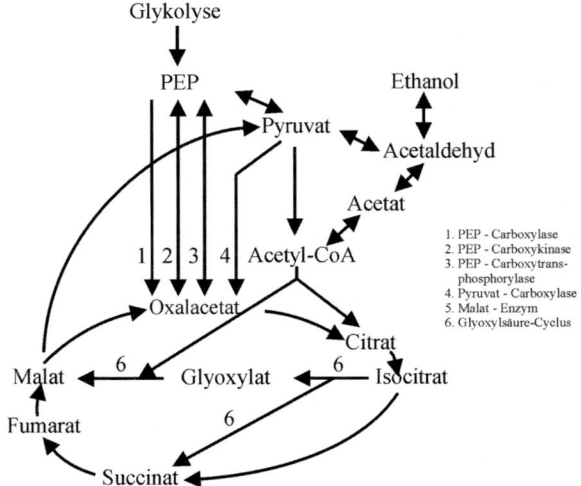

Abb. 20.4. Anaplerotische Auffüllreaktionen des Citratcyclus

Da der Tricarbonsäurecyclus bei Entnahme von Citronensäure zum Erliegen kommen würde, müssen in der Produktionsphase ausgeprägte **anaplerotische Sequenzen** vorliegen (Abb. 20.4). *Aspergillus* enthält als anaplerotische Sequenz u. a. eine Pyruvat-Carboxylase, die Pyruvat und CO_2 unter Verbrauch von ATP in Oxalacetat, anorganisches Phosphat und ADP überführt. Die Reaktion ist Mg^{2+}- und K^+- abhängig, Acetyl-CoA wird im Gegensatz zum Stoffwechsel anderer Mikroorganismen für die Reaktion nicht benötigt. Als zweite anaplerotische Sequenz ist eine Phosphoenolpyruvat-Carboxykinase beschrieben, die PEP und CO_2 bei Anwesenheit von ADP in Oxalacetat und ATP überführt. Dieses System benötigt Mg^{2+} oder Mn^{2+} und K^+ oder NH_4^+. Eine dritte anaplerotische Sequenz ist bei *Aspergillus niger* nachgewiesen, wenn als Kohlenstoffquelle Acetat oder höhere aliphatische Verbindungen, z. B. n-Alkane, eingesetzt werden: Bei Abwesenheit von Glucose ist der Glyoxylat-Cyclus aktiv, sowohl Isocitratlyase wird induziert, als auch Malatsynthase kann nachgewiesen werden.

In der **Wachstums-** oder **Trophophase** wird ein Teil der eingesetzten Glucose für die Myzel-Bildung verwendet und zu CO_2 veratmet. Der Rest wird anschließend in der **Produktions-** oder **Idiophase** in Citronensäure überführt. Der Verlust durch Atmung in der Idiophase ist dabei minimal. Die Citronensäure wird aus ihrem Bildungsort, den Mitochondrien, ins Cytoplasma und aus der Zelle ausgeschleust, weil eine Malat-Dehydrogenase im Cytoplasma aus Oxalacetat Malat bildet, das durch einen Antiporter in der Mitochondrien-Membran gegen Citronensäure ausgetauscht wird.

20.4.2
Industrielle Herstellung und Aufarbeitung

Zur industriellen Herstellung von Citronensäure werden heute ausschließlich *Aspergillus niger* und *Aspergillus wentii* verwendet. Die Herstellung mit Hefen aus hochsiedenden Erdölfraktionen wurde zwar in den 1970er Jahren bis zum Pilot-Maßstab intensiv ausgearbeitet, ist aber seit dem Anstieg der Rohölpreise wirtschaftlich nicht mehr wettbewerbsfähig. Als **Kohlenstoffquellen** zur Citronensäureproduktion mit *Aspergillus niger* kommen eine Vielzahl von Ausgangsmaterialien in Frage, z. B. Stärke aus Kartoffeln, Stärkehydrolysate, Glucose-Sirup aus enzymatisch abgebauter Stärke, Saccharose in verschiedenen Reinheitsstufen, Zuckerrohr-Sirup mit bis zu zwei Dritteln in Invertzucker überführter Saccharose, Zuckerrohr-Melasse und Rübenzucker-Melasse. Werden Hydrolysate oder Sirupe eingesetzt, wird zur Entfernung von inhibierenden Kationen zuvor eine Vorbehandlung entweder mit Fällungsmitteln (z. B. Kaliumhexacyanoferrat) oder mit Kationenaustauschern durchgeführt.

Als Fermentationsverfahren kommen sowohl **Oberflächenverfahren** als auch **Submersverfahren** in Frage. Die beiden grundsätzlichen Verfahrensweisen lassen sich noch weiter unterteilen, je nachdem ob bei den Oberflächenverfahren mit festen oder flüssigen Nährböden gearbeitet wird. Bei den Submersverfahren unterscheidet man wiederum gerührte Fermenter und Blasensäulenreaktoren. Für welche Produktionsart investiert wird, hängt u. a. ab von Investitionsmöglichkeiten, Energiebereitstellung, Personalkosten, Personaltraining und Stand der Mess- und Regeltechnik. Mit dem Submersverfahren werden heute schätzungsweise 80% des Weltbedarfs an Citro-

nensäure hergestellt. Für ein Submersverfahren mit 8 Tagen Laufzeit sprechen gegenüber den Oberflächenverfahren dabei um den ca. Faktor 2,5 niedrigere Gebäudeinvestitionen, um ca. 25% niedrigere Totalinvestitionen und niedrigere Personalkosten. Die Energiekosten sind jedoch wesentlich höher als beim Oberflächenverfahren, des Weiteren ist diese Technologie komplizierter, so dass entsprechend ausgebildetes Personal zur Verfügung stehen muss.

Bei den noch immer gebräuchlichen **Oberflächenverfahren** beschickt man große Blechwannen aus säureresistentem Material (Abb. 20.5) mit Zuckerlösung, beimpft mit Sporen von *Aspergillus niger* und belüftet mit bis zu 10 vvm, vor allem zur Wärmeabfuhr in der Wachstums- und Produktionsphase. Nach ca. 5 Tagen hat sich ein dichtes Pilzmyzel gebildet, in dem die Säurebildung erfolgt. Nach Abtrennen des Myzels und Extraktion mit heißem Wasser reinigt man die Citronensäure durch Umfällung. Der hohe Personalaufwand liegt vor allem in der Reinigung von Leitungen, Schalen und Wänden der Gärräume begründet.

Die **Submersverfahren** arbeiten überwiegend in sterilen, belüfteten Rühr- oder Turmfermentern von 100–500 m^3 aus Edelstahl. Für die Produktion im Submersverfahren sind besonders wichtig die Punkte **Materialbeschaffenheit**, **Myzelstruktur** und **Sauerstoffversorgung**:

Hinsichtlich der **Materialbeschaffenheit** müssen die Fermenter durch Verkleidung mit inerten Kunststoffen gegen die Säuren geschützt werden. Bei pH-Werten zwischen 1–2 wurden aus den früher eingesetzten nicht rostfreien Stählen so viele Schwermetalle herausgelöst, dass eine Inhibierung der Citronensäure-Bildung auftreten konnte. Bei größeren Fermentern kann bei Verwendung von rostfreiem Stahl auf eine Auskleidung verzichtet werden.

Die **Myzelstruktur**, die sich während der Trophophase in der Submerskultur ausbildet, ist für die spätere Produktion entscheidend. Wenn das Myzel locker und fädig mit wenigen Verzweigungen ist und sich keine Chlamydosporen ausbilden, wird in der Idiophase nur wenig Citrat pro-

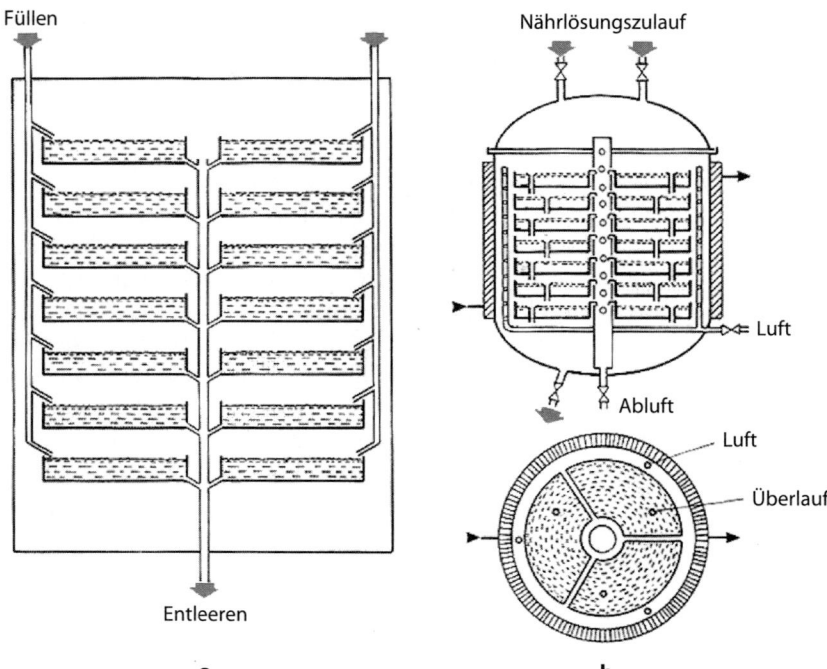

Füllen

Nährlösungszulauf

Luft

Abluft

Luft

Überlauf

Entleeren

a

b

Abb. 20.5. a Gärkammer und **b** Gärtassenbehälter zur Citronensäureproduktion im Oberflächenverfahren (nach Diekmann und Metz, 1991)

duziert. Myzel für optimale Bildungsraten besteht hingegen aus kleinen festen Pellets. *Aspergillus niger* ist gegenüber Sauerstoffmangel sehr empfindlich, obwohl der **Sauerstoffbedarf** insgesamt relativ niedrig ist. Bereits kurze Unterbrechungen in der Sauerstoffversorgung führen zu einer Einstellung der Produktion. Es muss eine Mindestsauerstoffkonzentration von 20–25% des Sättigungswertes über die gesamte Fermentationszeit gewährleistet werden; die Belüftungsraten in Submersfermentern liegen während der Säure-Bildung zwischen 0,2–1,0 vvm.

Eine große Rolle bei der Citronensäureproduktion spielt außerdem die Konzentration der **Spurenelemente**. Ihre Bedeutung wurde schon in den 1940er Jahren intensiv untersucht und dann mit Verfeinerung der Analytik immer weiter erforscht. Kupfer, Mangan, Magnesium, Eisen, Zink und Molybdän im ppm-Bereich sind für optimale Ausbeuten notwendig. Bei Überschreitung der optimalen Konzentrationen kommt es jedoch zu toxischen Effekten. Während für ein optimales Wachstum eine höhere Eisenkonzentration, u. a.

als Cofaktor für Aconitase, nötig ist, dürfen für maximale Citrat-Bildungsraten davon nur 0,05–0,5 ppm vorhanden sein.

Auch der **pH-Wert** der Kulturen hat eine entscheidende Rolle für die Ausbeuten. Dieser muss während der Idiophase < pH 3 sein, um eine unerwünschte Oxal- und Gluconsäure-Bildung zu unterdrücken. Zunächst erfolgt bei pH 5 über ca. 48 Stunden die Bildung der Zellmasse. Der Abfall des pH-Wertes auf pH <2,5, eine Zugabe von Zucker im Zulaufverfahren und eine Erhöhung der Belüftung führen zur Einleitung der Idiophase und Bildung der Citronensäure, die ins Nährmedium ausgeschieden wird. Ein zusätzlicher positiver Effekt des niedrigen pH-Wertes ist die verringerte Kontaminationsgefahr. Die Ausbeuten am Ende der Kultivierung liegen bezogen auf die eingesetzte Glucosekonzentration bei >80% Citronensäure.

Zur Isolierung der gelöst vorliegenden Citronensäure filtriert man zunächst das Myzel ab, fällt in der zellfreien Lösung Citronensäure mit $Ca(OH)_2$ und bringt anschließend das so gefällte

Ca-Citrat mit Schwefelsäure wieder in Lösung. Eine nachfolgende Behandlung des Rohprodukts mit Aktivkohle und Ionenaustauschern ermöglicht die Kristallisation sehr reiner Citronensäure. Bei diesem Herstellungsprozess fallen jedoch bis zu 11 kg Gips/t Citronensäure an, was erhebliche Entsorgungskosten verursacht. Man bevorzugt heute deshalb eher die Extraktion des zellfreien Kulturüberstandes mit einer Mischung aus Alkanen und 1-Octanol nach Komplexierung der

Citronensäure mit Trilaurylamin. Lösungsmittel und Reagenzien können dabei zurückgewonnen werden.

20.5
Itaconsäure

Itaconsäure ist ein Nebenprodukt des Citratcyclus und wurde das erste Mal 1931 als Stoffwechselprodukt von *Aspergillus itaconicus* nachgewiesen. Im

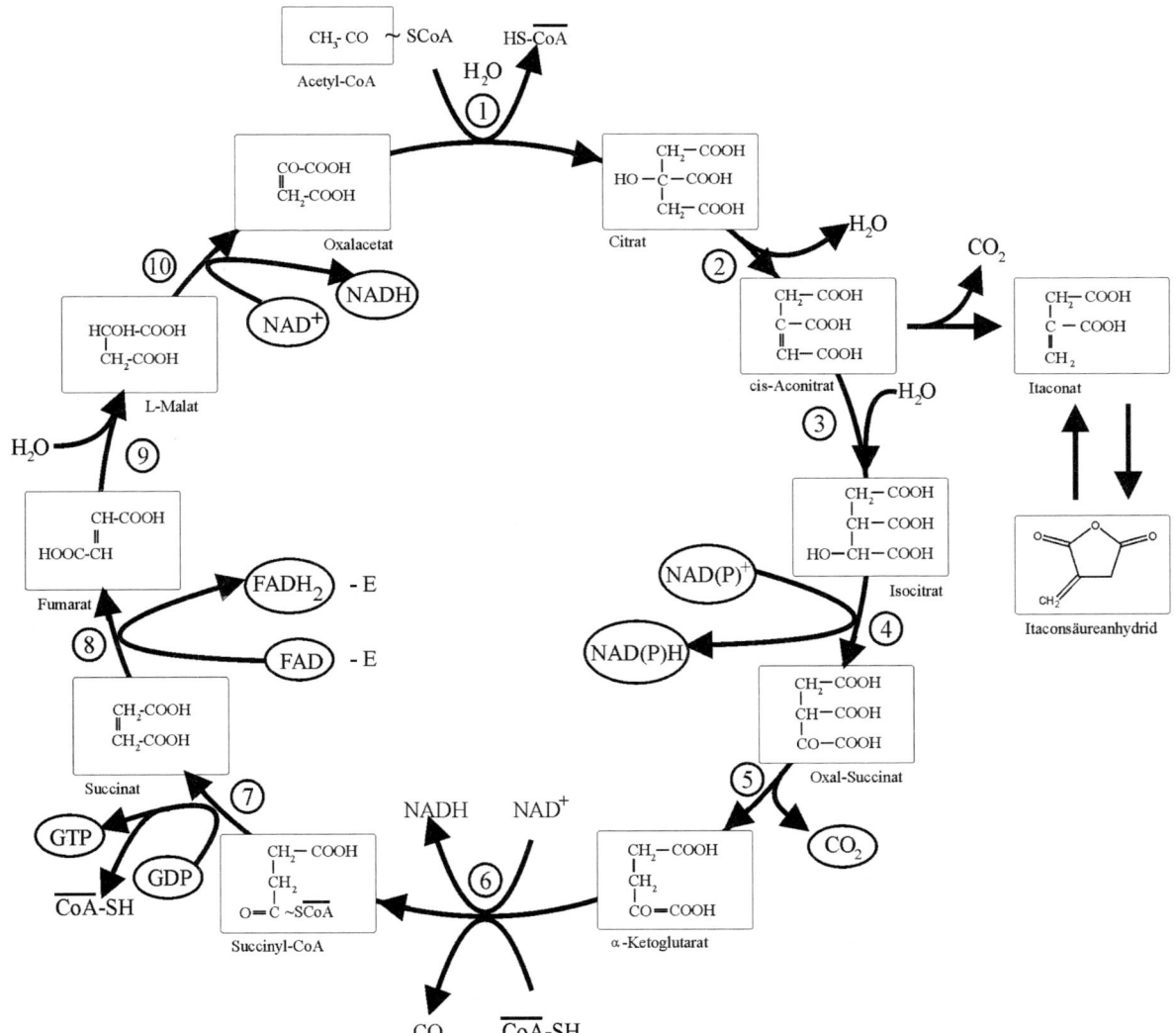

Abb. 20.6. Produktion von Citrat und Itaconat

selben Jahrzehnt wurde gefunden, dass auch einige Stämme von *Aspergillus terreus* Itaconsäure ausscheiden. Mutanten beider Stämme werden heute für die Produktion verwendet.

Der Haupteinsatz von Itaconsäure ist in der Kunststoffindustrie: Itaconsäure bildet mit ihren Estern und anderen Monomeren Copolymere, die in der Tapeten- und übrigen Papierindustrie und bei der Klebstoffproduktion vielfache Anwendung finden. Itaconatacryl-nitril-Copolymere z. B. zeigen bessere Färbemöglichkeiten.

Itaconsäure wird über den Tricarbonsäurecyclus durch Decarboxylierung aus cis-Aconitsäure gebildet (Abb. 20.6). Das Enzym cis-Aconitsäure-Decarboxylase konnte im zellfreien System nachgewiesen und charakterisiert werden. Ein weiterer Biosyntheseweg führt vom Pyruvat über Citratäpfelsäure, Citraconsäure, Itaweinsäure zur Itaconsäure. Als unerwünschtes Nebenprodukt wird aus Itaconsäure neben Bernsteinsäure auch Itaweinsäure gebildet. Durch Calcium kann die entsprechende Itaconsäureoxidase jedoch gehemmt werden. Mit *Aspergillus terreus* wird heute nur noch im **Submersverfahren** fermentiert. 15%ige Saccharoselösung wird dabei zu 78% der Theorie in Itaconsäure überführt.

20.6
Gluconsäure

D-Gluconsäure wird durch Oxidation von β-D-Glucose via D-Gluconsäure-5-Lacton gewonnen, jährlich in einer Menge von 100 000 t hergestellt und in der Metall-, Leder-, Bau- und Nahrungsmittelindustrie eingesetzt. Das Salz Na-Gluconat wird als Sequestrierungsmittel in Reinigungsprodukten, z. B. bei der Reinigung von Mehrwegflaschen in der Getränkeindustrie, Ca-Gluconat in der Pharmaindustrie als Komplexbildner für Ca^{2+}- und Fe^{2+}-Präparate verwendet. Das δ-Gluconolacton wird in der Lebensmittelindustrie als mildes Säuerungsmittel und als Backpulverzusatz und verwendet.

20.6.1
Mikroorganismen und Biosynthese

Die Bildung von Gluconsäure aus D-Glucose ist eine einfache Reaktion, die von vielen Mikroorganismen ausgeführt werden kann und erstmalig von Alsberg 1911 für Bakterien der Gattung *Pseudomonas* beschrieben wurde (Abb. 20.7). Wie die Essigsäure ist dabei auch die Gluconsäure Produkt einer **unvollständigen Oxidation**, d. h. die bei der Oxidation der Glucose freigesetzten Wasserstoffatome werden am Ende der Atmungskette auf Sauerstoff übertragen. Zu finden ist diese extrazelluläre Reaktion hauptsächlich bei Bakterien der Gattung *Gluconobacter* und *Acetobacter*, die dafür eine membranständige und Pyrroloquinolin- (PQQ-) abhängige D-Glucosedehydrognase besitzen, während Pilze der Gattungen *Aspergillus*, *Penicillium* und *Gliocladium* zellwandgebundene Glucoseoxidasen haben. Das hier bei der Übertragung des Wasserstoffs von $FADH_2$ auf O_2 anfallende H_2O_2 wird von einer Katalase, die ebenfalls von industriellem Interesse ist, sofort wieder in Wasser gespalten.

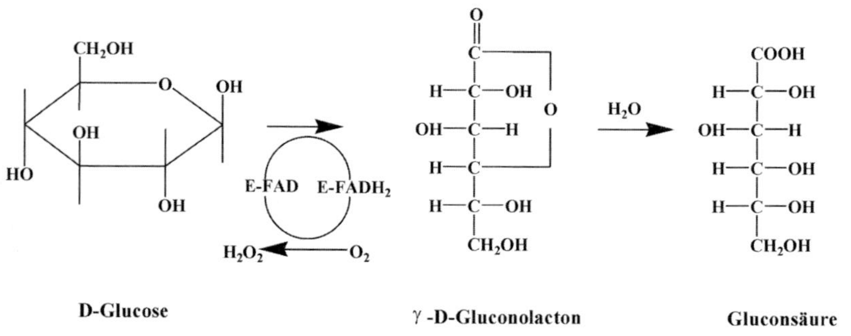

Abb. 20.7. Gluconsäureproduktion aus Glucose

D-Glucose γ-D-Gluconolacton Gluconsäure

Das Enzym **Glucoseoxidase** wurde früher auch als „Notatin" bzw. „Penicillin B" bezeichnet. *Aspergillus niger* besitzt eine Lactonase und produziert daher ausschließlich Gluconsäure.

Normalerweise ist Gluconsäure jedoch kein Endprodukt, sondern würde zurück in die Zelle transportiert und dort über den Pentosephoshat-Cyclus weitermetabolisiert werden. Der Pentosephoshatcyclus wird jedoch durch hohe Glucosekonzentrationen und niedrige pH-Werte, wie sie bei der industriellen Produktion eingesetzt werden, inhibiert.

20.6.2
Industrielle Herstellung und Aufarbeitung

Im Jahr 1928 wurde erstmals ein **Oberflächenverfahren** zur Gluconsäureherstellung mit dem Stamm *Penicillium luteum-purpuregenum* etabliert, aus dem ein **Trommelverfahren** weiterentwickelt wurde. Die Ausbeuten lagen bei diesen Verfahren schon bei 80–87% der Theorie. Heute werden zur Produktion von Gluconsäure, Na-Gluconat, Ca-Gluconat und Glucoseoxidase jedoch nur noch **Submersverfahren** mit *Aspergillus niger* oder *Acetobacter suboxydans* eingesetzt, die in der Regel von Stärkehydrolysaten als Substrat ausgehen. Man arbeitet bei pH-Werten von 4,5–6,5, die durch $CaCO_3$-Zugabe oder Verwendung von Na_2CO_3/NaOH-Puffer eingestellt werden. Bei der mikrobiellen Herstellung sind hauptsächlich der **Glucosegehalt** und die **Sauerstoffversorgung** die kritischen Parameter. Wird Ca-Gluconat produziert, kann wegen seiner geringen Löslichkeit nur 12–15%ige Glucoselösung als Substrat eingesetzt werden. Höhere Konzentration würde zur spontanen Auskristallisation des gebildeten Ca-Gluconates aus der übersättigten Lösung führen.

Bei der Produktion von Na-Gluconat, dessen Löslichkeit bei 396 g/L liegt, kann man hingegen mit 28–35%iger Glucoselösung arbeiten. Der Prozess läuft bei 28–30 °C über 36 Stunden bei hohen Belüftungsraten von 1–1,5 vvm. Durch eine **Druckerhöhung** im System können die Sauerstofflöslichkeit und Gluconsäureausbeute erhöht werden, die heute bei 90–95% der Theorie liegen. In der Literatur sind auch Verfahren zur Immobilisierung der Mikroorganismen und der Glucoseoxidase beschrieben, die jedoch industriell bisher keine Anwendung zur Gluconsäureherstellung finden. Auch hier steht das mikrobiologische Verfahren wieder in Konkurrenz zu chemischen Methoden, die ebenfalls hohe Ausbeuten bringen.

Nach Abtrennen der Zellen durch Filtration und Aufkonzentrieren des Kulturüberstandes auf bis zu 50% werden die Salze durch pH-Änderung gewonnen. Die freie Säure und das Lacton können durch Ionenaustauschchromatographie hergestellt werden.

Literatur

Diekmann H, Metz H (1991) Grundlagen und Praxis der Biotechnologie. Gustav Fischer Verlag
Schmid R (2002) Taschenatlas der Biotechnologie und Gentechnik. Wiley-VCH, Weinheim
Ratledge C, Kristiansen B (2001) Basic Biotechnology, 2nd edn. Cambridge Univ Press
Crueger W, Crueger A (1989) Biotechnologie – Lehrbuch der Angewandten Mikrobiologie, 3. Aufl. Oldenbourg, München Wien
Wilke T, Vorlop KD (2001) Biotechnological Production of Itaconic Acid. Appl Microb Biotechnol 56:289–295

21 Kompatible Solute: Mikrobielle Herstellung und Anwendung

G. Lentzen, T. Schwarz

21.1
Einleitung: Vorkommen und natürliche Funktion der kompatiblen Solute

Organismen, die an drastische Umweltbedingungen wie stark saure oder alkalische pH-Werte, hohe Salzkonzentrationen, hohe oder niedrige Temperaturen angepasst sind, bezeichnet man als **Extremophile** (s. Kap. 1). Nur wenige höhere Organismen sind in der Lage, sich an derartige Lebensbedingungen anzupassen. Die Fähigkeit zur Besiedlung extremer Habitate ist vorrangig einer Vielzahl pro- und eukaryotischer Mikroorganismen vorbehalten (Tabelle 21.1). Aufgrund ihrer besonderen **Schutzstrategien** besitzen extremophile Mikroorganismen einen großen **Nutzen in der Biotechnologie.** Der Einsatz temperaturstabiler Enzyme z. B. in der PCR-Diagnostik oder als eiweißabbauende Katalysatoren in Waschmitteln sind bekannte Anwendungsfelder (s. Kap. 7). Die Verwendung der niedermolekularen Schutzstoffe der extremophilen Mikroorganismen, der **kompatiblen Solute,** ist noch weniger bekannt, gewinnt aber an Bedeutung. Dieses Kapitel behandelt die Produktion und Anwendung kompatibler Solute aus extremophilen Mikroorganismen.

Mikroorganismen sind oft großen Schwankungen der extrazellulären physikochemischen Milieubedingungen ausgesetzt. Trotzdem müssen innerhalb der Zellen relativ stabile Bedingungen herrschen, damit Stoffwechselprozesse ungestört ablaufen können, empfindliche biologische Strukturen wie Proteine, Nukleinsäuren oder Membra-

nen nicht zerstört werden und die Zelle lebensfähig bleibt. Mikroorganismen verfügen daher über eine Reihe regulatorischer und struktureller Schutzmechanismen, die eine relative **Konstanz der Bedingungen im Zellmilieu** gewährleisten bzw. die Zelle vor externen und endogenen Stressfaktoren schützen. Die Fähigkeit, sich an extreme Standorte anzupassen, d. h. an Standorte, die sich durch physikalische (Temperatur, Strahlung, Druck) und geochemische Extreme (Trockenheit, Salinität, pH, Redoxpotential) auszeichnen, ist bei Mikroorganismen relativ weit verbreitet. Diese Anpassung bedingt **spezifische Eigenschaften der makromolekularen Zellausstattung** und des Zellmilieus des jeweiligen Organismus, die einen störungsfreien Stoffwechsel unter diesen Bedingungen erlauben, oder entsprechende **Schutzbarrieren,** welche die Wirkung der lebensfeindlichen äußeren Bedingungen abwehren.

Eine der vielfältigen Möglichkeiten von Mikroorganismen, sich vor extremen Umweltbedingungen zu schützen, ist die Produktion von **kompatiblen Soluten** (Abb. 21.1). Synonym werden diese Substanzen auch als **Osmolyte** und zuweilen als **chemische Chaperone** bezeichnet. Es handelt sich um niedermolekulare organische Substanzen, deren Bedeutung zunächst bei halophilen bzw. halotoleranten Organismen erkannt wurde. Halophile initiieren bei osmotischem Stress die Synthese bzw. selektive Aufnahme von niedermolekularen organischen Substanzen wie z. B. Ectoin, Hydroxyectoin, Betain oder Prolin. Eine ähnliche Situation liegt bei hyperthermophilen Organismen vor, die auffallend hohe Konzentrationen an bestimmten Soluten, meist Polyhydroxyverbindungen, aufweisen. Man spricht hierbei auch von „**thermokompatiblen Soluten**" wie Firoin (Mannosylglycerat), DGP (Di-Glycerol-Phosphat), cDPG (cyclisches 2,3-Diphosphoglycerat) oder DIP (Di-*myo*-inositol-1,1'-phosphat). Teilweise wird aber auch eine Akkumulation dieser Komponenten durch osmotischen Stress beobachtet. Dies trifft insbesondere für Mannosylglycerat und DGP zu. Die kompatiblen Solute werden chemisch den Polyolen, Zuckern, Aminosäuren und Aminosäurederivaten zugeordnet.

Tabelle 21.1. Übersicht Extremophile Mikroorganismen

Gruppe	Lebensbedingungen
Thermophile	Temperatur 50–70 °C
Hyperthermophile	Temperatur 85–113 °C
Psychrophile	Temperatur −5–20 °C
Halophile	Temperatur 25–65 °C; Salzkonzentration 0,5–30%
Acidophile	pH 0,7–4
Akaliphile	pH > 9
Barophile	Druck 45 MPa

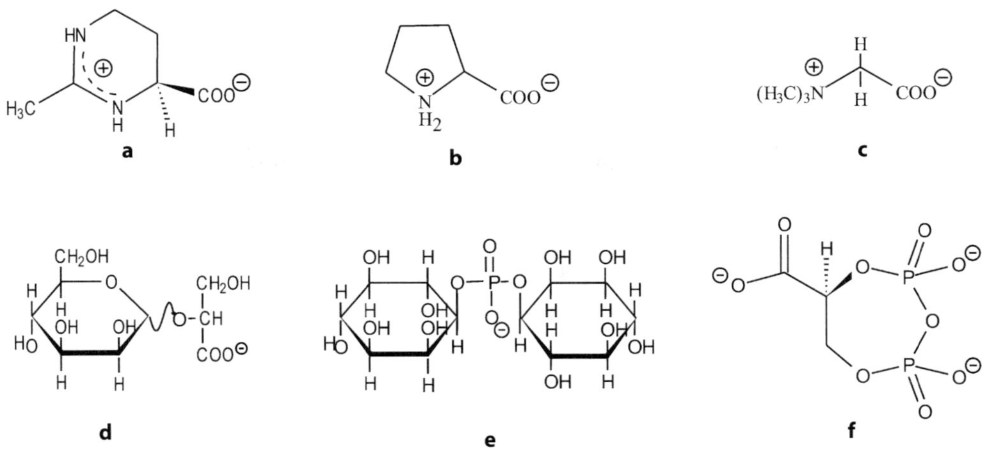

Abb. 21.1. Kompatible Solute: **a** Ectoin, **b** Prolin, **c** Betain, **d** Firoin (Mannosylglycerat), **e** DIP (Di-myo-Inositol-Phosphat), **f** cDPG (cyclisches Diphosphoglycerat)

Kompatible Solute sind sehr gut wasserlöslich und auch in hoher Konzentration mit dem Stoffwechsel verträglich (kompatibel). Die Substanzen stabilisieren Zellkomponenten wie Proteine, Nukleinsäuren oder Zellmembranen. Die stabilisierenden Effekte kompatibler Solute auf gelöste, native Proteine können auf makromolekularer Ebene vereinfacht durch das *„preferential exclusion"*-Modell (Arakawa u. Timasheff 1985) erklärt werden. Kompatible Solute interagieren demnach nicht direkt mit der Proteinoberfläche bzw. der Hydrathülle eines Proteins, sondern sie werden im Gegensatz hierzu von der Proteinoberfläche ausgeschlossen und bilden im cytoplasmatischen Wasser Hydrathüllen aus. Die Anreicherung der Solute im cytoplasmatischen Wasser verringert die Dichte der Hydrathülle von Proteinen, führt zu einer Verminderung der Wasserdiffusion in der Umgebung des Proteins (Yu u. Nagaoka 2004) und verstärkt so die für die Proteinstabilität notwendigen **hydrophoben Wechselwirkungen** und **hydrophoben Interaktionen**. Vereinfacht ausgedrückt, unterstützen kompatible Solute den nativen, globulären Faltungszustand von Proteinen. Solche Substanzen werden im Vergleich zu den molekularen faltungshelfenden Proteinen, den sogenannten molekularen Chaperonen, auch als **chemische Chaperone** bezeichnet. Die möglich

pharmakologische Bedeutung der chemischen Chaperone bei Fehlfaltungen von Proteinen wird am Ende dieses Kapitels beschrieben.

21.2
Anwendung der kompatiblen Solute

Wie bereits eingangs erwähnt, sind die meisten höheren Organismen – und so auch der Mensch – nicht in der Lage, sich an extreme Lebensbedingungen oder Umweltstress schnell anzupassen. Ursprünglich wurde die Akkumulation kompatibler Solute in halophilen Organismen entdeckt und als ein rein osmotischer Vorgang verstanden. Nähere Untersuchungen in den letzten 5 bis 10 Jahren ergaben jedoch, dass kompatible Solute nicht nur angereichert werden, um ein osmotisches Gleichgewicht zwischen Cytoplasma und der salzhaltigen Umgebung aufrechtzuerhalten. Es zeigte sich vielmehr, dass kompatible Solute **biologische Membranen und sogar ganze Zellen stabilisieren**. Der Schutz, den diese Solute vermitteln, hilft, dass Enzyme und Zellen Trockenheit, Einfrieren und Auftauen sowie Hitzeeinwirkung überdauern. Hieraus ergeben sich zahlreiche neue Anwendungsmöglichkeiten, z. B. bei der Pflege der Haut in der Kosmetik oder in der Medizin. Kompatible Solute aus extremophilen Mikroorganismen als natürlichen und in der Evolution über lange Zeiträume bewährten **generellen Stressschutz** für den Menschen nutzbar zu machen, ist die Idee der Anwendungsforschung mit kompatiblen Soluten. Derartige Stresszustände können verursacht werden z. B. durch

- erhöhte Temperaturen,
- niedrige Temperaturen,
- Trockenheit,
- Strahlung,
- Radikale,
- Gifte,
- hohe Osmolarität.

Die Anreicherung der Solute unter Stressbedingungen wird als eine natürliche Schutzfunktion für die Zelle verstanden. Bei der Produktentwicklung ist es wichtig, die Wirkung der kompatiblen Solute auf Zellen und Gewebe höher organisierter Organismen besser zu verstehen und dann optimale Dosierungen und Verabreichungsformen (Galenik) zu finden. Es ist nahe liegend, zunächst die **Schutzfunktion** der kompatiblen Solute **auf die Haut** zu untersuchen. Haut ist als äußere Barriere ein exponiertes Organ, das dem Umweltstress widerstehen muss. Die Hauptanwendungsfelder der kompatiblen Solute untergliedern sich in die Bereiche

- Proteinschutz,
- Zellschutz,
- Hautschutz.

21.3
Screening nach neuen kompatiblen Soluten

Seit etwa 1985 beschäftigen sich verschiedene, überwiegend europäische Forschergruppen mit der Identifizierung und Beschreibung kompatibler Solute aus extremophilen Mikroorganismen. So wurden Ectoine beispielsweise von der Arbeitsgruppe Galinski (Universität Bonn) oder die Firoine von der Arbeitsgruppe Santos (Universität Lissabon) entdeckt. Ein systematisches Suchen (Screening) nach kompatiblen Soluten in den extremophilen Mikroorganismen eines bestimmten

Lebensraums fand jedoch zunächst nicht statt, so dass die Anzahl der derzeit für die **Produktentwicklung verfügbaren kompatiblen Solute aus Extremophilen** noch verhältnismäßig niedrig ist. So sind ca. 20 verschiedene kompatible Solute aus Extremophilen derzeit beschrieben.

Seit dem Jahr 2003 hat die bitop AG (Witten) mit der isländischen Prokaria ehv erstmalig ein systematisches Screeningprogramm nach kompatiblen Soluten in extremophilen Mikroorganismen aufgelegt. Island bietet eine Vielzahl unterschiedlicher Habitate für extremophile Mikroorganismen (Abb. 21.2). Ziel des Screenings ist es, schneller neue kompatible Solute zu identifizieren und den Lebensbedingungen der sie synthetisierenden Mikroorganismen zuzuordnen. Nur ein solches **systematisches Screeningprogramm** gewährleistet, dass ein ausreichender Nachschub an neuen Substanzen für Produktentwicklungen zur Verfügung steht.

In dem speziell auf kompatible Solute aus Extremophilen abstellenden Screening macht man sich die Eigenschaften der Mikroorganismen zunutze, auf Stressfaktoren wie z. B. Temperatur und Salinität durch **Aktivierung des Stressschutzstoffwechsels** und damit der Produktion von Schutzstoffen zu reagieren. Da die intrazelluläre Konzentration der kompatiblen Solute stark von der Stressdosierung abhängt, ist es möglich, kompatible Solute durch Variation der Stressbedin-

Abb. 21.2. Rasen extremophiler Mikroorganismen auf Island. Ideale Probenahmestelle für das Screening nach neuen kompatiblen Soluten

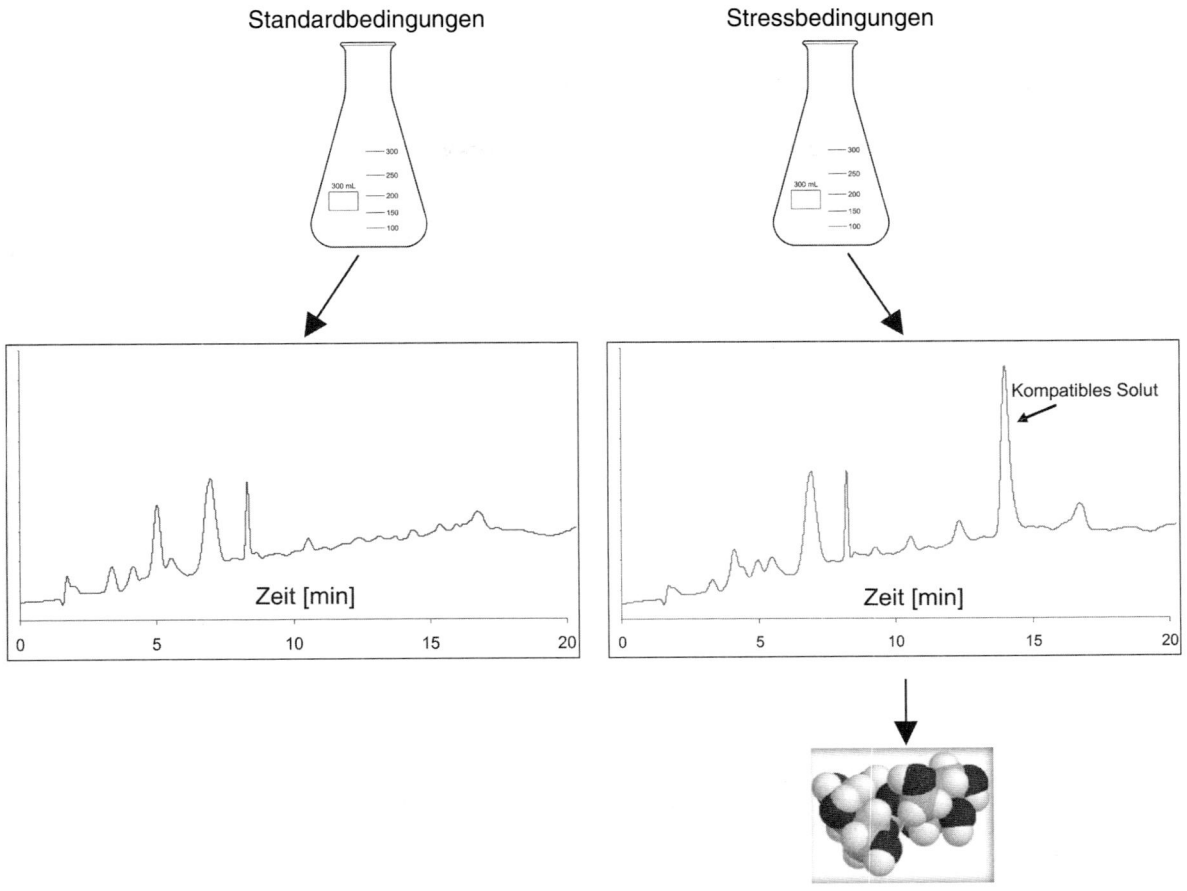

Abb. 21.3. Identifizierung neuer kompatibler Solute. Isolate extremophiler Mikroorganismen werden unter Standardbedingungen und bei erhöhtem Stress (z. B. höherer Temperatur) kultiviert. Die polare Solutefraktion wird chromatographisch aufgetrennt. Neue oder stark erhöhte Peaks im Chromatogramm weisen auf mögliche neue kompatible Solute hin. Der Nachweis und die Strukturbestimmung erfolgt mit verschiedenen analytischen Methoden (NMR, Massenspektrometrie u. a.)

gungen zu identifizieren. Durch Vergleich mit bekannten Substanzen und moderne chemische Analysemethoden wird dann die chemische Struktur der neuen Substanzen bestimmt. Einzelne Stämme werden jeweils unter **Standardbedingungen** und **extremen Bedingungen** wie z. B. erhöhter Temperatur, erhöhter Salzkonzentration oder einer Kombination aus beiden Faktoren kultiviert. Nach der Zellseparation werden die niedermolekularen Zellinhaltsstoffe durch eine Fest/Flüssig-Extraktion gewonnen. Der die kompatiblen Solute enthaltende Extrakt wird getrocknet und analysiert. Kompatible Solute lassen sich auf-

grund unterschiedlicher Zusammensetzung von Standardkultur und Stresskultur identifizieren (Abb. 21.3).

Die Gruppe der kompatiblen Solute beschränkt sich nicht auf einzelne chemische Funktionalitäten, sondern stellt eine sehr heterogene Substanzklasse dar. Die Untersuchung entsprechender Extrakte macht daher eine Analysentechnik erforderlich, die einen großen Bereich möglicher Verbindungen abdeckt. Zur Routineanalytik von Naturstoffen und anderen empfindlichen Substanzen hat sich die **Flüssigchromatographie (LC)** bewährt. Es werden sowohl Systeme für unpolare bis polare Analyte (HPLC, UV-, RI- und Fluoreszenzdetektion) als auch Systeme für polare und ionische Analyte (Ionenchromatographie [IC], Leitfähigkeitsdetektion, Amperometrie) eingesetzt. Durch Variation von stationärer bzw. mobiler Phase mit den geeigneten Detektoren lässt sich daher der für ein Screening von kompatiblen Soluten große Bereich analysierbarer Verbindungen abbilden.

Die **Identifizierung eines potentiellen Solutes** erfolgt aus dem Extrakt des Mikroorganismus mit oder ohne Derivatisierung. Anhand der Differenzen zwischen Chromatogramm von Extrakten unterschiedlicher Kultivierungsbedingungen kann beurteilt werden, ob der Organismus auf die Stressbedingungen durch Synthese kompatibler Solute reagiert. Bei positiver Bewertung wird der entsprechende Extrakt näher untersucht, um die Struktur der beobachteten Verbindung zu ermitteln. Dies erfolgt nach partieller Aufreinigung und Trennung in Fraktionen ungeladener bzw. positiv oder negativ geladener Verbindungen mittels NMR- und Massenspektrometrie.

21.4
Entwicklung von Verfahren zur Produktion kompatibler Solute

Extremophile Mikroorganismen zeichnen sich durch einen hohen **Masseanteil an kompatiblen Soluten** pro Biomasse (10–20 Gewichtsprozent) und damit eine hohe Produktivität bezogen auf die Biomassemenge aus. Die Kulturen unterliegen bei den Extrembedingungen einem geringen Kontaminationsrisiko. Von Nachteil ist, dass sich bestimmte Extremophile nicht zu hohen Zelldichten kultivieren lassen. Verschiedene Ursachen hierfür werden zurzeit diskutiert und untersucht. Eine entscheidende Rolle spielen wachstumshemmende Stoffe, die erst im Laufe der Fermentation von den Mikroorganismen oder aufgrund chemischer Reaktionen bei den extremen Fermentationsbedingungen (z. B. Maillard-Reaktion) gebildet werden. Spezielles Ziel von Verfahrensoptimierungen bei der Fermentation Extremophiler ist es, die **Akkumulation hemmender Stoffwechselmetabolite** zu verhindern. Dies geschieht z. B.

durch die Wahl spezieller Fermentationstechnologien (*fed-batch*, kontinuierlich, Dialyse-Reaktor) oder durch Stammoptimierungen. Die Fermentation extremophiler Mikroorganismen ist gegenüber Fermentationen „normaler" mesophiler Mikroorganismen mit besonderen Herausforderungen konfrontiert. Aufgrund der extremen Bedingungen, die im Fermenter erzeugt werden müssen, um ein hinreichendes Zellwachstum und eine zufriedenstellende Produktausbeute erreichen zu können, müssen die verwendeten Materialien besonders beständig sein. Die Kombination von Salz und hoher Temperatur verlangt beispielsweise nach korrosionsbeständigen Materialien. Hinzu kommt, dass z. B. bei hohen Temperaturen um 100 °C Dampfdrücke entstehen, welche die Fermentation in geeigneten Druckbehältern erforderlich machen.

Die **biotechnische Verfahrensentwicklung** verläuft generell in mehreren Phasen, welche durch **unterschiedliche Größenmaßstäbe** geprägt sind (s. Kap. 13–15). Im Anschluss an die Etablierung im Labormaßstab erfolgt die Übertragung in den Pilotmaßstab. Hier hat sich gezeigt, dass erste Fermentationen zunächst im 30–50-L-Scale durchgeführt werden sollten. Es sollte dann aber möglichst schnell auf den 250–500-L-Maßstab gewechselt werden, da hier sehr schnell die Notwendigkeiten an die großtechnische Praxis – z. B. Volumenhandhabung und Prozessstabilität – erkennbar werden. Nach erfolgreicher Etablierung im Pilotmaßstab kann aus unserer Erfahrung sehr zügig eine Maßstabsvergrößerung um jeweils den Faktor 10 erfolgen, das heißt der nächst sinnvolle Maßstab ist dann 2500–5000 L.

Eine besondere Herausforderung bei der Entwicklung kompatibler Solute zu produktfähigen Wirkstoffen liegt darin, dass relativ früh in der Entwicklung bereits **ausreichende Stoffmengen** für die Produktentwicklung bereitgestellt werden müssen. Da Untersuchungen zur Toxikologie, Stabilität und Anwendung sowie Zulassungsstudien meist langwierig sind, bietet es sich an, die Herstellung erster Produktmengen parallel zur Verfahrensentwicklung und dem Scale-up in den Produktionsmaßstab zu betreiben. Die Verfügbarmachung der neuen Stoffe in relativ frühen Phasen der Entwicklung ist wichtig für den zügigen Erfolg des Produktes und eine schnelle Vermarktungsfähigkeit.

In der ersten Phase der Entwicklung werden geeignete Mikroorganismenstämme für die Produktion identifiziert. Unter Laborbedingungen werden in der Regel in Schüttelkulturen oder Mini-Bioreaktoren **optimale Wachstumsmedien und -bedingungen** ermittelt. Bereits hier sollten Rahmenbedingungen etabliert werden, die unter späteren großtechnischen Bedingungen realisierbar sind.

Es gibt reichlich Fachliteratur, die sich mit der Entwicklung und dem Scale-up biotechnischer Prozesse beschäftigt. Wir möchten daher an dieser Stelle nur einige, uns aber sehr wichtig erscheinende Aspekte herausstellen. Sehr früh in der Prozessentwicklung muss ein geeignetes **Kultivierungsmedium** entwickelt werden. Da später häufig sehr große Volumina benötigt werden und eine Umstellung des Mediums in späteren Phasen schwierig ist, sollte von vornherein darauf geachtet werden, dass **teure Medienkomponenten** vermieden werden. Zudem sollten Medienkomponenten (z. B. Komplexstoffe) vermieden werden, die aus tierischen Ressourcen hergestellt werden. Definierte **Minimalmedien ohne Komplexstoffe** sind ideal, d. h. solche Medien, die aus einzelnen definierten Chemikalien zusammen gemischt werden. Es muss der optimale Nährstoffbedarf in den verschiedenen Wachstumsphasen für eine maximale Produktbildung ermittelt werden. Da die Produktaufreinigung in der Regel der kostenbestimmende Schritt der Produktion ist, sollte auf Medienkomponenten verzichtet werden, die sich schwer vom Produkt trennen lassen oder die toxisch sind. Die ausgewählten Medienkomponenten sollten gut verfügbar und über einen längeren Zeitraum von mehreren Monaten stabil lagerbar sein. Fermentationseigenschaften wie z. B. Durchmischung, Schaumbildung, Sedimentbildung, Wachstum mikrobieller Rasen, Sauerstoffbedarf oder Temperaturprofil in repräsentativen Fermentationsscales (30–50 L) müssen frühzeitig ermittelt werden. Diese Parameter sind für eine Anlagenauslegung später von hoher Bedeutung. Die Prozessführung sollte möglichst einfach gestaltet sein und ohne großen Personalaufwand im Großmaßstab durchführbar sein. Idealerweise lässt sich der **Fermentationsprozess** später **automatisieren**. Die Fermentationsregelparameter sollten unkompliziert, idealerweise on-line und störungsfrei messbar sein (s. Kap. 15). So lässt sich eine pH- oder Temperaturmessung on-line relativ einfach etablieren, während die On-line-Messung des Wachstums über die Trübung oft ungenau und störungsanfällig ist. Sie wäre damit für den Produktionsmaßstab ungeeignet. Das Kulturwachstum bzw. die Produktbildung darf auch bei der Unterversorgung mit Nährstoffen oder vorübergehenden Störungen in der Prozessführung nicht irreversibel gestoppt werden. Solche Situationen treten in der Praxis immer wieder auf und lassen sich kaum vermeiden. Der Produktionsstamm sollte bezüglich Schwankungen von Fermentationsparametern robust sein. Es ist von Vorteil, wenn die Kultur unter den gewählten Bedingungen nicht kontaminationsanfällig ist. Es hat sich als praktikabel erwiesen, einmal bestimmte Störfälle und Kontaminationsgefahren gezielt zu simulieren, um die **Robustheit des Verfahrens** zu erproben.

Von entscheidender Bedeutung ist, wie der Wertstoff aus der Kulturlösung separiert werden kann. Am Ende der Wachstumsphase und zum Zeitpunkt der maximalen Produktbildung ist es oft erforderlich, **sehr große Kulturvolumina in kurzer Zeit zu separieren** bzw. aufzuarbeiten. Das Produkt wird dann entweder aus dem von der Biomasse befreiten Kulturüberstand gewonnen oder aus der Biomasse separiert. Zentrifugen zum Beispiel, die im Labor- und Pilotmaßstab oft mit Erfolg eingesetzt werden, sind für große Volumina häufig nicht geeignet. Für die Separation von kompatiblen Soluten haben sich leistungsstarke Crossflowfiltrationsanlagen mit Ausschlussgrenzen von 0,1–0,2 µm bewährt. Zusammengefasst bedeutet dies, dass bereits im Labormaßstab die späteren **großtechnischen Bedingungen** antizipiert und stringent bei der Verfahrensauswahl berücksichtigt werden.

Die **Aufreinigung** der kompatiblen Solute – entweder aus der Biomasse oder aus dem Kulturüberstand – ist eine besondere technische Herausforderung. Hier gilt es, einen möglichst einfachen und nicht zu viele Trennschritte enthaltenden Prozess zu etablieren. Da es während der Aufreinigung zu Produktverlusten kommt, bedeutet jeder Schritt nicht nur eine Verlängerung der Aufreinigungszeit und der Aufreinigungskosten, sondern auch eine Erhöhung der Verluste. Auch hier können Verfahren, die unter Labor- oder Pilotbedingungen geeignet erscheinen, sich im Großmaßstab als technisch nicht realisierbar erweisen.

21.4.1
Bakterienmelken

Ectoine werden nach dem patentierten Bakterienmelkverfahren („*Bacterial Milking*") produziert. Ausgangspunkt für das Bakterienmelken ist eine Mikroorganismenkultur, die in einem stark mit Salz (15–20%!) angereicherten Medium angezogen wird. Die von den Mikroorganismen gebildeten und intrazellulär angereicherten Ectoine werden der Biomasse entzogen, ohne dass die Zellen zerstört werden. Hierzu wird der salzhaltige Medienüberstand mittels Querstromfiltration entfernt. Übrig bleibt der angedickte, wertstoffhaltige Biomasseschlamm. Danach wird der Schlamm mit salzfreiem, hypoosmotischem Medium auf etwa das Ausgangsvolumen verdünnt. Durch diese Erniedrigungen (osmotischer *down-shock*) der extrazellulären Salzkonzentration in einer separierten Zellsuspension wird ein Öffnen der mechanosensitiven Kanäle der halophilen Mikroorganismen induziert und die kompatiblen Solute werden ins Medium **ohne Zerstörung der Zellen** freigesetzt. In der Natur dienen mechanosensitive Kanäle dazu, bei schlagartigen Veränderungen der Milieubedingungen, den hier entstehenden **osmotischen Überdruck** durch die wasseraktiven kompatiblen Solute (Osmolyte) wie ein Überdruckventil auszugleichen. Die jetzt überschüssigen Moleküle werden schnell freigesetzt. Die ins Medium entlassenen Solute können durch die Zelle in größerer Menge nicht wieder auf-

genommen werden, solange die osmotischen Verhältnisse sich nicht ändern, so dass Zellen und Solute getrennt werden können. Da die Zellen durch Neusynthese der kompatiblen Solute in der Lage sind, sich schnell wieder an salzreiche Milieubedingungen zu adaptieren, kann die vorhandene Biomasse zur Wertstoffproduktion erneut verwendet werden. Eine neue Produktionsrunde aus Synthese, Verdünnung und Ernte wird eingeleitet. Dieses zyklische Verfahren lässt sich mehrmals wiederholen. Die geschilderte Methode zeigt bereits Merkmale einer **ressourcenschonenden Produktionsweise**; die Produktivität wird gegenüber einem reinen Batch-Prozess um den Faktor 5–10 gesteigert und der Verbrauch an Ressourcen (Energie, Medien) deutlich gesenkt. Das über das Bakterienmelken gewonnene Rohprodukt weist zudem deutlich weniger Verunreinigungen auf als ein Produkt, welches über einen konventionellen Zellaufschluss gewonnen würde. Der nachgeschaltete, oft sehr kostenintensive und verlustreiche Aufarbeitungsprozess (*downstream process*) ist damit weniger aufwendig.

Es wurde somit ein spezielles biotechnisches Verfahren entwickelt, welches die Adaptationsfähigkeit von Extremophilen an verschiedene extrazelluläre Stresszustände – in dem Fall osmotischer Druck des Milieus – nutzt. Es ist also nicht nur der konstant extreme Umweltstress, sondern es sind insbesondere auch die sehr schnell wechselnden Milieubedingungen, die extremophile Mikroorganismen zu hervorragenden Anpassungskünstlern machen. Besondere Beispiele hierfür sind bestimmte Mikroorganismenarten der Gattung *Rhodothermus*. Diese kommen z. B. in heißen Quellen Islands vor, die unter Gezeiteneinfluss stehen. Abhängig von den Gezeiten schwanken sowohl Temperatur (Δ 60° C) und Salinität (Δ 5%) sehr schnell mehrmals am Tag.

21.4.2
Permanent-Milking-Verfahren

Ein Nachteil des Bakterienmelkverfahrens sind die nach dem osmotischen *down-shock* erreichbaren Produktkonzentrationen. Im Ectoinprozess wurden bislang Konzentrationen von 8–13 g/L erreicht. Im Aufreinigungsprozess müssen daher in den ersten Schritten relativ große Volumina gehandhabt werden.

Um eine höhere Produktkonzentration im Medium zu erreichen, wurden neue Stämme von *Halomonas elongata* entwickelt, die einen **kontinuierlichen Export** von Ectoin ins Medium auch bei niedrigerer Salzkonzentration erlauben. Das ausgeschiedene Ectoin wird nicht wieder in die Zelle aufgenommen, so dass Produktkonzentrationen von mehr als 20 g/L im Außenmedium erreichbar sind.

Die permanente Aufnahme von Substraten oder Produktvorstufen, deren Metabolisierung zu Produkten innerhalb der Zelle und deren Abgabe in das umgebende Medium ist das Wesen der **Ganzzell-Biotransformation**. Ein solcher Ectoin-freisetzender Mikroorganismenstamm lässt sich in einer kontinuierlich geführten Ganzzell-Biotransformation ideal verwenden. Ectoin wird hier im Prozess permanent in das umgebende Medium abgegeben. Der neue Prozess wurde daher als „*Permanent-milking*"-Prozess (perMil) bezeichnet. Durch die kontinuierliche Prozessführung wird eine deutlich höhere Volumenausbeute gegenüber einem ansatzweisen Betrieb bei gleichzeitig höherer Produktkonzentration erreicht. Die Raum-Zeit-Ausbeute des Prozesses ist deutlich verbessert.

Generell gilt hier, dass die Optimierung der Produktionsstämme neben der Verfahrensverbesserung die größte Möglichkeit zur Verbesserung der Produktivität birgt. Allerdings müssen die regulatorischen und kundenseitigen Anforderungen an das Produkt bei der Auswahl der Stammoptimierungstechniken berücksichtigt werden. Nach wie vor stehen Kunden im Bereich der Kosmetik Methoden der modernen Gentechnologie skeptisch gegenüber. Deshalb ist die Verwendung von klassisch optimierten Produktionsstämmen erforderlich.

21.4.3
Weitere Verfahren zur Herstellung kompatibler Solute

Um auch mit anderen kompatiblen Soluten weitere Anwendungsfelder zu erschließen, wurden zur Herstellung von Firoin, DIP und cDPG verschiedene Fermentationsstrategien angewendet.

Die **fermentative Herstellung von Firoin** wird mit *Rhodothermus marinus* ($T_{opt.} = 65\,°C$) in einem Fed-batch-Verfahren realisiert. Dabei wird der Organismus zunächst in einem Basismedium bestehend aus einer C-Quelle und komplexen Medienbestandteilen im Fermenter angezogen. Da im späteren Verlauf der Fermentation *R. marinus* noch mit Nährstoff- und Salzlösung „gefüttert" (*feed*) wird, darf der Reaktor zu Beginn nur bis etwa 60% des Füllvolumens mit Medium gefüllt werden. Ist der Organismus gut angewachsen, wird mit dem Zuschalten eines Nährstoffstroms gleichzeitig die Osmolarität des Mediums erhöht. Dazu wird eine Salzlösung mit Substrat und Medienbestandteilen über einen bestimmten Zeitraum zudosiert. Dieser Salzstress führt im Organismus zu einer **stärkeren Produktion von Firoin**, da der extrazelluläre osmotische Druck ausgeglichen werden muss. Dabei kommt es zu einer Akkumulation des Firoins in der Zelle. Nach dem Prinzip des Bakterienmelkens wird das Firoin dann aus der Biomasse extrahiert.

Zur Herstellung von DIP wird *Pyrococcus furiosus*, ein hyperthermophiles Archaebakterium, in einer kontinuierlichen Fermentationsführung verwendet. Archaebakterien gehören zu den ältesten Lebensformen auf der Erde. *P. furiosus* ist ein mariner, anaerober Organismus, der an ozeanischen Heißwasservulkanen (*black smokers*) isoliert wurde. Er zählt zu den temperaturresistentesten Mikroorganismen. Die kontinuierliche Fermentationsführung ist hier vorteilhaft, da der Organismus im Batch-Betrieb nur sehr niedrige Zelldichten erreicht und so eine verbesserte Raum-Zeit-Ausbeute erreicht wird. *P. furiosus* wird beim Anfahren des Reaktors zunächst bei niedrigerer Temperatur (90 °C) unter anaeroben Bedingungen bis zu seiner maximalen Zelldichte angezogen. Anschließend wird durch eine Temperaturerhöhung auf 95 °C die DIP-Produktionsrate im Organismus erhöht. Die DIP-Konzentration steigt durch den thermischen Stress im Organismus an, DIP wird dort akkumuliert und die intrazelluläre Konzentration erreicht ein Maximum. Mit dem Erreichen der maximalen DIP-Konzentration wird dem Reaktor kontinuierlich Medium und Biomasse entzogen, die Biomasse mit einem **kontinuierlich arbeiteten Separator** vom Medium abgetrennt und gleichzeitig frisches Medium in den Reaktor eingeleitet. Hierdurch wird ein – bezogen auf die Material- und Biomasseflüsse – stationärer Zustand im Reaktor eingeregelt. Aus der gewonnenen Biomasse wird DIP durch Extraktionsverfahren als Rohprodukt erhalten. Der Prozess kann **über Monate stabil** durchgeführt werden.

Für die **Produktion von cDPG** wurde ein Verfahren mit einem rekombinanten *Escherichia-coli*-Stamm entwickelt. Da die natürlich vorkommenden Organismen, welche diese Verbindung synthetisieren, sehr lange Generationszeiten haben, ergibt sich für cDPG eine schlechte Raum-Zeit-Ausbeute. Dieser Nachteil konnte durch die

Etablierung eines rekombinanten Systems aufgehoben werden, so dass der Prozess an Wirtschaftlichkeit gewinnt. Der entwickelte *E.-coli*-Stamm besitzt die genetische Information zur Synthese von zwei an der cDPG-Biosynthese beteiligten Enzymen aus *Methanothermus fervidus*. Die Expression der Enzyme reicht aus, um im rekombinanten Organismus die Biosynthese von cDPG ablaufen lassen zu können. Die Fermentationsführung ist hier zu einer Fed-batch-Fermentation entwickelt worden, um hohe Produktausbeuten zu erhalten. Als Feed dient in diesem Fall eine hoch konzentrierte C-Quellen-Lösung. Diese Lösung wird zu dem Zeitpunkt zu dosiert, wenn die anfängliche C-Quelle verbraucht ist. Das produzierte cDPG wird aus den Zellen ausgeschleust und nach der Ernte im **Downstream-Processing** aus dem Medium isoliert.

In der Tabelle 21.2 sind die wichtigsten Fermentationstypen mit ihren Vor- und Nachteilen noch einmal gegenübergestellt.

Diese Beispiele zeigen auf, wie man durch Wahl der Fermentationsführung (Fed-batch- oder kontinuierliche Betriebsweise) und der eingesetzten Mikroorganismen (natürlich vorkommende oder gentechnisch veränderte Organismen, GVOs) zu guten Produktausbeuten gelangen kann.

Tabelle 21.2. Vergleich verschiedener Fermentationstypen

Typ	Vorteile	Nachteile
Batch = ansatzweiser Betrieb	– Geringer technischer und personeller Aufwand – Einfaches Verfahren	– Meist geringe Raum-Zeit-Ausbeuten durch geringe Produktausbeuten, häufiges Befüllen und Entleeren des Reaktors
Fed-Batch = Ansatzweise mit Zufütterung (z. B. Bakterienmelken)	– Höhere Produktausbeuten, da limitierende Faktoren wie z. B. Substrate nachgeliefert werden können	– höherer technischer und personeller Aufwand – Automatisierung notwendig – Volumenveränderung während der Fermentation
Kontinuierlich Edukt- und Produkt-Strom im Steady-State (z. B. perMil-Verfahren)	– Deutlich bessere Raum-Zeit-Ausbeuten möglich, da kontinuierlich Produkt gewonnen wird – kein häufiges Befüllen und Entleeren des Reaktors notwendig	– Hoher technischer und personeller Aufwand – Empfindlich gegenüber Störungen – Handling großer Volumina

21.4.4
Produktionsanlagen für kompatible Solute aus Extremophilen

Es existieren derzeit weltweit lediglich zwei Anlagen zur **großtechnischen Produktion der Ectoine**. Eine Anlage wurde nach dem Prinzip des Bakterienmelkens von der Merck KGaA in Darmstadt unter Lizenz der bitop AG errichtet. Die zweite Anlage wurde von der bitop AG in Witten errichtet. In dieser Anlage werden die Ectoine sowohl nach dem Verfahren des Bakterienmelkens als auch nach dem perMil-Verfahren hergestellt. Herzstück der Anlage in Witten ist ein kontinuierlich betriebener Bioreaktor mit einem Volumen von 3500 L (Abb. 21.4). Um die täglich anfallen-

den großen Mengen wertstoffhaltiger Biomasse sofort aufzuarbeiten werden Cossflowfiltrationsanlagen mit Durchsätzen von mehreren tausend Litern pro Stunde eingesetzt. Die Aufreinigung der Ectoine erfolgt über leistungsstarke Elektrodialyseanlagen und Chromatographieanlagen. Über ein finales Kristallisationsverfahren werden Produktreinheiten über 95% erreicht.

Die Jahresbedarfe für Ectoine insbesondere im Bereich Kosmetik liegen mittlerweile im Tonnenbereich. Eine **rasche Steigerung der Bedarfsmenge** wird aufgrund des sich ständig erweiternden Anwendungsspektrums als sehr wahrscheinlich betrachtet. Aufgrund dieser Erwartung wird permanent an der Verbesserung der Verfahren gearbeitet.

a   b

Abb. 21.4. Biotechnische Anlage zur Herstellung von Ectoin bei der bitop AG in Witten. **a** Produktionsfermenter. **b** Teil der Mikrofiltrationsanlage

21.5
Produktentwicklung
mit kompatiblen Soluten

Die Schutzwirkungen der kompatiblen Solute gegenüber biologischen Makromolekülen und Zellen ermöglichen vielfältige Anwendungen. Dabei lassen sich **drei Anwendungsbereiche** unterscheiden:

● Unmittelbar aus der Wirkungsweise der kompatiblen Solute – Stabilisierung der Tertiärstruktur von Proteinen – kann der **Schutz von Proteinen** als ein großes Anwendungsfeld abgeleitet werden.
● Aus ihrer natürlichen Funktion in Mikroorganismen – **Schutz von Zellen** unter Stress – ergibt sich ein zweiter Anwendungsbereich.
● Der dritte Anwendungsbereich der kompatiblen Solute ist die Nutzung zum **Schutz der menschlichen Haut**.

Die feuchtigkeitsbindenden Eigenschaften des Ectoins zusammen mit der guten Verträglichkeit dieser untoxischen Substanz haben dazu geführt, dass Ectoin mittlerweile in einer Vielzahl von Hautpflegeprodukten verwendet wird. Zunächst stand dabei die Nutzung als Feuchtigkeitsspender (*moisturizer*) in hautpflegenden Kosmetika im Vordergrund. Die weitere Forschung zeigte jedoch, dass der Nutzen des Ectoins beim Hautschutz über den einer rein feuchtigkeitsspendenden Substanz hinausgeht. So konnte nachgewiesen werden, dass Ectoin eine generell schützende Wirkung auf Hautzellen ausübt, die Haut vor den schädlichen Wirkungen von UV-Strahlung schützt und Zellmembranen sowie die Immunzellen der Haut (Langerhans-Zellen) stabilisiert (Bünger et al. 2001).

21.5.1
Proteinschutz

Proteinproduktion

Auch bei der Expression und Reinigung rekombinanter Proteine können kompatible Solute nutzbringend eingesetzt werden. **Immuntoxine** können normalerweise nur schlecht oder mit geringen Aktivitätsausbeuten in *E. coli* exprimiert werden. Durch den Zusatz von Betain und Salz im Kulturmedium in Kombination mit dem Einsatz von Hydroxyectoin in der Aufreinigung können jedoch diese sehr stark zur Aggregation neigenden Proteine in guter Ausbeute isoliert werden (Barth et al. 2000).

Mehr als 50% aller in *E. coli* überexprimierten Fremdproteine bilden „*Inclusion bodies*", unlösliche Aggregate aus zumeist inaktivem, fehlgefaltetem Protein. *Inclusion bodies* bieten bei der Proteinreinigung durchaus Vorteile, da sie einfach von anderen Zellbestandteilen abgetrennt werden können und so eine schnelle Reinigung des gewünschten rekombinanten Proteins erlauben. Der kritische Schritt ist jedoch die Rückfaltung der *Inclusion bodies* zu funktionellem Protein, die oft nur in geringen Ausbeuten oder gar nicht gelingt. Für die Rückfaltung werden die *Inclusion bodies* typischerweise in einer Denaturierungslösung (z. B. 6M Guanidiniumchlorid) aufgelöst, das denaturierende Agens wird dann durch Verdünnung oder Dialyse entfernt. Abb. 21.5 zeigt die Wirksamkeit der Ectoine und des Firoin-A (ein natürliches Derivat des Firoins) bei der Rückfaltung von *Inclusion-body*-Proteinen. In dem gezeigten Fall war die Wirkung **additiv zur Wirkung von Arginin**, einer oft in Renaturierungsprotokollen verwendeten Aminosäure. Bei anderen Modellenzymen wurden ähnliche Verbesserungen in der Ausbeute beobachtet, wobei die Ectoine und Firoin-A die beste Wirksamkeit bei der Rückfaltung zeigten. Die kompatiblen Solute erweisen sich damit als effektive chemische Chaperone und die Nutzung insbesondere der Ectoine erscheint in Proteinreinigungsprotokollen vom Labor- bis zum industriellen Maßstab plausi-

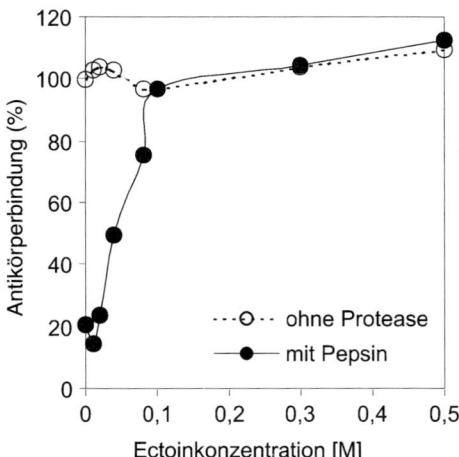

Abb. 21.5. Ectoin stabilisiert Immunglobuline gegenüber Proteolyse durch Pepsin. Eine Antikörperlösung (0,5 mg/mL humaner IgG in 100 mM Natriumacetat, pH 3) wurde mit Pepsin (5 µg/mL) behandelt. Die Proteolyse wurde durch die verbleibende Bindungsfähigkeit des IgG in einem ELISA-Test bestimmt. In Abwesenheit von Ectoin war die Bindungsaktivität der Antikörperlösung um 80% reduziert. Ectoin (ab einer Konzentration von 0,1 M) stabilisierte den Antikörper, ohne die Bindungsaktivität zu beeinflussen

bel. Auf Basis dieser Erkenntnisse wurden von bitop spezielle Produkte zur Unterstützung der nativen Proteinfaltung entwickelt (BioStab). Auch bei anderen kritischen Schritten in der Aufreinigung von Proteinen, bei denen Verluste durch Adsorption, Aggregation, langsame Proteolyse auftreten, können die kompatiblen Solute zur **Steigerung der Ausbeute an aktivem Protein** genutzt werden. Dabei empfiehlt sich ein Einsatz als Pufferkomponente in einer Konzentration von 0,1–0,5 M. Beim *Inclusion-body-Refolding* sollten mindestens 0,5 M kompatibles Solut eingesetzt werden.

Proteinstabilisierung: Nutzung der kompatiblen Solute als stabilisierende Reagenzien

Alle kompatiblen Solute zeigen in unterschiedlicher Ausprägung und abhängig vom betrachteten Protein stabilisierende Wirkung auf die Tertiärstruktur von Proteinen. Die faltungsunterstützende Wirkung der Stoffe zeigt Parallelen zu der Wirkung von molekularen Protein-Chaperonen, welche die korrekte funktionelle Faltung von Protei-

nen unterstützen. Viele der molekularen Chaperone gehören zur Gruppe der Hitzeschockproteine, die in Abhängigkeit von Stressfaktoren, wie z. B. erhöhter Temperatur, exprimiert werden. Hier besteht eine deutliche Parallele zu den niedermolekularen kompatiblen Soluten, die dann auch funktionell ähnliche Aufgaben übernehmen. Am Modellenzym Lactatdehydrogenase (LDH) konnte gezeigt werden, dass kompatible Solute eine **Hitzestabilisierung** bewirken (Borges et al. 2002). Gleichzeitig wirkten die Stoffe aggregationshemmend. 0,5 M Mannosylglycerat (Firoin) zeigte die besten stabilisierenden Effekte und erhöhte die Schmelztemperatur um 4,5 Kelvin. Mannosylglycerat zeigte ebenfalls thermostabilisierende Effekte bei Glucoseoxidase. Interessanterweise korreliert im Firoin-Produzenten *Rhodothermus* die Bildung von Firoin mit der Erhöhung der Temperatur. Auch hier trägt dieses kompatible Solut offensichtlich zur Hitzestabilisierung der zellulären Proteine bei. Kalorimetrische Studien mit dem Enzym Rnase A zeigen für Hydroxyectoin (3M) eine Erhöhung der Stabilität um 10,6 kJ/mol bei Raumtemperatur und eine Erhöhung der Schmelztemperatur (T_m) um 12 Kelvin (Knapp et al. 1999). Das Einfrieren und Auftauen von Proteinlösungen ist ein oft problematischer Schritt, der die Verminderung der Löslichkeit und Aktivität zur Folge hat. **Hydroxyectoin**, ein ebenfalls von *Halomonas elongata* gebildetes Derivat des Ectoins, verhindert auch bei wiederholten Einfrier-/Auftauzyklen die sonst auftretenden starken Aktivitätsverluste (Barth et al. 2000). Bei der Gefriertrocknung von Proteinen werden oft Zusatzstoffe verwendet, um die Stabilität des getrockneten Proteins zu erhöhen. Am Modellprotein Phosphofructokinase (PFK) konnte hier für die Ectoine eine stark aktivitätserhaltende Wirkung gemessen werden. Der grundlegende Mechanismus der kompatiblen Solute, die Stabilisierung der Tertiärstruktur, kann sogar zum Schutz von Proteinen vor proteolytischem Abbau genutzt werden. Dabei verhalten sich die kompatiblen Solute nicht wie klassische Proteaseinhibitoren. So wird z. B. die Pepsinspaltung eines einfachen Hexapeptids durch Ectoine nicht gehemmt. Bei Sub-

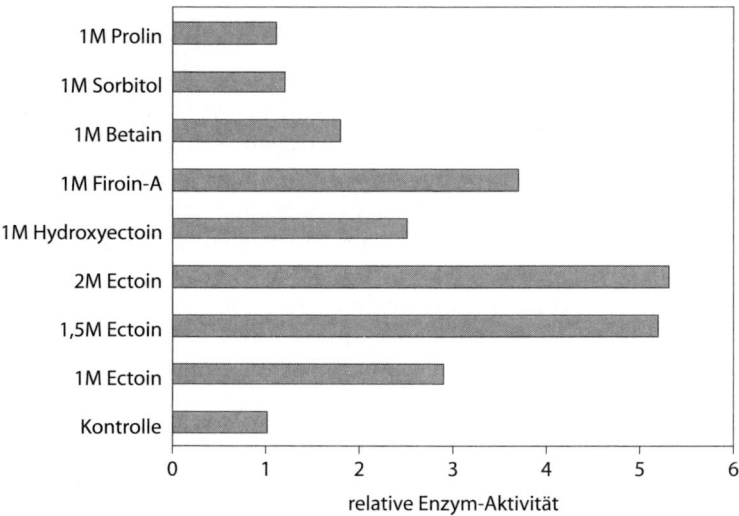

Abb. 21.6. Erhöhte Refolding-Ausbeute in Gegenwart von kompatiblen Soluten. Das Testprotein (eine Galaktosidase) wurde in *E. coli* in hohen Mengen als Inclusion bodies exprimiert. Die Inclusion bodies wurden durch Zentrifugation abgetrennt, in Guanidiniumchlorid (6M)-Puffer gelöst und durch 20fache Verdünnung in Puffer ohne Guanidiniumchlo-rid, in Gegenwart von 0,5 M Arginin zurückgefaltet. Zusätzlich wurde in der Rückfaltungsreaktion die aufgeführte Testsubstanz (Kontrolle: keine Zugabe) zugegeben. Ectoin und Firoin A waren die effektivsten Substanzen und erhöhten die Ausbeute an aktivem Protein bis zu 5fach

straten mit Tertiärstruktur, wie zum Beispiel Immunglobulinen, zeigt sich dagegen eine Proteolysehemmung, die auf die Stabilisierung des Proteasesubstrats (IgG) zurückgeführt werden kann (Abb. 21.6, Tabelle 21.3). Die Abbildung zeigt auch, dass für eine Schutzwirkung eine Konzentration des kompatiblen Solutes im Bereich ≥100 mM benötigt wird. Dabei ist hervorzuheben, dass die Stabilisierung die Bindungsaktivität des Antikörpers auch bei hohen Konzentrationen von Ectoin (0,5 M) nicht negativ beeinflusst. Generell werden Bindungsreaktionen und enzymatische Aktivitäten auch durch hohe Konzentrationen kompatibler Solute nicht wesentlich beeinträchtigt. Auch in den produzierenden Organismen funktioniert ja der Metabolismus bei molaren Konzentrationen der Solute weitgehend wie in Abwesenheit der Stoffe.

Tabelle 21.3. Zusammenfassung der Proteinschutzeffekte durch kompatible Solute

Effekte	Resultierende Anwendungen
– Stabilisierung von (verdünnten) Proteinlösungen (Hemmung von Präzipitation/Aggregation)	– Stabilisierung von Proteinen in Diagnostika und Life Sciences
– Kryoprotektion: Einfrier-/Auftaustabilisierung und Stabilisierung von Lyophilisaten	– Erhöhte Stabilität pharmazeutischer Proteine
– Hitzestabilisierung	– Hemmung der Proteinaggregation in Proteinreinigungsprotokollen
– Schutz gegen oxidativen Stress	– Verbesserte Funktionalität von Proteinen in molekularbiologischen und diagnostischen Anwendungen
– Stabilisierung komplexer Proteingemische	
– Proteolysehemmung (durch Stabilisierung der Tertiärstruktur des Proteinsubstrats)	
– Schutz gegen denaturierende Agenzien (SDS)	

Auch in der Amplifizierung GC-reicher DNA in PCR-Reaktionen zeigen kompatible Solute positive Effekte. Dies mag zum Teil auf die Stabilisierung der DNA-Polymerasen zurückzuführen sein. Zudem sind auch direkte Einflüsse auf die DNA messbar, z. B. eine Herabsetzung der Schmelztemperatur GC-reicher (jedoch nicht AT-reicher) DNA.

Proteine spielen eine wichtige Rolle in einer stark wachsenden Anzahl von Produkten, z. B. in der Enzymtechnologie, bei diagnostischen Methoden in Forschung und Klinik (z. B. PCR, ELISA) und nicht zuletzt als Pharmawirkstoffe (z. B. monoklonale Antikörper). Immer dann, wenn bei diesen Anwendungen Probleme mit der Haltbarkeit, mit der Stabilität und mit Aktivitätsverlust auftreten, können kompatible Solute aus Extremophilen eine Problemlösung darstellen.

Die Chaperonwirkungen der kompatiblen Solute sind in Zukunft möglicherweise sogar von pharmazeutischem Nutzen. **Chorea Huntington** (Veitstanz) ist eine fortschreitend sich verschlimmernde Erbkrankheit, bei der eine Mutation des Huntingtin-Gens vorliegt. Die dadurch fehlerhaften Huntingtine bilden im Gehirn der betroffenen Patienten Ablagerungen, die denen der Alzheimerkrankheit ähnlich sind. Eine effektive Hemmung der Huntingtinaggregation *in vitro* wurde kürzlich durch **Trehalose** (ein in mesophilen Organismen wie *E. coli* vorkommendes kompatibles Solut) gezeigt (Tanaka et al. 2004). In derselben Studie konnte auch in Tierversuchen mit Mäusen, deren Huntingtin-Gen verändert war, ein milderer Krankheitsverlauf und eine erhöhte Lebenserwartung beobachtet werden, wenn die Tiere mit ihrem Trinkwasser Trehalose eingenommen hatten. Damit einher ging eine deutliche Verminderung der Proteinaggregate im Gehirn der Mäuse. Trehalose stoppte also offenbar die Bildung neuer Aggregate und bietet somit Ansatzpunkte für eine neue therapeutische Strategie bei der Huntington-Krankheit. Amyloid-bildende Proteine wie das Huntingtin liegen vielen weiteren Krankheiten zugrunde. Die Wirksamkeit des Ectoins als **Hemmer der Amyloidbildung** konnte in einer Studie mit Insulin gezeigt werden

(Arora et al. 2004). Ectoin und andere kompatible Solute wie Trehalose und Betain wurden auf ihre Wirksamkeit bei der Hemmung der Insulinamyloidbildung getestet. Ectoin erwies sich dabei als der wirksamste Stoff sowohl bei der Hemmung der Amyloidbildung wie auch bei der Inhibition des Wachstums der Amyloidfibrillen.

21.5.2
Zellschutz

Kompatible Solute zum Schutz prokaryotischer Zellen

Der Schutz bakterieller Zellen ist die natürliche Funktion der kompatiblen Solute. Die Schutzeffekte der Ectoine können auch für mesophile Bakterien genutzt werden, welche diese Stoffe nicht herstellen. So ist besonders das Hydroxyectoin zur Stabilisierung getrockneter Bakterien wie *E. coli* und *Pseudomonas putida* geeignet (Manzanera et al. 2002). Getrocknete Präparationen von *Pseudomonas putida* finden Anwendungen als **biologischer Dünger** und weitere Einsatzmöglichkeiten für die so lagerfähigen Mikroorganismen im **biologischen Pflanzenschutz** sowie zur **biologischen Bodensanierung** werden entwickelt. Ein Einsatz der Ectoine erscheint auf Grund dieser Ergebnisse auch bei anderen mikrobiologischen Anwendungen, zum Beispiel der Gefrierlagerung von Zellen, Erfolg versprechend.

Kompatible Solute als Schutzstoffe für höhere Zellen

Schon aus den Untersuchungen zum Ectoin als Hautpflegestoff ließ sich ableiten, dass kompatible Solute auch zum **Schutz höherer Zellen** dienen können. Tatsächlich stabilisiert das Ectoin die Membranen humaner Erythrocyten, schützt Hautzellen vor apoptischer Schädigung durch UV-A-Strahlung und übt zudem eine UV-schützende Wirkung auf die Langerhans-Zellen (immunologisch wichtige Zellen der Haut) aus. Dies legt nahe, dass eine zellschützende Wirkung auch bei anderen Zelltypen zu erwarten ist. Weitere wichtige Voraussetzungen für eine Verwendung zum Schutz höherer Zellen wie fehlende Toxizität und Allergenität erfüllt das Ectoin ebenfalls. Daraus ergeben sich mögliche Anwendungen des Ectoins und anderer kompatibler Solute:

- Kryoschutz (Lagerung) von Säugerzelllinien und Stammzellen,
- Kühllagerung ($>0°C$) von Stammzellen,
- Optimierte Kultivierung von Säugerzellen für die Produktion rekombinanter Proteine (z.B. CHO-Zellen).

21.5.3
Hautschutz

Die Hautschutzeigenschaften der Ectoine (Ectoin und Hydroxyectoin) und einiger weiterer kompatibler Solute sind bereits sehr gut charakterisiert und haben zur erfolgreichen Vermarktung des Ectoins als *„active ingredient"* in der Kosmetik geführt. Ectoin wird generell in Hautpflegeprodukten als **Feuchtigkeitsspender** eingesetzt. Darüber hinaus findet es wegen seiner neuartigen UV-Schutzwirkung Anwendung in **Sonnenschutzprodukten**. Hierbei handelt es sich nicht um einen optischen Filtereffekt, sondern um einen direkten Schutz der Hautzellen. UV-A-Strahlung führt über eine Signalkaskade zur Aktivierung proinflammatorischer Faktoren und schädigt die mitochondriale DNA. Diese Vorgänge sind ursächlich an der UV-A-bedingten Hautalterung beteiligt (Krutmann u. Höningsmann 1997). Ectoin hemmt diese UV-A-induzierte Signaltransduktion und schützt zudem die mitochondriale DNA vor Schädigungen (Bünger u. Driller 2004). Damit zeigt Ectoin wesentliche Schutzeffekte gegenüber der **Lichtalterung der Haut** in einem repräsentativen Modell für UV-A-induzierten Zellstress. Dies hat vermehrt zum Einsatz in Produkten zum Schutz gegen Hautalterung geführt. Generell bietet Ectoin eine gute Schutzfunktion, wenn die natürliche Barrierefunktion der Haut vermindert ist, wie z.B. bei atopischer (sehr trockener) Haut.

21.6
Ausblick

Ausgehend von der nun etablierten Anwendung als hautschützender Wirkstoff ergeben sich durch die damit einhergehende großtechnische Produktion des Ectoins neue Anwendungsfelder in verschiedenen „Stressschutzanwendungen" zum Schutz von Proteinen und Zellen. Auch neue kompatible Solute mit neuen Schutzprofilen können nun entwickelt werden. Dabei wird nicht jeder Stoff in allen Anwendungen ideal sein, wie ja auch die jetzt zur Verfügung stehenden kompatiblen Solute trotz des grundlegend gleichen Wirkungsprinzips durchaus unterschiedliche Schutzeigenschaften aufweisen. Der Bedarf an verträglichen Stabilisatoren und Schutzmolekülen biologischer Systeme wird weiter wachsen und biotechnologisch effizient herstellbare kompatible Solute werden hier eine immer größere Rolle spielen.

Literatur

Arakawa T, Timasheff SN (1985) The stabilization of proteins by osmolytes. Biophys J 47:411–414

Arora A, Ha C, Park CB (2004) Inhibition of insulin amyloid formation by small stress molecules. FEBS Lett 564: 121–125

Barth S, Huhn M, Matthey B, Klimka A, Galinski EA, Engert A (2000) Compatible-solute-supported periplasmic expression of functional recombinant proteins under stress conditions. Appl Environ Microbiol 66:1572–1579

Borges N, Ramos A, Raven ND, Sharp RJ, Santos H (2002) Comparative study of the thermostabilizing properties of mannosylglycerate and other compatible solutes on model enzymes. Extremophiles 6:209–216

Bünger J, Driller H (2004) Ectoin: an effective natural substance to prevent UVA-induced premature photoaging. Skin Pharmacol Physiol 17:232–237

Bünger J, Degwert J, Driller H (2001) The Protective Function of Compatible Solute Ectoin on the Skin, Skin Cells and its Biomolecules with Respect to UV-Radiation, Immunosuppression and Membrane Damage. IFSCC Mag 4:127–131

Knapp S, Ladenstein R, Galinski EA (1999) Extrinsic protein stabilization by the naturally occurring osmolytes beta-hydroxyectoine and betaine. Extremophiles 3:191–198

Krutmann J, Höningsmann, H (1997) Handbuch der dermatologischen Phototherapie und Photodiagnostik. Springer, Berlin Heidelberg New York

Manzanera M, Garcia de Castro A, Tondervik A, Rayner-Brandes M, Strom AR, Tunnacliffe A (2002) Hydroxyectoine is superior to trehalose for anhydrobiotic engineering of Pseudomonas putida KT2440. Appl Environ Microbiol 68:4328–4333

Tanaka M, Machida Y, Niu S, Ikeda T, Jana NR, Doi H, Kurosawa M, Nekooki M, Nukina N (2004) Trehalose alleviates polyglutamine-mediated pathology in a mouse model of Huntington disease. Nature Medicine 10:148–154

Yu I, Nagaoka M (2004) Slowdown of water diffusion around protein in aqueous solution with ectoine. Chem Phys Lett 388:316–321

22 Biopolymere und Vorstufen

A. Steinbüchel

22.1
Einleitung

Biopolymeren kommt wegen ihrer Verbreitung in der Natur und ihren vielfältigen Funktionen in Organismen jeglicher Art eine herausragende Bedeutung zu. Bis zur Mitte des letzten Jahrhunderts wurden **von Pflanzen synthetisierte Polymere** im großen Umfang als Energieträger und auch als Werkstoffe genutzt. Mit der zunehmenden Nutzung fossiler Rohstoffe, zunächst von Kohlen und später von Erdöl, und der sich entwickelnden chemischen Industrie erlangten darüber hinaus **synthetische Polymere** eine zunehmende Bedeutung und verdrängten Biopolymere sogar in einigen Anwendungsbereichen. Ausnahmen bildeten lediglich Biopolymere wie Seide, Tierwolle und Baumwolle, die bereits seit vielen Jahrtausenden von großer Bedeutung für die Herstellung von Textilien besitzen, Holz und darin enthaltene Biopolymere sowie Naturkautschuk. Dabei handelt es sich meist um komplex zusammengesetzte Materialien, die von Pflanzen oder Tieren produziert und aus diesen isoliert werden. Darüber hinaus gelang es der chemischen Industrie einige Derivate von Cellulose zu produzieren, die eine große Bedeutung und Verbreitung erlangten. Erst nach dem 2. Weltkrieg wurden **biotechnologische Verfahren** zur Produktion von Biopolymeren für Spezialanwendungen entwickelt und von der chemischen Industrie eingesetzt. Dextran und Xanthan sind hier als erfolgreiche Beispiele zu nennen. Die zunehmende Verknappung fossiler Rohstoffe und die Probleme, die bei der Entsorgung der immer größer werdenden Mengen von Verpackungsmaterialien, für die mittlerweile in zunehmendem Maße nicht abbaubare, synthetische Polymere wie Polyethylen, Polypropylen oder Polystyrol eingesetzt wurden, entstanden, hat zur Entwicklung neuer biotechnologischer Produktionsprozesse für Biopolymere beigetragen. Begünstigt wurde diese Entwicklung durch die intensive Suche nach neuen Werkstoffen und „Biomaterialien", nach **biologisch abbaubaren und resorbierbaren Materialien** sowie nach Verfahren zur Nutzung nachwachsender Rohstoffe.

Das Feld der Biopolymere ist, bedingt durch deren vielfältige und z. T. außerordentlich komplexe chemische Strukturen, sehr umfangreich. Dies bedeutet auch, dass eine große Palette von Biopolymeren mit sehr stark unterschiedlichen und z. T. einzigartigen Eigenschaften zur Verfügung steht, wodurch sich für diese zahlreiche neue Anwendungen und Einsatzgebiete ergeben. Die chemische Synthese eines Polymers, dessen Struktur mit der eines Biopolymers vollkommen identisch ist, ist im großtechnischen Maßstab und zu vertretbaren Kosten nur in Ausnahmefällen möglich; meist sind Organismen die einzigen vorstellbaren Quellen. Biosynthese von Polymeren impliziert auch die Möglichkeit einer biotechnologischen Produktion direkt aus CO_2 oder aus nachwachsenden Rohstoffen, die von der Land- oder Forstwirtschaft bereitgestellt werden. **Natürliche Herkunft und Biosynthese** implizieren weiterhin, dass diese Polymere **biologisch abbaubar** sind.

22.1.1
Einteilung der Biopolymere nach chemischen Strukturen

Biopolymere lassen sich nach ihrer chemischen Struktur **acht Klassen** zuordnen (Tabelle 22.1). Diese unterscheiden sich bezüglich ihrer Bausteine sowie deren Verknüpfung – also des Typs der chemischen Bindung. Sieben Klassen stellen organische Polymere dar. Hierzu gehören die Nukleinsäuren, Proteine, Polysaccharide, Polyoxoester, Polythioester, Polyphenole und Polyisoprenoide. Amidbindungen, Oxoester- und Thioesterbindungen, glykosidische Bindungen und Etherbindungen sind für diese Biopolymere kennzeichnend. Eine Sonderstellung nehmen die **Polyisoprenoide** ein. Sie sind die einzigen Biopolymere, in denen ausschließlich Kohlenstoff-Kohlenstoff-Bindungen im Polymerrückgrat vorkommen. Von den sieben oben genannten organischen Biopolymeren ist das **Polyphosphat** besonders abgehoben: Es ist das einzige **anorganische Biopolymer** und enthält als Anhydrid der Phosphorsäure keinen Kohlenstoff.

Tabelle 22.1. Die acht chemischen Klassen der Biopolymere und Besonderheiten ihrer Synthese

Klasse	Beispiele	Matrizen-abhängige Synthese	Substrate der Polymerase	Synthese in Prokaryoten	Synthese in Eukaryoten
Polynucleotide	DNA, RNA	ja	dNTPs, NTPs	ja	ja
Polyamide					
Proteine	Lipase, Insulin, Flagellin, Thaumatin	ja	Aminoacyl-tRNAs	ja	ja
Polyaminosäuren	Poly(Glu), Poly(Lys), Cyanophycin	nein	Aminosäuren	ja	ja
Polysaccharide	Cellulose, Stärke, Dextran, Xanthan	nein	Zucker-NDP, Sucrose	ja	ja
Polyoxoester	Poly(3HB), Poly(3HO), Poly(malat)	nein	Hydroxyacyl-Coenzym A	ja	(nein)
Polythioester	Poly(3MP)	nein	Mercaptoacyl-Coenzym A	ja	nein
Polyanhydride	Polyphosphat	nein	ATP	ja	ja
Polyisoprenoide	Naturkautschuk Guttapercha	nein	Isopentenylpyrophosphat	nein	Pflanzen, einige Pilze
Polyphenole	Lignin, Huminsäuren	nein	Radikalische Intermediate aromatischer Verbindungen	nein	nur Pflanzen

22.1.2
Vorkommen der Biopolymere

Biopolymere sind **essentielle Bestandteile aller Organismen** und werden von diesen in großen Mengen synthetisiert (s. Kap. 23). Abgesehen von wenigen hoch spezialisierten Zellen besteht jede Zelle überwiegend aus Polymeren. Die Trockenmasse der Zellen von *Escherichia coli* besteht z. B. zu ca. 86% aus Biopolymeren; 55% der Substanzen sind Proteine, 20,5% RNA, 5% Polysaccharide, 3,4% Lipopolysaccharide und 3,1% DNA. Lediglich ca. 15% der Trockenmasse stellen niedermolekulare organische und anorganische Verbindungen dar, wobei Lipide mit ca. 9% noch den höchsten Anteil besitzen, gefolgt von löslichen niedermolekularen Verbindungen wie z. B. Coenzymen und Stoffwechselintermediaten mit 3% und anorganischen Ionen mit einem Anteil von ca. 1%.

Biopolymere kommen in allen Bereichen und Kompartimenten von Zellen vor und sind essentielle Bestandteile der Cytoplasmamembran sowie aller Zellwände. Viele Zellen schleusen Polymere sogar aus der Zelle; einige synthetisieren sie sogar außerhalb der Zelle.

Damit stellt die **Synthese von Biopolymeren** neben der Gewinnung von Energie mit Abstand die größte Stoffwechselleistung von Zellen dar. Umgekehrt bedeutet dies, dass bei der stofflichen Verwertung von Biomasse durch chemische oder biotechnologische Prozesse zunächst an Biopolymere zu denken ist.

22.1.3
Funktionen von Biopolymeren

Biopolymeren kommt eine Vielzahl von meist für die Organismen essentiellen Funktionen zu (Tabelle 22.2). DNA, bei einigen Viren auch RNA, ist Träger der Erbinformation. Verschiedene Formen der RNA (mRNA, rRNA, tRNA) sind an der **Expression der Erbinformation** beteiligt um diese in Proteine umzuwandeln. Die meisten von ihnen sind wiederum als Enzyme, Regulator-, Transport- oder Strukturproteine für den Stoffwechsel der Zelle und dessen Struktur essentiell. Strukturgebende Bestandteile der Zellwand und

Tabelle 22.2. Funktionen von Biopolymeren in Zellen und Organismen

- Träger der Erbinformation
- Expression der Erbinformation
- Katalyse von Stoffwechselreaktionen
- Struktur von Zelle, Gewebe und Organismus
- Speicherung von Energie, Kohlenstoff, Stickstoff
- Adhäsion an abiotische oder biotische Oberflächen
- Abwehr und Schutz, Wundverschluss
- Sensoren für abiotische und biotische Faktoren
- Kommunikation mit der Umgebung
- viele andere Funktionen

der Zellwand außen aufgelagerter Schichten (z. B. Kapseln) sowie in das Medium ausgeschiedene Polymere gehören ebenfalls zu den Polymeren. Meist handelt es sich hierbei um mehr oder weniger komplexe Polysaccharide, Lipopolysaccharide, Polyphenole wie Lignin oder um Proteine. Daneben synthetisieren Mikroorganismen auch eine große Vielfalt anderer Polymere. Hierzu gehören Speicherstoffe, die nach ihrer Synthese meist in unlöslicher Form in der Zelle als Einschlüsse abgelagert werden und bei veränderten Kulturbedingungen wieder abgebaut und in Intermediate des zentralen Stoffwechsels überführt werden können. Abgesehen von Lignin und Polyisoprenoiden mit einem hohen Polymerisationsgrad können Mikroorganismen Vertreter aller in Tabelle 22.1 aufgeführten Polymerklassen synthetisieren.

22.2
Prinzipien der Biosynthese

Prinzip 1

Biopolymere werden entweder durch matrizenabhängige oder -unabhängige Prozesse synthetisiert.

Lediglich sämtliche Formen der Nukleinsäuren (DNA, mRNA, rRNA, tRNA) sowie die Proteine werden grundsätzlich durch **matrizenabhängige Prozesse** synthetisiert. So ist z. B. die Synthese eines mRNA-Moleküls durch DNA-abhängige RNA-Polymerasen abhängig von dem entsprechenden Strukturgen als Matrize, und ein Protein kann durch den ribosomalen Proteinbiosyntheseappa-

rat ausschließlich bei Anwesenheit einer entsprechenden mRNA synthetisiert werden. Durch die Matrizen wird nicht nur die chemische Zusammensetzung des synthetisierten Polymers sondern auch dessen Länge exakt vorgegeben. Alle Polymermoleküle der betreffenden Synthese besitzen nicht nur die gleiche Zusammensetzung sondern auch exakt das gleiche Molekulargewicht – das Polymer ist monodispers.

Alle anderen, oben nicht aufgeführten Biopolymere werden grundsätzlich durch **matrizenunabhängige Prozesse** synthetisiert. Dies trifft zu auf alle Polysaccharide, Polyoxoester, Polythioester, Polyphosphat, Polyphenole und Polyisoprenoide sowie alle Polymere von Aminosäuren, die unabhängig von der ribosomalen Proteinbiosynthese synthetisiert werden. Die chemische Zusammensetzung dieser Biopolymere wird deshalb nicht durch eine Matrize sondern ausschließlich durch die Spezifität des polymerisierenden Enzyms und die Verfügbarkeit der Substrate am Syntheseort bestimmt. Die Kettenlänge des Polymers wird durch die Substratkonzentration, durch die Enzymkonzentration und durch die Rate und „Ausdauer" bestimmt, mit der das polymerisierende Enzym die einmal begonnene Synthese eines bestimmten Polymermoleküls fortsetzt. Da sich diese Parameter nicht exakt einstellen lassen, besitzen die so synthetisierten Polymermoleküle nie das gleiche Molekulargewicht – Polymere, die aus matrizenunabhängigen Biosynthesen hervorgehen, sind grundsätzlich polydispers.

Prinzip 2

Die für die Synthese von Biopolymeren zuständigen Schlüsselenzyme verknüpfen die in den Polymeren vorkommenden Bausteine selten direkt, sondern die Enzyme gehen von „aktivierten" Vorstufen dieser Bausteine aus oder erzeugen diese während der Katalyse in meist ATP verbrauchenden **Teilschritten** (Tabelle 22.1). Hiervon gibt es nur wenige Ausnahmen.

Bei diesen aktivierten Vorstufen handelt es sich entweder um energiereiche Metabolite des Stoffwechsels wie z. B. Nukleotidphosphate, Coenzym-A-Thioester bzw. Phosphatester oder um Intermediate, die während des katalytischen Zyklus an dem polymerisierenden Enzym aus energiearmen Metaboliten entstehen.

Prinzip 3

Während die Vorstufen des Polymers in der Regel durch lösliche Enzyme im Cytoplasma synthetisiert werden, sind die Schlüsselenzyme, welche die Polymerisation dieser Vorstufen katalysieren, meist **an subzelluläre Strukturen gebunden.**

Bei Polymeren, die in Form von Einschlüssen im Cytoplasma abgelagert werden, sind diese Enzyme häufig an eine die Einschlüsse umgebende Membran gebunden. Bei Polymeren, die von der Zelle nach außen abgegeben werden, sind diese Enzyme meist in Bestandteile der Zellhülle wie z. B. der Cytoplasmamembran eingebettet. Diese Lokalisation ermöglicht den Export der entstehenden Polymermoleküle; häufig geschieht dies unter der zusätzlichen Beteiligung **niedermolekularer Lipidcarrier** oder **spezifischer Transportproteine.** Von wenigen Ausnahmen abgesehen besteht für die Bakterienzelle nur so die Möglichkeit Polymere nach außen zu schleusen; im Cytoplasma synthetisierte Polymere haben auf Grund ihrer Größe und anderer Eigenschaften keine Chance über die Cytoplasmamembran durch Diffusion oder Transport nach außen zu gelangen. Nie erfolgt die Synthese von Polymeren durch im Cytoplasma gelöst vorliegende und selten außerhalb der Zelle durch in das Medium ausgeschiedene Enzyme. Neben den aktivierten Bausteinen benötigen einige Schlüsselenzyme einen „Primer" als zweites Substrat. Hierunter versteht man Startermoleküle, die bereits eine bestimmte Anzahl der Bausteine des späteren Polymers enthalten.

Prinzip 4

Sofern bei der Biosynthese von Polymeren **chirale Substrate** verwendet werden, wird in der Regel nur eines der beiden Stereoisomere verwendet und in das Polymer eingebaut.

Dies erklärt sich aus der Stereospezifität der meisten Enzyme, die auch für die Schlüsselenzyme der Synthese von Biopolymeren zutrifft. Bei aller Unspezifität der Enzyme, Kettenlänge, Substituenten und selbst funktionelle Gruppen betreffend, ist doch fast immer eine **strikte Stereospezifität** zu beobachten.

22.3
Grundsätzliches zur biotechnologischen Produktion

Biopolymere können aus komplexem Naturmaterial eukaryotischer Organismen extrahiert und isoliert werden. Agar-Agar, Cellulose, Stärke, Chitin, Seide, Alginate und Hyaluronsäure sind Beispiele für bedeutende Biopolymere, die auf diese Weise in großem Umfang gewonnen werden.

Biotechnologische Verfahren zielen dagegen darauf ab, Biopolymere gezielt mit Hilfe von Mikroorganismen zu produzieren. Hierbei ergeben sich sehr große Unterschiede, je nachdem ob die zu produzierenden Polymere in der Zelle oder außerhalb der Zelle vorliegen (Abb. 22.1).

Intrazelluläre Biopolymere: Liegt ein Biopolymer in der Zelle z. B. als Speicherstoff vor, wie dies z. B. bei PHF (s. Kap. 22.4) und Cyanophycin (s. Kap. 22.7.3) der Fall ist, dann wird dessen Menge durch das Volumen des Cytoplasmas limitiert. Effiziente Produktionsverfahren sind daher nur möglich, wenn die Mikroorganismen im Bioreaktor zu **hohen Zelldichten** herangezogen werden können und dabei auch möglichst keine anderen Speicherstoffe akkumulieren. Außerdem ist anschließend eine Freisetzung des Biopolymers aus den Zellen erforderlich, was unter Umständen recht aufwändig und mit hohen Kosten verbunden sein kann.

Extrazelluläre Biopolymere: Liegt das Biopolymer außerhalb der Zelle vor, wie dies z. B. bei Xanthan, Dextran und Poly(γ-Glutaminsäure) (s. Kap. 22.7.1) der Fall ist, dann sind im Prinzip keine hohen Zelldichten erforderlich um hohe Polymerkonzentrationen im Medium zu erhalten. Entscheidend ist lediglich, dass die vorhandenen Zellen das Polymer **mit hoher Rate** synthetisie-

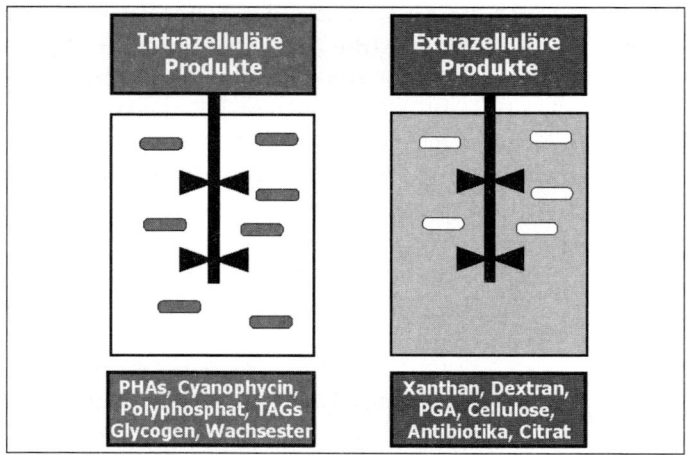

ren. Auch eine Freisetzung aus den Zellen entfällt. Es können sich aber andere Probleme ergeben. Von mikrobiell hergestellter Cellulose und einigen anderen extrazellulären Biopolymeren abgesehen, sind alle nach der Synthese außerhalb der Zelle vorliegenden Polymere gut bis sehr gut wasserlöslich. Dadurch kann die Viskosität der Kulturbrühe sehr stark zunehmen. Man macht sich dies z. B. bei Anwendungen des Xanthans zu Nutze, welches z. B. Salatsaucen zur Stabilisierung der Öl-in-Wasser-Emulsion und dort zur Verhinderung der Auftrennung in eine Öl- und eine Wasserphase zugesetzt wird. Die erhöhte Viskosität kann zu beträchtlichen Problemen bei der Fermentation und der Produktisolierung führen, da Rührung und Belüftung sowie eine Abtrennung der Zellen vom Polymer erheblich behindert werden können.

Außerdem können Biopolymere auch durch **enzymatische Prozesse** mit isolierten Polymerasen produziert werden. Solche Prozesse sind jedoch nur dann von technischer Bedeutung, wenn die Enzyme keine Coenzyme oder Cofaktoren benötigen, die sonst durch Hilfsenzyme effizient regeneriert werden müssten. Der Einsatz von Lipasen zur Herstellung von Polyestern in wasserfreien Systemen und die Verwendung von Hexosyltransferasen zur Herstellung von Dextran sind Beispiele für enzymatische Produktionsprozesse.

Weiterhin ist auch eine biotechnologische Produktion lediglich der Bausteine und eine sich anschließende chemische Polymerisation möglich (s. Kap. 22.10).

22.4 Polyhydroxyfettsäuren

Nahezu alle taxonomischen und physiologischen Gruppen der Bakterien sind in der Lage, Polymere von Hydroxyfettsäuren zu synthetisieren. Diese Polyester werden als Polyhydroxyfettsäuren (**PHF**) bzw. Polyhydroxyalkanoate (**PHA**) bezeichnet. Diese **wasserunlöslichen Polyester** kommen in sehr vielen Bakterien als Einschlüsse in der Bakterienzelle vor und dienen den Zellen als Kohlenstoff- und Energiespeicher (Abb. 22.2). Eukaryotische Organismen sind zur Synthese dieses in Bakterien sehr weit verbreiteten Speicherstoffs nicht in der Lage, da ihnen die genetische Information hierzu fehlt. Die bekannteste und von sehr vielen Bakterien synthetisierte PHF ist Poly(3-Hydroxybuttersäure), Poly(3HB). Neben 3-Hydroxybuttersäure wurde noch eine Vielzahl anderer 3-Hydroxyfettsäuren als Bausteine von PHF nachgewiesen, die sich bezüglich der Kettenlänge und der Substituenten unterscheiden (Abb. 22.3). Daneben wurden auch 4-Hydroxyfettsäuren, 5-Hydroxyfettsäuren und sogar 6-Hydroxyfettsäuren in biogenen PHF nachgewiesen.

PHF sind in Abhängigkeit von ihrer chemischen Zusammensetzung thermoplastisch und

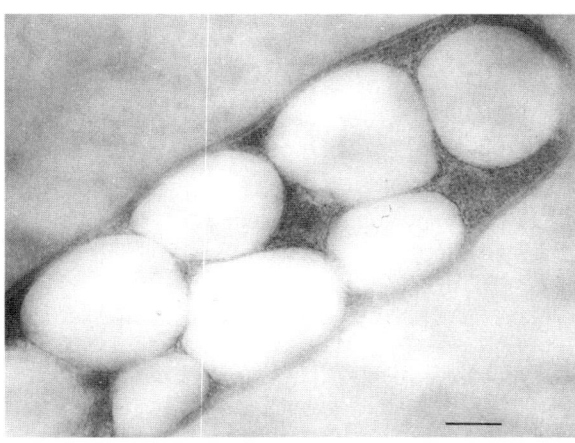

Abb. 22.2. Elektronenmikroskopische Aufnahme einer Zelle von *Ralstonia eutropha* mit Poly(3HB)-Grana

verformbar oder mehr oder weniger elastisch (Abb. 22.4); darüber hinaus sind PHF biologisch abbaubar (Abb. 22.5). Diese Eigenschaften machen PHF für verschiedene Anwendungen sehr interessant. PHF können als alternative, **biologisch vollständig abbaubare** Thermoplaste und Elastomere dienen und zudem aus nachwachsenden Rohstoffen produziert werden. Damit stellen sie einen Ersatz für biologisch nicht abbaubare (persistente) synthetische Polymere dar, die von der chemischen Industrie derzeit ausgehend von fossilen Rohstoffen produziert werden. Nahe liegende Anwendungsfelder sind z. B. biologisch abbaubare und kompostierbare Verpackungen, die bereits aus PHF hergestellt wurden. Daneben werden Anwendungen in der Medizin und Pharmazie

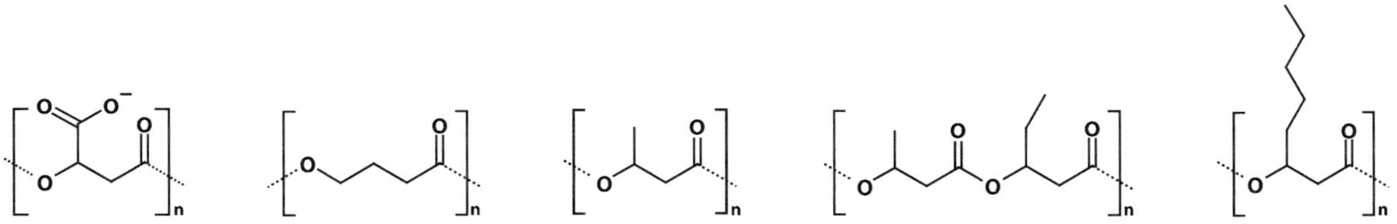

Poly(malat)   **Poly(4HB)**   **Poly(3HB)**   **Poly(3HB-*co*-3HV)**   **Poly(3HO)**

Abb. 22.3. Strukturformeln von fünf aus Hydroxyfettsäuren bestehenden und von Mikroorganismen synthetisierten Polyestern (Polyhydroxyalkanoaten)

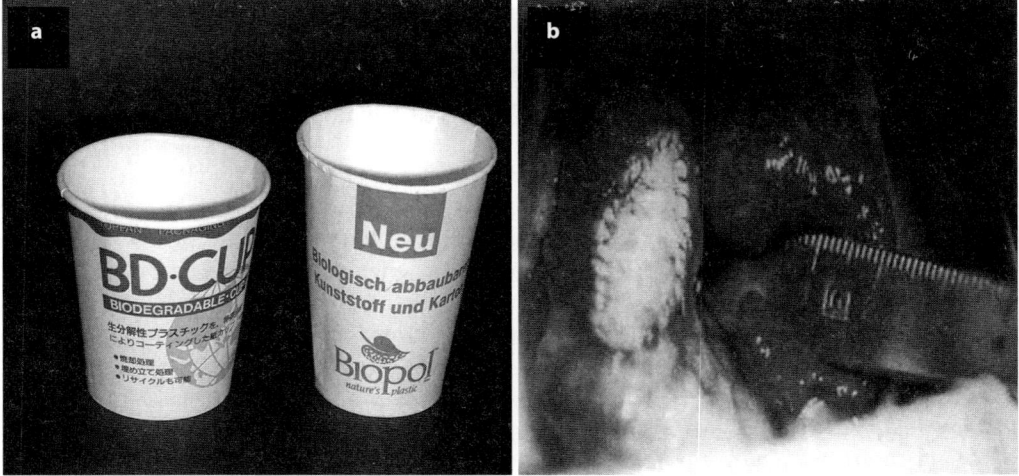

Abb. 22.4 a, b. Aus biotechnologisch hergestellten Polyhydroxyalkanoaten gefertigte Produkte. **a** Pappbecher mit einer Beschichtung aus wasserabweisendem Poly(3HB-*co*-3HV); **b** Chirurgischer Verschluss einer Lungenaorta mit einem Film aus Poly(4HB)

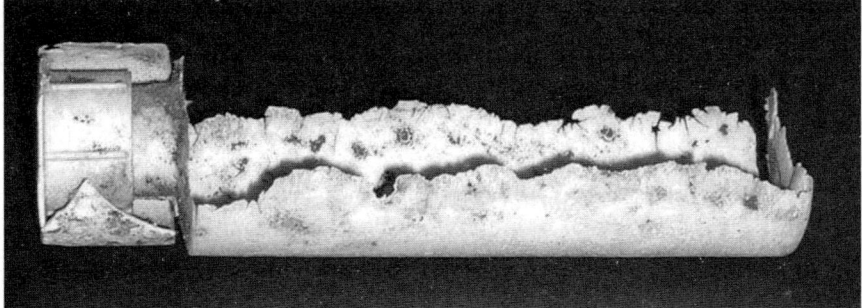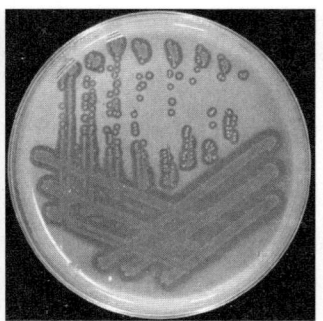

Abb. 22.5. Mikrobieller Abbau von Polyhydroxyfettsäuren. Die obere Hälfte einer aus Poly(3HB-*co*-3HV) bestehenden Flasche wurde für einige Wochen in Erde inkubiert (*links*). Fresshöfe um Kolonien einer Kultur eines Poly(3HB)-abbauenden Bakteriums auf einem Agar-Nährboden mit Mineralsalzmedium und fein dispergierten Poly(3HB)-Grana (*rechts*)

für vom Körper resorbierbare Materialien und für Depotpräparate entwickelt. Anfänglich von dem englischen Unternehmen Imperial Chemical Industries (ICI) entwickelte fermentative Verfahren zur Produktion des aus 3-Hydroxybuttersäure und 3-Hydroxyvaleriansäure bestehenden Copolyesters Poly(3HB-*co*-3HV), welcher unter dem Handelsnamen Biopol® vertrieben wurde, wurden später zunächst von dem Unternehmen Monsanto und dann von Metabolix – beide in den USA – übernommen und weiter entwickelt. Darüber hinaus wurden fermentative Verfahren zur Herstellung von 4- Hydroxybuttersäure (4HB) enthaltenden PHF wie beispielsweise für Poly(4HB) oder Poly(3HB-*co*-4HB) entwickelt, die für Anwendungen im medizinischen Bereich vorgesehen sind. Außerdem gelang es, die Gene für PHF-Biosynthese **aus Bakterien in Pflanzen** zu übertragen. Wenn es nun auch noch gelingt, die PHF-Gehalte dieser transgenen Pflanzen deutlich zu steigern, werden PHF zukünftig preiswert in Nutzpflanzen produziert werden können. Dadurch würde die Palette nachwachsender Rohstoffe für die chemische Industrie erweitert.

Schlüsselenzyme der Synthese sind sehr unspezifische PHF-Synthasen, die während der Synthese des Speicherstoffs an die Oberfläche der PHF-Grana gebunden sind und Coenzym A-Thioester von *(R)*-Hydroxyfettsäuren als Substrate verwenden. Während der Synthese eines PHF-Moleküls bleibt die PHF-Synthase über einen konservierten Cysteinrest kovalent mit dem wachsenden Polyestermolekül verbunden, bis die Synthese dieses Moleküls abgeschlossen ist.

$$\text{Hydroxyacyl-S-Coenzym A} + \text{Poly(HF)}_n \Rightarrow$$

$$\text{Poly(HF)}_{n+1} + \text{Coenzym A}$$

Hinsichtlich der Substratspezifität können zwei Typen von PHF-Synthasen und damit zwei Typen von PHAs unterschieden werden.

22.4.1
Poly(HF$_{KKL}$)

Poly(HF$_{KKL}$) setzen sich aus **kurzkettigen Hydroxyfettsäuren** (KKL = *k*urze *K*etten*l*änge) bestehend aus drei bis maximal fünf Kohlenstoffatomen zusammen und werden beispielsweise von *Ralstonia eutropha* und den meisten anderen Bakterien synthetisiert. Die PHF-Synthase aus *R. eutropha* bevorzugt zwar CoA-Thioester von Hydroxyfettsäuren mit drei bis fünf C-Atomen als Substrate, ist jedoch bezüglich der Stellung der Hydroxylgruppe am Substrat wenig spezifisch, und es werden CoA-Thioester sowohl von 3-Hydroxyfettsäuren als auch von 4- und 5-Hydroxyfettsäuren als Substrate verwendet. Dies gilt auch für die PHF-Synthasen zahlreicher anderer Bakterien, die Poly(3HB) synthetisieren. Meist weisen diese PHF-Synthasen für *R*(–)-3-Hydroxybutyryl-CoA den niedrigsten K$_m$-Wert auf. CoA-Thioester **län-gerkettiger Hydroxyfettsäuren** können dagegen von diesen PHF-Synthasen nicht oder nur mit sehr niedriger Rate umgesetzt werden.

Die PHF-Synthase aus *R. eutropha* liegt wahrscheinlich als Dimer von Polypeptidketten mit einem Molekulargewicht (MG) von 65 000 vor. Dieses Enzym ist Repräsentant der Klasse-I-PHF-Synthasen. Wie in allen anderen bisher untersuchten PHF-Synthasen besitzt auch dieses Enzym einen hochkonservierten Cysteinrest (Cys$_{319}$). Mit Hilfe der gereinigten PHF-Synthase aus *R. eutropha* und R(-)-3-Hydroxybutyryl-CoA lässt sich Poly(3HB) auch *in vitro* im Reagenzglas synthetisieren. Der aus *in vitro* Synthese hervorgegangene Polyester besitzt sogar einen höheren Polymerisationsgrad als der *in vivo* synthetisierte, und es entstehen größere Grana als in den Zellen nach *In-vivo*-Synthese.

In *Allochromatium vinosum*, in einigen anderen Purpurbakterien mit **anoxygener Photosynthese**, in Cyanobakterien und in Desulfurikanten kommen PHF-Synthasen vor, die aus einem Komplex (MG ca. 400 000) zweier verschiedener Untereinheiten bestehen. Ein Protein (MG 40 000) scheint die eigentliche katalytische Untereinheit darzustellen und kommt zusammen mit einer Untereinheit mit MG 41 000 vor; **nur gemeinsam** entfalten diese Proteine PHF-Synthase-Aktivität. Dieses Enzym ist Repräsentant der Klasse-III-PHF-Synthasen.

Die Strukturgene von PHF-Synthasen liegen im Bakteriengenom meist nicht isoliert vor, sondern bilden häufig **Cluster** mit anderen Genen, deren Produkte für den PHF-Stoffwechsel ebenfalls von Bedeutung sind (Abb. 22.6). So bilden die Strukturgene für PHF-Synthase, β-Ketothiolase und NADPH-abhängige Acetoacetyl-CoA-Reduktase in *R. eutropha* eine Transkriptionseinheit (Operon) und werden von einem gemeinsamen Promotor transkribiert. Diese Gene wurden bereits erfolgreich in zahlreichen anderen Bakterien und in den Chloroplasten von Ackerschmalwand (*Arabidopsis thaliana*) sowie in einigen Kulturpflanzen exprimiert. Rekombinante Stämme von sonst nicht zur Synthese des Speicherstoffs Poly

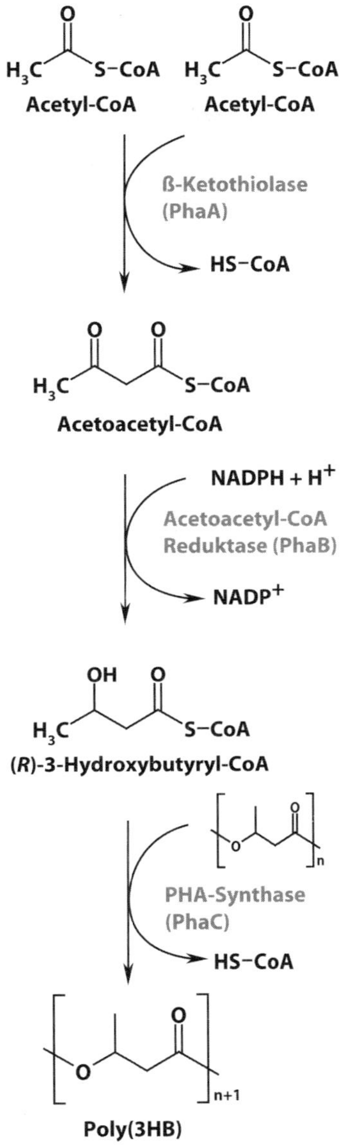

Abb. 22.6. Von Acetyl-CoA ausgehender dreistufiger Biosyntheseweg von Poly(3HB) in *Rastonia eutropha*

(3HB) befähigten Bakterien wie *E. coli* sowie die transgenen Pflanzen akkumulierten daraufhin in den Zellen Poly(3HB). Auch im Chromosom von *C. vinosum* liegen die Gene für die Biosynthese von Poly(3HB) ausgehend von Acetyl-CoA als Cluster vor. Die beiden Strukturgene für den PHF-Synthase-Komplex bilden eine Transkriptionseinheit; vier weitere Gene, deren Produkte mit der PHF-Biosynthese in Verbindung gebracht werden – darunter Gene für β-Ketothiolase, NADH-abhängige Acetoacetyl-CoA-Reduktase und ein Grana-assoziiertes Protein – liegen in unmittelbarer Nachbarschaft auf dem Gegenstrang.

Die Biosynthese von Poly(HF$_{KKL}$) kann in *E. coli* auch mit Hilfe eines rekombinanten, **unnatürlichen Biosyntheseweges** erfolgen. Hierfür wurde ein Plasmid konstruiert, welches die Gene für die normalerweise an der Aceton-Butanol-Gärung beteiligten Enzyme Butyrat-Kinase (*Buk*) und Phosphotransbutyrylase (*Ptb*) aus *Clostridium acetobutylicum* sowie die beiden Strukturgene der Klasse-III-PHA-Synthasen (Pha*EC*) entweder von *Allochromatium vinosum* oder *Thiocapsa pfennigii* enthält. Der von diesen drei Enzymen katalysierte **BPEC-Weg** erlaubt unter Ausnutzung der großen Unspezifität der Enzyme ausgehend von unterschiedlichen Hydroxyfettsäuren die Synthese verschiedener Poly(HF$_{KKL}$). Die Hydroxyfettsäuren werden dabei durch die Butyrat-Kinase zunächst in die Phosphatester überführt, die anschließend durch die Phosphotransbutyrylase in die Coenzym-A-Thioester und damit in Substrate der PHA-Synthase überführt werden. Dieser BPEC-Weg ermöglicht in rekombinanten Stämmen von *E. coli* die gezielte Synthese sowohl von Homopolyestern als auch von Copolyestern verschiedener Hydroxyfettsäuren.

22.4.2
Poly(HF$_{MKL}$)

Poly(HF$_{MKL}$) setzen sich aus **mittellangen Hydroxyfettsäuren** (MKL = *mittlere Kettenlänge*) bestehend aus sechs bis vierzehn Kohlenstoffatomen zusammen und werden nahezu ausschließlich von Vertretern der Gattung *Pseudomonas*, beispielsweise von *Pseudomonas putida*, synthetisiert. Die PHF-Synthase aus *Pseudomonas oleovorans* ist Repräsentant dieser Klasse-II-PHF-Synthasen und kommt auch in anderen zur rRNA-Homologiegruppe I gehörenden Pseudomonaden vor. Diese PHF-Synthasen bevorzugen daher CoA-Thioester von Hydroxyfettsäuren mittlerer Ket-

tenlänge. Die Fettsäure muss **mindestens fünf Kohlenstoffatome** besitzen, und die Hydroxylgruppe muss sich am **dritten Kohlenstoffatom** befinden. 3-Hydroxyoctansäure und 3-Hydroxydecansäure werden bevorzugt eingebaut; ein Einbau von 3-Hydroxybuttersäure und generell von 4-Hydroxyfettsäuren erfolgt dagegen durch Klasse-II-PHF-Synthasen nicht oder nur mit vernachlässigbar niedriger Rate.

P. oleovorans und *P. putida* besitzen jeweils zwei PHF-Synthasen; deren Strukturgene liegen in den Genomen als Cluster zusammen mit den Strukturgenen für eine PHF-Depolymerase sowie für ein Grana-assoziiertes Protein vor. Die PHF-Synthasen dieser Pseudomonaden sind von der Größe her mit dem Enzym aus *A. eutrophus* nahezu identisch; auch die Primärstrukturen beider PHF-Synthasen sind sehr ähnlich.

(R)-3-Hydroxyoctanoyl-CoA entsteht in *P. putida* im Zuge des Fettsäurekatabolismus und auch -anabolismus. Beim Wachstum auf längeren Fettsäuren oder anderen Verbindungen, die über solche Fettsäuren verstoffwechselt werden wie z. B. Alkanen, werden Intermediate der Fettsäure-β-Oxidation in *(R)*-3-Hydroxyacyl-CoA überführt, und die Hydroxyacylreste dann von der PHF-Synthase polymerisiert. Dabei kommen offensichtlich sowohl Ketoacyl-CoA, *(L)*-3-Hydroxyacyl-CoA als auch Enoyl-CoA als Intermediate in Frage, da offensichtlich **mehrere Enzyme zur Verfügung stehen**. Werden Zellen von *P. putida* unter Speicherbedingungen mit Octansäure als alleiniger Kohlenstoffquelle kultiviert, wird in den Zellen ein Copolyester akkumuliert, der aus *(R)*-3-Hydroxyoctanoat als Hauptkomponente und *(R)*-3-Hydroxyhexanoat als Nebenkomponente besteht. *(R)*-3-Hydroxyhexanoat leitet sich dabei von Intermediaten der β-Oxidation ab, die diesen Zyklus bereits einmal mit Abspaltung von Acetyl-CoA durchlaufen hatten. *P. putida* kann Poly(HF$_{MKL}$) jedoch auch ausgehend von nahezu allen anderen Kohlenstoffquellen synthetisieren, die zunächst zu Acetyl-CoA abgebaut werden müssen, bevor sie anschließend der *de-novo*-Fettsäurebiosynthese zugeführt werden. Dabei entstehen an Acylcarrierprotein gebundene *(R)*-3-Hydroxy-

acylreste als Intermediate. Durch eine Acyltransferase (PhaG) wird der *(R)*-3-Hydroxyacylrest anschließend auf CoA übertragen. Das Enzym PhaG kommt in allen Vertretern der Gattung *Pseudomonas* vor und reagiert offensichtlich bevorzugt mit *(R)*-3-Hydroxydecanyl-ACP, da in den akkumulierten Poly(HF_{MKL}) *(R)*-3-Hydroxydecanoat als Hauptkomponente vorkommt; als Nebenkomponenten kommen auch noch *(R)*-3-Hydroxydodecanoat und *(R)*-3-Hydroxyoctanoat vor.

22.4.3
Poly($3HF_{KKL}$-*co*-$3HF_{MKL}$)

Werden PHF_{KKL}- und PHF_{MKL}-Synthasen in dem gleichen Bakterium exprimiert, synthetisieren die Zellen nicht den Copolyester Poly($3HF_{KKL}$-*co*-$3HF_{MKL}$), sondern die beiden **Homopolyester** Poly($3HF_{KKL}$) und Poly($3HF_{MKL}$). Zellen eines rekombinanten Stammes von *P. oleovorans*, in dem zusätzlich zu seinen beiden eigenen PHF_{MKL}-Synthasen die PHF_{KKL}-Synthase aus *R. eutropha* übertragen und exprimiert worden war, synthetisierten Poly(3HB) und Poly(3HO); beide Polyester lagen sogar in verschiedenen Grana vor.

Offensichtlich besitzen nur sehr wenige Bakterien PHF-Synthasen, die Coenzym-A-Thioester von sowohl $3HF_{KKL}$ als auch $3HF_{MKL}$ als Substrate gleichzeitig mit vergleichbaren Raten nutzen können. Das aerobe Gram-negative Bakterium *Aeromonas hydrophila* und die PHF-Synthasen aus dem anoxygenen photosynthetischen Bakterium *Thiococcus pfennigii* sind Beispiele hierfür. Mit diesen Bakterien bzw. mit rekombinanten Bakterien, die deren PHF-Synthasen besitzen, ist es möglich **Copolyester** wie z. B. Poly(3HB-*co*-3HHx) zu synthetisieren. Das Unternehmen Procter & Gamble aus den USA etabliert zurzeit einen entsprechenden biotechnologischen Prozess und vermarktet entsprechende Polyester unter dem Handelsnamen Nodax^{TM}.

22.4.4
Komplexierte PHF

In einigen Bakterien wurde Poly(3HB) auch **außerhalb von Einschlüssen** nachgewiesen. Aus der Cytoplasmamembran von *E. coli* lassen sich in sehr geringen Mengen Komplexe aus Poly(3HB), Ca^{2+} und Polyphosphat Poly(P_i) isolieren. Darüber hinaus scheint Poly(3HB) auch kovalent an Proteine gebunden vorzukommen. Die Synthese von Poly(3HB) in *E. coli* konnte ebenso wie die Funktion der Komplexe bisher nicht aufgeklärt werden. Es gibt unbewiesene Hinweise, dass die Poly(3HB):Ca^{2+}:Poly(P_i)-Komplexe an der Aufnahme von DNA während der Transformation beteiligt sind. Darüber hinaus wurde an andere Zellbestandteile gebundenes Poly(3HB) nachgewiesen. Diese als „**komplexierte PHF**" bezeichnete Poly(3HB) kommt anscheinend auch in allen daraufhin untersuchten Eukaryoten vor. Dagegen sind, wie bereits oben erwähnt, PHF-Einschlüsse in Eukaryoten bisher unbekannt.

22.5
Polythioester

Polythioester (PTE) stellen eine erst vor kurzem entdeckte neue Klasse von Biopolymeren dar. Bei PTEs sind Mercaptofettsäuren (MF) über Thioesterbindungen kovalent miteinander verknüpft. PTEs werden **in einigen Bakterien durch PHF-Synthasen** synthetisiert. Damit ist die Unspezifität von PHF-Synthasen noch wesentlich größer als bisher angenommen. Wie PHF werden auch PTEs ausgehend von den CoA-Thioestern der Bausteine – hier also von Mercaptoacyl-CoA – synthetisiert. Bisher wurde die Fähigkeit zur PTE-Biosynthese nur bei einigen wenigen Bakterien beschrieben, die Klasse-I- (z. B. aus *R. eutropha*) oder Klasse-III-PHF-Synthasen (z. B. aus *A. vinosum* und *T. pfennigii*) besitzen. Zudem wurden bisher ausschließlich aus 3-Mercaptofettsäuren (3MF) mit kurzer Kettenlänge bestehende PTEs, Poly($3MF_{KKL}$), beschrieben; mit Klasse-II-PHF-Synthasen konnten bisher keine Poly($3MF_{MKL}$) synthetisiert werden.

Bisher können PTEs von Bakterien nicht aus einfachen Substraten als Kohlenstoffquelle und einer anorganischen Schwefelverbindung wie z. B. Sulfat synthetisiert werden. Vielmehr müssen zur Synthese **Vorstufensubstrate** eingesetzt werden, in denen die chemischen Strukturen der sich später im Polymer wiederfindenden Bausteine bereits vorgegeben sind. Dieser Umstand steht bisher einer großtechnischen Produktion dieser interessanten Biopolymere unter wirtschaftlichen Gesichtspunkten entgegen.

R. eutropha ist zur Synthese von Copolymeren aus Hydroxyfettsäuren und Mercaptofettsäuren in der Lage, wenn die Zellen in Gegenwart eines Vorstufensubstrates sowie der gleichzeitigen Anwesenheit einer zweiten gut als **Kohlenstoff- und Energiequelle verwertbaren** Verbindung kultiviert werden. Als Vorstufensubstrate für Copolymere aus 3HB und 3-Mercaptopropionsäure, 3MP, Poly(3HB-*co*-3MP), können 3MP, Thiodipropionsäure und 3′,3′-Dithiodipropionsäure eingesetzt werden; 3-Mercaptobuttersäure (3MB) führt zur Synthese eines Copolymers aus 3HB und 3MB, Poly(3HB-*co*-3MB); 3-Mercaptovaleriansäure (3MV) zur Synthese eines Tercopolymers aus 3HB, 3-Hydroxyvaleriansäure und 3MV, Poly-(3HB-*co*-3HV-*co*-3MV). Rekombinante Stämme von *E. coli*, die den bereits oben beschriebenen BPEC-Weg exprimieren (s. Kap. 22.4.1), synthetisieren ausgehend von den Vorstufensubstraten 3MP, 3MB oder 3MV dagegen PTE-Homopolymere, und zwar Poly(3MP), Poly(3MB) bzw. Poly-(3MV). Damit ist ein direkter Vergleich der strukturell homologen PHAs und PTEs möglich. Dieser Vergleich hat bereits sehr interessante Unterschiede der Eigenschaften dieser Polymere aufgezeigt (s. Kap. 22.12).

22.6
Polymalat

Bisher wurde Poly(β-L-Malat) lediglich in einigen wenigen eukaryotischen Mikroorganismen wie beispielsweise *Penicillium cyclopium* und Vertretern der Gattung *Aureobasidium* sowie in den Riesenzellen der Myxomycete *Physarum polycepha-lum* nachgewiesen. Während *Aureobasidium* sp. und *Penicillium* sp. Poly(β-L-Malat) in das Medium ausscheiden, findet sich Poly(β-L-Malat) bei *P. polycephalum* auch in den Plasmodien. Bakterien scheinen **nicht zur Synthese** von Poly-(β-L-Malat) **befähigt** zu sein.

Biosynthese und Funktion von Poly(β-L-Malat) wurden bisher noch nicht vollständig aufgeklärt. Das Schlüsselenzym der Poly(β-L-Malat)-Biosynthese muss sich bezüglich Struktur und wahrscheinlich auch bezüglich des Reaktionsmechanismus von den gut untersuchten PHF-Synthasen **deutlich unterscheiden**. Erste Untersuchungen deuten an, dass es sich bei dem Enzym aus *P. polycephalum* um eine Synthetase handelt, und dass bei der Synthese (Polymerisation) β-L-Malyl-AMP als Zwischenprodukt entsteht. Bei *A. pullulans* wird das Polymer zunächst als Poly-(β-L-Malat)-Glucan-Konjugat aus den Zellen ausgeschleust; erst danach erfolgt die Freisetzung von Poly(β-L-malat) durch Abspaltung der Glucosereste mittels Glucanasen und Esterasen.

Die verschiedenen möglichen Formen von Polymalat sind von der chemischen Struktur her ebenfalls Polyhydroxyfettsäuren. Bezüglich der chemischen Struktur handelt es sich bei Poly-(β-Malat) um Poly(3HB) bei der die Methylgruppe durch eine Carboxylgruppe ersetzt ist. Aufgrund dieser **freien Carboxylgruppen** ist Polymalat im Gegensatz zu Poly(3HB) jedoch vollkommen **wasserlöslich**. Konkrete technische oder medizinische Anwendungen für natürliches Polymalat wurden bisher noch nicht etabliert.

22.7
Polymere aus Aminosäuren

Neben Proteinen, die durch ribosomale Proteinbiosynthese synthetisiert werden, produzieren einige Mikroorganismen aus Aminosäuren bestehende Polymere, deren Synthese durch spezifische Enzyme erfolgt. Die Biosynthese dieser Biopolymere ist wie die Synthese von aus Aminosäuren bestehenden zyklischen und linearen Polypeptidantibiotika und Siderophoren, den kurzen aus Aminosäuren bestehenden Teilabschnitten der Peptidoglycane Murein und Pseudomurein sowie einer aus Oligomeren von Glutamat bestehende Seitenkette der Folsäure unabhängig von der ribosomalen Proteinbiosynthese und damit auch **unabhängig von einer Matrize**. Wie andere Biopolymere zeichnen sich auch Polyaminosäuren meist durch sehr hohe Molekulargewichte aus. Mikroorganismen können Poly(γ-Glutaminsäure), Poly(ε-Lysin) und Cyanophycin synthetisieren (Abb. 22.7).

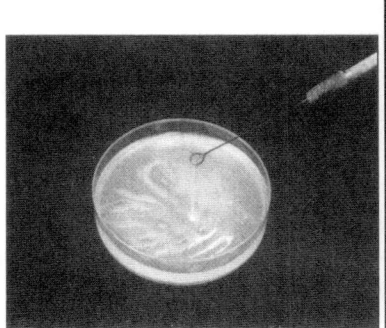

Poly(γ-glutamat)   **Poly(ε-lysin)**   **Cyanophycin**

Abb. 22.7. Strukturformeln der drei von Mikroorganismen synthetisierten Poly(aminosäuren)

22.7.1
Poly(γ-Glutaminsäure)

Einige Vertreter der Gattung *Bacillus*, *Sporosarcina halophila* und *Planococcus halophila* sowie der Eukaryot *Hydra vulgaris* synthetisieren ein Polypeptid, bei dem zahlreiche Glutaminsäurereste durch Peptidbindungen über die α-Aminogruppe und die γ-Carboxylgruppe miteinander verknüpft sind (Abb. 22.7). Die Kapsel von *Bacillus anthracis* besteht nahezu vollständig aus Poly-(γ-D-Glutamat), Poly(γ-Glu), und erschwert hierdurch die Phagocytose der Zellen, wodurch die Virulenz dieses pathogenen Bakteriums erheblich gesteigert wird. Im Gegensatz zu *B. anthracis* scheidet *B. licheniformis* Poly(γ-Glu) in einem erheblichen Umfang (bis zu 20 g/L) aus der Zelle ins Medium aus. Molekulargewichte von bis zu 10^6 g/mol wurden beobachtet. Zu der charakteristischen Konsistenz der in Fernostasien verbreiteten und durch **Fermentation von Sojabohnen** gewonnenen Lebensmittel **Natto** (Japan) und **Thau Nao** (Siam) trägt Poly(γ-Glu) in besonderer Weise bei. Natto (Abb. 22.8) ist ein unverzichtbares Element der traditionellen japanischen Küche und stellt ein als Fleischersatz dienendes fermentiertes Lebensmittel dar, welches besonders gerne zum Frühstück verzehrt wird. Poly(γ-Glu) wird hier

Abb. 22.8. Kolonien eines Poly(Glu) produzierenden Stammes von *Bacillus subtilis* sowie ein kommerzielles Produkt von Natto

durch den *Bacillus subtilis*-Stamm Natto aus den aus Sojabohnen freigesetzten Aminosäuren synthetisiert und stellt die Hauptkomponente des viskosen, die fermentierten Sojabohnen zusammenhaltenden Materials dar. Das in spezialisierten Zellen von *Hydra vulgaris* in einer Konzentration von ca. 30% vorkommende Poly(γ-Glu) ist dort verantwortlich für den Aufbau eines hohen osmotischen Druckes, der eine Entladung der Nematocyten ermöglicht.

Biochemische und molekulargenetische Untersuchungen an *B. licheniformis* und *B. anthracis* legen nahe, dass Poly(γ-Glu) durch einen membrangebundenen **Polyglutamat-Synthetase-Komplex** synthetisiert wird. Unter Spaltung von ATP in AMP und Pyrophosphat verknüpft dieses Enzym L-Glutamat zu Poly(γ-D-Glutamat). In einer komplexen Abfolge von Teilreaktionen entsteht dabei zunächst eine adenylierte Zwischenstufe von L-Glutamat. Der Glutamatrest wird dann an einen Cysteinrest des Enzyms gebunden, und vor oder während der Anknüpfung des Glutamatrestes an die aus D-γ-Glutamatresten bestehende Polymerkette erfolgt die Isomerisierung vom L- zum D-Isomer.

(1) L-Glutamat + ATP $\Rightarrow$
    γ-L-Glutamyl-AMP + PP$_i$

(2) γ-L-Glutamyl-AMP + SH Enzym $\Rightarrow$
    γ-X-Glutamyl-S-Enzym + AMP

(3) γ-X-Glutamyl-S-Enzym $\Rightarrow$
    γ-D-Glutamyl-S-Enzym

(4) γ-D-Glutamyl-S-Enzym +
    Poly(γ-D-Glutamat)$_n$ $\Rightarrow$
    Poly(γ-D-Glutamat)$_{n+1}$ + SH-Enzym

Gesamtreaktion:

L-Glutamat + Poly(γ-D-Glutamat)$_n$ + ATP $\Rightarrow$
    Poly(γ-D-Glutamat)$_{n+1}$ + AMP + PP$_i$

In *B. anthracis* kodieren die auf einem 96,5-kbp großen Plasmid lokalisierten Gene *capA*, *capB* und *capC* den in der Cytoplasmamembran lokalisierten Poly(γ-Glu)-Synthetase-Komplex; auch im *B. subtilis*-Stamm Natto ist die genetische Information zur Synthese von Poly(γ-Glu) anscheinend

plasmidkodiert. Analysen zeigten, dass die drei Gene in einem **Operon** (*capCBA*) vorliegen. Das Protein CapC besitzt einen durchweg **hydrophoben Charakter**, während die Proteine CapA und CapB nur kurze hydrophobe Abschnitte im Zentrum bzw. am N-Terminus besitzen. Ein Vergleich der abgeleiteten Aminosäuresequenzen in Datenbanken ergab lediglich für einige Bereiche von CapB Ähnlichkeiten mit den Primärstrukturen anderer Proteine:

- So wurde eine ATP-Bindungsstelle identifiziert.
- Ein zentraler Bereich wies Ähnlichkeiten mit Bereichen von Folylpoly-γ-Glutamat-Synthetasen auf, die für die Anknüpfung von Glutamat an Folsäure verantwortlich sind.
- Ein anderer Bereich wies Ähnlichkeiten mit an der Synthese der Peptidseitenkette am Murein beteiligten Enzymen wie z. B. UDP-N-Acetylmuraminsäure:Alanin-Ligase oder UDP-N-Acetylmuramylananin:D-Glutamat-Ligase auf.

Poly(γ-Glu) ist ein **polyanionisches** Polymer, welches unbegrenzt **in Wasser löslich** ist. Es verleiht wässrigen Lösungen bereits bei relativ niedrigen Konzentrationen eine hohe Viskosität. Die Peptidbindungen können durch Poly(γ-Glu)-Hydrolasen, die von verschiedenen Mikroorganismen gebildet werden, gespalten werden. Poly(γ-Glu) ist deshalb **vollkommen biologisch abbaubar**. Im trockenen Zustand ist Poly(γ-Glu) ein weißes Pulver. Da Poly(γ-Glu) sehr hygroskopisch ist, muss es verschlossen und bei niedriger Luftfeuchtigkeit aufbewahrt werden, sonst absorbiert es bereitwillig und in großen Mengen in der Luft enthaltendes Wasser und wandelt sich schnell in einen zähen Brei um. Poly(γ-Glu) ist deshalb möglicherweise als Verdickungsmittel oder Feuchthaltemittel ein interessanter Zusatzstoff für Lebensmittel und Kosmetika. Durch die vielen negativen Ladungen eignet sich Poly(γ-Glu) auch für Retardsysteme in der Medizin, die eine langanhaltende und kontinuierliche Freisetzung von Wirkstoffen im Körper ermöglichen sollen. Poly(γ-Glu)-Moleküle können auch chemisch oder durch energiereiche Strahlung mit sich selbst quervernetzt werden. Dabei entstehen komplexe Moleküle, die in Gegenwart von Wasser Hydrogele ausbilden. Die aus Poly(γ-Glu) erhaltenen Hydrogele besitzen eine außerordentlich **hohe Wasserbindekapazität**, die bis zu 3500 mL Wasser pro g Polymer betragen kann, und die als Superabsorber für Hygieneartikel oder Einwegbabywindeln Verwendung finden könnten.

22.7.2
Poly(ε-Lysin)

Neben Poly(γ-Glu) wurde in Bakterien bisher nur Poly(ε-Lysin), Poly(ε-Lys), als Homopolymer einer Aminosäure beschrieben (Abb. 22.7). Poly-(ε-Lys) wurde bisher ausschließlich bei *Streptomyces albulus* nachgewiesen. Wie Poly(γ-Glu) ist auch Poly(ε-Lys) sehr gut **wasserlöslich** und **biologisch abbaubar**. Es weist jedoch einen niedrigen Polymerisationsgrad von lediglich 25–30 (d. h. Molekulargewicht ca. 4000) auf. Die an der Synthese beteiligten Enzyme und deren Gene sind bisher unbekannt.

Poly(ε-Lys) ist ein **polykationisches Polymer** und entfaltet bereits bei sehr niedrigen Konzentrationen eine starke antimikrobielle Aktivität gegen Gram-negative und Gram-positive Bakterien. Bereits Konzentrationen von lediglich 1–8 µg/mL hemmen das Wachstum vieler Bakterien. Es ist deshalb als Konservierungsmittel und Zusatzstoff für Lebens- und Futtermittel vorgesehen und wird von dem japanischen Unternehmen Chisso bereits biotechnologisch durch **aerobe Fermentation** mit einer Hochleistungsmutante von *S. albulus* produziert.

Poly(ε-Lys) Moleküle können chemisch oder durch Zuführung energiereicher Strahlung mit sich selbst oder mit Polysacchariden wie beispielsweise Alginat quervernetzt werden. Dabei entstehen komplexe Moleküle, die in Gegenwart von Wasser Hydrogele ausbilden. Die mit Poly-(ε-Lys) erhaltenen Hydrogele besitzen eine außerordentlich **hohe Wasserbindekapazität**, die bis zu 3500 mL Wasser pro g Polymer betragen kann. Hieraus könnten sich wie für Poly(γ-Glu) interessante Anwendungen in der Medizin, Landwirtschaft und Lebensmitteltechnologie sowie bei Hygieneartikeln ergeben.

22.7.3
Cyanophycin

In den Zellen sehr vieler Cyanobakterien finden sich Einschlüsse, in denen ein so genanntes **Cyanophycingranaprotein (CGP)** in unlöslicher Form abgelagert wurde (Abb. 22.9). CGP kann in diesen Mikroorganismen einen Anteil von bis zu 18% an der Zelltrockenmasse besitzen; die Molekulargewichte reichen bis zu 125 000. In allen anderen daraufhin untersuchten Cyanobakterien ist CGP aus sich wiederholenden Einheiten von L-Asparaginsäure zusammengesetzt, wobei jeder Aspartatrest über die freie β-Carboxylgruppe mit der α-Aminogruppe von L-Arginin peptidisch verknüpft ist (Abb. 22.7). Diese beiden Aminosäuren kommen somit in äquimolaren Anteilen im CGP vor. Dieses einfach zusammengesetzte Polymer dient den Zellen als **Stickstoffspeicher**; möglicherweise hat es auch die Funktion eines **Energiespeichers**. Wie bei Poly(γ-Glu) und Poly(ε-Lys) erfolgt die Synthese unabhängig vom ribosomalen Proteinbiosynthese-Apparat und damit von einer Matrize; dessen Biosynthese wird deshalb durch Chloramphenicol nicht gehemmt, sondern sogar stimuliert. Das Schlüsselenzym der CGP-Biosynthese ist die **Cyanophycin-Synthetase (CphA)**. Dieses Enzym benötigt ein aus mindestens 3 Bausteinen bestehendes Startermolekül (Primer) bzw. die wachsende Polymerkette und knüpft hieran sukzessive und alternierend zusätzliche Aspartat- bzw. Argininreste. Jede Verknüpfungsreaktion verbraucht

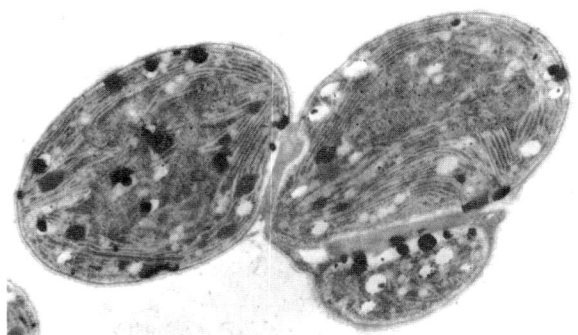

Abb. 22.9. Einschlüsse von Cyanophycin in dem Cyanobakterium

dabei ein Molekül ATP. Während der Reaktion wird ein Intermediat des Polymers zunächst phosphoryliert, und der Phosphatrest dann anschließend gegen die betreffende Aminosäure ausgetauscht. Die Aktivität der Cyanophycin-Synthetase ist außerdem noch von Mg^{2+} und KCl abhängig.

In *Anabaena cylindrica* wurden neben Aspartat (49 mol%) und Arginin (40 mol%) auch noch andere Aminosäuren (11 mol%) im CGP nachgewiesen. Zellen vom *Synechocystis*-sp.-Stamm PCC 6308, die unter Stickstoffmangel kultiviert werden, synthetisieren ein CGP-ähnliches Polypeptid, welches ausschließlich aus Aspartat (50 mol%) und Glutamat (50 mol%) besteht. Anscheinend ersetzt hier Glutamat, welches unter Bedingungen der N_2-Fixierung durch das Glutamin-Synthetase/Glutamat-Synthase-System entsteht, die an das Rückgrat aus Polyaspartat gebundenen Argininreste. Rekombinante Bakterienstämme wie z. B. *E. coli* (s. unten), die eine Cyanophycin-Synthetase aus Cyanobakterien exprimieren, synthetisieren ein Tercopolymer, bei dem bis zu 20 mol% der Argininreste durch Lysinreste ersetzt sind. Darüber hinaus wurde gezeigt, dass gereinigte Cyanophycin-Synthetasen *in vitro* statt Arginin auch Lysin, Canavanin, Citrullin und Ornithin in das Polymer einbauen. Diese Befunde deuten auf eine geringe Substratspezifität der CGP-Synthetase hin.

Die Strukturgene von Cyanophycin-Synthetasen wurden bereits aus zahlreichen Cyanobakterien kloniert; in den Genomen dieser Bakterien liegen die *cphA*-Gene meist in unmittelbarer Nachbarschaft von Genen, die für **Cyanophycinasen (CphB)** kodieren. Cyanophycinasen leiten den Abbau und die Wiederverwertung des Speicherstoffs durch Hydrolyse von Cyanophycin zu aus Aspartat und Arginin bestehenden Dimeren ein. Die genetische Information zur Biosynthese von Cyanophycin ist auch in Vertretern von nicht zur Gruppe der Cyanobakterien gehörenden Prokaryoten vorhanden. So besitzt z. B. der *Acinetobacter* sp. Stamm ADP1 ein *cphA*-Gen, welches für eine aktive Synthetase kodiert. Unter geeigneten Kulturbedingungen können Zellen von *Aci-*

netobacter Cyanophycin bis zu 40% von der Zelltrockenmasse akkumulieren.

Für Cyanophycin gibt es **bisher keine konkreten Anwendungen**. Da Cyanophycin erst seit kurzem mit Hilfe rekombinanter Bakterienstämme in größeren Mengen verfügbar ist, können erst jetzt die Materialeigenschaften dieses Biopolymers untersucht werden. So wurde unzweifelhaft nachgewiesen, dass Cyanophycin durch von Bakterien sekretierte Cyanophycinasen hydrolytisch in Dimere aus Aspartat und Arginin gespalten wird und somit **biologisch abbaubar** ist. Die im Cyanophycin vorkommenden Peptidbindungen werden allerdings nicht durch Proteasen gespalten. Cyanophycin und dessen Stoffwechsel könnte im Hinblick auf die Entwicklung biotechnologischer Prozesse zur Produktion von Poly(Asparaginsäure) Poly-(Asp) interessant werden, da das Polymer aus einem Poly(Asp)-Rückgrat besteht. Poly(Asp) wird von der Industrie zurzeit mit chemischen Verfahren produziert (s. Kap. 22.10.5) und weist ähnliche Eigenschaften wie **Polyacrylat** auf. Im Gegensatz zu dem in einem Umfang von ca. 300 000 Jahrestonnen produziertem Polyacrylat ist Poly(Asp) jedoch biologisch abbaubar.

22.7.4
Andere Poly(aminosäuren)

Andere, dem CGP, Poly(ϵ-lys) oder Poly(γ-Glu) vergleichbare Polymere werden in der Natur sonst nicht synthetisiert. Der Pilz *Verticillium kibiense* synthetisiert ein lineares, aus Arginin und Histidine bestehendes Polypeptid, welches bereits in sehr niedrigen Konzentrationen eine **antimikrobielle Wirkung** entfaltet. Die minimale Hemmkonzentration (MIC) liegt für viele Bakterien in einem Bereich von 4 bis 20 µg/mL. Es besteht zudem aus lediglich 4 bis 6 Dimeren des Dipeptides Arginin-Histidin, und es ist daher eher den Oligopeptiden zuzuordnen, von denen Mikroorganismen eine große Vielzahl synthetisieren können.

Im **Alaska-Seelachs** (*Theragra chalcogramma*) kommen zwei zu ca. 85% aus Asparaginsäure bestehende Proteine vor. Die genaue Funktion dieser

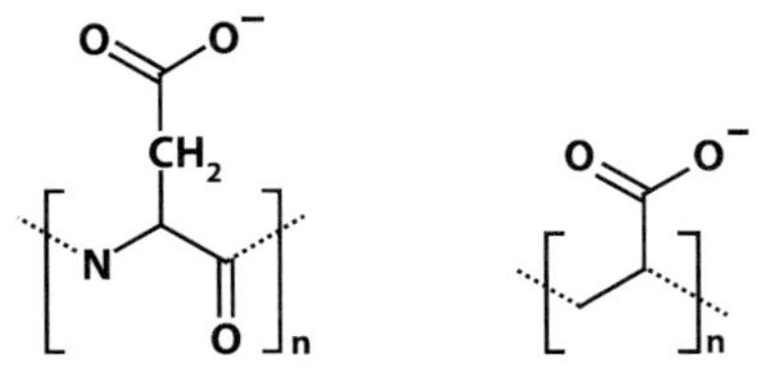

Poly(aspartat)   **Poly(acrylat)**

Abb. 22.10. Strukturformeln der beiden polyanionischen Polymere Poly-(aspartat) und Poly(acrylat)

als Aspolin 1 und Aspolin 2 bezeichneten und Tri-methyl-N-Oxid-Demethylase-Aktivität aufweisenden Proteine ist noch unbekannt. Das Hauptprotein der Muschelschale der **amerikanischen Auster** (*Crassostrea virginica*) und die in höheren Lebewesen an der Bildung von Knochen und Zähnen beteiligten Proteine wie z.B. das Dentin aus dem Rind bestehen zu 31,5 bzw. 40 mol% aus Asparaginsäure mit ausgedehnten Blöcken, die ausschließlich Asparaginsäure enthalten. Sie sind für die **Biomineralisation** bei der Präzipitation von Calciumcarbonat von großer Bedeutung. Es handelt sich jedoch um Proteine, die von Genen kodiert und daher durch die ribosomale Proteinbiosynthese synthetisiert werden. Ähnliche Proteine aus Bakterien oder nur aus Asparaginsäure bestehende Homopolymere biologischen Ursprungs sind bisher nicht bekannt (Abb. 22.10).

22.8
Polyisoprenoide

Prokaryoten sind wie Eukaryoten zur Synthese einer großen Vielfalt von Oligomeren des Isoprens, den Terpenen und hiervon abgeleiteten Verbindungen befähigt. **Terpene** sind Ausgangsverbindungen für die Synthese von Hopanoiden, Steroiden, welche auch in einigen Bakterien in geringer Konzentration vorkommen, Carotinoiden, den Seitenketten der Chinone und des Bacteriochlorophylls, der Alkylglycerinether in der Cytoplasmamembran von Archaea und des Lipidcarriers Undecaprenylphosphat sowie von zahlreichen Metaboliten des Sekundärstoffwechsels. Die genannten

Verbindungen erfüllen häufig **zentrale Funktionen im Stoffwechsel** oder sind essentielle Bestandteile der Cytoplasmamembran. Auch Isopren (C_5) selbst und das Triterpen Squalen (C_{30}) wurden als freie Metabolite des Stoffwechsels in einigen Prokaryoten identifiziert.

Einige Holzgewächse und krautartige Pflanzen wie z.B. der Kautschukbaum *Hevea brasiliensis* oder der Guttaperchabaum *Palaquium gutta* synthetisieren Naturkautschuk (all-*cis*-1,4-Polyisopren) bzw. Guttapercha (all-*trans*-1,4-Polyisopren). In diesen Polyisoprenoiden (Abb. 22.11) sind bis zu 30 000 bzw. 2000 Isoprenmoleküle kovalent miteinander verknüpft. Bisher wird lediglich die **Biosynthese von Naturkautschuk**, und hier besonders in *H. brasiliensis* einigermaßen verstanden. In dieser Pflanze geht die Synthese des Naturkautschuks von Dimethylallylpyrophosphat aus, welches aus Isopentenylpyrophosphat (IPP) durch eine IPP-Isomerase entsteht. Durch eine lösliche *trans*-Prenyltransferase werden nun ausgehend von IPP drei weitere Isopreneinheiten durch Kopf-Schwanz-Additionen angeknüpft, wodurch nacheinander Geranylpyrophosphat (C_{10}), Farnesylpyrophosphat (C_{15}) und Geranylgeranyl-pyrophosphat (C_{20}) entstehen. Jedes dieser drei *trans*-Isoprenoligomere kann als essentielles Startermolekül für die an die Latexpartikel gebundene **cis-1,4-Prenyltransferase** („Rubber"-Transferase) dienen, die nun bis zu 30 000 weitere Isopreneinheiten kovalent mit diesem Molekül verknüpft. Sowohl die lösliche als auch die partikelgebundene Prenyltransferase benötigen divalente Kationen (Mg^{2+} oder Mn^{2+}) für die Aktivität.

Bakterien und eukaryotische Mikroorganismen sind nicht zur Synthese von *cis*-1,4-Polyisopren

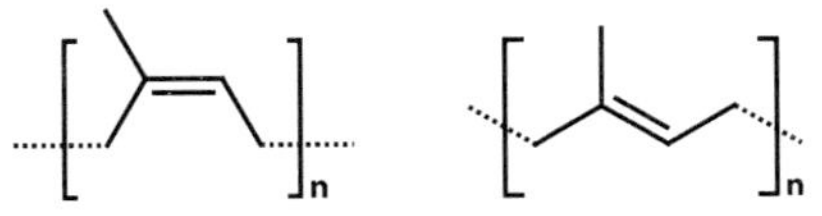

Naturkautschuk   **Guttapercha**

Abb. 22.11. Strukturformeln von in Naturkautschuk vorkommendem cis-1,4-Polyisopren und in Guttapercha vorkommendem trans-1,4-Polyisopren

oder ähnlicher makromolekularer Polyisoprenoide befähigt. Auch ist es bisher nicht gelungen den Biosyntheseweg für z. B. *cis*-1,4-Polyisopren aus Pflanzen in Bakterien zu exprimieren. Es ist jedoch wahrscheinlich nur eine Frage der Zeit, wann dies gelingt. Lediglich einige Stämme des Pilzes *Lactarius subplinthogalus* und *L. volemus* sowie Vertreter der Gattungen *Peziza*, *Russula* und *Hygrophorus* synthetisieren eine aus *cis*-1,4-Polyisopren bestehende Latex.

22.9
Polyphosphat

Sowohl Bakterien als auch Eukaryoten synthetisieren dieses aus anorganischem Phosphat bestehende **Polyanhydrid** (Abb. 22.12). Abgesehen von den in Kapitel 4.4 beschriebenen Komplexen mit Poly-(3HB) und Ca^{2+} ist Polyphosphat nahezu ubiquitär verbreitet und kommt hauptsächlich in Form unlöslicher Einschlüsse im Cytoplasma vor, die früher auch als „**Volutingrana**" bezeichnet wurden. In diesen Einschlüssen liegt es als Salz mit divalenten Kationen wie Mg^{2+} oder Ca^{2+} vor. Polyphosphate besitzen u. a. eine Funktion als **Energie- und Phosphatspeicher**. Wie andere Polyanionen verschiebt es die Absorption basischer Farbstoffe wie z. B. Toluidinblau hin zu längeren Wellenlängen; die Einschlüsse können aufgrund dieses Metachromasieeffektes gut sichtbar gemacht werden. In Arten der Gattung *Neisseria* wurde Polyphosphat auch als Komponente der Kapsel auf der Zelloberfläche beschrieben. In *E. coli* und vermutlich auch in anderen Polyphosphat-akkumulierenden Bakterien wird Polyphosphat mit einem hohen Polymerisationsgrad (ca. 750) ausgehend von ATP durch das Enzym **Polyphosphat-Kinase**

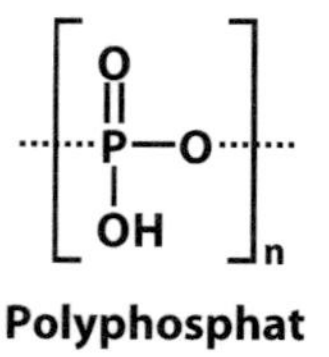

Polyphosphat

Abb. 22.12. Strukturformel von Polyphosphat

(PPK) synthetisiert. PPK ist ein Homotetramer mit Untereinheiten mit jeweils einem MG von 80 000, und während der Reaktion entsteht ein über N-Gruppen am Protein phosphoryliertes Phosphoenzym-Intermediat. Die Strukturgene der PPK (*ppk*) und für eine Polyphosphatase (*ppx*), die den Abbau von Polyphosphat durch Abspaltung terminaler Phosphatreste katalysiert, bilden in *E. coli* ein Operon, welches ausgehend von zwei eng benachbart stromaufwärts von *ppk* liegenden Promotoren transkribiert wird.

$$Poly(P_i)_n + ATP \Rightarrow Poly(P_i)_{n+1} + ADP$$

Daneben scheint es aber noch einen **weiterer bisher unbekannten Syntheseweg** zu geben, denn Mutanten mit defekter PPK synthetisieren weiterhin Polyphosphat; allerdings weist dieses Polyphosphat einen niedrigeren Polymerisationsgrad (ca. 60) auf. Andere energiereiche Phosphatester wie ADP, Acetylphosphat, 1,3-Bisphosphoglycerat oder Dolicholpyrophosphat können möglicherweise ATP als Phosphorsäuredonor ersetzen und ebenfalls zur Synthese von Polyphosphat beitragen.

Für Polyphosphat gibt es **zahlreiche technische Anwendungen**. In der Industrie werden zurzeit jedoch keine biotechnologischen sondern ausschließlich chemische Verfahren zur Produktion von Polyphosphat eingesetzt. Dagegen spielt der Polyphosphat-Stoffwechsel mittlerweile bei der **biologischen Abwasserreinigung** in kommunalen Abwasserkläranlagen eine bedeutende Rolle und wird in der dritten Reinigungsstufe zur biologischen Entfernung von Phosphat aus Abwasser genutzt. In einem zur Biosynthese von Poly(3HB) gegenläufigen Prozess nehmen im Abwasser vorkommende Bakterien, wie beispielsweise *Acinetobacter johnsonii*, gelöstes Phosphat unter aeroben Bedingungen in die Zelle auf und wandeln es dort in unlösliches Polyphosphat um. Anschließend kann z. B. die Polyphosphat-reiche Biomasse abgetrennt werden und mit ihr Phosphat dem Abwasser entzogen werden. Alternativ wird die Biomasse anschließend anaerob in einem geringeren Volumen inkubiert, wobei aus Polyphosphat wieder freies Phosphat entsteht, welches dann aber in wesentlich konzentrierterer Form vorliegt und z. B. leichter mit FeCl₃ ausgefällt werden kann.

22.10
Vorstufen für synthetische Polymere

Technisch interessante Polymere können auch durch eine Kombination von biotechnologischen und chemischen Verfahren produziert werden. In diesem Zusammenhang ist besonders die biotechnologische Produktion der **monomeren Bausteine** von Bedeutung, die dann mit einem chemischen Verfahren polymerisiert werden. Besonders leicht können Polymere durch chemische Prozesse aus solchen Verbindungen gewonnen werden, die zwei in die chemische Verknüpfung eingehende funktionelle Gruppen besitzen. Hydroxyfettsäuren, Dicarbonsäuren, Alkandiole, Aminocarbonsäuren und Acrylamid sind hierbei

von besonderem Interesse (Abb. 22.13). Der umgekehrte Weg, durch chemische Synthese gewonnene Monomere mittels enzymatischer oder fermentativer Verfahren zu polymerisieren, ist zwar ebenfalls vorstellbar, besitzt aber zurzeit keine Bedeutung. Einige besonders interessante und aussichtsreiche Prozesse werden nachfolgend kurz vorgestellt.

22.10.1
Hydroxyfettsäuren

Milchsäure. Das bekannteste Beispiel eines kombinierten Verfahrens ist die Synthese von Poly-(Milchsäure). Milchsäure (Abb. 22.13) wird dabei **fermentativ** mit homofermentativen Milchsäurebakterien produziert und anschließend durch einen chemischen Prozess **polymerisiert**. Bisher wurde Poly(Milchsäure) in relativ kleinen Mengen für Anwendungen im Bereich der Medizin

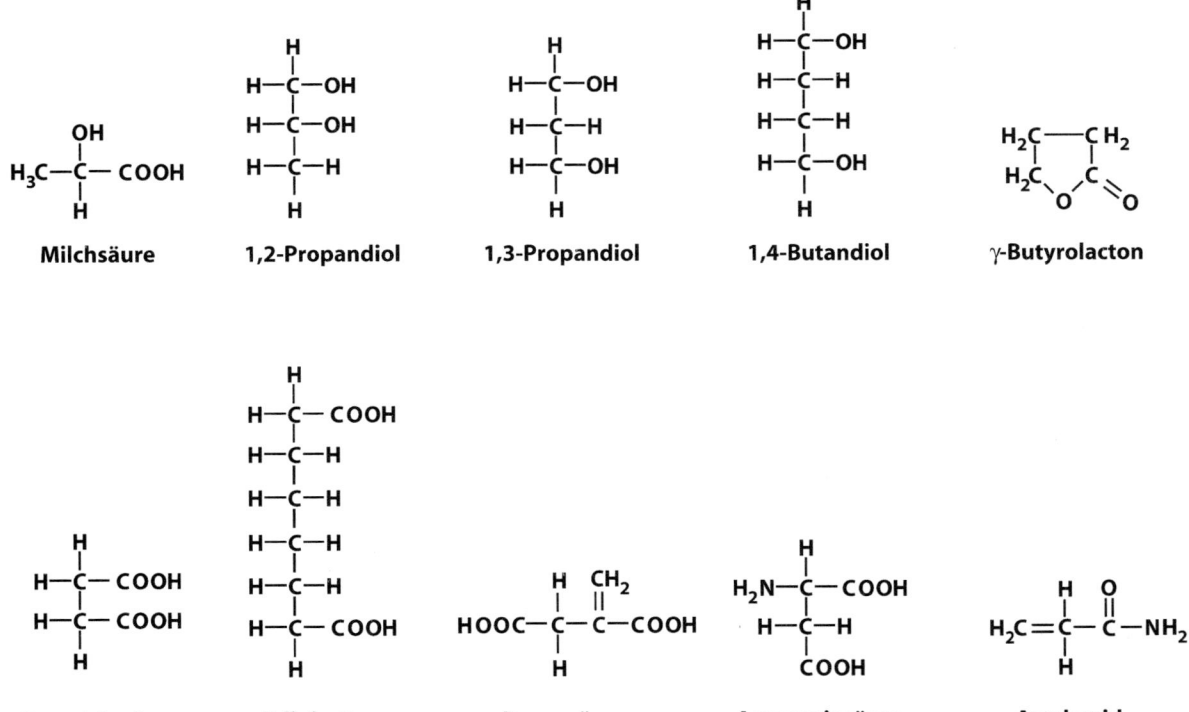

Abb. 22.13. Beispiele für biotechnologisch produzierte Produkte, die mit Hilfe chemischer Verfahren zu Polymeren synthetisiert werden können

und Pharmazie ausschließlich durch chemische Totalsynthese produziert. Das von den Unternehmen Dow Chemical Inc. und Cargill Inc. in den USA gegründete Gemeinschaftsunternehmen CargillDow hat den zurzeit wahrscheinlich ausgereiftesten kombinierten Prozess zur Produktion von Poly(Milchsäure) entwickelt und eine Produktionsanlage mit einer Kapazität von ca. 140 000 Jahrestonnen errichtet. In dieser zweistufigen Anlage wird zunächst Milchsäure fermentativ aus Glucose produziert und dann chemisch über das Dilactid polymerisiert. Nicht nur biologisch abbaubare Verpackungen (Abb. 22.14) sondern auch Gewebe für Textilien und andere Produkte werden mittlerweile aus der unter dem Handelsnamen „NatureWorks™" vertriebenen Poly-(Milchsäure) hergestellt.

Eine Nutzung von PHF-Synthasen zur Produktion von Poly(Milchsäure) ist aus verschiedenen Gründen nicht möglich. PHF$_{KKL}$-Synthasen sind zwar sehr unspezifisch (s. oben), deren Unspezifität reicht jedoch nicht aus, um den Milchsäurerest

Abb. 22.14. Aus Poly(Milchsäure) hergestellter Joghurtbecher

von Lactyl-CoA mit ausreichend hoher Rate zu polymerisieren. Außerdem ist Lactyl-CoA ein sehr seltenes Stoffwechselintermediat, und es tritt nicht in für die Produktion dieses Polymers geeigneten Mikroorganismen auf.

β- und γ-Butyrolacton. Lactone können mit chemischen Prozessen durch **ringöffnende Polymerisation** in Polyester überführt werden. Neben γ-Butyrolacton (Abb. 22.13) kann auch β-Butyrolacton biotechnologisch produziert werden. Als Ausgangsverbindung für β-Butyrolacton kann z. B. Poly(3HB) dienen, welches durch chemische und enzymatische Prozesse in 3-Hydroxybuttersäure und nachfolgend durch Wasserabspaltung in β-Butyrolacton umgewandelt werden kann.

22.10.2
Dicarbonsäuren

Adipinsäure. Verfahren zur biotechnologischen Herstellung von Adipinsäure (Abb. 22.13) zielen in der Regel darauf ab, zunächst fermentativ *cis,cis*-Muconsäure zu produzieren und aus dieser Verbindung dann chemisch durch Hydrogenierung Adipinsäure zu gewinnen. *Cis,cis*-Muconsäure kann beispielsweise mit *Pseudomonas putida* aus Toluol hergestellt werden. Besonders interessant sind rekombinante Stämme von *E. coli*, mit denen *cis,cis*-Muconsäure **fermentativ** ausgehend von **Glucose** produziert werden kann. Es sind auch Verfahren mit Stämmen der Gattungen *Acinetobacter*, *Nocardia* und *Pseudomonas* zur direkten Herstellung von Adipinsäure ausgehend von Cyclohexanol und Hexansäure bekannt. Aus Adipinsäure kann dann zusammen mit Caprolactam chemisch **Nylon** hergestellt werden.

Itaconsäure. Itaconsäure (Abb. 22.13) leitet sich biochemisch von dem Intermediat des Citronensäurezyklus *cis*-Aconitat durch Decarboxylierung mittels Aconitat-Decarboxylase ab (s. Kap. 20). Es kann fermentativ mit verschiedenen Pilzen z. B. mit *Aspergillus terreus* durch unvollständige **Oxidation von Kohlenhydraten** produziert werden. Wie bei den biotechnologischen Produktionsverfahren von Citronensäure mit *Aspergillus niger* (s. Kap. 20) spielen auch hier der pH-Wert und die Zusammensetzung des Mediums bezüglich Eisenionen und anderer Spurenelemente sowie die Sauerstoffversorgung während des Fermentationsprozesses eine zentrale Rolle.

Aus Itaconsäure alleine oder zusammen mit anderen Verbindungen können verschiedene Polymere chemisch synthetisiert werden, die als **Thermoplaste** oder **Klebstoffe** sowie für Oberflächenbeschichtungen oder in Waschmitteln eingesetzt werden können.

Succinat. Einige anaerobe und fakultativ anaerobe Bakterien wie beispielsweise *Anaerobiospirillum succiniciproducens*, *Actinobacillus succinogenes* und *Mannheimia succiniciproducens* sowie auch rekombinante Stämme von *E. coli* können – meist ausgehend von Glucose – große Mengen Succinat (Abb. 22.13) produzieren.

Das japanische Unternehmen Showa Highpolymer Co. Ltd. produziert aus Succinat und 1,4-Butandiol (s. Kap. 22.10.3) mittels chemischer Synthese einen unter dem Handelsnamen Bionolle® vertriebenen Polyester. Bionolle® ist biologisch abbaubar und weist ähnliche Materialeigenschaften wie Biopol™ oder NatureWorks™ auf.

22.10.3
Alkandiole

1,3-Propandiol. Das amerikanische Unternehmen DuPont hat mehrere biotechnologische Verfahren entwickelt, um 1,3-Propandiol (Abb. 22.13) ausgehend von Glycerin oder Glucose mit Hilfe rekombinanter Bakterienstämme zu produzieren (s. Kap. 18). Das Diol kann z. B. fermentativ mit *Klebsiella pneumoniae* oder *Citrobacter freundii* ausgehend von Glycerin produziert werden. Glycerin ist eine Kohlenstoffquelle, die in zunehmenden Mengen als Reststoff bei der Herstellung von **Rapsmethylester (RME, Biodiesel)** aus pflanzlichen Ölen anfällt. Die Synthese kann in gentechnisch veränderten Bakterien auch ausgehend von Glucose erfolgen. Hierzu wurden die Gene für Glycerin-3-phosphat-Dehydrogenase und Gly-

cerin-3-phosphat-Phosphatase aus *Saccharomyces cerevisiae* oder für Glycerin-Dehydrogenase und 1,3-Propandiol-Oxidoreductase aus verschiedenen Mikroorganismen in *K. pneumoniae* exprimiert. DuPont produziert 1,3-Propandiol zurzeit u. a. zur Herstellung von Poly(propylenterephthalat) durch chemische Polykondensation von 1,3-Propandiol und Terephthalsäure.

1,2-Propandiol. Das chirale Diol 1,2-Propandiol (Abb. 22.13) kann ausgehend von verschiedenen Zuckern fermentativ mit *Thermoanaerobacterium thermosaccharolyticum* und *Clostridium sphenoides* produziert werden (s. Kap. 18). Besonders das *R*-Isomer dieses Diols ist für die chemische Synthese von **chiralen Polymeren** interessant. Neuerdings kann 1,2-Propandiol auch mit gentechnisch veränderten Stämmen von *E. coli* ausgehend von Glycerin produziert werden. Hierzu wurden in *E. coli* Enzyme wie Aldose Reductase und Glycerin-Dehydrogenase sowie weitere Enzyme überexprimiert.

1,4-Butandiol. Die chemische Polykondensation von 1,4-Butandiol (Abb. 22.13) mit aliphatischen Dicarbonsäuren liefert **thermoplastisch verformbare Polyester** (s. auch Kap. 22.10.2). Neben verschiedenen chemischen Produktionsprozessen kann 1,4-Butandiol auch fermentativ durch ω-Oxidation ausgehend von n-Butanol mit Stämmen der Gattung *Pseudomonas* oder enzymatisch durch Spaltung von 1,4-Butandioldiestern mit einer aus *Brevibacterium linens* stammenden Esterase produziert werden.

22.10.4
Acrylamid

Bereits 1985 wurde von dem japanischen Unternehmen Nitto Chemical Industry Co. ein biotechnologisches Verfahren zur Produktion von Acrylamid (Abb. 22.13) entwickelt. Für Acrylamid gibt es zahlreiche Verwendungen, u. a. ist es Ausgangsverbindung zur Herstellung von Polyacrylamid. Es handelt sich hierbei um das erste erfolgreiche biotechnologische Verfahren zur Herstellung eines **Monomers**, aus dem anschließend durch chemische Polymerisation ein **Polymer** produziert wurde. Dabei wird Acrylnitril durch Fermentation mit *Rhodococcus rhodochrous* Stamm J1 (früher auch mit *Pseudomonas chlororaphis* Stamm B3) in Acrylamid umgewandelt. Die eingesetzten Bakterien besitzen Nitrilhydratasen, welche die Anlagerung von Wasser an Acrylnitril katalysieren. Besonders geeignet sind Stämme, die nur eine geringe Amidaseaktivität besitzen, da dieses Enzym das entstehende Acrylamid zu Acrylsäure und Ammonium hydrolysiert. Allein von der oben genannten japanischen Firma werden mit diesem Verfahren zurzeit jährlich ca. 30 000 Tonnen Acrylamid produziert. Daneben werden ähnliche biotechnologische Prozesse auch noch von anderen Unternehmen in weiteren Ländern betrieben.

22.10.5
Aminosäuren

Neben den für Futtermittel und pharmakologische Anwendungen sowie als Geschmacksverstärker benötigten Aminosäuren (s. Kap. 16) könnten weitere Aminosäuren auch für die **Synthese von Polymeren** produziert werden. Asparaginsäure (Abb. 22.13) wird beispielsweise enzymatisch mit dem Enzym Aspartat:Ammonium-Lyase durch Addition von Ammonium an Fumarsäure produziert. Aus Asparaginsäure kann dann durch thermische Polykondensation zunächst Poly(Succinimid) und hieraus durch Hydrolyse das bereits oben beschriebene Poly(Asp) hergestellt werden. Lysin wird großtechnisch durch Fermentation mit *Corynebacterium glutamicum* produziert (s. Kap. 16). Hieraus wird in einem chemischen Prozess Poly(α-Lysin), Poly(α-Lys) produziert. Poly(α-Lys) weist andere Eigenschaften als das bereits oben beschriebene Poly(ϵ-Lys) auf; es wird in medizinischen Anwendungen und bei molekularbiologischen Verfahren eingesetzt.

22.11
Chemische und biotechnologische Konversion von Biopolymeren

Eingangs wurde erwähnt, dass einige Biopolymere in der Natur in großen Mengen vorkommen und leicht zu isolieren sind. Natürlich ist es auch denkbar, diese Biopolymere durch chemische oder enzymatische Verfahren **in andere Polymere umzuwandeln**. Hier ist eine Vielzahl von Umsetzungen denkbar; allerdings werden hiervon bisher nur wenige auch tatsächlich wirtschaftlich genutzt.

Erfolgreiche Verfahren sind chemische Prozesse zur Produktion von Derivaten der Cellulose. **Methylcellulose** und **Nitrocellulose** sind Produkte, die von der chemischen Industrie seit langem und in großen Mengen für verschiedene Anwendungen und Einsatzgebiete produziert werden.

Ein anderes Beispiel ist die Umwandlung von Chitin in **Chitosan** durch Abspaltung des Acetatrestes. Chitin fällt z.B. bei der Krabbenverarbeitung in größeren Mengen als Abfallstoff an, für den es zurzeit keine ausreichende Verwendung gibt. Da es auch für Chitosan eine Vielzahl von Anwendungen besonders im kosmetischen Bereich gibt, wurden zunächst chemische Verfahren zur Abspaltung des Acetatrestes entwickelt. Es wird aber auch intensiv an der Entwicklung von enzymatischen Verfahren gearbeitet, um Chitosan mit Hilfe von Chitin-Deacetylasen aus Chitin herzustellen.

22.12
Beziehung zwischen Struktur und Eigenschaften

Die **chemische Struktur** eines Biopolymers, welche durch die Bausteine und deren Verknüpfung festgelegt wird, hat einen großen Einfluss auf dessen **physikalische und biologische Eigenschaften**. Dabei können bereits geringfügig erscheinende Unterschiede große Auswirkungen haben. Dies soll am Beispiel von vier unterschiedlichen Polyestern exemplarisch erläutert werden (Abb. 22.15).

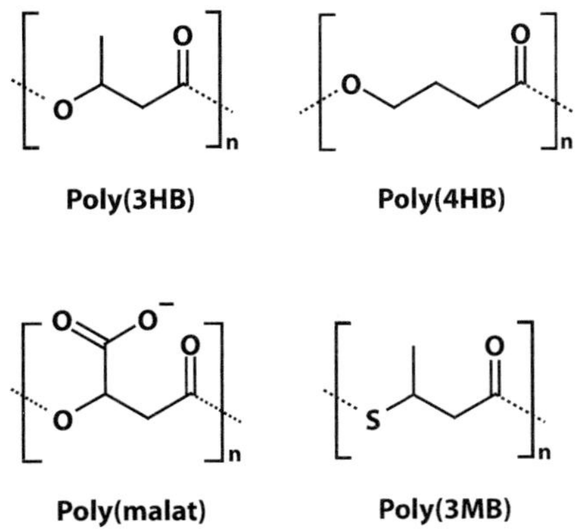

Abb. 22.15. Strukturformeln von vier Biopolymeren mit sehr unterschiedlichen physikalischen und biologischen Eigenschaften

Poly(3HB) ist wie Poly(4HB) und Poly(3MB) wegen fehlender negativer Ladungen vollkommen **wasserunlöslich** und wasserabweisend. Ist die bei Poly(3HB) aus dem Polymerrückgrat herausragende Methylgruppe wie beim Poly(malat) jedoch durch eine Carboxylgruppe ersetzt, ist das Polymer nahezu unbegrenzt **wasserlöslich** und sogar sehr hygroskopisch.

Poly(3HB) kann durch sehr viele Bakterien und Pilze, die PHA-Depolymerasen ausscheiden und den Polyester hydrolysieren, abgebaut werden. Lipasen und Esterasen können Poly(3HB) offensichtlich nicht hydrolysieren; vermutlich wird der Zugriff dieser Enzyme auf die Esterbindungen durch die aus dem Polymerrückgrat herausragenden Methylgruppen verwehrt. Dagegen wurde gezeigt, dass viele Lipasen und Esterasen Poly(4HB) hydrolysieren können; in diesem Polyester sind keine aus dem Polymerrückgrat herausragende Methylgruppen vorhanden. Poly(4HB) kann offensichtlich auch durch im Menschen vorhandene Lipasen abgebaut werden. Poly(4HB) ist deshalb für den Einsatz als **resorbierbares Material** im medizinischen und pharmakologischen Bereich besser geeignet als Poly(3HB). Darüber hinaus unterscheiden sich Poly(3HB) und Poly(4HB) gravierend hinsichtlich ihrer physikalischen Eigenschaften (Tabelle 22.3).

Der Polyoxoester Poly(3HB) ist, wie oben erwähnt, biologisch abbaubar. Dies ist bei dem Polythioester Poly(3MB) nicht der Fall. PHA-Depolymerasen können Poly(3MB) nicht hydrolysieren. Beide Biopolymere, die sich lediglich hinsichtlich der Verknüpfung der Bausteine durch den Austausch des Sauerstoffatoms gegen ein Schwefelatom unterscheiden, weisen auch andere physikalische Eigenschaften auf (Tabelle 22.3).

22.13
Aussichten

Über die Synthesen zahlreicher Biopolymere wurden in den letzten Jahren umfangreiche neue Erkenntnisse gewonnen. Neue Biosynthesewege wurden entdeckt, und die Eigenschaften von an der Biosynthese beteiligten Schlüsselenzymen wurden auf Proteinebene und molekularer Ebene aufgeklärt. Die Strukturgene zahlreicher Schlüsselenzyme wurden kloniert. Zusammen mit den zunehmend vielfältiger werdenden Möglichkeiten, den Stoffwechsel von Organismen durch *„metabolic engineering"* gezielt verändern und auch Fremdinformationen heterolog in anderen

Tabelle 22.3. Auswirkungen von Zusammensetzung und Verknüpfung der Bausteine auf die Eigenschaften der Polyester

Polyester	Wasserlöslichkeit	Biologische Abbaubarkeit	Schmelzpunkt (T_m)	Glasübergangs-temperatur (T_g)
Poly(3HB)	unlöslich	durch PHA-Depolymerasen	$+175\,°C$	$+4\,°C$
Poly(4HB)	unlöslich	durch PHA-Depolymerasen durch Lipsasen und Esterasen	$+60\,°C$	$-50\,°C$
Poly(3MB)	unlöslich	bisher nicht nachgewiesen	$+100\,°C$	$+8\,°C$
Poly(malat)	unbegrenzt löslich	durch Poly(malat)-Hydrolasen	–	–

Organismen exprimieren zu können, ergeben sich neue Möglichkeiten und Perspektiven, geeignetere Produktionsorganismen und –verfahren für die fermentative Produktion von Biopolymeren zu etablieren. Ferner wird die Verknüpfung von biochemischen und synthetischen Verfahren in zunehmendem Maße die chemische Synthese von Polymeren aus fermentativ hergestellten Bausteinen bzw. die chemische und biochemische Modifikation von Biopolymeren oder synthetischen Polymeren ermöglichen. Bei zur Neige gehenden fossilen Rohstoffen wird zukünftig auch der Produktion von Biopolymeren aus nachwachsenden Rohstoffen eine steigende Bedeutung zukommen. Außerdem besteht ein zunehmender Bedarf an biologisch abbaubaren Materialien und anderen Biomaterialien, für die Biopolymere eine wichtige Grundlage bilden.

Danksagung

Herrn Dipl.-Biol. Christian Ewering ist für die Anfertigung und Aufarbeitung der meisten in diesem Kapitel wiedergegebenen Abbildungen ganz herzlich gedankt.

Literatur

Cowie JMG (1997) Chemie und Physik der synthetischen Polymeren, 2. deutsche Aufl. Vieweg, Braunschweig

Jung C, Steinbüchel A (2001) Palette der nachwachsenden Rohstoffe erweitert: Bioplastik aus Nutzpflanzen. BIUZ 31:250–258

Kornberg A (1995) Inorganic polyphosphate: Toward making a forgotten polymer unforgettable. J of Bacteriology 177: 491–496

Addison CJ, Chu SH, Reusch RN (2004) Polyhydroxybutyrate-enhanced transformation of log-phase *Escherichia coli*. Biotechniques 37:376–379

Oppermann-Sanio FB, Steinbüchel A (2002) Occurrence, functions and biosynthesis of polyamides in microorganisms and biotechnological production. Naturwissenschaften 89:11–12

Steinbüchel A (2000–2004) Biopolymers, 12 Bde. Wiley-VCH, Weinheim

Steinbüchel A, Oppermann-Sanio FB, Ewering C, Pötter M, Reinecke F (2003) Mikrobiologisches Praktikum. Springer, Berlin Heidelberg New York

Steinbüchel A (2003) Production of rubber-like polymers by microorganisms. Current Opin in Microbiol 6:261–270

23 Polysaccharide

V. Sieber, E. Wittmann, S. Buchholz

23.1
Einleitung

Polysaccharide sind **hochmolekulare Kohlenhydrate**, in denen die Zuckereinheiten über glycosidische Bindungen miteinander verknüpft sind. Ihr Molekulargewicht liegt je nach spezifischem Polymer zwischen wenigen Tausend und vielen Millionen.

Polysaccharide werden auch als **Glycane** bezeichnet. Enthalten die Glycane nur eine Sorte von Zuckerbausteinen, wie etwa Cellulose, so spricht man von **Homoglycanen**, enthalten sie unterschiedliche Bausteine, so handelt es sich um ein **Heteroglycan**. Nur wenige Polysaccharide enthalten mehr als fünf verschiedene Bausteine. Typische Monomere sind D-Glucose, D- und L-Galactose, D-Mannose, D-Glucuronsäure und D-Galacturonsäure. Dementsprechend sind Polysaccharide zumeist neutral oder negativ geladen. Kationische Polymere treten seltener auf. Häufig werden auch modifizierte Zuckereinheiten gefunden, wie beispielsweise acetylierte und acetalisierte Mannose im Xanthan oder 3,6-Anhydro-L-Galactose als intramolekular veretherte Zuckereinheit in der Agarose. Die Monomere können sowohl **linear** (z. B. Dextran), als auch **verzweigt** angeordnet sein, wobei bei den verzweigten Polymeren noch einmal zwischen Kammpolymeren (z. B. Xanthan) und hyperverzweigten Polymeren (z. B. Glycogen) unterschieden werden kann. Je nach chemischer Struktur der Monomereinheiten und Morphologie des Polymeren sind die Polysaccharide **völlig wasserunlöslich** wie Cellulose, oder **sehr gut wasserlöslich** wie Xanthan. Auf Grund intermolekularer Wechselwirkung zwischen den Polymeren bilden viele Polysaccharide Gele, die über Wasserstoff oder Salzbrücken stabilisiert werden. Viele Polysaccharide sind exzellente Filmbildner.

Neben Proteinen und der DNA bzw. RNA bilden die Polysaccharide die dritte große Klasse von Biopolymeren. Anders als bei diesen ist ihre Struktur aber nicht exakt genetisch determiniert. So sind Polysaccharide **polydispers** und auch das Ausmaß der Verzweigung und Substitution kann variieren, wobei häufig die Wachstumsbedingungen einen entscheidenden Einfluss auf die exakte Struktur und somit auch auf die Eigenschaften haben.

Polysaccharide werden sowohl von Tieren (z. B. Glycogen) als auch Pflanzen (z. B. Cellulose) und Mikroorganismen (z. B. Xanthan) gebildet. Sie erfüllen dabei vielfältige biologische Funktionen, so beispielsweise das **Glykogen als Speicherstoff** und die **Cellulose als Gerüstsubstanz**. In Mikroorganismen kommen Polysaccharide in Form von Peptidoglycanen als Bestandteil der Zellwand vor, wie auch als extrazelluläre Matrix. Letztere dient z. B. der Fixierung von Mikroorganismen auf dem Untergrund oder an Oberflächen z. B. in Biofilmen. Häufig werden extrazelluläre Polysaccharide auch bei Pflanzenpathogenen gefunden. Es wird vermutet, dass sie für die Pathogenizität eine entscheidende Rolle spielen. Einzelheiten des Mechanismus konnten dabei aber noch nicht aufgeklärt werden.

Viele mikrobiell produzierte Polysaccharide werden in großem Maßstab industriell hergestellt. **Xanthan** ist davon mit einem Produktionsvolumen von jährlich ca. 50 000 Tonnen weltweit das mit Abstand wichtigste Polysaccharid. Tabelle 23.1 gibt eine Übersicht über Anwendungsfelder

Tabelle 23.1. Beispiele für die Verwendung von Polysacchariden

Einsatzgebiet	Anwendungsfeld (Beispiel)	Polysaccharid
Lebensmittel	Verdicker, Stabilisator, Emulgator (Saucen u. Dressings)	Xanthan, Dextran
Lebensmittel	Gelbildner (Marmelade)	Gellan
Pharma, Lebensmittel	Verkapselung, Folienbildung (Kapseln)	Pullulan, Gellan, Rhamsan
Medizin	Verdickungsmittel (Blutplasmaersatzstoff)	Dextran
Kosmetik	Verdicker, Stabilisator (Cremes)	Xanthan, Scleroglucan
Erdölindustrie	Verdicker (Flutungsmittel bei Bohrungen)	Xanthan, Scleroglucan
Bauindustrie	Verdicker/Stabilisator (selbstverdichtender Beton)	Welan, Diutan

und die jeweiligen Polysaccharide die darin eine wichtige Rolle spielen.

23.2
Xanthan

23.2.1
Hintergrund

Xanthan wird von gram-negativen, aeroben Bakterien der Gattung *Xanthomonas,* Ordnung Xanthomonadales innerhalb der taxonomischen Klasse der Gamma-Proteobakterien hergestellt. Es wurde in den 1950er Jahren entdeckt und bereits 1960 industriell produziert.

Bakterien der Gattung *Xanthomonas* sind **pflanzenpathogen**. Sie befallen über 400 Pflanzenarten, wobei innerhalb der einzelnen Bakterienspezies Pathovare eine hohe Wirtsspezifität besitzen. *Xanthomonas campestris* pv. *campestris* z. B. befällt vor allem Kohlpflanzen, *Xanthomonas axonopodis pv. citrii* befällt Citrusgewächse. Jedes Jahr gehen weltweit hohe Ernteverluste auf das Einwirken von *Xanthomonas* sp. zurück.

Die Genome von *Xanthomonas* haben typischerweise etwas über 5 Millionen Basenpaare. Von mehreren Spezies und Unterspezies der Gattung *Xanthomonas* wurde bereits das Genom sequenziert. Die Zellen sind stäbchenförmig mit einer Größe von 0,2–0,6×0,8–2,9 µm. Die Größe variiert aber selbst innerhalb einiger Spezies sehr stark. Die meisten Stämme von *Xanthomonas* produzieren gelbe, wasserunlösliche Pigmente (Xanthomonadine: Mono- oder Dibromaryl-Polyene), die wahrscheinlich zum Schutz vor photobiologischen Schäden dienen und die spezifisch für *Xanthomonas* sind.

23.2.2
Struktur, Eigenschaften und Anwendungen

Xanthan ist ein **lineares Polymer** dessen Rückgrat aus 1–4 verknüpften β-D-Glucoseeinheiten besteht und somit identisch mit einem Cellulosemolekül ist. Im Gegensatz zu diesem unverzweigten Polymer hängt beim Xanthan am C3 jeder zweiten Glucoseeinheit ein Trisaccharid aus β-D-Mannose 1–4 verknüpft mit β-D-Glucuronsäure 1–2 verknüpft mit α-D-Mannose. Die beiden Mannoseeinheiten sind dabei häufig derivatisiert: die α-D-Mannose kann an C6 acetyliert sein, die β-D-Mannose kann an C4- und C6-Stellung mit Pyruvat oder nur an C6 mit Acetat verbunden sein. Der Anteil an Acetat und Pyruvat schwankt allerdings. Typischer Weise hat Xanthan einen Besetzungsgrad von ca. 80–90% mit Acetat und ca. 40% mit Pyruvat. Das Molekulargewicht von Xanthan liegt über 1 Mio. (Abb. 23.1).

In Lösung bilden zwei Xanthan-Moleküle eine **Doppelhelix** aus, wodurch aus einem zunächst flexiblen Polymer ein **steifes Stäbchen** wird. Diese Konformation bedingt die viskoelastischen Eigenschaften von Xanthanlösungen: In Ruhe ist eine solche Lösung **sehr viskos** und verfügt über eine hohe Suspendierkraft, da die Polymerstäbchen sich gegenseitig in ihrer Beweglichkeit behindern. Wenn Bewegungsenergie bzw. Scherkraft in die Lösung eingebracht wird, so richten sich die Stäbchen parallel zueinander aus und die Lösung wird frei fließend und verliert ihre Suspensionskraft. Man bezeichnet diese Eigenschaften als „scherverdünnend" oder „thixotrop" (Abb. 23.2). Mit der Rückkehr in den ruhenden Zustand kehrt auch schlagartig die hohe Viskosität zurück. Die Höhe der Viskosität von Xanthanlösungen ist er-

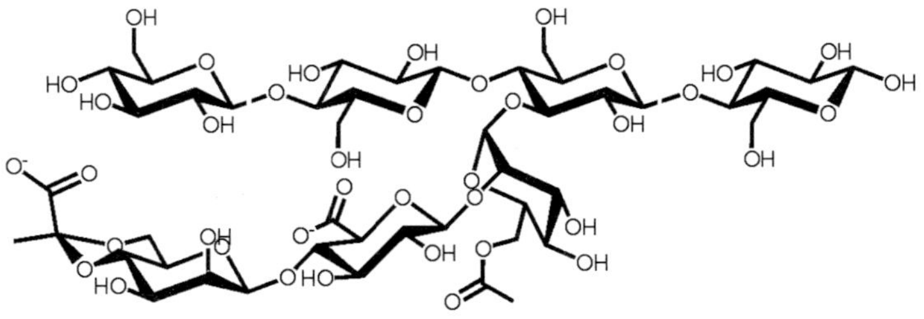

Abb. 23.1. Struktur von Xanthan

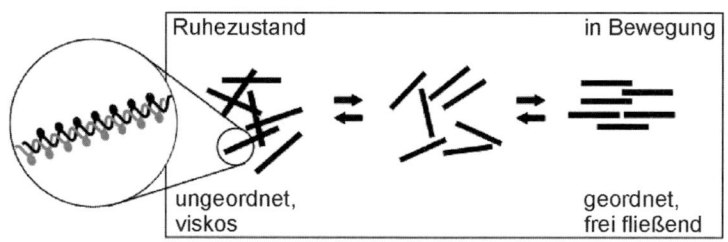

Ruhezustand   in Bewegung

ungeordnet,   geordnet,
viskos   frei fließend

Abb. 23.2. Scherverdünnung von Xanthanlösungen

heblich vom Grad der Derivatisierung mit Acylresten und von der Anwesenheit verschiedener Metallsalze abhängig. Ein erhöhter Anteil an Pyruvat führt z. B. in Anwesenheit von Kaliumionen zu einer erhöhten Viskosität.

Die Zusammenlagerung der Xanthanmoleküle ist **reversibel**. Bei hohen Temperaturen können die Helices aufgeschmolzen werden. Die Schmelztemperatur hängt zu einem großen Teil von der Ionenstärke der Lösung, aber auch von der Konzentration des Xanthans ab. Kühlt die Xanthanlösung wieder ab, lagern sich die Moleküle wieder zusammen. Dabei können im Gegensatz zum nativen, von den Bakterien produzierten Xanthan auch intramolekulare Haarnadel-Helices und supramolekulare Strukturen gebildet werden. Die Folge ist, dass das renaturierte Xanthan eine deutlich höhere Viskosität besitzt als das native Xanthan. Durch den nach der mikrobiellen Fermentation typischerweise erfolgenden **Sterilisationsschritt**, z. B. ein Erhitzen auf 130 °C bis 140 °C für 2 bis 4 Minuten, ist ein kommerziell erhältliches Xanthan dementsprechend nicht in der nativen sondern in einer rückgefalteten Konformation.

Dank seiner ausgezeichneten pseudoplastischen Eigenschaften findet Xanthan weite Anwendung als **Verdickungsmittel**, Emulgator und Stabilisator. Der größte Teil des Xanthans (ca. 70%) geht dabei in die Lebensmittelindustrie. Die Zulassung dafür wurde schon in den 1980er Jahren erteilt. In Europa wird Xanthan als Lebensmittelzusatzstoff E415 geführt. Einsatz findet es als Verdicker in Saucen und Dressings, Emulsionsstabilisator in Milchprodukten, Texturierungsmittel für Tiefkühlprodukte oder Schaumstabilisator in Bier. Dabei wird es sowohl allein als auch in Blends mit anderen Polysacchariden verwendet.

Im technischen Bereich findet Xanthan vor allem als Flutungsmittel in der Erdölindustrie, Suspensionsmittel in Pharmazeutika oder Emulgator in Kosmetika Einsatz.

23.2.3
Biosynthese

Dank der großen industriellen Bedeutung von Xanthan wurde schon frühzeitig der **Biosyntheseweg** des Xanthans untersucht. So gelang es Anfang der 1980er Jahre durch sequentielle Zufütterung von Intermediaten der Synthese zu Zellen von *Xanthomonas*, die mittels Toluol permeabilisiert waren, die einzelnen Schritte beim Aufbau des Xanthanmoleküls in *X. campestris* zu ermitteln. Demnach folgt die Synthese von Xanthan einem universellen Prinzip der Natur für die Synthese von Oligo- und Polysacchariden: Die Hexosemoleküle werden, aktiviert als Zuckernukleotide, nacheinander auf einen in der Cytoplasmamembran verankerten Isoprenoid-Lipidträger übertragen (Abb. 23.3). Jeder einzelne Schritt erfordert dabei ein eigenes Enzym. Zusätzlich werden ein oder zwei Acetylreste von Acetyl-CoA und ein Pyruvatrest von Phosphoenolpyruvat an den beiden Mannoseresten gebunden.

Ein weiterer Meilenstein in der Bestimmung der Biosynthese von Xanthan war Ende der 1980er Jahre die Identifikation der dafür erforderlichen Gene in *X. campestris*. Demnach sind **12 Gene für die Xanthansynthese** verantwortlich. Diese sind in einem 14 kB langen Operon, dem **Gum-Operon** organisiert. Wird es in ein anderes Bakterium eingebracht, so reicht das aus, damit dieses Xanthan produziert.

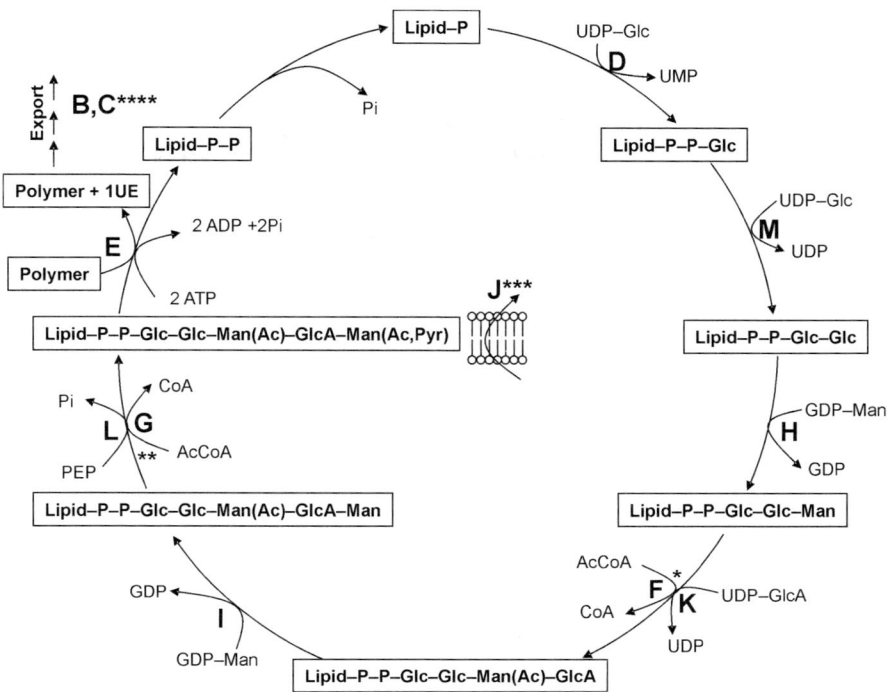

Abb. 23.3. Schema der Biosynthese von Xanthan, * Genaue Reihenfolge der beiden Reaktionen nicht bestimmt, ** Alternative Reaktionen. In Kapitalen dargestellt ist die Bezeichnung der Gene des Gum-Operons, die für die Enzyme der einzelnen Reaktionen kodieren (14 Gene von gumB bis gumM), *** gumJ transferiert das Oligosaccharid von der cytosolischen Seite der inneren Membran auf die periplasmatische Seite, **** gumC bestimmt die Kettenlänge des Xanthanpolymers

Mit der Identifikation des Gum-Operons wurde die Möglichkeit eröffnet, durch gezielte genetische Veränderungen neue **Varianten von Xanthan** zu erzeugen. So gelang es durch Deletion verschiedener Gene Xanthan herzustellen, das acetat- oder pyruvatfrei ist, dessen terminale Mannose fehlt oder bei dem die Seitenkette auf die innere Mannose beschränkt ist. Die Einflüsse der einzelnen Modifikationen auf die **Viskosität** des Xanthans sind uneinheitlich. Der Verlust eines Zuckerrestes von der Seitenkette führt zu deutlich niedrigeren Viskositäten, werden dagegen zwei Zuckerreste entfernt, erhöht sich die spezifische Viskosität gegenüber nativen Xanthan.

Die Regulation der Biosynthese von Xanthan ist noch nicht vollständig verstanden. Wichtig scheint eine Reihe von Genen zu sein, die für die **Pathogenität von Xanthomonas** eine Rolle spielen. Das führte u. a. zu der Vermutung, dass Xanthan für eine erhöhte Pathogenizität von *X. campestris* wesentlich ist, indem es z. B. pflanzliche Poren verschließt. Auch die Möglichkeit eines Quorum-Sensing-Mechanismus zur Induktion der Synthese von Xanthan wird diskutiert. Für die industrielle Produktion wäre ein klareres Verständnis der Regulation, und damit einhergehend der Fähigkeit diese zu steuern, von großem Interesse.

23.2.4
Industrielle Produktion

Fermentation

Die industrielle Herstellung von Xanthan erfolgt durch aerobe Fermentation von *Xanthomonas campestris* pv. *campestris*. Die Xanthanproduktion findet hauptsächlich während der **exponentiel-**

len Wachstumsphase statt. Dabei wird eine Konzentration von 33–57 g/L (Xanthan plus Biomasse) erreicht. Die Ausbeute und Eigenschaften des gewonnenen Xanthan sind abhängig vom zur Produktion verwendeten Stamm und den Produktionsbedingungen.

Stamm und Anzucht

Die Bakterien werden gewöhnlich als Glycerinstocks (10 Vol% Glycerin) bei –80 °C aufbewahrt. Um eine geeignete Menge an Inoculum für die Fermentation zu erreichen, erfolgt die Kultur über mehrere Stufen in Schüttelkolben und Fermentern mit steigenden Volumina. Die Anzahl der Schritte bis zum Produktionsfermenter hängt von dessen Größe ab. Da das Verhältnis von Zellwachstum und Xanthanproduktion von dem zur Verfügung stehenden Nährstoffangebot abhängt, ändert sich dabei auch die Medienzusammensetzung.

Medium

Die am häufigsten verwendeten **Kohlenstoffquellen** sind Glucose und Saccharose im europäischen und amerikanischen Raum und Stärke im asiatischen Raum. Lactose wird von *X. campestris* nur ungenügend verstoffwechselt. Es wurden aber Varianten isoliert, die auf Lactose wachsen und Xanthan produzieren können, was für die Verwendung von Abfällen aus der Milchindustrie interessant ist. Wenn Glucose eingesetzt wird, sollte die Anfangskonzentration nicht über 4% liegen, bei höheren Konzentrationen kann es zu Inhibition des Wachstums kommen.

Die Stickstoffquelle kann bevorzugt aus einem organischen Komplex stammen, aber auch anorganische Quellen können gut verwendet werden. *Xanthomonas* kann gut auf rein synthetischem Medium wachsen und Xanthan produzieren, alle notwendigen Aminosäuren und Vitamine werden **selbst produziert**. Am besten dafür geeignet sind Ammoniumsalze. Nitrate dagegen sind nicht geeignet, da *Xanthomonas* keine Nitratreduktase besitzen.

Wird mindestens ein **Nährstoff limitiert**, wird die Produktion von Xanthan begünstigt. Beson-

ders geeignet dafür ist die Limitierung von Stickstoff, Phosphat, Magnesium oder Sulfat. Die Qualität des produzierten Xanthans unterscheidet sich jedoch abhängig davon, welches Element limitiert wird. Durch genaues Einstellen des C/N/P/S/Mg-Verhältnisses kann die Xanthanproduktion so für bestimmte Qualitäten optimiert werden.

Temperatur und pH

Eine Temperatur von 28–30 °C gilt als optimal für die Produktion. Höhere Temperaturen bringen zwar eine bessere Xanthanausbeute. Der für die Qualität des Xanthans wichtige Pyruvatgehalt nimmt aber dabei ab. Der pH-Wert für das optimale Wachstum der Bakterien liegt bei 7. Da während der Fermentation von *X. campestris* große Mengen an Essigsäure gebildet werden, muss der pH-Wert durch Zugabe von NaOH oder KOH konstant gehalten werden.

Agitation und Belüftung

Einer der wichtigsten Aspekte bei der Produktion von Xanthan ist der Sauerstoffeintrag (s. Kap. 13–15). Die extrem hohe Viskosität, bedingt durch die hohe Konzentration an Xanthan, erschwert eine gleichmäßige Durchmischung im Produktionsfermenter: Massentransfer und damit auch Sauerstofftransfer sind gehemmt. Diesem Problem kann mit einer sehr hohen Begasungsrate und sehr starkem Energieeintrag zumindest teilweise begegnet werden. Zahlreiche speziell adaptierte Reaktor- und Rührergeometrien sind getestet worden. Es wurden auch Fermentationen in Emulsionen mit organischen Lösungsmitteln durchgeführt, wodurch sich die viskositätsbedingten Probleme umgehen ließen. Allerdings ist der durch die zweite Phase hinzukommende Aufwand bei der Aufarbeitung des Xanthans zu groß, so dass sich ein solcher Prozess technisch nicht durchsetzen konnte. Abbildung 23.4 zeigt ein Schema der für die Produktion von Xanthan wesentlichen Parameter.

Die Fermentation wird beendet, wenn die gesamte C-Quelle verstoffwechselt ist. Die Fermentationsbrühe wird zur Abtötung der Bakterien

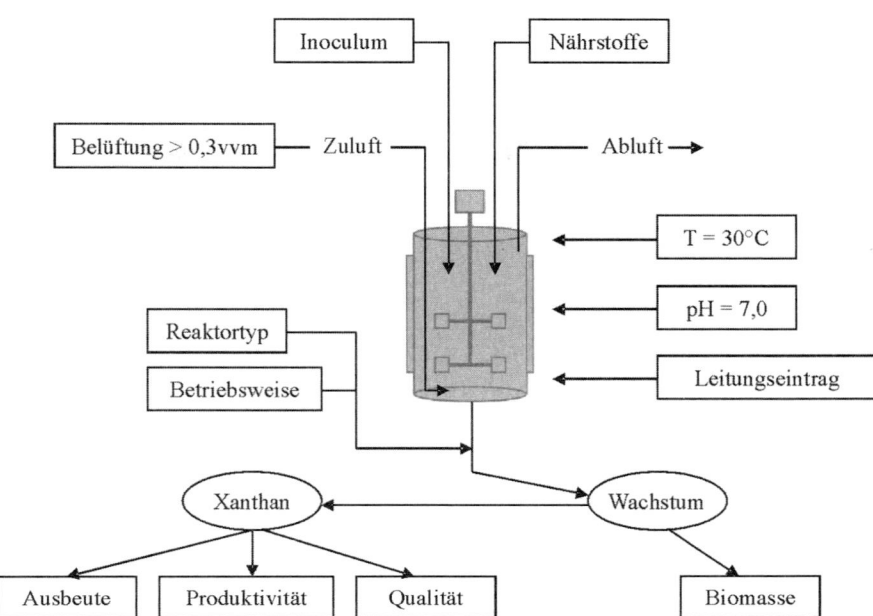

Abb. 23.4. Prozessparameter, beeinflussende Faktoren und resultierende Größen bei der Xanthanherstellung

sterilisiert. Dabei wird auch eine Konformationsänderung des Xanthan bewirkt, die eine **Erhöhung der Viskosität** zur Folge hat (s. oben).

Aufarbeitung

Um eine vollständige Fällung des Xanthans in Alkohol (Ethanol oder Isopropanol) zu gewährleisten, werden der Brühe ca. 3% NaCl zugefügt. Die Fällung erfolgt im Verhältnis 1 : 3 (w/w).

Das Präzipitat wird anschließend abgetrennt, gewaschen, getrocknet und vermahlen. Das so erhaltene Pulver ist gräulich bis weiß. Es enthält neben dem Xanthan auch die gesamte Bakterienmasse sowie Proteinreste des Mediums. Für spezielle Anwendungen kann es nötig sein, die Bakterien abzutrennen. Das erfolgt entweder durch Filtration, Zentrifugation oder enzymatischen Abbau. Der Alkohol wird durch Destillation regeneriert.

23.3
Scleroglucan

23.3.1
Hintergrund

Scleroglucan ist der Name für eine Klasse von ähnlichen Glucanen, die von verschiedenen **filamentösen Pilzen**, speziell solchen der Gattung *Sclerotium* vom Stamm der Basidomyceten produziert werden. Interessant für die industrielle Produktion von Scleroglucan sind vor allem *S. rolfsii* und *S. glucanicum*. Pilze der Gattung *Sclerotium* sind häufig **Pflanzenpathogene**, die vor allem Wurzeln von Pflanzen angreifen. Sie bilden keine asexuellen Fruchtkörper oder Sporen. Das technische Interesse an diesen Pilzen wurde zunächst durch ihre Fähigkeit geweckt, große Mengen an Enzymen (Cellulasen, Arabinase, Phosphatidase, Galactanase, Mannanase) zu sekretieren. In den 1960er Jahren wurde dann die Produktion von Scleroglucan von The Pillsbury Company erarbeitet und großtechnisch realisiert.

23.3.2
Struktur, Eigenschaften und Anwendungen

Scleroglucan ist ein **neutrales Homopolysaccharid** das allein aus β-D-Glucoseresten aufgebaut ist. Diese sind 1,3-verknüpft zu einem linearen Polymer mit einer 1–6 verknüpften Glucose an jedem dritten Rest des Rückgrats (Abb. 23.5). Das Molekulargewicht von kommerziellem Scleroglucan liegt bei 5–6 Mio. Allerdings werden auch Stämme von *Sclerotium rolfsii* beschrieben, die Scleroglucan mit deutlich geringerem Molekulargewicht produzieren.

In wässriger Lösung lagern sich Scleroglucanmoleküle zu einer Tripel-Helix zusammen und bilden so **steife Stäbchen mit viskoelastischen Eigenschaften** analog wie Xanthan aus (vgl. Kap. 23.2.2). Im Gegensatz zum Xanthan hat Scleroglucan allerdings eine deutlich höhere Thermostabilität (20 h bei 120 °C bleiben ohne Effekt) und wird dank seines nicht-ionischen Charakters nur gering von Salzkonzentration oder pH-Wert in seiner Viskosität beeinflusst. Die Fließgrenze von Scleroglucan, d.h. die Fähigkeit, Partikel in Suspension zu halten bei gleichzeitiger guter Schütt- und Pumpbarkeit, ist beim Scleroglucan noch ausgeprägter als beim Xanthan. Bei Temperaturen unter 7 °C bildet Scleroglucan thermoreversible Gele.

Auf Grund seiner rheologischen Eigenschaften, wie hohe Scherverträglichkeit, bei gleichzeitiger **hoher Temperatur- und Salztoleranz** findet Scleroglucan vor allem in der Erdölindustrie als Zusatzstoff für die Bohrflüssigkeit, als Flutungsmittel oder in Asphaltemulsionen Anwendung. Es dient als Verdicker in Wasserfarben, Feuerlöschschäumen und in der Landwirtschaft auszubringenden Pestizidlösungen. Im Lebensmittelbereich findet Scleroglucan noch keine weitreichende Anwendung, obwohl es gut als Verdickungsmittel in Soßen und Eiscreme eingesetzt werden kann. Ein Grund dafür ist auch das Fehlen einer lebensmittelrechtlichen Zulassung in Europa. In flüssigen Tiernahrungsmitteln wird es dagegen eingesetzt.

Neben seinen rheologischen Eigenschaften ist Scleroglucan aber auch medizinisch interessant: Scleroglucantabletten besitzen eine **lange Zerfallszeit**, die durch spezielle Additive genau eingestellt werden kann. So findet Scleroglucan als *release agent* Anwendung. Bei Fütterungsversuchen mit Hunden wurde eine Senkung des Cholesterinspiegels beobachtet und wie bei anderen β-Glucanen konnte auch bei Scleroglucan eine **immunstimulierende Wirkung** nachgewiesen werden. Es wirkt zudem antibakteriell und antiviral. Zusammen mit seinen verdickenden Eigenschaften ist es daher in den letzten Jahren gerade für die Kosmetikindustrie, z.B. für Lotionen zu einem interessanten Rohstoff avanciert.

23.3.3
Industrielle Produktion

Fermentation

Die Fermentation von *Sclerotium rolfsii* erfolgt großtechnisch in aerober Submerskultur vor allem im **Batch-Verfahren**. Es wurde alternativ aber auch ein industrieller kontinuierlicher Prozess entwickelt, allerdings mit geringeren Raum-Zeit-Ausbeuten. Als **C-Quelle** dient üblicherweise **Glucose** aus Stärkehydrolysat, wobei *S. rolfsii*, aber auch eine Reihe anderer Zucker wie Saccharose, Fructose, Maltose, Mannose, Galactose, Arabinose oder Xylose metabolisieren und für die Produktion von Scleroglucan verwenden kann. Als Stickstoffquelle können komplexe Grundstoffe (z.B. Maisquellwasser), aber auch Ammoniumsalze dienen. Nitratsalze hingegen sind zwar für das Wachstum von *S. rolfsii* aber weniger für die Scleroglucanproduktion geeignet. Inokuliert wird ausgehend von Hyphen von einer Agarplatte über mehrere Schüttelkolben bis hin zum Rührfermen-

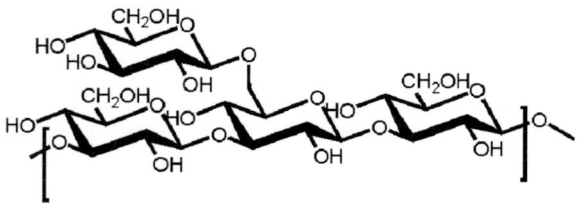

Abb. 23.5. Struktur von Scleroglucan

ter für die Produktion. Die **Dichte des Inokulums** ist wesentlich für eine effiziente, d. h. schnelle Fermentation.

Die **optimale Temperatur** für das Wachstum von *S. rolfsii* liegt bei 30–32 °C, die höchste Produktion von Scleroglucan erfolgt bei 28 °C. Der pH-Wert zu Beginn der Fermentation liegt bei 4 bis 5, sinkt aber im Laufe der Fermentation bedingt durch die Bildung von Oxalsäure auf Werte zwischen 2 und 3 ab. Dadurch wird der Prozess sehr robust, und es besteht nur geringe Kontaminationsgefahr. Die richtige Geschwindigkeit des Rührers während der Fermentation ist wesentlich. Eine zu hohe Schereinwirkung durch zu hohe Rührgeschwindigkeit stört das Pilzwachstum und damit auch die Scleroglucanproduktion. Auf der anderen Seite erfordert die hohe Viskosität der Fermentationsbrühe eine hohe Rührgeschwindigkeit und hohe Scherrate, damit ein ausreichender Massentransfer gegeben ist.

Die Produktivität des Pilzmyzels kann durch verschiedene Parameter gesteigert werden: Eine Limitierung von Schwefel oder Phosphor oder der Entzug von Sauerstoff fördern die Bildung von Scleroglucan. Nach ca. 60–80 Stunden beträgt die Polysaccharidkonzentration in der Fermentationsbrühe bis zu 30 g/L bei Ausbeuten von bis zu 50% basierend auf Glucose. Mit zunehmender Fermentationsdauer werden **hemmende Stoffwechselprodukte** gebildet, wodurch die Produktionssrate abnimmt. Die Fermentation wird beendet, wenn die C-Quelle vollständig verbraucht worden ist.

Aufarbeitung

Nachdem die Fermentationsbrühe sterilisiert wurde, wird das Scleroglucan aus der Fermentationsbrühe durch **Ethanol oder Isopropanol** (ca. 60–70% Endvolumen) **ausgefällt**. Das Präzipitat wird abgetrennt, getrocknet und vermahlen. Bei hohen Produktkonzentrationen (> 20 g/L) ist die Durchmischung von Alkohol und Fermentationsbrühe nur ungenügend, so dass letztere zunächst mit Wasser verdünnt werden muss. Das allerdings erhöht die erforderliche Menge an Alkohol erheblich und führt zu signifikant **höheren Produktionskosten**.

Das industriell produzierte Scleroglucan enthält meist noch die Bestandteile des Pilzmyzels. Ein geringer Teil des Scleroglucans wird aufgereinigt. Dazu wird vor der Präzipitation die Fermentationsbrühe mit Wasser verdünnt und das Myzel vom Scleroglucan durch Filtration mit Filtererden abgetrennt.

23.4
Weitere industriell relevante Polysaccharide

23.4.1
Pullulan

Von dem Pilz *Aureobasidum pullulans*, der zu den Ascomyceten gehört, wird das **Polysaccharid Pullulan** gebildet. Der Pilz ist ubiquitär in Böden, Pflanzen, Abwasser, an Früchten aber auch auf Baumaterialien wie Farbanstrichen und Tapeten verbreitet. Durch seine starke Melaninproduktion und sein hefeartiges Wachstum wird *A. pullulans* auch als „Schwarze Hefe" bezeichnet.

Isoliert und näher charakterisiert wurde Pullulan erstmals 1959. Pullulan ist ein α-D-Glucan, das sich aus α-1,6 glycosidisch verknüpften D-Maltotrioseeinheiten aufbaut (s. Kap. 7). Ebenfalls nachweisbar sind in geringem Umfang Maltotetraose und einige α-1–3-Verknüpfungen (Abb. 23.6). Das Molekulargewicht von Pullulan kann abhängig von den Fermentationsbedingungen in einer engen Verteilung innerhalb des Bereiches von 5000 bis zu über 1 Mio. liegen. Aus diesem Grunde wird Pullulan häufig als Molekulargewichtsstandard verwendet.

Pullulan ist auch bei Raumtemperatur **sehr gut wasserlöslich**. Es bildet viskose Lösungen, die über mehrere Stunden bei 100 Grad und hohen Salzkonzentrationen stabil bleiben. Wird eine 5–10%ige Pullulanlösung schnell eingetrocknet, bildet sich eine dünne aber sehr **strapazierfähige Folie**, die Sauerstoff- und Ölundurchlässig ist, sich aber in Wasser sofort wieder auflöst. Daher ist Pullulan hervorragend zur Herstellung von

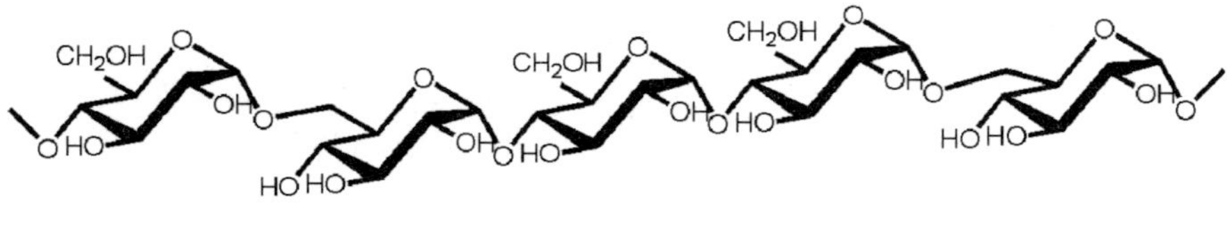

Abb. 23.6. Struktur von Pullulan

Kapselhüllen und **Filmtabletten** geeignet und kann als Matrix für essbare aromatisierte Folien verwendet werden.

In Japan wird Pullulan bereits seit über 20 Jahren als Lebensmittelbestandteil verwendet. In den USA ist es als GRAS (*Generally Recognized As Safe*) eingestuft. Von der EFSA (*European Food Safety Authority*) ist Pullulan PI-20 seit 2004 als neuer Lebensmittelzusatzstoff positiv beurteilt worden, so dass mit einem baldigen Einsatz in Lebensmitteln in Europa gerechnet werden kann.

Zur Produktion von Pullulan kann *Aureobasidum pullulans* mit verschiedenen C- und N-Quellen fermentiert werden. Als besonders geeignet haben sich Saccharose und Glucose bzw. Glutamat oder Aspartate erwiesen. Als anorganische Stickstoffquelle sind Ammoniumsalze geeignet. Die höchste Pullulanproduktion findet unter Stickstofflimitierung bei einem pH-Wert zwischen 6,5 bis 3,5 und 30 °C statt. Nach der Fermentation müssen zunächst Zellbestandteile durch Mikrofiltration vom Pullulan getrennt werden. Danach wird die Polymerlösung deionisiert, konzentriert, erneut filtriert und dann eingetrocknet oder mit Alkohol gefällt.

23.4.2
Gellan, Welan, Diutan und Rhamsan

Polysaccharide der Gellan-Familie sind **anionische Polymere**. Sie werden von verschiedenen Proteobakterien produziert: Gellan von *Pseudomonas elodea*, Welan von *Alcaligenes* sp. ATCC („American Type and Culture Collection") 31555, Diutan von *Sphingomonas* sp. ATCC 55159 und Rhamsan von *Alcaligenes* sp. ATCC 31961. Sie alle besitzen eine identische Hauptkette mit einer Tetrasaccharid-Wiederholungssequenz aus β-D-Glucuronsäure, α-L-Rhamnose und zwei jeweils dazwischen befindlichen β-D-Glucoseeinheiten,

unterscheiden sich aber erheblich in deren Modifizierung mit organischen Säuren oder Zuckerresten der Seitenkette (Abb. 23.7).

Gellan unterscheidet sich von den anderen drei Polysacchariden, indem es bereits in geringen Konzentrationen (0,5%) **schnittfeste Gele bildet**, die allerdings zur Synärese neigen, d. h. bei denen Wasser aus dem Gel austritt. Gele des nativen Gellans sind weich, elastisch und transparent. Wird Gellan deacetyliert, bildet es **harte, brüchige Gele**. Durch Mischungen beider Formen kann eine Vielzahl von Texturen erreicht werden. Gellan ist in kaltem Wasser leicht dispergierbar, löst sich beim Erhitzen und geliert reversibel beim Erkalten. Mit diesen Eigenschaften ist es für die Nahrungsmittelindustrie interessant. In Japan wurde Gellan daher schon 1988 für Lebensmittel zugelassen und ist auch in der EU unter der Nummer E418 im Einsatz.

Im Food-Bereich wird Gellan in Konfitüren, Marmeladen und sonstigen Fruchtaufstrichen als Verdicker eingesetzt. Da es im Darm nicht resorbiert wird eignet es sich besonders für den Einsatz in **kalorienreduzierten Lebensmitteln**. Es wird als Emulgator in der Getränkeindustrie verwendet und als Kristallisationsinhibitor in Speiseeis und Desserts. Die Pharmaindustrie nutzt Gellan als Drug-Carrier, für Coatings und Kapseln und auch in der Kosmetikindustrie wird Gellan zunehmend eingesetzt. Technische Anwendungen sind in fotografischen Schichten und als Elektrodengele. Für mikrobiologische Laborversuche ist Gellan als Agarersatz in Nährböden sehr interessant. Die Nährböden sind deutlich klarer als mit Agar und haben eine höhere Temperaturstabilität, so dass sie auch als Hochtemperaturgele bis 120 °C verwendet werden können.

Die rheologischen Eigenschaften von **Welan, Diutan und Rhamsan** sind ähnlich wie die von Xanthan, sie verfügen aber über eine **höhere**

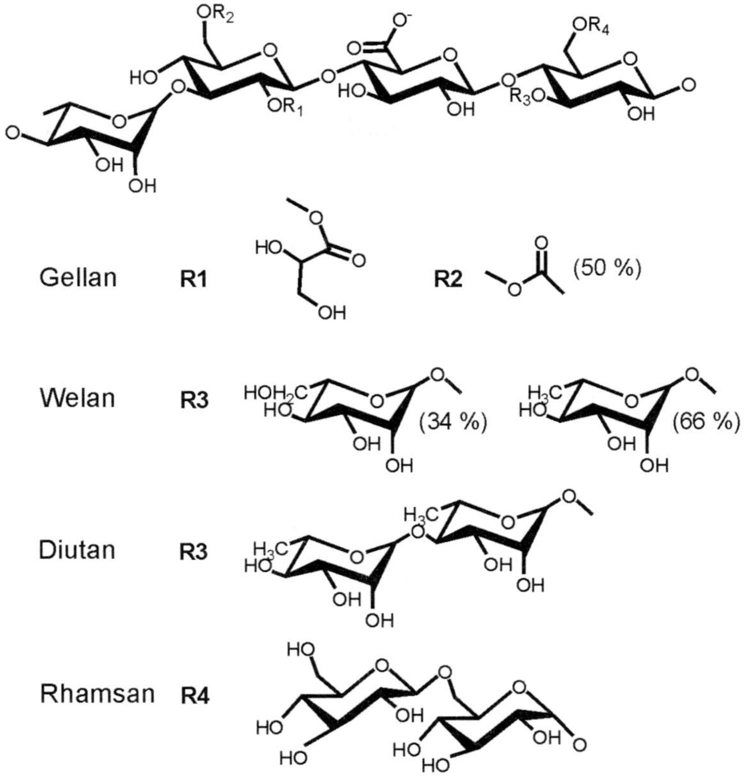

Abb. 23.7. Struktur der Polysaccharide Gellan, Welan, Diutan und Rhamsan. Die Hauptkette besteht aus α-L-Rhamnose-(1–3)-β-D-Glucose-(1–4)-β-D-Glucuronsäure-(1–4)-β-D-Glucose. Anstelle der jeweils nicht angegebenen Reste steht Wasserstoff. In Klammer angegeben ist der Anteil der Modifizierung. Die jeweiligen Reste sind Gellan-Acetat und Glycerate, Welan-α-L-Rhamnose oder α-L-Mannose, Diutan-(α-L-Rhamnose), Rhamsan-β-D-Glucose und α-D-Glucose

Thermostabilität und Salztoleranz. Welan und Diutan kommen in der Bauindustrie unter anderem bei selbst-verdichtendem Beton und im Ölfeldbereich zum Einsatz. Rhamsan wird in Farbanstrichen oder als Träger für Düngemittel in der Landwirtschaft eingesetzt.

Die **Produktion** der einzelnen Polysaccharide erfolgt in **aerober submerser Kultur**, bevorzugt im **Batch-Verfahren**, analog der Produktion von Xanthan und mit ähnlichen Problemen bedingt durch zu hohe Viskositäten. Die Aufbereitung erfolgt ebenso durch Fällung mit Alkohol, wobei Gellan davor zum Teil durch alkalische Hydrolyse deacyliert wird und von Zellbestandteilen befreit wird.

Das Beispiel **Diutan**, das erst in den letzten Jahren eingeführt wurde, zeigt, das auch in dem etablierten Markt der Polysaccharide neue Produkte mit neuen, interessanten Eigenschaften gefunden bzw. entwickelt werden können.

23.4.3
Dextran

Die bisher in diesem Kapitel besprochenen Polysaccharide werden alle **intrazellulär** produziert und exportiert. Dazu im Gegensatz stehen Dextran und damit verwandte Polysaccharide, die **extrazellulär** enzymatisch gebildet werden. *Leuconostoc mesenteroides*, *Streptobacterium dextranicum*, *Streptococcus mutans* und einige andere

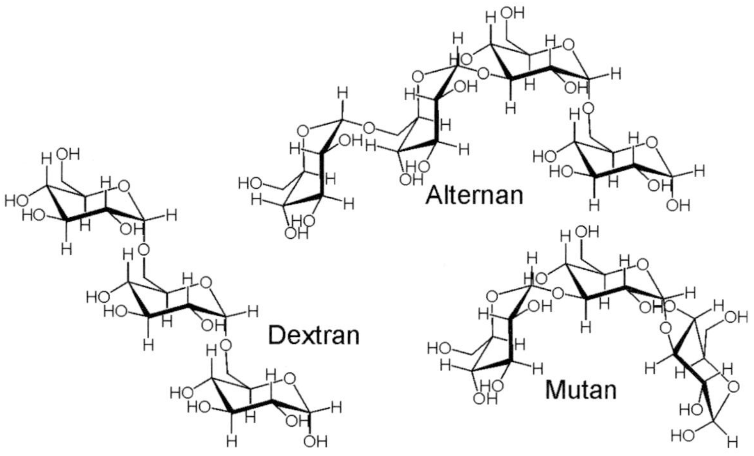

Abb. 23.8. Struktur verschiedener Dextrane

Bakterien produzieren und sekretieren Dextransucrasen (EC 2.4.1.5). Diese Enzyme verknüpfen die Glucosemoleküle aus Saccharose zu **langen Glucosehomopolymeren** (Molekulargewicht von 40–50 Mio.) unter Freisetzung von Fructose. Sie verwenden also im Gegensatz zu den intrazellulären Glycosyltransferasen keine durch Nukleotide (dUDP, dGTP) sondern durch Fructose aktivierte Glucosemoleküle.

Es gibt eine Reihe von Varianten von Dextranen (Mutan, Alternan), bei denen die α-D-Glucosemoleküle in verschiedenen Verhältnissen über 1–4- oder 1–6-Verbindungen miteinander verknüpft sind. Das klassische und einzig kommerziell produzierte Dextran vom Stamm *L. mesenteroides* B-512F enthält zu 95% 1–6- und zu 5% 1–3-Verknüpfungen (Abb. 23.8).

Dextrane sind sehr gut in Wasser löslich. Chemisch modifiziert finden sie Anwendung als stationäre Phase bei chromatographischen Trennverfahren. In Lebensmitteln werden sie als **Verdicker** und **Stabilisatoren** eingesetzt. Die Hauptanwendung liegt allerdings im medizinischen Bereich als Blutplasmaersatzmittel.

Literatur

Banik RM, Kanari B, Upadhyay SN (2000) Exopolysaccharide of the gellan family: Prospects and potential. World J of Microbiol & Biotechn 16:407–414

Born K, Langendorff V, Boulenguer P (2002) Xanthan. In: De Baets S, Vandamme EJ, Steinbuechel A (eds) Biopolymers, vol 6. Wiley-VCH, Weinheim, pp 259–297

Farina JI, Sineriz F, Molina OE, Perotti NI (1998) High scleroglucan production by Sclerotium rolfsii: influence of medium composition. Biotechn Letters 20:825–831

Garcia-Ochoa F, Santos VE, Casas JA, Gomez E (2000) Xanthan gum: production, recovery, and properties. Biotechn Advances 18:549–579

Giavasis I, Harvey LM, McNeil B (2002) Scleroglucan. In: De Baets S, Vandamme EJ, Steinbuechel A (eds) Biopolymers, vol 6. Wiley-VCH, Weinheim, pp 37–60

Leathers TD (2003). Biotechnological production and applications of pullulan. Applied Microbiol and Biotechn 62: 468–473

Robyt JF (1998) Essentials of Carbohydrate Chemistry, Springer, Berlin Heidelberg New York

Schilling BM (2000) Sclerotium rolfsii ATCC 15205 in continuous culture: Economical aspects of scleroglucan production. Bioprocess Engineering 22:57–61

Sutherland IW (1993) Xanthan. In: Swings JG, Civerolo EL (eds) *Xanthomonas*. Chapman & Hall, London, pp 363–388

Sutherland IW (1996) Extracellular polysaccharides. In: Rehm HJ, Reed G (eds) Biotechnology. 2nd edn, vol 6. Wiley-VCH, Weinheim, pp 613–657

Sworn G (2000) Xantham gum. In: Phillips GO (ed) Handbook of Hydrocolloids. CRC Press, Boca Raton/FL

Wang Y, McNeil B (1996) Scleroglucan. Critical Rev in Biotechn 16:185–215

Wilks, ES (ed) (2001) Industrial Polymers Handbook vol. 4 Biopolymers and their Derivatives. Wiley-VCH, Weinheim

24 Antibiotika

A. Brakhage

24.1
Definition und allgemeine Einführung

Definition

Antibiotika sind Substanzen mit geringen molekularen Massen (Molekulargewicht bis zu einigen Tausend), die das Wachstum von Mikroorganismen (*Bakterien, Pilze, Viren*) bei niedrigen Konzentrationen hemmen. Der Name leitet sich von den griechischen Wörtern *anti bios* (gegen das Leben, das Leben tötend) ab. Antibiotika gehören verschiedenen chemischen Klassen an. Sie können gegen Bakterien und Pilze entweder bakteriostatisch/fungistatisch, d. h. wachstumsinhibierend, oder bakterizid/fungizid, d. h., irreversibel schädigend, wirken.

Historie

Die Entdeckung von antibiotisch wirkenden Substanzen ist möglicherweise eine der wichtigsten Entdeckungen in der Geschichte der Medizin. Sie hat möglicherweise mehr Leben gerettet als jede andere Form der Therapie. Die moderne Antibiotikum-Therapie begann 1929 als **Alexander Fleming** seine Beobachtung publizierte, dass das Wachstum des Bakteriums *Staphylococcus aureus* auf Agar-Platten inhibiert wurde, wenn diese Agar-Platten mit dem **Pilz *Penicillium notatum*** kontaminiert waren. Die für diese Inhibition verantwortliche Substanz wurde später als **Penicillin** identifiziert. Zusammen mit früheren Beobachtungen resultierte aus der Entdeckung von Penicillin, einem Naturstoff, die grundsätzliche Erkenntnis, dass **Mikroorganismen** in der Lage sind, Substanzen mit interessanten **biologischen Aktivitäten** zu synthetisieren. Diese Befunde führten zur intensiven Suche nach neuen Antibiotika-Klassen in mikrobiellen Quellen, und zur erfolgreichen klinischen Entwicklung von Antibiotika wie Penicillinen, Cephalosporinen, Tetrazyklinen, Streptomycinen, spätere Generationen von Aminoglykosid-Antibiotika, Chloramphenicol, Rifamycin, Glycopeptiden und die Erythromycin-Klasse von Makrolid-Antibiotika. Der zweite wesentliche Fortschritt bestand in der Erarbeitung **der chemischen Synthese** von antibiotisch-wirkenden Verbindungen ausgehend von synthetisierten Substanzen. Dies führte z. B. zur Entwicklung der Sulfonamide. Schätzungen gehen davon aus, dass die Verdoppelung unserer Lebenserwartung im 20. Jahrhundert hauptsächlich auf die Verwendung **pflanzlicher und mikrobieller Sekundärmetabolite** zurückzuführen ist.

Von den bis 1995 etwa 12000 bekannten Antibiotika werden 55% durch fädige Bakterien hauptsächlich der Gattung *Streptomyces*, 11% von anderen Aktinomyzeten, 12% von nicht fädigen Bakterien und 22% von Hyphen-Pilzen gebildet. Eine kürzlich publizierte Hochrechnung basierend auf den bisher pro Jahr isolierten Sekundärmetaboliten aus der Gattung *Streptomyces* führte zu der Annahme, dass die Gesamtzahl der antimikrobiellen Verbindungen, die von dieser Gattung gebildet werden, etwa 100000 betragen könnte; etwa 3–5% davon wurden bisher erst entdeckt. Andere Organismen als Quellen für Antibiotika existieren zwar, spielen aber bisher im Prozentbereich keine Rolle. Mikroorganismen sind somit die älteste Gruppe, aus der Antibiotika isoliert wurden und die wichtigste Quelle für die Entdeckung neuer Antibiotika. Zusätzlich bleibt zu berücksichtigen, dass die meisten Mikroorganismen bisher nicht entdeckt oder kultiviert wurden. Zum Beispiel wurden nur 5% der gesamten Zahl von pilzlichen Spezies bisher beschrieben, von diesen wurden nur etwa 16% kultiviert. Für Bakterienspezies liegen vergleichbare Zahlen vor. Die größte Zahl **potentieller Wirkstoff-Produzenten** ist somit bisher unbekannt.

Antibiotika werden in der überwiegenden Zahl der Fälle als Sekundärmetaboliten von den Produzenten synthetisiert.

Der Metabolismus von vielen Pilzen und Bakterien kann zweigeteilt werden, in den **Primärmetabolismus,** der die Zellen mit Energie und chemischen Vorläufermolekülen versorgt, die für das Wachstum und Leben der Organismen essentiell sind, und den **Sekundärmetabolismus,** der **anscheinend** nicht für das direkte Überleben der Organismen zumindest unter Laborbedingungen erforderlich ist. Substanzen mit antibiotischer

Wirkung werden hauptsächlich im Sekundärstoffwechsel gebildet. Die meisten Pilze und die dazu befähigten Bakterien produzieren eine Vielzahl von Sekundärmetaboliten, die **antibiotische Aktivität gegen verschiedene Mikroorganismen** besitzen oder auch antivirale, Anti-Tumor-Wirkung und/oder fungizide und insektizide Wirkung aufweisen.

Eine der fundamentalen Fragen, die in der Mikrobiologie seit Jahrzehnten diskutiert wird, ist immer noch unbeantwortet: Warum produzieren Organismen Sekundärmetabolite und was ist der **evolutionäre Ursprung** dieser Fähigkeit? Es hat sich mehr und mehr die Hypothese unter den Wissenschaftlern durchgesetzt, dass diese speziellen Verbindungen, die den unterschiedlichsten chemischen Klassen angehören, Mediatoren der Kommunikation von Mikroorganismen darstellen.

Tabelle 24.1. Chemische Klassen von Antibiotika (modifiziert nach Berdy, 1985 und Michal, 1999)

Chemische Klasse	Untergruppe (Auswahl)	Antibiotikum (Beispiele)	Produzierender Organisms (Beispiele)	Wirkort des Antibiotikums
1 Kohlenhydrat-Derivate	Aminoglykoside	Streptomycin	Bakterien, *Streptomyces griseus*	Bakterielle Proteinbiosynthese, inhibiert die Funktion der 30 S ribosomalen Untereinheit
2 Makrozyklische Lactone und Laktam-AB	Makrolide	Erythromycin	Bakterien, *Saccharopolyspora erythrea*	Bakterielle Proteinbiosynthese, inhibiert die Funktion der 50 S ribosomalen Untereinheit
3 Quinone und verwandte AB	linear kondensierte polyzyklische Verbindungen	Tetrazyklin	Bakterien, *Streptomyces aureofaciens*	Bakterielle Proteinbiosynthese*, inhibiert die Funktion der 70 S ribosomalen Untereinheit
4 Aminosäure- und Peptid-AB	β-Laktam AB	Penicillin	Pilze, *Penicillium chrysogenum*, *Emericella (Aspergillus) nidulans*	Biosynthese der bakteriellen Zellwand
		Cephalosporin	Bakterien, *Streptomyces clavuligerus*; Pilze, *Acremonium chrysogenum* (syn. *Cephalosporium acremonium*)	
	Aminosäure-Derivate und Laktam-AB	Chloramphenicol	Bakterien, *Streptomyces venezuelae*	Bakterielle Proteinbiosynthese, inhibiert die Funktion der 50 S ribosomalen Untereinheit
5 N-enthaltende heterozyklische AB	Nucleosid-AB	Puromycin	Bakterien, *Streptomyces alboniger*	Eukaryontische und bakterielle Proteinbiosynthese
		Nikkomycin	Bakterien, *Streptomyces tendae*	Fungizid und insektizid, inhibiert die Biosynthese von chitinösen Zellwänden (Chitinsynthetase)
6 O-enthaltende heterozyklische AB	Polyether AB	Monensin	Bakterien, *Streptomyces cinnamonensis*	Ionophor, wirkt auf die Cytoplasmamembran
7 Alizyklische AB	Steroid AB	Fusidinsäure	Pilze, *Fusidium coccineum*	Bakterielle und eukaryontische Proteinbiosynthese
8 Aromatische AB	Benzofuran-Derivate	Griseofulvin	Pilze, *Penicillium griseofulvum*	fungizid, effektiv gegen Pilze mit chitinösen Zellwänden
9 Aliphatische AB	Polyene AB	Fumagillin	Pilze, *Aspergillus fumigatus*	Inhibition der eukaryontischen DNA-Synthese
10 AB mit ungewöhnlichen Strukturen				

* Deaktiviert auch eukaryontische Ribosomen, wird aber quantitativ nur in Bakterien inkorporiert.

24.2
Hauptklassen von Antibiotika

Antibiotika lassen sich auf Grund ihrer chemischen Strukturen in verschiedene Klassen einteilen (Tabelle 24.1). Um auch die wirtschaftliche Bedeutung von Antibiotika zu illustrieren sei erwähnt, dass der Weltmarkt für verkaufte Antiinfektiva etwa 57 Milliarden US-Dollar beträgt. Davon machen β-Laktam-Antibiotika etwa 37% aus (Cephalosporine: 17,5%; Penicilline 14%, alle anderen β-Laktame 5,3%), Chinolone 12,3%, Makrolide 10,6%, Aminoglykoside 5,3%, Tetrazykline 5,3%, alle anderen antibakteriellen Substanzen 12,3%, antifungale und antiparasitische Substanzen 7,0%.

24.3
Prinzipien von Biosynthesen und ausgewählte Biosynthesen

24.3.1
Prinzipien von Biosynthesen

Antibiotika gehören den unterschiedlichsten chemischen Klassen an. Erstaunlicherweise werden sie aber prinzipiell über eine relativ geringe Zahl biosynthetischer Wege gebildet. Die Schlüsselschritte in der Biosynthese einer großen Zahl von Antibiotika sind **Polymerisationsreaktionen**, durch die verschiedene kleinere Einheiten zu größeren Einheiten verknüpft werden, die dann das Rückgrat eines größeren Moleküls bilden. Bisher lassen sich drei Typen von Polymerisationsreaktionen unterscheiden, weitere Mechanismen lassen sich in einer vierten Gruppe zusammenfassen:

Kondensation von Acetat-Malonat-Einheiten zu komplexen Polyketid-Ketten

Acetat-Malonat-Einheiten, manchmal auch Propionat-Methylmalonat-Einheiten werden durch einen Mechanismus kondensiert, der als **Polyketid-Synthese** bezeichnet wird. Dieser Prozess ist demjenigen der Fettsäuresynthese ähnlich. Dabei werden Ketten gebildet, in welchen die Ketogruppen und Methylengruppen alternieren (vgl. Abb. 24.1, Abb. 24.2). Wenn Methylmalonat Malonat ersetzt, verzweigt sich die Kette mit Methylgruppen. Häufig sind einige der Ketogruppen total oder partiell reduziert. Die Reaktionen werden **Polyketid-Synthasen (PKSs)** katalysiert.

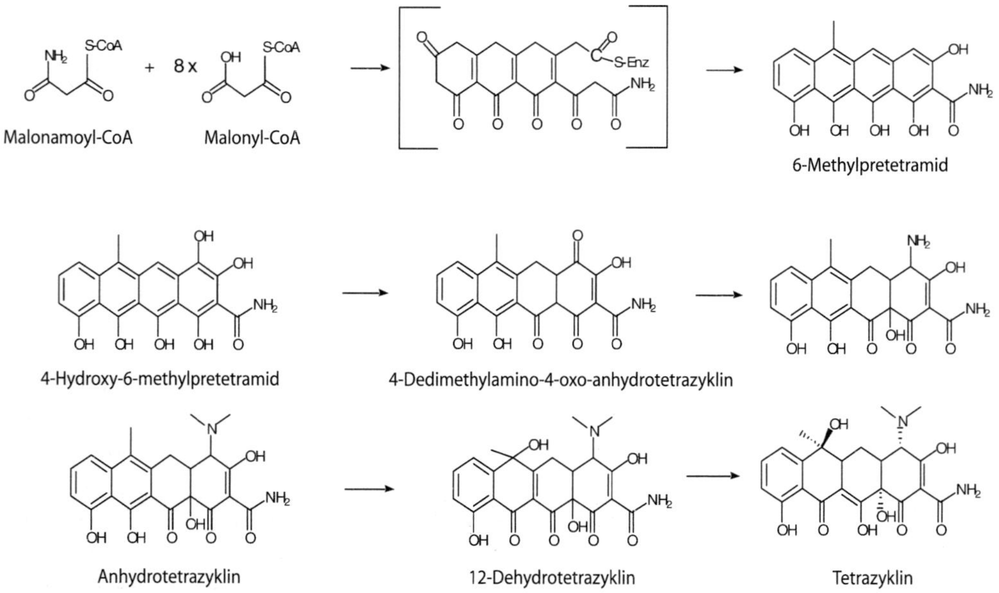

Abb. 24.1. Biosynthese von Tetrazyklin (modifiziert nach Michal 1999; Lancini u. Demain 1999)

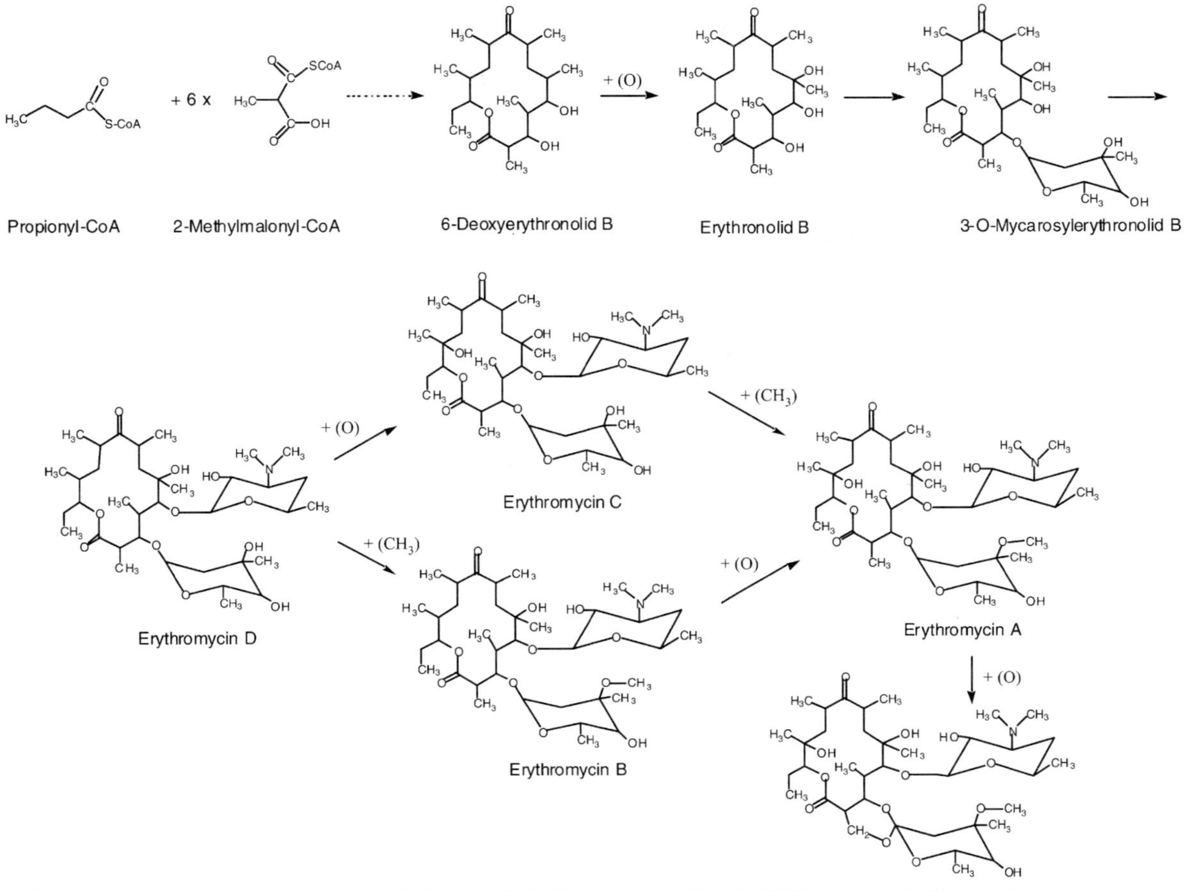

Abb. 24.2. Biosynthese von Erythromycin A (modifiziert nach Michal 1999; Lancini u. Demain 1999)

Es werden drei Typen von PKSs unterschieden:

- **Typ-I**-PKSs bestehen aus einem **einzigen, multifunktionalen Enzym**. Dieses weist eine **modulare Organisation** auf, wobei ein Modul für den Einbau einer Ketideinheit in das Ketidrückgrat verantwortlich ist. Die Module lassen sich gleichfalls in Domänen unterteilen, wobei drei dieser Domänen die minimale Ausstattung eines PKS-Moduls darstellen: Die Acetyltransferase (AT) katalysiert in der Regel die Übertragung einer Malonateinheit vom Coenzym A auf das zugehörige „Acyl Carrier Protein" (ACP), welches die gleiche Aufgabe wie die PCP-Domänen der nicht-ribosomalen Peptid-Synthetasen (NRPSs) besitzt. Die Ketosyn-

thasen (KS) katalysieren die Bindungsknüpfung zwischen zwei Ketideinheiten. Die treibende Kraft dieser Elongationsreaktion ist die Decarboxylierung der Malonateinheit. Da für die PKS nur Acyl-CoA-Derivate als Substrate dienen, wird bei diesen Systemen die große strukturelle Vielfalt durch die **unterschiedlichen Reduktionen der Ketogruppen** des Ketidrückgrates erreicht. Typ-I-PKS verwenden eine Vielzahl von Säuren als Startermoleküle, z. B. Propionat, und Alkylmalonate als Verlängerungseinheiten; es fehlen einige Reduktionsschritte der Fettsäuresynthese. Als Ergebnis werden lineare oder makrozyklische Moleküle gebildet, wie z. B. Erythromycin (Abb. 24.2).

- PKSs vom **Typ II** bestehen aus verschiedenen, größtenteils monofunktionalen Polypeptiden, die einen **Multienzymkomplex** bilden. Dieser Multienzymkomplex stellt in einer festgelegten Anzahl sich wiederholender Syntheseschritte die aromatischen Polyketide her. Für diese Multienzymkomplexe gibt es einen Kern-Satz von Proteinen, die **minimale Polyketid-Synthase**, zu der die Ketosynthase (KS), der Kettenlängenfaktor (CLF) und das „Acyl Carrier Protein" (ACP) gehören. PKS vom Typ II verwenden Malonat als Verlängerungseinheiten, es fehlen alle Reduktionsschritte der Fettsäuresynthese, und als Ergebnis werden aromatische Moleküle gebildet, wie z. B. Tetrazyklin (Abb. 24.1).

- Als PKSs vom **Typ III** wurden zunächst in **Pflanzen gefundene PKSs** bezeichnet, wie z. B. Chalcon-Synthasen (CHS), da sie nicht in die Gruppen der PKSI oder PKSII eingeordnet werden konnten. CHS benutzen Starter-CoA-Ester vom Phenylpropanoid-Stoffwechsel. Sie führen **drei Kondensationsreaktionen** mit Acetyl-Einheiten ausgehend von Malonyl-CoA durch, und dann falten sie das Tetraketid-Intermediat zu neuen aromatischen Ring-Systemen. In *Streptomyces griseus* wurde eine Chalcon-Synthase-ähnliche PKS gefunden, die als RppA bezeichnet wird. Ein Homodimer von RppA katalysiert die Polyketid-Synthese ausgehend von Malonyl-CoA als Startereinheit. Sie führt vier sukzessive Verlängerungsschritte durch. Das gebildete Pentaketid zyklisiert zu 1,3,6,8-Tetrahydroxynaphthol. Inzwischen wurden in weiteren Bakterien Typ-III-PKSs identifiziert.

Kondensation von Aminosäuren zu Oligopeptiden

Eine große Zahl von Sekundärmetaboliten mikrobiellen Ursprungs sind **Polypeptid-Derivate**, die mit Hilfe von Proteinmatrizen synthetisiert werden. Ein Beispiel dafür ist die Biosynthese von Penicillin/Cephalosporin (Abb. 24.2). Der Synthesemodus wird auch als **Thiotemplate-Mechanismus** bezeichnet. Er ist in vielen Aspekten ähnlich

der Polyketidsynthese. Die zentralen Enzyme werden als **nicht-ribosomale Peptid-Synthetasen (NRPSs)** bezeichnet. In der Penicillin/Cephalosporin-Biosynthese handelt es sich um eine Tripeptid-Synthetase, die drei Aminosäuren zu einem Tripeptid verknüpft (Abb. 24.3). NRPSs weisen eine **modulare Struktur** auf. Neben den bekannten proteinogenen Aminosäuren, die in ribosomal synthetisierten Proteinen und Peptiden vorkommen, verknüpfen NRPSs eine Vielzahl von modifizierten Verbindungen. Diese können D-, β- oder andere nicht-proteinogene Aminosäuren sowie Hydroxy- oder N-methylierte Carboxysäuren sein. In der daraus resultierenden diversen Klasse von Peptiden, Depsipeptiden, Peptidlaktonen oder Lipopeptiden können weitere Modifikationen auch an der Hauptkette vorgenommen werden. Verzweigungen durch Ester- oder Amid-Bindung, Zyklisierung oder heterozyklische Ringbildung (Thiazoline) können katalysiert werden. Die Sequenzierung zahlreicher Operonen bzw. Gencluster, die für NRPSs kodieren, aber auch biochemische Untersuchungen und die Erlangung von ersten Strukturdaten haben bereits tiefe Einblicke in die modulare Architektur dieser Multienzyme ermöglicht.

Bei der Synthese vieler Wirkstoffe arbeiten PKS und NRPS koordiniert zusammen. So stellt in der Biosynthese von Balhimycin, einem Vancomycin-ähnlichen Glykopeptid, eine PKS eine Vorstufe bereit, die dann von der NRPS in das Peptid eingebaut wird. In anderen Systemen findet man sogar eine gemeinsame Beteiligung von PKS und NRPS bei der Verknüpfung von Wirkstoff-Rückgraten. Die Kombination von NRPS und PKS führt dabei zu Produkten, welche die hohe Flexibilität der Aminosäuren-Seitenketten mit den hochflexiblen Reduktionsmustern der Ketide kombinieren. Beispiele für diese Stoffklasse sind das Myxothiazol, Microcystin und das Epothilon. Viele weitere **Naturprodukte**, die zum Teil von **großer medizinischer Bedeutung** sind, werden von solchen gemischten Systemen synthetisiert, wie z. B. die Antitumortherapeutika Bleomycin und die immunsupprimierend wirkende Substanz FK506.

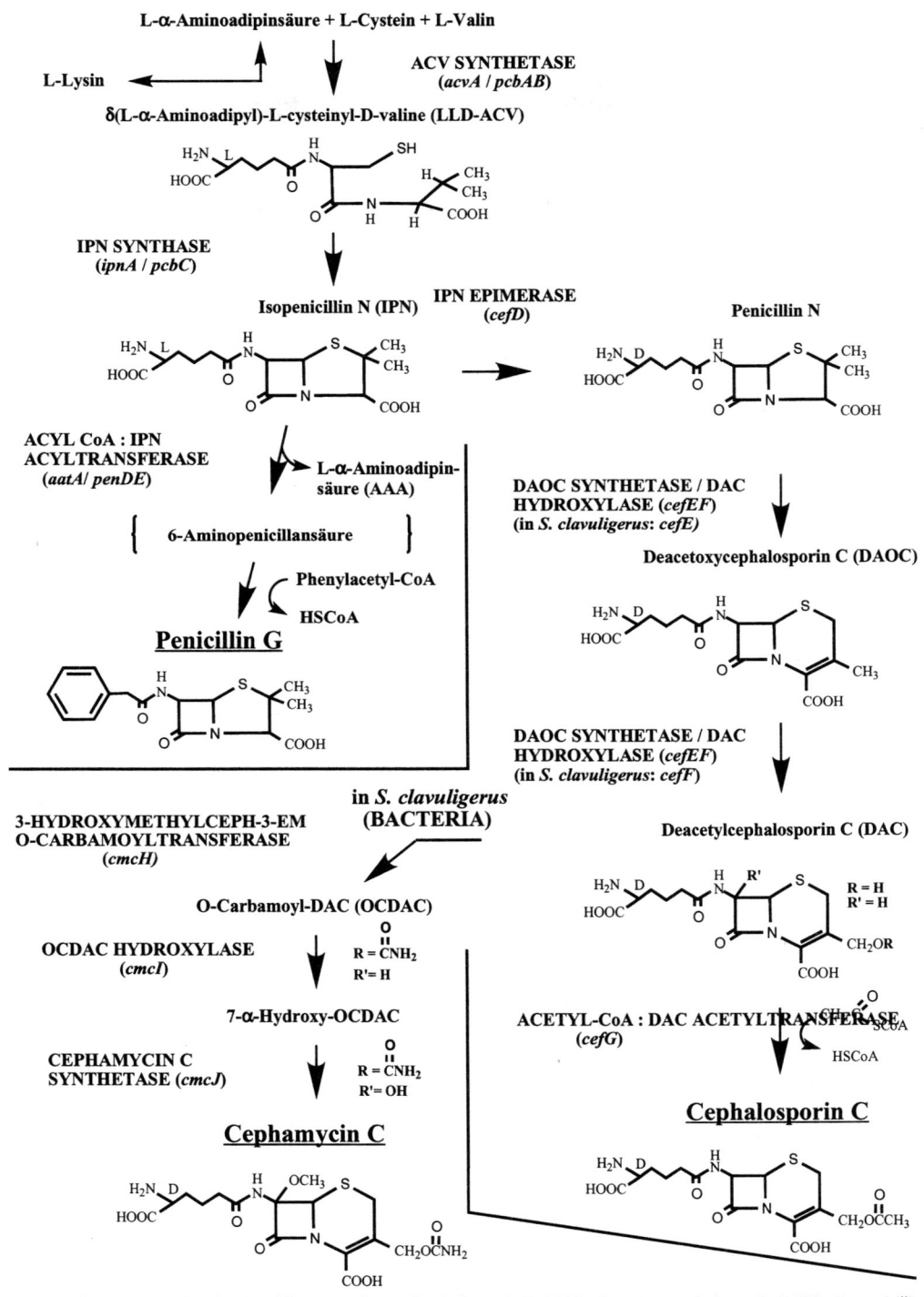

Abb. 24.3. Biosynthese von β-Laktam-Antibiotika (modifiziert nach Brakhage 2004) Gen- und Organismennamen wurden kursiv geschrieben, Namen von Enzymen mit Großbuchstaben. Abkürzungen: DAC = Deace-tylcephalosporin C; DAOC = Deacetoxycephalosporin C; IPN = Isopenicillin N; L-α-AAA = L-α-Aminoadipinsäure; OCDAC = O-Carbamoyl-DAC

Kondensation von Kohlenhydrateinheiten (häufig Aminozucker)

Eine Reihe von Antibiotika besteht aus oder enthält Kohlenhydrateinheiten. In einer Zahl wichtiger Antibiotika wird anstelle eines Zuckers ein Aminocyclitol-Rest eingefügt. Daraus resultiert die Bildung von einem **Pseudosaccharid**. Die Biosynthese von Antibiotika, die Zucker-Derivate darstellen, ist in vielen Fällen ähnlich der Biosynthese von Polysacchariden der O-Antigene Gram-negativer Bakterien. Bekanntestes Beispiel sind Aminoglykosid-Antibiotika, wie Streptomycin (Abb. 24.4), die durch **Oligomerisation von Kohlenhydraten** gebildet werden. Streptomycin besteht aus drei Zuckereinheiten: Streptose, N-Methyl-L-glucosamin und dem Aminocyclitol Streptidin.

Antibiotika synthetisiert durch Modifikation eines Primärmetaboliten oder durch Kondensation von wenigen modifizierten Metaboliten

Die Biosynthesewege von Antibiotika, die der **4. Klasse** zugeordnet werden, können am besten nach den **Biosynthesewegen von Primärmetaboliten klassifiziert** werden, von denen sie abstammen: Aminosäuren-Biosynthesen oder -Katabolismus, Nukleosid-Metabolismus, oder Coenzym-Synthesen. Ein typisches Beispiel für ein Antibiotikum gebildet aus dem Metabolismus von Aminosäuren ist Chloramphenicol (Tabelle 24.1; Abb. 24.5). Das Kohlenstoffgerüst wird durch den generellen Weg der Biosynthese von aromatischen Aminosäuren, den Shikimisäureweg, gebildet. Der Chloramphenicol-Weg trennt sich auf

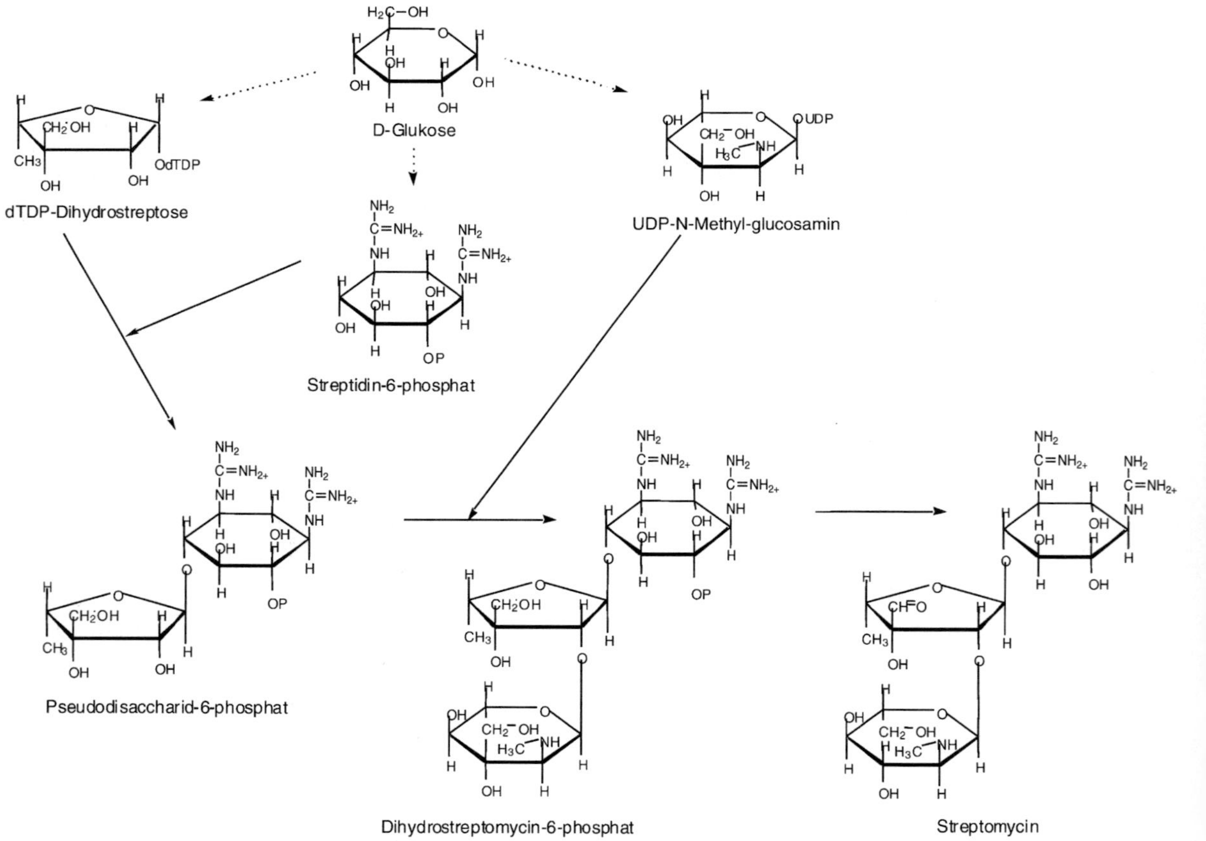

Abb. 24.4. Biosynthese von Streptomycin (modifiziert nach Michal 1999; Lancini u. Demain 1999)

Stufe der Chorisminsäure von den Biosynthesewegen der aromatischen Aminosäuren (Abb. 24.5).

Ribosomale Biosynthese von Antibiotika

Eine kleine Gruppe von Antibiotika wird über die **ribosomale Peptidsynthese** gebildet. Diese sind als **Lantibiotika** bekannt. Es handelt sich um posttranslational modifizierte Peptidantibiotika mit ungewöhnlichen interresidualen Thioether-Verknüpfungen (Lanthionine) zwischen Cystein und Serin (oder Threonin). Einige dieser Antibiotika werden durch **Gram-positive Eubakterien** gebildet. Dazu zählen Subtilin und Nisin, die von *Bacillus subtilis* bzw. *Lactococcus lactis* synthetisiert werden. Andere Lantibiotika, wie Ancovenin und Actagardin werden von Actinomyzeten gebildet. Das finale Antibiotikums-Molekül wird aus einem größeren Peptid, dem **Prälantibiotikum**, herausgeschnitten. Es besteht aus einem Leader-Peptid und einer Aminosäuresequenz, an der extensive posttranslationale Modifikationen stattfinden.

Modifizierungsenzyme

Die strukturelle Vielfalt der Produkte von PKSs und NRPSs wird durch zusätzliche enzymatische Aktivitäten erheblich erweitert. Zu diesen gehören z. B. Glykosylierungen, Hydroxylierungen und Halogenierungs-Reaktionen, die von spezifischen Enzymen katalysiert werden. Viele Produkte von NRPSs und PKSs enthalten Halogenatome, die für die biologische Aktivität von Bedeutung sind. Hierzu gehören z. B. Vancomycin-Typ-Antibiotika wie Chloroeremomycin und Balhimycin. Andere Produkte wie das Erythromycin

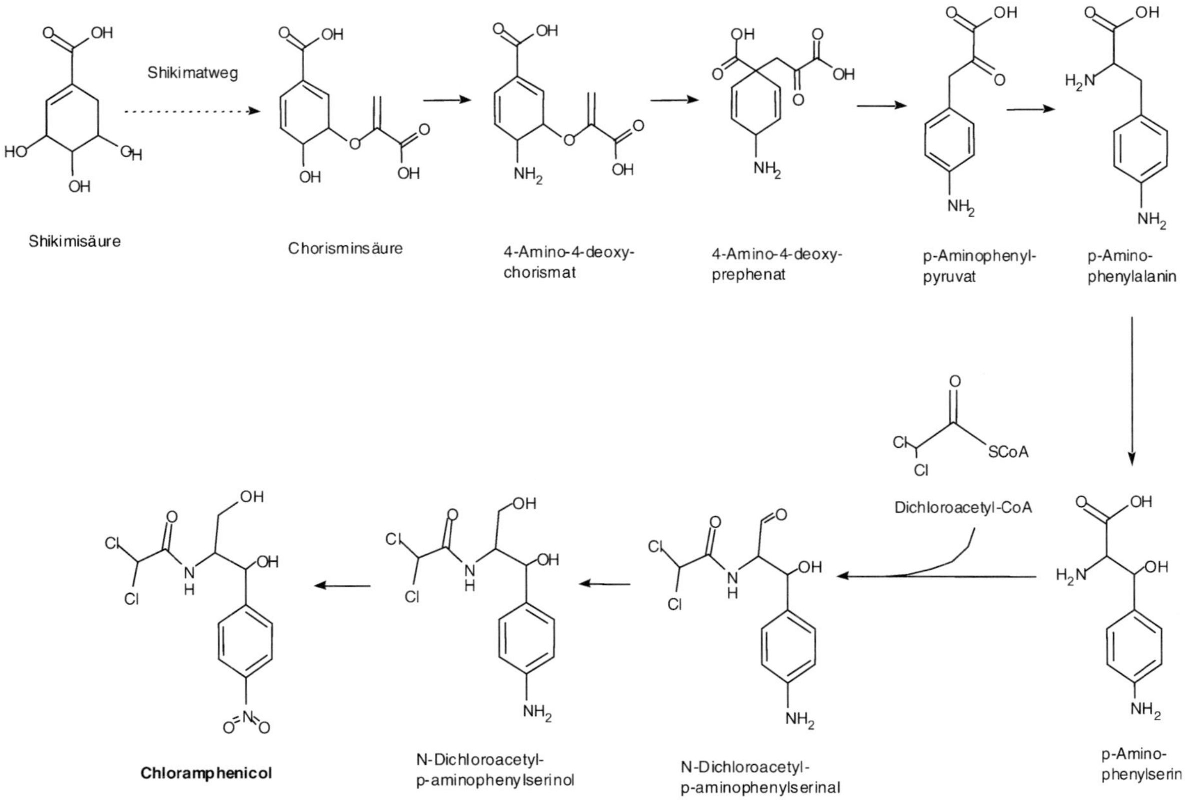

Abb. 24.5. Biosynthese von Chloramphenicol (modifiziert nach Michal 1999; Lancini u. Demain 1999)

(Abb. 24.2) oder Methymycin werden durch Hydroxylierungs- und Glykosylierungs-Reaktionen modifiziert und erhalten dadurch ihre biologische Wirksamkeit.

24.3.2
Ausgewählte Biosynthesen

β-Laktam-Antibiotika Penicillin und Cephalosporin

Die am häufigsten verwendeten β-Laktam-Antibiotika sind die Cephalosporine und Penicilline. Basierend auf ihren chemischen Strukturen können β-Laktame in fünf Gruppen klassifiziert werden (Abb. 24.4). Alle diese Verbindungen haben den **viergliedrigen β-Laktamring** gemeinsam. Mit Ausnahme der Monolaktame, die nur aus einem einzigen Ring bestehen, weisen β-Laktame ein **bizyklisches Ringsystem** auf. Die Fähigkeit, β-Laktame bilden zu können, ist in der Natur weit verbreitet. Sie werden sowohl von einigen Pilzen als auch von einigen Gram-positiven und Gram-negativen Bakterien synthetisiert (Abb. 24.6). Die Biosynthese von hydrophilen Cephalosporinen wurde in allen drei Gruppen von Organismen beobachtet, während die hydrophoben Penicilline als Endprodukt ausschließlich bei Pilzen gefunden wurden. Für die weiteren in Abb. 24.6 aufgeführten β-Laktame wurden bisher nur **bakterielle Produzenten** isoliert. Ein interessantes β-Laktam ist auch Clavulansäure, ein natürlich vorkommender Inhibitor von β-Laktamasen. β-Laktamasen sind Enzyme, die Resistenz gegen β-Laktam-Antibiotika in vielen Mikroorganismen vermitteln (Kap. 24.5). Clavulansäure wird von *S. clavuligerus* synthetisiert (Abb. 24.6). Dieser Actinomyzet produziert auch verschiedene andere β-Laktame, einschließlich einer Zahl strukturell verwandter Clavame, die keine β-Laktamase-Inhibitoren darstellen. Sie besitzen **antifungale**

Klasse natürlich vorkommender ß-Laktame	Antibiotika (Beispiele)	Produzierende Mikroorganismen (Beispiele)		
		Fungi	**Gram⁺ Bacteria**	**Gram⁻**
Pename 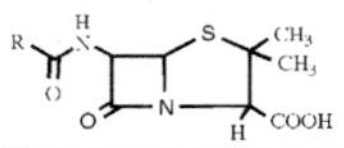	Penicilline	*Penicillium chrysogenum* *P. notatum* *Aspergillus nidulans* *Trichophyton* *Sartorya*		
Ceph-3-eme 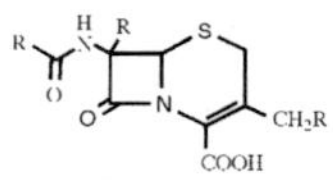	Cephalosporine Cephamycine Cephabacine Chitinovorine	*Acremonium chrysogenum* (syn. *Cephalosporium acremonium*) *Paecilomyces persinicus*	*Streptomyces clavuligerus* *S. lipmanii* *Nocardia lactamdurans*	*Flavobacterium* sp. *Lysobacter lactamgenus*
Clavame 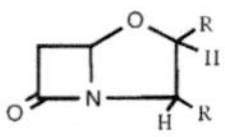	Clavulansäure 2(2-Hydroxyethyl) clavam		*Streptomyces clavuligerus* *S. antibioticus*	
Carbapeneme 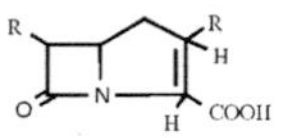	Thienamycine Olivansäure Epithienamycine		*Streptomyces cattleya* *S. olivaceus* *S. pluracidomyceticus*	*Erwinia carotovora* *Erwinia herbicola* *Seratia* sp.
Monolaktame 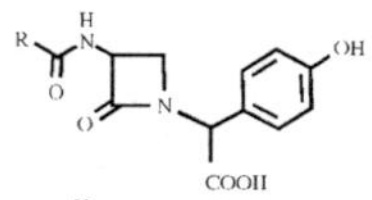	Nocardicine		*Nocardia uniformis* subsp. *tsuyamanensis*	
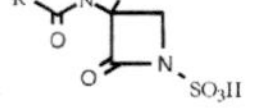	Monobactame			*Agrobacterium radiobacter* *Pseudomonas acidophila* *Gluconobacter* sp. *Chromobacterium violaceum*

Abb. 24.6. Strukturklassen von β-Laktam-Antibiotika (modifiziert nach Brakhage 2004)

Aktivität. Außerdem produziert *S. clavuligerus* das Cephalosporin-Antibiotikum Cephamycin C (Abb. 24.3). Clavulansäure und verwandte Clavame haben die frühen Biosyntheseschritte gemeinsam. Die Biosynthese von Cephamycin C (Abb. 24.3) ist dagegen völlig unterschiedlich zu der Biosynthese von Clavamen und Clavulansäure. Kombinationen von Penicillin und Clavulansäure wirken effektiv gegen β-Laktamaseresistente Bakterien im Vergleich zu Penicillin allein. Das liegt an der synergistischen Wirkweise der Substanzen. Die Kombination von Clavulansäure mit dem Penicillin-Derivat Methicillin wird klinisch eingesetzt.

Sowohl Penicilline als auch Cephalosporine sind Derivate von Tripeptiden, die in eine **charakteristische Ringform** umgewandelt wurden (Abb. 24.3): Penicilline besitzen einen fünfgliedrigen Thiazolidin-Ring, Cephalosporine einen sechsgliedrigen Dihydrothiazin-Ring. Diese Ringe sind jeweils mit einem viergliedrigen β-Laktam-Ring fusioniert. Ihr Aktivitätsspektrum wird im Wesentlichen von der Struktur der Acylamino-Seitenkette bestimmt.

Die Biosynthese ist ein Beispiel für eine nichtribosomale Peptidsynthese durch eine NRPS. Soweit bekannt, werden alle **natürlich vorkommenden** Penicilline und Cephalosporine aus **denselben drei Aminosäuren** synthetisiert: L-α-Aminoadipinsäure, L-Cystein und L-Valin. Sie werden zum Tripeptid δ-(L-α-Aminoadipyl)-L-Cysteinyl-D-Valin (ACV) kondensiert (Abb. 24.3). Diese Reaktionen werden von einem einzigen Enzym δ-(L-α-Aminoadipyl)-L-Cysteinyl-D-Valin-Synthetase katalysiert. Aus dem linearen ACV-Tripeptid wird dann das bizyklische Isopenicillin N (IPN) gebildet. IPN ist der Verzweigungspunkt der Biosynthesewege zum Penicillin und Cephalosporin.

Bei der **Penicillin-Biosynthese** wird die hydrophile Seitenkette der L-α-Aminoadipinsäure von Isopenicillin N gegen eine hydrophobe Acylgruppe, z.B. Phenoxyacetyl bei Penicillin V oder Phenylacetyl bei Penicillin G ausgetauscht. In der **Cephalosporin-Biosynthese** wird die L-α-Aminoadipinsäure-Seitenkette von IPN zum D-Enantiomer epimerisiert, so dass Penicillin N gebildet wird. Daraus entsteht durch eine Ringerweiterung Deacetoxycephalosporin C (DAOC). Die Oxidation der Methylgruppe am C-3 führt zu Deacetylcephalosporin C. Bei *Acremonium chrysogenum* wird diese Hydroxylgruppe acetyliert und es bildet sich Cephalosporin C, während bei Bakterien verschiedene andere Gruppen angefügt werden. So führen z.B. bei *Streptomyces clavuligerus* mehrere weitere Schritte zum Endprodukt Cephamycin C (7-Methoxycephalosporin) (Abb. 24.3).

Zur industriellen Produktion von Penicillin wird *Penicillium chrysogenum*, zur Produktion von Cephalosporin C *Acremonium chrysogenum* verwendet. Als **natürliche Penicilline** werden Penicilline bezeichnet, die von den Pilzen auf einfachen Substraten, ohne Zusatz von z.B. Vorläufermolekülen, gebildet werden. Dabei handelt es sich um Verbindungen, die nur schwache antibiotische Wirkung aufweisen, wie Penicillin K (Abb. 24.7). **Biosynthetische Penicilline** werden durch Zugabe von Vorläufermolekülen zum Fermentationsmedium erzeugt. Wird z.B. Phenoxyessigsäure dem Medium zugegeben, bildet sich **Penicillin V**, wird Phenylessigsäure zugegeben, **Penicillin G** (Abb. 24.3; 24.7). Die Substitution der L-α-Aminoadipinsäure-Seitenkette des Isopenicillin N gegen eine der beiden Vorläufermoleküle wird durch die Acyl-CoA:Isopenicillin-N-Acyltransferase katalysiert, die ein breites Substratspektrum aufweist. Beide Penicilline (G und V) sind potente Antibiotika. Penicillin V ist säurestabiler als Penicillin G und kann deshalb oral appliziert werden. Semisynthetische Penicilline enthalten durch chemische Synthese eingeführte Seitenketten an dem Penicillingrundgerüst. Dazu werden zunächst biosynthetisch erzeugte Penicilline wie Penicillin G oder V isoliert und die Acyl-Seitenkette wird durch hydrolytische Spaltung in *vitro* mit Hilfe einer Penicillin-Amidase oder chemisch entfernt. Die entstandene 6-Aminopenicillansäure wird durch Anhängen verschiedener Seitenketten modifiziert. Als Ergebnis entstehen eine Reihe unterschiedlicher Penicilline (Abb. 24.7).

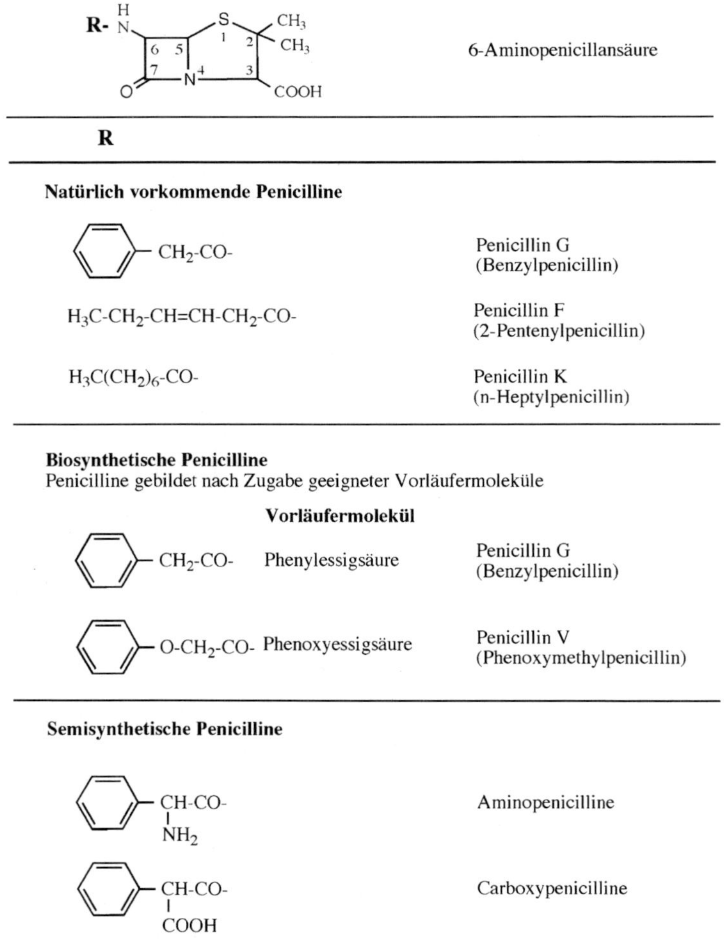

| R- | | 6-Aminopenicillansäure |

R

Natürlich vorkommende Penicilline

CH$_2$-CO- — Penicillin G (Benzylpenicillin)

H$_3$C-CH$_2$-CH=CH-CH$_2$-CO- — Penicillin F (2-Pentenylpenicillin)

H$_3$C(CH$_2$)$_6$-CO- — Penicillin K (n-Heptylpenicillin)

Biosynthetische Penicilline
Penicilline gebildet nach Zugabe geeigneter Vorläufermoleküle

Vorläufermolekül

CH$_2$-CO- Phenylessigsäure — Penicillin G (Benzylpenicillin)

O-CH$_2$-CO- Phenoxyessigsäure — Penicillin V (Phenoxymethylpenicillin)

Semisynthetische Penicilline

CH-CO-
NH$_2$ — Aminopenicilline

CH-CO-
COOH — Carboxypenicilline

Abb. 24.7. Ausgewählte Derivate von Penicillin (modifiziert nach Brakhage 1999)

Polyzyklische Verbindung Tetrazyklin

Wie Erythromycin werden auch Tetrazykline (Abb. 24.1) über den **Polyketidweg** erzeugt. Aus Asparagin wird über L-Oxosuccinamat Malonamoyl-CoA gebildet. Enzymgebundenes Malonamyl-CoA wird mit Malonyl-CoA kondensiert. Anschließend werden 7 weitere Malonyl-CoA-Einheiten angehängt, dabei wird bei jedem Schritt 1 C-Atom als CO$_2$ eliminiert. Das erste Zwischenprodukt ist 6-Methylpretetramid, wie aus der Untersuchung von Blockmutanten geschlossen werden konnte. Durch Hydroxylierungs- und Oxidationsreaktionen entsteht 4-Dedimethylamino-4-oxo-anhydrotetrazyklin. Für die Bildung der Te-trazykline wird eine Aminogruppe eingeführt, diese wird zweimal methyliert. Danach folgen Hydroxylierungs- und Reduktionsreaktionen.

Das Makrolid-Antibiotikum Erythromycin

Erythromycin (Abb. 24.2) ist ein Makrolid-Antibiotikum mit einem **14-gliedrigen Ring**. Zwei Zuckersubstituenten (D-Desosamin und L-Cladinose) sind für seine biologische Aktivität essentiell. Die Biosynthese von Makroliden erfolgt über den **Polyketidweg**. An 1 Molekül Propionyl-CoA werden nacheinander 6 Einheiten 2-Methylmalonyl-CoA (aktivierte Thioester) angehängt. Bei jedem Kondensationsschritt wird 1 C-Atom in Form von CO_2 eliminiert. Aus den instabilen Zwischenstufen entsteht nach dem Ringschluss das erste stabile Zwischenprodukt 6-Deoxyerythronolid B (Abb. 24.2). Nach Oxidation an C-6, Glycosylierung mit L-Mycarose und D-Desosamin (beide dTDP-aktiviert) bildet sich **Erythromycin D**. Durch Methylierung der gebundenen L-Mycarose zu L-Cladinose und Oxidation am C-12 entsteht daraus **Erythromycin A**. Die letzten beiden Schritte können auch in umgekehrter Reihenfolge stattfinden. **Erythromycin E** entsteht durch Oxidation beider Methylgruppen am C-2 des Makrolid-Rings und an C-1 des L-Cladinose-Liganden.

Antibiotika aus der Gruppe der Aminoglykoside enthalten zusätzlich zu den Aminozuckern häufig auch **Cyclitole**. Sie sind Antibiotika mit einem breiten Wirkungsspektrum und wirken sowohl gegen Gram-negative als auch gegen Grampositive Bakterien. **Streptomycin** (Abb. 24.4) ist ein wasserlösliches Molekül mit einem basischen pH-Wert.

Streptomycin wird aus den Vorstufen dTDP-Dihydrostreptose, UDP-N-Methyl-L-glucosamin und Streptidin-6-phosphat gebildet, die auf unabhängigen Biosynthesewegen entstehen (Abb. 24.4). Alle Vorstufenmoleküle leiten sich aus D-Glucose ab. Für die Bildung von dTDP-Dihydrostreptose wird Glucose in das dTDP-Derivat umgewandelt. Die Biosynthese von N-Methyl-L-glucosamin erfordert die Umwandlung eines D-Zuckers zu seinem L-Enantiomeren. Der Reaktionsweg erfordert auch die Aktivierung des Zuckers als Nucleosiddiphosphat-Derivat. Streptidin-6-phosphat wird über *Myo*-Inositol gebildet, das an C-1 oxidiert und transaminiert wird, so dass Inos-1-amin entsteht. Nach Phosphorylierung am C-4 wird das Molekül durch Arginin am C-1 transamidiniert. Dies wird an der C-3-Position wiederholt. Soweit bekannt, reagieren in den letzten Schritten der Biosynthese von Streptomycin höchstwahrscheinlich Streptidin-6-phosphat und dTDP-Dihydrostreptose zuerst zu einem Zwischenprodukt mit der Bezeichnung Pseudodisaccharid-6-phosphat. Durch Anfügung von N-Methyl-L-Glucosamin entsteht Dihydrostreptomycin-6-phosphat. Dies ist das letzte lösliche Zwi

schenprodukt, das man in Streptomycin-bildenden Zellen findet. Die Oxidation zu Streptomycin-6-phosphat erfolgt an der Cytoplasmamembran. NAD^+ fungiert dabei als Elektronenakzeptor. Das phosphorylierte Produkt ist noch inaktiv; die Dephosphorylierung zum aktiven Antibiotikum Streptomycin katalysiert eine extrazelluläre alkalische Phosphatase.

Chloramphenicol

Chloramphenicol (Abb. 24.5) wird z. B. von *Streptomyces venezuelae* synthetisiert. Das Kohlenstoffgerüst wird durch den generellen Weg der Biosynthese von aromatischen Aminosäuren gebildet, dem **Shikimisäureweg**. Die Biosynthesewege trennen sich auf Stufe der Chorisminsäure. Ungewöhnlich ist der Einbau von Chlor-Atomen in das Molekül (Abb. 24.5).

24.4
Wirkungen von Antibiotika

Viele anti-bakterielle Antibiotika wirken auf einen der vier Angriffspunkte in der bakteriellen Zelle:

- **Die Zellwand**
Typische Beispiele sind die β-Laktam-Antibiotika **Penicillin** und **Cephalosporin**. Sie **hemmen die Biosynthese des Peptidoglykans** der bakteriellen Zellwand. N-Acetylglucosamin und N-Acetylmuraminsäure wurden bereits zum linearen Polymer verkettet. Die Ketten liegen außerhalb der Zelle vor, sie sind aber noch nicht quervernetzt. Erst die quervernetzende Transpeptidierung führt zur Bildung des Mureinsacculus. Dazu werden die Polysaccharidketten in der Regel über die Peptide aus alternierenden D- und L-Aminosäuren verknüpft. Die Quervernetzung erfolgt über die Aminogruppe des Lysins oder der meso-Diaminopimelinsäure des einen und die Carboxylgruppe des D-Alanins des benachbarten Polysaccharidstranges. Die letzten beiden Aminosäuren des Pentapeptids der Zellwandbiosynthese bildet ein D-Alanin-D-Alanin-Dipeptid. Der β-Laktamring besitzt nun strukturelle Ähnlich

keit zum D-Alanin-D-Alanin-Dipeptid. Während der Zellwandbiosynthese wird die Peptidbindung zwischen dem D-Ala-D-Ala-Peptid verwendet, um eines der beiden Alanine mit Lysin oder meso-Diaminopimelinsäure zu verknüpfen. Die Reaktion wird von einer Transpeptidase katalysiert. Diese Transpeptidase wird durch die β-Laktam-Antibiotika gebunden.

- **Die Proteinbiosynthese**
  Unterschiede in der Proteinbiosynthese zwischen Pro- und Eukaryoten haben das Auffinden von Substanzen erlaubt, die **selektiv die bakterielle Proteinbiosynthese inhibieren.** Der Grad der selektiven Toxizität ist jedoch im Vergleich zur Hemmung der Peptidoglykansynthese deutlich gemindert. Ein Beispiel ist **Chloramphenicol**, welches die Peptidyl-Transferase, die Bestandteil der 50 S-ribosomalen Untereinheit von Bakterien ist, inhibiert.
- **Die DNA- und RNA-Synthese**
  Obwohl die Mechanismen der DNA- und RNA-Synthese in Eu- und Prokaryoten sehr ähnlich sind, unterschieden sie sich doch in einzelnen Komponenten soweit, dass eine **selektive Toxizität gegen Prokaryoten** möglich ist. Dies trifft z. B. für die Topoisomerase II, die Gyrase, zu. Sie wird bei sehr viel niedrigeren Konzentrationen an 4-Chinolonen gehemmt als eukaryotische Topoisomerasen.
- **Die Folatbiosynthese**
  Sulfonamide konkurrieren mit p-Aminobenzoesäure als Substrat für die Dihydropteroinsäure-Synthetase, die in die Folsäurebiosynthese involviert ist. Als Resultat ist der **Folsäurespiegel erniedrigt.**

Die bisher vorhandenen **Antimykotika** wirken nur auf wenige Zielstrukturen, auf:

- **die Cytoplasmamembran**
  Die Cytoplasmamembran von Pilzen enthält ein besonderes Sterin, nämlich Ergosterin, welches in der Cytoplasmamembran vom Menschen nicht vorkommt. Eine Störung von dessen Biosynthese führt zur Schädigung der pilzlichen Zelle. Antimykotika wie **Azol-Derivate** (z. B. Fluconazol, Itraconazol) wirken auf die Biosynthese von Ergosterin. Ein anderes bedeutendes Antimykotikum, Amphotericin B, interagiert mit Ergosterin.
- **die Zellwandbiosynthese**
  Verschiedene Substanzen wirken auf die Biosynthesen von Komponenten der pilzlichen Zellwand. Echinocandine werden von *Aspergillus nidulans* var. *echinulatus* und die strukturell verwandten **Pneumocandine** durch *Zalerion arboricola* gebildet. Diese zyklischen Lipopeptide inhibieren die β-1,3-Glucansynthase und so die Biosynthese der 1,3-Glucanschicht und damit die Zellwandbiosynthese; sie sind **relativ wenig toxisch.** Semisynthetische Versionen von Echinocandinen und Pneumocandinen wurden erzeugt. Die semisynthetischen Derivate sind wasserlöslicher, aktiver, haben bessere pharmakokinetische Eigenschaften und ein breiteres Spektrum als ihre natürlichen Ausgangsverbindungen. Im Gegensatz zu den Azolen, die fungistatisch wirken, sind sie **fungizid.** Nikkomyzin hemmt die Chitinbiosynthese (Tabelle 24.1).

Weitere Antimykotika inhibieren als Analoga die Nukleinsäuresynthese (z. B. 5-Fluorcytosin) oder interagieren mit den Mikrotubuli (z. B. Griseofulvin, Tabelle 24.1), so dass es zur Störung der Mitose kommt.

24.5
Ausgewählte Resistenzmechanismen

In der langen Zeit der Evolution, in der Antibiotika durch Mikroorganismen bereits produziert werden, haben sich Resistenzmechanismen ausgebildet. Diese resultierten aus der Notwendigkeit, dass sich die produzierenden Mikroorganismen **vor den toxischen Substanzen schützen** müssen. Außerdem verursacht die Freisetzung von Antibiotika einen Selektionsdruck auf Bakterien, die mit den **Antibiotikaproduzenten konkurrieren**, so dass sich in diesen Bakterien im Verlauf der Evolution auch Resistenzen entwickelt haben. Der Selektionsdruck hat sich in den letzten etwa 65 Jahren, in denen Antibiotika zur Therapie von Infektionskrankheiten aber auch in der Landwirtschaft eingesetzt werden, enorm verstärkt. Als Folge haben sich **Isolate** entwickelt, die **gegen Antibiotika resistent** wurden. Die große Zahl von Bakterien in einer Population und deren in der Regel kurzen Generationszeiten erleichtern die Selektion von Mutanten. Die bakterielle DNA-Replikationsmaschinerie erzeugt etwa einen Fehler auf 10^7 Basenpaare (Bp); bei der Replikation von einem $3 \cdot 10^6$ Bp großen Genom mit etwa 3000 Genen entstehen etwa 0,3 Fehler pro Generation. Angenommen, es befänden sich 10^{11} Bakterien in einer Population, z.B. in einem Patienten, der gegen eine systemische Blutvergiftung behandelt wird, wären unter diesen Bakterien etwa 1000 Mutanten. Falls die Mutationen zufällig im Genom verteilt wären, dann würden etwa 1000 Gene, also etwa jedes dritte Gen eine Mutation tragen. Falls eine der Mutanten einen Wachstumsvorteil bei Anwesenheit des Antibiotikums besäße, würde eine solche Mutante selektioniert und die Kultur überwachsen. Dies könnte innerhalb weniger Tagen in behandelten Patienten passieren. Die Entwicklung von Resistenzen ist daher hoch wahrscheinlich. Je häufiger ein Antibiotikum benutzt wird, desto höher ist die **Wahrscheinlichkeit der Erzeugung von resistenten Bakterien**. In den USA werden etwa 80 Mio. Verschreibungen für Antibiotika pro Jahr ausgestellt, die etwa zur Anwendung von 12 500 t Antibiotika pro Jahr führen. In den letzten 50 Jahren wurden etwa geschätzte 1 Mio. Tonnen Antibiotika produziert, eingeschlossen Antibiotika für den Einsatz in der Tiergesundheit und der Landwirtschaft (Walsh 2003).

Neben der statistischen Wahrscheinlichkeit beruht die zweite Möglichkeit der Erzeugung von resistenten Bakterien auf der natürlichen Präsenz von Resistenzmechanismen. Für natürlich synthetisierte Antibiotika existieren Resistenzmechanismen in den sie produzierenden Bakterien, so dass diese sich vor der toxischen Wirkung des von ihnen gebildeten Antibiotikums schützen können. Viele human-pathogene Bakterien haben Resistenzmechanismen von den Antibiotika-Produzenten aufgenommen. Ein potentieller **Vorteil von synthetisch produzierten Antibiotika** ist deshalb möglicherweise die Tatsache, dass die Substanzen noch nicht Jahrmillionen in der Biosphäre vorhanden waren, so dass kein Reservoir an Resistenzmechanismen gegen sie existiert, welche relativ schnell von Pathogenen aufgenommen werden könnten. Trotzdem wurden allerdings auch relativ schnell auftretende Resistenzen gegen solche Substanzen wie Sulfonamide und Chinolone beobachtet.

In Bakterien kann man **drei Hauptwege der Resistenz** beobachten:

- Enzymatische Inaktivierung des Antibiotikums,
- Aktive Ausschleusung des Antibiotikums durch z.B. Energie-abhängigen Efflux, oder verhinderte Aufnahme des Antibiotikums auf Grund einer veränderten Membran oder der Anwesenheit von Schleimschichten um die bakterielle Zelle,
- Modifikation des Zielorts eines Antibiotikums, die zu einer reduzierten Affinität des Antibiotikums führt.

Häufig existieren mehrere der Resistenzmechanismen gegen ein einziges Antibiotikum. Zum Beispiel können bakterielle **Resistenzen gegen Streptomycin** aus dessen verminderter Aufnahme in die Zelle, der Mutation des Zielorts oder der Modifikation des Streptomycinmoleküls resultieren. Bisher wurden für die Inaktivierung durch Modifikation die Phosphorylierung der C-6-Hydroxylgruppe des Streptomycingerüsts und der C-3-Hydroxylgruppe des N-Methyl-glucosamin-Restes, sowie die Mannosylierung der C-4-Hydroxylgruppe des N-Methyl-glucosamin-Restes beschrieben.

Resistenz gegen β-Laktam-Antibiotika entsteht vor allem durch hydrolytische Spaltung des β-Laktamringes durch β-Laktamasen oder durch Entfernen der Seitenkette mit Hilfe von Acyl-Hydrolasen. Resistente Gram-negative Bakterien sezernieren diese Enzyme in den periplasmatischen Raum. Darüber hinaus können auch Permeabilitätsabnahmen der äußeren Zellmembran Gram-negativer Bakterien oder Modifikationen der Angriffsziele (Penicillin-bindende Proteine bei Gram-negativen und Gram-positiven Bakterien) zur Resistenz führen.

Resistenzen von Bakterien gegen Makrolide sind meist **auf Modifikationen am Wirkort des Antibiotikums** zurückzuführen (z. B. Makrolid-Lincosamid-Streptogramin B (MLS)-Resistenz durch N^6-Methylierung der Base 2058 der 23S-rRNA).

Tetrazykline gelangen über einen aktiven Transportmechanismus durch die Cytoplasma-Membran in die Bakterien. Die vorherrschenden Resistenzmechanismen sind eine verringerte Aufnahme und der aktive Transport aus der Zelle.

24.6
Strategien zur Isolierung und Herstellung neuer Antibiotika

Fast alle Antibiotika zählen auch heute noch zur großen Gruppe der Naturstoffe. Es stellt sich damit die Frage, mit welchen Strategien neue Naturstoffe isoliert werden können. Die klassische Suche wird weiter ihre Berechtigung haben. Viele Habitate sind noch wenig auf die Präsenz bisher unbekannter Produzenten von Naturstoffen untersucht. Ein Problem bei der klassischen Suche nach Naturstoffproduzenten bildet allerdings die **bisher fehlende Kultivierbarkeit** vieler Mikroorganismen. Eine Suche nach interessanten Verbindungen in solchen Organismen wird somit nicht möglich sein. Es ist deshalb notwendig, Kultivierungstechniken für solche Mikroorganismen zu entwickeln. Möglicherweise lässt sich das Problem der mangelnden Kultivierbarkeit von Mikroorganismen dadurch umgehen, **Metagenom-Genbänke von Habitaten** angelegt werden. Dazu wird die DNA eines Habitats isoliert und von dieser DNA eine Metagenom-Genbank angelegt. Im Idealfall repräsentiert eine Metagenom-Genbank damit weitgehend die Genome aller an einem Standort vorkommenden Mikroorganismen. Die große Zahl von Genen und Genclustern, die durch diese Genbänke kodiert werden, können dann auf die charakteristischen Gene der Naturstoffbiosynthese, z. B. PKS- oder NRPS-kodierende Gene, durchmustert werden. Identifizierte Gencluster können anschließend in geeigneten heterologen Wirten exprimiert werden. Dadurch kann es möglicherweise zur Isolierung neuer Gencluster kommen, deren abgeleitete Proteine neue Naturstoffe synthetisieren. Allerdings sind bei diesem Verfahren noch einige experimentelle Probleme zu lösen.

Die Verfügbarkeit von Genomsequenzen einer wachsenden Zahl von Sekundärstoffbildnern (www.tigr.org) ermöglicht auch die Identifizierung von Genclustern, die Enzyme für die Biosynthese von Sekundärmetaboliten kodieren. So lässt sich das 8,7 Megabasen (MB) große Genom von *Streptomyces coelicolor* in eine „core-Region" von 4,9 MB und linke und rechte Arme von 1,5 und 2,3 MB unterteilen. Gene für essentielle Funktionen wie DNA-Synthese, Transkription und Translation befinden sich in der „core"-Region. Konditional adaptive Funktionen, wie die Fähigkeit, auf komplexen Kohlenhydraten zu wachsen, werden hauptsächlich in den Armbereichen kodiert. Die Genomsequenz führte zur Identifizierung von 23 Clustern von Genen (4,5% des Genoms), die Enzyme der Biosynthese von Sekundärmetaboliten kodieren. Von diesen Sekundärmetaboliten waren zuvor nur etwa ein halbes Dutzend identifiziert. Die **heterologe Expression** solcher **bisher unbekannter Gencluster** in geeigneten Wirten wird zu einer Fülle neuer Verbindungen führen.

Als vielversprechend kann auch der Ansatz der **Kombinatorischen Biosynthese** angesehen werden. In die Biosynthesen vieler Naturstoffe sind PKSs und/oder NRPSs involviert. Der Aufbau der PKSs, sowohl des Typs I als auch des Typs II, machen diese zu idealen Werkzeugen für vielfältige Kombinationen der Gene und damit auch der Enzyme für die Synthese neuer Produkte. Die Möglichkeit, durch den gezielten Austausch von Modulen **funktionelle Neukombinationen** herzustellen, wurde sowohl für PKSs als auch für NRPSs bereits erfolgreich demonstriert. Die durch die Neukombination entstehende Vielfalt an Produkten kann zusätzlich noch durch den Einsatz modifizierender Enzyme erhöht werden.

Identifizierung neuer Zielstrukturen basierend auf der Verfügbarkeit von Genomsequenzen

Die Verfügbarkeit einer wachsenden Zahl von Genomsequenzen (am 01.03.2005 waren etwa 180 Genomsequenzen in der Datenbank von TIGR (www.tigr.org) aufgelistet) ermöglicht die bioinformatorische Analyse von Genomen auf potentielle Ziele für neue Antiinfektiva (s. Kap. 4). Bevorzugte Kandidatengene kodieren offene Leserahmen, die ausschließlich in Prokaryoten oder Pilzen gefunden werden. In Prokaryoten sollten sie sowohl in Gram-positiven als auch Gram-negativen Bakterien vorhanden sein. Außerdem sollte die Deletion des das Zielprotein kodierenden Gens für die Bakterien-/Pilzzelle letal sein. Es ist auch vorstellbar, dass spezifische Virulenzfaktoren als Ziele ausgewählt werden könnten, die ausschließlich für die Infektion essentiell sind. Ein Antibiotikum gegen solche Ziele würde vermutlich die Zahl der Resistenzen reduzieren, da **Virulenzgene** häufig nur während des Wachstums des Pathogenen im Wirt essentiell sind.

Literatur

Berdy J (1985) In: Verrall MS (ed). Discovery and isolation of microbial products. Ellis Horwood, Chichester, pp 9–31

Brakhage AA (1999) Biosynthesis of β-lactam compounds in microorganisms. In: Barton D, Nakanishi K (eds). Comprehensive Natural Products Chemistry, Kelly JW (ed) vol 4, Amino-acids, Peptides, Porphyrins and Alkaloids. Elsevier, Amsterdam, pp 159–193

Brakhage AA (ed) (2004) Molecular biotechnology of fungal β-lactam antibiotics and related peptide synthetases. Scheper T (ed) Series: Advances in Biochemical Engineering/Biotechnology, vol 88. Springer, Berlin Heidelberg New York

Challis GL, Hopwood DA (2003) Synergy and contingency as driving forces for the evolution of multiple secondary metabolite production by *Streptomyces species*. Proc Natl Acad Sci USA 100 Suppl 2:14555–14561

Demain AL (1999) Pharmaceuticallly active secondary metabolites of microorganisms. Applied and Microbiol Biotechnology 52:455–463

Funa N, Ohnishi Y, Fujii I, Shibuya M, Ebizuka Y, Horinouchi S (1999) A new pathway for polyketide synthesis in microorganisms. Nature 400(6747):897–899

Hacker J, Heesemann J (2002) Molecular Infection Biology. Wiley-VCH, Weinheim

Lancini G, Demain AL (1999) Secondary Metabolism in Bacteria: Antibiotic Pathways, Regulation and Function. In: Lengeler JW, Drews G, Schlegel HG. Biology of the Prokaryotes, Chapter 27. Thieme, Stuttgart New York, pp 627–651

Madigan, MT, Martinko JM, Parker J, Brock TD (2003) Brock – Biology of Microorganisms, 10th edn. Prentice Hall

Michal G (1999) Biochemical Pathways. Spektrum, Heidelberg

Moore BS, Hertweck C, Hopke JN et al (2002) Plant-like biosynthetic pathways in bacteria: from benzoic acid to chalcone. J Nat Prod 65:1956–1962

Sieber SA, Marahiel MA (2005) Molecular mechanisms underlying nonribosomal peptide synthesis: approaches to new antibiotics. Chemical Rev 105:715–738

Walsh C (2003) Antibiotics, Actions, Origins, Resistance. ASM Press, Washington/DC

25 Aufreinigung

O.-W. Reif, T. Scheper

25.1 Einleitung

Das Ziel der Aufarbeitung ist es, das Produkt schnell und effizient in einer **definiert reinen Form** aus der komplexen Fermentationsbrühe zu isolieren. Dazu ist eine Vielzahl von Aufarbeitungsschritten nötig, in denen das Zielprodukt aufgereinigt und Störkomponenten abgereichert werden. Die Einzelschritte sind in Abb. 25.1 zu sehen, wobei die Aufarbeitung im Allgemeinen die Schritte der Zellabtrennung, der Isolierung und schließlich der Feinreinigung des Produktes umfasst. Die Zahl der Einzelschritte macht verständlich, weshalb die Aufarbeitungskosten oftmals im Bereich von 40–60% oder bei rekombinanten Pro-

teinen und monoklonalen Antikörpern im Bereich bis zu 80% der Herstellungskosten liegen. Je höher die Produktkonzentration im Prozessmedium, desto günstiger sind die Aufarbeitungskosten. Je höher die geforderte Produktreinheit ist, desto mehr Aufreinigungsschritte werden benötigt. Dabei gilt meist, dass mit zunehmender Zahl von Reinigungsschritten der Zuwachs an Reinheit pro Schritt kleiner wird (Abb. 25.2). Da mit jeder Prozessstufe ein **Produktverlust** verbunden ist, nimmt die Ausbeute über den gesamten Prozess mit der Anzahl der Aufreinigungsschritte ab.

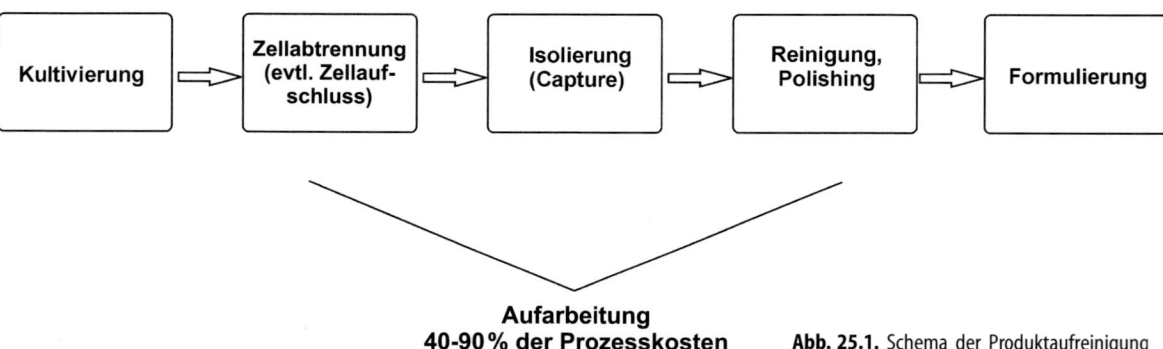

**Aufarbeitung
40-90 % der Prozesskosten**

Abb. 25.1. Schema der Produktaufreinigung

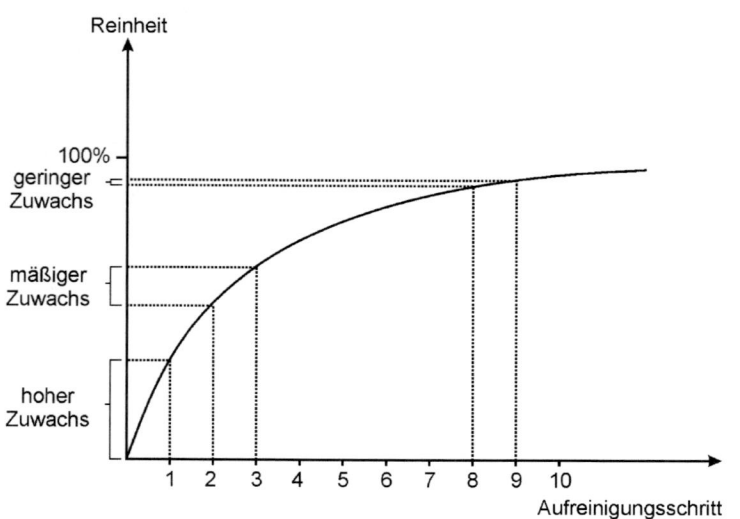

Abb. 25.2. Verhältnis der Zahl der Reinigungsschritte zum Reinheitszuwachs

25.2
Wo ist das Produkt?

Wenn die löslichen biotechnologischen Produkte in einem Fermentationsprozess hergestellt wurden, liegt am Prozessende eine Fermentationsbrühe vor (s. Kap. 13, 14). In dieser kann das lösliche Produkt **extrazellulär**, also außerhalb der Zellen im reinen Medium vorliegen oder **konzentriert in den Zellen**. Oftmals sind die Produkte teilweise im extrazellulären Raum, teilweise im intrazellulären Raum. Liegt nur extrazelluläres Produkt vor, muss vor der Aufarbeitung eine Abtrennung der Zellen vom Produktmedium erfolgen. Ansonsten müssen die Zellen aufgeschlossen werden, um das Produkt in das Medium freizusetzen. Abb. 25.3 zeigt prinzipiell die Möglichkeiten eines Zellaufschlusses zur Produktfreisetzung. Hier wird unterschieden in **physikalisch-mechanische, chemische und biochemische Methoden**. Durch alle Verfahren werden Zellwände und Zellmembranen zerstört und die Produkte ins Medium ausgeschüttet. Physikalische Methoden sind sicherlich vorzuziehen, da bei den chemischen und enzymatischen Methoden weitere Additive

ins Medium gelangen, von denen das Produkt später abgetrennt werden muss.

Die **physikalisch-mechanischen Methoden** sind speziell in der biotechnologischen Produktion von Bedeutung. Mit **Kugelmühlen** kann beispielsweise über Glas- oder Metallperlen **mechanischer Stress** auf die Zellen ausgeübt werden. Durch dieses Vermahlen werden die Zellen stark belastet und aufgebrochen. Prinzipiell ist es auch möglich, die Scherkräfte direkt in Lösung aufzugeben. Dies kann durch Homogenisatoren (beispielsweise French Press) oder Ultraschall geschehen. Auch **hydrodynamische Methoden**, die mit unterschiedlichen Drücken oder kollidierenden Hochdruckstrahlen arbeiten finden zunehmend Verwendung. So wird ein Aufbrechen der Zellen erreicht und die Inhaltsstoffe werden ins Medium freigesetzt. Nach dem Zellaufschluss muss eine Trennung der Zelltrümmer vom produkthaltigen Medium erfolgen.

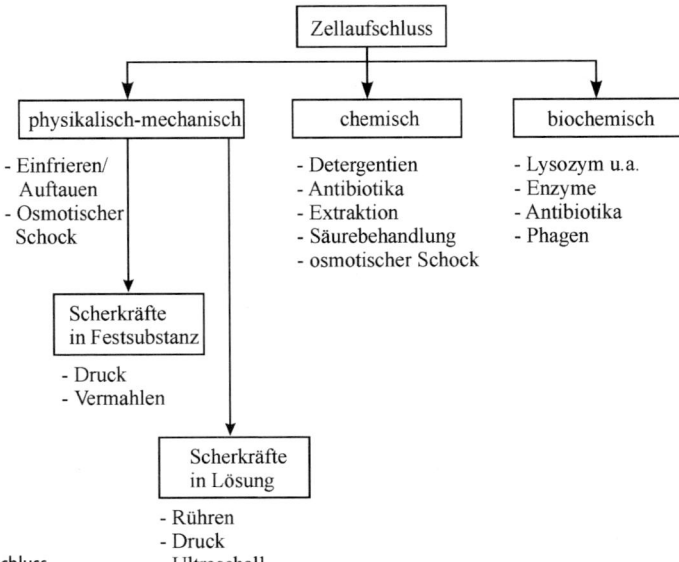

Abb. 25.3. Übersicht über mögliche Methoden zum Zellaufschluss

25.3
Zellabtrennung

Um Zellen und Zelltrümmer vom produkthaltigen Medium zu **trennen**, werden verschiedene Techniken eingesetzt. Hierzu gehören hauptsächlich:

- Sedimentation
- Zentrifugation
- Filtration

Diese Verfahren werden im Satz- oder im kontinuierlichen Betrieb durchgeführt.

25.3.1
Sedimentation

Zellen und Zelltrümmer haben die Eigenschaft zu aggregieren. Durch den Zusatz von **Flokulationsmitteln** kann dieser Prozess beschleunigt werden. Die Aggregate sinken durch die Gravitation zum Boden. Der Überstand wird zellarm oder gar zellfrei. Diese Verfahren sind kostengünstig und werden beispielsweise in der Klärwerktechnik und in den Brauereiprozessen eingesetzt. Oftmals führen sie aber nur zu einer Reduktion der Zellen im Überstand und nicht zu zellfreien Medien. Der **Sedimentationsprozess** kann dort eingesetzt werden, wo **kostengünstig** eine Zellreduktion erfolgen muss und ausreichend Zeit vorhanden ist, um die langsamen Sedimentationsprozesse ablaufen zu lassen.

25.3.2
Zentrifugation

Die Zentrifugation kann ähnlich der Sedimentation beschrieben werden. Hier wird die Absetzgeschwindigkeit dadurch erhöht, da nicht die Gravitationskraft allein, sondern die Zentrifugalkraft für die Absetzgeschwindigkeit verantwortlich ist. Im Labormaßstab wird die Zentrifugation in diversen Zentrifugentypen satzweise durchgeführt. Für die **kontinuierliche Zentrifugation** stehen **Tellerzentrifugen** (Abb. 25.4) zur Verfügung. In diese wird das zellhaltige Medium einge-

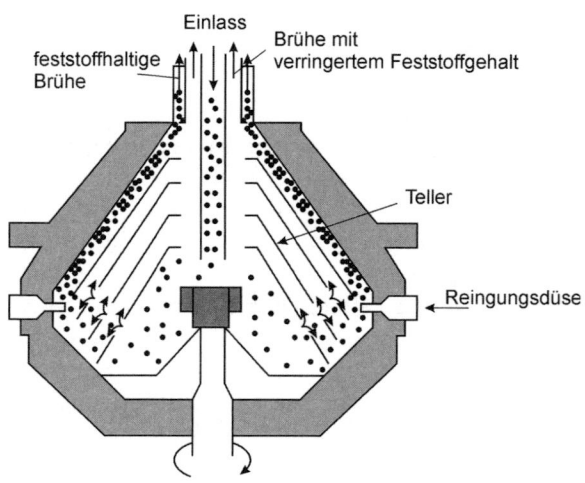

Abb. 25.4. Aufbau und Wirkungsweise einer Tellerzentrifuge

speist und die Trennung erfolgt in jedem einzelnen Tellerzwischenraum. Die Feststoffe sinken ab während das zellfreie bzw. zellreduzierte Medium nach oben strömt. Die stark zellhaltigen Medien können entweder an der Seite oder am oberen Ausgang abgezogen werden. Durch Flokulationszusätze kann die Effizienz gesteigert werden. Auch hier kann nicht sichergestellt werden, dass zellfreie Medien am Ausgang des Tellerseparators anfallen.

25.3.3
Filtration

Um Zellen bzw. Zellbruchstücke vom produkthaltigen Medium zu trennen, werden in immer stärkerem Maße **Filtrationstechniken** eingesetzt. Diese haben nicht nur den Vorteil der Zellabtrennung, sondern können auf Grund ihrer Materialeigenschaften auch einen wesentlichen Beitrag zur **Abreicherung von Kontaminanten** wie z.B. Endotoxine, DNA usw. leisten. Hier sind im Allgemeinen **Dead-End-Filtrationen** als Batch-Prozess oder **Crossflow-Filtrationen** als dynamischer Prozess in der Verwendung (Abb. 25.5). Bei der Dead-end-Filtration wird das **gesamte zu filtrierende Volumen** durch das Filterhilfsmittel gepresst. Die Festbestandteile werden hier nach Ei-

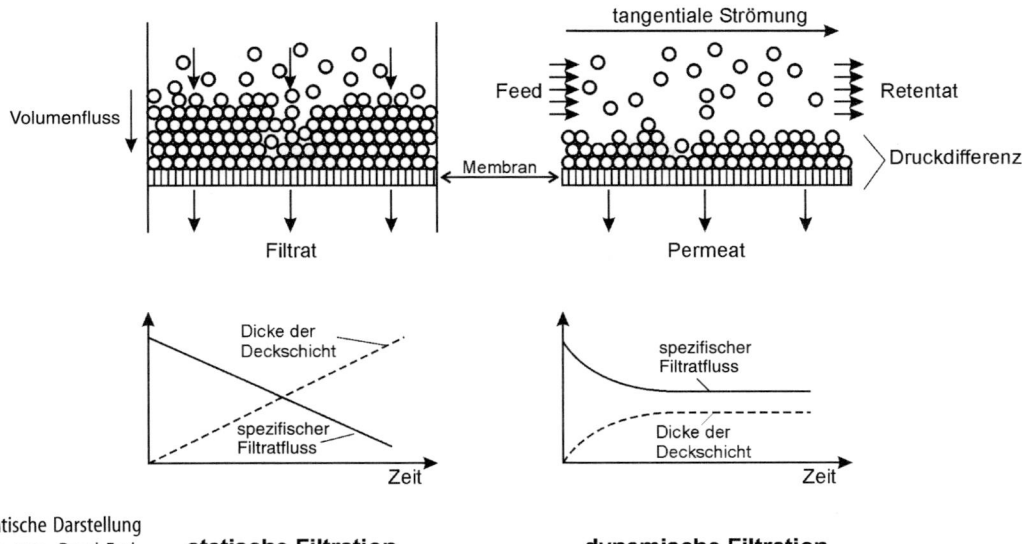

Abb. 25.5. Schematische Darstellung der Wirkungsweise von Dead-End- und Crossflow-Filtration

**statische Filtration
(Dead-End-Filtration)**

**dynamische Filtration
(Crossflow-Filtration)**

genschaften des Filtrationsmittels zurückgehalten. Bei der Crossflow-Filtration wird das zu filtrierende Volumen (auch Trübe oder Feed genannt) tangential **am Filtrationsmittel vorbeigeführt**. Die Porengröße der Filtermaterialien (Abb. 25.6) bestimmt die Ausschlussgrenze. Für die Biotechnologie wichtige Filtrationssysteme sind Mikrofiltration, Ultrafiltration und Nanofiltration. Die reverse Osmose wird für die Wasseraufbereitung eingesetzt.

Bei der Dead-End-Filtration unterscheidet man in Tiefen- und Kuchenfiltration. In der **Tiefenfiltration** werden die Zellen auf der Oberfläche und in der Tiefe des Filtermediums zurückgehalten. Der Filterwiderstand nimmt in diesem Fall schlagartig beim Auftreten einer Verblockung des Filtermedium sehr stark zu. Hier werden zunehmend verschiedene adsorptive grobe Filtermedien (Schichtenfilter) verwendet, die eine nachfolgenden Klär- und Sterilfiltration schützen. Bei der **Kuchen- bzw. Anschwemmfiltration** sieht man, dass während der Filtration der **Filterwiderstand** durch die Zunahme des Filterkuchens **anwächst**. Um weiter hohe Durchflussraten für das Filtrat zu ermöglichen, ist es deshalb unerlässlich, einen steigenden Druckunterschied über den Fil-

terkuchen anzulegen. Dies kann durch Aufgeben von Überdruck auf der Aufgabeseite oder durch Anlegen von Unterdruck auf der Filtratseite geschehen. Bei biotechnologischen Medien erweist sich die Filtration oftmals als problematisch, da die Partikel unter Druck zusammengepresst werden und oftmals schleimige gelatinöse Materialien vorhanden sind, die einen weiteren Anstieg des Druckverlusts über den Filterkuchen zur Folge haben. Die Zugabe von Filterhilfsmitteln, beispielsweise von Kieselgur ermöglicht es, die Porosität des Filterkuchens größer zu halten, um bessere Filtrationsraten zu erreichen. Dies wird aus der Abb. 25.7 deutlich. Oftmals wird der Filter selbst mit einer Schicht des Filterhilfsmittels bedeckt, bevor die Filtration beginnt. Dabei ist zu beachten, dass das Filterhilfsmittel nicht die Produkte adsorbiert und somit die Filtration ineffizient gestaltet. Zu beachten ist auch, dass der Filterkuchen dann mit dem Filterhilfsmittel belastet ist und oftmals nicht einfach entsorgt werden kann. Darüber hinaus kann es unter nicht sterilen Bedingungen bei längeren Filtrationszeiten zu *Fouling*-Problemen kommen. Falls Sterilfilter verwendet werden, lässt sich das Filtrat unter sterilen Bedingungen gewinnen.

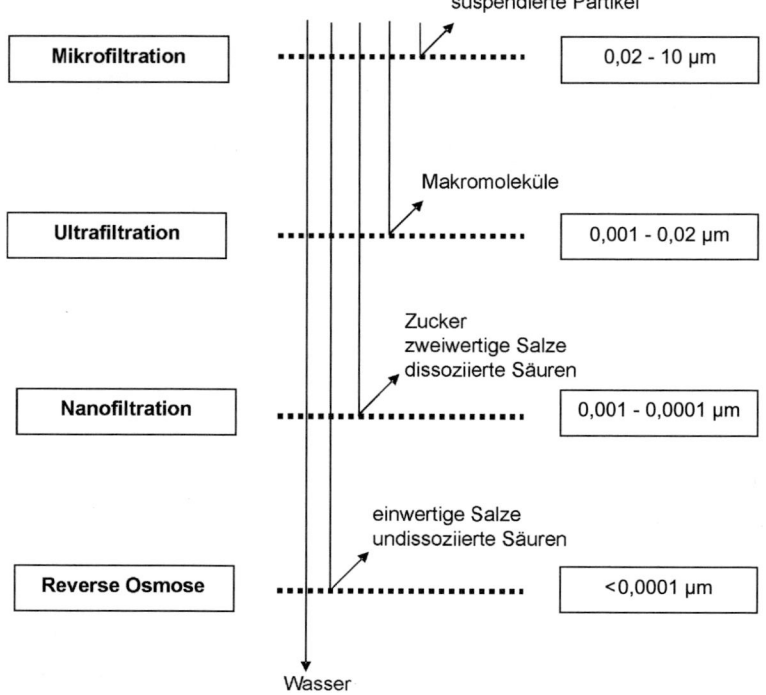

Abb. 25.6. Porengröße und herausgefilterte Materialien bei der Crossflow-Filtration

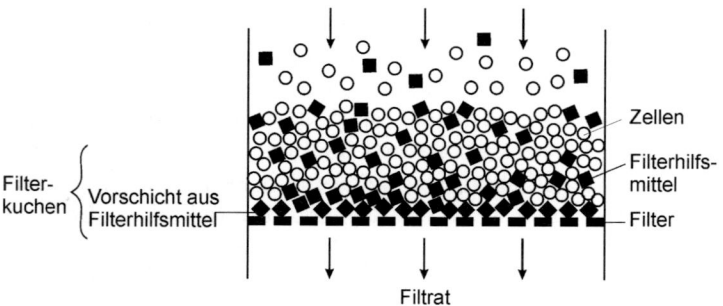

Abb. 25.7. Einsatz von Filterhilfsmitteln in der Kuchenfiltration, um gute Filtrationsraten zu erzielen

Die Filtrationsleistung eines solchen Filters kann relativ einfach beschrieben werden. Die Abb. 25.8 zeigt, dass der Filtrationskuchen als poröses zylinderförmiges System betrachtet werden kann. Durch die Poren mit einem Durchmesser r fließt das Filtrat, getrieben von einer Druckdifferenz Δp. Die Höhe des Filterkuchens ist h. Die laminare Strömung durch die Poren kann mit dem Hagen-Poiseuillschen Gesetz beschrieben werden:

$$\dot{V} = \frac{\Delta p \cdot \pi \cdot r^4}{8\mu \cdot h} \tag{25.1}$$

Hier ist $\dot{V}$ der Volumenstrom des Filtrats und μ die dynamische Viskosität des Mediums. Bei diesem Ansatz ist zu bedenken, dass die Höhe h und der Druckabfall nicht konstant sind. Der Porenradius r wird sich verringern, wenn der Filterkuchen komprimiert wird. Um die Abweichung der Poren vom Idealzustand zu beschreiben, wird der Labyrinthfaktor α≥1 eingeführt. Die Länge

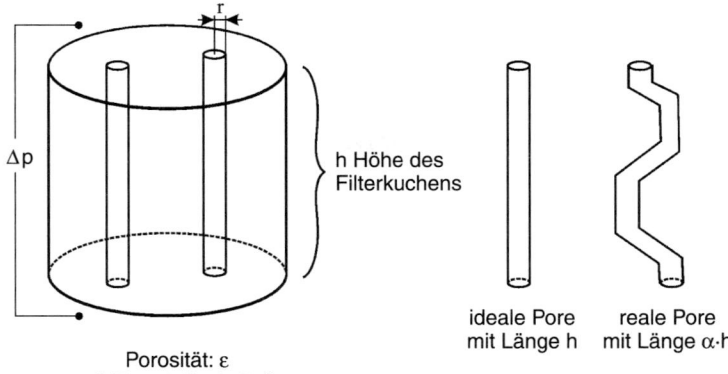

h Höhe des
Filterkuchens

ideale Pore
mit Länge h

reale Pore
mit Länge α·h

Porosität: ε
rel. Feststoffgehalt: β

Abb. 25.8. Strömung des Filtrats durch den Filter

der Poren wird damit α·h und im Filterkuchen sind Z Poren insgesamt vorhanden. Die Gesamtfläche des Filterkuchens ist mit dem Porositätsfaktor ε insgesamt:

$$A = ε \cdot Z \cdot π \cdot r^2 \qquad (25.2)$$

Somit ergibt sich mit:

$$\dot{V} = \frac{A \cdot Δp \cdot r^2}{ε \cdot 8μ \cdot α \cdot h} \qquad (25.3)$$

Bei Einführung der Durchlässigkeitskonstanten k erhält man die D'Arcy-Filtergleichung

$$\dot{V} = A \cdot k \cdot \frac{Δp}{μ \cdot h} \qquad (25.4)$$

25.4
Produktaufreinigung

Sobald die Fermentationsproduktlösung partikelfrei vorliegt, kann mit der eigentlichen Produktaufarbeitung begonnen werden. Hierzu gehören im Allgemeinen:

- Fällung
- Extraktion
- Chromatographie
- Membranadsorber
- Filtration

- Kontaminanteninkativierung
- Kristallisation

25.4.1
Fällung

Fällungsverfahren und **Kristallisationsverfahren** sind in der industriellen Chemie und Pharmazie weit verbreitet. Bei biotechnologischen Prozessen werden solche Systeme häufig für die Darstellung von Aminosäuren aus den Prozesslösungen verwendet. Dazu werden im Allgemeinen die produkthaltigen Lösungen bei höheren Temperaturen eingeengt und abgekühlt. Sobald die Löslichkeit der einzelnen Produkte überschritten ist, kristallisiert das Produkt aus und eine Mutterlauge bleibt zurück.

Auch für die **Darstellung von Proteinen** in reiner Form werden Fällungsverfahren verwendet. Über fraktionierte Fällungsmethoden können die Zielproteine auch von Verunreinigungen abgetrennt werden. Manchmal bietet sich eine **Hitzedenaturierung** an, um Störkomponenten von dem Zielprodukt abzutrennen.

Für die **Trennung von Proteinen** stehen **verschiedenste Techniken** aus der Proteinbiochemie zur Verfügung. Beispielsweise kann durch eine Erhöhung der Salzkonzentration die Hydrathülle der Proteinmoleküle verringert werden. Die Proteine fallen so aus. Für verschiedenste Fällungsmittel wie Natrium- oder Ammoniumsulfat können definierte Grenzwerte für die Fällung einzelner Proteine ermittelt werden.

Die **Fällung über den pH-Wert** der Proteinlösung wird seltener angewandt. Im Allgemeinen gilt, dass am isoelektrischen Punkt die geringste Löslichkeit der Proteine in polaren wässrigen Medien besteht.

Organische Lösungsmittel wie Alkohole (Ethanol, Methanol, Isopropanol oder Aceton) werden bei niedrigen Temperaturen eingesetzt. Dabei wird die Konzentration des Fällungsmittels langsam erhöht bis Verunreinigungen oder das Zielprodukt ausfallen. Auch die für Mehrphasensysteme verwendeten Polymere können prinzipiell für das Ausfällen von Proteinen verwendet werden, da sie die Proteinlöslichkeit beeinflussen.

25.4.2
Extraktion

Flüssigphasen-Extraktionssysteme werden in verschiedenen Bereichen der Biotechnologie eingesetzt. Hier wird das Verteilungsgleichgewicht zwischen einzelnen, nicht mischbaren Phasen (wässrig-organisch, wässrig-wässrig) ausgenutzt. Penicillin wird über Extraktionsprozesse aus der wässrigen Fermentationsbrühe in Butylacetat, Amylacetat oder Methylethylacetat unter Zusatz von verschiedenen oberflächenaktiven Substanzen extrahiert. Auch die Darstellung von Steroiden, die Aufarbeitung von Vitaminen und die Isolierung von Alkaloiden werden mit Flüssigextraktionssystemen durchgeführt.

In Laborversuchen kann mit Schütteltrichtern das Verteilungsgleichgewicht bestimmt werden. Dazu werden die beiden Phasen miteinander vermischt. Nach erfolgter Entmischung kann in der Extrakt- und Raffinatphase die Konzentration des zu extrahierenden Stoffes bestimmt werden. Das Nernst'sche-Verteilungsgesetz beschreibt die Verteilung. Für eine effiziente Extraktion ist ein mehrfacher Kontakt zwischen Extrakt- und Raffinatphase nötig. Hier werden normalerweise **Gegenstromsysteme** verwendet. Mit Mixer-Settler-Systemen, Gegenstromkolonnen und Extraktionszentrifugen wird das Lösungsmittel und das zu trennende Gemisch im Gegenstrom gefahren. So lassen sich kontinuierlich die Extrakte bzw. Raffinatphase erhalten.

Organische Lösungsmittel werden hauptsächlich zur **Extraktion niedermolekularer Komponenten** wie Antibiotika und Vitamine verwendet. Für die Aufreinigung von Proteinen sind organische Phasen nicht geeignet. Für diesen Zweck wurden mischbare wässrige 2-Phasensysteme entwickelt. Für biotechnologische Aufgabenstellungen sind wässrige **Mehrphasensysteme** von Interesse, die aus geeigneten Polymerphasen (beispielsweise Dextranphase und Polyethylenglycolphase) bestehen, oder aus einer Polymerphase (Polyethylenglycol) und einer Hochsalzphase (beispielsweise Phosphat). Die daraus resultierenden 2-Phasensysteme enthalten zwischen 80 und 95% Wasser. Proteine verteilen sich in diesen Phasen unterschiedlich je nach ihren Eigenschaften. Es ist durchaus möglich, auch Zelltrümmer von den Proteinen über diese Extraktionstechniken zu trennen. Besonders häufig werden solche Extraktionssysteme zur Darstellung von industriellen Enzymen verwendet. In einem einfachen Schritt können die Enzyme von den Zelltrümmern entfernt und später kristallisiert oder ausgefällt werden.

25.4.3
Chromatographische Methoden

Die Chromatographie ist eine **Trennmethode**, mit der Gemische aufzutrennen oder einzelne Produkte zu isolieren sind. Sie ist in der Biotechnologie sicher die am weitesten verbreitete Methode. Chromatographiesysteme lassen sich auf einzelne Reinigungsprobleme gut anpassen. Im Allgemeinen werden die aus der Adsorption bekannten Effekte verwendet, um Chromatographieprozesse zu beschreiben. Die verschiedenen Inhaltsstoffe eines Gemisches weisen ein **unterschiedliches Adsorptionsverhalten** an der festen Phase auf, so dass es zu einer Aufteilung der Inhaltsstoffe zwischen dem kontinuierlich fließenden Medium und der Oberfläche des Trenngels kommt. Dieser Effekt ist exemplarisch in Abb. 25.9 dargestellt. Die mit dreieckigen Symbolen dargestellten In-

Schematische Darstellung der Chromatographie

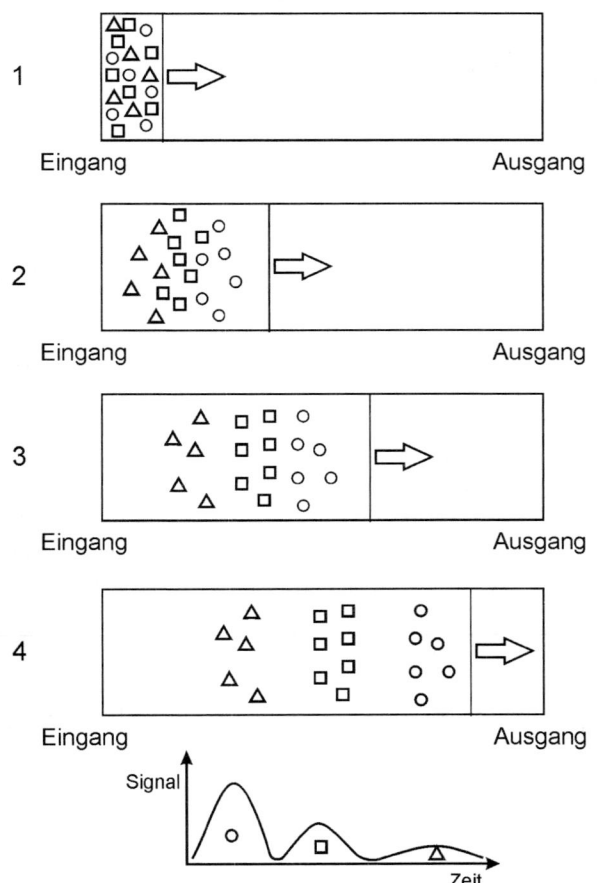

Abb. 25.9. Schematische Darstellung der Chromatographie. Nähere Erläuterungen im Text

haltsstoffe haben eine hohe Affinität zum Trennmaterial und bewegen sich deshalb nur langsam mit dem Medium voran. Die kugelförmig dargestellten Inhaltsstoffe weisen nur eine niedrige Affinität zum Trenngel auf und erscheinen deshalb zuerst am Ausgang der Trennsäule.

Im Folgenden sollen einige Chromatographieverfahren exemplarisch vorgestellt werden:

- Adsorptionschromatographie
- Verteilungschromatographie
- Ionenaustauschchromatographie
- Gelchromatographie
- Affinitätschromatographie.

Adsorptionschromatographie

Polare Adsorbentien wie Silicate, Aluminiumoxide, Hydroxyapatite oder synthetische Polymere werden hier verwendet. Die Affinität der Inhaltsstoffe des aufzutrennenden Gemisches hängt stark von den **Polaritätsunterschieden der festen Phase** und der **mobilen wässrigen Phase** ab. Über die Einstellung der Polarität und ganz allgemein der Solvenzeigenschaften der mobilen Phase kann die Auftrennung optimiert werden. Substanzen mit einer geringen Affinität zur Festphase werden eher am Ausgang der Aufarbeitungssäule erscheinen als die Substanzen, die eine hohe Affinität haben.

Während des chromatographischen Prozesses können auch die **Solvenzeigenschaften der mobilen Phase** auch verändert werden. Verschiedenste Gradienten lassen sich einstellen, um eine optimale Trennung in kurzen Zeiträumen zu erreichen.

Verteilungschromatographie

Hier wird die **unterschiedliche Verteilung** von Substanzen in **zwei flüssigen Phasen** für die Auftrennung ausgenutzt. Eine der flüssigen Phasen befindet sich fixiert auf der festen Phase und ist dadurch im Prozess immobil. Hält eine hydrophile stationäre Phase eine wässrige Phase fest, wird als mobile Phase eine organische Phase eingesetzt.

Die Auftrennung bei der Verteilungschromatographie ist vom Verteilungskoeffizienten abhängig. Er beschreibt das Verteilungsgleichgewicht der zu trennenden Komponenten zwischen der stationären Phase und der mobilen Phase. Da sich für eine optimale Trennung in jedem Bereich der Chromatographiesäule ein Gleichgewicht einstellen muss, erfolgt die Auftrennung langsam. Die Temperatur spielt eine wichtige Rolle und auch hier können Gradientensysteme in der mobilen Phase eingesetzt werden, um die Auftrennung abzukürzen. Bei der oftmals verwendeten „**Reversed-Phase-Chromatographie**" wird auf einem hydrophoben Trägermaterial eine stationäre organische Phase aufgebracht und ein wässriges System als mobile Phase verwendet. Als hydrophobe Phase werden Kohlenwasserstoffketten mit einer Länge von 8–18 Kohlenstoffatome verwendet, die auf den Trägermaterialien fixiert sind. Ähnlich funktioniert die *Hydrophobic-Interaction-Chromatography*, bei der eine Hochsalzphase eine Bindung von Proteinen an schwach hydrophoben Liganden der stationären Phase fördert, während die Elution durch einen Wechsel in eine Niedersalzphase hervorgerufen wird. Diese Chromatographie-Technologie wird zunehmend im direkten Anschluss an eine Ionenaustauschchromatographie eingesetzt.

Ionenaustauschchromatographie

Hier basiert der Trenneffekt auf **elektrostatischen Wechselwirkungen**. Die meisten Ionenaustauscherharze basieren auf synthetischen Polymeren oder es handelt sich um modifizierte Dextrane und Cellulosematerialien. Auf diesen sind Anionen- oder Kationenaustauschergruppen fixiert. Anionentauscher tragen kationische Gruppen wie quartäre oder tertiäre Amine, während Kationenaustauscherharze anionischen Gruppen wie Sulfonsäuregruppen bzw. Carboxygruppen tragen. An diese binden die einzelnen geladene Inhaltsstoffe der aufzutrennenden Gemische. Sobald alle Austauschergruppen beladen sind, ist die Kapazität des Materials erschöpft. Eine Elution erfolgt über eine Änderung des pH-Wertes oder der Ionenstärke der flüssigen Phase. Besonderes zur Trennung von Proteinen werden Ionenaustau-

scherharze verwendet, da sich die Ladung der Proteine über den pH-Wert einfach einstellen lässt.

Gelchromatographie

Hier wandern Moleküle durch eine Säule, die mit einem porösen Material gefüllt ist. Die Trennung erfolgt auf Grund eines **Siebeffektes**. Für die Gelchromatographie werden verschiedene Arten von Materialien verwendet: Quervernetzte Dextrane, Agarosematerialien, Acrylamide, und Polysterole.

Wie aus Abb. 25.10 zu erkennen, beruht der Trenneffekt darauf, dass Partikel nach ihrer Größe in die definierten Poren der festen Phasen diffundieren können. Dadurch ergeben sich verschiedene Aufenthaltszeiten im System. **Große Moleküle**, die gar nicht oder nur wenig in die Hohlräume eindringen können, wandern in der mobilen Phase schneller durch das System als kleine Substanzen, die eine höhere Aufenthaltswahrscheinlichkeit und Aufenthaltszeit in den Hohlräumen des Gelmaterials haben. Die Trennung erfolgt also nach Größe der Substanzen in einer wässrigen Phase. Die Abb. 25.11 zeigt den Gesamtvorgang schematisch.

Affinitätschromatographie

Hier werden auf den Chromatographiematerialien hoch spezifische und **hoch selektive Bindungsgruppen** angebracht, die mit der in der Lösung befindlichen aufzutrennenden Substanz **spezifische Bindungen** eingehen. Als Liganden kom-

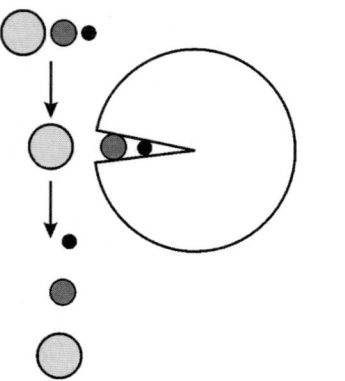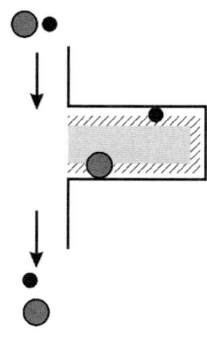

Abb. 25.10. Partikeltrennung mit der Methode der Gelchromatographie

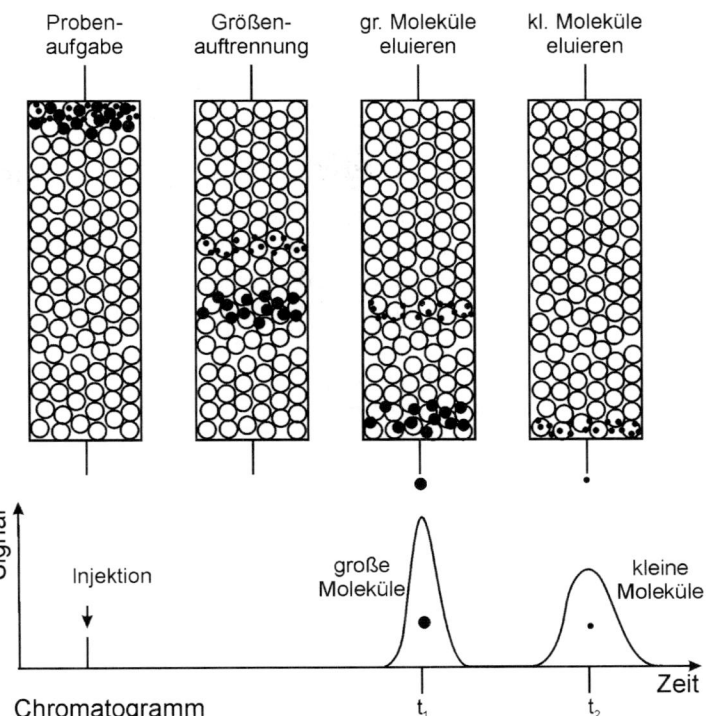

Proben-
aufgabe

Größen-
auftrennung

gr. Moleküle
eluieren

kl. Moleküle
eluieren

Abb. 25.11. Verhältnis von Größe und Aufenthaltszeiten der Partikel IM Trennmedium der Gelchromatographie

men beispielsweise Antikörper, Protein A (zur
Auftrennung von Antikörpern), Concanavalin A
(zur Auftrennung von glykosylierten Proteinen),
Biotin (zur Auftrennung von Streptavidin oder
Streptavidin getagten Proteinen), RNA- oder
DNA-Aptamere (zur Aufreinigung von Plasmiden
oder Proteinen), Farbliganden für verschiedene
Zellmoleküle (z. B. Cibacron Blue für Albumin)
oder Metallchelate von Cu^{2+} und Ni^{2+} (zur Aufreinigung von His-getagten Proteinen) zum Einsatz.
Auch hier beladen die aufzutrennenden Substanzen die Liganden bis zur maximalen Kapazität,
um anschließend über eine **gezielte Elution** (pH-,
Ionenstärke, Pufferzusammensetzung oder Additive) aufgereinigt zu werden.

Bei der Herstellung der Affinitätsmaterialien ist
darauf zu achten, dass die Liganden so an die feste Phase gebunden werden, dass die selektiven
Bindungseinheiten ohne Einschränkung einer ste-
rischen Hinderung für die Bindung zur Verfügung stehen. Hier muss insbesondere die Matrix
und die Koppelungsreaktion zwischen Matrix

und Ligand entsprechend beachtet werden. Die
Elution muss so verlaufen, dass nach einer Äqui-
librierung das Material für eine erneute Bindung
verwendet werden kann, die Bindung also reversibel ist. Mit Affinitätsmaterialien können **höchste
Reinheitsgrade** erzielt werden. Die Materialien
sind meist durch die Verwendung der oftmals
schwer zugänglichen Liganden teuer.

Chromatographieverfahren

Normalerweise werden chromatographische Prozesse in **Säulenreaktoren** durchgeführt. Hier
muss das Chromatographiematerial in einer ka-
nalfreien Schüttung gleichmäßig in der Säule ge-
packt sein. In einen kontinuierlichen Flüssigkeitsstrom wird die aufzuarbeitende Probe aufgege-
ben. Dabei ist es wichtig, dass die Verteilung der
Probe auf das Festbett **gleichmäßig** erfolgt. Dies
ist speziell in Säulen mit großen Durchmessern
schwierig. Nur wenn die Probe gleichmäßig über
den Querschnitt aufgetragen ist, kann eine opti-

male Auftrennung erreicht werden. Beim Scale-up von Chromatographieprozessen wird nicht die Länge der Säule sondern der Querschnitt vergrößert, da ansonsten erhebliche Druckverluste über ein tieferes Chromatographiebett auftreten würden. Als Schlüsselparameter wird grundsätzlich die **Strömungsgeschwindigkeit** im Bett (cm/h) **konstant** gehalten. Dies bedeutet, dass das gleichmäßige Auftragen der Probe noch schwieriger wird und durch komplexe Strömungsverteiler auf der Oberflache gewährleistet werden muss. Zudem wird das reproduzierbare Packen einer Säule mit zunehmender Oberfläche schwierig und birgt die Gefahren von Inhomogenitäten im Säulenbett. Das Upscaling eines Chromatographieprozesses vom Labor in den Produktionsbereich ist technisch aufwendig.

Simulated-Moving-Bed-Chromatographie

In den letzten Jahren hat sich eine interessante Methode für die Aufarbeitung biotechnologischer Medien etabliert. Hier ist nicht nur die Trägerflüssigkeit, sondern auch das Chromatographiematerial in Bewegung. Das Prinzip dieser Technik sei in der Abb. 25.12 verdeutlicht. Dabei muss bedacht werden, dass in einem 2-Komponentengemisch die beiden Einzelkomponenten **unterschiedliche Affinität** zur stationären Phase haben, d.h. sie würden in einem Festbett unterschiedlich schnell (v_A, v_B) wandern, und am Ausgang der Säule zu verschiedenen Zeiten ankommen. In Abb. 25.12 sind diese beiden Komponenten als Schildkröte und Hase dargestellt, die mit dem Feedstrom auf ein Laufband fallen. Das Laufband verdeutlicht die Bewegung des Chromato-

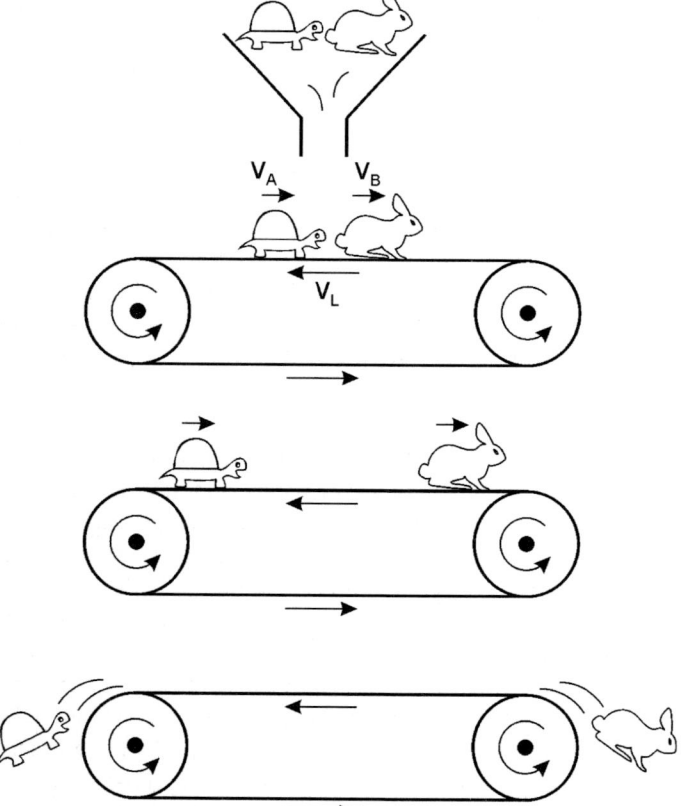

Abb. 25.12. Schildkröte und Hase als Sinnbilder unterschiedlicher Geschwindigkeiten der Komponenten eines aufzutrennenden Gemischs im Feed-Strom

graphiematerials mit der Geschwindigkeit v_L. Solange die Geschwindigkeit der Schildkröte v_A kleiner als v_L ist, wird sie sich mit der Zeit nach links bewegen (auch wenn sie nach rechts läuft) und die Geschwindigkeit des Hasen mit v_B größer als v_L eine effektive Bewegung nach rechts bewirkt. Nach einer gewissen Zeit wird die Schildkröte links vom Förderband, der Hase rechts vom Förderband herabfallen. Eine Auftrennung des Gemisches in **zwei reine Fraktionen** ist damit gewährleistet. Das ist im unteren Teil der Abb. 25.12 noch einmal dargestellt. Kontinuierlich wird im Feed das 2-Komponentengemisch A, B zugegeben, und an den Entnahmestellen A bzw. B in reiner Form abgenommen.

Die Entnahmepunkte hängen vom Verhältnis der einzelnen Geschwindigkeiten zueinander ab. Bemerkenswert ist, dass eine kontinuierliche Auftrennung in die reinen Substanzen auch dann möglich ist, wenn die Laufgeschwindigkeiten nur wenig differieren. Der Nachteil dieser Technik ist, dass nur zwei Komponentensysteme aufgetrennt werden können. Die technische Realisierung eines solchen Systems, in dem sowohl die Trägerflüssigkeit a und im Gegenstrom das Chromatographiematerial im Gegenstrom geführt werden, ist extrem schwierig. Verschiedene Verfahrensvorschläge sind gemacht worden, nur eine soll hier kurz vorgestellt werden.

Bei der *Simulated-Moving-Bed*-(SME-)Technik verwendet man eine feste Chromatographiesäule, die in einzelne Abschnitte unterteilt ist. Diese Abschnitte sind in Abb. 25.13 zu sehen. Jeder Abschnitt hat einen Zu- und Ablauf. An verschiedenen Stellen werden der Trägerstrom und die Feedlösung zugegeben bzw. die Komponenten A und B entnommen. Zusätzlich durchströmt das System der Gesamtträgerstrom wie angegeben. Nacheinander wandern die Zu- und Entnahmepunkte in gleicher Richtung wie der Gesamtträgerstrom, so dass sich eine scheinbare Bewegung des Chromatographiematerials in Gegenrichtung ergibt. Dies ist in der Abb. 25.13 in vier Abschnitten verdeutlicht. Man erkennt, dass die Entnahmepunkte die Auftrennung des Systems von links nach rechts durch das System wandern, was einer effektiven Bewegung des Chromatographiematerials entgegen dem Flüssigkeitsstrom entspricht. Dieser Aufbau ist technisch zu realisieren, auch wenn eine feine Abstimmung der Zu- und Entnahmepunkte nötig ist.

25.4.4
Membranadsorbertechnik

Eine weitere Aufarbeitungstechnik speziell für die **Aufarbeitung von Proteinen**, die in den letzten Jahren entwickelt wurde, ist die Membranadsorbertechnik. Hier werden nicht poröse Materialien sondern Mikrofiltrationsmembranen für die Auftrennung verwendet. Auf der Oberfläche der Membranporen befinden sich die **Austauschergruppen**, an die einzelne Komponenten der aufzutrennende Medien binden können (Abb. 25.14). Durch die Vielzahl von Poren in der Filtrationsmembran stehen **hohe Kapazitäten** zur Verfügung. Vorteilhaft ist, dass das gesamte aufzutrennende Volumen die Poren passieren muss und so im Gegensatz zu den Chromatographiematerialien ein **konvektiver Transport** der aufzutrennenden Komponenten zu den Austauschergruppen erfolgt. In den Chromatographiematerialien erfolgt der Stofftransport zu den Austauschergruppen durch **Diffusion** und ist damit langsamer. Zudem erlaubt die Membranchromatographie die Trennung auch von großen Molekülen, wie Viren, DNA usw., da die Porengröße der Membran im Gegensatz zu den meisten Medien kein Größenausschlusskriterium bietet.

Prinzipiell können in die Membranen alle Arten von Austauschergruppen (schwache, starke Kationen, Anionenaustauscher und Affinitätsgruppen (Antikörper, Lectine etc.) aufgebracht werden. Erst wenn alle Bindungsplätze besetzt sind, erfolgt der **Durchbruch** und die aufzureinigende Komponente befindet sich zu 100% im Durchfluss. Die Abb. 25.15 zeigt eine solche Durchbruchkurve. Hier korreliert die Zeit mit der durchgesetzten Feedmenge. Dabei wird die Zielkomponente im Ausgang des Aufarbeitungsmoduls gemessen. Sobald die Konzentration im Durchfluss eine bestimmte Konzentration über-

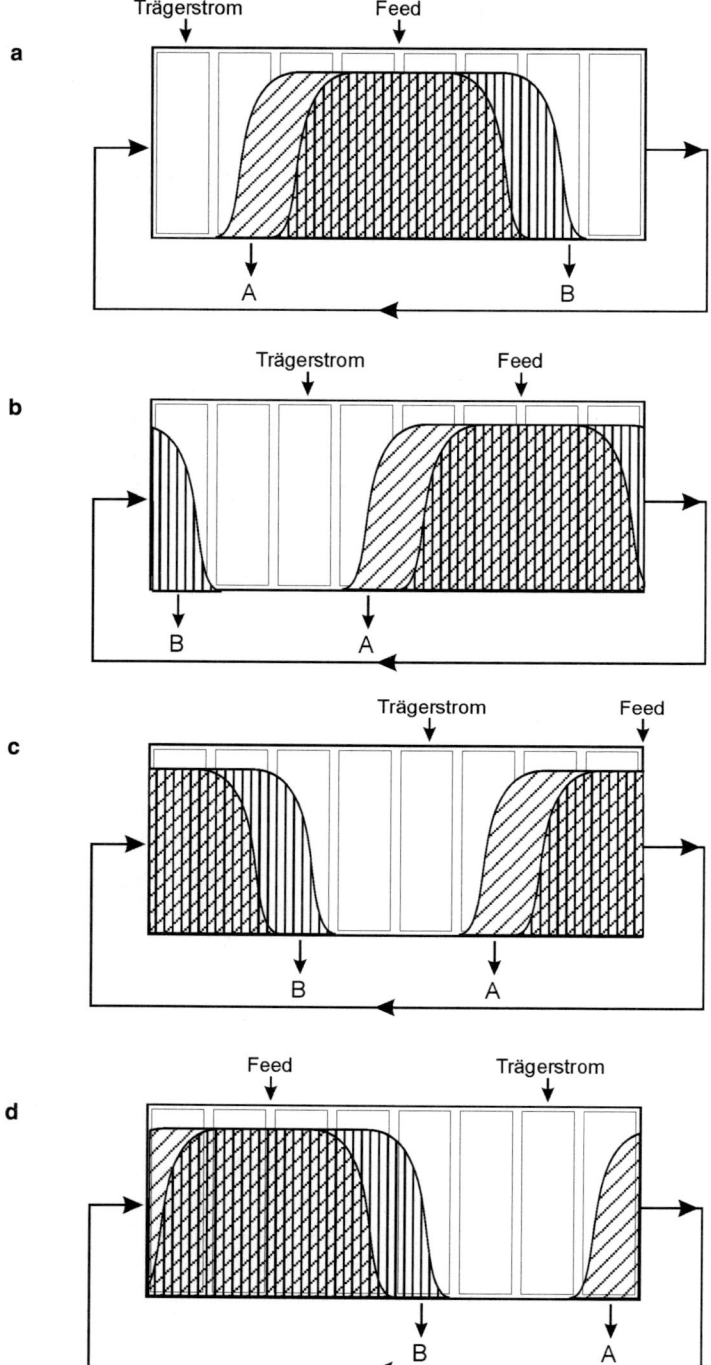

Abb. 25.13. Chromatographiesäule in der *Simulated-Moving-Bed*-Technik

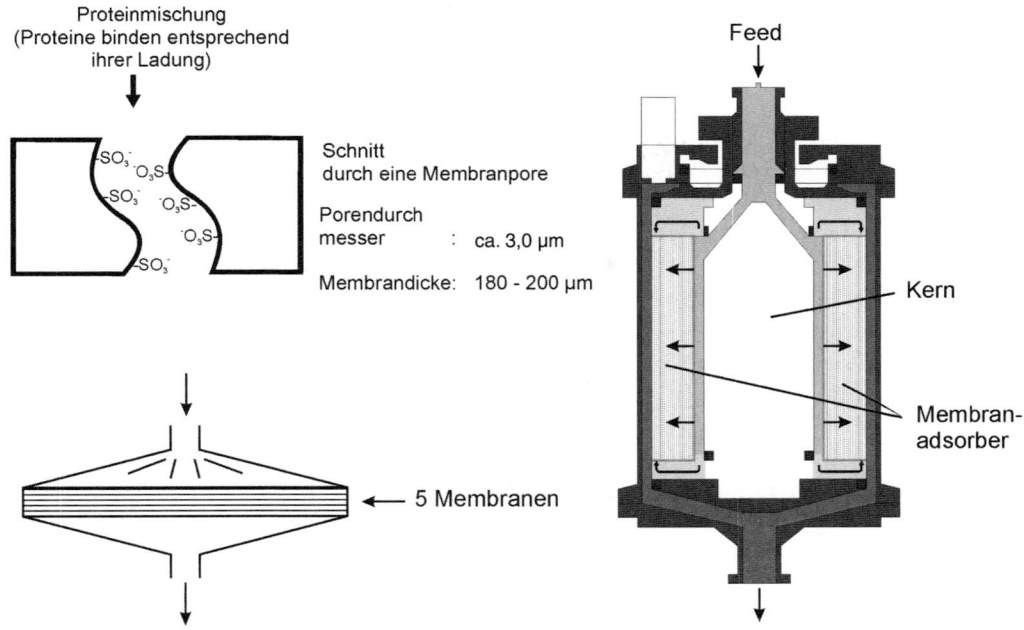

Abb. 25.14. Wirkungsweise der Membranadsorbertechnik. Näheres im Haupttext

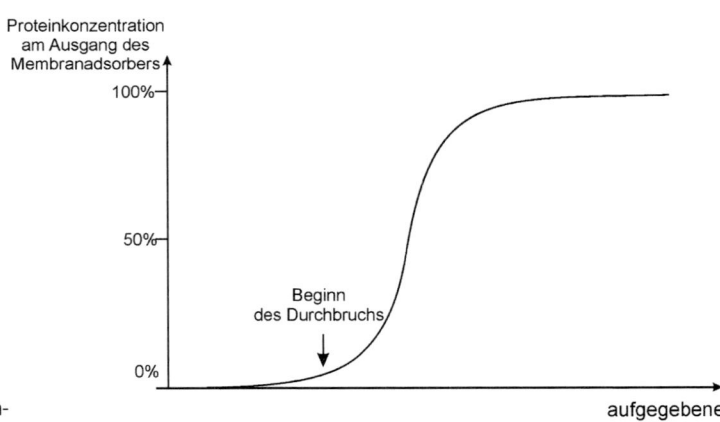

Abb. 25.15. Verlauf der Durchbruchkurve in einem Membranadsorbersystem

schreitet, ist der Durchbruch erfolgt, d. h. die **Kapazität des Systems ist erschöpft**. Die Kapazität eines solchen Membranadsorbersystem kann – wie in Abb. 25.14 gezeigt – durch ein Übereinanderstapeln oder auf Rollen von Membranen vergrößert werden. Ein Scale-up dieser Systeme vom Labormaßstab in einen Produktionsmaßstab ist relativ einfach, verglichen mit Chromatographiesystemen, da nur die Filtrationsfläche vergrößert werden muss. Für detailliertere Informationen über diese Systeme sei auf die relevante Literatur verwiesen.

25.4.5
Filtration

In der Aufreinigung von biotechnologischen Produkten werden mit der Ultra- und der Sterilfiltration zwei membranbasierte Methoden generell genutzt. Die **Ultrafiltration (UF)** ist wie bereits geschildert ein dynamisches Filtrationsverfahren, bei dem die trennende Membran überströmt wird. Die UF wird überwiegend bei dem Pufferaustausch (Diafiltration nach Elution von Chromatographiesäulen) oder Aufkonzentrierung des Produktes genutzt. Die **Sterilfiltration** wird generell als letzte Filtration vor der Abfüllung des zu sterilisierenden Produktes durchgeführt und ist eine klassische Dead-End-Filtration.

Verschiedenste andere Membransysteme wie Pervaporationssysteme und Elektrodialyse sollen hier nicht weiter behandelt werden. Einige Einsatzgebiete solcher Membrantrennverfahren bei biotechnologischen Prozessen sind in Abb. 25.16 gezeigt.

25.4.6
Kontaminanteninaktivierung

Ein wesentlicher Punkt in dem Aufarbeitungsprozess ist neben dem zuvor geschilderten Aufreinigen des Produktes, beziehungsweise dem Entfernen von Kontaminanten auch die chemisch-physikalische Inaktivierung derselben. Dies ist insbesondere unter dem Gesichtspunkt der Virus-

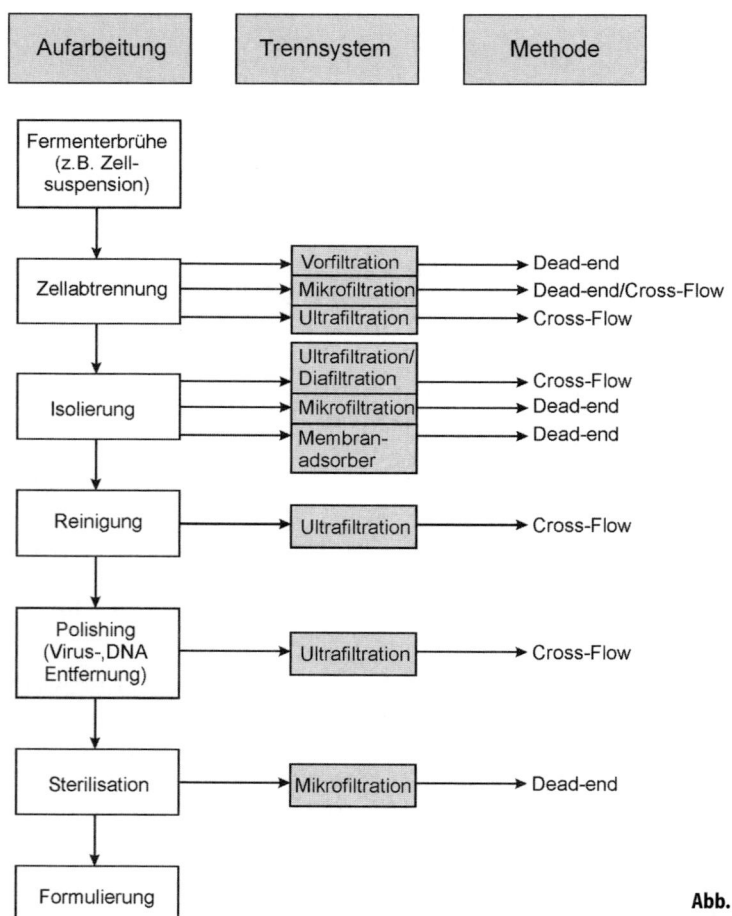

Abb. 25.16. Übersicht über die Einsatzgebiete von Membrantrennverfahren bei biotechnologischen Prozessen

sicherheit biotechnologischer Produkte relevant. Neben der chromatographischen und filtrativen Abtrennung von Viren ist die pH- und Lösungsmittelbasierte Inaktivierung von Viren ein Standardschritt in der modernen Biotechnologie. Hierfür wird das Produkt über einen definierten Zeitraum dem Lösungsmittel (Ethanol, etc.) oder einem extremen pH (z.B. pH 2-3 bei der Antikörperaufreinigung) ausgesetzt. Entscheidend ist hierbei die Stabilität des Produktes, sowie die Inaktivierungsrate des Virus. Andere physikalische Methoden sind thermische oder UV und Ultraschallbasierte Systeme. Auch hierbei ist der entscheidende Faktor bei der Auswahl der Methoden die **Produkttoleranz** sowie die **Inaktivierungseffienzienz** gegenüber Viren.

25.4.7
Kristallisation

Eine neuere Methode zur Aufreinigung von biotechnologischen Produkten ist die Kristallisation. Hierbei wird das Produkt durch eine gezielte temperatur- oder druckgesteuerte **Evaporation** des Lösungsmittels in Reinform kristalliert und von nicht-kristallierenden Verunreinigungen physikalisch abgetrennt. Diese Verfahren werden zunehmend bei kleinen Molekülen, wie z.B. Vitaminen eingesetzt und auch für komplexere Systeme wie Antikörper erprobt.

26 Umweltbiotechnologie

R. MÜLLER

26.1
Einleitung: Allgemeine Betrachtungen

Mit dem Begriff Biotechnologie werden in erster Linie pharmazeutische und diagnostische Anwendungen in Verbindung gebracht. Das Gebiet der Umweltbiotechnologie dagegen findet bisher relativ wenig Beachtung. Neben der klassischen, traditionellen Biotechnologie wie die Herstellung alkoholischer Getränke, oder der Herstellung von Antibiotika mit lange bekannten und im Markt bewährten Verfahren gibt es die moderne, noch relativ junge Umweltbiotechnologie, die in verschiedenen Prozessen die natürlich vorkommenden Mikroorganismen zur Umwandlung von Stoffen nutzt.

In jüngster Zeit befindet sich die Umweltbiotechnologie auf dem Sprung von der **nachsorgenden** zur **vorsorgenden** Technik. Vor allem in den besonders emissionsstarken und energieintensiven Branchen wie der Lebensmittel-, Papier- und Textilindustrie gibt es zahlreiche Anwendungsbeispiele. So können in der Papierindustrie verschiedene Verfahrensschritte durch biotechnologische Prozesse ersetzt oder ergänzt werden. Zum Beispiel müssen bei der Herstellung des Papiers die Harz- und Fettanteile des Holzes reduziert werden. Durch den Einsatz von Lipasen werden die Fette in Fettsäuren und die Alkoholkomponente gespalten, wodurch Harzprobleme auf der Papiermaschine vermieden werden und der Verbrauch an Bleichchemikalien erheblich gesenkt werden kann.

Darüber hinaus gibt es vielfältige Aktivitäten, im Rahmen der Altpapieraufbereitung das Herauslösen von Druckfarben (**Deinking**) mit Hilfe von Enzymen durchzuführen. Ziel ist es, den Chemikalieneinsatz zu vermindern und den Weißheitsgrad des Recyclingpapiers zu steigern.

Auch in der **Textilindustrie** gibt es verschiedene Ansätze für einen lohnenden Einsatz der Biotechnologie. Um den Stonewashed-Effekt bei Jeans zu erreichen, wurde bislang Vulkangestein verwendet, das in großen Trommeln das Gewebe mechanisch strapaziert. Der Einsatz von Enzymen (Cellulasen) macht dieses Verfahren überflüssig. Die Enzyme greifen die Faseroberfläche des Gewebes an, wodurch sich der Farbstoff partiell ablöst. Ökobilanzen haben gezeigt, dass das biotechnologische Verfahren in nahezu allen Bereichen besser abschneidet als das herkömmliche Verfahren. Obwohl all diese Verfahren eindeutig die Umweltverträglichkeit von industriellen Prozessen verbessern, sollen sie an dieser Stelle nicht weiter behandelt werden, da sie nicht nur dem Umweltbereich, sondern auch der produktiven Biotechnologie zugerechnet werden müssen und daher an anderer Stelle behandelt werden (s. Kap. 7).

Zu den am längsten etablierten umweltbiotechnischen Prozessen zählt die **biologische Reinigung** der Umweltmedien Wasser, Luft und Boden. Der erste gezielte Einsatz biologischer Systeme im Umweltschutz war vermutlich die **Reinigung von häuslichen Abwässern**. Die Mikroorganismen sind in der Lage, organische Schadstoffe aerob zu Kohlendioxid und Wasser zu oxidieren oder Stickstoffverbindungen abzubauen (Nitrifikation, Denitrifikation). Auch auf dem Gebiet der Geruchsreduzierung bzw. Abgas-/Abluftreinigung stehen Mikroorganismen im Dienst des Menschen. Als weiterer Einsatzbereich ist die Boden- und Grundwasserreinigung zu nennen. In all diesen Verfahren wird die Fähigkeit von Mikroorganismen genutzt, Schadstoffe, welche in der Regel eine Gefährdung für Mensch oder Umwelt darstellen, abzubauen.

Insbesondere Xenobiotika – chemisch-synthetisch hergestellte Stoffe, die naturfremd sind – können von einzelnen Pilzen oder Bakterien in belasteten Medien abgebaut werden. Solche Mikroorganismen werden im sanierenden Umweltschutz in biotechnologischen Verfahren eingesetzt.

In den folgenden Abschnitten sollen die **Fähigkeiten** der Schadstoff-abbauenden Mikroorganismen, die **Abbauwege** sowie die benutzten **Abbaumechanismen** im Detail beschrieben werden.

26.2
Was sind Schadstoffe?

Schadstoffe sind Stoffe, die durch Aktionen des Menschen an Stellen oder in Konzentrationen auftreten, wo sie eine Gefährdung für den Menschen oder die Umwelt darstellen.

Schadstoffe können sowohl **chemisch synthetischen Ursprungs** als auch **natürlichen Ursprungs** sein. So stellt z. B. das Erdöl im Untergrund der arabischen Halbinsel keinen Schadstoff dar. Wenn es aber hier in Deutschland in den Boden gelangt, wird es durch seine Gefährdung des Trinkwassers zum Schadstoff. Tatsächlich sind etwa 80% aller kontaminierten Böden in Deutschland mit Mineralölprodukten verunreinigt. Daneben spielen jedoch auch synthetische Verbindungen wie z. B. chlorierte Kohlenwasserstoffe eine wichtige Rolle. Sie treten z. B. in ca. 20% aller verunreinigten Böden auf. Sollen nun diese Böden oder das kontaminierte Grundwasser biologisch gereinigt werden, müssen Bakterien vorhanden sein, die diese Schadstoffe abbauen können. Im Folgenden werden die **mikrobiellen Abbauwege** der wichtigsten Schadstoffklassen beschrieben.

26.3
Der Abbau von Alkanen

Alkane stellen eine der Hauptklassen von Verbindungen in **Erdöl und Erdölprodukten** dar. Eine Reihe von Bakterien und Pilzen, vor allem Hefen, wurden isoliert, welche Alkane abbauen können (Britton 1984).

Die meisten dieser Mikroorganismen können eine Reihe von Alkanen abbauen. Normalerweise werden die Alkane mit C10–C18 am besten abgebaut. Niedrigere Alkane wirken auf Bakterien zum Teil toxisch und werden daher in Mischungen oder niedrigeren Konzentrationen besser abgebaut. Gesättigte Alkane werden in der Regel besser abgebaut als ungesättigte. Üblicherweise wachsen die Bakterien auf der Oberfläche der Alkantröpfchen. Bakterien bilden **Detergenzien**, welche die Aufnahme der Alkane ermöglichen (z. B. Glykolipide, Rhamnolipide).

Die **Enzyme** für den Abbau von Alkanen sind **induzierbar**. Zum Beispiel wird das erste und zweite Enzym in *Pseudomonas putida* von C6–C10 induziert. Von diesem Stamm werden längerkettige Alkane nur umgesetzt, wenn gleichzeitig kürzerkettige zur Induktion vorhanden sind. Bei *Candida tropicalis* und *Pseudomonas aeruginosa* dagegen sind nur Alkane mit mindestens 10 C-Atomen Induktoren. In manchen Fällen sind auch die entsprechenden Alkohole und Säuren Induktoren der abbauenden Enzyme.

Der **aerobe Abbau** ist für alle Alkane gleich. Im ersten Schritt wird in der Regel die terminale Methylgruppe zum Alkohol oxidiert. Dieser wird dann über den Aldehyd zur Säure oxidiert (Abb. 26.1 a). Die entstehende Fettsäure kann dann über die β-Oxidation abgebaut werden. In einigen Organismen kann auch die zweite endständige Methylgruppe oxidiert werden.

Bei *Pseudomonas putida* wurde das erste Enzym des Alkanabbaus in der Cytoplasmamembran gefunden. Das Enzym besteht aus mehreren Komponenten, einer Reduktase, einem Rubredoxin und einer Oxidase. Das Enzym benötigt für die Reaktion NADH, Fe^{2+}-Ionen und **Sauerstoff**. In *Candida* war das Rubredoxin durch ein Cytochrom P450 ersetzt.

In *Pseudomonas oleovorans* konnte eine membrangebundene und eine lösliche Alkoholdehydrogenase nachgewiesen werden. Hieraus stellten die Autoren folgendes **Modell** auf: Das Alkan wird in der Lipiddoppelschicht der Cytoplasmamembran zum Alkohol oxidiert. Dieser kann dann entweder noch in der Membran oder nach Diffusion in das Cytoplasma zur Säure oxidiert werden. Die β-Oxidation erfolgt dann im Cytoplasma. In *Candida tropicalis* wurde das hydroxylierende Enzym in den Microsomen nachgewiesen. Bei diesem Organismus werden Alkane mit mehr als 14 C-Atomen zur Induktion benötigt.

Neben der terminalen Oxidation von Alkanen wurde auch in einigen wenigen Fällen eine **subterminale Oxidation** beobachtet. Zum Beispiel kann *Pseudomonas methanica* Propan zu Aceton oxidieren. Diese Umwandlung erfolgt über eine Alkohol-Zwischenstufe. Auch die Bildung von se-

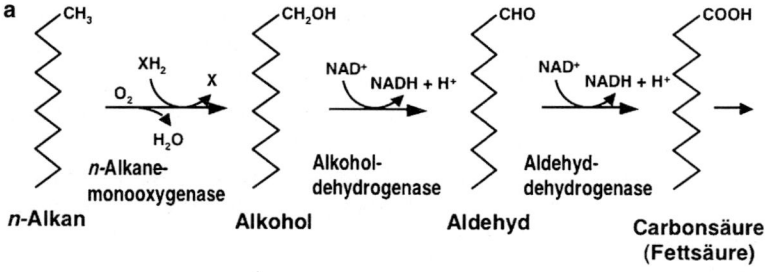

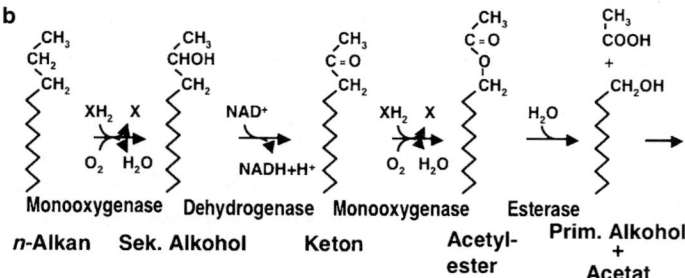

Abb 26.1. Der aerobe Abbau von Alkanen **a** durch terminale Oxidation und **b** durch subterminale Oxidation

kundären Alkoholen und Ketonen aus Pentan, Hexan und Dekan wurde nachgewiesen. Diese Ketone können im nächsten Schritt zu Estern oxidiert werden, eine ziemlich außergewöhnliche Oxidation entsprechend der aus der organischen Chemie bekannten Bayer-Villiger-Oxidation (Abb. 26.1 b). Die entsprechenden Enzyme konnten charakterisiert werden. Sie benötigen NADPH und Sauerstoff. Das Enzym aus *Pseudomonas cepacia* z. B. setzt C4-C14 Methylketone zu Essigsäureestern um. Auch Cyclopentanon wurde zu Valeriansäurelacton umgesetzt.

In neuerer Zeit gelang der eindeutige Nachweis, dass Alkane auch unter **anaeroben Bedingungen** mikrobiologisch abgebaut werden können (Sporman u. Widdel 2000). Der entscheidende Schritt scheint hierbei die Addition von Fumarat an die endständige Methylgruppe zu sein (s. auch unten zum anaeroben Abbau von Toluol).

26.4
Der Abbau von Benzol, Toluol, Xylol und Kresol

26.4.1
Benzol

Der erste Nachweis, dass Bakterien aromatische Kohlenwasserstoffe verwerten können, gelang Stormer bereits 1908 indem er einen Bazillus isolierte, der auf Toluol und Xylol wachsen konnte. 1913 berichtete Söhngen, dass auch Benzol von Mikroorganismen verwertet wird. Erst nach dem 2. Weltkrieg begann die genauere Untersuchung des **Metabolismus**. Als erster Metabolit wurde Brenzkatechin gefunden. Die ersten Vorschläge zum Abbau von Benzol gingen daher von einer schrittweisen Oxidation des Benzols über Phenol zu Brenzkatechin aus. Da jedoch Phenol von auf Benzol gewachsenen Zellen nur sehr schlecht umgesetzt wurde, war dieser Weg relativ unwahrscheinlich.

Endgültig geklärt werden konnten die ersten Schritte des bakteriellen Abbaus von Benzol erst durch eine Mutante, die nach dem ersten Schritt blockiert war (Gibson et al. 1970). Die Strukturaufklärung des Produktes ergab, dass es sich bei dem ersten Metaboliten des Benzolabbaus um das *cis*-Dihydrodiol handelte. Durch Markierungsexperimente konnte gezeigt werden, dass beide Sauerstoffatome des Dihydrodiols aus dem Sauerstoff der Luft stammten. Inzwischen konnte das Enzym, das für diese Oxidation verantwortlich ist, aus einem *Pseudomonas* sp. gereinigt werden. Es wird vermutet, dass diese Reaktion über ein zyklisches Peroxid verläuft. Bei Eukaryoten dagegen wird zunächst ein Epoxid gebildet, welches dann zum *trans*-Dihydrodiol hydrolysiert wird. Das Dihydrodiol wird dann im nächsten Schritt unter Abspaltung von Wasserstoff durch eine Dehydrogenase zu Brenzkatechin (engl. *Catechol*) umgesetzt. Dieses Brenzkatechin kann dann auf zwei verschiedene Arten weiter umgesetzt werden. Durch eine Dioxygenase wird entweder zwischen den OH-Gruppen (*ortho*) oder neben den OH-Gruppen (*meta*) ein Sauerstoffmolekül eingeführt und der Ring wird gespalten. Prinzipiell müssen also beim oxidativen Abbau von Aromaten zunächst zwei OH-Gruppen zur Aktivierung eingeführt werden.

Im *ortho*-Weg wird die erhaltene *cis-cis*-Muconsäure zu einem Lacton isomerisiert. Im nächsten Schritt wird dann die Doppelbindung isomerisiert. Das entstehende Dienlacton wird dann hydrolysiert zu β-Ketoadipinsäure (deshalb auch β-Ketoadipinsäureweg). Diese wird dann entsprechend dem Fettsäureabbau über den CoA-Ester zu Acetyl-CoA und Succinat, beides Produkte des Citratzyklus, abgebaut (Abb. 26.2; Stanier u. Ornston 1973)

Im *meta*-Weg wird der entstehende 2-Hydroxymuconsäuresemialdehyd entweder oxidiert zur Säure, welche dann decarboxyliert wird, oder aber vom Aldehyd wird direkt Ameisensäure abgespalten. Die entstehende Pentadiensäure lagert dann Wasser an und es entsteht 2-Keto-4-hydroxyvaleriansäure. Diese kann dann zu Acetaldehyd und Pyruvat (bzw. Essigsäure oder Acetyl-CoA und Brenztraubensäure) gespalten werden (Dagley 1971).

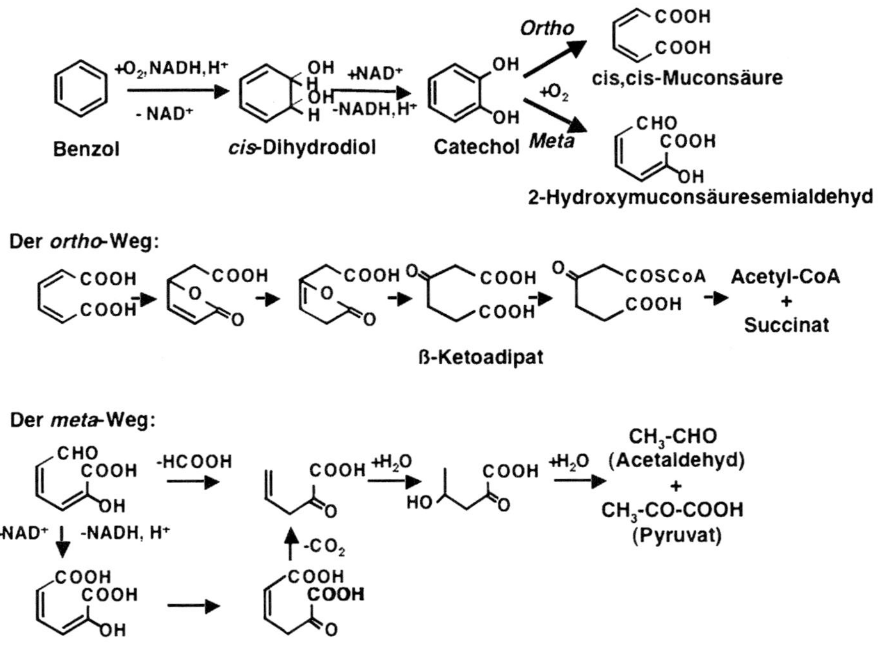

Abb 26.2. Der mikrobielle Abbau von Benzol über den *ortho*- und den *meta*-Weg

26.4.2
Toluol, Xylole und Kresole

Bei **substituierten Aromaten** gibt es zwei grundsätzliche Möglichkeiten des Abbaus. Entweder wird zuerst der Substituent abgespalten bzw. verändert, und dann wird der Ring abgebaut, oder aber der Abbau des Aromaten erfolgt, als ob der Substituent gar nicht vorhanden wäre, und es entstehen über entsprechend substituierte Zwischenprodukte die substituierten Endprodukte. In einigen Fällen führen die substituierten Endprodukte zu Problemen.

Für Toluol wurden entsprechend diesen Überlegungen zwei Abbauwege gefunden (Abb. 26.3). Der weitverbreitete „normale" Abbauweg des Toluols verläuft über die **Oxidation der Methylgruppe**. Hierbei wird diese Gruppe über den Alkohol und den Aldehyd zur Säure oxidiert. Die entstehende Benzoesäure kann dann oxidativ decarboxyliert werden und es entsteht Brenzkatechin. Dieses wird dann in der Regel über den **meta-Weg** abgebaut. Die alternative Route des Abbaus geht über das **Dihydrodiol** zum Methylbrenzkatechin, welches dann *meta* gespalten wird. Im nächsten Schritt wird dann anstelle von Ameisensäure Essigsäure abgespalten.

Bei den **Xylolen** wird in der Regel zunächst eine Methylgruppe oxidiert zur Säure. Nach Decarboxylierung entsteht dann entweder 3- oder 4-Methylbrenzkatechin, welches dann *meta* gespalten wird.

Bei den **Kresolen** wird zunächst der Ring zum Brenzkatechin oxidiert, es entstehen 3- oder 4-Methylbrenzkatechin, welche dann über den *meta*-Weg abgebaut werden.

Regulation

Der Abbauweg der Aromaten ist relativ kompliziert geregelt und soll hier nur am Beispiel des **Xylols** beschrieben werden. Die Gene für den Abbau von Xylol (und Toluol) enthalten neben den Strukturgenen für die Enzyme zwei **Regulationsgene** (R und S). Das Regulationsgen R produziert ein Protein, das zusammen mit m-Xylol oder Benzylalkohol die Synthese der ersten drei Enzyme des Abbaus bewirkt (Oxidation der Methylgruppe, *upper pathway*). Außerdem wird das Genprodukt S des zweiten Regulatorgens produziert. Dieses wiederum schaltet zusammen mit m-Toluat den *lower pathway* an. Ist nur m-Toluat vorhanden, so wird nur der *lower pathway* angeschaltet. Die Zellen produzieren also tatsächlich nur die Enzyme, die sie zum Abbau einer Substanz benötigen. (Ramos et al. 1997).

In manchen Fällen können diese Enzyme jedoch auch noch andere Substanzen umsetzen. Man spricht dann von **Cometabolismus**, d.h. die Bakterien können eine Substanz zwar umsetzen, sie jedoch nicht verwerten. Eine weitere Möglichkeit besteht darin, dass eine Substanz Enzyme induziert, die für den Abbau der Substanz gar nicht benötigt werden. Dann spricht man von einer **unentgeltlichen Induktion** (*gratuitous induction*).

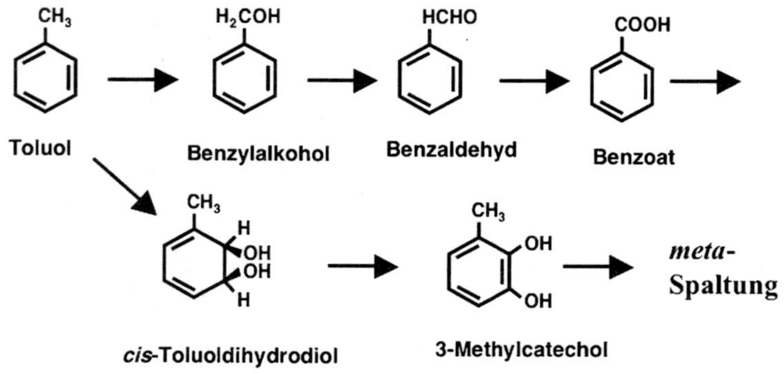

Abb 26.3. Zwei Abbauwege für Toluol über die Oxidation des Substituenten und über die Oxidation des aromatische Ringes

Neben den oben beschriebenen Abbauwegen gibt es noch zwei weitere Abbauwege für Aromaten, die öfter beschritten werden: Der **Protocatechuatweg** führt über 3,4-Dihydroxybenzoesäure, welche dann *ortho, meta-proximal* oder *meta-distal* gespalten werden kann.

Ein weiterer Weg ist der **Gentisinsäureweg**. Hierbei führt der Abbauweg über 2,5-Dihydroxybenzoesäure (Gentisinsäure). Die Besonderheit ist, dass hier die beiden OH-Gruppen des Aromaten vor der Spaltung nicht benachbart sind.

Anaerober Abbau

Auch anaerob können Aromaten abgebaut werden. In der Regel wird zunächst der Ring Schrittweise hydriert, und es entstehen **Cyclohexanderivate**. Diese werden dann hydrolytisch gespalten. Dabei werden vor allem bereits hydroxylierte Aromaten umgesetzt. Das Enzym, welches im anaeroben Abbau von Aromaten den ersten Reduktionsschritt durchführt, wurde 1996 zum ersten Mal beschrieben. Dabei wurde gefunden, dass eine Reihe von Aromaten zunächst in Benzoylcoenzym A überführt werden, welches dann zum entsprechenden Cyclohexadien reduziert wird.

Nicht-hydroxylierte Aromaten galten bis vor wenigen Jahren als anaerob nicht abbaubar. Jedoch wurde in letzter Zeit der anaerobe Abbau von Toluol eindeutig bewiesen. Als erster Schritt des Abbaus wurde eine Reaktion der Methylgruppe mit Fumaryl-CoA nachgewiesen (Leutwein u. Heider 1999). In einer Reihe von Schritten erfolgt die Oxidation der Methylgruppe zur Säuregruppe (Abb. 26.4). Inzwischen wurde ein ähnlicher Weg für eine Reihe von Verbindungen wie z. B. Methylnaphthaline oder Alkane nachgewiesen (Sporman u. Widdel 2000; Annweiler et al. 2002).

26.5
Polyzyklische Aromaten

Polyzyklische aromatische Kohlenwasserstoffe (PAKs) kommen in **Erdöl und Erdölprodukten** vor. Daneben werden sie ständig bei **unvollständigen Verbrennungen** gebildet. Einige Vertreter der polyzyklischen Aromaten sind potente **Carcinogene**.

Die Fähigkeit zum Abbau von PAKs wurde in verschiedenen Bakterien und Pilzen nachgewiesen.

Prinzipiell gibt es drei unterschiedliche Typen des Abbaues:

- Die vollständige Mineralisierung führt zu CO_2 und Biomasse.
- Die cometabolische Transformation führt zur partiellen Oxidation des Ringgerüstes. In der Regel Akkumulation teiloxidierter Metabolite.

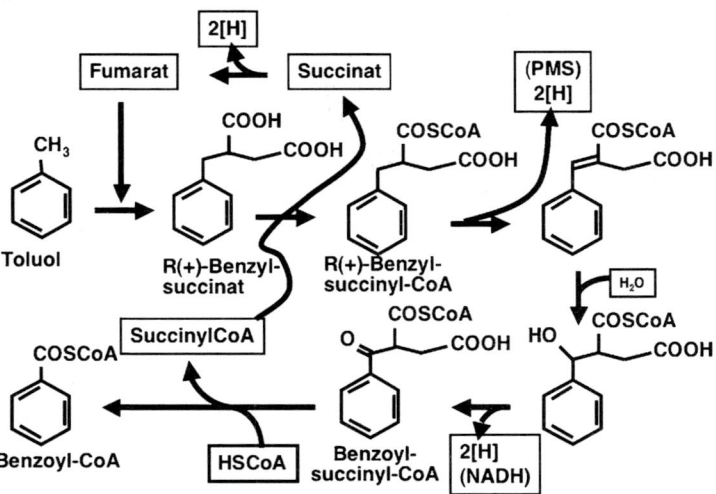

Abb. 26.4. Der anaerobe Abbau von Toluol über die Anlagerung von Fumarat an die Methylgruppe

- Die unspezifische radikalische Oxidation erfolgt extrazellulär und ergibt Radikale, welche unspezifisch weiter reagieren. Dies führt zu undefinierten polymeren Verbindungen als Endprodukt der Umsetzung (Pointing SB 2001).

26.5.1
Vollständiger Abbau

Naphthalin

Bereits 1943 wurde das erste Mal nachgewiesen, dass *Pseudomonas aeruginosa* auf Naphthalin als **einziger C-Quelle** wachsen kann und dass dabei Salicylsäure als Zwischenprodukt gebildet wird (Cerniglia 1984). Inzwischen sind alle Zwischenprodukte des Abbaues aufgeklärt, die entsprechenden Enzyme gereinigt, teilweise kloniert und sequenziert.

Der erste Schritt des Abbaues wird wiederum von einer Dioxygenase katalysiert und es entsteht ein *cis*-Dihydrodiol. Dieses wird dann durch eine Dehydrogenase in das Dihydroxynaphthalin überführt. Diese wird dann *meta* gespalten. In einer Aldolase katalysierten Reaktion wird dann Pyruvat abgespalten und es entsteht Salicylaldehyd. Dieser wird zur Säure oxidiert. Die Salicylsäure kann zum Brenzkatechin oxidiert werden, welches dann über den *meta*-Weg abgebaut wird (Abb. 26.5).

Anthracen und Phenanthren

Prinzipiell läuft der Abbauweg der **mehrkernigen polyzyklischen Aromaten** ähnlich zum Naphthalinabbau. Zuerst wird ein *cis*-Dihydrodiol durch eine Dioxygenase gebildet. Dieses wird durch eine Dehydrogenase zum Diol umgewandelt. Dann wird der Ring neben den OH-Gruppen gespalten. Im nächsten Schritt wird Pyruvat abgespalten. Nach der Eliminierung der Carboxylgruppe erhält man das Diol mit einem Ring weniger. Auch der Abbau von Phenanthren verläuft nach demselben Muster.

Es gibt allerdings auch noch Abweichungen von diesem allgemeinen Schema. Zum Beispiel wird bei *Aeromonas* sp. der Ring von 1-Hydroxy-2-naphthoesäure ohne Abspaltung der Säuregruppe gespalten. Es entsteht ein Phthalsäuresemialdehyd. Nach Oxidation zur Phthalsäure wird die Säuregruppe abgespalten, dann wird zweimal hydroxyliert zu Protocatechusäure, welche dann wie beschrieben abgebaut wird. Dagegen wird bei *Pseudomonas* sp. dieselbe Verbindung ganz normal über Dihydroxynaphthalin und Salicylsäure zu Brenzkatechin abgebaut.

Für polyzyklische Aromaten mit **mehr als 3 Ringen** konnte ein solches Abbauschema noch nicht aufgestellt werden. Allerdings konnte das Wachstum von Bakterien auf Medien mit Pyren und Fluoranthen als einziger Kohlenstoffquelle

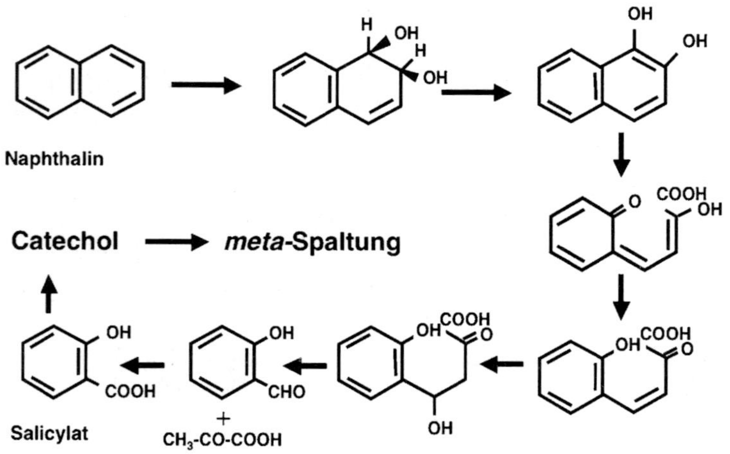

Abb. 26.5. Der aerobe Abbau von Naphthalin

eindeutig nachgewiesen werden. Der vollständige Abbauweg ist noch nicht geklärt, doch deuten die gefundenen Metabolite auf einen dem allgemeinen Schema entsprechenden Abbauweg hin.

26.5.2
Cometabolischer Abbau von polyzyklischen Aromaten

Der cometabolische Abbau von polyzyklischen Aromaten ist sowohl durch **Pilze** als auch durch **Bakterien** beschrieben. In vielen Fällen können Bakterien eine initiale Dioxygenierung zum *cis*-Dihydrodiol durchführen. Daneben können jedoch auch in zwei Monooxygenase Schritten zwei OH-Gruppen eingeführt werden. Hierbei entsteht dann ein *trans*-Diol wie beim eukaryotischen Abbau der PAKs. Solche cometabolisch gebildeten *trans*-Diole wurden inzwischen bei verschiedenen Bakterien-Spezies nachgewiesen (*Mycobacterium*, *Beijerinkia* und Streptomyceten).

Anders als beim mineralisierenden Abbau der PAKs bleibt der cometabolischen Abbau meist auf einer sehr frühen Stufe hängen. Meist treten neben den Dihydrodiolen einfach hydroxylierte Verbindungen und Chinone auf.

26.5.3
Unspezifische radikalische Oxidation von polyzyklischen Aromaten durch Weißfäulepilze

Erstmals 1985 erschienen Berichte, in denen dokumentiert wurde, dass der Weißfäulepilz *Phanerochaete chrysosporium* in der Lage ist, unter bestimmten Bedingungen schwer abbaubare **Xenobiotika** abzubauen (Bumpus et al. 1985). Diese Befunde konnten inzwischen für eine Reihe von Xenobiotika und auch mit anderen Weißfäulepilzen bestätigt werden.

Der Abbau konnte mit der Fähigkeit dieser Pilze, Lignin abzubauen, korreliert werden. **Lignin** ist ein Polymer des Holzes, das aus aneinander kondensierten aromatischen Verbindungen besteht. Der Abbau dieser Verbindung erfolgt durch ein H_2O_2-abhängiges Peroxidase-System, die **Ligninperoxidasen**. Diese Enzyme treten allerdings erst am Ende des Wachstums dieser Pilze unter Stickstoffmangelbedingungen bei gleichzeitig reichlichem Kohlenstoffangebot auf. Inzwischen konnte der Umsatz von Xenobiotica auch mit gereinigten Ligninperoxidase-Präparationen demonstriert werden.

Diese Ligninperoxidasen haben folgende Eigenschaften:

- Sie bilden mit H_2O_2 eine **reaktive Sauerstoff-Spezies**, welche mit allen in der Umgebung sich befindenden oxidierbaren Verbindungen reagiert. Damit führen diese Enzyme zu einer vollkommen unspezifischen Oxidation aller in der Umgebung vorhandenen Moleküle. Sie bilden dabei Radikale, d. h. Verbindungen mit freiem Elektron, die wiederum mit Molekülen der Umgebung reagieren. Das heißt, es bilden sich hierbei in der Regel wilde Gemische von verschieden stark oxidierten und kondensierten Polymeren. Diese können zwar wiederum durch die Ligninase angegriffen werden, und es entsteht im Endeffekt CO_2. Jedoch zeigen die bisherigen Ergebnisse mit *Phanerochaete*, dass nie mehr als 20%, in der Regel sogar weniger als 10% als CO_2 freigesetzt wurden.

- Die Ligninasen sind **extrazelluläre Enzyme**. Sie könne daher auch wasserunlösliche oder sonst nicht bioverfügbare Substrate umsetzen. Die Substrate müssen nicht in die Zelle aufgenommen werden.

- Die Konzentration des Schadstoff abbauenden Enzyms ist nicht von der Schadstoffmenge sondern vom **physiologischen Zustand der Pilze** abhängig. Dies ist vor allem bei der Sanierung von Kontaminationen mit vielen gering konzentrierten Schadstoffen von Vorteil.

Die Sanierung mit Weißfäulepilzen wird bereits eingesetzt. Jedoch bleibt die Problematik bestehen, was mit den polymerisierten Metaboliten geschieht. Bisher ist völlig ungeklärt, ob diese eine Gefährdung darstellen oder nicht.

26.6
Aromaten mit Substituenten, welche gute Abgangsgruppen darstellen

Beim Abbau von Aromaten, welche einen Substituenten tragen, der leicht als **Anion** abgespalten werden kann (NO_2^-, HSO_3^-, Cl^-), gibt es die Möglichkeit der Abspaltung durch eine oxidative Reaktion. Hierbei wird an dem substituierten Kohlenstoff eine OH-Gruppe eingeführt und der Substituent als Anion abgespalten.

Dabei kann die Oxidation sowohl durch eine Monooxygenase als auch durch eine Dioxygenase erfolgen. In Abb. 26.6 sind diese beiden Möglichkeiten dargestellt.

Von den **Nitroverbindungen** sind vor allem Nitrobenzol, Nitrophenole und Trinitrotuluol von Bedeutung. Die meisten Nitroverbindungen werden zur Synthese von Anilinen und damit zur **Farbstoffsynthese** eingesetzt.

Der biologische Abbau von Nitroverbindungen kann auf zwei verschiedene Arten erfolgen. Unter aeroben Bedingungen kann die Nitrogruppe durch eine Monooxygenase als Nitrit abgespalten werden und man enthält das entsprechende Phenol, oder aber durch eine Dioxygenase wird das entsprechende Catechol gebildet (Spain 1995; Lessner et al. 2002).

Unter anaeroben Bedingungen kann die Nitrogruppe durch Reduktasen schrittweise über die

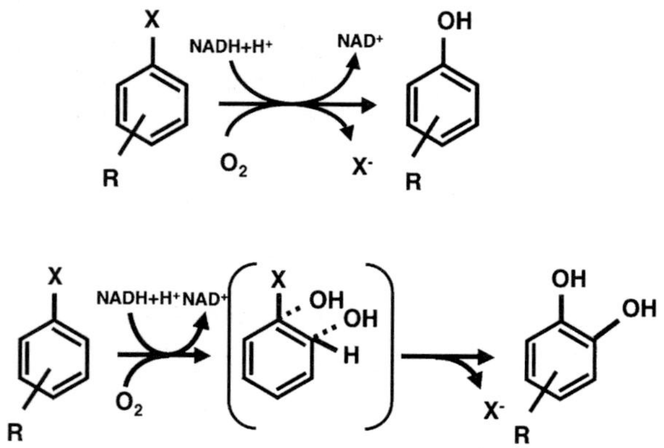

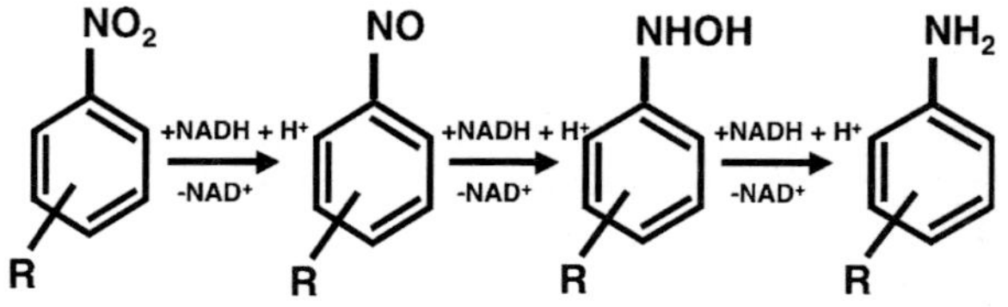

Abb. 26.7. Der reduktive Abbau von Nitroverbindungen

Nitroso- und die Hydroxylaminverbindung zum **Amin (Anilin)** abgebaut werden (Abb. 26.7). Interessanterweise können eine ganze Reihe von Bakterien diese Reduktion auch unter **aeroben Bedingungen** durchführen. Die Aniline können dann durch eine Dioxygenase zu den Brenzkatechinen umgewandelt werden. Allerdings ist hierfür Sauerstoff notwendig, so dass unter anaeroben Bedingungen die Aniline akkumulieren und in der Regel polymerisieren. Die Polymerisate sind oft **toxisch.** (Schackmann et al. 1991).

Auch sulfonierte Verbindungen werden unter aeroben Bedingungen entsprechend den in Abb. 26.6 dargestellten Mechanismen abgebaut.

Sulfonsäuren finden viel Verwendung als Detergenzien in Waschmitteln, Shampoos usw. (z. B. LAS, p-Phenylsulfonsäure mit C10–14 Alkylrest). Die Weltjahresproduktion dieser LAS beträgt ca. 1 Mio. Tonnen. Daneben finden auch Naphthalinsulfonsäuren und andere aromatische Sulfonsäuren als Detergenzien Verwendung (sogenannte harte Detergenzien, weil schwerer abbaubar).

Bei Untersuchungen zum Abbau von Sulfonsäuren wurden zwei Strategien angewendet:

Zum einen wurden die Sulfonsäuren als **C-Quelle** eingesetzt, zum anderen auch als **S-Quelle.** Die Versuche mit der S-Quelle waren sehr schwierig, da S nur zu 1/500 von C gebraucht wird und daher auch geringe Verunreinigungen ausgeschlossen werden müssen. Beide Wege führten zum Erfolg (Cook et al. 1998).

Bei der Untersuchung mit **Naphthalinsulfonsäuren** wurden Bakterien gefunden, die eine Dioxygenase besitzen, die unter Einführung zweier OH-Gruppen die Sulfonsäure abspalten. Es entsteht Dihydroxynaphthalin, das dann im normalen Abbauweg für Naphthalin abgebaut wird. Bei einigen Isomeren führt die Dioxygenase zu Ver-

Abb. 26.6. Mechanismen zur Abspaltung von Substituenten aus substituierten Aromaten **a** durch Monooxygenasen, **b** durch Dioxygenasen

bindungen, die durch diese Bakterien nicht weiter abgebaut werden.

Bei den Untersuchungen mit den Sulfonsäuren als S-Quellen wurden verschiedene Bakterien gefunden, von denen keines die Verbindungen auch als C-Quelle nutzen konnte. Die Untersuchung dieser Bakterien ergab, dass sie mindestens 16 verschiedene sulfonierte Aromaten desulfonieren konnten, darunter 1- und 2-Naphthalinsulfonsäure, Benzolsulfonsäure und Aminobenzolsulfonsäure. Das Enzym, das die Sulfonsäuregruppe abspaltete, war sauerstoffabhängig, die eingeführte OH-Gruppe stammte aus molekularem Sauerstoff, so dass es sich hierbei eindeutig um das Produkt einer Monooxygenase handelt.

Grundsätzlich werden substituierte Aromaten in der Regel über **periphere Abbauwege** zu zentralen Intermediaten und diese dann in den **zentralen Abbauwegen** zu den Produkten des zentralen Stoffwechsels umgesetzt. In Abb 26.8 ist dieses Prinzip sowie die wichtigsten zentralen Intermediate dargestellt.

26.7
Chlorierte Verbindungen

Chlorierte Kohlenwasserstoffe werden viel verwendet. Etwa 60% aller Produkte der chemischen Industrie hängen mit der **Kochsalzelektrolyse** zusammen.

Von den chlorierten Aliphaten finden nur die **chlorierten Methane** (Tetrachlorkohlenstoff, Chloroform und Dichlormethan) und **Ethane** (Trichlorethan) bzw. Ethene (Trichlorethen, Tetrachlorethen, PER) breitere Anwendung. Da sie gute Fettlöslichkeiten besitzen und nicht brennbar sind, finden sie häufige Verwendung als Lösemittel (z. B. in der metallverarbeitenden Industrie zum **Entfetten** von Teilen oder in der chemischen Reinigung). Aufgrund der Diskussion um die chlorierten Kohlenwasserstoffe in der Öffentlichkeit wird versucht, diese Stoffe durch andere zu ersetzen.

Für den biologischen Abbau von chlorierten Verbindungen gibt es verschiedene Möglichkeiten. Der entscheidende Schritt des Abbaus ist die **Entfernung des Chloratoms**. Hierfür gibt es verschiedene Möglichkeiten (Müller u. Lingens 1987; Wischnak u. Müller 2000).

- Die **hydrolytische Dehalogenierung**: Hierbei wird das Chloratom durch eine OH-Gruppe aus dem Wasser ersetzt. Diese Reaktion ist chemisch eine nukleophile Substitution, die relativ leicht bei einer Reihe von aliphatischen Verbindungen abläuft.

- Die **Dehydrodehalogenierung**: Hierbei wird das Chloratom zusammen mit einem Wasserstoffatom abgespalten. Eine solche Reaktion ist natürlich nur bei aliphatischen Chlorkohlenwasserstoffen möglich, die an dem Chlor be-

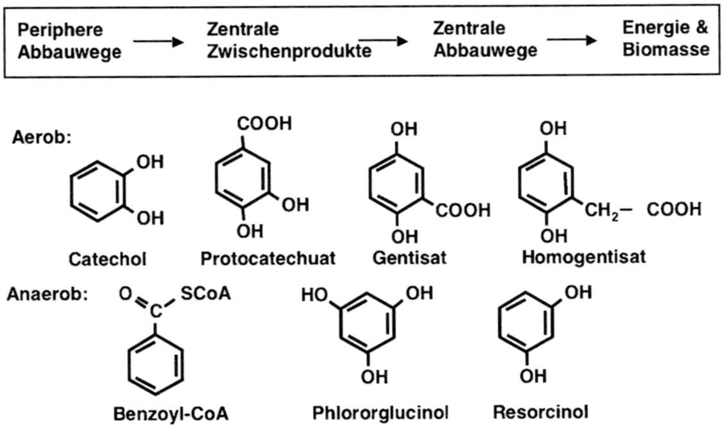

Abb. 26.8. Die zentralen Intermediate im Abbau von substituierten Aromaten unter aeroben und anaeroben Bedingungen

nachbarten Kohlenstoff mindestens ein H besitzen müssen.

- **Die reduktive Dehalogenierung:** Hierbei wird das Chloratom durch ein Wasserstoffatom ersetzt. Das heißt, der Chlorkohlenwasserstoff wird als Oxidationsmittel benutzt. Er selbst wird bei dieser Reaktion reduziert. Man kann hierbei auch von einer Chlorkohlenwasserstoffatmung sprechen. Diese Reaktion ist natürlich sehr vom Redoxpotential abhängig. Dabei können die höher chlorierten Kohlenwasserstoffe besser reduziert werden als die niedrig chlorierten. Am besten reduktiv dechloriert werden können Tetrachlormethan und Perchlorethylen sowie hochchlorierte Biphenyle. Für diesen Vorgang wird eine **zusätzliche Kohlenstoffquelle** als Elektronenlieferant benötigt. Der Energiegewinn errechnet sich aus der Differenz zwischen dem Reduktionsvorgang und dem damit gekoppelten Oxidationsvorgang.
- Die **oxidative Dehalogenierung:** Bei der oxidativen Dehalogenierung wird der Kohlenstoff, an dem das Chlor gebunden ist oxidiert. Dadurch entstehen instabile Hydroxy-Chlorverbindungen, die spontan das Chlor abspalten.

26.7.1
Chlorierte Aliphaten

Für den Abbau von Dichlormethan wurde unter aeroben Bedingungen eine **hydrolytische Dehalogenierung** nachgewiesen, während unter anaeroben Bedingungen sowohl eine **reduktive Dechlorierung** als auch eine relativ komplexe Sequenz von Reaktionen, bei denen Acetat und Formiat als Endprodukte auftreten, gefunden wurden. Für Tetrachlormethan wurde die cometabolische hydrolytische Dechlorierung und die schrittweise reduktive Dechlorierung über Trichlormethan (Chloroform), Dichlormethan (Methylenchlorid) und Chlormethan zu Methan beschrieben.

Für das häufig als Entfettungsmittel eingesetzte Tetrachlorethen (**Perchlorethylen, Per**) wurde ebenfalls eine reduktive Dechlorierung über **Trichlorethen (Tri)**, cis-1,2-Dichlorethen, Vinylchlo-

rid zu Ethen und Ethan nachgewiesen. Unter aeroben Bedingungen konnte nur der Abbau der niedriger chlorierten Verbindungen ab Tri durch oxidative Dehalogenierung nachgewiesen werden. Für die langkettigen Chloralkane wurde ebenfalls eine oxidative Dechlorierung durch Alkanmonoxygenasen gefunden.

26.7.2
Chlorierte Aromaten

Für die hochchlorierten Aromaten wie z. B. chlorierte Biphenyle, chlorierte Naphthaline oder chlorierte Dibenzodioxine wurde die **reduktive Dechlorierung** gefunden. Dabei erfolgte die Reduktion um so leichter, je mehr Chloratome in dem Molekül vorhanden waren.

Die niedrig chlorierten Aromaten werden in der Regel durch oxidative Dechlorierung abgebaut. Bei einfach substituierten Aromaten kann ein Abbau analog zum Benzolabbau erfolgen, bei dem der Substituent zunächst erhalten bleibt, und es entstehen chlorierte Brenzkatechine. Diese werden dann in der Regel über einen modifizierten *ortho*-Weg abgebaut.

26.8
Plasmide im Abbau von Schadstoffen

Schon in den 1960er Jahren wurde am Beispiel der Antibiotika festgestellt, dass Bakterien verschiedene Eigenschaften **auf andere Bakterien übertragen** können. Aber auch von den verschiedenen Abbauwegen für Schadstoffe wurde festgestellt, dass sie übertragbar sind. Bald darauf wurde entdeckt, dass die Gene für diese Abbauwege **auf Plasmiden** kodiert sind. Am besten untersucht ist das TOL-Plasmid, das für den Abbau von Toluol und Xylol verantwortlich ist. Von diesem Plasmid wurden inzwischen über 100 verschiedene Gene isoliert. Das *meta*-Operon wurde vollständig sequenziert und insgesamt 13 Gene darauf lokalisiert.

Die genaue Untersuchung der verschiedenen Plasmide ergab, dass sie gewisse Verwandtschaften aufweisen. Die Abbauplasmide gehören bestimmten **Inkompatibilitätsgruppen** an. So wurde festgestellt, dass die Naphthalin abbauenden Plasmide und die Sal-Plasmide sowie die TOL-Plasmide nicht gleichzeitig in einem Bakterium vorkommen können. Das heißt, sie gehören der gleichen Inkompatibilitätsgruppe an (IncP9). Dagegen gehören die Plasmide zum Alkanabbau der Gruppe IncP2 an.

Genauere Untersuchungen ergaben, dass die Verwandtschaft unter den Plasmiden einer Inc-Gruppe sehr groß ist. So waren die *meta*-Enzyme vom TOL, NAH und SAL Plasmid sehr eng verwandt. Die Verwandtschaft zwischen verschiedenen NAH- und SAL-Plasmiden konnte durch Insertionen oder Deletionen in ein Ursprungsplasmid erklärt werden. Solche Kombinationen verschiedener Plasmide konnten auch im Labor nachvollzogen werden, indem man zwei Stämme mit unterschiedlichen Plasmiden mischte und auf solche Bakterien selektierte, die eigentlich beide Plasmide haben sollten. Es erwies sich, dass diese Stämme Plasmide enthielten, die durch Kombination aus den beiden Plasmiden entstanden waren. Solche Kombinationen wurden inzwischen auch **in natürlichen Systemen** eindeutig nachgewiesen. Damit steht den Bakterien in der Natur ein großer Genpool zur Verfügung, der beliebig kombiniert werden kann. Damit wird auch die große Variabilität in den Fähigkeiten von Mikroorganismen erklärbar. Auch das Auftreten von Abbauspezialisten nach oft monatelangen lag-Phasen bei der Anreicherung können so erklärt werden.

26.9
Anwendung der Schadstoff-abbauenden Bakterien in der Umweltbiotechnologie

Wie in den vorhergehenden Abschnitten gezeigt, können Bakterien fast alle Schadstoffe abbauen. Wenn diese Schadstoffe dennoch nicht überall in der Umwelt vollständig abgebaut werden, so liegt es in der Regel daran, dass die **Bedingungen für den Abbau** nicht gegeben sind. So ist vor allem Sauerstoff in vielen Fällen der begrenzende Fak-

tor. Aber auch der falsche pH oder fehlender Stickstoff können den Abbau verhindern. Die für den Abbau verantwortlichen Bakterien sind in der Regel vorhanden (Gulensoy u. Alvarez 1999). So kann in vielen Fällen durch einfache Änderungen der Randbedingungen z. B. eine Reinigung kontaminierter Böden erreicht werden. Dagegen ist es bisher nicht gelungen, im Labor gezüchtete Bakterien erfolgreich in Kläranlagen zu etablieren. Auch der Einsatz von im Labor gezüchteten Bakterien bei der Reinigung kontaminierter Böden zeigte nur einen geringen Effekt. Dennoch ist es wichtig, die oben beschriebenen Abbauvorgänge zu kennen, damit man versteht, unter welchen Bedingungen ein erfolgreicher Abbau von Schadstoffen erreicht werden kann.

Literatur

Annweiler E, Michaelis W, Meckenstock RU (2002) Identical ring cleavage products during anaerobic degradation of naphthalene, 2-methylnaphthalene, and tetralin indicate a new metabolic pathway. Appl Environ Microbiol 68:852–858

Britton L (1984) Microbial degradation of aliphatic hydrocarbons. In: Gibson DT (ed) Microbial degradation of organic compounds. Dekker, New York Basel, pp 89–129

Bumpus JA, Tien M, Wright D, Aust SD (1985) Oxidation of persistent environmental pollutants by a white rot fungus. Science 228:1434–1436

Cerniglia CA (1984) Microbial metabolism of pyrocyclic aromatic hydrocarbons. Adv Appl Microbiol 30:31–71

Cook AM, Laue H, Junker F (1998) Microbial desulfonation. FEMS Microbiol Rev 22:399–419

Dagley S (1971) Catabolism of aromatic compounds by microorganisms. Adv Microbiol Physiol 6:1–14

Gibson DT, Cardini GE, Maseles FC Kallio RE (1970) Incorporation of oxygen-18 into benzene by Pseudomonas putida. Biochemistry 9:1626–1630

Gulensoy N, Alvarez PJ (1999) Diversity and correlation of specific aromatic hydrocarbon biodegradation capabilities. Biodegradation 10:331–340

Lessner DJ, Johnson GR, Parales RE, Spain JC, Gibson DT (2002) Molecular characterization and substrate specificity of nitrobenzene dioxygenase from Comamonas sp. strain JS765. Appl Environ Microbiol.68:634–641

Leutwein C, Heider J (1999) Anaerobic toluene-catabolic pathway in denitrifying Thauera aromatica: activation and beta-oxidation of the first intermediate, (R)-(+)-benzylsuccinate. Microbiology 145:3265–3271

Müller R, Lingens F (1987) Mechanismen der mikrobiellen Dehalogenierung von Chlorkohlenwasserstoffen. GIT Suppl 5:4–9

Ramos JL, Marques S, Timmis KN (1997) Transcriptional control of the Pseudomonas TOL plasmid catabolic operons is achieved through an interplay of host factors and plasmid-encoded regulators. Annu Rev Microbiol 51:341–373

Schackmann A, Müller R, Lingens F (1991) Reduktion aromatischer Nitroverbindungen durch Pseudomonaden. Gwf Wasser Abwasser 132:173–177

Spain JC (1995) Biodegradation of nitroaromatic compounds. Annu Rev Microbiol 49:523-555

Spormann AM, Widdel F (2000) Metabolism of alkylbenzenes, alkanes, and other hydrocarbons in anaerobic bacteria. Biodegradation 11:85–105

Stanier RY, Ornston LN (1973) The β-ketoadipate pathway. Adv Microbiol Physiol 9:89–151

Pointing SB (2001) Feasibility of bioremediation by white-rot fungi. Appl Microbiol Biotechnol 57:20–33

Wischnak C, Müller R (2000) Degradation of chlorinated compounds in: Klein J. Biotechnology vol 11b. Wiley-VCH, Weinheim, pp 243–271

27 Biogasproduktion

H. Märkl, H. Friedmann

27.1
Einleitung

Bei biologischen Abbauprozessen von organischen Verbindungen, die **unter Luftabschluss** stattfinden (**anaerobe Verfahren**), entsteht Biogas, das etwa zu zwei Drittel aus Methan (CH_4) und einem Drittel aus Kohlendioxid (CO_2) besteht. Solche Verfahren werden für die Reinigung von organisch belasteten Abwässern, zur Behandlung von organischen Abfallstoffen und zunehmend zur Erzeugung regenerativer Energie eingesetzt.

Abbildung 27.1 zeigt die wesentlichen Unterschiede zwischen den aeroben (unter Zufuhr von Sauerstoff) und anaeroben (unter Luftabschluss ablaufenden) Verfahren der Abwasserbehandlung. Da der Abbau von organischen Stoffen unter anaeroben Bedingungen für die eingesetzten Mikroorganismen aus energetischer Sicht relativ ungünstig ist, wird beim Biogasprozess vergleichsweise **wenig neue Biomasse** gebildet. Die Schlammproduktion ist im aeroben Fall wesentlich höher. Etwa 50% des eingesetzten Kohlenstoffs wird im aeroben Fall in neue Biomasse

überführt, beim anaeroben Verfahren liegt der Anteil dagegen unter 5%. Bei den Kosten der Abwasserbehandlung spielt die Schlammentsorgung, insbesondere auch im industriellen Bereich, eine zunehmende Rolle, da wegen der häufig gegebenen Belastung des **zu entsorgenden Schlammes mit Schwermetallen** eine Verbringung auf landwirtschaftliche Flächen nicht möglich ist.

Im Biogasprozess wird **energiereiches Methan** gewonnen, der energetische Aufwand für eine Begasung (Versorgung mit Sauerstoff) entfällt. Deshalb ist die **Energiebilanz** anaerober Verfahren im Vergleich zu aeroben wesentlich **günstiger**. Vorteilhaft beim Biogasprozess ist auch die Ökobilanz bezüglich der auftretenden CO_2-Emissionen. Es entsteht bei dem Biogasprozess vergleichsweise **wenig CO_2**, der größte Anteil des organischen Kohlenstoffs wird in Methan überführt. Da dieses Methan entsprechendes Erdgas aus fossilen Lagerstätten ersetzt, wird in der Gesamtbilanz genau die Menge an CO_2 eingespart, die bei der Verbrennung des produzierten Methans entsteht. Deshalb wird derzeit diskutiert, ob in Zukunft für das in Biogasreaktoren erzeugte Methan eine

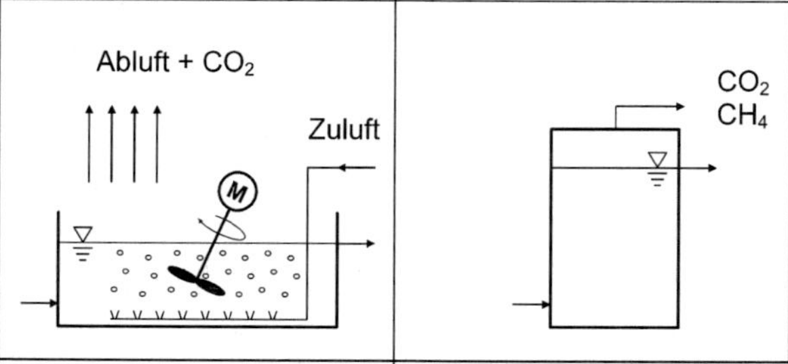

	Aerobes Verfahren	Anaerobes Verfahren
Schlammproduktion	hoch	niedrig
Energiebilanz	negativ	positiv
CO_2 Bilanz		Gutschrift nach Kyoto Protokoll
Umwelt	große Abluftströme	gasseitig geschlossenes Verfahren
Stickstoffelimination	ja	nein
Bevorzugte Abwasserkonzentration	niedrig	hoch

Abb. 27.1. Vergleich von aeroben und anaeroben Verfahren der Abwasserbehandlung

entsprechende CO_2-Gutschrift im Sinne des Kyoto-Protokolls ausgestellt werden soll.

Biogasreaktoren sind, soweit es die beteiligten Gase betrifft, nach außen abgeschlossen. Aus diesem Grund können anaerobe Behandlungsverfahren, wenn es gelingt, Geruchsemissionen bei der Beschickung bzw. der Entnahme der flüssigen und festen Reaktionsprodukte zu vermeiden, auch in direkter Nähe von Wohngebieten eingesetzt werden. Ein hygienisches Risiko, wie es bei aeroben Anlagen durch das Abgas gegeben ist, wird hier von vornherein vermieden.

Der in organischen Verbindungen enthaltene Stickstoff wird bei den anaeroben Verfahren zu **Ammoniak** reduziert. Eine Stickstoffelimination, wie sie bei aeroben Verfahren möglich ist, findet nicht statt. Falls eine Stickstoffelimination gewünscht wird, muss diese deshalb bei der anaeroben Abwasserreinigung nachgeschaltet werden.

Aus Gründen, die in Kap. 27.5 näher erklärt werden, ist bei den heute gängigen Anaerobverfahren eine eher **hohe Konzentration organischer Stoffe** im Reaktorzulauf gewünscht. Wenn im Abwasserbereich Biogasverfahren eingesetzt werden sollen, ist also von vornherein darauf zu achten, dass Abwasserströme möglichst konzentriert behandelt werden, ein unnötiges Verdünnen ist zu vermeiden. Gegebenenfalls wären anfallende, stark verdünnte Abwasserfraktionen einem parallel betriebenen aeroben Verfahren zuzuführen. Da hochkonzentrierte Abwasserströme am ehesten noch im Bereich der Lebensmittel- oder Pharmaindustrie auftreten, werden Biogasreaktoren im industriellen Bereich aus den oben angegebenen Gründen zunehmend eingesetzt, wobei die erleichterte Schlammentsorgung sowie die günstige Energiebilanz die wesentlichen Gründe für den Einsatz dieser Technik darstellen.

Eine aktuelle und große Bedeutung hat die Biogasproduktion aus **landwirtschaftlichen Abfällen**, aus bei der Tierhaltung anfallender Gülle sowie aus vielfältigen organischen Abfällen. Im Jahr 2004 sind alleine in Deutschland bereits ca. 2000 Anlagen in Betrieb mit einer elektrischen Energieabgabe von wenigen 10 kW bis hin zu einigen MW. In 2005 wird mit ca. 1000 Neuanlagen gerechnet. Der spezielle Anbau von Energiepflanzen zur Energiegewinnung wird aufgrund des „Gesetzes für den Vorrang Erneuerbarer Energien (Erneuerbare-Energien-Gesetz, EEG)" vom 21. Juli 2004, für einen weiteren deutlichen Ausbau landwirtschaftlicher Energieerzeugungsanlagen sorgen. Das Gesetz sieht vor die Einspeisung von 1 kWh aus nachwachsenden Rohstoffen erzeugter Energie in das öffentliche Stromnetz mit einem Betrag zu vergüten, der je nach Größe und Art der Anlage sowie Baujahr etwas über 15 Eurocent liegt. Diese Mindestvergütungssätze werden über einen Zeitraum von 20 Jahren garantiert. Der Strom wird heute im Wesentlichen über Generatoren erzeugt, die von **Gasmotoren** angetrieben werden. In Zukunft dürfte hier verstärkt auch die **Brennstoffzellentechnik** zum Einsatz kommen.

Darüber hinaus ist zu erwarten, dass sich die Anaerobtechnik als ein bedeutendes Element einer neuen **dezentralen Abwasserbehandlung** im kommunalen Bereich entwickeln wird.

Heute werden in der Regel alle Abwasserströme zentral in einer Kläranlage gereinigt. Wasser dient als Transportmittel für Fäkalien und andere organische Feststoffe. Mit dem Ablauf aus konventionellen aeroben Abwasserreinigungsanlagen gehen für die Landwirtschaft wichtige Nährstoffe, wie Phosphor, Stickstoff und Kalium verloren. Eine neue dezentrale Abwasserbehandlung sieht die strikte Trennung hoch belasteter Ströme, die im Wesentlichen Fäkalien enthalten, von nieder belasteten Wasserströmen aus Dusche, Wasch- und Spülmaschine vor. Dem hoch belasteten Strom können noch die im Haushalt anfallenden zerkleinerten Bioabfälle beigemischt werden und dann dezentral, beispielsweise für eine kleinere Siedlungseinheit, anaerob in einem Biogasreaktor behandelt werden. Geruchsbelästigung ist aufgrund der geschlossenen Anlagenbauart nicht zu befürchten. Die anfallenden Reststoffe werden nach einem Hygienisierungsschritt in flüssiger oder getrockneter Form der Landwirtschaft zugeführt. Der nieder belastete, hygienisch in der Regel unbedenkliche Wasserstrom kann nach einer ebenfalls dezentralen vergleichsweise wenig aufwendigen aeroben Behandlung dezentral im Boden versickert werden. In ariden Gebieten eröffnet sich hier eine hervorragende Quelle für Zwecke der landwirtschaftlichen Bewässerung.

Auf aufwändige Abwasserkanäle, die besonders in den Megastädten der Zukunft einen großen baulichen Aufwand bedingen, kann mit einem dezentralen Wassermanagement zum großen Teil verzichtet werden. Voraussetzung für die hier angesprochene Technologie ist allerdings die Verfügbarkeit von vollautomatisierten, wartungsarmen und effizienten Biogasreaktoren. Solche Systeme sind derzeit nicht verfügbar und müssen erst noch entwickelt werden.

Ingesamt ist zu sagen, dass die Biogastechnologie in der Zukunft eine wichtige Rolle spielen wird. Um dieser Technik allerdings auf breiter Ebene zum Durchbruch zu verhelfen, sind weitere Forschungsanstrengungen auf den Gebieten der Mikrobiologie, Reaktions- und Automatisierungstechnik notwendig.

27.2
Reaktortypen

Im Folgenden werden Reaktoren nach ihrem **Einsatzzweck** unterschieden, in solche, die für die **Abwasserbehandlung** eingesetzt, und in solche, die für die **Energiegewinnung** aus organischen Stoffen gebaut werden. Reaktoren der letztgenannten Bauart erfahren in jüngster Zeit wegen der Förderung durch den Gesetzgeber einen großen Aufschwung und werden daher gesondert diskutiert.

Während im Abwasserbereich, insbesondere soweit es industrielle Abwässer betrifft, wegen der damit verbundenen Platzersparnis, eine **hohe Raumzeitausbeute** angestrebt wird, steht im Fall der Energiegewinnung eher ein hoher Umsatz (hohe Energieausbeute) und eine kostengünstige Bauweise, verbunden mit einem geringen Wasserverbrauch, im Vordergrund.

27.2.1
Reaktoren für die Abwasserbehandlung

Lange Zeit bestand im Zusammenhang mit der anaeroben Abwasserbehandlung das Vorurteil, dass die biologisch katalysierten Reaktionen sehr langsam ablaufen und dass deswegen sehr großvolumige Reaktoren für die Behandlung notwendig wären. Tatsächlich wachsen anaerobe Mikroorganismen im Vergleich zu aeroben sehr langsam. In der Praxis dürften sich die Wachstumsraten etwa um den Faktor 10 unterscheiden. Gallert et al. 2003 geben für Organismen, die aus Essigsäure Methan bilden, Wachstumsraten im Bereich von 0,21–0,69 d^{-1} an. Für Organismen, die Propionsäure verstoffwechseln, wurde ein noch geringerer Wert von 0,13 d^{-1} gemessen. Beide Organismenarten spielen, wie in Kap. 27.5 dargestellt wird, beim Prozess der Biogasproduktion eine zentrale Rolle. Für einen kontinuierlich betriebenen gut durchmischten Reaktor (Rührkesselreaktor) ergeben sich daraus **hydraulische Mindestverweilzeiten**, die sich aus dem Kehrwert der angegebenen Wachstumsraten errechnen. Diese betragen für den Essigsäureabbau 1,45–4,76 und für den Propionsäureabbau 7,7 Tage. Geht man von diesen Angaben aus, dann müssen Rührkesselreaktoren mit hydraulischen Verweilzeiten größer 8 Tage ausgelegt werden, was zu sehr großen Bauvolumina führt, gleichzeitig ist die Konzentration aktiver Mikroorganismen im Reaktionsraum niedrig.

Reaktoren mit geringer Baugröße, die also **höhere Raumzeitausbeuten** ermöglichen, lassen sich nur dann realisieren, wenn es gelingt, die maßgeblichen Mikroorganismen im Reaktionsraum zurückzuhalten und dort anzureichern. Bereits 1988 hat Aivasidis auf der ACHEMA einen Modellbiogasrektor ausgestellt, der aus Essigsäure Methan produziert und dabei einen Umsatz entsprechend 200 kg CSB/(m^3d) realisiert. Mikroorganismen werden in diesem Reaktionssystem auf in einem **Fließbett** befindlichen porösen Glaskörpern immobilisiert. Der erreichte Wert für den Abbau einer organischen Substanz, der für Biogasreaktoren die derzeit obere Leistungsgrenze markiert, wäre mit klassischen Aerobreaktoren nur mit großem technischem Aufwand zu bewerkstelligen. Dieses Beispiel zeigt, dass unter anaeroben Bedingungen lebende Organismen zwar langsam wachsen, der pro Masseneinheit aktiver Biomasse erzielte **Umsatz** jedoch durchaus dem aerober Organismen entspricht. Es besteht also die technische Aufgabe, Biogasreaktoren so zu konstruieren, dass aktive Mikroorganismen im Reaktor zurückgehalten und zu **hohen Konzentrationen** angereichert werden.

Beispiele für bereits eingesetzte Biogasreaktoren, die eine Organismenanreicherung realisieren, sind in Abb. 27.2 skizziert. Die einfachste Möglichkeit, die Konzentration von Biomasse zu erhö-

hen, stellt ein Rührkessel (a) mit nachgeschaltetem Biomasseabscheider dar. Diese auch „**anaerobe Belebung**" genannte Anordnung ist bisher noch wenig verbreitet, da die gängige Schwerkraftabscheidung bei anaerober Biomasse häufig wenig effizient ist. Beispiel (b) zeigt einen **Festbettreaktor**, der von unten nach oben durchströmt wird. Mikroorganismen wachsen auf Trägermaterial auf und werden auf diese Weise zurückgehalten. Biogas-Festbettreaktoren zeichnen sich aus durch ihre **hohe Stabilität** gegenüber Schwankungen in der Reaktorbelastung. Dieser Reaktortyp ist darüber hinaus noch am ehesten in der Lage, auch kurzzeitige toxische Zuläufe ohne völligen Funktionsverlust zu überstehen.

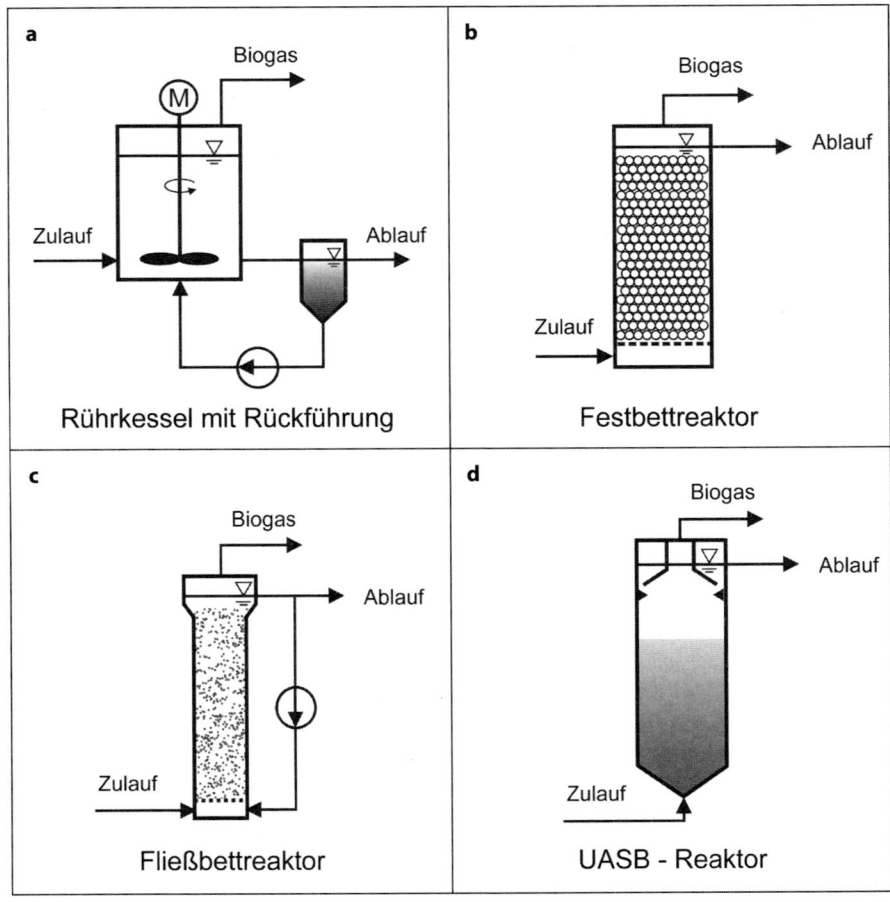

Abb. 27.2. Reaktortypen Abwasserreinigung

Durch unkontrollierten Biomassezuwachs ist jedoch ein „Zuwachsen" und damit Verstopfen des Reaktiossystems nicht völlig ausgeschlossen.

Die bis heute höchsten Reaktionsraten von 20–60 kg CSB/(m^3 d) werden im **Fließbettreaktor** (c) realisiert (Jördening u. Buchholz 2005). Hier handelt es sich um hochbauende Reaktoren (Höhe 20–30 m). Für den Aufwuchs von Biomasse wird Trägermaterial mit einem Durchmesser in einem Bereich von 0,2–0,5 mm angeboten, das über eine im Außenbereich des Reaktors angeordnete Umlaufpumpe fluidisiert wird. Wie beim Festbettreaktor muss auch im Fall des Fließbettreaktors der Aufwuchs von Biomasse kontrolliert und von Zeit zu Zeit rückgängig gemacht werden. Im Fall des Fließbettreaktors ist dieses im Vergleich zum Festbettreaktor technisch einfacher zu bewerkstelligen, da das Trägermaterial leichter aus dem Reaktor ausgeschleust werden kann.

Das einfachste und in dieser Hinsicht auch eleganteste Anreicherungsverfahren wird im **UASB-Reaktor**, auch **Upflow-Reaktor** genannt, eingesetzt. Der Apparat, der im unteren Bereich, von einem Wasserverteilungssystem einmal abgesehen, keine Einbauten besitzt, wird vergleichsweise langsam (ca. 1 m/h) von unten nach oben durchströmt. Die **Biomassenanreicherung** erfolgt aufgrund der Sedimentation, wobei beim Anfahren und im Betrieb sedimentierbare Biomasse selektiert wird. Granularer Schlamm (sedimentierfähige Agglomerate von Mikroorganismen von wenigen mm Durchmesser) reichert sich im „**Schlammbett**" an. Dieses gibt dem Reaktor auch seinen Namen: *Upflow Anaerobic Sludge Blanket*. Im oberen Reaktorbereich befindet sich eine einfache Trennvorrichtung. Aufsteigende Gasblasen werden von einem Trichter abgefangen, mitgerissene Biomasse kann nach Abgabe des anhaftenden Gases wieder in den unteren Reaktorbereich sedimentieren und das gereinigte Abwasser wird im Idealfall partikelfrei nach außen abgeleitet. Dieser Reaktortyp hat bisher international gesehen die größte Verbreitung gefunden. Jedes Reaktorkonzept ist mit gewissen Einschränkungen behaftet. Bei dem UASB-Reaktor ist diese in einer mangelhaften Scale-up-Fähigkeit bezüglich der

Reaktorhöhe zu sehen. Da sich mit zunehmender Reaktorhöhe das produzierte Biogas akkumuliert, führt dieser Vorgang bei großen Bauhöhen zur Flotation der Biomasse. Aus diesem Grund werden Upflow-Reaktoren nur bis zu einer Höhe von 5–6 m gebaut. Das Schlammbett ist im Übrigen eine strömungsberuhigte Zone mit **niedriger Stoffaustauschintensität**. So wird im Fall der Vergärung von schwefelhaltigen Substanzen im Schlammbett eine H$_2$S-Konzentration angereichert, die gegenüber der H$_2$S-Konzentration in der Gasphase um den Faktor 3–5 übersättigt ist (Friedmann u. Märkl 1994). Hohe H$_2$S-Konzentrationen können die Biogasproduktion aufgrund ihrer hemmenden Wirkung zum Erliegen bringen (vgl. auch Kap. 27.5).

In Abb. 27.3 ist die Prinzipskizze des an der TU Hamburg-Harburg entwickelten Biogasturmreak-

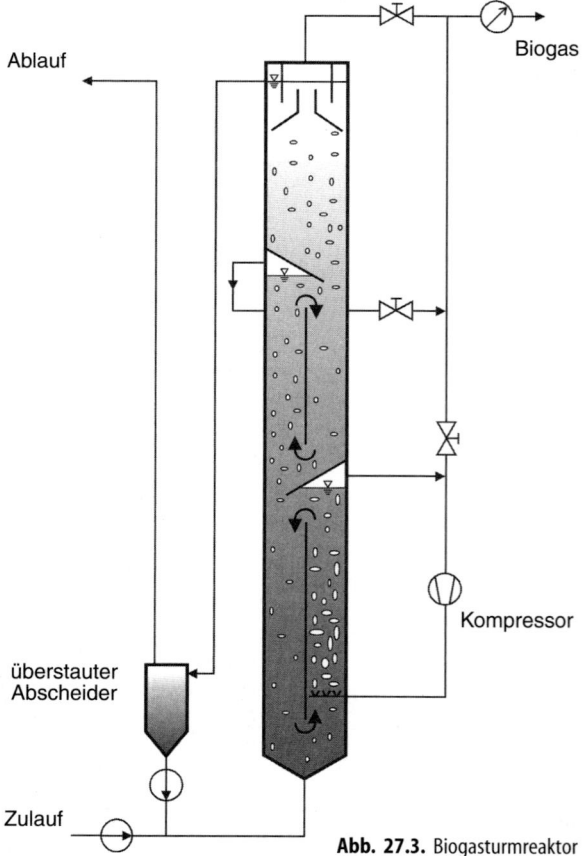

Abb. 27.3. Biogasturmreaktor

tors abgebildet. Dieser arbeitet wie der UASB-Reaktor ebenfalls mit frei suspendierter Biomasse. Um eine Akkumulation des Biogases mit zunehmender Reaktorhöhe zu vermeiden, wird Biogas bereits in tieferen Bereichen des Reaktors in Gastassen aufgefangen und abgeleitet. Das Konzept ist **modular** strukturiert. Bei einer größeren Höhe des Turmreaktors können weitere Module eingefügt werden. Auf diese Weise lassen sich platzsparende Höhen im Bereich von 20–30m ohne weiteres realisieren. Mit Ausnahmen des Kopfbereiches ist der Reaktor in jeder Stufe über ein Trennblech in einen Bereich mit aufsteigender Strömung (*Riser*) und in der anderen Hälfte mit nach unten gerichteter Strömung (*Downcomer*) aufgeteilt. Im unteren Modul wird diese Strömungsschlaufe über einen Kompressor angetrieben, der Gas aus der untersten Gastasse in den Reaktorfuß pumpt und damit eine gute **Durchmischung** sicherstellt. Die weiteren, darüber liegenden Schlaufen, werden durch Gas angetrieben, das aus dem jeweils darunter liegenden Modul stammt und von der darunter liegenden Gastasse nicht abgefangen wurde. Stellventile, die den einzelnen Gastassen zugeordnet sind, ermöglichen es im Übrigen, die Gasentnahme so zu drosseln, dass die Gastasse „überläuft" und zusätzliches Gas für die darüber liegende Strömungsschlaufe bereitstellt. Der Reaktor kann bezüglich seines strömungstechnischen Verhaltens somit auf das jeweilige Substrat eingestellt und optimiert werden.

Die Abb. 27.4 und 27.5 sind einer Veröffentlichung von Pietsch 2002 entnommen. Die erste Abbildung zeigt exemplarisch 4 Aufnahmen, welche die typische Struktur und das Erscheinungsbild der Biomasse im Biogasturmreaktor *in situ* charakterisieren. Zu sehen sind flockige Partikel bis hin zu kompakten Agglomeraten. In Aufnahme a ist ein Biomasseagglomerat dargestellt, das an seiner Oberfläche fadenförmige Strukturen zeigt. Die Aufnahmen b und c zeigen Biomasseflocken, in denen offenbar kleine Gasblasen eingeschlossen sind. Messungen haben ergeben, dass die Biomasse im Mittel 5,5Vol.-% Gasanteil enthält und somit kompressibel ist. Dies führt dazu, dass die Partikelgesamtdichte im unteren Reaktorbereich aufgrund des dort größeren hydrosta-

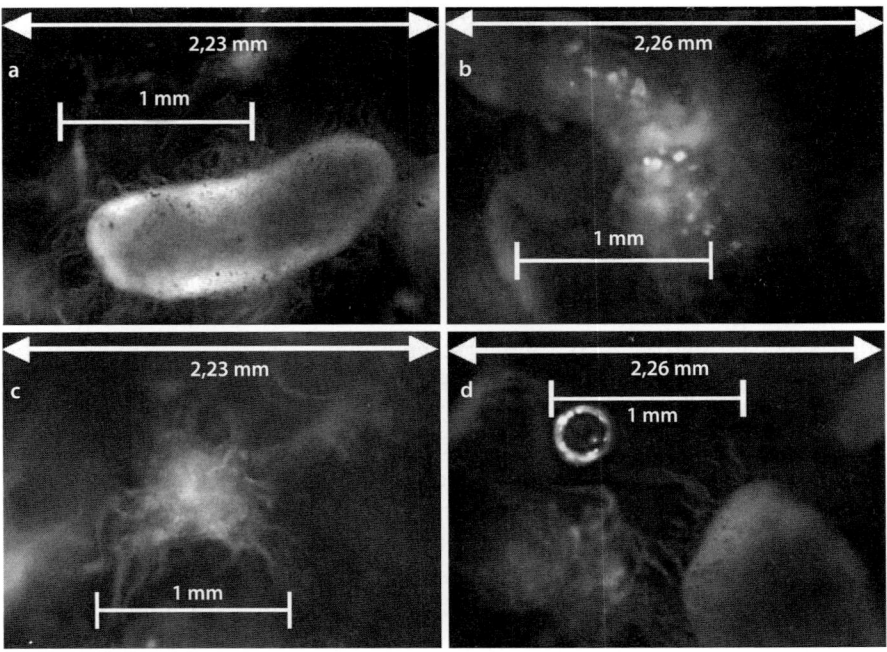

Abb. 27.4. Biomasse aus Biogas Turmreaktor. In-situ-Aufnahme mit Hilfe eines Prozessmikroskops

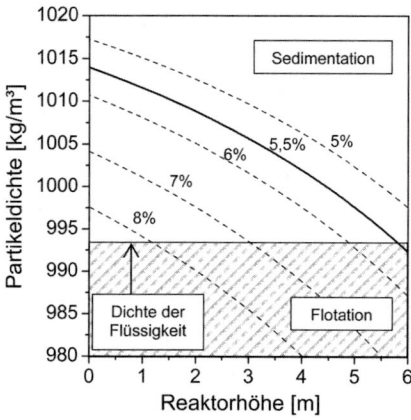

Abb. 27.5. Partikelgesamtdichte entlang der Reaktorhöhe für verschiedene Gasgehalte

tischen Drucks größer ist und oben im Reaktor entsprechend abnimmt. Abb. 27.5 zeigt am Beispiel eines 6 m hohen Turmreaktors im Technikumsmaßstab, dass Biomasse mit dem gegebenen Gasanteil von 5,5 Vol.-% ganz oben im Kopfbereich des Reaktors zum Flotieren neigt und nicht im Reaktor zurückgehalten werden kann. Aus diesem Grund wurde dem Biogasturmreaktor ein „überstauter Abscheider" nachgeschaltet (vgl. auch Abb. 27.3). Da dieser entsprechend seiner Anordnung im Fußbereich des Reaktors unter erhöhtem hydrostatischem Druck arbeitet, kann die entwichene Biomasse hier sehr effektiv wieder in den Reaktionsraum zurückgeführt werden.

27.2.2
Reaktoren zur Energiegewinnung aus organischen Stoffen

Zur Energiegewinnung aus organischen Stoffen in Biogasanlagen werden Nass- und Trockenfermentationssysteme unterschieden. Unter **Nassfermentation** versteht man die Verarbeitung von flüssigen und pumpfähigen Substraten in Rührkesselreaktoren wobei der Trockensubstanzgehalt (TS) des Substrates im Reaktorzulauf durch Flüssigkeitszugabe auf etwa 12% eingestellt wird. Bei **Trockenfermentationssystemen** werden die Substrate „trocken", d.h. ohne die Zugabe von Flüssigkeiten direkt in den Fermenter einge-

bracht. Der Trockensubstanzgehalt der Substrate beträgt bei der Trockenfermentation über 20%.

Die Biogasreaktoren zur Verarbeitung von Feststoffen und Abfällen weisen in der Praxis vergleichsweise **hohe Aufenthaltszeiten** für das zu verarbeitende Substrat auf. Eine gesonderte Rückhaltung der aktiven Biomasse ist aufgrund des Feststoffgehaltes der Substrate technisch nicht möglich. Die mittlere hydraulische Verweilzeit des Substrates im Fermenter wird bei Biogasanlagen zur Energiegewinnung aus organischen Materialien üblicherweise auf mindestens 20 Tage dimensioniert. Die Fermentervolumina werden dadurch sehr groß.

Nassfermentationssysteme

Als Reaktoren für Nassfermentationssysteme werden nahezu ausschließlich **Rührkesselreaktoren** eingesetzt. Die Substrate müssen vor der Einbringung in den Reaktor verflüssigt werden. Die Einstellung des TS-Gehaltes erfolgt durch Zugabe von flüssigen Substraten oder durch eine **Kreislaufführung von Prozesswasser**. Je nach Abbaubarkeit der Substrate stellt sich im Fermenter ein TS-Gehalt von etwa 3–8% ein.

Nassfermentationsreaktoren zur Energiegewinnung aus organischen Stoffen sind große Behälter aus Stahl oder Beton mit einem Volumen von einigen hundert bis zu mehreren tausend Kubikmetern. Die größten bisher errichteten Biogasreaktoren zur Verarbeitung von Bioabfällen haben ein Volumen von 8000 m³. Übliche Fermentervolumina liegen zwischen 500 und 3000 m³. Die Durchmischung des Fermenterinhalts erfolgt durch eingebaute Rührwerke oder durch die Einpressung von Biogas. Bei Fermentergrößen bis maximal 5000 m³ kommen häufig Zentralrührwerke zum Einsatz, die ohne Entleerung des Fermenters ausgebaut und gewartet oder repariert werden können. Besonders bei sehr großen Nassfermentern hat sich die Durchmischung mittels Einpressung von Biogas bewährt. Dieses Prinzip ist in Abb. 27.6 dargestellt.

Beim Linde-Laran-Reaktor wird Biogas am Gasdom des Fermenters entnommen, in einem

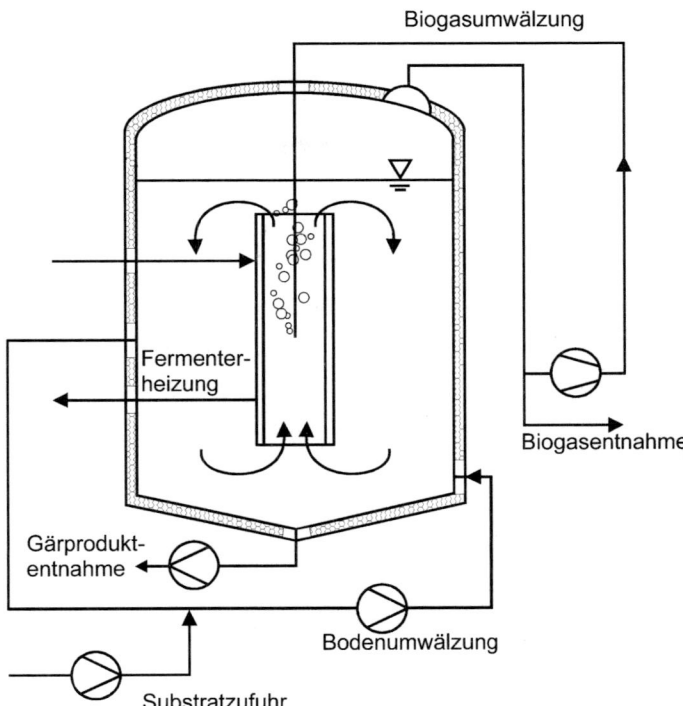

Abb. 27.6. Linde-Laran-Biogasreaktor

außerhalb des Fermenters angeordneten Verdichter verdichtet und mittels einer Gaslanze mehrere Meter unterhalb des Flüssigkeitsspiegels des Fermenters in ein zentral im Fermenter angeordnetes Leitrohr eingepresst. Durch die **Gaseinpressung** in das Leitrohr wird eine „Mammutpumpe" in Gang gesetzt, welche unten am Fermenterboden den Fermenterinhalt in das zentrale Leitrohr ansaugt und oben nahe der Oberfläche wieder abgibt. Dadurch wird eine **Kreislaufströmung** innerhalb des Fermenters erzeugt, welche den gesamten Fermenterinhalt homogen durchmischt.

Das zentrale Leitrohr ist dabei doppelwandig ausgeführt und wird gleichzeitig als im Fermenter integrierter verstopfungsfreier **Wärmetauscher** zur Beheizung des Fermenterinhalts genutzt. Durch die Variation der Überdeckung des oberen Randes des Leitrohres durch Fermenterinhalt (Abstand zwischen Leitrohroberkante und Flüssigkeitsoberfläche) kann die Durchmischungsintensität beeinflusst und eine Schwimmdeckenbildung vermieden werden.

Der pneumatischen Fermenterdurchmischung gelingt es nur bedingt, **stark sedimentierende Inhaltsstoffe** des Substrates, z.B. Feinsand, in Schwebe zu halten. Daher werden diese Fermenter mit einer **Bodenumwälzung** ausgerüstet. An der Fermenterwand wird ein Flüssigkeitsstrom entnommen und mit einer leistungsstarken Pumpe am Fermenterboden schräg eingedüst. Dadurch bildet sich eine Strömung am Fermenterboden aus, welche sedimentierende Stoffe zur Mitte des Fermenterbodens transportiert von wo sie mit den Gärprodukten abgezogen werden. Dem Bodenumwälzkreislauf wird üblicherweise das frische Substrat zugegeben wodurch eine gute Vermischung des Substrates mit dem Fermenterinhalt erzielt wird. Eine große Biogasanlage zur Energiegewinnung aus Bioabfällen, in welcher der Linde-Laran-Reaktor eingesetzt wird, ist in Abb. 27.7 dargestellt.

In Gegensatz zu den Biogasreaktoren für den industriellen Einsatz sind landwirtschaftliche Biogasreaktoren zur Energiegewinnung aus Gülle

Abb. 27.7. Biogasanlage
Fürstenwalde/Spree

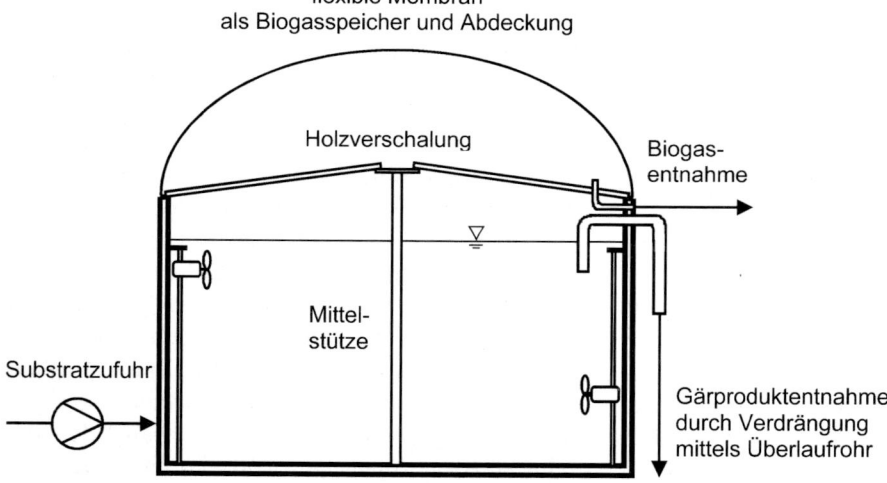

flexible Membran
als Biogasspeicher und Abdeckung

Holzverschalung

Biogas-
entnahme

Mittel-
stütze

Substratzufuhr

Gärproduktentnahme
durch Verdrängung
mittels Überlaufrohr

Abb. 27.8. Landwirtschaftlicher
Biogasreaktor

und nachwachsenden Rohstoffen in der Regel als runde Betonbehälter mit einem Durchmesser-Höhen-Verhältnis deutlich größer als 1 ausgeführt (Abb. 27.8). Die Behälter sind üblicherweise mit einer Mittelstütze aus Stahl, Holz oder Beton ausgerüstet, auf der eine Stützkonstruktion aus Holz

für das gewöhnlich als Folie ausgeführte Fermenterdach angebracht ist. Häufig werden flexible Membranen als Fermenterdach eingesetzt, welche gleichzeitig als Biogasspeicher genutzt werden.

Zur Fermenterbeheizung sind bei landwirtschaftlichen Biogasreaktoren an der Fermenterinnenwand Heizrohre angebracht. Die Gärprodukte werden vom frischen Substrat über ein abgetauchtes Rohrsystem aus dem Reaktor verdrängt. Die Durchmischung des Fermenterinhalts erfolgt z. B. durch **Tauchmotorrührwerke**, die an der Fermenterinnenwand an einem Haltesystem befestigt sind und die sich in Höhe und Neigung verstellen lassen. Zur Verstellung und zum Ausbau der Rührwerke sind speziell abgedichtete Öffnungen in den Membrandächern vorgesehen. Werden zusätzlich größere Mengen an Feststoffen wie Mist oder nachwachsende Rohstoffe in landwirtschaftlichen Biogasreaktoren eingesetzt, werden auch spezielle langsam laufende **Paddelrührwerke** in die Reaktoren eingebaut.

Fermenter für Nassfermentationsanlagen werden anhand der mittleren hydraulischen Verweilzeit und anhand der Raumbelastung bemessen. Die mittlere hydraulische Verweilzeit sollte 20 Tage nicht unterschreiten, um ein Auswaschen der aktiven Biomasse aus dem Fermenter sicher zu vermeiden.

Der zulässige Wert für die Raumbelastung mit Trockensubstanz (TS) oder organischer Trockensubstanz (oTS) ist substratspezifisch und muss experimentell ermittelt werden. Bei der Verarbeitung von Gülle wird üblicherweise eine mittlere hydraulische Verweilzeit von 20 bis 30 Tagen und eine zulässige Raumbelastung von 5 kg TS (oder 3,5 kg oTS) je Kubikmeter Fermentervolumen je Tag angegeben. Das erforderliche Fermentervolumen ist daher abhängig von der Art des zu verarbeitenden Substrats.

In der Praxis werden industrielle Biogasanlagen auch mit deutlich höheren Raumbelastungen und geringeren mittleren hydraulischen Verweilzeiten betrieben, als hier genannt. Dies setzt jedoch eine moderne und aufwendige Prozessmess- und Prozessleittechnik und einen erfahren Anlagenbetreiber voraus. Landwirtschaftliche Biogasanlagen werden üblicherweise mit erheblich geringerer Raumbelastung und erheblich höheren mittleren hydraulischen Verweilzeiten betrieben. Eine Fermenterraumbelastung unter 2 kg TS/m^3/d und Verweilzeiten über 40 Tagen sind im landwirtschaftlichen Bereich durchaus üblich.

Trockenfermentationssysteme

Zur Biogasgewinnung aus Feststoffen wie z. B. vorsortierten Bioabfällen oder nachwachsenden Rohstoffen in der Form von Silage werden immer häufiger Trockenfermentationssysteme eingesetzt. Trockenfermentationssysteme sind dadurch gekennzeichnet, dass die Substrate schüttfähig sind und die Zugabe der Substrate in den Fermenter **ohne zusätzliche verdünnende Flüssigkeiten** erfolgt. Die Substrate für Trockenfermentationssysteme sind **nicht pumpfähig**. Dadurch ergeben sich je nach der Art des eingesetzten Substrats und Abbau der organischen Substanz mehr als doppelt so hohe Trockensubstanzgehalte im Fermenter wie in Nassfermentationssystemen. Als Trockenfermentationssysteme sind kontinuierlich und diskontinuierlich betriebene Fermentertypen im Einsatz. Die bekanntesten im großtechnischen Maßstab im Einsatz befindlichen **kontinuierlich betriebenen Trockenfermentationssysteme** sind das Kompogas-Verfahren, das Linde-BRV-Verfahren, das Dranco-Verfahren und das Valorga-Verfahren.

Daneben sind verschiedene **diskontinuierlich betriebene Trockenfermentationssysteme** unterschiedlicher Gestaltung im Einsatz. Bisher liegen Erfahrungen nur im Pilotmaßstab vor. Dabei handelt es sich um feste oder flexible Bauwerke, welche einmalig mit Substraten befüllt werden. Das Substrat wird vor der Einbringung in den Fermenter mit Inokulum (Gärprodukt) vermischt oder nach Einbringung mit flüssigem Inokulum berieselt um den Biogasprozess zu starten und aufrechtzuerhalten. Wenn der Abbau des Substrates zu Biogas weitgehend abgeschlossen ist, wird der Reaktor jeweils entleert und erneut befüllt.

Bei den kontinuierlich betriebenen Trockenfermentationssystemen ist eine Durchmischung des Fermenterinhalts erforderlich. Beim Kompogas- und Linde-BRV-Verfahren (vgl. Abb. 27.9) werden dazu spezielle Rührwerke eingesetzt. Aufgrund der hohen TS-Gehalte in den Trockenfermentern werden sehr hohe Anforderungen an die **mechanische Belastbarkeit** der Rührwerke gestellt. Es werden sehr langsam laufende Rührwerke (ca. eine Umdrehung pro Minute) eingesetzt.

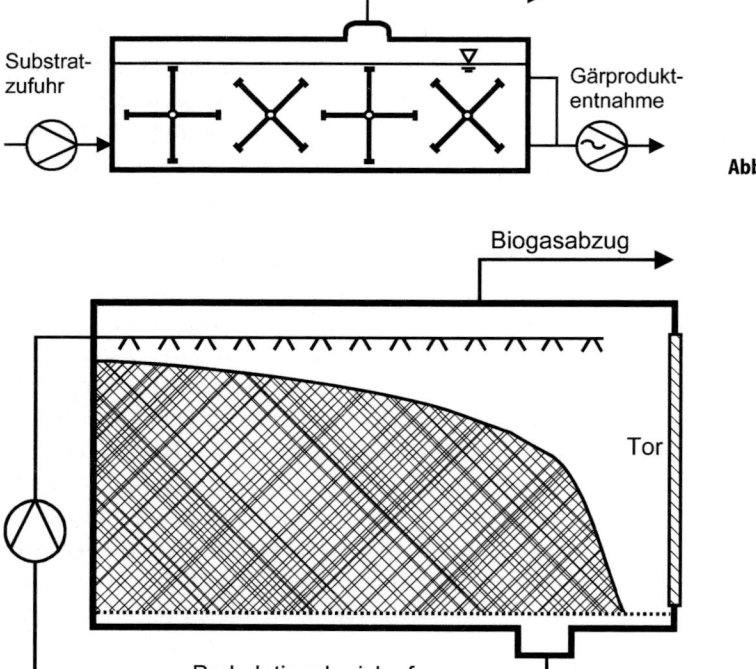

Abb. 27.9. Linde-BRV-Fermenter

Abb. 27.10. BEKON-Trockenfermenter

Der Linde-BRV-Fermenter ist als liegender rechteckiger Betonkanal ausgeführt. In den Fermenterboden und die -wände sind Heizschlangen zur Substraterwärmung und zur Fermenterbeheizung eingegossen. Die Fermenter sind mit vier bis sieben quer angeordneten Rührwerken ausgerüstet. Das Substrat wird mit einer Förderschnecke in den Fermenter eingebracht. Der Gärproduktaustrag erfolgt durch ein Vakuumsystem bzw. mit speziellen Pumpen.

Von den Rührwerken in kontinuierlich betriebenen Trockenfermentern muss stets mindestens eines in Betrieb sein, da bei einem Rührwerksausfall das sich bildende Biogas nicht mehr aus dem hochviskosen Fermenterinhalt entweichen kann. Durch das eingeschlossene Biogas steigt das Volumen im Fermenter schnell an und es kann durch verstopfende Gasleitungen und Sicherheitseinrichtungen zum Bersten des Reaktors kommen.

Der Linde-BRV-Fermenter ist ebenso wie der Kompogasfermenter als **Rohrreaktor** konzipiert.

Dadurch wird erreicht, dass das eingebrachte Substrat eine definierte Aufenthaltszeit im Fermenter hat und ein entsprechend **hoher Substratabbaugrad** und bei thermophiler Betriebsweise eine zuverlässige Hygienisierung erreicht wird. Die Fermenter von Dranco und Valorga weisen eine Rührkesselreaktorcharakteristik auf.

Beispielhaft für die in der Entwicklung befindlichen diskontinuierlich betriebenen Trockenfermenter ist der Fermenter der Fa. BEKON dargestellt (Abb. 27.10). Beim BEKON-Fermenter handelt es sich um einen großen befahrbaren Raum aus Beton, der mit einem Stahltor verschlossen werden kann. Das Stahltor ist mit einem speziellen Dichtsystem abdichtbar. Der Raum wird mit einem Radlader mit Substrat gefüllt und anschließend verschlossen. Nach dem Verschließen des Fermenterraumes wird erwärmtes flüssiges Gärprodukt, welches aktive anaerobe Biomasse enthält, über das Substrat versprüht um die Biogasbildung zu starten. Nach mehreren Wochen ist das Substrat weitgehend abgebaut und kann aus dem Fermenterraum mittels Radlader entnommen werden.

Kontinuierlich betriebene Trockenfermentationssysteme werden wie die Nassfermenter anhand der Raumbelastung und der mittleren hydraulischen Verweilzeit bemessen. Auch bei kontinuierlich betriebenen Trockenfermentern soll die mittlere Verweilzeit 20 Tage nicht unterschreiten. Die Raumbelastung wird mit Werten von 7 bis 14 kg oTS/m^3/d angesetzt.

Die diskontinuierlich betriebenen Trockenfermentationssysteme werden üblicherweise anhand von Herstellerangaben ausgelegt, da keine allgemeingültigen Auslegungskriterien existieren.

27.3
Betrieb von Biogasanlagen

27.3.1
Elemente einer Biogasanlage

Zusätzlich zu den in Kap. 27.2 bereits beschriebenen Fermentern bestehen Biogasanlagen aus verschiedenen zusätzlichen Elementen, die einen Anlagenbetrieb erst ermöglichen. Zur Erläuterung der notwendigen Elemente einer modernen Biogasanlage wird das Blockschaltbild der Biogasanlage Fürstenwalde/Spree verwendet. Die in Abb. 27.11 dargestellte Anlage wurde zur Verwertung von **organischen Abfällen** konzipiert und ist daher mit allen Elementen einer modernen Biogasanlage ausgerüstet.

Jede Biogasanlage muss über eine Möglichkeit zur Annahme und Lagerung der Substrate verfügen. Bei der Verarbeitung von flüssigen Substraten oder von Abwasser werden dafür Behälter aus Stahl oder Beton, häufig unterirdisch angeordnet, verwendet. Für die Annahme und Lagerung von festen Substraten wie Energiepflanzen oder schüttfähigen organischen Abfällen werden Flach- oder Tiefbunker eingesetzt. Flachbunker sind ebenerdig angeordnete betonierte Flächen, die an zwei oder drei Seiten mit Betonwänden umgeben sind. Die anliefernden Fahrzeuge fahren in den Flachbunker und kippen das Substrat dort ab. Die Bunkerbewirtschaftung und die Entnahme erfolgt üblicherweise mit einem Radlader. Tiefbunker sind rechteckige Gruben aus Beton mit einer Tiefe von 3–6 m und einem Volumen von über 100 m^3. In diese Tiefbunker wird das Substrat bei der Anlieferung abgekippt. Die Tiefbunkerbewirtschaftung und die Entnahme des Substrates erfolgt mit einer Krananlage.

Hygienisch bedenkliche Substrate wie z. B. die Abfälle aus Schlachthöfen müssen vor der Behandlung in der Biogasanlage hygienisiert werden, sofern das Gärprodukt als Dünger landwirtschaftlich genutzt werden soll. Die **Hygienisierung** erfolgt üblicherweise bei einer Temperatur von 70 °C. Die geforderte Erhitzungsdauer beträgt 60 Minuten. Zur Hygienisierung werden Behälter aus Edelstahl verwendet, die mit dem Kühlwasser des zur Biogasnutzung verwendeten **Blockheizkraftwerkes (BHKW)** beheizt werden. Zur Beheizung sind externe Wärmetauscher oder Wandflächenheizungen eingebaut, über die der Wärmetausch zwischen Motorkühlwasser und Substrat erfolgt. Es kann auch über den Abgaswärmetauscher des BHKW Dampf erzeugt werden, welcher direkt in das zu hygienisierende Substrat eingeblasen wird, dort kondensiert und das Substrat dadurch erhitzt.

Feste schüttfähige Substrate müssen für die Nutzung im Fermenter konditioniert werden. Sind z. B. **Störstoffe** wie Metalle, Steine, Kunststoffe usw. enthalten, müssen diese abgetrennt werden um Sedimente und Schwimmschichten im Fermenter zu vermeiden. Dazu werden z. B. die aus der Papierherstellung bekannten Pulper als „Müllöser" in Verbindung mit einer Nasssiebung zur Abtrennung der nicht auflösbaren Kunststoffe eingesetzt. Um einen guten Biogasertrag zu ermöglichen, müssen die festen Substrate z. B. in einer Mühle zerkleinert und aufgeschlossen werden.

Die Substratanlieferung erfolgt bei Biogasanlagen zur Energiegewinnung aus organischen Stoffen diskontinuierlich. Da der Biogasprozess kontinuierlich abläuft, ist eine **kontinuierliche Fermenterbeschickung** erforderlich. Um dies zu ermöglichen, werden große Pufferbehälter aus

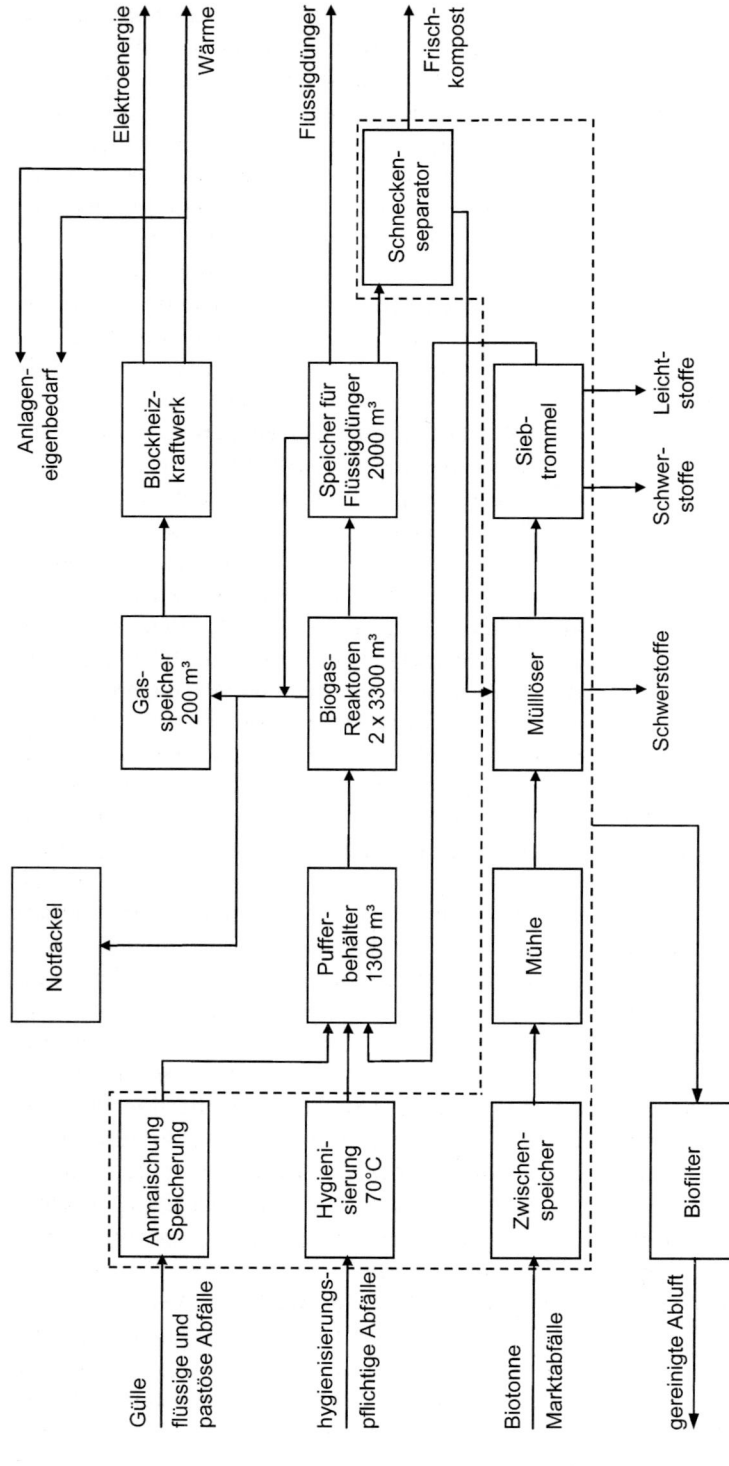

Abb. 27.11. Blockschaltbild einer modernen Biogasanlage

Stahl oder Beton zur Lagerung der konditionierten Substrate eingesetzt. Diese Pufferbehälter dienen gleichzeitig als Misch- und Ausgleichsbehälter um eine weitgehend konstante Substratzusammensetzung zu erhalten. Die übliche **landwirtschaftliche Nutzung** der Gärprodukte als Dünger erfolgt **diskontinuierlich**. Daher muss in einem Speicher für Flüssigdünger genügend Lagervolumen bereitgehalten werden. Dieser Speicher für das flüssige Gärprodukt wird häufig zusätzlich als „Nachgärer", d. h. als dem Fermenter nachgeschalteter zweiter Fermenter genutzt. Im Nachgärer wird in Biogasanlagen zur Energiegewinnung aus organischen Stoffen etwa 5% des insgesamt gebildeten Biogases erzeugt.

Bei den Substraten für Biogasanlagen handelt es sich üblicherweise um inhomogene Materialien, die sowohl sedimentierende als auch schwimmende Bestandteile enthalten. Sämtliche Behälter zur Lagerung von Flüssigkeiten in Biogasanlagen müssen daher, ebenso wie die Fermenter, mit leistungsfähigen Rührwerken ausgerüstet sein um Ablagerungen und Schwimmschichten zuverlässig zu vermeiden. Die Vermeidung von Sedimenten und Schwimmschichten in Behältern und die **Homogenisierung der Behälterinhalte** ist eine der wichtigsten konstruktiven Aufgaben bei der Konzeption von Biogasanlagen.

Um feste Substrate in Nassfermentationsanlagen verarbeiten zu können, ist häufig der Einsatz von **Prozesswasser** erforderlich. Zur Prozesswassergewinnung wird vergorenes Substrat aus dem Lagerbehälter für den Flüssigdünger entnommen und einer Fest-Flüssig-Trennung zugeführt. Als Fest-Flüssig-Trennung werden Pressschneckenseparatoren und Dekanter eingesetzt. Die im Separator erzeugte feststoffarme Flüssigkeit wird als Prozesswasser mit einem TS-Gehalt von ca. 1–3% zur Anmaischung des frischen Substrats verwendet. Die abgetrennten Feststoffe können als Kompost landwirtschaftlich verwertet werden.

Die Nutzung des erzeugten Biogases erfolgt üblicherweise in Blockheizkraftwerken. Diese sind in Kap. 27.4.3 beschrieben. Da die Biogasproduktion im Fermenter Schwankungen hinsichtlich Gasqualität und der Gasmenge unter-

liegt, werden Biogasspeicher eingesetzt. Als Biogasspeicher sind z. B. elastische Membranen im Einsatz, welche in der Regel direkt auf dem Fermenter oder dem Nachgärer montiert sind. Diese elastischen Membranen werden für Behälter mit einem Durchmesser von über 20 Metern eingesetzt. Damit können problemlos Gasspeichervolumina von mehreren hundert Kubikmetern geschaffen werden. Nachteil dieser elastischen Membranen ist die vergleichsweise hohe Diffusion des Biogases durch die Membran. Dadurch kann es zu Geruchsemissionen kommen. Als Alternative zu den elastischen Membranen werden so genannte **Doppelmembran-Folienspeicher** eingesetzt. Dies sind Konstruktionen, die aus einer äußeren Dachfolie als Witterungsschutz und einer flexiblen Innenfolie bestehen, welche den Biogasspeicher darstellt. Als Folien werden gewebeverstärkte PVC-Folien eingesetzt. Das äußere Foliendach kann z. B. mit einem Gebläse konstant unter einem Überdruck von ca. 2 kPa (20 mbar) gehalten werden, um Schnee- und Windlasten standzuhalten. Häufig werden auch Dachfolien mit Mittelstütze und kegelförmiger Abspannungen mit Seilen eingesetzt. Bei den Doppelmembran-Folienspeichern ist die Gasdiffusion aufgrund der dickeren Membran deutlich geringer. Außerdem besteht die Möglichkeit, die Luft zwischen Innenfolie und Dachfolie zu erfassen und zu reinigen.

Biogasanlagen können zu erheblichen **Geruchsemissionen** führen, wenn Biogas unverbrannt entweicht oder Abluft aus dem Lagerbehälter ohne vorherige Reinigung abgelassen wird. Daher sollten Biogasanlagen, die in der Nähe von Ortschaften errichtet werden, immer mit einer Ablufterfassungs- und Abluftreinigungsanlage ausgerüstet werden. Als Abluftreinigungsanlagen werden nahezu ausschließlich **biologische Abluftreinigungsanlagen** (Biofilter) verwendet.

Biogas sollte aufgrund der erheblich klimaschädlichen Wirkung von Methan nicht unverbrannt in die Atmosphäre gelangen. Daher müssen Biogasanlagen mit einer Möglichkeit zur Biogasverbrennung bei Ausfall der Biogasverwertung ausgerüstet sein. Dazu werden z. B. Gaskessel zur Warmwassererzeugung oder Biogas-Notfackeln eingesetzt, die bei Gasüberproduktion oder BHKW-Ausfall durch Wartungsarbeiten oder bei Störungen eine weitgehend schadlose Biogasbeseitigung sicherstellen können.

Zur Nutzung des Biogases muss es aufbereitet werden, d. h. **störende Begleitgase** wie Schwefelwasserstoff oder Ammoniak müssen soweit möglich abgetrennt werden. Das Biogas verlässt den Biogasreaktor wasserdampfgesättigt. Wasserdampf kann in den Gasregelstrecken zu Kondensatausfall und damit zu Störungen führen. Daher muss das Biogas üblicherweise vor der Nutzung getrocknet werden. Zur **Biogastrocknung** werden z. B. Kältetrockner eingesetzt.

Die wichtigste **störende Begleitkomponente** des Biogases ist H_2S. Schwefelwasserstoff schädigt das Motorenöl der BHKW und kann dadurch Motorschäden auslösen oder die Lebensdauer der Motoren erheblich senken. Zur Abtrennung von H_2S werden verschiedene Technologien eingesetzt. Am weitesten verbreitet ist die Zudosierung einer geringen Menge an Luft in den Kopfraum des Fermenters. Durch den in der Luft enthaltenen Sauerstoff wird H_2S mikrobiologisch in **elementaren Schwefel** umgewandelt und so weitgehend aus dem Biogas abgetrennt. In der Praxis wird dadurch eine H_2S-Reduktion um etwa 80% erreicht. Diese Technik ist jedoch nur bei geringen H_2S-Konzentrationen einsetzbar. Bei H_2S-Konzentrationen über 10 000 ppm werden z. B. biologische Wäscher, chemisorptive Verfahren (Laugewäscher) und Festbettfilter mit Raseneisenerz eingesetzt.

27.3.2
Anlagenbetrieb

Die Aufgabe des Betreibers einer Biogasanlage besteht darin, die Biogasanlage stets technisch funktionsfähig und den **Biogasprozess stabil** zu halten. Die technische Funktion der Biogasanlage wird durch eine vorsorgende Instandhaltung sichergestellt. Dies bedeutet, dass z. B. alle mechanisch bewegten Teile der Anlage regelmäßig überprüft, gewartet und z. B. bei erhöhtem Verschleiß erneuert werden müssen. Da Biogasanlagen vergleichsweise komplizierte technische Systeme sind, die aufgrund ihrer Komplexität manuell nahezu nicht mehr bedienbar sind, werden moderne Anlagen stets mit EDV-gestützten **Prozessleitsystemen** ausgerüstet. Diese steuern und überwachen die gesamte Funktion der Anlage und setzen Störmeldungen an den Betreiber ab, wenn Fehlfunktionen auftreten. Die Stabilität des Biogasprozesses wird maßgeblich von der Fermenterbeschickung bestimmt, sofern nicht toxische oder hemmende Stoffe vorliegen. Jeder Biogasanlagenbetreiber ist bestrebt, die Fermenterbeschickung möglichst gleichmäßig zu gestalten, um eine konstante Biogasproduktion zu bewirken.

Zur **Überwachung des Biogasprozesses** werden kontinuierlich die erzeugte Biogasmenge, die Zusammensetzung des Biogases und der pH-Wert des Fermenterinhalts gemessen und im Prozessleitsystem dargestellt. Prozessbegleitend werden in regelmäßigen Abständen Proben aus dem Fermenter entnommen und im Labor auf den Gehalt an organischen Säuren und hemmenden Stoffen wie Stickstoffverbindungen analysiert, da diese Parameter bisher nicht mit hinreichender Genauigkeit und Betriebssicherheit online messbar sind. Anhand der Daten aus der messtechnischen und analytischen Überwachung der Anlage kann ein erfahrener Betreiber die Biogasanlage auch über sehr lange Zeiträume in einem stabilen Zustand halten. Biogasanlagen werden, sofern hinreichend Substrate verfügbar sind, mehrere Jahrzehnte ohne größere Unterbrechungen betrieben.

Bei der anaeroben Abwasserbehandlung und der Biogasgewinnung aus Monosubstraten kann es vorkommen, dass dem Substrat essentielle Spurenelemente oder Nährstoffkomponenten zur Versorgung der Bakterienpopulation fehlen. Ein stabiler Biogasprozess kann in diesem Fall nur durch die Zugabe von Spurenelementen und Nährstoffen erreicht werden. Regelmäßig ist dies z. B. bei der anaeroben Reinigung von **Abwasser aus der Papierindustrie** erforderlich. Hier muss dem Abwasser in den meisten Fällen in geringer Menge Stickstoff (z. B. als Harnstoff) und Phosphor (z. B. als Phosphorsäure) sowie Spurenelementlösung zugegeben werden, um die Biomasse hinreichend zu versorgen. Auch bei der Vergärung von Abwasser aus der Kartoffelverarbeitung kann es erforderlich sein, Spurenelementlösungen zuzugeben.

27.4
Biogasertrag und Biogasverwertung

27.4.1
Buswell-Formel

Ist die chemische Zusammensetzung eines Substrates bekannt, kann mit Hilfe der Buswell-Formel (Gl. 27.1) die Zusammensetzung des daraus erzeugten Biogases berechnet werden.

$$C_cH_hO_oN_nS_s + \frac{1}{4}(4c - h - 2o + 3n + 2s)\,H_2O \rightarrow$$
$$\frac{1}{8}(4c - h + 2o + 3n + 2s)\,CO_2$$
$$+ \frac{1}{8}(4c - h + 2o + 3n + 2s)\,CO_2$$
$$+ n\,NH_3 + s\,H_2S \qquad (27.1)$$

Für ein vergleichsweise einfaches Substrat wie Glucose kann damit die Zusammensetzung des erzeugten Biogases wie folgt berechnet werden:

$$C_6H_{12}O_6 \rightarrow 3\,CO_2 + 3\,CH_4 \qquad (27.2)$$

Der Methananteil beträgt hier 50%. Bei Anwendung der Buswell-Formel errechnet sich für komplexe Substrate wie Fette ein Methananteil von ca.

71% und für Proteine von ca. 60%. Zur Energieerzeugung sind vorwiegend **pflanzliche Biomassen** als Substrate für Biogasanlagen von Bedeutung. Diese Substrate können näherungsweise mit der Summenformel $C_{38}H_{60}O_{26}$ beschrieben werden (Linke et al. 2003). Die Biogaszusammensetzung bei der Vergärung pflanzlicher Substrate errechnet sich nach Buswell zu

$$C_{38}H_{60}O_{26} \rightarrow 18\,CO_2 + 20\,CH_4 \qquad (27.3)$$

Der Methananteil im Biogas beträgt somit bei der Vergärung pflanzlicher Substrate 53%. In der Realität werden jedoch üblicherweise höhere Methangehalte gemessen. Die gemessene **Methankonzentration** im Biogas wird insbesondere durch die **unterschiedliche Löslichkeit** der Gase in der Fermenterflüssigkeit beeinflusst. Die Löslichkeit der Produktgase wird von der Zusammensetzung des Fermenterinhalts und vom Stofftransport im Fermenter beeinflusst (vgl. Kap. 27.5). Da die Löslichkeit von CO_2, NH_3 oder H_2S erheblich höher ist als jene von Methan, wird ein größerer Teil dieser Gase mit der Flüssigkeit aus dem Fermenter ausgetragen. Der im Biogas gemessene Methananteil wird daher immer höher sein als der theoretisch errechnete Wert.

27.4.2
Biogasertrag

Der Methanertrag komplexer Substrate wird in der Praxis über den chemischen Sauerstoffbedarf (CSB) oder die organische Tockensubstanz (oTS) abgeschätzt. Bei der anaeroben Abwasserbehandlung wird der Methanertrag des Abwassers üblicherweise über den im Prozess abgebauten CSB berechnet. Dieser entspricht dem CSB, der als Biogas dem Prozess entnommen wird. Wenn man davon ausgeht, dass Methan den wesentlichen oxidierbaren Anteil im Biogas darstellt, kann die Methanmenge berechnet werden. So kann aus der Reaktionsgleichung

$$CH_4 + 2\,O_2 \rightarrow CO_2 + 2\,H_2O \qquad (27.4)$$

anhand der Molmassen und des Molvolumens idealer Gase berechnet werden, dass je kg abgebautem CSB 0,35 Norm-m^3 Methan gebildet werden. Für das Abwasser einer Papierfabrik bedeutet dies, dass z. B. bei einer Abwasserbelastung von 10 kg CSB/m^3 und einer CSB-Reduktion in der Anaerobstufe der Abwasserreinigungsanlage von 80% pro m^3 Abwasser 2,8 Norm-m^3 Methan oder etwa 5,1 Norm-m^3 Biogas gebildet werden.

In einer kleineren Papierfabrik mit einem Abwasseranfall von 30 m^3 pro Stunde können etwa 84 Norm-m^3 Methan pro Stunde aus dem Abwasser erzeugt werden. Methan hat bei 25 °C einen unteren Heizwert Hu von 9,94 kWh je Norm-m^3. Die in der anaeroben Abwasserreinigungsanlage dieser Papierfabrik erzeugte Energie beträgt somit 835 kW. Wird mit dem Biogas aus der Abwasserreinigung ein modernes Blockheizkraftwerk (BHKW) betrieben, würde dieses bei einem elektrischen Wirkungsgrad von 40% eine elektrische Leistung von 334 kW und eine thermische Leistung von 360 kW (als Warmwasser) abgeben. Ein Teil der Energie geht in Form einer erhöhten Abgastemperatur und Wärmeabstrahlung des BHKW verloren.

Besondere Bedeutung hat der Biogasertrag bei der Energiegewinnung aus Biomasse. Der Biogasertrag wird hier üblicherweise aus dem oTS-Gehalt der Substrate abgeschätzt, da dieser vergleichsweise einfach bestimmbar ist. Der Biogasertrag muss für jedes Substrat experimentell ermittelt werden. Es gibt für nahezu alle in der Praxis eingesetzten Substrate in der Literatur Angaben zu Biogaserträgen. Diese Daten streuen jedoch sehr stark, da die Versuchsbedingungen bei der Ermittlung der Daten nicht einheitlich definiert sind.

In Tabelle 27.1 sind einige Biogaserträge aus organischen Substanzen zusammengestellt. Die Daten wurden von Linke et al. 2003 mittels Gärtest bei 35 °C gemessen. Neben Mais und Gras, die als Silage eingesetzt werden, kann auch Getreide als **Ganzpflanzensilage** (GPS) zur Energieerzeugung eingesetzt werden. Die Energieerträge je Hektar Anbaufläche sind bei GPS höher als bei ausschließlicher Nutzung des Korns. Die Biomasseerträge beim Anbau von Energiepflanzen betragen bei konventioneller Bewirtschaftung derzeit etwa 30 bis 60 Tonnen Frischmasse je Hektar und Jahr. Durch den Einsatz von sehr spät reifenden Maissorten konnten im Versuchsanbau bereits Flächenerträge bis zu 100 Tonnen je Hektar erzielt werden.

Durch das Erneuerbare-Energien-Gesetz (EEG) von 2004 ist die Erzeugung von elektrischem Strom aus nachwachsenden Rohstoffen mittels der Biogastechnologie in vielen Fällen wirtschaftlich. Mit den derzeit verfügbaren Pflanzensorten

Tabelle 27.1. Zusammensetzung des Substrats, Biogasertrag und Methangehalt des Biogases für verschiedene Substrate

	TS % FM	oTS % TS	Biogasertrag m^3/kg oTS	Biogasertrag m^3/t FM	Methangehalt %
Wirtschaftsdünger					
Rindermist	25	85	0,45	95	(*)
Schweinemist	35	85	0,37	110	
Hühnertrockenkot	70	77	0,56	300	
Rindergülle	8	80	0,41	26	
Schweinegülle	8,5	70	0,42	25	
Energiepflanzen					
Roggen GPS	33	93	0,73	225	56
Roggenschrot	86	96	0,87	723	
Maissilage	35	97	0,73	249	59
Grassilage	35	91	0,54	168	

(*): Methangehalte zwischen 60 und 65% bei Wirtschaftsdüngern und zwischen 55 und 60% bei Energiepflanzen

können je Hektar Anbaufläche etwa 20 000 kWh an elektrischem Strom produziert werden. Dies entspricht einem Geldwert von bis zu 3500,– € pro Hektar und Jahr, ein Erlös, der mit konventioneller Landwirtschaft nur schwer erzielbar ist. Mit dem Energieertrag von einem Hektar Anbaufläche können etwa vier bis sechs Haushalte kontinuierlich mit elektrischem Strom versorgt werden. Durch verbesserte Anbaumethoden, neue Pflanzensorten und Weiterentwicklungen im Bereich der Biogasverwertung ist eine Verdoppelung dieses Wertes bis 2010 zu erwarten.

27.4.3
Biogasverwertung

Biogas wird als regenerativer Energieträger überwiegend zur Erzeugung von **elektrischem Strom** und von **Wärme** eingesetzt, wobei die Stromerzeugung vorrangig ist. Die Stromerzeugung erfolgt nahezu ausschließlich in **Blockheizkraftwerken (BHKW)**. Blockheizkraftwerke sind Aggregate, die aus einem Verbrennungsmotor als Antrieb und einem direkt angeflanschten Generator zur Stromerzeugung bestehen. Die BHKW sind mit den erforderlichen Nebenaggregaten zur Gemischregelung, zur Abwärmeauskopplung, zur Reinigung und Abfuhr der Abgase, zur Einspeisung des elektrischen Stromes in die Stromnetze und der erforderlichen Mess- und Regeltechnik ausgerüstet. Die Aggregate werden üblicherweise in Containern komplett montiert ausgeliefert.

Als Antriebsmotoren werden im kleineren Leistungsbereich bis etwa 280 kW Zündstrahlmotoren eingesetzt. Dabei handelt es sich um umgerüstete Dieselmotoren, die als Brennstoff Biogas verwenden. Zur Gemischzündung wird wie beim Dieselmotor in das stark verdichtete Gemisch Dieselkraftstoff (Zündöl) mit hohem Druck eingespritzt. Statt Dieselkraftstoff kann auch Heizöl, Biodiesel oder Pflanzenöl als Zündöl verwendet werden. Der Zündölanteil beträgt üblicherweise etwa 10% der insgesamt zugeführten Energie. Moderne Zündstrahlmotoren arbeiten mit Zündölanteilen unter 4%. Zündstrahlmotoren wurden in den vergangenen Jahren erheblich wei-

terentwickelt. Analog zu den Entwicklungen im PKW-Dieselmotorenbereich wurden Kraftstoff-Direkteinspritzung und elektronisches Motormanagement auch bei den stationären Biogas-Zündstrahl-BHKW eingeführt. Dadurch erreichen BHKW mit Zündstrahlmotorantrieb **elektrische Wirkungsgrade über 42%**. Die Standzeit der Zündstrahlaggregate bis zur ersten Generalüberholung beträgt etwa 30 000 bis 35 000 Betriebsstunden. Würde ein PKW 35 000 Stunden mit konstant 100 km/h fahren hätte er 3,5 Mio. km zurückgelegt.

Im Leistungsbereich über 250 kW werden überwiegend Gas-Ottomotoren („Gasmotor") als Antrieb für die Generatoren eingesetzt. Dabei handelt es sich um sehr robuste Stationärmotoren mit einer Leistung bis zu 2 MW, die auch als Blockheizkraftwerke mit Erdgas als Brennstoff eingesetzt werden. Diese Gasmotoren haben bei einer elektrischen Leistung von einem MW z. B. 20 Zylinder und 50 000 cm^3 Hubraum. Das Gewicht eines Aggregates beträgt etwa 5000 kg. Gasmotoren sind konventionelle Ottomotoren, bei denen das Gemisch wesentlich geringer verdichtet wird als bei Zündstrahlmotoren. Die Zündung erfolgt über Zündkerzen. So wie Benzinmotoren im PKW geringere Wirkungsgrade erreichen als Dieselmotoren, erreichen Gasmotoren prinzipbedingt geringere Wirkungsgrade als Zündstrahlmotoren. Aufgrund des sehr hohen Entwicklungsgrades und der Größe der Gasmotoren erreichen jedoch auch die BHKW mit Gasmotorantrieb elektrische Wirkungsgrade von über 40% im Volllastbereich. Im Teillastbereich sinken die Wirkungsgrade aller verbrennungsmotorbetriebenen BHKW deutlich ab. Die Standzeit großer Gasmotoren bis zur ersten Generalüberholung beträgt etwa 60 000 Betriebsstunden, also etwa sechs Jahre Dauerbetrieb.

Noch in der Entwicklung befinden sich Brennstoffzellen und Mikrogasturbinen zur Biogasverstromung. **Brennstoffzellen** sind bis zu einer elektrischen Leistung von 250 kW mit Erdgas als Brennstoff bereits im Einsatz. Im Biogasbereich sind verschiedene Brennstoffzellentypen in der Erprobung. Die erreichten **elektrischen Wir-**

kungsgrade betragen **bis zu 49%.** Allerdings sind die Investitionskosten bei Brennstoffzellensystemen aufgrund der geringen Stückzahlen so hoch, dass mit einem wirtschaftlich sinnvollen Einsatz erst ab etwa 2010 gerechnet werden kann.

Kleine Gasturbinen (Mikrogasturbinen) werden bereits im Pilotmaßstab zur Biogasverstromung eingesetzt. Die Abgase aus Mikrogasturbinen weisen erheblich **geringere Schadstoffgehalte** auf als jene von Verbrennungsmotoren. Dadurch kann das Abgas der Mikrogasturbinen z. B. direkt zur CO_2-Düngung in Gewächshäusern eingesetzt werden. Mikrogasturbinen sind ohne wesentliche Minderung des elektrischen Wirkungsgrades in einem weiten Leistungsbereich gut regelbar. Die Wartungs- und Unterhaltskosten sind deutlich geringer als jene von Verbrennungsmotoren. Allerdings erreichen Mikrogasturbinen nur einen **elektrischen Wirkungsgrad von maximal 30%.** Da auch die Investitionskosten höher liegen als bei Verbrennungsmotor-BHKW ist der Gasturbineneinsatz derzeit noch nicht wirtschaftlich.

Bei der Biogasverwertung direkt an der Biogasanlage kann die Abwärme aus der Biogasverstromung sehr häufig nur unvollständig genutzt werden. Eine bessere Nutzung der Abwärme kann die Einspeisung des Biogases in das Erdgasnetz und die Nutzung z. B. in zentralen Blockheizkraftwerken mit Anschluss an Wärmenetze bringen. Allerdings muss dazu das Biogas zu Erdgasqualität aufbereitet werden. Diese Aufbereitung ist kosten- und energieintensiv.

27.5
Reaktionstechnik der Methangärung

27.5.1
Kinetik

Der **anaerobe Abbau organischer Substanzen** wird schrittweise durch ein Konsortium wechselseitig von einander abhängiger Bakterien bewirkt (Abb. 27.12). In einem ersten Schritt werden komplexe Biopolymere zu den entsprechenden Monomeren hydrolysiert und diese zu längerkettigen organischen Säuren, Alkoholen, Essigsäure, CO_2 und H_2 vergoren (s. Kap. 1.2). An diesem Aufbereitungsvorgang ist eine Vielzahl unterschiedlicher Organismen beteiligt, die hier pauschal **fermentative Bakterien** genannt werden. Der Hydrolyseschritt wird im Übrigen durch extrazelluläre Enzyme bewerkstelligt (s. Kap. 7). Die Substratgruppe Essigsäure, CO_2 und H_2 wird dann von den **Methanbakterien** (methanogene Bakterien) direkt zu Biogas (Methan und CO_2) umgesetzt. Die Methanbakterien gehören durchweg zur Gruppe der Archaeen. Die längerkettigen organischen Säuren und Alkohole müssen erst in einem Zwischenschritt durch **acetogene Bakterien** in die methanogenen Substrate Essigsäure, CO_2 und H_2 umgesetzt werden.

Der acetogene Zwischenschritt hat im Gesamtzusammenhang des Abbauprozesses eine zentrale Funktion. Aus thermodynamischen Gründen kann die Reaktion, die mit der Bildung von H_2 verbunden ist, nur bei extrem niedrigen H_2-Partikeldrücken im Bereich 1 Pa (10^{-5} bar) ablaufen. Daraus kann gefolgert werden, dass die acetogene

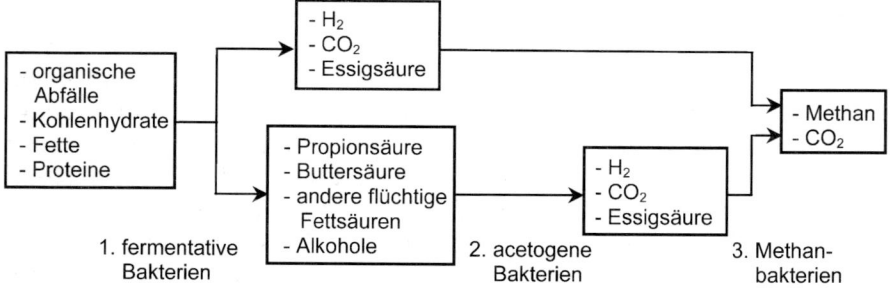

Abb. 27.12. Anaerober Abbau organischer Substanzen

Reaktion nur in direkter Symbiose und in unmittelbarem örtlichem Kontakt mit H_2 verwertenden Methanbakterien ablaufen kann. Da für die Methanbildung andererseits die Anwesenheit von H_2 Voraussetzung ist, muss die Reaktion in einem engen Konzentrationsbereich von H_2 ablaufen, der auch **thermodynamisches H_2-Fenster** genannt wird. Tatsächlich kann man im Experiment beobachten, dass bei Zuführung von H_2 in die Fermentationsbrühe die Konzentration von Propionsäure sprunghaft ansteigt, die acetogene Reaktion somit blockiert wird. Dieser negative Einfluss von Wasserstoff muss nicht in jedem Fall sichtbar werden. Falls die beteiligten Organismen immobilisiert, d. h. auf Trägermaterial aufgewachsen sind, kann es durchaus möglich sein, dass die acetogenen Organismen durch andere, möglicherweise Methan bildende Organismen entsprechend abgeschirmt werden. Jede Störung der acetogenen Reaktion hat eine **erhöhte Propionsäurekonzentration** zur Folge. Diese wirkt sich, wie unten gezeigt wird, jedoch ihrerseits negativ auf die Methanbildung aus, so dass hiermit der gesamte Biogasprozess betroffen ist.

Substanzen, wie sie in organisch belasteten Abwässern und Abfallstoffen vorkommen, enthalten häufig auch Schwefel und Stickstoff. Schwefel wird im Biogasprozess zu H_2S und Stickstoff zu NH_3 reduziert.

Das dynamische Verhalten des Biogasprozesses wird im Wesentlichen durch die Umwandlung von **Essigsäure zu Methan** bestimmt. Diese Reaktion ist langsam und stellt im Gesamtprozess des Abbaus den geschwindigkeitsbestimmenden Schritt dar, wie Experimente zeigen. Ein Beispiel ist in Abb. 27.13 zu sehen. Vergoren wird **Molke**, ein Nebenprodukt der Käseproduktion. Während der ersten 2,5 Stunden wurde der Reaktorzulauf auf einen stark erhöhten Volumenstrom eingestellt. Als Folge dieser zeitlich begrenzten Überlastung steigt die Konzentration der Essigsäure sprunghaft an. Die Konzentrationspegel der anderen flüchtigen Fettsäuren sind von der Störung praktisch nicht betroffen, sie bleiben mehr oder weniger auf konstanter Höhe. Schon 1973 wurde in einer Veröffentlichung von Graef und Andrews

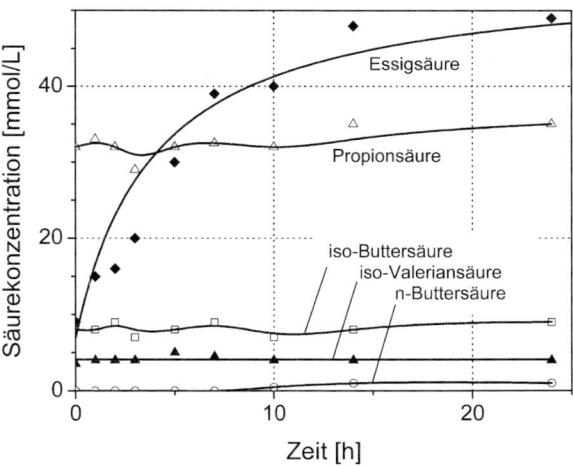

Abb. 27.13. Konzentration der verschiedenen flüchtigen Fettsäuren bei der kontinuierlichen Vergärung von Molke aus der Käseproduktion (nach Märkl et al 1983). Das Experiment wurde in einem 20 Liter Rührkesselreaktor durchgeführt

postuliert, dass die Reaktion von Essigsäure zu Methan den gesamten Biogasprozess dominiert und dass eine **quantitative Beschreibung** des Prozesses an dieser Reaktion ansetzen muss. Aus anderen Experimenten ist auch bekannt, dass die Methanbildung aus Essigsäure sehr empfindlich auf unterschiedliche Milieubedingungen reagiert. So kann die kurzzeitige Anwesenheit von Sauerstoff die Reaktion vollständig zum Erliegen bringen. Auch andere auf Mikroorganismen wirkende toxische Substanzen beeinflussen primär die Methanbakterien. Wie im Folgenden gezeigt, wird die Bildungsreaktion von Methan aus Essigsäure auch durch die Anwesenheit erhöhter Pegel von Propionsäure, Schwefelwasserstoff und Ammoniak negativ beeinflusst.

Von verschiedenen Autoren wurde untersucht, in welcher Weise die Methanbildungsgeschwindigkeit (Methanproduktion) von der Konzentration des wichtigsten Ausgangssubstrats, der Essigsäure, abhängt. In Abb. 27.14 ist das Ergebnis voneinander sehr unterschiedlicher Experimente dargestellt. Witty und Märkl (1986) berichten über die Vergärung von Abfallmyzel aus der Antibiotikaproduktion. Therkelsen und Carlson (1979) und Therkelsen et al. (1981) vergärten komplexe Modellsubstrate, und Aivasidis et al. (1982) untersuchten eine Reinkultur von *Methanosarcina barkeri*, die direkt mit Essigsäure gefüttert wurde. In Abb. 27.14 a ist die Methanproduktion als Funktion der gesamten Essigsäurekonzentration aufgetragen. Zunächst fällt auf, dass die Messpunkte auch innerhalb der einzelnen Messreihen relativ **großen Schwankungen** unterworfen sind. Dieser Mangel an Eindeutigkeit und Reproduzierbarkeit, der nur durch mehrfaches Wiederholen von Experimenten ausgeglichen werden kann, ist offenbar eine Folge des instabilen und komplexen Charakters des Biogasprozesses. Aber einmal abgesehen von den im Versuch beobachteten Schwankungen im Einzelnen, ist das im Ergebnis gefundene generelle Verhalten bei den durchgeführten Experimenten höchst unterschiedlich.

Das Bild ändert sich, wenn man die exakt gleichen gemessenen Methanbildungsraten in einem Diagramm (Abb. 27.14 b) aufträgt, auf dessen Abszisse der Anteil der Essigsäure aufgetragen ist, der in **undissoziierter Form** vorliegt. Tatsächlich ist bei pH 7 ein Großteil der Essigsäure dissoziiert, Mikroorganismen können jedoch offenbar nur den kleineren nicht dissoziierten (ungeladenen) Teil nutzen. In Abb. 27.14 b zeigt sich nun, trotz der gegebenen sehr unterschiedlichen experimentellen Voraussetzungen bezüglich Substrat und eingesetzten Mikroorganismen, dass das grundsätzliche reaktionstechnische Verhalten weitgehend übereinstimmt. Der Parameter „undissoziierte Essigsäure" integriert die experimentellen Daten also zu einem einheitlichen Bild. Das gefundene Verhalten entspricht einer bei Mikroorganismen üblichen Michaelis-Menten-Kinetik.

Die Konzentration der jeweiligen Essigsäureform kann aus der Konzentration der gesamten Essigsäure berechnet werden, wenn der pH-Wert bekannt ist. Essigsäure (CH_3COOH) dissoziiert gemäß der folgenden Gleichung

$$CH_3COOH \rightleftharpoons CH_3COO^- + H^+ \qquad (27.5)$$

oder in Kurzschreibweise

$$Hac \rightleftharpoons Ac^- + H^+ \qquad (27.6)$$

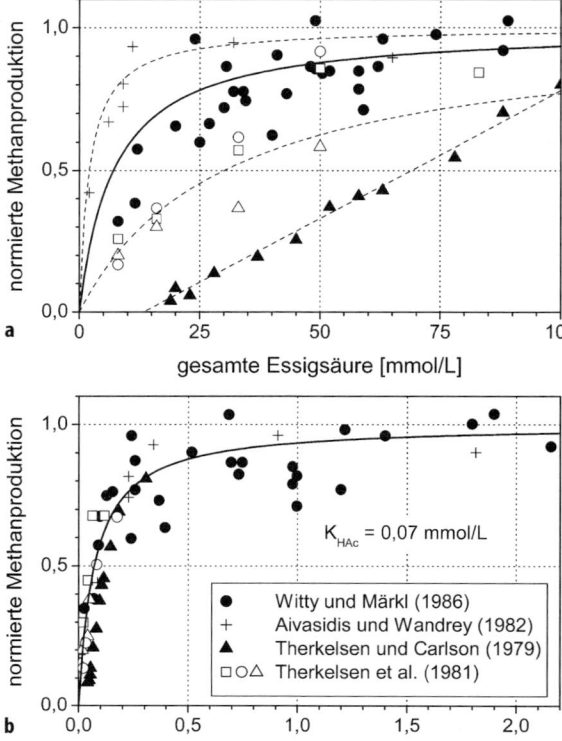

Abb. 27.14. Methanproduktion als Funktion der Essigsäurekonzentration. Als Abszisse dient bei Diagramm **a** die Konzentration der gesamten Essigsäure und bei Diagramm **b** die Konzentration der undissoziierten Essigsäure

wobei die Gesamtkonzentration der Essigsäure c_{Ac} konstant bleibt und sich aus dem dissoziierten c_{Ac^-} und undissoziierten Anteil c_{HAc} zusammensetzt.

$$c_{Ac} = c_{HAc} + c_{Ac^-} \qquad (27.7)$$

Das Dissoziationsgleichgewicht wird durch folgende Gleichung gegeben

$$K_{D,Ac} = \frac{c_{Ac^-} \cdot c_{H^+} \cdot \gamma^2}{c_{HAc}} \qquad (27.8)$$

Aus Gl. 27.7 und 27.8 ergibt sich direkt

$$c_{HAc} = \frac{c_{Ac} \cdot c_{H^+} \cdot \gamma^2}{K_{D,Ac} + c_{H^+} \cdot \gamma^2} \qquad (27.9)$$

Die **Dissoziationskonstante** $K_{D,Ac}$ für Essigsäure bei 37,4 °C beträgt $1,17 \cdot 10^{-5}$ mol L^{-1}. Der Aktivitätskoeffizient γ kann entsprechend einer Nährung nach Davis (zu finden in Loewenthal u. Marais 1976) berechnet werden. Im Fall von Abwasser aus der Produktion von Bäckerhefe wird dieser mit 0,73 abgeschätzt. Die Konzentration der H^+-Ionen c_{H^+} beträgt bei pH 7 definitionsgemäß 10^{-7} mol L^{-1}. Setzt man diese Werte in Gl. 27.9 ein, dann berechnet sich für den undissoziierten Teil der Essigsäure c_{HAc} ein Wert, der etwa bei weniger als 1% der gesamten Essigsäure c_{Ac} liegt. Naturgemäß hängt dieser Anteil sehr stark vom pH-Wert ab. Bei pH 6 steigt der Anteil der undissoziierten Essigsäure in erster Nährung um den Faktor 10. Bei höheren pH-Werten nimmt er ab.

Wenn wir annehmen, dass das Wachstum der methanbildenden Organismen direkt an die Methanproduktion gekoppelt ist, dann können wir für das Wachstum der Organismen die Wachstumsrate μ formulieren

$$\mu = \mu_{max} \cdot \frac{c_{HAc}}{c_{HAc} + K_{HAc}} \qquad (27.10)$$

wobei der Wert für die Sättigungskonstante entsprechend Abb. 27.14 b mit $K_{HAc} = 0,07$ mmol L^{-1} abgeschätzt wurde.

Wie Experimente (Abb. 27.15) zeigen, führt die Anwesenheit von Propionsäure in der Fermentationsbrühe zu einer **Verlangsamung der Methan-** **bildung**, die mit einem zusätzlichen Hemmterm berücksichtigt wird.

$$\mu = \mu_{max} \cdot \frac{c_{HAc}}{c_{HAc} + K_{HAc}} \cdot \frac{K_{H\,Pro}}{c_{H\,Pro} + K_{H\,Pro}}$$

$$(27.11)$$

Zu beachten ist, dass auch, wie im Fall der Essigsäure, nur der Anteil der Propionsäure wirksam ist, der nicht dissoziiert ist. Da die Dissoziationskonstante $K_{D,Pro}$ mit $1,3 \cdot 10^{-5}$ mol L^{-1} in etwa der von Essigsäure entspricht, liegt auch hier im relevanten pH-Bereich um pH 7 nur ein relativ kleiner Anteil in undissoziierter Form vor.

Im Gesamtzusammenhang der Methanbildungskinetik spielt die Anwesenheit von Propionsäure eine überraschende Rolle. Bei den in Abb. 27.14 a vorgestellten Experimenten war praktisch keine Propionsäure vorhanden. Das experimentell gefundene Verhalten entsprach einer Michaelis-Menten-Kinetik. Bei Anwesenheit von Propionsäure ändert sich das Bild. Da mit zunehmender Essigsäurekonzentration der pH-Wert abnimmt, wird im Bereich hoher Essigsäurekonzentration ein größerer Anteil der Propionsäure in undissoziierter Form vorliegen und damit eine größere Hemmwirkung erzeugen. Aus einer Modellrechnung ergibt sich das in Abb. 27.16 vor-

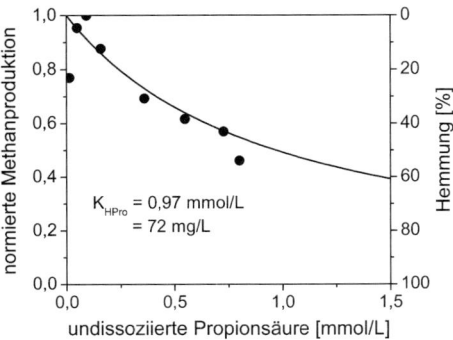

Abb. 27.15. Methanproduktion als Funktion der Konzentration an undissoziierter Propionsäure nach Witty und Märkl (1986)

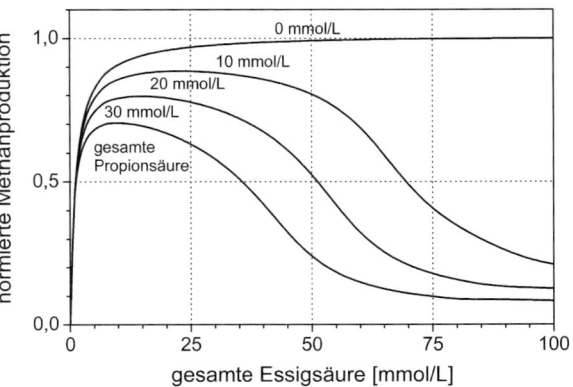

Abb. 27.16. Methanproduktion als Funktion der Konzentration der gesamten Essigsäure. Parameter ist die Konzentration der gesamten Propionsäure. Die für die Rechnung notwendigen pH-Werte wurden entsprechend dem in Abb. 5.8 angegebenen mathematischen Modell bestimmt

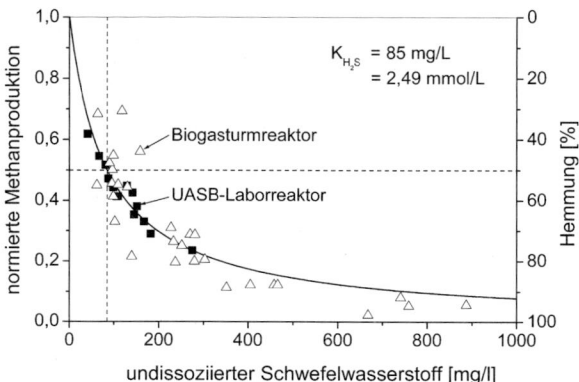

Abb. 27.17. Methanproduktion als Funktion des undissoziierten Schwefelwasserstoffs. Gemessen in einem Biogasturmreaktor und in einem UASB-Laborreaktor nach Polomski (1998)

gestellte Verhalten, das in gewissem Sinn einer **Substrathemmungskinetik** entspricht.

Einen vergleichbaren Effekt kann die Anwesenheit von H_2S in der Gärbrühe auslösen. Auch H_2S hemmt die Methanbildung (vgl. Abb. 27.17). H_2S dissoziiert zu HS^- und H^+. Wirksam ist auch in diesem Fall der undissoziierte Anteil. Die Hemmkonstante beträgt $K_{H_2S} = 85$ mg L^{-1}. Das heißt, dass die Methanbildung bei einer Konzentration von 85 mg L^{-1} undissoziiertem Schwefelwasserstoff zu 50% gehemmt wird.

Über eine hemmende Wirkung wird auch bei der Anwesenheit von Ammoniak berichtet (Gallert und Winter 1998). Im Temperaturbereich von 37 °C wird eine Hemmkonstante von $K_{NH_3} = 93$ mg L^{-1} angegeben. Dieser Wert bezieht sich auf das ungeladene NH_3. Während die Konzentration undissoziierter Propionsäure und von undissoziiertem H_2S mit fallendem pH-Wert zunimmt, liegt Ammoniak nur bei höheren pH-Werten undissoziiert in relevanter Menge vor. Da NH_3 bei der Vergärung von stickstoffhaltigen Substraten entsteht, muss mit entsprechenden Problemen, insbesondere bei sehr proteinreichen Biomassen gerechnet werden.

Abschließend ist zu sagen, dass die angegebenen kinetischen Konstanten Mittelwerte für Mischkulturen darstellen, wie sie gewöhnlich in praxisnahen Experimenten gefunden werden. In einer Übersichtsarbeit von Märkl (2005) wurde

eine Reihe von kinetischen Experimenten mit Reinkulturen von Methanbakterien zusammengestellt. Es wurde festgestellt, dass Experimente, die mit *Methanothrix* Spezies durchgeführt wurden, kleinere K_{HAc} Werte im Bereich 0,02 mmol L^{-1} ergeben, solche mit *Methanosarcina* Spezies ergeben größere Sättigungskonstanten ($K_{HAc} = 0,12$ mmol L^{-1}). Die Abweichungen lassen sich mit der filamentösen Struktur und damit großen Oberfläche von *Methanothrix* einerseits und dem kompakten paketartigem Aufbau (kleine Oberfläche) von *Methanosarcia* andererseits erklären. Der hier für Abschätzungen vorgeschlagene Wert $K_{HAc} = 0,07$ mmol L^{-1} liegt also zwischen den gefundenen Extremen. Festzuhalten ist auch, dass alle hier vorgestellten kinetischen Daten an frei suspendierter Biomasse gemessen wurden, wie sie in Abb. 2.3 abgebildet ist. Werden die Mikroorganismen auf Trägermaterial immobilisiert, wachsen sie also in mehr oder weniger dicken Schichten, ist sowohl für **die Sättigungskonstante** als auch für die Hemmungskonstanten mit größeren Werten zu rechnen.

27.5.2
Mathematisches Modell

Da das kinetische Verhalten von Methanbakterien jeweils von den undissoziierten Spezies der Einfluss nehmenden Stoffe bestimmt wird, ist es auf jeden Fall notwendig, den pH-Wert der Gärsuspension zu kennen, um das Dissoziationsgleichgewicht zu bestimmen. Hierfür müssen jedoch auch alle weiteren Dissoziationsreaktionen berücksichtigt werden. Neben der Essigsäure (vgl. Gl. 27.5–27.10) ist dies die Propionsäure, deren Dissoziationsgleichgewicht in gleicher Weise, wie das der Essigsäure, berechnet wird. Weiterhin dissoziiert das in der Gärsuspension gelöste CO_2 in zwei Stufen,

$$H_2O + CO_2 \rightleftharpoons HCO_3^- + H^+ \tag{27.12}$$

$$HCO_3^- \rightleftharpoons CO_3^{2-} + H^+ \tag{27.13}$$

wobei der gesamte CO_2-Gehalt sich als Summe aller einzelnen Spezies errechnet.

$$c_{C,tot} = c_{CO_2} + c_{HCO_3^-} + c_{CO_3^{2-}} \qquad (27.14)$$

Entsprechendes gilt für Schwefelwasserstoff

$$H_2S \rightleftharpoons HS^- + H^+ \qquad (27.15)$$

$$H_2^- \rightleftharpoons S^{2-} + H^+ \qquad (27.16)$$

$$c_{S,tot} = c_{H_2S} + c_{HS^-} + c_{s^{2-}} \qquad (27.17)$$

Für Ammoniak gilt

$$H_2O + NH_3 \rightleftharpoons NH_4^+ + OH^- \qquad (27.18)$$

$$c_{N,tot} = c_{NH_3} + c_{NH_4^+} \qquad (27.19)$$

In Abb. 27.18 ist die Verteilung der verschiedenen Spezies für CO_2, H_2S und NH_3 als Funktion des pH-Wertes aufgetragen. Es ist deutlich zu sehen, dass die zweiten Dissoziationsstufen von CO_2 und H_2S im für die Methangärung relevanten pH-Bereich keine große Rolle spielen; sie werden deshalb im Folgenden weggelassen. Während die wirksame undissoziierte Form von CO_2 und H_2S

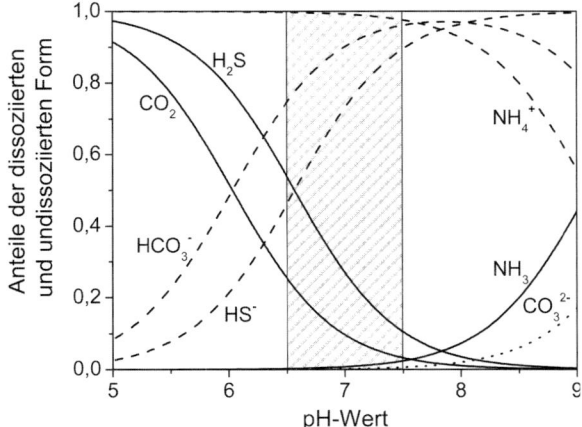

Abb. 27.18. Dissoziation von CO_2, H_2S und NH_3 als Funktion des pH-Wertes

mit niedrigeren pH-Werten zunimmt, ist das undissoziierte Ammoniak erst bei höheren pH-Werten in nennenswerten Mengen vorhanden.

Die Gleichungen zur Bestimmung der undissoziierten und dissoziierten Anteile der wichtigsten Stoffe sind in Abb. 27.19 (mathematisches Modell: chemisches Gleichgewicht) zusammengefasst. Die Stoffdaten für dieses Modell sind in Tabelle 27.2 angegeben. Aus einer Ionenbilanz lässt sich der pH-Wert berechnen (Konzentration der H^+-Ionen). Die OH^--Konzentration ist definitionsgemäß durch die Gleichung

$$c_{OH^-} = (c_{H^+})^{-1} \cdot 10^{-14} \, (mol \cdot L^{-1})^2 \qquad (27.20)$$

gegeben. Da für die Bestimmung des chemischen Gleichgewichts, das in die Ionenbilanz eingeht, seinerseits der pH-Wert bekannt sein muss, ist hier ein iteratives Vorgehen notwendig. Die Größe Z bezeichnet die Summe aller weiteren Ionen (Ausgleichsionen), die in der Gärbrühe vorhanden sind, aber in der Rechnung nicht explizit auftauchen. Es wird davon ausgegangen, dass dieser Wert in erster Nährung konstant ist. Nun kann die Kinetik, d. h. die Geschwindigkeit der Methanbildung bzw. die Wachstumsgeschwindigkeit der Methanbakterien, wie in Abb. 27.19 angegeben, bestimmt werden.

Als Ausgangspunkt für die gesamte Gleichgewichtsrechnung ist zunächst die Kenntnis der Anwesenheit der unterschiedlichen Stoffe in der Gärsuspension notwendig, die in der Regel experimentell erfasst wird. So wird die Gesamtkonzentration von Essigsäure (c_{Ac}) und Propionsäure (c_{Pro}) gewöhnlich **gaschromatographisch** ermittelt. Die entsprechenden Werte für $c_{C,tot}$, $c_{S,tot}$ und $c_{N,tot}$ können ebenfalls direkt messtechnisch in der Gärsuspension bestimmt werden (vgl. hierzu auch Märkl 2005). In der Regel lassen sie sich jedoch einfacher über Messung der entsprechenden **Partialdrücke** p_{CO_2}, p_{H_2S} und p_{NH_3} in der Gasphase berechnen. Da die angesprochenen Gase in der Flüssigkeit entstehen und von dort in die Gasphase abgegeben werden, liegt hier kein Gleichgewicht zwischen Flüssigkeits- und Gasphase vor, sondern es ist mit einer gewissen Überkonzentra-

Tabelle 27.2. Stoffdaten (Temperatur 37,4 °C)

Dissoziationskonstante	$K_{D,Ac}$		$K_{D,Pro}$		K_{D,CO_2}		K_{D, H_2S}		K_{D,NH_3}
mol L^{-1}	$1{,}17 \cdot 10^{-5}$		$1{,}3 \cdot 10^{-5}$		$4{,}94 \cdot 10^{-7}$		$1{,}44 \cdot 10^{-7}$		$6{,}83 \cdot 10^{-6}$

	entsalztes Wasser			Abwasser		
Henry-Koeffizient	He_{H_2S}	He_{CO_2}	He_{NH_3}	HeH_2S	He_{CO_2}	He_{NH_3}
mmol L^{-1} bar^{-1}	78,2	25,2	35615	68,5	22,1	31 200

Daten Kinetik	K_{HAc}	K_{HPro}	KH_2S	K_{NH_3}
mmol L^{-1}	0,07	0,97	2,49	5,47
mg L^{-}	4,2	72	85	93

Aktivitätskoeffizient	γ für Abwasser aus der Backhefeproduktion
[–]	0,73

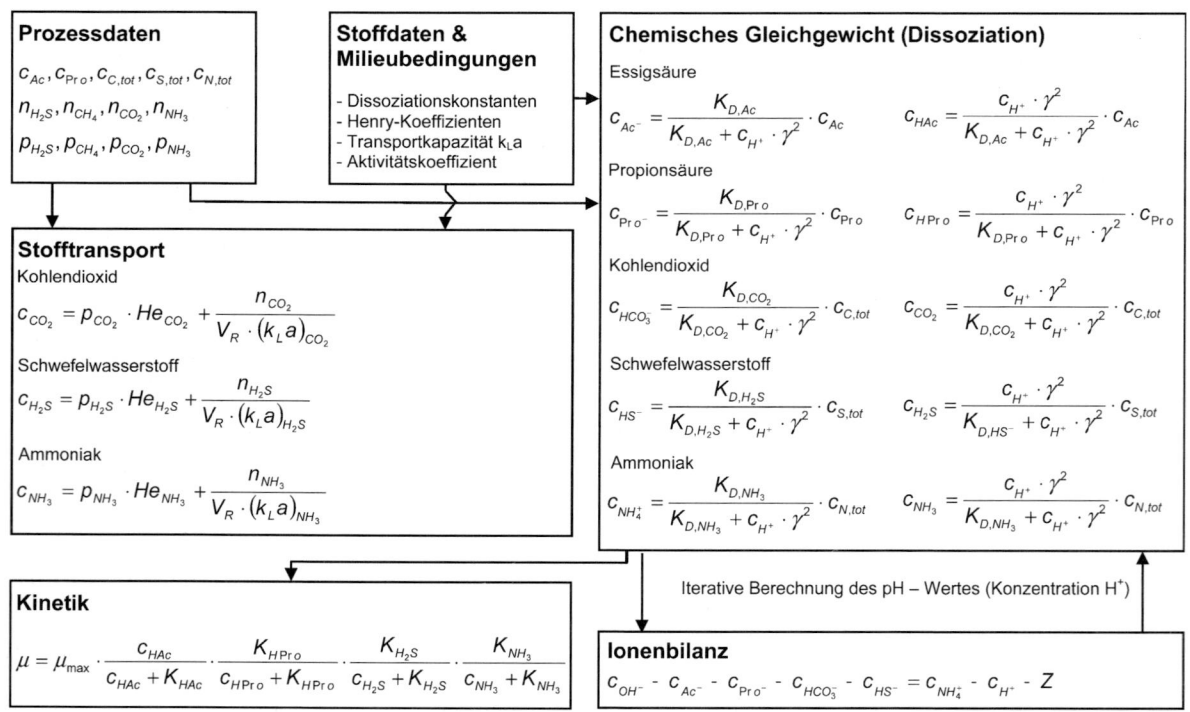

Abb. 27.19. Mathematisches Modell

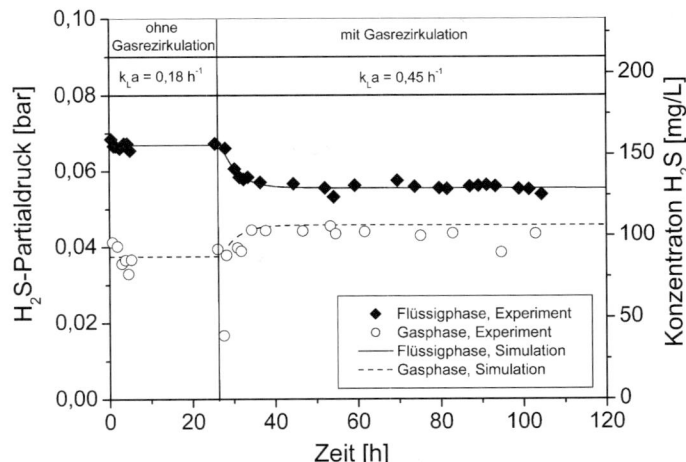

Abb. 27.20. Konzentration von H$_2$S in Flüssig- und Gasphase in einem Labor-UASB-Reaktor mit und ohne Gasrezirkulation nach Polomski (1998)

tion in der Flüssigphase zu rechnen, die sich quantitativ bei Kenntnis des Stoffübergangskoeffizienten k$_L$a entsprechend den in Abb. 27.19 angegebenen Gleichungen bestimmen lässt.

Beispielhaft sind in Abb. 27.20 die Verhältnisse für Schwefelwasserstoff angegeben. Aufgetragen ist hier die jeweilige Konzentration in der Gasphase und in der Flüssigphase über die Zeit, wobei die Konzentration in der Flüssigphase als H$_2$S-Konzentration im mg/L aufgetragen wird. Gleichzeitig ist auf der anderen Achse der Partialdruck angegeben, der mit dieser Konzentration im Gleichgewicht stehen würde. Entsprechendes gilt umgekehrt für die Konzentrationsangabe im Gas. Hier sieht man deutlich, dass bei dem üblichen Betrieb (ohne Gasrezirkulation) in der Flüssigphase eine relativ hohe **Überkonzentration** aufgebaut wird, die sich bei Verbesserung des Stoffaustausches (k$_L$a = 0,45 h^{-1}) deutlich verringern lässt. Die Rezirkulation wird durch einen außen angeordneten Kompressor bewirkt. Das Übergangsverhalten des Systems nach Einschalten der Gasrezirkulation lässt sich durch entsprechende Bilanzierung des H$_2$S in Gas- und Flüssigphase berechnen (Simulation). Es ist bemerkenswert, dass es immerhin ca. 10 h nach Änderung des Stofftransports bedarf, bis sich wieder ein neuer stabiler Zustand einstellt.

Aus den Stofftransportgleichungen der Abb. 27.19 ergibt sich unmittelbar, dass hier auch der absolute Druck, unter dem das Gas steht, eine erhebliche Rolle spielt. Bei hoch bauenden Biogasreaktoren erhöht sich in den tieferen Zonen des Reaktors der hydrodynamische Druck erheblich gegenüber dem Umgebungsdruck. Entsprechend größer werden der Druck des dort entstehenden Biogases und die Partialdrücke der relevanten Produktgase. Damit erhöhen sich auch direkt entsprechend die Konzentrationen der in der Gärsuspension gelösten Gase. Der hydrostatische Druck p$_{hydro}$ hat jedoch auch einen direkten Einfluss auf den Stoffübergang k$_L$a. Einmal verringert sich die freie Gasmenge G$_o$ auf einen Wert G, da unter erhöhtem Druck ein größerer Anteil des Gases in der Flüssigkeit gelöst ist. Außerdem verkleinert sich der Blasendurchmesser d$_B$ gegenüber einem Zustand bei Umgebungsdruck

$$d_B \sim \sqrt[3]{\frac{G}{G_0} \cdot \frac{1}{P_{hydro}}} \qquad (27.21)$$

Der Stoffübergangskoeffizient k$_L$ einer aufsteigenden Gasblase kann entsprechend der Penetrationstheorie nach Highbie abgeschätzt werden (Gl. 27.22).

$$k_L = 2 \cdot \sqrt{\frac{D}{\pi \cdot \tau}} . \tag{27.22}$$

Hier ist D der Diffusionskoeffizient des entsprechenden Gases in der Flüssigkeit und τ die Zeit, die eine aufsteigende Gasblase braucht, um den eigenen Durchmesser zurückzulegen.

Diese berechnet sich aus der Blasenaufstiegsgeschwindigkeit w_B zu

$$\tau = \frac{d_B}{w_B} \tag{27.23}$$

da die Blasenaufstiegsgeschwindigkeit entsprechend der Stokesschen Theorie sich wie das Quadrat des Blasendurchmessers verhält:

$$w_B \sim d_B^2 \tag{27.24}$$

gilt

$$k_L \sim \sqrt{d_B} \tag{27.25}$$

Die Blasenoberfläche a nimmt mit dem Blasendurchmesser zu, ergibt sich insgesamt mit

$$\alpha \sim d_B^2 \tag{27.26}$$

$$k_L \alpha \sim \left(\frac{G}{G_0} \cdot \frac{1}{P_{hydro}} \right)^{0,83} . \tag{27.27}$$

Der Einfluss des hydrostatischen Druckes auf das Gärgeschehen lässt sich mit Hilfe der dargestellten Einflussfaktoren sowie mit dem in Abb. 27.19 gegebenen Gleichungssystem sowie unter Berücksichtigung der einschlägigen Stoffbilanzen also rechnerisch abschätzen. In Abb. 27.21 wird beispielhaft gezeigt, wie der pH-Wert und die Schwefelwasserstoffkonzentration in der Gasphase vom absoluten Druck abhängen. Die dargestellte Modellrechnung wird durch Experimente bestätigt.

Abkürzungsverzeichnis

Symbole

A	volumenspezifische Oberfläche	[$m^2\ m^{-3}$]
c_i	Konzentration der Komponente i	[$mol\ L^{-1}$]
CSB	Chemischer Sauerstoffbedarf	[$mg\ L^{-1}$]
d_B	Blasendurchmesser	[m]
D	Diffusionskoeffizient	[$cm^2\ s^{-1}$]
FM	Frischmasse	[$t\ m^{-3}$]
G	Gasmenge	[L]
G_0	Anfangsgasmenge	[L]
He_i	Henrykoeffizient der Komponente i	[$mol\ L^{-1}$]
H_U	unterer Heizwert	[$kWh\ m^{-3}$]
K_i	Monodkonstante der Komponente i	[$mol\ L^{-1}$]
$K_{D,i}$	Dissoziationskonstante d. Komponente i	[$mol\ L^{-1}$]
k_L	Stoffübergangskoeffizient	[$m\ h^{-1}$]
$\dot{n}$	Stoffmengenstrom	[$mol\ h^{-1}$]
oTS	organische Trockensubstanz bezogen auf Trockensubstanz	[%]
p_i	Partialdruck der Komponente i	[bar]
P_{hydro}	hydrostatischer Druck	[bar]
TS	Trockensubstanz bezogen auf Frischsubstanz	[%]

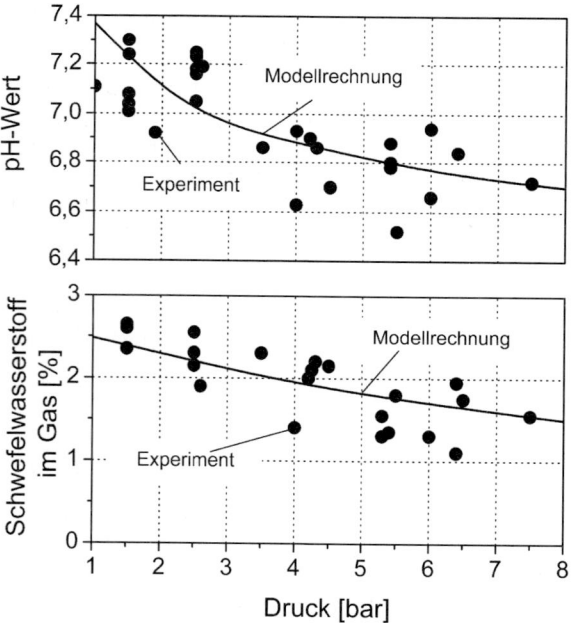

Abb. 27.21. pH-Wert der Gärsuspension und der Schwefelwasserstoffkonzentration in der Gasphase als Funktion des absoluten Druckes nach Friedmann und Märkl (1993)

V_R	Reaktorvolumen	$[m^3]$
w_B	Blasenaufstiegsgeschwindigkeit	$[m\ s^{-1}]$
Z	Ausgleichsionenkonzentration	$[mol\ L^{-1}]$

Griechische Symbole

γ	Aktivitätskoeffizient	$[-]$
μ	Wachstumsrate	$[h^{-1}]$
μ_{max}	maximale Wachstumsrate	$[h^{-1}]$
τ	Zeit	$[s]$

Indices

Ac	gesamte Essigsäure
Ac^-	Acetat
CH_4	Methan
CO_2	Kohlendioxid
CO_3^{2-}	Karbonat
C,tot	gesamter anorganischer Kohlenstoff
H_2	Wasserstoff
H^+	Proton
HAc	undissoziierte Essigsäure
HCO_3^-	Hydrogenkarbonat
HPro	undissoziierte Propionsäure
H_2S	undissoziierter Schwefelwasserstoff
HS^-	Hydrogensulfid
NH_3	undissoziierter Ammoniak
NH_4^+	Ammonium
N,tot	gesamter Stickstoff
OH^-	Hydroxidion
Pro	gesamte Propionsäure
Pro^-	Propionat
S^{2-}	Sulfid
S,tot	gesamter anorganischer Schwefel

Literatur

Aivasidis A, Bastin K, Wandrey C (1982) Anaerobic Digestion 1981. Elsevier, Amsterdam, p 361

Friedmann H, Märkl H (1993) Der Einfluss von erhöhtem hydrostatischen Druck auf die Biogasproduktion. Wasser-Abwasser gwf 134:689–698

Friedmann H, Märkl H (1994) Der Einfluss der Produktgase auf die mikrobiologische Methanbildung. Wasser-Abwasser gwf 6:302–311

Gallert C, Henning H, Winter J (2003) Scale-up of anaerobic digestion of the biowaste fraction from domestic wastes. Water Research 37:1433–1441

Gallert C, Bauer S, Winter J (1998) Effect of ammonia on the anaerobic degradation of protein by a mesophilic and thermophilic biowaste population. Appl Microbiol Biotechnol 50:495–501

Graef SP, Andrews JF (1973) Mathematical modeling and control of anaerobic digestion. AIChE Symp Series 70:101–131

Jördening H-J, Buchholz K (2005) High-rate Anaerobic Wastewater Treatment. In: Jördening H-J, Winter J (eds) Environmental Biotechnology, Concepts and Applications. Wiley-VCH, Weinheim, pp 135–162

Linke B, Heiermann M, Grundmann P, Hertwig F (2003) Biogas in der Landwirtschaft. Leitfaden für Landwirte und Investoren im Land Brandenburg. Ministerium für Landwirtschaft, Umweltschutz und Raumordnung des Landes Brandenburg, S 10

Loewenthal RE, Marais GvR (1976) Carbonate Chemistry of Aquatic Systems: Theory and Application, vol 1. Science Publishers, Ann Arbor/MI

Märkl H, Mather M, Witty W (1983) Mess- und Regeltechnik bei der anaeroben Abwasserreinigung sowie bei Biogasprozessen. Münchener Beiträge zur Abwasser-, Fischerei- und Flussbiologie. Oldenbourg, München, Wien 36:49–64

Märkl H (2005) Modeling of Biogas Reactors. In: Jördening H-J, Winter J (eds) Environmental Biotechnology, Concepts and Applications. Weinheim, Wiley-VCH, pp 163–202

Polomski A (1998) Einfluss des Stofftransports auf die Methanbildung in Biogas-Reaktoren. Diss TU Hamburg-Harburg

Therkelsen HH, Carlson DA (1979) Thermophilic anaerobic digestion of a strong complex substrate. J Water Pollut Control Fed 51,7:1949–1964

Therkelsen HH, Sörensen JE, Nielsen AM (1981) Thermophilic Anaerobic Digestion of Wastewater Sludge and Farm Manure. Project Brief of COWI-Consult in 45 Teknikerbyen, DK-2830 Virum

Witty W, Märkl H (1986) Process engineering aspects of methanogenic fermentation on the example of fermentation of Penicillium mycelium. Ger Chem Eng 9:238–245

28 Biologische Abwasserreinigung

C. GALLERT, J. WINTER

28.1
Einleitung

Wasser ist die Grundlage des Lebens auf der Erde. Oberflächen- bzw. Grundwasser wird zu Trinkwasser aufbereitet oder es wird direkt als Brauch- oder Prozesswasser und zur Bewässerung im Gartenbau und in der Landwirtschaft verwendet. Fließgewässer oder stehende Gewässer können aber auch zur Stromerzeugung in Wasserkraftwerken dienen. Für die Bedürfnisse des alltäglichen Lebens sowie für eine Vielzahl von Produktionsprozessen im Lebensmittel- und Gebrauchsgüterbereich wird in Ländern mit ausreichenden Wasservorräten Trinkwasser verwendet, das **nach der Nutzung** durch veränderte physikalische, chemische oder biologische Eigenschaften als „**Abwasser**" abgeleitet und wenigstens gekühlt, neutralisiert oder, wenn eine organische Verschmutzung stattgefunden hat, **in Kläranlagen gereinigt** werden muss.

Durch die zunehmende Bebauung und Versiegelung von Flächen in Siedlungsgebieten und bei der Industrieansiedlung muss auch Regenwasser von Dachabläufen und von Verkehrsflächen gesammelt und „behandelt" werden, bevor es in Oberflächengewässer abgeleitet oder zur Grundwasseranreicherung versickert wird. Letzteres geschieht in der Regel über einen Bodenfilter.

Die Verwendung von Trinkwasser als Transportmittel für die menschlichen Exkremente in Schwemmkanalisationssystemen verändert den natürlichen Wasserkreislauf und belastet bzw. **beeinträchtigt das Selbstreinigungsvermögen** von Oberflächengewässern. Um die Selbstreinigungskraft der Gewässer nicht zu überlasten, muss bei der Abwasserreinigung in Kläranlagen die **Kohlenstoff- und Stickstofffracht** weitestgehend biologisch abgebaut werden. Die Phosphatfracht wird entweder durch chemische Fällung oder geeignete Steuerung der Biologie zur Induktion des *„luxury uptake"* von Phosphat durch *Acinetobacter* spec. oder andere phosphatakkumulierende Bakterien reduziert. Die erlaubten Restkonzentrationen sind für unterschiedliche Größenklassen von Kläranlagen gesetzlich festgelegt.

Damit die biologischen Abbauprozesse in Kläranlagen ungestört und mit hoher Effizienz ablaufen können muss vor der „Biologie" eine **mechanische Reinigung** des Abwassers zur Abtrennung von grob-partikulären, spezifisch leichten oder schweren Störstoffen vorgeschaltet werden. Nach Entfernung der C-, N-, und P-Fracht gelangt das chemisch behandelte und biologisch gereinigte Abwasser nach der Schlammseparation über Vorfluter zurück in den natürlichen Wasserkreislauf.

28.2
Abwassercharakterisierung

28.2.1
Abwasserzusammensetzung und Abwassermenge

Im kommunalen Abwasser befinden sich eine Vielzahl von Einzelverbindungen, die messtechnisch nicht alle einzeln zu erfassen sind. **Häusliches Abwasser** besteht zum Großteil aus Rückständen der Nahrungsbereitung, aus Geschirrspülwässern, Toilettenabläufen, Bade- und Duschwasser bzw. aus Wasch- und Reinigungslaugen (Textil- und Raumpflege). Im häuslichen Abwasser sind auch Rückstände bzw. Metabolite von Arzneimitteln, die mit dem Urin und mit Faeces ausgeschieden werden und die über die Toilette entsorgten überschüssigen oder zur Benutzung verfallenen Pharmaka zu finden. Ausgeschiedene Rückstände von Medikamenten und Röntgenkontrastmitteln sind in höheren Konzentrationen in Abwässern von Krankenhäusern, Sanatorien oder Altenheimen anzutreffen. Mit den menschlichen Ausscheidungen gelangt auch eine Vielzahl von zum Teil **krankheitserregenden Mikroorganismen** in das häusliche Abwasser und in die Kläranlage. Das **Abwasser aus Industrie und Gewerbe** hingegen ist in der Regel mit viel weniger oder gar keinen (pathogenen) Keimen belastet, enthält aber produktionsspezifische organische oder anorganische Schmutzstoffe.

Die Konzentration von Abwasserinhaltsstoffen ist abhängig vom Wasserverbrauch im Haushalt oder in der Produktion. Dabei ist der durchschnittliche, auf Einwohner bezogene Wasserverbrauch durch Wassersparmaßnahmen in Deutschland von 150 L E^{-1} d^{-1} auf 100–120 L E^{-1} d^{-1} zurückgegangen. Auch die Art der Siedlungsentwässerung (Trenn- oder Mischkanalisation), der Anteil von Fremdwasser im Kanal (Infiltration von Grundwasser bei hohen Grundwasserständen in undichte Kanäle) und klimatische Bedingungen (Trocken- oder Regenwetter) haben einen messbaren Einfluss auf die Schmutzkonzentration und die Abwassermenge. Weiterhin ist eine ausgeprägte Ganglinie der Abwassermenge innerhalb eines Tages oder einer Woche in kommunalen Kläranlagen zu beobachten. Typische **spezifische Schmutzfrachten** bzw. Konzentrationen der C-, N- und P-Belastung des kommunalen Abwassers sind in Tabelle 28.1 zusammengefasst.

Die biologische Abwasserreinigung in größeren Kläranlagen erfolgt mit kontinuierlichen aeroben Reinigungsverfahren, vergleichbar dem Turbidostatverfahren („**Hochlastbelebung**") oder dem Chemostatverfahren („**Schwachlastbelebung**") aus der Fermentertechnologie. Die letzte biologische Stufe vor der Nachklärung und Ableitung des gereinigten Abwassers in den Vorfluter muss eine „**Schwachlastbiologie**" sein, um die gesetzlich vorgeschriebenen Grenzwerte für CSB, BSB$_5$ und Stickstoffverbindungen einhalten zu können. *Sequencing-batch*-Verfahren (SBR) eignen sich nur, wenn geringe Abwassermengen anfallen. Für die in den „Belebtschlammflocken" als „**Biokatalysatoren**" für den Abbau der organischen Schmutzfracht verantwortlichen Abwasser-

bakterien sind die Bedingungen in einer kommunalen oder betrieblichen Kläranlage im Vergleich zu typischen Laborbedingungen suboptimal, da die Konzentration der Nährstoffe („BSB$_5$") für die maximale Wachstumsrate der Abwasserbakterien zu niedrig ist und tageszeitlich starken Schwankungen unterliegt. Zudem muss das Wachstum bei einer Abwassertemperatur von ≥ 8 °C im Winter und ≤26 °C im Sommer stattfinden und die Mikroorganismen müssen gegenüber stoßweise ankommenden toxischen Abwasserinhaltsstoffen „tolerant" sein.

28.2.2
Reinigungsziele

Die einzuhaltenden **Grenzwerte** für die C-, N- und P-Elimination bei der Abwasserreinigung in einer kommunalen Kläranlage sind für verschiedene Anlagengrößen, die sich aus den angeschlossenen Einwohner(gleich)werten (ein EW = 60 g BSB$_5$) ergeben, in der Abwasserverordnung (AbwV 2001), Anhang 1, festgelegt und können in allgemeiner Form wie folgt zusammengefasst werden:

- Weitgehende Elimination von sauerstoffzehrenden Substanzen (BSB$_5$, NH_4^+/NH_3) vor der Einleitung des Abwassers in den Vorfluter
- Weitgehende Entfernung von fischtoxischen (NH_3, NO_2^-, AOX) und eutrophierend wirkenden Stoffen (NO_3^-, PO_4^{3-}) in der Kläranlage
- Weitgehende Entfernung von Trübstoffen und von Keimen (Elimination von Mikroorganismen, insbesondere Elimination von pathogenen Keimen) im geklärten Abwasser.

Die **Salzfracht** des Abwassers wird bei der in kommunalen Kläranlagen üblichen aeroben Abwasserbehandlung mit Ausnahme der fällbaren Phosphate nicht wesentlich verringert. **Schwermetallionen** können bei der aeroben Abwasserbehandlung nur in geringem Umfang durch Adsorption an Schlammflocken aus dem Abwasser entfernt werden. Bei der anaeroben Abwasser- bzw. Schlammbehandlung werden Schwermetallionen als schwerlösliche Sulfide ausgefällt und durch anschließende Sedimentation der Fällpro-

Tabelle 28.1. Spezifische Schmutzfrachten des kommunalen Abwassers und Konzentration von Abwasserinhaltsstoffen

Summen-parameter	spez. Schmutzfracht g E^{-1} d^{-1}	Konzentration im Rohabwasser[a] mg L^{-1}
BSB$_5$	60	400*–500**
CSB	120	800*–1000**
AFS	70	466*–583**
TKN	11	73*–92**
P$_{ges}$	2,5	17*–21**

[a] Für einen täglichen Wasserverbrauch von 120*–150** L (Daten aus Gujer 1999, modifiziert)

dukte bzw. des Schlammes abgetrennt. Da Sulfid nur unter anaeroben Bedingungen durch Sulfatreduktion oder Abbau schwefelhaltiger Aminosäuren gebildet wird und der Belebtschlamm nur im Zentrum der Flocke anaerob werden könnte, spielt die Schwermetallelimination bei der aeroben Abwasserbehandlung in Belebungsbecken bzw. in Tropfkörpern keine signifikante Rolle.

28.3.3
Charakterisierung des „Biokatalysators" oder „Reinigungsträgers" in der Kläranlage

Die Fähigkeit von Mikroorganismen in Suspension und/oder aggregiert in so genannten „Schlammflocken" bzw. sessil als Biofilm auf einem inerten Trägermaterial zu wachsen macht man sich technisch im „Belebtschlammverfahren" (Förderung der Flockenbildung durch entsprechende Fluiddynamik) und im „Tropfkörperverfahren" (Bildung eines biologischen Rasens, Aufwuchses oder Biofilms auf Trägermaterialien) zunutze. Beiden Abwasserbehandlungsverfahren ist gemeinsam, dass es sich bei der Population um komplex zusammengesetzte **Mischbiozönosen** handelt, die durch die jeweils herrschenden Verfahrensbedingungen und die Abwasserzusammensetzung selektiv angereichert werden. Eine abweichende Betriebsweise der Belebung, verursacht durch eine nicht immer sofort erkennbare veränderte Abwasserzusammensetzung oder Konzentration der Schmutzstoffe führt gelegentlich zu einer verminderten Abbauleistung bzw. zum vermehrten Auftreten von fadenförmigen Organismen. Anlagen mit Schwimm- oder Blähschlamm können durchaus gute Abbauleistungen aufweisen, aber das sehr schlechte Absetzverhalten des Überschussschlammes führt zu Betriebsstörungen im Nachklärbecken und zur Überschreitung von Grenzwerten.

Die **Artenvielfalt** des jeweiligen Belebtschlammes oder des Biofilmbewuchses in Festbettreaktoren ist abhängig von der Schlammbelastung im Belebungsbecken bzw. der Raum- oder Flächenbelastung im Tropfkörper (siehe unten) und ist um so ausgeprägter, je geringer die Konzentratio-

nen einzelner Substanzen und je umfangreicher das Substratspektrum ist. Neben Bakterien, die für die Elimination von organischen und anorganischen Abwasserkomponenten verantwortlich sind, spielen vor allem in Tropfkörpern **Protozoen** (Rhizopoden, Flagellaten, Ciliaten, Suctorien) für einen weitergehenden Mineralisierungsprozess eine entscheidende Rolle, z.B. die Verminderung der Überschussschlammmenge durch „grazing", d.h. Abweiden des Biofilms und Nutzung als Nahrungsquelle. Niedere Pilze, Hefen, höhere tierische Formen (Rotatorien, Nematoden) und Algen, die bei der Abwasserreinigung in Teichsystemen anzutreffen sind, kommen im „Lebensraum Kläranlage" ebenfalls vereinzelt vor.

Die in Schlammflocken oder Biofilmen angereicherten Mikroorganismen **entstammen dem Abwasser selbst** bzw. werden von außen mit dem Abwasser (z.B. aus Straßenabläufen oder anderen Zuflüssen in die kommunalen Kanäle) eingetragen. Der überwiegende Teil des Transportmediums der Schmutzfracht war ursprünglich Trinkwasser und durfte vor der Benutzung laut Trinkwasserverordnung (TrinkwV 2001) nur weniger als 100 Mikroorganismen mL^{-1} (ausgedrückt als KBE, koloniebildende Einheiten nach Wachstum auf einem komplexen Nährboden) enthalten. Dazu kommt Regenwasser sowie Sickerwasser und eventuell infiltrierendes Grundwasser („Fremdwasser") über undichte Stellen von Kanälen, die im Grundwasserbereich verlegt sind. Durch menschliche Ausscheidungen, Nahrungsmittelreste, Reinigungsarbeiten usw. gelangt die überwiegende Anzahl von Bakterien mit Populationsdichten von 10^6 bis 10^8 KBE mL^{-1} in das Abwasser. Hygienisch relevante Vertreter im Abwasser (in Klammern Anzahl je 100 mL) sind *Escherichia coli* (10^7), *Enterococcus spec.* (10^7), *Clostridium perfringens* (10^4), *Campylobacter* spec. ($5 \cdot 10^4$), *Staphylococcus aureus* ($5 \cdot 10^4$), *Listeria spec.* ($5 \cdot 10^3$), *Salmonella* spec. ($2 \cdot 10^2$), *Giardia spec.* (10^3) und verschiedene Enteroviren ($5 \cdot 10^3$) (modifiziert nach Henze et al. 1997).

Die Belebtschlammflocke besteht aus **mineralischen Komponenten** (Rückstand bei der Veraschung), die etwa ein Drittel der Trockensubstanz (TS) ausmachen und zu zwei Dritteln aus organischen Substanzen, d. h. aus lebender und toter Biomasse, sowie anderen Partikeln. Die makroskopisch sichtbaren Flocken weisen eine unregelmäßige Struktur auf und können, abhängig von der Belüftungsintensität, von 50 μm bis wenige mm groß sein. Nur die äußersten Schichten der Flocke sind mit Sauerstoff gut versorgt. In den tiefer liegenden Schichten können anoxische oder anaerobe Abbau- und Mineralisationsprozesse in beschränktem Umfang stattfinden. So enthält beispielsweise die Abluft von Belebungsanlagen immer Spuren von Methan und Sulfid. Durch **Schlammrückführung** aus dem Nachklärbecken wird in der Regel eine Schlammkonzentration von 3–4,5 kg m^{-3} im Belebungsbecken eingestellt. Die Zahl der Bakterien beträgt bis zu $3 \cdot 10^{11}$ pro Gramm TS wobei hauptsächlich Vertreter der Gattungen *Acinetobacter, Aeromonas, Achromobacter, Enterobacteriaceae, Flavobacterium, Micrococcus, Pseudomonas* und *Zoogloea* isoliert wurden (Hartmann 1992). Bei der Keimzahlbestimmung durch mikroskopisches Auszählen und Ausstreichen von verdünnten Abwasserproben auf Agaroberflächen macht sich ein Problem der kulturbasierten mikrobiologischen Charakterisierung von Mischpopulationen bemerkbar: Durch Verwendung von Komplex- bzw. Selektivnährmedien kommt es zur Anreicherung der auf diesen Medien bevorzugt und schnell wachsenden Keime und damit häufig zur Fehlinterpretation von scheinbar dominanten Arten. So wurde z. B. *Acinetobacter calcoaceticus* als Modellorganismus für die Untersuchung der biologischen Phosphorelimination in Kläranlagen verwendet, weil diese Bakterienspezies auf Verdünnungsausstrichen gut angewachsen ist und leicht isolierbar war. Erst neuerdings konnte durch Fluoreszenz-*in-situ*-Hybridisierung (FISH) mit Gensonden geklärt werden, dass hauptsächlich andere Mikroorganismen als *Acinetobacter calcoaceticus* für die **biologische P-Elimination** im kommunalen Abwasser verantwortlich waren (s. unten). Diese kommen aber auf den üblicherweise verwendeten Nährmedien nicht zum Wachstum. In Abb. 28.1 sind Belebtschlamm und Biofilm aus der aeroben

Abwasserreinigung sowie Einzelorganismen dargestellt.

In einem Tropfkörper besiedeln Mikroorganismen Trägermaterialien (Lavaschlacke, Gesteinsbrocken oder Kunststofffüllkörper) und bilden an deren Oberfläche einen festhaftenden „**biologischen Rasen**" oder Biofilm (Abb. 28.1). Für den Stoffumsatz ist hauptsächlich die stoffwechselphysiologisch aktive äußere Schicht entscheidend. Um Verstopfungen durch einen sehr dicken Biofilm, „*bioclogging*", zu vermeiden müssen Tropfkörper regelmäßig zur Ausschwemmung des abgelösten oder überschüssigen Biofilms **gespült** werden. Bei gleichartigem Abwasser ist zu erwarten, dass sich dieselben Vertreter von Bakteriengattungen im Tropfkörper-Biofilm und in einer Belebtschlammflocke ansiedeln würden. Nicht sessile bzw. nicht aggregierende Bakterien werden ausgewaschen. Im oberen, lichtbeeinflussten Teil von Tropfkörpern siedeln sich auch **Cyanobakterien und Algen** an. Eine besondere Bedeutung kommt den bakterienfressenden Protozoen sowie den Sekundär- und Tertiärfraßorganismen zu. Diese **Makroinvertebraten** (Oligochaeten, Nematoden, Schnecken) sorgen zusammen mit den in regelmäßigen Zeitabständen durchzuführenden Spülungen für eine optimale Rasendicke und gewährleisten die ungehinderte hydraulische Durchlässigkeit. Wie beim Belebtschlammverfahren kommt es im Tropfkörper unter bestimmten klimatischen Bedingungen, überwiegend in der warmen Jahreszeit, zum massenhaften Auftreten der „Tropfkörperfliege" (*Psychoda* spp.).

28.2.4
Nährstoffelimination:
BSB$_5$-Abbau und Nitrifikation

Grundlagen des aeroben Abbaus
von organischen Verbindungen

Die Summenparameter „Biologischer oder biochemischer Sauerstoffbedarf in 5 Tagen" (BSB$_5$) und „Chemischer Sauerstoffbedarf" (CSB) geben die Menge an Sauerstoff an, die benötigt wird, um eine Substanz oder Substanzgemische in Ab-

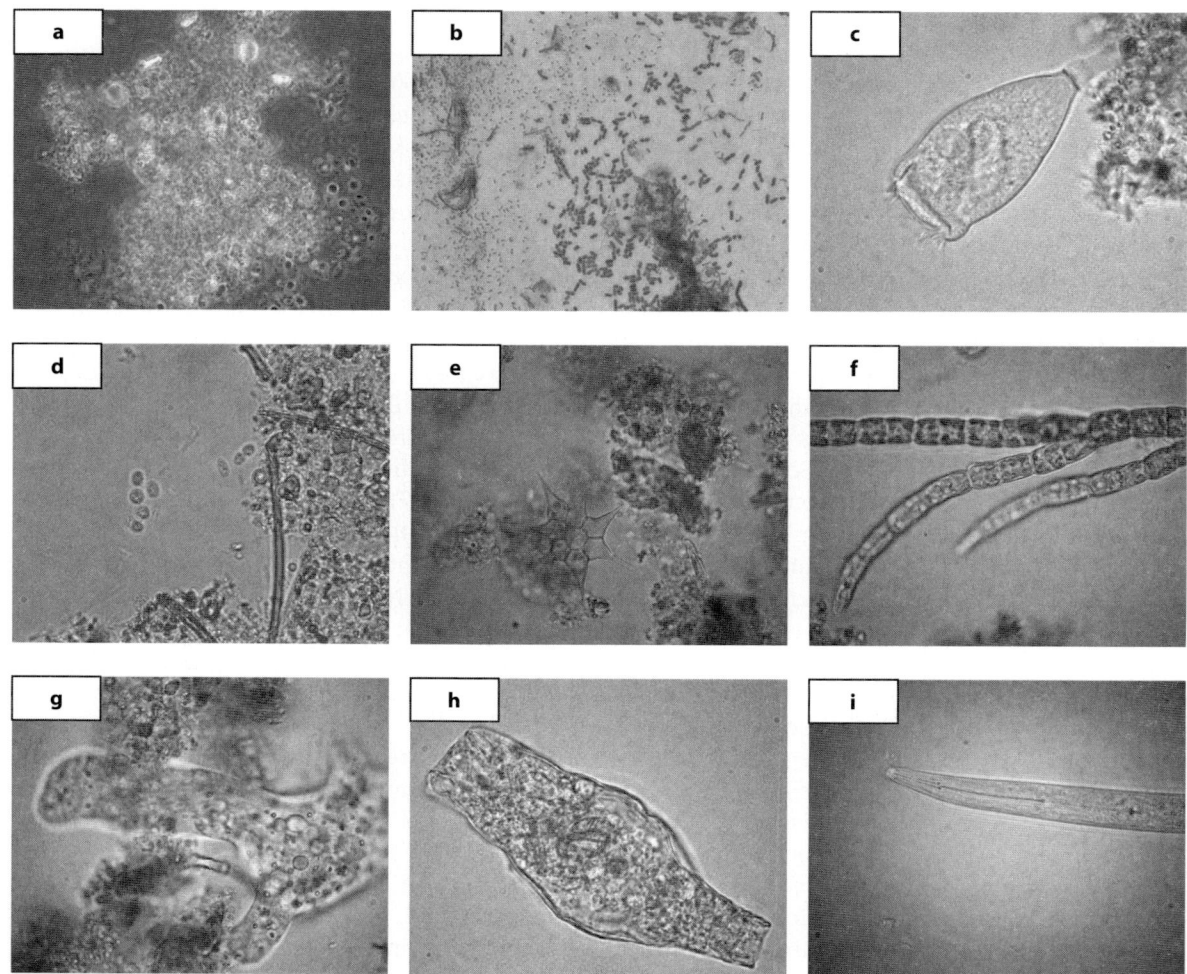

Abb. 28.1. Lichtmikroskopische Aufnahmen (630×) von Belebtschlamm aus einem hochbelasteten Belebungsbecken (**a–d**) und von Biofilm aus einem Kunststofftropfkörper (**e–i**). **a** Belebtschlammflocke; **b** Einzelne Bakterien nach Methylenblaufärbung; **c** Vorticella spec.; **d** Aspidisca spec.; **e** Biofilmrasen von einem Kunststofffüllkörper, in der Bildmitte Pediastrum simplex; **f** Ulothrix spec.; **g** Nacktamöbe; **h** Rotatoria spec.; **i** Nematode (Aufnahmen: M. Paul)

wasser biologisch durch **aeroben Abbau mit Mikroorganismen** oder **chemisch durch Oxidation** mit Dichromat/Schwefelsäure oder saurem Kaliumpermanganat zu CO_2 und Wasser zu mineralisieren. Der **biologische Sauerstoffbedarf** (BSB) spiegelt also direkt den aeroben Abbau wider, wobei einschränkend gilt, dass die Schmutzkomponenten in 5 Tagen oxidierbar sein müssen (BSB_5). Tabelle 28.2 stellt die Analysebedingungen für den BSB_5 und den CSB mit Glucose als Aus-

gangssubstrat gegenüber. Das Verhältnis BSB_5: CSB ist ein Maß für die biologische Abbaubarkeit der organischen Verschmutzung des Abwassers. Für Zucker (z. B. Glucose) liegt dieses Verhältnis bei 1, d. h. Glucose ist vollständig biologisch abbaubar (Tabelle 28.2). Für kommunales Rohabwasser liegt das BSB_5: CSB-Verhältnis bei ca. 0,5 (Werte aus Tabelle 28.1), was scheinbar gegen eine effiziente biologische Abwasserreinigung spricht. Etwa ein Drittel der Abwasserinhaltsstoffe liegt

Tabelle 28.2. Unterschiede in der Bestimmung von BSB$_5$ und CSB sowie Berechnung des BSB$_5$ und CSB

	BSB$_5$	CSB[a]
Einheit	mg O$_2$ L^{-1}	mg O$_2$ L^{-1}
„Oxidationsmittel"	Bakterien, Sauerstoff	Dichromat/Schwefelsäure
Temperatur	20 °C	148 °C
Reaktionszeit	5 Tage	2 Stunden
Umsatzgrad	vollständig bei biologisch leicht abbaubaren Stoffen	95–97%, einige Substanzen widerstehen der Oxidation
Analytik	Messung der O$_2$-Abnahme bzw. der Atmungsrate, z. B. im Sapromat	Photometrische Bestimmung der Cr^{3+}-Ionenkonzentration bei 615 nm
Oxidationsreaktion		$C_6H_{12}O_6 + 6\,H_2O \rightarrow 6\,CO_2 + 24\,e^- + 24\,H^+$
Reduktionsreaktion	$O_2 + 4\,e^- + 4\,H^+ \rightarrow 2\,H_2O$	$Cr_2O_7^{2-} + 14\,H^+ + 6\,e^- \rightarrow 2\,Cr^{3+} + 7\,H_2O$
Redoxreaktion	$C_6H_{12}O_6 + 6\,O_2 \rightarrow 6\,CO_2 + 6\,H_2O$	$C_6H_{12}O_6 + 4\,Cr_2O_7^{2-} + 32\,H^+ \rightarrow 6\,CO_2 + 8\,Cr^{3+} + 22\,H_2O$
Äquivalenz		1,5 Mol O$_2$ = 1 Mol Cr$_2$O$_7^{2-}$
Berechnung	BSB$_5$: 1 g Glucose[b] = 1,07 g O$_2$	CSB: 1 g Glucose = 1,07 g O$_2$

[a] Bestimmung des CSB nach Wolf und Nordmann (1977). Ein alternatives Oxidationsmittel wäre Kaliumpermanganat
[b] Molekulargewicht (MG) von Glucose: 180 g Mol^{-1}. Für Glucose-Monohydrat (MG = 198) ergäbe sich ein BSB$_5$ bzw. CSB von 0,97

in Form von **Partikeln** und etwa zwei Drittel der Abwasserinhaltsstoffe liegen in Form von **gelösten Stoffen** vor. Ein Großteil der in der Regel nur langsam abbaubaren Partikel wird in der Vorklärung abgetrennt. Dies führt zu einer BSB$_5$-Abnahme um ca. ein Drittel im Abwasser nach der Vorklärung. Die gelösten organischen Stoffe und anorganische Stickstoffverbindungen im geklärten Abwasser werden durch aeroben bzw. anoxischen Abbau aus dem Abwasser entfernt.

Die biologisch nicht abbaubare Fraktion des CSB von kommunalem Abwasser muss in höherem Maße mit dem Primärschlamm eliminiert werden als die biologisch abbaubaren Substanzen, da sonst die Grenzwerte im gereinigten Abwasser für den CSB von z. B. ≤75 mg/L im Ablauf einer Kläranlage der Größenklasse 5 nicht eingehalten werden könnten.

Der **aerobe Abbau** von organischen Verbindungen kann vereinfacht mit Glucose als Substrat nach Gleichung (28.1) beschrieben werden (s. Kap. 2).

$$1 \text{ Mol } C_6H_{12}O_6 + 6 \text{ Mol } O_2 \rightarrow$$
$$6 \text{ Mol } CO_2 + 6 \text{ Mol } H_2O + \text{Wärme} \tag{28.1}$$

In dieser Gleichung für die Respiration der Glucose ist der Anteil des organischen Ausgangssubstrates, der nach der Glycolyse nicht veratmet wird, sondern, ausgehend von Pyruvat oder Acetat, für den Zellaufbau (= Biomassewachstum) verbraucht wird, nicht berücksichtigt. Dieser Anteil ist sehr stark davon abhängig, ob ein limitiertes oder überschüssiges Substratangebot für das Wachstum der Bakterien vorliegt. Bei einem hohen Substratangebot (z. B. beim Hochlastbelebungsverfahren in Kläranlagen) können bis zu 50% der organischen Schmutzfracht eines Abwassers für die **Biomasseneubildung** verbraucht werden, was einen bis auf die Hälfte **reduzierten Sauerstoffbedarf** zur Folge haben kann (Gl. 28.2 a, b). Der gebildete Überschussschlamm ist „nicht mineralisiert". Er besteht aus „wohlgenährten" Bakterien, die Reservestoffe eingelagert haben und die bei der Klärschlammdeponierung auch ohne externe Substrate noch eine hohe **endogene Atmungsaktivität** aufweisen. Erst wenn die in den Zellen gespeicherten Reservestoffe vollständig veratmet sind hört die Atmungsaktivität auf.

$$1 \, \text{Mol} \, C_6H_{12}O_6 + 3 \, \text{Mol} \, O_2 \rightarrow 3 \, \text{Mol} \, CO_2$$
$$+3 \, \text{Mol} \, H_2O + \text{Wärme} + 90 \, \text{g Biomasse}$$
„nicht mineralisiert" $\hspace{3cm}$ (28.2 a)

oder

$$180 \, \text{g} \, C_6H_{12}O_6 + 96 \, \text{g} \, O_2 \rightarrow 132 \, \text{g} \, CO_2$$
$$+54 \, \text{g} \, H_2O + \text{Wärme} + 90 \, \text{g Biomasse}$$
„nicht mineralisiert" $\hspace{2.5cm}$ (28.2 b)

Ist das Substratangebot begrenzt und umsatzlimitierend (z. B. in Schwachlast-Belebungsanlagen), wird ein geringerer BSB-Anteil für das Wachstum von Belebtschlammbakterien investiert und stattdessen ein relativ höherer Anteil für den Erhaltungsstoffwechsel schon vorhandener Bakterien veratmet. Das Substrat wird vollständiger und daher mit **höherem Sauerstoffverbrauch** veratmet, um den größeren Energiebedarf für den Erhaltungsstoffwechsel der Belebtschlammbakterien bereitzustellen. Üblicherweise konkurriert bei Schwachlastbelebungsverfahren im Gegensatz zu Hochlastbelebungsverfahren eine gleiche Schlammmenge (diese wird auf 3–4,5 kg m^{-3} d^{-1} eingestellt) bei etwa gleicher Aufenthaltszeit um deutlich weniger Substrat im Zulauf. Die Gleichungen 28.3 a,b geben den Umsatz mit stark substratlimitiertem Belebtschlamm eines Schwachlastverfahrens und die deutlich reduzierte Biomasseproduktion wieder. Die einzelnen Bakterien im Belebtschlamm von Schwachlastbelebungsanlagen sind „ausgehungert", haben **keine organischen Reservestoffe einlagern** können bzw. vorhandene Reservestoffe bereits vollständig veratmet. Sie haben bezüglich ihrer Zusammensetzung deshalb einen etwas erhöhten Aschegehalt, d. h. es liegt ein **„mineralisierter" Belebtschlamm** vor.

$$1 \, \text{Mol} \, C_6H_{12}O_6 + 4,5 \, \text{Mol} \, O_2 \rightarrow 4,5 \, \text{Mol} \, CO_2$$
$$+4,5 \, \text{Mol} \, H_2O + \text{Wärme} + 45 \, \text{g Biomasse}$$
(„mineralisiert") $\hspace{3cm}$ (28.3 a)

oder

$$180 \, \text{g} \, C_6H_{12}O_6 + 144 \, \text{g} \, O_2 \rightarrow 198 \, \text{g} \, CO_2$$
$$+81 \, \text{g Mol} \, H_2O + \text{Wärme} + 45 \, \text{g Biomasse}$$
(„mineralisiert") $\hspace{2.5cm}$ (28.3 b)

Neben den Massenbilanzen (Gl. 28.2 a,b; Gl. 28.3 a,b) können auch Energiebilanzen für die Respiration von Glucose erstellt werden. Aerobe heterotrophe Belebtschlammbakterien oxidieren Hexosen über einen der drei glykolytischen Abbauwege (Emden-Meyerhof-Parnas-Weg, Pentosephosphat-Weg oder 2-Keto-3-desoxy-6-phosphogluconat-Weg) zu Pyruvat, das nach Decarboxylierung als Acetyl-CoA in den Tricarbonsäurezyklus (TCA) eingeschleust und dort zu CO_2 oxidiert wird. Der Energiegewinn resultiert zu einem kleinen Teil aus der **Substratkettenphosphorylierung** während der Zerlegung des C-Gerüstes der Kohlenhydratmoleküle und zum großen Teil aus der **Atmungskettenphosphorylierung** bei der Wasserbildung aus den Reduktionsäquivalenten mit molekularem Sauerstoff (s. Kap. 2). Theoretisch können maximal 38 Mol ATP pro Mol vollständig veratmeter Glucose gebildet werden. Da in Hochlastbelebungsanlagen nur 50% der organischen Substrate zu CO_2 und H_2O oxidiert werden (Gl. 28.2a,b) können bei der Veratmung von kohlenhydrathaltigen Abwasserinhaltsstoffen zu CO_2 und Wasser nur 19 Mol ATP als biochemische Energie für den Bau- und Erhaltungsstoffwechsel erhalten werden. Die anderen 50% der Kohlenhydrate werden über einen oder mehrere Wege des glykolytischen Abbaues von den Belebtschlammbakterien zu Pyruvat und Acetat gespalten und als Bausteine für das Wachstum der Bakterien („Biomassevermehrung", Produktion von Überschussschlamm) abgezweigt. Je nach verwendetem Glycolyseweg stehen dabei zusätzlich 0,5–1 Mol ATP pro 0,5 Mol Glucose, also dann insgesamt maximal 20 Mol ATP als Energieressource für das Wachstum von Bakterien zur Verfügung (Gallert u. Winter 1999). Der durchschnittliche Ertragskoeffizient Y für aerobe Bakterien liegt bei 4,5 g Biomasse pro Mol ATP (Lui

1998). Mit 20 Mol ATP Energieausbeute beim aeroben Umsatz von 1 Mol Hexose in der Hochlastbelebung und einem Ertragskoeffizienten von 4,5 g mol^{-1} können die in Gleichung 28.2 a, b aufgeführten 90 g Biomasse synthetisiert werden. Der durchschnittliche Energieertrag von Mikroorganismen bei der Veraschung beträgt 22 kJ g^{-1}. Aus diesen Zahlenwerten kann abgeleitet werden, dass 1980 kJ von den in 1 Mol Hexose (= 180 g Glucose) enthaltenen 2870 kJ Mol^{-1} im Überschussschlamm konserviert bleiben und 31% als Wärme verloren gehen (Gallert u. Winter 1999).

Die organischen Abwasserinhaltsstoffe enthalten neben den Elementen Kohlenstoff, Sauerstoff und Wasserstoff (z.B. in Kohlenhydraten oder Fetten) auch Stickstoff (z.B. in Eiweiß, Peptiden, Aminosäuren, Harnstoff, Nucleotiden, usw.), der als **TKN** („Total Kjehldal Nitrogen") bestimmt wird und in kommunalem Abwasser im Durchschnitt 73–92 mg L^{-1} ausmacht (Tabelle 28.1, Gujer 1999). Beim aeroben Eiweißabbau wird der organisch gebundene Stickstoff durch Proteolyse des Eiweißes zu Aminosäuren und durch hydrolytische, oxidative, reduktive oder desaturative Desaminierung der Aminosäuren als Ammonium-N freigesetzt. Da **Ammoniak fischgiftig** ist und die Nitrifikation von Ammonium-N zudem eine starke Sauerstoffzehrung im Gewässer verursachen würde, muss die Ammoniumkonzentration in Abwässern durch Nitrifikation in der Kläranlage auf die gesetzlich vorgegebene Restkonzentration von ≤10 mg L^{-1} verringert und das dabei gebildete Nitrat zu N$_2$ denitrifiziert werden.

Mikrobiologische Grundlagen der Nitrifikation

Nitrifizierende Bakterien sind **chemolithoautotrophe Bakterien,** die Ammoniumionen oder Nitrit mit Sauerstoff unter Energiegewinn oxidieren und Kohlendioxid als Kohlenstoffquelle für das Wachstum verwenden (s. Kap. 1, 2). Die Nitrifikation erfolgt nacheinander durch zwei verschiedene Bakterienarten. Die eine Art, z.B. *Nitrosomonas* spec., oxidiert Ammonium bis zum Nitrit (im technischen Sprachgebrauch auch **Nitritation** genannt, Gl. 28.4) und die andere Art, z.B. *Nitrobacter* spec., oxidiert Nitrit weiter zum Nitrat (auch **Nitratation** genannt, Gl. 28.5). Die Energieausbeute für die beiden an der Nitrifikation beteiligten Bakterienspezies ist nicht sehr hoch, was sich in sehr geringen Zellerträgen bei sehr langsamem Wachstum widerspiegelt. In der Regel sind die Umsatzraten von Nitrit zu Nitrat höher als die für die Ammoniumoxidation zu Nitrit, so dass es zu keiner Nitritakkumulation kommt. Bei der Nitritation erfolgt eine Absenkung des pH-Wertes im Abwasser, bei der Umsetzung von Nitrit zu Nitrat bleibt der pH-Wert gleich.

$$NH_4^+ + 1,5 O_2 \rightarrow NO_2^- + 2 H^+ + H_2O$$
$$\Delta G^{0'} = -274,7 \, kJ \, Mol^{-1} \tag{28.4}$$

$$NO_2^- + 0,5 O_2 \rightarrow NO_3^-$$
$$\Delta G^{0'} = -74,1 \, kJ \, Mol^{-1} \tag{28.5}$$

Ammoniumoxidierende Bakterien oder Nitritanten bilden phylogenetisch keine einheitliche Gruppe. Bekannt sind die Gattungen *Nitrosomonas*, *Nitrosococcus*, *Nitrosospira*, *Nitrosolobus* und *Nitrosovibrio*. In Ökosystemen wie z.B. in ammoniumreichen Süßwasserhabitaten oder in Abwasser in der Belebungsanlage von kommunalen Kläranlagen dominieren Vertreter der Gattung *Nitrosomonas* und *Nitrosococcus*. Die Gram-negativen Nitratanten gehören zu den Gattungen *Nitrobacter*, *Nitrococcus*, *Nitrospina* und *Nitrospira*. *Nitrobacter* spielt als nitritoxidierendes Bakterium im Belebtschlamm eine eher untergeordnete Rolle. Hier scheinen Spezies der Gattung *Nitrospira* zu dominieren. Mit kulturunabhängigen, molekularbiologischen Methoden wie z.B. FISH (Fluoreszenz-*in-situ*-Hybridisierung) ist es in den letzten 10 Jahren gelungen, einen besseren Einblick in die an der Nitrifikation beteiligten Bakterien und deren Beitrag zum Stickstoffumsatz im Belebtschlamm zu erhalten (z.B. Juretschko et al. 1998, Wagner et al. 1996).

Die Wachstumsraten der Nitrifikanten sind wie die Wachstumsraten aller Bakterien sehr stark **temperaturabhängig.** Für *Nitrosomonas* spec.

bzw. *Nitrobacter* spec. wurden von Mudrack u. Kunst (1991) Wachstumsraten bei 10, 20 und 30 °C von µ=0,29, 0,76 und 1,97 bzw. 0,58, 1,04 und 1,87 (d⁻¹) berichtet. Der reziproke Wert der Wachstumsrate µ der am langsamsten wachsenden Nitrifikanten ergibt das theoretisch minimale Schlammalter (d). Bezogen auf die einzelnen Nitrifikanten im Belebtschlamm ergibt der reziproke Wert der Wachstumsrate die Generationszeit dieser Mikroorganismen. Für eine Wassertemperatur von 10 °C errechnet sich mit der oben genannten langsamsten Wachstumsrate für die Nitrifikation (Nitritation + Nitratation) ein **minimal nötiges Schlammalter** bzw. die **minimal nötige Verweilzeit** der Bakterien im Belebungsbecken von 3,44 d.

Da die Wachstumsraten der Nitrifikanten deutlich langsamer sind als die aerober, heterotropher Bakterien (µ=3 d⁻¹ bei 10 °C, µ=6 d⁻¹ bei 20 °C; Gujer 1999) können sich Nitrifikanten in der Belebtschlammflocke nur dann erfolgreich etablieren, wenn die Aufenthaltszeit im Belebungsbecken das minimal erforderliche Schlammalter nicht unterschreitet. Außerdem ist die Nitrifikation ein **sauerstoffverbrauchender Prozess**, bei dem, abgeleitet aus der Stöchiometrie (Gl. 28.4, 28.5), 3,55 g O_2 für die Oxidation von 1 g NH_4^+ zu Nitrat verbraucht werden. Aufgrund der schnelleren Umsatzraten der aeroben heterotrophen Bakterien an der Schlammflockenoberfläche wird der Sauerstoff fast vollständig für die Respiration der organischen Schmutzstoffe verbraucht. Erst nach der Veratmung der BSB-Komponenten erreicht Sauerstoff auch die tieferen Schichten der Schlammflocke und steht den Nitrifikanten für die Nitrifikation von Ammonium/Ammoniak zur Verfügung.

28.3
Reinigungsverfahren

28.3.1
Das Belebtschlammverfahren

Bei der Abwasserreinigung mit suspendierter Biomasse in Form von Schlammaggregaten oder Schlammflocken spricht man vom **Belebtschlammverfahren**. Eine schematische Darstellung des Belebtschlammverfahrens ist der Abb. 28.2 zu entnehmen. Im belüfteten Belebungsbecken erfolgt die Respiration des BSB_5 aus dem zulaufenden Abwasser (Q_{Zu}). Die über die Belüftungsaggregate eingetragene Luft bzw. der Sauerstoff (z. B. bei „Reinsauerstoff-Begasung") sorgt für die **Durchmischung** des Belebtschlamm-Abwasser-Gemisches. Der Sauerstoff dient als Oxidationsmittel für den aeroben Abbau der organischen Schmutzfracht und für die Nitrifikation von Ammonium/Ammoniak. Mit dem Abgas wird CO_2 ausgetragen und damit der pH-Wert stabil gehalten. Der Sauerstoffgehalt im Abwasser wird in der Regel auf 2–2,5 mg L⁻¹ eingestellt und sollte bei Belastungsspitzen nicht unter 0,5–0,7 mg L⁻¹ abfallen. Die Belebtschlammbakterien veratmen die abbaubare organische Schmutzfracht des Abwassers. Gleichzeitig findet eine Zunahme von Ammonium-N (anfängliche Konzentration = Ammonium aus der Harnstoffspaltung) hauptsächlich durch den Abbau des Eiweißes aus Faeces und Urin statt (s. idealisierte Konzentrationsprofile in Abb. 28.2).

Das Belebtschlamm-Abwasser-Gemisch gelangt durch hydraulische Verdrängung in das Nachklärbecken ($Q_{Zu}=Q_{Ab}$), in dem die Trennung des Schlammes von der Wasserphase durch **Sedimentation und Eindickung** erfolgt. Die durchschnittliche Aufenthaltszeit des Abwassers im Belebungsbecken liegt zwischen 10 und 16 Stunden. Um während dieser Zeit einen optimalen Abbau der Abwasserinhaltsstoffe zu gewährleisten, muss die Konzentration des Belebtschlammes auf einen TS-Gehalt von 3–4,5 kg m⁻³ eingestellt werden. Dazu wird eingedickter Schlamm aus dem Nachklärbecken als „**Rücklaufschlamm**" in das Bele-

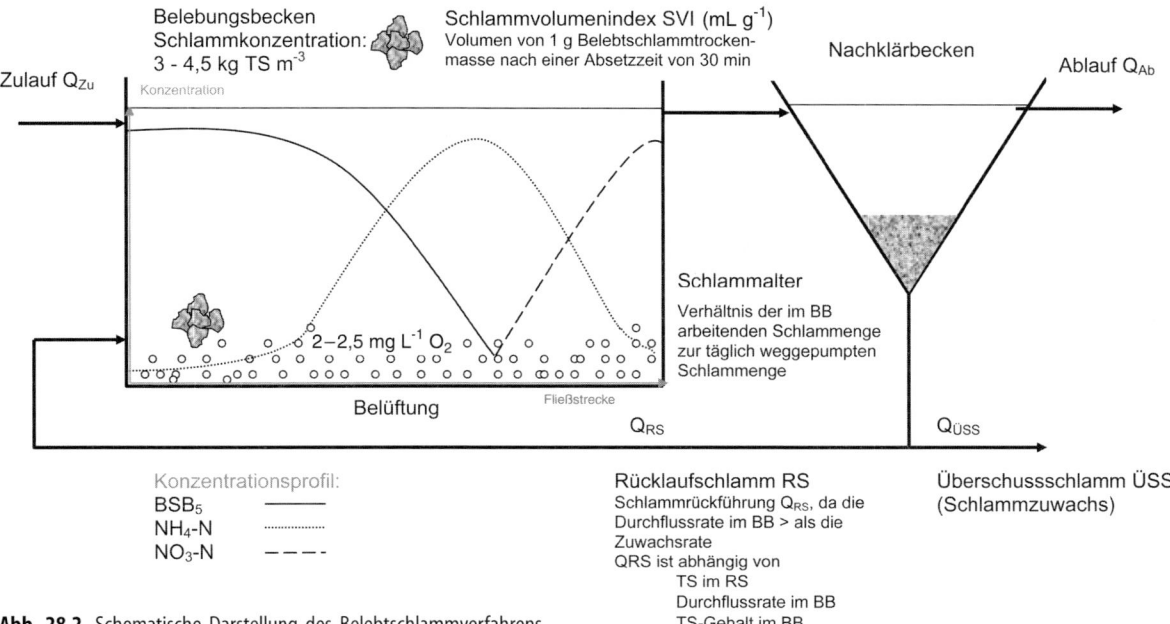

Abb. 28.2. Schematische Darstellung des Belebtschlammverfahrens

bungsbecken zurückgepumpt. Hiermit wird eine Entkoppelung der hydraulischen Aufenthaltszeit der (Ab-)Wasserphase (i. d. R. HRT = 16 h) und des Belebtschlammes (i. d. R. HRT > 6 Tage) im Belebungsbecken erreicht. Höhere Schlammkonzentrationen als 4,5 kg m^{-3} sind eher hinderlich, da mit zunehmender Viskosität der Sauerstoffübergang aus den Luftblasen in das Schlamm-Wassergemisch limitierend wird.

Durch den aeroben BSB$_5$-Abbau erhöht sich die Schlammkonzentration in schwach oder hochbelasteten Belebungsbecken, da minimal etwa 25% bis maximal etwa 50% der Schmutzstoffe in „Biomasse" festgelegt werden (Gl. 28.2, 28.33). Bei einer konstant gehaltenen Schlammkonzentration im Belebungsbecken muss der überschüssige Schlamm entsorgt werden. Die Menge an produziertem Schlamm ist abhängig von der Schlammbelastung (B$_{TS}$), d. h. von der Menge an BSB$_5$ die pro kg Belebtschlamm (TS) an einem Tag abgebaut werden muss. Je größer die Schlammbelastung ist, desto mehr Überschussschlamm (ÜSS) wird produziert.

Bei einer hohen **Schlammbelastung** B$_{TS}$ (z. B. > 0,6 kg BSB$_5$·kg TS Schlamm^{-1}·d^{-1}) verkürzt sich mit einer fest vorgegebenen Schlammkonzentration in der Belebung das Schlammalter und die **Reinigungsleistung kann geringfügig abnehmen**. Die Populationsdichte der schnellwachsenden heterotrophen Bakterien im Abwasser ändert sich wegen der Schlammrückführung nicht signifikant. Die in Belebtschlammflocken in deutlich geringerer Dichte als die schnell wachsenden heterotrophen Bakterien vorhandenen langsam wachsenden autotrophen Nitrifikanten benötigen lange Aufenthaltszeiten bzw. ein ausreichend hohes Schlammalter, um nicht ausgewaschen zu werden. Da die Wachstumsraten von allen Bakterien stark temperaturabhängig sind und die Kläranlage ganzjährig Abwasser auch bei niedrigen Umgebungstemperaturen reinigen muss, darf daher für eine sichere Nitrifikation das Schlammalter das **2- bis 3fache** der Generationszeit der Nitrifikanten, also 7–9 Tage nicht unterschreiten.

Entsprechend der gewählten Schlammbelastung im Belebungsbecken kann man Hochlast- und Schwachlastverfahren unterscheiden. In einem **Schwachlastverfahren** wird der Belebtschlamm mit einer geringeren Menge an BSB_5 „beaufschlagt" (z. B. B_{TS} 0,15–0,6 kg BSB_5 kg^{-1} TS d^{-1}) als in **Hochlastverfahren** (z. B. $B_{TS} > 0,6$–2 kg BSB_5 kg^{-1} TS d^{-1}), was sich in einer geringeren ÜSS-Produktion und damit einem höheren Schlammalter äußert. Bedingt durch die längere Aufenthaltszeit des Schlammes unter „Substratmangel" (Schwachlastbelebungsverfahren) findet eine Verschiebung des Energieverbrauchs von einem geringeren Energiebedarf für das **Wachstum** (Baustoffwechsel → weniger Schlammzuwachs) hin zu einem höheren Energiebedarf für den **Erhaltungsstoffwechsel** (Überdauern von Hungerphasen) statt. Eingelagerte Speicherstoffe sowie abgestorbene Bakterien werden abgebaut, der Schlamm zeigt insgesamt einen höheren Mineralisierungsgrad. Unter diesen Bedingungen vermehren sich auch räuberische Ciliaten, die sich von Mikroorganismen des Belebtschlammes ernähren und so auch zu einer Reduktion des Überschussschlammes sorgen.

Bei einem Schlammalter von 7–9 Tagen findet eine **vollständige Nitrifikation** im Belebungsbecken statt (Abb. 28.2). Im Zulaufbereich des Beckens findet der BSB_5-Abbau statt. Danach steht Sauerstoff für die Nitrifikation zur Verfügung, die Ammoniumkonzentration verringert sich und es wird Nitrat gebildet (Abb. 28.2, Konzentrationsprofil). Bei einem kürzeren Schlammalter (= höhere B_{TS}) muss das Abwasser in einem nachgeschalteten Becken oder in einem Tropfkörper nitrifiziert werden. In der Tabelle 28.3 sind die generellen Bedingungen für den Betrieb eines Belebtschlamm- und Tropfkörperverfahren gegenübergestellt.

28.3.2
Das Tropfkörperverfahren

Im Tropfkörper (Rieselfilter) findet der Abbau von Abwasserinhaltsstoffen durch Mikroorganismen statt, die als **Biofilm auf inerten Trägermaterialien** siedeln. Je nach Betriebsweise wird im Tropfkörper BSB_5 abgebaut, nitrifiziert oder

Tabelle 28.3. Vergleich zwischen Belebtschlamm- und Tropfkörperverfahren

	Belebtschlammverfahren	Tropfkörperverfahren
Biomasse	suspendiert in Flocken, Aggregaten	Biofilm, biologischer Rasen
Schlammkonzentration	Erhöhung durch Schlammrückführung 3–4,5 kg TS m^{-3}	Erhöhung durch Bereitstellung von Aufwuchsflächen; Regulierung durch Spülen
Sauerstoffeintrag	aktiv durch Belüftung steuerbar: optimal ~2,5 mg O_2 L^{-1}	passiv durch Kamineffekt Diffusion, gleichmäßige Verteilung des Abwassers
Stoffumsetzungen	BSB_5-Abbau durch heterotrophe Bakterien Nitrifikation durch autotrophe Bakterien	BSB_5-Abbau durch aerobe und anaerobe heterotrophe Bakterien Nitrifikation durch autotrophe Bakterien
Bemessung	Schlammbelastung B_{TS} (kg BSB_5 kg TS^{-1} d^{-1})	Raumbelastung B_R (kg BSB_5 m$_{TK}^{-3}$ d^{-1})[a] Flächenbelastung B_A (kg BSB_5 m$_{TK}^{-2}$ d^{-1})[a]
Belastung	Schwachlastverfahren: $B_{TS} < 0,15$: vollständige Nitrifikation $B_{TS} < 0,3$: teilweise Nitrifikation Hochlastverfahren: B_{TS} 0,3–2: keine Nitrifikation Schlammalter (d)[b] 8 Tage: mit Nitrifikation 4 Tage: ohne Nitrifikation 10–16 Tage: mit Denitrifikation	Schwach belasteter TK: $B_R < 0,2$: vollständige Nitrifikation B_R 0,2–0,45: teilweise Nitrifikation Hoch belasteter Tropfkörper: $B_R > 0,75$: keine Nitrifikation Flächenbelastung B_A (kg BSB_5 m^{-2} d^{-1})[b] $B_A = 2$: mit Nitrifikation $B_A = 4$: ohne Nitrifikation

[a] Daten aus Hartmann (1992); [b] Daten aus Gujer (1999)

denitrifiziert (letzteres nur nach Einstau mit Abwasser bzw. Abdeckung des Tropfkörpers). Das vorgereinigte Abwasser wird auf den Tropfkörper gepumpt und mittels **Drehsprenkler** gleichmäßig auf die Tropfkörperoberfläche aufgetragen. Das Abwasser sickert von oben nach unten und wird dabei von den Schmutzstoffen durch mikrobiellen Abbau am Biofilm gereinigt. Der dafür notwendige Sauerstoff wird mit dem Abwasser bzw. durch Luftzutritt von außen im **Gegenstrom** bereitgestellt (Abb. 28.3).

Die Reinigungsleistung eines Tropfkörpers ist wie beim Belebtschlammverfahren abhängig von der Belastung mit BSB_5. Da die Schlammkonzentration im Tropfkörper sehr schwer zu bestimmen ist, wird als vergleichbare Größe die Raumbelastung B_R mit kg BSB_5 m$^{-3}_{TK}$ d^{-1} oder die Flächenbelastung mit kg BSB_5 m^{-2} d^{-1} angegeben (Tabelle 28.3). Im oberen Teil des Tropfkörpers werden bevorzugt leicht abbaubare organische Stoffe oxi-

diert. Im weiteren Verlauf der Versickerung findet dann die Nitrifikation statt (Abb. 28.3, Konzentrationsprofil). Der Biofilm in Tropfkörpern weist deshalb eine **ausgeprägte Zonierung** auf. Während er oben hauptsächlich von aeroben heterotrophen BSB_5-abbauenden Bakterien gebildet wird, sind weiter unten die Nitrifikanten dominant. Die Biofilmdicke hängt von der Raumbelastung ab. Je höher die Raumbelastung ist, desto schneller wächst der Biofilm und desto unvollständiger wird er ausgewaschen mit der Folge, dass das Abwasser durch Verstopfungen im oberen Teil den Tropfkörper nicht ungehindert, d. h. gleichmäßig durchsickern kann. Außerdem wird die Sauerstoffzufuhr von unten begrenzt. Um dies zu vermeiden, muss der Tropfkörper **regelmäßig gespült** werden. Bei günstiger Betriebsweise findet durch die sich ansiedelnden Ciliaten und Makroinvertebraten ein *„grazing"* d. h. Abweiden des Biofilms statt.

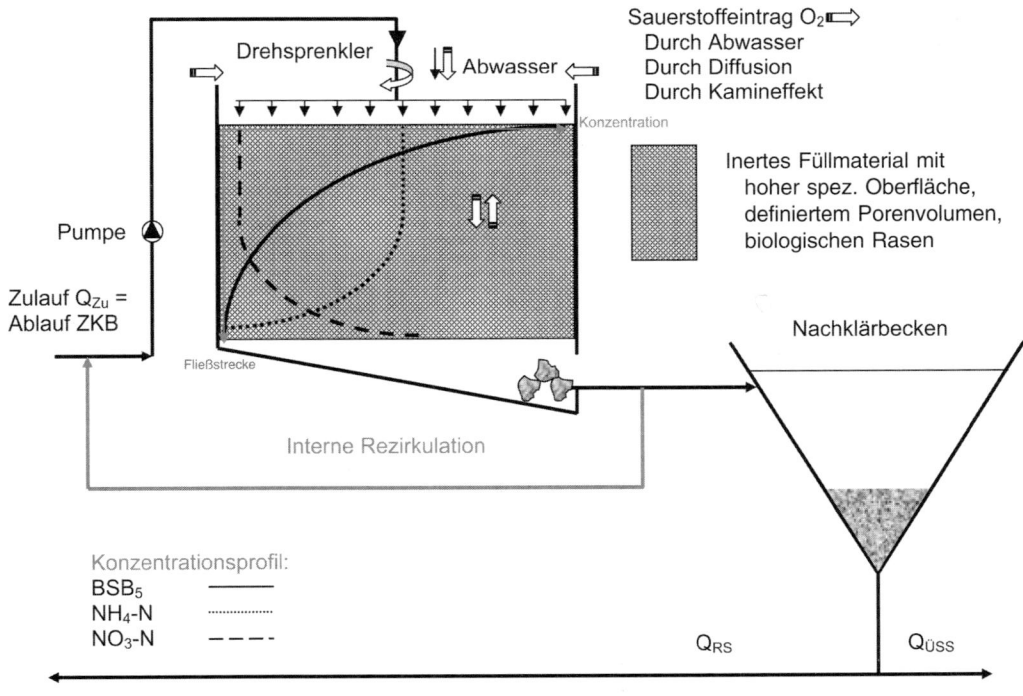

Abb. 28.3. Schematische Darstellung des Tropfkörperverfahrens. Nitrifiziertes Abwasser aus dem Belebungsbecken wird nach einem Zwischenklärbecken ZKB in den Tropfkörper gepumpt

Die ersten Tropfkörper wurden mit offenporiger Lavaschlacke als inertem Trägermaterial gebaut. Durch die unregelmäßige Struktur, d. h. unterschiedliche Zwischenräume zwischen den Gesteinsbrocken, erhöhte sich die Gefahr der Verstopfungen im Tropfkörper. Heutzutage werden vermehrt regelmäßig geformte Kunststofffüllkörper verwendet, die sich durch eine **höhere spezifische Oberfläche** (= Aufwuchsflächen) und eine definierte Porenweite auszeichnen. Tropfkörper mit Kunststofffüllmaterialien werden nach der Flächenbelastung B_A, d. h. nach kg BSB_5 m^{-2} Oberfläche d^{-1}, dimensioniert (Tabelle 28.3).

Um eine optimale Reinigungsleistung zu erzielen, kann das Abwasser über **interne Rezirkulation** erneut auf den Tropfkörper zurückgeführt werden (= Verlängerung der hydraulischen Aufenthaltszeit). Das gereinigte Abwasser wird in ein Nachklärbecken geleitet, um den Schlamm (= abgespülter Biofilm) abzutrennen.

Je nach Wahl des Verfahrens wird das kommunale Abwasser im Belebungsbecken oder im Tropfkörper von leicht biologisch abbaubaren Stoffen (= BSB_5) befreit und nitrifiziert. Im Zuge der weitergehenden Abwasserreinigung muss aus dem Abwasser auch das **Nitrat** und das **Phosphat** entfernt werden. Beide Prozesse können durch Erweiterungen **in das Belebtschlammverfahren integriert** werden.

28.3.3
Die weitergehende Abwasserreinigung

Nitratentfernung durch Denitrifikation

Durch die Nitrifikation wird im schwach belasteten Belebungsbecken oder im Tropfkörper das aus der Ammonifikation von organischen Stickstoffverbindungen und aus der Harnstoffspaltung freiwerdende Ammoniak zu Nitrat umgewandelt. Da Nitrat im Gewässer eutrophierend wirkt, muss bei der Denitrifikation Nitrat-Stickstoff zu **elementarem Stickstoff** reduziert und als N_2 in die Atmosphäre abgegeben werden. Die Stickstoffentfernung aus Abwässern beginnt mit der Ammoniakfreisetzung aus organischen Verbindungen,

geht weiter mit der Oxidation von Ammoniak zu Nitrat und endet mit der Denitrifikation von Nitrat zu N_2.

Viele aerobe Bakterien können ihren Stoffwechsel bei einem sehr niedrigen Sauerstoffpartialdruck auf die Denitrifikation umstellen und Nitrat als terminalen Elektronenakzeptor verwenden. Dazu befähigt sind vor allem Vertreter der Gattungen *Pseudomonas* und *Bacillus* sowie *Zoogloea* und *Paracoccus*. Die heterotrophen Denitrifikanten oxidieren organische Substanzen, im einfachsten Fall z. B. Acetat (Gl. 28.6 a), und übertragen die dabei freiwerdenden Elektronen auf Nitrat (Gl. 28.6 b):

$$CH_3\text{-}COOH + 2\,H_2O \rightarrow 2\,CO_2 + 8\,H^+ + 8\,e^- \quad (28.6\,a)$$

$$NO_3^- \xrightarrow{2e^-} NO_2^- \xrightarrow{e^-} NO \xrightarrow{e^-} 0{,}5\,N_2O \xrightarrow{e^-} 0{,}5\,N_2 \quad (28.6\,b)$$

Durch die membran-gebundene Nitratreduktase A wird im ersten Schritt Nitrat zu Nitrit reduziert. Die Bildung von Stickstoffmonoxid wird durch die ebenfalls in der Cytoplasmamembran lokalisierte Nitritreduktase katalysiert. Die weitere Reduktion erfolgt mittels NO- und N_2O-Reduktase bis molekularer Stickstoff freigesetzt wird. Die biochemischen und molekularbiologischen Zusammenhänge der Denitrifikation können bei Zumft (1997) nachgelesen werden. Ein Vergleich der Umsetzung von Acetat mit Sauerstoff bzw. mit Nitrat wird in Tabelle 28.4 vorgenommen. Es wird deutlich, dass für die Oxidation von 1 g Acetat 1,06 g Sauerstoff oder 1,68 g Nitrat nötig sind. Bei dieser Angabe ist aber der Substratverbrauch für das Wachstum der Bakterien noch nicht berücksichtigt. Der Energiegewinn bei der Denitrifikation ist im Vergleich zur aeroben Respiration etwas niedriger (für Acetat als Substrat um 6%, Tabelle 28.4), was sich in einem **geringeren Wachstum** bemerkbar macht. Bei der Denitrifikation steigt der pH-Wert, da pro Mol Salpetersäure 5 mol Protonen verbraucht werden (Tabelle 28.4).

Neben molekularem Stickstoff werden in geringem Ausmaß auch NO und N_2O in die Atmosphä-

Tabelle 28.4. Gegenüberstellung der biochemischen Oxidation von Acetat mit Sauerstoff und Nitrat als terminalem Elektronenakzeptor

Prozesse	Sauerstoff, aerobe Bedingungen	Nitrat anoxische Bedingungen
Oxidation	$C_2H_4O_2 + 2\ H_2O \rightarrow$ $2\ CO_2 + 8\ H^+ + 8\ e^-$	$C_2H_4O_2 + 2\ H_2O \rightarrow$ $2\ CO_2 + 8\ H^+ + 8\ e^-$
Reduktion	$O_2 + 4\ e^- + 4\ H^+ \rightarrow$ $2\ H_2O$ Sauerstoff-Atmung	$HNO_3 + 5\ e^- + 5\ H^+ \rightarrow$ $0{,}5\ N_2 + 3\ H_2O$ Nitrat-Atmung
Redoxreaktion	$C_2H_4O_2 + 2\ O_2 \rightarrow$ $2\ CO_2 + 2\ H_2O$	$5\ C_2H_4O_2 + 8\ HNO_3 \rightarrow$ $10\ CO_2 + 4\ N_2 + 14\ H_2O$
Verbrauch	1 Mol Acetat = 2 Mol Sauerstoff 1 g Acetat = 1,06 g Sauerstoff	1 Mol Acetat = 1,6 Mol Nitrat 1 g Acetat = 1,68 g Nitrat
Äquivalenz	1 g O_2 = 1,58 g NO_3^-	1 g NO_3^- = 0,63 g O_2
Energieausbeute	$\Delta G^{0'} = -877$ kJ Mol^{-1}	$\Delta G^{0'} = -824{,}8$ kJ Mol^{-1}

re abgegeben, was auf Grund der Klimarelevanz dieser Gase nicht unproblematisch ist. Viele heterotrophe Bakterien können Nitrat nicht nur dissimilatorisch zu Stickstoff reduzieren, sondern auch assimilatorisch zu Ammoniak (= Ammonifikation) umwandeln und für den Zellaufbau nutzen.

Verfahrenstechnisch interessant ist die Tatsache, dass viele Denitrifikanten neben Nitrat auch **Nitrit als Elektronenakzeptor** nutzen können. Könnte man die Nitrifikation auf der Stufe der Nitritation d.h. nach der Ammoniumoxidation zu Nitrit abbrechen, so könnte der Bedarf an Sauerstoff und an organischer C-Quelle für die Denitrifikation deutlich verringert werden (s. unten), was Kosten für die Belüftung und den Zukauf von externen C-Quellen sparen würde. Bei der **nachgeschalteten Denitrifikation**, die externe C-Quellen benötigt, ist nach dem Belebungsbecken ein anoxisches Becken zur Denitrifikation des im Belebungsbecken entstandenen Nitrats angeordnet. Da die biologisch abbaubaren Komponenten im Belebungsbecken bereits abgebaut wurden (BSB$_5$ in der Regel < 25 mg L^{-1}), muss für die nachgeschaltete Denitrifikation eine **externe C-Quelle**, z.B. Methanol oder „Acetol", zudosiert werden. Die Zudosierung von externen

C-Quellen für die Denitrifikation umgeht man bei der **vorgeschalteten Denitrifikation**, bei der in einem unbelüfteten Becken organische Schmutzkomponenten aus dem mechanisch vorbehandelten kommunalen Abwasser mit Rücklaufschlamm (RS = denitrifizierende Biomasse) und dem nitrifizierten Abwasser aus der Belebung (= interne Rezirkulation) für die Denitrifikation zusammengeführt werden (Abb. 28.4). Das Rezirkulationsverhältnis muss > 4:1 sein, d.h. nitrifiziertes Abwasser muss mehr als 4-mal diesen Prozess durchlaufen, um den Grenzwert für Ammonium und Gesamtstickstoff im Ablauf (Tabelle 28.6) sicher zu erreichen. Bei der **simultanen Denitrifikation** findet in einem Becken durch An- und Abschalten der Belüftung Nitrifikation und Denitrifikation gleichzeitig bzw. in mehreren Zyklen nacheinander statt.

Neue Verfahrensvarianten zur Stickstoffelimination

Der Aufwand für die Zudosierung einer externen C-Quelle in einer nachgeschalteten Denitrifikation bzw. der Energieaufwand für das Zurückführen des nitrifizierten Abwassers aus der Belebung für eine vorgeschaltete Denitrifikation ließe sich verringern, wenn es gelänge, die Nitrifikation beim Nitrit zu stoppen, oder er würde ganz wegfallen, wenn es gelänge, eine anaerobe Ammoniakoxidation („Anammox") zu etablieren. Die Nitritanreicherung in der Nitrifikation durch die langsam wachsenden Nitritanten kann gefördert werden, wenn die schnell wachsenden, aber weniger temperaturtoleranten Nitratanten z.B. durch höhere Abwassertemperaturen zurückgedrängt oder ganz unterdrückt werden. Wenn die Nitrifikation nur bis zum Nitrit läuft wird deutlich weniger Sauerstoff (1,5 Mol anstatt 2 Mol Sauerstoff) benötigt und für die anschließende Denitrifikation muss dann entsprechend weniger externe C-Quelle zugegeben werden. Im **SHARON-Prozess** (Mulder et al. 2001) wird die Stickstoffelimination über Nitrifikation von Ammoniak bis zum Nitrit und anschließende Denitrifikation durch **alternierende Belüftung und Methanolzugabe** er-

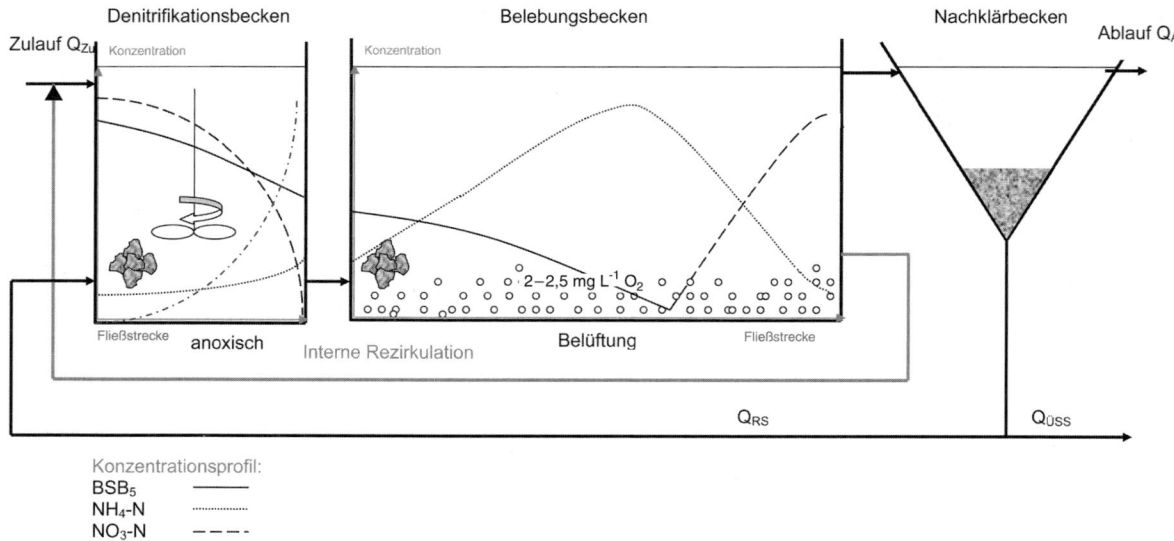

Konzentrationsprofil:
BSB$_5$ ———
NH$_4$-N ·········
NO$_3$-N – – –
N$_2$ –·–·–

Abb. 28.4. Schematische Darstellung des Belebtschlammverfahrens mit vorgeschalteter Denitrifikation als Fließschema

reicht. Wenn jedoch Ammoniak und Nitrit in Abwässern gleichzeitig in ausreichenden Konzentrationen für die Disproportionierung durch Anammox-Bakterien vorhanden sind, kann sich unter anaeroben Prozessbedingungen nach längerem Betrieb zur Selektion der nötigen Flora ein Anammox-Prozess etablieren (Schmidt et al. 2003).

Aus solchen Anlagen wurden bisher zwei anaerobe ammoniumoxidierende Bakterienarten isoliert und als candidatus „*Brocardia anammoxidans*" und candidatus „*Kuenia stuttgartiensis*" beschrieben. Diese oxidieren Ammoniumionen oder Ammoniak in membrangebundenen intracytoplasmatischen Anammoxosomen zu Nitrit (Schmidt et al. 2003). Das Nitrit wird im Anammox-Prozess schließlich mit Ammoniak zu Stickstoff disproportioniert (van de Graf et al. 1997) (Gl. 28.7)

$$NO_2^- + NH_4^+ \rightarrow N_2 + 2\,H_2O \qquad (28.7)$$

Da bei der Disproportionierung von Nitrit und Ammoniak keine Elektronen für die CO$_2$-Fixie-

rung (Wachstum) frei werden, wird ein Teil des Nitrits zu Nitrat oxidiert (Gl. 28.8).

$$HNO_2 + H_2O + NAD^+ \rightarrow HNO_3 + NADH + H^+ \qquad (28.8)$$

Pro mol Ammoniak, das mit Nitrit disproportioniert wird, werden 0,2 mol Nitrit zu Nitrat oxidiert und insgesamt 20 mg „Biomasse" durch Wachstum der Bakterien generiert (van de Graf et al. 1996).

Der Anammox-Prozess zur Stickstoffelimination ist für die Aufreinigung von stark Ammonium-haltigen Abwässern oder Schlämmen aus anaeroben Abwasserreinigungs- oder Schlammstabilisierungsanlagen geeignet, wenn es gelingt, einen Teil des Ammoniak nur bis zum Nitrit zu nitrifizieren (Strous et al. 1997). Die Nitritkonzentrationen dürfen wegen der Toxizität von Nitrit 70–180 mg Nitrit-N L^{-1} nicht übersteigen. Ausgehend von kommunalem Belebtschlamm als Inoculum muss für die Etablierung des Anammox-Prozesses wegen des ausgesprochen langsamen Wachstums der Anammox-Bakterien mit „Start-

„up"-Zeiten von 100–150 Tagen gerechnet werden (Schmidt et al. 2003).

Ein ähnliches Konzept der partiellen Ammoniumoxidation zu Nitrit in einem aeroben Reaktor wird im **CANON-Prozess** (*completely autotrophic nitrogen removal over nitrite*) angestrebt (van Loosdrecht und Jetten 1997). Die im Innern von Schlammflocken sitzenden anaeroben Ammonium-oxidierenden Bakterien disproportionieren Ammoniak und Nitrit simultan mit den Nitritanten, solange die nitrifizierenden Bakterien den Sauerstoff komplett verbrauchen und anaerobe Bedingungen im Innern der Schlammflocken sicherstellen.

Im **OLAND-Prozess** (*oxygen-limited nitrification and denitrification*) wird Ammoniak ebenfalls in einem einstufigen Prozess ohne organische C-Quelle eliminiert (Kuai u. Verstraete 1998). Dabei oxidieren aerobe Nitrifizierer Ammoniak und anaerober granulärer Schlamm dient als Quelle für Planctomyceten, die auch Ammoniakoxidierer einschließen (Pynaert et al. 2004).

Biologische Phosphorelimination

Phosphor als Makronährstoff wirkt im Gewässer **eutrophierend** (massenhaftes Auftreten von Algen mit starker Sauerstoffzehrung) und muss aus dem Abwasser entfernt werden. Die Substitution von Phosphaten in Wasch- und Reinigungsmitteln führte seit den 1980er Jahren zu einer Reduktion der Phosphatkonzentration im Abwasser. Durch chemische Fällung mit Eisen- oder Aluminiumsalzen (Zugabe von preiswerteren Fe^{2+}-Salzen und Aufoxidation zu Fe^{3+} im Belebungsbecken oder direkt von Fe^{3+}- oder Al^{3+}-Salzen zur Fällung als Eisenphosphat ($Fe^{3+} + PO_4^{3-} \rightarrow FePO_4$ oder Aluminiumphosphat) und Abtrennung nach Sedimentation kann das ursprünglich gelöste Phosphat aus dem Abwasser größtenteils entfernt werden.

Neben der chemischen Phosphatfällung (Nachteil: erhöhter Chemikalienbedarf und eine vermehrte Schlammproduktion) besteht die Möglichkeit, Phosphat **biologisch durch phosphatakkumulierende Bakterien** aus dem Abwasser zu eliminieren. Die obligat aeroben phosphatakkumulierenden Bakterien zeichnen sich durch die Fähigkeit aus, intrazelluläre Kohlenstoff- und Phosphatspeicher anzulegen und damit für sie ungünstige Lebensbedingungen zu überdauern. Die Isolierung von phosphatakkumulierenden Bakterien aus Abwasser führte, möglicherweise durch nicht gewollte Selektion auf den verwendeten Nährmedien, zur Gattung *Acinetobacter* und zur Annahme, dass diese Bakteriengattung hauptsächlich für die vermehrte biologische Phosphateliminierung verantwortlich ist. Kulturunabhängige Gensonden-Untersuchungen zeigten aber, dass in Kläranlagen mit vermehrter biologischer P-Elimination *Acinetobacter* spec. eher unterrepräsentiert sind und Vertreter der Gattungen der β-Proteobacteria (*Rhodocylus*-Gruppe z. B. candidatus *Accumulibacter phosphatis*) und der α-Proteobacteria und Actinobacteria (*Microlunatus phosphovorus*), sowie Vertreter der Cytophaga-Flexibacter-Bacteroides-Gruppe mehr als 10% der Gesamtbiomassemenge ausmachen (Seviour et al. 2003).

Für die vermehrte biologische Phosphatelimination muss nacheinander ein **Wechsel von anoxischen/anaeroben und aeroben Bedingungen** erfolgen (Abb. 28.5). Die beteiligten biochemischen Reaktionen wurden am Modellorganismus *Acinetobacter calcoaceticus* untersucht (Schön u. Jardin 1999) und sind in Tabelle 28.5 zusammengestellt. *Acinetobacter* nimmt unter **anaeroben Bedingungen** leicht verwertbare Substanzen wie z. B. Acetat auf und legt nach Metabolisierung zu β-Hydroxybutyrat einen PHB-Speicher (PHB: Poly-β-Hydroxybutyrat) an. Die dafür notwendigen Reduktionsäquivalente kommen entweder aus dem Abbau von Komponenten des Rohabwassers oder aus dem Abbau von Glucose, die aus einem intrazellulären Glykogenspeicher durch Hydrolyse freigesetzt wird oder bei anderen Arten aus dem anaeroben Tricarbonsäure-Zyklus (s. Kap. 2). Energie zum Überleben der aeroben Bakterien unter anaeroben Bedingungen und zur Anlage des β-Hydroxybutyratspeichers wird über Substratkettenphosphorylierung bei der Glykolyse der Glucose und durch die Spaltung von Phos-

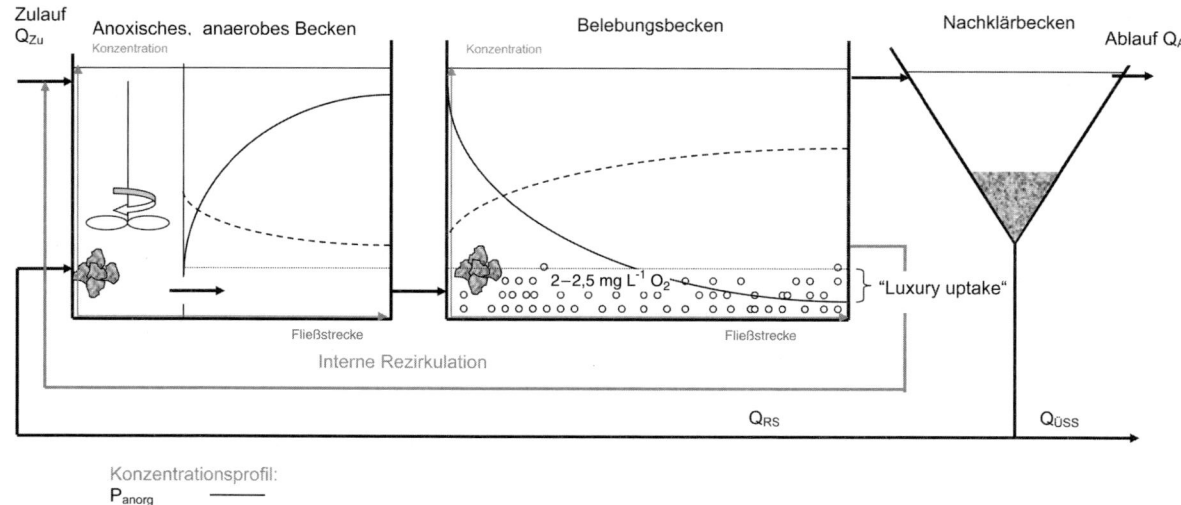

Abb. 28.5. Schematische Darstellung des Belebtschlammverfahrens mit biologischer Phosphatelimination

Tabelle 28.5. Schematische Auflistung der bei der biologischen Phosphatakkumulation unter anoxischen, anaeroben und aeroben Bedingungen auftretenden Reaktionen

Prozesse	Anoxisch	Anaerob	Aerob
Acetatverwertung	Nitratreduktion $5\ C_2H_4O_2 + 8\ HNO_3 \rightarrow 10\ CO_2 + 4\ N_2 + 14\ H_2O$	Oxidation zu β-Hydroxybutyrat $2\ C_2H_4O_2 + 2\ [H] \rightarrow C_4H_8O_3 + H_2O$	Oxidation via TCA und Atmungskette[a] $C_2H_4O_2 + 2\ O_2 \rightarrow 2\ CO_2 + 2\ H_2O$
PHB-Speicher	möglich durch Denitrifikanten	Aufbau $(C_4H_6O_2)_{n-1} + C_4H_8O_3 \rightarrow (C_4H_6O_2)_n + H_2O$	Abbau $(C_4H_6O_2)_n + H_2O \rightarrow (C_4H_6O_2)_{n-1} + C_4H_8O_3$
Glykogenspeicher	?	Abbau $(C_6H_{10}O_5)_n + H_2O \rightarrow (C_6H_{10}O_5)_{n-1} + C_6H_{12}O_6$	Aufbau $(C_6H_{10}O_5)_{n-1} + C_6H_{12}O_6 \rightarrow (C_6H_{10}O_5)_n + H_2O$
Polyphosphat möglich	Abbau durch Denitrifikanten	Aufbau $(HPO_3)_n + H_2O \rightarrow (HPO_3)_{n-1} + PO_4^{3-} + 3\ H^+$ = Phosphatrücklösung	$(HPO_3)_{n-1} + PO_4^{3-} + 3\ H^+ \rightarrow (HPO_3)_n + H_2O$ = luxury uptake

[a] Wenn Acetat zur Verfügung steht

phoanhydridbindungen des Polyphosphates aus dem Polyphosphatspeicher verfügbar. Dabei geht anorganisches Phosphat, das im Belebungsbecken aufgenommen und als Polyphosphat festgelegt wurde, wieder in Lösung (**Phosphat-Rücklösung**).

Im Belebungsbecken wird dann unter **aeroben Bedingungen** β-Hydroxybutyrat aus dem PHB-Speicher veratmet, da Fettsäuren wie z. B. Acetat für die Respiration nur in limitierter Menge vorhanden sind. Die dabei freiwerdende Energie dient dem Bau- und Erhaltungsstoffwechsel,

dem Aufbau des Glykogenspeichers, sowie der Bildung von Polyphosphat, das intrazellulär in Granula gespeichert wird. Unter oxischen Bedingungen wird mehr Phosphat aus dem Abwasser aufgenommen, als unter anaeroben Bedingungen abgegeben wurde. In der Literatur wurde für dieses Phänomen der Ausdruck „**luxury uptake**" geprägt (Abb. 28.5, Konzentrationsprofil).

Enthält das Abwasser bzw. der Rücklauf Nitrat, so muss dieses in einer anoxischen Behandlungsstufe zuerst denitrifiziert werden (Abb. 28.5). Für die Denitrifikation konkurrieren die Denitrifizierer mit den phosphatakkumulierenden Bakterien um die Fettsäuren im Rohabwasser. Sind keine oder nur geringe Konzentrationen von Fettsäuren zur Bildung von PHB in phosphatakkumulierenden Bakterien verfügbar, so unterbleibt scheinbar die Phosphatrücklösung.

Die vermehrte biologische Phosphatelimination ist ein sehr effektiver Prozess, der zumindest im Sommer für Phosphatkonzentrationen im Abwasser von $<0,5$ mg L^{-1} sorgt. Betriebssicher kann **ganzjährig** mit einer Kombination aus chemischer Fällung und biologischer P-Eliminierung Phosphat aus dem Abwasser entfernt werden. Die Aufenthaltszeit des Abwassers im Nachklärbecken zur Schlammsedimentation und die Intervalle zum Schlammabzug müssen aber so kurz gewählt werden, dass sich keine anaeroben Bedingungen einstellen und Phosphat im Schlamm rückgelöst und mit dem gereinigten Abwasser in die Vorflut gelangt.

In Anlagen mit vermehrter biologischer Phosphatakkumulation kommt es durch den Wechsel von anaeroben und aeroben Bedingungen gleichzeitig mit den phosphatakkumulierenden Bakterien zur Anreicherung von glykogenakkumulierenden Organismen (GAOs), die mit den phosphatakkumulierenden Bakterien um leicht verwertbare C-Quellen wie z. B. flüchtige kurzkettige Fettsäuren konkurrieren, aber kein Phosphat speichern können (Blackall et al. 2002). Um die vermehrte biologische Phosphatelimination nicht zu unterdrücken, müssen die genauen Lebensbedingungen zur Anreicherung der phosphatakkumulierenden Bakterien (z. B. pH von 7–7,5 für phosphatakkumulierende Bakterien, pH < 7 für glycogenakkumulierende Bakterien) eingehalten werden.

28.4
Zusammenfassung

Durch die Siedlungsentwässerung wird häusliches Abwasser, Regenwasser und Abwasser aus Gewerbe- und Industriebetrieben abgeleitet, zentralen Kläranlagen zugeführt und dort nach einer mechanischen und chemischen Behandlung und einer biologischen Reinigung in der Regel in ein Fließgewässer abgegeben (**Rückführung in den Wasserkreislauf**). Die Hauptaufgabe der biologischen Abwasserreinigung ist die Elimination der **sauerstoffzehrenden Schmutzfracht** (BSB5, CSB, Ammonium-N), der Keimfracht (Hygienisierung) und von eutrophierend wirkenden und fischtoxischen Stoffen. Für die Elimination der C-, N- und P-Fracht aus Abwässern unterschiedlicher Zusammensetzung können unterschiedliche Verfahren eingesetzt werden. Die Eliminationsleistung in einer Kläranlage muss so gut sein, dass die gesetzlichen Anforderungen an die Einleitung von Abwasser in Gewässer eingehalten werden können (Tabelle 28.6). Für eine Kläranlage der Größenklasse (GK) 5 (Fracht >6000 kg BSB5 d^{-1}, d. h. $>100\,000$ Einwohner(gleich)werte) muss die Reinigungsleistung bezüglich des CSB 92,5%, des BSB5 97%, des TKN 85,9% und für P$_{ges}$ 95,2% (Bezugsdaten aus Tabelle 28.1) betragen.

Durch Verfahren der Schlammabtrennung und Schlammbehandlung, sowie durch Mikroorganismen- und Ciliatenfraß verringert sich die Bakterienkonzentration im gereinigten Abwasser um durchschnittlich 2 Zehnerpotenzen. Das bedeutet,

Tabelle 28.6. Anforderungen für die Einleitung von Abwasser in Gewässer gemäß Anhang 1 der Abwasserverordnung (AbwV 2001)

Größenklasse GK	CSB (mg L^{-1})	BSB5 (mg L^{-1})	NH4-N (mg L^{-1})	N$_{ges}$[a] (mg L^{-1})	P$_{ges}$ (mg L^{-1})
GK 1 <60 kg BSB5 d^{-1}[b]	150	40	–	–	–
GK 2 60–300 kg BSB5 d^{-1}	110	25	–	–	–
GK 3 300–600 kg BSB5 d^{-1}	90	20	10	–	–
GK 4 600–6000 kg BSB5 d^{-1}	90	20	10	18	2
GK 5 >6000 kg BSB5 d^{-1}	75	15	10	13	1

[a] N$_{ges}$ = Summe aus Ammonium-N, Nitrit- und Nitratstickstoff
[b] BSB5 des Rohabwassers.
Die Anforderungen für den Ammoniumstickstoff und N$_{ges}$ gelten für eine Abwassertemperatur von $\geq 12\,°C$

dass hygienisch relevante Mikroorganismen und Viren in Gewässer gelangen. Dies kann dann problematisch werden, wenn der Vorfluter ein Gewässer mit **geringer Eigenwasserführung** ist. In sehr heißen Sommermonaten verstärkt sich das Problem durch eine hohe Verdunstung, so dass die Anforderungen der EU-Badegewässerrichtlinie nicht immer eingehalten werden können. Zukünftig müssen sicherlich Maßnahmen zum besseren Keimrückhalt aus dem gereinigten Abwasser von Kläranlagen vor der Einleitung in Vorfluter und Oberflächengewässer getroffen werden, die zu einer Verteuerung der Abwasserreinigung führen werden.

Abkürzungen und Erklärungen

AFS	Abfiltrierbare Stoffe
BSB_5	Biologischer Sauerstoffbedarf in 5 Tagen
B_{TS}	Schlammbelastung
B_A	Flächenbelastung
B_R	Raumbelastung
CSB	Chemischer Sauerstoffbedarf
d	Tag
E	Einwohner
KBE	Kolonie bildende Einheit
NH_4^+	Ammonium/Ammoniak
NO_3^-	Nitrat
NO_2^-	Nitrit
PHB	poly-β-Hydroxybutyrat
pK	-log K (Dissoziationskonstante)
PO_4^{3-}	Phosphat
P_{ges}	Gesamt-Phosphor
Q_{Zu}	Zulauf
Q_{Ab}	Ablauf
RS	Rücklaufschlamm
TCA	Tricarbonsäurezyklus
TKN	Total Kjehldal Nitrogen
TS	Trockensubstanz
ÜSS	Überschussschlamm
ZKB	Zwischenklärbecken

Acetat	Salz der Essigsäure, bei einem pK-Wert der Essigsäure von 4,75 (25 °C) liegt im neutralen pH-Bereich die Essigsäure hauptsächlich als deprotoniertes Salz = Acetat vor (Autoren verwenden Acetat als Synonym für Essigsäure/Acetat)
Ammoniak	$NH_3 + H_2O \rightarrow NH_4^+ + OH^-$
Ammonium	$NH_4^+ \leftrightarrow NH_3 + H^+$

Nach Anthunisen et al. (1976) ist

$$NH_3\text{-}N = \frac{NH_4^+\text{-}N \times 10^{pH}}{K_b/K_w + 10^{pH}} \; ;$$

$$K_b/K_w = e^{(6344/273+T)}$$

	Bei einem pH-Wert von > 9,3 überwiegt die Ammoniakkonzentration (Autoren verwenden Ammonium bzw. Ammonium-N als Synonym für NH_3/NH_4^+)
Mol	Konzentrationsangabe für Stöchiometrie in Reaktionsgleichungen
$\Delta G^{0'}$	Die Änderung der freien Energie unter Standardbedingungen bei pH 7; Berechnung nach Thauer et al. (1977)

$$\Delta G^{0'} = \Sigma \Delta G^{0'}_{Produkte} - \Sigma \Delta G^{0'}_{Edukte}$$

Literatur

Verordnung über Anforderungen an das Einleiten von Abwasser in Gewässer AbwV (1997) BGBl I 1997, S 566; Neugefasst durch Bek. v. 17. 6. 2004 BGBl I S 1108

Anthonisen AC, Loehr RC, Prakasam TBS, Srinath EG (1976) Inhibition of nitrification by ammonia and nitrous acid. J Water Poll Contr 48:835–849

Blackall LL, Crocetti GR, Saunders AM, Bond PL (2002) A review and update of the microbiology of enhanced biological phosphorus removal in wastewater treatment plants. Antonie van Leeuwenhoek 81:681–691

Gallert C, Winter J (1999) Microbial metabolism during wastewater and waste treatment processes. Overview of general process alternatives. In: RehmHJ, Reed G (eds) Biotechnology, vol 11a: Environmental Processes – Waste and wastewater treatment. Wiley-VCH, Weinheim, pp 17–53

Gujer W (1999) Siedlungswasserwirtschaft. Springer, Berlin Heidelberg New York

Hartmann L (1992) Biologische Abwasserreinigung. Springer, Berlin Heidelberg New York

Henze M, Harremoës P, La Cour Jansen J, Arvin E (1997) Wastewater Treatment – Biological and chemical processes. Springer, Berlin Heidelberg New York

Juretschko S, Timmermann G, Schmid M, Schleifer K-H, Pommering-Röser A, Koops P, Wagner M (1998) Combined molecular and conventional analyses of nitrifying bacterium diversity in activated sludge: *Nitrosococcus mobilis* and Nitrospira-like bacteria as dominant populations. Appl Environ Microbiol 8:3042–3051

Kuai L, Verstraete W (1998) Ammonium removal by the oxygen-limited autotrophic nitrification-denitrification system. Appl Microbiol Biotechnol 64:4500–4506

Lui Y (1998) Energy uncoupling in microbial growth under substrate-sufficient conditions. Appl Microbiol Biotechnol 49:500–505

Mulder JW, van Loosdrecht MCM, Hellinga C, van Kempen R (2001) Full-scale application of the SHARON-process for the treatment of rejection water of digested sewage dewatering. Water Sci Technol 43:127–134

Pynaert K, Barth F, Smets F, Beheydt D, Verstraete W (2004) Start-up of autotrophic nitrogen removal reactors via sequential biocatalyst addition. Environ Sci Technol 38: 1228–1235

Schön G, Jardin N (1999) Biological and chemical phosphorus removal. In: Rehm H-J, Reed G (eds) Biotechnology, vol 11a: Environmental Processes – Waste and wastewater treatment. Wiley-VCH, Weinheim, pp 285–319

Schmidt I, Sliekers O, Schmid M, Bock E, Fuerst J, Kuenen JG, Jetten MSM, Strous M (2003) New concepts of microbial treatment processes for the nitrogen removal in wastewater. FEMS Microbiol Rev 27:481–492

Strous M, van Gerven E, Zheng, Kuenen JG, Jetten MSM (1997) Ammonium removal from concentrated waste streams with the anaerobic ammonium oxidation (Anammox) process in different reactor configurations. Water Res 8:1955–1962

Seviour RJ, Mino T, Onuki M (2003) The microbiology of biological phosphorus removal in activated sludge systems. FEMS Microbiol Rev 27:99–127

Thauer RK, Jungermann K, Decker K (1977) Energy conservation in chemotrophic anaerobic bacteria. Bacteriol Rev 41:100–180

Verordnung über die Qualität von Wasser für den menschlichen Gebrauch. TrinkwV (Trinkwasserverordnung – TrinkwV 2001) BGBl I 2001, S 959; Änderung durch Art. 263 V v. 25. 11. 2003 BGBl I, S 2304

van de Graf AA, De Bruijn P, Robertson LA, Jetten MSM, Kuenen JG (1996) Autotrophic growth of anaerobic, ammonium-oxidizing microorganisms in a fluidized bed reactor. Microbiology 142:2187–2196

van de Graf AA, De Bruijn P, Robertson LA, Jetten MSM, Kuenen JG (1997) Metabolic pathway of anaerobic ammonium oxidation on the basis of ^{15}N studies in a fluidized bed reactor. Microbiology 143:2415–2421

van Loosdrecht MCM, Jetten MSM (1997) Method for treating ammonia-comprising wastewater. Patent PCT/NL 97/00482

Wagner M, Rath G, Koop H-P, Flood J, Amann R (1996) In situ analysis of nitrifying bacteria in sewage treatment plants. Wat Sci Technol 3:237–244

Wolf P, Nordmann W (1997) Eine Feldmethode für die Messung des CSB von Abwasser. Korrespondenz Abwasser 24:277–279

Zumft WG (1997) Cell biology and molecular basis of denitrifications. Microbiol Molec Biol Rev 61:533–616

29 Mikrobiologie der Lebensmittelfermentationen

K. J. HELLER

29.1
Einleitung: Geschichte der fermentierten Lebensmittel und der Mikroorganismen

Fermentierte Lebensmittel stellen seit vielen tausend Jahren einen **festen Bestandteil in der Ernährung** der Menschheit dar. So stammen beispielsweise die ältesten bekanntesten Schriftzeichen für Käse von Tontafeln aus der Stadt Uruk in Mesopotamien ca. 3000 Jahre v. Chr. Man kann getrost davon ausgehen, dass die Verwendung fermentierter Lebensmittel auf **zufällige Beobachtungen** zurückzuführen war, bei denen verderbliche Lebensmittel unter bestimmten Bedingungen einen Veränderungsprozess durchliefen, der mit größerer Haltbarkeit und verändertem Geschmack und Aroma einherging. Auch relativ komplizierte Prozesse, wie die Herstellung von Käse, lassen sich auf Zufallsbeobachtungen (dickgelegte Milch im Magen geschlachteter Kälber) zurückführen. Erst mit der Entdeckung Pasteurs im Jahre 1857, dass die **Milchsäuregärung durch Bakterien** hervorgerufen wird, begann die Aufklärung der mikrobiologischen Grundlagen der Fermentation. Nächste Meilensteine waren 1878 die Isolierung einer Reinkultur des *Bacterium lactis* (heute bekannt als *Lactococcus (L.) lactis*) durch Lister und 1883 die Isolierung einer *Saccharomyces (Sm.)*-Reinkultur aus Bier durch Hansen. 1890 entwickelten Weigmann in Deutschland, Storch in Dänemark und Conn in den USA unabhängig voneinander die ersten Kulturen für die Milch-, insbesondere die Butterfermentation. 1910 folgte in Deutschland mit dem „Reinzuchtsauer" die **erste Kultur für die Sauerteigherstellung**, und 1955 wurden durch Niven in den USA erste Kulturen für die Fermentation von Fleisch eingeführt.

Geschah die ursprüngliche, unwissentliche Anwendung von Mikroorganismen vorrangig mit dem Ziel der **Haltbarmachung** von Lebensmitteln, stehen heutzutage insbesondere in den hoch entwickelten Industrieländern neben der Konservierung gleichberechtigt Aspekte wie **Geschmacks- und Aromaveränderung**, Erhöhung der gesundheitlichen Wertigkeit (funktionelle Eigenschaften)

und berauschende Wirkung (alkoholische Gärung).

Einen Überblick über die zur Zeit in Lebensmitteln eingesetzten Mikroorganismen, aufgelistet nach Gattungen, gibt Tabelle 29.1.

29.2
Grundlegende Prinzipien der Konservierung durch Fermentation

Natürlich ablaufende Konservierungsprozesse in Lebensmitteln sind in der weitaus größten Zahl solche, die sich mit dem Begriff „**Gärung**" bezeichnen lassen. Die im Substrat vorhandenen Mikroorganismen setzen dabei unter **Abwesenheit von Sauerstoff** vor allem Kohlenhydrate zu Alkohol bzw. Milchsäure um. Anders als bei der Atmung wird dabei lediglich ein geringer Teil der in den Kohlenhydraten gespeicherten Energie freigesetzt und es entstehen anstelle von CO_2 und H_2O höherwertige, **energiehaltige Stoffwechselprodukte**, die neben der Konservierung auch zur Veränderung des Geschmacks und des Aromas beitragen können (zum Aspekt der verschiedenen Wege der Kohlenhydratabbaus unter aeroben und anaeroben Bedingungen vgl. auch Kap. 2).

Nur in wenigen Fällen liegen die im Substrat befindlichen Kohlenhydrate in **direkt vergärbarer Form** vor (s. Kap. 2). Dieses ist insbesondere der Fall bei Früchten, in denen vor allem Traubenzucker (Glucose) oder Fruchtzucker (Fructose) vorkommen. In der Milch ist der vorherrschende Zucker der Milchzucker (Lactose), ein Disaccharid bestehend aus Galactose und Glucose. Bevor die beiden Monosaccharide verstoffwechselt werden können, werden sie **intrazellulär** durch Spaltung der Lactose (oder des bei der Aufnahme in die Zelle gebildeten Lactosephosphats, Abb. 29.1) freigesetzt. In der weitaus überwiegenden Zahl der Fälle liegen die Kohlenhydrate in pflanzlichen Substraten in Form **hochmolekularer Speicherstoffe** vor allem als Stärke, Pentose, Glucofructane usw. vor. Aus diesen Substraten müssen zunächst **extrazellulär** Oligo- oder Monosaccharide freigesetzt werden, die nach Aufnahme in die Zelle – und wenn nötig weiterem Abbau bis zu den Mo-

Tabelle 29.1. Für Lebensmittelfermentationen eingesetzte Organismen

Organismen	Gattungen	Produkte
Bakterien		
Grampositive		
Milchsäurebakterien	*Lactobacillus*	fermentierte Milch, Butter, Käse, Wein, Brot und Backwaren, Sauerkraut, fermentierte Gemüse und Gemüsesäfte, Bier, Rohwurst, fermentierte Milch, Butter, Käse
	Lactococcus	fermentierte Milch, Butter, Käse, Wein, fermentierte Gemüse
	Leuconostoc	Rohwurst, fermentierte Gemüse, Oliven, Sojasauce, fermentierter Fisch
	Pediococcus	Joghurt, Käse
	Streptococcus	
andere Bakterien	*Bacillus*	Natto
	Brevibacterium	Rotschmierekäse
	Arthrobacter	Rotschmierekäse
	Corynebacterium	Rotschmierekäse
	Micrococcus	Rotschmierekäse, Rohwurst
	Propionibacterium	Käse
	Staphylococcus	Rotschmierekäse, Rohwurst
	Streptomyces	Rohwurst
Gramnegative	*Acetobacter*	Kefir, Essig
	Halomonas	Weichkäse, Rohschinken
	Vibrio	Matjes
	Zymomonas	alkoholische Getränke
Hefen	*Brettanomyces*	Bier
	Candida	Kefir, Rohwurst
	Debaryomyces	Sauermilchkäse, Rohwurst
	Kluyveromyces	Kefir, alkoholische Getränke
	Saccharomyces	alkoholische Getränke, Brot und Backwaren, Sojasauce
Schimmelpilze	*Aspergillus*	Rohschinken, Sojasauce
	Geotrichum	Käse
	Penicillium	Käse, Rohwurst

nosacchariden – vergoren werden können. Üblicherweise handelt es sich bei den im Lebensmittel zu vergärenden Zuckern um Hexosen wie Glucose, Fructose, Galactose.

Bei der **alkoholischen Gärung** durch Hefe lässt sich der Hexoseabbau als Disproportionierung zu Ethanol und Kohlendioxid im Rahmen einer exergonen Reaktion beschreiben (s. Kap. 2, 19):

$$C_6H_{12}O_6 \Rightarrow 2\,C_2H_5OH + 2\,CHO_2$$

Bei der **Milchsäuregärung** müssen im Wesentlichen 2 Abbauwege betrachtet werden, die homofermentative und die heterofermentative Milchsäuregärung (Abb. 29.1). Bei der **homofermentativen** Milchsäuregärung wird die Hexose nahezu quantitativ in 2 C3-Körper gespalten und zum Pyruvat abgebaut. Die Regeneration des NAD^+ findet durch Übertragung des Wasserstoffs auf Pyruvat unter Bildung von Milchsäure (Lactat) statt. Bei der **heterofermentativen** Milchsäuregärung findet vor der Spaltung der Hexose eine Decarboxylierung statt. Die daraus resultierende Pentose wird dann asymmetrisch in einen C3- und einen C2-Körper gespalten. Während aus dem C3-Körper Lactat entsteht, kann der C2-Körper von unterschiedlichen Mikroorganismen entweder zu Ethanol unter gleichzeitiger Regenerierung der Reduktionsäquivalente oder aber zu Acetat unter ATP-Gewinnung oxidiert werden (für eine detaillierte Darstellung s. Abb. 29.1, auch Kap. 2).

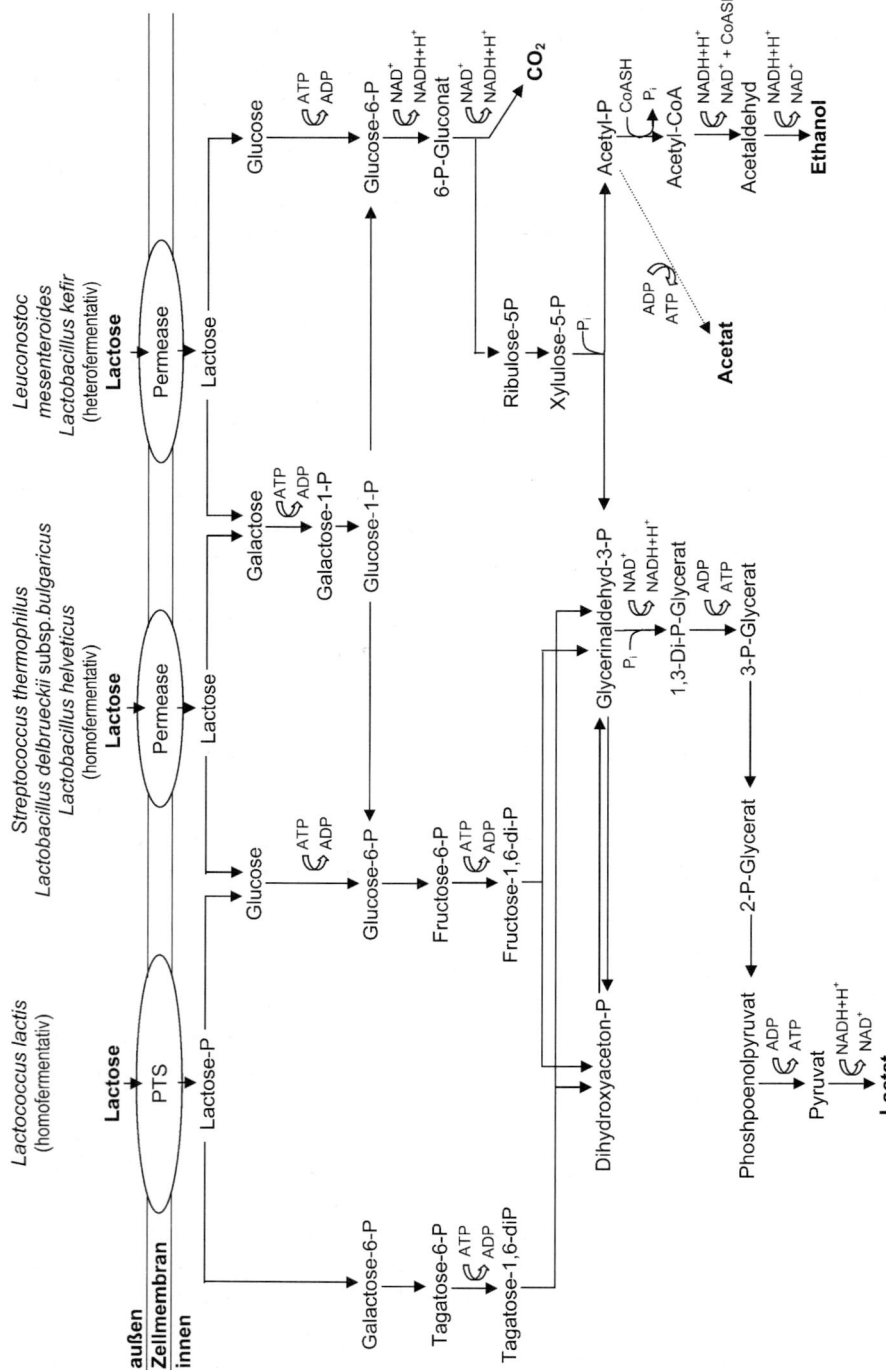

Abb. 29.1. Homo- und heterofermentativer Lactose-Abbau durch Milchsäurebakterien. *Durchgehende Pfeile* zeigen die Hauptabbauwege an. Der *gestrichelte Pfeil* zeigt einen Alternativweg auf, der unter bestimmten Stoffwechselsituationen beschritten werden kann bzw. bei verschiedenen Organismen (z. B. *Lb. brevis*) den Hauptweg darstellt

Dem bei verschiedenen Abbauwegen gebildeten CO_2 kommt eine wichtige strukturgebende Funktion zu. Im Brotteig bewirkt es das „Gehen" und damit die lockere Struktur des Brots; im Käse bewirkt es die mehr oder weniger starke Bildung von „Augen" oder „Löchern".

29.3
Grundlegende Prinzipien der Geschmacks- und Aromabildung

Fermentierte Milchprodukte erhalten ihren besonderen Geschmack und ihr Aroma durch eine Vielzahl zum Teil flüchtiger Stoffwechselprodukte, die entweder als Nebenprodukte der Milchsäuregärung oder über andere Reaktionsmechanismen des Primärstoffwechsels entstehen. Zu diesen Aromen gehören Acetaldehyd, Acetoin, Diacetyl (Abb. 29.2) sowie Ameisen-, Butter-, Essig- und Propionsäure. Während z. B. das **typische Aroma** von **Joghurt** durch Acetaldehyd geprägt wird, ist es bei der **Butter** das Diacetyl. Für Letzteres gilt die Besonderheit, dass es – obwohl es sich vom Pyruvat herleitet – vorwiegend durch Abbau des in der Milch vorliegenden Citrats gebildet wird.

Neben diesen im Wesentlichen aus Kohlenhydraten gebildeten Aromastoffen kommt in bestimmten fermentierten Produkten wie Käse und Rohwurst **dem Eiweißabbau (Proteolyse)** und Fettabbau (Lipolyse) besondere Bedeutung zu (s. Kap. 7). Bei der besonders gut untersuchten **Proteolyse** durch *L. lactis* wird durch eine in der Zellwand verankerte, ansonsten aber extrazelluläre Proteinase das Kasein zunächst in Peptide gespalten. Diese Peptide werden über verschiedene Peptidtransporter (Dipeptid-, Oligopeptid- und Di-/Tripeptid-Transporter) in die Zelle aufgenommen. Dort werden sie durch eine Vielzahl von Peptidasen mit unterschiedlicher Spezifität bis in die einzelnen Aminosäuren zerlegt. Ein Teil dieser Aminosäuren wird weiter verstoffwechselt, essentielle Aminosäuren für die Proteinsynthese genutzt und der Rest wieder in das umgebende Medium abgegeben. Als Aromakomponenten in diesem Prozess können sowohl Peptide als auch die einzelnen Aminosäuren wirken. Besonders intensive **Aromakomponenten** wie 3-Methylthiopropionsäure, Methional, Methanethiol, Di- und Trimethylsufid entstehen durch den weiteren Abbau z. B. der schwefelhaltigen Aminosäure Methionin.

Lipolyse wird überwiegend durch Pilze durchgeführt. Sie ist damit vor allem in solchen Produkten für die Aromabildung von Bedeutung, in denen Pilze am Reifungsprozess beteiligt sind. Dieses ist der Fall bei bestimmten Rohwürsten sowie verschiedenen Käsesorten wie Roquefort, Gorgonzola, Camembert. Als Aromabestandteile kommen hier vor allem kurzkettige freie Fettsäuren in Frage sowie als weitere Abbauprodukte Carbonylverbindungen wie z. B. Ketone und Aldehyde.

Neben dem Einfluss auf Aroma und Geschmack kommt dem Abbau der verschiedenen hochmolekularen Substanzen natürlich auch eine Bedeutung für die **Struktur/Textur der Lebensmittel** zu. In praktisch allen Fällen führt der Abbau hochmolekularer Substanzen, denen eine strukturgebende Funktion im Lebensmittel zukommt, zu einer Erweichung der Struktur und bei entsprechenden Wassergehalten in letzter Konsequenz zur Verflüssigung des Substrats. Ein Beispiel dafür ist das Protein im Käse: bei starker Proteolyse, wie sie insbesondere in Schimmelkäsen vorkommt, verflüssigt sich der gesamte Käse.

29.4
Mikroorganismenkulturen

Für die verschiedenen, in Lebensmittelfermentationen eingesetzten Kulturen haben sich unterschiedliche Bezeichnungen etabliert. Die Kulturen, die vor allem der Konservierung dienen, sei es durch Säureproduktion oder durch Alkoholproduktion, werden als **Starterkulturen** bezeichnet. Solche, die vor allem zur Verhinderung des Wachstums von Krankheitserregern eingesetzt werden, werden als **Schutzkulturen** und solche, die vorwiegend der Entwicklung des Aromas und des Geschmacks dienen, als **Reifungskulturen** bezeichnet. Der Begriff Starterkultur wird zunehmend aber auch umfassend für gezielt eingesetzte Kulturen verwendet, welche die erwünsch-

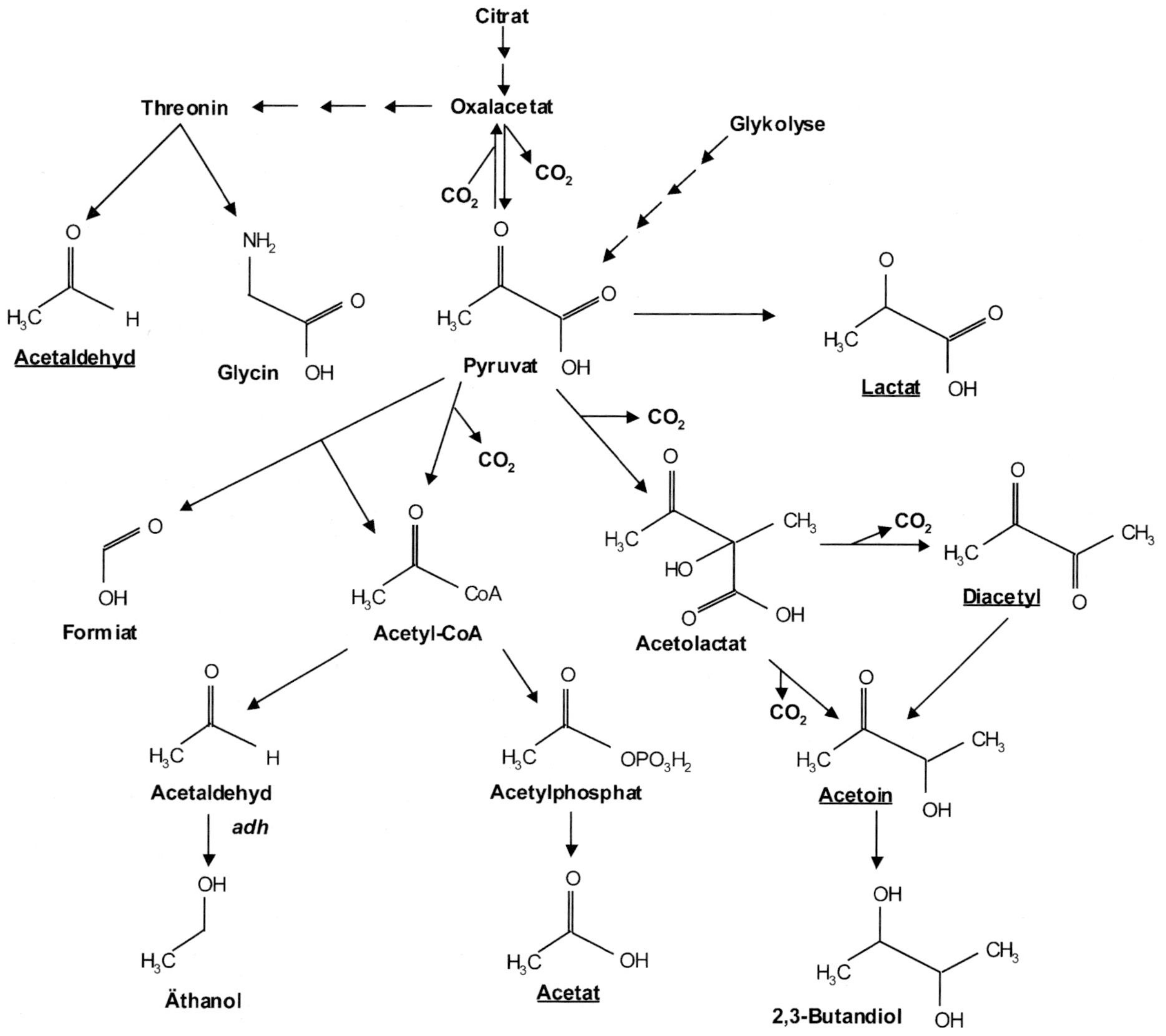

Abb. 29.2. Bildung wichtiger Aromastoffe durch Milchsäurebakterien. Die als Aromastoffe wirksamen Substanzen sind *unterstrichen*. Die Bildung des Diacetyl bzw. Acetoin geschieht im Wesentlichen aus dem Citratabbau

ten Stoffwechselaktivitäten im Lebensmittel entwickeln. Die Kulturen schließlich, welche die funktionellen Eigenschaften von Lebensmitteln verändern sollen, werden als **probiotische Kulturen** oder kurz „**Probiotika**" bezeichnet. Für alle gezielt eingesetzten Kulturen, insbesondere aber für die Probiotika, gilt, dass die Merkmale, die sie besitzen stammspezifisch sind und damit immer nur für bestimmte Stämme innerhalb einer Spezies zutreffen.

29.4.1
Starterkulturen, gegliedert nach Lebensmitteln

Aufgrund der spezifischen stofflichen Zusammensetzungen und Herstellungsweisen kommen bei den unterschiedlichen Lebensmitteln **unterschiedliche Starterkulturen** zum Einsatz. In diesem Kapitel wird auf diese Kulturen gegliedert nach pflanzlichen Lebensmitteln, Fleisch und Milch eingegangen.

Fermentierte Lebensmittel pflanzlichen Ursprungs

Bei Lebensmittel pflanzlichen Ursprungs ist an erster Stelle Brot zu nennen, da es mit Abstand in den größten Mengen hergestellt wird. Grundsätzlich lassen sich zwei Herstellungsweisen unterscheiden:

- Zur **Herstellung mit Hefeteig** wird *Sm. cerevisiae* mit Wasser vermischtem Mehl zugesetzt. Bei der anschließenden Gärung werden in einer ersten Phase die frei im Mehl verfügbaren **Zucker** durch die Hefe anaerob abgebaut. In einer zweiten Phase kommt es zur Vergärung von **Maltose**, die durch die im Mehl befindlichen stärkeabbauenden Enzyme freigesetzt wird. In modernen industriellen Backverfahren werden dem Mehl Enzyme (α-Amylase, Glucoamylase) zugesetzt, um die Menge vergärbarer Zucker zu erhöhen und damit zu einem schnelleren Gehen des Teigs und größerem Brotvolumen zu führen. Für die Hefeteig-Herstellung eignet sich insbesondere Weizenmehl, da es einen hohen Kleberanteil (Gluten) besitzt, welcher für die Krumebildung wichtig ist.
- Beim **Sauerteigverfahren** kommen vor allem Laktobazillen und in geringerem Maße *Sm. cerevisiae* zum Einsatz. Da im Brot die Bildung von CO_2 besonders wichtig ist, werden als Starterkultur insbesondere **heterofermentative Milchsäurebakterien** eingesetzt. Das wohl z. Zt. bedeutendste Bakterium ist *Lactobacillus (Lb.) sanfranciscensis*. Daneben spielen *Lb. plantarum*, *Lb. delbrueckii* und *Lb. pontis* sowie verschiedene *Leuconostoc-* (*Lc.*) und *Pediococcus-* (*P.*) Arten eine Rolle. Die Säurebildung ist für das Verbacken von Roggenmehlen, denen der Kleber fehlt, notwendig, da hierdurch Polysaccharide in Lösung gebracht werden, die in dieser Form die Strukturbildung der Krume ermöglichen. Eine weitere Funktion der Säurebildung ist die **Hemmung von Enzymen**, die durch den Abbau der Stärke das Brot „klitschig" machen würden. Als Hefen haben insbesondere *Sm. cerevisiae*, *Sm. exiguus* und *Candida (C.) humilis* Bedeu-

tung. Die beiden Letztgenannten können im Gegensatz zu *Sm. cerevisiae* keine Maltose verwerten.

Auf Grund der relativ lang dauernden Führung von Sauerteig kommt es neben der Entwicklung der zugesetzten Mikroorganismen auch zur Entwicklung der natürlich das Mehl **kontaminierenden Mikroflora**. Insgesamt sind weit über 40 verschiedene Milchsäurebakterienspezies aus Sauerteigen isoliert worden, wobei Laktobazillen den weitaus größten Anteil stellen.

Da Brot nach der Fermentation gebacken wird, gehört dieses Lebensmittel zu den wenigen mit Hilfe der Fermentation hergestellten Lebensmittel, bei denen sich im fertigen Produkt **keine lebenden Mikroorganismen** mehr nachweisen lassen.

Andere fermentierte Lebensmittel pflanzlichen Ursprungs sind Sauerkraut, saure Gurken und Oliven. An der Fermentation sind homo- und heterofermentative Milchsäurebakterien beteiligt, die wichtigsten sind: *Lb. plantarum*, *Lc. mesenteroides* und *P. cerevisiae*.

Der Vollständigkeit halber seien an dieser Stelle auch die **alkoholhaltigen Getränke** Bier und Wein erwähnt, die von der Entstehungsgeschichte her als durch alkoholische Gärung haltbar gemachte Lebensmittel anzusehen sind.

Bei der **Bierherstellung** wird ähnlich wie bei der Brotherstellung Stärke zu Alkohol umgesetzt. Dazu müssen ebenso zunächst aus der Stärke vergärbare Zucker freigesetzt werden. Aufgrund des Reinheitsgebots kann dieses in Deutschland nicht durch Enzymzugabe geschehen, sondern es werden die bei der Keimung der Gerste gebildeten Enzyme in Form des Malzes eingesetzt. Ursprünglich wurde Bier ausschließlich durch Fermentation mit der Hefe *Sm. cerevisiae* hergestellt. Da diese Hefe auf der Maische schwimmt, werden die entstehenden Biere als **obergärig** bezeichnet. **Untergärige** Biere entstehen durch Fermentation mit *Sm. carlsbergensis* oder *Sm. uvarum*, die beide submers in der Maische verteilt sind. Untergärige Biere werden bei niedrigeren Temperaturen hergestellt und sind daher weniger anfällig gegenüber Pilzbefall.

Bei der **Weinherstellung** wird ebenfalls überwiegend *Sm. cerevisiae* als Starterkultur eingesetzt. Da im Traubenmost (bzw. in anderen Obstmosten) der Zucker in leicht vergärbarer Form vorliegt, ist ein enzymatischer Aufschluss vor der Fermentation nicht notwendig. Heutzutage wird vielfach zusammen mit der Hefe auch das Milchsäurebakterium *Oenococcus oeni* zugegeben. Seine Bedeutung besteht in der **Reduktion der Säure** im Wein. Dieses wird vorwiegend durch Abbau der im Wein gelösten Äpfelsäure erreicht.

Eine Besonderheit in diesem Zusammenhang stellt die Herstellung von Essig dar, da es sich nicht nur um einen aeroben Prozess handelt, sondern auch im Regelfall um die Weiterverarbeitung eines bereits fermentierten Lebens- bzw. Genussmittels, nämlich Trauben- oder Apfelwein. Durch Essigsäurebakterien (*Acetobacter*, *Gluconobacter*) werden primäre Alkohole zu den entsprechenden Fettsäuren oxidiert. Hierbei handelt es sich um eine sehr stark O_2-verbrauchende und damit äußerst exotherme Reaktion.

Fermentierte Fleischprodukte

Fermentation von Fleisch findet hauptsächlich Anwendung für die **Herstellung von Rohwürsten**. Die Haltbarkeit wird sowohl durch Absenkung des pH-Wertes durch Fermentation als auch durch anschließende Trocknung erreicht.

Das **Fermentationssubstrat** besteht im Wesentlichen aus einer Mischung von Schweinefleisch, Rindfleisch und Schweinefett mit Zusatz von Zucker, Salz, Nitrit und/oder Nitrat, Ascorbinsäure und Gewürzen. Die **Zugabe von Salz** erfolgt aus verschiedenen Gründen:

- Es hemmt das Wachstum unerwünschter Mikroorganismen
- Es ist wesentlich für die Strukturbildung
- Es ist ein wichtiger Aromabestandteil.

Durch die **Zugabe von Nitrit/Nitrat** soll unter anderem das Wachstum von Salmonellen unterbunden werden. Nitrit ist darüber hinaus wichtig für die Umrötung des Fleisches, da es für die Bildung des Nitrosomyoglobins verantwortlich ist. Schließlich verhindern Nitrit und Ascorbinsäure als Antioxidantien autooxidative Prozesse in der Rohwurst, die zur Ranzigkeit führen könnten. Der **Zucker** wird als Fermentationssubstrat für die Starterkultur zugegeben, da im Fleisch die verfügbare Menge an Zucker nicht ausreicht, um die zur Absenkung des pH auf Werte um 5,0 notwendige Säurebildung zu erzielen. Als Starterkulturen kommen in Frage: *Lb. casei*, *Lb. curvatus*, *Lb. pentosus*, *Lb. plantarum*, *Lb. sakei*, *P. acidilactici*, *P. pentosaceus*, *Lc. carnosum* und *L. lactis*. Weiterhin gehören *Staphylococcus* (S.) *carnosus* oder *S. xylosus* zur Starterkultur, da diese für die Reduktion des Nitrats zu Nitrit verantwortlich sind und sich im Vergleich zu den Milchsäurebakterien durch höhere proteolytische und lipolytische Eigenschaften auszeichnen. Zusätzlich sorgen sie durch Bildung von Katalase für den **Abbau von Peroxiden**, die zum Ranzigwerden der Wurst führen können.

Durch die Aktivität der Milchsäurebakterien sinkt der pH-Wert innerhalb weniger Tage auf etwa pH 5 ab. Die Absenkung des pH-Wertes vermindert die Wasserhaltekapazität des Fleisches, wodurch der Trocknungsprozess beschleunigt wird. Dadurch und durch das vorhandene Salz wird die Wasseraktivität im fertigen Produkt auf $\leq 0{,}90$ reduziert.

Fermentierte Milchprodukte

Die größte Vielfalt an fermentierten Produkten, und damit auch die größte Vielfalt an kommerziell verfügbaren **Starterkulturen**, findet sich für Milchfermentationen. Die wichtigsten Vertreter sind Milchsäurebakterien der Gattungen *Lactococcus*, *Leuconostoc*, *Lactobacillus* und *Streptococcus* (St.). Ganz grundsätzlich unterscheidet man thermophile und mesophile Kulturen. **Thermophile Kulturen** für den Einsatz bei Temperaturen zwischen 37 °C und 45 °C enthalten *St. thermophilus*, *Lb. delbrueckii* subsp. *bulgaricus*, *Lb. helveticus* oder *Lb. acidophilus*. **Mesophile Kulturen** mit einem Wachstumsoptimum zwischen 20 °C und 30 °C werden an Hand ihres Gehaltes an Aroma bildenden Stämmen als O-, D-, L- bzw. DL-Kulturen bezeichnet. **O-Kulturen** enthalten die homofermentativen Bakterien *L. lactis* subsp. *lactis* und *L. lactis* subsp. *cremoris*. **D-Kulturen** enthalten zusätzlich zu den eben genannten beiden *Lactococcus*-Subspezies *Lc. mesenteroides* als heterofermentatives Bakterium. **L-Kulturen** enthalten wiederum die beiden *Lactococcus*-Subspezies, zusätzlich aber *L. lactis* subsp. *lactis* biovar. *diacetylactis*, und **DL-Kulturen** enthalten alle vier genannten Stämme. *L. lactis* subsp. *lactis* biovar. *diacetylactis* ist in der Lage, Citrat zu verwerten und zeichnet sich daher durch relativ hohe Diacetylproduktion aus. Neben diesen Grundtypen können weitere Stämme zugesetzt werden bzw. existieren spezifische Starterkulturen für spezifische Produkte. Während kommerziell erwerbbare Starterkulturen normalerweise aus einem oder wenigen definierten Stämmen bestehen, gibt es für den Milchbereich kommerzielle Kulturen, die in ihrer Zusammensetzung nicht exakt definiert sind. Hierzu gehören beispielsweise Vielstammkulturen wie „*Flora Danica*" mit mehr als Hundert *Lactococcus*- und *Leuconostoc*-Stämmen, sowie die Kefirknöllchen (s. unten).

Durch Fermentation mit **mesophilen Kulturen** werden Produkte wie Sauermilch, Dickmilch, Buttermilch hergestellt. Nach abgeschlossener Fermentation werden diese Produkte abgefüllt und gekühlt bis zum Verzehr gelagert. Bei ähnlichen Temperaturen wird auch Kefir hergestellt, allerdings stellt diese Kultur, wie bereits erwähnt, eine Besonderheit dar. Spezies der Gattungen *Lactobacillus, Leuconostoc, Lactococcus* und *Acetobacter* sowie verschiedene Hefen (*C. kefir, Sm. cerevisiae, Kluyveromyces* (*K.*) *lactis* usw.) bilden zusammen blumenkohlartige Gebilde von bis zu mehreren Zentimetern Größe, deren hauptsächliche strukturelle Komponente das von *Lb. kefiri* gebildete Polysaccharid Kefiran darstellt. Aufgrund der Anwesenheit der Hefen kommt es zur Produktion sowohl von Ethanol als auch von CO_2, welche dem Produkt einen angenehm frischen und prickelnden Geschmack verleihen. Nach der Fermentation können die Kefirkörner einfach abge-

siebt werden und stehen nach Waschen mit Trinkwasser für neue Fermentationen zur Verfügung. Bisher ist es nicht gelungen, durch Co-Fermentation isolierter Einzelstämme wieder ein Kefirkorn entstehen zu lassen.

Produkte, die den Namen „**Joghurt**" tragen, müssen mit der **thermophilen Kultur**, bestehend aus *S. thermophilus* und *Lb. delbrueckii* subsp. *bulgaricus*, fermentiert worden sein. Diese beiden Mikroorganismen zeigen das Phänomen der „Protosymbiose": Sie stimulieren sich gegenseitig in ihrem Wachstum und in ihrer Stoffwechselaktivität, was zu einer sehr schnellen Säuerung des Produkts bis auf Werte unter pH 4 führt. Beide Organismen verwerten nach Spaltung der Lactose zunächst nur die Glucose. Die Galactose wird in einer energiesparenden Reaktion über die Lactose-Permease im Gegenzug mit der Aufnahme der Lactose in die Milch ausgeschieden.

Bei der kommerziellen Herstellung wird die Fermentation bereits bei pH-Werten um 4,5 durch Abkühlen beendet. Säuerung bis auf pH-Werte von mindestens 4,7 ist absolut notwendig, da sich erst ab diesem pH-Wert durch Denaturierung der Milchproteine die typische feste (stichfester Joghurt) oder cremige Struktur (Rührjoghurt) einstellt. Während der anschließenden Kühllagerung bei einer Haltbarkeitsdauer von etwa 4 Wochen kann unter Umständen noch eine Nachsäuerung stattfinden, die zu pH-Werten von wiederum unter 4,0 führen kann. Die gegenseitige Stimulierung der beiden Mikroorganismen führt man zurück auf das gegenseitige Zurverfügungstellen von Stoffwechselprodukten. Dieses betrifft das von *St. thermophilus* aus dem in geringen Mengen in der Milch vorliegenden Harnstoff gebildete CO_2 (Verstärkung der anaeroben Bedingungen) sowie die aus Lactose gebildete Ameisensäure und auf der anderen Seite unter anderem die durch den proteolytisch aktiven *Lb. delbrueckii* subsp. *bulgaricus* aus dem Casein gebildeten Aminosäuren und Peptide.

Joghurtähnliche Produkte, die nicht mit dieser speziellen Kultur hergestellt wurden, sondern bei denen *Lb. delbrueckii* subsp. *bulgaricus* durch andere Laktobazillen (vorwiegend *Lb. acidophilus*) hergestellt wurden, müssen durch einen **Zusatz zum Wort „Joghurt"** gekennzeichnet sein. In Deutschland ist dieses üblicherweise die Bezeichnung „Joghurt mild". Tatsächlich führt die Fermentation mit solchen Kulturen zu weniger starker Säuerung, geringerer Nachsäuerung und vermutlich aufgrund der verringerten proteolytischen Aktivität der eingesetzten *Lb.*-Stämme auch zu geringerer Entwicklung von Bitterpeptiden während der Haltbarkeitsdauer.

Im Gegensatz zu den gerade aufgezählten Produkten, bei denen die Milch außer der Fermentation keine weitere Veränderung erfahren hat, findet bei der **Herstellung von Käse** eine Trennung in die Käsemasse und Molke statt, wobei in der Käsemasse sich die überwiegende Menge des Proteins und des Fetts befindet. Man unterscheidet zwei grundsätzliche Typen von Käse, Labkäse und Sauermilchkäse, die auf die unterschiedliche Dicklegung der Milch zurückzuführen sind.

Im Falle der **Labkäse** wird durch das **Enzym Chymosin** des Labextrakts das Glykomakropeptid des κ-Caseins an der Oberfläche der Caseinmicellen abgespalten. Die dadurch erhöhte Hydrophobizität der Oberflächen führt zur Aggregation der Caseinmicellen und damit zur Dicklegung der Milch (Gallertebildung). Durch das Schneiden der Gallerte tritt Molke aus, und es bildet sich das Bruch-Molke-Gemisch. Nach Abtrennen der Molke bleibt damit im Wesentlichen die aus Protein und Fett gebildete Käsemasse zurück. Bei der sehr großen Vielfalt der verschiedenen Käse kann hier selbstverständlich nur auf einige generelle Aspekte bezüglich des Einsatzes von Starterkulturen eingegangen werden. Ob mesophile oder thermophile Kulturen eingesetzt werden, hängt wesentlich mit der thermischen Behandlung des Bruch-Molke-Gemisches zusammen. Bei **Hartkäsen** erfolgt eine Erwärmung des Bruch-Molke-Gemisches bis auf Temperaturen über 50 °C. Hartkäse werden daher in der überwiegenden Zahl der Fälle mit **thermophilen Kulturen** hergestellt. Ob O-, D-, L- oder DL-Kulturen bei mesophilen Kulturen zum Einsatz kommen, hängt davon ab, in welchem Maße Aroma gebildet werden soll und ob im fertigen Produkt **Löcher** (oder **Augen**) in der

Käsemasse vorhanden sein sollen. Durch Variation des Anteils heterofermentativer bzw. citratverwertender Milchsäurebakterien lässt sich die Lochbildung steuern. Besonders große Löcher, wie sie insbesondere in lang gereiften Hartkäsen entstehen können, gehen allerdings nicht auf die Milchsäurebakterien zurück sondern auf Propionsäurebakterien, wie zum Beispiel *Propionibacterium freudenreichii*. Diese Bakterien setzen das während der Säuerung gebildete Lactat im Succinatweg zu Propionat um:

$$3 \text{ Lactat} \Rightarrow 2 \text{ Propionat} + \text{Acetat} + CO_2$$

Das gebildete CO_2 führt zur entsprechenden Lochbildung. Eine noch intensivere, dann allerdings unerwünschte Gasbildung (**Spätblähung**) findet durch anaerobe Sporenbildner wie *Clostridium tyrobutyricum* statt. Auch hier wird das bei der Säuerung gebildete Lactat umgesetzt, und zwar unter Bildung von CO_2 und H_2 zu Butyrat, entsprechend der Formel:

$$2 \text{ Lactat} \Rightarrow 1 \text{ Butyrat} + 2\,H_2 + 2\,CO_2$$

Der Abbau des Lactats erfolgt über Pyruvat und Acetoacetyl-CoA, wobei CO_2 und H_2 in der durch Pyruvat-Ferredoxin-Reduktase katalysierten Umsetzung von Pyruvat zu Acetyl-CoA gebildet werden. Die durch diese Gasbildung entstehenden riesigen Löcher können das gesamte Innere des Käses durchziehen, der hohe Gehalt an **Buttersäure** macht den Käse **ungenießbar**.

Im Gegensatz zu den Labkäsen findet bei den **Sauermilchkäsen** (Harzer-, Gelb-, Halbschimmel- und Schimmelkäse) die Dicklegung der Milch nicht durch enzymatische Wirkung, sondern durch **Säuredenaturierung der Milchproteine** statt, so wie dieses auch beim Joghurt geschieht. Dementsprechend werden ebenfalls überwiegend Joghurtkulturen eingesetzt, um eine möglichst schnelle Säuerung auf niedrige pH-Werte zu erzielen. Da das durch Säure gebildete Gel eine andere Struktur hat als das durch Lab gebildete, findet beim Sauermilchkäse die Trennung von Ei-

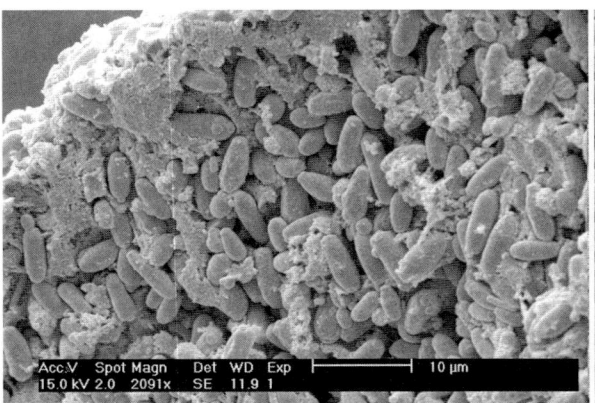
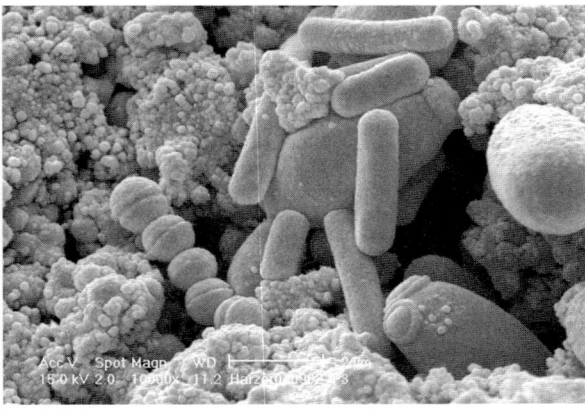
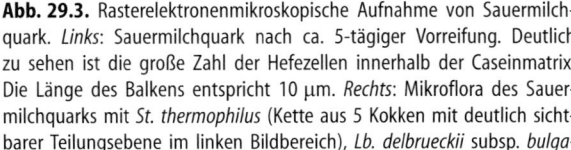

Abb. 29.3. Rasterelektronenmikroskopische Aufnahme von Sauermilch-quark. *Links*: Sauermilchquark nach ca. 5-tägiger Vorreifung. Deutlich zu sehen ist die große Zahl der Hefezellen innerhalb der Caseinmatrix. Die Länge des Balkens entspricht 10 µm. *Rechts*: Mikroflora des Sauer-milchquarks mit *St. thermophilus* (Kette aus 5 Kokken mit deutlich sicht-barer Teilungsebene im linken Bildbereich), *Lb. delbrueckii* subsp. *bulga-* ricus (etwa 2 µm lange Stäbchen in engem Kontakt mit Hefezelle im mittleren Bildbereich) und Hefen (*C. krusei* und *K. marxianus*, ca. 4–5 µm lang, im rechten Bildbereich) in der Caseinmatrix. Die Länge des Balkens entspricht 2 µm. (Mit freundlicher Genehmigung: H. Neve, Institut für Mikrobiologie der Bundesforschungsanstalt für Ernährung und Lebens-mittel, Kiel)

weiß und Molke durch einfache Filtration durch ein Textilgewebe oder durch Zentrifugation statt. Danach lagert der **Sauermilchquark** für mehrere Tage bei Temperaturen zwischen 16 °C und 18 °C. In dieser Zeit vermehren sich die beiden Hefen *K. marxianus* und *C. krusei* in der Quarkmasse bis auf Keimzahlen von jeweils etwa 10^7–10^8/g (Abb. 29.3). Dabei wächst zunächst *K. marxianus*, da sie die Fähigkeit hat, die von den Joghurtbak-terien nicht verwertete und in die Milch aus-geschiedene Galactose zu verstoffwechseln. *C. krusei* erreicht die Maximalzellzahl im Quark et-was später. Die Hefevorreifung des Sauermilch-quarks ist essentiell für die nachfolgende Ent-wicklung der Bakterien auf der Käseoberfläche im Zuge der Käsereifung. Nach Abschluss der He-fevorreifungen wird der Sauermilchquark ver-mahlen und mit **Reifungssalzen** (Natriumhydro-gencarbonat, Calciumcarbonat) sowie mit Na-triumchlorid versetzt. Durch die Reifungssalze wird der pH-Wert des Quarks zunächst auf Werte von etwa 5,0 erhöht. An der weiteren Erhöhung des pH-Wertes der Oberfläche bis etwa 6–6,5 sind dann die Hefen *C. krusei* und *K. marxianus* betei-ligt, die beide in der Lage sind Lactat aerob zu verstoffwechseln. Danach können die weiteren,

für die Reifung notwendigen Mikroorganismen die Oberfläche besiedeln (s. unten).

29.4.2
Reifungskulturen

Reifungskulturen spielen bei den hiesigen pflanz-lichen fermentierten Lebensmitteln keine bzw. nur eine untergeordnete Rolle.

Bei der Herstellung von **Rohwürsten** haben vor allem **Staphylokokken** (*S. carnosus*, *S. xylosus*) und **Schimmelpilze** (insbesondere *Penicillium* (*Pe.*) *nalgiovense*) aufgrund ihrer proteolytischen und lipolytischen Aktivität als Reifungskulturen eine Bedeutung. Die durch Proteolyse freigesetz-ten Aminosäuren werden zu biogenen Aminen decarboxyliert bzw. weiter zu Aromakomponen-ten abgebaut, und die Fettsäuren werden zu Alde-hyden, Alkanen, Alkoholen und Ketonen oxidiert, die als flüchtige Substanzen wesentlich Geruch und Aroma getrockneter Rohwürste bestimmen. Während die Staphylokokken sich in der gesam-ten Wurst verteilen, wachsen die Schimmelpilze ausschließlich auf der Oberfläche. Dennoch kommt ihnen auf Grund ihrer sehr hohen proteolytischen und lipolytischen Aktivitäten eine besondere Bedeutung in der Aromabildung zu.

Schimmelpilze wie *Pe. camemberti* und *Pe. roqueforti* finden **als Reifungskulturen** für Milchprodukte bei der Herstellung von **Käse** Verwendung. Auch hier sind es die proteo- und lipolytischen Eigenschaften, und die dadurch bedingte Bildung von Aromastoffen, die den Einsatz der Schimmelpilze begründen. Daneben haben sie aber auch gerade in Käse einen großen Einfluss auf die Textur, deren Änderung sich besonders stark bei Weichkäse auswirkt und dort bei starker Reifung regelrecht bis zur Verflüssigung des Käses gehen kann. Anders als bei Rohwurst und z.B. Camembert findet bei Käsen wie Roquefort und Gorgonzola (die beide bereits vor mehr als 1000 Jahren namentlich erwähnt wurden) auch **Pilzwachstum im Inneren** der Käse statt. Dieses beruht auf dem Pikieren der Käsemasse und dem dadurch ermöglichten **Zutritt von Sauerstoff** in das Innere der Käse. Teilweise kann auch durch die infolge Gasbildung heterofermentativer Starterkulturen gebildeten Hohlräume das Pilzwachstum im Inneren der Käse gefördert werden. Die Aromabildung ist bei mit Schimmel durchwachsenen Käsen besonders intensiv. Dieses zeigt sich einerseits am hohen Gehalt freier Aminosäuren im Inneren der Käse sowie an den hohen Gehalten der Methylketone 2-Heptanon und 2-Nonanon, Letztere im Zuge der Lipolyse gebildet.

Weitere Schimmelpilze der Gattungen *Mucor*, *Cladosporium*, *Epicoccum* und *Sporotrichum* findet man in teilweise komplexen Floren auf französischen Käsen und dort insbesondere auf korsischen Ziegenkäsen. Als gezielt zugesetzte Reifungskulturen haben sie jedoch keine Bedeutung.

Rotschmierekäse sind durch das Wachstum einer **Rotschmiereflora** auf der Oberfläche gekennzeichnet. Bei dieser Flora handelt es sich um ein sehr komplex zusammengesetztes Konsortium aus Hefen, Schimmelpilzen, Staphylokokken, coryneformen Bakterien wie *Corynebacterium* (*Cb.*), *Brevibacterium* (*B.*), *Arthrobacter* (*A.*) und *Microbacterium* (*M.*), um nur die wesentlichsten zu nennen. Auf der Oberfläche der noch jungen („grünen") Käse (Schnittkäse wie Tilsiter, Weich-

käse wie Limburger und Münsterkäse) entwickeln sich zunächst Hefen, die das von den Milchsäurebakterien gebildete Lactat abbauen und dadurch den pH-Wert der Käseoberfläche erhöhen. Ist dieses geschehen, können die typischen Bakterien wachsen. Für die verschiedenen Käse haben sich die nachfolgend genannten Mikroorganismen als besonders wichtig für die Oberflächenreifung erwiesen; entsprechende Stämme sind bereits oder werden in Zukunft als kommerzielle Kulturen verfügbar sein. Im Falle der **Schnittkäse** sind dieses die Hefe *Debaryomyces* (*D.*) *hansenii* sowie die Bakterien *S. equorum*, *Cb. casei*, *M. gubbeenense* (oder *A. nicotianae*) und *B. linens*. Bei den **Weichkäsen** ist es ebenfalls *D. hansenii*, daneben aber auch der Schimmelpilz *Geotrichium* (*G.*) *candidum*. Als Bakterien werden vor allem *M. gubbeenense* oder *A. nicotianae* sowie *B. linens*, und mit einigen Abstrichen *S. equorum* benötigt. Für die Reifung der **Sauermilchkäse** sind insbesondere *B. linens* und *Cb. variabile* von Bedeutung. Bei den Halbschimmelkäsen trägt *G. candidum* und bei den Schimmelkäsen *Pe. camemberti* zur Reifung bei.

29.4.3
Schutzkulturen

Die Aufgabe von Schutzkulturen besteht darin, Lebensmittel vor dem Befall mit **Krankheits- oder Verderbniserregern** zu schützen. Dabei lässt sich zwischen unspezifischem und spezifischem Schutz unterscheiden. Unspezifisch schützen beispielsweise die Oberflächenkulturen wie Schimmelpilze und Rotschmierekonsortien, welche die Oberflächen entsprechender Rohwürste oder Käse vollständig bedecken. Dadurch wird unerwünschten Mikroorganismen das Besiedeln eben dieser Oberflächen deutlich erschwert. Ein spezifischer Schutz ist dann gegeben, wenn durch die Schutzkulturen das Wachstum bestimmter Mikroorganismen verhindert wird. Dieses ist z.B. immer dann der Fall, wenn **Bakteriozine** gebildet werden. Das bekannteste der zahlreichen charakterisierten Bakteriozine der Milchsäurebakterien ist das **Nisin**, dessen Anwendung als Zusatzstoff in

Lebensmitteln zugelassen ist. Beim Nisin handelt es sich um ein relativ kleines Oligopeptid, welches aus 34 zum Teil ungewöhnlichen und über Disulfidbrücken verbundenen Aminosäuren besteht. Es gehört zur Gruppe der Lantibiotika. Gebildet wird es von verschiedenen Milchsäurebakterien insbesondere von *L. lactis*. Nisin wirkt bakterizid: Unter sauren Bedingungen bildet es Poren in der Cytoplasmamembran sensitiver Bakterien, dabei kommt es zum Efflux cytoplasmatischer Moleküle und insbesondere zum Zusammenbruch des Protonengradienten. Bei den sensitiven Bakterien handelt es sich vorwiegend um Gram-positive. Als Krankheitserreger kommen vor allem *Listeria monocytogenes* sowie *Bacillus* und *Clostridien*-Arten in Frage. Aktivität gegenüber Gram-negativen Bakterien wird nur unter speziellen Bedingungen beobachtet. So weist z. B. *Salmonella typhimurium* nur in Gegenwart von EDTA eine gewisse Sensitivität auf.

29.4.4
Probiotika

„Probiotika sind definierte **lebende Mikroorganismen**, die in ausreichender Menge in aktiver Form in den Darm gelangen und hierbei positive gesundheitliche Wirkungen erzielen". Diese Definition wurde 1999 von der Arbeitsgruppe „Probiotische Mikroorganismenkulturen in Lebensmitteln" am damaligen Bundesinstitut für gesundheitlichen Verbraucherschutz und Veterinärmedizin erarbeitet. Bei den z.Zt. verwendeten Probiotika handelt es sich vor allem um Vertreter der Gattungen *Lb.* und *Bifidobacterium* (*Bb.*):

- die „*Lb.-acidophilus*-Gruppe" mit den Spezies *Lb. acidophilus*, *Lb. johnsonii* und *Lb. gasseri* sowie die homofermentative Spezies *Lb. plantarum*;
- die „*Lactobacillus-casei*"-Gruppe mit ihrer derzeitigen taxonomischen Speziesuntergliederung (*Lb. casei*, *Lb. paracasei*, *Lb. rhamnosus*) sowie die heterofermentative Spezies *Lb. reuteri*;
- die Bifidobakterien: *Bb. animalis*, *Bb. longum*, *Bb. infantis* und *Bb. breve*. In Deutschland wird

überwiegend *B. animalis* in probiotischen Joghurterzeugnissen eingesetzt.

Die gesundheitlichen Wirkungen der Probiotika zielen auf die Abmilderung und Verkürzung des Verlaufs **gastrointestinaler Infekte** und auf die Vorbeugung solcher Infekte ab. Als wirksame Mechanismen werden ein Verdrängen und Unterdrücken von pathogenen Mikroorganismen u. a. durch Konkurrenz um Bindung an bestimmte Rezeptoren der Mucosa-Zelloberflächen diskutiert. Neben dieser direkten Wirkung scheint auch eine indirekte Wirkung durch **Modulation des Immunsystems** zu bestehen, z. B. durch Erhöhung einer unspezifischen Phagozytoseaktivität, Erhöhung der Bildung bestimmter Zytokine sowie Erhöhung des Spiegels bestimmter Immunglobuline. Mögliche protektive Wirkungen der Probiotika auf die Karzinogenese werden insbesondere im Hinblick auf die Krebsentstehung im Kolon durch eine mögliche Hemmung der Aktivität krebspromovierender Enzyme im unteren Intestinaltrakt und der damit verbundenen Senkung der Aktivität verschiedener gesundheitsschädlicher Stoffwechselprodukte diskutiert.

Voraussetzung für diese Wirkungen ist, dass die Mikroorganismen in **ausreichender Menge** und in **aktiver Form** bis in die entsprechenden Bereiche des Gastrointestinaltrakts gelangen. Dazu müssen sie zunächst in der Lage sein, während der Haltbarkeitsdauer im Lebensmittel und nach Verzehr die Magenpassage und die Passage zumindest der oberen Abschnitte des Darms zu überleben. Die Wirksamkeit der Probiotika muss in klinischen Studien nachgewiesen sein. Aus diesen Studien lassen sich dann auch Rückschlüsse über die Zahl der Mikroorganismen ziehen, die notwendig sind, um in den verschiedenen Darmabschnitten ihre positiven Wirkungen zu entfalten.

Prinzipiell existieren zwei Wege, um die im Lebensmittel notwendigen Zellzahlen zu erreichen. Im ersten Fall werden die Probiotika **separat angezüchtet** und vor dem Verpacken den Lebensmitteln zugesetzt. Hierfür eignen sich vor allem flüssige bzw. rührfähige Lebensmittel wie z. B.

Dickmilch und Rührjoghurt. Im zweiten Fall werden die Probiotika zusammen mit der Starterkultur oder als **Bestandteil der Starterkultur** dem zu fermentierenden Substrat zugesetzt. Die Vermehrung erfolgt während der Fermentation. Dieses ist jedoch nur dann möglich, wenn die Vermehrung der Probiotika ohne negative Einflüsse auf die Produktqualität bleibt. Solche Einflüsse können sowohl durch Beeinträchtigung der Starterkultur entstehen als auch durch Stoffwechselaktivitäten, welche die sensorischen und Textureigenschaften der Lebensmittel ungünstig beeinflussen. Insbesondere für die Herstellung von Joghurt-mild können probiotische *Lactobacillus*- Stämme direkt als Starterkultur eingesetzt werden. Tatsächlich stellen Joghurt-mild-Erzeugnisse in Deutschland die größte Gruppe innerhalb der probiotischen Lebensmittel dar.

29.5
Bakteriophagen

Bakteriophagen sind Viren, die **Bakterien infizieren** und sich in diesen vermehren. Die Freisetzung der Nachkommenphagen erfolgt meist durch Lyse der Bakterienzellen. Bakteriophagen sind damit eine prinzipielle Bedrohung für alle Arten von Fermentationen. Vor allem in milchverarbeitenden Betrieben stellen sie den Hauptgrund für **Säuerungsstörungen** dar. So können insbesondere *L.-lactis*-Kulturen durch ein breites Spektrum unterschiedlicher Bakteriophagen infiziert werden (Abb. 29.4). Insgesamt sind zehn verschiedene Bakteriophagenspezies beschrieben, die sich in ihrer Morphologie unterscheiden. Diese Vielfalt ist in anderen Starterkulturen nicht bekannt. So spielen Bakteriophagen, die *Leuconostoc*- oder *Lactobacillus*-Stämme infizieren, in der Praxis kaum eine Rolle. Lediglich *S. thermophilus*-Bakteriophagen besitzen eine gewisse Bedeutung. Anders als bei *L. lactis* weisen diese Bakteriophagen aber alle gleiche Morphologie auf.

Aufgrund der zunehmenden Fülle genomischer Sequenzdaten, sowohl was die Genome der **Wirtsbakterien** als auch was die der **Bakteriophagen** betrifft, weiß man, dass die verschiedenen Bakteriophagenspezies der Laktokokken genetisch nicht verwandt sind. Demgegenüber weisen die *S.-thermophilus*-Bakteriophagen zwar eine gewisse Diversität auf, sie stellen als Gruppe aber ledig-

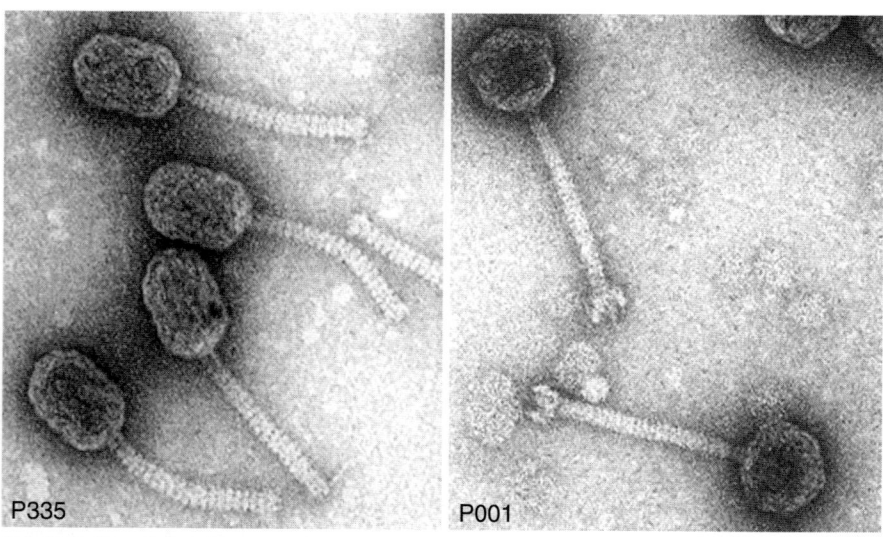

Abb. 29.4. Transmissionselektronenmikroskopische Aufnahme zweier *L.-lactis*-Bakteriophagen. *Links*: Der Bakteriophage P335 der P335-Spezies, Schwanzlänge ca. 150 nm. *Rechts*: Der Bakteriophage P001 der c2-Spezies, Schwanzlänge ca. 130 nm. (Mit freundlicher Genehmigung: H. Neve, Institut für Mikrobiologie der Bundesforschungsanstalt für Ernährung und Lebensmittel, Kiel)

lich ein genetisches Mosaik dar mit homologen und heterologen Genomabschnitten. Auch die Bedeutung temperenter Bakteriophagen ist sehr verschieden bei *L. lactis* und *S. thermophilus*. Während Prophagen nur in wenigen *S.-thermophilus-*Stämmen nachgewiesen werden konnten, sind sie in nahezu allen *L.-lactis-*Stämmen vorhanden. Durch Sequenzierung der DNA des *L. lactis* IL1403 konnten 6 unterschiedliche Prophagen-Genome identifiziert werden, von denen drei vollständig waren und drei defekt. Die temperenten Laktokokken-Bakteriophagen gehören alle der Spezies P335 an. Diese Spezies ist sehr heterogen: Sie enthält ebenso auch virulente Bakteriophagen unterschiedlicher Morphologie. Mit großer Wahrscheinlichkeit haben **Rekombinationsereignisse** zwischen virulenten Bakteriophagen und Prophagen zu dieser großen Heterogenität geführt.

Die große Bedeutung, die Bakteriophagen für *L. lactis* haben kommt auch dadurch zum Ausdruck, dass *L. lactis* über ein großes Arsenal plasmidkodierter **Phagenresistenzmechanismen** verfügt, als da sind: Adsorptions-/DNA-Injektionshemmungssysteme, Restriktions-/Modifikationssysteme, Abortive Infektionssysteme. Demgegenüber konnten in *S. thermophilus* bisher lediglich zwei plasmidkodierte Phagenresistenzmechanismen, die beide auf Restriktion/Modifikation beruhen, identifiziert werden.

Dem Bakteriophagendruck, dem die Kulturen in milchverarbeitenden Betrieben ausgesetzt sind, lässt sich nur durch Vermeidung innerbetrieblicher Kontaminationsquellen sowie durch ständiges Bakteriophagenmonitoring, verbunden mit der Anpassung der Kulturen durch **Resistenzselektion** gegen die im Monitoring erkannten Bakteriophagen, begegnen. Diese Selektionen sind sehr aufwendig, da stets der Erhalt der technologischen Eigenschaften der Kulturen gewährleistet sein muss.

29.6
Gentechnische Veränderungen der Fermentationskulturen

Die ständig steigenden Ansprüche der Verbraucher an die **Qualität der Lebensmittel** sowie die technischen Ansprüche, die durch strengere Hygienevorschriften und den Zwang zu kostengünstigerer Produktion an die Fermentationen gestellt werden, machen es notwendig, auch über Anpassungen der Fermentationsorganismen an die gesteigerten Ansprüche nachzudenken. Da es in der überwiegenden Zahl der Fälle um sehr spezifische und exakt definierte Anpassungen geht, ist eine wissensbasierte, gerichtete Vorgehensweise, wie sie z. B. die **Gentechnik** darstellt, am ehesten Erfolg versprechend. In den vergangenen ca. 20 Jahren sind die Methoden zur gentechnischen Veränderung der Milchsäurebakterien entwickelt und ständig weiterentwickelt worden. Dabei stand das auf das Prinzip der **Selbstklonierung** (gentechnische Veränderung bleibt ausschließlich auf den homologen DNA-Pool beschränkt) zurückgehende „**food-grade**"-Konzept im Vordergrund, welches besagt, dass bei Mikroorganismen, die als Bestandteil von Lebensmitteln mitverzehrt werden,

- die gentechnische Veränderung auf das absolute Minimum beschränkt bleibt,
- keine Antibiotika-Resistenzgene im gentechnisch veränderten Mikroorganismus verbleiben dürfen,
- die Veränderung, wenn sie auf einem Plasmid lokalisiert ist, auf solche Plasmide beschränkt bleibt, die nicht-konjugativ, nicht-mobilisierbar sind und einen engen Wirtsbereich aufweisen,
- heterologe DNA, wenn sie denn verwendet werden muss, nur von möglichst nahe verwandten Arten stammt, die ebenfalls für ihre sichere Anwendung im Lebensmittel bekannt sind,
- die gentechnische Veränderung exakt bekannt ist.

Auf der Basis endogener Plasmide sind daher insbesondere für *Lactococcus* aber auch für andere Milchsäurebakterien Vektorsysteme entwickelt worden, die

- *„Food-grade"*-Selektionsmarker besitzen, entweder als allgemein verwendbare, direkt selektierbare Funktionen wie die Immunität gegenüber Bakteriozinen bzw. die Verwertung besonderer Zucker, oder aber als Funktionen, die an einen bestimmten genetischen Hintergrund gekoppelt sind, wie z. B. die Selektion auf Lactoseverwertung in *lac*⁻-Stämmen;
- regulierbare Expression gestatten, z. B. gekoppelt an den Nisin-Gehalt des Mediums;
- die Sekretion des klonierten Genprodukts bzw. seine Verankerung in der Zellwand erlauben, wie dieses z. B. für immunmodulatorische Moleküle angestrebt wird;
- eine einfache Selektion auf Integration des Vektors in das bakterielle Chromosom bzw. Excision aus dem Chromosom durch Verwendung eines thermosensitiven Replikons gestatten.

Unter Verwendung der o. a. Systeme stehen folgende Aspekte der **Optimierung der Starterkulturen** durch gentechnische Veränderung im Vordergrund des Interesses.

- Die Möglichkeiten der **Biokonservierung** sollen durch Einsatz unterschiedlicher Bacteriozine erweitert werden und für die Hemmung der in den bestimmten Lebensmitteln zu erwartenden Krankheitserreger optimiert werden.
- Natürlich vorkommende Phagenresistenzmechanismen sollen jeweils in identische Vektoren kloniert werden, um die – auch schon heute betriebene – **Rotation von Starterkulturen** mit isogenen Kulturen durchführen und damit die technologischen Eigenschaften der Kulturen weitestgehend gleich halten zu können.
- Die **Exopolysaccharidexpression** soll kontrolliert werden, um gezielt die Struktur bestimmter Lebensmittel beeinflussen zu können.
- Die **Veränderung der proteolytischen Eigenschaften** zielt darauf ab, die Bildung bestimm-

ter Aromakomponenten zu verstärken oder auch zu verringern. Neben der Entwicklung neuer Geschmacksrichtungen ist die Verkürzung der Reifungszeiten ein interessantes Ziel.

- Durch **Veränderung der Stressresistenz** der Mikroorganismen können bei Erhöhung einerseits höhere Keimzahlen während des Herstellungsprozesses bzw. im verzehrsfertigen Produkt erzielt werden. Andererseits können bei Erniedrigung durch schnellere Lyse von Bakterien wichtige Reifungsenzyme effizienter freigesetzt werden.
- Die **Veränderung der probiotischen Eigenschaften** kann u. a. einerseits durch verbesserte Stressresistenz und damit verbessertes Überleben der Gastrointestinalpassage oder durch Expression immunmodulatorischer Moleküle auf der bakteriellen Zelloberfläche erfolgen.
- Es lassen sich durch *„metabolic engineering"* **neue Stoffwechselwege** in Starterorganismen etablieren, die einerseits zu neuen Fermentationswegen führen, anderseits aber eine Nutzung der Starter in der Produktion von Lebensmittelzusatzstoffen möglich macht. Unter Sicherheitsaspekten macht eine solche Nutzung Sinn, da die produzierenden Zellen bereits einen ausgewiesenen Sicherheitsstatus besitzen.

29.7
Ausblick

Auch wenn es sich bei den Fermentationsmikroorganismen um Mikroorganismen handelt, die bereits seit sehr langer Zeit – bewusst oder unbewusst – für die Herstellung von Lebensmitteln genutzt werden, so besteht doch ein ständiger Bedarf an neuen Mikroorganismen bzw. an solchen mit neuen Eigenschaften. Dieses ist auf die veränderten Ansprüche an die Mikroorganismen in technologischer oder gesundheitlicher Hinsicht zurückzuführen. Gerade die in einer Massengesellschaft notwendige Fortentwicklung traditioneller Technologien hin zu **großtechnischen Technologien**, die sich auch und gerade im Lebensmittelbereich vollzieht, macht die Anpassung der Fermentationsorganismen notwendig. Hier sollten alle Möglichkeiten genutzt werden, die den Erhalt und die Fortentwicklung qualitativ hochwertiger, hygienisch sicherer und gesundheitlich vorteilhafter Lebensmittel sichern.

Literatur

Cogan TM, Accolas J-P (1996) Dairy Starter Cultures. VCH Publishers, New York

Farnworth ER (2003) Handbook of Fermented Functional Foods. CRC Press, Boca Raton/NJ

Heller KJ (2003) Genetically Engineered Food: Methods and Detection. Wiley-VCH, Weinheim

Lengeler JW, Drews G, Schlegel HG (1999) Biology of Prokaryotes. Thieme, Stuttgart

Teuber M, Geis A, Krusch U, Lembke J (1994) Biotechnologische Verfahren zur Herstellung von Lebensmitteln und Futtermitteln. In: Präve P, Faust U, Sittig W, Sukatsch DA (Hrsg) Handbuch der Biotechnologie, 4. Aufl. Oldenbourg, München, S 479–540

Weber H (1996) Mikrobiologie der Lebensmittel – Grundlagen. Behr's Verlag, Hamburg

Weber H (1996) Mikrobiologie der Lebensmittel – Milch und Milchprodukte. Behr's Verlag, Hamburg

Weber H (2003) Mikrobiologie der Lebensmittel – Fleisch, Fisch und Feinkost. Behr's Verlag, Hamburg

Verzeichnis der Speziesnamen

Sachverzeichnis